Werkstoffe und Bauelemente
der Elektrotechnik

H. Schaumburg
Halbleiter

Werkstoffe und Bauelemente der Elektrotechnik

Herausgegeben von
Prof. Dr. Hanno Schaumburg, Hamburg-Harburg

Die Realisierung neuer Funktionen in der Elektrotechnik ist in der Regel verbunden mit dem Einsatz hochentwickelter elektronischer Bauelemente, deren Herstellung abhängig ist von neuen Erkenntnissen auf dem Gebiet der Werkstoff- und Fertigungstechnologie. Darauf basiert das Grundkonzept dieser Buchreihe: die Darstellung der für die Elektrotechnik bedeutsamen Werkstoffe und deren Anwendung auf neue Bauelementkonzepte.

Die Buchreihe „Werkstoffe und Bauelemente der Elektrotechnik" ist in ihrem Umfang nicht eingeschränkt: Sie ist offen für neue Entwicklungen, die schnell eine technische und wirtschaftliche Bedeutung gewinnen können. Sie setzt sich zum Ziel, dem Leser – sowohl an den Universitäten als auch in der Industrie – die neuesten Entwicklungen aufzuzeigen und ihn umfassend zu informieren. Gleichzeitig soll die Reihe aber auch die Funktion eines Nachschlagewerkes haben für die Vielzahl der konventionelleren Techniken, die in der Praxis weitverbreitet sind und auch bleiben werden.

Halbleiter

Von Dr. Hanno Schaumburg
Professor an der Technischen Universität
Hamburg-Harburg

Mit 683 Bildern und 29 Tabellen

 B. G. Teubner Stuttgart 1991

Die Deutsche Bibliothek – CIP-Einheitsaufnahme

Schaumburg, Hanno:
Halbleiter / von Hanno Schaumburg. – Stuttgart : Teubner, 1991
  (Werkstoffe und Bauelemente der Elektrotechnik ; 2)

ISBN-13: 978-3-322-84850-5   e-ISBN-13: 978-3-322-84849-9
DOI: 10.1007/978-3-322-84849-9

NE: GT

Satz und Bilder: Art Type Kommunikation, Seevetal 2
Druck und Binden: Präzis-Druck GmbH, Karlsruhe
Einband: P.P.K, S–Konzepte, Tabea Koch, Ostfildern/Stuttgart

Vorwort

Dem vorliegenden Band 2 der Reihe "Werkstoffe und Bauelemente der Elektrotechnik" mit dem Titel "Halbleiter" liegen zwei Zielsetzungen zugrunde:

erstens werden die physikalischen Grundlagen für die Funktionsweise von Bauelementen auf einer so breiten Basis erarbeitet, daß sie nicht nur auf die in diesem Band behandelten "Standard"-Bauelemente angewendet werden können, sondern auch auf eine Vielzahl weiterer spezialisierter Bauelemente (wie z.B. Sensoren), welche erst in späteren Bänden dieser Reihe ausführlich beschrieben werden. Die für die Berechnung des Bauelementverhaltens unentbehrlichen Ausgangsgleichungen werden aus den Grundlagen der Festkörper- und Quantenphysik hergeleitet, sowie aus der Gibbsschen Thermodynamik, deren Nutzen dem Leser des ersten Bandes dieser Reihe, "Werkstoffe", bereits bestens vertraut ist. Auch in diesem Band werden nur elementare Grundkenntnisse aus der Physik, Chemie und Mathematik vorausgesetzt, fortgeschrittene Zusammenhänge werden in kurzer und teilweise vereinfachter Form eingeführt. Das Buch ist so aufgebaut, daß der weniger grundlageninteressierte Leser einige dieser – zwangsläufig theoretischer angelegten – Abschnitte überschlagen kann, da die Ergebnisse in einem späteren Kapitel zusammengefaßt und leicht verständlich wiederholt werden. Häufig wird der Leser aber feststellen, daß ein tiefergehendes Verständnis dennoch das "feeling" für das Bauelementverhalten erheblich verbessert und daher zu einem befriedigenderen Ergebnis führt.

zweitens wird eine anwendungsnahe und praxisbezogene Einführung in Werkstoffeigenschaften der Halbleiter Germanium, Silizium und Galliumarsenid, den Aufbau und die elektrische Funktion der am häufigsten angewendeten Halbleiterbauelemente, sowie deren Herstellungstechnologie gegeben. Das Schwergewicht liegt weniger in einer *Zusammenstellung* der hierfür relevanten Formeln als in der Vermittlung eines tiefergehenden *Verständnisses*, das dann eine fundierte Anwendung der hergeleiteten Beziehungen ermöglicht. Als Hilfestellung für den praktischen Einsatz werden typische Datenblätter industriell gefertigter Bauelemente zusammengestellt und erläutert. Da deren Veröffentlichung heute durchweg in englischer Sprache erfolgt, werden sie im Original übernommen, wobei im Anhang E ein Verzeichnis der wichtigsten einschlägigen englischen Fachausdrücke zusammengestellt ist. Auch dieses ist eine Unterstützung für den praktisch orientierten Leser.

In diesem Band werden nicht behandelt speziellere Bauelemente der Mikrowellentechnik, der Optoelektronik und der Sensorik, dieses bleibt späteren Bänden der Reihe vorbehalten. Ebenfalls werden keine Bauelemente beschrieben, die sich noch im Forschungsstadium befinden und in der Praxis bisher keine wesentliche Bedeutung erlangt haben, auch wenn dieses für einen späteren Zeitpunkt abzusehen ist. Der Band wendet sich vor allem an Studenten von Universitäten, Technischen Hochschulen und Fachhochschulen zur Einführung in das heute aus der Anwendung nicht mehr wegzudenkende Gebiet der Halbleiterbauelemente, aber auch an den Forscher, Entwickler und Praktiker in der Industrie, der mit den vorhandenen Bauelementen umgehen können muß.

Für eine tatkräftige Unterstützung und Mitarbeit bin ich dankbar den Fachkollegen des Bauelementbereichs der Firma Philips in Hamburg, insbesondere den Herren D. Eckstein (Dioden und Transistoren), R. W. Stamer (Anwendungen von Dioden und Transistoren), E. Uden (Montagetechnik und Gehäuse), W. H. Beyer (Auswahl geeigneter Datenblätter) und L. Dahlwitz (Auswahl drucktechnischer und Bildunterlagen). Auch den Herren F. Losch und Dr. H.-L. Steinbach sei an dieser Stelle für die Vorbereitung der Kooperation herzlich gedankt, weiterhin Herrn Dr. W. Süss, Karl Süss KG, München, für Informationen zum Thema Röntgenlithographie. Die grundlegenden Abschnitte wurden freundlicherweiser von den Herren Prof. Dr. W. Bauhofer (Technische Universität Hamburg-Harburg) und Prof. Dr. W. Schröter (Universität Göttingen) durchgesehen. Für eine kritische Durchsicht des gesamten Inhalts und der Satztechnik sei an dieser Stelle Herrn Prof. Dr. K.H. Löcherer (Institut für Hochfrequenztechnik, Universität Hannover) besonders herzlich gedankt.

Der Inhalt dieses Buches ist über viele Jahre Gegenstand einschlägiger Vorlesungen gewesen, den beteiligten Studenten danke ich hiermit für eine Vielzahl von Vorschlägen und angeregten Diskussionen, aber auch für Kritik und Verbesserungsvorschläge zur didaktischen Aufbereitung dieses umfangreichen Sachgebiets.

Herr Dipl.-Phys. W. Daum hat das Manuskript zu diesem Buch mit viel Sachverstand gelesen und wertvolle Anregungen gegeben, wofür ich ebenfalls sehr dankbar bin.

Die Umsetzung des Manuskripts in eine drucktechnische Vorlage wurde von Herrn G. Krümmel, Fa. Art Type Kommunikation, auf einem Apple Macintosh-System mit großem Einsatz und viel Sachverstand durchgeführt. Hierfür und für eine Vielzahl wertvoller und manchmal mit bewundernswerter Geduld vermittelter Ratschläge bei der Computerarbeit des Verfassers (bis hin zu einigen black outs) sei ihm herzlich gedankt.

Herr Dr. J. Schlembach vom Verlag B. G. Teubner hat dieses Buch – wie auch die gesamte Buchreihe – mit großem Einsatz und dem manchmal auch erforderlichen psychologischen Feingefühl betreut und immer wieder Mut gemacht, dem Druckfehlerteufel die Stirn zu bieten, auch wenn sich dieser schon in die Betriebssoftware des Macintosh eingeschlichen hatte. Ihm sei an dieser Stelle ausdrücklich und mit dem Zeichen persönlicher Sympathie gedankt.

Hamburg, Juli 1991 H.S.

Inhalt

---

[1] Die Ergebnisse der Abschnitte 1 und 2 werden im Abschnitt 4 zusammengefaßt wiederholt. Bei einer schnellen Durchsicht können daher die ersten beiden Abschnitte zunächst überschlagen werden.

* In den mit einem Stern (*) versehenen Abschnitten sind Werkstoffdaten der Halbleiter Germanium, Silizium und Galliumarsenid zusammengestellt.

2   Bandstruktur von Festkörpern[1]

3   Halbleiterwerkstoffe Germanium, Silizium und Galliumarsenid

4   Bändermodell von Halbleitern[1]

---

1) Die Ergebnisse der Abschnitte 1 und 2 werden im Abschnitt 4 zusammengefaßt wiederholt. Bei einer schnellen Durchsicht können daher die ersten beiden Abschnitte zunächst überschlagen werden.

5 Halbleiterübergänge

6 Überschußladungsträger

7 Stromfluß über Barrieren

---

2) In diesen Abschnitten werden Grundlagen behandelt, die in späteren Bänden dieser Reihe Anwendungen finden. Bei einer schnellen Durchsicht können sie daher zunächst überschlagen werden.

* In den mit einem Stern (*) versehenen Abschnitten sind Werkstoffdaten der Halbleiter Germanium, Silizium und Galliumarsenid zusammengestellt.

---

* In den mit einem Stern (*) versehenen Abschnitten sind Werkstoffdaten der Halbleiter Germanium, Silizium und Galliumarsenid zusammengestellt

13. Wärme in Halbleiterbauelementen

14. Rauschen

Literatur

Anhang

1 Elektronengas

1.1 Eingeschlossene Elektronen

1.1.1 Potentialkästen

Im einfachstmöglichen Modell, welches das Verhalten von Elektronen in einem Festkörper beschreibt, wird angenommen, daß alle Elektronen im Festkörper eine konstante potentielle Energie haben. Die Tatsache, daß die Elektronen nicht in nennenswertem Umfang den Festkörper verlassen können (weil sie über eine elektrostatische Anziehung durch die positiv geladenen Atomrümpfe festgehalten werden), wird dadurch ausgedrückt, daß die potentielle Energie W_{pot} *pro Elektron* am Rand des Festkörpers gegen unendlich geht: Ein solches Modell wird als **Potentialkasten** bezeichnet.

Je nach den geometrischen Randbedingungen kann man verschiedene Fälle unterscheiden: Betrachtet man das Verhalten der Elektronen nur in *einer* Raumrichtung, dann entsteht ein **eindimensionaler Potentialkasten** (Bild 1.1.1-1a). Der physikalisch realisierte Fall, daß sich die Elektronen in einem dreidimensionalen Körper (der Einfachheit halber ein Quader) befinden, wird durch einen **dreidimensionalen Potentialkasten** repräsentiert (Bild 1.1.1-1b).

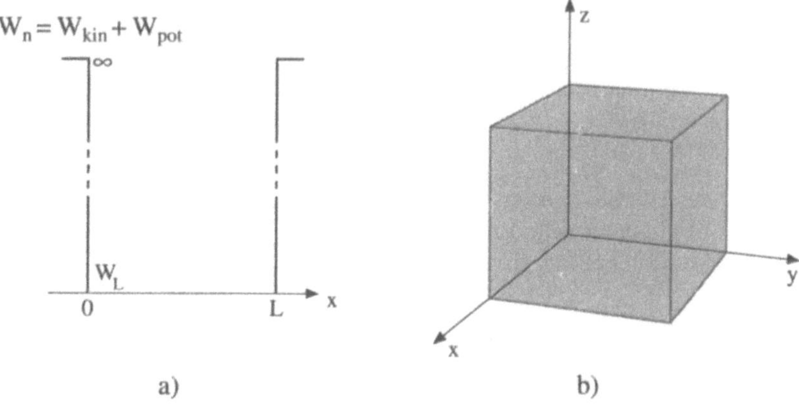

Bild 1.1.1-1:   *Potentialkästen*

   a) eindimensionaler Potentialkasten
   b) dreidimensionaler Potentialkasten

Selbstverständlich können auch Potentialkästen mit anderen geometrischen Formen wie Kugeln, Ellipsoiden, usw. betrachtet werden. Aus Gründen der einfachen mathematischen Behandlung (kartesische Koordinaten) werden wir uns im folgenden aber auf Drähte oder Stangen (**eindimensionales Elektronengas**), Platten (**zweidimensionales Elektronengas**) und Quader etwa gleicher Abmessungen in allen Raumrichtungen (**dreimensionales Elektronengas**) beschränken.

Die theoretische Behandlung des Modells von Elektronen in einem Potentialkasten muß nach den Gesetzen der Quantentheorie erfolgen. Es wird sich aber herausstellen, daß Elektronen in vieler Beziehung ähnliche Eigenschaften haben wie die aus der klassischen Physik bekannten idealen Gase, die aus nicht miteinander wechselwirkenden Atomen und Molekülen bestehen. Auch bei dieser vereinfachten Betrachtung ist aber an entscheidenden Stellen immer wieder ein Rückgriff auf die Gesetze der Quantentheorie erforderlich.

Ein Ansatzpunkt für die quantentheoretische Behandlung von Problemen ist die Lösung der dem System entsprechenden zeitunabhängigen **Schrödingergleichung** (s. Bände 1 und 4 dieser Reihe oder Standardliteratur zur Quantentheorie)

$$\left[-\frac{\hbar^2}{2m}\left(\frac{\partial^2}{\partial x^2} + \frac{\partial^2}{\partial y^2} + \frac{\partial^2}{\partial z^2} \right) + W_{pot}(\vec{r}) \right] \psi_n(\vec{r}) = W_n \psi_n(\vec{r}) \tag{1}$$

$$\vec{r} = \begin{pmatrix} x \\ y \\ z \end{pmatrix}$$

Dabei ist m die Masse des Elektrons, $\hbar$ ist das Planck'sche Wirkungsquantum geteilt durch 2π, und ψ_n ist die **Wellenfunktion** von Zuständen des Systems. W_n ist die zur Wellenfunktion ψ_n gehörende Energie. Die Schrödingergleichung hat den Charakter einer **Eigenwertgleichung**, d.h. je nach Verlauf der potentiellen Energie $W_{pot}(\vec{r})$ gibt es eine Lösung der Differentialgleichung (1) nur für spezielle (häufig diskrete, d.h. nicht kontinuierliche) Werte W_n, den **Energieeigenwerten** oder **Energieniveaus**, mit den dazugehörigen Eigenfunktionen ψ_n.

Für den Fall des Potentialkastens hat die Schrödingergleichung eine besonders einfache Form, weil die potentielle Energie innerhalb des Kastens überall den konstanten Wert W_L besitzt. Im eindimensionalen Fall gilt dann:

$$0 \leq x \leq L: \quad \left[-\frac{\hbar^2}{2m}\frac{\partial^2}{\partial x^2} + W_L \right] \psi_n(x) = W_n \psi_n(x)$$

$$\Rightarrow \frac{\partial^2 \psi_n}{\partial x^2} = -\frac{2m(W_n - W_L)}{\hbar^2} \psi_n \tag{2}$$

Die Lösungen dieser einfachen Differentialgleichung lassen sich leicht ermitteln, sie haben die Form

$$\psi_n = A \cdot \sin\left(\sqrt{\frac{2m(W_n - W_L)}{\hbar^2}}\,x\right) \text{ oder } B \cdot \cos\left(\sqrt{\frac{2m(W_n - W_L)}{\hbar^2}}\,x\right) \tag{3a}$$

$$\psi_n = A \cdot \exp\left(\pm j\sqrt{\frac{2m(W_n - W_L)}{\hbar^2}}\,x\right) \tag{3b}$$

oder eine beliebige Linearkombination davon. Man erkennt, daß in (3a) alle positiven Werte (oder Null) von W_n–W_L zugelassen sind, d.h. ein **kontinuierliches Energiespektrum**. In (3b) sind auch negative Werte von W_n–W_L zugelassen, die zu einer Wurzel mit negativem Argument, also einer imaginären Größe, führen. Nach den Rechenregeln für komplexe Zahlen führt das insgesamt zu einem reellen Exponenten in (3b). Das hat eine wichtige Konsequenz: Während nämlich die Lösungsfunktionen in (3) für positive W_n–W_L alle die Form einer Schwingung (**oszillierende Lösung**) haben, ergibt sich in (3b) für negatives W_n–W_L eine exponentiell abfallende Funktion. Solche Funktionen werden in der Realität auch beobachtet, sie bilden die Basis für den nur quantentheoretisch verständlichen **Tunneleffekt** (s. Band 4 dieser Reihe oder Standardliteratur zur Quantentheorie).

Die Lösung einer Differentialgleichung ist aber nur dann vollständig, wenn die gefundene Lösungsfunktion die Randbedingungen des Problems erfüllt. Beim Potentialkasten war das Modell so konstruiert, daß sich die Elektronen nur innerhalb des Kastens befinden durften, die unendlich hohen Potentialwände am Rande sorgen dafür, daß sich außerhalb davon keine Elektronen aufhalten können. Es ist damit sinnvoll zu fordern, daß gilt:

$$\psi_n = 0 \quad \text{für } x < 0, x > L \tag{4}$$

Zusätzlich fordern wir, daß die Lösungsfunktion an den Rändern des Potentialkastens nicht sprunghaft, sondern stetig gegen Null geht. Dieses ist eine typische Forderung der Quantentheorie, die besagt, daß der Ort von Teilchen nicht beliebig scharf lokalisiert werden kann. Die letztgenannte Forderung ist recht einschneidend: sie wird durch die Lösungsfunktion (3b) nicht mehr erfüllt. Auch auf Funktionen des Typs (3a) hat sie gravierende Auswirkungen: Es werden nämlich nur solche Schwingungen als Lösungen zugelassen, die bei $x = 0$ und $x = L$ einen Schwingungsknoten (Nulldurchgang) besitzen. Deshalb kommt nur die Sinusfunktion in Frage, wenn zusätzlich die Bedingung erfüllt ist

$$\sqrt{\frac{2m(W_n - W_L)}{\hbar^2}} \cdot L = n\pi; \quad n \in Z \text{ (ganze Zahl)} \tag{5}$$

$$\Rightarrow W_n - W_L = \frac{\hbar^2}{2m}\frac{n^2\pi^2}{L^2} = \frac{n^2 h^2}{8m\,L^2} \tag{6}$$

Die **Quantenzahl** n ist eine beliebige positive ganze Zahl. Man erkennt jetzt, daß die Randbedingung der Schrödingergleichung nur noch **diskrete** Werte (einzelne festdefinierte Werte, im Gegensatz zu **kontinuierlichen**, bei denen alle Werte innerhalb eines vorgegebenen Intervalls zulässig sind) von W_n-W_L zuläßt. Das entstandene diskrete Energiespektrum wird durch (6) beschrieben.

Bild 1.1.1-2a zeigt das Energiespektrum des eindimensionalen Potenialkastens zusammen mit den dazugehörigen Wellenfunktionen für die Quantenzahlen $n = 1$ bis 4. Die Wellenfunktion selber beschreibt noch nicht unmittelbar den Aufenthalt des entsprechenden Elektrons. Die **Aufenthaltswahrscheinlichkeit** (= Elektronendichte ρ_n) dafür, daß sich das Elektron in einem Längenelement dx des eindimensionalen Potentialkastens befindet, ist bestimmt durch den Ausdruck

$$\rho_n(x)dx = \left|\,\psi_n(x)\right|^2 dx \tag{7}$$

Auch diese Festlegung ist in den Standardwerken zur Quantentheorie nachzulesen; in dieser Interpretation liegt eine gewisse Willkür. In Bild 1.1.1-2b ist das Quadrat der Wellenfunktion als Maß für die Aufenthaltswahrscheinlichkeit über dem Ort x aufgetragen.

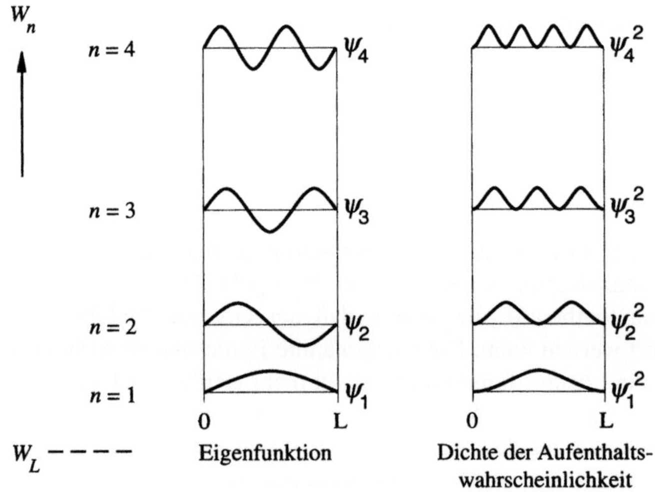

Bild 1.1.1-2:   Eindimensionaler Potentialkasten

a) Ortsabhängigkeit der Wellenfunktionen
b) Ortsabhängigkeit des Quadrates der Wellenfunktionen (daraus läßt sich nach (7) die Aufenthaltswahrscheinlichkeit des Elektrons ableiten)

Befindet sich auf dem Energieniveau mit der Quantenzahl n ein einziges Elektron, dann ist bei Integration über die Gesamtbreite des Potentialkastens die Aufenthaltswahrscheinlichkeit eins

$$\int_o^L \rho_n(x)\,dx = \int_o^L \left| \psi_n(x) \right|^2 dx = 1 \tag{8}$$

Dadurch wird die Größe des Vorfaktors A in (3a) festgelegt, man sagt, daß durch (8) die Wellenfunktion (3a) **normiert** wird. Setzt man (3a) in (8) ein, dann ergibt sich mit Verwendung von (5) explizit

$$\int_0^L A^2 \sin^2\left(\sqrt{\frac{2m(W_n - W_L)}{\hbar^2}}\, x \right) dx = A^2 \int_0^L \sin^2\left(\frac{n\pi x}{L} \right) dx = A^2 \frac{L}{2} \tag{9}$$

Dabei wird die bekannte Tatsache ausgenutzt, daß der Mittelwert über das Quadrat einer Sinusfunktion 1/2 beträgt (s. Tabellenwerke der Mathematik). Da der Wert von (9) nach (8) eins beträgt, folgt

$$A = \pm\sqrt{\frac{2}{L}} \tag{10}$$

so daß sich für die vollständige Wellenfunktion ergibt

$$\psi_n = \pm\sqrt{\frac{2}{L}} \sin\left(\frac{n\pi x}{L} \right) \tag{11}$$

An dieser Stelle ist es von Interesse, die Größenordnung des Ausdrucks $h^2/(8mL^2)$ in (6) abzuschätzen, weil hierdurch der Abstand der Energieeigenwerte festgelegt wird. Nach Einsetzen des Planck'schen Wirkungsquantums und der Elektronenmasse erhält man

$$\frac{h^2}{8m\,L^2} = 0{,}37 \cdot 10^{-18}\,\text{eV}\,\frac{1}{\left(L[m] \right)^2} \tag{12}$$

wobei L in Metern angegeben ist. Die Energieeigenwerte liegen also bei kleinen Quantenzahlen und großen Ausdehnungen des Potentialkastens äußerst nahe beieinander, so daß sie nahezu ein Kontinuum bilden. Erst bei sehr kleinen Abmessungen des Potentialkastens im Bereich atomarer Dimensionen (z.B. Größenordnung 1 Angström = 10^{-10} m) wird die diskrete Natur des Energiespektrums deutlich. Das hat eine erhebliche Bedeutung für elektronische und dabei insbesondere Halbleiterbauelemente: Bei großen Abmessungen der Bauelemente wird nahezu ein kontinuierliches Energiespektrum angenommen, wie es klassische (d.h. nach den Gesetzen der nicht quantentheoretisch fundierten kinetischen Gastheorie zu berechnende) Gase ebenfalls besitzen. Erst bei extrem kleinen Abmessungen im Submikronbereich ($<1\mu$m) ist mit typischen quantentheoretischen Effekten zu rechnen. Abmessungen dieser Größe werden aber heutzutage bei der Fertigung von Spezialbauelementen und höchstintegrierten Schaltungen zunehmend erreicht, so daß es keineswegs selbstverständlich ist, daß Submikron-Bauelemente ein ähnliches elektrisches Verhalten aufweisen wie Bauelemente mit größeren Abmessungen.

Schreibt man die Wellenfunktion (11) in der für ebene Wellen üblichen Weise (Band 1, Abschnitt 1.4.2), dann ergibt sich mit der **Wellenzahl** k_n und der **Wellenlänge** λ_n die Beziehung

$$\psi_n =: \pm \sqrt{\frac{2}{L}} \sin(k_n x); \quad k_n := \frac{2\pi}{\lambda_n} \tag{13}$$

$$\underset{(11)}{\Rightarrow} \quad k_n = n\frac{\pi}{L} =: nk_o \tag{14}$$

$$k_o := \frac{\pi}{L} \tag{15}$$

d.h. die Wellenzahl k_n ist darstellbar als das ganzzahlige Vielfache einer Einheitswellenzahl k_o. Drücken wir die Energieeigenwerte (6) durch die Wellenzahlen aus, dann erhalten wir mit (14)

$$W_n - W_L = \frac{\hbar^2 k_n^2}{2m} =: W_{kin,n} \tag{16}$$

Der Ausdruck $W_n - W_L$, also die Differenz zwischen Gesamtenergie und potentieller Energie, wird gewöhnlich als **kinetische Energie** $W_{kin,n}$ bezeichnet (Index n, da es sich um eine Energie *pro Teilchen* handelt. Anmerkung: In der Quantentheorie ist die Auftrennung in eine kinetische und potentielle Energie in der Regel problematisch und nur in der sogenannten "quasiklassischen Näherung" eindeutig durchführbar. Diese Näherung ist aber für sehr viele Anwendungen in der Elektrotechnik – insbesondere bei den Halbleiterbauelementen – mit hinreichender Genauigkeit anwendbar). Die kinetische Energie der Elektronen läßt sich aber über die Elektronengeschwindigkeit v_n und deren Impuls p_n darstellen.

$$W_{kin,n} = \frac{m}{2}v_n^2 = \frac{p_n^2}{2m} \tag{17}$$

Ein Vergleich von (16) und (17) gibt die bekannte **de Broglie-Beziehung** zwischen Teilchenimpuls und dazugehörigem Wellenzahlvektor

$$p_n = \hbar k_n \tag{18}$$

Die Behandlung des zwei- und dreidimensionalen Potentialkastens ist kaum schwieriger als die des eindimensionalen. Die Schrödingergleichung für den dreidimensionalen Potentialkasten

$$-\frac{\hbar^2}{2m}\left\{\frac{\partial^2}{\partial x^2} + \frac{\partial^2}{\partial y^2} + \frac{\partial^2}{\partial z^2}\right\}\psi_n(\vec{r}) = (W_n - W_L)\psi_n(\vec{r}) = W_{kin,n}\,\psi_n(\vec{r}) \qquad (19)$$

läßt sich – wie bei vielen anderen wichtigen Systemen auch – durch Separation der Variablen lösen. Wir setzen die Ansatzfunktion

$$\psi_n(\vec{r}) = \psi_n^x(x)\,\psi_n^y(y)\,\psi_n^z(z) \qquad (20)$$

in (19) ein. Nach Ausführung der partiellen Ableitungen und Division durch die Funktion (20) erhält man

$$-\frac{\hbar^2}{2m}\frac{\partial^2\psi_n^x(x)}{\psi_n^x(x)\partial x^2} - \frac{\hbar^2}{2m}\frac{\partial^2\psi_n^y(y)}{\psi_n^y(y)\partial y^2} - \frac{\hbar^2}{2m}\frac{\partial^2\psi_n^z(z)}{\psi_n^z(z)\partial z^2} = W_{kin,n} \qquad (21)$$

Wir teilen $W_{kin,n}$ auf in die jeweiligen kinetischen Energien für die Bewegung in x-, y- und z- Richtung

$$W_{kin,n} = W_{kin,n}^x + W_{kin,n}^y + W_{kin,n}^z \qquad (22)$$

Dann ist (21) darstellbar durch

$$\sum_{i=x,y,z}\left\{-\frac{\hbar^2}{2m}\frac{\partial^2\psi_n^i(i)}{\psi_n^i(i)\partial i^2} = W_{kin,n}^i\right\} \qquad (23)$$

(Die Summation wird auf beiden Seiten des Gleichheitszeichens durchgeführt). Jeder einzelne Summand in (23) entspricht der Schrödingergleichung (2) für den eindimensionalen Potentialkasten, deren Lösung wir bereits kennen. Durch Übernahme der Wellenfunktion (11) auch für die Koordinaten in y- und z-Richtung erhalten wir mit (20)

$$\psi_n(\vec{r}) = \sqrt{\frac{8}{L_x L_y L_z}}\sin\left(\frac{n_x \pi_x}{L_x}\right)\sin\left(\frac{n_y \pi_y}{L_y}\right)\sin\left(\frac{n_z \pi_z}{L_z}\right) \qquad (24)$$

wobei die L_i die entsprechenden Abmessungen des Potentialkastens in x-, y- und z-Richtung sind. Für die kinetischen Energien und Wellenzahlvektoren in den verschiedenen Raumrichtungen gilt als Verallgemeinerung von (14) und (16)

$$W_{kin,n}^i = n_i^2\frac{\pi^2\hbar^2}{2mL_i^2} =: \frac{\hbar^2 k_n^{i2}}{2m}; \quad i = x, y, z \qquad (25)$$

$$\text{mit } k_n^i := n_i\frac{\pi}{L_i} =: n_i k_o^i \qquad (26)$$

Die gesamte kinetische Energie der Elektronen ist dann

$$W_{kin,n} = \frac{\hbar^2}{2m}\left\{ n_x^2 k_o^{x2} + n_y^2 k_o^{y2} + n_z^2 k_o^{z2} \right\}$$ (27)

Den Ausdruck in der Klammer kann man zweckmäßigerweise durch den Betrag eines Vektors $\vec{k}$ darstellen, der durch die Komponenten definiert wird

$$\vec{k}_n = \begin{pmatrix} n_x k_o^x \\ n_y k_o^y \\ n_z k_o^z \end{pmatrix} = n_x \vec{k}_o^x + n_y \vec{k}_o^y + n_z \vec{k}_o^z$$ (28)

Dabei sind die $\vec{k}_o^i$ die Einheitsvektoren in x-, y- und z-Richtung mit den durch (26) für $n_i = 1$ definierten Beträgen. Dadurch bekommt (27) schließlich die besonders einfache Form

$$W_{kin,n} = \frac{\hbar^2 \vec{k}_n^2}{2m}$$ (29)

Die Form von (28) legt nahe, die quantentheoretisch erlaubten Wellenzahlvektoren (in diesem Zusammenhang spricht man auch von einem **Spektrum der Eigenwerte des Wellenzahlvektors**) durch ein Gitter zu beschreiben. Dazu brauchen wir nur einen dreidimensionalen Raum zu konstruieren (**k-Raum**) mit den Richtungen $\vec{k}_x$, $\vec{k}_y$ und $\vec{k}_z$ und Einheitsvektoren nach (26). Durch Linearkombinationen wie in (28) wird ein unendlich ausgedehntes Gitter definiert, dessen Gitterpunkte gerade die erlaubten Wellenzahlvektoren in den drei Raumrichtungen beschreiben (Bild 1.1.1-3).

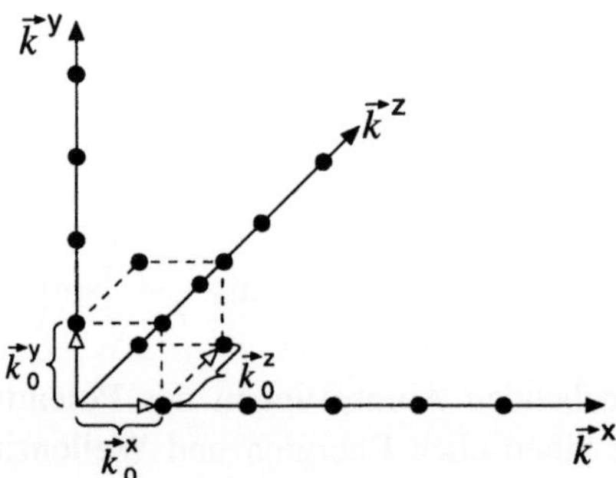

Bild 1.1.1-3:   *Darstellung der quantentheoretisch erlaubten Wellenzahlvektoren des dreidimensionalen Potentialkastens durch ein Raumgitter im k-Raum: Alle Gitterpunkte entsprechen einer erlaubten Kombination der Wellenzahlvektoren in k_x-, k_y- und k_z- Richtung. Zur Veranschaulichung ist die (kubische) Einheitszelle gestrichelt hervorgehoben.*

Die Dimension der Koordinaten dieses Raums ist die der Wellenzahl, also eine reziproke Länge. Damit ergibt sich dieselbe Dimension wie im reziproken Gitterraum, der für die Vektoren $\vec{g}$ zur Beschreibung von Ebenen in einem Raumgitter definiert worden war (Band 1, Abschnitt 1.4.2). Beide Gitter lassen sich also in demselben Koordinatensystem darstellen. Dabei ergibt sich aber ein großer Unterschied: Die Einheitsvektoren des reziproken Gitterraums haben die Länge $2\pi/a$ mit der Gitterkonstanten a. Diese ist aber in der Regel weit kleiner als die Dimensionen L_i eines Potentialkastens. Wird unser Potentialkasten durch einen Kristall mit der Gitterkonstanten $4\cdot10^{-10}$ m gebildet und hat dieser die Abmessungen $4\mu\text{m} = 4\cdot10^{-6}$m, dann ist der Einheitsvektor des reziproken Gitterraums $2\cdot10^{4}$-mal länger als die Einheitsvektoren des k-Raums, d.h. das Raster der erlaubten Wellenzahlen des Potentialkastens ist weitaus feiner als das Raster des reziproken Gitterraums (Bild 1.1.1-4). Die Gitterpunkte des reziproken Gitterraums sind aber auch Gitterpunkte des k-Raums, weil ein Festkörper(potentialkasten) aus einem ganzzahligen Vielfachen von Gitterkonstanten besteht.

Das Zusammenwirken beider Gitter ist von sehr großer Bedeutung für die Beschreibung des Verhaltens von Elektronen in kristallinen Festkörpern, s. Abschnitt 2.

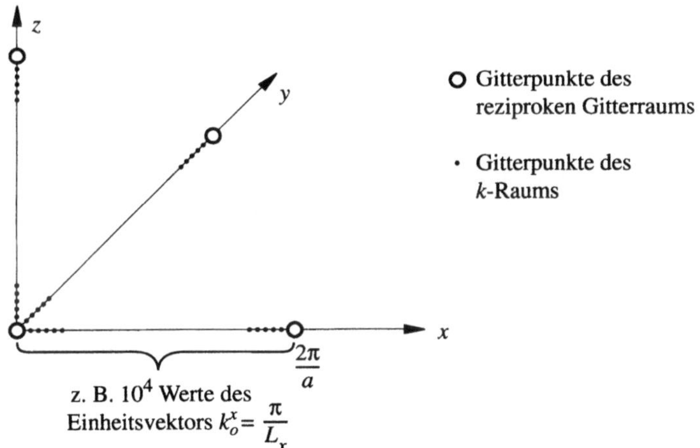

Bild 1.1.1-4:   Gleichzeitige Auftragung von Gitterpunkten des k-Raums (erlaubte Wellenzahlvektoren des Potentialkastens) und des reziproken Gitterraums für ein kubisches Gitter. Das Raster des k-Raums ist viel feiner als das des reziproken Gitterraums, da die Gitterkonstante des ersteren viel kleiner ist.

Mit diesen Ergebnissen ist das quantentheoretische Problem des Potentialkastens weitgehend gelöst.

Die Regeln der Quantentheorie erfordern eine Einschränkung des k-Spektrums auf positive Vorzeichen: In (5) dürfen nur ganze positive Zahlen n zugelassen werden. Negative Werte führen nämlich zu einem negativen Argument in der Sinusfunktion (3a), das negative Vorzeichen kann dann vor die Sinusfunktion gezogen werden.

Deshalb ist die Lösung mit negativem n linear abhängig von der Lösung mit positivem n, sie ist also nur eine der vielen möglichen Linearkombinationen der Wellenfunktionen mit positivem n, die nicht als weitere Zustände des quantentheoretischen Systems gewertet werden dürfen. Bei der Bestimmung der Aufenthaltswahrscheinlichkeit nach (7) fällt das Vorzeichen ohnehin heraus.

Mathematische Operationen mit Sinusfunktionen wie (3) oder (24) sind recht umständlich. Eine Einschränkung des k-Raums auf den positiven Oktanten des Koordinatensystems erzeugt eine physikalisch nicht gegebene Asymmetrie. Schließlich sind Funktionen wie (24) nicht unmittelbar als ebene Wellen interpretierbar. Alles dieses sind Argumente, warum das Modell des Potentialkastens in der Theorie des Elektronengases nur wenig Anwendung findet. Vorzuziehen sind die Born-von Karman'schen Randbedingungen, die im nächsten Abschnitt behandelt werden. Für eine anschauliche Darstellung des Elektronenverhaltens und als Beispiel für die Lösung eines einfachen quantentheoretischen Problems ist jedoch das Potentialkastenmodell von erheblichem Nutzen.

1.1.2 Born-von Karman - Randbedingung

Die Lösungsfunktion (1.1.1-3b) konnte für den Potentialkasten nicht angewendet werden, weil deren Betrag an den Rändern des Potentialkastens nicht stetig gegen Null geht. Auf der anderen Seite sind **oszillatorische** (Schwingungs-)**Lösungen** dieses Typs sehr viel handlicher als trigonometrische Funktionen. Deshalb sucht man nach Modellen, die auch Lösungen des Typs (1.1.1-3b) zulassen.

Eine Möglichkeit hierzu erhält man auf die folgende Weise: Wir stellen uns einen eindimensionalen Leiter vor, z.B. einen Kupferdraht, in dem sich viele Elektronen befinden. Es widerspricht nun jeder Erfahrung, daß sich die Eigenschaften der Elektronen wesentlich ändern, wenn wir den Kupferdraht zu einer Schlaufe zusammenbiegen und die Enden leitend miteinander verbinden (Bild 1.1.2-1).

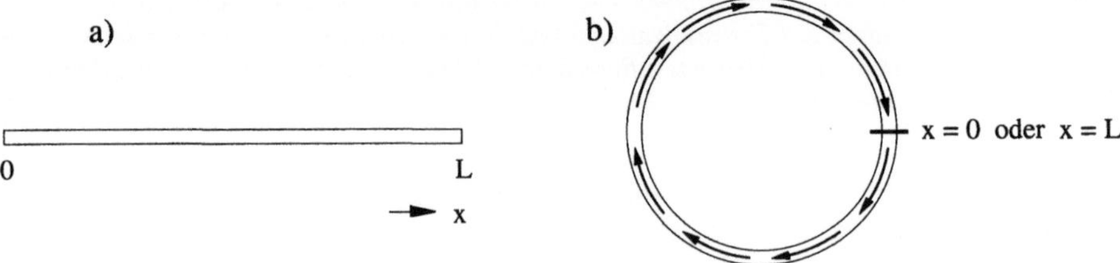

Bild 1.1.2-1:   Randbedingungen für ein Modell der Elektronen in einem Kupferdraht
a) Potentialkastenmodell
b) zyklische oder Born-von Karman-Randbedingung

Die Auswirkung dieser neuen **zyklischen** oder **Born-von Karman-Randbedingung** ist beachtlich: Wir brauchen jetzt nicht mehr zu fordern, daß die Aufenthaltswahrscheinlichkeit (Quadrat des Betrages der Wellenfunktion) am Rande des Bauelementes stetig gegen Null geht, sondern nur noch, daß die Wellenfunktion nach Durchlaufen der Schlaufe ($x = L_x$) den gleichen Wert hat wie am Anfang bei $x = 0$, da $x = 0$ und $x = L_x$ zusammenfallen. Die Randbedingung für die Wellenfunktion lautet also

$$\psi_n\left(x + L_x\right) = \psi_n\left(x\right) \tag{1}$$

Wäre diese Bedingung nicht erfüllt, dann hätte die Wellenfunktion keine eindeutigen Werte, sie würde von der Anzahl der Umläufe um die Schlaufe abhängen, was physikalisch bei diesem Problem nicht sinnvoll ist.

Die Randbedingung (1) wird von allen Funktionen des Typs (1.1.1-3) erfüllt, sofern die Phasen die Eigenschaft haben

$$\sqrt{\frac{2m\left(W_n - W_L\right)}{\hbar^2}} = 0, \pm\frac{2\pi}{L_x}, \pm\frac{4\pi}{L_x}, \pm\ldots\pm n\frac{2\pi}{L_x} \tag{2}$$

da bei der Lösung $(1.1.1-3b)$ gilt: $\exp(j2\pi n) = 1, \forall n \in Z$

Im Gegensatz zu (1.1.1-5) sind nur geradzahlige Vielfache von π/L_x zugelassen. Wir gehen wieder über auf Wellenzahlen k_n (1.1.1-14 und 15) und verwenden als die von uns angestrebte Lösung des Elektronenproblems die Wellenfunktion (1.1.1-3b). Die Normierungsbedingung (1.1.1-8) ergibt (konjugiert komplexe Größen werden mit einem Stern versehen) wieder den Wert der Amplitude A

$$\psi_n = A \exp\left(jk_n^x x\right) \tag{3a}$$

$$k_n^x = 0, \pm\frac{2\pi}{L_x}, \pm\frac{4\pi}{L_x}, \pm\ldots\pm n\frac{2\pi}{L_x}\ldots \tag{3b}$$

$$\int_0^{L_x}\left|\psi_n\left(x\right)\right|^2 dx = \int_0^{L_x}\psi_n\psi_n^* dx \underset{(3a)}{=} |A|^2 L_x \underset{(1.1.1-8)}{=} 1 \tag{4a}$$

$$\Rightarrow A = \pm\frac{1}{\sqrt{L_x}} \tag{4b}$$

Die Erweiterung auf drei Dimensionen erfolgt wie im Abschnitt 1.1.1. Wieder wird eine Wellenfunktion wie (1.1.1-20) angesetzt und die Schrödingergleichung durch

Separation der Variablen auf drei eindimensionale Probleme zurückgeführt. Für jede eindimensionale Wellenfunktion soll dann die Randbedingung (1) gelten, so daß sich eine Lösung wie in (3) und (4) ergibt. Dieses läßt sich ohne weiteres formal durchführen, eine anschauliche Erweiterung des Modells in Bild 1.1.2-1 auf den dreidimensionalen Raum ist aufwendig. Die vollständige dreidimensionale Wellenfunktion hat schließlich die Form:

$$\psi_n(\vec{r}) = \frac{1}{\sqrt{L_x L_y L_z}} \exp\left(jk_n^x x\right) \exp\left(jk_n^y y\right) \exp\left(jk_n^z z\right)$$

$$= \frac{1}{\sqrt{L_x L_y L_z}} \exp\left(j\vec{k}_n \vec{r}\right) \text{ mit } \vec{k}_n = \begin{pmatrix} k_n^x \\ k_n^y \\ k_n^z \end{pmatrix} \tag{5}$$

also eine ebene Welle mit dem Wellenzahlvektor $\vec{k}_n$ (s. Band 1, Gleichung 1.13). Das Spektrum der zulässigen Wellenzahlvektorkomponenten wird festgelegt durch die Verallgemeinerung von (3b):

$$k_n^i = 0, \pm\frac{2\pi}{L_i}, \pm\frac{4\pi}{L_i}, \pm\ldots\pm n\frac{2\pi}{L_i}\ldots; \quad i = x, y, z \tag{6}$$

Auch diese zulässigen Wellenzahlvektoren lassen sich zweckmäßigerweise darstellen als Gitterpunkte in einem k-Raum. Im Vergleich zu dem Gitter, das sich auf der Grundlage des Potentialkasten-Modells berechnen läßt (s. Abschnitt 1.1.1), gibt es aber zwei signifikante Unterschiede:

— die Länge des Einheitsvektors ist bei den Born-von Karman-Randbedingungen $2\pi/L_i$ und nicht π/L_i

— auch negative k-Werte sind zugelassen, da $\exp(+jkx)$ linear *unabhängig* ist von $\exp(-jkx)$

Bild 1.1.2-2 zeigt die gemeinsame Darstellung des k-Raums für Born-von Karman'sche Randbedingungen und des reziproken Gitterraums.

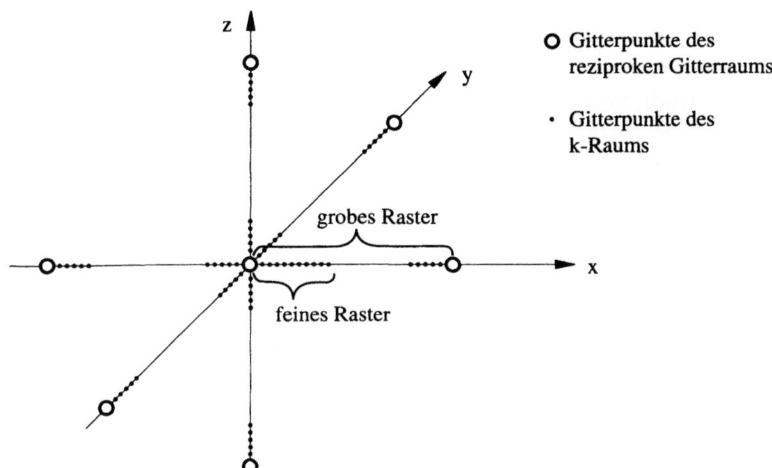

Bild 1.1.2-2:   *Darstellung der erlaubten Wellenzahlvektoren bei Verwendung der*
Born-von Karman'schen Randbedingungen als Gitterpunkte in einem k-Raum, zu-
sammen mit den Gitterpunkten eines kubischen reziproken Gitters. Eingetragen
sind jeweils nur Gitterpunkte, die auf den Koordinatenachsen liegen.

Im Gegensatz zu (1.1.1-24) beschreibt (5) eine ebene Welle im dreidimensionalen
Raum, deren Ausbreitungsrichtung (Normale zu den Ebenen gleicher Phase) durch
die Richtung des Wellenzahlvektors bestimmt wird. Die Länge (der Betrag) des
Wellenzahlvektors ist nach (1.1.1-13) anschaulich interpretierbar:

$$\exp(jkx) = \exp\left(j\,\frac{2\pi x}{\lambda_k} \right) \tag{7}$$

wobei λ_k die zur Wellenzahl k gehörende Wellenlänge ist:

$$k = \frac{2\pi}{\lambda_k} \tag{8}$$

Zur weiteren Analyse der Elektronenzustände müssen wir auch den zeitlichen Verlauf der ebenen Welle kennen. Dazu muß die zeitabhängige Schrödingergleichung
(s. Abschnitt 6.1.3, Band 4 oder Standardliteratur zur Quantentheorie) gelöst werden.
Das Ergebnis ist die zeitabhängige ebene Welle (6.1.3-16)

$$\psi_n(\vec{r}) = \frac{1}{\sqrt{L_x L_y L_z}}\exp\left(j\left[\vec{k}_n\vec{r} - \frac{W_n}{\hbar}t \right] \right) \tag{9a}$$

$$= \frac{1}{\sqrt{L_x L_y L_z}}\exp\left(j\left[\vec{k}_n\vec{r} - \frac{W_{kin,n}}{\hbar}t \right] \right)\exp\left(-j\frac{W_L}{\hbar}t \right) \tag{9b}$$

mit der durch (1.1.1-16) definierten kinetischen Energie $W_{kin,n}$ pro Elektron im Zustand n. Bei einer Überlagerung mehrerer Wellen des Typs (9) ergeben sich typische Interferenzerscheinungen, wie z.B. Schwebungsmaxima, die sich mit der **Gruppengeschwindigkeit** v_g bewegen. Zur Berechnung betrachten wir die Überlagerung einer großen Anzahl von Wellen, deren Wellenzahlvektoren k_n alle dieselbe Richtung (x-Richtung), aber unterschiedliche Beträge haben. Die k_n-Werte mögen so dicht beeinander liegen, daß wir die Summe durch eine Integration ersetzen können. Zur Verallgemeinerung lassen wir die Amplitude A auch von k abhängen (**Spektralfunktion**). Die Interferenzamplitude ist dann

$$I(x,t) = \int_{-\infty}^{+\infty} A(k) \exp\left(j\left[kx - \frac{W_{kin,n}t}{\hbar} \right] \right) dk \tag{10}$$

Wir nehmen jetzt an, die Spektralfunktion habe nur in der Umgebung einer bestimmten Wellenzahl k_o signifikante Werte. Dann kann man die kinetische Energie um diesen Wert herum nach Taylor entwickeln

$$W_{kin,n} = W_{kin,n}^o + \left.\frac{\partial W_{kin,n}}{\partial k}\right|_{k=k_0} (k - k_o) + \ldots$$

$$\cong W_{kin,n}^o - \left.\frac{\partial W_{kin,n}}{\partial k}\right|_{k=k_0} k_o + \left.\frac{\partial W_{kin,n}}{\partial k}\right|_{k=k_o} k \tag{11}$$

Diesen Ausdruck setzen wir in (10) ein

$$I(x,t) \cong \exp\left(-j\left[W_{kin,n}^o - \left.\frac{\partial W_{kin,n}}{\partial k}\right|_{k=k_o} k_o \right]\frac{t}{\hbar} \right) \times$$

$$\times \int_{-\infty}^{+\infty} A(k) \exp\left(j\left[kx - \left.\frac{\partial W_{kin,n}}{\partial k}\right|_{k=k_o} k\frac{t}{\hbar} \right] \right) dk \tag{12}$$

Der Vorfaktor vor dem Integral ist ein reiner Phasenfaktor P, der die Phase der Wellenfunktion dreht, deren Amplitude aber nicht beeinflußt. Der Exponent im Integral auf der rechten Seite ist in beiden Termen proportional zum Faktor k, nach unserer ursprünglichen Definition (10) für den Fall $t = 0$ (der die kinetische Energie enthaltende Term fällt dann heraus) kann daher das Integral (12) umgeschrieben werden

$$I(x,t) \cong P \cdot I\left(x - v_g t, 0 \right) \tag{13}$$

$$v_g(k_o) = \frac{1}{\hbar} \left.\frac{\partial W_{kin}}{\partial k}\right|_{k=k_o} \tag{14}$$

mit der **Gruppengeschwindigkeit** v_g, denn (13) sagt aus, daß sich die Interferenz-amplitude I zeitlich mit einer konstanten Geschwindigkeit nach (14) bewegt. Die Gruppengeschwindigkeit ist eine für die Festkörperphysik zentrale Größe, sie entspricht der real meßbaren Elektronengeschwindigkeit, wie im folgenden begründet wird.

Es ist physikalisch sinnvoll, die Lokalisierung von Elektronen in der Teilchendarstellung mit der Ortsabhängigkeit der Interferenzfiguren I (im einfachsten Fall ein einziges Maximum) in der Wellendarstellung zu identifizieren (Bild 1.1.2-3). Auf diese Weise wird das in der Quantentheorie liegende Problem überwunden, daß man lokalisierte Teilchen gleichzeitig durch Wellen beschreiben können muß (Welle-Teilchen-Dualismus): Die Lokalisierung wird durch ein örtliches Ansteigen der Amplitude bei der Überlagerung von Wellen verschiedener (mehr oder weniger eng benachbarter) Wellenzahlen zu einer Interferenzfigur ausgedrückt. Diese Identifikation ist von großer Tragweite: eine genauere mathematische Auswertung ergibt (Abschnitt 1.3.2), daß eine scharfe Lokalisierung nur durch Überlagerung von Wellen mit einem weiten Spektrum von k möglich ist. Eine enge Eingrenzung des Ortes führt zu einer starken Ausdehnung des Wellenzahl- und damit nach (1.1.1-18) des Impulsbereiches. Dieses ist die physikalische Ursache für die Heisenbergsche Unschärferelation (1.3.2-26): Orts- und Impulsunschärfe sind zueinander umgekehrt proportional. Wenn jeweils eine Unschärfe verkleinert wird, vergrößert sich die andere.

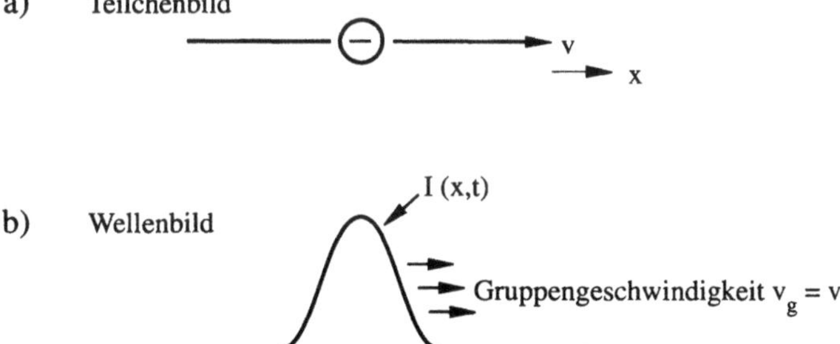

Bild 1.1.2-3:   *Darstellung eines bewegten Elektrons (a) mit der Teilchengeschwindigkeit v durch ein Maximum der Interferenzamplitude I (b), das sich mit der Gruppengeschwindigkeit v_g = v bewegt*

Die Gruppengeschwindigkeit ist nach (14) sehr allgemein definiert. Da die Beziehung (1.1.1-16) sowohl für das Wellenzahlspektrum des Potentialkastens wie auch für das entsprechende bei Gültigkeit der Born-von Karman-Randbedingungen gilt, folgt

$$v_g\left(k_o\right)=\frac{1}{\hbar}\frac{\partial}{\partial k}\left(\frac{\hbar^2 k^2}{2m}\right)\Bigg|_{k=k_o}=\frac{\hbar k_o}{m}=\frac{p}{m}=v \tag{15}$$

d.h. die Gruppengeschwindigkeit fällt mit der konstanten Teilchengeschwindigkeit zusammen, durch welche die kinetische Energie definiert ist. Bei praktisch vorkommenden Systemen, die nicht einfach durch einen Potentialkasten oder die Born-von Karman-Randbedingung beschrieben werden können, gilt im allgemeinen (15) nicht. Der Funktion $W_n = W_L + W_{kin}(\vec{k})$ kommt dann eine große Bedeutung zu. In Anlehnung an die Optik, bei der in (9a) die Energie W_n übergeht in die Energie $h\nu$ von Lichtquanten

$$W_n \rightarrow \hbar\omega = h\nu \tag{16}$$

(ν = Frequenz, $\omega = 2\pi\nu$ = Kreisfrequenz) bezeichnet man die Wellenzahlvektor-Abhängigkeit der kinetischen Energie oder der entsprechenden Kreisfrequenz

$$\omega\left(\vec{k}\right) = \frac{W_n\left(\vec{k}\right)}{\hbar} \tag{17}$$

als **Dispersionsrelation.**

Da die Gruppengeschwindigkeit mit der Teilchengeschwindigkeit identifiziert werden kann, wird auch die **Teilchenstromdichte** $j^T(k)$ (Anhang C2) der Teilchen mit der Wellenzahl k durch die Gruppengeschwindigkeit festgelegt über

$$j_{\vec{k}}^T = \rho\left(\vec{k}\right)v_g\left(\vec{k}\right) \tag{18}$$

wobei $\rho(\vec{k})$ die Volumendichte (m^{-3}) der Teilchen mit dem Wellenzahlvektor $\vec{k}$ darstellt. Die gesamte Teilchenstromdichte ergibt sich durch Integration über alle Wellenvektoren

$$j^T\left(\vec{k}\right) = \int_{-\infty}^{+\infty}\rho\left(\vec{k}\right)v_g\left(\vec{k}\right)d^3\vec{k} \tag{19}$$

1.1.3 Zustandsdichten

In vielen Fällen ist es wichtig zu wissen, wieviele quantentheoretisch erlaubte Zustände es in einem bestimmten Bereich des k-Raums oder einem vorgegebenen Energieintervall gibt. Nach (1.1.2-3) gilt im eindimensionalen Fall für Elektronen, deren Verhalten durch die Born-von Karman-Randbedingung beschrieben wird (die k_o^i entsprechen den Einheitslängen oder Gitterabständen in der entsprechenden Raumrichtung):

$$\left.\begin{aligned} k_n^i &= \pm n_i\,\frac{2\pi}{L_i} =: \pm n_i k_o^i \\[2ex] k_0^i &:= \frac{2\pi}{L_i} \end{aligned}\right\} \forall n_i \in N;\ i = x, y, z \qquad (1)$$

d.h. die Anzahl Δn_i der Zustände pro Inkrement Δk_n^i im k-Raum (**absolute Zustandsdichte** $N_{abs}^{(1)}(k_i)$ für den **ein**dimensionalen Fall) ergibt sich durch Differentiation von (1)

$$N_{abs}^{(1)}(k_i) = \left|\frac{\Delta n_i}{\Delta k_n^i}\right| = \frac{L_i}{2\pi} = \frac{1}{k_0^i};\ i = x, y, z \qquad (2)$$

Dieses Ergebnis kann auch im k-Raum leicht veranschaulicht werden (Bild 1.1.3-1).

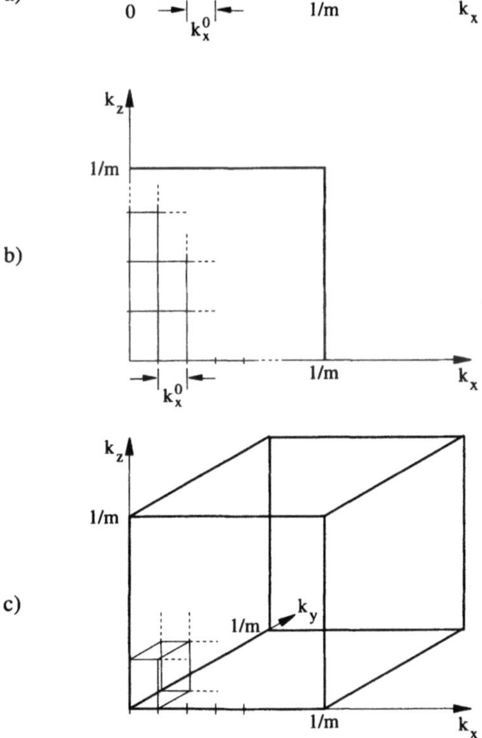

Bild 1.1.3-1:   *Absolute Zustandsdichten im k-Raum: jedem quantentheoretisch erlaubten Zustand kann im k-Raum ein Gitterpunkt in einem orthogonalen (orthorhombischen) Gitter mit den Gitterabständen k_o^i (i = x,y,z; die physikalische Dimension dieses Gitterabstandes im reziproken Gitterraum ist 1/Länge!) zugeordnet werden. Die Anzahl der Gitterpunkte kann auf die folgende Art bestimmt werden:*

a) eindimensionaler k-Raum: Wegen der Äquidistanz der Gitterpunkte ist die An-zahl proportional zur Länge, wir wählen als Inkrement Δk die Einheitslänge im k-Raum 1/m (m = Meter). Die Anzahl Δn der Gitterpunkte darin ist mit (2)

$$N_{abs}^{(1)}(k_i) = \frac{\Delta n}{1/m} = \frac{1}{k_o^i} \tag{3}$$

b) zweidimensionaler k-Raum: Als Bezugsgröße wählen wir die Einheitsfläche im k-Raum $1/m^2$. Die Anzahl Δn der Gitterpunkte darin ist

$$N_{abs}^{(2)}(k_x,k_y) = \frac{\Delta n}{\left(1/m^2\right)} = \frac{1}{k_o^x k^y} \tag{4}$$

c) dreidimensionaler k-Raum: Als Bezugsgröße wählen wir das Einheitsvolumen im k-Raum $1/m^3$. Die Anzahl Δn der Gitterpunkte darin ist

$$N_{abs}^{(3)}(k_x,k_y,k_z) = \frac{\Delta n}{\left(1/m^3\right)} = \frac{1}{k_o^x k_o^y k_o^z} \tag{5}$$

Mit den Beziehungen (3) bis (5) aus Bild 1.1.3-1 erhalten wir nach Einsetzen von (2) für die absoluten Zustandsdichten des zwei- und dreidimensionalen k-Raums

$$N_{abs}^{(2)}(k_x,k_y) = \frac{L_x L_y}{(2\pi)^2} \tag{6}$$

$$N_{abs}^{(3)}(k_x,k_y,k_z) = \frac{L_x L_y L_z}{(2\pi)^3} \tag{7}$$

Es ist üblich, die absoluten Zustandsdichten auf die jeweilige Länge, Fläche oder das Volumen (im Ortsraum) des betrachteten Systems zu beziehen. Wir erhalten damit als konstante und dimensionslose Größen die auf die Abmessungen des Festkörpers bezogenen **(relativen) Zustandsdichten im k-Raum**

$$N^{(1)}(k_x) = \frac{1}{2\pi} \tag{8}$$

$$N^{(2)}(k_x,k_y) = \frac{1}{(2\pi)^2} \tag{9}$$

$$N^{(3)}(k_x,k_y,k_z) = \frac{1}{(2\pi)^3} \tag{10}$$

In der Theorie der Halbleiterbauelemente wird häufig mit Bändermodellen gearbei-tet, bei denen die *Energie* der Ladungsträger in Abhängigkeit vom Ort aufgetragen wird. In diesem Zusammenhang ist es häufig wichtig zu wissen, wieviele erlaubte Zustände es in einem vorgegebenen *Energie*intervall gibt. Man definiert daher ana-log zu (2) für den eindimensionalen Fall eine auf die Energie bezogene absolute Zustandsdichte durch die Zunahme Δn der Anzahl von Zuständen bei Vergrößerung der Energie um den infinitesimalen Wert ΔW

$$N^{(1)}_{abs}(W) = \left| \frac{\Delta n}{\Delta W} \right| \tag{11}$$

Zur Berechnung dieser Größe ist es notwendig, die Abhängigkeit der Energie W von der Quantenzahl n zu kennen. Hierfür gehen wir von den Formeln (1.1.1-22 und 26), sowie (1) aus (den zusätzlichen Index n lassen wir zur Vereinfachung fallen, merken uns aber, daß es sich um die kinetische Energie *pro Teilchen* handelt) und setzen diese in (1.1.1-16) ein

$$W = W_L + W^x_{kin} + W^y_{kin} + W^z_{kin} \tag{12}$$

Wir betrachten zunächst den eindimensionalen Fall in x-Richtung. Nach (1.1.1-25) gilt mit (1)

$$W^x_{kin} = \frac{\hbar^2 \left(k^x_n \right)^2}{2m} = n_x{}^2 \frac{\hbar^2}{2m} \left(\frac{2\pi}{L_x} \right)^2 = n_x{}^2 \frac{h^2}{2mL_x^2} \tag{13a}$$

$$\Rightarrow \Delta W^x_{kin} = n_x \frac{h^2}{mL_x^2} \Delta n_x \tag{13b}$$

Nach (11) folgt daraus die Energie-Zustandsdichte

$$\frac{\Delta n}{\Delta W^x_{kin}} = \frac{mL_x^2}{n_x h^2} \underset{(13a)}{=} \frac{L_x}{h} \sqrt{\frac{m}{2W^x_{kin}}} \tag{14}$$

Die endgültige Anzahl der Zustände im Intervall von W^x_{kin} ist doppelt so hoch wie in (14), da in (12) sowohl positive wie auch negative n (beide sind nach (1) zugelassen) jeweils einen Zustand im gleichen Energieintervall erzeugen

$$N^{(1)}_{abs}\left(W^x_{kin} \right) = \frac{2L_x}{h} \sqrt{\frac{m}{2W^x_{kin}}} = \frac{L_x}{h} \sqrt{\frac{2m}{W^x_{kin}}} \tag{15}$$

Wählen wir das Spektrum (1.1.1-14) der erlaubten Wellenzahlvektoren des Potentialkasten-Modells (und nicht – wie oben – das Spektrum aufgrund der Born-von Karman-Randbedingung), dann ergibt sich analog zu (13a)

$$W^x_{kin} = n^2 \frac{\hbar^2}{2m} \left(\frac{\pi}{L_x} \right)^2 = \frac{n^2 \hbar^2}{8mL_x^2} \tag{16}$$

Die Auswertung nach (13) bis (15) führt aber zu derselben Energie-Zustandsdichte, da die Multiplikation mit dem Faktor 2 nach (15) entfällt: Beim Potentialkasten sind nur positive Werte von n zugelassen (1.1.1-5).

Bezieht man die absolute eindimensionale Energie-Zustandsdichte auf die Länge L_x des Festkörpers, dann erhält man analog zu (8) die **(relative) eindimensionale Energie-Zustandsdichte**

$$N^{(1)}\left(W_{kin}^x\right) = \frac{N_{abs}^{(1)}\left(W_{kin}^x\right)}{L_x} = \frac{1}{h}\sqrt{\frac{2m}{W_{kin}^x}} \tag{17}$$

Bei der späteren Anwendung dieser Formel muß darauf geachtet werden, daß jeder dieser Zustände wegen der Spinentartung mit 2 Elektronen besetzt werden kann.

Von großer Bedeutung ist die Energie-Zustandsdichte für den dreidimensionalen Festkörper. Diese gibt an, wieviele Zustände in einem vorgegebenen Intervall der kinetischen Energie existieren, unabhängig davon, ob die mit der kinetischen Energie verbundene Teilchenbewegung in x-, y- oder z-Richtung erfolgt. Zur Berechnung gehen wir wieder vom Wellenzahlspektrum (1) aus, das sich aus der Born-von Karman-Randbedingung ergibt. Wir stellen wie in Bild 1.1.3-1c die erlaubten Wellenzahlvektoren dar als Gitterpunkte in einem dreidimensionalen k-Raum (Bild 1.1.3-2). Auf den Flächen gleicher kinetischer Energie W_{kin} in dieser Darstellung liegen nach (12) und (1.1.1-25) alle Vektoren $\vec{k}$, für die gilt

$$W_{kin} = \frac{\hbar^2}{2m}\left(k_x^2 + k_y^2 + k_z^2\right) = \frac{\hbar^2}{2m}\,\vec{k}^{\,2} = \text{const} \tag{18}$$

d.h. die im k-Raum den gleichen Abstand vom Ursprung haben. Die Flächen mit W_{kin} = const. werden also durch Kugeloberflächen beschrieben. Die Anzahl der Zustände zwischen zwei Energien W_{kin} und $W_{kin} + \Delta W_{kin}$ ist damit gleich der Anzahl von Gitterpunkten, die innerhalb des Volumens einer Kugelschale liegt, welche nach (18) durch die Oberflächen der Kugeln mit den Radien

$$W_{kin} = \frac{\hbar^2}{2m}\left|\vec{k}\right|^2 \Rightarrow \left|\vec{k}\left(W_{kin}\right)\right| = \sqrt{\frac{2mW_{kin}}{\hbar^2}} \tag{19a}$$

$$\left|\vec{k}\left(W_{kin} + \Delta W_{kin}\right)\right| = \sqrt{\frac{2m\left(W_{kin} + \Delta W_{kin}\right)}{\hbar^2}} \tag{19b}$$

definiert wird (Bild 1.1.3-2).

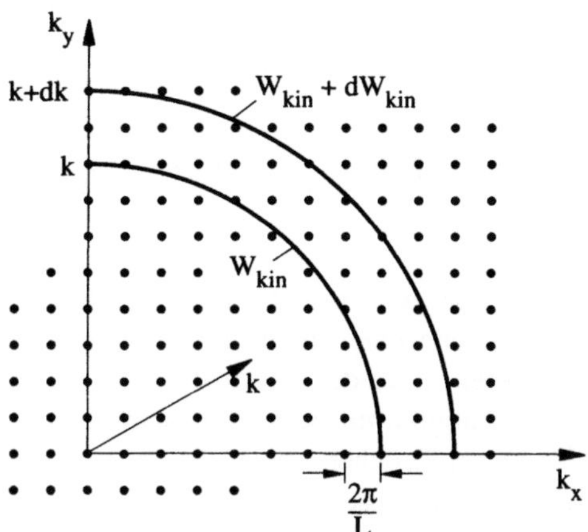

Bild 1.1.3-2:   Berechnung der Energie-Zustandsdichte für dreidimensionale Festkörper: Die
Anzahl der quantentheoretisch erlaubten Zustände zwischen den Energien W_{kin}
und $W_{kin}+ \Delta W_{kin}$ ergibt sich gerade durch die Anzahl der Gitterpunkte des k-
Raums, welche in der Kugelschale liegen, die durch die Flächen gleicher Energie
für W_{kin} und $W_{kin} + \Delta W_{kin}$ (jeweils eine Kugeloberfläche) festgelegt wird.

Die Anzahl der Zustände in der Kugelschale kann leicht bestimmt werden, da wir die
(konstante) Zustandsdichte im dreidimensionalen k-Raum bereits kennen. Für die
Volumendichte solcher Zustände ergibt sich über die relative (nicht absolute) Ener-
giezustandsdichte (10):

Anzahl der Zustände = Volumen der Kugelschale im k-Raum multipliziert mit der
Zustandsdichte im dreidimensionalen k-Raum

$$\Delta n = 4\,\pi \vec{k}^{\,2}\Delta\left|\vec{k}\right| \cdot \left(\frac{1}{2\,\pi}\right)^3 =: N^{(3)}\left(W_{kin}\right)\Delta W_{kin} \qquad (20)$$

Dadurch wird die **Energie-Zustandsdichte $N^{(3)}(W_{kin})$ für den dreidimensionalen
Fall** definiert. Die Umrechnung ergibt mit (18)

$$\Delta W_{kin} = \frac{\hbar^2\left|\vec{k}\right|}{m}\,\Delta\left|\vec{k}\right| \qquad (21a)$$

$$\Delta n = \left(\frac{1}{2\,\pi}\right)^3 4\,\pi\left|\vec{k}\right|\frac{m}{\hbar^2} \cdot \frac{\hbar^2\left|\vec{k}\right|}{m}\,\Delta\left|\vec{k}\right| = N^{(3)}\left(W_{kin}\right)\Delta W_{kin} \qquad (21b)$$

und damit die Energie-Zustandsdichte pro Volumen (Einheit 1/(Volumen · Energie)):

$$N^{(3)}\left(W_{kin}\right) = \frac{1}{2\pi^2}\frac{m}{\hbar^2}\left|\vec{k}\right| \tag{22a}$$

$$= \frac{1}{2\pi^2}\frac{m}{\hbar^2}\sqrt{\frac{2mW_{kin}}{\hbar^2}} = \frac{1}{4\pi^2}\left(\frac{2m}{\hbar^2}\right)^{\frac{3}{2}}\sqrt{W_{kin}} \tag{22b}$$

Bei der Umrechnung der Energie-Zustandsdichte auf die Volumendichte der Teilchen (z.B. Elektronen), welche eine kinetische Energie in dem Bereich zwischen W_{kin} und $W_{kin}+\Delta W_{kin}$ haben, muß der Ausdruck (22) mit dem **Entartungsfaktor** g multipliziert werden, der angibt, mit wieviel Elektronen ein erlaubter Zustand besetzt werden kann. Für Fermi-Teilchen wie Elektronen beträgt $g = 2$ (jedes Energieniveau kann mit zwei Elektronen besetzt werden).

Auch in diesem Fall führen die Randbedingungen des Potentialkastens zu genau demselben Ergebnis. Als Zustandsdichte im k-Raum ergibt sich anstelle von (8) bis (10)

$$N^{(i)}\left(\ldots k^i \ldots\right) = \left(\frac{1}{\pi}\right)^i \,;\, i = x,y,z \tag{23}$$

also ein größerer Wert, der durch den geringeren Abstand der Gitterpunkte bei einem Spektrum wie in (1.1.1-14) zustande kommt. Die Zustandsdichte im dreidimensionalen k-Raum ist beim Potentialkasten also achtmal größer als die entsprechende im k-Raum bei Zugrundelegung der Born-von Karman-Bedingung. Auf der anderen Seite darf in (20) nicht das Volumen der gesamten Kugelschale verwendet werden, sondern nur der Teil der Kugelschale, bei dem alle Komponenten von k positive Werte haben (zur Erinnerung: Beim Potentialkasten waren nur positive Wellenzahlen zugelassen!), d.h. 1/8 der Kugelschale. Damit hebt sich der Faktor 8 der Zustandsdichte im k-Raum gerade auf.

An der Gleichheit der Energie-Zustandsdichten wird wieder bestätigt, daß das Potentialkasten-Modell und die Born-von Karman-Bedingung zu sehr ähnlichen physikalischen Ergebnissen führen. Obwohl das erste Modell der Anschauung etwas weiter entgegenkommt, ist das zweite wegen der einfacheren mathematischen Behandlung sehr viel weiter verbreitet und wird auch in diesem Buch im folgenden ohne weiteren Kommentar zugrundegelegt.

Bei Oberflächen-Feldeffekt-Bauelementen ist auch die Randbedingung des zweidimensionalen Potentialkastens bzw. der zweidimensionalen Born-von Karman-Bedingung von Interesse. Analog zu (20) bis (22) ergibt sich in diesem Fall die Energie-Zustandsdichte über die Anzahl der Gitterpunkte des k-Raums, die in einem Kreisring liegen:

$$\left(\frac{1}{2\pi}\right)^2 2\pi\left|\vec{k}\right|\cdot\Delta\left|\vec{k}\right| =: N^{(2)}\left(W_{kin}\right)\Delta W_{kin}$$

$$= \frac{1}{2\pi}\frac{m}{\hbar^2}\frac{\hbar^2\left|\vec{k}\right|\Delta\left|\vec{k}\right|}{m} = \frac{1}{2\pi}\frac{m}{\hbar^2}\Delta W_{kin}$$

$$\Rightarrow N^{(2)}\left(W_{kin}\right) = \frac{1}{2\pi}\frac{m}{\hbar^2} \tag{24}$$

Bemerkenswert ist, wie stark sich die funktionale Abhängigkeit der Energie-Zustandsdichten von der kinetischen Energie mit der Dimension des zugrundegelegten Modells ändert: Im eindimensionalen Fall ergibt sich eine $W_{kin}^{-1/2}$-Abhängigkeit mit einer Polstelle bei der kinetischen Energie Null, im zweidimensionalen Fall eine konstante energieunabhängige Zustandsdichte und im (am häufigsten verwendeten) dreidimensionalen Fall eine $W_{kin}^{1/2}$-Abhängigkeit. Bei der Anwendung von Energie-Zustandsdichten muß also sorgfältig auf die Dimension des zugrunde gelegten Modells geachtet werden.

1.2 Besetzungsstatistik

1.2.1 Fermienergie (chemisches Potential)

Im vorangegangenen Abschnitt war die Volumendichte von quantentheoretisch erlaubten Zuständen berechnet worden, die in einem vorgegebenen Intervall der kinetischen Energie liegen. Auch wenn die entsprechenden Energieniveaus erlaubt sind, bedeutet dieses noch nicht, daß sich dort auch Teilchen (z.B. Elektronen) befinden. Hierüber entscheidet die Thermodynamik – nach dem Prinzip der Minimierung der freien Energie, d.h. nach demselben Grundsatz, über den im Band 1 die Zusammensetzung und Stabilität von Werkstofflegierungen bestimmt wurde. Die theoretischen Grundlagen hierzu werden im folgenden in etwas veränderter Form wiederholt, wobei auf die von Kittel [1] eingeführte Axiomatik zurückgegriffen wird.

Im Band "Werkstoffe" wurde ein Behälter mit einer Anzahl weißer und roter Kugeln betrachtet, deren Wechselwirkung untereinander unabhängig von der Konfiguration war, d.h. jede Anordnung der Kugeln führte zu derselben Energie. Im quantentheoretischen Sinn kann davon gesprochen werden, daß dieser Zustand **entartet** ist mit der Anzahl sämtlicher möglicher Anordnungen (Konfigurationen) der Kugeln untereinander. Unter dieser Voraussetzung sind alle Konfigurationen gleich wahrscheinlich, d.h. keine denkbare Konfiguration wird bevorzugt oder benachteiligt. Dann ist eine ungeordnete Verteilung, bei der weiße und rote Kugeln regellos miteinander durchmischt sind, viel wahrscheinlicher als eine geordnete Verteilung: Liegen nämlich in dem Behälter z.B. alle weißen Kugeln unten und alle rote Kugeln oben, dann gibt es für diese Konfiguration nur *eine* Anordnungsmöglichkeit, wenn man von der Vertauschung der roten und weißen Kugeln untereinander absieht. Die quantitative Auswertung [1] ergibt, daß bei hinreichend vielen Kugeln die Anzahl der Anordnungsmöglichkeiten bei einer völlig ungeordneten Struktur ein scharfes Maximum annimmt, d.h. die ungeordnete Struktur ist mit großer Sicherheit zu erwarten.

Wir betrachten jetzt zwei verschiedene Systeme 1 und 2, die zunächst voneinander getrennt sein mögen. Die Teilchen beider Systeme mögen jeweils zusammen die kinetische Energie W_{kin}^{gi} ($i = 1,2$) besitzen (wobei sich die Systeme selbst nicht bewegen, die kinetische Energie entsteht durch eine Bewegung der Teilchen innerhalb der Systeme). Die Anzahl der Anordnungsmöglichkeiten in jedem System kann dann durchaus von der kinetischen Energie abhängen, eine größere Energie verschafft in der Regel eine größere Bewegungsfreiheit (d.h. die Begrenzung der Bewegung durch bindende Kräfte kann leichter überwunden werden) und damit mehr Anordnungsmöglichkeiten. Wir setzen daher eine **Entartungsfunktion** (Anzahl der Anordnungsmöglichkeiten) an als

$$g_i = g_i\left(W_{kin}^{gi}\right); \quad i = 1, 2 \tag{1}$$

Die Entartungsfunktion beider Systeme zusammen – wenn sie nicht miteinander wechselwirken – ist das Produkt beider Entartungsfunktionen, denn mit jeder einzelnen Konfiguration des einen Systems können sämtliche denkbaren Konfigurationen des andern kombiniert werden

$$g\left(W_{kin}^{g1}, W_{kin}^{g2}\right) = g_1\left(W_{kin}^{g1}\right) \cdot g_2\left(W_{kin}^{g2}\right) \tag{2}$$

Jetzt bringen wir beide Systeme in Kontakt miteinander in der Weise, daß die Teilchen beider Systeme zwar nicht in das jeweils andere System überwechseln können, aber doch kinetische Energie austauschen können. Ein solches Verhalten könnte z.B. durch eine dünne bewegliche Wand[1] zwischen beiden Systemen erreicht werden: Stoßen die Teilchen des einen Systems auf die Wand, dann werden sie dort reflektiert und geben dabei einen Impuls an die Wand ab, diesen können die Teilchen des anderen Systems aufnehmen, wenn sie ihrerseits an der Wand reflektiert werden. Auf diese Weise kann kinetische Energie von einem System auf das andere übertragen werden, entsprechend ändern sich dann jeweils die Entartungsfunktionen g_1 und g_2. Einen solchen Kontakt, bei dem nur kinetische Energie, nicht aber auch Teilchen ausgetauscht werden kann, nennt man auch einen **thermischen Kontakt**, weil die kinetische Energie aller Teilchen zusammen ein Maß für die Wärme des Systems ist.

Im End- oder Gleichgewichtszustand wird sich schließlich eine Konfiguration ein-

---

[1] im mikroskopischen Sinn, ansonsten ist die Wand starr, damit kein Druckausgleich stattfindet

stellen, bei der die Gesamtzahl der Anordnungsmöglichkeiten beider Systeme nach (2) einen maximalen Wert annimmt. d.h. zwischen beiden Systemen wird über viele Einzelprozesse so lange kinetische Energie ausgetauscht, bis schließlich gilt

$$g\left(W_{kin}^{g1}\Big|_{Gleichgew.}, W_{kin}^{g2}\Big|_{Gleichgew.} \right) = \max \tag{3}$$

Die mathematische Bedingung für (3) ist

$$dg \underset{\substack{W_{kin}^{g1}+W_{kin}^{g2}=\text{const}\\ \Rightarrow dW_{kin}^{g1}+W_{kin}^{g2}=0}}{=} \frac{\partial g}{\partial W_{kin}^{g1}}\left(+dW_{kin}^{g1}\right) + \frac{\partial g}{\partial W_{kin}^{g2}}\left(-dW_{kin}^{g1}\right) = 0$$

$$\Rightarrow \frac{\partial g}{\partial W_{kin}^{g2}} = \frac{\partial g}{\partial W_{kin}^{g1}} \tag{4}$$

Dadurch wird allgemein ein Prozeß beschrieben, bei dem aus dem System 1 die kinetische Energie dW_{kin}^{g1} abgegeben und vom System 2 dieselbe Energiemenge (da die Energie nicht verloren gehen kann) aufgenommen wird. Mit (4) folgt aus (2)

$$g_1 \frac{\partial g_2}{\partial W_{kin}^{g2}} = g_2 \frac{\partial g_1}{\partial W_{kin}^{g1}}$$

$$\Rightarrow \frac{1}{g_2}\frac{\partial g_2}{\partial W_{kin}^{g2}} = \frac{1}{g_1}\frac{\partial g_1}{\partial W_{kin}^{g1}} \Rightarrow \frac{\partial \ln g_2}{\partial W_{kin}^{g2}} = \frac{\partial \ln g_1}{\partial W_{kin}^{g1}} \tag{5}$$

Die Größe auf der linken Seite der Gleichungen (5) hängt nur ab von den Eigenschaften des Untersystems 2, die auf der rechten nur von denen des Untersystems 1. Eine Änderung innerhalb eines einzigen Untersystems beeinflußt nicht die Größe des anderen, d.h. beide müssen gleich einer für die Umgebung beider Untersysteme typischen Konstante sein (dieselbe Argumentation wird bei der Lösung von Differentialgleichungen durch Separation der Variablen angewendet). Nach unserer Erfahrung ist das die Temperatur, denn zwei Systeme in thermischem Kontakt miteinander kommen erst dann in ein Gleichgewicht, wenn sich die Temperaturunterschiede ausgeglichen haben. Änderungen in einem der Untersysteme, welche die Temperatur nicht beeinflussen, führen unter den gegebenen Voraussetzungen zu keiner Änderung des anderen Untersystems. Die Bedingung (5) muß also eine Temperaturgleichheit beschreiben, d.h. die partielle Ableitung des Logarithmus der Entartungsfunktion nach der kinetischen Energie muß eine Funktion der Temperatur sein.

Der oben beschriebene Prozeß, bei dem das Untersystem 1 kinetische Energie ab- und das Untersystem 2 solche aufnimmt, bedeutet nach unserer Erfahrung, daß das System 1 eine höhere Temperatur als das System 2 hat. Die Änderung der Entartungsfunktion des Gesamtsystems ist in diesem Fall (d.h. vor Erreichen des thermischen Gleichgewichts):

$$dg = \frac{\partial g}{\partial W_{kin}^{g1}} dW_{kin}^{g1} + \frac{\partial g}{\partial W_{kin}^{g2}} \left(-dW_{kin}^{g1}\right) > 0$$

$$\Rightarrow \frac{\partial \ln g_2}{\partial W_{kin}^{g2}} > \frac{\partial \ln g_1}{\partial W_{kin}^{g1}} \tag{6}$$

d.h. die Differentialquotienten in (6) dürfen nicht proportional, allenfalls umgekehrt proportional zur Temperatur sein. Dieses ist allerdings eine Lösung, die mit der Erfahrung gut übereinstimmt, man setzt

$$k \frac{\partial \ln g_i}{\partial W_{kin}^{gi}} = \frac{1}{T_i} =: \frac{\partial S_i}{\partial W_{kin}^{gi}} \tag{7}$$

$$\text{mit } S_i = k \ln g_i \tag{8}$$

Dabei ist k die **Boltzmannkonstante** (nicht zu verwechseln mit dem Wellenzahlvektor!). Durch (8) wird die **Entropie** S_i der Systeme 1 und 2 definiert. Aus der Definition folgt die Additivität der Einzelentropien der Systeme 1 und 2 zu der Gesamtentropie S des aus beiden Systemen bestehenden Gesamtsystems

$$S = k \ln g \underset{(2)}{=} k \ln g_1 g_2 = S_1 + S_2 \tag{9}$$

Schließlich folgt aus der Forderung nach maximaler Zahl der Anordnungsmöglichkeiten, daß auch die Entropie im thermischen Gleichgewicht ein Maximum annimmt und deren Differential verschwindet.

Der durch die Energieübertragung zwischen zwei Systemen gekennzeichnete Prozeß wird als **Wärmeübertragung** bezeichnet, häufig verwendet man in der Literatur auch anstelle der hier mit W_{kin}^g gekennzeichneten gesamten thermischen Energie eines Untersystems die **Wärme** Q.

Eine andere Form der Wechselwirkung entsteht, wenn wir auch einen Teilchenaustausch (**diffusiver Kontakt**) zwischen den beiden Untersystemen zulassen. Teilchen werden nur dann "von selbst" aus dem Untersystem 1 in das System 2 überwechseln, wenn nach (3) dadurch die Entartungsfunktion g vergrößert wird. Bezeichnen wir die Teilchenzahl im i-ten Untersystem ($i = 1,2$) mit n_i, dann gilt unter der Voraussetzung der **Teilchenerhaltung**

$$\Delta g \underset{\substack{n_1+n_2=\text{const.} \\ \Rightarrow \Delta n_1 + \Delta n_2 = 0}}{=} \frac{\partial g}{\partial n_1} \Delta n_1 + \frac{\partial g}{\partial n_2} \Delta n_2 > 0 \text{ mit } \Delta n_2 = \Delta n_1 = \Delta n \tag{10a}$$

$$\underset{(8)}{\Rightarrow} \frac{\Delta S}{\Delta n} = \frac{\partial S}{\partial n_2} - \frac{\partial S}{\partial n_1} > 0 \tag{10b}$$

Bei der Änderung der Gesamtentropie S aufgrund von Teilchenübergängen innerhalb des Gesamtsystems (durch einen Teilchenübergang zwischen den Untersystemen) können verschiedene Gesichtspunkte eine Rolle spielen. Wir betrachten zunächst die Änderung ΔS^n im Gesamtsystem, die sich dadurch ergibt, daß sich bei Entfernung eines Teilchens aus dem Untersystem 1 dort die Entropie S_1^n ändert, gleichermaßen die Entropie S_2^n, wenn im Untersystem 2 ein Teilchen hinzugefügt wird. Hierzu liefern z.B. die in Band 1, Abschnitt 2.1 eingeführte Mischentropie sowie die Konfigurationsentropie einen Beitrag: Mit jedem entfernten Teilchen nimmt z.B. die differentielle Mischentropie pro Teilchen zu (Band 1, Bild 2.1-2).

Wenn Teilchen "von selbst" von 1 nach 2 überwechseln, dann muß nach (10b) gelten

$$\frac{\Delta S^n}{\Delta n} = \frac{\partial S_2^n}{\partial n} - \frac{\partial S_1^n}{\partial n} =: S_{2,n}^n - S_{1,n}^n > 0 \tag{11}$$

Gleichzeitig mit dem Teilchenübergang findet auch ein Energietransport statt, denn die mit dem Teilchentransport verbundene differentielle Energie pro Teilchen ist im Untersystem i

$$W_n^i := \frac{\partial W^{gi}}{\partial n_i} = \frac{\partial W^{gi}}{\partial n}; \quad i = 1, 2 \tag{12}$$

W^{gi} ist die gesamte Energie (**innere Energie**) des i-ten Untersystems. Im Normalfall sind diese (differentiellen) Teilchenenergien W_n^i für die Untersysteme verschieden, d.h. durch (10) und (11) wird zwar eine *Teilchen*erhaltung beim Übergang gewährleistet, die *Energie*erhaltung ist jedoch nicht gegeben. Gilt z.B.

$$W_n^1 > W_n^2 \tag{13}$$

d.h. wird bei der Entfernung des Teilchens aus dem Untersystem 1 mehr Energie frei als für das Einbringen des Teilchens in das Untersystem 2 notwendig ist, dann entsteht beim Transportvorgang ein Energieüberschuß. Die Erfahrung zeigt, daß die überschüssige Energie erhalten bleibt, denn die Energiedifferenz beim Teilchenübergang wird dem Endsystem (in unserem Beispiel System 2) in Form von kinetischer bzw. Wärmeenergie hinzugeführt

$$\frac{\partial W_{kin}^{g2}}{\partial n} =: \Delta W_{kin,n}^{g2} = W_n^1 - W_n^2 \tag{14}$$

Beim Stromtransport entspricht dieses bei $W_n^1 > W_n^2$ der Erzeugung Joulescher Wärme, im umgekehrten Fall $W_n^1 < W_n^2$ kann dem System aber auch Wärme entzogen werden; dieses ist die Ursache für den in Band 3 behandelten Peltier-Effekt. Später werden auch andere Formen der Energieabgabe, wie die Elektron-Loch-Paarerzeugung, diskutiert.

Die Vergrößerung der kinetischen Energie im System 2 ist bei $W_n^1 < W_n^2$ nach (7) mit einer Vergrößerung der Entropie verbunden

$$\frac{\Delta S^{kin}}{\Delta n} := \frac{\Delta W_{kin,n}^{g2}}{T_2} \underset{(14)}{=} \frac{W_n^1 - W_n^2}{T_2} \tag{15}$$

Zusammen mit (11) ergibt sich als Entropieerzeugung beim Übergang der Teilchen von 1 nach 2

$$\Delta S_n = \frac{\Delta S}{\Delta n} = \frac{\Delta\left(S^n + S^{kin}\right)}{\Delta n} \underset{(11,15)}{=} S_{2,n}^n - S_{1,n}^n + \frac{W_n^1 - W_n^2}{T_2} \tag{16}$$

$$\Rightarrow T_2 \Delta S_n = T_2 S_{2,n}^n - W_n^2 - \left[T_2 S_{1,n}^n - W_n^1\right] \tag{17}$$

Wir addieren und subtrahieren auf der rechten Seite den Term $T_1 S_{1,n}^n$ und ordnen neu

$$\Rightarrow T_2 \Delta S_n = \left\{T_2 S_{2,n}^n - W_n^2\right\} - \left\{T_1 S_{1,n}^n - W_n^1\right\} + \left(T_1 - T_2\right) S_{1,n}^n \tag{18a}$$

$$= -\left[\left\{W_n^2 - T_2 S_{2,n}^n\right\} - \left\{W_n^1 - T_1 S_{1,n}^n\right\}\right] - \left(T_2 - T_1\right) S_{1,n}^n \tag{18b}$$

Die Größen in den geschweiften Klammern werden als **chemische Potentiale** oder – wie in der Halbleiterphysik üblich – als **Fermienergien** W_F bezeichnet (Anmerkung: In der Literatur wird häufig nur das chemische Potential bei $T = 0$, dem absoluten Nullpunkt der Temperatur, als Fermienergie bezeichnet, das temperaturabhängige chemische Potential jedoch als Ferminiveau. Diese Konvention hat sich jedoch nicht umfassend durchgesetzt, so daß beide Begriffe als Synonyme – gegebenenfalls unter Angabe der Temperatur verwendet werden. Das gilt auch für die Bezeichnungen in diesem Buch.),

$$\mu^i = W_F^i := W_n^i - T_i S_{i,n}^n \tag{19}$$

so daß wir (18) umschreiben können in

$$T_2 \Delta S_n = -\left[W_F^2 - W_F^1\right] - \left(T_2 - T_1\right) S_{1,n}^n \tag{20}$$

Die beiden Systeme 1 und 2 mögen auf der x-Achse nebeneinander angeordnet sein. Ist dann der Teilchenübergang mit einem Ortswechsel des Teilchens um $\Delta x = x_2 - x_1$ verbunden, dann wird der mit diesem Übergang verbundene Entropiegewinn pro Teilchen, multipliziert mit der Temperatur T_2, als **chemische Kraft** bezeichnet:

$$F_{chem} := T_2 \frac{\Delta S_n}{\Delta x} = -\frac{W_F^2(x_2, T_2) - W_F^1(x_1, T_1)}{x_2 - x_1} - \frac{T_2 - T_1}{x_2 - x_1} S_{1,n}^n \qquad (21)$$

Bei infinitesimal kleinen Änderungen der Größen ergibt sich

$$F_{chem} \underset{\lim \; x_2 \to x_1}{=} T \frac{dS_n}{dx} = -\frac{dW_F(x,T)}{dx} - S_n^n \cdot \frac{dT}{dx} \qquad (22a)$$

$$\underset{T=const}{\Rightarrow} \qquad F_{chem} \underset{(19)}{=} -\frac{dW_F(x, T(x))}{dx} \qquad (22b)$$

Die Fermienergie W_F ist eine der fundamentalen Größen in der Physik der Halbleiterbauelemente (in diesem Fall sind die Teilchen Elektronen oder Löcher), die Gleichungen (22) der Ausgangspunkt für alle Transportprozesse. Die Ergebnisse können gleichermaßen auf Atome angewendet werden (s. Band 1: Abschnitt 2). Neben den Transportprozessen lassen sich auch weitere Prozesse, wie z.B. chemische Umwandlungen oder eine Teilchengeneration oder -rekombination einbeziehen. Dann kann (22b) allgemeiner formuliert werden

$$TdS_n = -dW_F(x,T) \qquad (23)$$

Hierin kommt die sehr fundamentale Bedeutung der Fermienergie für die Energie*erzeugung* zum Ausdruck: Solange das System seinen Teilchen bei konstanter Temperatur die Möglichkeit läßt, über physikalische und chemische Veränderungen einen Zustand niedrigerer Fermienergie einzunehmen, können Prozesse initiiert werden, die von selbst ablaufen. Der dabei auftretende Entropiegewinn kann dadurch reduziert werden, daß die Entropie anderer Systeme (der Energie*verbraucher*) verringert bzw. die Fermienergie der Teilchen dort angehoben wird. Selbstverständlich darf die Entropie des Gesamtsystems aus Energiequelle und -verbraucher bei diesem Prozeß nicht abnehmen.

Das System befindet sich im thermischen Gleichgewicht, wenn durch eine Teilchenbewegung oder -reaktion keine Entropie mehr erzeugt werden kann, d.h. wenn die beiden Terme auf der rechten Seite von (22a) entgegengesetzt gleich sind (bei geladenen Teilchen ergeben sich daraus thermoelektrische Effekte). Bei *Abwesenheit* von Temperaturgradienten, d.h. isothermen Systemen, ist das Kriterium für den stromlosen Fall, daß der Gradient der Fermienergie verschwindet, d.h. die Fermienergie überall denselben Wert hat. Ist der Gradient nicht Null, dann ist die chemische Kraft so gerichtet, daß sie vom Gebiet der größeren Fermienergie in das Gebiet der niedrigeren zeigt. Teilchen aus einem Gebiet mit hoher bewegen sich also in ein Gebiet mit niedriger Fermienergie (Bild 1.2.1-1). Alle diese Prinzipien spielen eine bedeutende Rolle bei der Aufstellung der Bändermodelle in Halbleiterbauelementen.

Die Fermienergie war in (19) als Ableitung einer Funktion F definiert worden, die wir als **freie Energie** bezeichnen

$$W_F^i = \frac{\partial}{\partial n}\left(W^i - T_i S_i^n\right) = \frac{\partial F^i}{\partial n}$$

$$F^i := W^{gi} - T_i S_i^n \tag{24}$$

Diese Funktion wird – im Gegensatz zur Fermienergie – in der Halbleiterphysik weniger verwendet als in der Werkstoffphysik.

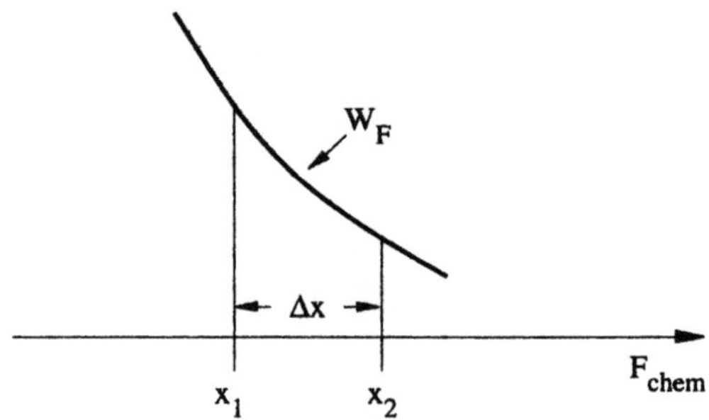

Bild 1.2.1-1:
Die Bewegung von Teilchen hängt von dem Verlauf der Fermienergie ab: Die chemische Kraft zeigt in Richtung der kleineren Fermienergie, d.h. Teilchen bewegen sich "von selbst" (ohne weitere äußere Einwirkung) von einem Gebiet hoher in ein Gebiet niedriger Fermienergie.

1.2.2 Fermi-Dirac-Statistik

Die Ergebnisse des vorangegangenen Abschnitts können zur Lösung des Problems der Besetzungsstatistik herangezogen werden, d.h. zur Klärung der Frage, ob ein quantentheoretisch erlaubtes Energieniveau tatsächlich mit einem Teilchen besetzt wird oder nicht. Die Antwort hierauf ist die Angabe der **Besetzungswahrscheinlichkeit**, entsprechend der Wahrscheinlichkeit (angegeben z.B. in Prozent), mit dem auf dem Energieniveau ein Teilchen anzutreffen ist. Die Ursache dafür, warum im thermischen Gleichgewicht nicht einfach die energetisch am niedrigsten liegenden Niveaus besetzt werden, liegt in der Entropie: Durch die Möglichkeit, mehr Energieniveaus zu besetzen als minimal erforderlich, wird die Anordnungsvielfalt erhöht, d.h. die Anzahl der von dem System erreichbaren unterschiedlichen Konfigurationen. Auf diese Weise werden allerdings auch energetisch höherliegende Energiezustände besetzt als unbedingt erforderlich. Der optimale Kompromiß – und damit der von dem System angenommene Zustand – ist ein solcher mit minimaler freier Energie (1.2.1-24), bei dem die Energie W durchaus ansteigen kann, sofern der Term $-TS$ diesen Anstieg überkompensiert. In Band 1, Abschnitt 2.2 war gezeigt worden, daß die Minimierung der freien Energie äquivalent ist zur Entstehung chemischer Kräfte (1.2.1-23) bis zum Erreichen des Gleichgewichtszustands bei konstanter Fermienergie.

Die Forderung einer minimalen freien Energie läßt auch sehr anschaulich das Temperaturverhalten der Besetzungsstatistik erkennen: Bei fallenden Temperaturen (meist angegeben in Einheiten der absoluten Temperatur, gemessen in Kelvin) wird der Einfluß der Entropie herabgesetzt, d.h. der Gesichtspunkt der minimalen Teilchenenergie tritt in den Vordergrund: Bei $T = 0$ werden tatsächlich nur die niedrigstmöglichen Energieniveaus besetzt. Im Grenzfall hoher Temperaturen wird die Teilchenenergie hingegen immer weniger relevant, da die Entropie den vorherrschenden Term in der freien Energie bestimmt. Unter den Bedingungen, bei denen Halbleiterbauelemente im allgemeinen betrieben werden, befindet man sich in einem mittleren Temperaturbereich. Sowohl Energieaspekte (Feldstrom) wie Entropieaspekte (Diffusionsstrom) spielen eine Rolle, beide können durchaus in derselben Größenordnung liegen.

Eine wichtige Frage bei der Bestimmung der Besetzungsstatistik ist die nach der maximal möglichen Zahl, mit der ein Energieniveau besetzt werden kann. Die Quantentheorie unterscheidet dabei zwischen zwei grundsätzlich verschiedenen Klassen, den **Bosonen** und **Fermionen**. Jedes Teilchen mit einem halbzahligen Spin[1] ist ein Fermion, jedes mit dem Spin Null oder einem ganzzahligen Wert ist ein Boson. Bei Teilchen (z.B. Atomen), die aus verschiedenen Unterteilchen (z.B. Protonen, Neutronen, Elektronen) zusammengesetzt sind, entscheidet die quantentheoretisch bestimmte Summe aller Spins.

Bei nicht wechselwirkenden Teilchen gelten für $T = 0$ die Regeln:
- jedes quantentheoretisch erlaubte Energieniveau kann mit einer beliebigen ganzen Zahl von Bosonen d.h. auch ggf. mit keinem Boson besetzt sein
- jedes quantentheoretisch erlaubte Energieniveau kann mit keinem oder höchstens einem Fermion besetzt sein.

Die letztgenannte Bedingung wird auch als **Pauli'sches Ausschließungsprinzip** bezeichnet.

Bei höheren Temperaturen wird die Wahrscheinlichkeit angegeben, mit der ein Energieniveau besetzt ist. Diese kann bei Fermionen zwischen Null und Eins (100%) liegen, bei Bosonen zwischen Null und einer beliebigen positiven Zahl kleiner als Eins.

---

[1] siehe Band 1, Abschnitte 1.1 und 7.1.2

Zur Bestimmung der Gleichgewichtsstatistik gehen wir aus von einem Energiespektrum, wie es uns z.B. das Potentialkastenmodell – unabhängig von der Dimensionalität des Problems – liefert (Bild 1.2.2-1). Die Abschätzung im Abschnitt 1.1.1 zeigte, daß die Energieniveaus bei nicht zu schmalen Potentialkästen dicht beieinanderliegen. Wir können daher in guter Näherung eine große Anzahl $N_{abs}(W_{kin})dW_{kin}$ von Zuständen (W_{kin} ist die kinetische Energie *pro Teilchen*, $N_{abs}(W_{kin})$ nach Abschnitt 1.1.3 die absolute – d.h. nicht volumenbezogene – Energie-Zustandsdichte für das Gesamtsystem) in einem Energieintervall dW_{kin} zusammenfassen und berechnen in jedem dieser Intervalle die Fermienergie in Abhängigkeit von W_{kin}.

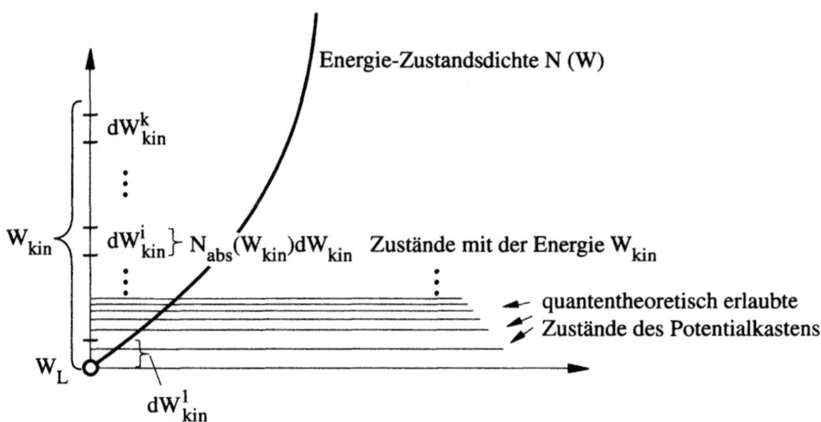

Bild 1.2.2-1:   *Energiespektrum eines (ohne Beschränkung der Allgemeinheit) dreidimensionalen Potentialkastens. Da die Energieniveaus sehr dicht beieinander liegen sollen, definieren wir zur Vereinfachung infinitesimale Energieabschnitte dW$_{kin}$; die Anzahl der darin enthaltenen Zustände ist N$_{abs}$(W$_{kin}$)dW$_{kin}$ mit der absoluten, d.h. nicht auf das Volumen bezogenen Energie-Zustandsdichte N$_{abs}$(W$_{kin}$). Bei Elektronen (Fermionen) können maximal ebenso viele Elektronen (mit derselben Spinausrichtung) eine Energie in diesem Intervall besitzen.*

Da in diesem Buch der wichtigste Anwendungsfall die Elektronen (Spin 1/2, d.h. Fermionen) in Halbleitern sind, wollen wir unsere Betrachtung auf Fermionen beschränken. Wir nehmen an, daß alle Zustände in dem infinitesimal breiten Intervall dW^i_{kin} näherungsweise dieselbe Energie W^i_{kin} besitzen, d.h. das System verhält sich so, als wäre dieses Energieniveau $N_{abs}(W^i_{kin})\, dW_{kin}$-fach entartet. Wegen des Pauli'schen Ausschließungsprinzips können dort maximal ebensoviele Elektronen einer Spinausrichtung untergebracht werden wie Zustände vorhanden sind. Die Entartungsfunktion $g(W^i_{kin})$ (Anzahl der möglichen Konfigurationen) ist dann für die Annahme, daß diese Energieniveaus von $n(W^i_{kin}) \leq N(W^i_{kin})dW_{kin})$ Elektronen besetzt werden:

$$n\left(W_{kin}^{i}\right)=:n_{i} \tag{1a}$$

$$N_{abs}\left(W_{kin}^{i}\right)dW_{kin} =:\overline{N}_{i}dW \tag{1b}$$

$$g\left(W_{kin}\right)=\overline{N}_{i}dW\cdot\left(\overline{N}_{i}dW-1\right)\ldots\left(\overline{N}_{i}dW-n_{i}+1\right)=\frac{\left(\overline{N}_{i}dW\right)!}{\left(\overline{N}_{i}dW-n_{i}\right)!} \tag{2}$$

Dieses Ergebnis kann man leicht nachvollziehen, wenn man berücksichtigt, daß es für das erste der n Teilchen NdW Anordnungsmöglichkeiten gibt, für das zweite jeweils NdW-1, da eine Anordnungsmöglichkeit bereits durch das vorhandene Elektron entzogen wird, usw. (Argumentation wie in Band 1, Abschnitt 2.1). Nach (1.2.1-8) ist die dazugehörige Entropie

$$S_{i}'\left(W_{kin}\right)=k\ln\frac{\left(\overline{N}_{i}dW\right)!}{\left(\overline{N}_{i}dW-n_{i}\right)!} \tag{3}$$

Wenn wir die Entropie relativ zu einem geordneten Zustand messen, bei dem z.B. die Elektronen nur die jeweils energetisch niedrigsten Niveaus besetzen und dann immer noch die durch Permutationen möglichen verschiedenen Konfigurationen einnehmen können, oder die quantenmechanische Aussage anwenden, daß Elektronen in einem Quantensystem ununterscheidbar sind (nur Gesamtsysteme mit einer festgelegten Vorschrift für die Besetzung der Zustände sind definiert, eine individuelle Zuordnung einzelner Elektronen und Zustände ist nicht möglich), dann müssen wir die Entropie

$$S_{i}''\left(W_{kin}\right)=k\ln n_{i}! \tag{4}$$

abziehen und erhalten schließlich als Verteilungs- oder Mischentropie der n Elektronen auf $N(W)dW$ Zustände:

$$S_{i}\left(W_{kin}\right)=S'-S''=k\ln\frac{\left(\overline{N}_{i}dW\right)!}{n_{i}!\left(\overline{N}_{i}dW-n_{i}\right)!} \tag{5}$$

Die Gesamtentropie des Systems ergibt sich wegen (1.2.1-9) als Summe der Entropien aller Energieintervalle dW_{kin}^{i}

$$S=\sum_{i=1}^{\infty}S_{i}\left(W_{kin}\right) \tag{6}$$

so daß wir für die freie Energie des Gesamtsystems erhalten:

$$F_{\substack{= \\ (1.2.2-24)}} \sum_{i=1}^{\infty} n_i W_n^i - kT \sum_{i=1}^{\infty} \ln \frac{\left(\overline{N}_i dW\right)!}{n_i!\left(\overline{N}_i dW - n_i\right)!} \tag{7}$$

Die partielle Ableitung der freien Energie nach der Teilchenzahl n_i ergibt jeweils die Fermienergie der Teilchen im i-ten Intervall mit der Energie W_{kin}^i:

$$W_F^i = \frac{\partial F}{\partial n_i} = W_n^i - kT\left\{-\frac{\partial}{\partial n_i}\ln n_i! - \frac{\partial}{\partial n_i}\ln\left(\overline{N}_i dW - n_i\right)!\right\} \tag{8}$$

da die Anzahl der Zustände $\overline{N}_i dW$ nicht von n_i abhängt. Die Ausrechnung dieser Gleichung mit Hilfe der Stirling-Formel

$$\ln x! = x \ln x - x \tag{9}$$

die in guter Näherung gilt für x-Werte oberhalb von 10 (deshalb dürfen die Energieintervalle dW nicht so klein gemacht werden, daß $\overline{N}dW < 10$) gilt, ergibt sich nach einiger Rechnung

$$W_F^i = W_n^i + \left\{\ln n_i - \ln\left(\overline{N}_i dW - n_i\right)\right\}kT$$

$$= W_n^i + \left\{\ln \frac{n_i}{\left(\overline{N}_i dW - n_i\right)}\right\}kT \tag{10}$$

An dieser Stelle wird eine wichtige physikalische Schlußfolgerung gezogen: Unser System ist erst dann im thermischen Gleichgewicht, wenn es den Zustand maximaler Entropie erreicht hat. In diesem Fall müssen alle Fermienergien W_F^i denselben Wert haben. Umgekehrte Schlußfolge: Wäre für ein Intervall j die Fermienergie größer als in einem anderen Intervall k, dann würde ein Teilchen aus j in k übergehen und dabei die Entropie vergrößern, d.h. in diesem Fall wäre die maximale Entropie noch nicht erreicht. Im thermischen Gleichgewicht muß also gelten:

$$W_F^i = \text{const} = W_F, \quad \forall i \tag{11}$$

Damit folgt aus (10):

$$\ln \frac{n_i}{\left(\overline{N}_i dW - n_i\right)} = \frac{W_F - W_n^i}{kT} \tag{12}$$

$$\Rightarrow \frac{\left(\overline{N}_i dW - n_i\right)}{n_i} = \exp\left(-\frac{W_F - W_n^i}{kT}\right) \tag{13}$$

$$\Rightarrow n_i = \frac{\overline{N}_i(W)dW}{1 + \exp\left(-\dfrac{W_F - W_n^i}{kT}\right)} \tag{14}$$

oder in der ursprünglichen Schreibweise und in Differentialform:

$$dn(W_n) \underset{(18)}{=} \frac{N_{abs}(W_{kin})dW_{kin}}{1 + \exp\left(-\dfrac{W_F - W_n}{kT}\right)} \tag{15}$$

$$= N_{abs}(W_{kin})dW_{kin} \cdot f_{FD}(W_n) \tag{16}$$

$$\text{mit } f_{FD}(W_n) := \frac{1}{1 + \exp\left(-\dfrac{W_F - W_n}{kT}\right)} \tag{17}$$

An dieser Stelle sei noch einmal an die Definition der kinetischen Energie in (1.1.1-16) erinnert

$$W_{kin} = W_n - W_L \tag{18}$$

wobei W_n den Wert des betrachteten Energieniveaus (d.h. die Energie eines Teilchens auf dem entsprechenden Energieeigenwert) und W_L die potentielle Energie des Teilchens bezeichnete. f_{FD} heißt **Fermi-Dirac-Funktion**, sie gibt die Wahrscheinlichkeit an, mit der die $N_{abs}(W_{kin})dW_{kin}$ Zustände mit einem Elektron besetzt sind. In Bild 1.2.2-2 ist die Abhängigkeit der Fermi-Dirac-Funktion (17) von der Energie dargestellt für verschiedene Temperaturen T_i. Jeweils eingetragen ist die Lage der Fermienergie. Aus (17) folgt, daß ein Energieniveau, das genau auf dem Wert der Fermienergie liegt, eine Besetzungswahrscheinlichkeit 1/2 hat

$$W_n = W_F \Rightarrow f_{FD} = \frac{1}{2} \tag{19}$$

Das muß aber keineswegs bedeuten, daß es bei der Energie der Fermienergie auch erlaubte Energiezustände gibt, bei Halbleitern liegt die Fermienergie sogar typisch in einer Energielücke (verbotene Zone) zwischen Valenz- und Leitungsband.

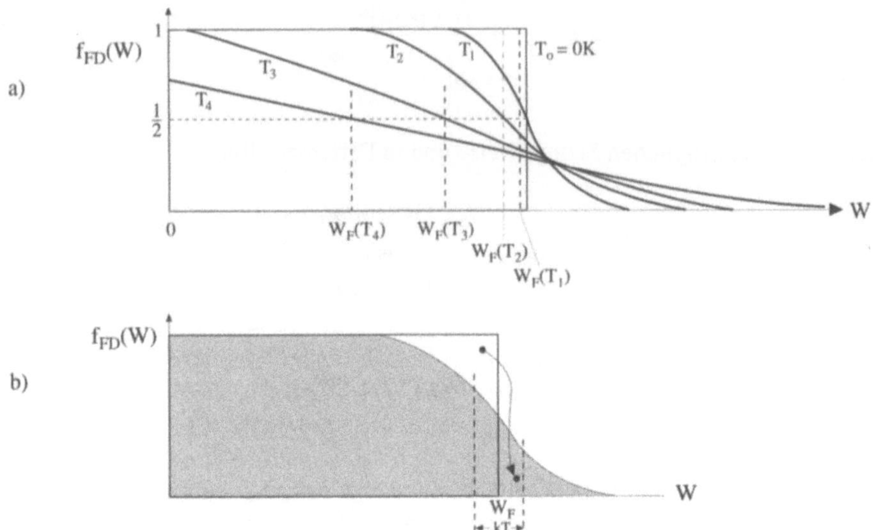

Bild 1.2.2-2:   a) *Energieabhängigkeit der Fermi-Dirac-Funktion für verschiedene Temperaturen: Bei 0 K hat die Funktion den Verlauf einer Stufe, bei höheren Temperaturen flacht der Kurvenverlauf zunehmend ab. Bei sehr niedrigen Energien geht die Besetzungswahrscheinlichkeit asymptotisch gegen Eins, bei hohen gegen Null.*

   b) *Ein Richtwert für die energetische "Breite" des Übergangsgebietes zwischen Eins und Null ist die thermische Energie kT.*

1.2.3 Klassischer Grenzfall: Boltzmann-Statistik

Im vorangegangenen Abschnitt wurde gezeigt, daß der Fermienergie im Zustand des thermischen Gleichgewichts eine entscheidende Bedeutung zukommt: Wenn diese bekannt ist, dann kann für jeden Wert der differentiellen Energie pro Teilchen W_n^i (*i* bezeichnet den Index der infinitesimalen Energieintervalle, s. Bild 1.2.2-1) nach (1.2.2-14) die Teilchendichte in dem entsprechenden Energieintervall bestimmt werden. Die Gesamtteilchendichte ρ_n^T (Teilchenzahl pro Volumen Vol) ergibt sich dann über

$$\rho_n^T = \frac{n}{Vol} = \frac{1}{Vol} \sum_{i=1}^{\infty} \frac{N_{abs}(W_n)\,dW_n \big|_{W_n = W_n^i}}{1 + \exp\left(-\dfrac{W_F - W_n^i}{kT}\right)} \tag{1}$$

$$= \sum_{i=1}^{\infty} \frac{N(W_n)dW_n\big|_{W_n=W_n^i}}{1+\exp\left(-\dfrac{W_F-W_n^i}{kT}\right)} \qquad (2)$$

$$\Rightarrow \rho_n^T \cong \int_{W_L}^{\infty} \frac{N(W_n)dW_n}{1+\exp\left(-\dfrac{W_F-W_n}{kT}\right)} \qquad (3)$$

mit der relativen Energie-Zustandsdichte $N(W_n)$ (Abschnitt 1.1.3). Je nach Problemstellung kann hier die Zustandsdichte für den ein-, zwei- und dreidimensionalen Fall eingesetzt werden. Die Überführung in die Integralform vereinfacht die Berechnung wesentlich, wenn auch die Integrale nicht immer geschlossen lösbar sind. Für den dreidimensionalen Fall ergeben sich unter Verwendung von (1.1.3-22) die **Fermi-Dirac-Integrale**, die in tabellierter Form vorliegen. Bild 1.2.3-1 zeigt den Funktionsverlauf eines solchen Integrals in Abhängigkeit von der Fermienergie.

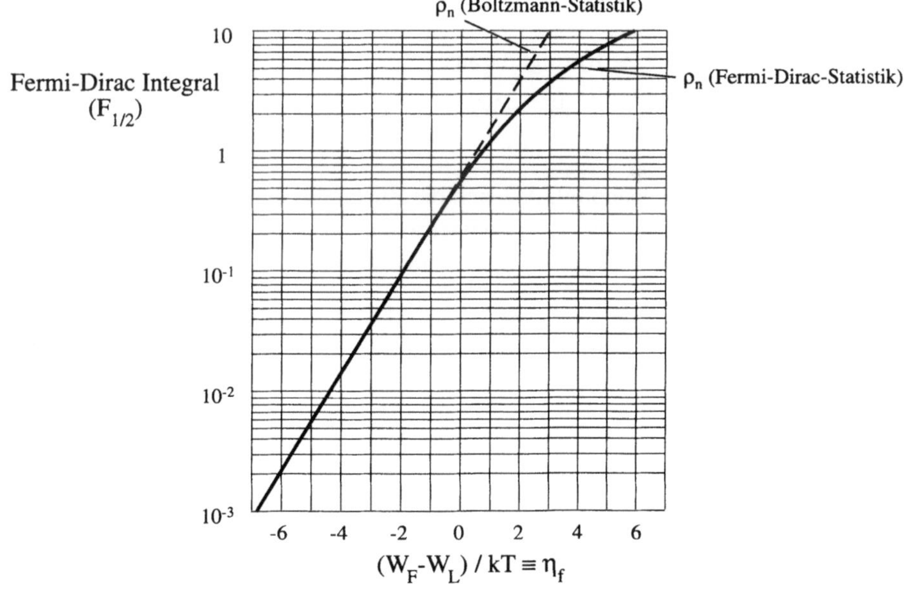

Bild 1.2.3-1: Fermi-Dirac-Integral als Funktion der Fermienergie (nach [2])

Sehr viel einfacher wird die Auswertung von (3), wenn gilt

$$\forall W_n: \quad -\frac{W_F - W_n}{kT} >> 0 \tag{4}$$

$$\Rightarrow \left\{ W_F << W_n \underset{W_n \geq W_L}{\Rightarrow} W_F << W_L \right.$$

d.h. wenn die Fermienergie in Einheiten von kT viel niedriger liegt als die potentielle Energie im Potentialkasten (s. Bild 1.1.1-1 und 1.2.2-1). Dann wird nämlich die Exponentialfunktion im Nenner der Fermi-Dirac-Funktion (1.1.2-17) so groß, daß der Summand 1 dagegen vernachlässigt werden kann, so daß gilt

$$f_{FD} \approx \exp\left(-\frac{W_n - W_F}{kT} \right) =: f_B \tag{5}$$

mit der **Boltzmannfunktion** f_B, die nach (4) nur für Werte <<1 gültig ist, d.h. nur für sehr kleine Besetzungswahrscheinlichkeiten der Energieniveaus.

Die Teilchendichte ergibt sich bei Gültigkeit von (5) durch

$$\rho_n^T = \int_{W_L}^{\infty} N\left(W_n \right) \exp\left(-\frac{W_n - W_F}{kT} \right) dW_n \tag{6}$$

Mit der Beziehung (1.2.2-18) folgt daraus

$$\rho_n^T \underset{W_n = W_{kin} + W_L}{=} \exp\left(-\frac{W_L - W_F}{kT} \right) \int_{W_L}^{\infty} N\left(W_{kin} \right) \exp\left(-\frac{W_{kin}}{kT} \right) dW_{kin} \tag{7}$$

Dabei haben wir berücksichtigt, daß sich die Zustandsdichte im Potentialkasten nach Bild 1.2.2-1 jeweils auf die Energieeigenwerte oberhalb der potentiellen Energie W_L, also die kinetische Energie W_{kin} pro Teilchen bezieht.

Integrale des Typs (7) lassen sich leicht geschlossen lösen, sie führen auf die **Gamma-Funktionen** Γ, die in Handbüchern der Mathematik tabelliert sind. Es gilt (z.B. [3])

$$\int_o^{\infty} x^n \exp(-ax)dx = \frac{\Gamma(n+1)}{a^{n+1}} \quad \text{für} \; n > -1; \; a > 0 \tag{8}$$

$$\Gamma(n+1) = n\Gamma(n) \tag{9}$$

$$\Gamma(1) = 1; \; \Gamma(2) = 1; \; \Gamma(3) = 2; \; \Gamma(4) = 6... \tag{10}$$

$$\Gamma\left(\frac{1}{2}\right) = \sqrt{\pi}; \; \Gamma\left(\frac{3}{2}\right) = \frac{\sqrt{\pi}}{2} \tag{11}$$

Mit Hilfe der Zustandsdichte (1.1.3-17, 22 und 24) kann man unter der Voraussetzung (4) jetzt die Teilchendichten explizit berechnen. Dabei müssen wir berücksichtigen, daß (1.1.3-22) nur für Fermionen mit *einer* Spinausrichtung galt. Jedes Energieniveau kann aber mit Elektronen der beiden entgegengesetzten Spinausrichtungen +1/2 und −1/2 besetzt werden, d.h. die *Elektronen*dichte hat den doppelten Wert der *Teilchen*dichte. Im dreidimensionalen Potentialkasten ergibt sie sich zu

$$\rho_n \underset{(7)}{=} 2 \exp\left(-\frac{W_L - W_F}{kT}\right) \int_0^\infty N^{(3)}\left(W_{kin}\right) \exp\left(-\frac{W_{kin}}{kT}\right) dW_{kin} \tag{12a}$$

$$\underset{(1.1.3-22)}{=} 2 \exp\left(-\frac{W_L - W_F}{kT}\right) N_0 \int_0^\infty \sqrt{W_{kin}}\, \exp\left(-\frac{W_{kin}}{kT}\right) dW_{kin} \tag{12b}$$

$$\text{mit der Definition } N_0 := \frac{1}{4\pi^2}\left(\frac{2m}{\hbar^2}\right)^{\frac{3}{2}} \tag{13}$$

$$\underset{(8,\,11)}{=} \exp\left(-\frac{W_L - W_F}{kT}\right) \frac{1}{2\pi^2}\left(\frac{2m}{\hbar^2}\right)^{\frac{3}{2}} \frac{\sqrt{\pi}/2}{\left(\frac{1}{kT}\right)^{\frac{3}{2}}}$$

$$\Rightarrow \rho_n =: N_L \exp\left(-\frac{W_L - W_F}{kT}\right) \tag{14}$$

$$N_L := \frac{1}{4\pi^3}\left(\frac{2\pi m k T}{\hbar^2}\right)^{\frac{3}{2}} = 2\left(\frac{2\pi m k T}{h^2}\right)^{\frac{3}{2}} \tag{15}$$

und mit der **effektiven Zustandsdichte** oder **Quantenkonzentration** N_L. Die Beziehung (14) ist in der Praxis außerordentlich nützlich: Ist nämlich die Teilchendichte bekannt, dann kann daraus in einfacher Weise die Größe der Fermienergie berechnet werden und umgekehrt. Hierfür gibt Bild 1.2.3-2 ein Beispiel.

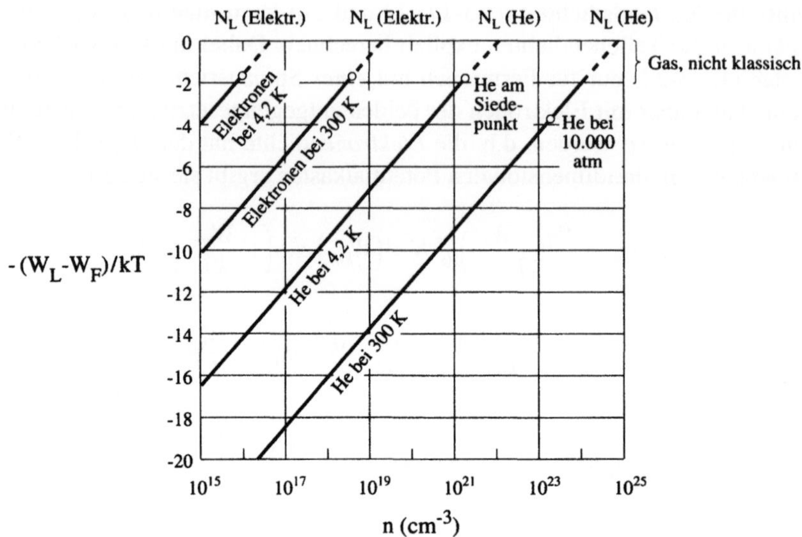

Bild 1.2.3-2:   *Abhängigkeit der Lage der Fermienergie unterhalb des Wertes der potentiellen Energie in Einheiten von kT für verschiedene Teilchenkonzentrationen. Betrachtet werden Elektronen und Heliumatome bei T = 4,2 K und 300 K (nach [1]). Bei den jeweils größten Konzentrationen liegt die Fermienergie nahe an der potentiellen Energie, so daß (4) nicht erfüllt ist. In diesem Fall (gestrichelt) ist die Boltzmannstatistik nicht mehr anwendbar, d.h. die Werte der gestrichelten Kurve werden nach oben hin immer ungenauer. Die Extrapolation der gestrichelten Kurve auf den Wert $W_F = W_L$ ergibt den Wert der effektiven Zustandsdichte nach (15), der mit der Temperatur ansteigt.*

Bei Raumtemperatur sind also Elektronenkonzentrationen bis zu 10^{24}m^{-3} (10^{18}cm^{-3}) noch gut durch die Boltzmannstatistik über die Beziehung (14) zu beschreiben. Konzentrationen dieser Größenordnung sind viel kleiner als die von typischen Leitern, dagegen viel größer als die von guten Isolatoren. Sie charakterisieren Werkstoffe mit einer mäßig guten Leitfähigkeit wie die Halbleiter. Tatsächlich ist es typisch für eine Vielzahl von Halbleiterproblemen und hinreichend zumindest für ein qualitatives Verständnis des Verhaltens vieler Halbleiterbauelemente, wenn die Boltzmann- anstelle der Fermi-Dirac-Statistik verwendet wird. Dadurch wird die mathematische Behandlung entscheidend vereinfacht: Im Gegensatz zur Fermi-Dirac-Statistik, die häufig zu nur noch numerisch zu lösenden Problemen führt, ergibt die Boltzmannstatistik vergleichsweise leicht zu berechnende analytische Lösungen.

Die Gleichung (14) läßt noch eine weitere wichtige Konsequenz zu: den Vergleich von Elektroneneigenschaften mit denen von Atomen im gasförmigen Zustand. Auch diese gehorchen den Gesetzen der Quantentheorie, d.h. die quantentheoretische Behandlung des Problems von Gasen in einem Behälter mit gasundurchlässigen Wänden entspricht dem Potentialkasten-Modell. Bei fermionischen Atomen erhält man denselben Ausdruck für die effektive Zustandsdichte, nur tritt anstelle der Elektronenmasse die sehr viel größere Atommasse, d.h. die effektiven Zustandsdichten von Atomen sind sehr viel größer. Dieses wird in Bild 1.2.3-2 am Beispiel des Atoms Helium dargestellt. Bei Atmosphärendruck und Zimmertemperatur ergibt sich für Helium eine Atomdichte von ca. $2{,}5 \cdot 10^{25} \mathrm{m}^{-3}$ (Loschmidtsche Zahl $6{,}0 \cdot 10^{23}$, geteilt durch Molvolumen eines Gases $0{,}022414 \mathrm{m}^3/\mathrm{Mol}$) bei einer effektiven Zustandsdichte von ca. $0{,}8 \cdot 10^{31} \mathrm{m}^{-3}$. Die Randbedingungen für die Boltzmannstatistik sind damit sehr gut erfüllt.. Die Konsequenz ist, daß alle Gase unter Normalbedingungen der Boltzmann-Statistik gehorchen. Diese Tatsache war auch schon vor Einführung der Quantentheorie bekannt, deshalb wird die Boltzmannstatistik auch als **klassische Gasstatistik** bezeichnet. Entsprechend werden auch Elektronen, sofern ihre Konzentration weit unterhalb der effektiven Zustandsdichte liegt, als (klassisches) Elektronengas bezeichnet (**klassischer Grenzfall**). In der Tat haben solche Elektronengase viele Eigenschaften, die typisch sind für ideale Gase aus Atomen oder Molekülen. Hierin liegt der Ursprung für eine Vielzahl vereinfachter und anschaulicher Modelle des Elektronenverhaltens in Halbleitern.

Schließlich kann man zeigen, daß bei chemischen Potentialen, die in Einheiten von kT weit unterhalb der betrachteten Energien W_n liegen, die Bose-Statistik von Bosonen in eine Boltzmannstatistik übergeht (Bild 1.2.3-3).

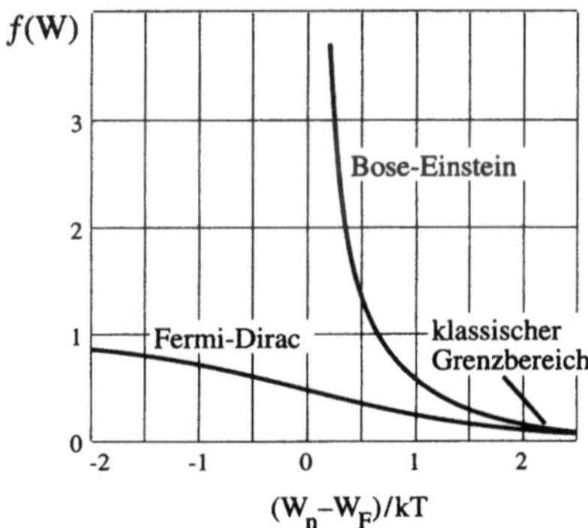

Bild 1.2.3-3:   Vergleich der Besetzungswahrscheinlichkeiten von Fermionen (Fermi-Dirac-Statistik, vgl. Bild 1.2.2-2) und Bosonen (Bose-Statistik). Im Bereich großer energetischer Abstände der Energie W von der Fermienergie (chemisches Potential) gehen beide in eine (klassische) Boltzmannstatistik über (nach [1]).

Aus (14) kann noch eine weitere Konsequenz gezogen werden. Wir schreiben (14) um in

$$W_F = W_L - kT \cdot \ln \frac{N_L}{\rho_n} \qquad (16)$$

Vergleichen wir dieses mit der Definition der Fermienergie in (1.2.2-8) und (1.2.1-19), dann gilt

$$W_F = W_n - TS_n \tag{17a}$$

$$\Rightarrow W_F \underset{(1.2.2-18)}{=} W_L + W_{kin,n} - TS_n \tag{17b}$$

d.h. aus (16) und (17) folgt

$$S_n = k \ln \frac{N_L}{\rho_n} + \frac{W_{kin,n}}{T} \tag{18}$$

Im Abschnitt 1.3.1 wird gezeigt werden, daß für den Mittelwert der kinetischen Energie pro Elektron gilt

$$\langle W_{kin,n} \rangle = \frac{3}{2} kT \tag{19}$$

so daß für die differentielle Entropie pro Teilchen folgt

$$S_n = k \left\{ \ln \frac{N_L}{\rho_n} + \frac{3}{2} \right\} \text{ mit } \rho_n = n \,/\, \text{Vol} \tag{20}$$

Die Integration über n ergibt die **Entropie des idealen Gases**

$$S = nk \left\{ \ln \frac{N_L}{\rho_n} + \frac{5}{2} \right\} = nk \cdot \ln \left\{ \frac{N_L \exp\left(\frac{5}{2}\right)}{\rho_n} \right\} \tag{21}$$

(Sackur-Tetrode-Gleichung) (21) läßt sich umformen zu

$$S = -nk \ln \frac{\rho_n}{\hat{N}_L} =: -nk \ln \frac{n}{\hat{N}_L \cdot Vol} \tag{22}$$

$$\hat{N}_L := N_L \exp\left(\frac{5}{2}\right) \tag{23}$$

Dieses entspricht aber gerade der Mischentropie von n Teilchen auf $\hat{N}_L \cdot$ Volumen Zustände (Band 1, Abschnitt 2.1, (2.9)), d.h. das System verhält sich so, als ob die Teilchen auf ein $\hat{N}_L \cdot$ Volumen-fach entartetes Energieniveau W_n verteilt würden. Eine andere Interpretation ist, daß man sich das Volumen in kleine Elementarvolumen der Größe $(1/\hat{N}_L)$ aufgeteilt denkt, auf welche die Teilchen verteilt werden können (Mischentropie über Gitterplätze, s. Band 1, (2.9)).

1.3 Eigenschaften von Boltzmanngasen

1.3.1 Mittelwerte

Der exponentielle Verlauf (1.2.3-5) der Boltzmann'schen Besetzungswahrscheinlichkeit ermöglicht in Verbindung mit der Gammafunktion (1.2.3-8) eine einfache Berechnung von Mittelwerten. Der Mittelwert $<P>$ eines Parameters P(a) bei Vorliegen einer Zustandsdichte N(a) und einer Besetzungswahrscheinlichkeit f(a) ist gegeben durch

$$\langle P \rangle = \frac{\int da P(a) N(a) f(a)}{\int da N(a) f(a)} \tag{1}$$

In der Halbleiterphysik entspricht in wichtigen Fällen die Variable a der kinetischen Energie W_{kin}, $f(W_{kin})$ der Boltzmannfunktion und P der kinetischen Energie selbst oder einer daraus abgeleiteten Größe. Der Ausdruck im Nenner von (1) ist dann nach (1.2.3-12 bis 15) die Teilchendichte ρ_n. Da bei Bauelementen durch die Stromrichtung eine Raumrichtung (z.B. die x-Richtung) ausgezeichnet ist, sind häufig die Mittelwerte eines typischen Parameters des Elektronengases (Energie, Geschwindigkeit u.a.) in x-Richtung von Interesse. Dafür wird die Integration über die Energie auf andere Weise durchgeführt als in (1.2.3-12): Anstelle einer Integration über die gesamte kinetische Energie integrieren wir einzeln über die kinetischen Energien in x-, y- und z-Richtung und verwenden dafür jeweils die eindimensionalen Zustandsdichten (1.1.3-17). Zunächst bestimmen wir nach diesem Verfahren die Teilchendichte:

$$\rho_n = 2 \exp\left(-\frac{W_L - W_F}{kT}\right) \int_0^\infty dW_{kin}^x N^{(1)}\left(W_{kin}^x\right) \int_0^\infty dW_{kin}^y N^1\left(W_{kin}^y\right) \times$$

$$\times \int_0^\infty dW_{kin}^z N^{(1)}\left(W_{kin}^z\right) \exp\left(-\frac{W_{kin}^x + W_{kin}^y + W_{kin}^z}{kT}\right) \tag{2a}$$

$$N^{(1)}\left(W_{kin}^x\right) \underset{(1.1.3-17)}{=} \frac{1}{h}\sqrt{\frac{2m}{W_{kin}^x}} \tag{2b}$$

$$\rho_n = 2 \exp\left(-\frac{W_L - W_F}{kT}\right)\left[\int_0^\infty dW_{kin}^x \frac{1}{h}\sqrt{\frac{2m}{W_{kin}^x}} \exp\left(-\frac{W_{kin}^x}{kT}\right)\right]^3 \tag{3}$$

Für das Integral I in der Klammer erhält man nach (1.2.3-8 und 11):

$$I = \frac{\sqrt{2m}}{h} \int_0^\infty dW_{kin}^x \sqrt{\frac{1}{W_{kin}^x}} \exp\left(-\frac{W_{kin}^x}{kT}\right) = \frac{\sqrt{2m}}{h} \frac{\Gamma\left(\frac{1}{2}\right)}{\left(\frac{1}{kT}\right)^{\frac{1}{2}}} \underset{(1.2.3-11)}{=} \frac{1}{h}\sqrt{2m\pi kT} \tag{4}$$

d.h. wir erhalten für (3) mit (4) dasselbe Ergebnis wie in (1.2.3-15). Für den Mittelwert P_x der x-Komponente einer Größe P (die nur von W_{kin}^x abhängen soll) des Elektronengases folgt mit (1) bei Mittelung über das Spektrum der kinetischen Energien und Anwendung der Boltzmann-Statistik:

$$\langle P_x \rangle = \frac{2\exp\left(-\dfrac{W_L - W_F}{kT}\right)\int_0^\infty dW_{kin}^x P_x\left(W_{kin}^x\right) N^{(1)}\left(W_{kin}^x\right)\exp\left(-\dfrac{W_{kin}^x}{kT}\right)\cdot I^2}{2\exp\left(-\dfrac{W_L - W_F}{kT}\right)\cdot I^3} \tag{5}$$

$$\underset{(2\mathrm{b},4)}{=} \frac{\int_0^\infty dW_{kin}^x P_x\left(W_{kin}^x\right)\sqrt{\dfrac{1}{W_{kin}^x}}\exp\left(-\dfrac{W_{kin}^x}{kT}\right)^2}{\sqrt{\pi kT}} \tag{6}$$

Dabei haben wir ausgenutzt, daß die Integrale I in (2a) nach (3) denselben Wert bei der Integration in x-, y- und z-Richtung haben.

Besonders einfach wird die Auswertung, wenn P_x selbst eine Potenzfunktion der kinetischen Energie ist:

$$P_x = P_x^o \left(W_{kin}^x\right)^m \tag{7}$$

Eingesetzt in (6) ergibt sich dann nämlich:

$$\langle P_x \rangle \underset{(4)}{=} \frac{P_x^o \int_0^\infty dW_{kin}^x \left(W_{kin}^x\right)^{m-\frac{1}{2}}\exp\left(-\dfrac{W_{kin}^x}{kT}\right)}{\sqrt{\pi kT}} \tag{8}$$

$$= \frac{P_x^o \cdot \Gamma\left(m+\dfrac{1}{2}\right)\Big/\left(\dfrac{1}{kT}\right)^{m+\frac{1}{2}}}{\sqrt{\pi kT}} = \frac{P_x^o \cdot \Gamma\left(m+\dfrac{1}{2}\right)(kT)^m}{\sqrt{\pi}} \tag{9}$$

Wegen der Symmetrie der drei Koordinatenachsen ergeben sich auch in y- und z-Richtung dieselben Mittelwerte $<P_y>$ und $<P_z>$. Wir betrachten jetzt verschiedene Potenzen m und die physikalische Bedeutung der entsprechenden Mittelwerte.

Die kinetische Energie für das i-te Teilchen in x-Richtung kann auch geschrieben werden ((1.1.1-25) und (1.1.2-15)):

$$W_{kin}^i = \frac{m}{2}\, v_x^{i\,2}$$

$$\Rightarrow v_x^i = \pm\sqrt{\frac{2}{m}}\,\sqrt{W_{kin}^{xi}} \tag{10}$$

Damit ist der Mittelwert der Teilchengeschwindigkeit in x-Richtung

$$\left\langle v_x^+ \right\rangle \underset{(9)}{=} \pm\sqrt{\frac{2}{m}}\,\frac{\Gamma(1)\sqrt{kT}}{\sqrt{\pi}} \underset{(1.2.3-10)}{=} \sqrt{\frac{2kT}{\pi m}} \tag{11}$$

Der entsprechende Impuls in x-Richtung hat den Mittelwert

$$\left\langle p_x^+ \right\rangle = m\left\langle v_x^+ \right\rangle = \sqrt{\frac{2mkT}{\pi}} \tag{12}$$

Die Teilchen-Stromdichte j^T ist nach Anhang C2:

$$j^T = \rho_n \left\{ +\sqrt{\frac{2mkT}{\pi}} - \sqrt{\frac{2mkT}{\pi}} \right\} = 0 \tag{13}$$

also Null, weil die Mittelwerte der Geschwindigkeiten in den beiden entgegengesetzten Richtungen gleich sind.

Der Mittelwert der kinetischen Energie in x-Richtung ist

$$\left\langle W_{kin}^x \right\rangle \underset{(9)}{=} \frac{\Gamma\!\left(\frac{3}{2}\right)kT}{\sqrt{\pi}} = \frac{1}{2}kT \tag{14}$$

d.h. der Mittelwert der gesamten kinetischen Energie in den drei gleichberechtigten Raumrichtungen

$$\left\langle W_{kin} \right\rangle = \left\langle W_{kin}^x \right\rangle + \left\langle W_{kin}^y \right\rangle + \left\langle W_{kin}^z \right\rangle = \frac{3}{2}kT \tag{15}$$

also das in (1.2.3-19) verwendete Ergebnis. Aus (14) kann der quadratische Mittelwert der Geschwindigkeit und des Impulses in x-Richtung bestimmt werden über (8):

$$\left\langle v_x^2 \right\rangle = \frac{2}{m}\left\langle W_{kin}^x \right\rangle = \frac{kT}{m} \tag{16}$$

$$\left\langle p_x^2 \right\rangle = m^2 \left\langle v_x^2 \right\rangle = mkT \tag{17}$$

Weiterhin folgt

$$\left\langle \left[W_{kin}^x \right]^2 \right\rangle = \frac{3}{4}(kT)^2 \tag{18}$$

$$\left\langle \left[W_{kin} \right]^2 \right\rangle = \frac{15}{4}(kT)^2 \tag{19}$$

1.3.2 Unschärfen

In (1.3.1-1) war der Mittelwert eines Parameters P definiert worden. Häufig ist es von Interesse zu wissen, wie weit die Werte um diesen Mittelwert streuen. Für sehr viele Teilchen definiert man als **mittlere quadratische Abweichung vom Mittelwert, Unschärfe, Varianz** oder **Dispersion** den Wert

$$\sigma_P = \sqrt{\frac{\int_{-\infty}^{+\infty}\left(P(a) - \langle P(a)\rangle\right)^2 N \cdot f \cdot da}{\int_{-\infty}^{+\infty} N \cdot f \cdot da}}$$

$$= \sqrt{\frac{\int_{-\infty}^{+\infty} P^2 N \cdot f \cdot da}{\int_{-\infty}^{+\infty} N \cdot f \cdot da} - 2\langle P\rangle \frac{\int_{-\infty}^{+\infty} P \cdot N \cdot f \cdot da}{\int_{-\infty}^{+\infty} N \cdot f \cdot da} + \langle P\rangle^2}$$

$$= \sqrt{\langle P^2\rangle - \langle P\rangle^2} \tag{1}$$

Die Boltzmann-Verteilung besitzt eine relativ große Unschärfe bezüglich der Energie und des Impulses

$$\sigma_{p_x^+} = \sqrt{\left\langle p_x^{+2}\right\rangle - \left\langle p_x^+\right\rangle^2} \underset{(1.3.1-12,17)}{=} \sqrt{mkT - \frac{2mkT}{\pi}} = 0,60 \cdot \sqrt{mkT} \tag{2}$$

$$\sigma_{W_{kin}} = \sqrt{\langle W_{kin}^2\rangle - \langle W_{kin}\rangle^2} \underset{(1.3.1-15,19)}{=} \sqrt{\left(\frac{15}{4} - \frac{9}{4}\right)(kT)^2} = 1,23 \cdot kT \tag{3}$$

Die Bestimmung statistischer Größen wie Mittelwert und Unschärfe läßt sich für den Fall (1.3.1-7) auch auf eine andere – anschaulich gut zu interpretierende – Art durchführen. Dafür nutzt man die Eigenschaften von **Gauß-Verteilungen** aus: Die Anzahl g der Teilchen mit der Eigenschaft a möge beschrieben werden durch die Gaußfunktion:

$$g(a) = A \exp\left(-\frac{(a-b)^2}{c}\right) \tag{4}$$

Mittelwert und Unschärfe lassen sich für Gauß-Verteilungen allgemein berechnen. Dabei werden die folgenden tabellierten bestimmten Integrale angewendet [3]:

$$\int_0^{+\infty} \exp\left(-a^2 x^2\right) dx = \frac{\sqrt{\pi}}{2a} \tag{5a}$$

$$\int_0^{+\infty} x \exp\left(-x^2\right) dx = \frac{1}{2} \tag{5b}$$

$$\int_0^{+\infty} x^2 \exp\left(-x^2\right) dx = \frac{\sqrt{\pi}}{4} \tag{5c}$$

Der Mittelwert der statistischen Variablen a, die eine Gaußverteilung besitzt, ist dann:

$$\langle a \rangle = \frac{\int_{-\infty}^{+\infty} a \cdot g(a)\,da}{\int_{-\infty}^{+\infty} g(a)\,da} \tag{6}$$

$$\underset{(4)}{=} \frac{\int_{-\infty}^{+\infty} a \exp\left(-\frac{(a-b)^2}{c}\right) da}{\int_{-\infty}^{+\infty} \exp\left(-\frac{(a-b)^2}{c}\right) da} \tag{7}$$

Eine Substitution von $a - b = a'$ mit $da = da'$ ergibt:

$$\langle a \rangle = \frac{\int_{-\infty}^{+\infty} (a'+b) \exp\left(-\frac{a'^2}{c}\right) da'}{\int_{-\infty}^{+\infty} \exp\left(-\frac{a'^2}{c}\right) da'} \tag{8}$$

$$= \frac{\int_{-\infty}^{+\infty} a' \exp\left(-\dfrac{a'^2}{c}\right) da'}{\int_{-\infty}^{+\infty} \exp\left(-\dfrac{a'^2}{c}\right) da'} + b = b \qquad (9)$$

Der erste Term in (9) verschwindet, weil es innerhalb der Integrationsgrenzen zu jedem positiven a' auch ein negatives gibt und der Integrand ungerade ist. Der quadratische Mittelwert der Gaußverteilung wird berechnet zu:

$$\langle a^2 \rangle = \frac{\int_{-\infty}^{+\infty} (a'+b)^2 \exp\left(-\dfrac{a'^2}{c}\right) da'}{\int_{-\infty}^{+\infty} \exp\left(-\dfrac{a'^2}{c}\right) da'}$$

$$= \frac{\int_{-\infty}^{+\infty} a'^2 \exp\left(-\dfrac{a'^2}{c}\right) da'}{\int_{-\infty}^{+\infty} \exp\left(-\dfrac{a'^2}{c}\right) da'} + b^2 \underset{(5a,c)}{=} \frac{c}{2} + b^2 \qquad (10)$$

da wiederum der zu a' lineare Term im Zähler zu einem verschwindenden Integral führt. Die Unschärfe ist dann nach der Definition in (1):

$$\sigma_a{}^2 = \langle a^2 \rangle - \langle a \rangle^2 \underset{(9,10)}{=} \frac{c}{2} \qquad (11)$$

Bei Einsetzen der statistischen Kenngrößen Mittelwert und Unschärfe kann daher die Gaußfunktion (4) auch geschrieben werden als:

$$g(a) = \frac{1}{\sqrt{2\pi}\sigma_a} \exp\left(-\frac{(a - \langle a \rangle)^2}{2\sigma_a^2}\right) \qquad (12a)$$

mit der Eigenschaft (*Normierung*): $\int_{-\infty}^{+\infty} g(a)\, da \underset{(5a)}{=} 1$ \qquad (12b)

Durch den Vorfaktor in (12a) wird das Integral über die Gaußfunktion nach (12b) auf den Wert 1 normiert.

Eine Gaußfunktion dieses Typs tritt auf bei der Bestimmung des Mittelwertes für den

Impuls*betrag* nach (1.3.1-1). Wählen wir als Integrationsparameter nämlich den Impuls p_x, dann gilt mit der Zustandsdichte $N^{(1)}(k_x)$ aus (1.1.3-8)

$$\langle |p_x| \rangle = \frac{\int_{-\infty}^{+\infty} |p_x| \exp\left(-\frac{p_x^2}{2mkT} \right) \frac{1}{2\pi} dp_x}{\int_{-\infty}^{+\infty} \exp\left(-\frac{p_x^2}{2mkT} \right) \frac{1}{2\pi} dp_x} \tag{13}$$

d.h. es tritt eine Gaußfunktion auf des Typs

$$g\big(|p_x|\big) \propto \exp\left(-\frac{p_x^2}{2mkT} \right) \tag{14}$$

aus der sich die Werte für Mittelwert und Unschärfe nach (12) unmittelbar entnehmen lassen:

$$\langle p_x \rangle = 0; \quad \sigma_{|p_x|} = \sqrt{mkT} \tag{15}$$

Diese Werte sind deswegen verschieden von (1.3.1-12) und (2), weil wir jetzt das gesamte Spektrum der Impulswerte in x-Richtung, d.h. sowohl positive wie negative Werte, betrachten. Damit ergibt sich als Mittelwert Null, dieser Wert geht dann auch in die Unschärfe ein.

Gaußfunktionen des Typs (12) treten in der Quantentheorie häufig auf. Schreiben wir nämlich die Teilchenzahl (1.2.2-15) in Boltzmann-Näherung (1.2.3-5) als Funktion der Wellenzahl, dann gilt mit (1.2.2-15 und 18) in Boltzmann-Näherung und (1.2.3-5):

$$dn(k_x) = N_{abs}^{(1)}(k_x) dk_x \exp\left(-\frac{W_L + \dfrac{\hbar^2 k_x^2}{2m} - W_F}{kT} \right) \tag{16}$$

$$= \frac{L_x}{2\pi} dk_x \exp\left(-\frac{W_L + \dfrac{\hbar^2 k_x^2}{2m} - W_F}{kT} \right) \tag{17}$$

Dieses ist wieder eine Gaußfunktion mit den folgenden Werten für Mittelwert und Unschärfe:

$$\langle k_x \rangle = 0; \quad \sigma_k = \frac{\sqrt{mkT}}{\hbar} \tag{18a}$$

Der Zusammenhang mit der Impulsunschärfe (15) ist

$$\sigma_{|p_x|} = \hbar\sigma_k \tag{18b}$$

wie aus (1.1.1-18) zu erwarten war. Für einen *einzelnen* k-Zustand ist dann die Anzahl der Teilchen gleich der Besetzungswahrscheinlichkeit

$$N_{abs}^{(1)}(k_x)dk_x = 1 \underset{(16)}{\Rightarrow} dn(k_x) = \exp\left(-\frac{W_L + \frac{\hbar^2 k_x^2}{2m} - W_F}{kT}\right) \tag{19}$$

Dieser Wert muß der Aufenthaltswahrscheinlichkeit eines Elektrons (Norm der Wellenfunktion nach (1.1.1-7)) entsprechen. Für eine Wellenfunktion wie in (1.1.2-3a) gilt dann

$$\psi(k_x, x) = A\exp(jk_x x) \tag{20}$$

$$\int_0^{L_x}|\psi(k_x,x)|^2 dx = |A|^2 L_x \underset{(19)}{=} \exp\left(-\frac{W_L - W_F}{kT}\right)\exp\left(-\frac{\hbar^2 k_x^2}{2\sigma_k^2}\right)$$

$$\Rightarrow \psi(k_x, x) = \frac{1}{\sqrt{L_x}}\exp\left(-\frac{W_L - W_F}{2kT}\right)\exp\left(jk_x x - \frac{\hbar^2 k_x^2}{4\sigma_k^2}\right) \tag{21}$$

Die Überlagerung solcher Wellenfunktionen mit unterschiedlichem Wellenzahlvektor ergibt ein **Wellenpaket**, d.h. eine Interferenzamplitude wie in (1.1.2-10), die sich mit der Gruppengeschwindigkeit v_g bewegt. Eine spezielle Interferenzamplitude soll im folgenden berechnet werden: Dazu nehmen wir an, daß bei $x = x_0$ ein Bruchteil der Wellenfunktionen (entsprechend einem Bruchteil der Elektronen für jeden Wellenzahlvektor) dieselbe Phase (z.B. Null) hat. Dann gilt für eine Überlagerung von Wellen des Typs (21) (konstante Vorfaktoren werden hier nicht betrachtet)

$$I(x,t=0) \propto \int_{-\infty}^{+\infty}\exp\left(-\left[\frac{\hbar^2 k_x^2}{4\sigma_k^2} - jk_x(x-x_0)\right]\right)dk_x \tag{22}$$

Eine quadratische Ergänzung des Exponenten im Integral erbringt

$$I(x,t=0) \propto \exp\left(j(x-x_o)\sigma_k\right)^2 \int_{-\infty}^{+\infty}\exp\left(-\left[\frac{\hbar\,k_x}{2\sigma_k} - j\sigma_k(x-x_o)\right]^2\right)dk_x \tag{23}$$

Die Berechnung des Integrals liefert nach (5) einen konstanten Wert. Die Interferenzfigur ergibt also wieder eine Gaußfunktion (entsprechend dem Lehrsatz, daß die Fouriertransformierte einer Gaußfunktion wieder eine Gaußfunktion ist), diesmal über der Ortskoordinate x. Zur Bestimmung der Teilchendichte gehen wir nach (1.1.1-7) über auf das Quadrat der Gesamtwellenfunktion und erhalten eine Gaußfunktion mit den folgenden Werten für Mittelwert und Unschärfe

$$I^2(x, t = 0) \propto n(x) \propto \exp\left(-2(x - x_o)^2 \sigma_k^2\right) \tag{24}$$

$$\underset{(12a)}{\Rightarrow} \text{Mittelwert des Ortes:} \quad \langle x \rangle = x_o \tag{25a}$$

$$\underset{(12a)}{\Rightarrow} \text{Ortsunschärfe:} \quad 2\sigma_x^2 = \frac{1}{2\sigma_k^2} \Rightarrow \sigma_x = \frac{1}{2\sigma_k} \tag{25b}$$

Mit der Beziehung (18b) wird daher für den hier diskutierten Spezialfall die **Heisenbergsche Unschärferelation** erfüllt

$$\sigma_x \cdot \sigma_{p_x} \geq \frac{\hbar}{2} \tag{26}$$

Dabei gilt für Wellenpakete mit der Gestalt einer Gaußverteilung das Gleichheitszeichen, für andere Wellenpakete dagegen die Relation "größer". Die Interpretation dieser Beziehung ist wie folgt: In einem weit ausgedehnten Potentialkasten wird die Impulsunschärfe von Teilchen der Masse m durch (15) festgelegt. Die örtliche Verteilung der dazugehörigen Elektronendichte ist eine Gaußfunktion mit einer "thermischen" Unschärfe, die sich aus (26) ergibt zu

$$\sigma_x = \frac{\hbar}{2\sqrt{mkT}} \tag{27}$$

Als Zahlenwert hierfür ergibt sich nach Anhang B für freie Elektronen bei Raumtemperatur die Größe 0,86 nm. Wird umgekehrt die Ortsunschärfe durch äußere Randbedingungen festgelegt (z.B. durch einen Potentialkasten mit Dimensionen, die kleiner sind als die oben bestimmte thermische Ortsunschärfe), dann muß nach (26) die Impulsunschärfe größer werden.

Nehmen wir jetzt auch die Zeitabhängigkeit der Wellengleichung nach (1.1.2-9) hinzu, dann erhalten wir anstelle von (22) für $x_o = 0$, $W_L = 0$

$$I(x, t) \propto \int_{-\infty}^{+\infty} \exp\left(-\left[k_x^2\left\{\frac{\hbar^2}{4\sigma_k^2} + j\frac{\hbar t}{2m}\right\} - jk_x x\right]\right) dk_x \tag{28}$$

Die Ausrechnung nach dem oben beschriebenen Verfahren ergibt

$$I^2(x,t) \propto \frac{\exp\left(-\dfrac{2x^2\sigma_k^2}{1+\left(\dfrac{2\hbar\sigma_k^2 t}{m}\right)^2}\right)}{\sqrt{1+\left(\dfrac{2\hbar\sigma_k^2 t}{m}\right)}} \tag{29}$$

Dadurch wird eine Gaußfunktion beschrieben, die zeitlich "auseinanderfließt", d.h. deren Unschärfe mit der Zeit zunimmt (Bild 1.3.2-1). Die Verhältnisse liegen ähnlich wie bei der Diffusion unter der Randbedingung einer konstanten Menge der diffundierenden Atomsorte (Band 1, Abschnitt 2.8.1, Bild 2.8.1-3).

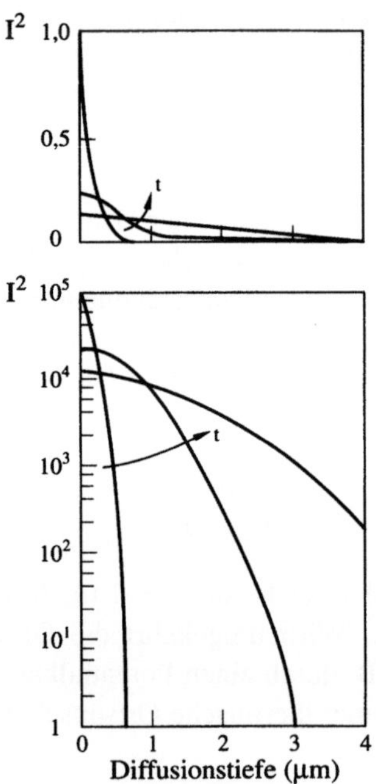

Bild 1.3.2-1:   *Zeitliches Auseinanderfließen eines gaußförmigen Wellenpakets im linearen und halblogarithmischen Maßstab.*

Liegt das Maximum der Verteilung (16) nicht bei der Wellenzahl $k = 0$, sondern bei $k = k_o$, dann bewegt sich das Wellenpaket mit der Gruppengeschwindigkeit $v_g(k_o)$, siehe Abschnitt 1.1.2, insbesondere Gl. (1.1.2-14).

2 Bandstruktur von Festkörpern

2.1 Elektronen in Kristallgittern

2.1.1 Freie Elektronen im Gitter

Im Potentialkasten-Modell war davon ausgegangen worden, daß alle Teilchen (z.B. Elektronen) innerhalb des Kastens dieselbe potentielle Energie besitzen, d.h. dort befinden sich keine weiteren Strukturen, welche auf die Teilchen einwirken können. Die Teilchen werden dadurch am Austreten aus dem Kasten gehindert, daß sich am Rand eine unendlich hohe Potentialbarriere befindet.

Dieses Modell wird im folgenden erweitert, indem wir innerhalb des Kastens ein dreidimensionales Gitter von punktförmigen Streuzentren zulassen, die z.B. durch Atomkerne gebildet werden können (Kristallgitter). Wenn die Streuzentren von einer ebenen Welle bestrahlt werden, gehen von ihnen Kugelwellen aus, die sich überlagern und dadurch neue ebene Wellen bilden können (**Huygens'sches Prinzip**, s. Band 1, Abschnitt 1.3).

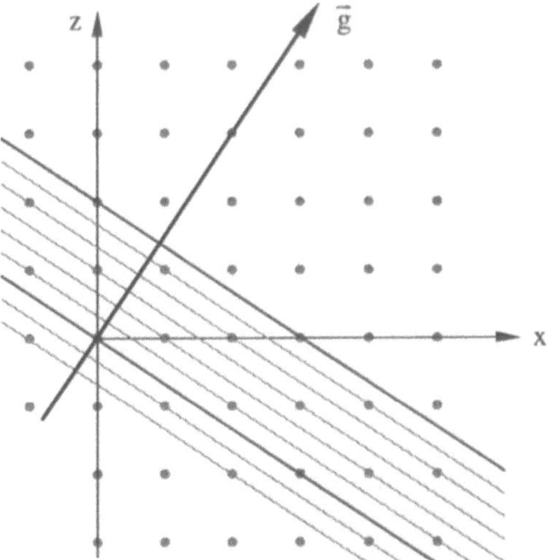

Bild 2.1.1-1:   *Beschreibung paralleler Gitterebenen in einem kubischen Gitter als Ort festgelegter Phase (z.B. Phase Null) einer ebenen Welle.*

Das Kristallgitter kann so beschrieben werden, daß man zunächst eine Schar paralleler Ebenen definiert über eine ebene Welle mit dem Wellenzahlvektor $\vec{g}$

$$\exp\left(j\vec{g}\vec{r}\right) \tag{1}$$

auf deren Amplitudenmaxima (Phase Null, es kann auch eine beliebige andere Phase gewählt werden) sich jeweils die Gitterpunkte befinden (s. Band 1, Abschnitt 1.4.2, Bild 2.1.1-1). Der Wellenzahlvektor $\vec{g}$ der ebenen Welle entspricht dann der Normalen der Ebenenschar, sie steht senkrecht auf allen Ebenen der Schar.

Unabhängig von ihrer Lage auf einer Gitterebene lassen sich alle Gitterpunkte durch eine Linearkombination beschreiben

$$\vec{l} = l_x\vec{a}_x + l_y\vec{a}_y + l_z\vec{a}_z \tag{2}$$

wobei die l_i irgendwelche ganze Zahlen (einschließlich Null) sind. Die $\vec{a}_i$ sind die Basisvektoren der Gitterzelle. Die Punkte auf einer speziellen durch die Zahl n gekennzeichneten Gitterebene werden dann einfach durch diejenigen Gittervektoren $\vec{l}$ nach (2) beschrieben, für die speziell gilt

$$\vec{g}\vec{l} = 2\pi n; \quad \forall n \in Z = \{0, \pm 1, \pm 2, \ldots\} \tag{3}$$

$$\Rightarrow \exp\left(j\vec{g}\,\vec{l}\right) = 1 \tag{4}$$

Jedem Wert von n ist eine der parallelen Ebenen in Bild 2.1.1 zugeordnet. Aus der Bedingung (3) folgt, daß für die Ebenennormalen $\vec{g}$ nicht beliebige Vektoren zugelassen sind, sondern nur die Gittervektoren eines reziproken Gitters (Abschnitt 1.1.2 und Band 1, Abschnitt 1.4.2), die sich aus den Basisvektoren

$$\vec{g}_x = \frac{2\pi \cdot \vec{a}_y \times \vec{a}_z}{\left(\vec{a}_x\vec{a}_y\vec{a}_z\right)}; \quad \vec{g}_y = \frac{2\pi \cdot \vec{a}_z \times \vec{a}_x}{\left(\vec{a}_x\vec{a}_y\vec{a}_z\right)}; \quad \vec{g}_z = \frac{2\pi \cdot \vec{a}_x \times \vec{a}_y}{\left(\vec{a}_x\vec{a}_y\vec{a}_z\right)} \tag{5}$$

mit dem Spatprodukt $\left(\vec{a}_x\vec{a}_y\vec{a}_z\right) := \vec{a}_x \cdot \left[\vec{a}_y \times \vec{a}_z\right]$

linear kombinieren lassen. Jeder Gitterpunkt $\vec{g}$ des reziproken Gitters

$$\vec{g} = m_x\vec{g}_x + m_y\vec{g}_y + m_z\vec{g}_z \tag{6}$$

erfüllt nämlich für jeden Vektor $\vec{l}$ die Bedingung (3), wobei sich ein spezieller Wert von n ergibt, der die spezielle Ebene der Ebenenschar kennzeichnet.

Wir wollen uns im folgenden ausschließlich mit kubischen Gittern beschäftigen, weil die wichtigsten Halbleiterwerkstoffe, insbesondere die Werkstoffe Germanium, Silizium und Galliumarsenid, eine kubische Struktur besitzen. Dann vereinfacht sich (5) zu

$$\vec{g}_x = \frac{2\pi\vec{a}_x}{a^2}; \quad \vec{g}_y = \frac{2\pi\vec{a}_y}{a^2}; \quad \vec{g}_z = \frac{2\pi\vec{a}_z}{a^2} \tag{7}$$

mit dem kubischen Gitterparameter a.

Die Teilchen im Potentialkasten (oder unter der dazu äquivalenten Born-von-Karman-Randbedingung) lassen sich nach den Abschnitten 1.1.1 und 1.1.2 darstellen durch ebene Wellen des Typs

$$\psi_{\vec{k}}(\vec{r}) = A_{\vec{k}}\, exp\left(j\vec{k}\vec{r}\right) \tag{8}$$

wobei $\vec{r}$ ein beliebiger Ortsvektor innerhalb des Potentialkastens und $\vec{k}$ ein Vektor aus dem Raum der Wellenzahlvektoren ($\vec{k}$-Raum) ist. Sowohl der $\vec{k}$- wie auch der reziproke Gitterraum lassen sich in einem gemeinsamen Koordinatensystem darstellen (Bild 1.1.2-2), dabei liegt zwischen zwei Gitterpunkten des reziproken Gitterraums (grobes Raster) eine sehr große Anzahl von Gitterpunkten des $\vec{k}$-Raums (feines Raster).

Die ebene Welle (8) ist definiert für alle Positionen im Potentialkasten und damit auch für solche Orte $\vec{l}$, auf denen sich ein Gitterpunkt des Kristallgitters befindet, d.h. die Welle hat am Ort des Gitterpunktes $\vec{l}$ den Funktionswert

$$\psi_{\vec{k}}\left(\vec{l}\right) = A_{\vec{k}}\, \exp\left(j\vec{k}\vec{l}\right) \tag{9}$$

Dabei stellt $A_{\vec{k}}$ den Betrag, $\exp(j\vec{k}\vec{l})$ die Phase der Welle dar. Gleichzeitig gilt aber für die Gitterpunkte $\vec{l}$ die Beziehung (4), d.h. wir erhalten mit (9)

$$\psi_{\vec{k}}\left(\vec{l}\right) = A_{\vec{k}}\, \exp\left(j\vec{k}\vec{l}\right)\exp\left(j\vec{g}\vec{l}\right)$$

$$= A_{\vec{k}}\, \exp\left(j\left(\vec{k}+\vec{g}\right)\vec{l}\right)$$

$$\propto \psi_{\vec{k}+\vec{g}}\left(\vec{l}\right) = A_{\vec{k}+\vec{g}}\, \exp\left(j\left(\vec{k}+\vec{g}\right)\vec{l}\right) \tag{10}$$

Das ist ein interessanter Zusammenhang zwischen $\vec{k}$- und reziprokem Gitterraum: Teilchenwellen, deren Wellenzahlvektoren sich um einen reziproken Gittervektor (Gitterpunkt des reziproken Gitterraums) unterscheiden, haben am Ort aller Gitterpunkte des Kristallgitters dieselbe Phase. Die Amplitude der Welle (deren Quadrat die Teilchendichte charakterisiert) kann aber sehr unterschiedlich sein. Bild 2.1.1-2a gibt ein Beispiel für zwei Wellen mit den Wellenzahlvektoren $\vec{k}$ und $\vec{k}'$, bei denen die Beziehung

$$\vec{k}' = \vec{k} + \vec{g} \tag{11}$$

erfüllt ist. Es wird deutlich, daß beide Wellen am Ort der Gitterpunkte ($x = 0$ und $x = a$) dieselbe Phase haben. Diese Beziehung hat eine wichtige Interpretation für das Streuverhalten der Elektronenwellen (Bild 2.1.1-2b).

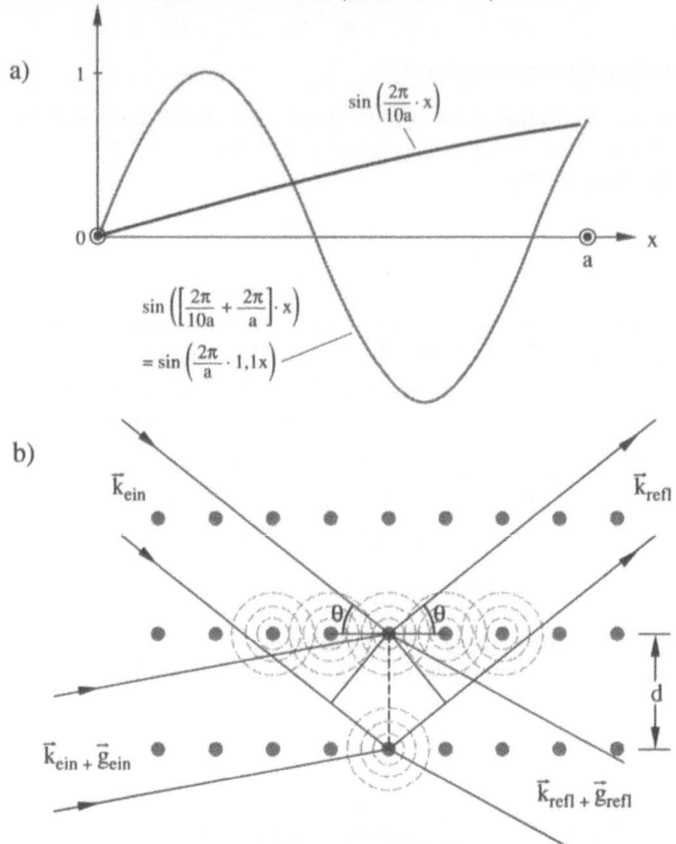

Bild 2.1.1-2:   *a) Darstellung einer eindimensionalen ebenen Welle mit dem Wellenzahlvektor k = 2π /10a und einer Welle, die man aus der ersten erhält, wenn man zu der Wellenzahl den reziproken Gittervektor g = 2π /a hinzuaddiert, d.h. einer Welle mit dem Wellenzahlvektor k' = 2π· 1,1/a: Die Phase am Ort x = a (Gitterpunkt des Kristallgitters) ist gleich.*

b) Konsequenz der Phasengleichheit zweier Wellen am Ort der Gitterpunkte: Wir betrachten die Verhältnisse bei der Bragg-Reflexion (Band 1, Abschnitt 1.5). Die reflektierte Welle mit dem Wellenzahlvektor k_{refl} setzt sich zusammen durch konstruktive Interferenz (phasengleiche Überlagerung) aller Kugelwellen, die von den Gitterpunkten ausgehen. Die Phasen der Kugelwellen hängen ab von der Phase, mit der die einfallende Welle (Wellenzahlvektor k_{ein}) auf die Gitteratome auftrifft. Daraus folgt, daß auch alle anderen Wellen, welche die gleiche Phase am Ort der Gitterpunkte besitzen, in dieselbe Richtung k_{refl} gestreut werden, d.h. alle Wellenzahlvektoren nach Gleichung (11).

Als Bedingung für die Bragg-Reflexion ergab sich nach Band 1, Abschnitt 1.5 folgende Beziehung zwischen den Wellenzahlvektoren

$$\vec{k}_{refl} = \vec{k}_{ein}^{o} + \vec{g} \quad \text{für} \quad \left|\vec{k}_{refl}\right| = \left|\vec{k}_{ein}^{o}\right| \tag{12}$$

Diese Gleichung war nur für den Fall gleicher Wellenlänge von einfallender und reflektierter Welle (d.h. gleicher Beträge der Wellenzahlvektoren, dieser Streuprozeß wird als **Normalprozeß** bezeichnet) hergeleitet worden. Wie aus Bild 2.1.1-2b hervorgeht, läßt sich aber dieselbe reflektierte Welle auch erzeugen durch alle einfallenden Wellen des Typs

$$\vec{k}_{ein} = \vec{k}_{ein}^{o} + \vec{g}_{ein} \tag{13}$$

d.h. (12) läßt sich verallgemeinern zu

$$\vec{k}_{refl} = \vec{k}_{ein} + \vec{g} \tag{14}$$

für alle Wellenzahlvektoren $\vec{k}_{ein}$, auch wenn diese eine andere Wellenlänge als die reflektierte Welle haben (der entsprechende Streuprozeß wird als **Umklapp-Prozeß** bezeichnet). Bei diesem Prozeß muß aber (z.B. durch optische Bestrahlung) eine Energie ΔW zugeführt werden, da bei unterschiedlicher Wellenlänge sich die kinetischen Energien der einfallenden Teilchen (welche die einfallende Welle repräsentieren) und der ausfallenden Teilchen unterscheiden. Es gilt nach (1.1.1-25)

$$\Delta W = \frac{\hbar^{2}\vec{k}_{refl}^{2}}{2m} - \frac{\hbar^{2}\vec{k}_{ein}^{2}}{2m} \tag{15}$$

Wellenfunktionen, deren Phase am Ort der Kristallgitteratome dieselbe Phase haben – d.h. deren Wellenzahlvektoren nach (14) mit einem beliebigen reziproken Gittervektor $\vec{g}$ zusammenhängen – können also relativ einfach ineinander überführt werden, sofern die dafür erforderliche Energiedifferenz nach (15) zugeführt wird. Bei einer Auftragung der **Dispersionsrelation** (Abhängigkeit der Energie von dem Wellenzahlvektor) können wir daher solche Wellenfunktionen – charakterisiert jeweils durch den jeweils kleinstmöglichen Wert von k – übereinander auftragen (Bild 2.1.13), d.h. den zu $k' = k + 2\pi/a$ (kleinster reziproker Gittervektor) gehörenden Energiewert tragen wir über k auf. Auf diese Weise können wir im eindimensionalen Fall alle Wellenfunkionen in einem k-Bereich auftragen, der zwischen $-\pi/a$ und $+\pi/a$ (jeweils der halbe reziproke Gittervektor) liegt. Diesen Bereich im k-Raum bezeichnen wir als **1. Brillouinzone**, den sich anschließenden als **2. Brillouinzone**, etc. Tragen wir die Energie auf über dem gesamten Spektrum der Wellenzahlvektoren, dann sprechen wir von einem **ausgedehnten**, im anderen Fall (wenn wir die Energien aller Wellenzahlvektoren nur über den k-Vektoren der 1. Brillouinzone auftragen) von einem **reduzierten Zonenschema**.

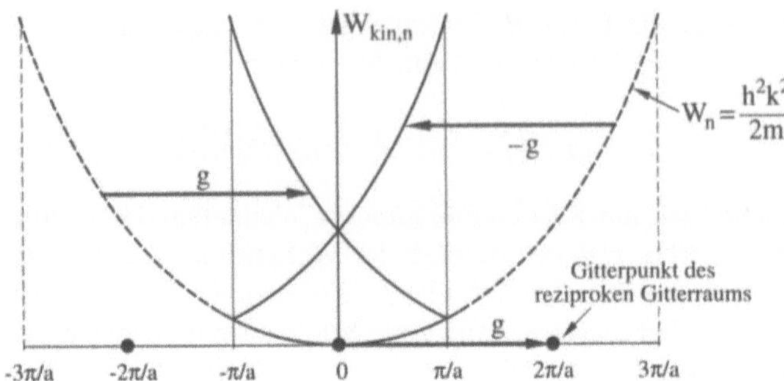

Bild 2.1.1-3:   *Wellenfunktionen können relativ einfach ineinander überführt werden, wenn ihre Phasen am Ort der Gitteratome übereinstimmen. Entsprechend kann man die Abhängigkeit der kinetischen Energie von der Wellenzahl (ausgedehntes Zonenschema: gestrichelt) auch reduziert (reduziertes Zonenschema: durchgezogen) auftragen über den Wellenzahlvektoren der 1. Brillouinzone: Die Wellenzahlen werden um jeweils einen vollen reziproken Gittervektor (z.B. 2π/a) verschoben, so daß sie möglichst nahe am Nullpunkt des k-Raums liegen. Die verschiedenen Abschnitte der Energiekurve im reduzierten Zonenschema (jeweils über der 1. Brillouinzone) werden **Energiebänder** genannt (s. auch Bild 2.1.1-8).*

Die Verallgemeinerung auf den dreidimensionalen k-Raum läßt sich sinngemäß durchführen: Zur Konstruktion der 1. Brillouinzone werden für alle *k*-Vektoren reziproke Gittervektoren gesucht, über welche sie möglichst nahe an den Nullpunkt des *k*-Raums geführt werden können. Eine besondere Bedeutung hat dabei die Mittenhalbierende (im zweidimensionalen Fall eine Gerade, im dreidimensionalen eine Ebene) zwischen dem Nullpunkt und einem reziproken Gitterpunkt: Liegt ein *k*-Vektor auf der dem Nullpunkt zugewandten Seite der Mittenhalbierenden, dann kann er durch den zur Mittenhalbierenden gehörenden reziproken Gittervektor nicht weiter reduziert werden (durch eine solche Operation würde er sich sogar vom Nullpunkt weiter entfernen). Liegt der *k*-Vektor jedoch auf der anderen Seite, dann kann er immer reduziert werden. Die Anwendung dieser Vorschrift für alle reziproken Gittervektoren führt zur dreidimensionalen Konstruktion der 1. Brillouinzone (Bild 2.1.1-4). Bild 2.1.1-5 zeigt die 1. Brillouinzone des kubisch flächen- und raumzentrierten Gitters.

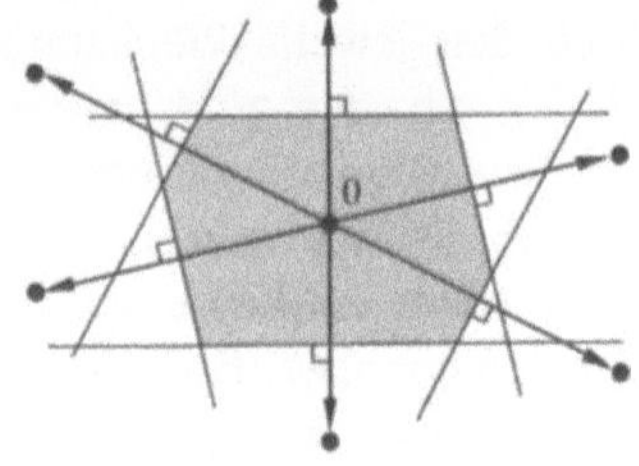

Bild 2.1.1-4:

Konstruktion der 1. Brillouinzone in einem zweidimensionalen Gitter: Es werden jeweils die Mittenhalbierenden zwischen dem Nullpunkt des k-Raums und den reziproken Gittervektoren in der Umgebung des Nullpunktes ermittelt. Die kleinste dadurch eingegrenzte Fläche bildet die 1. Brillouinzone. Man kann zeigen, daß sich alle k-Vektoren außerhalb dieser Zone durch einen geeigneten reziproken Gittervektor auf einen Wert innerhalb der Zone reduzieren lassen (s. Text).

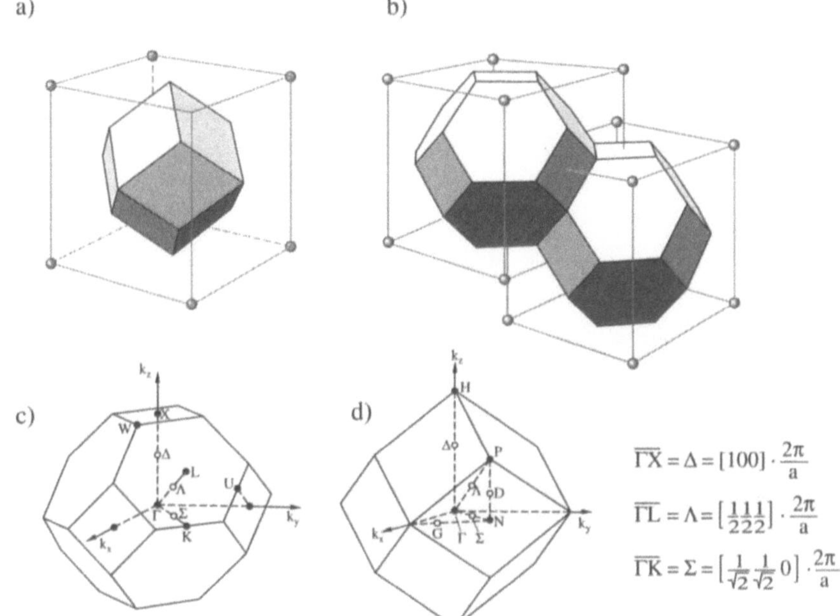

Bild 2.1.1-5:   *1. Brillouinzone des*
a) kubisch raumzentrierten Gitters
b) kubisch flächenzentrierten Gitters (zwei nebeneinanderliegende sind eingezeichnet)   (nach [4])
c) wie b) mit gekennzeichneten Richtungen im $\vec{k}$-Raum
d) wie a) mit gekennzeichneten Richtungen im $\vec{k}$-Raum

Dieselbe Konstruktionsvorschrift wie für die 1. Brillouinzone kann übrigens auch auf das Raumgitter (und nicht, wie oben, auf das Gitter im $\vec{k}$-Raum) angewendet werden. Die auf diese Weise erzeugten Gitterzellen – aus denen das gesamte Gitter aufgebaut werden kann (Beispiel in Bild 2.1.1-5b) – bezeichnet man als **Wigner-Seitz-Zellen.**

Wellenzahlvektoren, die auf der Mittenhalbierenden zwischen dem Nullpunkt und einem Gittervektor des reziproken Gitterraums (und damit auf dem Rand einer Brillouinzone) liegen, haben eine Eigenschaft gemeinsam: Sie erfüllen alle die Bragg-Bedingung (12) und werden daher in einem Normalprozeß (d.h. elastisch, ohne daß eine Energiezufuhr von außen notwendig ist) Bragg-reflektiert an der Ebenenschar, die durch $\vec{g}$ repräsentiert wird (Bild 2.1.1-6). Bild 2.1.1-7 zeigt die Mittenhalbierenden eines kubischen reziproken Gitterraums. Da auch die 1. Brillouinzone (und alle anderen) von Mittenhalbierenden begrenzt werden, ergibt sich eine wichtige Konsequenz: Alle Elektronen, deren Wellenzahlvektoren auf dem Rand der 1. Brillouinzone (Zonengrenze) liegen, werden Bragg-reflektiert.

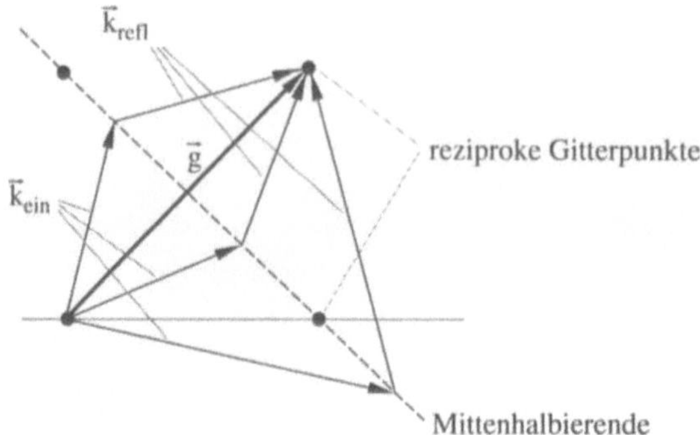

Bild 2.1.1-6:   Konstruktion des Ortes aller k-Vektoren, die an einer Ebenenschar, die durch den reziproken Gitterpunkt $\vec{g}$ repräsentiert wird, Bragg-reflektiert werden, d.h. die Gleichung (12) erfüllen. Es ergibt sich die Mittenhalbierende, im dreidimensionalen k- Raum eine Ebene.

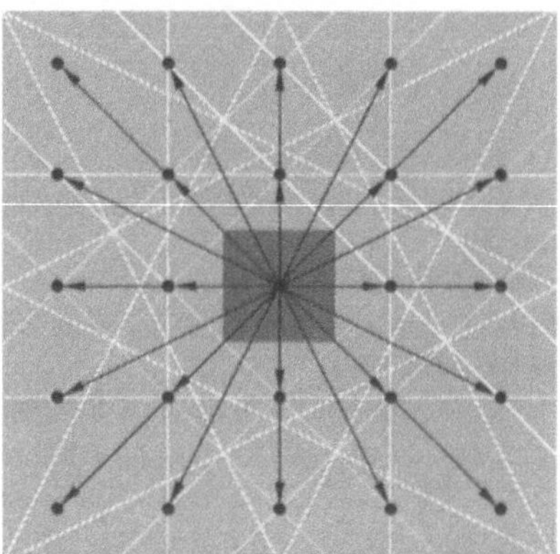

Bild 2.1.1-7:   Zusammenstellung der Mittenhalbierenden in einem kubischen reziproken Gitterraum. Alle k-Vektoren, die auf diesen Mittenhalbierenden liegen, werden Bragg-reflektiert.

Die (elastische) Bragg-Reflexion führt dazu, daß die Teilchen im Gitter ständig ihre Richtung wechseln, da reflektierte Wellen wieder zurückgestreut werden können usw., d.h. eine Welle mit dem Wellenzahlvektor k ist praktisch von einer anderen mit dem Wellenvektor $k + g$ nicht zu unterscheiden, wenn beide den gleichen Betrag haben. Diese Mehrdeutigkeit legt nahe, daß Wellenzahlvektoren auf der Zonengrenze ein ungewöhnliches Verhalten zeigen. Es erweist sich, daß die diesen Wellenzahlvektoren entsprechenden Energien in vielen Fällen nicht zugelassen (quantentheoretisch verboten) sind, d.h. in der Dispersionskurve $W_{kin}(k)$ treten **Energielücken** (**verbotene Zonen**) auf. Diese Tatsache ist von fundamentaler Bedeutung und bestimmt entscheidend das Verhalten der Halbleiterwerkstoffe.

Die Ergebnisse dieses Abschnitts können wie folgt zusammengefaßt werden: Das
Verhalten von freien Teilchen (Elektronen) in einem Kristallgitter wird charakterisiert durch die Abhängigkeit der kinetischen Energie der Teilchen von dem dazugehörigen Wellenzahlvektor (Dispersionsrelation). Wenn man solche Wellenfunktionen zusammenfaßt, die sich durch elastische oder nichtelastische Bragg-Reflexion
ineinander überführen lassen, dann lassen sich die Energien über einem einge-
schränkten Bereich des k-Raums – der 1. Brillouinzone – darstellen, deren Ausdehnung um den Nullpunkt jeweils dem halben Abstand zu den benachbarten reziproken
Gitterpunkten entspricht. Solche Wellenfunktionen können zwar durch denselben
k-Vektor charakterisiert werden, sie haben aber verschiedene Werte für die Energie,
man sagt, sie liegen in verschiedenen **Energiebändern** (Bild 2.1.1-8). An den Grenzen der Brillouinzonen und bei $k = 0$ haben wir mit Unregelmäßigkeiten der Dispersionskurve zu rechnen, weil Wellen mit den entsprechenden Wellenzahlvektoren innerhalb des Kristalls elastisch Bragg-reflektiert werden.

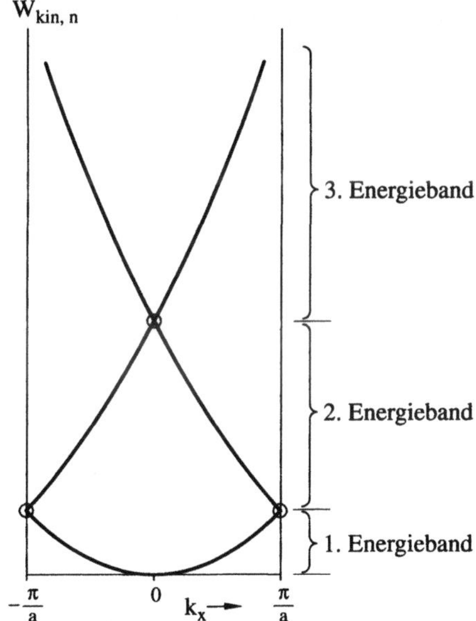

*Bild 2.1.1-8:   Darstellung der Teilchenenergien im reduzierten Zonenschema. Zu jedem k-Vek-
tor der 1. Brillouinzone gehören Wellenfunktionen mit verschiedenen Energien.
Je nach Lage in einem der Zweige der Dispersionskurve gehören die Wellenfunktionen zu verschiedenen Energiebändern. An den eingekreisten Stellen ist wegen
der Bragg-Reflexion mit Unregelmäßigkeiten der Dispersionskurve zu rechnen*

Die Frage ist jetzt, welche Elektronen in einem kristallinen Festkörper am ehesten
die Eigenschaften von freien Elektronen haben, so daß die oben gewonnenen Ergebnisse auf sie angewendet werden können. Dieses sind mit Sicherheit nicht die inneren Elektronen der Atomhülle, da solche Elektronen fest an den Atomkern gebunden

sind. Allenfalls die äußersten Elektronen sind so lose an die Atomrümpfe gebunden, daß sie sich relativ leicht (z.B. durch eine thermische Aktivierung) davon lösen können und dann nicht mehr allein dem Potentialfeld eines Atomrumpfes ausgesetzt sind, sondern eher dem periodischen Potential aller Atomrümpfe des Kristallgitters. In Bild 2.1.1-9 sind die jeweils zu Energiebändern zusammengefaßten gebundenen und "freien" Elektronenzustände dargestellt.

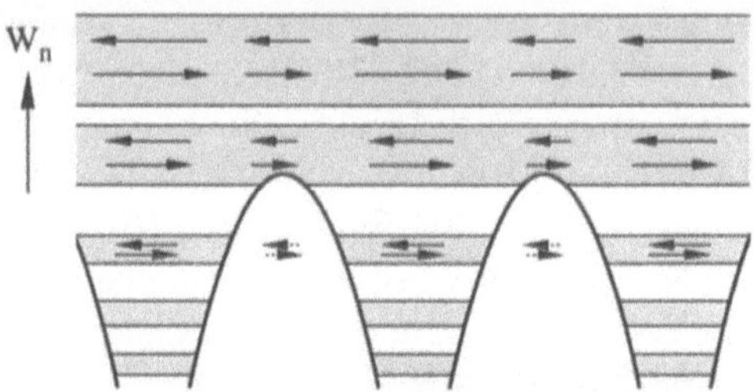

Bild 2.1.1-9:   *Die inneren Elektronen der Atomhülle befinden sich in einem gebundenen Zustand, sie können sich aus dem Einflußbereich des dazugehörigen Atomrumpfes nicht lösen. Im Energieschema werden sie durch einzelne Energieniveaus oder Gruppen davon repräsentiert. Elektronen mit höherer Energie sind jedoch so lose gebunden, daß sie durch das periodische Potential der Atomrümpfe nur gestreut werden. Solche Elektronen verhalten sich näherungsweise wie freie Elektronen. Deren Energieniveaus liegen so dicht beieinander, daß sie zu quasi-kontinuierlichen Energiebändern zusammengefaßt werden können.*

Die äußeren, relativ schwach gebundenen Elektronen entsprechen den Valenzelektronen des Atoms, die über eine physikalische oder chemische Wechselwirkung für eine Bindung von Atomen untereinander sorgen können. Die Anzahl der Valenzelektronen im Kristall ist also ein Maß dafür, wie viele freie Elektronen vorhanden sind, d.h. welche der in Bild 2.1.1-8 dargestellten erlaubten Energieniveaus besetzt werden können. Dabei können wir zunächst von dem einfachsten Fall am absoluten Nullpunkt ($T = 0$) ausgehen: Nach der Fermi-Dirac-Statistik werden dann einfach die energetisch am niedrigsten liegenden Energiezustände besetzt. Wie in Abschnitt 1.2.2 diskutiert, wird die Besetzungswahrscheinlichkeit in einem Energiebereich der Größe kT um die Besetzungsgrenze temperaturabhängig (man spricht von einem **Aufbrechen der Fermikante**). Der Wert von kT ist jedoch meistens kleiner als die in Bild 2.1.1-8 dargestellten Energien, so daß dort zunächst die Näherung für $T = 0$ angewendet werden kann.

Wieviele Elektronen passen in ein Energieband nach Bild 2.1.1-8? Dazu brauchen wir nur die absolute Zustandsdichte (1.1.3-2) mit der Breite $2\pi/a$ der 1. Brillouinzone zu multiplizieren und erhalten den Wert L_x/a, d.h. die Anzahl der Gitterzellen in dem eindimensionalen Potentialkasten der Länge L_x. Die Verallgemeinerung auf den dreidimensionalen Potentialkasten liegt auf der Hand: Jedes Energieband enthält so viele quantentheoretisch erlaubten Zustände wie der betrachtete Kristall Gitterzellen besitzt. Bei einem kubischen Kristall ist das also einfach die Anzahl der Kuben mit der Kantenlänge *a*.

Die Auffüllung der Energiebänder wird also bestimmt durch die Anzahl der Valenzelektronen pro Gitterzelle. Dabei muß berücksichtigt werden, daß jedes quantentheoretisch erlaubte Energieniveau zwei Elektronen unterschiedlicher Spinausrichtung
aufnehmen kann.

2.1.2 Elektronen im periodischen Potential

Zur exakten Bestimmung des Verhaltens von Elektronen in Festkörpern muß die
Schrödingergleichung (1.1.1-1) gelöst werden, wobei als potentielle Energie $W_{pot}(\vec{r})$
das gitterperiodische Potential aller Atomrümpfe verwendet wird, welches auf die
"freien" oder "quasifreien" Elektronen wirkt. Die Gitterperiodizität bedeutet, daß

$$W_{pot}\left(\vec{r} + \vec{l}\right) = W(\vec{r}) \tag{1}$$

wobei $\vec{r}$ ein beliebiger Ortsvektor ist und $\vec{l}$ wie in (2.1.1-2) den Ort eines beliebigen
Gitterpunktes beschreibt. Die Lösung der Schrödingergleichung unter diesen Voraussetzungen ist sehr aufwendig und kann hier nur näherungsweise betrachtet werden. Aus sehr allgemeinen Betrachtungen kann das Bloch-Theorem hergeleitet werden [4, 5]

$$\psi_{\vec{k}}\left(\vec{r} + \vec{l}\right) = \exp\left(j\vec{k}\vec{l}\right)\psi_{\vec{k}}(\vec{r}) \tag{2}$$

Diese grundlegende Beziehung besagt, daß sich Wellenfunktionen an verschiedenen
– kristallographisch äquivalenten – Positionen im Gitter nur in der *Phase*, nicht aber
in der *Amplitude* unterscheiden dürfen. Die letztgenannte Bedingung wird durch
Gleichungen des Typs (2) erfüllt, da die Phase bei der Bestimmung der Elektronendichte nach (1.1.1-7) herausfällt:

$$\left|\psi_{\vec{k}}\left(\vec{r} + \vec{l}\right)\right|^2 = \left|\exp\left(j\vec{k}\vec{l}\right)\right|^2 \left|\psi_{\vec{k}}(\vec{r})\right|^2 = \left|\psi_{\vec{k}}(\vec{r})\right|^2 \tag{3}$$

d.h. die Elektronendichteverteilung ist um jeden äquivalenten Gitterpunkt (z.B. Wür-
felecke, Flächen- oder Raummitte) gleich. Diese Aussage ist allein aus der Symmetrie des Problems plausibel: Unter den äquivalenten Gitterpunkten können nicht einige spezielle durch eine individuelle Elektronenverteilung ausgezeichnet sein. Die
Richtigkeit des Blochschen Theorems ist für freie Elektronen mit der Wellenfunktion
(2.1.1-8) leicht zu beweisen

$$\begin{aligned}
\psi_{\vec{k}}\left(\vec{r} + \vec{l}\right) &= A_{\vec{k}}\,\exp\left(j\vec{k}\left(\vec{r} + \vec{l}\right)\right) \\
&= \exp\left(j\vec{k}\vec{l}\right)A_{\vec{k}}\,\exp\left(j\vec{k}\vec{r}\right) \\
&= \exp\left(j\vec{k}\vec{l}\right)\psi_{\vec{k}}(\vec{r})
\end{aligned} \tag{4}$$

Häufig setzt man als Wellenfunktion auch an

$$\psi_{\vec{k}}(\vec{r}) = \exp\left(j\vec{k}\vec{r}\right)u_{\vec{k}}(\vec{r}) \tag{5}$$

d.h. als Wellenfunktion eines freien Elektrons, multipliziert mit einer Funktion $u_{\vec{k}}(\vec{r})$, welche die Abweichung der Wellenfunktion relativ zu derjenigen des freien Elektrons charakterisiert. Das Bloch-Theorem (2) kann nur erfüllt werden, wenn gilt

$$\psi_{\vec{k}}\left(\vec{r}+\vec{l}\right) = \exp\left(j\vec{k}\left[\vec{r}+\vec{l}\right]\right)u_{\vec{k}}\left(\vec{r}+\vec{l}\right)$$

$$= \exp\left(j\vec{k}\vec{l}\right)\exp\left(j\vec{k}\vec{r}\right)u_{\vec{k}}\left(\vec{r}+\vec{l}\right) \tag{6}$$

$$\underset{(5)}{\Rightarrow} u_{\vec{k}}\left(\vec{r}+\vec{l}\right) = u_{\vec{k}}(\vec{r}) \tag{7}$$

Die Wellenfunktion setzt sich also zusammen aus einer – möglicherweise kompliziert aufgebauten – Funktion $u_{\vec{k}}(\vec{r})$ um jedes Atom herum, deren Phase sich über einen phasenschiebenden Vorfaktor mit dem Ort ändert (Bild 2.1.2-1).

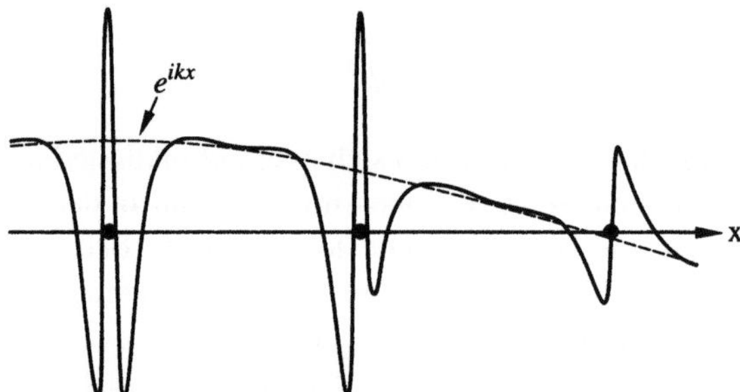

Bild 2.1.2-1:   Realteil einer Wellenfunktion, die sich aus dem Produkt aus einer für die Umgebung jedes Atoms definierten ortsabhängigen Funktion und einer cos-Funktion (phasenschiebende Funktion) ergibt (nach [5])

Im vorangegangenen Abschnitt waren im reduzierten Zonenschema Wellenfunktionen zusammengefaßt worden, die am Ort der Gitterpunkte dieselbe Phase besitzen. Es war gezeigt worden, daß solche Funktionen durch eine (elastische oder nichtelastische) Bragg-Reflexion ineinander überführt werden können. Die Bedingung (2.1.1-11) dafür ist auch in (4) zu erkennen: Die beiden Wellenfunktionen für $\vec{k}$ und $\vec{k}+\vec{g}$ haben am Ort der Gitteratome dieselbe Phase, da gilt

$$\exp\left(j\left(\vec{k}+\vec{g}\right)\vec{l}\right) = \exp\left(j\vec{k}\vec{l}\right) \tag{8}$$

d.h. auch als Konsequenz des Bloch-Theorems können die Wellenfunktionen von allen Wellenvektoren $\vec{k}'$ zusammengefaßt werden, die sich aus einem Wellenzahlvektor $\vec{k}$ aus der ersten Brillouinzone und einem beliebigen reziproken Gittervektor $\vec{g}$ ergeben durch

$$\vec{k}' = \vec{k} + \vec{g} \tag{9}$$

Wir betrachten jetzt die Dispersionskurven der Festkörperelektronen im reduzierten Zonenschema. Für freie Elektronen ergibt sich ein Verlauf wie in Bild 2.1.1-8 und Bild 2.1.2-2 (gestrichelt). Es ist zu erwarten, daß sich diese Energiekurven ändern, wenn wir anstelle einer konstanten potentiellen Energie (entsprechend dem Potentialkastenmodell für freie Elektronen) eine gitterperiodische potentielle Energie nach (1) verwenden. Insbesondere ist nach Bild 2.1.1-8 mit einem Einfluß der Bragg-Reflexion zu rechnen, wenn die Bedingung (9) mit $|\vec{k}| = |\vec{k}'|$ erfüllt ist, d.h. bei Elektronen, deren Wellenvektoren an der Grenze der Brillouinzone liegen.

Solche Elektronen haben im eindimensionalen Fall die Wellenzahlvektoren $+\pi/a$ und $-\pi/a$. Die dazugehörigen Gruppengeschwindigkeiten v_g nach (1.1.2-14) sind proportional zur Steigung der Dispersionskurve und haben für den Fall freier Elektronen die Werte

$$v_g\left(\pm\frac{\vec{g}}{2}\right)_{(1.1.3-15)} = \pm\frac{1}{\hbar}\left|\frac{\partial W_{kin}}{\partial\vec{k}}\right|_{\vec{k}=\frac{\vec{g}}{2}} \tag{10}$$

d.h. sie sind entgegengesetzt gleich. Da die Wellenzahlvektoren beider Elektronenzustände denselben Betrag haben, erfolgt die Bragg-Reflexion ohne eine notwendige Energiezufuhr von außen, d.h. elastisch. Das bedeutet, daß die Elektronen ständig von einem k-Vektor zum anderen hin- und hergestreut werden und praktisch nicht einem der beiden Zustände zugeordnet werden können. Diese Verhältnisse sind nur dann vereinbar mit den unterschiedlichen Gruppengeschwindigkeiten (10), wenn diese beide Null sind, d.h. wenn die Elektronenzustände am Rande der Brillouinzone *stehenden Wellen* entsprechen. Das ist eine sehr wichtige Konsequenz: Elektronen, deren Wellenzahlvektor einen Wert in der unmittelbaren Umgebung der Grenze einer Brillouinzone haben, bilden Wellenpakete, deren Interferenzmaxima (= Maximum der Aufenthaltswahrscheinlichkeit der Elektronen) ortsfest sind. Solche Elektronenverteilungen bewegen sich nicht im Gitter, sie bleiben in einem bestimmten örtlichen Bereich liegen und haben die (Gruppen-)Geschwindigkeit Null.

Die Auswirkung dieser Tatsache auf die Dispersionskurve ist erheblich: Diese müssen am Ort der Zonengrenze die Steigung *Null* annehmen, der Verlauf muß also zur Zonengrenze hin immer flacher werden und schließlich am Ort der Zonengrenze horizontal werden (Bild 2.1.2-2).

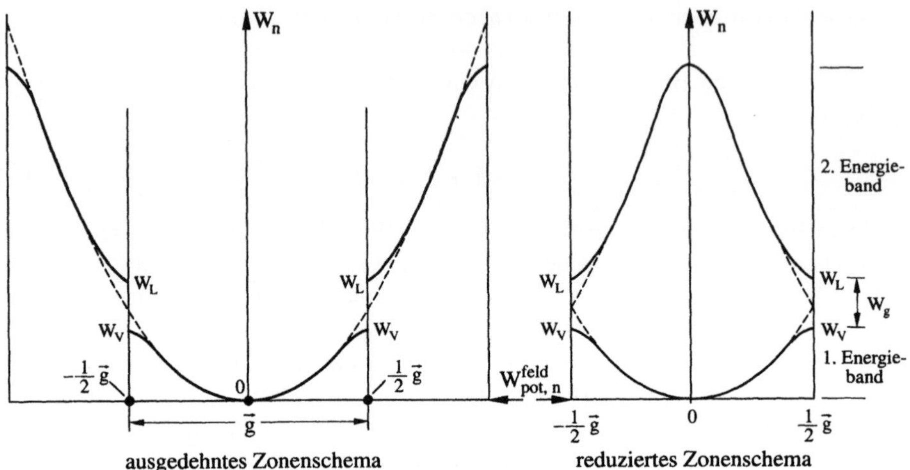

Bild 2.1.2-2:   *Verlauf der Dispersionskurve $W_{kin}(k)$ an der Zonengrenze: In Abweichung von dem Verlauf freier Elektronen (gestrichelt) flacht sich dort die Kurve ab, so daß sie am Ort der Zonengrenze die Gruppengeschwindigkeit Null erhält. Wellenpakete, die aus Wellenvektoren in der Umgebung der Zonengrenze aufgebaut werden, haben damit ortsfeste (stehende) Interferenzmaxima*

Die hier qualitativ durchgeführten Betrachtungen werden durch exakte quantentheoretische Berechnungen voll bestätigt. Solche Rechnungen können außerordentlich aufwendig sein, sie sind für viele Werkstoffe noch gar nicht durchgeführt werden. Eine Beschreibung der angewendeten Verfahren setzt erhebliche Kenntnisse aus der Quantentheorie voraus und führt über den Rahmen dieses Buches hinaus. Hierzu wird auf die Standardwerke der Festkörperphysik, z.B. [4, 5], sowie den Folgeband "Quanten" dieser Reihe verwiesen.

Die charakteristische Eigenschaft einer Bandstruktur wie in Bild 2.1.2-2 ist das Auftreten einer Energielücke zwischen dem 1. und 2. Energieband, d.h. die höchsten Energieniveaus des 1. Energiebandes liegen niedriger als die niedrigsten des 2. Energiebandes. In einem bestimmten Intervall der kinetischen Energie existiert also kein Wellenzahlvektor $\vec{K}$, der den Energien in diesem Intervall entspricht (**Bandlücke** oder **verbotene Zone**), für Energiewerte aus der verbotenen Zone hat die Schrödingergleichung also keine Lösung. Etwa in der Mitte der verbotenen Zone liegt der Energiewert, der bei *freien* Elektronen (in Bild 2.1.2-2 gestrichelt gezeichnet) gerade einem Wellenzahlvektor am Rande der Brillouinzone entspricht. Typisch ist, daß die Teilchen (Elektronen) in der Umgebung der Zonengrenze nicht eine – dem relativ großen k-Wert entsprechende – hohe Gruppengeschwindigkeit haben, sondern daß sie mit Annäherung ihres Wellenvektors an die Zonengrenze immer langsamer werden, bis sie schließlich – bei einem k-Vektor genau auf der Zonengrenze – stehen bleiben. Das Verhalten solcher Elektronen ist jetzt grundsätzlich anders als das von freien Elektronen, d.h. die Gitterperiodizität wirkt sich auf Elektronen mit einem

Wellenzahlvektor in der Nähe der Zonengrenze gravierend aus, auf die anderen Elektronen deutlich weniger.

Das Bandschema wie in Bild 2.1.2-2 läßt sich nach oben hin fortsetzen, d.h. oberhalb des 2. Energiebandes gibt es beliebig viele weitere – im allgemeinen jeweils getrennt durch eine Energielücke oder verbotene Zone (Bild 2.1.2-3).

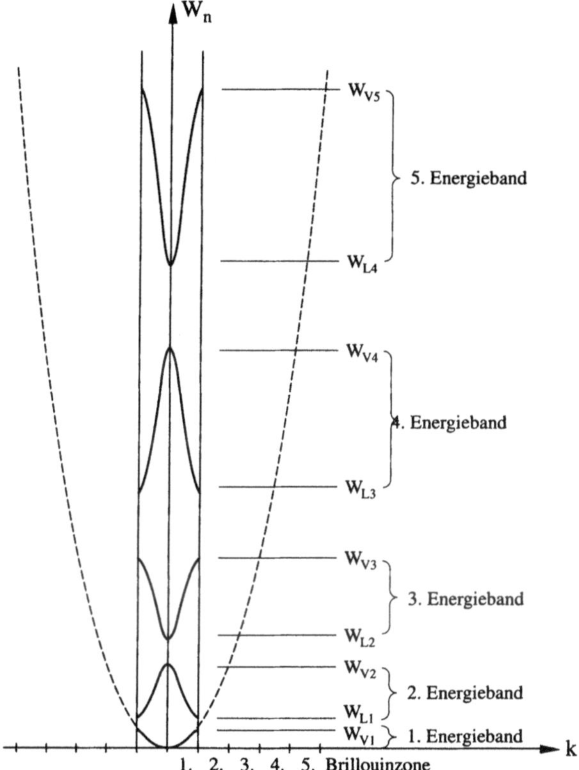

Bild 2.1.2-3:   reduziertes Energieschema eines Festkörpers bis hin zu höheren Energiewerten: Es ergibt sich eine fortgesetzte Zahl von Energiebändern – jeweils getrennt durch eine Energielücke (verbotene Zone)

Im Abschnitt 2.1.1 war gezeigt worden, daß jedes Energieband so viele Zustände besitzt wie der Kristall Gitterzellen hat. Diese können jeweils mit zwei Elektronen unterschiedlichen Spins besetzt werden. Wenn also jede Gitterzelle *zwei* quasifreie – d.h. Valenz-Elektronen beisteuert, dann wird genau *ein* Energieband vollständig aufgefüllt. Damit wird die Besetzung eines Energieschemas wie in Bild 2.1.2-3 mit Elektronen entschieden durch die Anzahl der Valenzelektronen pro Gitterzelle.

Bei den bisherigen Betrachtungen (z.B. in 2.1.1-7) war der Einfachheit halber angenommen worden, daß kubische Gitter vorliegen; dieses führt aber dazu, daß die Elementarzellen mit mehr als einem Atom besetzt sind (kubisch flächenzentriertes Gitter: 4 Atome, kubisch raumzentriertes Gitter: 2 Atome). Eine einfachere Struktur – allerdings nicht mit kubischer Symmetrie – bei welcher die Elementarzelle in beiden Fällen nur mit einem einzigen Atom besetzt ist, erhält man durch Konstruktion einer **primitiven Gitterzelle** (Bild 2.1.2-4)

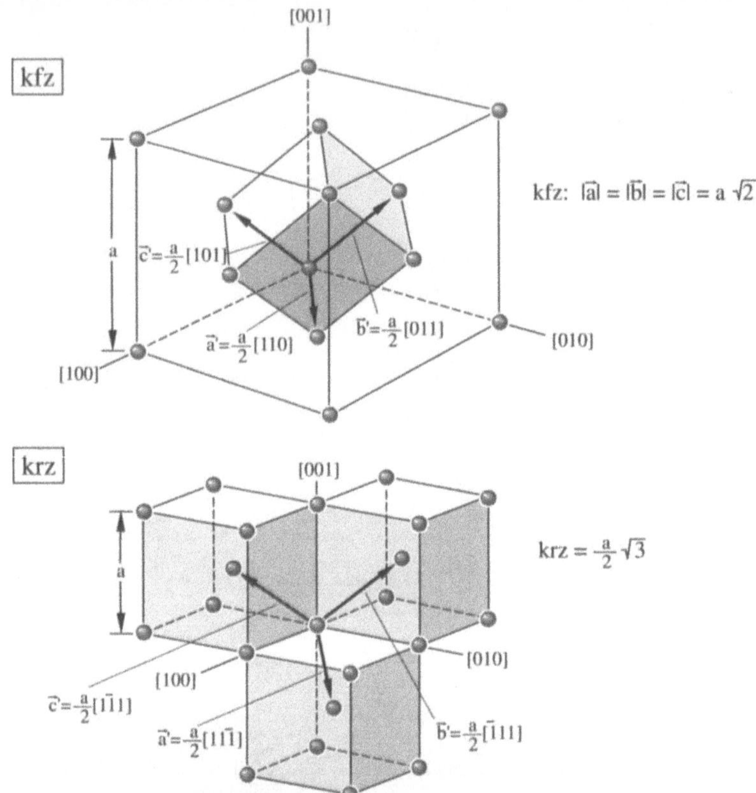

Bild 2.1.2-4:   Basisvektoren der kubisch primitiven Gitterzellen des kubisch flächenzentrierten (kfz) und kubisch raumzentrierten Gitters (krz, beide nach [4]). Eingetragen sind jeweils die (nicht orthogonalen) Basisvektoren der kubisch primitiven Zellen.

Aus den Basisvektoren der kubisch primitiven Gitterzellen können die Gittervektoren des reziproken Gitters nach (2.1.1-5) bestimmt werden, diese gehören zum Typ

$$kfz: \vec{g}_i = \frac{2\pi}{|\vec{a}'|}\langle 111\rangle \tag{11a}$$

$$krz: \vec{g}_i = \frac{2\pi}{|\vec{a}'|}\langle 220\rangle \tag{11b}$$

d.h. die reziproken Gittervektoren des kfz-Gitters haben dieselben Richtungen wie die Basisvektoren der primitiven Gitterzelle des krz-Gitters und umgekehrt. Der kleinste reziproke Gittervektor zum kfz-Gitter ist der Vektor in (11a), die Mittenhalbierende dazu die dem Nullpunkt des k-Raums am nächsten liegende Fläche der 1. Brillouinzone. Dieses ist in Bild 2.1.1-5c gut zu erkennen.

Wir kehren jetzt zurück zur Frage der Besetzung des Bandschemas in Bild 2.1.2-3. Bei Anwendung auf die Kristallstrukturen kfz und krz gilt dann die entsprechende Regel, daß jeweils zwei Valenzelektronen pro primitiver Gitterzelle ein Energieband füllen. Wie aus den Materialdaten in Band I entnommen werden kann, haben die Edelmetalle Kupfer, Silber und Gold alle eine kfz-Struktur mit *einem* Valenzelektron. Daraus folgt, daß bei diesen Werkstoffen die 1. Brillouinzone gerade halbbesetzt ist. Eine Konsequenz daraus wird sein (s. folgende Abschnitte), daß diese Materialien eine sehr große elektrische Leitfähigkeit besitzen. Die Halbleiterwerkstoffe Germanium, Silizium, Galliumarsenid und andere mit dem Diamant- und Zinkblendegitter (Bild 2.1.2-5) hingegen haben eine Struktur, die aus zwei ineinander geschachtelten kfz-Gittern besteht, d.h. die primitive Einheitszelle enthält zwei Atome mit insgesamt 8 Valenzelektronen. Das bedeutet, daß in Bild 2.1.2-3 die ersten vier Energiebänder vollständig besetzt sind. Wie später gezeigt wird, haben diese Materialien bei niedrigen Temperaturen eine sehr geringe, bei höheren dagegen eine beachtliche Leitfähigkeit. Daraus ist die Bezeichnung **Halbleiter** entstanden.

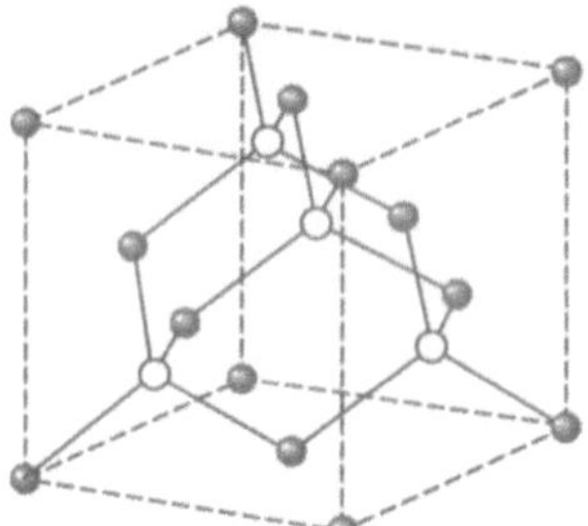

Bild 2.1.2-5:   *Aufbau des Diamant- und Zinkblendegitters aus zwei ineinander verschachtelten kubisch flächenzentrierten Gittern (jeweils mit dunklen oder hellen Gitterpunkten besetzt). Bei den Elementhalbleitern Germanium und Silizium sind alle Gitterpunkte mit identischen Atomen besetzt, bei der binären Halbleiterlegierung Galliumarsenid die hellen und dunklen Gitterpunkte jeweils mit unterschiedlichen Atomen (Gallium- oder Arsenatom).*

2.2 Elektronen und Löcher in Energiebändern

2.2.1 Bandstruktur der Halbleiterwerkstoffe Ge, Si, GaAs

Die für die Verarbeitung elektrischer Signale eingesetzten Halbleiterbauelemente (d.h. nicht die Sensoren – siehe Band 3) werden gegenwärtig fast ausschließlich aus den Halbleiterwerkstoffen Silizium (Si) und Galliumarsenid (GaAs) hergestellt, früher hatte auch Germanium (Ge) eine große Bedeutung (heute wieder mit Germanium-Silizium-Mischkristallen). Die Werkstoffeigenschaften dieser Materialien werden in dem vorliegenden Band ausführlich behandelt.

Eine der charakteristischsten Werkstoffeigenschaften ist die Bandstruktur (Abschnitt 2.1.2) des Materials. Von praktischem Interesse ist aber meistens nur ein Teil der Bandstruktur: Bei einer Wechselwirkung mit der Umwelt sind praktisch nur die am schwächsten an die Atomrümpfe gebundenen Elektronen beteiligt, d.h. diejenigen Elektronen, deren Energie im Bandschema die höchsten Werte annehmen. Deshalb werden in den in meisten Fällen nicht alle einzelnen Energiebänder, sondern nur die energetisch am höchsten liegenden betrachtet, welche noch Elektronen enthalten. Ein Kriterium dafür ist die Lage der *Fermienergie*: Wie im Abschnitt 1.2.2 ausgeführt, nimmt innerhalb einer Energiebreite von kT die Besetzungswahrscheinlichkeit von einem Wert Eins auf nahezu Null ab, wobei kT im Bandschema in der Regel eine sehr kleine Energie darstellt. Die obersten relativ stark besetzten Energieniveaus liegen damit in dem Energieband, das auch die Fermienergie enthält. Abhängig vom Aufbau des Werkstoffes und seiner Zusammensetzung (Legierungszustand) muß dann zusätzlich noch ein Energieband darüber oder darunter betrachtet werden. Schließlich kann die Fermienergie auch innerhalb der verbotenen Zone liegen, so daß jeweils die Bänder oberhalb und unterhalb der Fermienergie von Bedeutung sind.

Der zuletzt erwähnte Fall tritt bei den Halbleiterwerkstoffen häufig auf. Wie am Schluß des vorangegangenen Abschnitts erläutert, ist bei vielen Halbleiterwerkstoffen das 4. Energieband vollständig besetzt, das 5. hingegen vollständig unbesetzt. Bei sehr niedrigen Temperaturen liegt damit die Fermienergie auf der oberen Grenze des vollständig besetzten Energiebandes, das auch als **Valenzband** bezeichnet wird. Bei höheren Temperaturen können jedoch Elektronen zur Minimierung der freien Energie aus dem Valenzband in das darüberliegende Energieband – das **Leitungsband** – übergehen, wobei sie einen unbesetzten Zustand im Valenzband (Loch) zurücklassen. Die Wahrscheinlichkeit, im Leitungsband ein Elektron (*besetzter* Zustand) zu finden, ist dann gleich groß wie die Wahrscheinlichkeit, im Valenzband einen *unbesetzten* Zustand anzutreffen, d.h. die Fermienergie liegt in der verbotenen Zone zwischen Valenz- und Leitungsband.

Für die Charakterisierung der wichtigsten Halbleitereigenschaften ist also vor allem
die Kenntnis der Struktur von Valenzband (fast vollständig besetzt) und Leitungsband (fast vollständig unbesetzt) von Bedeutung. Deshalb werden in den Bändermodellen (auch **Bandschemata** genannt) in der Regel auch nur diese beiden Bänder betrachtet. Bild 2.2.1-1 zeigt praktisch wichtige Ausschnitte aus den Bandstrukturen
der Halbleiterwerkstoffe Germanium, Silizium und Galliumarsenid.

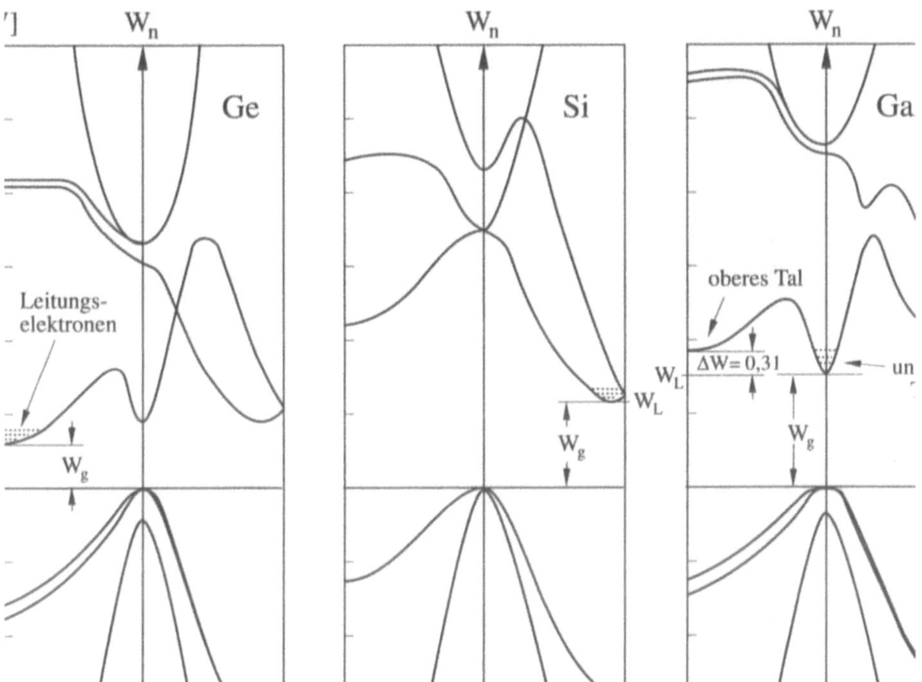

Bild 2.2.1-1:   *Ausschnitte aus den Bandstrukturen der Halbleiterwerkstoffe Germanium, Silizi-*
um und Galliumarsenid. Eingezeichnet ist jeweils die Abhängigkeit der Elektro-
nenenergie W$_n$ vom Wellenzahlvektor k in den Kristallrichtungen [100] und
[111], s. Bild 2.1.1-5. Nach [6].

Auffällig ist in Bild 2.2.1-1, daß die Bandstrukturen weitaus komplizierter sind als in
Bild 2.1.2-3. Valenz- und Leitungsbänder sind jeweils mehrfach entartet, wobei der
W_n-Verlauf jeweils unterschiedlich und teilweise kompliziert strukturiert ist. Während die Maxima (**Valenzbandkanten**) des Valenzbandes (4. Energieband in Bild
2.1.2-3) erwartungsgemäß bei $k = 0$ liegen, haben die verschiedenen Zweige des
Leitungsbandes teilweise Minima bei anderen Wellenzahlvektoren. Der dem Minimum des jeweiligen Leitungsbandes (**Tal** oder **Valley**) entsprechende Energiewert
kann sehr unterschiedlich sein. Liegt die Fermienergie zwischen Valenzbandkante
und der Energie des *niedrigsten* Minimums im Leitungsband (**Leitungsbandkante**),
dann bleiben wegen der Fermi-Dirac-Statistik bei Raumtemperatur ($kT = 26$ meV)

die *höher* liegenden Leitungsbandminima praktisch unbesetzt, sie spielen damit eine untergeordnete Rolle.

In der Regel ist daher im Leitungsband von Halbleitern nur die Bandstruktur um die Leitungsbandkante von Bedeutung, anderenfalls spricht man von **many-valley-Effekten**, die bei speziellen Bauelementen aus Galliumarsenid eine Rolle spielen.

In Bild 2.1.2-3 liegen Valenz- und Leitungsbandkante bei *demselben* Wellenzahlvektor Null. Dieses ist bei den aufgeführten Halbleiterwerkstoffen nur bei Galliumarsenid realisiert (**direkter Halbleiter**). Bei Germanium und Silizium hingegen befindet sich die Leitungsbandkante nicht bei $k = 0$, sondern bei einem Wellenzahlvektor am Zonenrand in [111]- und [100]-Richtung (**indirekter Halbleiter**). Diese Tatsache hat erhebliche Konsequenzen, z.B. für die optischen Eigenschaften der Halbleiter.

Die Bandstrukturen verlaufen symmetrisch in alle Raumrichtungen des Typs [111] und [100], gekennzeichnet durch die Punkte L und X in Bild 2.1.1-5. Man kann sie daher auch in einem dreidimensionalen $\vec{K}$-Raum räumlich darstellen, indem man die Flächen gleicher Energie im $\vec{K}$-Raum einzeichnet. Man erhält dann Bändermodelle wie in Bild 2.2.1-2.

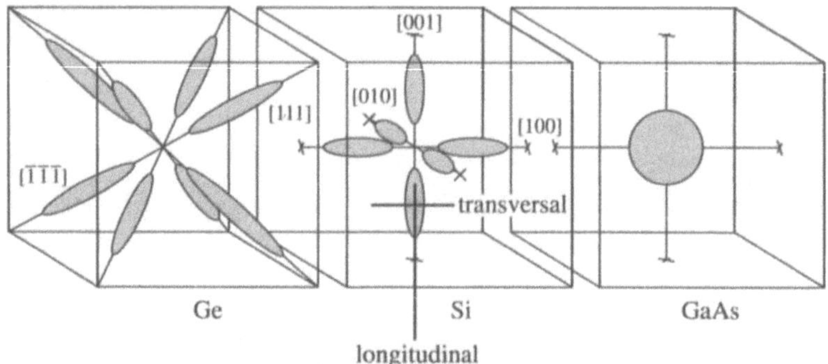

Bild 2.2.1-2:   Flächen gleicher Energie in der Umgebung der Leitungsbandkante, dargestellt in einem dreidimensionalen k-Raum (vergleiche Bild 2.1.1-5). In einer symmetrischen Darstellung sind nicht nur die Energieflächen innerhalb der 1. Brillouinzone, sondern auch die dazu äquivalenten der 2. Brillouinzone eingezeichnet. Die von den Energieflächen eingeschlossenen Körper sind bei Germanium und Silizium Ellipsoide, bei Galliumarsenid eine Kugel (nach [7]).

Bei sehr vielen Bauelementanwendungen kann die Bandstruktur der Halbleiter in einer stark vereinfachten Form verwendet werden, in der nur noch die Valenzbandkante W_V und Leitungsbandkante W_L angegeben werden (Bild 2.2.1-3). Der spezifische Bandverlauf in der Umgebung der Bandkanten wird durch Größen beschrieben, die aus dem Bandschema abgeleitet werden können, wie *effektive Massen* und *Zustandsdichten* (folgender Abschnitt). Eine wichtige Größe ist der **Bandabstand (band gap)** W_g:

$$W_g = W_L - W_V \tag{1}$$

Der Bandabstand ist temperaturabhängig. Hierfür gibt es mehrere physikalische Ursachen, eine davon ist die Temperaturabhängigkeit der Gitterkonstanten (thermische Ausdehnung). Bild 2.2.1-4 zeigt die gemessenen Werte zusammen mit einer Formel für die quantitative Beschreibung.

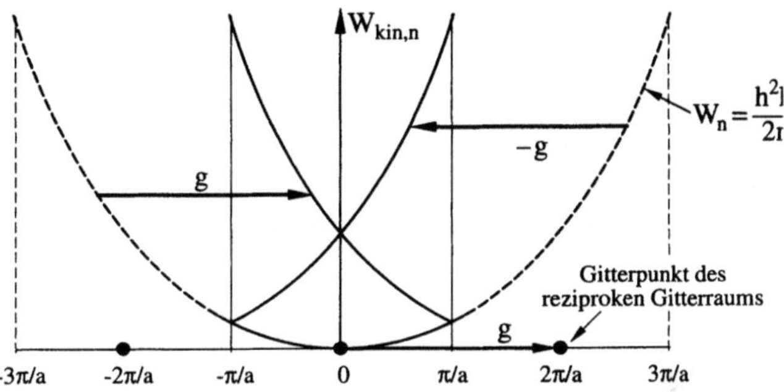

Bild 2.2.1-3:   Vereinfachte Bandstruktur von Halbleitern: Es werden nur noch die Werte der Valenz- und Leitungsbandkanten W_V und W_L angegeben. Die Abszisse stellt den Ort x dar für den Fall, daß sich die Werte der Bandkanten lokal unterscheiden.

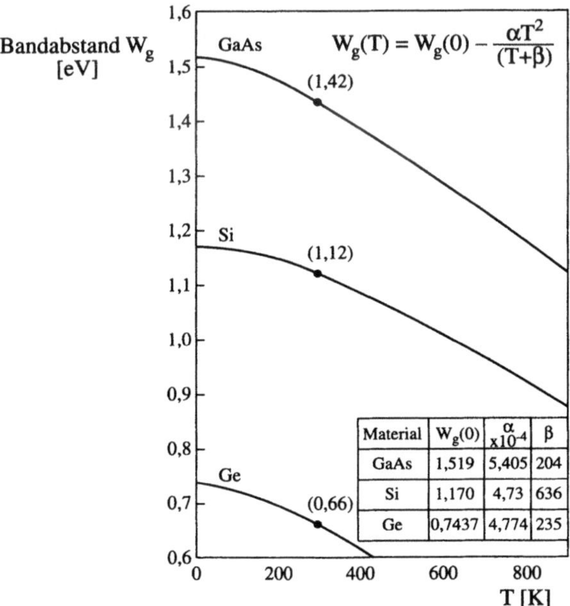

Material	$W_g(0)$	$\dfrac{\alpha}{\times 10^{-4}}$	β
GaAs	1,519	5,405	204
Si	1,170	4,73	636
Ge	0,7437	4,774	235

Bild 2.2.1-4:   Experimentelle Daten und quantitative Beschreibung der Temperaturabhängigkeit des Bandabstandes W_g von Germanium, Silizium und Galliumarsenid (nach [8])

2.2.2 Effektive Massen: Elektronengas in Halbleitern

Die Tatsache, daß in Bandstrukturen wie in den Bildern 2.1.2-2, 2.1.2-3 und 2.2.1-1 an den Zonengrenzen Maxima und Minima der Dispersionskurve $W_n(k)$ (differentielle Energie pro Elektron in Abhängigkeit von der Wellenzahl) auftreten, legt eine weitergehende sehr wichtige Interpretation nahe, über welche den Festkörperelektronen die Eigenschaften eines Elektronengases zugeordnet werden können. Im Rahmen der quasiklassischen Näherung der Quantentheorie (s. Folgeband "Quanten" oder Standardliteratur der Quantentheorie), die im Zusammenhang mit Halbleiterbauelementen sehr häufig angewendet werden kann, ist auch aus quantentheoretischer Sicht eine Aufteilung der Energien in kinetische und potentielle Energien sinnvoll. Die kinetische Energie pro Teilchen ist dann definiert durch

$$W_{kin,n} = \frac{m}{2} v_g^2 \tag{1}$$

mit der Gruppengeschwindigkeit v_g. Solange gilt

$$W_n = \frac{\hbar^2 k_n^2}{2m} \Rightarrow v_g \underset{(1.1.2\text{--}15)}{=} \frac{\hbar k_n}{m} = \frac{1}{\hbar} \left. \frac{\partial W_n}{\partial k} \right|_{k=k_n} \tag{2}$$

d.h. solange die Dispersionskurve einen parabolischen Verlauf hat, kann die gesamte Energie W_n als kinetische Energie interpretiert werden. Die Dispersionskurven der freien Elektronen (Bild 2.1.1-3 und 8) stellen also die kinetische Energie in Abhängigkeit von der Wellenzahl dar. Hinzu kommt noch eine potentielle Energie W_L, welche nach Bild 1.1.1 gleich ist für alle Teilchen im Potentialkasten und die Energie (pro Elektron) am Boden des Potentialkastens beschreibt. Anders sieht die Situation aus, wenn wie in Bild 2.2.1-1 Maxima und Minima (= Extrema) der Dispersionskurve auftreten: Dort wird nach (2.1.2-10) die Gruppengeschwindigkeit – und damit die kinetische Energie – Null. Konsequenterweise kann an diesen Stellen die Energie nur aus einer potentiellen Energie bestehen. Bild 2.2.2-1 zeigt die Aufteilung der Energie einer Dispersionskurve nach Bild 2.1.2-2 in kinetische und potentielle Energie pro Elektron. Generell kann dabei berücksichtigt werden, daß bei nicht wechselwirkenden Elektronen die differentielle Energie pro Elektron gleich der absoluten ist, d.h. es gilt für N Elektronen mit der Variablen n für die Teilchenzahl

$$W_n = \frac{\partial W}{\partial n} = \frac{W}{N} \tag{3}$$

Aus Bild 2.2.2-1 folgt, daß die potentielle Energie der Elektronen an den Bandkanten, wo sich die Extrema der Dispersionskurve befinden, stark ansteigen muß (weil dort die kinetische Energie Null wird), bis sie den Wert der Dispersionskurve annimmt.

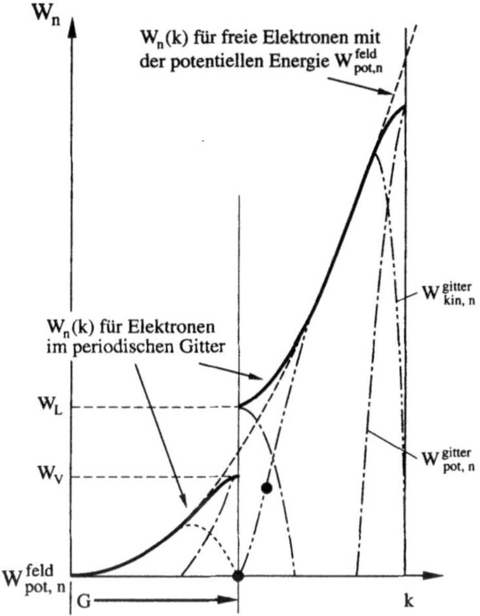

Bild 2.2.2-1:   *Aufteilung der Dispersionskurve von Elektronen im periodischen Potential in kinetische und potentielle Energien pro Teilchen. Die potentielle Energie bei $k = 0$ (auf dem Boden des Potentialtopfes), bezeichnen wir als $W_{pot,n}^{feld}$, weil diese Energie durch äußere elektromagnetische Felder beeinflußt werden kann.*

Die Energien W_V und W_L kann man also als "gitterbestimmte potentielle Energie pro Elektron" interpretieren, zu der die feldbestimmte Energie $W_{pot,,n}^{feld}$ (dieser Term ist bei Abwesenheit äußerer elektrischer oder anderer Felder Null) hinzukommt:

$$W_V = \left(W_{pot,n}^{feld} + W_{pot,n}^{gitter} \right) \Big|_{W_n(k)=Maximum} \tag{4a}$$

$$W_L = \left(W_{pot,n}^{feld} + W_{pot,n}^{gitter} \right) \Big|_{W_n(k)=Minimum} \tag{4b}$$

Im folgenden wollen wir das Leitungsbandminimum genauer untersuchen; wir wählen hierfür z.B. eine Bandstruktur wie die von Galliumarsenid in Bild 2.2.1-1. Die Form der Dispersionskurve dort wird bestimmt durch die Lösung der Schrödingergleichung für ein periodisches Potential, d.h. sie ist nur mit großem Aufwand – und selbst dann meist nur näherungsweise – bestimmbar. Sicher ist nur, daß sie dort stetig und symmetrisch sein muß. Wir können daher eine Taylor-Entwicklung durchführen:

$$W_n(k) = W_n(0) + \left.\frac{\partial W_n}{\partial k}\right|_{k=0} k + \frac{1}{2}\left.\frac{\partial^2 W_n}{\partial k^2}\right|_{k=0} \cdot k^2 \ldots \tag{5}$$

$$\text{mit } W_n(0) = W_L$$

Der konstante Term in (5) entspricht der Leitungsbandkante W_L, der lineare verschwindet wegen des Minimums an dieser Stelle. Für kleine k kann die Entwicklung nach dem quadratischen Glied abgebrochen werden. Dieses entspricht der Approximation eines beliebigen $W_n(k)$-Verlaufs am Ort des Minimums durch eine Parabel (Bild 2.2.2-2).

$$W_n(k) \approx W_L + \frac{1}{2}\left.\frac{\partial^2 W_n}{\partial k^2}\right|_{k=0} \cdot k^2 =: W_L + \frac{\hbar^2 k^2}{2m^*} \tag{6}$$

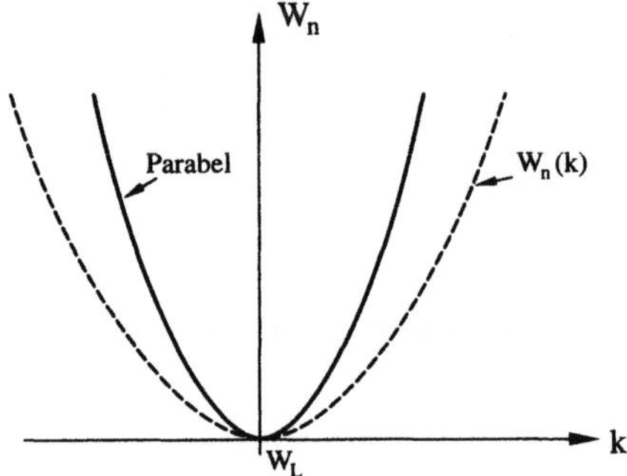

Bild 2.2.2-2: *Approximation eines durch Lösung der Schrödingergleichung festgelegten $W_n(k)$-Verlaufs durch eine Parabel. Dieses ist eine gute Näherung für kleine Werte von k, d.h. für Elektronenenergien in der unmittelbaren Umgebung des Minimums der Dispersionskurve.*

Innerhalb des Gültigkeitsbereiches der parabolischen Näherung erhalten wir für Elektronen in einem periodischen Potential genau dieselbe Dispersionskurve wie für freie Elektronen gemäß (2). Anstelle der Masse m in (2) tritt jetzt allerdings eine fiktive Größe, die wir nach nochmaliger Ableitung von (2) nach k und Auflösung nach m^* bestimmen können:

$$m^* = \frac{1}{\dfrac{1}{\hbar^2}\left.\dfrac{\partial^2 W_n}{\partial k^2}\right|_{k=0}} \tag{7}$$

m^* wird als **effektive Masse** bezeichnet. Diese Größe hat zunächst mit einer wirklichen Masse – insbesondere derjenigen des freien Elektrons – nichts zu tun, sie ergibt sich formal aus der Lösung der Schrödingergleichung. Übergeordnete Gesichtspunkte und Meßdaten (Tab. 2.2.2-1) ergeben jedoch, daß die effektiven Massen der Elektronen in vielen Halbleiterwerkstoffen häufig in derselben Größenordnung liegen wie die Ruhemasse freier Elektronen. Es gibt aber auch gravierende Abweichungen davon.

Tab. 2.2.2-1: Verhältnis von gemittelter effektiver Masse zur Ruhemasse von Elektronen in Halbleitern. Aufgrund der verschiedenen Minima der Dispersionskurven im Leitungsband treten schwere und leichte Elektronen (mit größeren und kleineren effektiven Massen) auf.

Effektive Masse
$m*/m_o$

Halbleiter		Elektr.	Halbleiter		Elektr.	Halbleiter		Elektr.
Element	C	0,2	III–V	AlSb	0,12	II–VI	CdS	0,21
	Ge	1,64		GaN	0,19		CdSe	0,13
		0,082		GaSb	0,042		ZnO	0,27
	Si	0,98		GaAs	0,067		ZnS	0,40
		0,19		GaP	0,82			
				InSb	0,0145	IV–VI	PbS	0,25
IV–IV	α-SiC	0,60		InAs	0,023		PbTe	0,17
				InP	0,077			

Bei einer Verallgemeinerung der bisher eindimensional geführten Argumentation auf den dreidimensionalen k-Raum ist die effektive Masse ein Tensor:

$$\left[\frac{1}{m}\right]_{ij} = \frac{1}{\hbar^2}\frac{\partial^2 W_n}{\partial k_i\,\partial k_j}\bigg|_{\text{Minimum des Leitungsbandes}} \tag{8}$$

Die Tatsache, daß Elektronen in einem Halbleiter mit Energien in der Umgebung der Leitungsbandkante W_L dieselbe Dispersionskurve haben wie freie Elektronen, wenn man die Masse freier Elektronen durch eine effektive Masse ersetzt, hat eine fundamental wichtige Konsequenz: **Unter dieser Voraussetzung verhalten sich Elektronen im Leitungsband eines Halbleiters wie ein ideales Gas aus nicht (außer durch Stoß) miteinander wechselwirkenden Elektronen, welche eine (fiktive) effektive Masse $m*$ besitzen.** Das bedeutet, daß wir alle Ergebnisse des 1. Abschnittes "Elektronengas" auf Elektronen im Leitungsband eines Halbleiters anwenden können, wenn wir die Elektronenmasse durch die effektive Masse ersetzen. Elektronen im Leitungsband eines Halbleiters verhalten sich also ähnlich wie quasifreie Elektronen in einem Potentialkasten, so daß deren Eigenschaften weitgehend übernommen werden können. Dieses bedeutet eine enorme Vereinfachung in der quantitativen Behandlung der Problematik und ist eine der Ursachen dafür, daß die Berechnung der elektrischen Eigenschaften von Halbleitern in vielen Fällen sehr viel einfacher erfolgen kann als die entsprechende in Metallen.

Wegen der grundsätzlichen Bedeutung der effektiven Masse soll dieser Begriff im folgenden weiter veranschaulicht werden. Dazu betrachten wir zwei verschiedene Halbleiterwerkstoffe mit einem flachen und einem steilen Anstieg der Dispersionskurve (Bild 2.2.2-3).

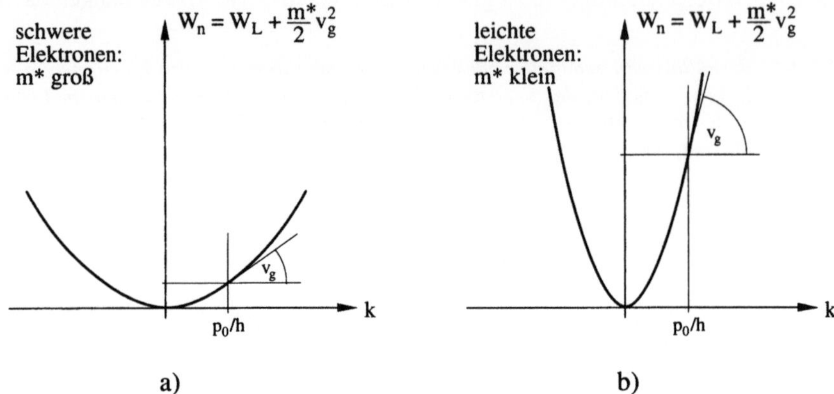

Bild 2.2.2-3:   *Effektive Masse für flach (a, schwere Elektronen) und steil (b, leichte Elektronen) verlaufende Dispersionskurven $W_n(k)$. Die Steigung der Dispersionskurve ist nach (2) ein Maß für die Gruppengeschwindigkeit. Der Wellenzahlvektor k ist wegen p=hk/2π proportional zum Impuls der Elektronen. In a) nimmt daher die Gruppengeschwindigkeit langsam, in b) schnell mit dem Impuls zu. Die Zunahme der Gruppengeschwindigkeit mit dem Impuls entspricht wegen*

$$\frac{\partial v_g}{\partial p} = \frac{\partial v_g}{\partial \left(m^* v_g \right)} = \frac{1}{m^*} \tag{9}$$

der reziproken effektiven Masse. Daher haben die Elektronen in a) eine große (schwere), in b) eine kleine (leichte) effektive Masse. Eine Beschreibung kann auch über die Krümmung der Dispersionskurve erfolgen, diese ist klein in a) und groß in b).

Die obigen Betrachtungen können auch ohne Schwierigkeiten für Leitungsbandminima übernommen werden, die nicht bei $k = 0$ liegen, sondern am Rand der Brillouinzone wie bei Germanium und Silizium in Bild 2.2.1-1. In diesem Fall haben Elektronen mit einem Wellenzahlvektor k_o an der entsprechenden Stelle des Zonenrandes eine rein potentielle Energie (mit der kinetischen Energie Null). In der Umgebung von k_o nimmt die kinetische Energie mit wachsendem Abstand von k_o zu, weil dann die Steigung der $W_n(k)$-Kurve (proportional der Gruppengeschwindigkeit) zunehmend ansteigt. Anstelle der Beziehung (6) gilt dann:

$$W_n(k - k_0) \approx W_L + \frac{1}{2} \frac{\partial^2 W_n}{\partial k^2}\bigg|_{k=k_0} (k - k_o)^2 = W_L + \frac{\hbar^2 (k - k_o)^2}{2m^*} \tag{10}$$

2.2.3 Löcher

Nachdem im Abschnitt 2.2.2 die Eigenschaften von *Leitungsbändern* (in der Bandstruktur diejenige $W_n(k)$-Kurve mit dem energetisch am niedrigsten liegenden Minimum) untersucht wurden, werden im folgenden die *Valenzbänder* ($W_n(k)$-Kurven mit dem energetisch am weitesten oben liegenden Maximum bei $k = 0$) betrachtet. Die Abhandlung erfolgt ähnlich wie in [4].

Gemäß Definition in Abschnitt 2.2.1 sind Valenzbänder vollständig oder nahezu vollständig mit Elektronen besetzt. Im letzteren Fall gibt es unbesetzte Zustände, die wir als **Löcher** bezeichnen wollen. Es wird sich herausstellen, daß man diese Löcher mit Vorteil wie eigenständige Teilchen behandeln kann, deren Eigenschaften im folgenden bestimmt werden.

Zunächst gehen wir aus von einem vollbesetzten Valenzband mit einem Maximum bei $k = 0$, wie es in den Bildern 2.1.2-3 und 2.2.1-1 auftritt. Da es zu jedem Elektron mit der Wellenzahl k auch ein Elektron mit der Wellenzahl –k gibt (Bild 2.1.2-3), ist die Summe der Wellenzahlen aller Elektronen des Valenzbandes gleich Null. Entfernen wir jetzt ein Elektron (Index *n*) mit der Wellenzahl k_n aus dem Valenzband, dann ist der Wellenvektor dieser *Konfiguration* im Valenzband $-k_n$, d.h. die Summe der Wellenzahlvektoren aller Elektronen im Valenzband hat diesen Wert. Diese Konfiguration wollen wir in *der* Weise beschreiben, daß wir ein Band für die fehlenden Elektronen (Löcher) konstruieren. Ein Valenzband mit einem unbesetztem *Elektronenzustand* k_n wird jetzt dadurch beschrieben, daß wir in einem **Lochband** einen *Lochzustand* mit einem fiktiven Teilchen, dem Loch, besetzen, dem dann der Wellenzahlvektor k_p zugeordnet wird entsprechend der Definition:

$$k_p := -k_n \tag{1}$$

Werden dem Valenzband weitere Elektronen entzogen, dann füllt sich das Lochband entsprechend auf.

Wir nehmen an, die Summe aller Energien der Elektronen im vollbesetzten Valenzband sei W_o. Wird dem Valenzband ein Elektron mit k_n entzogen, dann vermindert sich die Energie des Valenzbandes um den Betrag $W_n(k_n)$. Entsprechend wird nach unser Vorschrift das Lochband mit einem Loch mit der Wellenzahl k_p nach (1) besetzt, wir ordnen ihm die Loch-Energie zu:

$$W_p\left(k_p\right) := -W_n\left(k_n\right) \tag{2}$$

Dem fehlenden Elektronenzustand $(k_n, W_n(k_n))$ entspricht also im Lochband die Besetzung des Zustandes $(k_p, W_p(k_p))$, wobei die Beziehungen (1) und (2) gelten. Das Lochband kann daher bei einer Normierung $W_o = 0$ durch Spiegelung der Dispersionskurve des Valenzbandes über die k-Achse konstruiert werden (Bild 2.2.3-1).

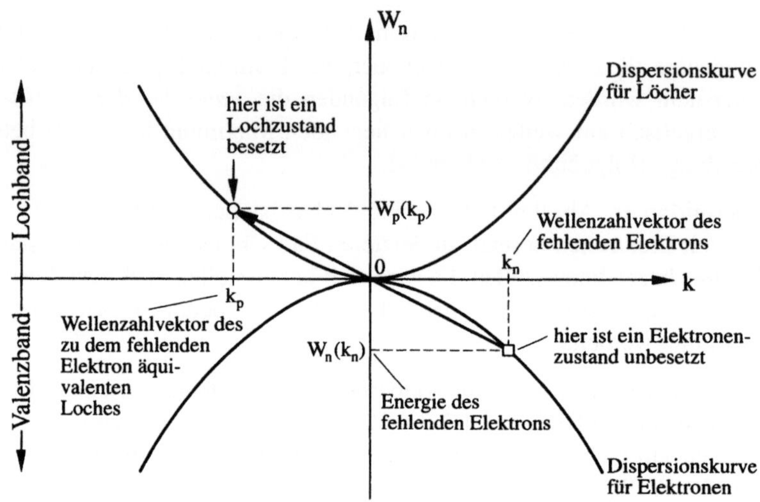

Bild 2.2.3-1:   *Konstruktion des Lochbandes durch Spiegelung der Dispersionskurve des Valenzbandes über die Achse der Wellenzahlvektoren k: Jedem Punkt $(k_n, W_n(k_n))$, der ein fehlendes Elektron im Valenzband darstellt, entspricht die Besetzung des Lochbandes mit einem Zustand, der durch den Punkt $(k_p, W_p(k_p))$ charakterisiert wird. Dabei gelten die Beziehungen (1) und (2).*

Nach demselben Verfahren kann gezeigt werden, daß die Ladung q_p eines Lochs bestimmt wird durch

$$q_p := -q_n = -\left(-|q|\right) = +|q| \tag{3}$$

Die Eigenschaften des Lochbandes werden im folgenden noch einmal zusammengefaßt: Unbesetzte Zustände in dem fast vollständig mit Elektronen besetzten Valenzband können beschrieben werden durch fiktive Teilchen, die Löcher. Jedem Elektron, das dem Valenzband entnommen wird, entspricht die Besetzung eines Zustandes im Lochband. Die $W_n(k)$-Abhängigkeit (Dispersionskurve) der Zustände im Lochband ergibt sich durch Spiegelung der Dispersionskurve von Elektronen im Valenzband. Die Zuordnung von fehlendem Elektronenzustand und Loch erfolgt für $W_o = 0$ durch Spiegelung über den Nullpunkt (Bild 2.2.3-1).

Die Bestimmung weiterer Parameter wie der Gruppengeschwindigkeit und der effektiven Masse (für die Näherung, in der die Dispersionskurven einen parabolischen Verlauf haben) erfolgt für Valenzbandelektronen und Löcher wie im vorangegangenen Abschnitt. Für Elektronen im Valenzband ergibt sich dabei eine **negative effektive Masse** (Bild 2.2.3-2)

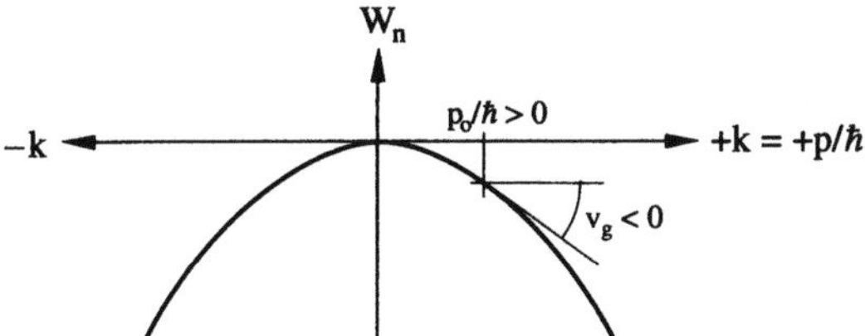

Bild 2.2.3-2:   *Negative effektive Masse von Elektronen im Valenzband: Die Steigung der Dispersionskurve ergibt bei einem positiven Impuls eine negative Gruppengeschwindigkeit. Das ist nur möglich bei Annahme einer negativen effektiven Masse.*

Für die Gruppengeschwindigkeit der Löcher gelten dieselben Verhältnisse wie in Bild 2.2.2-3, d.h. Löcher haben eine positive effektive Masse. Das ist der große Vorteil des Löcherkonzeptes, denn eine negative effektive Masse läßt die für Elektronen im Abschnitt 2.2.2 vollzogene Identifikation der Leitungselektronen mit einem Elektronengas nicht zu (dadurch würde eine quantitative Erfassung weitaus schwieriger). Die direkte Berechnung der Eigenschaften von Elektronen im Valenzband müßte nach anderen weit aufwendigeren Verfahren erfolgen.

Die Berechnung der Loch-Eigenschaften hingegen erfolgt wie bei Elektronen über die Eigenschaften eines idealen Gases nur durch Stoß wechselwirkender Teilchen, die positiv geladen sind und Löcher genannt werden. Der parabolische Verlauf der Dispersionskurve entspricht nach der Argumentation in Abschnitt 2.2.2 den Verhältnissen in einem Potentialkasten für *Löcher*. Mit Hilfe von (2) kann dieser auf Elektronenenergien zurücktransformiert werden (Bild 2.2.3-3).

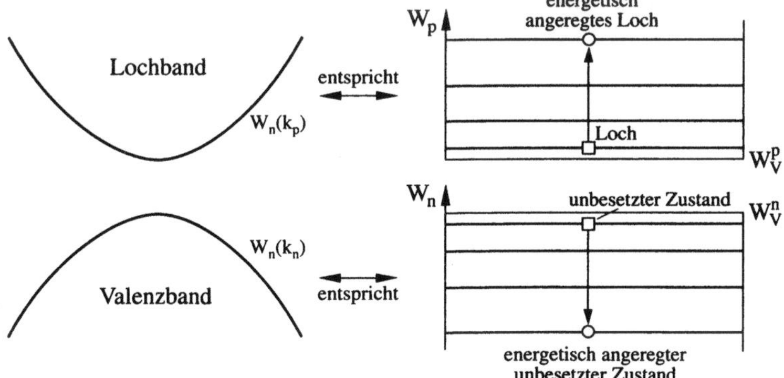

Bild 2.2.3-3:   *Ein parabolisch verlaufendes Lochband entspricht einem Potentialkasten für Löcher. Transformiert man die Energiewerte der Löcher nach (2) zurück auf die Energien von Elektronen in einem Valenzband, dann erhält man einen umgekehrten Potentialtopf: Angeregte Löcher entsprechen dann angeregten unbesetzten Zuständen, die energetisch niedriger liegen.*

Die Gruppengeschwindigkeiten von fehlenden Elektronen aus dem Valenzband und den entsprechenden Löchern sind gleich, wie Bild 2.2.3-1 zeigt: Die Steigung der entsprechenden Dispersionskurven (proportional zur Gruppengeschwindigkeit) hat denselben Wert

$$v_g\left(k_n\right)=v_g\left(k_p\right) \tag{4}$$

Löcher bewegen sich wie Teilchen mit der Ladung $+q$ [4]. Auf Elektronen mit der (thermischen) Geschwindigkeit $v_g(k_n)$ wirkt nämlich die Lorentzkraft ($\vec{B}$ ist die magnetische Induktionsflußdichte)

$$\vec{F}_n = \dot{\vec{p}}_n = \hbar\dot{\vec{k}}_n = -|q|\left\{\vec{E}+\vec{v}_g\left(\vec{k}_n\right)\times\vec{B}\right\} \tag{5}$$

Einsetzen von (1) und (4) ergibt

$$-\hbar\dot{\vec{k}}_p = -|q|\left\{\vec{E}+\vec{v}_g\left(\vec{k}_p\right)\times\vec{B}\right\} \tag{6a}$$

$$\Rightarrow \vec{F}_p = \hbar\dot{\vec{k}}_p = +|q|\left\{\vec{E}+\vec{v}_g\left(\vec{k}_p\right)\times\vec{B}\right\} \tag{6b}$$

d.h. die Lorentzkraft auf ein Teilchen mit der positiven Ladung $|q|$. Das entspricht dem Ergebnis (3).

In den Lochbändern lassen sich effektive Massen für Löcher nach demselben Verfahren bestimmen wie die effektiven Massen für Elektronen im Abschnitt 2.2.2. Wegen der Entartung des Valenzbandes (Bild 2.2.1-1) muß zwischen leichten und schweren Löchern unterschieden werden nach dem Schema von Bild 2.2.2-3. Tab. 2.2.3-1 gibt die effektiven Lochmassen verschiedener Halbleiterwerkstoffe an.

		Effektive Masse m^*/m_0			
Halbleiter		Löcher	Halbleiter	Löcher	Halbleiter	Löcher
Element	C.............0,25		III–V	AlSb 0,98	II–VI	CdS..........0,80
	Ge..........0,04			BN...........		CdSe........0,45
	0,28			BP............		CdTe........
	Si 0,16			GaN 0,60		ZnO ....
	0,49			GaSb........0,40		ZnS..........
	Sn			GaAs 0,082	IV–VI	PbS 0,25
IV–IV	α-SiC 1,00			GaP..........0,60		PbTe........0,20
				InSb 0,40		
				InAs.........0,40		
				InP...........0,64		

Tab. 2.2.3-1:   *Gemittelte effektive Massen für Löcher in verschiedenen Halbleiterwerkstoffen. Wegen der Entartung des Valenzbandes bei einigen Halbleitern muß zwischen leichten und schweren Löchern unterschieden werden (s. Bild 2.2.2-3, nach [9]).*

2.2.4 Quasifermienergien und intrinsische Halbleiter

In den Abschnitten 2.2.2 und 2.2.3 war dargelegt worden, daß Elektronen und Löcher in Halbleitern die Eigenschaften von idealen Gasen annehmen unter der Voraussetzung, daß die entsprechenden Dispersionskurven durch Parabeln angenähert werden können. Diese Voraussetzung ist näherungsweise immer dann erfüllt, wenn die kinetischen Energien der Teilchen (d.h. der energetische Abstand der Teilchenenergie vom Minimum der Dispersionskurve im Elektronen- und Lochband) hinreichend klein sind (Bild 2.2.2-2). Dieses entspricht der Tatsache, daß in dem betreffenden Band nur die jeweils niedrigsten Energieniveaus besetzt sind, bzw. daß die Elektronen- und Lochdichten relativ klein sind. Unter derselben Voraussetzung geht nach Abschnitt 1.2.3 die Fermi-Dirac-Statistik in den klassischen Grenzfall der Boltzmannstatistik über. Die Konsequenz ist damit: Nur bei relativ niedrigen Konzentrationen von Elektronen und Löchern haben diese dieselben Eigenschaften wie ein ideales Gas nicht wechselwirkender Teilchen. Es wird sich erweisen, daß dieser Konzentrationsbereich für die Praxis durchaus relevant ist, so daß von der Analogie von Ladungsträgern in Halbleitern und freien Gasteilchen ausgiebig und mit dem Vorteil einer sehr einfachen quantitativen Behandlung Gebrauch gemacht werden wird.

Eine dieser Eigenschaften idealer Gase ist die Beziehung (1.2.3-14), welche einen quantitativen Ausdruck für die Fermienergie W_F (mit der fundamentalen Bedeutung eines chemischen Potentials) in Abhängigkeit von der Teilchendichte liefert. Verwenden wir wieder den Index n für Elektronen (früher für Teilchen allgemein) und den Index p für Löcher, dann gilt

$$\rho_n = N_L \exp\left(-\frac{W_L^n - W_F^{nL}}{kT}\right) \underset{W_L^n =: W_L}{=} N_L \exp\left(-\frac{W_L - W_F^{nL}}{kT}\right) \tag{1a}$$

analog für Löcher nach Bild 2.2.3 - 3:

$$\rho_p = N_V \exp\left(-\frac{W_V^p - W_F^{pV}}{kT}\right) \tag{1b}$$

N_L und N_V sind die effektiven Zustandsdichten gemäß (1.2.3-15), wobei anstelle der Masse m jeweils die effektiven Massen für Elektronen und Löcher eingesetzt worden sind. Der obere Index bei den Energien W (pro Teilchen) kennzeichnet die Energieskala, in der gemessen wird: $W_i^n = W_i$ wird gemessen in der Energieskala für Elektronen, W_i^p in derjenigen für Löcher, wobei mit (2.2.3-2) z.B. gilt

$$W_V^p = -W_V^n = -W_V \tag{1c}$$

Bei den Fermienergien wird zusätzlich das Band angegeben, auf das sich die Fermienergie bezieht: W_F^{nL} ist die Fermienergie von Elektronen im Leitungsband (gemessen in der Energieskala für Elektronen), W_F^{pV} ist die Fermienergie für Löcher im Valenzband, gemessen in der Energieskala für *Löcher*, W_F^{nV} dieselbe Fermienergie für Löcher, aber gemessen in der Energieskala für *Elektronen*, deren Berechnung erfolgt in (2) und (3).

Die Formeln (1) haben den großen praktischen Vorteil, daß die Feinstruktur der Dispersionskurve allein durch eine materialbedingte Konstante, die effektive Masse, zum Ausdruck kommt. Explizit gehen nur die Energien W_L und W_V ein, die den jeweiligen potentiellen Energien pro Teilchen (Böden der Potentialkästen) entsprechen. In Bild 2.2.4-1 sind die Potentialkastenmodelle für Elektronen und Löcher

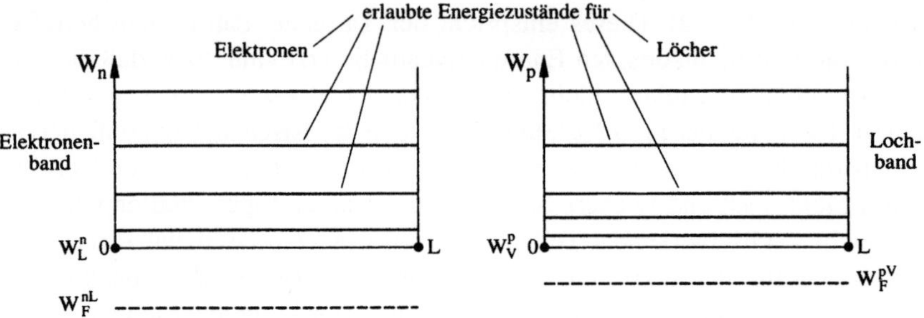

Bild 2.2.4-1:   Darstellung von Elektronen und Löchern in einem Halbleiter als freie Teilchen in einem Potentialkasten; dieses Modell ist bei niedrigen Teilchendichten anwendbar. Die Fermienergien für Elektronen und Löcher können direkt in das Energieschema eingezeichnet werden.

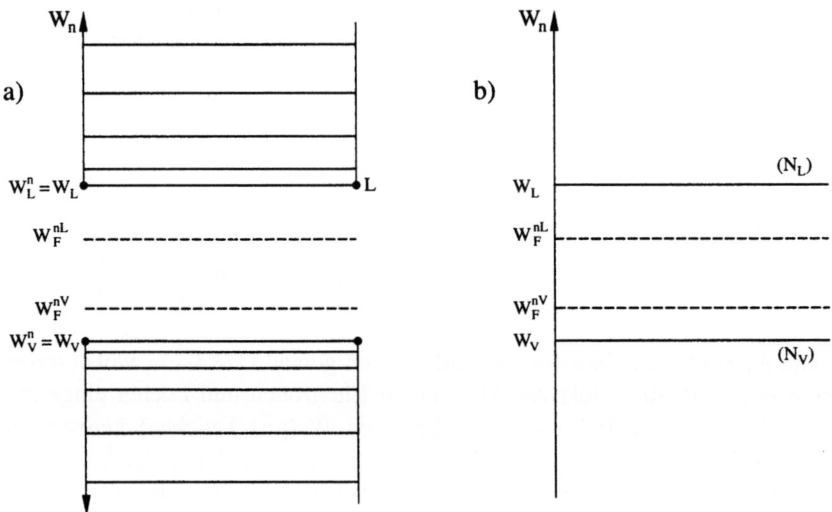

Bild 2.2.4-2:   a) Gemeinsame Darstellung der Potentialkastenmodelle von Elektronen und Löchern, wobei als Energieskala die (differentielle) Energie W_n pro Elektron gewählt wird. Die Fermienergie für Löcher im Valenzband geht jetzt über in eine äquivalente Fermienergie W_F^{nV} für die fehlenden Elektronen im Valenzband.

b) Die Aussagen dieses Modells lassen sich vereinfachen durch Angabe von Bandkanten und Fermienergien.

noch einmal nebeneinander dargestellt. In die entsprechenden Abbildungen können die Fermienergien direkt eingetragen werden. Diese liegen stets unterhalb der Bandkanten W_L und W_V, da sonst die Bedingung niedriger Ladungsträgerdichten – und damit die Voraussetzungen des Modells eines idealen Gases – nicht erfüllt werden kann.

Wie oben bereits erwähnt, sind die Ordinaten der beiden Potentialkastenmodelle in Bild 2.2.4-1 unterschiedlich: Sie beschreiben jeweils die (differentielle) Energie pro Elektron (W_n) und Loch (W_p). Es wäre nun wünschenswert, beide Modelle in einem einheitlichen Koordinatensystem darzustellen: Dafür wählt man konventionsgemäß die Energie W_n pro Elektron. Die Transformation des Potentialkastens von *Löchern* im Valenzband zu einem äquivalenten der energetisch höchstliegenden *Elektronen* im Valenzband (die aber nur über das Lochkonzept einfach behandelt werden können!) erfolgt wie in Bild 2.2.3-3, so daß wir zu einem Schema wie in Bild 2.2.4-2 kommen.

Die Umkehrung des Vorzeichens der Energie pro Teilchen beim Wechsel vom Loch- zum Elektronenband wie in (1c) war in Abschnitt 2.2.3 erläutert worden. Dasselbe gilt auch für die Fermienergien von Löchern und Elektronen, wie die folgende Betrachtung unmittelbar zeigt: Wird ein Elektron aus dem Valenzband entfernt, so wird dort ein Loch erzeugt, d.h. für die Änderungen der Elektronen- und Löcherzahlen dn und dp gilt

$$dn + dp = 0 \Rightarrow dn = -dp \tag{2}$$

$$\Rightarrow W_F^n = \frac{\partial F}{\partial n} = -\frac{\partial F}{\partial p} = -W_F^p \Rightarrow W_F^{pV} = -W_F^{nV} \tag{3}$$

$$(1b) \underset{(3,\,1c)}{\Rightarrow} \rho_p = N_V \exp\left(-\frac{W_F^{nV} - W_V}{kT}\right) \tag{4}$$

Wie oben erläutert, lassen sich die Eigenschaften der Potentialkästen charakterisieren durch deren geometrische Abmessungen sowie die effektiven Zustandsdichten N_L und N_V, so daß sich das Modell in Bild 2.2.4-2a vereinfachen läßt zu der Darstellung in Bild 2.2.4-2b. Dieses stimmt überein mit dem Bändermodell in Bild 2.2.1-3, zusätzlich ist aber noch die für die Eigenschaften des Systems sehr bedeutsame Lage der Fermienergien eingezeichnet.

Im Prinzip werden die Fermienergien für Elektronen im Valenz- und Leitungsband unabhängig voneinander bestimmt, sie brauchen also keineswegs übereinzustimmen. Wenn sie sich unterscheiden, führt das zu einer wichtigen Konsequenz: *Das System ist nicht im thermischen Gleichgewicht.* Wie in Band 1, Abschnitt 2.2, und im Abschnitt 4 dieses Bandes ausführlich erläutert, wird Entropie gewonnen, wenn ein

Teilchen von einem Zustand hohen chemischen Potentials (bzw. großer Fermienergie) in einen Zustand niedrigen chemischen Potentials (niedriger Fermienergie) übergeht, d.h. ein solcher Prozeß läuft von selbst ab. Ist also – wie in Bild 2.2.4-2 – die Fermienergie von Elektronen im Leitungsband größer als die von Elektronen im Valenzband, dann gehen Elektronen von selbst – d.h. ohne eine weitere äußere Einwirkung – vom Leitungsband in das Valenzband über (eine ausführliche Diskussion dieses Problemkreises wird im Abschnitt 6.2.2 durchgeführt). Dadurch werden Elektronen und Löcher vernichtet (deren Anzahl wird verkleinert), d.h. die Fermienergien vergrößern ihren Abstand zu den jeweiligen Bandkanten, bis sie sich im Bereich der Mitte des verbotenen Bandes treffen (Bild 2.2.4-3). In diesem Fall stimmen schließlich die Fermienergien von Elektronen im Valenz- und Leitungsband überein, d.h. das System ist im thermischen Gleichgewicht: weitere Übergänge sind nicht mehr mit Entropiegewinn verbunden.

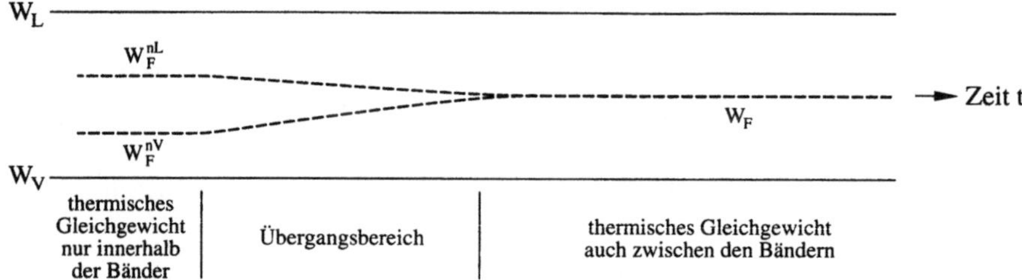

Bild 2.2.4-3:   Haben die (Quasi-)Fermienergien von Elektronen im Valenz- und Leitungsband unterschiedliche Werte, dann befindet sich das System insgesamt nicht im Gleichgewicht: Bei $W_F^{nL} > W_F^{nV}$ gehen Elektronen von selbst aus dem Leitungs- in das Valenzband über. Dadurch vermindern sich die Elektronen- und Löcherkonzentrationen in den Bändern, so daß sich die (Quasi-)Fermienergien zur Mitte der verbotenen Zone hin verschieben, bis sie sich treffen. Wenn beide (Quasi-)Fermienergien übereinstimmen, ist das System im thermischen Gleichgewicht.

In der Literatur hat sich unglücklicherweise der Sprachgebrauch eingebürgert, die Fermienergien für Elektronen im Valenz- und Leitungsband als **Quasifermienergien** oder **Imrefs** (Umkehrung des Wortes Fermi) zu bezeichnen. Erst im thermischen Gleichgewicht bezeichnet man das chemische Potential als Fermienergie schlechthin.

Die Ausbildung eines definierten Wertes für die Quasifermienergien ist mit der Annahme eines getrennten Gleichgewichtszustandes jeweils im Valenz- und Leitungsband verbunden: Die Elektronen nehmen innerhalb der Bänder (durch eine **Intrabandwechselwirkung**) in einer kürzeren Zeitspanne einen Gleichgewichtszustand an als zwischen den Bändern (durch **Interbandwechselwirkung**). Dieses wird in wichtigen Fällen durch experimentelle Ergebnisse bestätigt.

Die Auflösung der Gleichungen (1a) und (4) nach den Quasifermienergien

$$W_F^{nL} = W_L - kT \cdot \ln \frac{N_L}{\rho_n} \tag{5a}$$

$$W_F^{nV} = W_V + kT \cdot \ln \frac{N_V}{\rho_p} \tag{5b}$$

ermöglicht eine Aussage über die Konsistenz der Betrachtung: Wir vergleichen diesen Ausdruck mit der ursprünglichen Definition des chemischen Potentials (ohne Beschränkung der Allgemeinheit für Elektronen)

$$W_F^{nL} = \frac{\partial F}{\partial n} \underset{(1.2.1-24)}{=} W_n - TS_n \tag{6}$$

Die Energie W_n pro Elektron setzt sich zusammen aus der potentiellen Energie W_L und einer kinetischen – oder Wärmeenergie, die nach (1.3.1-13) den Mittelwert 3kT/2 hat

$$W_F^{nL} = W_L + \frac{3}{2}kT - TS_n = W_L - T \cdot \left(-\frac{3}{2}k + S_n \right) \tag{7}$$

Der Vergleich mit (5a) ergibt

$$-\frac{3}{2}k + S_n = k \ln \frac{N_L}{\rho_n}$$

$$\Rightarrow S_n = k \left(\ln \frac{N_L}{\rho_n} + \frac{3}{2} \right) \tag{8}$$

d.h. die für den klassischen Grenzfall hergeleitete Beziehung (1.2.3-20). Die Auswertung der Beziehung (7) im Bändermodell zeigt, daß die differentielle Entropie pro Elektron direkt aus dem Bändermodell abgelesen werden kann (Bild 2.2.4-4). Die entsprechende Betrachtung für Löcher erfolgt explizit im Band 3, Abschnitt 2.1.

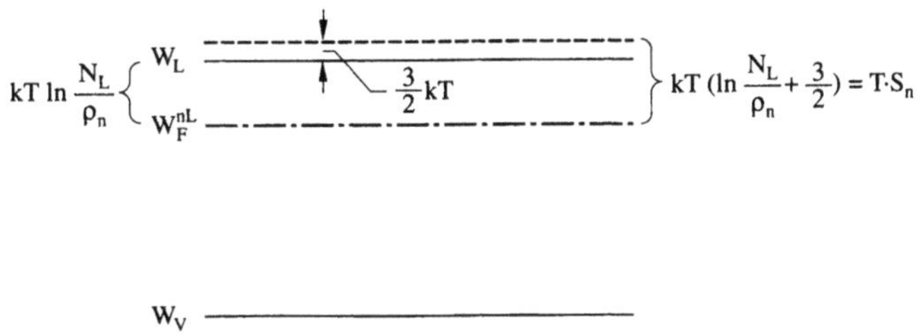

Bild 2.2.4-4:   *Aufgrund der Beziehungen (5) und (8) kann die differentielle Entropie S_n von Elektronen (analog derjenigen von Löchern) direkt aus dem Bändermodell abgelesen werden: Es ergibt sich für TS_n der Energieabstand zwischen der Leitungsbandkante – vergrößert um 3kT/2 – und der Quasifermienergie der Elektronen.*

Chemisch reine, nicht mit Fremdatomen legierte (dotierte) Halbleiter werden als **intrinsische Halbleiter** bezeichnet, im Gegensatz zu den **extrinsischen** Halbleitern, die im Abschnitt 3.2 behandelt werden.

Im thermischen Gleichgewicht zwischen Valenz- und Leitungsband sind bei intrinsischen Halbleitern nicht nur die Quasifermienergien, sondern auch die Elektronen- und Löcherdichten gleich: Jedes aus dem Valenzband in das Leitungsband übergegangene Elektron erzeugt genau ein Loch. Es gilt

$$W_F^{nL} = W_F^{nV}; \quad \rho_n = \rho_p =: \rho_i$$

$$\underset{(5)}{\Rightarrow} W_L - W_V = kT\left(\ln \frac{N_L}{\rho_i} + \ln \frac{N_V}{\rho_i} \right)$$

$$\Rightarrow \rho_i = \sqrt{N_L N_V} \, \exp\left(-\frac{W_L - W_V}{2kT} \right) \tag{9}$$

Bild 2.2.4-5 zeigt experimentelle Daten für Germanium, Silizium und Galliumarsenid.

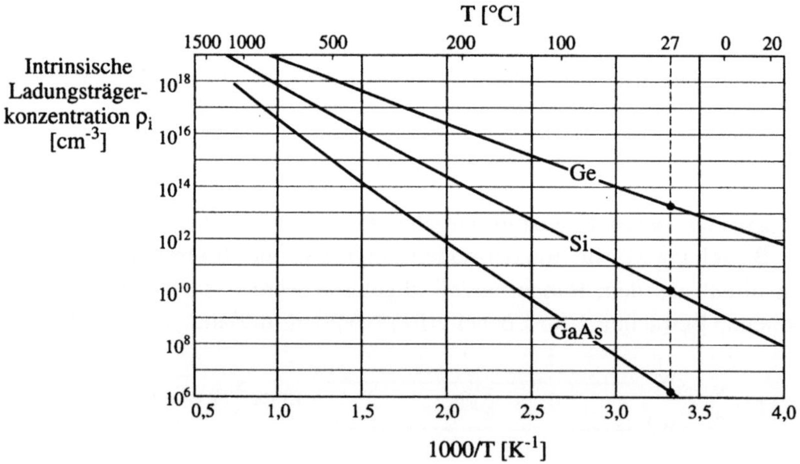

Bild 2.2.4-5:   *Intrinsische Ladungsträgerkonzentration: Gleich große Konzentration von Elektronen und Löchern in reinen (undotierten) Halbleitern unter der Voraussetzung vollständigen thermischen Gleichgewichts (nach [8]).*

3 Halbleiterwerkstoffe
Germanium, Silizium und Galliumarsenid

3.1 Eigenschaften der reinen Werkstoffe

Halbleiterwerkstoffe werden zur Herstellung elektronischer Bauelemente nur selten in reinem (intrinsischem) Zustand eingesetzt: Ihre typischen – und für die Anwendung wichtigen – Eigenschaften erhalten sie erst nach Einführung von Fremdatomen (**Dotierung**) einer genau vorgegebenen Art und Menge. Dabei ist kennzeichnend, daß in den meisten Fällen die relative Fremdatomkonzentration außerordentlich klein gehalten werden kann, Konzentrationen in der Größenordnung von 1 Atomprozent (ca. $5 \cdot 10^{20}\,\mathrm{cm}^{-3}$) gelten bereits als hoch, Werte von 10^{-7} oder weit darunter sind durchaus üblich. Im Zustandsdiagramm ist daher meist nur ein sehr schmaler Mischkristallbereich in unmittelbarer Umgebung der reinen Halbleiterphase von Interesse. Während die elektrischen Eigenschaften der Halbleiter durch eine Dotierung leicht um viele Größenordnungen variiert werden können, bleiben andere Eigenschaften – wie die Dichte, Dielektrizitätskonstante und weitere – davon praktisch unberührt, allein schon wegen der geringen Konzentration der Fremdatome. Tab. 3.1-1 gibt eine Übersicht über charakteristische Eigenschaften.

Die Kristallstruktur der Halbleiterwerkstoffe Germanium, Silizium und Galliumarsenid war bereits in Bild 2.1.2-5 dargestellt worden, sie entspricht dem Diamant- oder Zinkblendegitter. Sie wird charakterisiert durch zwei kubisch flächenzentrierte Gitter, die ineinander verschachtelt sind. Dabei werden die Würfelecken der kubisch flächenzentrierten Elementarzellen gegeneinander um den Vektor $a/4$ [111] (a = Länge der kubischen Gitterzelle) verschoben. Beim Diamantgitter sind beide Untergitter mit Atomen der gleichen Sorte (Germanium, Silizium) besetzt, beim Zinkblendegitter (Galliumarsenid) jeweils eines der Gitter mit Gallium- oder Arsenatomen. Gitter mit diesem Aufbau können durch eine sp^3-Hybridbindung (Band 1, Abschnitt 1.3.3) entstehen oder über eine Ionenbindung, wenn ein bestimmtes Größenverhältnis der beteiligten Atome vorliegt (Band 1, Abschnitt 1.3.2). Bei Galliumarsenid beträgt der Anteil des ionischen Charakters der Bindung ca. 30%, während die Bindung von Germanium und Silizium rein kovalent ist.

Tab. 3.1-1: *Eigenschaften der reinen Werkstoffe Germanium, Silizium und Galliumarsenid. Bei den temperaturabhängigen Größen ist die Raumtemperatur (300K) zugrunde gelegt. Es erfolgt eine Einteilung in Kristall-, thermische, elektrische und dielektrische Eigenschaften.*

	Eigenschaften	Ge	Si	GaAs
Kristalleigenschaften	Atome/cm^{-3}	$4{,}42 \cdot 10^{22}$	$5{,}0 \cdot 10^{22}$	$4{,}42 \cdot 10^{22}$
	Atomgewicht	72,60	28,09	144,63
	Kristallstruktur	Diamant	Diamant	Zinkblende
	Dichte (g/cm^3)	5,3267	2,328	5,32
	Gitterkonstante (Å)	5,64613	5,43095	5,6533
	Schmelzpunkt (°C)	937	1415	1238
	Dampfdruck (Pa)	1 bei 1330°C 10^{-6} bei 760°C	1 bei 1650°C 10^{-6} bei 900°C	100 bei 1050°C 1 bei 900°C
thermische Eigenschaften	Therm. Ausdehnungskoeffizient $\Delta\ell/\ell T$ (°C^{-1})	$5{,}8 \cdot 10^{-6}$	$2{,}6 \cdot 10^{-6}$	$6{,}86 \cdot 10^{-6}$
	Spezifische Wärme (J/g·°C)	0,31	0,7	0,35
	Wärmeleitfähigkeit bei 300 K (W/cm·°C)	0,6	1,5	0,46
	Thermischer Diffusionskoeffizient (cm^2/s)	0,36	0,9	0,44
elektrische Eigenschaften	Bandabstand (eV) bei 300K	0,66	1,12	1,424
	Intrinsische Ladungsträgerkonzentration (cm^{-3})	$2{,}4 \cdot 10^{13}$	$1{,}45 \cdot 10^{10}$	$1{,}79 \cdot 10^{6}$
	Intrinsische Debye-Länge (µm)	0,68	24	2250
	Intrinsischer spezifischer Widerstand (Ωcm)	47	$2{,}3 \cdot 10^{5}$	10^{8}
	Effekt. Zustandsdichte im Leitungsband N_L (cm^{-3})	$1{,}04 \cdot 10^{19}$	$2{,}8 \cdot 10^{19}$	$4{,}7 \cdot 10^{17}$
	Effekt. Zustandsdichte im Valenzband N_V (cm^{-3})	$6{,}0 \cdot 10^{18}$	$1{,}04 \cdot 10^{19}$	$7{,}0 \cdot 10^{18}$
	Effektive Masse m^*/m_0 von Elektronen von Löchern	m^*_l : 1,64 m^*_t : 0,082 m^*_{lh} : 0,044 m^*_{hh} : 0,28	m^*_l : 0,98 m^*_t : 0,19 m^*_{lh} : 0,16 m^*_{hh} : 0,49	0,067 m^*_{lh} : 0,082 m^*_{lh} : 0,45
	Elektronenaffinität χ(V)	4,0	4,05	4,07
	Durchbruchfeldstärke (V/cm)	$\approx 10^{5}$	$\approx 3 \cdot 10^{5}$	$\approx 4 \cdot 10^{5}$
	Minoritätsträger-Lebensdauer (s)	10^{-3}	$2{,}5 \cdot 10^{-3}$	$\approx 10^{-8}$
	Driftbeweglichkeit (cm^2/V·s)	3900 1900	1500 450	8500 400
dielektrische Eigenschaften	Optische Phononenenergie (eV)	0,037	0,063	0,035
	Mittlere Weglänge von Phononen λ_0(Å)	105	76 (Elektron) 55 (Loch)	58
	Dielektrizitätskonstante	16,0	11,9	13,1

Die spezifische Wärme und Wärmeleitfähigkeit werden sowohl durch die Eigenschaften des Gitters wie die der Ladungsträger (Elektronen und Löcher) bestimmt, wobei die Ladungsträger – allein aufgrund ihrer relativ geringen Dichte – meistens eine untergeordnete Rolle spielen. Bild 3.1-1a zeigt die Temperaturabhängigkeit der thermischen Leitfähigkeit. Eine praktisch gut zu verwendende Größe dabei ist der thermische Diffusionskoeffizient oder die Temperaturleitzahl (Band 1, Abschnitt 5.2). In Bild 3.1-1b und c ist die Temperaturabhängigkeit der spezifischen Wärme und der thermischen Ausdehnung dargestellt.

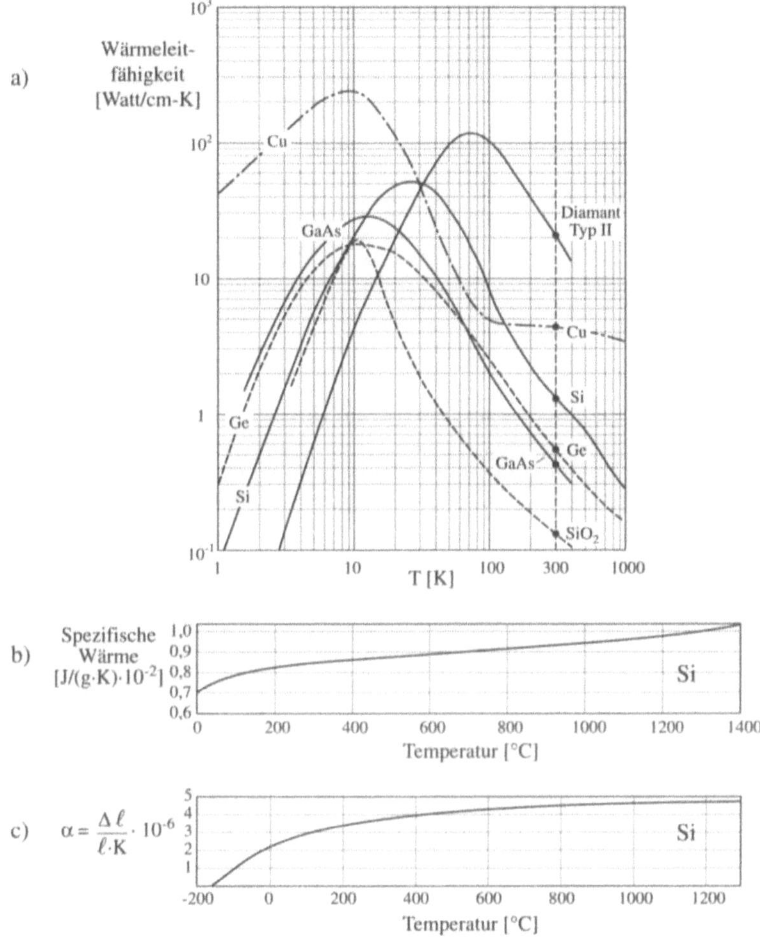

Bild 3.1-1: a) Experimentell bestimmte Temperaturabhängigkeit der Wärmeleitfähigkeit (nach [10])
b) Temperaturabhängigkeit der spezifischen Wärme,
c) Temperaturabhängigkeit der thermischen Expansion (b) und c) nach [12])

Die Eigenschaften der Gitterschwingungen (**Phononen**) werden wie die von Elektronen charakterisiert durch eine Dispersionskurve, bei welcher die Abhängigkeit der
Frequenz (die Energie W der Phononen hängt mit deren Frequenz v zusammen über
$W = hv$) von der Wellenzahl der Gitterschwingung dargestellt wird (Bild 3.1-3).
Man unterscheidet dabei zwischen longitudinalen und transversalen, sowie zwischen
optischen und akustischen Phononen (Bild 3.1-2). Die maximale Frequenzen der Gitterschwingungen haben Werte zwischen 10^3 und 10^4 GHz. In dieselbe Größenord-

nung gelangte man auch bei einer Betrachtung der Schwingung einzelner Atome um
ihre Gleichgewichtslage im Gitter (Band 1, Abschnitt 2.7.2).

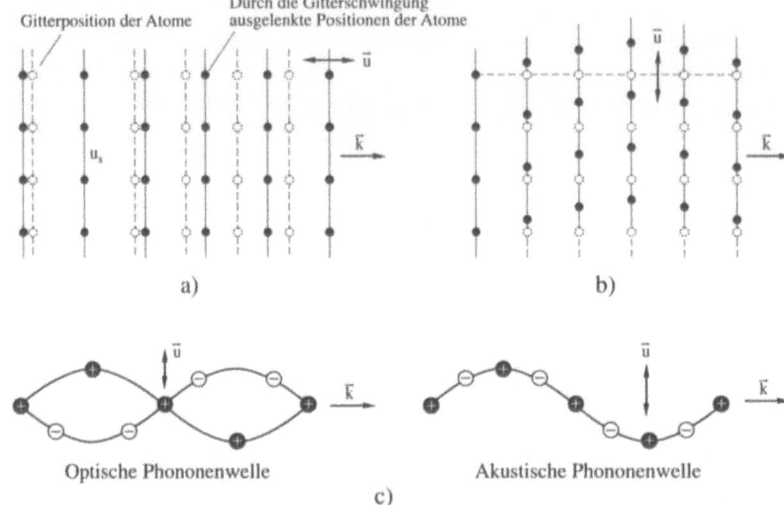

Bild 3.1-2:   a) **longitudinale Gitterschwingungen**: *Die Atome schwingen in Richtung der Ebenennormalen n̄.*

b) **transversale Gitterschwingungen:** *Die Atome schwingen senkrecht zur Ebenennormalen.*

c) **optische** *(hohe Frequenz) und* **akustische** *(niedrige Frequenz)* **transversale Gitterschwingungen**

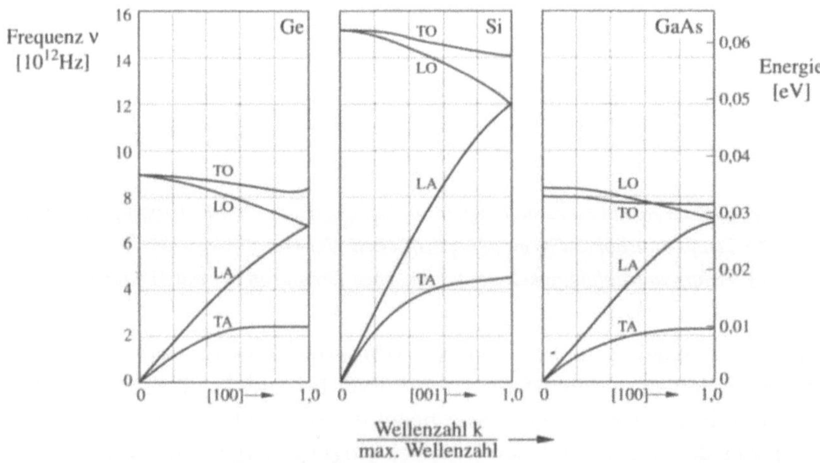

Bild 3.1-3:   *Dispersionskurven für Gitterschwingungen (Phononen): Dargestellt ist die Frequenz der Schwingung in Abhängigkeit von der Wellenzahl. Die Abkürzungen sind: T = transversal, L = longitudinal, O = optisch, A = akustisch. Nach [11].*

Die elektrischen Eigenschaften intrinsischer Halbleiter waren bereits in Abschnitt 2.2.4 behandelt worden. Dabei war im klassischen Grenzfall von der wichtigen Vereinfachung Gebrauch gemacht worden, daß sich Elektronen und Löcher in Halbleitern wie ideale Gase nicht-wechselwirkender Teilchen verhalten. Aus diesem Konzept ergeben sich effektive Massen und effektive Zustandsdichten. Die entsprechenden Werte für Germanium, Silizium und Galliumarsenid sind in Tab. 3.1-1 zusammengestellt.

Die Elektronenaffinität $|q\chi|$ (s. Abschnitt 4.3.1) bestimmt die Lage des Bandschemas gemäß Bild 2.2.4-2 in einer absoluten Energieskala. Damit wird es möglich, die Bändermodelle *verschiedener* Halbleiterwerkstoffe zu vergleichen. Als Nullpunkt der Energie wählt man die Energie W_{vak} eines Elektrons im Vakuum ohne jede Wechselwirkung mit anderen Ladungen oder Feldern.

Bei Anlegen von elektrischen Feldern oberhalb der Durchbruchfeldstärke E_{br} sinkt der spezifische Widerstand des Halbleiters stark ab, da die vorhandenen Ladungsträger durch Stoßionisation laufend zusätzliche neue Ladungsträger erzeugen. Dieser Effekt wird – zusammen mit der Ladungsträgerbeweglichkeit – im Abschnitt 4 behandelt. Schließlich sind in Tab. 3.1-1 die Dielektrizitätskonstanten der betrachteten Halbleiterwerkstoffe angegeben. Auf die optischen, magnetischen und weitere Eigenschaften wird nicht im Rahmen dieses Bandes, sondern im Folgeband 3, "Sensoren", eingegangen werden.

3.2 Legierungen

3.2.1 Flache Störstellen

Im Bereich der Raumtemperatur sind die intrinsischen Ladungsträgerdichten bei den Halbleiterwerkstoffen Germanium, Silizium und Galliumarsenid nach Tab. 3.1-1 so niedrig, daß sich nur eine geringe Leitfähigkeit ergibt. Für Bauelementanwendungen muß daher fast immer die Leitfähigkeit gezielt erhöht werden. Dieses geschieht in der Regel durch eine gesteuerte Verunreinigung des Halbleiters mit Fremdatomen (**Dotierung**). Aus diesem Grund sind die Legierungseigenschaften der Halbleiterwerkstoffe von vorrangigem Interesse. Je nach Wirkung der Fremdatome auf die Halbleitereigenschaften unterscheidet man zwischen zwei Gruppen von Fremdatomen (Störstellen):

Flache Störstellen: Diese werden erzeugt durch Fremdatome, welche das Gitter nur relativ wenig stören, d.h. sie haben üblicherweise ähnliche Eigenschaften wie die Halbleiter-Matrixatome. Im einfach ionisierten Zustand (positiv oder negativ) weisen flache Störstellen oft eine ähnliche Bindungsstruktur auf wie die Matrixatome, z.B.

können sie wie die Halbleiteratome kovalente "Bindungsarme" bilden. Ein solches Störstellenverhalten ist bei den Elementhalbleitern Germanium und Silizium am ehesten zu erwarten von Fremdatomen aus der III. und V. Gruppe des Periodensystems, da die Elementhalbleiter selbst der IV. Gruppe angehören.

Tatsächlich hat das nicht-metallische, weitgehend kovalent bindende Bor, ein Element der III. Gruppe, im neutralen Zustand die dreizählige Symmetrie der sp^2-Hybridbindung (Bild 3.2.1-1a). Bei Anlagerung eines Elektrons (negative Ionisation) kommt ein weiterer Bindungsarm hinzu. Ein entsprechendes Verhalten zeigt Phosphor als Element der V. Gruppe des Periodensystems (Bild 3.2.1-1b).

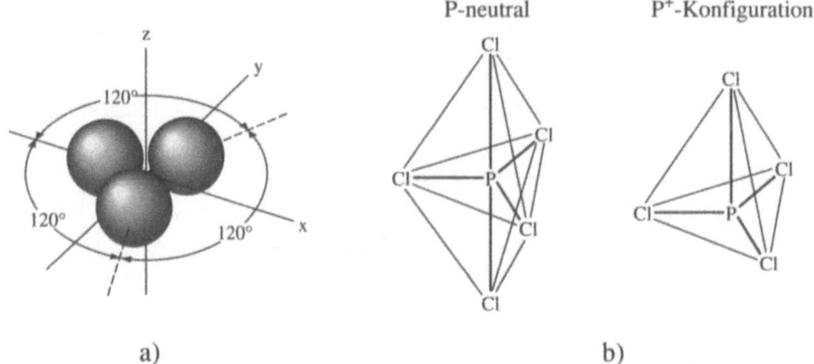

Bild 3.2.1-1:   Symmetrie der Bindung von Elementen der III. und V. Gruppe des Periodensystems:

a) Die sp²-Hybridisierung der Valenzelektronen von Bor hat eine dreizählige Symmetrie, die nach negativer Ionisation (Aufnahme eines Elektrons) in eine vierzählige übergehen kann.

b) Bindungen des Phosphors am Beispiel von Phosphorchlorid: Das neutrale Molekül hat eine fünfzählige, das einfach positiv geladene Molekül (Entfernung eines Elektrons) hingegen eine tetraedrisch ausgerichtete vierzählige Symmetrie, die derjenigen der Elementhalbleiter aus der IV. Gruppe ähnlich ist (nach [13]).

Wenn eine flache Störstelle, z.B. durch ein Phosphoratom im positiv ionisierten Zustand, in das Siliziumgitter eingebaut wird, dann ist zu erwarten, daß das dazugehörige Elektron elektrostatisch gebunden wird, d.h. der Komplex P$^+$-Elektron verhält sich ähnlich wie ein Wasserstoffatom (Bild 3.2.1-2) mit einem Grundzustand der Energie und darüberliegenden angeregten Zuständen. Im Gegensatz zum Wasserstoffatom, das sich "im Vakuum" befindet, ist aber das geladene Phosphorion eingebettet in einen Festkörper; das von dem P$^+$-Ion ausgehende Potentialfeld wird gleichzeitig seine Umgebung elektrisch polarisieren. Physikalisch kann dieses durch Einführung einer **Dielektrizitätskonstante** (Band 1, Abschnitt 6.2) berücksichtigt werden. Typisch für Konfigurationen dieser Art ist die Tatsache, daß die Energie des Grundzustandes W_D nur wenig unterhalb der Leitungsbandkante liegt (daher Bezeichnung "flache" Störstelle), der Energieabstand W_L-W_D liegt meist in der Größenordnung von kT bei Raumtemperatur. Das hat zur Folge, daß bereits bei relativ niedrigen Temperaturen das gebundene Elektron in einen darüberliegenden angeregten Zustand übergeht oder sich völlig vom P^+-Ion löst, wenn es in das Leitungsband aktiviert wird. Dort trägt es genauso zur Leitfähigkeit bei wie die bereits vorhandenen "intrinsischen" Elektronen. Da deren Konzentration bei Raumtemperatur aber sehr niedrig ist, kann durch Einbau von flachen Störstellen die Ladungsträgerkonzentration um viele Größenordnungen erhöht werden: Dieses ist die Ursache dafür, daß Fremdatome einen außerordentlich starken Einfluß auf die Leitfähigkeit von Halbleitern haben können. Weil flache Störstellen aus der V. Gruppe ein Elektron an den Halbleiter abgeben, bezeichnet man diese Dotierungsatome auch als **Donatoren**.

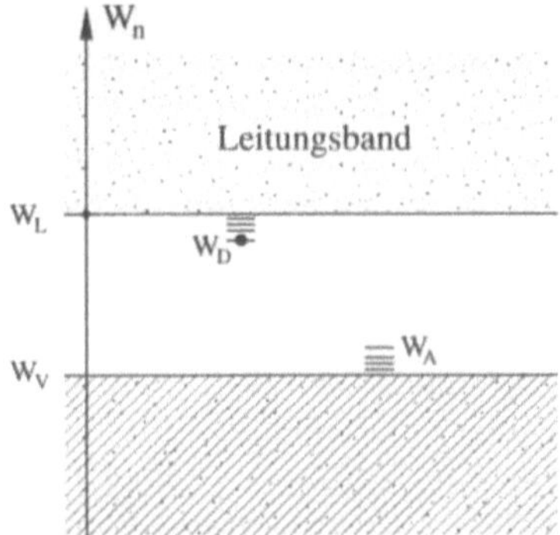

Bild 3.2.1-2: Wasserstoffatom-Modell einer flachen Störstelle: Das Fremdatom Phosphor wird in einem Elementhalbleiter aus der IV. Gruppe (Germanium oder Silizium) als einfach positiv geladenes Ion eingebaut. Dieses bildet zusammen mit dem freigewordenen Elektron eine Konfiguration ähnlich wie ein Wasserstoffatom. Dabei muß aber berücksichtigt werden, daß das Festkörper-Fremdatom in ein Dielektrikum eingebettet ist. Der Energieabstand W_L-W_D entspricht dem Grundzustand der Bindungsenergie zwischen Elektron und P -Ion. Die darüberliegenden diskreten Zustände entstehen durch angeregte Zustände des "Wasserstoffatoms". Eine Anregung bis in das Leitungsband erfolgt bei flachen Störstellen über thermische Aktivierung meist bereits bei Temperaturen unterhalb der Raumtemperatur. Bei Akzeptoren ergibt sich ein entsprechendes Termschema oberhalb des Valenzbandes.

Das Verhalten von flachen Störstellen aus der III. Gruppe des Periodensystems ist zu dem aus der V. Gruppe äquivalent: Diese Atome laden sich negativ auf (z.B. B^-), um in das Gitter des Elementhalbleiters eingebaut werden zu können, d.h. sie entziehen der Matrix ein Elektron, erzeugen dort also ein Loch. Dieses Loch ist elektrostatisch gebunden an das Fremdion mit einer Bindungsenergie W_A im Grundzustand. Angeregte Zustände entstehen entsprechend wie bei Donatoratomen (Bild 3.2.1-2). Da flache Störstellen aus der III. Gruppe jeweils ein Elektron aufnehmen, bezeichnet man sie auch als **Akzeptoren**. Der Einbau von Akzeptor-Atomen erhöht also die Löcherdichte und damit eine Leitfähigkeit des Elementhalbleiters für eine Löcherleitung.

Etwas schwieriger werden die Verhältnisse bei dem Verbindungshalbleiter Galliumarsenid. Als Donatoren können jeweils diejenigen Atome wirken, die auf einem der Gitterplätze die nächsthöhere Wertigkeit haben, also Elemente der IV. Gruppe auf Gitterplätzen der III. Gruppe (Gallium) oder Elemente der VI. Gruppe auf Gitterplätzen der V. Gruppe (Arsen). Entsprechend wirken Fremdatome mit einer niedrigeren Wertigkeit als Akzeptoren. Fremdatome der IV. Gruppe können daher im Prinzip als Donatoren und Akzeptoren wirken (**amphoteres Verhalten**). In Tab. 3.2.1-1 sind Eigenschaften flacher Störstellen in Galliumarsenid zusammengestellt. Häufig ist die Struktur der Dotierungsatome in Galliumarsenid im Vergleich zu den Matrixatomen weniger ähnlich als das bei den Elementhalbleitern Germanium und Silizium der Fall war. Viele Fragen in Verbindung mit der Dotierung in GaAs sind daher bis heute noch nicht gelöst und befinden sich im Forschungsstadium.

Tab. 3.2.1-1:   Eigenschaften flacher Störstellen in Galliumarsenid (nach [16])

Atomart	Einbau	Platz	Verhalten	Aktiverungsenergie in eV [5]		
				Hall-Effekt und Leitfähigkeit	Optische Absorption	Lumineszenz
S	subst.	As	Donator	flach	[1] $6{,}10 \cdot 10^{-3}$	
Se	subst.	As	Donator	flach	[1] $5{,}89 \cdot 10^{-3}$	$6{,}0 \cdot 10^{-3}$
Te	subst.	As	Donator	flach		
Be	subst.	Ga	Akzeptor			$30 \cdot 10^{-3}$
Mg	subst.	Ga	Akzeptor	$(12{,}5 \cdot 10^{-3})$		$30 \cdot 10^{-3}$
Zn	subst.	Ga	Akzeptor	$30 \cdot 10^{-3}$		$31 \cdot 10^{-3}$
Cd	subst.	Ga	Akzeptor	[2] $34 \cdot 10^{-3}$		$34 \cdot 10^{-3}$
C[3]	subst.	Ga	Donator	flach		
	subst.	As	Akzeptor	$(19 \cdot 10^{-3})$		
Ge	subst.	Ga	Donator		[1] $6{,}08 \cdot 10^{-3}$	
	subst.	As	Akzeptor	$(35...43) \cdot 10^{-3}$		$(38...42) \cdot 10^{-3}$
Si	subst.	Ga	Donator	$5{,}5 \cdot 10^{-3}$	$5{,}81 \cdot 10^{-3}$	
	subst.	As	Akzeptor	$25 \cdot 10^{-3}$		$30 \cdot 10^{-3}$
Sn	subst.	Ga	Donator	flach		
	subst.	As	Akzeptor			0,18; 0,20
Pb[3]	subst.	Ga	Donator	flach		
		As	Akzeptor			0,12
Li	subst.	Ga[4]	Donator	$23 \cdot 10^{-3}$		
	interstil.		Akzeptor			

Klammerausdrücke: Im konzentrationsabhängigen Bereich gemessen

[1] Abweichung von $E_{H2} = (5{,}80 \pm 0{,}02)$ meV eventuell zu groß

[2] Extrapoliert aus $(22 \cdot 10^{-3}$ eV)

[3] hauptsächlich neutral eingebaut

[4] eventuell als Komplex ($Li_{Ga}Li_i$)

[5] Donatoren: Aktivierungsenergie vom Leitungsband aus gerechnet;
   Akzeptoren: Aktivierungsenergie vom Valenzband aus gerechnet

In Bild 3.2.1-3 sind die Störstellen-Energieniveaus verschiedener Fremdatome in den Halbleitern Germanium, Silizium und Galliumarsenid zusammengestellt, wobei in der Regel der Grundzustand eingetragen ist. Man erkennt, daß die oben besprochenen Gesetzmäßigkeiten bei der Erzeugung flacher Störstellen durch Elemente aus den entsprechenden Gruppen recht gut eingehalten werden.

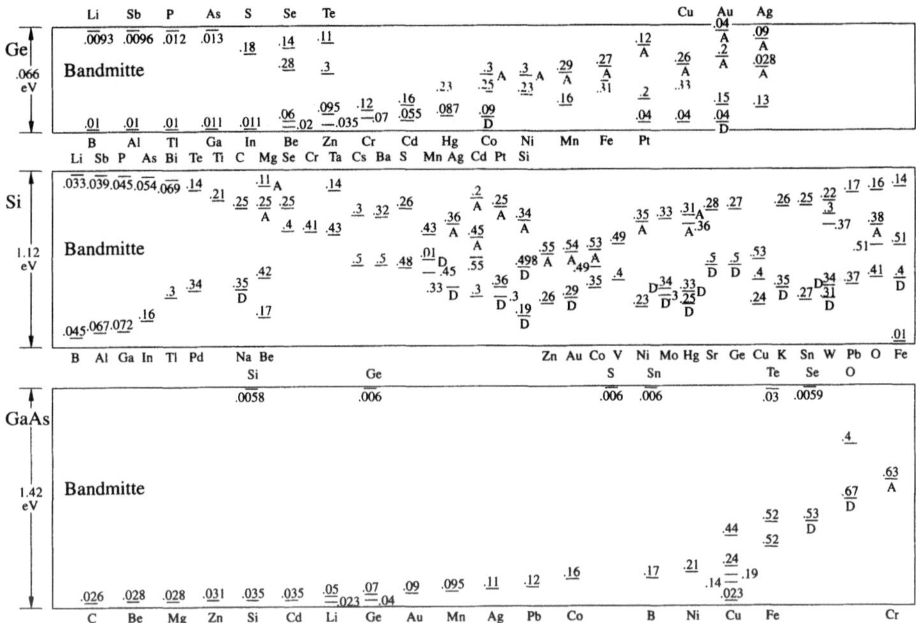

Bild 3.2.1-3: *Energieniveaus von Fremdatomen in den Halbleitern Germanium, Silizium und Galliumarsenid. Eingezeichnet sind sowohl flache Störstellen mit Energieniveaus in unmittelbarer Nähe der Bandkanten als auch tiefe Störstellen mit Energieniveaus in größerem Abstand davon. Die eingetragenen Zahlen geben die Werte der Energieniveaus in eV an, jeweils gemessen von der Bandkante (Leitungsbandkante, wenn das Energieniveau oberhalb der Bandmitte liegt, sonst Valenzbandkante). Die Energieniveaus oberhalb der Bandmitte bezeichnen Donatorniveaus, unterhalb der Bandmitte Akzeptorniveaus, wenn sie nicht ausdrücklich mit einem D (Donator) oder A (Akzeptor) gekennzeichnet sind [9].*

Wie bereits dargelegt, können durch Einführung flacher Störstellen Ladungsträgerdichten erzeugt werden, die weit oberhalb der intrinsischen liegen und damit die Leitfähigkeit des Halbleiters um Größenordnungen steigern können. Eine obere Grenze stellt schließlich die metallurgische Löslichkeit dar, also die Dichte der Fremdatome, die maximal in einem Mischkristall eingebaut werden können (die entsprechenden Gesetzmäßigkeiten wurden in Band 1 behandelt). Bei noch höheren Konzentrationen zerfällt die Legierung in zwei Phasen: den bis zur Löslichkeitsgrenze dotierten Halbleiter und eine Fremdatomphase, die meistens keine Halbleitereigenschaften besitzt.

Das Verhalten der Legierungen wird durch Zustandsdiagramme verdeutlicht. Die Bilder 3.2.1-4 bis 6 zeigen Beispiele für die Halbleiterwerkstoffe Germanium, Silizium und Galliumarsenid. Typisch ist, daß die Löslichkeit (maximale Fremdatomkonzentration in der Mischkristallphase) recht niedrig ist und praktisch immer unterhalb von 1% liegt, teilweise sogar weit darunter. Dieses spricht dafür, daß trotz der relativ guten Anpassung der flachen Störstellen die Bindungsenergien der Fremdatome zu den Halbleiter-Matrixatomen deutlich niedriger sind als die der Matrixatome untereinander (s. Band 1, Abschnitte 2.3 und 2.4). Das liegt daran, daß das starr kovalent gebundene Halbleitergitter empfindlich – d.h. mit großer Energieerhöhung – reagiert auf eine Änderung der Länge und Winkel der Bindungsarme sowie der örtlichen Elektronenkonfiguration.

Da bei vielen Bauelementanwendungen nur der Mischkristallbereich der Halbleitermatrix von Interesse ist, betrachtet man anstelle der Zustandsdiagramme häufig nur die Löslichkeitskurven (Bild 3.2.1-7).

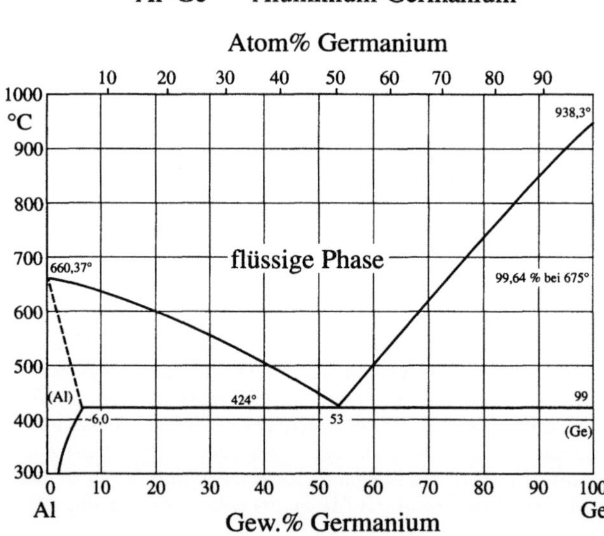

Bild 3.2.1-4:   Zustandsdiagramm des Systems Aluminium-Germanium (nach [15])

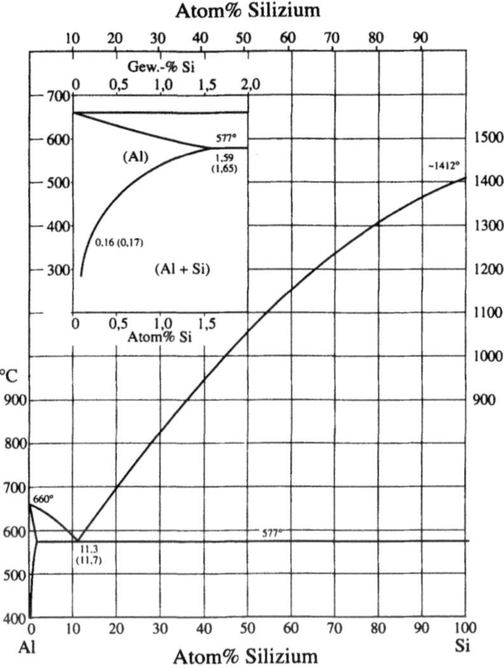

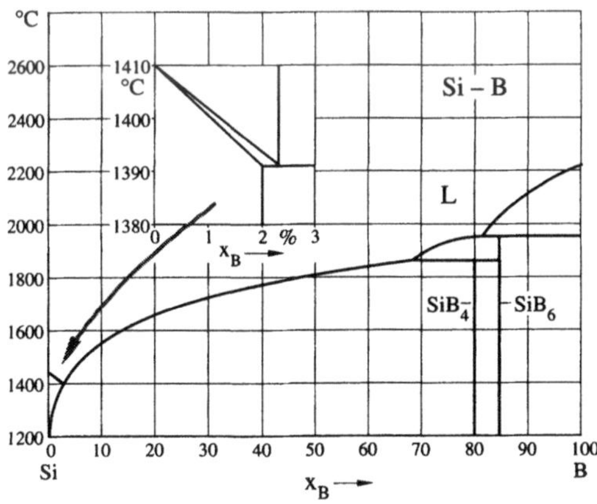

Bild 3.2.1-5: *Zustandsdiagramme von Legierungssystemen aus Silizium und Fremdatomen, die flache Störstellen erzeugen (nach [32,15]): Silizium-Aluminium und Silizium-Bor (in diesem Fall treten auch stöchiometrisch zusammengesetzte intermediäre Phasen auf)*

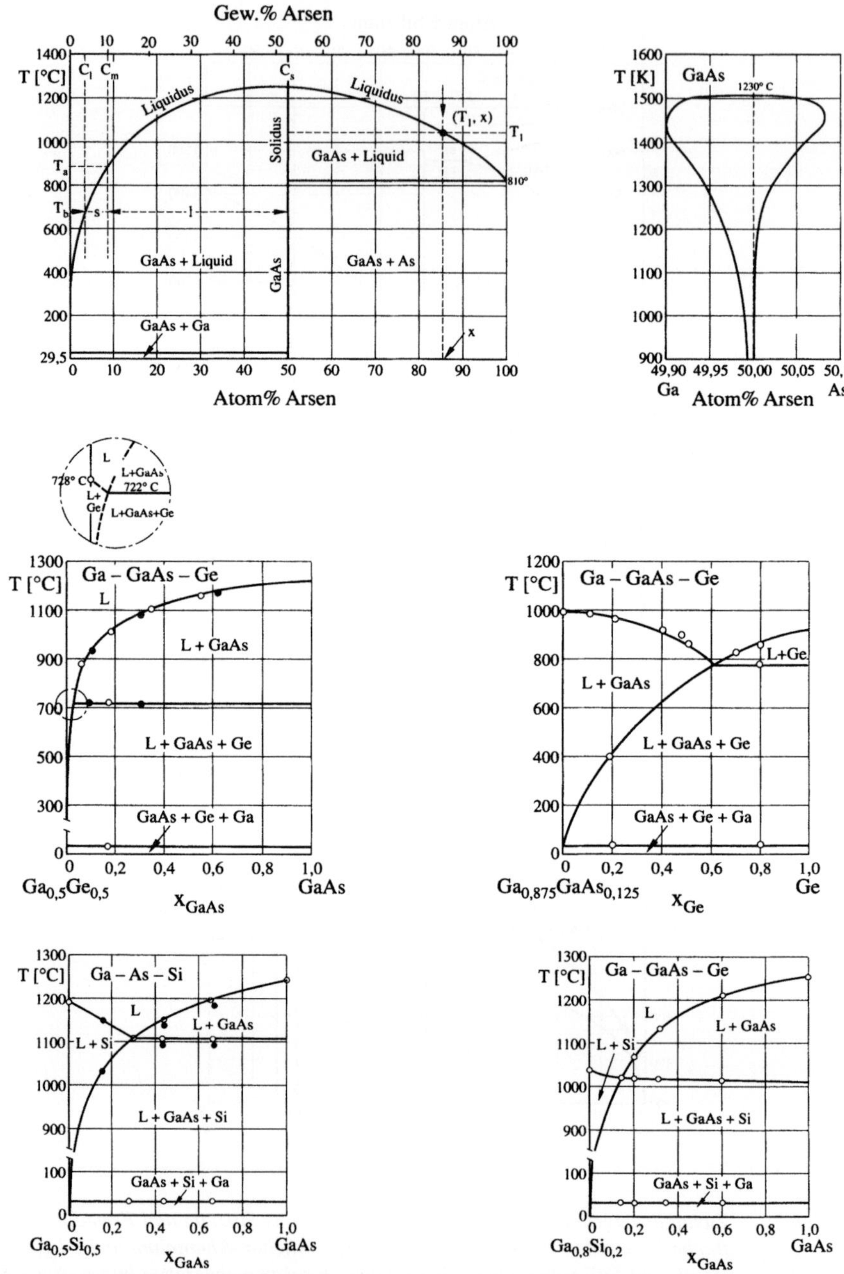

Bild 3.2.1-6:   *Zustandsdiagramm von reinem Galliumarsenid (a) und von den ternären Legierungen aus Galliumarsenid und den flachen Störstellen Germanium und Silizium (b) (nach [Landolt-Bönstein])*

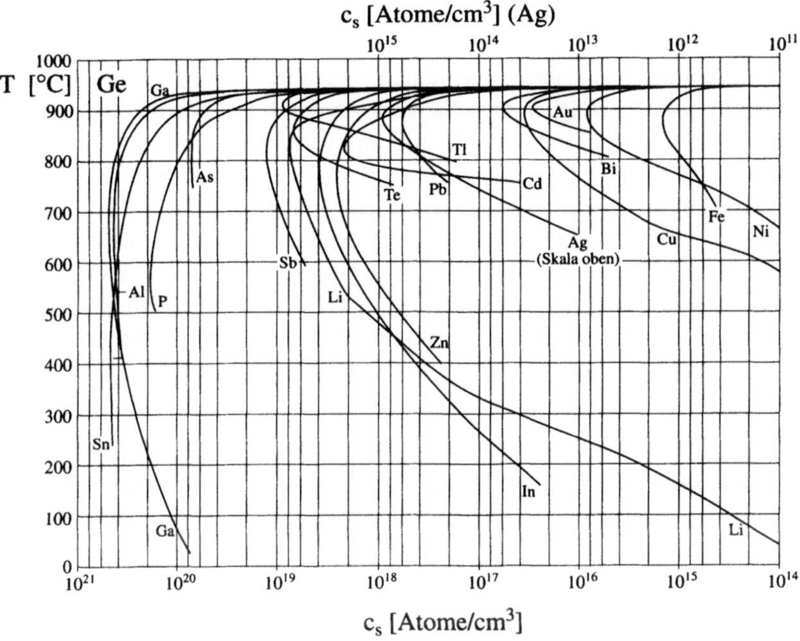

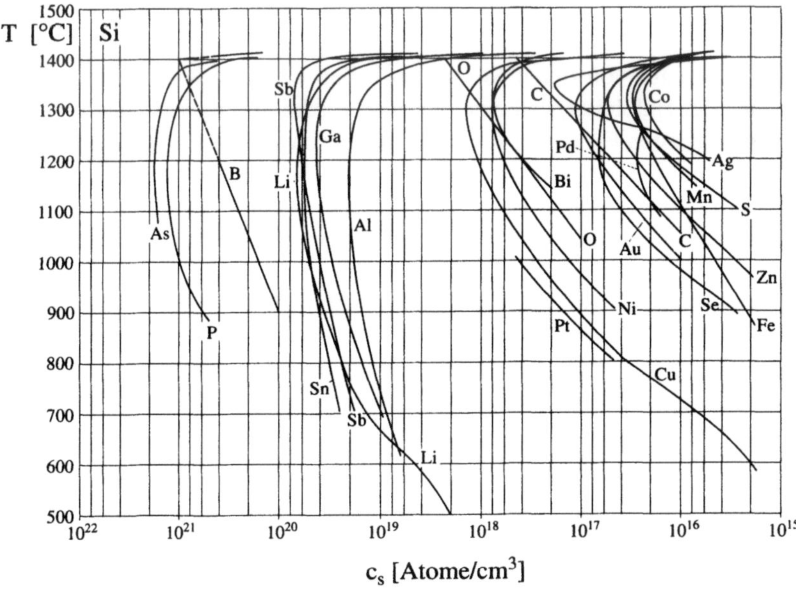

Bild 3.2.1-7:   *Löslichkeit von Fremdatomen in Germanium und Silizium. Die entsprechenden Daten von Galliumarsenid sind teilweise noch nicht bekannt (nach [15]).*

3.2.2 Tiefe Störstellen

Tiefe Störstellen [17] werden durch gravierende Störungen im Gitteraufbau erzeugt, wie sie z.B. durch Eigengitterfehlstellen wie Leerstellen, Zwischengitteratome, Korngrenzen und Oberflächen entstehen, sowie durch Fremdatome, die aufgrund ihrer Atomgröße oder Elektronenkonfiguration nur schwer (d.h. mit großem Energieaufwand) in das Matrixgitter eingebaut werden können. Die theoretische Behandlung solcher Störstellen ist weit aufwendiger als die von flachen Störstellen, teilweise befindet sie sich noch im Forschungsstadium. Charakteristisch für tiefe Störstellen ist eine scharfe Lokalisierung der durch die Störstelle gebundenen Ladung. Nach der Heisenberg'schen Unschärferelation (Abschnitt 1.3.2) führt das zu einer großen Unschärfe in der Verteilung der Wellenzahlvektoren der Eigenfunktionen, die – überlagert zu einem Wellenpaket – die gebundene Ladung darstellen. Gleichzeitig ergibt sich eine starke Kopplung der Ladung an das Gitter (Elektron-Phonon-Kopplung).

Die starke Bindung von Elektronen und Löcher an tiefe Störstellen wirkt sich aus in einem großen Abstand der Störstellenniveaus von den Bandkanten des Bandschemas in Bild 3.2.1-3. Auch in diesem Fall treten angeregte Zustände auf, die bei tiefen Störstellen eine größere Bedeutung haben als bei flachen.

Wegen der großen Gitterstörung durch tiefe Störstellen ist deren Bindungsenergie zu den Matrix-Nachbaratomen naturgemäß gering, d.h. die Legierungen neigen zu einer Phasentrennung und geringen Löslichkeiten (s. Band 1, Abschnitt 2). Dieses wird in den Löslichkeitskurven in Bild 3.2.1-6 deutlich: Die maximale Löslichkeit kann bei 10^{23}m^{-3} liegen, das ist die Größenordnung von 10 ppm (ppm = parts per million, 10^{-6})!

Die Energieniveaus von tiefen Störstellen haben einen so großen Abstand von den Bandkanten der Halbleiter, daß eine thermische Aktivierung von Elektronen und Löchern in den meisten Fällen bei Raumtemperatur unwahrscheinlich ist. Auf der anderen Seite besteht die Möglichkeit, daß bereits vorhandene extrinsische (durch flache Störstellen erzeugte) Ladungsträger übergehen in die energetisch niedriger liegenden tiefen Störstellenniveaus – auf diese Weise wird die Leitfähigkeit des Halbleiters herabgesetzt. Schwach dotierte Halbleiter können aufgrund solcher Prozesse **halbisolierend** werden, d.h. eine Leitfähigkeit annehmen, die in der Größenordnung der intrinsischen liegt. Weiterhin stellen die Ladungen an tiefen Störstellen wirkungsvolle Hindernisse für die Ladungsträgerbewegung dar, sie setzen dadurch die Ladungsträgerbeweglichkeit herab. Von großer Bedeutung ist die Wirkung tiefer Störstellen als Rekombinationszentrum (Abschnitt 2.2.4), dort können bevorzugt Überschußladungsträger vernichtet werden.

Über die atomare Konfiguration tiefer Störstellen in Halbleitern gibt es umfangreiche Forschungsarbeiten, die bei weitem noch nicht abgeschlossen sind. In den Bildern 3.2.2-1 und 2 werden typische Konfigurationen um Eigengitterfehler wie Zwischengitteratome und Versetzungen gezeigt. In beiden Fällen werden die tiefen Störstellen ohne Anwesenheit von Fremdatomen erzeugt! Die (zumindest vorwiegend) kovalenten Bindungen der Halbleiteratome können aus ihrer ursprünglichen durch sp³-Hybridisierung entstandenen Orientierung heraus verdreht werden, so daß sie eine Bindung mit anderen Matrixatomen eingehen können, die sich aufgrund des Gitterfehlers nicht auf regulären Gitterplätzen befinden. Ein solche Umordnung ist stets mit einer Erhöhung der Bindungsenergie verbunden. Eine Alternative dazu ist die Bildung von ungepaarten Bindungen (dangling bonds) wie in Bild 3.2.2-2a. Solche Konfiguration können (wahrscheinlich) auftreten, wenn die bei der Modifikation von Bindungsarmen auftretende Energie so groß wird, daß sie die Energie einer einfachen kovalenten Bindung überschreitet.

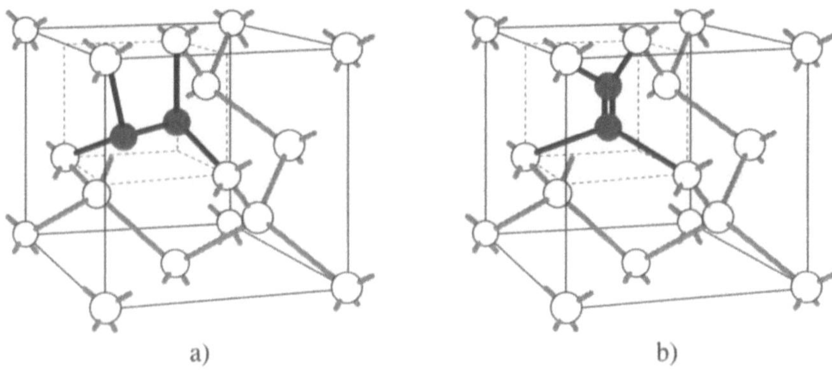

Bild 3.2.2-1:   *Atomare Konfiguration punktförmiger tiefer Störstellen:*

a) Einfach positiv geladenes Silizium-Zwischengitteratom in Silizium
b) Neutrales Silizium-Zwischengitteratom in Silizium (nach [18])

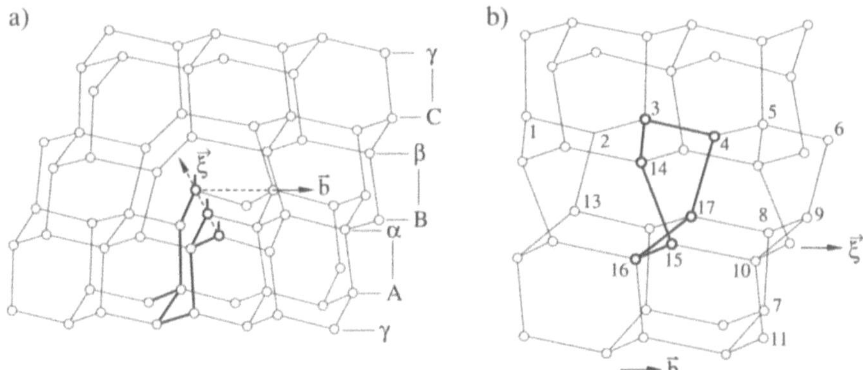

Bild 3.2.2-2:   *Atomare Konfiguration linienförmiger tiefer Störstellen (nach [19]):*

a) 60°-Versetzung (ähnlich Stufenversetzung mit eingeschobener Halbebene)
b) Schraubenversetzung

Auch zweidimensionale Gitterfehler wie Stapelfehler (Abweichungen von der regulären Stapelfolge der kubisch flächenzentrierten Struktur, s. Band 1), Korngrenzen und freie Oberflächen enthalten häufig große Dichten von tiefen Störstellen, die entweder durch ungepaarte Bindungen oder durch verbogene Bindungsarme (dieses ist häufig die energetisch günstigere Konfiguration) entstehen (Bild 3.2.2-3).

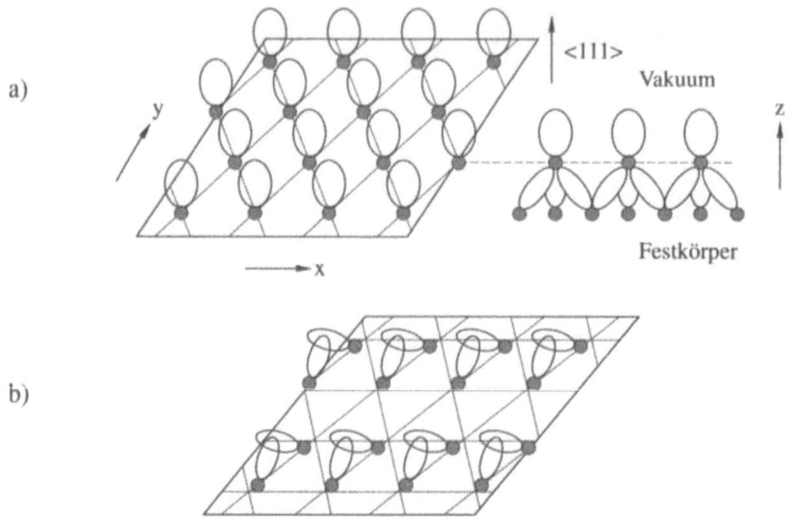

Bild 3.2.2-3:   *Tiefe Störstellen an zweidimensionalen Gitterfehlern*
a) mit ungepaarten Bindungen,
b) relaxierte Konfiguration mit verbogenen Bindungen

Die Zustandsdiagramme der Halbleiter mit Atomen, welche tiefe Störstellen bilden, weisen – wie oben erwähnt – in der Regel nur äußerst schmale Mischkristallbereiche auf. Sie können einfach eutektisch (Bild 3.2.2-4a) aufgebaut sein aber auch teilweise komplizierte Zwischenphasen enthalten (Bild 3.2.2-4b). Der Einbau der Fremdatome in die Halbleitermatrix kann **substitutionell** (auf Gitterplätzen) und **interstitiell** (auf Zwischengitterplätzen) erfolgen.

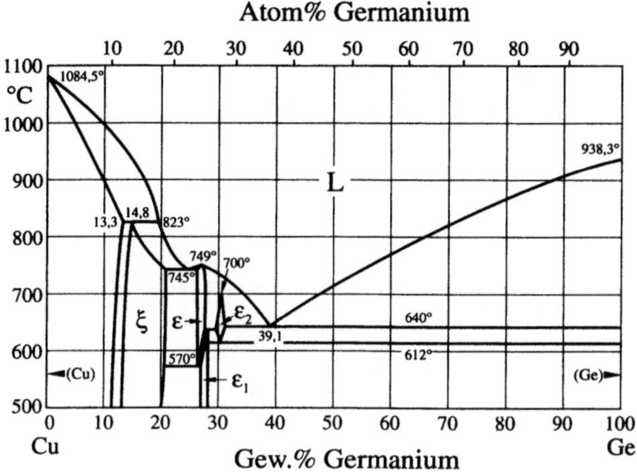

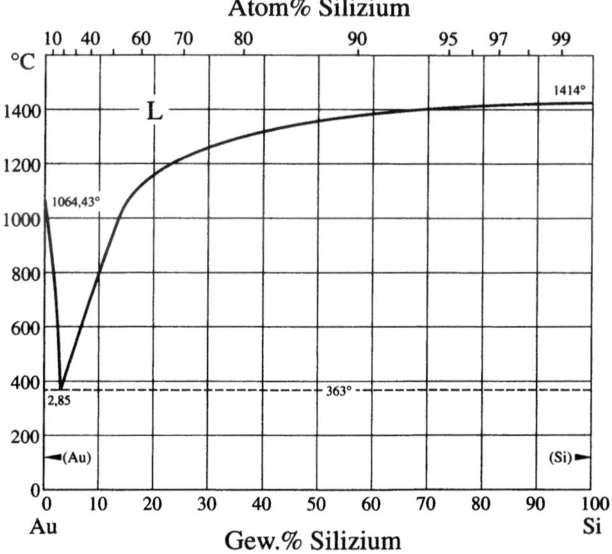

Bild 3.2.2-4:   *Zustandsdiagramme von Halbleiterlegierungen mit Fremdatomen, die tiefe Stör-*
stellen bilden (nach [14]):
a) Germanium-Kupfer
b) Silizium-Gold

Das Verhalten tiefer Störstellen in Galliumarsenid ist komplizierter und noch weitgehend im Forschungsstadium. Einen Überblick gibt Tab. 3.2.2-1.

Tab. 3.2.2-1:   Tiefe Störstellen in Galliumarsenid (nach [20])

Atomart	Einbau	Platz	Verhalten	Hall-Effekt und Leitfähigkeit	Optische Absorption	Fotoleitung	Lumineszens	Tunnel.-spektr.	g
Cu	subst.	Ga	Akzeptor 1	0,145 - 0,146 - 0,150	0,146		0,150 - 0,180		4
			Akzeptor 2	0,43 - 0,49	0,46	0,42 - 0,53	0,41 - 0,49		4
	interst.		Donator				0,07$^{x)}$ (E)		
Ag	subst.	Ga	Akzeptor	0,11? - 0,235	0,24		0,238		
Au	subst.	Ga	Akzeptor	0,09?		0,4?			
Ti	subst.	Ga	Akzeptor	0,35?					
Cr	subst.	Ga	Akzeptor	0,72 - 0,81 - 0,83?	0,79 - 0,80$^{x)}$	0,79 - 0,815$^{x)}$	0,87 - 0,9$^{x)}$		
Mo	subst.	Ga?	Akzeptor				0,806$^{x)}$		
Mn	subst.		Akzeptor	0,098	0,11		0,112		
Fe	subst.	Ga	Akzeptor	0,35 - 0,38?			0,37?	0,36	
			Akzeptor	0,50 - 0,52	0,50	0,41 - 0,50			
Co	subst.	Ga?	Akzeptor	0,16?			0,345(E) - 0,488	0,54	
Ni	subst.	Ga	Akzeptor	0,38 - 0,4	0,45	0,4	0,35(E) - 0,543	0,53	
O			Donator	0,76$^{x)}$		0,65 - 0,73$^{x)}$	0,8$^{x)}$		
			Donator	0,41$^{x)}$		0,49$^{x)}$			

?   unsicherer Wert oder unsichere Zuordnung

(E) Elektrolumineszensmessung

[1]   Aktivierungsenergien werden als Abstand vom Valenzband angegeben bis auf die durch $^{x)}$ gekennzeichneten Fälle, in denen der Abstand vom Leitungsband bestimmt wurde

3.2.3 Silizide

Von besonderer Bedeutung für die Halbleitertechnologie sind intermediäre Verbindungen von Silizium und einigen Übergangsmetallen, die **Silizide**. Diese häufig fast metallisch leitenden Phasen können in vielen Fällen bis zu relativ hohen Temperaturen mit Silizium-Mischkristallen thermisch weitgehend stabil existieren. In Bild 3.2.3-1 sind die Zustandsdiagramme wichtiger silizidbildender binärer Legierungen zusammengestellt, Tab. 3.2.3-1 gibt einen Überblick. Typische elektrische Eigenschaften sind in Tab. 3.2.3-2 enthalten.

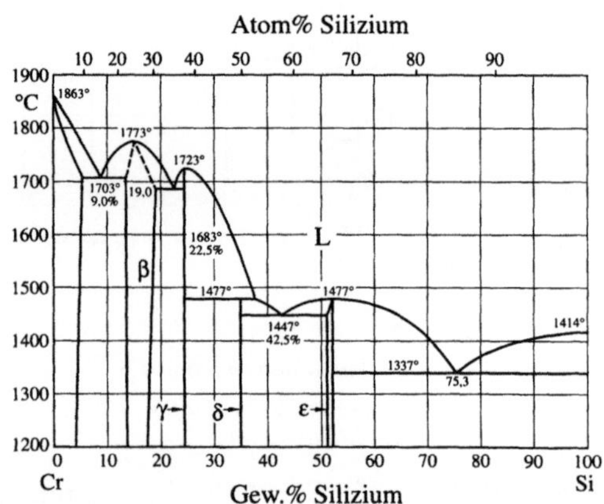

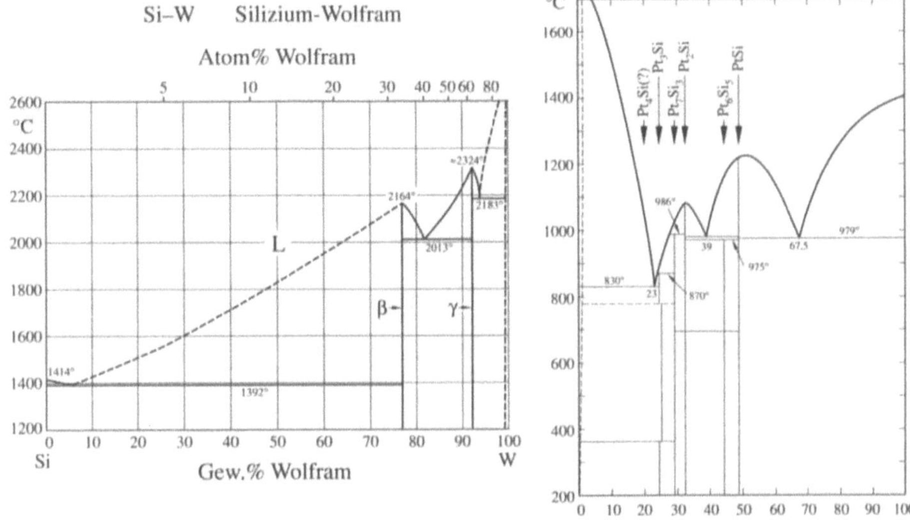

Bild 3.2.3-1:   *Zustandsdiagramme silizidbildender Legierungen (nach [14, 21])*

Tab. 3.2.3-1:   *Silizidverbindungen mit dazugehörigen eutektischen Temperaturen (nach [21])*

System	Phasen	Tiefste Temperatur T_E °C
Ti – Si	Ti_3Si, Ti_5Si, Ti_5Si_4, $TiSi$, $TiSi_2$	1330
V – Si	V_3Si_3, V_5Si_3, VSi_3	1385 bis 1400
Cr – Si	Cr_3Si, Cr_5Si_3, $CrSi$, $CrSi_2$	1300 bis 1320
Mn – Si	Mn_6Si, $Mn_{81,5}Si_{18,5}$, Mn_3Si, Mn_5Si_3, $MnSi$, $MnSi_{11,727\text{-}1,75}$[1]), $MnSi_2$(?)	1145
Fe – Si	$Fe3Si$, $Fe_{11}Si_5$, Fe_5Si_3, $FeSi$, $FeSi_2$	1208
Co – Si	Co_3Si, Co_2Si, $CoSi$, $CoSi_2$	1195
Ni – Si	Ni_3Si, Ni_5Si_2, Ni_2Si, Ni_3Si_2, $NiSi$, $NiSi_2$	964
Zr – Si	Zr_3Si, Zr_2Si, Zr_5Si_3, Zr_3Si_2, $ZrSi$, $ZrSi_2$	1395
Nb – Si	Nb_3Si, Nb_5Si_3, $NbSi_2$	1295
Mo – Si	Mo_3Si, Mo_5Si_3, $MoSi_2$	1410
Ru – Si	Ru_2Si, Ru_5Si_3, Ru_4Si_3, $RuSi$, Ru_2Si_3	1370
Rh – Si	Rh_2Si, Rh_5Si_3, $Rh_{20}Si_{13}$, Rh_3Si_2, $RhSi$, Rh_4Si_5, Rh_3Si_4	
Pd – Si	Pd_4Si, Pd_3Si, Pd_2Si, $PdSi$	720
Hf – Si	Hf_2Si, Hf_5Si_3, Hf_3Si_2, $HfSi$, $HfSi_2$	1300
Ta – Si	$Ta_{4,5}Si$, Ta_2Si, Ta_5Si_3, $TaSi_2$	1385
W – Si	W_5Si_3, WSi_2	1400 bis 1440
Re – Si	Re_4Si_3, $ReSi$, $ReSi_2$	1125
Os – Si	$OsSi$, Os_2Si_3, $OsSi_2$	
Ir – Si	Ir_3Si, Ir_2Si, Ir_3Si_2, $IrSi$, Ir_4Si_5, Ir_3Si_4, Ir_2Si_3, $IrSi_3$	
Pt – Si	Pt_3Si, Pt_5Si_2 (Pt_7Si_3?), Pt_2Si, Pt_6Si_5, $PtSi$	830

Tab. 3.2.3-2: *Typische elektrische Eigenschaften von Siliziden. Die angegebenen Werte hängen häufig stark ab von den Herstellungsbedingungen der Silizide (nach [21])*

| Phase | Spezifischer elektr. Widerstand | | α_p | Temperatur-bereich ΔT | Thermische EMK | Bildungs-energie | Thermischer Ausdehnungs-Koeffizient | Thermische Leitfähigkeit |
	Volumenmaterial ρ $\mu\Omega$ cm	Schichten ρ $\mu\Omega$ cm	10^{-3} K^{-1}	°C	μV K^{-1}	ΔH_f kJmol^{-1}	α 10^{-6} K^{-1}	κ (20°C) W m^{-1} K^{-1}
TiSi	39,3; 6,3		4,13	20…120	2,4; −8,3	130; 164	8,8	16,8 10,4
TiSi$_2$	16,9; 18; 123	13…16[1] 25[2]	4,63	20…800	5,2; 3,67 −1,5		12,5 14,5 [14.16]	
VSi$_2$	9,5; 13,3; 66,5	50…55[1]	3,51	20…120	10,5	305; 310	11,2 14,65	11,9; 25,1
CrSi$_2$	$1 \cdot 10^3 … 6 \cdot 10^3$	~600[1]	2,93	20…120	90; 153; 170	56,7; 119,7; 123,1		10,6
MnSi						48,6	16,3	9,4; 10,0
MnSi$_2$	452; 2500				46; 170	13; 40		8,5
FeSi	240; 271; 215		0,511	20…120	9; 4	73,7; 80,4	$15,7+0,25\cdot10^{-2}$T	10,13; 14,36
α-FeSi$_2$	350	>1000[1]			2,1			
β-FeSi$_2$	$27,4 \cdot 10^1$				−300			
Co$_2$Si	66,2				−8			
CoSi	280; 139				−46; −72	100,4	11,1	20,6; 14,32
CoSi$_2$	64,8; 68,6; 13	18…20[1] 25[2] 15 [14.34] 10 [14.34]	2,48	20…200	5,42; 14; −8	103	10; 14	15
Ni$_2$Si	98; 20		3,24	20…200	8	148,6; 132; 140,7	16,5 19,0	
NiSi	20,3; 30; 70				8,0; −2	81,2; 85,8; 140		
NiSi$_2$	118	50[1] 50…60[1]	2,58	20…800	7,0	85,8	16	9,96
ZrSi						149,5; 159; 180; 293	8,3	15,6
ZrSi$_2$	75,8; 106,2; 161	35…40[1]	2,65	20…800	14,7; 15,95			
NbSi$_2$	6,3; 24,5; 50,4	50[1] 100 [14.35]			14,4	125,6; 134,3; 138,2	11,7	16,6
MoSi$_2$	40…100[3]	21,6	6,38	20…120	−3,0; 1,41	109; 114; 132 14,7 [14.16]	8,25	51,8
RbSi		133…155 [14.36]						
PdSi		18 [14.37]				54; 57,8	16 [14.17]	
PdSi$_2$		30…35[1] 25 [14.34] 43 [14.38]				86,7	16 [14.17]	
HfSi$_2$	62	45…50[1]			30	226; 167…186		
TaSi$_2$	8,5; 38; 46,1	35…45[1] 50…55[2] 45…60	3,32	20…120	−6,42; 14	109,3; 116,8; 119,3; 235,3; 209; 276	8,9 ‖ a 8,8 ‖ c 16,3 [14.16]	21,8
WSi$_2$	12,5; 33,4; 38,2; 54,9	30…100[3]	2,91	20…200	0,2; 9,6	91,7; 93,8	6,25 13,7 [14.16]	46,6
IrSi$_3$	400							
Os$_2$Si$_3$						103,6		
OsSi$_2$						103; 114,7		
PtSi		28…35[1]				65,7	14 [14.17]	
Pt$_2$Si						86,7		

Wichtige Anwendungen für Silizide sind die Herstellung von relativ hochtemperaturfesten metallischen Kontakten auf Silizium, von gut leitfähigen Leiterbahnen in integrierten Schaltungen sowie von Schottky-Dioden (s.u., eine Zusammenstellung der Barrierenhöhen gegenüber Silizium erfolgt in Bild 3.2.3-2). Meistens werden die Silizide über Dünnschichtverfahren (Aufdampfen, Sputtern, CVD, s. Abschnitt 8) erzeugt.

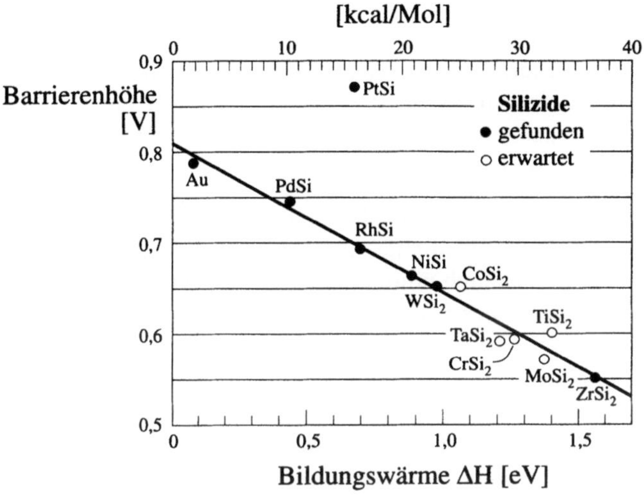

Bild 3.2.3-2:   *Höhe der Schottky-Barriere der Silizide verschiedener Übergangsmetalle. Die Auftragung erfolgt über der Aktivierungsenergie für die Erzeugung der Silizide (nach [22])*

3.3 Polykristalline und amorphe Werkstoffe

Der weitaus überwiegende Teil der Halbleiterbauelemente wird aus *Ein*kristallen der Halbleiterwerkstoffe hergestellt. Auf diese Weise wird die Dichte der meist störenden tiefen Störstellen auf ein Minimum reduziert. Der hierdurch bedingte hohe Kostenaufwand *pro Bauelement* wird dadurch niedrig gehalten, daß möglichst wenig Kristallvolumen pro Bauelement verbraucht wird, dieses gelingt vor allem durch Verkleinerung der Bauelementdimensionen bei gleichzeitiger Herstellung oder Integration sehr vieler Bauelemente auf einem Kristall (s. Abschnitt 12.1).

Bei sehr großflächigen Bauelementen wie Solarzellen und Anzeigen (displays) kann die Herstellung von einkristallinen Substraten jedoch schwierig werden, sie ist mit Sicherheit sehr kostenaufwendig. Vorteilhafter wäre die Verwendung des Halbleiterwerkstoffes in Form einer dünnen Schicht. Diese hat nach der Herstellung (s. Abschnitt 8) im allgemeinen eine relativ feinkörnige polykristalline oder eine amorphe Struktur. Es gibt zwar Verfahren, solche Schichten nachträglich durch Rekristallisation in einen monokristallinen oder grob polykristallinen Zustand zu überführen (**Laser-, Elektronenstrahl-Rekristallisation**), jedoch sind diese in der Regel aufwendig und kostenintensiv. Deshalb werden die elektrischen Eigenschaften von polykristallinen oder amorphen Halbleiterschichten auch heute noch intensiv erforscht. Dabei ist von Interesse, wie weit die Anwesenheit hoher Dichten von Gitterfehlstellen die Funktion von Halbleiterbauelementen beeinträchtigt bzw. mit welchen Verfahrensschritten eine negative Auswirkung minimiert werden kann.

Typisch für polykristalline Halbleiterkristalle ist, daß mit feiner werdender Kristallinität (oder zunehmender Polykristallinität) die Dichte der tiefen Störniveaus in der verbotenen Zone zunimmt. Dadurch nimmt in der Regel gleichzeitig die Ladungsträgerbeweglichkeit ab, d.h. der spezifische Widerstand zu. Liegt die Dichte der tiefen Störstellen in der Größenordnung der Ladungsträgerkonzentration (die im allgemeinen durch flache Störstellen, also Dotieratome, festgelegt wird), dann nimmt auch die Anzahl der zu einer elektrischen Leitfähigkeit beitragenden Ladungsträger ab. Viele der durch Dotierung erzeugten Ladungsträger werden von den tiefen Störstellen an den Korngrenzen eingefangen und laden diese elektrisch auf, wodurch die Ladungsträgerbeweglichkeit weiter herabgesetzt wird.

Bei sehr feinkristallinem oder amorphem Material ist schließlich die Dichte tiefer Störstellen so groß, daß praktisch alle vorhandenen (nichtintrinsischen) Ladungsträger eingefangen werden, die Leitfähigkeit des Materials entspricht dann der intrinsischen, sie ist also extrem niedrig (**semi-** oder **halbisolierender Halbleiter**). Ein typischer Wert für den spezifischen Widerstand von optisch unbeleuchteten undotierten amorphen Halbleiterschichten ist 10^6 Ωm.

Für den Strukturaufbau amorpher Halbleiter ist typisch, daß die Atome trotz der nichtperiodischen Anordnung vorzugsweise Konfigurationen annehmen, bei denen die tetraedrisch ausgerichteten Bindungsarme abgesättigt sind (Bild 3.3-1). Dieses gelingt wegen der unregelmäßigen Anordnung der Atome aber nur sehr unvollkommen, viele Bindungsarme bleiben ungepaart (dangling bonds), viele andere werden stark aus ihrer Gleichgewichtsorientierung herausgebogen oder verzerrt. Eine mittlere Koordinationszahl (Anzahl nächster Nachbarn, s. Band 1) ist dann nicht mehr 4 – wie beim Einkristall – sondern niedriger (z.B. 3).

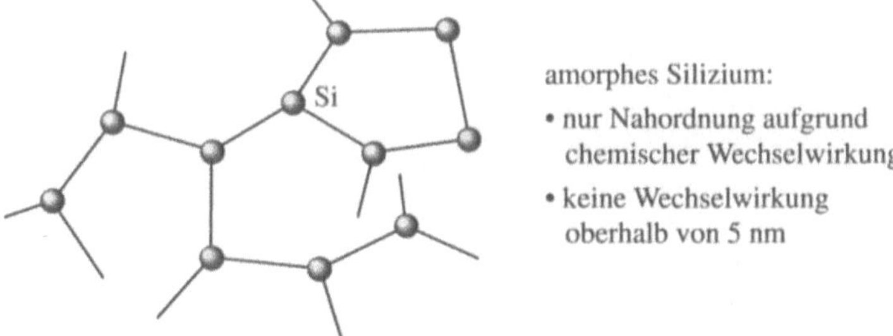

Bild 3.3-1: Struktur des amorphen Siliziums (schematisch)

Theoretische und experimentelle Ergebnisse weisen darauf hin, daß trotz der stark gestörten Struktur amorpher Halbleiter wichtige Eigenschaften, wie die Existenz eines Valenz- und Leitungsbandes, erhalten bleiben (Bild 3.3-2). In der verbotenen Zone tritt jedoch im Gegensatz zu Einkristallen eine relativ hohe Dichte von quantentheoretisch erlaubten Zuständen auf. Ladungsträger, welche diese Zustände besetzen, tragen aber nur unwesentlich zur Leitfähigkeit bei. Anstelle der Bandlücke – die ursprünglich als Lücke in der Zustandsdichtenverteilung definiert war – tritt jetzt eine **Leitfähigkeitslücke**, d.h. nur Ladungsträger in Zuständen außerhalb der Leitfähigkeitslücke tragen zum elektrischen Stromtransport bei.

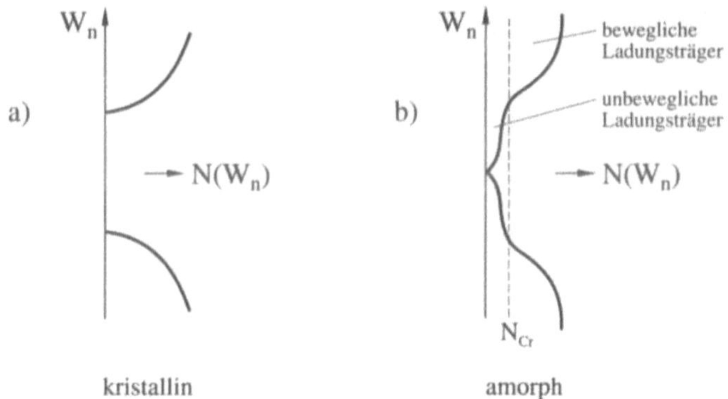

Bild 3.3-2:   Bandstruktur von einkristallinen (a) und amorphen (b) Halbleitern: Aufgetragen ist die Zustandsdichte $N(W_n)$ über der Energie pro Elektron W_n. Bei einkristallinen Halbleitern tritt eine Lücke in der Zustandsdichteverteilung auf (verbotene Zone). Bei amorphen Halbleitern existieren auch in der verbotenen Zone erlaubte Zustände, d.h. die Zustandsdichte wird dort nicht Null. Ladungsträger, welche diese Zustände besetzen, tragen aber nicht zur Leitfähigkeit bei (Leitfähigkeits- oder Beweglichkeitslücke).

Undotierte amorphe Halbleiter weisen eine Leitfähigkeit auf, die etwa der intrinsischen entspricht, d.h. es gibt vergleichbare Werte für die Elektronen- und Löcherdichten. Die Fermienergie liegt damit etwa in der Mitte der verbotenen Zone, d.h.

praktisch alle Energieniveaus darüber sind unbesetzt (positiv ionisiert), alle darunter besetzt (negativ ionisiert). Geht man davon aus, daß die tiefen Störstellen im amorphen Halbleiter durch Abspaltung aus dem Valenz- und Leitungsband erzeugt werden, dann hängt es von der Verteilung der jeweils abgespaltenen Zustandsdichten ab, ob Zustände aus dem Valenzband positiv und solche aus dem Leitungsband negativ geladen werden (Bild 3.3-3). Man vermutet, daß diese Voraussetzungen vorliegen bei Verbindungshalbleitern wie Galliumarsenid, nicht aber bei den Elementhalbleitern Germanium und Silizium. Dadurch wäre das sehr viel schwerer zu verstehende und beherrschende Verhalten des amorphen Galliumarsenids im Gegensatz zu dem des amorphen Ge und Si zu erklären.

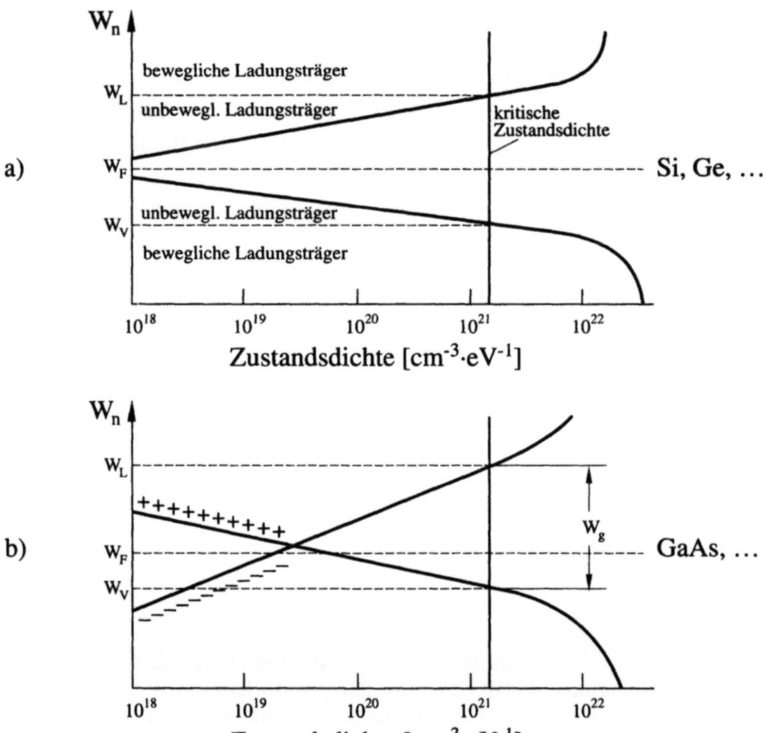

Bild 3.3-3:   *Zustandsdichteverteilung in amorphen Halbleitern: Die Zustände in der verbotenen Zone werden aus den Valenz- und Leitungsbändern abgespalten. Da die Fermienergie W_F etwa in der Mitte der verbotenen Zone liegt, sind in Bild a) (Verteilung wie z.B. in Germanium und Silizium) die Leitungsbandzustände unbesetzt und die Valenzbandzustände besetzt, in Bild b) (Verbindungshalbleiter wie Galliumarsenid) hingegen sind auch Valenzbandzustände unbesetzt (positiv ionisiert) und Leitungsbandzustände besetzt (negativ ionisiert).*

4 Bändermodell von Halbleitern

4.1 Kenngrößen des Bändermodells

Die Ergebnisse der ersten beiden Kapitel dieses Buches führen zu einem einfachen Modell für das Verhalten der Ladungsträger in Halbleitern. Aus einer formalen Anwendung dieses Modells läßt sich eine Vielzahl wichtiger Ergebnisse herleiten, wobei der mathematische Aufwand für die quantitative Behandlung erstaunlich gering ist. Die Ursache dafür liegt vor allem in der Tatsache, daß in wichtigen Fällen die Ladungsträger (Elektronen und Löcher) wie die Bestandteile eines idealen Gases nicht-wechselwirkender Teilchen behandelt werden können, wobei anstelle der Teilchenmasse die effektive Masse tritt.

Die Beschreibung des Verhaltens von Ladungsträgern in Halbleitern erfolgt in einem Diagramm entsprechend Bild 2.2.4-2b, in dem die Energie W_n pro Elektron in Abhängigkeit von dem Ort im Bauelement aufgetragen wird. Zunächst wollen wir die Ortsabhängigkeit und äußere Felder außer Acht lassen.

Eine der beiden Ladungsträgersorten in Halbleitern wird durch die Elektronen im Leitungsband gebildet. Diese verhalten sich wie ideale Gasteilchen, die alle die gleiche konstante potentielle Energie W_L (pro Elektron) besitzen. Hinzu kommt eine stets positive kinetische Energie pro Elektron W_{kin}, so daß die Teilchenenergie stets auf oder oberhalb von W_L liegt (Bild 4.1-1). Die kinetische Energie pro Teilchen beträgt nach (1.3.1-14) im Mittel in *jeder* Raumrichtung $kT/2$, entsprechend einem Wert von ca. 13 meV bei Raumtemperatur. Können sich die Teilchen in allen *drei* Raumrichtungen (z.B. entlang der x-, y- und z-Achse) ausbreiten, dann beträgt die mittlere kinetische Energie $3kT/2$.

Die Tatsache, daß sich die Halbleiterelektronen wie ein Elektronengas verhalten, führt zu einer sehr einfachen Möglichkeit, das chemische Potential – oder die Fermi-Energie W_F^{nL} – für Elektronen im Leitungsband zu bestimmen nach den Formeln (1.2.3-14) und (2.2.4-1):

$$\rho_n = N_L \exp\left(-\frac{W_L - W_F^{nL}}{kT} \right) \tag{1a}$$

$$\text{Gültigkeitsbereich: } \rho_n < N_L \iff W_F^{nL} < W_L \tag{1b}$$

Hierin ist ρ_n die Elektronendichte. In (1b) wird eine wichtige Einschränkung sichtbar. Das Modell des Elektronengases ist nur anwendbar bei vergleichsweise niedrigen (Tab. 3.1-1) Elektronendichten, die aber häufig im Bereich der ohnehin niedrigen Löslichkeiten von Dotierungsatomen (Bild 3.2.1-7) liegen. Das grundsätzliche Verhalten fast aller Halbleiterbauelemente läßt sich damit in guter Näherung berechnen, wenn auch bei den realisierten Bauelementen häufig andere Verhältnisse vorliegen.

Die Gleichungen (1) kennzeichnen das Elektronengas-Verhalten der Halbleiterelektronen bei Anwendung der klassischen Boltzmann-Statistik. Die Fermienergie liegt nach (1) voraussetzungsgemäß unterhalb der Bandkante und kann daher im Bändermodell eingetragen werden (Bild 4.1-1). Liegt sie dicht unterhalb der Leitungsbandkante – z.B. im Abstand kT – dann handelt es sich um vergleichsweise große Elektronendichten, anderenfalls nimmt die Elektronendichte mit wachsendem Energieabstand von Leitungsbandkante und Fermienergie wegen der exponentiellen Abhängigkeit in (1a) schnell auf sehr kleine Werte ab.

Die Fermienergie ist eine außerordentlich wichtige Kenngröße: Werden nämlich zwei verschiedene Systeme (z.B. Festkörper) miteinander in Berührung gebracht, deren Fermienergien für Leitungselektronen sich unterscheiden, dann entsteht bei *Abwesenheit* von Temperaturgradienten nach (1.2.1-23) eine chemische Kraft. Bei hinreichender Beweglichkeit (s. Band 1) bewegen sich dann die Leitungselektronen – ohne jede äußere Einwirkung – von dem System mit der höheren in das System mit der niedrigeren Fermienergie, es fließt also ein Elektronenstrom. Dieses ist ein notwendiges und hinreichendes Kriterium: Sind nämlich die Fermienergien in beiden Systemen gleich, dann kann kein Strom fließen. Das verdeutlicht die zentrale Bedeutung der Fermienergie für die Berechnung des Stromflusses in Halbleiterbauelementen und die Wichtigkeit der Tatsache, daß die Fermienergie in Halbleitern aufgrund des Elektronengas-Modells nach einer einfachen Formel wie in (1a) berechnet werden kann.

Die andere Ladungsträgersorte im Halbleiter – die Löcher – sind etwas schwieriger zu verstehen: Während sich nämlich auf Energiewerten W_n oberhalb der Leitungsbandkante W_L nur relativ wenige Elektronen befinden (d.h. die Elektronenzustände dort sind nur schwach besetzt), sind die Elektronenzustände unterhalb von W_V, der Valenzbandkante, nahezu vollständig mit Elektronen besetzt, d.h. dort gibt es wenige unbesetzte Zustände oder Löcher. Da die Elektronen des Valenzbandes – wie alle Teilchen – im Gleichgewicht etwa einen Zustand minimaler Energie annehmen (Grundzustand, bei genauerer Betrachtung in Abschnitt 1.2 ist das die *freie* Energie!), werden die den Löchern entsprechenden Energien dicht an der Valenzbandkante liegen. Nur wenn sie einen energetisch angeregten Zustand annehmen, also einen Zustand höherer Energie, der beim Übergang in ein thermisches Gleichgewicht unter Energieabgabe wieder in den Grundzustand zurückkehrt, bekommen sie Energiewerte, die weiter unterhalb der Valenzbandkante liegen. Ein angeregtes Loch wird von sich aus versuchen, einen energetisch niedrigeren Zustand zu erreichen, der näher an der Valenzbandkante liegt. Man könnte sich ein Modell konstruieren über eine Wasserfläche, die von einer Glasscheibe abgedeckt ist, welche der Valenzbandkante entspricht. Luftblasen unterhalb der Glasplatte sind die Löcher. Wird das Wasser bewegt, dann können sich einige Blasen von der Wasseroberfläche lösen und nach unten bewegen, sie steigen dann aber von selbst wieder auf und sammeln sich schließlich wieder direkt unterhalb der Glasplatte an.

Das Gasblasen-Analogon zeigt eine wichtige Eigenschaft der Löcher: Was sich bewegt, sind im Grunde genommen nicht die Blasen oder Löcher selbst, sondern das Wasser (die Elektronen) um die Blase (das Loch) herum. Eine Beschreibung erfolgt aber viel einfacher durch das Verhalten der Blase (Loch) als durch das der gesamten Umgebung. Dieses ist sehr charakteristisch für das Leitungsverhalten im Valenzband: Die Leitfähigkeit wird viel einfacher durch das Verhalten der Löcher als durch das der Valenzbandelektronen beschrieben. Abschnitt 2.2-3 zeigt, daß man den Löchern regelrechte Teilcheneigenschaften zuschreiben kann: Der Energieabstand angeregter Löcher zur Valenzbandkante entspricht einer kinetischen Energie der Löcher, gekennzeichnet durch eine effektive Masse und Geschwindigkeit des Lochs. Analog zum **Elektronengas** entsteht ein **Lochgas**, für das ebenfalls eine Boltzmann-statistik gilt. Der Zusammenhang zwischen Löcherdichte und Fermienergie für Löcher ist ähnlich wie in (1), d.h. man kann für Löcher ein Bändermodell wie für Elektronen konstruieren in einer Energiedarstellung, welche die Energie pro Loch W_p beschreibt. Diese Darstellung ist aber verschieden von der in Bild 4.1-1, da diese für Elektronenenergien W_n ausgelegt ist. Eine Umrechnung von Lochenergien auf Elektronenenergien erfolgt durch Vorzeichenumkehr relativ zur Valenzbandkante, d.h. die Fermienergie für Löcher geht jetzt über in eine Fermienergie W_F^{nV} für Elektronen im Valenzband (gemeint sind aber nur die wenigen Elektronen, welche dort fehlen, weil Löcher vorhanden sind), die dann oberhalb der Valenzbandkante liegt (Bild 4.1-1). Der Zusammenhang zwischen Löcherdichte ρ_p und Fermienergie ist dann analog zu (1) nach (2.2.4-4):

$$\rho_p = N_V \exp\left(-\frac{W_F^{nV} - W_V}{kT}\right) \tag{2a}$$

$$\text{Gültigkeitsbereich:} \quad \rho_p < N_V \Leftrightarrow W_F^{nV} > W_V \tag{2b}$$

Auch in diesem Fall ist das zugrundegelegte Modell nur gültig für Löcherdichten unterhalb der effektiven Zustandsdichte N_V (s. Tab. 3.1.1) des Valenzbandes. Die quantitative Auswertung ergibt, daß ein schärferes Kriterium für die Gleichungen (1) und (2) die Bedingung ist:

$$W_L - W_F^{nL} > kT$$

$$W_F^{nV} - W_V > kT \tag{3}$$

Für die Bewegung der Ladungsträger in einem äußeren elektrischen oder magnetischen Feld ist das Vorzeichen der elektrischen Ladung entscheidend: Leitungselektronen haben die Elektronenladung $-|q|$, Löcher die Ladung $+|q|$.

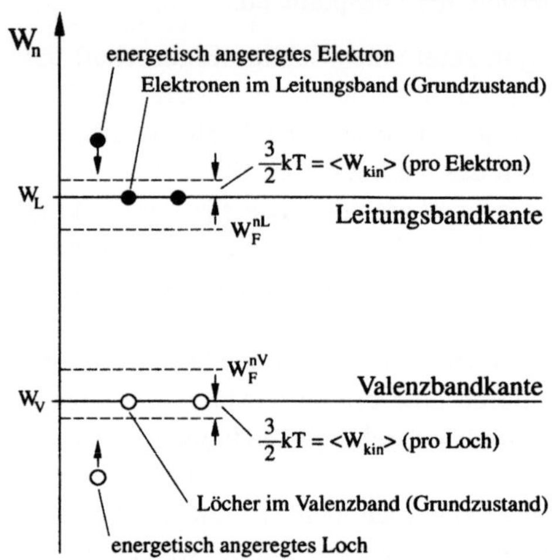

Bild 4.1-1: *Bändermodell von Halbleitern: Zur Leitfähigkeit in Halbleitern tragen zwei Ladungsträgersorten bei: Elektronen und Löcher. Beide verhalten sich wie die Teilchen idealer Gase mit den potentiellen Energien W_L (Elektronen) und W_V (Löcher). Sie haben eine mittlere kinetische Energie von 3kT/2. Aus den Gasmodellen können die Fermienergien beider Gase unmittelbar bestimmt werden. Im Bändermodell lassen sie sich eintragen als W_F^{nL} (Elektronen im Leitungsband) und W_F^{nV} (für Löcher im Valenzband).*

4.2 Besetzungsstatistik und Dotierung

Innerhalb der Gültigkeitsgrenzen der Boltzmannstatistik (Abschnitt 4.1) ist die Wahrscheinlichkeit dafür, daß ein Energiezustand W_n mit einem Elektron besetzt ist, gegeben durch die **Boltzmannfunktion** (auch **Boltzmannfaktor** genannt) in (1.2.3-5)

$$f_B = \exp\left(-\frac{W_n - W_F}{kT}\right) \tag{1}$$

Entsprechend ist die Wahrscheinlichkeit dafür, daß ein Zustand unbesetzt ist, also ein Loch enthält

$$1 - f_B = 1 - \exp\left(-\frac{W_n - W_F}{kT}\right) \tag{2}$$

Die Multiplikation von (1) bzw. (2) mit den Zustandsdichten (parabolische Näherung) in Valenz- bzw. Leitungsband und Integration über jeweils alle Energien innerhalb der Bänder führte im Abschnitt 1.2.3 zu den Gleichungen (4.1-1) und (4.1-2). Dieses besonders einfache Ergebnis kommt dadurch zustande, daß die Integration des Produktes von Boltzmannfunktion und Zustandsdichte zu einem bestimmten Integral führt, das nicht von der Lage der Fermienergie abhängt.

Bei Gegenwart von Dotierungsatomen (flachen Störstellen) kommen Energieniveaus W_D und W_A in der verbotenen Zone unterhalb der Leitungs- und oberhalb der Valenzbandkante hinzu (Abschnitt 3.2.1, Bild 4.2-1).

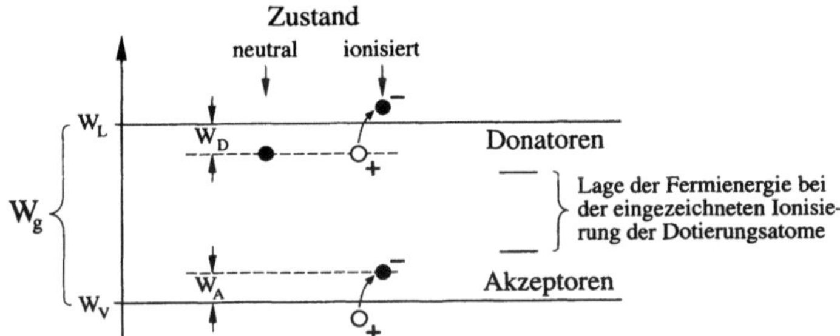

Bild 4.2-1:   *Flache Donator- und Akzeptorniveaus in der verbotenen Zone: Wegen des geringen Energieabstandes zu den Bandkanten werden Donatorniveaus relativ leicht (bei einer Lage der Fermienergie in dem gekennzeichneten Bereich) positiv, Akzeptorniveaus relativ leicht negativ ionisiert, d.h. sie nehmen eine entsprechende Ladung auf.*

Die Wahrscheinlichkeit dafür, daß ein Donator-Niveau mit einem Elektron besetzt ist, führt wegen der Spinentartung (d.h. es gibt dafür mehrere Realisierungsmöglichkeiten) zu einer im Vergleich zur Fermi-Dirac-Statistik (Abschnitt 1.2.2) etwas veränderten Form [1]

$$f_D = \frac{1}{1 + \frac{1}{2}\exp\left[\left(W_D - W_F^{nL}\right)/kT\right]} \tag{3}$$

Wie aus Bild 4.2-1 zu ersehen, läßt sich das Elektron eines Donatorzustandes relativ leicht in das Leitungsband aktivieren. Dadurch wird der Donator positiv ionisiert. Die Wahrscheinlichkeit dafür entspricht der Wahrscheinlichkeit, daß das Donatorniveau unbesetzt ist, also

$$f_{D^+} = 1 - f_D = \frac{1}{1 + 2\exp\left[\left(W_F^{nL} - W_D\right)/kT\right]} \tag{4}$$

wie eine Ausrechnung ergibt. Enthält der Halbleiter Donatoren in einer Dichte ρ_D, dann ist die Dichte positiv geladener Donatoren

$$\rho_{D^+} = \frac{\rho_D}{1 + 2\exp\left[\left(W_F^{nL} - W_D\right)/kT\right]} \tag{5}$$

Die Dichte der von den Donatoren an das Leitungsband abgegebenen Elektronen hat denselben Wert. Akzeptorniveaus werden negativ ionisiert, da sie Elektronen aus dem Valenzband aufnehmen. Für die Besetzungsstatistik gilt analog zu (4) und (5)

$$f_{A^-} = \frac{1}{1 + 2\exp\left[\left(W_A - W_F^{nV}\right)/kT\right]} \tag{6}$$

$$\rho_{A^-} = \frac{\rho_A}{1 + 2\exp\left[\left(W_A - W_F^{nV}\right)/kT\right]} \tag{7}$$

Die Elektronen, welche von Donatorzuständen aus in das Valenzband übergegangen sind, unterscheiden sich in keiner Weise von den dort bereits vorhandenen intrinsischen Elektronen, d.h. auch in Gegenwart von Donatoren gilt die Gleichung (4.1-1). Die angestiegene Elektronendichte im Leitungsband führt dazu, daß sich die Fermienergie in Richtung Leitungsband verschiebt (Bild 4.2-2). Dabei muß beachtet werden, daß sich bei der Verschiebung der Fermienergie die Besetzungswahrscheinlichkeit des Donatorniveaus mit einem Elektron vergrößert, d.h. die Wahrscheinlichkeit für eine positive Ionisierung abnimmt. Das bedeutet, daß bei relativ großen Elektronendichten nicht jedes Donatoratom ein Elektron an das Leitungsband abgibt. Entsprechende Aussagen lassen sich auch für Löcher im Valenzband aufstellen.

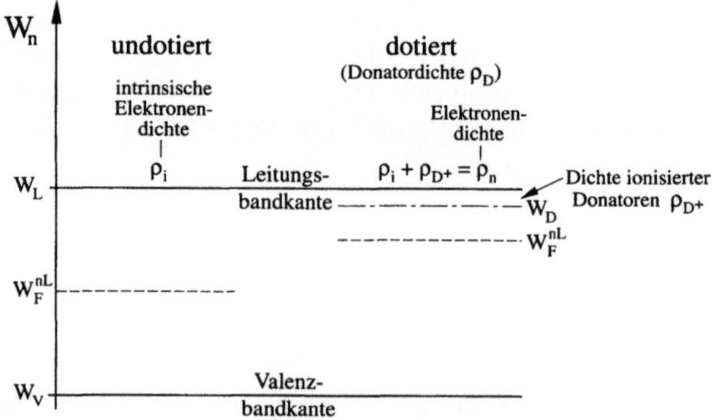

Bild 4.2-2: *Verschiebung der Fermienergie in Richtung Leitungsbandkante nach Dotierung mit Donatoratomen*

Im folgenden wollen wir annehmen, daß sich die Ladungsträger in Leitungs- und Valenzband miteinander im thermischen Gleichgewicht befinden. Das bedeutet, daß sich vorher etwa vorhandene Unterschiede in den Fermienergien der Ladungsträger ausgeglichen haben: Beispielsweise gehen in dem Bandschema in Bild 4.1-1 Elektronen aus dem Leitungsband, die eine höhere Fermienergie haben als andere Elektronen im Valenzband, in das Valenzband über und erzeugen dadurch Entropie (d.h. der Prozeß läuft von selbst ab). Durch solche Prozesse vermindert sich die Zahl der Elektronen im Leitungsband, gleichermaßen aber auch die Zahl der Löcher im Valenzband, da jedes übergegangene Elektron ein Loch im Valenzband vernichtet. Die Auswirkung ist, daß sich die (Quasi-)Fermienergien W_F^{nL} und W_F^{nV} jeweils von den Bandkanten entfernen (dieses entspricht nach (4.1-1 und 2) einer Verkleinerung der Konzentration) und sich auf die Mitte der verbotenen Zone hin bewegen. Dort werden sie sich schließlich treffen, d.h. denselben Wert annehmen. In diesem Fall ist die Fermienergie der Elektronen im Valenz- und Leitungsband gleich, d.h. bei einem Übergang der Elektronen wird keine Entropie mehr gewonnen, so daß die treibende Kraft fehlt: Das System befindet sich jetzt im thermischen Gleichgewicht (Bild 4.2-4a).

Wir betrachten jetzt die Verhältnisse im thermischen Gleichgewicht bei Anwesenheit von Dotierungsatomen. Eine Verschiebung der Fermienergie zur Leitungsbandkante hin wie in Bild 4.2-2 bedeutet, daß die Löcherkonzentration abnimmt, weil eine solche Verschiebung mit einer Vergrößerung des Energieabstandes zur Valenzbandkante hin verbunden ist. Wodurch wird nun die Lage der Fermienergie festgelegt? Das entscheidende Kriterium dafür ist die **Ladungsneutralität**: Ein Festkörper, der sich im Kontakt mit seiner Umgebung befindet, wird immer einen solchen Zustand annehmen, daß seine Gesamtladung Null ist. Dabei sind Dipolladungen durchaus zugelassen, da diese sich zu einer Gesamtladung Null addieren. Hätte der Festkörper nämlich eine Gesamtladung ungleich Null, dann würde er Elektronen abgeben oder aufnehmen, weil er dadurch seine elektrostatische Energie abbauen kann.

Da Elektronen und Löcher eine entgegengesetzt gleiche Ladung besitzen, wird die Bedingung der Ladungsneutralität ausgedrückt durch

$$-|q|\rho_n - |q|\rho_{A^-} + |q|\rho_p + |q|\rho_{D^+} = 0$$

$$\Rightarrow \rho_n + \rho_{A^-} = \rho_p + \rho_{D^+} \tag{8}$$

Setzt man in (8) die Beziehungen (4.1-1 und 2), (5) und (7) ein, dann erhält man für den Fall des thermischen Gleichgewichts eine Gleichung, in der die Materialparameter N_L und N_V (bedingt durch den Halbleiterwerkstoff) und ρ_A und ρ_D (bedingt durch die Dotierung des Halbleiters) eingesetzt werden und bei festliegender Temperatur nur die Fermienergie als freier Parameter übrig bleibt. Eine Auflösung der impliziten Gleichung (8) ergibt also für den neutralen Halbleiter die Fermienergie als Funktion der Temperatur. Umgekehrt kann man bei bekannten Materialparametern und bekannter Fermienergie die elektrische Ladung in einem Bereich des Halbleiters bestimmen (Bild 4.2-3), die dann durch eine entgegengesetzt gepolte Ladung in ei-

nem anderen Bereich des Halbleiters kompensiert werden kann. Solche räumlich verteilten Ladungen sind sehr typisch für Halbleiterübergänge (Abschnitt 5). Bild 4.2-4
veranschaulicht noch einmal den Zusammenhang aller Parameter wie Zustandsdichten, Dotierungsdichte, Besetzungswahrscheinlichkeit und Ladungsträgerdichte.

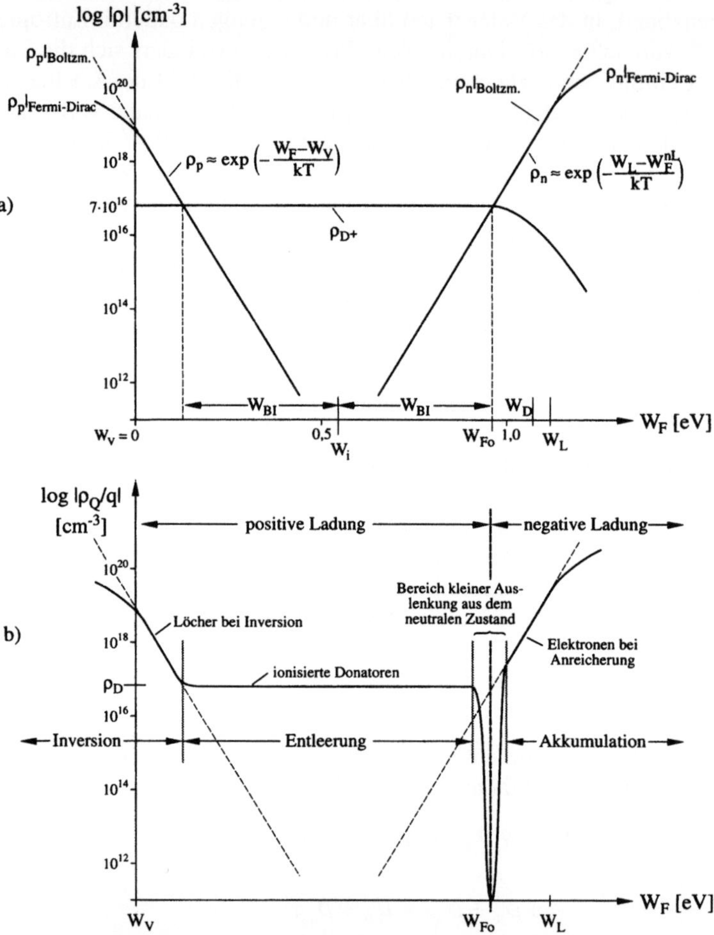

*Bild 4.2-3: Ladungen in einem mit Donatoratomen dotierten Halbleiter (n-Halbleiter, in diesem
Fall n-Silizium) im thermischen Gleichgewicht (Fermienergien für Elektronen im
Valenz- und Leitungsband fallen zusammen).*

*a) Auftragung der Löcherdichte im Valenzband nach (4.1-2), der Dichte positiv ioni-
sierter Donatoren nach (5) und der Elektronendichte im Leitungsband nach (4.1-1)
in Abhängigkeit von der Lage der Fermienergie zwischen Valenz- und Leitungsbandkante*

*b) Summe aller Ladungsbeiträge aus (a): Löcher und ionisierte Donatoren erzeugen
eine positive, Elektronen eine negative Ladung. Bei der Fermienergie W_{F_Q} ist die
Gesamtladung Null (Ladungsneutralität). Bei anderen Werten für die Fermienergie
kann die Gesamtladung beträchtliche positive und negative Werte annehmen.*

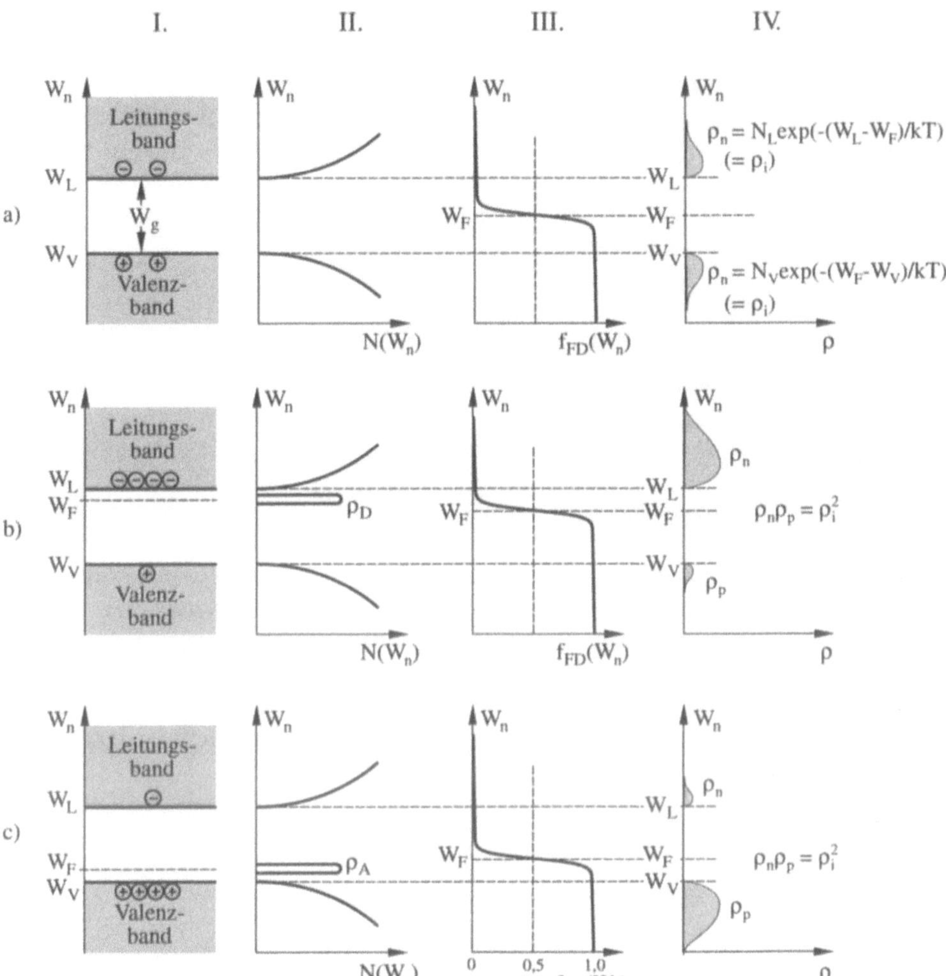

Bild 4.2-4:   Bändermodelle (Spalte I), Zustandsdichten im Valenz- und Leitungsband (dreidimensionaler Potentialkasten) sowie Dichten der Dotierungsatome (Spalte II), Verlauf der Fermi-Dirac-Funktion zur Bestimmung der Besetzungswahrscheinlichkeit (Spalte III) und Ladungsträgerdichten für die entsprechenden Energien (Spalte IV) zusammengestellt für

a) intrinsische Halbleiter
b) n-Dotierung (Donatoren)
c) p-Dotierung (Akzeptoren).
   (nach [9])

In Bild 4.2-4 fällt auf, daß bei einer Vergrößerung der Elektronendichte die Löcherdichte abnimmt und umgekehrt. Dieses folgt unmittelbar aus den Gleichungen (4.1-1 und 2). Das Produkt von Elektronen- und Löcherdichte ergibt

$$\rho_n \rho_p = N_L N_V \exp\left(\frac{-W_L + W_F^{nL} - W_F^{nV} + W_V}{kT} \right)$$

$$= N_L N_V \exp\left(\frac{W_F^{nL} - W_F^{nV}}{kT} \right) \exp\left(-\frac{W_g}{kT} \right) \tag{9}$$

$$W_g := W_L - W_V \tag{10}$$

mit dem **Bandabstand** (band gap) W_g. Im thermischen Gleichgewicht sind beide Fermienergien gleich, so daß gilt:

$$\rho_n \rho_p = N_L N_v \exp\left(-\frac{W_g}{kT} \right) = \rho_i^2 \tag{11}$$

Die intrinsische Dichte ρ_i war in (2.2.4-9) definiert worden. Wie oben festgestellt, kann durch Lösung der Gleichung (8) die Gleichgewichts-Fermienergie für jede Temperatur bestimmt werden. Bild 4.2-5 zeigt, daß in n-Halbleitern die Fermienergie mit der Temperatur absinkt, in p-Halbleitern jedoch ansteigt. Bei hohen Temperaturen treffen sich beide etwa in der Mitte der verbotenen Zone, dieses kennzeichnet den Übergang von der **extrinsischen** (fremdatombestimmten) auf die **intrinsische** (Eigen-)**Leitfähigkeit**.

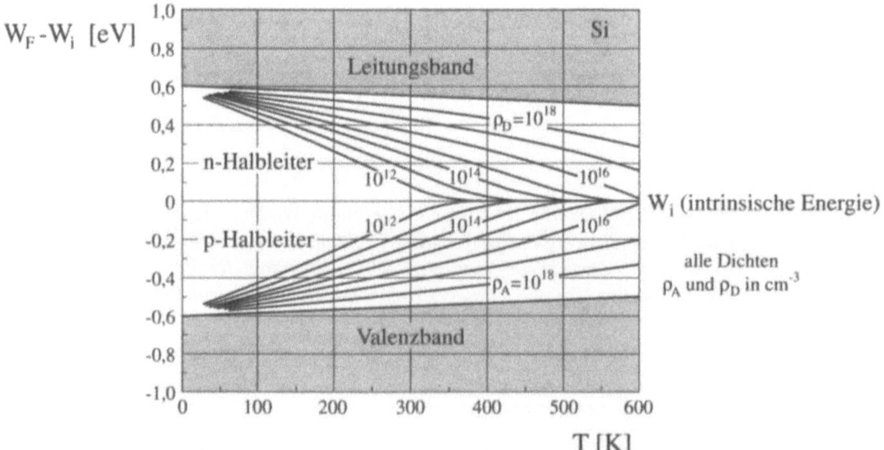

Bild 4.2-5: *Temperaturabhängigkeit der Fermienergie in Abhängigkeit von der Dotierungskonzentration für n- und p-leitendes Silizium (nach [24])*

Ist die Temperaturabhängigkeit der Fermienergie bekannt, dann kann die Temperaturabhängigkeit der Ladungsträgerdichte über (4.1-1 und 2) berechnet werden. Bild 4.2-6 zeigt die Abhängigkeit der Elektronendichte von der Temperatur für n-Silizium. Typisch ist der exponentielle Anstieg bei sehr niedrigen Temperaturen (die Donatoren werden zunehmend ionisiert), der nahezu konstante Bereich von ca. -100°C bis ca. 300°C (dieses ist der für die Praxis relevanteste **Sättigungsbereich**: Alle Donatoren sind ionisiert, die intrinsische Leitfähigkeit spielt noch keine Rolle) und der exponentielle Anstieg bei höheren Temperaturen (intrinsische Leitfähigkeit). Bei diesen Kurven muß auch die Temperaturabhängigkeit des Bandabstandes (Bild 2.2.1-4) berücksichtigt werden.

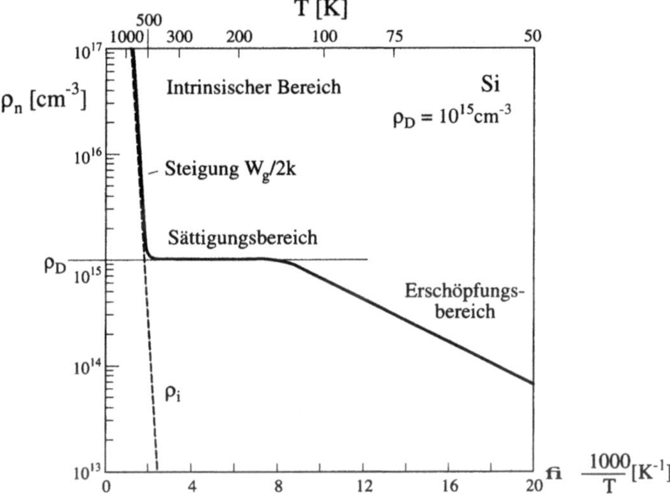

Bild 4.2-6:   *Temperaturabhängigkeit der Elektronendichte bei einem n-dotierten Siliziumkristall (nach [24])*

4.3 Ladungstransport

4.3.1 Chemische Kraft

Der Fermienergie in Halbleitern kommt eine entscheidende Bedeutung zu: Sie bestimmt in *isothermen* Systemen allein, ob und in welcher Richtung sich die Ladungsträger bewegen. Diese fundamentale Bedeutung ist darauf zurückzuführen, daß der mit der Teilchenbewegung verbundene Entropiezuwachs ΔS_n bei isothermen Prozessen (Temperatur T) durch die Differenz der Fermienergien ΔW_F bestimmt wird. Nach (1.2.1-21) gilt nämlich in diesem Fall:

$$T\Delta S_n = -\Delta W_F \tag{1}$$

Der Entropiezuwachs bei einem Prozeß ist das Kriterium dafür, ob ein Prozeß von selbst abläuft oder nicht: Ist die Bewegung eines Teilchens mit einem Entropiezuwachs verbunden, dann führt das Teilchen von sich aus diese Bewegung durch. Die Größe des Entropiezuwachses entscheidet über den "Drang" des Teilchens, diese Bewegung auszuführen, der entsprechende Wert (multipliziert mit der Umgebungstemperatur T), geteilt durch die von einem Teilchen für die Realisierung des Entropiezuwachses zurückgelegte Wegstrecke x wird als **chemische Kraft** auf das Teilchen bezeichnet:

$$F_{chem} = \frac{T\Delta S_n}{\Delta x} \xrightarrow{\Delta x \to 0} T \frac{dS_n}{dx} \tag{2}$$

Sie hängt nach (1.2.1-23) zusammen mit dem Gradienten der Fermienergie

$$F_{chem} = -\frac{dW_F}{dx} \tag{3}$$

oder in dreidimensionaler Schreibweise unter Verwendung des Nabla-Operators

$$\vec{F}_{chem} = -\nabla W_F \tag{4}$$

Im folgenden wird der Geltungsbereich der Gleichungen (1) bis (4) genauer analysiert. Die Definition der Fermienergie, über welche die Beziehung (3) abgeleitet werden konnte, ist die Änderung der freien Energie eines Systems für den Fall, daß eines der Teilchen aus der Gesamt-Teilchenzahl N (nach der Festlegung in Abschnitt 4.1 ein Elektron) aus dem System entfernt wird:

$$W_F = \frac{\partial F}{\partial n} = \frac{\partial}{\partial n}\left(W_{pot} + W_{kin} - TS\right) \tag{5}$$

$$= \frac{\partial W_{pot}}{\partial n} + \frac{\partial W_{kin}}{\partial n} - T\frac{\partial S}{\partial n}$$

$$=: W_{pot,n} + W_{kin,n} - TS_n \tag{6}$$

Wir nehmen an, daß die kinetische Energie der Elektronen allein durch die mittlere thermische Energie $3kT/2$ pro Elektron bestimmt wird. Bei Abwesenheit äußerer Felder ist die potentielle Energie pro Elektron im Leitungsband W_L. Da jedes Elektron dieselbe Energie besitzt, ist die partielle Ableitung der Gesamtenergie nach der Teilchenzahl gleich der Energie pro Elektron. Aus (6) folgt damit

$$W_F = W_L + \frac{3}{2}kT - TS_n \tag{7}$$

Etwas aufwendiger ist die Bestimmung der partiellen Ableitung S_n der Entropie nach der Teilchenzahl. Eine Entropie ergibt sich nicht aus den Eigenschaften eines einzelnen Teilchens, sondern aus den Eigenschaften eines Gesamtsystems von Teilchen.

Nach (1.2.3-20) führten die Randbedingungen der Boltzmannstatistik zu der Entropie (pro Teilchen) eines idealen Gases:

$$S_n = k\left\{ \ln \frac{N_L}{\rho_n} + \frac{3}{2} \right\} \tag{8}$$

d.h. S_n hängt von dem Verhältnis der effektiven Zustandsdichte N_L zur Teilchendichte ρ_n des betrachteten Systems ab.

Eine Voraussetzung für die Gültigkeit der Beziehung (8) ist nach Abschnitt 1.2.2, daß alle Teilchen des Systems dieselbe Fermienergie besitzen (thermisches Gleichgewicht). Diese ergibt sich dadurch, daß sich durch Teilchenübergänge innerhalb des Systems zunächst möglicherweise vorhandene Unterschiede in den chemischen Potentialen (Fermienergien) ausgeglichen haben, bis sich ein Gleichgewicht einstellt, wenn die chemischen Potentiale aller Teilchen übereinstimmen. Dadurch wird eine wichtige Forderung an unser Vielteilchensystem gestellt: Die Teilchen müssen miteinander reagieren können.

Die Art der Wechselwirkung wird durch das Resultat in Abschnitt 2.2.2 impliziert: Dort wurde gezeigt, daß Elektronen im Leitungsband näherungsweise wie ideale Gasteilchen behandelt werden können, die zwar untereinander keine Wechselwirkungsenergie (welche in die potentielle Energie eingehen müßte) besitzen, aber dennoch durch Stoßprozesse untereinander Energie und Impuls übertragen können. Demnach sind charakteristische Größen für die Wechselwirkung die mittlere freie Weglänge und die mittlere Zeit zwischen zwei Stößen (beide Größen waren im Band 1, Abschnitt "Elektronengas" eingeführt worden). Aus diesem Grund dürfen innerhalb des Gültigkeitsbereichs der hier verwendeten Theorie die Abmessungen des Vielteilchensystems nicht unterhalb der mittleren freien Weglänge liegen, zeitliche Vorgänge dürfen in nicht kürzeren Abständen als der mittleren Stoßzeit betrachtet werden. Beides sind durchaus Einschränkungen mit praktischer Bedeutung (Abschnitt 4.3.3).

Die physikalischen Ursachen für das Auftreten von Differenzen in der Fermienergie können sehr verschieden sein, sie werden im folgenden gruppenweise analysiert. Dabei wird zunächst ausgegangen von zwei voneinander separierten Halbleiterkristallen, die jeder für sich im thermischen Gleichgewicht sind. Beide entsprechen den oben erwähnten Vielteilchensystemen, deren Abmessungen nicht unterhalb der mittleren freien Weglänge liegen dürfen.

Halbleiter-Homoübergänge: Hierunter versteht man zwei Kristalle aus demselben Halbleiterwerkstoff, die sich aber in ihrem Aufbau unterscheiden, z.B. in der Konzentration ihrer Dotierungsatome oder anderer Gitterfehlstellen. Wie aus Bild 4.2-5 ersichtlich, entstehen dadurch Unterschiede in den Fermienergien mit einer resultierenden chemischen Kraft nach (4) (Bild 4.3.1-1).

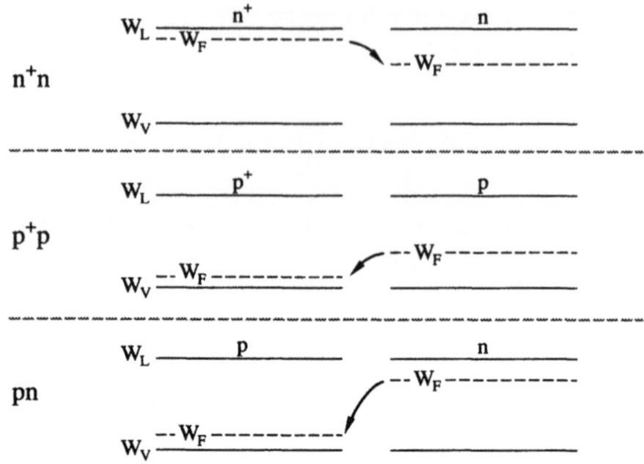

Bild 4.3.1-1: *Halbleiter-Homoübergänge: Durch Unterschiede in der Dotierungskonzentration entstehen Differenzen der Fermienergien von Halbleiterkristallen im thermischen Gleichgewicht. Dadurch werden chemische Kräfte erzeugt, die ihrerseits Elektronenübergänge (gekennzeichnet durch Pfeile) bewirken. n-dotierte Halbleiter sind mit n-, p-dotierte mit p gekennzeichnet, die jeweils höhere Dotierungskonzentration mit n^+ und p^+.*

a) n^+n-Übergang   b) p^+p-Übergang   c) pn-Übergang

Kennzeichnend für Halbleiter-Homoübergänge ist, daß die Energien der Bandkanten W_L und W_V bei allen Kristallen (in guter Näherung, bei genauer Betrachtung ist der Bandabstand dotierungsabhängig) denselben Wert haben, so daß die Fermienergien unmittelbar vergleichbar sind. Bei **Halbleiter-Heteroübergängen** (Übergängen zwischen Kristallen aus *verschiedenen* Halbleiterwerkstoffen) ist das nicht der Fall: Durch die jeweilige Dotierung wird nur der Energieabstand der Fermienergie zu den Bandkanten festgelegt, nicht aber die Lage der Bandkanten zueinander. Hierfür definiert man die **Elektronenaffinität** $|q\chi|$, welche die Energiedifferenz zwischen der Leitungsbandkante festlegt und einem **Vakuumniveau** W_{vak}, das den absoluten Nullpunkt der Energie (freies unbewegtes Elektron im feldfreien Vakuum) beschreibt. Die Elektronenaffinitäten von Germanium, Silizium und Galliumarsenid sind in Tab. 3.1-1 angegeben. Bild 4.3.1-2 zeigt die Entstehung einer chemischen Kraft bei einem Halbleiter-Heteroübergang.

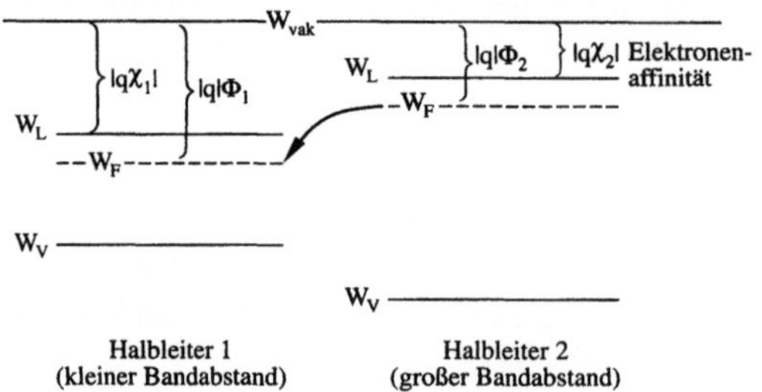

Bild 4.3.1-2:

*Halbleiter-Heteroübergang: Auch bei gleicher Dotierung (gleicher Energieabstand zwischen Leitungsbandkante und Fermienergie) kann eine Differenz in den Fermienergien entstehen durch einen Unterschied in der **Elektronenaffinität** χ. Die Größe Φ wird als **Austrittspotential**, $|q\Phi|$ als **Austrittsarbeit** bezeichnet.*

Bei **Halbleiter-Metall-** oder **Schottkyübergängen** (Abkürzung MS-Übergang, S für Halbleiter (semiconductor), M für Metall) liegt ein Übergang zwischen verschiedenen Werkstoffgruppen vor. Da bei Metallen die Valenzbandkante nicht relevant ist, verwendet man zum Vergleich der Fermienergien im Metall die **Arbeitsfunktion** oder **Austrittsarbeit** $|q\Phi_m|$, welche den Energieabstand zwischen der Fermienergie (gleichzeitig der Besetzungsgrenze der Metallelektronen) und dem Vakuumniveau beschreibt. Selbstverständlich kann man auch bei Halbleitern eine Arbeitsfunktion definieren, wenn man zu der Elektronenaffinität (multipliziert mit $|q|$) jeweils den Energieabstand zwischen Leitungsbandkante und Fermienergie addiert. In beiden Fällen reduziert sich das Kriterium für den Elektronenübergang darauf, daß Elektronen aus dem System mit der kleineren in das System mit der größeren Austrittsarbeit übergehen.

Bei **Halbleiter-Isolator** (Abkürzung IS, I für Isolator)- und **Halbleiter-Oxid** (Abkürzung OS, O für Oxid)-**Übergängen** entsteht ebenfalls ein Übergang zwischen verschiedenen Werkstoffgruppen, wobei die Isolatoren häufig auch als Halbleiter mit sehr großem Bandabstand betrachtet werden können. Die Isolatoren enthalten typischerweise so wenige Elektronen, daß dort eine Fermienergie nur schwer definierbar ist. Aussagen über chemische Kräfte können daher im allgemeinen nicht gemacht werden. Bild 4.3.1-3 zeigt das Beispiel eines **Metall-Oxid-Halbleiter** (MOS)-Übergangs.

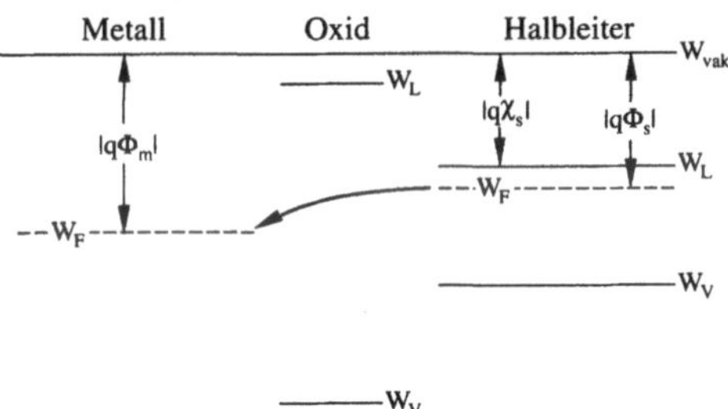

Bild 4.3.1-3   MOS (Metall-Oxid-Halbleiter)-Übergang: Die absolute Lage der Fermienergie des Metalls wird über die Arbeitsfunktion $|q\Phi_m|$ definiert. Die Fermienergie des Oxids bleibt wegen der geringen Elektronen- und Löcherkonzentrationen unbestimmt.

Eine weitere Möglichkeit, die energetische Lage von Fermienergien zu beeinflussen, entsteht durch das Anlegen von äußeren Spannungen. Eine Spannungsquelle (z.B. Batterie) besitzt aufgrund ihrer inneren Struktur die Eigenschaft, daß sie einen Elektronenfluß vom Minus- zum Pluspol dadurch erzwingt (sofern eine hinreichend leitfähige Verbindung besteht), daß sie eine Differenz der chemischen Potentiale an den Polen aufrechterhält. Diese Differenz kann bei Strombelastung abnehmen (Innenwiderstand). Bild 4.3.1-4 zeigt die Wirkung einer äußeren Spannungsquelle auf einen (ohne Beschränkung der Allgemeinheit) n^+n-Übergang wie in Bild 4.3.1-1a.

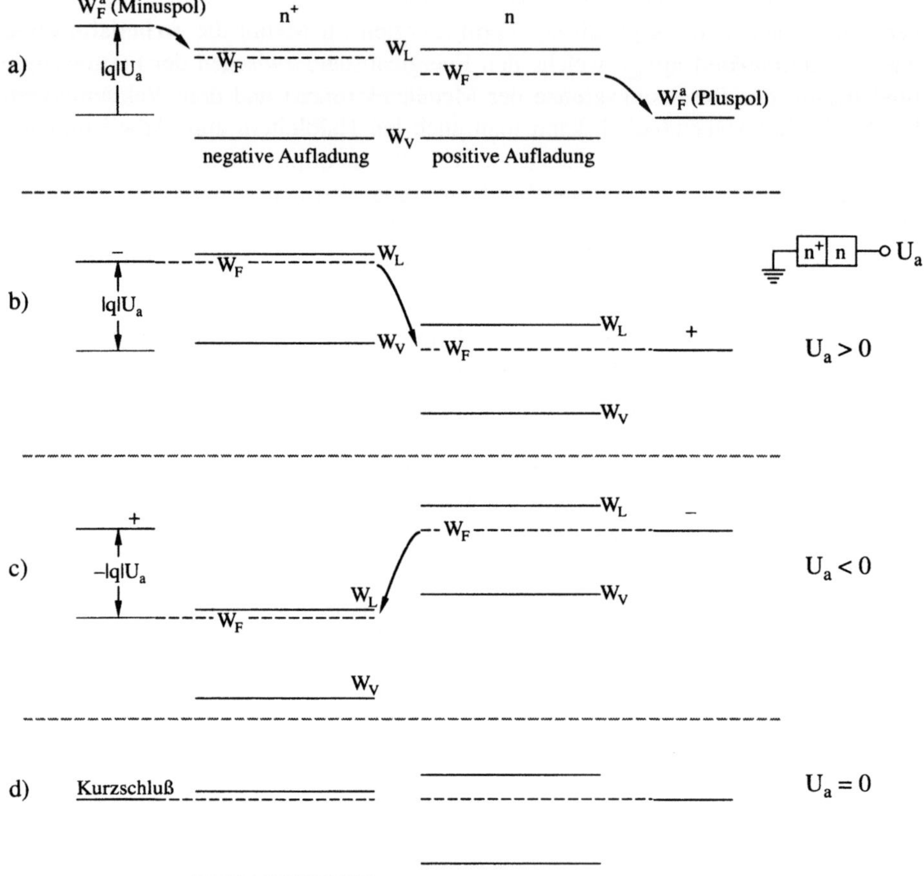

Bild 4.3.1-4: *Wirkung einer äußeren Spannungsquelle (Spannung U_a, die Differenz der Fermienergien W_F^a entspricht $|qU_a|$) auf einen n^+n-Übergang:*

a) Bändermodell vor Anschluß der Halbleiterkristalle an die äußere Spannungsquelle

b) Die Halbleiterkristalle werden mit den Polen der Spannungsquelle leitend verbunden: Nach Elektronenübergang nehmen die Fermienergien von Spannungsquelle und Halbleiter jeweils denselben Wert an. Die Differenz der Fermienergien der Halbleiterkristalle wird durch die äußere Spannung festgelegt.

c) Wie b) mit Umkehr des Vorzeichens der äußeren Spannung

d) Kurzschluß: Beide Halbleiterkristalle werden leitend verbunden. Die Fermienergien nehmen denselben Wert an, es wirkt keine chemische Kraft.

4.3.2 Stromdichtegleichung

Schließen wir eine äußere Spannungsquelle an einen homogenen Leiter an, dann fällt die Spannung linear über dem Leiter ab, es entsteht eine konstante elektrische Feldstärke (Band 1, Abschnitt 4.1.3; Anhang C1). Zu der durch den Kristall vorgegebenen Energie $W_n = W_L$ tritt eine zusätzliche potentielle Energie, die sich zu den Energien der Bandkanten addiert: Man erhält einen gekippten Bandverlauf mit einer gleichermaßen gekippten Fermienergie (Bild 4.3.2-1).

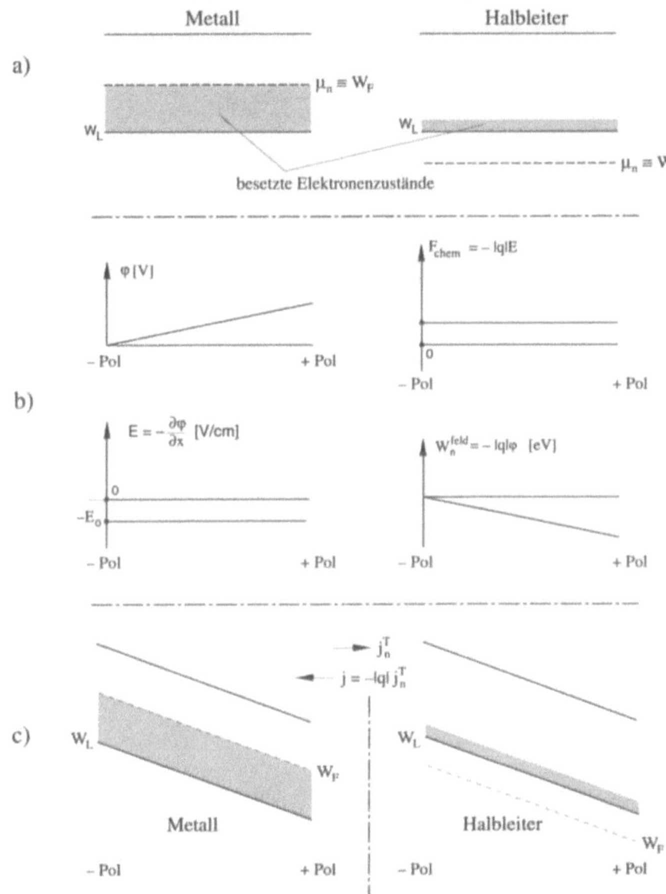

Bild 4.3.2-1: *Bändermodell homogener Leiter (n-Halbleiter und Metall) nach Anlegen einer äußeren Spannung*

    a) Bändermodell homogener Leiter vor Anlegen der Spannung

    b) Ortsabhängigkeit des elektrischen Potentials (linearer Verlauf), der elektrischen Feldstärke (konstant) und der potentiellen Energie aufgrund des elektrischen Potentials

    c) Bändermodell nach Anlegen der Spannung (die Stromdichten j_n^T und j werden in (14) und (19) definiert

Wie im vorangegangenen Abschnitt erläutert, ist die Fermienergie in einem Halbleiter nur dann definiert, wenn man ein System von Elektronen innerhalb eines Volumenbereichs betrachtet, dessen Durchmesser mindestens den Wert der mittleren freien Weglänge hat. Wenn sich die Kenngrößen eines Halbleiters, wie die Lage der Bandkanten oder der Fermienergie, *kontinuierlich* mit dem Ort x ändern, ist diese Forderung nur noch örtlich (lokal) zu erfüllen, d.h. eine Berechnung nach dem entwickelten Formalismus nur dann möglich, wenn der kontinuierliche eindimensionale Verlauf durch einen stufenförmigen angenähert wird, wobei die Stufenbreite mindestens einer mittleren freien Weglänge entspricht (Bild 4.3.2-2).

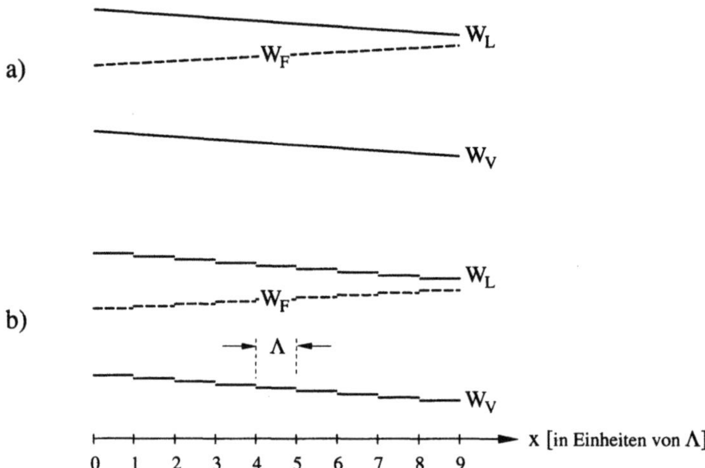

*Bild 4.3.2-2: Annäherung eines kontinuierlich verlaufenden Bändermodells (a) durch ein in diskrete Bereiche (Breite Λ) mit konstanten Kenngrößen aufgeteiltes Bändermodell (b). In jedem dieser Bereiche stellt sich ein örtliches thermisches Gleichgewicht ein. Diese Diskretisierung ist erforderlich, wenn man das Verhalten der Ladungsträger über den in Abschnitt 1.2.1 (Gibbs'sche Thermodynamik) hergeleiteten Formalismus beschreiben will (**Diffusionsmodell**).*

Eine Diskretisierung des Bändermodells wie in Bild 4.3.2-2 hat den Nachteil, daß Einzelheiten des Bändermodells unterhalb der Dimension der mittleren freien Weglänge nicht mehr aufgelöst werden können. Dieses entspricht aber in vielen Fällen dem physikalischen Verhalten: Die Ladungsträger "sehen" solche Feinheiten der Struktur nur "verschwommen".

Verläuft ein Bändermodell in einer anderen Weise, so daß sich an einem bestimmten Ort die Bandkanten und die Fermienergie innerhalb einer Distanz unterhalb der mittleren freien Weglänge abrupt ändern, während sie außerhalb davon nahezu konstant bleiben, dann ist eine Annäherung durch ein Stufenmodell angebrachter (Bild 4.3.2-3).

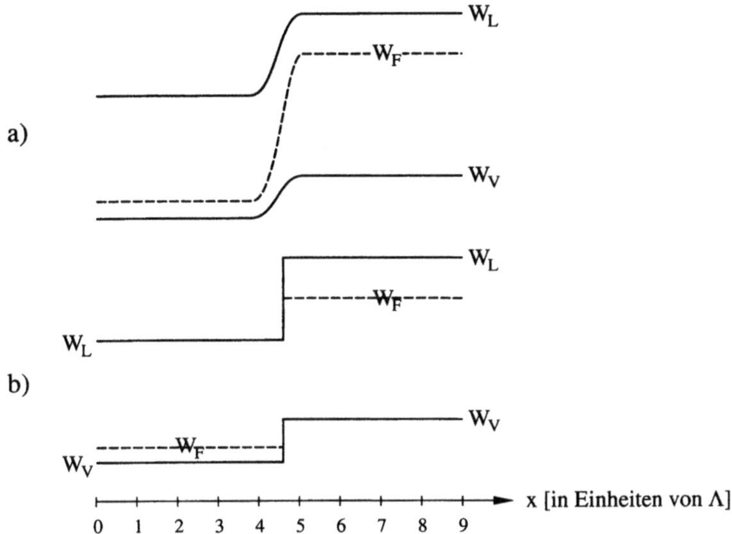

*Bild 4.3.2-3: Bei starken örtlichen Änderungen der Parameter des Bändermodells (a) ist eine Annäherung durch ein Stufenmodell (b) (**thermionisches Modell**) angebrachter als eine Diskretisierung wie in Bild 4.3.2-2.*

Bei der Berechnung von Halbleiterbauelementen (z.B. in Abschnitt 7) kommen beide durch die Bilder 4.3.2-2 und 3 beschriebenen Modelle zur Anwendung. Die Aufteilung des Bändermodells in viele Einzelbereiche (Bild 4.3.2-2), deren Parameter sich häufig nur infinitesimal unterscheiden, ist typisch bei Bauelementen, in denen sich die Strukturen (z.B. gekennzeichnet durch den Ortsverlauf der Dotierungskonzentration) nur relativ langsam mit dem Ort ändern. Weiterhin wird ein solches Modell begünstigt durch kleine mittlere freie Weglängen, also Werkstoffe, in denen die Ladungsträger bei ihrer Bewegung viele Streuzentren vorfinden. Das Modell in Bild 4.3.2-2 wird auch als **Diffusionsmodell** bezeichnet, weil sich im Falle kontinuierlicher Ladungsträgergradienten – wie die folgende Rechnung zeigt – ein Diffusionsverhalten ähnlich wie bei den Atomen (Band 1) ergibt. Das Stufenmodell in Bild 4.3.2-3 heißt **thermionisches Modell**: Die Berechnung des thermisch induzierten Austritts von Elektronen aus einer Glühkathode führt zu einer ähnlichen Problematik. Auch bei Halbleitern können in diesem Modell nur Elektronen mit hinreichend hoher thermischer Energie eine vorgegebene Energiebarriere überwinden.

Die Berechnung der Teilchen- und elektrischen Stromdichten über das Diffusionsmodell führt zu den bekannten **Stromdichte-** oder **Transportgleichungen**. Das thermionische Modell wird bei einer für die Berechnung von Halbleiterbauelementen grundlegenden Problematik angewendet: die Überwindung vorgegebener – und häufig von außen elektrisch steuerbarer – Energiebarrieren durch Ladungsträger. Dieser

Problemkreis wird in geschlossener Form im Abschnitt 7 behandelt.

Die im Diffusionsmodell auf die Ladungsträger wirkende chemische Kraft wird bestimmt durch die Fermienergie benachbarter Bereiche, also nach (4.3.1-3):

$$F_{chem} = -\frac{W_F(x+\Lambda) - W_F(x)}{\Lambda} \xrightarrow{\Lambda \to 0} -\frac{dW_F}{dx} \tag{1}$$

Für den in den Abschnitten 1 und 2 ausführlich diskutierten Fall, daß die Ladungsträger in Halbleitern durch ein Elektronengas beschrieben werden können, gelten die Formeln (4.1-1 und 2). Aufgelöst nach den jeweiligen (Quasi)-Fermienergien haben sie die Form (2.2.4-5):

$$W_F^{nL} = W_L - kT \cdot \ln \frac{N_L}{\rho_n} \tag{2}$$

$$W_F^{nV} = W_V + kT \cdot \ln \frac{N_V}{\rho_p} \tag{3}$$

Damit ergibt sich nach (1) die chemische Kraft auf Elektronen (Index n) und Löcher (Index p):

$$F_{chem}^n = -\frac{\partial W_F^{nL}}{\partial x} = -\frac{\partial W_L}{\partial x} - \frac{kT}{\rho_n}\frac{\partial \rho_n}{\partial x} \tag{4}$$

$$F_{chem}^p = -\frac{\partial W_F^{pV}}{\partial x} = +\frac{\partial W_F^{nV}}{\partial x} = \frac{\partial W_V}{\partial x} - \frac{kT}{\rho_p}\frac{\partial \rho_p}{\partial x} \tag{5}$$

Bei der letzten Gleichung wurde die Beziehung (2.2.4-3) für die Umrechnung von Fermienergien für Löcher in die von Elektronen verwendet. Typisch für die Gleichungen (4) und (5) ist, daß jeweils der letzte Term auf der rechten Seite einer reinen Diffusionskraft entspricht (Band 1, Abschnitt 2.1-2: Da die relative Änderung der Dichte eingeht, kann sie durch eine Konzentration in Atomprozent ersetzt werden). Elektronen und Löcher in Halbleitern verhalten sich damit wie Atome in Festkörpern: Die Entropie sorgt dafür, daß eine chemische Kraft entgegengesetzt zum Konzentrationsgradienten entsteht (also von Bereichen hoher in Bereiche niedrigerer Konzentration). Deshalb wird das zugrundegelegte Modell als Diffusionsmodell bezeichnet.

Der erste Term auf der rechten Seite von (4) und (5) beschreibt eine Kraft, welche durch die Neigung (den Gradienten) der Bandkanten bestimmt wird. Auffällig ist das unterschiedliche Vorzeichen dieser Kraft für Elektronen und Löcher: Elektronen fließen "die Bandkanten hinab", wie Kugeln auf einer schiefen Ebene, Löcher fließen "die Bandkanten hinauf" wie Luftblasen in einem Wassergefäß, dessen Oberfläche durch eine geneigte Glasplatte begrenzt wird.

Die Lage der Bandkanten W_L und W_V hängt dabei im isothermen Fall in zweierlei Weise von den Randbedingungen des Systems ab:

1. Der Halbleiterwerkstoff (gegebenenfalls die Zusammensetzung der Halbleiterlegierung) bestimmt die absolute Lage der Bandkanten relativ zum Vakuumniveau, die Kenngrößen dabei sind die Elektronenaffinität und der Bandabstand.

2. Äußere elektrische Felder E bewirken eine Verkippung des Bändermodells (Bild 4.3.2-1), bei homogenen Materialien ist der Verlauf der Valenz- und Leitungsbandkanten parallel (Modell des starren Bandes, s. (8) für $dW^{kr}/dx = 0$).

Den Energiebeitrag aus 1. bezeichnen wir als Kristallenergie W_{kr}, den aus 2. als Feldenergie W_{feld}:

$$W_L = W_L^{kr} + W_L^{feld}$$

$$W_V = W_V^{kr} + W_V^{feld} \tag{6}$$

Der Gradient der Feldenergie läßt sich auch durch die elektrische Feldstärke E ausdrücken (Bild 4.3..2-1). Für Elektronen gilt mit dem elektrischen Potential φ:

$$W_L^{feld} = -|q|\,\varphi \tag{7a}$$

Bei Löchern muß berücksichtigt werden daß die potentielle Energie der Löcher W_{pot}^p gleich dem negativen Wert derjenigen der Elektronen W_V^{feld} ist, so daß gilt

$$W_V^{feld} = -W_{pot}^p = -|q|\,\varphi \tag{7b}$$

$$(7a) \Rightarrow \frac{\partial W_L}{\partial x} = \frac{\partial W_L^{kr}}{\partial x} + |q|\,E \tag{8a}$$

$$(7b) \Rightarrow \frac{\partial W_V}{\partial x} = \frac{\partial W_V^{kr}}{\partial x} + |q|\,E \tag{8b}$$

Bei örtlich konstanten Kristallenergien W^{kr} verschieben sich Valenz- und Leitungsbandkante also parallel zueinander. Einsetzen von (8) in (4) und (5) ergibt:

$$F_{chem}^n = -\frac{\partial W_F^{nL}}{\partial x} = -\frac{\partial W_L^{kr}}{\partial x} - |q|\,E - \frac{kT}{\rho_n}\frac{\partial \rho_n}{\partial x} \tag{9a}$$

$$F_{chem}^p = -\frac{\partial W_F^{pL}}{\partial x} = +\frac{\partial W_F^{nV}}{\partial x} = \frac{\partial W_V^{kr}}{\partial x} + |q|\,E - \frac{kT}{\rho_p}\frac{\partial \rho_p}{\partial x} \tag{9b}$$

Diese Formeln zeigen, daß die aufgrund eines äußeren elektrischen Feldes E entstehende Kraft auf Elektronen und Löcher ein unterschiedliches Vorzeichen hat. Auch den durch die Kristallenergie entstehenden Term kann man formal durch innere elektrische Felder E_n^{kr} und E_p^{kr} (die unterschiedlich groß sein können) beschreiben, wenn man in (8) die Definition einsetzt:

$$\frac{\partial W_L^{kr}}{\partial x} = |q| E_n^{kr} \tag{10a}$$

$$\frac{\partial W_V^{kr}}{\partial x} = |q| E_p^{kr} \tag{10b}$$

Im folgenden wird die Bedeutung der Kristallenergien W^{kr} für die Bauelementtechnik kurz diskutiert: Bei Abwesenheit von äußeren Feldern E und Konzentrationsgradienten sind diese die einzige Ursache für das Auftreten von chemischen Kräften. Dieser Fall war bereits in Bild 4.3.1-2 dargestellt worden (die Abwesenheit von Konzentrationsgradienten war durch einen gleichen Energieabstand zwischen Leitungsbandkante und Fermienergie angedeutet worden, dabei waren für beide Halbleiterwerkstoffe vergleichbare effektive Zustandsdichten angenommen worden).

Gradienten der Kristallenergie treten insbesondere bei Halbleiter-Heteroübergängen auf. Diese haben heute eine zunehmende technische Bedeutung bei solchen Werkstoffkombinationen, bei denen der metallurgische Übergang zwischen beiden Halbleitern mit einer geringen Dichte an Kristallfehlern hergestellt werden kann. Das ist im allgemeinen nicht möglich, wenn die beiden Halbleiterkristalle eine unterschiedliche Kristallorientierung besitzen und bei einer Verbindung eine inkohärente (Bild 4.3.2-4c; Bezeichnungsweise siehe Band 1, Abschnitt 2.8.2) Korngrenze bilden. Diese enthält in der Regel so viele (vorwiegend tiefe) Störstellen, daß die Halbleitereigenschaften an der Grenzfläche empfindlich gestört werden, so daß sie für Bauelementanwendungen nur mit großen Einschränkungen in Frage kommen. Dasselbe gilt auch für Halbleiterkristalle, die kristallographisch zwar gleich orientiert sind, aber z.B. wegen einer unterschiedlichen Gitterkonstante nur den Aufbau von teil- oder semikohärenten Korngrenzen zulassen. In solchen Fällen werden häufig an der Korngrenze Stufenversetzungen (**Misfit-Versetzungen**) eingebaut (Bild 4.3.2-4b). Nur bei Heteroübergängen mit Halbleiterkristallen, die eine sehr ähnliche Gitterkonstante (Unterschied weit weniger als 0,01 nm!) besitzen, ist der Aufbau störungsarmer kohärenter Korngrenzen (Bild 4.3.2-4a) zu erwarten. Die Herstellung solcher Übergänge erfolgt nach den Verfahren der Halbleiterepitaxie, die im Abschnitt 8.1.2 beschrieben werden.

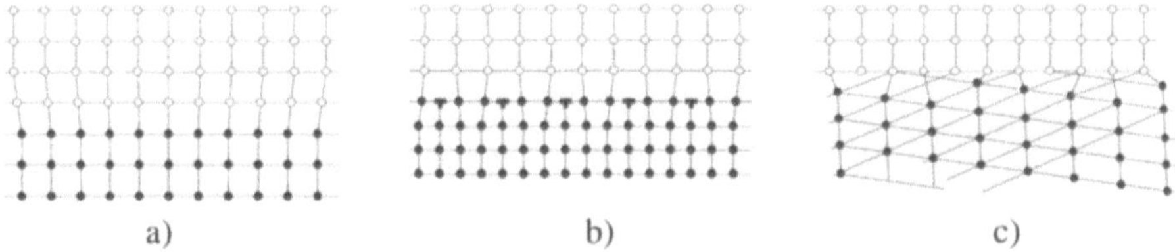

Bild 4.3.2-4:   *Kristallstruktur der Grenzflächen von Halbleiter-Heteroübergängen (nach [25])*

a) kohärente Grenzfläche von Halbleiterwerkstoffen mit gleicher Kristallstruktur und ähnlicher Gitterkonstanten.

b) teil- oder semikohärente Grenzfläche mit gleicher Kristallstruktur und unterschiedlicher Gitterkonstanten, so daß zur Anpassung der Kristallbindungen Anpassungs- oder Misfit-Versetzungen eingebaut werden müssen.

c) inkohärente Grenzfläche von Halbleiterwerkstoffen mit verschiedener Kristallstruktur. Die Dichte der Störstellen an der Grenzfläche nimmt von a) bis c) zu.

Zwei Halbleiterwerkstoffe, welche die Bedingungen für die Entstehung kohärenter Grenzflächen gut erfüllen, sind die Verbindungshalbleiter Galliumarsenid und Aluminiumarsenid. In Bild 4.3.2-5 ist zu erkennen, daß beide sehr ähnliche Gitterkonstanten besitzen. Darüber hinaus sind beide Halbleiter vollständig miteinander mischbar, d.h. es lassen sich homogene Mischkristalle mit beliebigen Anteilen von GaAs und AlAs herstellen. Der Bandabstand der Mischkristalle wächst von einem niedrigen Wert bei reinem GaAs auf einen höheren Wert bei reinem AlAs an (Bild 4.3.2-6), dabei erfolgt ein Übergang von der direkten Bandstruktur des GaAs zu der indirekten des AlAs.

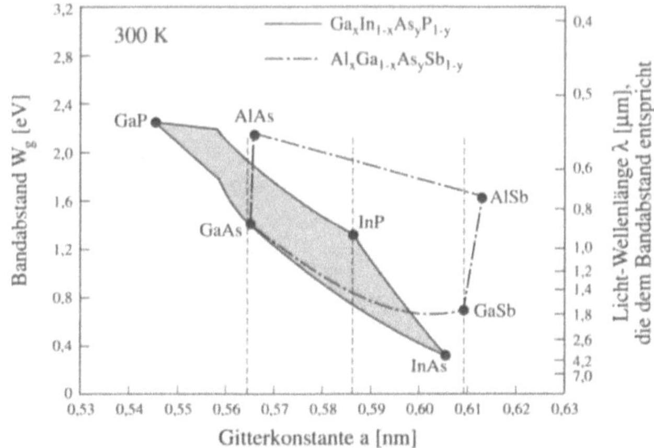

Bild 4.3.2-5:   *Gitterkonstanten verschiedener Verbindungshalbleiter aus Atomen der III. und V. Gruppe des Periodensystems. In der Ordinate ist der dazugehörige Bandabstand der Halbleiter eingezeichnet. Die Halbleiter GaAs und AlAs haben sehr ähnliche Gitterkonstanten, sie sind daher zur Herstellung von Halbleiter-Heteroübergängen mit störstellenarmen kohärenten Grenzflächen geeignet (nach [26]).*

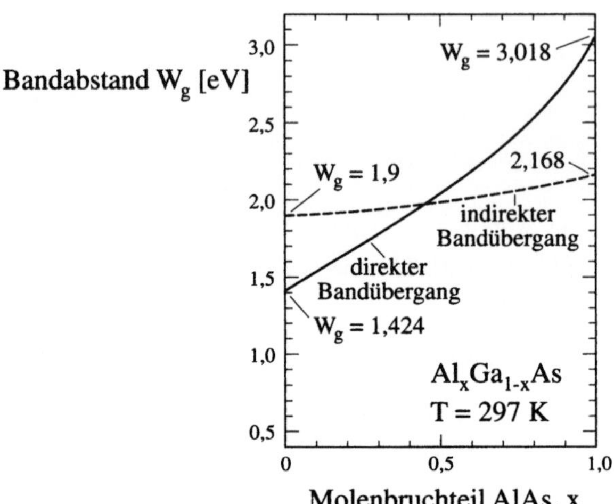

*Bild 4.3.2-6: Die Verbindungshalbleiter GaAs und AlAs bilden ein vollständig mischbares Legie-
rungssystem: die ternäre Legierung Gallium-Aluminium-Arsenid GaAlAs. Der
Bandabstand des Halbleiter-Mischkristalls GaAs steigt mit zunehmender Legierung
von AlAs (ternäre Legierung $Al_xGa_{1-x}As$) monoton an. Dabei geht die Bandstruktur
von einer direkten in eine indirekte über (nach [26]).*

Innerhalb des ternären Legierungssystems GaAlAs lassen sich also Halbleiterkristalle mit einer beachtlichen Variation des Bandabstandes herstellen, die über kohärenten Grenzflächen miteinander verbunden sind. Auf diese Weise lassen sich technisch
Strukturen wie die in Bild 4.3.1-2 herstellen, darüber hinaus aber auch solche, bei
denen sich der Bandabstand und die Dotierung (gekennzeichnet durch die Lage der
Fermienergie relativ zu den Bandkanten) kontinuierlich variieren läßt. Dadurch ergeben sich vielfältige Möglichkeiten zur Herstellung maßgeschneiderter Bauelemente
(**bandgap tayloring** oder **engineering**).

Die beschriebenen Möglichkeiten des "bandgap engineering" führen dazu, daß in (9)
die Kristallkräfte (erste Terme auf den rechten Seiten in (9)) über einen großen Vari-
ationsbereich eingestellt werden können. Selbst bei Abwesenheit von äußeren elektrischen Feldern E können diese Kräfte so dimensioniert werden, daß sie die Diffusionskräfte (dritte Terme auf den rechten Seiten von (9)) übersteigen. Dieses führt zu
der aus der Werkstoffkunde bekannten **Bergaufdiffusion**, bei der die Ladungsträger
(z.B. Elektronen) aus einem Gebiet hoher Konzentration nicht in ein Gebiet niedriger
Konzentration wandern, um die Konzentrationen dadurch auszugleichen, sondern bei
der sie sich im Gegensatz dazu in ein Gebiet mit noch höherer Teilchenkonzentration
bewegen. Anders als bei den Legierungen mit ungeladenen Atomen wird aber der

Gleichgewichtszustand nicht dadurch erreicht, daß sich die Phasen metallurgisch vollständig durchmischen oder in mehrere Gleichgewichtsphasen zerfallen, sondern durch den Aufbau elektrischer Doppelschichten (s. Band 1, Abschnitt 2.8 und die folgenden Abschnitte).

Die chemischen Kräfte in (9) führen zu einer Teilchenbewegung, charakterisiert durch die Teilchengeschwindigkeit v. Der Zusammenhang ist für Elektronen und Löcher

$$v_n = B_n F_{chem}^n \tag{11a}$$

$$v_p = B_p F_{chem}^p \tag{11b}$$

wobei die Beweglichkeiten B_n und B_p im einfachsten Fall Konstanten, im allgemeinen aber Funktionen der Material- und Systemparameter sowie der Zeit sind. Anstelle dieser Größen werden häufiger die **elektrischen Beweglichkeiten** μ_n und μ_p verwendet, die durch die folgenden Beziehungen definiert werden:

$$\mu_n = |q| B_n \tag{12a}$$

$$\mu_p = |q| B_p \tag{12b}$$

Die Größe dieses materialspezifischen Parameters wird im folgenden Abschnitt ausführlich diskutiert. Mit Hilfe von (11) wird die **Teilchenstromdichte** bestimmt durch (Band 1, Anhang C)

$$j_i^T = \rho_i v_i; \quad i = n, p \tag{13}$$

so daß sich über (4, 5) und (9) explizit ergibt:

$$j_n^T = -\rho_n \frac{\mu_n}{|q|} \frac{\partial W_F^{nL}}{\partial x} = -\rho_n \frac{\mu_n}{|q|} \frac{\partial W_L^{kr}}{\partial x} - \rho_n \mu_n E - \frac{\mu_n kT}{|q|} \frac{\partial \rho_n}{\partial x} \tag{14a}$$

$$j_p^T = +\rho_p \frac{\mu_p}{|q|} \frac{\partial W_F^{nV}}{\partial x} = \rho_n \frac{\mu_n}{|q|} \frac{\partial W_V^{kr}}{\partial x} + \rho_p \mu_p E - \frac{\mu_p kT}{|q|} \frac{\partial \rho_p}{\partial x} \tag{14b}$$

Die beiden ersten Terme auf der rechten Seite beschreiben die durch Gradienten der Kristallenergie (innere elektrische Felder, s. (10)) und von außen wirkende elektrische Felder E erzeugten **Feldströme**, der letzte Term beschreibt den **Diffusionsstrom**.

Die durch elektrische Felder bestimmten Elektronen- und Löcher-Teilchenstromdichten bewegen sich also in entgegengesetzter Richtung. Geht man von den Teilchenstromdichten über auf die **elektrischen Stromdichten** für Elektronen und Lö-

cher (häufig und im folgenden **Elektronen-** und **Lochstromdichten** schlechthin genannt) durch die Definitionen

$$j_n = -|q|\,j_n^T \tag{15a}$$

$$j_p = +|q|\,j_p^T \tag{15b}$$

dann ergibt sich aus (13)

$$j_n = +\rho_n\mu_n\,\frac{\partial W_F^{nL}}{\partial x} = +\rho_n\mu_n\,\frac{\partial W_L^{kr}}{\partial x} + |q|\rho_n\mu_n E + \mu_n kT\,\frac{\partial \rho_n}{\partial x} \tag{16a}$$

$$j_p = +\rho_p\mu_p\,\frac{\partial W_F^{nV}}{\partial x} = +\rho_p\mu_p\,\frac{\partial W_V^{kr}}{\partial x} + |q|\rho_p\mu_p E - \mu_p kT\,\frac{\partial \rho_p}{\partial x} \tag{16b}$$

Die Vorfaktoren der Konzentrationsgradienten in (9) werden auch als **Diffusionskoeffizienten** bezeichnet, so daß die **Einstein-Beziehungen** gelten:

$$D_n = B_n kT = \frac{\mu_n}{|q|}\,kT \tag{17a}$$

$$D_p = B_p kT = \frac{\mu_p}{|q|}\,kT \tag{17b}$$

Weiterhin definiert man die **elektrischen Leitfähigkeiten** σ_{Sp}^n und σ_{Sp}^p (nicht zu
verwechseln mit den Flächenladungen σ_Q!) für Elektronen und Löcher durch

$$\sigma_{Sp}^n = |q|\rho_n\mu_n \tag{18a}$$

$$\sigma_{Sp}^p = |q|\rho_p\mu_p \tag{18b}$$

und kann dann (16) vereinfacht schreiben:

Teilchenstromdichten:

$$j_n^T = -\frac{\sigma_{Sp}^n}{|q|^2}\,\frac{\partial W_F^{nL}}{\partial x} = -\frac{\sigma_{Sp}^n}{|q|^2}\,\frac{\partial W_L^{kr}}{\partial x} - \frac{\sigma_{Sp}^n}{|q|}\,E - D_n\,\frac{\partial \rho_n}{\partial x} \tag{19a}$$

$$j_p^T = +\frac{\sigma_{Sp}^p}{|q|^2}\,\frac{\partial W_F^{nV}}{\partial x} = \frac{\sigma_{Sp}^p}{|q|^2}\,\frac{\partial W_V^{kr}}{\partial x} + \frac{\sigma_{Sp}^p}{|q|}\,E - D_p\,\frac{\partial \rho_p}{\partial x} \tag{19b}$$

elektrische Stromdichten:

$$j_n = + \frac{\sigma_{Sp}^n}{|q|} \frac{\partial W_F^{nL}}{\partial x} = + \frac{\sigma_{Sp}^n}{|q|} \frac{\partial W_L^{kr}}{\partial x} + \sigma_{Sp}^n E + |q| D_n \frac{\partial \rho_n}{\partial x} \qquad (19c)$$

$$j_p = + \frac{\sigma_{Sp}^p}{|q|} \frac{\partial W_F^{nV}}{\partial x} = + \frac{\sigma_{Sp}^p}{|q|} \frac{\partial W_V^{kr}}{\partial x} + \sigma_{Sp}^p E - |q| D_p \frac{\partial \rho_p}{\partial x} \qquad (19d)$$

Im Gegensatz zu den Teilchenstromdichten fließen die elektrischen Stromdichten für Elektronen und Löcher aufgrund elektrischer Felder also in derselben Richtung. Die Summe der elektrischen Stromdichten von Elektronen und Löchern wird als **elektrische Stromdichte** (meist und im folgenden Stromdichte schlechthin) bezeichnet, sie ergibt sich zu

$$j = j_n + j_p = \frac{1}{|q|} \left(\sigma_{Sp}^n + \sigma_{Sp}^p \right) \left(\frac{\partial W_F^{nL}}{\partial x} + \frac{\partial W_F^{nV}}{\partial x} \right) \qquad (20)$$

oder im Fall, daß sich die Elektronen im Valenz- und Leitungsband miteinander im thermischen Gleichgewicht befinden (so daß beide Quasifermienergien denselben Wert W_F annehmen), einfach zu

$$j = \frac{1}{|q|} \left(\sigma_{Sp}^n + \sigma_{Sp}^p \right) \frac{\partial W_F}{\partial x} \qquad (21)$$

d.h. die Leitfähigkeiten von Elektronen und Löchern werden addiert. Bei homogenen Halbleiterwerkstoffen reduzieren sich die Stromdichtegleichungen (19) im thermischen Gleichgewicht auf die einfache Form

$$j = \left(\sigma_{Sp}^n + \sigma_{Sp}^p \right) E \qquad (22)$$

Dieses ist das ohmsche Gesetz für Halbleiter.

4.3.3 Beweglichkeit

Nach (4.3.2-11) bestimmt die Beweglichkeit, mit welcher Geschwindigkeit sich ein Teilchen aufgrund einer chemischen Kraft in Bewegung setzt. Die chemische Kraft selbst kann nach (4.3.2-9) aufgeteilt werden in Kristall-, Feld- und Diffusionskraft, wobei die zu allen diesen Kräften gehörende Beweglichkeit gleich ist (das ist die Aussage der Einstein-Beziehung). Für eine quantitative Erfassung der Beweglichkeit reicht also (näherungsweise) eine Betrachtung der Teilchenbewegung bei Anlegen eines elektrischen Feldes, die dazugehörige Größe wird auch **Driftbeweglichkeit** genannt. Die Beweglichkeiten aufgrund einer Kristallkraft oder eines Konzentrationsgradienten (multipliziert mit kT wird die Beweglichkeit B dann Diffusionskoeffizient genannt) können daraus abgeleitet werden. Natürlich führt auch eine davon unabhängige Rechnung über die Elementarprozesse zu demselben Ergebnis.

Zur Bestimmung der Driftbeweglichkeiten für Elektronen und Löcher wählen wir die Konvention (4.3.2-12) und schreiben dann (4.3.2-11) in der Form

$$\vec{v}_n = -\mu_n \vec{E} \tag{1a}$$

$$\vec{v}_p = +\mu_p \vec{E} \tag{1b}$$

Für unsere Betrachtung legen wir wieder das Konzept des Elektronengases zugrunde, dessen Anwendbarkeit auf Halbleiter in Abschnitt 2 begründet und dessen Eigenschaften in Abschnitt 1 zusammengestellt wurden. Charakteristisch für die Teilchen ist, daß sie keine Wechselwirkungsenergie untereinander besitzen, d.h. die potentielle Energie des Systems hängt nicht von der augenblicklichen Position aller Teilchen ab. Die Teilchen verhalten sich wie ein ideales Gas von elektrisch neutralen Atomen (z.B. Edelgasatomen, van der Waals-Kräfte und Massenanziehung werden vernachlässigt). Andererseits können die Teilchen aufgrund ihrer räumlichen Ausdehnung zusammenstoßen, wobei sie ihre Energie und ihren Impuls nach den Gesetzen der Mechanik verändern (austauschen) können.

Während bei Atomen die räumliche Ausdehnung recht gut zu bestimmen ist (s. Atomgrößen in Band 1, Abschnitt 1.2), ist eine Zuordnung bei Elektronen schwieriger. In Frage käme hierfür z.B. die Unschärfe eines Wellenpakets (Abschnitt 1.3.2), dieses müßte allerdings genauer spezifiziert werden. Im folgenden wollen wir einfach von der Existenz eines konstanten räumlichen Wirkungsbereiches (deren Querschnitt heißt **Wirkungsquerschnitt**) ausgehen und diesen so definieren, daß zwei Elektronen einen Stoßprozeß durchführen, wenn sich ihre Wirkungsbereiche überlappen.

Die Geschwindigkeit der Elektronen läßt sich nach Abschnitt 1.1.2 charakterisieren durch die Gruppengeschwindigkeit eines Wellenpakets aus Wellenfunktionen, wobei nach (2.2.2-2 und 6) für den Zusammenhang zwischen Wellenzahl und Teilchengeschwindigkeit gilt

$$\vec{v} = \frac{\hbar \vec{k}}{m *} \tag{2}$$

$m*$ ist die effektive Masse des Halbleiterelektrons. Die Verteilung der Elektronen auf die quantentheoretisch erlaubten Wellenzahlvektoren läßt sich für den Fall des thermischen Gleichgewichts berechnen: Die Besetzungswahrscheinlichkeit beträgt für den klassischen Grenzfall (Abschnitt 1.2.3), der für die hier gemachten Voraussetzungen charakteristisch ist, nach (4.2-1):

$$f_B = \exp\left(-\frac{W_n - W_F}{kT}\right) \tag{3}$$

Teilen wir die Energie pro Elektron W_n wieder auf in eine potentielle und eine kinetische Energie pro Elektron

$$W_n = W_L + W_{kin,n}$$

$$= W_L + \frac{\hbar^2 \vec{k}^2}{2m^*} \tag{4}$$

dann folgt aus (3)

$$f_B = \exp\left(-\frac{W_n - W_F}{kT}\right)\exp\left(-\frac{W_{kin,n}}{kT}\right)$$

$$= \exp\left(-\frac{W_n - W_F}{kT}\right)\exp\left(-\frac{\hbar^2 \vec{k}^2}{2m^* kT}\right) \tag{5}$$

Die quantentheoretisch erlaubten Elektronengeschwindigkeiten lassen sich aus dem Eigenwertspektrum der Wellenzahlvektoren über (2) bestimmen. Dieses Spektrum hängt mit den Abmessungen des Halbleiterkristalls zusammen: Ist dieser ein Quader mit den Längen L_x, L_y und L_z, dann bilden die erlaubten Wellenzahlvektoren nach (1.1.2-3) ein Gitter des Typs

$$\vec{k} = \begin{pmatrix} n_x \dfrac{2\pi}{L_x} \\[1ex] n_y \dfrac{2\pi}{L_y} \\[1ex] n_z \dfrac{2\pi}{L_z} \end{pmatrix} = \begin{pmatrix} k_x \\ k_y \\ k_z \end{pmatrix} \tag{6}$$

mit beliebigen ganzzahligen Werten n_x, n_y, n_z. Wir nehmen an, daß der Halbleiterkristall eine kubische Form hat, so daß die Längen L_i für $i = x, y, z$ alle gleich sind. In diesem Fall ergibt sich für die erlaubten Wellenzahlvektoren ein kubisches Gitter (Bild 4.3.3-1). Die Flächen gleicher Besetzungswahrscheinlichkeiten in diesem Gitter sind nach (5) Kugeloberflächen.

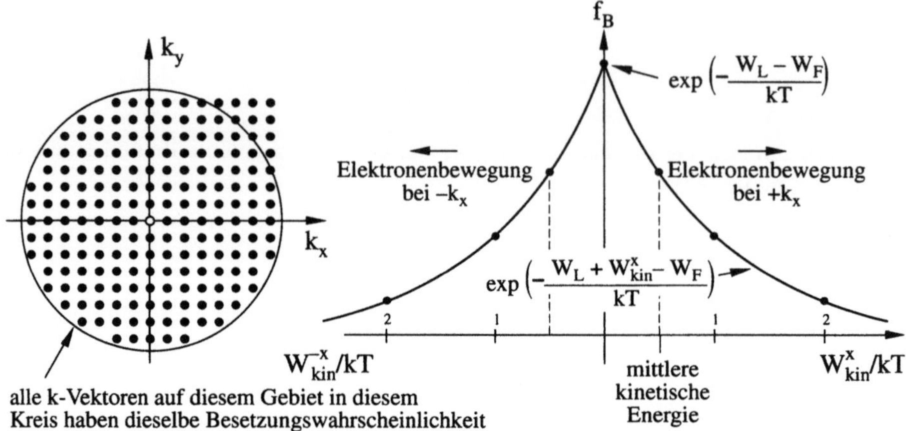

Bild 4.3.3-1:   *a) Gitter der quantentheoretisch erlaubten Wellenzahlvektoren in der $k_x k_y$-Ebene des k-Raums (dreidimensionaler Raum der Wellenzahlvektoren). Die Flächen gleicher Besetzungswahrscheinlichkeit f_B sind in diesem Raum Kugeloberflächen, in der zweidimensionalen Darstellung erscheinen sie als Kreise.*

   b) Besetzungswahrscheinlichkeit f_B nach (5) in Abhängigkeit von der kinetischen Energie, die durch den Wellenzahlvektor k_x bestimmt wird, dabei soll gelten $k_y = k_z = 0$. Die kinetische Energie wird in Einheiten von kT gemessen. Eingetragen ist die mittlere kinetische Energie kT/2 in einer Raumrichtung.

Die quantentheoretisch erlaubten Geschwindigkeiten der Teilchen bilden nach (2) dasselbe Gitter wie die Wellenzahlvektoren, nur bekommt die Gitterkonstante eine andere Größe und Dimension. Bild 4.3.3-1 beschreibt damit gleichermaßen, mit welcher Wahrscheinlichkeit Teilchen eine bestimmte Geschwindigkeit haben, diese nimmt mit wachsender Geschwindigkeit schnell ab.

In (1.3.1-13) wurde gezeigt, daß die mittlere kinetische Energie eines dreidimensionalen Elektronengases $3kT/2$ beträgt. Daraus folgt

$$\left\langle W_{kin,n} \right\rangle = \frac{m^*}{2}\left\langle \vec{v}^2 \right\rangle = \frac{3}{2}kT \tag{7}$$

$$v_{th} := \sqrt{\left\langle \vec{v}^2 \right\rangle} = \sqrt{\frac{3kT}{m^*}} = \sqrt{\frac{m_o}{m^*}}\sqrt{\frac{3kT}{m_o}} \approx \sqrt{\frac{m_o}{m^*}}\, 1,1 \cdot 10^5 \, \frac{m}{s} \left(\text{Raumtemperatur}\right) \tag{8}$$

mit der Elektronenmasse m_o und der thermischen Geschwindigkeit v_{th}. Der Wert von v_{th} ist beachtlich groß, er liegt im allgemeinen weit oberhalb der Schallgeschwindigkeit in dem Kristall. Der entsprechende Mittelwert des Wellenzahlvektors ist nach (2)

$$k_{th} = \frac{m^*}{\hbar} v_{th} = \frac{\sqrt{3m^* kT}}{\hbar} \approx 6 \cdot 10^8 \, / m \quad \text{(Raumtemperatur)} \tag{9}$$

Dieser Wert liegt weit unterhalb des Wellenzahlvektors an der Grenze der Brillouinzone (ca.10^{10}/m), d.h. die Wellenlänge ist deutlich größer als der Gitterabstand des Halbleiters.

Im folgenden soll betrachtet werden, auf welche Weise eine chemische Kraft die Teilchenbewegung beeinflußt. Einige Kriterien hierfür waren im Band 1 aufgestellt worden. Wie in Band 1, Abschnitt 2.7.2, wollen wir beim Elektronengas annehmen, daß die Teilchen durch einen Stoßprozeß so stark abgelenkt werden, daß sich ihre ursprüngliche Geschwindigkeit und Bewegungsrichtung praktisch nicht mehr auf die entsprechenden Werte nach dem Stoß auswirken. Die Bewegung vor und nach dem Stoß ist damit *unkorreliert*. Der Betrag der mittleren Teilchengeschwindigkeit ist damit

$$v_{th} = \frac{\langle \Lambda \rangle}{\langle \tau \rangle} \tag{10}$$

(<Λ> ist die in Abschnitt 4.3.2 eingeführte mittlere freie Weglänge zwischen zwei Stößen, <τ> die dabei verstrichene Zeit, also die mittlere Zeit zwischen zwei Stößen). Zwischen zwei Stößen kann eine (chemische) Kraft die ursprünglich konstante mittlere thermische Geschwindigkeit verändern, d.h. es tritt eine Beschleunigung auf (Zusammenhang: Kraft = Masse · Beschleunigung). Die Teilchengeschwindigkeit hängt jetzt von der Zeitdifferenz zu dem vorangegangenen Stoßprozeß ab. Nur wenn man Zeiträume t betrachtet, die weit größer sind als die mittlere Stoßzeit, kann man von einer mittleren *Geschwindigkeit* reden, die sich aus der Summe von thermischer Geschwindigkeit und mittlerer zusätzlicher Geschwindigkeit aufgrund der Beschleunigung zusammensetzt. Dieselbe Überlegung kann auch auf den nach einem Stoß zurückgelegten Weg übertragen werden: In diesem Fall darf die Teilchenbewegung nur über Abstände L betrachtet werden, die ein Vielfaches der mittleren freien Weglänge betragen. Das Kriterium für eine konstante, d.h. nicht zeit- und ortsabhängige mittlere Geschwindigkeit ist damit:

$$t > \langle \tau \rangle; \quad L > \langle \Lambda \rangle \tag{11}$$

Zwischen zwei Stößen erfolgt daher die Bewegung der Teilchen beschleunigt (Anhang C1), dieser Vorgang wird durch den folgenden Stoß vollständig abgebrochen, so daß danach ein neuer Beschleunigungsvorgang einsetzt. Bei Halbleiterbauelementen können durchaus Randbedingungen geschaffen werden, bei denen die Bedingungen (11) *nicht* erfüllt sind, dann liegt ein **ballistisches Verhalten** der Ladungsträger vor (eine Diskussion dieses Verhaltens erfolgt am Ende des Abschnitts).

Wie in Band 1, Abschnitt 2.7.2, dargelegt, überlagert sich der mittleren thermischen Geschwindigkeit bei kleinen chemischen Kräften eine zu der chemischen Kraft proportionale mittlere Driftgeschwindigkeit v_D (dieses wurde bereits in (4.3.2-11) verwendet), bei Verwendung der elektrischen Beweglichkeiten (4.3.2-15) hat sie die Form

$$v_{Dn} = \frac{\mu_n}{|q|} F_{chem}^n \qquad (12a)$$

$$v_{Dp} = \frac{\mu_p}{|q|} F_{chem}^p \qquad (12b)$$

Für die Voraussetzung, daß die durch (12) bestimmte Driftgeschwindigkeit viel kleiner ist als die thermische Geschwindigkeit (konsistent mit der Annahme kleiner chemischer Kräfte), ergibt sich nach Band 1, Abschnitt 4.1.3, der folgende Zusammenhang zwischen der Beweglichkeit und den Stoßparametern $<\Lambda>$ und $<\tau>$:

$$\mu = \frac{|q|\langle\tau\rangle}{m^*} \approx \frac{|q|\langle\Lambda\rangle}{\sqrt{kTm^*}} \qquad (13)$$

Bei einer genaueren statistischen Rechnung ergeben sich in (13) Vorfaktoren der Größenordnung 1, diese können aber in Anbetracht der erheblichen Vereinfachungen, die dem Modell ohnehin zugrunde liegen, vernachlässigt werden. (13) ist von beachtlichem praktischen Nutzen, weil über diese Beziehung die wichtigen Kenngrößen *mittlere freie Weglänge* und *mittlere Stoßzeit* aus experimentellen Daten für die Beweglichkeit abgeschätzt werden können. Für eine überschlägige Auswertung sind die folgenden Beziehungen (Naturkonstanten aus Anhang B) von Nutzen:

$$\langle\tau\rangle \approx \frac{m^*}{m_o} 5,7 \cdot 10^{-16} \mu_i \frac{Vs^2}{cm^2} \qquad (14a)$$

$$\langle\Lambda\rangle \approx \sqrt{\frac{m^*}{m_o}} 3,8 \cdot 10^{-9} \mu_i \frac{Vs}{cm} \qquad (14b)$$

(i = n,p; die Zahlenwerte gelten für Raumtemperatur 300 K). Experimentell gemessene Driftbeweglichkeiten für die Halbleiterwerstoffe Germanium, Silizium und Galliumarsenid sind in den Bildern 4.3.3-2 und -3 zusammengestellt.

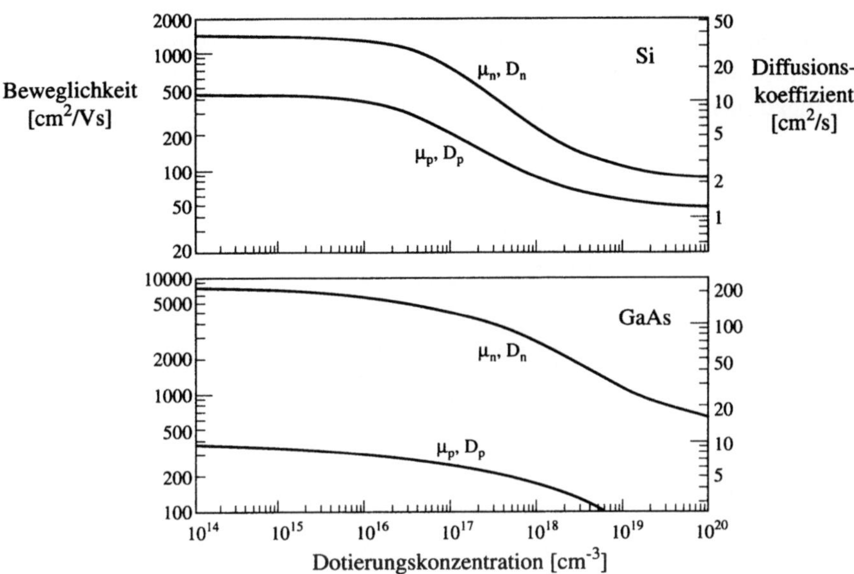

Bild 4.3.3-2: Abhängigkeit der Driftbeweglichkeiten von Germanium, Silizium und Galliumarsenid von der Dotierungskonzentration bei Raumtemperatur 300 K. Nach [27].

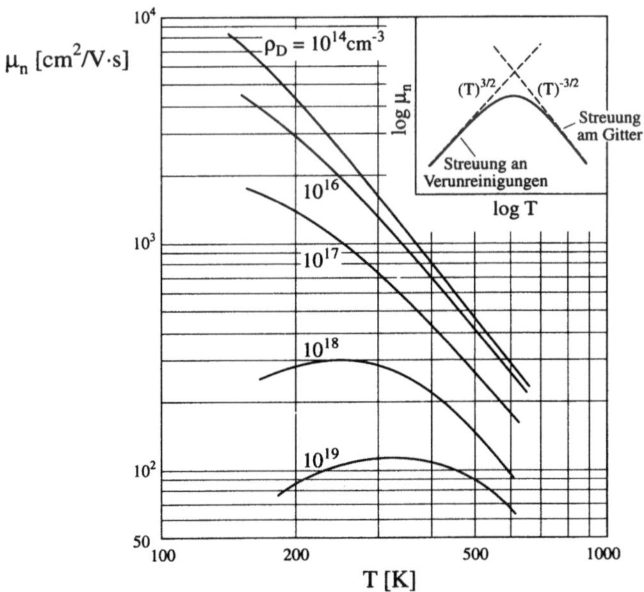

Bild 4.3.3-3: Temperaturabhängigkeit der Elektronen-Driftbeweglichkeit in Silizium. Im Bereich niedriger Temperaturen wird die Beweglichkeit durch Streuung an geladenen Fremdatomen bestimmt ($T^{3/2}$-Gesetz), bei hohen Temperaturen durch Streuung an Gitterschwingungen ($T^{-3/2}$-Gesetz). Nach [28].

Die Driftgeschwindigkeit überlagert sich stets der thermischen Geschwindigkeit, d.h. zu jedem Vektor der thermischen Geschwindigkeit wird der konstante Vektor der Driftgeschwindigkeit addiert. Dieses führt zu einer konstanten Verschiebung der besetzten Elektronenzustände im k-Raum (Bild 4.3.3-4).

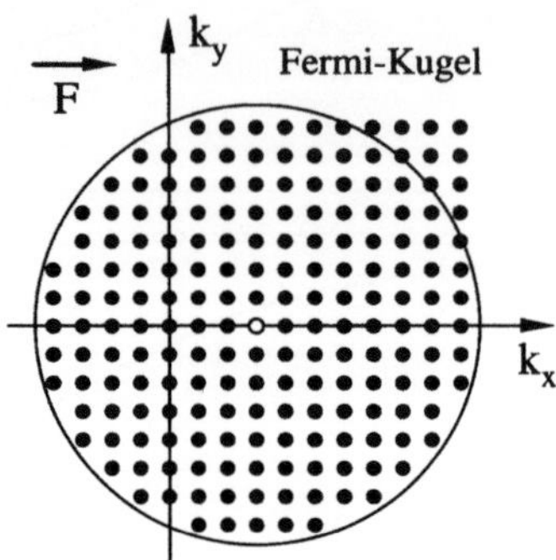

Bild 4.3.3-4:   Unter Einwirkung eines elektrischen Feldes wird zu allen Geschwindigkeitsvektoren der konstante Vektor der Driftgeschwindigkeit addiert, d.h. der Wellenzahlvektor von Elektronen verschiebt sich nach (2) um den konstanten Betrag

$$\vec{k}_D = \frac{m^*}{\hbar} v_{Dn} = -\frac{m^*}{\hbar} \mu_n E \tag{15}$$

Die Elektronenverteilung innerhalb des Kreises in Bild 4.3.3-1a wird also parallel verschoben.

Charakteristisch für Verteilungen wie in Bild 4.3.3-4 ist, daß die Summe der Geschwindigkeitsvektoren jetzt nicht mehr Null ist: Die Zustände mit negativem Wellenzahlvektor (proportional zum Geschwindigkeitsvektor) kompensieren jetzt nur noch einen Teil der Zustände mit positivem Wellenzahlvektor – im Gegensatz zu den Verhältnissen im thermischen Gleichgewicht (Bild 4.3.3-1a). In Band 1, Abschnitt 4.1, wurde gezeigt, daß die Summe der Geschwindigkeiten jetzt gleich ist der Anzahl der Teilchen, multipliziert mit der Driftgeschwindigkeit v_D.

In Bild 4.3.3-5 ist die Abhängigkeit der Driftgeschwindigkeit v_D von dem elektrischen Feld E dargestellt. Abgebildet ist ein Spezialfall von (12) bei Abwesenheit von Konzentrationsgradienten, es wirkt also nur ein reiner Feldstrom. Wie aus (13) für eine konstante mittlere Stoßzeit zu erwarten, ist die Beziehung zwischen v_D und E linear im Bereich kleiner Feldstärken. Bei größeren Feldstärken hingegen gelten die Voraussetzungen für (13) nicht mehr: die Geschwindigkeit steigt mit dem Feld weniger stark an und geht schließlich in eine **Sättigungsgeschwindigkeit** v_s über. Bild 4.3.3-6 zeigt deren Temperaturabhängigkeit.

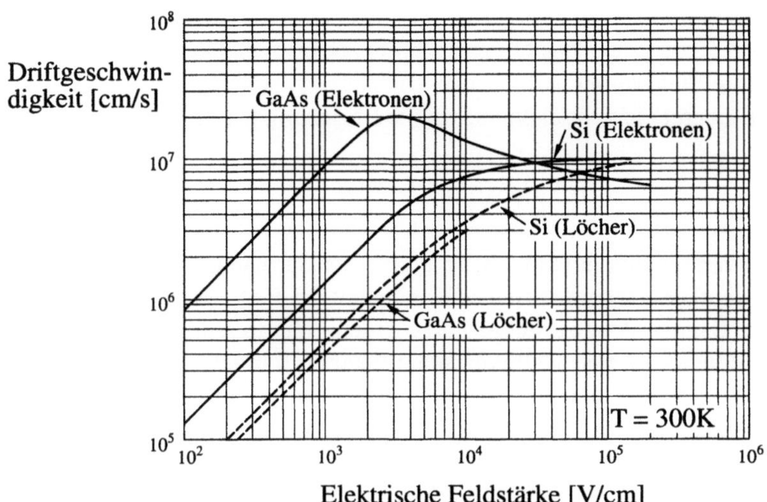

Bild 4.3.3-5: Abhängigkeit der Driftgeschwindigkeiten von Elektronen und Löchern von der elektrischen Feldstärke für die Halbleiterwerkstoffe Germanium, Silizium und Galliumarsenid. Bei hohen Feldstärken geht die Driftgeschwindigkeit in eine Sättigungsgeschwindigkeit v_s über. Nach [29].

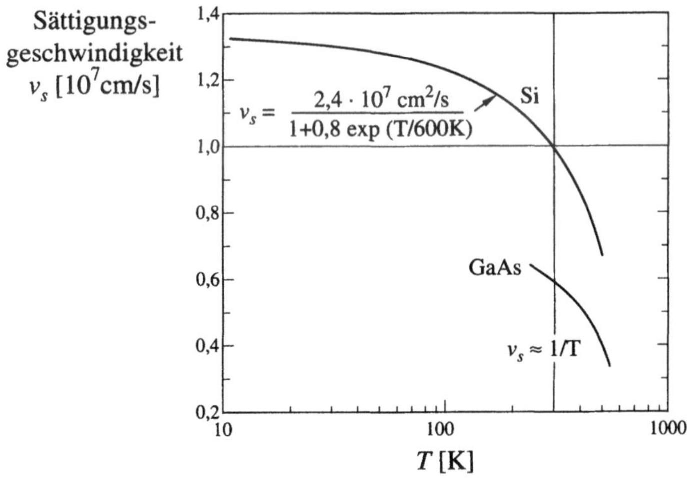

Bild 4.3.3-6: Temperaturabhängigkeit der Sättigungsgeschwindigkeit v_s von hochreinem Silizium und Galliumarsenid (nach [30])

Die Ursache für die Nichtlinearität der Teilchengeschwindigkeit bei großen elektrischen Feldern liegt darin, daß die Driftgeschwindigkeiten zunehmend in die Größenordnung der thermischen kommen. Stoßprozesse der Teilchen untereinander erzeugen eine Geschwindigkeitsverteilung, die einer höheren **effektiven Temperatur** T_n entspricht als der Temperatur des Gitters. Man bezeichnet solche Ladungsträger daher auch als **heiße Elektronen** und **Löcher**. Die Abhängigkeit der Driftgeschwindigkeit vom elektrischen Feld geht dann über in die Beziehung [9]:

$$|v_i| = \left|\mu_i E \sqrt{\frac{T}{T_i}}\right| \; ; \; i = n, p \tag{16}$$

Galliumarsenid verhält sich in Bild 4.3.3-5 anders als Germanium und Silizium. Zunächst ist eine deutlich größere Driftgeschwindigkeit für Elektronen erkennbar. Diese kann auf die Bandstruktur zurückgeführt werden: Wie in Bild 2.2.1-1 zu erkennen, ist das Leitungsband von Galliumarsenid deutlich schmaler (geringe effektive Masse). Das bedeutet auch, daß es für Elektronen an der Leitungsbandkante weniger quantentheoretisch erlaubte Zustände gibt, in welche diese aufgrund einer Beschleunigung durch das Feld (=Energiezunahme) hineingestreut werden können. Die Abnahme der Zustandsdichte mit fallender effektiver Masse wird auch durch die Formeln (1.1.3-22) und (1.2.3-15) sowie die Daten in Tab. 3.1-1 bestätigt. Die geringe Zustandsdichte begünstigt auch, daß Elektronen von der Bandkante aus dem Energieminimum bei $k = 0$ (**lower valley**) in das energetisch höher gelegene Minimum

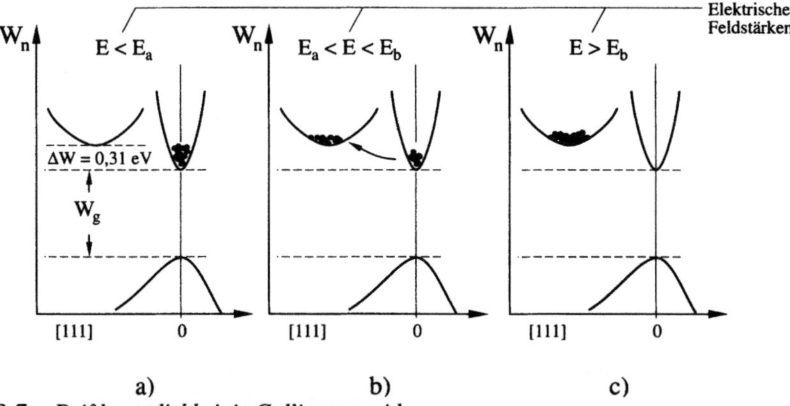

Bild 4.3.3-7:   *Driftbeweglichkeit in Galliumarsenid*

a) kleine elektrische Feldstärke $E < E_a$: Alle Elektronen befinden sich im unteren Minimum (lower valley) des Leitungsbandes. Aufgrund der kleinen effektiven Masse ist dort die Beweglichkeit groß.

b) mittlere elektrische Feldstärken $E < E_a < E_b$: Aufgrund der Energieaufnahme im elektrischen Feld werden einige Elektronen in das nächsthöhere Energieminimum (upper valley) gestreut. Dort haben sie aufgrund der höheren effektiven Masse (breiteres Energieminimum) eine niedrigere Beweglichkeit. Insgesamt nimmt in diesem Bereich die mittlere Driftgeschwindigkeit mit der elektrischen Feldstärke ab.

c) hohe elektrische Feldstärken $E > E_b$: alle Leitungselektronen sind in das obere Minimum hineingestreut worden und haben dort eine konstante niedrige Beweglichkeit.

am Punkt L der Brillouinzone (**upper valley**) gestreut werden (Bild 4.3.3-7). Dort ist die effektive Masse deutlich größer als im Energieminimum bei $k = 0$, d.h. die Beweglichkeit nimmt ab. Je mehr Elektronen aufgrund einer Energieaufnahme im elektrischen Feld in das obere Minimum überwechseln, desto kleiner wird die mittlere Beweglichkeit. Dieses erklärt die Abnahme der Driftgeschwindigkeit von Elektronen in Galliumarsenid mit steigender Feldstärke im Bereich sehr hoher elektrischer Feldstärken.

Die große Elektronenbeweglichkeit in Galliumarsenid ist für viele Bauelementanwendungen von Bedeutung: Hohe Driftgeschwindigkeiten erlauben kurze elektrische Schaltzeiten, da die Laufzeiten zwischen den Anschlüssen des Bauelementes abnehmen. Die Abnahme der Driftgeschwindigkeit mit steigendem elektrischen Feld führt zu einem negativen differentiellen Widerstand, der unter anderem zur Schwingungserzeugung eingesetzt werden kann (**Gunn-Effekt**).

Auch bei großen elektrischen Feldstärken kann die hohe Beweglichkeit des unteren Energieminimums ausgenutzt werden, wenn die Bewegung der Elektronen nur über kurze Distanzen (kleiner als die mittlere freie Weglänge) oder Zeiten (kleiner als die mittlere Stoßzeit) erfolgt: Die Elektronen befinden sich nämlich anfänglich im unteren Minimum und werden erst nach einigen Stoßprozessen in das obere hineingestreut. Während dieses Prozesses werden die Elektronen durch das große elektrische

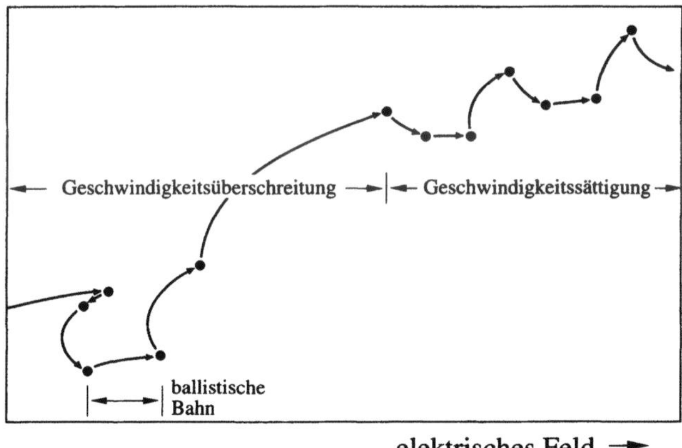

Bild 4.3.3-8: Bewegung eines Elektrons in Galliumarsenid nach Einschalten eines elektrischen Feldes: Zunächst findet die Elektronenbewegung im unteren Leitungsbandminimum statt mit relativ großen mittleren freien Weglängen. Die Elektronenbahn (ohne elektrisches Feld gerade) wird aufgrund des elektrischen Feldes abgelenkt (ballistischer Transport). Nach einigen Stoßprozessen ist das Elektron in ein höher gelegenes Leitungsbandminimum gestreut worden, wo die Beweglichkeit geringer ist. Die mittleren freien Weglängen nehmen dort ab, es stellt sich eine konstante Driftgeschwindigkeit ein (nach [30]).

Feld abgelenkt (beschleunigt), so daß sie eine ballistische Bahn durchlaufen (**ballistische Elektronen**, Bild 4.3.3-8). Nach einigen Streuprozessen befinden sich die Elektronen dann im oberen Minimum und nehmen dort eine kleinere mittlere Geschwindigkeit an. Während der ersten Stoßprozesse, die noch vorwiegend im unteren Minimum stattfinden, kann die Beschleunigung der Elektronen zu einer **Geschwindigkeitsüberschreitung** (velocity overshoot) über die Sättigungsgeschwindigkeit hinaus führen (Bild 4.3.3-9).

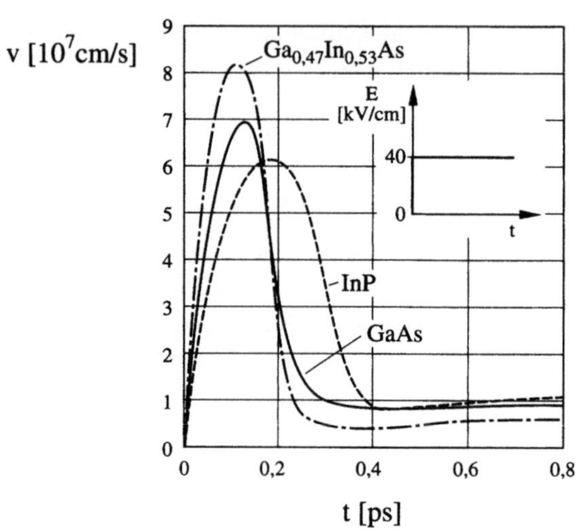

Bild 4.3.3-9: Zeitliche Entwicklung der Elektronengeschwindigkeit als Folge eines sprungartig angelegten Feldes für verschiedene Halbleiterwerkstoffe. Die Geschwindigkeitsüberschreitung über die Sättigungsgeschwindigkeit hinaus ist deutlich zu erkennen (nach [31]).

Auch die Überschreitung der Sättigungsgeschwindigkeit kann für die Steigerung der Grenzfrequenz von Halbleiterbauelementen angewendet werden, entsprechende Arbeiten befinden sich zur Zeit noch im Forschungsstadium.

4.3.4 Lawinendurchbruch

Bei der Bewegung von Ladungsträgern in einem elektrischen Feld wird ständig Energie freigesetzt, die als **Joulesche Wärme** (Band 1 Abschnitt 4.3.1) bezeichnet wird. Bei kleineren Feldern wird diese Energie vorwiegend umgesetzt in eine Erzeugung von Gitterschwingungen, d.h. eine Aufwärmung des Festkörpers. Bei großen Feldern in Halbleitern tritt ein dazu alternativer Prozeß der Energieabführung hinzu: Die Elektron-Loch-Paarerzeugung (Bild 4.3.4-1).

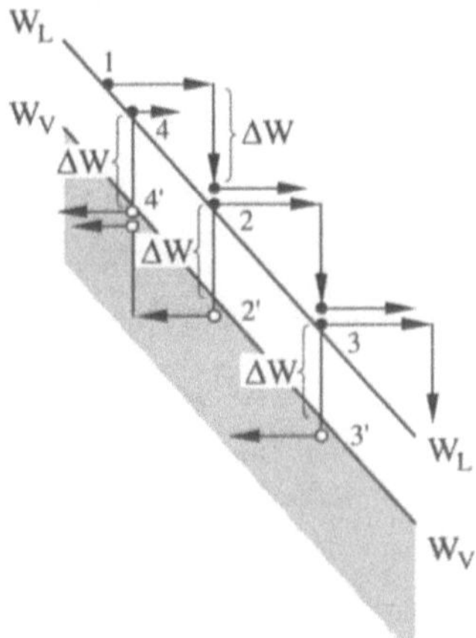

Bild 4.3.4-1:   *Ladungstransport in einem Halbleiter bei Wirkung großer elektrischer Felder (starke Verkippung des Bändermodells): Die freiwerdende Energie ΔW wird zur Erzeugung von Elektron-Loch-Paaren verwendet. Diese neuerzeugten Ladungsträger werden dann ihrerseits durch das elektrische Feld beschleunigt und erzeugen weitere Elektron-Loch-Paare (Lawinenmultiplikation).*

Die Größe der Energie ΔW, die für eine Elektron-Loch-Paarerzeugung (Ionisationsprozeß) erforderlich ist, hängt stark von der Bandstruktur ab, sie beträgt bei Silizium 3,6 eV für Elektronen und 5,0 eV für Löcher [32]. Die Generationsrate G (pro Volumen und Zeit, s. Abschnitt 6) der erzeugten Elektron-Loch-Paare ist proportional zu den Teilchenstromdichten j_T für Elektronen und Löcher:

$$G = \alpha_n \left| j_n^T \right| + \alpha_p \left| j_p^T \right| \tag{1}$$

mit den **Ionisationsraten** α_n und α_p für Elektronen und Löcher. Diese Größen sind stark feldabhängig (Bild 4.3.4-2).

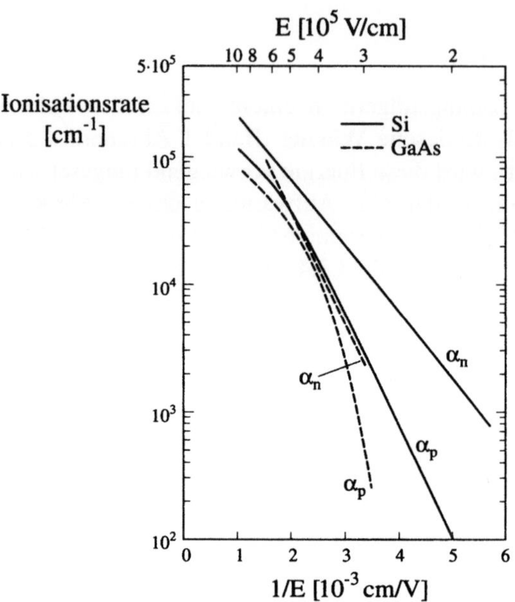

*Bild 4.3.4-2:   Experimentelle Werte für die Ionisationsraten von Elektronen und Löchern in Si-
lizium und Galliumarsenid (nach [9]).*

Zur Berechnung eines Kriteriums für den Lawinendurchbruch gehen wir aus von einem homogenen Halbleiter der Länge d mit konstantem Querschnitt (Bild 4.3.4-3,
[32]). Wir gehen aus von einer Elektronen-Teilchenstromdichte, die in x-Richtung
fließt. Beim Eintritt in den Halbleiter bei $x = 0$ habe diese den Wert $j_n^T(0)$. Für größere x nimmt diese Stromdichte aufgrund einer Lawinenmultiplikation ständig zu,
an der Stelle x gilt

$$d\left| j_n^T \right| = \alpha_n dx \left| j_n^T \right| + \alpha_p dx \left| j_p^T \right| \tag{2}$$

weil jedes Elektron und Loch beim Ionisationsprozeß ein neues Elektron erzeugt.
Mit der Gesamt-Teilchenstromdichte

$$\left| j^T \right| = \left| j_n^T \right| + \left| j_p^T \right| \tag{3}$$

folgt aus (2) nach Elimination von j_p^T:

$$d\left| j_n^T \right| = \left\{ \alpha_n \left| j_n^T \right| + \alpha_p \left| j^T \right| - \alpha_p \left| j_n^T \right| \right\} dx$$

$$= \left\{ \left(\alpha_n - \alpha_p \right) \left| j_n^T \right| + \alpha_p \left| j^T \right| \right\} dx \tag{4}$$

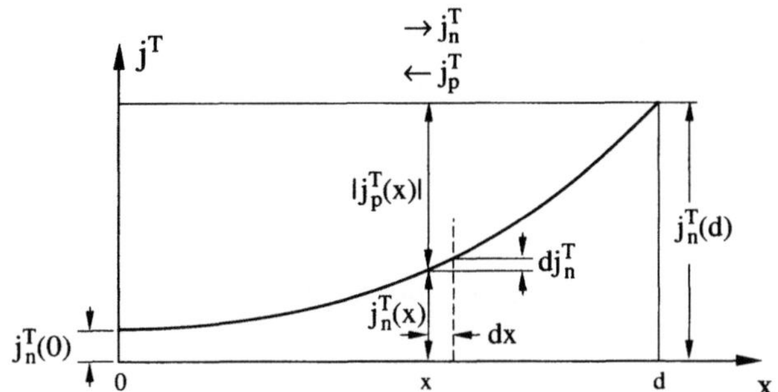

Bild 4.3.4-3:   *Verlauf der Teilchenstromdichten von Elektronen und Löchern in einem Halblei-*
terkristall beim Lawinendurchbruch. Die Gesamtstromdichte ist durch die äuße-
ren Randbedingungen festgelegt, sie setzt sich aus der Summe der Beträge der
Teilchenstromdichten von Elektronen und Löchern zusammen (nach [9]).

Die Gesamt-Teilchenstromdichte liegt als Systemparameter fest über die elektrische
Stromdichte, da nach (4.3.2-14 und 22) gilt (bei Wirkung eines elektrischen Feldes
haben die Teilchenstromdichten von Elektronen und Löchern ein entgegengesetztes
Vorzeichen):

$$j = j_n + j_p \underset{\text{o.B.d.A. } j_n^T > 0}{=} -\left|qj_n^T\right| + |q|\left(-\left|j_p^T\right|\right) \underset{(3)}{=} -\left|qj^T\right| \tag{5}$$

Zur Vereinfachung der Lösung der Differentialgleichung (4) setzen wir die Ionisati-
onskoeffizienten für Elektronen und Löcher ungefähr gleich (was nach Bild 4.3.4-1
zumindest für die kleineren Feldstärken erfüllt ist). Die Integration von (4) über die
gesamte Länge des Halbleiters ergibt:

$$\alpha_p \approx \alpha_n \approx : \alpha \tag{6}$$

$$(4) \underset{\substack{(6)\\ j^T = \text{const}}}{\Rightarrow} \frac{\left|j_n^T(d)\right| - \left|j_n^T(0)\right|}{\left|j^T\right|} = \int_o^d \alpha_p(x)dx = \int_o^d \alpha(x)dx \tag{7}$$

Die Gesamtstromdichte j^T ist gleich der Elektronen-Teilchenstromdichte bei d, weil
an dieser Stelle keine Löcher (von rechts kommend) in den Halbleiter hereinfließen
sollen. Mit dem **Multiplikationsfaktor** M_n folgt dann aus (7)

$$M_n := \frac{j_n^T(d)}{j_n^T(0)} \underset{j_n^T(d)=j^T}{=} \frac{j^T}{j_n^T(0)} \tag{8}$$

$$(7) \underset{(8)}{\Rightarrow} 1 - \frac{1}{M_n} = \int_o^d \alpha(x)dx \tag{9}$$

Das Kriterium für den Lawinendurchbruch ist, daß die Ladungsträgerkonzentration beliebig stark ansteigen soll, d.h. M_n muß gegen unendlich gehen. Damit ist nach (9) die Bedingung für den Lawinendurchbruch

$$\int_o^d \alpha(E(x))dx = 1 \tag{10}$$

Dabei ist berücksichtigt worden, daß die Ortsabhängigkeit von α durch die Ortsabhängigkeit der elektrischen Feldstärke entsteht. Bei homogenen Halbleitern reduziert sich das auf die Formel

$$\alpha(E)d = 1 \tag{11}$$

mit dem angelegten konstanten Feld E. Bei inhomogenen Halbleitern ist E ortsabhängig, so daß das Integral (10) explizit berechnet werden muß.

5 Halbleiterübergänge

5.1 Thermisches Gleichgewicht an Halbleiterübergängen

Wie in Abschnitt 4.3.1 gezeigt, können die Ursachen für das Auftreten von Gradienten der Fermienergie unterschiedlich sein: Sie entstehen durch das Zusammenbringen verschiedener Werkstoffe, unterschiedlicher Legierungen desselben Werkstoffes oder durch Anlegen äußerer Spannungen. In Abschnitt 4.3.1 wurden speziell nur die chemischen Potentiale für Elektronen (Fermienergien) betrachtet. Die chemischen Potentiale anderer Teilchen des Festkörpersystems, z.B. der Atome, sind davon weitgehend unabhängig. Werden z.B. zwei Festkörper mit einer unterschiedlichen Dotierungskonzentration miteinander in Verbindung gebracht, dann entsteht bei vollständig mischbaren Legierungssystemen (Band 1, Abschnitt 2.5) ein Gradient des chemischen Potentials der Legierungsatome von dem Kristall mit höherer Dotierungskonzentration hin zu dem mit der niedrigeren, d.h. es tritt eine chemische Kraft auf, welche die Dotierungsatome von einem der Kristalle zu dem anderen hin bewegen will. Bei einem festen Kontakt beider Kristalle ist der dafür erforderliche Bewegungsprozeß die Festkörperdiffusion, ein Prozeß, der erst bei sehr hohen Temperaturen mit vergleichsweise geringer Beweglichkeit abläuft. Das führt dazu, daß der Gradient des chemischen Potentials der Dotierungatome zwar vorhanden ist, sich aber bei Temperaturen im Bereich der Raumtemperatur nicht auswirkt.

Die eben beschriebene Tatsache, daß bei verschiedenen Materialien chemische Kräfte sowohl auf Elektronen wie auch auf Atome wirken, die daraus resultierende Teilchenbewegung aber nur bei Elektronen signifikant ist, hat eine wichtige Konsequenz: Es entstehen durch Ladungstrennung elektrostatische Raumladungen. Das läßt sich am Beispiel der Donatorstörstellen (Abschnitt 3.2.1) leicht zeigen: In n-Halbleitern wird die weit überwiegende Anzahl der Elektronen dadurch erzeugt, daß die Donatoratome ionisiert werden: Sie geben ein Elektron an das Leitungsband ab und laden sich dadurch selbst positiv auf. Da praktisch nur die Elektronen beweglich sind, erfolgt gleichzeitig eine Ladungstrennung: Die negativen Ladungen (Elektronen) werden aufgrund der chemischen Kraft abgezogen und lassen die fast unbeweglichen positiven Ladungen zurück. Dadurch entsteht eine Ladungs-Doppelschicht (s. Band 1, Abschnitt 2.8.3) mit charakteristischen Eigenschaften, die im folgenden genauer betrachtet werden.

Als Ausgangspunkt können die Systeme in den Bildern des Abschnittes 4.3.1 betrachtet werden. Kennzeichnend ist in jedem Fall, daß ein Gradient der Fermienergie vorliegt, so daß auf die Elektronen eine chemische Kraft in Richtung auf die niedrigere Ferminergie hin erfolgt. Wir nehmen an, daß einige Elektronen eine Zeitlang dieser chemischen Kraft folgen können, z.B. dadurch, daß beide Kristalle für eine bestimmte Zeit leitfähig verbunden worden sind. Der Elektronenübergang ist mit dem Entstehen von Oberflächenladungen in den Stirnflächen der beiden Kristalle verbunden, die sich gegenüberliegen (Bild 5.1-1). Dadurch entsteht ein elektrisches Feld, welches eine rücktreibende Kraft auf die übergegangenen Elektronen erzeugt: Die so entstandene elektrostatische Feldkraft wirkt der Ladungstrennung entgegen. Die hiermit verbundene potentielle Energie addiert sich zu der Kristallenergie der Elektronen (Bandkante ohne Wirkung eines elektrischen Feldes), so daß das Bandschema des negativ aufgeladenen Kristalls relativ zu dem des positiv aufgeladenen angehoben wird. Durch diesen Prozeß wird die Differenz der Fermienergien beider Kristalle verkleinert, bis sie schließlich den gleichen Wert annehmen. In diesem Fall ist das thermische Gleichgewicht erreicht, es findet kein Elektronenübergang mehr statt.

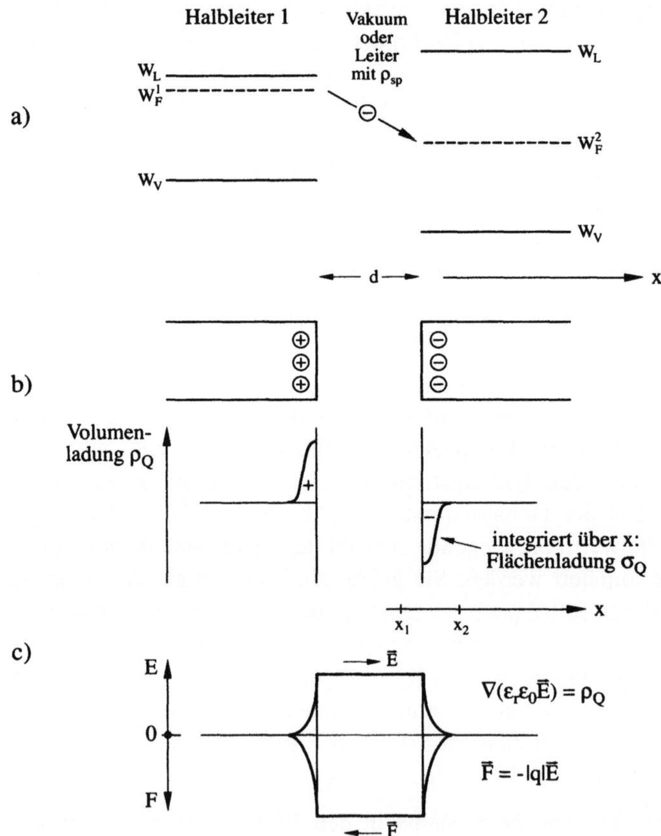

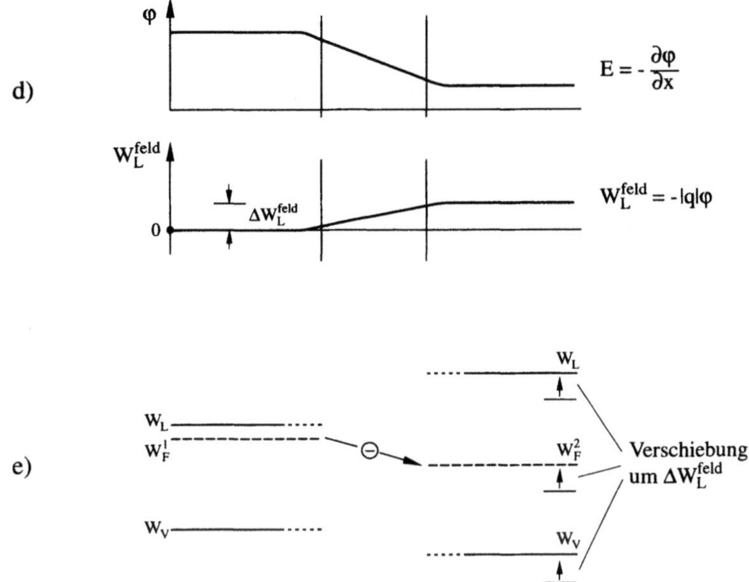

Bild 5.1-1: Elektronenübergang bei Werkstoffen mit unterschiedlicher Fermienergie

a) Bändermodell vor dem Elektronenübergang (vgl. Bild 4.3.1-2)

b) Ladungsverteilung nach dem Übergang

c) resultierendes elektrisches Feld

d) Verlauf des elektrischen Potentials φ und der elektrostatisch erzeugten potentiellen Energie, welche das Feld in c) erzeugt. Dabei wird die Beziehung (4.3.2-7a) verwendet

e) Addition der potentiellen Energie aus d) zu den Energien der Bandkanten in a).
Die Differenz der Fermienergien vermindert sich um ΔW_L^{feld}, d.h. die chemische Kraft nimmt entsprechend ab: Das System hat sich in Richtung auf eine Einstellung des thermischen Gleichgewichts hin verändert. Trotz der erheblich vergrößerten rücktreibenden Kraft F findet aber immer noch ein Elektronenübergang statt, bis die Fermienergien in beiden Werkstoffen denselben Wert angenommen haben

Bild 5.1.-1 zeigt deutlich, daß die entscheidende treibende Kraft für einen Elektronenübergang durch die Differenz der Fermienergien bestimmt wird. Diese kann durchaus imstande sein, auch größere rücktreibende Kräfte, welche z.B. durch die elektrostatische Anziehung der beiden Raumladungen entstehen, zu überwinden. Die physikalische Ursache hierfür wird durch die Gleichungen (4.3.2-9) ausgedrückt: Die chemische Kraft setzt sich aus der Feld-, Kristall- und Diffusionskraft zusammen (Anmerkung: Auch in dem System in Bild 5.1-1 tritt eine zusätzliche rücktreibende Diffusionskraft dadurch auf, daß der vorhandene Konzentrationsgradient verkleinert wird. Diese Kraft soll aber gegenüber der Feldkraft vernachlässigt werden können). Im ursprünglich feldfreien Zustand bewirken die Kristall- und Diffusionskräfte eine

Teilchenbewegung, die den – in der Richtung entgegengesetzten – Feldkraft-Term von Null auf immer größere Werte ansteigen läßt. Im thermischen Gleichgewicht ist die Feldkraft schließlich so groß geworden, daß sie die beiden anderen exakt kompensiert. In diesem kräftefreien Zustand ist das thermische Gleichgewicht erreicht und die Fermienergie überall konstant.

In Bild 5.1-1c wurde die Poissongleichung verwendet. Diese ist eine der Maxwellschen Gleichungen, bei Berücksichtigung der Polarisation (Volumendichte des elektrischen Dipolmoments) P hat diese die Form (Band 1, Abschnitt 6.2)

$$\frac{\partial}{\partial x}\varepsilon_o E = \rho_Q + \rho_{dip} \tag{1}$$

$$= \rho_Q - \frac{\partial}{\partial x}P \tag{2}$$

$$\Rightarrow \frac{\partial}{\partial x}(\varepsilon_o E + P) := \frac{\partial}{\partial x}D = \rho_Q = \rho_{\text{mono}} \tag{3}$$

Ist die Polarisation proportional zum elektrischen Feld (die Proportionalitätskonstante heißt **dielektrische Suszeptibilität**), dann gilt

$$P = \chi \varepsilon_o E \tag{4}$$

$$\Rightarrow D = \varepsilon_o E(1 + \chi) =: \varepsilon_r \varepsilon_o E \tag{5}$$

mit der **relativen Dielektrizitätskonstanten** ε_r und einer Poissongleichung der Form

$$\frac{\partial}{\partial x}D = \frac{\partial}{\partial x}(\varepsilon_r \varepsilon_o E) = \rho_Q \tag{6}$$

Die Integration über den Ort erbringt:

$$\int_{x_1}^{x_2}\frac{\partial}{\partial x}(\varepsilon_r \varepsilon_o E)\,dx = \int_{x_1}^{x_2}\rho_Q\,dx \tag{7}$$

$$\Rightarrow \varepsilon_o\{\varepsilon_r(x_2)E(x_2) - \varepsilon_r(x_1)E(x_1)\} = \sigma_Q \tag{8}$$

mit der **Flächenladung** σ_Q, welche durch die zwischen x_1 und x_2 eingeschlossene **Volumenladung** ρ_Q festgelegt wird. Diese Gleichung spiegelt die Verhältnisse in Bild 5.1-1b wieder, wenn man x_1 in das Vakuum zwischen die Halbleiter und x_2 in den rechten Halbleiter außerhalb der Raumladungszone legt: Zwischen Halbleiter und Vakuum liegt eine Flächenladung, die durch die Integration der Raumladung über x festgelegt ist. Dadurch entsteht der Feldstärkesprung zwischen Halbleiter und

Vakuum. Da der Halbleiter als hinreichend leitfähig angenommen wurde, muß das Feld im Halbleiter außerhalb der Raumladungszone Null sein (sonst würde ein Strom fließen und das Feld abbauen). In diesem Fall reduziert sich (8) einfach auf die Formel

$$E(x_2) = 0 \Rightarrow \sigma_Q = -\varepsilon_o \varepsilon_r(x_1) E(x_1) \tag{9}$$

d.h. die Feldstärke im Vakuum ist ein Maß für die Ladung auf der Halbleiteroberfläche.

Ist die Flächenladung Null, dann gilt nach (8) speziell:

$$E(x_1) = \frac{\varepsilon_r(x_2)}{\varepsilon_r(x_1)} E(x_2) \tag{10}$$

d.h. beim Übergang zweier Materialien springt die Feldstärke abrupt auf einen anderen Wert. Dieser Effekt muß bei allen Heteroübergängen berücksichtigt werden.

Der Zeitraum, in dem das thermische Gleichgewicht zwischen zwei Werkstoffen erreicht wird, wenn die Möglichkeit zu einem Ladungsträgerübergang besteht, läßt sich leicht abschätzen. Wir nehmen an, das Medium zwischen den Werkstoffen habe die elektrische Leitfähigkeit σ_{sp}^n. Zum Zeitpunkt $t = 0$ fließt eine elektrische Stromdichte (4.3.2-19), die durch den anfänglichen Gradienten der Fermienergie (der beim Plattenkondensator auch durch eine angelegte äußere Spannung erzeugt werden kann) bestimmt wird:

$$j_{no} = \mu_n \rho_{sp}^n \frac{W_F^2 - W_F^1}{d} = \frac{\sigma_{sp}}{|q|} \frac{W_F^2 - W_F^1}{d} \tag{11}$$

Mit dem Stromfluß baut sich eine negative Flächenladung im Halbleiter 2 auf (Bild 5.1-1), die nach (9) einen elektrischen Feldstrom (der Beitrag zum Diffusionsstrom wird vernachlässigt) in der entgegengesetzten Richtung bewirkt:

$$j_n^{feld} = -\sigma_{sp}^n E(\sigma_Q) \underset{(9)}{=} \frac{\sigma_{sp}^n}{\varepsilon_r \varepsilon_o} \sigma_Q =: \frac{\sigma_Q}{\tau_d} \tag{12}$$

$$\text{mit} \quad \tau_d := \frac{\varepsilon_r \varepsilon_o}{\sigma_{sp}^n} \tag{13}$$

mit der **dielektrischen Relaxationszeit** τ_d. Die Gesamtstromdichte j_{ges} entspricht der zeitlichen Änderung der Flächenladung. Damit erhalten wir aus (11) und (12) für den Stromfluß in $+x$-Richtung die Differentialgleichung:

$$j_{ges} = \dot\sigma_Q = j_{no} - j_n^{feld} = j_{no} - \frac{\sigma_Q}{\tau_d} \tag{14}$$

Die Lösung dieser Differentialgleichung (Spezialfall der Ladungssteuerungsgleichung (6.3.-1g)) ist unter der Randbedingung, daß die Flächenladung zum Zeitpunkt $t = 0$ Null beträgt,

$$\Rightarrow \sigma_Q = j_{no}\tau_d\left\{1 - \exp\left(-\frac{t}{\tau_d}\right)\right\} \tag{15}$$

wie sich durch Einsetzen von (15) in (14) beweisen läßt. Die dielektrische Relaxationszeit liegt bei Silizium mit dem spezifischen Widerstand von 0,01 Ωm in der Größenordnung von Picosekunden, d.h. sie ist nach Abschnitt 4.3.3 in derselben Größenordnung wie oder größer als die mittlere Stoßzeit. Nach einigen Picosekunden stellt sich also die konstante Flächenladung ein

$$\sigma_Q = j_{no}\tau_d = \varepsilon_r\varepsilon_o\,\frac{W_F^2 - W_F^1}{|q|d} =: C_F\,\frac{W_F^2 - W_F^1}{|q|} \underset{\text{(Bild 5.2.3-1)}}{=} C_F\,\frac{|q\Phi_{s1}| - |q\Phi_{s2}|}{|q|} \tag{16}$$

$$C_F := \frac{\varepsilon_r\varepsilon_o}{d} \tag{17}$$

mit der **Flächenkapazität** C_F. Definiert man einen Widerstand R der elektrischen Verbindung beider Werkstoffe über die Kontaktfläche A durch

$$R = \frac{1}{\sigma_{sp}^n}\,\frac{d}{A} \tag{18}$$

und geht über auf die Kapazität $C = C_F{\cdot}A$, dann läßt sich die dielektrische Relaxationszeit als RC-Konstante schreiben:

$$\tau_d = RC \tag{19}$$

Der Verschiebungsstrom fällt bis zur Einstellung des thermischen Gleichgewichts (gleiche Werte der Fermienergien in beiden Werkstoffen) exponentiell mit der Zeit ab nach dem Gesetz

$$j_n = j_{no}\exp\left(-\frac{t}{\tau_d}\right) \tag{20}$$

Bei nicht zu hochohmigen Halbleitern kann man daher im allgemeinen davon ausgehen, daß die Gleichgewichtseinstellung an Übergängen in kürzerer Zeit erfolgt als andere zeitlich veränderliche Vorgänge.

Aus (16) ergibt sich eine wichtige Konsequenz: Läßt man die Elektronen zweier Werkstoffe mit unterschiedlichen Arbeitsfunktionen in ein thermisches Gleichgewicht miteinander übergehen (indem man sie eine Zeitlang leitend verbindet), dann entsteht auf beiden Seiten eine Raumladung. Dieses Verhalten ist anders bei dem im Band 1, Abschnitt 6.2) behandelten Plattenkondensator: Dort trat eine Raumladung nur bei Anlegen einer äußeren Spannung auf, ein solches Verhalten ist typisch für den Fall, daß beide Platten des Kondensators aus demselben Werkstoff bestehen (genauer: gleiche Arbeitsfunktionen besitzen). Bild 5.1-2 zeigt die entsprechenden Verhältnisse bei Anlegen einer äußeren Spannung an zwei Halbleiter, die vorher im thermischen Gleichgewicht miteinander waren (im Bild zwei Halbleiter mit identischen Eigenschaften).

Die aufgrund von Differenzen der Arbeitsfunktionen und aufgrund von angelegten Spannungen entstehenden Flächenladungen am Kondensator überlagern sich ungestört: Betrachten wir ohne Beschränkung der Allgemeinheit die rechte Seite des Plattenkondensators in Bild 5.1-2, dann ergibt sich dort für die eingezeichneten Werte der Arbeitsfunktionen eine negative Flächenladung, der sich nach Band 1, Bild 6.2-4, bei Anlegen positiver (relativ zur Masse auf der linken Seite des Plattenkondensators) äußerer Spannungen U_a eine positive Flächenladung überlagert:

$$\sigma_Q = C_F \left\{ \frac{|q\Phi_{s1}| - |q\Phi_{s2}|}{|q|} + U_a \right\} =: C_F \left\{ \Phi_{s12} + U_a \right\} \tag{21}$$

$$\text{mit} \quad \Phi_{s12} := |\Phi_{s1}| - |\Phi_{s2}| \tag{22}$$

Eine Flächenladung Null auf den Kondensatorplatten erhält man erst nach Anlegen einer negativen äußeren Spannung:

$$U_a\big|_{\sigma_Q = 0} =: U_a^{FB} = -\Phi_{s12} \tag{23}$$

$$\Rightarrow \sigma_Q = C_F \left\{ U_a - U_a^{FB} \right\} \tag{24}$$

Wie im folgenden Abschnitt diskutiert wird, haben die Bandkanten bei Abwesenheit von Raumladungen (und Strömen!) einen horizontalen Verlauf, deshalb wird die äußere Spannung U_a, bei der die Raumladungen am Plattenkondensator verschwinden, auch als **Flachbandspannung** U_a^{FB} bezeichnet. Dieser Spannung kommt bei MOS-Übergängen eine große Bedeutung zu.

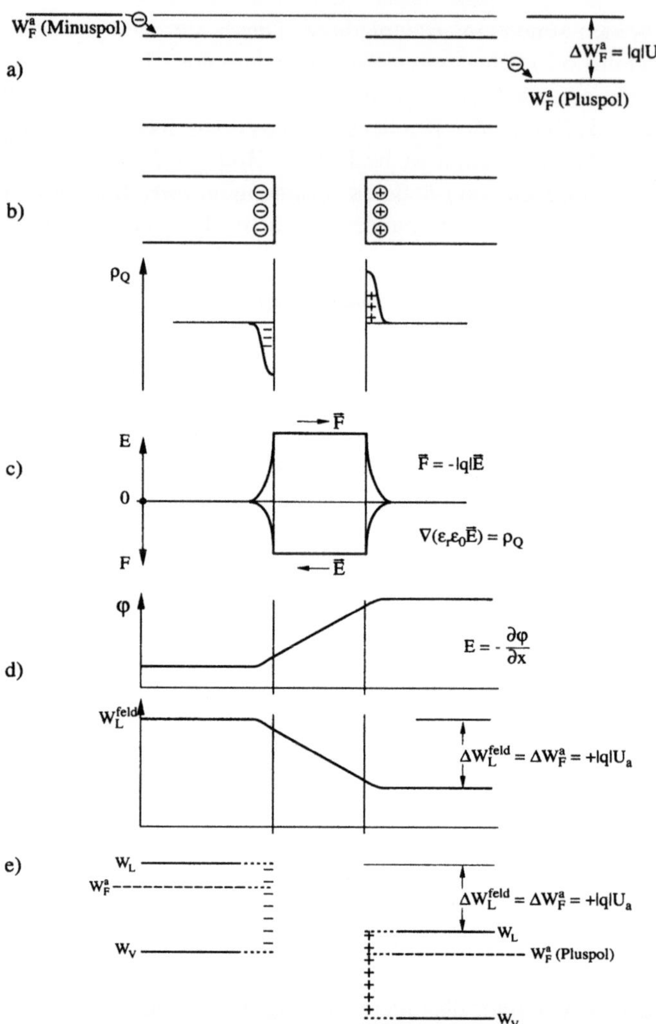

Bild 5.1-2: *Wirkung einer äußeren Spannung auf Werkstoffe mit gleicher Fermienergie*

a) Differenzen in den Fermienergien der Spannungsquelle und der Halbleiter erzeugen Elektronenübergänge. Die daraus resultierende Verschiebungsstromdichte wird durch die Leitfähigkeit des Halbleiters bestimmt.

b) Aufgrund elektrostatischer Anziehung ordnen sich die in a) entstandenen Ladungen auf den Stirnflächen der Werkstoffe gegenüber an

c) aus b) resultierende elektrische Felder und Kräfte auf die Elektronen

d) Verlauf des elektr. Potentials φ und der daraus resultierenden potentiellen Energie pro Elektron

e) Verschiebung der Bänder aufgrund von d). Die äußere Spannung hat einen Gradienten der Fermienergie zwischen den Werkstoffen erzwungen. Werden beide Werkstoffe leitend verbunden, dann fließt ein Driftstrom (ohmscher Widerstand)

5.2 Übergänge zwischen Halbleitern

5.2.1 Zusammenhang zwischen Ladung und Bandverlauf

Der Aufbau von Halbleiter-Homoübergängen und die Entstehung der dabei wirkenden chemischen Kräfte war in Bild 4.3.1-1 dargestellt worden. Die Konsequenz ist, daß bei einem Unterschied der Fermienergien Elektronen von der einen Seite des Überganges zu der anderen hinüberwechseln, während die unbeweglichen ionisierten Dotierungsatome zurückbleiben. Das Ergebnis ist die Bildung einer elektrischen Doppelschicht (oder Dipolschicht), die nach Abschnitt 5.1 eine Abnahme der chemischen Kraft bewirkt. Die Ladung in der Dipolschicht nimmt schließlich so hohe Werte an, daß die Fermienergien im Zustand des thermischen Gleichgewichts auf beiden Seiten des Überganges übereinstimmen.

Die in den Doppelschichten enthaltenen positiven und negativen elektrischen Raumladungen sind nach Bild 4.2-3 stets mit einer Änderung des energetischen Abstandes von Fermienergie und Bandkanten verbunden. Die Ladungserzeugung kann durch eine Vergrößerung oder Verkleinerung der Dichte beweglicher Ladungsträger erfolgen und damit gravierende Auswirkungen auf die elektrische Leitfähigkeit haben (Bild 5.2.1-1).

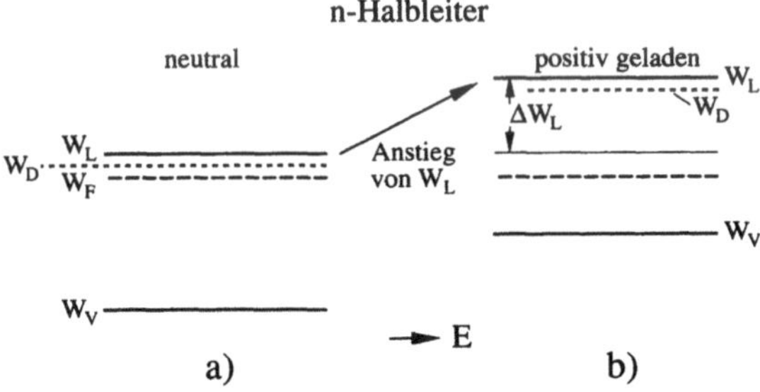

Bild 5.2.1-1:   n-dotierter Halbleiter in neutralem (a) und positiv aufgeladenem (b) Zustand. Im Zustand (b) ist der Energieabstand zwischen potentieller Energie W_L pro Elektron und Fermienergie vergrößert. Die Differenz zwischen W_L auf der rechten und linken Seite des Übergangs ist gleichbedeutend mit einem "inneren", d.h. von außen nicht meßbaren elektrischen Feld. Dieses Feld ist über die Poissongleichung (5.1-6) mit der Raumladung verbunden. Eine realistischere Darstellung (in Bild 5.2.2-2 enthalten) berücksichtigt, daß die Ortsabhängigkeit der Raumladung mit der Ortsabhängigkeit von W_L funktional zusammenhängt, entsprechend ist dann der Ortsverlauf der Bandkanten nicht horizontal, sondern gekrümmt.

Die Ladungserzeugung in b) erfolgt durch Abzug der beweglichen Elektronen, d.h. der Halbleiter in b) hat eine weit geringere Leitfähigkeit als der in a).

Nach der Poisson-Gleichung (5.1-6) ist mit dem Auftreten einer Raumladung immer die Entstehung eines zusätzlichen elektrischen Feldes verbunden, welches seinerseits einen Gradienten der örtlichen potentiellen Energie erzeugt. Dieser Wert muß zu der vorhandenen Kristallenergie (charakterisiert durch die Energien W_L und W_V der Bandkanten) addiert werden, so daß W_L und W_V ortsabhängig werden: Es entsteht eine **Bandverbiegung**. Der Zusammenhang zwischen der örtlichen Änderung der Bandkantenenergie und dem elektrischen Feld ist bei homogenen Halbleitern mit konstanter Kristallenergie W^{kr} nach (4.3.2-6 bis 9):

$$\frac{1}{|q|}\frac{\partial W_L}{\partial x} = E \tag{1}$$

Wegen des konstanten (starren) Bandabstandes in homogen dotierten Halbleitern gilt gleichzeitig

$$\frac{1}{|q|}\frac{\partial W_V}{\partial x} = E \tag{2}$$

Aufgrund der Beziehungen (1) und (2) entsteht durch die Poissongleichung (5.1-6) ein Zusammenhang zwischen örtlicher Ladung und Verlauf der Bandkantenenergien W_V und W_L:

$$\frac{\varepsilon_r \varepsilon_o}{|q|}\frac{\partial^2 W_L(x)}{\partial x^2} = \frac{\varepsilon_r \varepsilon_o}{|q|}\frac{\partial^2 W_V(x)}{\partial x^2} = \rho_Q(x) \tag{3}$$

Dabei ist von einem homogenen Halbleiter ausgegangen worden, bei dem sich die Dielektrizitätskonstante ε_r mit dem Ort nicht ändert und daher vor das Differential gezogen werden kann. In ρ_Q sind alle Ladungsdichten zusammengefaßt, die bei einem Halbleiter auftreten können, nach Abschnitt 4.2 gilt:

$$\rho_Q = -|q|\{\rho_n + \rho_{A^-}\} + |q|\{\rho_p + \rho_{D^+}\} \tag{4}$$

Die Größen auf der rechten Seite können sehr empfindlich von der Lage der Bandkantenenergien W_L und W_V relativ zur Fermienergie abhängen (beide sind über (4.2-10) mit dem Bandabstand W_g verknüpft). Die örtliche Lage der Fermienergie wird durch die Randbedingungen des Problems bestimmt. Damit ergibt sich in (4) eine Differentialgleichung für W_L, die im allgemeinen nur noch numerisch zu lösen ist. Bei wichtigen Spezialfällen kann aber (4) durch Näherungen so vereinfacht werden, daß sich analytische Lösungen erhalten lassen. Diese sollen im folgenden genauer untersucht werden. Dabei wollen wir uns grundsätzlich auf den klassischen Grenzfall (Abschnitt 1.2.3) beschränken, über den die meisten wichtigen Halbleitereffekte hergeleitet und quantitativ erfaßt werden können. Wenn bei hohen Dotierungskonzentrationen die Anwendung der Fermi-Dirac-Statistik erforderlich wird, steigt der Rechenaufwand erheblich an, es ergeben sich aber selten grundsätzliche Änderungen der Ergebnisse.

Als Modellwerkstoff betrachten wir n-dotierte Halbleiter mit flachen Donatorfehl-
stellen und p-dotierte mit flachen Akzeptorfehlstellen. Im nahezu vollständig ionisierten Zustand müssen die Energieniveaus der Dotierungsatome oberhalb der Fermienergie (n-Halbleiter) oder unterhalb derselben (p-Halbleiter) liegen (Bild 5.2.1-2).

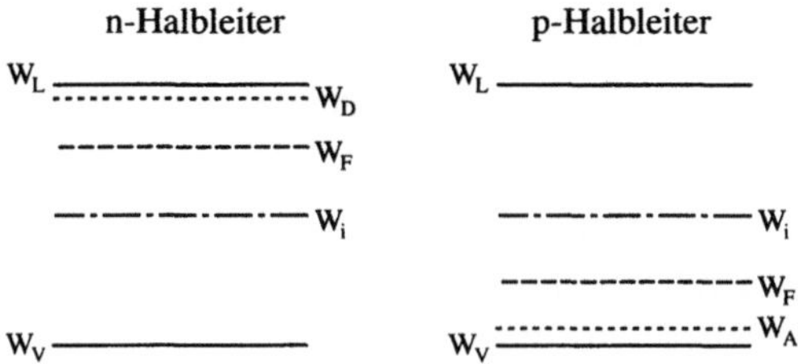

*Bild 5.2.1-2:   Typische Lagen von Bandkanten, Fermienergien und Energieniveaus von Dotie-
rungsatomen für n- und p-Halbleiter im elektrisch neutralen Zustand (keine
Raumladung) bei Raumtemperatur. Die Dotierungsatome sind dabei nahezu vollständig ionisiert (vgl. Bild 4.2-6).*

Das thermische Gleichgewicht der Ladungsträger im Valenz- und Leitungsband ist
charakterisiert durch identische Quasifermienergien

$$W_F^{nV} = W_F^{nL} =: W_F \tag{5}$$

Mit diesem Wert können die Ladungsdichten (4.1-1 und 2) und (4.2-5 und 7) in (4)
einzeln bestimmt werden:

$$\rho_n = N_L \exp\left(-\frac{W_L - W_F}{kT}\right) \tag{6a}$$

$$\rho_p = N_V \exp\left(-\frac{W_F - W_V}{kT}\right) \tag{6b}$$

$$\rho_{D^+} = \frac{\rho_D}{1 + 2\exp\left(\dfrac{W_F - W_D}{kT}\right)} \tag{7a}$$

$$\rho_{A^-} = \frac{\rho_A}{1 + 2\exp\left(\dfrac{W_A - W_F}{kT}\right)} \tag{7b}$$

Die Funktionen (7) geben der Differentialgleichung (3) eine recht komplizierte
Form. Zur Vereinfachung betrachtet man daher speziell die Verhältnisse unter zwei
Randbedingungen:

1. Die Dotierungsatome sind nahezu vollständig ionisiert, daraus folgt

$$\rho_{D^+} \cong \rho_D \Leftrightarrow W_D - W_F \gg kT \tag{8a}$$

$$\rho_{A^-} \cong \rho_A \Leftrightarrow W_F - W_A \gg kT \tag{8b}$$

Diese Annahme ist gerechtfertigt in den unten diskutierten Spezialfällen der kleinen Auslenkung aus dem Gleichgewicht und der Entleerung.

2. Die Fermienergie liegt oberhalb von W_D (n-Halbleiter) oder unterhalb von W_A (p-Halbleiter). Unter dieser Voraussetzung nimmt die Ionisation der Dotierungsatome ab, die Elektronendichte (n-Halbleiter), bzw. Löcherdichte (p-Halbleiter) hingegen stark zu (s. Beispiel in Bild 4.2-3):

$$W_F - W_D > kT \Leftrightarrow \rho_n = N_L \exp\left(-\frac{W_L - W_F}{kT}\right) > \rho_{D^+} \tag{9a}$$

$$W_A - W_F > kT \Leftrightarrow \rho_p = N_V \exp\left(-\frac{W_F - W_V}{kT}\right) > \rho_{A^-} \tag{9b}$$

Diese Näherung kommt zur Anwendung im Spezialfall der Anreicherung (s.u.).

Unter den Randbedingungen 1., d.h. bei p- und n-dotierten Halbleitern, bei denen die Fermienergie etwa in der Mitte der verbotenen Zone in hinreichendem Abstand von den Energieniveaus der Dotierungsatome liegt, bekommt (4) mit (6) bis (8) die einfachere Form

$$\frac{\varepsilon_r \varepsilon_o}{|q|} \frac{\partial^2 W_L}{\partial x^2} = -|q|\left\{ N_L \exp\left(-\frac{W_L - W_F}{kT}\right) + \rho_A \right\}$$

$$+|q|\left\{ N_V \exp\left(-\frac{W_F - W_V}{kT}\right) + \rho_D \right\} \tag{10}$$

Man erkennt, daß der Lage der Fermienergie in (10) eine entscheidende Größe zukommt: sie bestimmt, wie weit die Elektronen- und Löcherdichten in den Bändern zur Gesamtladung beitragen. Werden nämlich die Fermienergien in Bild 4.2.1-2 in Richtung auf W_i (Energie in der Mitte zwischen Valenz- und Leitungsbandkante) verschoben, dann nehmen die Elektronen- und Löcherdichten schnell ab, so daß sie in (10) vernachlässigt werden können. In diesem Fall wird die Ladung einfach durch die Dotierungsatome festgelegt. Dieser Tatbestand ist bereits in Bild 4.2-3 deutlich geworden: Für einen weiten Bereich der Lage der Fermienergie unterhalb des Wertes für den neutralen Zustand ist die Ladung konstant und gleich ρ_D.

Da in einem n-Halbleiter definitionsgemäß die Dichte der Donatoratome gegenüber derjenigen der Akzeptoratome weit überwiegt, kann der Beitrag von ρ_A vernachlässigt werden, entsprechend der Beitrag ρ_D in p-Halbleitern. Allein wegen des Abstandes der Fermienergie zu den entsprechenden Bandkanten ist auch der Beitrag der Löcher in n-Halbleitern und Elektronen in p-Halbleitern (Minoritätsträger) vernachlässigbar klein. Damit kommt man schließlich zu den Beziehungen:

$$\text{n - Halbleiter:} \quad \frac{\varepsilon_r \varepsilon_o}{|q|} \frac{\partial^2 W_L}{\partial x^2} = -|q| N_L \exp\left(-\frac{W_L - W_F}{kT} \right) + |q|\rho_D \tag{11a}$$

$$\text{p - Halbleiter:} \quad \frac{\varepsilon_r \varepsilon_o}{|q|} \frac{\partial^2 W_V}{\partial x^2} = +|q| N_V \exp\left(-\frac{W_F - W_V}{kT} \right) - |q|\rho_A \tag{11b}$$

Auch diese Differentialgleichungen sind noch nicht sehr einfach zu lösen. Wir wollen im folgenden ohne Einschränkung der Allgemeinheit den Fall des n-Halbleiters genauer analysieren. Dabei gehen wir zunächst vom thermischen Gleichgewicht aus, d.h. von einer konstanten Fermienergie. In Abschnitt 7 wird gezeigt werden, daß diese Annahme in wichtigen Fällen bei kleinen Strömen auch außerhalb des thermischen Gleichgewichts in guter Näherung erfüllt wird. Die Ladung des n-Halbleiters hängt von der energetischen Lage der Leitungsbandkante W_L relativ zu W_F ab (im Gegensatz zu Bild 4.2-3 halten wir jetzt die Fermienergie fest und lassen W_L variieren). Bei einem bestimmten Wert W_{Lo} ist die negative Ladung der Leitungselektronen gerade gleich der positiven der ionisierten Donatoren, dieses entspricht dem neutralen Zustand

$$|q| N_L \exp\left(-\frac{W_{Lo} - W_F}{kT} \right) = |q|\rho_D \tag{12}$$

Es ist zweckmäßig, jetzt die Lage der Leitungsbandkante durch die Abweichung der Energie W_L vom neutralen Wert zu spezifizieren:

$$W_L(x) = W_{Lo} + \Delta W_L(x) \tag{13}$$

Dann gilt mit (12) und (13):

$$|q| N_L \exp\left(-\frac{W_L - W_F}{kT} \right) = |q| N_L \exp\left(-\frac{W_{Lo} - W_F}{kT} \right) \exp\left(-\frac{\Delta W_L}{kT} \right)$$

$$= |q|\rho_D \exp\left(-\frac{\Delta W_L}{kT} \right) \tag{14}$$

so daß sich (11a) in die Form bringen läßt

$$\frac{\partial^2 W_L}{\partial x^2} = \frac{\partial^2 \Delta W_L}{\partial x^2} = \frac{|q|^2 \rho_D}{\varepsilon_r \varepsilon_o} \left\{ 1 - \exp\left(-\frac{\Delta W_L}{kT} \right) \right\} \tag{15}$$

Der Term in der geschweiften Klammer kann für zwei wichtige Fälle vereinfacht werden:

kleine Auslenkung aus dem neutralen Zustand (quasineutraler Zustand): Dieses ist der Bereich in der unmittelbaren Umgebung des neutralen Zustandes (ausgeprägtes Minimum in Bild 4.2-3b). Nach Taylor-Entwicklung der Exponentialfunktion in (15) ergibt sich näherungsweise die Differentialgleichung

$$|\Delta W_L| \ll kT \Rightarrow \frac{\partial^2 \Delta W_L}{\partial x^2} = \frac{|q|^2 \rho_D}{\varepsilon_r \varepsilon_o} \frac{\Delta W_L}{kT} \tag{16}$$

Entleerung (depletion): Die Leitungsbandkante W_L hat größere Werte als W_{Lo} ($\Delta W_L > 0$), dadurch nimmt die Dichte der Leitungselektronen ab, so daß die Ladung allein durch ionisierte Donatoren bestimmt wird. In Bild 4.2-3b entspricht das dem horizontalen Verlauf der Kurve links vom Minimum. Die Vernachlässigung der Leitungselektronen reduziert (15) auf:

$$\Delta W_L \gg kT \Rightarrow \frac{\partial^2 \Delta W_L}{\partial x^2} = \frac{|q|^2 \rho_D}{\varepsilon_r \varepsilon_o} \tag{17}$$

Die durch (9) charakterisierte Randbedingung 2. führt zum Spezialfall der

Anreicherung (Akkumulation): Die Leitungsbandkante geht auf niedrigere Werte als W_{Lo} (negative Bandaufbiegung). Dadurch nimmt die Elektronendichte im Leitungsband exponentiell zu (steiler Anstieg der Ladung in Bild 4.2-3b rechts vom Minimum), während der Anteil ionisierter Donatoren abnimmt (Bild 4.2-3a). Ist die Bandverbiegung hinreichend stark, dann kann der Beitrag der Donatoren vernachlässigt werden, so daß (4) beim n-Halbleiter die Form annimmt

$$-\Delta W_L > kT \Rightarrow \frac{\partial^2 \Delta W_L}{\partial x^2} = -\frac{|q|^2 \rho_D}{\varepsilon_r \varepsilon_o} \exp\left(-\frac{\Delta W_L}{kT}\right) \tag{18}$$

Für p-Halbleiter gelten entsprechend die Beziehungen

Randbedingung 1. mit (8) $\quad \dfrac{\partial^2 W_V}{\partial x^2} = -\dfrac{|q|^2 \rho_A}{\varepsilon_r \varepsilon_o} \left\{ \exp\left(\dfrac{\Delta W_V}{kT}\right) - 1 \right\}$ $\tag{19}$

$$\Rightarrow \frac{\partial^2 W_V}{\partial x^2} = \frac{|q|^2 \rho_A}{\varepsilon_r \varepsilon_o} \frac{\Delta W_F}{kT} \quad \text{für } |\Delta W_V| \ll kT \quad \text{(kleine Auslenkung)} \tag{20a}$$

$$\Rightarrow \frac{\partial^2 W_V}{\partial x^2} = -\frac{|q|^2 \rho_A}{\varepsilon_r \varepsilon_o} \quad \text{für } \Delta W_V \ll -kT \quad \text{(Entleerung)} \tag{20b}$$

Randbedingung 2. mit (9) $\quad \dfrac{\partial^2 W_V}{\partial x^2} = -\dfrac{|q|^2 \rho_A}{\varepsilon_r \varepsilon_o} \exp\left(\dfrac{\Delta W_V}{kT}\right)$

$$\text{für } \Delta W_V > kT \quad \text{(Anreicherung)} \tag{20c}$$

Die drei typischen Fälle (kleine Auslenkung, Entleerung, Anreicherung) haben eine große Bedeutung in der Physik der Halbleiterbauelemente und werden daher im folgenden (am Beispiel des n-Halbleiters) ausführlich diskutiert.

Die Lösung der Differentialgleichung (16) liegt auf der Hand. Zunächst definieren wir eine charakteristische Länge, die **Debye-Länge**, durch

$$L_{Dn} = \sqrt{\frac{\varepsilon_r \varepsilon_o kT}{|q|^2 \rho_D}} \quad ; \quad L_{Dp} = \sqrt{\frac{\varepsilon_r \varepsilon_o kT}{|q|^2 \rho_A}} \tag{21}$$

Die zu jeder Dotierung und Temperatur (meist wird die Raumtemperatur zugrunde gelegt) gehörenden Werte für die Debye-Länge lassen sich aus den Werkstoffparametern berechnen, Bild 5.2.1-3 zeigt eine graphische Darstellung für Silizium. Die Anwendung dieser Größe vereinfacht das Zahlenrechnen bei Halbleiterproblemen außerordentlich, viele Ergebnisse lassen sich mit Hilfe dieser Länge gut anschaulich deuten. Deshalb wird sie im folgenden immer wieder als fundamentaler Halbleiterparameter anstelle der Werkstoffgrößen ε_r, ρ_i, etc., verwendet werden. Mit Hilfe von (21) läßt sich die Differentialgleichung (16) für den *quasineutralen Fall* umschreiben in

$$\frac{\partial^2 \Delta W_L(x)}{\partial x^2} = \frac{1}{L_{Dn}^2} \Delta W_L(x) \tag{22}$$

$$\Rightarrow \Delta W_L(x) = \Delta W_L(x_o) \exp\left(-\frac{x - x_o}{L_{Dn}}\right) \tag{23a}$$

$$E(x) = -\frac{\Delta W_L(x)}{|q| L_{Dn}} \tag{23b}$$

Die Bandverbiegung hat also einen exponentiellen Verlauf mit der Debye-Länge als charakteristischer Größe (1/e-Abfall). Es wird noch einmal darauf hingewiesen, daß diese Lösung nur für den Fall kleiner Auslenkungen gültig ist, also für die Erzeugung relativ kleiner Ladungen bei geringer Abweichung vom neutralen Zustand. Nur bei hohen Dotierungskonzentrationen (kleinen Debye-Längen) können die elektrischen Felder E – und damit nach (5.1-9) auch die Flächenladungen – große Werte annehmen.

Für den Fall der *Entleerung* ist kennzeichnend, daß die Ladungsdichte im Halbleiter konstant ist und durch die Dotierungskonzentration festgelegt wird. Wir betrachten einen eindimensionalen Halbleiterkristall mit konstantem Querschnitt, der in einem Gebiet der Breite d diese konstante Ladungsdichte enthält und ermitteln daraus den Verlauf der elektrischen Feldstärke und der Leitungsbandkante (Bild 5.2.1-4). Bei einem beliebigen Verlauf der Ladungsdichte (Entleerung vorausgesetzt) kann in ähnlicher Weise vorgegangen werden, Feld- und Bandverlauf können dann durch graphische Integration leicht ermittelt werden.

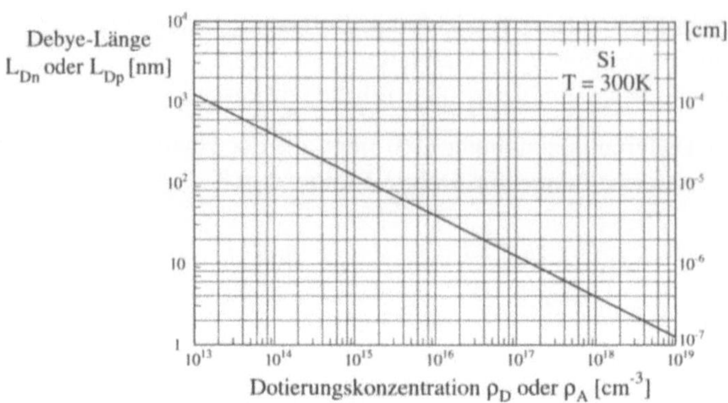

Bild 5.2.1-3:   *Debye-Länge in Silizium bei Raumtemperatur für verschiedene Dotierungskon-*
zentrationen (nach [9])

Typisch bei konstanten Raumladungsdichten im Fall der *Entleerung* ist nach Bild
5.2.1-4 der lineare Verlauf des elektrischen Feldes und der parabelförmige Verlauf
der Bandkanten. Aus Bild 5.2.1-4 können weiterhin zwei nützliche Beziehungen entnommen werden: Die maximale Feldstärke (vom Betrag, nicht vom Vorzeichen her)
ist

$$E_{\max} = \frac{kT}{|q|L_{Di}} \frac{d_i}{L_{Di}}; \quad i = n, p \tag{24}$$

Als Höhe der Energiebarriere, welche durch die Bandaufbiegung (negativ für Löcher) erzeugt wird, ergibt sich

$$W_{Bi} = \frac{kT}{2}\left(\frac{d_i}{L_{Di}}\right)^2; \quad i = n, p \tag{25}$$

Daraus lassen sich weiterhin die nützlichen Beziehungen ableiten ($i = n, p$):

$$W_{Bi} = \frac{|q|^2}{2kT} L_{Di}^2 E_{\max}^2 \tag{26}$$

$$\Rightarrow E_{\max} = \pm \frac{kT}{|q|L_{Di}} \sqrt{\frac{2W_{Bi}}{kT}} = \frac{kT}{|q|} \frac{d_i}{L_{Di}^2} \tag{27a}$$

$$\sigma_Q \underset{(5.1-9)}{=} \varepsilon_r \varepsilon_o E_{\max} = |q|\rho_i d_i = |q|\rho_i L_{Di} \sqrt{\frac{2W_{Bi}}{kT}} \tag{27b}$$

$$d_i = L_{Di} \sqrt{\frac{2W_{Bi}}{kT}} = \frac{1}{|q|} \sqrt{2\varepsilon_r \varepsilon_o \frac{W_{Bi}}{\rho_i}} \tag{28}$$

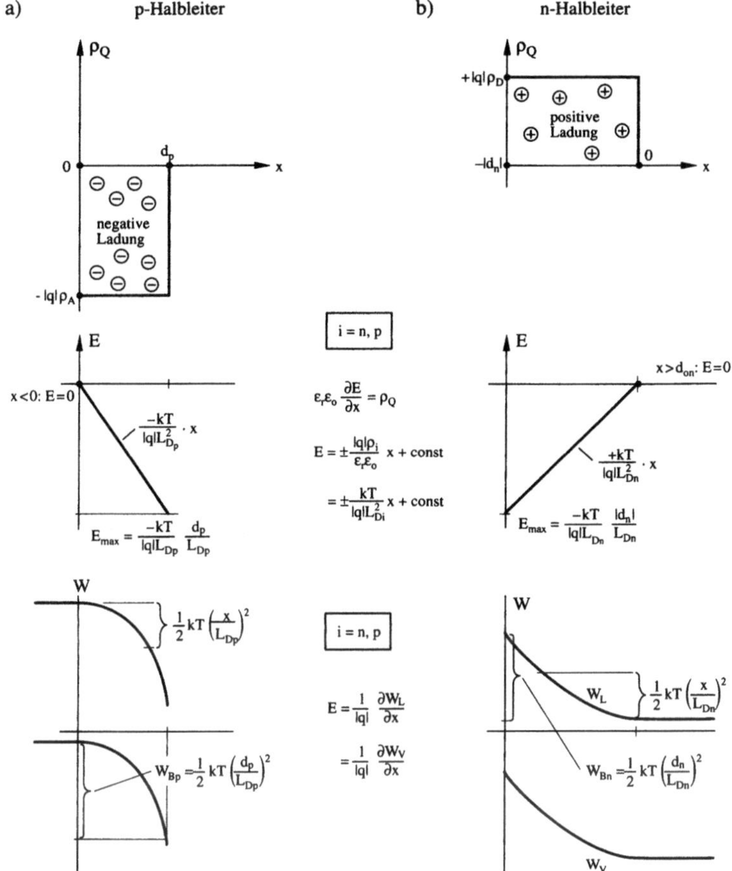

Bild 5.2.1-4: *Raumladung, elektrische Feldstärke und Bandverlauf in einem homogen aufgeladenen Halbleiter (Entleerung)*

a) p-Halbleiter

b) n-Halbleiter

*Die Größen W_{Bp} und W_{Bn} werden als **Bandaufbiegungen** oder **Barrierenhöhen** bezeichnet.*

Die Poissongleichung (18) für den Fall der *Anreicherung* läßt sich mit Hilfe der Debye-Länge bei n-Halbleitern in die folgende Form bringen

$$\frac{\partial^2 \Delta W_L}{\partial x^2} = -\frac{kT}{L_{Dn}^2}\exp\left(-\frac{\Delta W_L}{kT}\right) \tag{29}$$

Zur Integration dieser Differentialgleichung führen wir als neue Variable die elektrische Feldstärke E ein und trennen diese von der anderen Variablen ΔW_L:

$$\frac{\partial^2 \Delta W_L}{\partial x^2} = \frac{\partial}{\partial x}\left(\frac{\partial \Delta W_L}{\partial x}\right) \underset{(5.2.1-1)}{=} |q|\frac{\partial E}{\partial x}$$

$$= |q|\frac{\partial E}{\partial \Delta W_L}\frac{\partial \Delta W_L}{\partial x} = |q|^2 E\frac{\partial E}{\partial \Delta W_L} \tag{30}$$

$$(29) \underset{(30)}{\Rightarrow} |q|^2 E\,dE = -\frac{kT}{L_{Dn}^2}\exp\left(-\frac{\Delta W_L}{kT}\right)d\Delta W_L \tag{31}$$

Bei der Integration von (31) müssen die Randbedingungen beachtet werden (Bild 5.2.1-5). Wir integrieren immer von einem Ort $x = 0$ mit vernachlässigbaren Werten für das Feld und die Bandverbiegung zu einem Ort x, wo der Betrag beider Größen so weit angestiegen ist, daß die Näherung in Formel (18) gilt.

$$\int_o^E E'\,dE' = -\frac{kT}{\left(|q|L_{Dn}\right)^2}\int_o^{\Delta W_L}\exp\left(-\frac{\Delta W'_L}{kT}\right)d\Delta W'_L$$

$$\Rightarrow \frac{E^2}{2} = +\left(\frac{kT}{|q|L_{Dn}}\right)^2\left\{\exp\left(-\frac{\Delta W_L}{kT}\right)-1\right\}$$

$$\Rightarrow E = \pm\frac{kT}{|q|L_{Dn}}\sqrt{2\left(\exp\left[-\frac{\Delta W_L}{kT}\right]-1\right)} \tag{32}$$

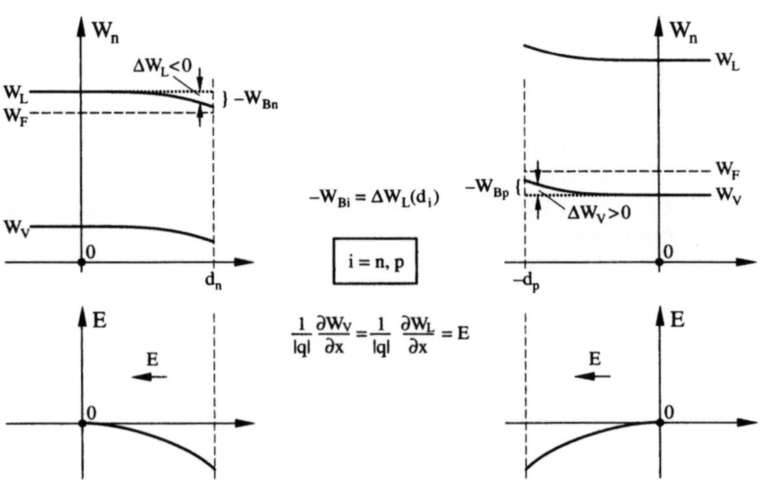

Bild 5.2.1-5:   *Bandverlauf und elektrische Feldstärke für den Fall der Anreicherung*
a) n-Halbleiter   b) p-Halbleiter

Bei n-Halbleitern ist die Bandverbiegung ΔW_L negativ, so daß der Exponent in der Wurzel positive Werte annimmt. Bei größeren Bandverbiegungen im Vergleich zu kT gilt dann näherungsweise:

$$|\Delta W_L| = -\Delta W_L \gg kT \Rightarrow E \approx \pm\sqrt{2}\,\frac{kT}{|q|\,L_{Dn}}\,\exp\left(-\frac{\Delta W_L}{2kT}\right) \tag{33}$$

Aus den Beziehungen (32) und (33) kann unmittelbar die zwischen $x = 0$ und x entstandene Ladung pro Fläche entnommen werden. Aus (5.1-8) und (33) folgt für $x_1 = 0$:

$$\sigma_Q = \varepsilon_r\varepsilon_o E = \pm\,\frac{\varepsilon_r\varepsilon_0 kT}{|q|\,L_{Dn}}\,\sqrt{2}\,\exp\left(-\frac{\Delta W_L}{2kT}\right) \tag{34}$$

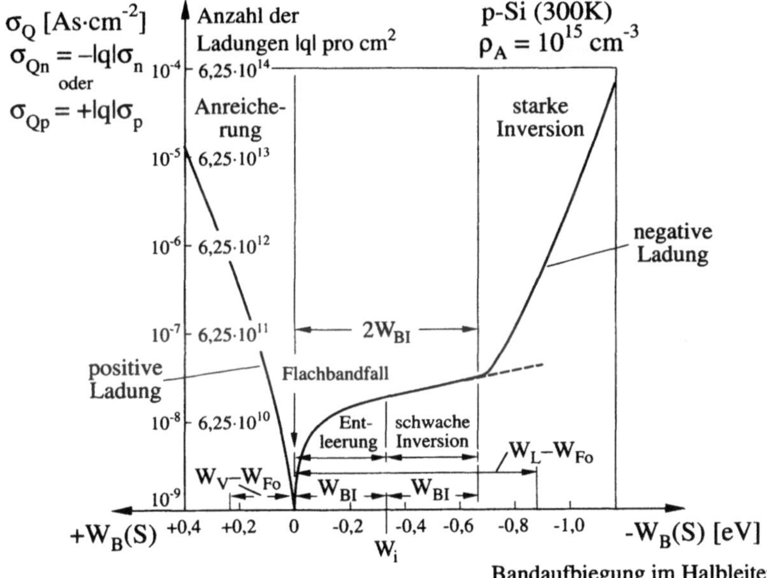

Bild 5.2.1-6:   *Abhängigkeit der integrierten Flächenladung in einem p-Halbleiter von der Größe W_{Bp} (Bandaufbiegung oder Barrierenhöhe). Diese wird für die Anreicherung
negativ und für die Entleerung positiv gezählt. Der Anstieg für negative Barrierenhöhen erfolgt exponentiell wie in (34). Für positive Barrieren ergibt sich nach
(27) eine Wurzelabhängigkeit. Bei sehr hohen positiven Bandverbiegungen tritt
schließlich eine Inversion auf (vgl. Bild 5.3.1-5, Fall III): Die Leitungsbandkante
des p-Halbleiters liegt jetzt so nahe an der Fermienergie, daß die negativen Ladungen der Leitungselektronen einen stärkeren Beitrag zum Anstieg der Flächenladung leisten als die negativ geladenen Akzeptoren (nach [33]).*

Dasselbe Integrationsverfahren kann für die Lösung der Poissongleichung bei einem sehr allgemeinen Ansatz unter Berücksichtigung aller Ladungen in (4) durchgeführt werden. Die jeweils eingeschlossene (integrierte) Flächenladung (nicht zu verwechseln mit der örtlichen Raumladung in Bild 4.2-3!) ergibt sich wie in (34). Bild 5.2.1–6 zeigt die Abhängigkeit $\sigma_Q(\Delta W_L)$ als Ergebnis einer solchen Integration am Beispiel eines p-Halbleiters. Funktionen dieser Art sind von großer Bedeutung bei der Berechnung von MOS-Bauelementen, z.B. in Abschnitt 5.3.1.

5.2.2 Halbleiter-Homoübergänge

Der Aufbau von Halbleiterhomoübergängen und die daraus resultierenden chemischen Kräfte waren in Bild 4.3.1-1 dargestellt worden. Die Wirkung ist, daß Elektronen von einem Halbleiter des Überganges in den anderen hinüberwechseln, während die unbeweglichen Dotierungsatome zurückbleiben. Das Ergebnis ist die Bildung einer elektrischen Doppelschicht (oder Dipolschicht), die sich nach Abschnitt 5.1 so auswirkt, daß das Gesamtsystem in ein thermisches Gleichgewicht gebracht wird, bei dem schließlich die Fermienergien beider Halbleiter denselben Wert annehmen. Diese Doppelschicht bleibt erhalten, wenn der Abstand beider Halbleiter voneinander auf Null reduziert wird, d.h. wenn beide miteinander fest verbunden sind.

Wir betrachten zunächst den Fall, daß zwei Halbleiter mit unterschiedlicher Dotierung, also ein p- und ein n-Leiter, einen Übergang bilden (**pn-Übergang**, Bild 4.3.1-1c). Kennzeichnend ist für diesen Fall die positive Aufladung des n- und die negative Aufladung des p-Halbleiters. Dieses Vorzeichen der Ladung wird nach Bild 5.2.1-3 in beiden Fällen durch eine Entleerung erzeugt, d.h. es ergeben sich Raumladungszonen mit konstanter Ladungsdichte und parabolisch (nach einem x^2-Gesetz, s. Bild 5.3.1) aufgebogenen Bandkanten. Die Bandaufbiegung erfolgt in der Weise, daß sich im p-Halbleiter der Abstand zwischen Fermienergie und Leitungsbandkante verkleinert, im n-Halbleiter jedoch vergrößert. Es muß nun nach Kriterien gesucht werden, wie die Anpassung der Bändermodelle beider Halbleitertypen aneinander erfolgt. Dazu betrachten wir zunächst die Verhältnisse nach dem Übergang in das thermische Gleichgewicht, bei dem die Fermienergien beider Halbleiter übereinstimmen (Bild 5.2.2-1).

Wie erfolgt nun der Übergang der Bändermodelle auf beiden Seiten des pn-Übergangs im thermischen Gleichgewicht? Zunächst ergibt sich aus Bild 5.2.2-1b ein

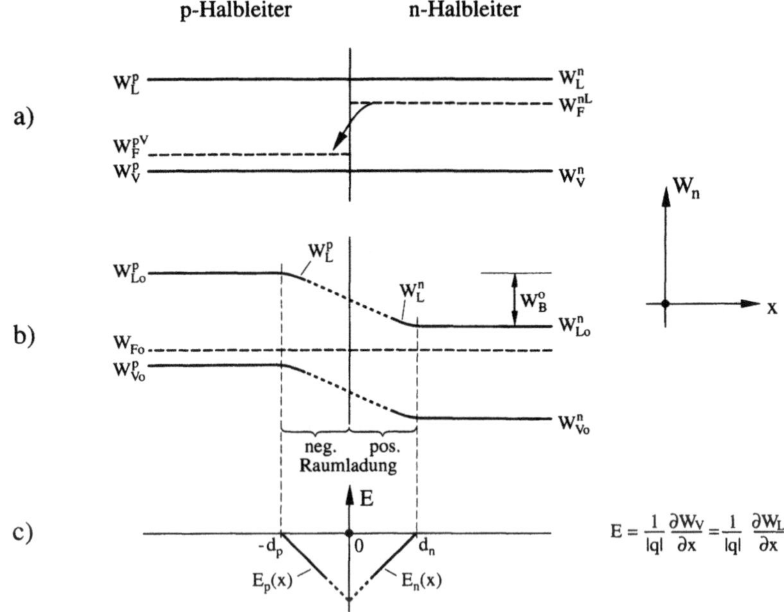

Bild 5.2.2-1: *pn-Übergang (im Gegensatz zu Bild 4.3.1-1 sind jetzt die beiden Halbleiter nicht mehr getrennt voneinander, sondern zusammengefügt) vor (a) und nach (b) Einstellung des thermischen Gleichgewichts. Aufgrund eines Gradienten des chemischen Potentials gehen Elektronen vom n- in den p-Halbleiter über (a) und erzeugen damit im n-Halbleiter eine positive und im p-Halbleiter eine negative Raumladung. Die Raumladung wird durch die jeweils ionisierten Dotierungsatome (positiv ionisierte Donator- und negativ ionisierte Akzeptoratome) erzeugt, sie hat also jeweils einen durch die Dotierung vorgegebenen konstanten Wert. Damit ergeben sich die in Bild 5.2.1-4 dargestellten Bandverbiegungen, die jetzt aneinander angepaßt werden müssen (b). (c) zeigt schematisch den erwarteten Feldstärkeverlauf*

Energiekriterium: Aus der Gleichheit der Fermienergie auf beiden Seiten des pn-Übergangs folgt die **Energiebilanz** (eine entsprechende Bilanz wird bei der Berechnung aller Halbleiterübergänge aufgestellt):

$$W_{Lo}^p - W_{Fo} = W_{Lo}^n - W_{Fo} + W_B^o \tag{1a}$$

$$\Rightarrow W_B^o = W_{Lo}^p - W_{Lo}^n \tag{1b}$$

mit der **Barrierenhöhe** W_B^o. Die Bezeichnungen in (1a und b) sind wie in Bild 5.2.2-1b. Über die Beziehungen (4.1-1 und 2) kann die Barrierenhöhe aus den Dotierungskonzentrationen berechnet werden: $W^n_{Lo}\text{-}W_{Fo}$ ergibt sich direkt aus (4.1-1). Aus (4.1-2) wird zunächst $W^p_{Vo}\text{-}W_{Fo}$ berechnet und daraus über (4.2-10) der gesuchte Wert $W^p_{Lo}\text{-}W_{Fo}$.

Typisch ist, daß die Bandkanten W_{Lo} und W_{Vo} im p- und n-Material in großem Abstand vom Übergang konstante Werte annehmen, erst in der Raumladungszone im Übergangsbereich werden sie ortsabhängig. Das ist auf die grundlegende Tatsache zurückzuführen, daß sich die Raumladungen aufgrund der elektrostatischen Anziehung untereinander an der Grenzfläche zwischen p- und n-Halbleiter anordnen (und nicht etwa auf das gesamte Halbleitervolumen verteilen). Aufgrund der Poissongleichung entsteht dann in der Raumladungszone am Übergang ein elektrisches Feld und damit eine Bandverbiegung, die durch den Energiesprung W^o_B (auch als **eingebaute Energiebarriere**, englisch built-in barrier, bezeichnet) gekennzeichnet wird.

Zusätzlich zu dem Energiekriterium (1) entsteht ein zweites Kriterium durch die Ladungserhaltung: Alle Elektronen, welche den n-Halbleiter verlassen, werden vom p-Halbleiter aufgenommen, die Beträge der Gesamtladung sind auf beiden Seiten gleich. Da sich alle Größen nur eindimensional in x-Richtung ändern und der Querschnitt des durch den pn-Übergang gebildeten Halbleiterbauelementes überall konstant sein soll, folgt daraus, daß die *Flächen*ladungen auf beiden Seiten des pn-Übergangs entgegengesetzt gleich sind. Der Zusammenhang zwischen Flächenladung und elektrischer Feldstärke ist durch (5.1-8) gegeben. Angewendet auf den Fall in Bild 5.2.2-1c gilt, da beim Halbleiter-Homoübergang die Dielektrizitätskonstanten auf beiden Seiten gleich sind:

$$p - Seite: E_p(0) - E_p\left(-d_p\right)\underset{x \le -d_p \Rightarrow E_p=0}{=} E_p(0)\underset{(5.1\text{-}8)}{=} -\left|\frac{\sigma_Q}{\varepsilon_r\varepsilon_o}\right| \qquad (2a)$$

$$n - Seite: E_n\left(d_n\right) - E_n(0)\underset{x \ge d_n \Rightarrow E_n=0}{=} -E_n(0)\underset{(5.1\text{-}8)}{=} +\left|\frac{\sigma_Q}{\varepsilon_r\varepsilon_o}\right| \qquad (2b)$$

Dabei bezeichnen E_p und E_n jeweils die Feldstärken in den p- und n-Halbleitern. Außerhalb der Raumladungszone ist nach Bild 5.2.2-1b und c die Steigung der Bandkanten – und damit die Feldstärke gleich Null. Aus (2) folgt:

$$\left|E_{\max}\right| = -E_p(0) = -E_n(0) = +\left|\frac{\sigma_Q}{\varepsilon_r\varepsilon_0}\right| \qquad (3)$$

d.h. die Feldstärken auf beiden Seiten des pn-Überganges müssen übereinstimmen, sie haben dort einen gemeinsamen Wert, welcher der **Maximalfeldstärke** $E_{\max}$ entspricht. Der Übergang der Feldstärken vom p- in den n-Halbleiter erfolgt also stetig, es findet kein Feldstärkesprung statt. Ein solcher Sprung wäre nämlich nach (5.1-8) gleichbedeutend mit dem Vorhandensein einer Flächenladung bei $x = 0$, diese treten bei pn-Übergängen erfahrungsgemäß dort nicht auf. Beim MIS-Übergang (Abschnitt

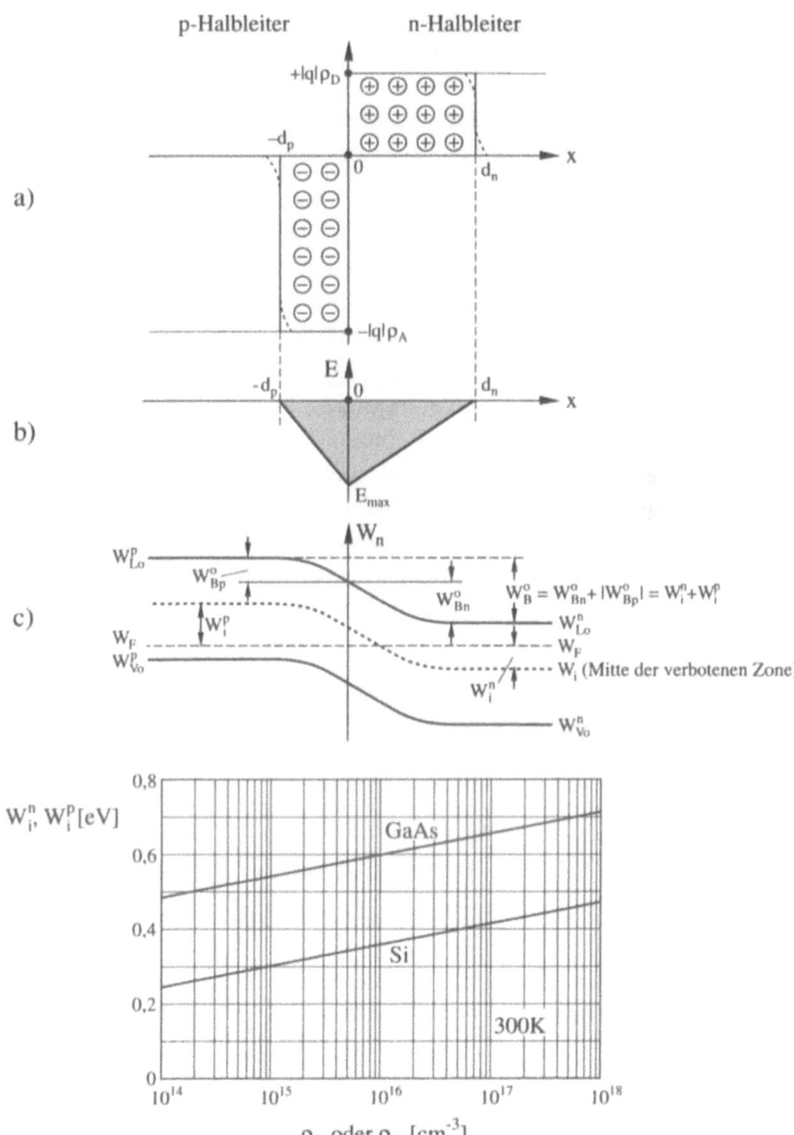

Bild 5.2.2-2:   *Bändermodell des pn-Übergangs im thermischen Gleichgewicht*

a) Ortsabhängigkeit der Raumladungen (ρ_D und ρ_A sind die Konzentrationen der Donatoren und Akzeptoren im n- und p-Halbleiter)

b) Ortsabhängigkeit der elektrischen Feldstärke

c) Bändermodell

d) Größe der Barrieren W_{Bp}^o und W_{Bn}^o in c) in Abhängigkeit von der Dotierung für Silizium und Galliumarsenid (nach [32])

5.3.1) hingegen können Oberflächenladungen entstehen, die tatsächlich zu einem Feldstärkesprung führen. Die Gleichung (3) ist auch konsistent mit (5.1-10): Beim Halbleiter-Homoübergang befindet sich auf beiden Seiten derselbe Werkstoff, d.h. die Dielektrizitätskonstanten stimmen überein. Das ist bei Heteroübergängen nicht der Fall, so daß auch hierdurch Feldstärkesprünge auftreten können.

Wegen der Kopplung von Bandkantenverlauf und elektrischer Feldstärke nach (5.2.1-1 und 2) bedeutet (3), daß am Ort des Übergangs die Steigungen der Bandkanten übereinstimmen müssen. Aus den genannten Kriterien läßt sich das Bändermodell des pn-Überganges im thermischen Gleichgewicht geometrisch und analytisch konstruieren (Bild 5.2.2-2).

Die Berechnung des pn-Übergangs kann auf verschiedene Weise erfolgen. Berechnet werden müssen jeweils zwei Unbekannte: Die Breiten d_n und d_p der Raumladungszonen, oder – äquivalent dazu – die in Bild 5.2.2-2c definierten Barrieren W_{Bn}^o und W_{Bp}^o. Die Bestimmungsgleichungen, aus denen die Unbekannten berechnet werden können, sind durch die Energiebilanz (1) und die Anpassung der Feldstärken am Übergang (3) gegeben. Auch bei den anderen Halbleiterübergängen ermöglichen diese beiden Aussagen eine Berechnung – wobei die Randbedingungen aber sehr verschieden sein können im Vergleich zum pn-Übergang.

Im folgenden wird ein Lösungsverfahren beschrieben, das auf einer graphischen Integration über den Feldstärkeverlauf basiert, dieses Verfahren ermöglicht bei analytisch nicht einfach zu beschreibenden Verhältnissen (z.B. einer ortsabhängigen Dotierung auf beiden Seiten des pn-Übergangs) eine schnelle Abschätzung. Aus der Ladungsgleichheit folgt für die Ausdehnungen d_p und d_n der Raumladungszonen die Beziehung

$$|q|d_p\rho_A = |q|d_n\rho_D \tag{4}$$

Zwischen Barrierenhöhe W_B und maximaler Feldstärke gibt es einen einfachen Zusammenhang:

$$E = \frac{1}{|q|}\frac{\partial W_L}{\partial x} \Rightarrow \int_{-d_p}^{d_n} E\,dx = \frac{1}{|q|}\int_{-d_p}^{d_n}\frac{\partial W_L}{\partial x}\,dx \tag{5}$$

Das linke Integral entspricht der schraffierten Fläche in Bild 5.2.2-2b und kann graphisch bestimmt werden:

$$\int_{-d_p}^{d_n} E\,dx = -\frac{1}{2}|E_{\max}|\left(d_p + d_n\right) \tag{6}$$

Für das rechte Integral folgt

$$\frac{1}{|q|}\int_{-d_p}^{d_n}\frac{\partial W_L}{\partial x}\,dx = \frac{1}{|q|}\left\{W_{Lo}^n - W_{Lo}^p\right\}\underset{(1)}{=} -\frac{1}{|q|}W_B^o \tag{7}$$

Für die Gesamtbreite d beider Raumladungszonen folgt mit

$$d := d_n + d_p \tag{8}$$

aus (5) bis (7):

$$\frac{1}{2} |E_{\max}| d = \frac{1}{|q|} W_B^o \tag{9}$$

Die zweite Beziehung zwischen d und $E_{\max}$ folgt aus (8) und der Formel (5.2.1-27a) für den Zusammenhang zwischen Ausdehnung der Raumladungszone und Maximalfeldstärke:

$$d = |E_{\max}| \frac{|q|}{kT} \left(L_{Dn}^2 + L_{Dp}^2 \right)$$

$$\underset{(5.2.1-21)}{=} |E_{\max}| \frac{\varepsilon_r \varepsilon_o}{|q|} \left(\frac{1}{\rho_D} + \frac{1}{\rho_A} \right) \tag{10}$$

Elimination von $E_{\max}$ aus (9) und (10) ergibt schließlich

$$d = \frac{1}{|q|} \sqrt{2 W_B^o \varepsilon_r \varepsilon_o \left(\frac{1}{\rho_D} + \frac{1}{\rho_A} \right)} \tag{11}$$

Direkt aus (4) und (8) lassen sich daraus die Ausdehnungen der einzelnen Raumladungszonen herleiten:

$$d_n = \frac{\rho_A}{\rho_D + \rho_A} d \tag{12a}$$

$$d_p = \frac{\rho_D}{\rho_D + \rho_A} d \tag{12b}$$

In Verbindung mit den Formeln (5.2.1-25 bis 28) können jetzt alle weiteren Größen des Bändermodells, wie die Barrieren W_{Bn}^o und W_B^o etc., bestimmt werden.

Durch Anlegen von äußeren Spannungen lassen sich die Fermienergien auf beiden Seiten des pn-Überganges gegeneinander verschieben. Der Gradient der Fermienergie erzeugt dann einen Stromfluß durch den Übergang. Die damit verbundenen zusätzlichen Effekte werden im Abschnitt 7 diskutiert. Die Änderung der Barrierenhöhe ist aus Bild 5.2.2-3 ersichtlich. In diesem Fall gilt anstelle von (1) die Energiebilanz (Bild 5.2.2-3):

$$|q|U_a + \left(W_{Lo}^p - W_{Fo}^p \right) = \left(W_{Lo}^n - W_{Fo}^n \right) + W_B \tag{13}$$

$$\underset{(1)}{\Rightarrow} W_B = W_B^o + |q|U_a \tag{14}$$

(U_a kann ein positives Vorzeichen (Bild 5.2.2-3a) oder ein negatives Vorzeichen (Bild 5.2.2-3b) haben, in Anlehnung an das in Abschnitt 7 behandelte Stromflußverhalten wird definiert: **Sperrichtung** $U_a > 0$; **Durchlaßrichtung** $U_a < 0$).

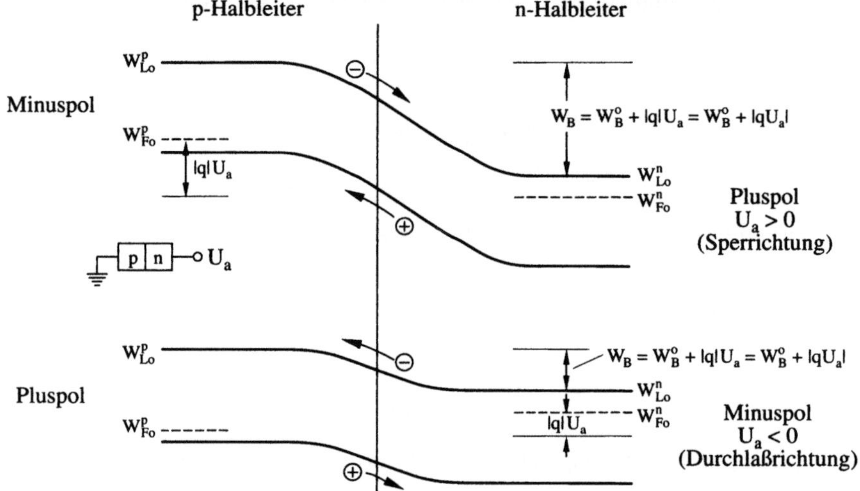

Bild 5.2.2-3:   *Verschiebung der Fermienergien und Änderung der Barrierenhöhen durch Anlegen von äußeren Spannungen an einem pn-Übergang*
a) Sperrichtung
b) Durchflußrichtung

Die Bedingung der Ladungsneutralität am Übergang bleibt auch bei Anlegen äußerer Spannungen erhalten, weil in eine Spannungsquelle ebensoviele Elektronen herein- wie herausfließen. Die Berechnung für diesen Fall ist also dieselbe wie die für den spannungslosen pn-Übergang, wenn wir die Barrierenhöhe in der Energiebilanz anpassen: W_B^o muß einfach durch W_B nach (14) ersetzt werden. Aus (9) und (11) erhalten wir daher entsprechend:

$$\frac{1}{2}|E_{\max}|d = \frac{1}{|q|}\left(W_B^o + |q|U_a \right) \tag{15}$$

$$d = \frac{1}{|q|}\sqrt{2\varepsilon_r\varepsilon_o\left(\frac{1}{\rho_D} + \frac{1}{\rho_A} \right)\left(W_B^o + |q|U_a \right)} \tag{16}$$

Die Berechnung des pn-Übergangs in Bild 5.2.2-2 entspricht der Annahme eines **abrupten** pn-Übergangs: Die Ladungsdichte geht bei d_p und d_n sprunghaft auf einen Wert, der durch die Dichte der Dotierungsatome festgelegt wird. Bei einer genaueren Betrachtung erfolgt der Übergang kontinuierlich: Gemäß Abschnitt 5.2.1 wird erst ein Ladungszustand angenommen, der durch eine kleine Auslenkung aus dem neutralen Zustand beschrieben wird, dann ein Zwischenzustand und erst danach der Zustand der vollständigen Entleerung. Der entsprechende Ortsverlauf der Raumladungsdichte ist in Bild 5.2.2-2a gestrichelt eingezeichnet. Dieser Effekt führt zu einer kleinen Korrektur der Formel (16) in der Größenordnung der thermischen Spannung $kT/|q|$ [34].

$$d = \frac{1}{|q|}\sqrt{2\varepsilon_r\varepsilon_o\left(\frac{1}{\rho_D} + \frac{1}{\rho_A}\right)\left(W_B^o + |q|U_a - 2kT\right)} \tag{17}$$

Die **Flächenkapazität** des Überganges ist definiert durch die Änderung der gespeicherten (also nicht nur durchfließenden) Flächenladung mit der angelegten äußeren Spannung U_a:

$$C_F = \left|\frac{\partial\sigma_Q}{\partial U_a}\right| \underset{(3)}{=} \varepsilon_r\varepsilon_o\left|\frac{\partial E_{\max}}{\partial U_a}\right| \underset{(15)}{=} \varepsilon_r\varepsilon_o\frac{\partial}{\partial U_a}\left(\frac{2}{|q|d}\left(W_B^o + |q|U_a\right)\right) \tag{18}$$

Einsetzen von (16) und Ausdifferenzieren führt zu dem Ergebnis

$$C_F = \frac{\varepsilon_r\varepsilon_o}{d} \tag{19}$$

Dieses Ergebnis ist anschaulich gut zu verstehen (Bild 5.2.2-4): Hat der Übergang bei einer bestimmten äußeren Spannung eine Ausdehnung d der Raumladungszone, dann kann bei einer Vergrößerung der äußeren Spannung die Raumladung nur durch Vergrößerung von d ansteigen. Der Änderung von Ladungen auf zwei gegenüberliegenden parallelen Platten mit dem Abstand d entspricht aber die Flächenkapazität (19).

Ein wichtiger Sonderfall ergibt sich beim **einseitigen pn-Übergang**: In diesem Fall ist die Dotierungskonzentration auf der einen Seite viel größer als auf der anderen. Da die Maximalfeldstärken am Ort des Übergangs gleich sein müssen, folgt dann aus (5.2.1-27)

<u>n-Seite</u>   des   <u>p-Seite</u>

einseitigen pn-Übergangs

$$E_{\max} = \frac{kT}{|q|L_{Dn}}\sqrt{\frac{2W_{Bn}}{kT}} = \frac{kT}{|q|L_{Dp}}\sqrt{\frac{2W_{Bp}}{kT}}$$

$$\Rightarrow \frac{W_{Bn}}{W_{Bp}} = \left(\frac{L_{Dn}}{L_{Dp}}\right)^2 = \frac{\rho_A}{\rho_D} \tag{20}$$

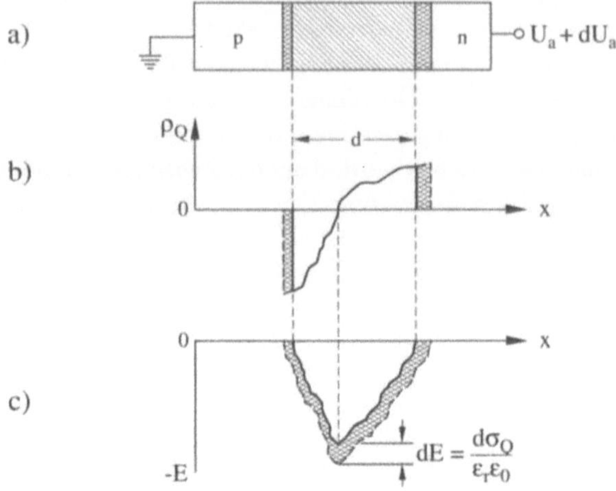

Bild 5.2.2-4:   *Wirkung einer Änderung dU$_a$ der äußeren Sperrspannung U$_a$ auf die Raumla-*
dung und Feldstärkeverteilung an einem pn-Übergang

a) Aufbau des pn-Übergangs

b) Verteilung der willkürlich angesetzten Raumladung

c) Verlauf der elektrischen Feldstärke

Die doppelt schraffierten Bereiche entsprechen jeweils den Änderungen der Grö-
ßen aufgrund der Änderung der äußeren Spannung. Aus b) wird deutlich, daß
sich eine Flächenkapazität der Raumladung ergibt wie bei einem Plattenkonden-
sator mit dem Plattenabstand d.

Die Abhängigkeit der Breite d der Raumladungszone von der äußeren Spannung
wird dann im wesentlichen durch die entsprechende Abhängigkeit auf der niedrig
dotierten Seite bestimmt. Aus (17) folgt in diesem Fall beim p$^+$n-Übergang:

$$d \approx \frac{1}{|q|} \sqrt{\frac{2\varepsilon_r \varepsilon_o}{\rho_D} \left(W_B^o + |q||U_a - 2kT| \right)}$$

$$= L_D \sqrt{\frac{2}{kT} \left(W_B^o + |q||U_a| \right) - 4} \tag{21}$$

Die Bilder 5.2.2-6 und 7 zeigen die Dotierungsabhängigkeit der Barrierenhöhe W_B^o,
der Breite d der Raumladungszone und der Flächenkapazität für einseitige abrupte
pn-Übergänge.d.h. die Barriere (maximale Bandverbiegung) auf der hochdotierten
Seite ist weit kleiner als die entsprechende auf der niedrig dotierten Seite, so daß sie
in vielen Fällen vollständig vernachlässigt werden kann. Das daraus resultierende
Bändermodell für den Fall eines p$^+$n-Übergangs (die p-Seite ist viel stärker dotiert
als die n-Seite) ist in Bild 5.2.2-5 dargestellt.

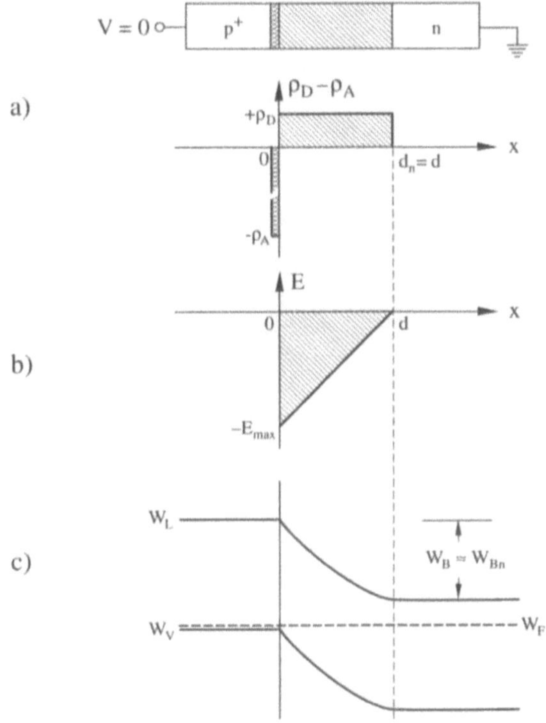

Bild 5.2.2-5:   *p⁺n-Übergang: Die Dotierung auf der p-Seite des pn-Überganges ist weit größer als auf der n-Seite*

 a) Aufbau des Übergangs und Lage der Raumladungszone

 b) Verlauf der elektrische Feldstärke

 c) Bändermodell: Die Energiebarriere wird fast vollständig durch die Bandaufbiegung auf der n-Seite gebildet

Eine andere Art von Halbleiter-Homoübergängen entsteht durch die Verbindung unterschiedlich dotierter Halbleiterkristalle desselben Leitungstyps. Wir betrachten ohne Einschränkung der Allgemeinheit einen p⁺p-Übergang (die linke Seite des Übergangs hat eine viel größere Akzeptorkonzentration als die rechte, Bild 4.3.1-1b).

Typisch für n⁺n- und p⁺p-Übergänge ist, daß die minimale Ladungsträgerkonzentration (und damit der maximale spezifische Widerstand) im niedrig dotierten Bereich liegt und nicht – wie beim pn-Übergang – in der Raumladungszone. Deshalb wird die Kapazität der n⁺n- und p⁺p-Übergänge mehr durch die Form des n- oder p-Gebiets bestimmt als durch die Eigenschaften des Übergangs.

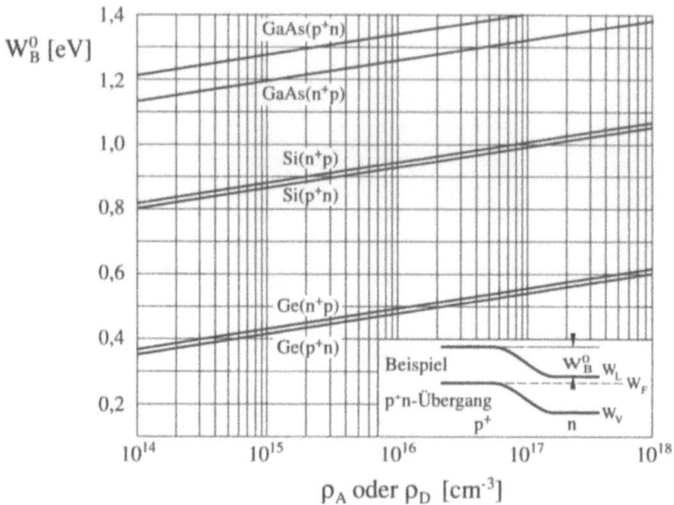

Bild 5.2.2-6:   *Abhängigkeit der "eingebauten" Energiebarriere W_B^0 von **einseitigen** abrupten pn-Übergängen von der Dotierungskonzentration der niedrig dotierten Seite (die hochdotierte ist weit größer) für die Halbleiterwerkstoffe Germanium, Silizium und Galliumarsenid (nach [9])*

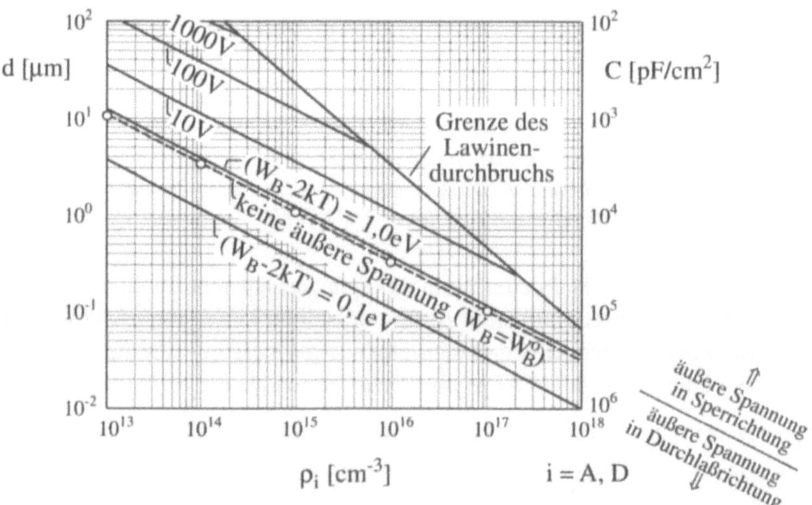

Bild 5.2.2-7:   *Abhängigkeit der Breite der Raumladungszone und der Flächenkapazität von einseitigen abrupten pn-Übergängen in Abhängigkeit von der Dotierungskonzentration der niedrig dotierten Seite (nach [9])*

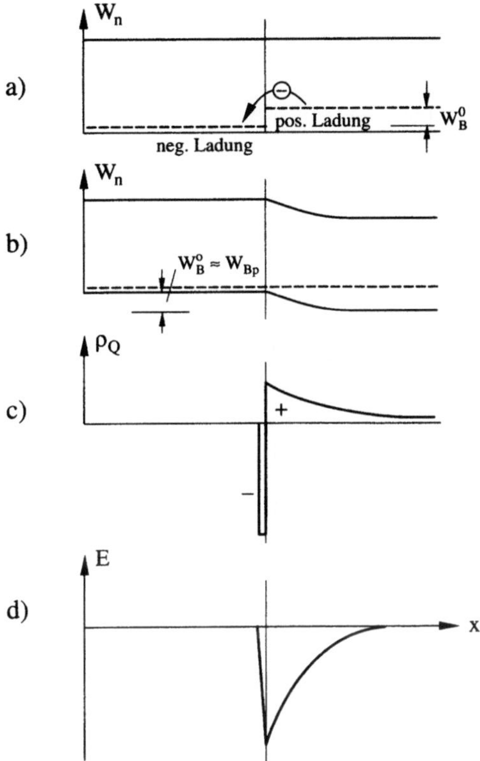

Bild 5.2.2-8: p^+p-*Übergang:*

    a) Halbleiterkristalle vor der Verbindung zu einem Übergang: Aufgrund der höheren Fermienergie gehen Elektronen von der niedriger auf die höher dotierte Seite über. Dadurch wird die p^+-Seite negativ, die p-Seite positiv aufgeladen

    b) Die Ladungserzeugung erfolgt auf der p^+-Seite durch Entleerung, auf der p-Seite durch Anreicherung

    c) Ortsabhängigkeit der Raumladung

    d) Ortsabhängigkeit der elektrischen Feldstärke

5.2.3 Halbleiter-Heteroübergänge

Obwohl Halbleiterbauelemente auf der Basis von Halbleiter-Heterostrukturen in diesem Band nicht behandelt werden – dieses bleibt einem der Folgebände vorbehalten – wird die Berechnung solcher Übergänge im folgenden durchgeführt, weil die dafür angewendeten Verfahren identisch sind wie bei pn-, MIS- und Schottkyübergängen. Gleichzeitig wird an dieser Stelle ein Überblick über Anwendungen von Halbleiter-Heterostrukturen gegeben, in dem die enorme Ausweitung der Realisierungsmöglichkeiten von Halbleiterstrukturen mit Hilfe dieser Werkstoffe verdeutlicht wird.

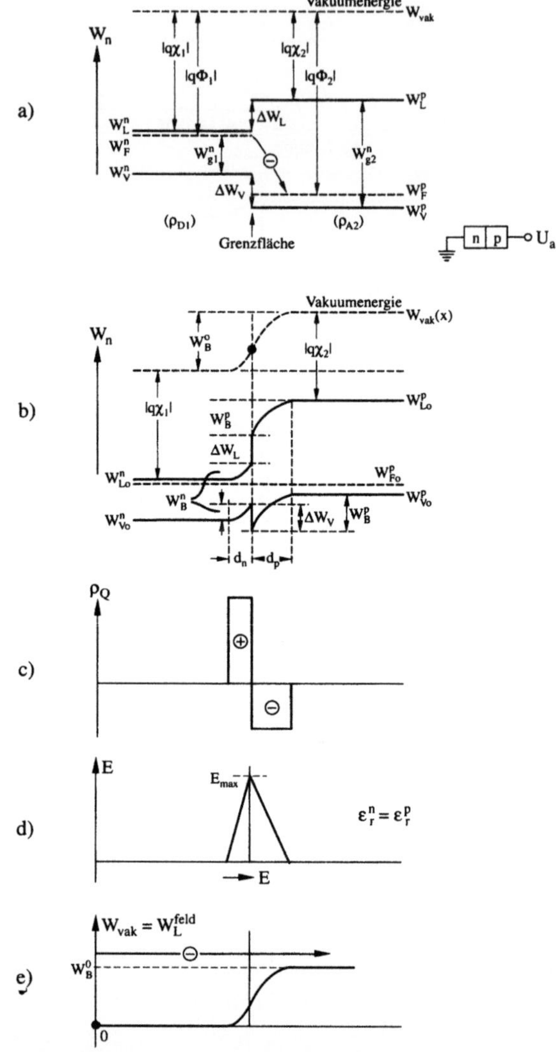

Bild 5.2.3-1:   *Übergang zwischen zwei verschiedenen Halbleiterwerkstoffen mit unterschiedlichem Bandabstand und verschiedener Elektronenaffinität, aber gleicher Dielektrizitätskonstanten (im allgemeinen nicht gegeben):*

a) Werkstoffparameter vor Herstellung des Übergangs (d.h. vor der Einstellung des thermischen Gleichgewichts)

b) Bändermodell nach Herstellung des thermischen Gleichgewichts

c) Ladungsverteilung (auf beiden Seiten Entleerung). Die dem Sprung ΔW_L entsprechende infinitesimal dünne Dipolschicht ist nicht eingetragen

d) Ortsabhängigkeit der elektrischen Feldstärke

e) Ortsabhängigkeit der Vakuumenergie (ebenfalls in b) eingezeichet)

In Bild 5.2.3-1a ist ein pn-Übergang aus zwei Halbleiterwerkstoffen mit unterschiedlichen Bandabständen und Elektronenaffinitäten dargestellt. Aufgrund der eingezeichneten Lage der Fermienergien gehen Elektronen vom n- in den p-Halbleiter über, so daß auf beiden Seiten über eine Entleerung Raumladungszonen erzeugt werden (Bild 5.2.3-1c). Die entsprechenden Bandverbiegungen übertragen sich unmittelbar auf die Lage der Vakuumenergie (Abschnitt 4.3.1), da die Elektronenaffinitäten auf beiden Seiten des Überganges jeweils konstant sind (Bild 5.2.3-1e).

Im Gegensatz zum Ortsverlauf der Bandkanten ($W_V(x)$ oder $W_L(x)$) weist aber die Vakuumenergie $W_{vak}(x)$ definitionsgemäß nicht den Energiesprung $\Delta W_L(x)$ auf. Dieser Energiesprung ist mit einer elektrischen Dipolschicht mit infinitesimal kleinem Abstand der beiden gegenüberliegenden Flächenladungen verbunden (er entspricht der Energiebarriere W_B^o am pn-Übergang für den Fall unendlich großer Dotierungskonzentrationen der beteiligten Halbleiter), eine solche Dipolschicht beeinflußt die Bewegung der Ladungsträger nicht (sie würde innerhalb eines infinitesimalen Abstandes eine gleich große starke Beschleunigung wie Abbremsung bewirken), sie braucht also nicht berücksichtigt zu werden. Für die quantitative Berechnung ist daher häufig die Verwendung der kontinuierlich verlaufenden Funktion $W_{vak}(x)$ einfacher.

Wie beim pn-Übergang wird zuerst in Bild 5.2.3-1b die Energiebilanz aufgestellt:

$$W_{Lo}^n - W_{Fo} + |q\chi_1| + W_B^o = W_{Lo}^p - W_{Fo} + |q\chi_2|$$

$$\Rightarrow W_B^o = W_{Lo}^p - W_{Lo}^n - \left(|q\chi_1| - |q\chi_2|\right)$$

$$= W_{Lo}^p - W_{Lo}^n - \Delta W_L = W_B^n + W_B^p \tag{1}$$

Zur Berechnung der Beziehungen zwischen den Breiten d_n und d_p der Raumladungszonen, den Barrierenhöhen und der Flächenkapazität sind die Verhältnisse in den Bildern 5.2.3-1c) bis e) maßgeblich, diese stimmen mit denen am Halbleiterhomoübergang in Bild 5.2.2-2 überein, wenn man $W_L(x)$ beim Homoübergang durch $W_{vak}(x)$ beim Heteroübergang ersetzt. Für die Annahme, daß die Dielektrizitätskonstanten beider Halbleiterwerkstoffe übereinstimmen (im allgemeinen nicht erfüllt), ergeben sich daher bei Verwendung von W_B^o nach (1) auch dieselben Formeln (5.2.2-11, 12, 16 und 19) wie beim pn-Homoübergang.

Eine Modifikation der Rechnung ergibt sich in dem Fall, daß die Dielektrizitätskonstanten der beiden Halbleiter unterschiedlich sind (Bild 5.2.3-2). Nach wie vor sind die Ladungen auf beiden Seiten des Übergangs gleich, daraus folgt:

$$\rho_D d_n = \rho_A d_p \tag{2}$$

aber anstelle von (5.2.2-2) folgt mit (5.1-10) mit den entsprechenden Dielektrizitäts-konstanten auf der p- und n-Seite :

$$\varepsilon_r^n E_{\max}^n = \varepsilon_r^p E_{\max}^p \tag{3}$$

Die Maximalfeldstärken am Übergang sind daher unterschiedlich und berechnen sich analog (5.2.1-27) zu:

$$E_{\max}^n = \frac{kT}{|q|}\frac{d_n}{L_{Dn}^2} = \frac{|q|\rho_D}{\varepsilon_r^n \varepsilon_o}d_n \tag{4a}$$

$$E_{\max}^p = \frac{kT}{|q|}\frac{d_p}{L_{Dp}^2} = \frac{|q|\rho_A}{\varepsilon_r^p \varepsilon_o}d_p \tag{4b}$$

Eine Integration entsprechend (5.2.2-7) ergibt die Beziehung:

$$\frac{1}{2}\left\{ E_{\max}^n d_n + E_{\max}^p d_p \right\} = \frac{1}{|q|}W_B^o \tag{5}$$

Einsetzen von (4) in (5) und Anwendung von (2) ergibt den folgenden Zusammen-hang zwischen jeweiliger Breite der Raumladungszone und Energiebarriere [32]

$$d_n = \sqrt{\frac{2\varepsilon_o W_B^o}{|q|^2 \rho_D}\frac{\varepsilon_r^n \varepsilon_r^p \rho_A}{\left(\varepsilon_r^p \rho_A + \varepsilon_r^n \rho_D\right)}} \tag{6a}$$

$$d_p = \sqrt{\frac{2\varepsilon_o W_B^o}{|q|^2 \rho_A}\frac{\varepsilon_r^n \varepsilon_r^p \rho_D}{\left(\varepsilon_r^p \rho_A + \varepsilon_r^n \rho_D\right)}} \tag{6b}$$

Legt man eine äußere Spannung U_a an den Übergang, dann ändert sich die Energie-barriere in Bild 5.2.3-1 gemäß (np-Übergang: $U_a < 0$: Sperrspannung; $U_a > 0$: Fluß-spannung)

$$W_B = W_B^o - |q|U_a \tag{7}$$

Die Flächenkapazität wird dann [32]

$$C_F = \sqrt{\frac{|q|^2 \rho_D \rho_A \varepsilon_r^n \varepsilon_r^p \varepsilon_o}{2\left(\varepsilon_r^n \rho_D + \varepsilon_r^p \rho_A\right)W_B}} \tag{8}$$

Mit Hilfe von Halbleiter-Heteroübergängen kann eine große Vielfalt von Bauele-mentstrukturen mit teilweise neuartigen elektrischen Eigenschaften realisiert werden.

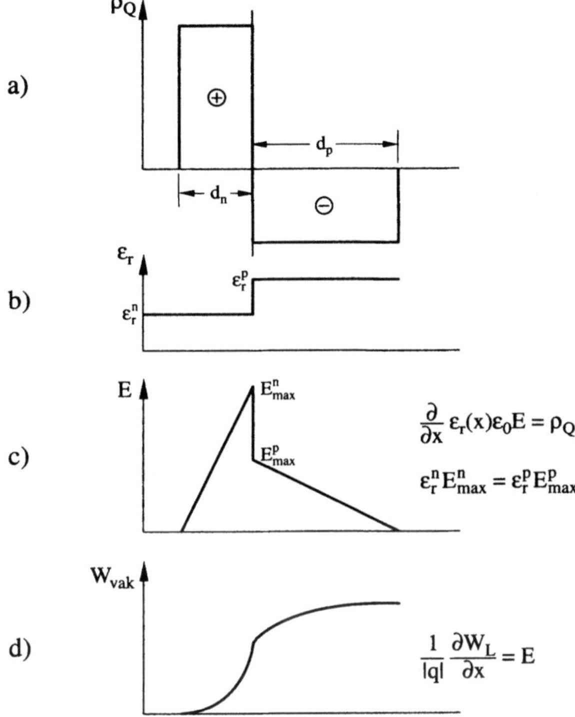

Bild 5.2.3-2:   *Halbleiter-Heteroübergang mit unterschiedlichen Dielektrizitätskonstanten in den beiden Halbleiterwerkstoffen*

   a) Raumladungsverteilung

   b) Ortsverlauf der Dielektrizitätskonstanten

   c) Ortsverlauf des elektrischen Feldes

   d) Ortsverlauf der Vakuumenergie

Dabei kommen zur Zeit am häufigsten ternäre Legierungen des Systems GaAs-AlAs (Bild 4.3.2-5) zur Anwendung, weil sich bei diesen Mischkristallen Kombinationen von Legierungen mit sehr ähnlichen Gitterkonstanten finden lassen, so daß sich besonders störungsarme Übergänge herstellen lassen. Die einzelnen Bereiche der Heterostruktur lassen sich nicht nur im Hinblick auf ihren Bandabstand optimieren, sondern auch – durch gezielte Beigabe von Verunreinigungen – im Hinblick auf ihre Dotierung. Moderne Technologien, mit denen sich die Eigenschaften der Heterostrukturen weitgehend "maßschneidern" (bandgap tayloring) lassen, sind die Molekularstrahlepitaxie, gesteuerte Gasphasenepitaxie u. a. (s. Abschnitt 9).

Eine wichtige Anwendung von Halbleiter-Heterostrukturen ist die gezielte Herstellung von Potentialkästen (**quantum wells**). Durch Herstellung von Bereichen im

Bauelement mit geringerem Bandabstand läßt sich bei Halbleiter-Lumineszenzdioden und -lasern erreichen, daß die strahlende Rekombination von Überschußladungsträgern (s. Abschnitt 6) dort konzentriert werden kann (Bild 5.2.3-3).

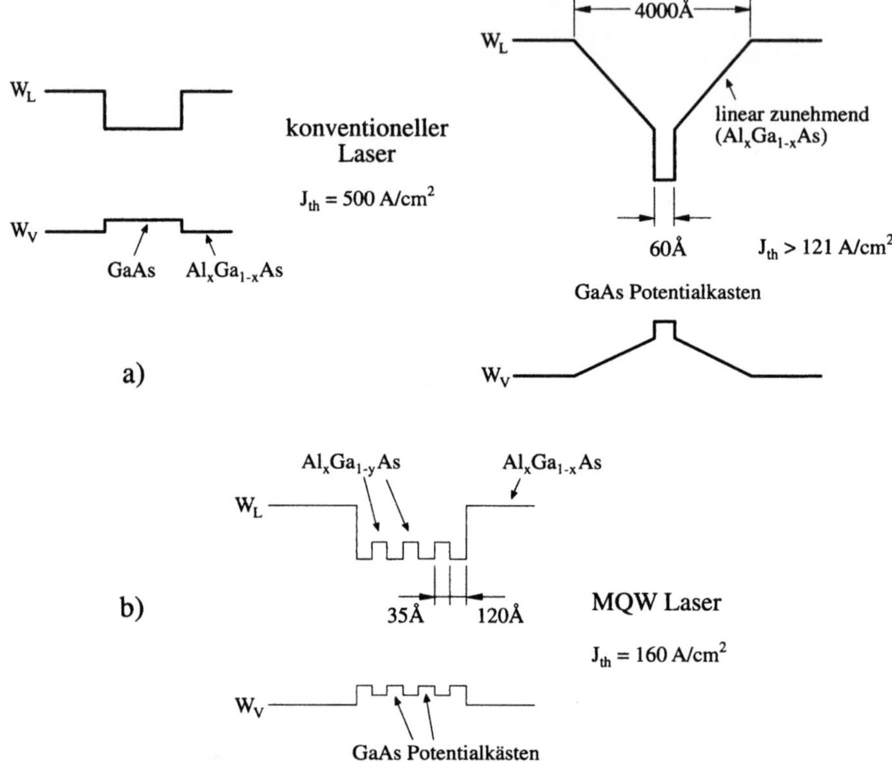

Bild 5.2.3-3:   Bauelementstrukturen mit Potentialkästen (quantum wells), z.B. für Lumineszenz- und Laserdioden: Die Lichtemission findet vorwiegend in den Bereichen minimalen Bandabstands statt (nach [35])

a) Einzelpotentialkästen (single quantum wells, SQW)

b) Mehrfachpotentialkästen (multiple quantum wells, MQW)

Jeweils eingetragen sind die Einsatzströme (threshold currents) für die Laserwirkung

Durch periodisch hintereinander angeordnete Halbleiter-Heterostrukturen lassen sich **Übergitter** (superlattices) herstellen, die zusätzliche interessante elektrische Eigenschaften (z.B. einen negativer differentieller Widerstand) besitzen können. Durch Übergitter werden die Valenz- und Leitungsbäder des Bauelementes in Unterbänder aufgeteilt (Bild 5.2.3-4), deren Breite und Energielage sich durch die Eigenschaften des Übergitters steuern lassen. Bauelemente mit Übergittern befinden sich heute noch in einem Stadium intensiver Forschung.

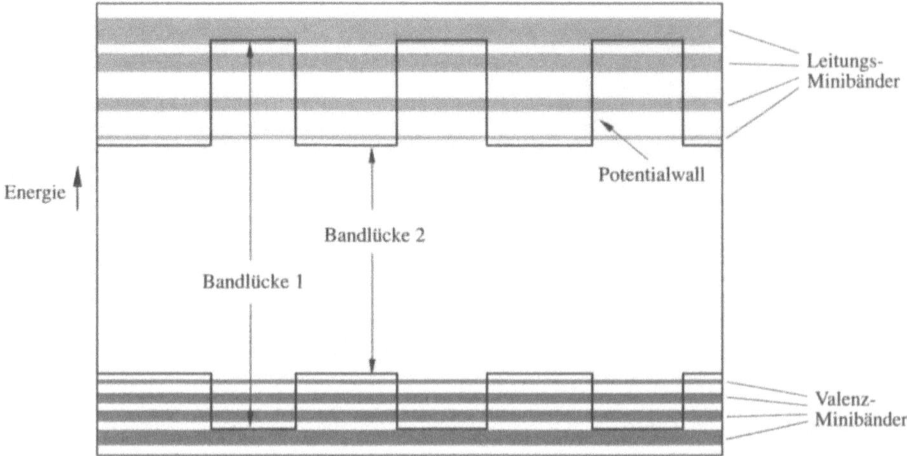

Bild 5.2.3-4:   *Periodische Anordnung von Potentialkästen (Übergitter), die sich durch Halblei-*
ter-Heteroübergänge realisieren läßt. Typisch für diese Struktur ist die Ausbil-
dung von Unterbändern des Valenz- und Leitungsbandes (nach [37])

Während in der Heterostruktur in Bild 5.2.3-1 die Ladungserzeugung auf beiden Seiten des Übergangs durch Entleerung erfolgte, lassen sich durch andere Halbleiter-
werkstoff-Kombinationen auch davon abweichende Verhältnisse einstellen. Der
Übergang von einem schwach dotierten (intrinsischen) Halbleiter mit geringem
Bandabstand zu einem stark dotierten mit größerem erzeugt eine Kombination von
einem Anreicherungsbereich (negative Ladung) und einem Entleerungsbereich (positive Ladung, Bild 5.2.3-5).

Die Ladungsträger in dem Anreicherungsbereich haben eine wesentlich vergrößerte
Beweglichkeit, da sie sich trotz der hohen Konzentration in einem Bereich mit niedriger Dotierung (intrinsischer Halbleiter!) befinden. Damit wird die Streuung an ionisierten Fehlstellen (Bild 4.3.3-3) weitgehend eliminiert. Dieses macht sich insbesondere bei niedrigen Temperaturen bemerkbar, weil dort die Streuung am Gitter
drastisch abnimmt (Bild 4.3.3-3). Bei 77K werden Beweglichkeiten von einigen
Hunderttausend cm^2/Vs gemessen! Durch Aufbau einer symmetrischen Struktur
(zwei Anreicherungsbereiche auf beiden Seiten des niedrig dotierten Halbleiters) läßt
sich der Widerstand der Struktur entlang der Ebene des zweidimensionalen Elektronengases weiter absenken (Bild 5.2.3-6). Ein noch größerer Effekt läßt sich mit
Übergitterstrukturen aus Halbleiter-Heteroübergängen erzeugen (Bild 5.2.3-7).

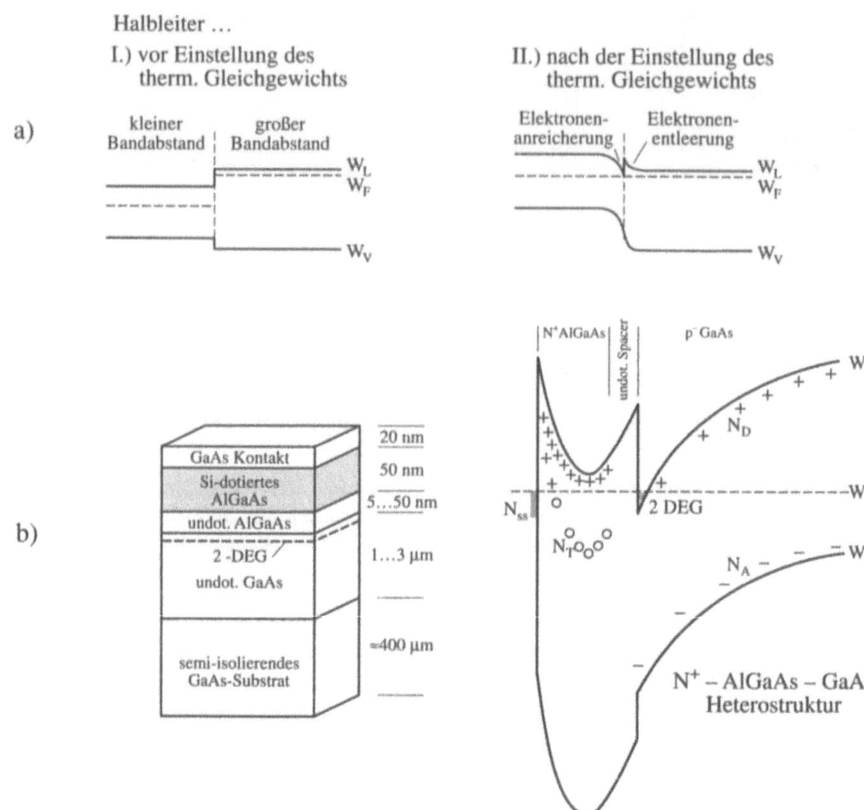

Bild 5.2.3-5:   *Halbleiter-Heteroübergänge mit Anreicherungsschichten*

a) der Übergang zwischen einem schwach dotierten Halbleiter mit kleinem Bandabstand und einem n-Halbleiter mit großem Bandabstand erzeugt eine Ladungs-Doppelschicht mit einer Anreicherungs- und einer Entleerungs-Raumladung. Die Elektronen in der Anreicherungsschicht sind räumlich getrennt von den Donatoratomen des n-Halbleiters, sie werden bei ihrer Bewegung auch nicht an diesen gestreut. Dadurch wird die Ladungsträgerbeweglichkeit in der Anreicherungsschicht wesentlich vergrößert (nach [35]).

*b) Ausführungsbeispiel von a): Aufbau der Heteroschicht-Struktur und dazugehöriges Bändermodell. Die Elektronen in der Anreicherungsschicht werden auch als **zweidimensionales Elektronengas** (2-DEG) bezeichnet. Um die Streuung der Elektronen aus diesem Bereich weiter herabzusetzen, ist zwischen dem n-und dem intrinsischen Halbleiter eine weitere niedrig dotierte Schicht (**spacer**) eingefügt (nach [36]).*

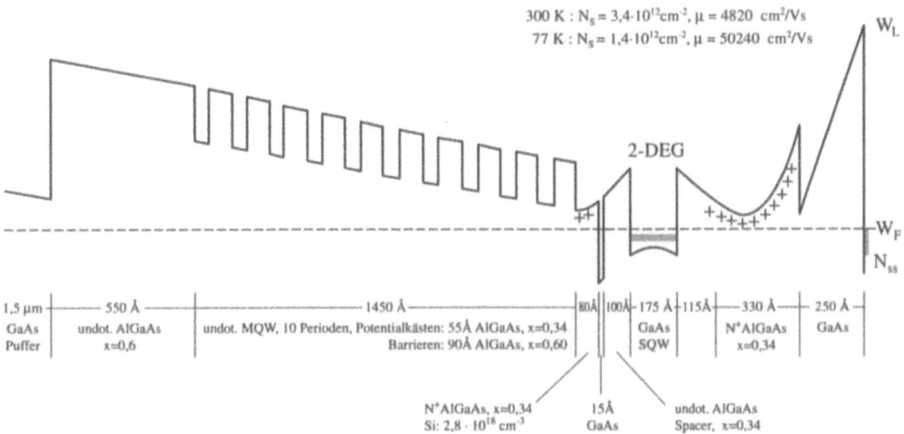

Bild 5.2.3-6: *Aufbau einer Halbleiterheterostruktur mit zwei parallelen Anreicherungsschichten in einem GaAs-Potentialkasten. Zur Vergrößerung der Beweglichkeit sind beide Seiten von Abstandsschichten (spacern) begrenzt. Um die Eindiffusion von Störatomen aus dem Substrat (linke Seite) zu begrenzen, ist dort eine Mehrfachpotentialkasten-Struktur eingebaut (nach [36]).*

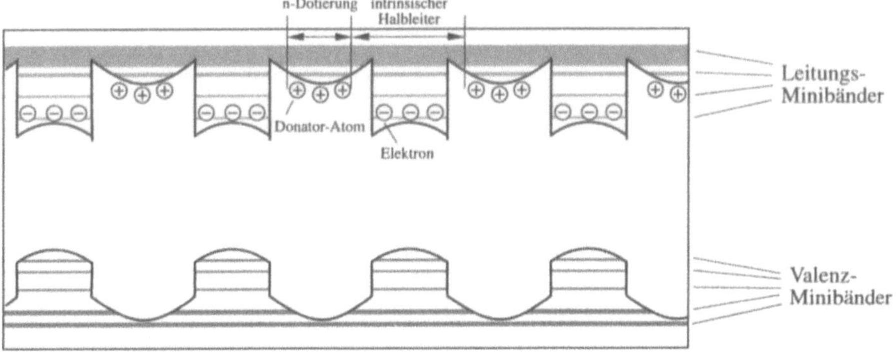

Bild 5.2.3-7: *Übergitter aus zweidimensionalen Elektronengasen in Anreicherungsschichten (nach [37])*

Auch für Löcher lassen sich in Verbindung mit p-Halbleitern hohen Bandabstandes Anreicherungsschichten herstellen (Bild 5.2.3-8), es entsteht dadurch ein **zweidimensionales Lochgas** (2-DHG). Der Vorteil in der Ladungsträgerbeweglichkeit ist aber (zur Zeit) weit geringer als bei zweidimensionalen Elektronengasen.

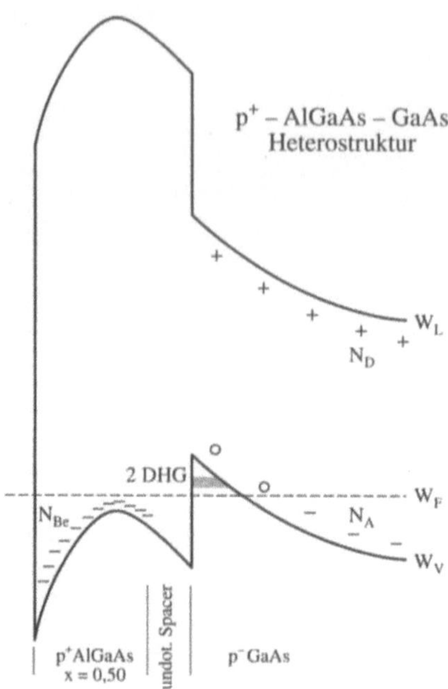

Bild 5.2.3-8: *Bandstruktur für ein zweidimensionales Lochgas (nach [36])*

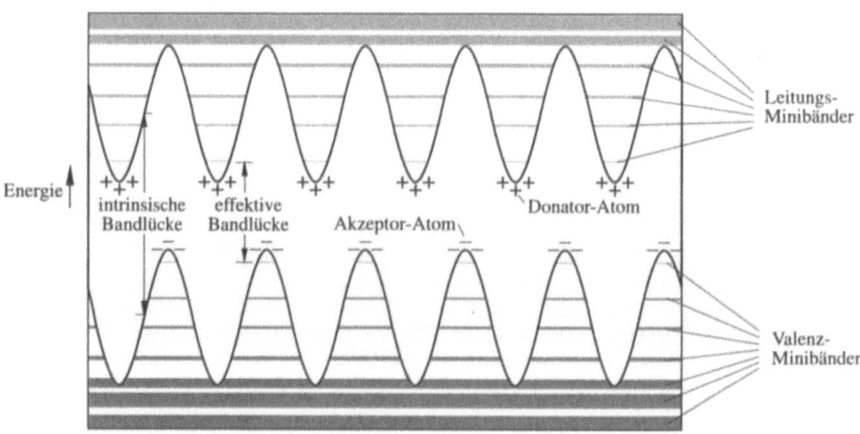

Bild 5.2.3-9: *Übergitter mit Halbleiter-Homoübergängen: Die Dotierung hat abwechselnd einen p- und eine n-Leitfähigkeit. Dazwischen befindet sich immer ein dünner intrinsischer Bereich, deshalb wird diese Struktur auch als n-i-p-i-Übergitter bezeichnet (nach [37])*

Übergitter lassen sich auch über Halbleiter-Homoübergänge herstellen mit periodisch geänderter (modulierter) Dotierung (d.h. nicht durch die vorher besprochenen typischen Heterostrukturen, Bild 5.2.3-9). Da sich zwischen einem p- und einem n-diotierten Bereich jeweils eine intrinsisch dotierte Zone befindet, werden solche Strukturen auch als n-i-p-i-Kristalle bezeichnet. Der Vorteil liegt darin, daß die bei Heterostrukturen auftretenden Grenzflächenstörungen hierbei vermindert werden können. Dotierungs-Übergitter haben eine Reihe vielversprechender elektrischer und optischer Eigenschaften, die vermutlich auch Bauelementanwendungen finden werden [38].

5.2.4 Grenzflächenladungen

Auch in diesem Abschnitt wird ein Problemkreis behandelt, der nicht innerhalb dieses Bandes zu einer Bauelementanwendung führt. Anwendungen ergeben sich insbesondere bei Heiß- und Kaltleitern, Varistoren und bei anderen polykristallinen Bauelementen. Wiederum ist der Bezug durch die Art der Berechnung gegeben, die nach demselben Vorgehen erfolgt.

Wir betrachten zunächst Halbleiterbauelement, das aus zwei Kristallen desselben Werkstoffes besteht, zwischen denen ein dritter Kristall aus einem anderen Werkstoff angeordnet ist, also einen doppelten Halbleiter-Heteroübergang (Bild 5.2.4-1a). Zum Ausgleich der Fermienergien im thermischen Gleichgewicht gehen Elektronen auf den mittleren Kristall über oder werden von ihm abgezogen, dadurch wird der mittlere Kristall selbst und die beiden benachbarten elektrostatisch aufgeladen (Bild 5.2.4-1b bis c). Die Größe und Verteilung der Ladungen in den Halbleitern wird durch die Randbedingungen festgelegt.

Werden die Abmessungen des mittleren Kristalls bis auf einige Atomlagen reduziert, dann geht die Volumen-Raumladung in eine Flächenladung (**Grenzflächenladung**) über (Bild 5.2.4-2). Die Bestimmung des Gleichgewichtszustandes erfolgt analog zu Bild 5.2.4-1:

1. Die elektrische Feldstärke springt über dem mittleren Halbleiter abrupt auf einen niedrigeren Wert (Bild 5.2.4-2c), die Größe des Sprungs ist nach (5.1-8) proportional zur Flächenladung dort.

2. Der Verlauf der Vakuumenergie (Integral der Feldstärke) W_{vak} ist jetzt stetig — aber nicht stetig differenzierbar (Bild 5.2.4-2b)

3. Die Ladungen ergeben sich wieder nach Fermi-Dirac- oder Boltzmannstatistik, dieses gilt auch für Flächenladungen.

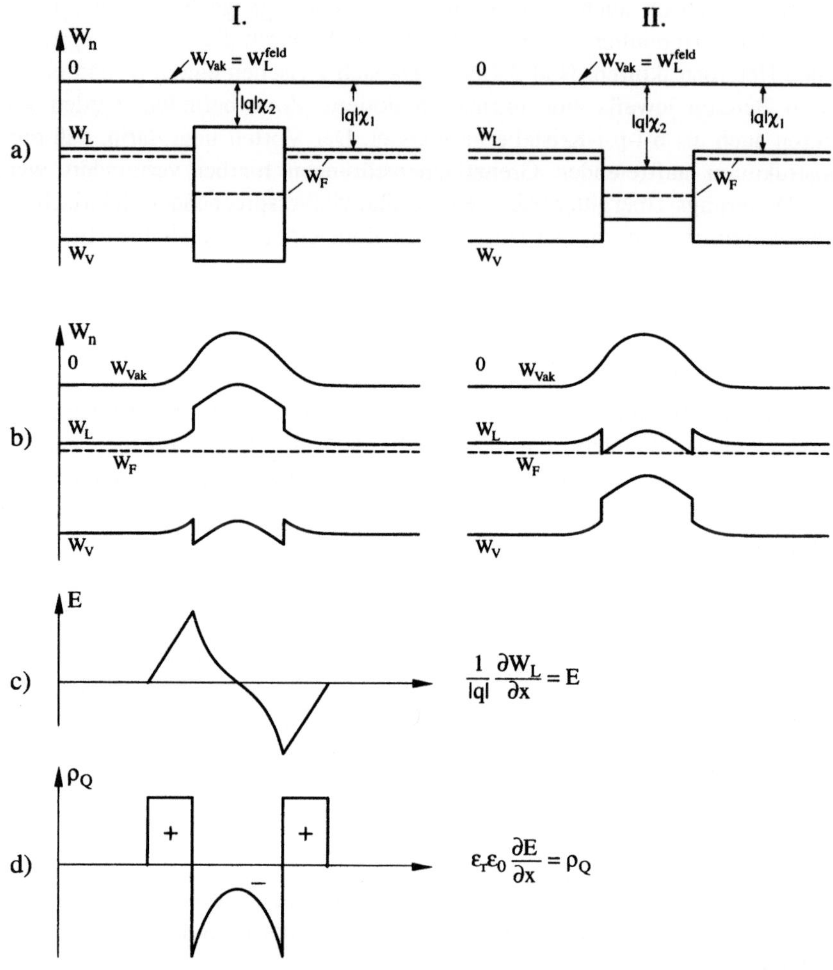

Bild 5.2.4-1: *Doppel-Halbleiter-Heteroübergang: Wir betrachten einen intrinsischen Halbleiter, der von zwei anderen n-Halbleitern mit jeweils kleinerem (I) und größerem (II) Bandabstand begrenzt wird. Zur Vereinfachung wird angenommen, daß die Dielektrizitätskonstanten beider Halbleiterwerkstoffe übereinstimmen.*

a) Bändermodelle vor Einstellung des thermischen Gleichgewichts

b) Bändermodelle nach Einstellung des thermischen Gleichgewichts
   (der Fall II entspricht den Verhältnissen in den Bildern 5.2.3-5 bis -7)

c) Ortsverlauf der elektrischen Feldstärke (aus Symmetriegründen erfolgt ein Nulldurchgang in der Mitte des intrinsischen Halbleiters

d) Ortsverlauf der Raumladungsdichte: Die Elektronenkonzentration im intrinsischen Halbleiter nimmt zu, d.h. die Leitfähigkeit wird dort erhöht. Die mit den Bandkantensprüngen verbundenen Dipolladungsschichten werden nicht berücksichtigt , siehe Diskussion in Abschnitt 5.2.3

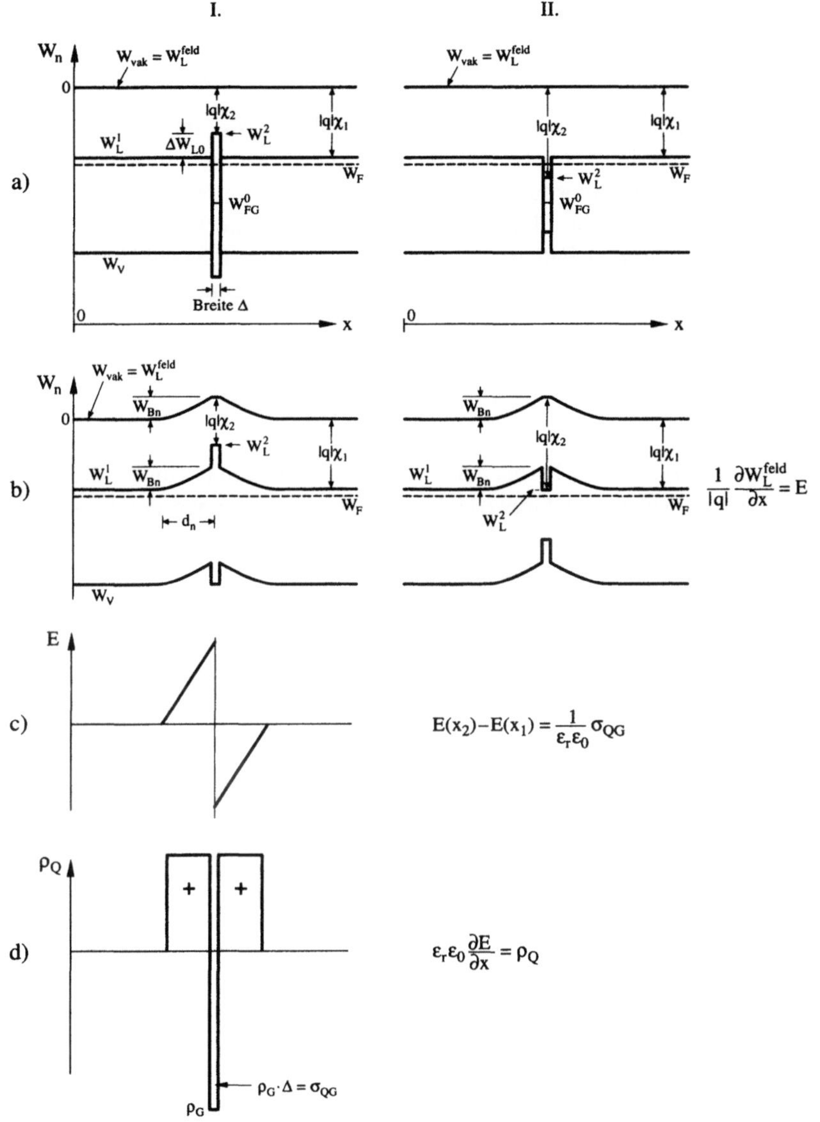

Bild 5.2.4-2: *Grenzflächenladungen als Grenzfall eines doppelten Halbleiter-Heteroüberganges mit verschwindender Breite des mittleren (in Bild 5.2.4-1 intrinsischen) Halbleiters*

a) Bändermodelle vor Einstellung des thermischen Gleichgewichts

b) Bändermodelle nach Einstellung des thermischen Gleichgewichts. Wegen d) sind die Bandkanten in der Grenzschicht nach unten verschoben.

c) Ortsverlauf der elektrischen Feldstärke

d) Ortsverlauf der Raumladungsdichte

Die Energiebilanz in Bild 5.2.4-2b ergibt für den Fall I die Gleichung

$$\left(W_L^1 - W_F\right) + |q\chi_1| + W_{Bn} = \left(W_L^2 - W_F\right) + |q\chi_2| \tag{1}$$

Die Elektronenaffinität χ_1 und der Energieabstand $W_L^1 - W_F$ (abhängig von der Dotierung) sind als Materialparameter vorgegeben. Die Elektronenaffinität χ_2 der Grenzfläche hingegen kann experimentell schwierig zu bestimmen sein. Die beiden übrigen Terme hängen von den Flächenladungen σ_Q (Halbleiter) und σ_G (Grenzflächenladung) ab. Im neutralen Fall ist die Summe aller Grenzflächenladungen Null. Für die äußeren Halbleiter in Bild 5.2.4-2 wird die Flächenladung durch Entleerung erzeugt:

$$\sigma_Q \underset{(5.2.1-27b)}{=} |q|\rho_D d_n \underset{(5.2.1-28)}{=} |q|\rho_D L_{Dn}\sqrt{\frac{2\,W_{Bn}}{kT}} \tag{2}$$

Zur Berechnung des ersten Terms auf der rechten Seite von (1) muß zunächst ein Zusammenhang zwischen der Grenzflächenladung und der Lage der Fermienergie in der dazugehörigen (als intrinsisch angenommenen) Grenzflächen-Halbleiterschicht festgelegt werden. Gemäß Voraussetzung in Bild 5.2.4-2a liegt die Fermienergie in der Grenzschicht vor Einstellung des thermischen Gleichgewichts niedriger als die im umgebenden Halbleiterbereich. Die Konsequenz ist, daß die Grenzschicht negativ aufgeladen wird in einer Umgebung, die an Elektronen verarmt ist. Die Aufladung erfolgt dort durch die Ionisation von Störstellenzuständen oder Anreicherung mit Elektronen.

Grundsätzlich können sich Elektronen in einer negativ geladenen Grenzfläche bei Annahme einer hinreichend großen Beweglichkeit so verhalten, als wären sie in einem zweidimensionalen Potentialkasten "eingefangen", d.h. in x-Richtung senkrecht zur Grenzfläche können die quantentheoretisch erlaubten Wellenzahlvektoren k_n^x vergleichsweise weit auseinanderliegen (Gleichungen (1.1.1-26) mit sehr kleinen Werten für L_x), während sie innerhalb der Grenzfläche die üblichen dicht beieinanderliegenden k_n^y- und k_n^z-Werte einnehmen. Bei einer Betrachtung der kinetischen Energien nach (1.1.1-25 bis 27) brauchen für die Richtung senkrecht zur Grenzfläche nur wenige Energieniveaus $W_{kin,n}^x$ berücksichtigt zu werden, die dann allerdings über die zu den k_n^y- und k_n^z-Werten gehörenden Energien $W_{kin,n}^y$ und $W_{kin,n}^z$ sehr stark entartet sind. Wie aus Bild 1.2.2-2 ersichtlich, liegt der Übergangsbereich der Fermi-Dirac-Statistik in der Größenordnung der thermischen Energie kT. Für einen Abstand ΔW_n der Energieniveaus für Wellen senkrecht zur Grenzfläche in derselben Größenordnung ergibt sich als notwendige Breite L_x der Grenzschicht mit (1.1.1-6) :

$$\Delta W_n = \frac{\pi^2 \hbar^2}{2m\left(L_x\right)^2} > kT \Rightarrow L_x < \frac{\pi}{\sqrt{2}}\,\frac{\hbar}{\sqrt{mkT}} \approx 40\,\text{nm} \tag{3}$$

Die Grenzfläche braucht also nicht infinitesimal dünn zu sein, um eine deutliche Diskretisierung im Energiespektrum zu zeigen, L_x kann durchaus die Dicke von einigen Atomlagen besitzen. Im Grenzfall können die Energiewerte so weit auseinanderliegen, daß nur die Besetzung *eines* (des untersten) Energieniveaus $W^x_{kin,n}$ betrachtet zu werden braucht.

In praktisch vorkommenden Fällen geht man nach dem heutigen Wissensstand meistens davon aus, daß die Ladungen in der Grenzfläche so stark lokalisiert sind, daß sie kaum miteinander wechselwirken. Die Grenzflächenladung ergibt sich daher über die Besetzung von meist tiefliegenden Donator- und Akzeptorgrenzflächenzuständen innerhalb der verbotenen Zone (Bild 5.2.4-3). Dadurch wird die Lage der Fermienergie und damit der Term $W_L^2 - W_F$ in (1) festgelegt.

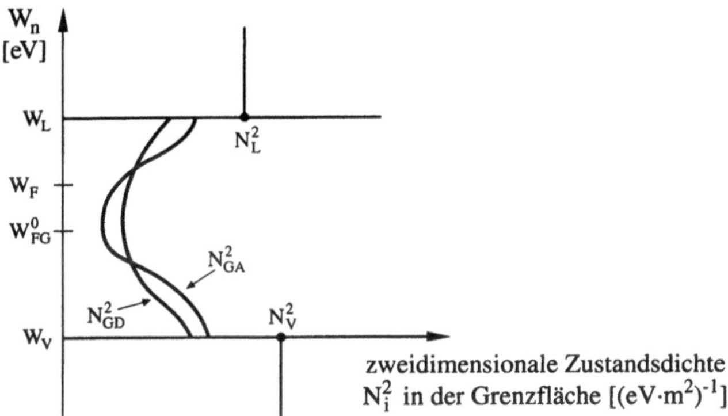

Bild 5.2.4-3:   Grenzflächenzustände im Bandschema eines Halbleiters. Aufgetragen ist die Flächen-Zustandsdichte in Abhängigkeit von der Energie pro Elektron. Der Verlauf der Zustandsdichten N_{GA}^2 und N_{GD}^2 für akzeptor- und donatorähnliche Grenzflächenzustände ist in vielen Fällen unbekannt und schwer zu bestimmen. Eingetragen ist die Lage W^0_{FG} der Fermienergie im neutralen und W_F im geladenen Zustand (siehe Bild 5.2.4-2a und b).

Die vorangegangene Betrachtung hat gezeigt, daß das qualitative Verhalten von Grenzflächen zwar gut abgeschätzt, das quantitative Verhalten aber nur mit erheblichem Aufwand zu bestimmen ist. Dabei gibt es eine große Anzahl von grenzflächentypischen Parametern wie Bandabstand, Elektronenaffinität, Zustandsdichten etc., die berücksichtigt werden müssen. Solche Parameter können in empfindlicher Weise von der Natur der Grenzfläche abhängen, sie können für verschiedene Typen von Grenzflächen (freie Oberflächen, Korngrenzen, Grenzflächen zwischen verschiedenen Werkstoffen u.a.) grundsätzlich verschieden sein. Eine theoretische und experimentelle Analyse dieses Problemkreises ist immer noch im Forschungsstadium.

Schließlich wollen wir den Fall betrachten, daß eine äußere Spannung an das System einer (durch die Raumladungen in den beiden äußeren Halbleiterbereichen) abgeschirmten Grenzflächenladung wie in Bild 5.2.4-2 gelegt wird. Dabei wollen wir die Grenzflächenladung σ_G als bekannt voraussetzen. Bild 5.2.4-4 gibt die Verhältnisse für die in Bild 5.2.4-2 dargestellten Systeme wieder.

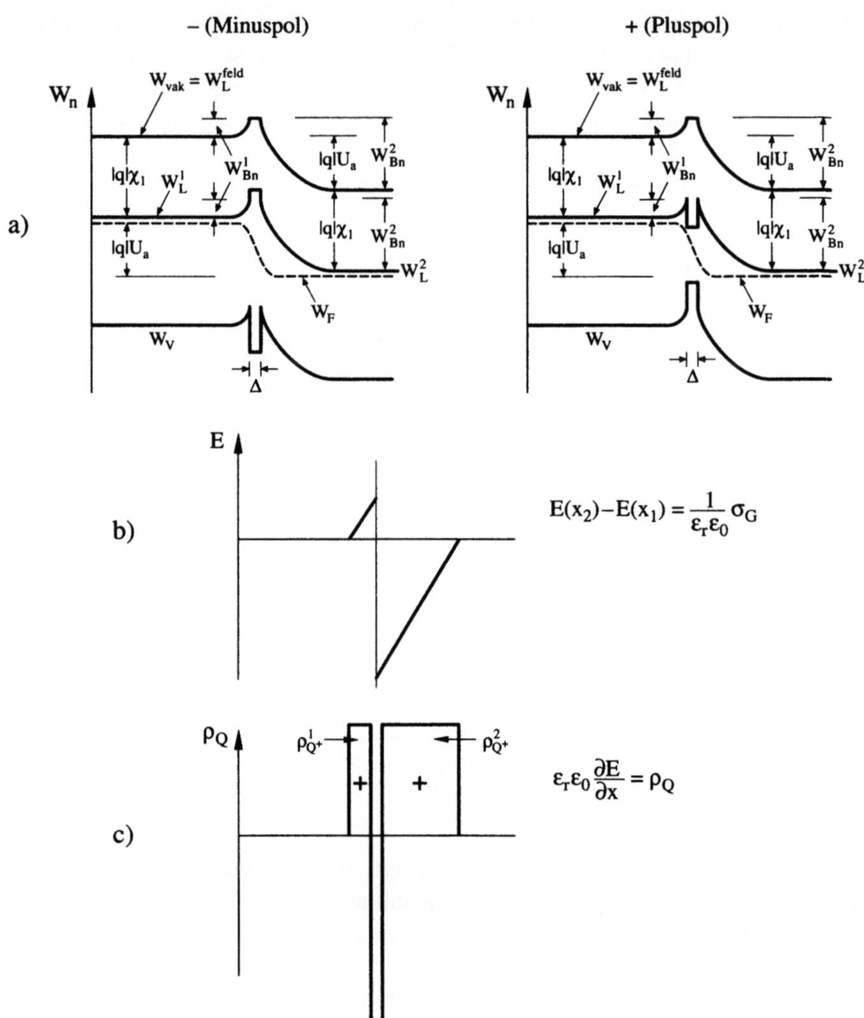

Bild 5.2.4-4:   *Abgeschirmte Grenzflächenladung nach Anlegen einer äußeren Spannung*
a) Bändermodell
b) Ortsverlauf des elektrischen Feldes
c) Ortsverlauf der Raumladungsdichte

Die Energiebilanz rechts und links von der Grenzfläche im Gebiet außerhalb der Raumladungszone erbringt

$$|q|U_a + (W_L - W_F) + |q|\chi_1 + W_{Bn}^1 = (W_L - W_F) + |q|\chi_1 + W_{Bn}^2$$

$$\Rightarrow |q|U_a + W_{Bn}^1 = W_{Bn}^2 \tag{4}$$

Die Raumladungen auf beiden Seiten der Grenzfläche sind jetzt unterschiedlich groß, im Gleichgewicht entspricht aber die Summe beider Ladungen dem Betrag der (im Beispiel in Bild 5.2.4.-4 negativen) Grenzflächenladung:

$$\sigma_{Q^+}^1 + \sigma_{Q^+}^2 = |\sigma_G| \tag{5}$$

Die jeweiligen Barrierenhöhen auf beiden Seiten der Grenzflächenladung ergeben sich aus den Ladungen in (2):

$$\left(\sigma_{Q^+}^i\right)^2 = \left(|q|\rho_D L_{Dn}\right)^2 \frac{2W_{Bn}^i}{kT}; \quad i = 1, 2 \tag{6}$$

Ohne angelegte äußere Spannung gilt (σ_{Go} ist die Grenzflächenladung für diesen Fall):

$$W_{Bn}^1 = W_{Bn}^2 =: W_{Bn}^o; \quad \sigma_{Q^+}^1 = \sigma_{Q^+}^2 = \frac{1}{2}|\sigma_G|$$

$$(6) \Rightarrow W_{Bn}^o = \frac{kT}{2\left(|q|\rho_D L_{Dn}\right)^2} \frac{\sigma_{Go}^2}{4} \tag{7}$$

Damit läßt sich (6) vereinfachen zu:

$$\left(\sigma_{Q^+}^i\right)^2 = \frac{\sigma_{Go}^2 W_{Bn}^i}{4 W_{Bn}^o} \tag{8}$$

Wir bilden jetzt den Ausdruck

$$\left(\sigma_{Q^+}^2\right)^2 - \left(\sigma_{Q^+}^1\right)^2 = \left(\sigma_{Q^+}^2 + \sigma_{Q^+}^1\right)\left(\sigma_{Q^+}^2 - \sigma_{Q^+}^1\right) \underset{(5)}{=} |\sigma_G|\left(\sigma_{Q^+}^2 - \sigma_{Q^+}^1\right)$$

$$\underset{(8)}{=} \frac{\sigma_{Go}^2}{4 W_{Bn}^o}\left(W_{Bn}^2 - W_{Bn}^1\right) \underset{(4)}{=} |q|U_a \frac{\sigma_{Go}^2}{4 W_{Bn}^o} \tag{9}$$

$$\Rightarrow 2\sigma_{Q^+}^1 = \sigma_{Q^+}^1 - \sigma_{Q^+}^2 + \sigma_{Q^+}^1 + \sigma_{Q^+}^2 = -\frac{\sigma_{Go}^2}{|\sigma_G|}\frac{|q|U_a}{4 W_{Bn}^o} + |\sigma_G| \tag{10}$$

Aus (8) ergibt sich dann die dazugehörige Barrierenhöhe auf der linken Seite der abgeschirmten Grenzflächenladung (Barrierenhöhe für den Elektronenstrom):

$$W_{Bn}^1 = W_{Bn}^o \left(\frac{2\,\sigma_{Q^+}^1}{\sigma_{Go}} \right)^2 = W_{Bn}^o \left(\frac{\sigma_G}{\sigma_{Go}} \right)^2 \left\{ 1 - \left(\frac{\sigma_G}{\sigma_{G0}} \right)^2 \frac{|q|U_a}{4\,W_{Bn}^o} \right\}^2 \tag{11}$$

Für den Spezialfall, daß sich die Grenzflächenladung mit der angelegten Spannung nicht ändert, vereinfacht sich (22) zu [39]:

$$W_{Bn}^1 = W_{Bn}^o \left\{ 1 - \frac{|q|U_a}{4\,W_{Bn}^o} \right\}^2 \tag{12}$$

Bei einer Vergrößerung der äußeren Spannung bei einem System wie in Bild 5.2.4-2 fließen Elektronen vom Minuspol in die linke Raumladungszone und verkleinern diese, gleichzeitig vergrößert sich die rechte Raumladungszone durch einen Elektronenfluß in den Pluspol, es fließt damit ein Verschiebungsstrom. Die damit verbundene Kapazität pro Fläche ergibt sich nach (10) zu:

$$C_F = \left| \frac{\partial \sigma_{Q^+}^1}{\partial U_a} \right| \tag{14}$$

$$\underset{(10)}{=} \left| -\frac{1}{8} \frac{\sigma_{G0}^2}{|\sigma_G|} \frac{|q|}{W_{Bn}^o} + \left\{ \frac{1}{2} + \left(\frac{\sigma_{G0}^2}{\sigma_G^2} \right) \frac{|q|U_a}{8\,W_{Bn}^o} \right\} \frac{\partial |\sigma_G|}{\partial U_a} \right| \tag{15}$$

5.3 Übergänge zwischen Halbleitern und Nichthalbleitern

5.3.1 MIS-Übergänge

Bei Übergängen zwischen einem Metall (M), einem Isolator (I) und einem Halbleiter (S), den **MIS**-Übergängen, werden drei verschiedene Werkstoffgruppen miteinander in Verbindung gebracht. Die Charakterisierung der Werkstoffdaten erfolgt bei den Metallen und Isolatoren etwas anders als bei den Halbleitern (Abschnitt 5.2).

Metalle können charakterisiert werden wie Festkörper mit einer Bandstruktur (Abschnitt 2), bei denen allerdings – im Gegensatz zu den hinreichend niedrig dotierten Halbleitern – die Fermienergie innerhalb des Leitungsbandes liegt, d.h. mit einem großen energetischen Abstand oberhalb der Leitungsbandkante. Zur Beschreibung der Lage der Fermienergie in einem absoluten Energiemaßstab zieht man wieder die Vakuumenergie W_{vak} heran; den Abstand zwischen Vakuumenergie und Fermienergie bezeichnet man als **Arbeitsfunktion** oder **Austrittsarbeit** $|q\Phi_m|$ des Metalls (Bild 5.3.1-1). Eine entsprechende Größe läßt sich auch für Halbleiter definieren –

dort ist die Austrittsarbeit aber – im Gegensatz zur Elektronenaffinität – dotierungs-abhängig. Die Austrittsarbeit beschreibt also die freie Energie, die von außen aufge-bracht werden muß, um ein Elektron aus dem Werkstoff zu lösen. Unterscheiden sich die Austrittsarbeiten zweier miteinander verbundener Werkstoffe, dann entsteht eine chemische Kraft, d.h. es findet ein Elektronenübergang statt, der mit der Entste-hung einer Ladungs-Doppelschicht verbunden ist.

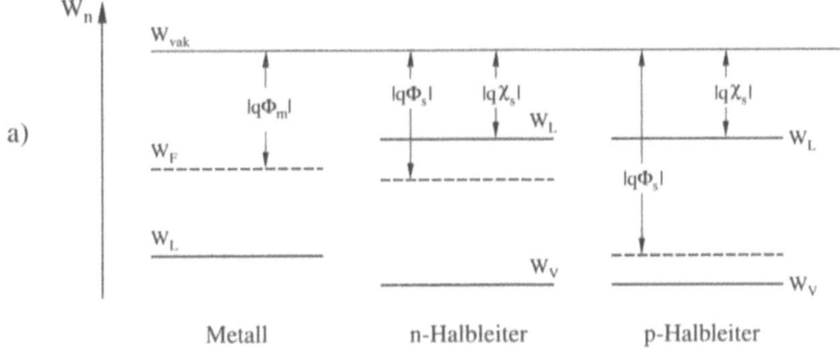

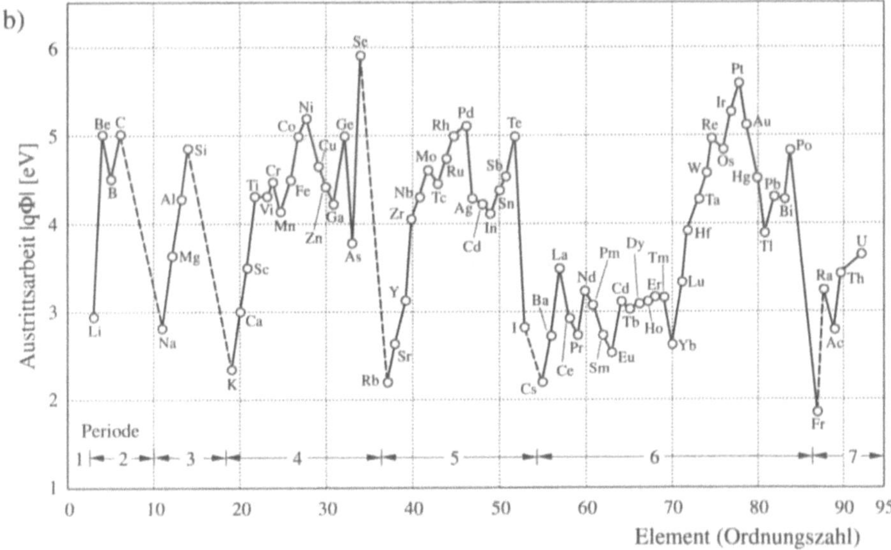

Bild 5.3.1-1:   Elektronenaffinitäten /qχ/ und Austrittsarbeiten /qΦ/

a) Definition der Arbeitsfunktion oder Austrittsarbeit /qΦ/ in Metallen und Halbleitern

b) Arbeitsfunktionen von Elementen des Periodensystems für reine Oberflächen. Bei den Nichtmetallen können die Arbeitsfunktionen abhängen von einer Do-tierung (nach [40]).

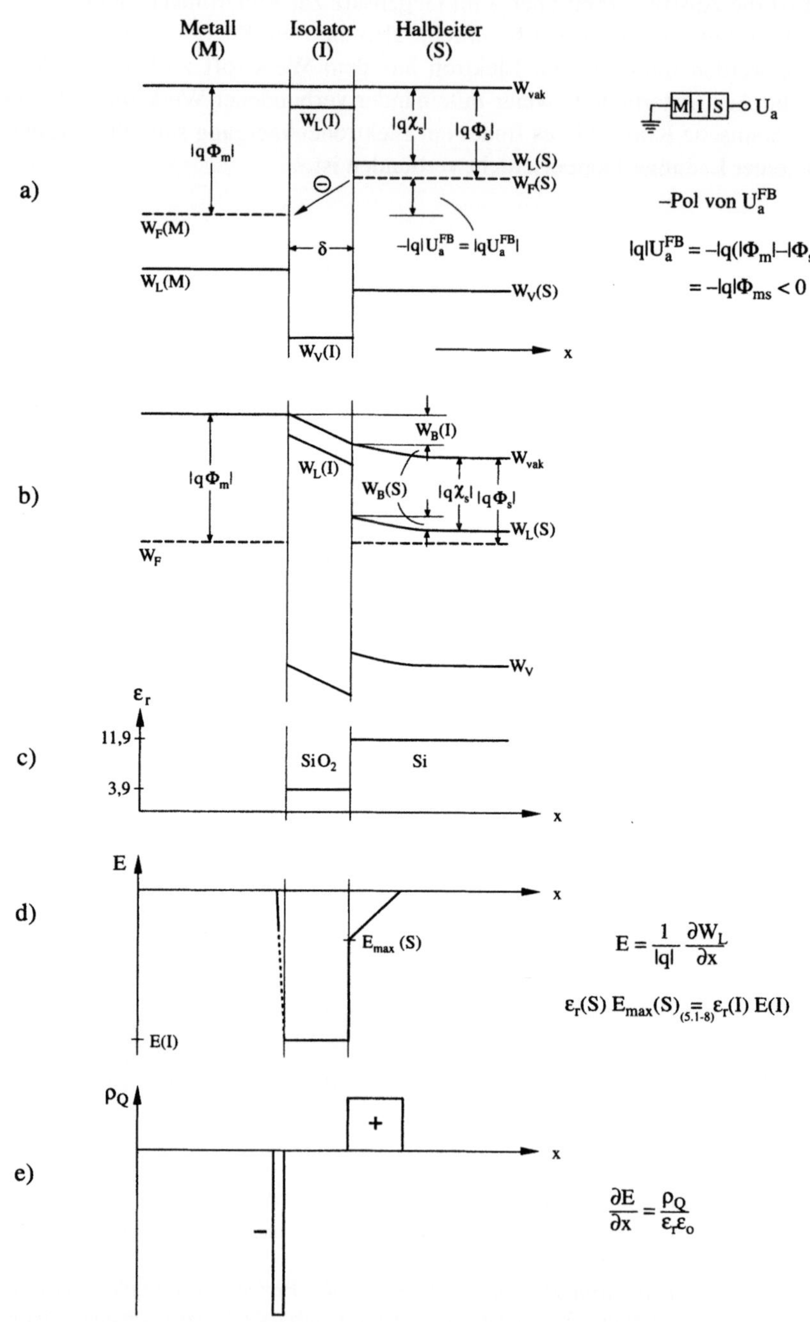
Metall
(M)
Isolator
(I)
Halbleiter
(S)
a)
W_{vak}
$W_L(I)$
$|q\chi_s|$
$|q\Phi_s|$
$|q\Phi_m|$
$W_L(S)$
$W_F(S)$
$W_F(M)$
δ
$-|q|U_a^{FB} = |qU_a^{FB}|$
$W_L(M)$
$W_V(S)$
$W_V(I)$
x
$\boxed{M|I|S}$—oU_a
–Pol von U_a^{FB}
$|q|U_a^{FB} = -q(|\Phi_m|-|\Phi_s|)$
$= -|q|\Phi_{ms} < 0$
b)
$|q\Phi_m|$
$W_L(I)$
$W_B(I)$
W_{vak}
$W_B(S)$
$|q\chi_s|$
$|q\Phi_s|$
$W_L(S)$
W_F
W_V
c)
ε_r
11,9
3,9
SiO_2
Si
x
d)
E
$E_{max}(S)$
x
$E(I)$
$E = \frac{1}{|q|}\frac{\partial W_L}{\partial x}$
$\varepsilon_r(S)\,E_{max}(S) = \varepsilon_r(I)\,E(I)$
(5.1-8)
e)
ρ_Q
+
x
–
$\frac{\partial E}{\partial x} = \frac{\rho_Q}{\varepsilon_r\varepsilon_o}$

Bild 5.3.1-2:   *Bändermodell des MIS-Übergangs mit einem n-dotierten Halbleiter. Zur Vereinfachung wird zunächst angenommen, daß sich der Isolator nicht aufladen kann und daß keine Grenzflächenzustände vorhanden sind.*

    a)   Bändermodell <u>vor</u> Einstellung des thermischen Gleichgewichts

    b)   Bändermodell <u>nach</u> Einstellung des thermischen Gleichgewichts: Elektronen gehen vom n-Halbleiter über in das Metall. Im Halbleiter entsteht dadurch über Entleerung eine positive, im Metall über Anreicherung eine negative Ladung. Wegen der hohen Zustandsdichte im Metall in der Umgebung der Fermienergie ist die Bandabsenkung aber so klein, daß sie in der Rechnung nicht berücksichtigt zu werden braucht.

    c)   Verlauf der relativen Dielektrizitätskonstanten (System Metall-SiO_2-Si)

    d)   Feldstärkeverlauf

    e)   Ladungsverteilung

Dasselbe gilt nicht für einen Unterschied in den Elektronenaffinitäten, diese erzeugen nur einen Gradienten in der potentiellen Energie, der zwar zu einer Feldkraft führt, die aber durch eine Diffusions(oder Entropie-)kraft kompensiert sein kann, so daß kein Elektronenübergang stattfindet. Entscheidend ist in jedem Fall ein Gradient der Fermienergie, dieser kann auch dann Null sein, wenn ein Gradient in der Elektronenaffinität vorliegt.

In Verbindung mit Halbleiterbauelementen aus den Werkstoffen Germanium, Silizium und Galliumarsenid werden als bedeutendste Isolatoren die keramischen Siliziumverbindungen Siliziumdioxid (SiO_2) und Siliziumnitrid (Si_3N_4) eingesetzt. Wichtige Daten sind in Tab. 8.2.2-1 zusammengefaßt. Wegen der großen Bandabstände in diesen Isolatoren sind die Ladungsträgerdichten außerordentlich klein, die Lage der Fermienergie ist daher schwer zu bestimmen. In der Regel wird angenommen, daß sich die Fermienergie etwa in der Mitte der verbotenen Zone des Isolators befindet. Eine Ladungserzeugung durch Akkumulation kann unter dieser Voraussetzung meistens vernachlässigt werden. Für die Elektronenaffinität von SiO_2 wird ein Wert von 0,9 eV angenommen [41], so daß sich die Leitungsbandkante relativ dicht unterhalb des Vakuumniveaus befindet.

Bild 5.3.1-2 zeigt das Bändermodell des MIS-Übergangs für einen n-Halbleiter. Da wir zunächst annehmen, daß sich der Isolator elektrisch nicht aufladen kann, braucht die Fermienergie im Isolator nicht betrachtet zu werden: Entscheidend für die Aufladung des Übergangs ist die relative Lage der Fermienergien im Halbleiter und Metall zueinander. Ein Stromfluß über die Isolatorschicht kann nicht stattfinden, so daß die entsprechenden zusätzlichen Ladungen nicht betrachtet zu werden brauchen. Die Fermienergien verlaufen bei diesen stromlosen Übergängen in Metall und Halbleiter stets waagerecht (Gradient Null).

Die Berechnung des Bändermodells für den MIS-Übergang erfolgt wie bei den vorangegangenen Beispielen durch einen Vergleich der Energiebeiträge zum Bändermodell auf beiden Seiten des Übergangs (**Energiebilanz**, alle Bandaufbiegungen W_B werden positiv gezählt). In Bild 5.3.1-2b gilt:

$$\text{n} - \text{Halbleiter: Entleerung} \Rightarrow |q\Phi_m| = (W_L(S) - W_F) + |q\chi_s| + W_B(S) + W_B(I) \tag{1}$$

$$= +|q\Phi_s| + W_B(S) + W_B(I) \tag{2}$$

mit der Arbeitsfunktion $|q\Phi_s|$ für den Halbleiter:

$$|q\Phi_s| := (W_L(S) - W_F) + |q\chi_s| \tag{3}$$

Die beiden Arbeitsfunktionen in (2) sind vorgegeben: $|q\Phi_m|$ durch das verwendete Metall, $|q\Phi_s|$ durch den verwendeten Halbleiter und dessen Dotierung (diese legt den Wert von $W_L(S) - W_F$ fest). Berechnet werden müssen die beiden Beiträge $W_B(I)$ und $W_B(S)$ zur Barrierenhöhe. Für die Breite δ der Oxidschicht (Oxiddicke) gilt in Bild 5.3.1-2b mit (4.3.2-8):

$$|E(I)| = \frac{1}{|q|}\frac{W_B(I)}{\delta} \Rightarrow W_B(I) = |qE(I)|\delta \tag{4}$$

Am Halbleiter-Isolator-Übergang hat die Dielektrizitätskonstante einen Sprung, d.h. es gilt die Gleichung (5.1-10) für das Verhältnis der Feldstärken. Da die Feldstärke im Halbleiter am Ort des Übergangs gleich der Maximalfeldstärke ist, gilt

$$E(I) = \frac{\varepsilon_r(S)}{\varepsilon_r(I)} E_{\max}(S) \tag{5}$$

Die Maximalfeldstärke auf der Halbleiterseite ergibt sich aus (5.2.1-27) zu

$$|E_{\max}(S)| = \frac{kT}{|q|L_{Dn}}\sqrt{\frac{2W_B(S)}{kT}} \tag{6}$$

$$(4)\underset{(5,6)}{\Rightarrow} W_B(I) = \delta\frac{\varepsilon_r(S)}{\varepsilon_r(I)}\frac{kT}{L_{Dn}}\sqrt{\frac{2W_B(S)}{kT}} \tag{7}$$

Bild 5.3.1-3:   *MIS-Übergang mit einem n-dotierten Halbleiter, an den eine äußere Spannung U_a angelegt wird. Je nach Größe und Vorzeichen der äußeren Spannung treten die folgenden Fälle auf (Merkregel: Die Bandverkippung über dem Oxid zeigt immer in Richtung der positiven Raumladung):*

a) Vergrößerung der Entleerung im Halbleiter

*b) Flachbandfall: Der Halbleiterübergang enthält keine Raumladungen. Dieses entspricht dem Bild 5.3.1-2a, jedoch sind in diesem Fall die unterschiedlichen Fermienergien durch die äußere Spannung $U_a^{FB} = -\Phi_{ms}$ (**Flachbandspannung**) stabilisiert, d.h. der Unterschied wird nicht durch Elektronenübergänge abgebaut.*

c) Aufladung des Halbleiters durch Anreicherung

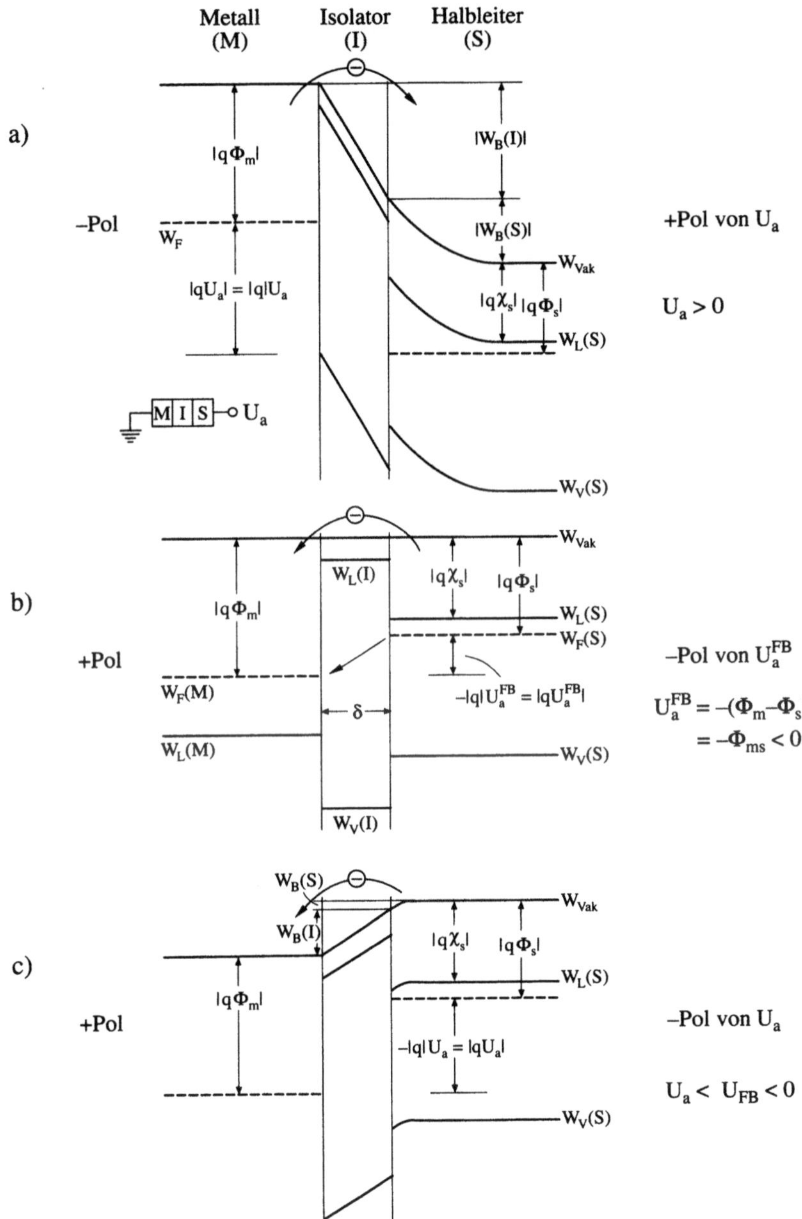
Metall (M)
Isolator (I)
Halbleiter (S)
a)
-Pol
+Pol von U_a
$|q\Phi_m|$
W_F
$|qU_a| = |q||U_a$
$|W_B(I)|$
$|W_B(S)|$
W_{Vak}
$|q\chi_s|$ $|q\Phi_s|$
$W_L(S)$
$U_a > 0$
M I S U_a
$W_V(S)$
W_{Vak}
b)
+Pol
-Pol
$W_L(I)$
$|q\chi_s|$ $|q\Phi_s|$
$|q\Phi_m|$
$W_L(S)$
$W_F(S)$
$W_F(M)$
$-|q||U_a^{FB} = |qU_a^{FB}|$
$-Pol von U_a^{FB}
δ
$W_L(M)$
$W_V(S)$
$U_a^{FB} = -(\Phi_m - \Phi_s)$
$= -\Phi_{ms} < 0$
$W_V(I)$
c)
+Pol
$W_B(S)$
$W_B(I)$
W_{Vak}
$|q\chi_s|$ $|q\Phi_s|$
$|q\Phi_m|$
$W_L(S)$
$-|q||U_a = |qU_a|$
$-Pol von U_a
$U_a < U_{FB} < 0$
$W_V(S)$

Eingesetzt in (2) folgt damit

$$|q|\,\Phi_{ms}\!: \underset{\text{analog (5.1-22)}}{=} \;\; |q\Phi_m| - |q\Phi_s| = \frac{\varepsilon_r(\text{S})}{\varepsilon_r(\text{S})}\,\frac{\delta}{L_{Dn}}\,\sqrt{2\,W_B(\text{S})kT} + W_B(\text{S}) \qquad (8)$$

Diese Gleichung kann nach $W_B(\text{S})$ aufgelöst werden und daraus alle anderen Parameter des Bändermodells bestimmt werden.

Durch Anlegen einer äußeren Spannung werden die Fermienergien in Bild 5.3.1-2b gegeneinander verschoben (Bild 5.3.1-3). Die Berechnung des Bändermodells erfolgt wie oben. Wird die Fermienergie auf der Metallseite festgehalten (Masse- oder Bezugspunkt für die von außen angelegte Spannung), dann gilt anstelle (2)

$$|q\Phi_m| + |q|U_a = +|q\Phi_s| + W_B(\text{S}) + W_B(\text{I}) \qquad (9)$$

$$\underset{\text{n-HL:Entleerung}}{\Rightarrow} |q|\,\Phi_{ms} + |q|U_a = +\frac{\varepsilon_r(\text{S})}{\varepsilon_r(\text{I})}\,\frac{\delta}{L_{Dn}}\,\sqrt{2\,W_B(\text{S})kT} + W_B(\text{S}) \qquad (10\text{a})$$

Diese Formel gilt für positive und negative Spannungen U_a, sofern die Voraussetzung einer Aufladung des Halbleiters durch Entleerung erhalten bleibt. Ein wichtiger Sonderfall ist der **Flachbandfall** mit der Bandverbiegung Null. Dafür muß als äußere Spannung die **Flachbandspannung** (5.1-23) angelegt werden:

$$|q|U_a\big|_{W_B(\text{S})=0} =: |q|U_a^{FB} = -|q|\,\Phi_{ms} \qquad (10\text{b})$$

$$\Rightarrow |q|U_a = |q|U_a^{FB} + \frac{\varepsilon_r(\text{S})}{\varepsilon_r(\text{I})}\,\frac{\delta}{L_{Dn}}\,\sqrt{2\,W_B(\text{S})kT} + W_B(\text{S}) \qquad (10\text{c})$$

Wie beim pn-Übergang in Bild 5.2.2-3 werden bei positiven äußeren Spannungen die Raumladungen vergrößert: Es fließt also ein Verschiebungsstrom vom Minuspol in das Metall und vom Halbleiter in den Pluspol der Spannungsquelle (Bild 5.3.1-3a). Durch Anlegen einer negativen äußeren Spannung hingegen wird die Raumladung verkleinert, bei der Flachbandspannung ist sie schließlich exakt Null (Bild 5.3.1-3b), so daß weder im Halbleiter noch im Isolator eine Bandverbiegung stattfindet. Bei noch größeren negativen äußeren Spannungen wird der Halbleiter negativ und das Metall positiv aufgeladen, d.h. im Halbleiter findet eine Anreicherung von Elektronen statt (Bild 5.3.1-3c). Dann gilt (10) nicht mehr, weil (6) für den Entleerungsfall hergeleitet wurde.

Bild 5.3.1-4:   *MIS-Übergang mit einem p-dotierten Halbleiter*

      a) Bändermodell vor Einstellung des thermischen Gleichgewichts. Wird der Abstand zwischen den Fermienergien durch eine äußere Spannung stabilisiert (vgl. Bild 5.3.1-3b), dann bleibt im Bändermodell der Flachbandfall erhalten.

      b) Aufladung des MIS-Übergangs durch Anlegen äußerer Spannungen: Anreicherung

      c) Aufladung des MIS-Übergangs durch Anlegen äußerer Spannungen: Entleerung

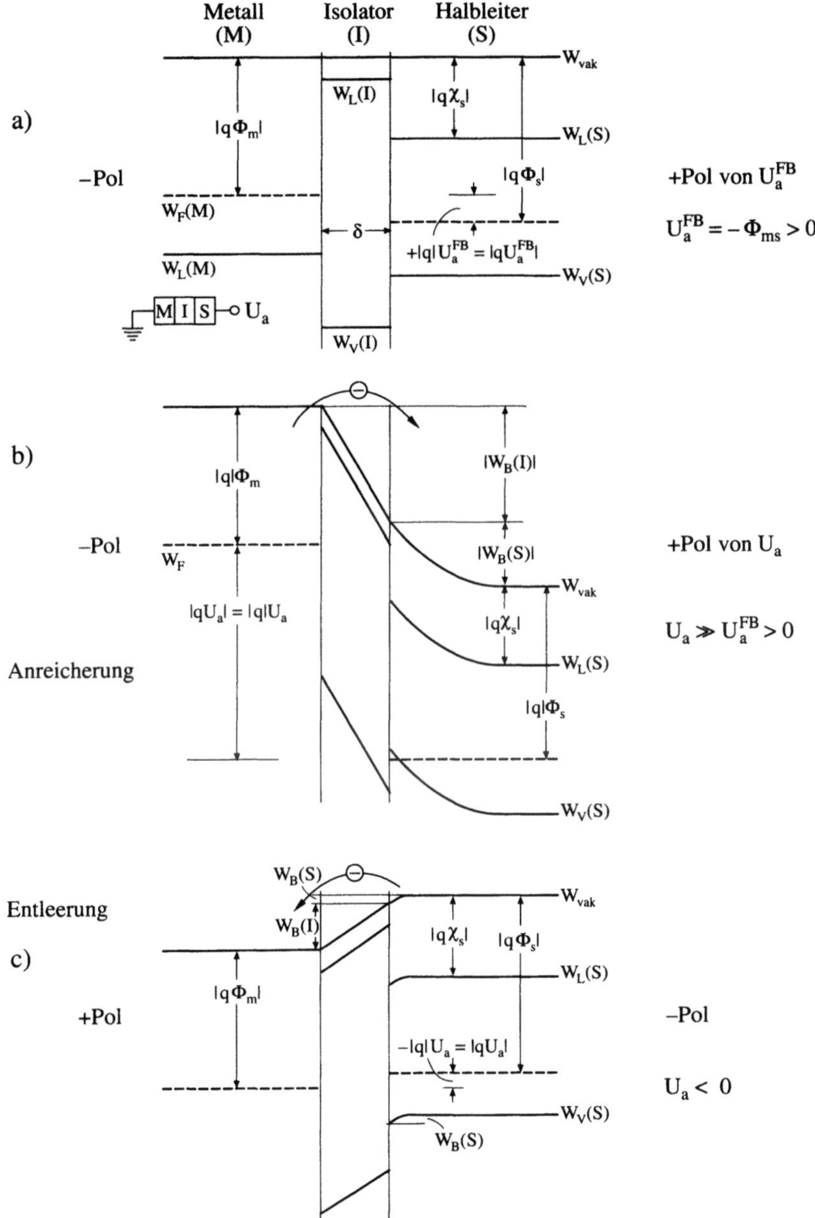

Metall (M)
Isolator (I)
Halbleiter (S)
a)
-Pol
$|q\Phi_m|$
$W_L(I)$
$W_F(M)$
δ
$W_L(M)$
W_{vak}
$|q\chi_s|$
$W_L(S)$
$|q\Phi_s|$
$+|q|U_a^{FB} = |qU_a^{FB}|$
$W_V(S)$
$W_V(I)$
M I S $\circ$ U_a
+Pol von U_a^{FB}
$U_a^{FB} = -\Phi_{ms} > 0$
b)
-Pol
W_F
$|q|\Phi_m$
$|qU_a| = |q|U_a$
Anreicherung
$|W_B(I)|$
$|W_B(S)|$
W_{vak}
$|q\chi_s|$
$W_L(S)$
$|q|\Phi_s$
$W_V(S)$
+Pol von U_a
$U_a \gg U_a^{FB} > 0$
Entleerung
c)
+Pol
$W_B(S)$
$W_B(I)$
$|q\Phi_m|$
W_{vak}
$|q\chi_s|$
$|q\Phi_s|$
$W_L(S)$
$-|q|U_a = |qU_a|$
$W_V(S)$
$W_B(S)$
-Pol
$U_a < 0$

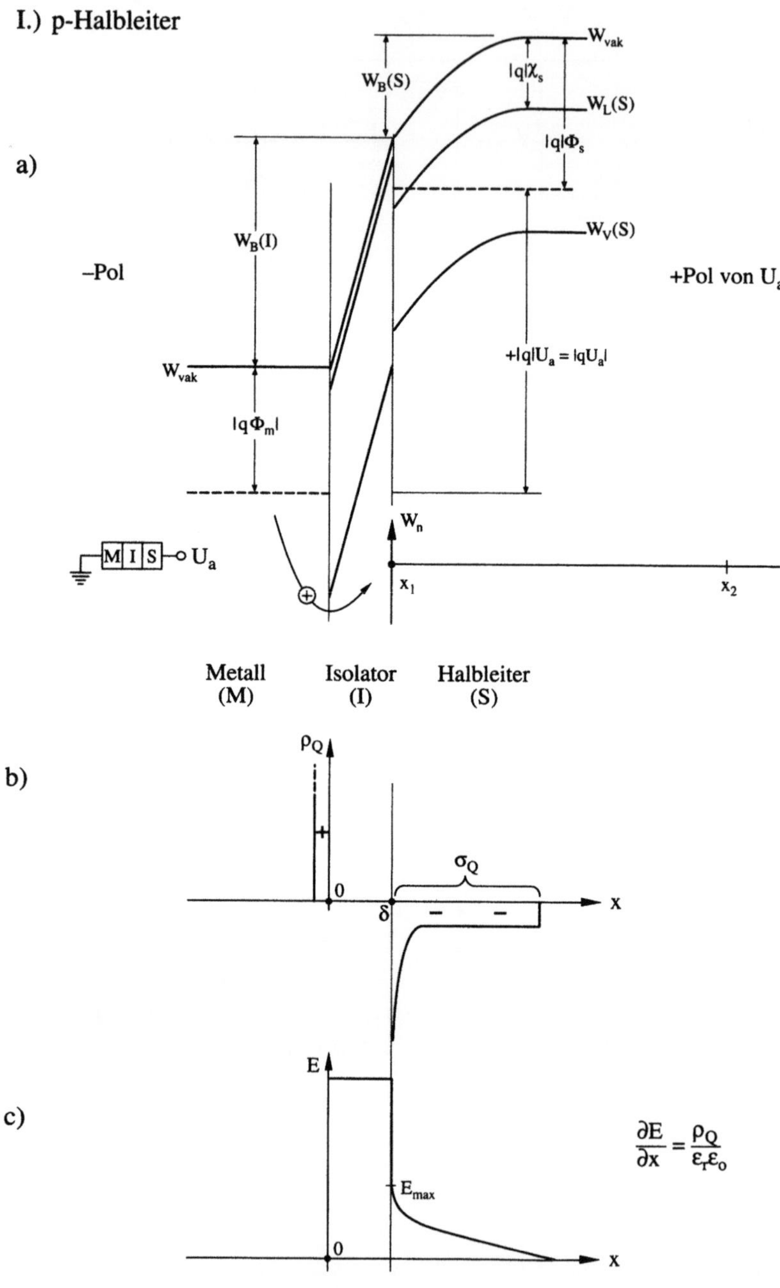

I.) p-Halbleiter
a)
$W_B(S)$
$|q|\chi_s$
W_{vak}
$W_L(S)$
$|q|\Phi_s$
$W_B(I)$
$W_V(S)$
–Pol
+Pol von U_a
W_{vak}
$+|q|U_a = |qU_a|$
$|q\Phi_m|$
W_n
M I S $-\!\circ\, U_a$
x_1
x_2
Metall (M)
Isolator (I)
Halbleiter (S)
b)
ρ_Q
+
σ_Q
0
δ
− −
X
c)
E
E_{max}
0
X
$\dfrac{\partial E}{\partial x} = \dfrac{\rho_Q}{\varepsilon_r \varepsilon_o}$

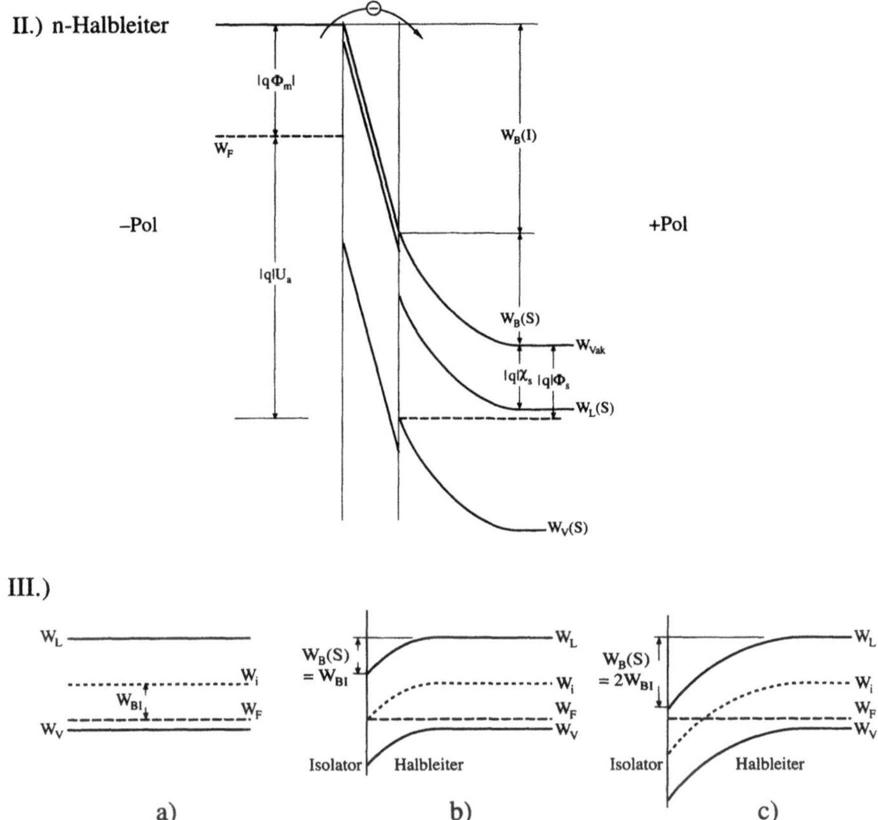

Bild 5.3.1-5:   Ladungsträgerinversion in einem MIS-Übergang

Fall I)   Starke Inversion beim p-Halbleiter

> *a) Bändermodell*
>
> *b) Ortsverlauf der Ladungsdichte*
>
> *c) Ortsverlauf der elektrischen Feldstärke*

Fall II) Starke Inversion beim n-Halbleiter: Bändermodell

Fall III) Einsatz der Inversion am Beispiel des p-Halbleiters

> *a) Definition der Energie W_{BI} durch den Energieabstand zwischen Fermienergie und W_i (Energie in der Mitte der verbotenen Zone)*
>
> *b) Einsatz der schwachen Inversion: Bandverbiegung W_{BI}: Die Fermienergie liegt genau in der Bandmitte (Elektronen- und Löcherdichte entsprechen der intrinsischen Dichte ρ_i).*
>
> *c) Beginn der starken Inversion: Bandverbiegung $2W_{BI}$: Am Halbleiter-Isolatorübergang ist der Abstand zwischen Fermienergie und Leitungsbandkante gerade so groß wie der Abstand zwischen Fermienergie und Valenzbandkante beim ungestörten Halbleiter a).*

In Bild 5.3.1-4 sind die entsprechenden Verhältnisse für einen MIS-Übergang mit einem p-leitenden Halbleiter dargestellt.

Aus dem Bild 5.3.1-4c entnehmen wir für p-Halbleiter die zu (9) analoge Beziehung (zur Erinnerung: Die Bandaufbiegungen W_B wurden stets positiv gezählt):

$$|q\Phi_m| + |q|U_a \;=\; +|q\Phi_s| - W_B(S) - W_B(I) \tag{11}$$

$$\underset{\text{p–HL:Entleerung}}{\Rightarrow} \quad |q|\Phi_{ms} + |q|U_a \;=\; -\frac{\varepsilon_r(S)}{\varepsilon_r(I)}\frac{\delta}{L_{Dp}}\sqrt{2W_B(S)kT} - W_B(S) \tag{12a}$$

$$\Rightarrow |q|U_a \;=\; |q|U_a^{FB} - \frac{\varepsilon_r(S)}{\varepsilon_r(I)}\frac{\delta}{L_{Dp}}\sqrt{2W_B(S)kT} - W_B(S) \tag{12b}$$

Im Vergleich zu (10c) gehen die Bandverbiegungen W_B mit einem negativen Vorzeichen ein.

Ein besonderer Fall tritt ein, wenn die Entleerung des Halbleiters zu einer so starken Verbiegung der Bandkanten führt, daß der Abstand zwischen der Fermienergie und der Valenzbandkante (n-Halbleiter) bzw. Leitungsbandkante (p-Halbleiter) klein genug wird, um in nennenswerter Konzentration Löcher (n-Halbleiter) bzw. Elektronen (p-Halbleiter) zu erzeugen. In diesem Fall werden die zusätzlichen Ladungen nicht mehr durch einen Entleerungsvorgang bereitgestellt, sondern durch eine Erzeugung von Minoritätsträgern. Dieser Vorgang wird als **Ladungsträgerinversion** bezeichnet, er spielt bei den meisten MIS-Bauelementen eine fundamentale Rolle. Bild 5.3.1-5 veranschaulicht die Randbedingungen bei der Inversion.

In dem Beispiel in Bild 5.3.1-5 wird die Ladungsträgerinversion durch eine äußere Spannung mit der entsprechenden Polarität erzeugt. Es entsteht jetzt die Frage, bei welcher Bandverbiegung man von einem Einsatz der Inversion sprechen kann. In Bild 5.3.1-5, Fälle I und II, findet mit Sicherheit eine Inversion statt, weil die Fermienergie bereits an oder innerhalb des Bandes liegt, dem die Minoritätsträger zugeordnet werden (Valenzband im n-Halbleiter, Leitungsband im p-Halbleiter). Aber auch schon bei einer weit geringeren Bandaufbiegung kann der Einfluß der Minoritätsträger wichtig werden (Bild 5.3.1-5, Fall III): Ein gutes Kriterium dafür ist, daß der Abstand zwischen der Fermienergie und dem die Minoritätsträger in der Inversionsschicht erzeugendem Band (Leitungsband beim p-Halbleiter) genauso groß ist wie derjenige zwischen Fermienergie und dem die Majoritätsträger erzeugenden Band (Valenzband beim p-Halbleiter). Dieses Ergebnis wird durch Bild 5.3.1-5 bestätigt: Bei der Bandaufbiegung $2W_{BI}$ nimmt die negative Ladung sprungartig (logarithmischer Maßstab!) zu, da jetzt die starke Inversion einsetzt.

Die weitere quantitative Auswertung für den Inversionsfall wird am Beispiel des p-Halbleiters in Bild 5.3.1-5, Fall I, durchgeführt. Grundsätzlich gilt die Beziehung (11); die Beziehung (7) für die Bandaufbiegung über dem Oxid kann aber nicht übernommen werden, weil diese unter den Randbedingungen der Entleerung berechnet wurde.

Zur allgemeineren Berechnung von $W_B(I)$ nach (4) und (5) müssen wir zunächst die Maximalfeldstärke am Halbleiter-Isolatorübergang unter allgemeinen Voraussetzungen bestimmen. Wir nehmen an, die Raumladung im Halbleiter sei pro Einheitsfläche des Übergangs σ_Q. Diese Flächenladung ist über (5.1-8) korreliert mit dem Feldstärkesprung über der Raumladungszone: Dabei legen wir wie in Bild 5.3.1-5, Fall Ia den Ort x_2 in das feldfreie Gebiet rechts von der Raumladungszone, x_1 auf den Ort des Übergangs zwischen Halbleiter und Oxid. Da die Feldstärke $E(x_2)$ Null ist, gilt (die Flächenladung σ_Q ist negativ):

$$-\varepsilon_r(\mathrm{S})\varepsilon_o E(x_1) \;=\; -\varepsilon_r(\mathrm{S})\varepsilon_o\big|E_{\max}(\mathrm{S})\big| \;=\; \sigma_Q \tag{13}$$

Dieses liefert den gesuchten Zusammenhang zwischen Flächenladung und Maximalfeldstärke. Aus (4, 5 und 13) folgt damit:

$$W_B(I) = \big|qE_{\max}(\mathrm{S})\big|\delta\,\frac{\varepsilon_r(\mathrm{S})}{\varepsilon_r(I)} = \big|q\sigma_Q\big|\frac{\delta}{\varepsilon_r(I)\varepsilon_o}$$

$$=: \frac{\big|q\sigma_Q\big|}{C_F^{ox}} \tag{14a}$$

$$C_F^{ox} := \frac{\varepsilon_r(I)\varepsilon_o}{\delta} \tag{14b}$$

mit der **Oxidkapazität** (Kapazität pro Fläche für einen Plattenkondensator mit der Oxidschicht als Dielektrikum) C_F^{ox}. Der Zusammenhang $\sigma_Q(W_B(\mathrm{S}))$ zwischen der Flächenladung und der Bandaufbiegung $W_B(\mathrm{S})$ im Halbleiter kann nach den im Abschnitt 5.2.1 behandelten Verfahren ermittelt werden, ein Beispiel für einen speziellen Wert der p-Dotierung ist in Bild 5.2.1-5 dargestellt. Damit tritt für (11) anstelle (12) die allgemeinere Beziehung

$$\Phi_{ms} + U_a \;=\; -\,\frac{\big|\sigma_Q(W_B(\mathrm{S}))\big|}{C_F^{ox}} - W_B(\mathrm{S}) \tag{15a}$$

$$\Rightarrow \; |q|U_a \;=\; |q|U_a^{FB} - \frac{\big|\sigma_Q(W_B(\mathrm{S}))\big|}{C_F^{ox}} - \frac{W_B(\mathrm{S})}{|q|} \tag{15b}$$

Dabei ist die in (10b) eingeführte Flachbandspannung verwendet worden. Aus (15) kann auch für den Inversionsfall die Bandaufbiegung $W_B(\mathrm{S})$ bestimmt werden: Nach

Einsetzen der für die Dotierung des Halbleiters berechneten Beziehung $\sigma_Q(W_B(S))$ wie in Bild 5.2.1-5 erhält man einen Zusammenhang zwischen den Variablen U_a und $W_B(S)$.

Für den Einsatz der starken Inversion gelten einfachere Randbedingungen: Aus den Abbildungen 4.2-3 und 5.2.1-6 ist zu erkennen, daß im Bereich der schwachen bis zum Einsatz der starken Inversion die Ladung durch eine Entleerung erfolgt, wobei diese Annahme beim Einsatz der starken Inversion gerade noch erfüllt ist, d.h. erst oberhalb dieses Einsatzes wirkt sich die Inversionsladung zunehmend aus. Damit gilt bis zum Einsatz der starken Inversion anstelle der aufwendigeren Formel (15) die vereinfachte in (12). Die äußere Spannung U_T, bei welcher die starke Inversion gerade einsetzt (**Einsatzspannung**, englisch threshold voltage), ergibt sich über die Bedingung $W_B(S) = 2W_{BI}$ in Bild 5.3.1-5 Fall IIIc, daraus folgt:

$$|q|U_T \underset{(12a)}{=} -|q|\,\Phi_{ms} - \frac{\varepsilon_r(S)}{\varepsilon_r(I)}2\frac{\delta}{L_{Dp}}\sqrt{W_{BI}kT} - 2W_{BI} \tag{16}$$

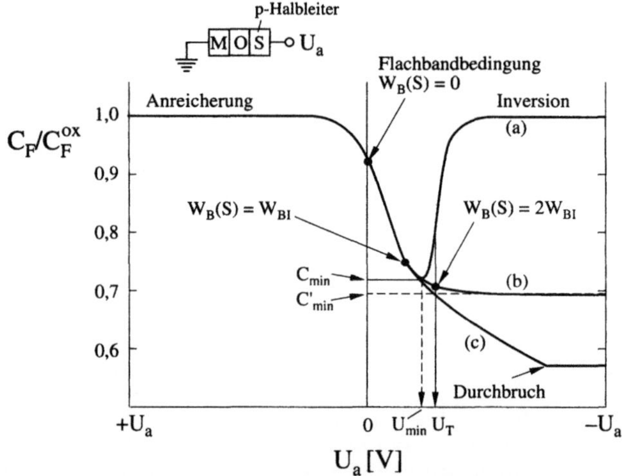

Bild 5.3.1-6:   *Abhängigkeit der Flächenkapazität eines MIS-Überganges mit einem p-dotierten Halbleiter von der äußeren Spannung U_a (nach [42]). Ausgegangen wird von der Beziehung (18) in der Form*

$$\frac{C_F}{C_F^{ox}} = \frac{C_F^{HL}}{C_F^{HL} + C_F^{ox}}$$

Die Halbleiterkapazität wird nach (19) berechnet. Die Auftragung erfolgt über der angelegten Spannung U_a, die sich aus der Bandverbiegungen $W_B(S)$ nach (15) ergibt. Dabei ist $\Phi_{ms} = 0$ (sogenannter idealer MIS-Übergang) gesetzt worden, anderenfalls verschiebt sich die Spannungskala um die Flachbandspannung $U_a^{FB} = -\Phi_{ms}$. Als Flachbandkapazität ergibt sich mit (14b) und (20b):

$$C_F = \frac{\varepsilon_r(\mathrm{I})\varepsilon_o}{\delta + \dfrac{\varepsilon_r(\mathrm{I})}{\varepsilon_r(\mathrm{S})}\, L_D} \tag{20c}$$

a) *Kurvenverlauf bei langsamer Änderung von U_a: Unter dieser Voraussetzung können die Elektronen in der Inversionsschicht durch thermische Generation erzeugt werden, d.h. für jede äußere Spannung U_a befinden sich die Ladungsträgerdichten im thermischen Gleichgewicht*

b) *Kurvenverlauf für höhere Frequenzen: Beim Übergang von der schwachen in die starke Inversion (oder eine weitere Verstärkung der starken Inversion) kann innerhalb der durch die Frequenz vorgegebenen kurzen Zeitspanne nur ein Teil der zusätzlich erforderlichen Elektronen in der Inversionsschicht thermisch erzeugt werden. Gleichzeitig kann bei Abnehmen der äußeren Spannung (der MIS-Übergang geht dann vom Zustand der starken in den Zustand der schwachen oder weniger starken Inversion über) innerhalb derselben kurzen Zeitspanne möglicherweise nur ein Teil der jetzt überschüssigen Elektronen rekombinieren.*

c) *Kurvenverlauf bei sehr schneller (pulsartiger) Vergrößerung der äußeren Spannung U_a: Innerhalb dieser Zeitspanne können praktisch keine Elektronen in der Inversionsschicht thermisch erzeugt werden, die Erzeugung der negativen Ladung erfolgt weiterhin durch negative Aufladung von Akzeptoratomen (gestrichelte Kurve in Bild 5.2.1-5). Diesen Zustand bezeichnet man als **tiefe Entleerung**. Die bei höheren Frequenzen gemessene Kurve b) entsteht als Zwischenzustand der Kurven a) und c)*

Mit der Definition (5.2.1-21) für die Debye-Länge und (14) läßt sich diese Gleichung umformen zu

$$\text{p - Halbleiter:}\quad |q|U_T = -|q|\Phi_{ms} - 2\frac{|q|}{C_F^{ox}}\sqrt{\varepsilon_r(S)\varepsilon_o W_{BI}\rho_A} - 2W_{BI} \tag{17a}$$

$$= +|q|U_a^{FB} - 2\frac{|q|}{C_F^{ox}}\sqrt{\varepsilon_r(S)\varepsilon_o W_{BI}\rho_A} - 2W_{BI} \tag{17b}$$

Für n-Halbleiter ergibt sich aus (10) eine analoge Formel, jedoch wegen der Bandaufbiegung nach oben ein positives Vorzeichen vor den entsprechenden Termen

$$\text{n - Halbleiter:}\quad |q|U_T = -|q|\Phi_{ms} + 2\frac{|q|}{C_F^{ox}}\sqrt{\varepsilon_r(S)\varepsilon_o W_{BI}\rho_A} + 2W_{BI} \tag{17c}$$

$$= +|q|U_a^{FB} + 2\frac{|q|}{C_F^{ox}}\sqrt{\varepsilon_r(S)\varepsilon_o W_{BI}\rho_A} + 2W_{BI} \tag{17d}$$

Die Ableitung der allgemeinen Beziehung (15) nach der äußeren Spannung U_a ergibt die reziproke Gesamt-Flächenkapazität C_F, die sich aus der Summe der reziproken Flächenkapazitäten des Oxids und des Halbleiters C_F^{HL} zusammensetzt:

$$\frac{1}{C_F} := \left| \frac{\partial U_a}{-\partial \sigma_Q} \right| = \frac{1}{C_F^{ox}} + \frac{1}{|q|} \left| \frac{\partial W_B(S)}{\partial \sigma_Q(W_B(S))} \right|$$

$$=: \frac{1}{C_F^{ox}} + \frac{1}{C_F^{HL}} \tag{18}$$

$$\text{mit} \quad C_F^{HL} := \left| \frac{\partial \sigma_Q(W_B(S))}{\partial W_B(S) / |q|} \right| \tag{19}$$

Die **Halbleiterkapazität** in (19) entspricht der Steigung von Funktionen $\sigma_Q(W_B(S))$ wie in Bild 5.2.1-5, die für jede Halbleiterdotierung einzeln berechnet werden müssen. Wir erkennen am Beispiel von Bild 5.2.1-5, daß die Halbleiterkapazität niedrige Werte annimmt zwischen dem neutralen Zustand (Flachbandfall) und dem Einsatz der starken Inversion. Außerhalb davon kann sie so groß werden, daß sie gegenüber der in Reihe geschalteten Oxidkapazität vernachlässigt werden kann (Bild 5.3.1-6).

Für den Flachbandfall (die Bandverbiegung entspricht dann dem Fall kleiner Auslenkung in Abschnitt 5.2.1) erhält man nach (5.2.1-23b) die Flächenladung:

$$\left| \sigma_Q(\Delta W_B(S)) \right| = \left| \varepsilon_r(S)\varepsilon_o E \right| = \varepsilon_r(S)\varepsilon_o \left| \frac{\Delta W_B(S)}{qL_D} \right| \tag{20a}$$

Daraus folgt für die Raumladungskapazität

$$C_F^{HL} \Big|_{FB \; (19)} = \frac{\varepsilon_r(S)\varepsilon_o}{L_D} \tag{20b}$$

Die in Bild 5.3.1-6 erklärte Frequenzabhängigkeit der MIS-Flächenkapazität wird in den Meßkurven in Bild 5.3.1-7 deutlich.

Die in Abschnitt 5.2.4 eingeführten Grenzflächenladungen können einen sehr großen Einfluß auf das Bändermodell haben: Sie bewirken nach Gleichung (5.1-8) einen Feldstärkesprung und ändern damit die Randbedingungen des Problems erheblich. Ein typischer Effekt ist die **Abschirmung** der Grenzflächenladung, d.h. eine elektrostatische Kompensation der Grenzflächenladung durch Ladungen im Halbleiter, die durch Entleerung, Anreicherung oder Inversion erzeugt werden können. Wir betrachten zunächst eine positive Flächenladung im Oxid, die durch negative Ladungen im Metall und Halbleiter abgeschirmt wird (Bild 5.3.1-8a). Über die Poissongleichung kann daraus die Feldverteilung und daraus über (5.2.1-1 und 2) das Bändermodell berechnet werden (Bild 5.3.1-8b und c, Fall I). Die Energiebilanz für diesen Fall ist

$$\left| q\Phi_m \right| - W_B^-(I) + W_B^+(I) + W_B(S) = \left| q\Phi_s \right| \tag{21}$$

Durch Einsetzen der Randbedingungen können alle Bandverbiegungen bzw. Ladungen berechnet werden. Wir wollen uns speziell für den Flachbandfall (Bild 5.3.1-8, Fall II) interessieren. Unter diesen Voraussetzungen gilt einfach nach Bild 5.3.1-8, Fall IIc

$$\left|q\Phi_m\right| + \left|q\right|U_a^{FB} - W_B(\mathrm{I}) = \left|q\Phi_s\right| \tag{22}$$

Für die Bandverbiegung im Oxid folgt wie beim Plattenkondensator:

$$W_B(\mathrm{I}) = x_o\left|qE(\mathrm{I})\right| = \frac{x_o\left|q\sigma_Q\right|}{\varepsilon_r(\mathrm{I})\varepsilon_o} \tag{23}$$

so daß wir als Flachbandspannung erhalten

$$\left|q\right|U_a^{FB} = -\left|q\right|\Phi_{ms} + W_B(\mathrm{I}) = -\left|q\right|\Phi_{ms} + \frac{x_o\left|q\sigma_Q\right|}{\varepsilon_r(\mathrm{I})\varepsilon_o} = -\left|q\right|\Phi_{ms} + \frac{x_o}{\delta}\frac{\left|q\sigma_Q\right|}{C_F^{ox}} \tag{24}$$

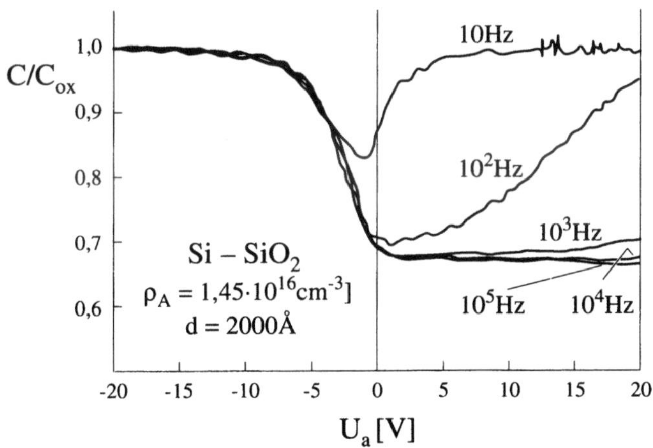

Bild 5.3.1-7:   *Gemessene Frequenzabhängigkeit der Abhängigkeit der Flächenkapazität eines MIS-Überganges von der äußeren Spannung (nach [42]).*

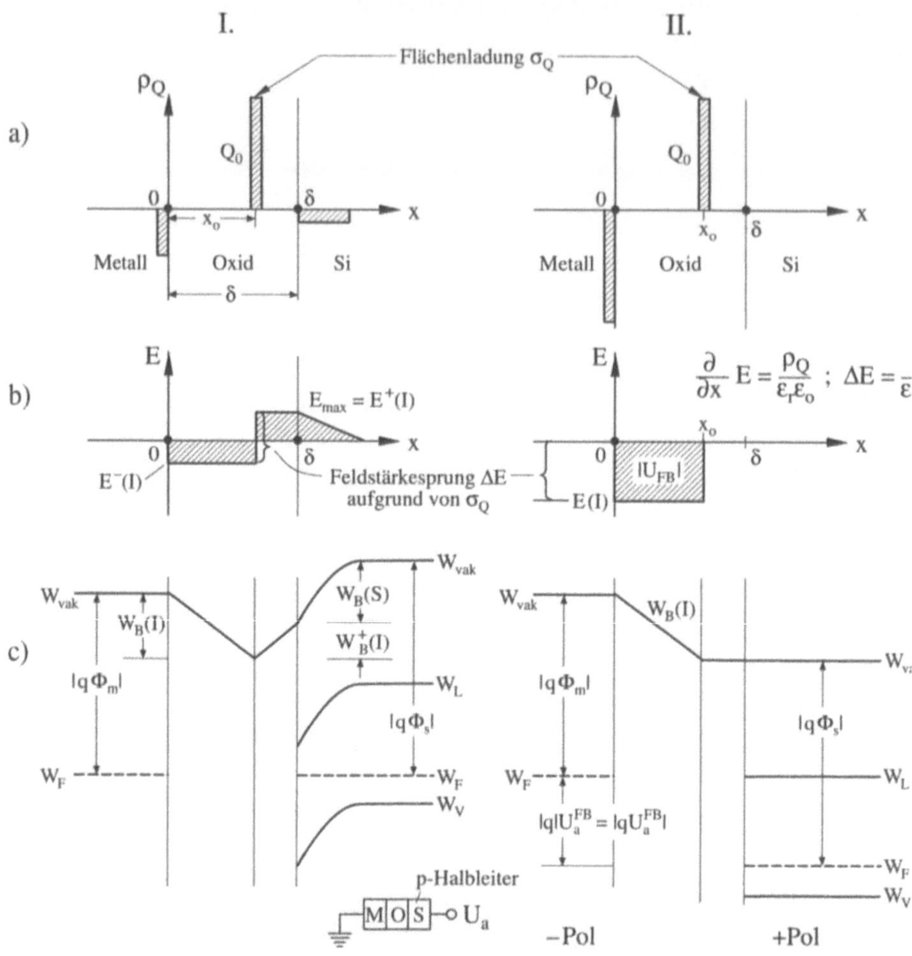

Bild 5.3.1-8:   *Wirkung einer Flächenladung im Isolator im Abstand x_o vom Übergang Metall-Isolator in einem idealen MIS-Übergang (I) und bei Anlegen der Flachbandspannung (II, teilweise nach [42])*

a) Ortsverlauf der Ladungsdichte

b) Ortsverlauf der elektrischen Feldstärke

c) Bändermodell

Die Flachbandspannung hängt also ab vom Abstand x_o zwischen Metall und Flächenladung. In der Praxis unterscheidet man zwischen Flächenladungen im Oxid $\sigma_{Qi}(x)$, $0 < x_o < d$, und Grenzflächenladungen σ_{Qf} in der Grenzfläche Halbleiter-

Isolator ($x_o = d$, Bild 5.3.1-9). Die Oxidladungen haben ihren Ursprung meistens in Verunreinigungen, insbesondere spielen Fremdionen wie Alkali- (z.B. Na^+) und Erdalkaliionen eine Rolle. Auch bei den Grenzflächenladungen können Fremdatome beteiligt sein, sie können aber auch durch Fehlstellen im kristallinen Aufbau (z.B. ungepaarte oder verbogene sp^3-Bindungsarme im Halbleiter) an der heterogenen Grenzfläche entstehen.

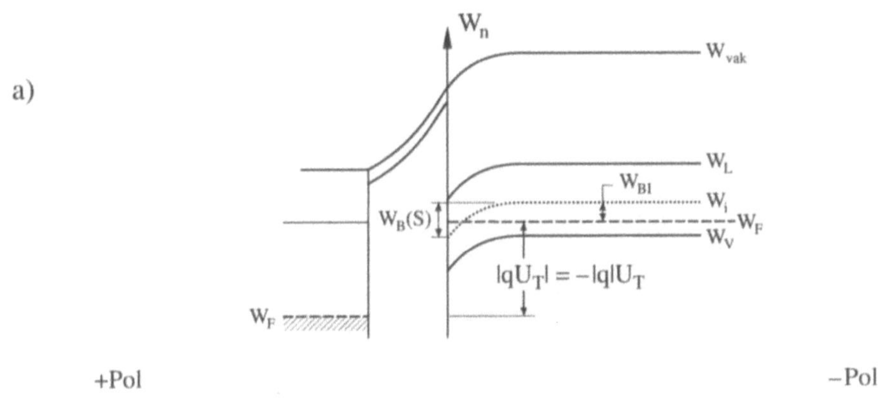

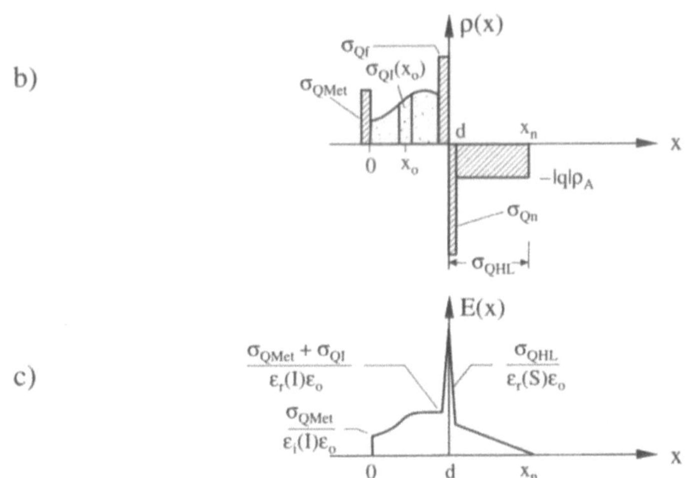

Bild 5.3.1-9   *MIS-Übergang mit einem p-Halbleiter beim Einsatz der Inversion. Im Gegensatz zu Bild 5.3.1-5, Fall I, werden auch Ladungen im Isolator und an der Grenzfläche Halbleiter-Isolator zugelassen (nach [9])*
a) Bändermodell
b) Ortsverlauf der Raumladung (die Integration der Raumladung über x ergibt eine Flächenladung)
c) Ortsverlauf der elektrischen Feldstärke

Die verschiedenen Flächenladungen in Bild 5.3.1-9b (**Oxidladungen** $\sigma_{Ql}(x)$ und Grenzflächenladungen σ_{Qf}) überlagern sich in ihrer Wirkung ungestört. Mit der Beziehung

$$\sigma_{Ql}(x) = \rho_{Ql}(x)dx \tag{25}$$

(ρ_Q ist die Ladung pro Volumen, also Raumladung) folgt aus (24), die auf beliebige Ladungen erweitert werden kann:

$$|q|U_a^{FB} = -|q|\,\Phi_{ms} + \frac{|q|}{\delta \cdot C_F^{ox}} \int_o^d x \cdot \rho_{Ql}(x)dx + \frac{|q|\sigma_{Qf}}{C_F^{ox}} \tag{26}$$

$$=: -|q|\,\Phi_{ms} + |q|U_a^{FB}\left(\sigma_{Ql}\right) + |q|U_a^{FB}\left(\sigma_{Qf}\right) \tag{27}$$

$$U_a^{FB}\left(\sigma_{Ql}\right) := \frac{1}{\delta \cdot C_F^{ox}} \int_o^d x \cdot \rho_{Ql}(x)dx \tag{28}$$

$$U_a^{FB}\left(\sigma_{Qf}\right) := \frac{\sigma_{Qf}}{C_F^{ox}} \tag{29}$$

Bei Anlegen einer äußeren Spannung an den MIS-Übergang in Bild 5.3.1-8 entstehen zusätzliche Ladungen im Metall und im Halbleiter. Es besteht auch die Möglichkeit, daß sich dadurch die Ladungen im Oxid und an der Grenzfläche ändern, diesen – häufig schwierig zu berechnenden – Fall wollen wir aber an dieser Stelle nicht betrachten. Die Wirkung der spannungsinduzierten Ladungen ist, daß sich die Feldstärke im Oxid wie beim Plattenkondensator um einen konstanten Betrag $\Delta E(I)$ vergrößert, mit Hilfe von (4) kann bei Einsetzen von $\Delta E(I)$ die zusätzliche Bandverbiegung $\Delta W_B(I)$ über dem Oxid berechnet werden. Damit ergeben sich bei Anwesenheit von Oxid- und Grenzflächenladungen genau dieselben Formeln wie in (10c), (12b), (15b), (17b und d), wenn man für die Flachbandspannung die Formel (26) einsetzt. Die Wirkung von Oxid- und Grenzflächenladungen entspricht also derjenigen von Differenzen $|q|\Phi_{ms}$ der Arbeitsfunktionen: die für einen vorgegebenen Fall (Flachbandfall, Einsatz der starken Inversion u.a.) erforderlichen äußeren Spannungen werden verschoben. Von dieser Möglichkeit wird in der MOS-Technik (Abschnitt 10.4.1) ausgiebig Gebrauch gemacht.

Die Spannungsabhängigkeit der MIS-Kapazität wurde durch Ableitung von (15) nach der äußeren Spannung U_a gewonnen. Wenn die Flachbandspannung voraussetzungsgemäß nicht von U_a abhängt, dann ist die $C_F(U_a)$-Kurve unabhängig von den Oxid- und Grenzflächenladungen, sie bleibt also in der in Bild 5.3.1-6 dargestellten Form erhalten. Auf der anderen Seite ist die absolute Skala der äußeren Spannung stark davon abhängig: Die Flachbandkapazität wird bei einer äußeren Spannung nach

(26) erreicht, alle anderen Werte der $C_F(U_a)$-Kurve verschieben sich um denselben Betrag (Bild 5.3.1-10).

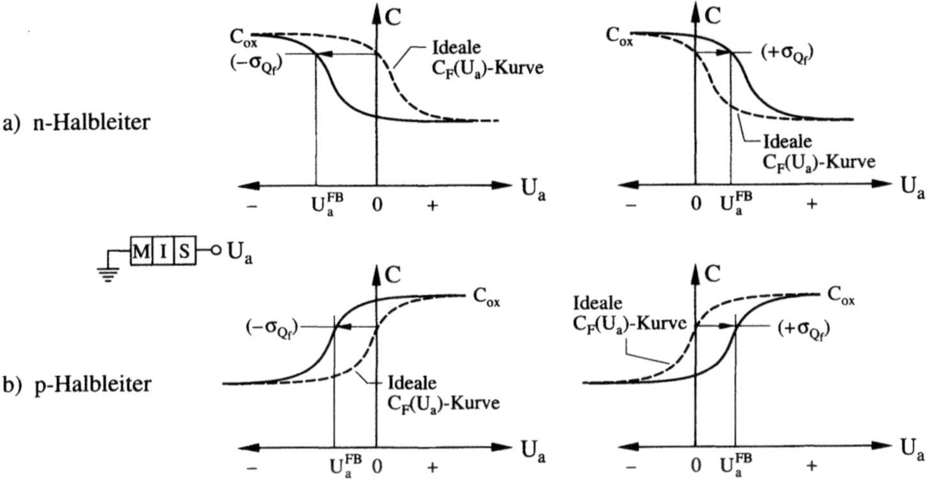

Bild 5.3.1-10: *$C_F(U_a)$-Kurven (gemessen bei höheren Frequenzen gemäß Kurve b) in Bild 5.3.1-6) von MIS-Übergängen bei Anwesenheit von Grenzflächenladungen σ_{Qf}.*
Zum Vergleich ist immer die ideale $C_F(U_a)$-Kurve ($U_a^{FB}{=}0$) gestrichelt eingetragen (nach [43])
a) MIS-Übergang mit n-Halbleiter   b) MIS-Übergang mit p-Halbleiter

5.3.2 Schottky-Übergänge

Als **Schottky-Übergänge** bezeichnet man Übergänge zwischen Halbleitern und Metallen. Physikalisch entspricht dieser Übergang einem MIS-Übergang mit einer Oxiddicke δ, die im Grenzfall gegen Null geht (Bild 5.3.2-1). Damit kann in ähnlicher Weise vorgegangen werden wie im vorangegangenen Abschnitt 5.3.1.

Die Berechnung des Schottky-Überganges erfolgt wie in (5.3.1-1) über eine Energiebilanz mit den Größen in Bild 5.3.2-1d:

$$|q\Phi_m| = |q\Phi_s| + W_B(S) \tag{1}$$

$$= |q\chi_s| + |q\Phi_{Bn}| \tag{2}$$

d.h. die materialbestimmte Größe ist nicht $|q|\Phi_{ms}$, sondern die **Schottky-Barrieren-höhe**

$$|q\Phi_{Bn}| = |q\Phi_m| - |q\chi_s| \qquad (3)$$

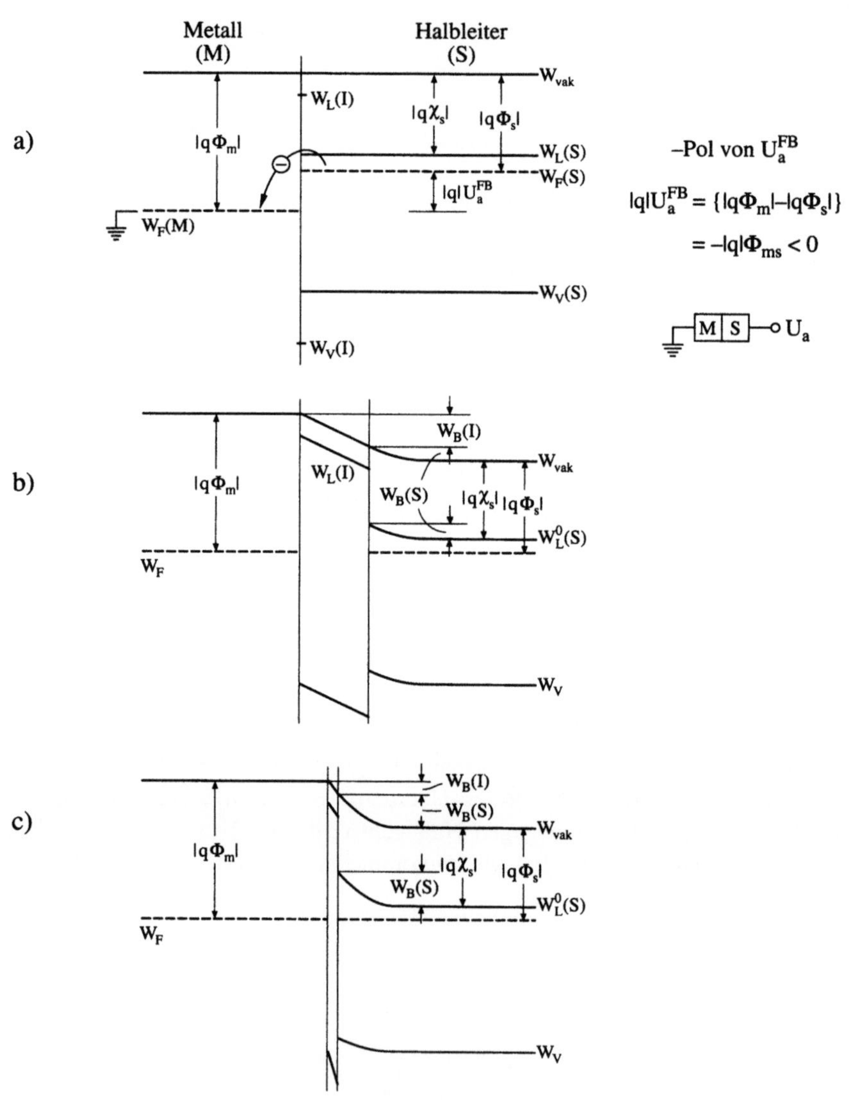

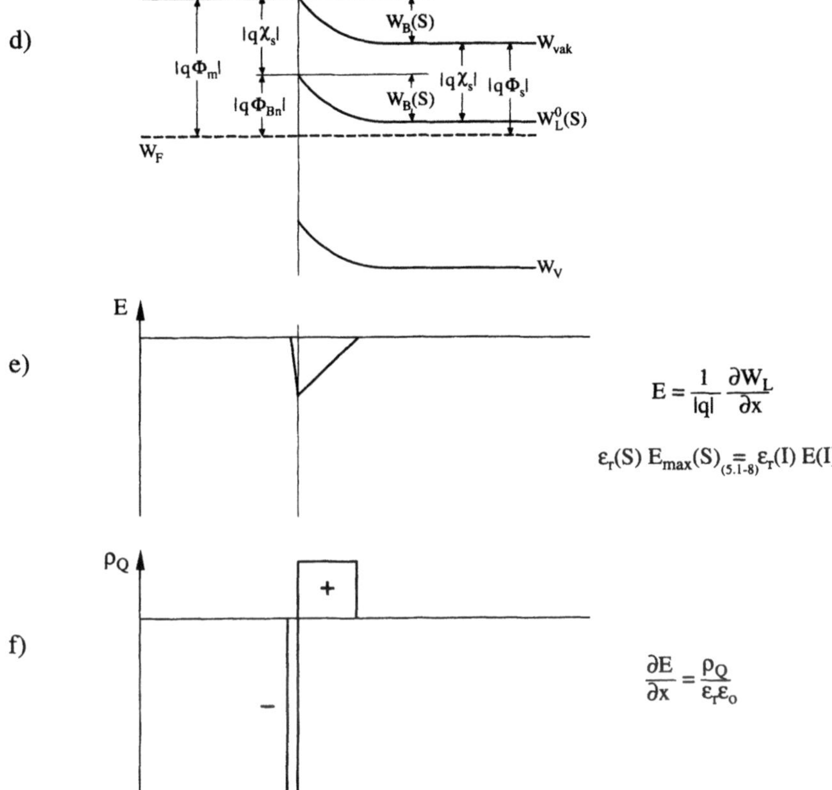

Bild 5.3.2-1:   *Bändermodell des Schottky-Übergangs mit einem n-dotierten Halbleiter ohne Anwesenheit von Grenzflächenzuständen*

a) Bändermodell vor Einstellung des thermischen Gleichgewichts

b) bis d) Bändermodell nach Einstellung des thermischen Gleichgewichts: Wir gehen aus vom Bändermodell des MIS-Übergangs (Bild 5.3.1-2b) und reduzieren die Oxiddicke sukzessiv auf den Wert Null. In d) wird erkennbar, daß zwischen dem Metall und dem Halbleiter eine Energiebarriere der Höhe /qΦ_Bn/ entsteht, diese wird als Schottky-Barrierenhöhe bezeichnet

e) Feldstärkeverlauf beim Schottky-Übergang d)

f) Ladungsverteilung beim Schottky-Übergang d)

Für einen Schottky-Übergang mit einem p-Halbleiter gilt entsprechend zu Bild 5.3.2-1 ein Bändermodell gemäß Bild 5.3.2-2. Die Energiebilanz ergibt für den p-Halbleiter nach Bild 5.3.2-2:

$$\left|q\Phi_{Bp}\right| + \left|q\Phi_m\right| = W_g + \left|q\chi_s\right| \tag{4}$$

$$\Rightarrow \left|q\Phi_{Bp}\right| = W_g - \left(\left|q\Phi_m\right| - \left|q\chi_s\right|\right) \tag{5}$$

mit dem Bandabstand W_g des Halbleiters. Zusammen mit (3) folgt daraus

$$\left|q\Phi_{Bn}\right| + \left|q\Phi_{Bp}\right| = W_g \tag{6}$$

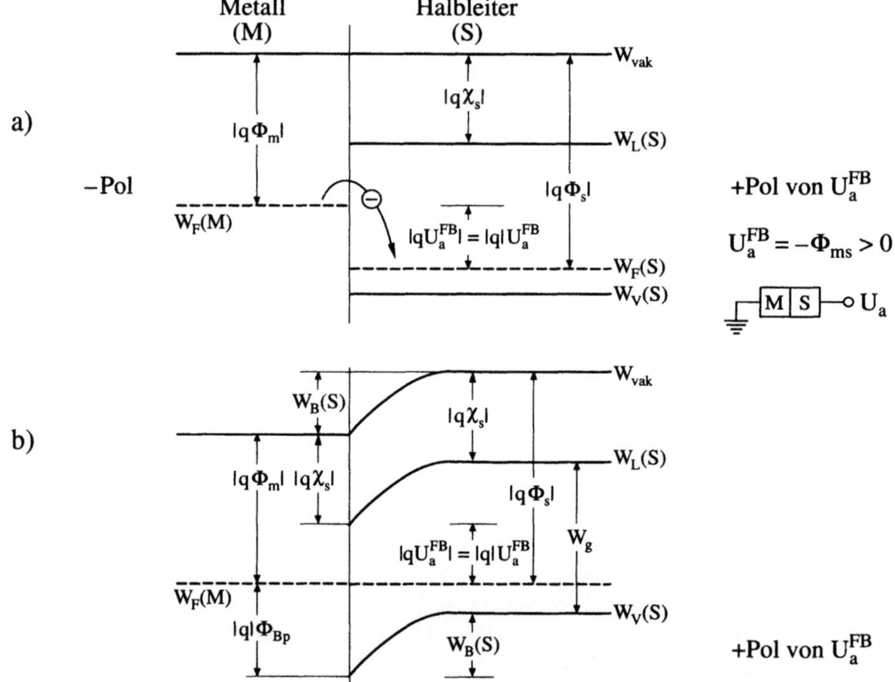

Bild 5.3.2-2:   *Bändermodell eines Schottky-Übergangs mit einem p-dotierten Halbleiter ohne Anwesenheit von Grenzflächenzuständen*

a) Bändermodell vor Einstellung des thermischen Gleichgewichts

b) Bändermodell nach Einstellung des thermischen Gleichgewichts. Die Energie /qΦ_Bp/ stellt eine Barriere dar für den Fluß von Löchern (unbesetzten Zuständen) aus dem Metall in den Halbleiter.

Bildet man also für ein ausgewähltes Metall einen Schottky-Übergang mit einem p-
und einem n-Halbleiter, dann addieren sich die entsprechenden Barrierenhöhen auf
den Wert des Bandabstandes. Kennzeichnend für Schottky-Barrierenhöhen $|q\Phi_{Bn}|$
und $|q\Phi_{Bp}|$ ist nach (3) und (5), daß sie nicht von der Barrierenenergie $W_B(S)$ im
Halbleiter abhängen. Damit sind sie (im Rahmen der Genauigkeit dieser Betrachtung, eine Modifikation erfolgt im Abschnitt 7.1) unabhängig von der Größe äußerer
angelegter Spannungen. Bild 5.3.2-3 zeigt diesen Effekt in den Bändermodellen von
Schottky-Übergängen bei Anlegen solcher Spannungen.

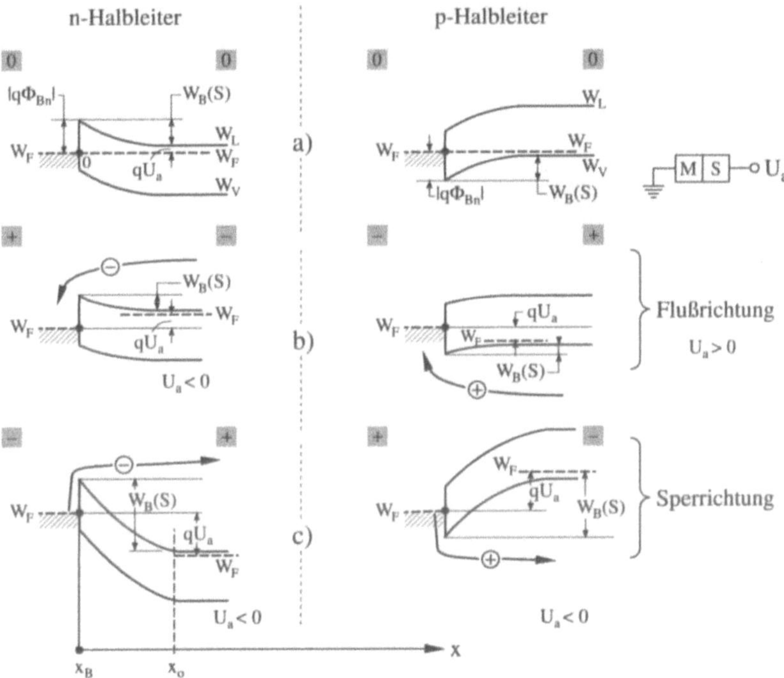

Bild 5.3.2-3:   *Einfluß äußerer angelegter Spannungen auf die Bändermodelle von Schottky-
Übergängen. Die Polung der äußeren Spannung ist jeweils angegeben.*

    a) Thermisches Gleichgewicht (äußere Spannung Null)

    *b) Die äußere Spannung verkleinert die Energiebarriere $W_B(S)$ für den Ladungs-
trägerfluß (dem entspricht später die Durchflußrichtung einer Schottkydiode)*

    *c) Die äußere Spannung vergrößert die Energiebarriere $W_B(S)$, für den
Stromfluß entscheidend ist die Schottkybarriere (dem entspricht später die
Sperrichtung der Schottkydiode).*

Die Kapazität der Schottkydiode wird allein durch die Raumladungskapazität des
Halbleiters bestimmt: In der Formel (5.3.1-18) für die MIS-Kapazität geht bei verschwindender Oxiddicke die Oxidkapazität (5.3.1-14b) gegen unendlich. Mit (5.2.2-
19) folgt dann für die Breite d (5.2.2-21) der Raumladungszone:

$$C_F^{HL} = \frac{\varepsilon_r \varepsilon_o}{d} = \frac{|q|\varepsilon_r\varepsilon_o}{\sqrt{\dfrac{2\varepsilon_r\varepsilon_o}{\rho}\left(W_B^o + |q|U_a - 2kT\right)}} = \frac{\varepsilon_r\varepsilon_o}{L_D\sqrt{\dfrac{2}{kT}\left(W_B^o + |q|U_a\right)} - 4} \qquad (7)$$

wobei ρ die Dotierungskonzentration und L_D die dazugehörige Debyelänge angibt.

Über die Beziehungen (3) und (5) können theoretisch die Barrierenenergien $|q\Phi_{Bn}|$ und $|q\Phi_{Bp}|$ berechnet werden über die Metall-Arbeitsfunktionen in 5.3.1-1 und die Elektronenaffinitäten in Tab. 3.1-1. Die experimentell gemessenen Werte (Bild 5.3.2-3) und Tab. 5.3.2-1 unterscheiden sich aber stark davon.

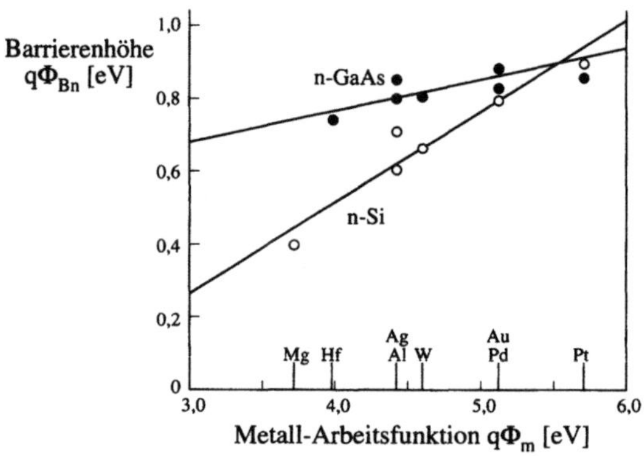

Bild 5.3.2-3d: *Experimentell gemessene Werte für die Schottky-Barrierenhöhe für n-dotiertes Silizium und Galliumarsenid in Verbindung mit verschiedenen Metallen (nach [44])*

Tab. 5.3.2-1: *Schottky-Barrierenhöhe von Silizium gegenüber verschiedenen Metallen (nach [45]).*

W_B [eV]	W_{Bn} gegen n-Si	W_{Bp} gegen p-Si
Al	0,62 … 0,75	0,6
Cr	0,58 … 0,63	0,5
Mo	0,65 … 0,72	0,42
Ti	0,50 … 0,55	0,6
W	0,65 … 0,7	0,45
PtSi	0,7 … 0,9	
Pd$_2$Si	0,7 … 0,75	

Die Ursache dafür liegt überwiegend in der Struktur der Grenzfläche Halbleiter-Metall. Der Übergang zweier in der Kristallstruktur und Gitterkonstanten dermaßen unterschiedlicher Materialien bewirkt, daß mit den Halbleiteratomen an der Grenzfläche unterschiedliche Energieeigenwerte verbunden sind als mit denen weitab von der Grenzfläche. Damit tritt eine Störung der Bandstruktur auf, wie sie in Bild 2.2.1-1 dargestellt ist: Einige der Energieeigenwerte können jetzt aufgrund der Störung innerhalb der verbotenen Zone liegen. Bei festliegender Fermieenergie kann diese Verschiebung der Energieeigenwerte auch eine Änderung des Ladungszustandes bewirken, d.h. an der Oberfläche Halbleiter-Metall treten Grenzflächenladungen (siehe Abschnitt 5.2.4) auf, welche die Energieverhältnisse – wie beim MIS-Übergang – erheblich verändern können.

Ein Maß für die Größenordnung dieser Grenzflächenladungen (z.B. ausgedrückt durch die Anzahl der Elementarladungen q pro cm²) ist die Anzahl der Halbleiteratome (genauer: der gestörten Bindungsarme von Halbleiteratomen) an der Oberfläche (Tab. 5.3.2-2). Man erkennt, daß bereits ein relativ geringer Anteil gestörter Atome, z.B. im Prozentbereich, zu signifikanten Oberflächenladungen führen kann. Aus Bild 5.3.2-4 ist zu ersehen, daß dadurch die Höhe der Schottky-Barrierenenergie $|q\Phi_{Bn}|$ verändert werden kann. Die experimentell gefundenen Daten lassen sich anstelle der Gleichung (3) beschreiben durch die Beziehung [9]:

$$|q\Phi_{Bn}| = 0{,}27|q\Phi_m| - 0{,}55\,\mathrm{eV} \tag{8}$$

Orientierung	Fläche der Einheitszellen [cm²]	Atome in der Fläche	Anzahl der Bindungsarme	Atome/cm²	Bindungsarme/cm²
<111>	$\sqrt{3}a^2/2$	2	3	$7{,}85 \cdot 10^{14}$	$11{,}8 \cdot 10^{14}$
<110>	$\sqrt{2}a^2$	4	4	$9{,}6 \cdot 10^{14}$	$9{,}6 \cdot 10^{14}$
<100>	a^2	2	2	$6{,}8 \cdot 10^{14}$	$6{,}8 \cdot 10^{14}$

Tab. 5.3.2-2:   Kenndaten von Siliziumoberflächen (nach [9])

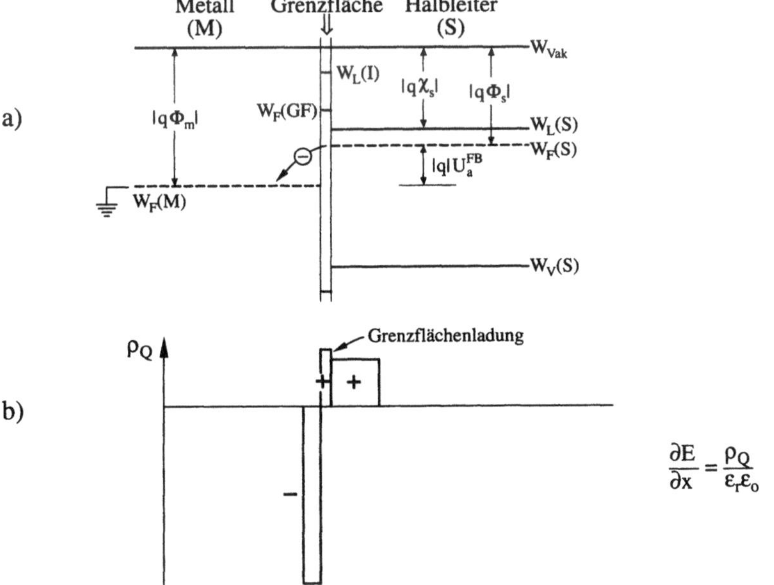

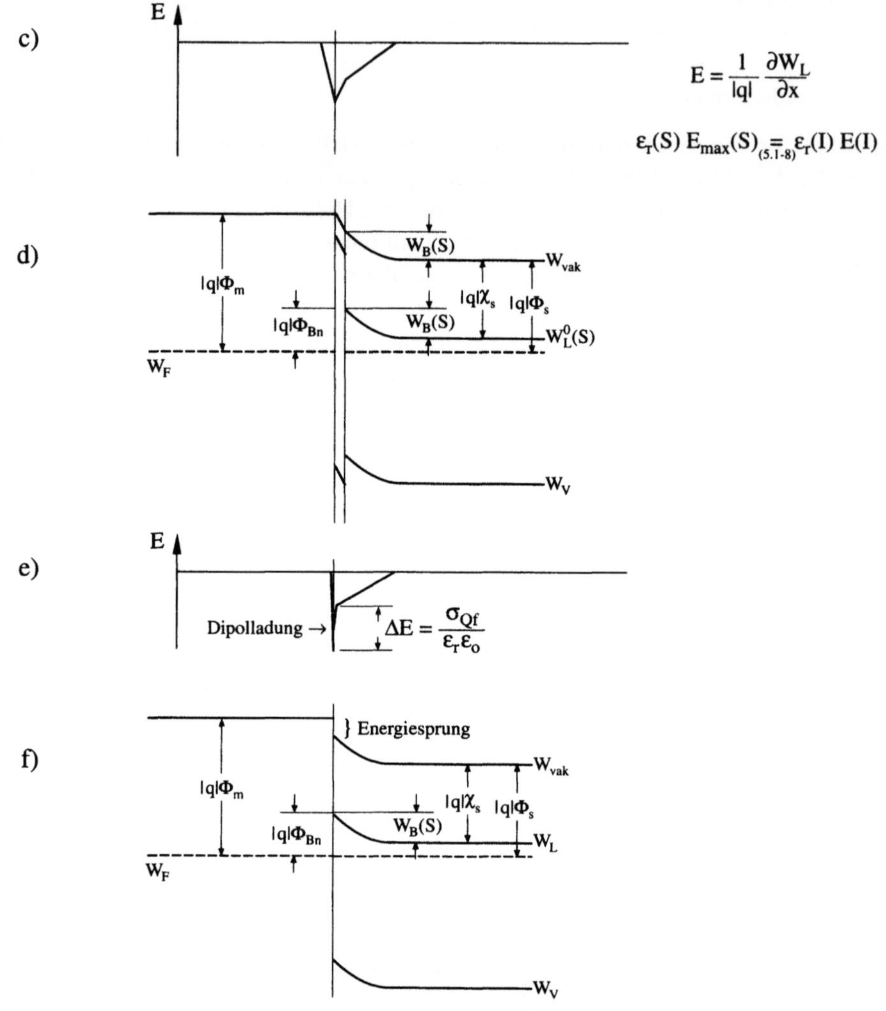

Bild 5.3.2-4: *Änderung der Barrierenhöhe eines Schottky-Übergangs mit einem n-Leiter aufgrund einer Grenzflächenladung*

a) Bändermodell vor Einstellung des thermischen Gleichgewichts

b) Ladungsverteilung nach Einstellung des thermischen Gleichgewichts: Die infinitesimal eng benachbarte Grenzflächenladung und ein Teil der Flächenladung bilden zusammen eine Dipolladungsschicht. Diese bewirkt in f) einen Energiesprung im Bändermodell, so daß die Schottky-Barrierenhöhe verändert wird.

c) Ortsverlauf der elektrischen Feldstärke

d) Bändermodell nach Einstellung des thermischen Gleichgewichts:
Die Barrierenhöhe /qΦ_{Bn}/ ist relativ zu Bild 5.3.2-1d abgesenkt.

6　Überschußladungsträger

6.1　Ausgleich unterschiedlicher Ladungsträgerdichten

6.1.1 Kontinuitätsgleichung

Eine der grundlegenden Annahmen bei der Behandlung von Atomen und Elektronen ist, daß diese Teilchen nicht "aus dem Nichts" entstehen können und sich auch nicht "in ein Nichts" auflösen können, d.h. sie können nicht spontan **erzeugt** und **vernichtet** werden. Das trifft auch dann zu, wenn – z.B. durch eine optische Anregung – ein **Elektron-Loch-Paar** erzeugt wird: Zwar entsteht in diesem Fall ein zusätzliches Elektron im Leitungsband, gleichzeitig wird aber auch ein Elektron dem Valenzband entnommen, d.h. die Teilchenerhaltung ist gewährleistet. Allenfalls bei einer separaten Betrachtung allein der Elektronen im Leitungs- oder der Löcher im Valenzband kann von einer Teilchenerzeugung und -vernichtung gesprochen werden, ein solcher Formalismus wird später auch angewendet.

Eine unmittelbare Konsequenz aus dem Prinzip der Teilchenerhaltung ist die Gültigkeit der **Kontinuitätsgleichung** (Anhang C3). Zwischen der Teilchendichte ρ und der Teilchenstromdichte j^T besteht der Zusammenhang:

$$\dot{\rho} = -\nabla \vec{j}^{\,T} \tag{1}$$

Wir gehen jetzt über auf den eindimensionalen Fall und drücken die Teilchenstromdichten durch Ladungsträgerdichten, deren Gradienten und das elektrische Feld gemäß den Formeln (4.3.2-14) aus. Den Einfluß der Kristallenergien wollen wir an dieser Stelle nicht betrachten, d.h. wir wollen uns im folgenden – wenn nicht anders vermerkt – auf Halbleiter-Homoübergänge beschränken. Aus (1) ergibt sich damit für Elektronen und Löcher:

$$\text{Elektronen:} \qquad \dot{\rho}_n = -\frac{\partial}{\partial x}\left\{ -\frac{\rho_n \mu_n}{|q|} \frac{\partial W_F^{nL}}{\partial x} \right\} \tag{2a}$$

$$= -\frac{\partial}{\partial x}\left\{ -\rho_n \mu_n E - D_n \frac{\partial \rho_n}{\partial x} \right\} \tag{2b}$$

$$= \rho_n \mu_n \frac{\partial E}{\partial x} + \mu_n E \frac{\partial \rho_n}{\partial x} + D_n \frac{\partial^2 \rho_n}{\partial x^2} \tag{2c}$$

$$\text{Löcher:} \qquad \dot{\rho}_p = -\frac{\partial}{\partial x}\left\{ +\frac{\rho_p \mu_p}{|q|}\frac{\partial W_F^{nV}}{\partial x}\right\} \tag{2d}$$

$$= -\frac{\partial}{\partial x}\left\{ +\rho_p \mu_p E - D_p \frac{\partial \rho_p}{\partial x}\right\} \tag{2e}$$

$$= -\rho_p \mu_p \frac{\partial E}{\partial x} - \mu_p E \frac{\partial \rho_p}{\partial x} + D_p \frac{\partial^2 \rho_p}{\partial x^2} \tag{2f}$$

Dabei ist die Einstein-Beziehung (4.3.2-17) verwendet worden, mit der die Ladungsträgerbeweglichkeit durch den Diffusionskoeffizienten ersetzt werden kann. Die Kontinuitätgleichungen (2) sind recht aufwendige Differentialgleichungen, sie können nur in vereinfachten Fällen elementar gelöst werden.

6.1.2 Dielektrische Relaxationszeit

Beim Ausgleich unterschiedlicher Dichten von geladenen Teilchen spielen nicht nur Diffusionsströme eine Rolle: Wird die Ladung der Teilchen nämlich nicht durch eine entgegengesetzt gepolte Ladung anderer Teilchen elektrisch neutralisiert, dann erzeugt sie nach der Poissongleichung (5.1-6) ein elektrisches Feld, das seinerseits auf die Teilchen wirkt und diese über einen zusätzlichen Feldstrom auseinanderfließen läßt. Dieser Fall ist z.B dann realisiert, wenn im Vakuum ein fokussierter Elektronenstrahl auf einen von seiner Umgebung isolierten elektrisch leitenden Werkstoff trifft: Am Ort der Bestrahlung erhöht sich die Elektronenkonzentration (Bild 6.1.2-1), ohne daß eine Möglichkeit zu einer Neutralisierung besteht (z.B. durch einen Fluß von Ladungen entgegengesetzten Vorzeichens aus einem ausgedehnten Ladungsreservoir (elektrische Masse)). Typisch ist, daß die aufgrund der Poissongleichung entstandenen elektrischen Felder so gerichtet sind, daß sie eine Ladungsanhäufung auseinanderfließen lassen: Die Feldströme wirken in diesem Fall also in derselben Richtung wie die Diffusionsströme (diese sind generell vom Gebiet hoher Konzentration in ein benachbartes Gebiet niedrigerer Konzentration gerichtet).

In der Kontinuitätsgleichung (2c) müssen jetzt auf der rechten Seite alle drei Terme berücksichtigt werden, was zu einer recht aufwendigen Differentialgleichung führt. Wir wollen zur Vereinfachung annehmen, daß die Diffusionsströme gegenüber den Feldströmen vernachlässigt werden können. Das ist eine gute Näherung für die Fälle:

- Die Ladungsverteilung hat einen Ortsverlauf, bei dem die auftretenden Ladungsträgergradienten klein sind.
- Die Ladungsdichte ist sehr groß, so daß Feldströme begünstigt werden.
- Die Berechnung ist als Maximalabschätzung zu bewerten, d.h. die Vorgänge laufen in Wirklichkeit schneller ab.

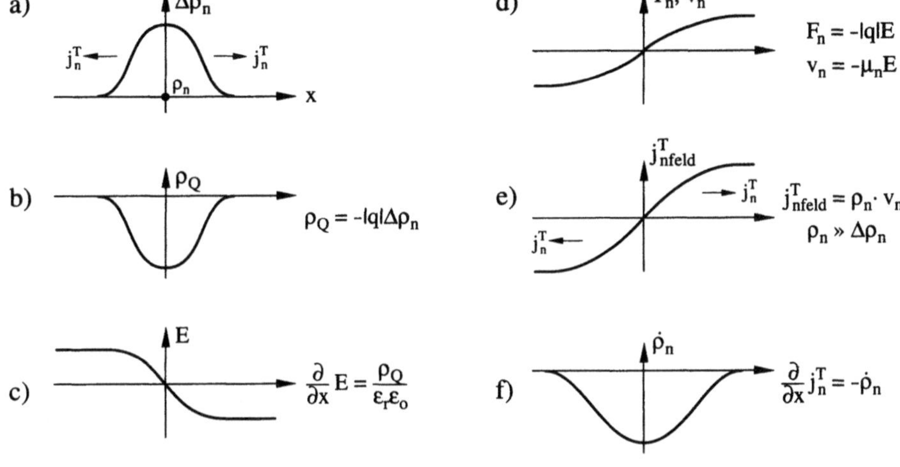

Bild 6.1.2-1:   Auseinanderfließen einer örtlichen Konzentration geladener Teilchen: Die Abbildungen zeigen den Ortsverlauf der folgenden Größen

a) Teilchenkonzentration	*d) Kraft auf Elektronen, Driftgeschwindigk.*
b) Konzentration der elektr. Ladung	*e) Feldstromdichte*
c) elektrische Feldstärke	*f) zeitliche Abnahme der Elektronendichte*

Die erste Voraussetzung ist z.B. dann erfüllt, wenn eine ursprünglich scharf lokalisierte Ladungsverteilung innerhalb einer kurzen Zeitspanne schon etwas auseinandergeflossen und dadurch "breiter" geworden ist.

Unter diesen Voraussetzungen ist die Kontinuitätsgleichung leicht zu lösen. Die Überschußladung ergibt sich durch die zusätzlich aufgebrachte Ladungsträgerdichte $\Delta\rho_n$, so daß die Poissongleichung die Form hat:

$$\frac{\partial E}{\partial x} = -\frac{|q|\Delta\rho_n}{\varepsilon_r\varepsilon_o} \tag{1}$$

Eingesetzt in die Kontinuitätsgleichung (6.1.1-2c) ergibt sich bei Vernachlässigung von Termen, welche den Ladungsträgergradienten enthalten:

$$\dot{\rho}_n = \Delta\dot{\rho}_n = -\frac{|q|\rho_n\mu_n}{\varepsilon_r\varepsilon_o}\Delta\rho_n \tag{2}$$

Dabei wird vorausgesetzt, daß die ursprünglich vorhandene Ladungsträgerkonzentration ρ_n erhalten bleibt, so daß die zeitliche Änderung der Gesamtkonzentration gleich derjenigen der Überschußkonzentration ist. Den Vorfaktor in (2) faßt man nach (5.1-13) zusammen zu einer **dielektrischen Relaxationszeit** τ_d:

$$\tau_d = \frac{\varepsilon_r \varepsilon_o}{|q|\rho_n \mu_n} \underset{\substack{(5.2.1-21)\\(4.3.2-17)}}{=} \frac{L_{Dn}^2}{D_n} = \frac{\varepsilon_r \varepsilon_o}{\sigma_{sp}^n} = \varepsilon_r \varepsilon_o \rho_{sp}^n \tag{3}$$

mit der **spezifischen elektrischen Leitfähigkeit** σ_{sp}^n, dem **spezifischen elektrischen Widerstand** ρ_{sp}^n, sowie der **Debye-Länge** L_{Dn}. Bei der Integration von (2) muß berücksichtigt werden, daß $\Delta\rho_n$ auch in die Gesamt-Ladungsträgerdichte ρ_n eingeht. Nur unter der Voraussetzung $\Delta\rho_n \ll \rho_n$ (die aufgebrachte Ladungsträgerdichte stellt eine kleine Störung dar) ist die dielektrische Relaxationszeit eine Konstante. In diesem Fall hat (2) die einfache Lösung:

$$\Delta\rho_n(x,t) = \Delta\rho_n\big|_{t=o}(x,0)\exp\left(-\frac{t}{\tau_d}\right) \tag{4}$$

d.h. der Wert des ursprünglichen Konzentrationsüberschusses nimmt exponentiell mit der Zeit ab. Die Veränderung des Konzentrations*profils* kommt in (4) nicht zum Ausdruck, weil sämtliche Diffusionseffekte vernachlässigt worden sind. Die für das Auseinanderfließen der Ladung charakteristische Zeitkonstante (im Sinne einer Abschätzung nach oben, d.h. einer Größe, die in Wirklichkeit kleiner ist) wird durch die dielektrische Relaxationszeit festgelegt. Wie aus den Materialdaten in den Bildern 4.3.2-2 und 5.2.1-3 entnommen werden kann, ist die dielektrische Relaxationszeit außerordentlich klein, wenn die Leitfähigkeit σ_{sp}^n des Werkstoffs hinreichend groß ist (Majoritätsträger); sie liegt bei nicht zu niedrigen Dotierungen unterhalb einer Picosekunde.

Das Ergebnis läßt sich anschaulich zusammenfassen: Zusätzliche *Ladungen* auf einem Leiter verteilen sich außerordentlich schnell über den gesamten Leiter, d.h. örtliche *Ladungs*konzentrationen werden sehr schnell abgebaut, sofern die Leitfähigkeit des Materials einen hinreichend schnellen Abtransport der zusätzlichen Ladungsträger zuläßt.

Es ist kein Zufall, daß sich für den in Abschnitt 5.1 (Einstellung des thermischen Gleichgewichts) und den obigen Fall die dielektrische Relaxationszeit als typische Zeitkonstante ergibt: In jedem Fall wird die Kontinuitätsgleichung (diese entspricht auch der Gleichung (5.1-14) nach Integration über x) in Verbindung mit einem Feldstrom aufgrund eines durch die Poissongleichung bestimmten Feldes berechnet bei Vernachlässigung der Diffusionsströme.

Die Konsequenz ist, daß Nichtgleichgewichtszustände *eines* Ladungsträgertyps außerordentlich schnell abgebaut werden können, wenn die Leitfähigkeit des Materials für diesen Ladungsträgertyp hinreichend groß ist. Diese Voraussetzung ist in der Regel erfüllt für die *Majoritätsträger* eines Halbleiters. Bei den *Minoritätsträgern* hingegen kann wegen der geringen Ladungsträgerdichte die Leitfähigkeit so niedrig sein, daß auch beachtliche Feldstärken noch keinen signifikanten Feldstrom erzeugen (die Teilchengeschwindigkeit geht nach Bild 4.3.3-5 im Grenzfall hoher Feldstärken ohnehin in einen Sättigungswert über).

Die Wirkung des elektrischen Feldes ist im Fall einer Minoritätsträgerladung viel stärker im Hinblick auf die Majoritätsträger: Die Majoritätsträger werden durch die Minoritätsträgerladung angezogen und führen zu einer örtlichen elektrischen Neutralisierung (Bild 6.1.2-2), die auch als **Abschirmung** bezeichnet wird; die hierfür charakteristische Zeit ist wiederum die dielektrische Relaxationszeit der *Majoritätsträger*. Die Minoritätsträgerladung wird dadurch zwar nicht vernichtet, aber in ihrer Wirkung so reduziert, daß das elektrische Feld abgebaut wird. Das Verhalten der Ladungsträger im neutralisierten Zustand ist jetzt völlig anders: Mit der stark verkleinerten örtlichen Nettoladung vermindert sich auch die elektrische Feldstärke und damit der Feldstrom: Jetzt wird der – nach den bisherigen Voraussetzungen vernachlässigte – Diffusionsstrom vorherrschend. Dieses ist ein in der Regel viel langsamerer Prozeß, der im folgenden Abschnitt diskutiert wird.

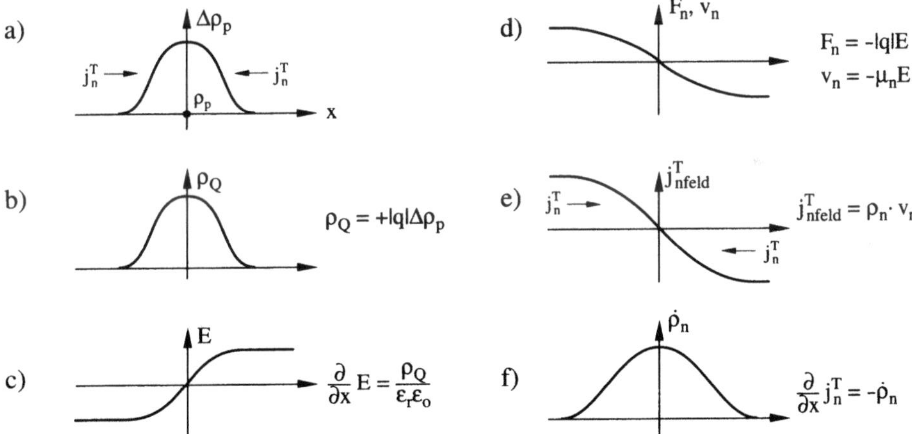

Bild 6.1.2-2:   *Abschirmung (elektrische Neutralisierung) einer örtlichen Konzentration von Minoritätsträgern (in diesem Beispiel Löcher) durch Majoritätsträger (Elektronen). Die Abbildungen zeigen den Ortsverlauf der folgenden Größen:*
a) Teilchenkonzentration
b) Ladungskonzentration
c) elektrische Feldstärke
d) Kraft auf Elektronen, Driftgeschwindigkeit
e) Feldstromdichte der Elektronen
f) zeitliche Abnahme der Elektronendichte

Wiederum andere Verhältnisse treten auf, wenn man berücksichtigt, daß Überschuß-Minoritätsträger mit Majoritätsträgern rekombinieren können (d.h. ein Elektron und ein Loch heben sich gegenseitig auf), da nach Abschnitt 4.2 die Quasifermienergie von Elektronen im Leitungsband größer ist als die der Elektronen im Valenzband (auf die Einschränkungen dieser Formulierung war hingewiesen worden). Dieser Sachverhalt wird im Abschnitt 6.2 behandelt werden.

6.1.3 Diffusion von Ladungsträgern

Wie im vorangegangenen Abschnitt begründet, werden Ladungskonzentrationen innerhalb von Zeitabschnitten abgebaut, die durch die dielektrische Relaxationszeit der Majoritätsträger charakterisiert werden, d.h. außerordentlich schnell. Überschußkonzentrationen von Minoritätsträgern können dabei durchaus erhalten bleiben; da sie aber elektrisch neutralisiert sind, können sie jedoch aufgrund der Poissongleichung kein elektrisches Feld mehr erzeugen. Wirkt auch kein von außen angelegtes elektrisches Feld, dann reduziert sich die Kontinuitätsgleichung (6.1.1-2) auf den durch den Diffusionsstrom bestimmten Term:

$$\text{Elektronen:} \qquad \dot{\rho}_n = D_n \frac{\partial^2 \rho_n}{\partial x^2} \qquad\qquad (1a)$$

$$\text{Löcher:} \qquad \dot{\rho}_p = D_p \frac{\partial^2 \rho_p}{\partial x^2} \qquad\qquad (1b)$$

Wir wollen wieder ohne Einschränkung der Allgemeinheit von einem n-dotierten Halbleiter ausgehen und teilen die Ladungsträgerkonzentrationen in einen Gleichgewichtsterm ρ und einen Überschußterm $\Delta\rho$ auf:

$$\rho_n = \rho_{n0} + \Delta\rho_n \qquad\qquad (2a)$$
$$\rho_p = \rho_{p0} + \Delta\rho_p \qquad\qquad (2b)$$

$$\text{o. B. d. A.} \qquad \rho_n >> \rho_p; \quad \Delta\rho_n = \Delta\rho_p \qquad\qquad (2c)$$

Dabei sind die Überschußkonzentrationen von Elektronen und Löchern immer gleich: Ein Unterschied würde eine (nichtkompensierte) Überschußladung (**Nettoladung**) erzeugen, die dann innerhalb der dielektrischen Relaxationszeit umverteilt würde. Dieses setzt allerdings voraus, daß die zusätzlichen kompensierenden Ladungsträger auch herbeigeschafft werden können, ohne an einer anderen Stelle eine neue Ladung zu erzeugen: Das betrachtete Bauelement muß an ein unendlich großes Ladungsreservoir (**Masse**) angeschlossen sein.

Mit den Gleichungen (2) lassen sich die Kontinuitätsgleichungen (1) umformen in:

$$\Delta\dot{\rho}_n = D_n \frac{\partial^2 \Delta\rho_n}{\partial x^2} \tag{3a}$$

$$\Delta\dot{\rho}_p = D_p \frac{\partial^2 \Delta\rho_p}{\partial x^2} \tag{3b}$$

Nach (2c) sind die Überschußkonzentrationen innerhalb von Zeiten in der Größenordnung der dielektrischen Relaxationszeit gleich, entsprechend auch die Konzentrationsgradienten. Damit gelten für Majoritätsträger wie Minoritätsträger dieselben Differentialgleichungen, allerdings mit unterschiedlichen – materialbedingten Diffusionskoeffizienten (s. Bild 4.3.3.2). Die Form und die Lösungen dieser Diffusionsgleichung sind dieselben wie im Falle von Atomen in Festkörpern (Band 1, Abschnitt 2.8.1), allerdings können die Atom-Diffusionskoeffizienten mehr als 15 Größenordnungen kleiner sein als die von Elektronen und Löchern. Die Temperaturleitzahlen (s. Buch 1, Abschnitt 5.2) – das Analogon zum Diffusionskoeffizienten für die Wärmleitfähigkeit – können allerdings in derselben Größenordnung liegen.

Differentialgleichungen des Typs (3) treten in der Physik und Elektrotechnik in unterschiedlichem Zusammenhang auf, z.B. bei der Schwingungsgleichung für das elektrische Feld, die sich aus den Maxwellschen Gleichungen ergibt. Nach Band 1, Abschnitt 6.4, gilt in diesem Fall:

$$\frac{\partial^2 E}{\partial x^2} = \mu_o \left\{ \varepsilon_r \varepsilon_o \frac{\partial^2 E}{\partial t^2} + \sigma_{Sp}^n \frac{\partial E}{\partial t} \right\} \tag{4a}$$

$$= \mu_0 \frac{\partial}{\partial t} \left\{ \varepsilon_r \varepsilon_o \frac{\partial E}{\partial t} + \sigma_{Sp}^n E \right\} = \mu_o \frac{\partial}{\partial t} \left\{ j_{diel} + j_{feld} \right\} \tag{4b}$$

mit der *dielektrischen Verschiebungsstromdichte* $j_{diel} \underset{(5.1-14)}{=} \frac{\partial}{\partial t}(\varepsilon_r \varepsilon_o E)$ (4c)

und der *Feldstromdichte* $j_{feld} \underset{(4.3.2-22)}{=} \sigma_{Sp}^n E$ (4d)

Dabei ist $\mu_o = 4\pi \, 10^{-7} \mathrm{VsA^{-1}m^{-1}}$ die Induktionskonstante. (4a) geht nach (4b) über in die Form (3) für den Fall, daß die dielektrische Verschiebungsstromdichte vernachlässigt werden kann gegenüber der Feldstromdichte (Fall langsam veränderlicher Felder).

Die Lösung der Differentialgleichungen (3) erfolgt allgemein nach dem Verfahren der **Trennung (Separation) der Variablen**. Ohne Beschränkung der Allgemeinheit wird die folgende Betrachtung für Elektronen nach (3a) durchgeführt. Die Ansatzfunktion ist:

$$\Delta\rho_n = \Delta\rho_n^x(x) \cdot \Delta\rho_n^t(t) \tag{5}$$

Eingesetzt in (3a) folgt:

$$\frac{\partial^2 \Delta\rho_n^x / \partial x^2}{\Delta\rho_n^x} = \frac{1}{D_n} \cdot \frac{\partial \Delta\rho_n^t / \partial t}{\Delta\rho_n^t} = \text{const} \tag{6}$$

d.h. für einen Ansatz nach (5) gibt es nur eine Lösung, wenn die beiden linken Terme in (6) jeweils der gleichen Konstanten entsprechen. Die Auswertung des *zeit*abhängigen Terms entspricht

$$\Delta\rho_n^t = \Delta\rho_n^t(0)\exp(\text{const}\cdot D_n t) =: \Delta\rho_n^t(0)\exp\left(-\frac{t}{\tau}\right) \tag{7a}$$

$$\Rightarrow \text{const} = -\frac{1}{D_n\tau} \tag{7b}$$

mit der charakteristischen **Relaxationszeit** τ. Üblicherweise hat der Exponent ein negatives Vorzeichen, so daß die Überschußladungsträgerdichte mit der Zeit exponentiell *ab*nimmt. Dieselbe Konstante wie in (7b) muß nach (6) auch für die Differentialgleichung des ortsabhängigen Teils von (5) gelten:

$$\Delta\rho_n^x = \Delta\rho_n^x(0)\exp\left(+\frac{jx}{\sqrt{D_n\tau}}\right) =: \Delta\rho_n^x(0)\exp(jkx) \tag{8a}$$

$$k := \frac{1}{\sqrt{D_n\tau}} = \frac{2\pi}{L_n} \tag{8b}$$

$$\Rightarrow \tau = \frac{1}{D_n k^2} \tag{8c}$$

mit dem **Wellenzahlvektor** k und der **Diffusionslänge** L_n. Insgesamt erhalten wir jetzt mit (5, 7a und 8a) als zeit- und ortsabhängige Funktion für die Überschußladungsträgerdichte:

$$\Delta\rho_n(x,t) = \Delta\rho_n^t(0)\Delta\rho_n^x(0)\exp\left(jkx - \frac{t}{\tau}\right) \underset{(8c)}{=} \; :\Delta\rho_n(0,0)\exp\left(jkx - D_n k^2 t\right) \tag{9a}$$

$$= \Delta\rho_n(0,0)\exp\left(-\frac{x^2}{4D_n t}\right)\exp\left(-\left(\sqrt{D_n t}\,k - \frac{jx}{2\sqrt{D_n t}}\right)^2\right) \tag{9b}$$

Dabei haben wir in (9b) die Funktion wie in (1.3.2-23) über eine quadratische Ergänzung umgeformt. Der Exponent von (9) ist wieder eine quadratische Form von k, d.h. bei einer Integration über alle Wellenzahlvektoren k (die Summation wird durch eine Multiplikation mit der Zustandsdichte (1.1.3-2) und anschließende Integration ersetzt) ergibt sich analog zu (1.3.2-23) als Fouriertransformierte eine Gaußfunktion. Damit erhalten wir diese als zeit- und ortsabhängige Funktion für die Überschußladungsträgerdichte, die der Kontinuitätsgleichung (3a) genügt (die Teilchenerhaltung ergibt sich auch unmittelbar durch Integration über das Gaußprofil nach (1.3.2-12)):

$$\Delta\rho_n(x,t) \underset{\substack{(1.3.2-12)\\ 2\sigma_x^2=4D_n t}}{=} \frac{\sigma}{2\sqrt{\pi D_n t}}\exp\left(-\frac{x^2}{4D_n t}\right) \tag{10}$$

Dabei ist σ die Flächenkonzentration der Ladungsträger, bei sehr kleinen Zeiten t entspricht sie deren Oberflächenkonzentration. Bei der Eindiffusion aus einer Oberflächenquelle hebt sich der Faktor 2 im Nenner von (10a) auf, da die Möglichkeit einer Diffusion in Richtung positiver und negativer x-Werte entfällt (d.h. die Ladungsträger, die bei symmetrischer Diffusion z.B. in negativer x-Richtung diffundieren würden, müssen jetzt – wie die anderen auch – in positiver x-Richtung diffundieren). Aus (10) ist zu erkennen, daß mit wachsender Zeit t die Breite (Unschärfe) des Gaußprofils bei abnehmender Höhe zunimmt, dieses ist auch in Bild 1.3.2-1 zu erkennen.

An dieser Stelle ist auch eine Betrachtung aus der Quantentheorie von Interesse, da die Schrödingergleichung in der allgemeinen zeitabhängigen Form (Band 4 dieser Reihe oder Standardliteratur zur Quantentheorie) auf eine ähnliche Differentialgleichung wie (3) führt:

$$j\hbar\dot{\psi}(x,y,z,t) = \left[-\frac{\hbar^2}{2m}\left(\frac{\partial^2}{\partial x^2}+\frac{\partial^2}{\partial y^2}+\frac{\partial^2}{\partial z^2}\right)+W_{pot}(x,y,z)\right]\psi(x,y,z,t) \tag{11a}$$

wobei die Größen von (1.1.1-1) verwendet werden. Im eindimensionalen Fall mit der Ortskoordinate x führt ein Ansatz mit separierten Variablen wie in (5) zu der Gleichung:

$$j\frac{\hbar\dot{\psi}^t(t)}{\psi^t(t)} \underset{\psi(x,t)=:\psi^t(t)\psi^x(x)}{=} -\frac{\hbar^2}{2m}\frac{\partial^2\psi^x(x)/\partial x^2}{\psi^x(x)}+W_{pot}(x)=\text{const} \tag{11b}$$

Wir setzen die Konstante für jede Eigenfunktion ψ_n gleich dem Energieeigenwert W_n und erhalten für die zeitabhängige Differentialgleichung:

$$\frac{j\hbar\dot{\psi}_n^t(t)}{\psi^t(t)}=\text{const}=:W_n \tag{11c}$$

$$\Rightarrow \dot{\psi}_n^t(t)=-\frac{jW_n}{\hbar}\psi_n^t(t)\Rightarrow \psi_n^t(t)=\psi_{no}^t(t)\exp\left(-\frac{jW_n}{\hbar}t\right) \tag{11d}$$

$$=: \psi^t_{no}(t)\exp(-j\omega t) \tag{11e}$$

$$\text{mit } W_n := \hbar\omega \tag{11f}$$

Für die ortsabhängige Differentialgleichung erhalten wir mit derselben Konstanten W_n die bereits bekannte zeitunabhängige Schrödingergleichung (1.1.1-1). Bei freien Elektronen gilt $W_{pot} = 0$, d.h. aus (11b) folgt (der Index n bei der Wellenfunktion kann fallen gelassen werden):

$$j\hbar\dot{\psi}(x) = -\frac{\hbar^2}{2m}\frac{\partial^2\psi(x)}{\partial x^2} \tag{12a}$$

$$\Rightarrow \dot{\psi} = -\frac{\hbar}{j2m}\frac{\partial^2\psi}{\partial x^2} = +\frac{j\hbar}{2m}\frac{\partial^2\psi}{\partial x^2} \tag{12b}$$

d.h. die Wellenfunktionen freier Elektronen haben denselben Verlauf wie die Überschußkonzentration auseinanderdiffundierender Elektronen nach (3a), wenn wir deren Diffusionskoeffizienten D_n ersetzen durch

$$D_n = j\frac{\hbar}{2m} \tag{13}$$

Das Einsetzen dieses Wertes in (9a) ergibt mit (1.1.1-16) die zeitabhängige Wellenfunktion für freie Elektronen:

$$\psi(x,t) = \psi_o \exp\left(jkx - D_n k^2 t\right) = \psi_o \exp\left(jkx - j\frac{\hbar k^2}{2m}t\right) \tag{14a}$$

$$\underset{(1.1.1\text{-}16)}{=} \psi_o \exp\left(jkx - j\frac{W_{kin,n}}{\hbar}t\right) \underset{\substack{(1.1.1-16)\\ W_{pot}=W_L=0}}{=} \psi_o \exp\left(jkx - j\frac{W_n}{\hbar}t\right) \tag{14b}$$

Im Gegensatz zu (7) nimmt die Amplitude dieser Wellenfunktion aber nicht exponentiell ab, sondern sie schwingt wegen des komplexen Diffusionskoeffizienten (13) periodisch.

Für den einfachen Fall des eindimensionalen Potentialkastens (Abschnitt 1.1.1) mit $W_{pot} = W_L$ verändert sich die zeitabhängige Differentialgleichung in (11b) überhaupt nicht, die ortsabhängige geht über in die Form (1.1.1-2):

$$\frac{\partial^2\psi_n^x(x)/\partial x^2}{\psi_n^x(x)} = -\frac{2m}{\hbar^2}\{W_n - W_L\}\underset{(1.1.1-16)}{=} -\frac{2m}{\hbar^2}W_{kin,n} = k_n^2 \tag{15a}$$

$$\Rightarrow \psi_n^x(x) = \psi_{no}^x\exp(jk_n x) \tag{15b}$$

d.h. die Ortsabhängigkeit entspricht den Wellenfunktionen (1.1.1-3b) und (1.1.2-3a). Insgesamt erhält man aus (11b) über (11d) und (15b) die Wellenfunktion für Elektronen im Potentialkasten:

$$\psi_n(x,t) = \psi_n^t(t)\,\psi_n^x(x) = \psi_{no}^t\,\psi_{no}^x \exp\left(jk_n x - \frac{jW_n}{\hbar} \right) \tag{16a}$$

$$\underset{(1.1.1-16)}{=} : \psi_{no} \exp\left(jk_n x - \frac{j\hbar k_n^2}{2m} t \right) \exp\left(-\frac{jW_L}{\hbar} t \right) \tag{16b}$$

Geht man bei der Lösung der Lösung der Kontinuitätsgleichung für reine Diffusion von anderen Randbedingungen aus als denen, die zu einem Gaußprofil führen, dann nutzt man die Tatsache aus, daß sich in dieser Differentialgleichung verschiedene Profile ungestört überlagern (**Superpositionsprinzip**). In diesem Fall erfüllt man die Randbedingungen durch geeigenete Überlagerung von Gaußprofilen, die ihrerseits alle die Kontinuitätsgleichung a priori erfüllen. Beispiele dafür sind die in Band 1 in den Bildern 2.8.1-2 und 3 dargestellten Lösungen.

6.2 Elektron-Loch-Paare

6.2.1 Elektronenübergänge im Festkörper

Die Wellentheorie in Abschnitt 2.1.1 hatte gezeigt, daß Elektronenwellen mit einem Wellenvektor $\vec{k}$ relativ einfach in einen anderen Zustand mit dem Wellenvektor $\vec{k} + \vec{g}$ überführt werden können, weil beide Wellen am Ort der Gitterpunkte dieselbe Phase besitzen. Deshalb wurden die Energien dieser Zustände im reduzierten Zonenschema beide über dem Wellenvektor $\vec{k}$ (sofern dieser in der 1. Brillouinzone lag) aufgetragen. Dieses kann als **Impulserhaltung** interpretiert werden, denn nach der de Broglie-Beziehung (1.1.1-18) sind Wellenzahlvektor und Impuls miteinander vebunden. Bei einem Übergang von $\vec{k}$ nach $\vec{k} + \vec{g}$ tritt in der Regel eine Energiedifferenz auf, die von außen zugeführt werden muß, dieses entspricht dem Prinzip der **Energieerhaltung**.

Die Zuführung äußerer Energie ist nicht in jedem Falle einfach: Häufig ist der Energieübertrag von außen mit einem gleichzeitigen Impulsübertrag verbunden. Nehmen wir zum Beispiel an, die Energiezufuhr erfolgt durch eine Gitterschwingung (**Phonon**): In diesem Fall werden die Kristallatome aus ihren Gleichgewichtspositionen periodisch ausgelenkt. Dann stimmt aber das obige Kriterium nicht mehr, daß Wellen mit $\vec{k}$ und $\vec{k} + \vec{g}$ dieselbe Phase am Ort der Kristallatome besitzen, weil dieses Kriterium nur für die Gleichgewichtspositionen der Kristallatome aufgestellt worden war. Erst wenn die Auslenkung der Gitteratome, die durch den Wellenzahlvektor $\vec{q}$ des Phonons charakterisiert wird, in die Betrachtung einbezogen wird, läßt sich das ursprüngliche Kriterium für die Phasengleichheit am Ort der (ausgelenkten) Gitteratome wiederherstellen, dann muß gelten

$$\vec{k}_{refl} = \vec{k}_{ein} + \vec{q} \tag{1a}$$

$$\hbar\vec{k}_{refl} = \hbar\vec{k}_{ein} + \hbar\vec{q} \tag{1b}$$

Die zweite Beziehung beschreibt vektoriell die Impulserhaltung, sie kann einfach durch die Gesetze der Vektoraddition graphisch dargestellt werden (Bild 6.2.1-1). Ist $\vec{q}$ gleich einem vollständigen reziproken Gittervektor $\vec{g}$, dann gilt aber wieder das erstgenannte Kriterium, d.h.

$$\vec{q} = \vec{g} \Rightarrow \vec{k}_{refl} \text{ äquiv. } \vec{k}_{ein} \tag{2}$$

Hat $\vec{q}$ einen hinreichend kleinen Wert, so daß die einfallende und reflektierte Welle beide innerhalb einer Zone liegen, dann spricht man von einem **Normal-**, ansonsten von einem **Umklapp-Prozeß** (Bild 6.2.1-1).

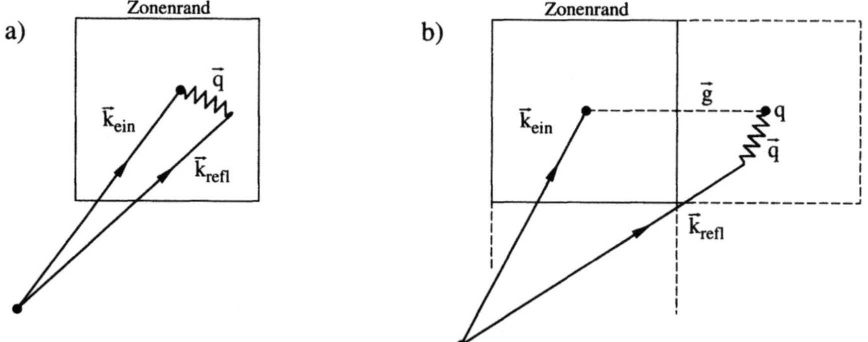

Bild 6.2.1-1:   *Impulserhaltung bei der Beugung von Elektronenwellen*

a) Normalprozeß: Die Differenz der Elektronen–Wellenvektoren wird durch den Phonon-Wellenvektor $\vec{q}$ ausgeglichen.

b) Umklapp-Prozeß: Die Differenz der Elektronen–Wellenvektoren wird durch einen reziproken Gittervektor $\vec{g}$ und einen Phonon-Wellenvektor $\vec{q}$ ausgeglichen.

Die Bedingung für die Energieerhaltung läßt sich über die Energien W_n pro Kristallelektron und die Energie $W_{phon,n}$ pro Phonon ausdrücken:

$$W_{ein,n} + W_{phon,n} = W_{refl,n} \tag{3}$$

Unter der (im allgemeinen nicht gegebenen) Voraussetzung, daß die Wellenzahlvektoren der einfallenden und der reflektierten Welle dieselbe Richtung im $\bar{k}$-Raum besitzen, kann man in einer Darstellung der Dispersionskurven $W_n(k)$ sowohl die Energie- wie auch die Impulserhaltung darstellen (Bild 6.2.1-2).

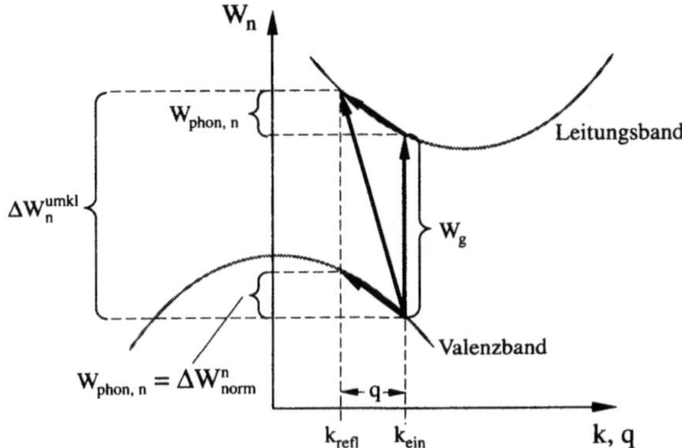

Bild 6.2.1-2:   Normal- und Umklapp-Prozeß, dargestellt im Bändermodell des k-Raums. Vorausgesetzt wird, daß die Wellenzahlvektoren der einfallenden und reflektierten Welle dieselbe Richtung im $\bar{k}$-Raum besitzen (im allgemeinen nicht erfüllt). Es gelten die Energiebeziehungen:

Normalprozeß: $\qquad\qquad\qquad \Delta W_n^{norm} = W_{phon,n}$

Umklapp - Prozeß: $\qquad\qquad \Delta W_n^{umkl} = W_g + W_{phon,n}$ $\qquad\qquad\qquad$ (4)

Wird die für den Elektronenübergang erforderliche Energiedifferenz nicht durch ein Phonon, sondern durch die Absorption eines Lichtquantes (**Photons**) aufgebracht, dann gelten andere Verhältnisse: Die Wellenlänge eines Photons aus dem Bereich des sichtbaren Lichts ist viel größer als die Gitterkonstante des Festkörpers, d.h. bei einer Ankopplung der Lichtwelle an die Kristallatome werden diese nahezu parallel verschoben, so daß die Phasengleichheit von einfallender und reflektierter Welle praktisch nicht gestört wird. Alternativ kann argumentiert werden, daß der Impuls eines Lichtquants:

$$p_{phot} = \frac{\hbar\omega}{c} = \hbar k_{phot} \qquad\qquad (5)$$

außerordentlich klein ist. Der Betrag $\bar{q}$ in Bild 6.2.1-2 wird damit auf so kleine Werte reduziert, daß die Übergänge nahezu senkrecht verlaufen (Bild 6.2.1-3).

Aus den geschilderten Tatsachen heraus läßt sich das sehr unterschiedliche Verhalten von Halbleitern mit direktem und indirektem Bandübergang verstehen (Bild 6.2.1-4).

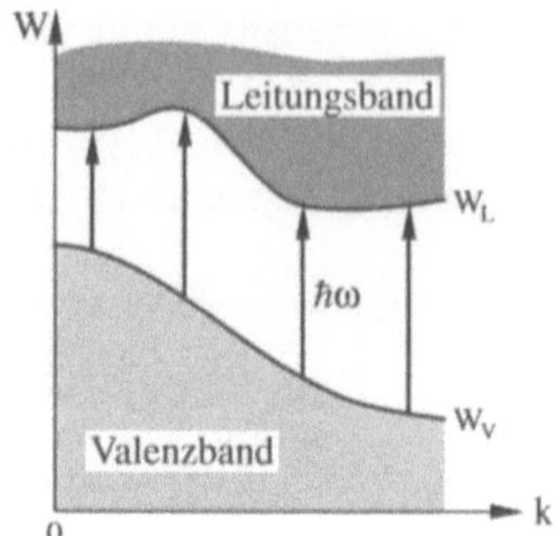

Bild 6.2.1-3: *Optische Übergänge in einem Halbleiter: Die Übergänge verlaufen mit einer praktisch vernachlässigbaren Veränderung des Wellenzahlvektors, also nahezu senkrecht.*

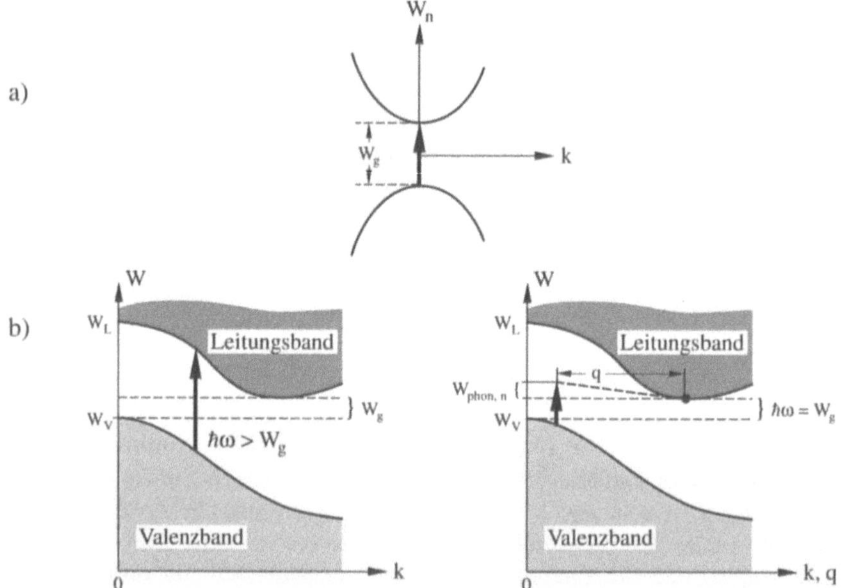

Bild 6.2.1-4: *Optische Übergänge in Halbleitern mit direkten und indirekten Bandübergängen:*

a) direkter Bandübergang (z.B. Galliumarsenid): Ein optischer Übergang (wegen der vernachlässigbaren Impulsübertragung nahezu senkrecht) mit der Energie des Bandabstandes ist möglich.

b) indirekter Bandübergang (z.B. Germanium und Silizium): Rein optische Übergänge erfordern eine wesentlich größere Energie als dem Bandabstand entspricht. Soll die Photonenenergie gerade dem minimalen Bandabstand entsprechen, dann ist die Beteiligung eines Phonons erforderlich, das zwar nur einen geringen Beitrag zur Energiebilanz stellt, auf der anderen Seite aber einen großen Impuls q (wegen der im Vergleich zur sichtbaren optischen Strahlung weit geringeren Wellenlänge) besitzt.

6.2.2 Gleichgewicht von Elektronen und Löchern

Das Ergebnis einer Erzeugung von Elektron-Loch-Paaren (z.B. durch optische Anregung oder die später eingeführte Ladungsträgerinjektion) ist, daß im Valenz- und Leitungsband Löcher und Elektronen in einer höheren Konzentration vorliegen als im thermischen Gleichgewicht. In den meisten Fällen verbleiben die angeregten Ladungsträger eine Zeitlang (in der Regel Mikrosekunden bis Nanosekunden) in diesem Zustand, bis sie wieder rekombinieren: In diesem Fall füllt ein Elektron ein Loch aus, so daß beide Teilchen vernichtet werden. Eine Voraussetzung dafür ist allerdings, daß die bei der Rekombination frei werdende Energie an die Umgebung abgegeben werden kann.

Im angeregten Zustand werden die neu erzeugten Ladungsträger mit den bereits vorhandenen desselben Typs wechselwirken, z.B. werden optisch neu generierte Elektronen mit anderen aus dem Leitungsband innerhalb der mittleren Stoßzeit – die im Picosekundenbereich liegen kann – zusammenstoßen. Dabei werden insgesamt solche Elektronenkonfigurationen begünstigt, welche die Anzahl der Anordnungsmöglichkeiten und damit die Entropie, erhöhen (vgl. Abschnitt 1.2.1), bis schließlich ein Minimum der freien Energie erreicht ist. In diesem Zustand haben alle Elektronen das gleiche chemische Potential, d.h. dieselbe (Quasi)Fermienergie. Einen solchen Vorgang nennt man **Thermalisierung**, man kann in der Regel davon ausgehen, daß die Elektronen (entsprechend Löcher) weit früher thermalisieren als rekombinieren, d.h. die Ladungsträger *innerhalb* eines Bandes treten eher in ein thermisches Gleichgewicht als solche in *verschiedenen* Bändern. Damit bilden sich unmittelbar nach der Erzeugung von Elektron-Loch-Paaren die Quasifermienergien W_F^{nL} und W_F^{nV} aus entsprechend den Beziehungen (4.1-1 und 2):

$$\rho_n = N_L \exp\left(-\frac{W_L - W_F^{nL}}{kT}\right) \tag{1a}$$

$$\rho_p = N_V \exp\left(-\frac{W_F^{nV} - W_V}{kT}\right) \tag{1b}$$

Diese Beziehungen gelten nur für den Anwendungsbereich der Boltzmannstatistik, bei höheren Konzentrationen muß die Fermi-Dirac-Statistik angewendet werden wie in der Gl. (1.2.3-3) und einer entsprechenden für Löcher. Bild 6.2.2-1 zeigt die Lage der Quasifermienergien für den typischen Anwendungsbereich der Boltzmannstatistik. Dabei ist zu beachten, daß sich in dotierten Halbleitern die Fermienergien der *Majoritätsträger* weit weniger verschieben als die der *Minoritätsträger*, weil die Dichte der zusätzlich generierten Elektronen und Löcher bezogen auf die entsprechende Dichte im thermischen Gleichgewicht sehr unterschiedlich ins Gewicht fällt.

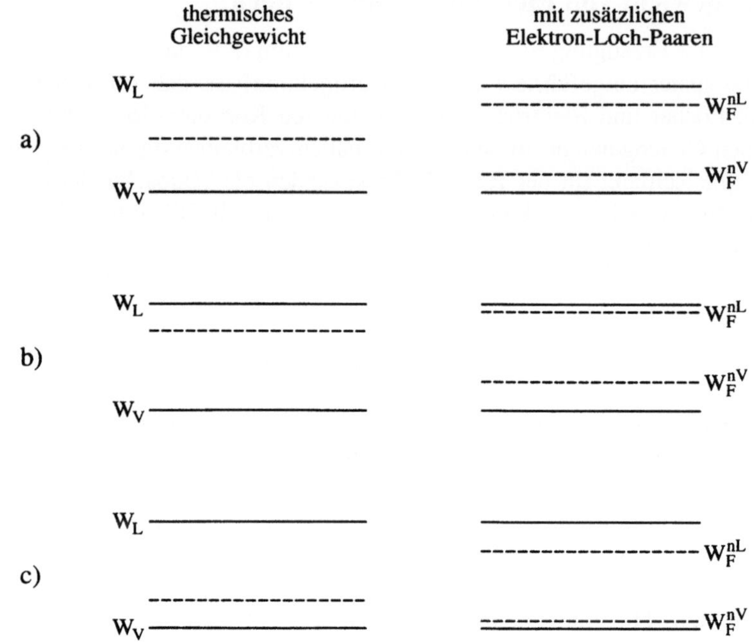

Bild 6.2.2-1:   *Entstehung von Quasifermienergien durch Erzeugung von Elektron-Loch-Paaren (rechte Spalte) : Nach Beendigung der Überschußladungsträger-Erzeugung treten die Ladungsträger von Valenz- und Leitungsband in ein thermisches Gleichgewicht miteinander, so daß sich die beiden Quasifermienergien zu einer einzigen vereinigen (linke Spalte)*

a) intrinsischer Halbleiter

b) n-dotierter Halbleiter

c) p-dotierter Halbleiter

Wir betrachten zunächst die Thermodynamik der Rekombination eines Elektron-Loch-Paares nach dem Verfahren in Abschnitt 1.2.1. Wenn ein Elektron vernichtet wird, d.h. sich "in Nichts" auflöst (in Wirklichkeit geht es in das Valenzband über und löst dort ein Loch "in ein Nichts" auf), dann wird seine Energie vollständig frei und kann nach (1.2.1-7) in kinetische Energie und damit in Entropie umgewandelt werden. Gleichzeitig geht aber auch die Entropie des Elektrons verloren. Der Entropiegewinn bei der Vernichtung eines Elektrons ist damit nach (1.2.1-16):

$$\Delta S_n^n = \frac{W_L^n + \frac{3}{2}kT}{T} - S_n^n \Rightarrow T\Delta S_n^n = W_L^n + \frac{3}{2}kT - TS_n^n \underset{(2.2.4-7)}{=} W_F^{nL} \qquad (2a)$$

Dabei kennzeichnet der obere Index n, daß die Größen in der Energieskala W^n für Elektronen gemessen werden. Die Vernichtung eines Loches mit der Entropie S_n^p pro Loch ergibt einen äquivalenten Ausdruck in der Energieskala W^p für Löcher (Bild 2.2.4-1, s. auch Band 3, "Sensoren", Abschnitt 2.1)

$$\Delta S_n^p = \frac{W_L^p}{T} - S_n^p \Rightarrow T\Delta S_n^p = W_L^p - TS_n^p = W_F^{pV} \underset{(2.2.4-3)}{=} - W_F^{nV} \tag{2b}$$

Der gesamte Entropiegewinn bei der Vernichtung eines Elektron-Loch-Paares ist damit

$$\Delta S_n = \Delta S_n^n + \Delta S_n^p = W_F^{nL} - W_F^{nV} \tag{3}$$

Durch diese Betrachtung wird das Modell gerechtfertigt, die Größe W_F^{nV} als "chemisches Potential der Elektronen im Valenzband" zu bezeichnen, obwohl es sich eigentlich um ein "chemisches Potential von Löchern im Valenzband", aber gemessen in der Energieskala für Elektronen handelt. Nur unter dieser Voraussetzung können wir den Unterschied der chemischen Potentiale ($W_F^{nL} - W_F^{nV}$) direkt interpretieren, da sich diese Differenz auf die Fermienergien *derselben Teilchensorte* beziehen muß. Beim Übergang des Teilchens aus dem System mit der Fermienergie W_F^{nL} (Elektron im System Leitungsband) in das System mit der Fermienergie W_F^{nV} (Elektron im System Valenzband) ist das Produkt aus Temperatur und freiwerdender Entropie im isothermen Fall nach (1.2.1-21 mit $\Delta T = 0$) die Differenz der Fermienergien. Bei der Rekombination handelt es sich also wieder um den bekannten Prozeß, daß Teilchen von einem System mit hoher Fermienergie (= chemisches Potential) "von selbst", d.h. spontan, ohne äußere Einwirkung, in ein System mit niedrigem chemischen Potential übergehen.

Im Gegensatz zu der Bewegung von Teilchen in einem Gradienten der Fermienergie, der die Ursache für einen Teilchen*strom* darstellt, ist aber bei der Rekombination der Systemübergang nicht mit einem Ortswechsel in einer vorgegebenen Richtung verbunden, da die Elektronen und Löcher beide nebeneinander in demselben Halbleitervolumen homogen verteilt sind, d.h. die Bewegung des Elektrons in jeder Richtung kann zu einem Zusammentreffen mit einem Loch führen, wobei dann der durch die Differenz der Fermienergien festgelegte Entropiegewinn eintritt. Anstelle der Stromdichte (Ladungsträgerfluß pro Zeit und durchströmter Fläche) betrachten wir jetzt – in Abwesenheit einer Stromflußrichtung – die zeitliche Änderung der Elektronenzahl in dem Volumen V, die als **Rekombinationsrate** R (Anzahl der Übergänge pro Zeiteinheit im betrachteten Volumen V) bezeichnet wird.

Bei der Berechnung der Rekombinationsrate treten bestimmte Gemeinsamkeiten auf zu dem Problem der Festkörperdiffusion von Atomen über einen Leerstellenmechanismus (Buch 1, Abschnitt 2.7.2). Die Rekombinationsrate muß proportional sein zu der Anzahl von dicht beeinanderliegenden Paaren von Elektronen und Löcher, diese Anzahl ist nach einer zu der Gleichung (2.50) in Band 1 äquivalenten Betrachtung proportional zu den Dichten von Elektronen und Löchern. Weiterhin geht eine **Übergangswahrscheinlichkeit** r ein, die bestimmt, mit welcher Wahrscheinlichkeit die Rekombination stattfindet, wenn ein Elektron und ein Loch zusammentreffen. Die Tatsache, daß durch die Rekombination Entropie gewonnen wird, reicht allein noch nicht aus, um den Prozeß zu beschreiben, da möglicherweise hierfür "Barrieren" überwunden werden müssen. Die Übergangswahrscheinlichkeit entspricht daher der Beweglichkeit bei der Teilchenbewegung im Gradienten der Fermienergie. Bei der Elektron-Loch-Rekombination können solche "Barrieren" durch die Erhaltungssätze für Energie und Impuls (Abschnitt 6.2.1) entstehen, z.B. muß die bei der Rekombination freiwerdende Energie abgeführt werden können. Eine Möglichkeit dafür ist die Anregung von Gitterschwingungen, dabei müssen aber die Gesetze der Impulserhaltung gewährleistet werden. Auch die Aussendung eines Photons, z.B. mit der Energie $W_L - W_V$, führt wirkungsvoll Energie ab, entzieht dem Festkörper aber die mit dem Elektron und Loch jeweils verbundene differentielle Entropie (Strahlungskühlung). Auf die Einzelheiten dieser – teilweise auch noch nicht vollständig verstandenen – Prozesse wollen wir an dieser Stelle nicht eingehen, sondern die Übergangswahrscheinlichkeit als Materialparameter r behandeln und in diesem auch noch den aus der Bestimmung der Elektron-Loch-Paardichte entstehenden Proportionalitätsfaktor einschließen. Dann ergibt sich als Rekombinationsrate:

$$\dot{\rho}_n = R = r\rho_n\rho_p \underset{(1)}{=} rN_L N_V \exp\left(-\frac{W_L - W_F^{nL}}{kT}\right)\exp\left(-\frac{W_F^{nV} - W_V}{kT}\right) \tag{4}$$

$$\underset{(2.2.4\text{-}9)}{=} r\rho_i{}^2 \exp\left(+\frac{W_F^{nL} - W_F^{nV}}{kT}\right) \tag{5}$$

Aus (4) geht hervor, daß auch bei einer Gleichheit der Quasifermienergien die Rekombinationsrate nicht Null wird, d.h. nach dieser Formel werden auch im thermischen Gleichgewicht laufend Elektronen und Löcher vernichtet. Da aber im thermischen Gleichgewicht die Ladungsträgerkonzentration konstant sein muß, folgt, daß eine ständige thermische **Generation** G_{th} (Erzeugung von Elektronen-Loch-Paaren pro Zeit und Volumen) vorhanden sein muß, welche die Rekombination im Gleichgewicht gerade kompensiert. Es folgt daher für die **Netto-Rekombinationsrate** U, d.h. für die Differenz von Rekombination und (in diesem Fall) thermischer Generation im thermischen Gleichgewicht die Beziehung:

$$U|_{\text{therm.Gl.}} = R|_{\text{therm.Gl.}} - G_{th} = R|_{W_F^{nL}=W_F^{nV}} - G_{th} = 0$$

$$\underset{(5)}{\Rightarrow} G_{th} = r\rho_i{}^2 \tag{6}$$

so daß allgemein gilt:

$$U = R - G_{th} = r\left(\rho_n\rho_p - \rho_i^{\,2}\right) \underset{(4)}{=} r\rho_i^{\,2}\left\{\exp\left(+\frac{W_F^{nL} - W_F^{nV}}{kT}\right) - 1\right\} \qquad (7)$$

Diese Gleichung spiegelt wieder, daß es neben der Rekombination auch immer thermische Generationsprozesse gibt, mit einer gewissen niedrigen Wahrscheinlichkeit sogar dann, wenn $W_F^{nL} > W_F^{nV}$, d.h. wenn dieser Prozeß nicht durch die Entropie begünstigt wird. Dieses entspricht der Wahrscheinlichkeit des Rücksprunges bei der Berechnung der Diffusionsgleichung (Buch 1, Abschnitt 2.7.2). Bei den meisten Anwendungen ist aber die durch äußeren Einfluß erzeugte Elektron-Loch-Paardichte so groß, daß die Quasifermienergie der Minoritätsträger einen großen Abstand von derjenigen der Majoritätsträger besitzt (s. Bild 6.2.2-1), so daß diese Prozesse – und damit die thermische Generation – vernachlässigt werden können. Bei gesperrten pn-Übergängen kann aber der Fall $W_F^{nL} < W_F^{nV}$ eintreten: Dann wird die thermische Generation dominierend. Die Rekombinationsrate U wird negativ und bekommt daher die Bedeutung einer Generationsrate G.

Die Übergangswahrscheinlichkeit r kann nach den Gesetzen der kinetischen Gastheorie ähnlich einfach berechnet werden wie die mittlere freie Weglänge (Band 1, Abschnitt 4.1.3). Ein Überschußelektron möge die mittlere thermische Geschwindigkeit $<v_{th}>$ besitzen und bezüglich einer Rekombination mit einem Loch den Wirkungsquerschnitt σ_{rek} besitzen (d.h. bei der Bewegung des Elektrons erfolgt eine Rekombination mit allen Löchern, die von der Fläche des Wirkungsquerschnittes um das Elektron herum überstrichen werden; bei der Berechnung in Band 1 entsprach der Wirkungsquerschnitt dem Wert πD^2 bei einem Teilchendurchmesser D). Unter den gegebenen Voraussetzungen überstreicht das Elektron pro Sekunde einen Volumenbereich $<v_{th}>\sigma_{rek}$. Bei einer Elektronendichte ρ_n im Halbleiterkristall ist das von allen Elektronen pro Sekunde und Einheitsvolumen überstrichene Volumen $\rho_n<v_{th}>\sigma_{rek}$. Alle Löcher, die sich in diesem von den Elektronen überstrichenen Volumen befinden, rekombinieren mit den Elektronen, d.h. die Dichte der Rekombinationsvorgänge pro Sekunde (**Rekombinationsrate**) ist

$$R = \rho_p\left(\rho_n\langle v_{th}\rangle\sigma_{rek}\right) \underset{(4)}{=} r\rho_n\rho_p \qquad (8)$$

$$\Rightarrow r = \langle v_{th}\rangle\sigma_{rek} \qquad (9)$$

Mit Hilfe der Mittelwerte in Abschnitt 1.3.1 kann daher die Übergangswahrscheinlichkeit abgeschätzt werden. Problematisch ist aber die Bestimmung des Wirkungsquerschnittes, so daß der Wert der Formel (9) eher darin liegt, aus gemessenen Übergangswahrscheinlichkeiten den Wirkungsquerschnitt zu bestimmen.

Teilen wir jetzt die Ladungsträgerdichten auf in Gleichgewichtsdichten ρ_{io} und Überschußdichten $\Delta\rho_i$ ($i = p,n$) ein, dann folgt aus (4) und (7):

$$U = r\left\{(\rho_{no} + \Delta\rho_n)(\rho_{po} + \Delta\rho_p) - \rho_{no}\rho_{po}\right\}$$

bei Elektron - Loch - Paaren gilt: $\Delta\rho_n = \Delta\rho_p =: \Delta\rho$

$$= r\left\{\Delta\rho(\rho_{no} + \rho_{po}) + \Delta\rho^2\right\} \tag{10}$$

Bei *extrinsischen* Halbleitern wie in Bild 6.2.2-1b und c und Überschuß-Ladungsträgerdichten weit unterhalb der Dotierungskonzentration vereinfacht sich (10) für das Beispiel eines p-Halbleiters mit der Dotierungskonzentration ρ_{po} zu:

$$U = -\Delta\dot{\rho}_n = r\Delta\rho_n\rho_{po} \tag{11}$$

Die Integration dieser Differentialgleichung führt zu einem exponentiellen Abfall der Überschußladungsträgerdichte mit der Zeit:

$$\Delta\rho_n(t) =: \Delta\rho_n(0)\exp\left(-\frac{t}{\tau_n}\right) \tag{12}$$

$$\tau_n := \frac{1}{r\rho_{po}} = \frac{1}{\langle v_{th}\rangle\sigma_{rek}\rho_{po}} \tag{13}$$

τ_n wird als **Minoritätsträger-Lebensdauer** bezeichnet. Der Vergleich mit experimentellen Daten zeigt, daß diese Formel nur bei Halbleitern mit direkter Bandstruktur (z.B. Galliumarsenid) mit einiger Genauigkeit erfüllt ist. Bei indirekten Halbleitern sind die Randbedingungen für den Rekombinationsprozeß deutlich schwieriger zu erfüllen, wie in Abschnitt 6.2.1 gezeigt wurde. In diesem Fall erfolgt die Rekombination überwiegend über Störstellen.

6.2.3 Shockley-Read-Hall-Statistik

Wir betrachten jetzt die Rekombination in einem *indirekten* Halbleiter, in dem sich tiefe Störstellen erzeugende Fremdatome der Konzentration ρ_T befinden. Solche Fremdatome sind relativ lose in den Gitterverband eingebunden (s. Abschnitt 3.2.2), die damit verbundenen Elektronenzustände haben daher eine relativ große Freiheit, individuelle, nicht von der Kristallstruktur bestimmte Konfigurationen anzunehmen. Energie- und Impulserhaltung können daher bei Übergängen von Ladungsträgern aus den Bändern in solche Störstellen leichter realisiert werden als bei Band-Band-Übergängen. Die folgende theoretische Behandlung erfolgt nach [1,32], die verwendeten Größen gehen aus Bild 6.2.3-1 hervor.

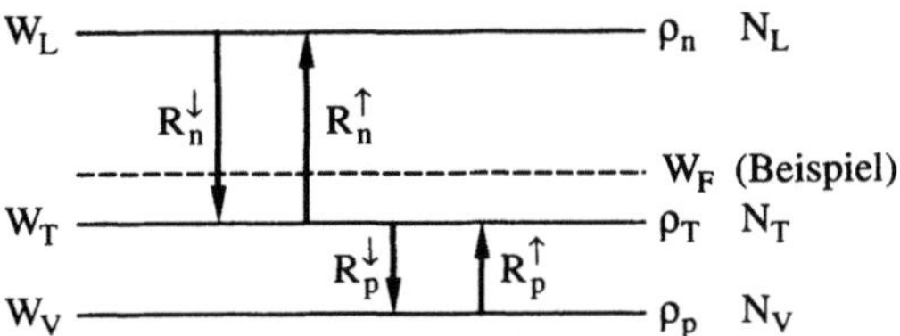

Bild 6.2.3-1:   *Rekombination von Elektronen an tiefen Akzeptor-Störstellen mit dem Energieniveau W_T. Je nach Lage der Fermienergie W_F ist ein großer oder kleiner Anteil der Störstellen mit Elektronen besetzt (Dichte ρ_T^-), der restliche Teil ist unbesetzt und damit neutral (Dichte ρ_T^o). Es gelten die Beziehungen*

$$\left. \begin{array}{l} \rho_T^- = f_{FD}(W_T)\rho_T \\[2mm] \rho_T^o = \left(1 - f_{FD}(W_T)\right)\rho_T \end{array} \right\} \Rightarrow \rho_T^- + \rho_T^o = \rho_T \tag{1}$$

Dabei wird die Fermi-Dirac-Funktion $f_{FD}(W)$ nach (1.2.2-17) verwendet.

Analog zu (6.2.2-4) können wir **Übergangsraten** R aufstellen für den Elektronenübergang vom Leitungsband auf das Störstellenniveau und für den umgekehrten Prozeß:

$$R_n^\downarrow = r\rho_T^o\rho_n \underset{\substack{(6.2.2-9)\\(1)}}{=} \langle v_{th}\rangle \sigma_{rek,n}\left(1 - f_{FD}(W_T)\right)\rho_T\rho_n \tag{2}$$

$$R_n^\uparrow = r'\rho_T^-(N_L - \rho_n) \underset{\substack{(1)\\ \rho_n \ll N_L}}{\approx} r'N_L f_{FD}(W_T)\rho_T \underset{e_n := r'N_L}{=} e_n f_{FD}(W_T)\rho_T \tag{3}$$

Die Pfeilrichtung stimmt überein mit der Richtung des Übergangs, z.B. bedeutet ein Pfeil nach unten einen Übergang vom Leitungsband auf das Störstellenniveau. Da wir von relativ niedrigen Elektronendichten ausgehen, hat in (3) die Dichte der unbesetzten Zustände im Leitungsband etwa den Wert der effektiven Zustandsdichte. Die neudefinierte Größe e_n bezeichnen wir als **Emissionswahrscheinlichkeit für Elektronen**. Diese läßt sich für den Fall des stationären Gleichgewichts (das System befindet sich zwar nicht im thermischen Gleichgewicht, der Nichtgleichgewichtszustand ändert sich aber nicht mehr mit der Zeit) direkt berechnen:

$$R_n^{\downarrow} = R_n^{\uparrow} \underset{(2,3)}{\Rightarrow} e_n = \frac{\langle v_{th} \rangle \sigma_{rek,n} \left(1 - f_{FD}(W_T)\right)\rho_n}{f_{FD}(W_T)} \tag{4}$$

Die Dichte ρ_T der tiefen Störstellen kürzt sich heraus. Aus der Definition der Fermi-Dirac-Funktion heraus hat der Bruch im rechten Term die einfache Form:

$$\frac{1 - f_{FD}(W_T)}{f_{FD}(W_T)} \underset{(1.2.2-17)}{=} \exp\left(-\frac{W_F - W_T}{kT}\right) \tag{5}$$

Weiterhin drücken wir aus Gründen, die später erkenntlich werden, die Elektronendichte ρ_n über die Energie W_i, die in der Mitte zwischen Valenz- und Leitungsband liegt, aus:

$$W_i := \frac{W_V + W_L}{2} \tag{6a}$$

$$\rho_n \underset{(2.2.4-1)}{=} N_L \exp\left(-\frac{W_L - W_F}{kT}\right) = N_L \exp\left(-\frac{W_L - W_i}{kT}\right) \exp\left(-\frac{W_i - W_F}{kT}\right) \tag{6b}$$

$$\underset{(2.2.4-9)}{\approx} \rho_i \exp\left(\frac{W_F - W_i}{kT}\right) \tag{6c}$$

Setzen wir (5) und (6) ein in (4), dann ergibt sich die Emissionswahrscheinlichkeit zu

$$e_n = \langle v_{th} \rangle \sigma_{rek,n} \exp\left(-\frac{W_F - W_T}{kT}\right)\rho_i \exp\left(\frac{W_F - W_i}{kT}\right)$$

$$= \langle v_{th} \rangle \sigma_{rek,n}\rho_i \exp\left(\frac{W_T - W_i}{kT}\right) \tag{7}$$

Entsprechende Verhältnisse ergeben sich für die Übergänge zwischen dem Energieniveau der tiefen Störstelle und dem Valenzband. Aus dem negativ geladenen Störstellenniveau können Elektronen in das Valenzband übergehen, die Rekombinationsrate dafür ist:

$$R_p^{\downarrow} = \langle v_{th} \rangle \sigma_{rek.p} \cdot \rho_T f_{FD}(W_T) \cdot \rho_p \tag{8}$$

Für die Elektronenemission aus dem Valenzband gilt entsprechend zu (3):

$$R_p^{\uparrow} \underset{e_p := r''N_v}{=} e_p\left(1 - f_{FD}(W_T)\right)\rho_T \tag{9}$$

Gleichsetzen der Übergangsraten ergibt mit

$$\rho_p \underset{(2.2.4-9)}{\approx} \rho_i \exp\left(\frac{W_i - W_F}{kT}\right) \tag{10}$$

und (5) die Emissionsrate

$$e_p = \langle v_{th} \rangle \sigma_{rek.p} \rho_i \exp\left(\frac{W_i - W_T}{kT} \right) \tag{11}$$

Die zeitliche Änderung der Ladungsträgerdichten in Valenz- und Leitungsband läßt sich einfach über die Generationsrate G (z.B. für eine optische Generation) und die Emissionsraten R ausdrücken über das **Prinzip des detaillierten Gleichgewichts** (Spezialfall der Kontinuitätsgleichung):

$$\dot{\rho}_n = G - \left(R_n^{\downarrow} - R_n^{\uparrow} \right) \tag{12a}$$

$$\dot{\rho}_p = G - \left(R_p^{\downarrow} - R_p^{\uparrow} \right) \tag{12b}$$

Im stationären Gleichgewicht werden die zeitlichen Änderungen Null, so daß wir erhalten:

$$G = R_n^{\downarrow} - R_n^{\uparrow} = R_p^{\downarrow} - R_p^{\uparrow} \tag{13}$$

Einsetzen der Ausdrücke (2,3,7 und 8,9,11) ergibt nach Elimination der Fermi-Dirac-Funktion $f_{FD}(W_T)$ für die Rekombinationsrate U (= Generationsrate G im stationären Gleichgewicht) der Elektronen im Leitungsband [32]:

$$U = R_n^{\downarrow} - R_n^{\uparrow} =$$

$$= \frac{\sigma_{rek,n}\sigma_{rek,p} \langle v_{th} \rangle \left(\rho_n \rho_p - \rho_i^{\,2} \right) \rho_T}{\sigma_{rek,n}\left(\rho_n + \rho_i \exp\left(\dfrac{W_T - W_i}{kT} \right) \right) + \sigma_{rek,p}\left(\rho_p + \rho_i \exp\left(-\dfrac{W_T - W_i}{kT} \right) \right)} \tag{14}$$

Setzen wir näherungsweise die Wirkungsquerschnitte für die Rekombination von Elektronen und Löchern gleich, dann vereinfacht sich (14) zu:

$$\sigma_{rek,n} \approx \sigma_{rek,p} \approx \sigma_{rek}$$

$$U = \frac{\sigma_{rek} \langle v_{th} \rangle \left(\rho_n \rho_p - \rho_i^{\,2} \right) \rho_T}{\rho_n + \rho_p + 2\rho_i \cosh\left(\dfrac{W_T - W_i}{kT} \right)} \tag{15}$$

Im Zähler dieser Gleichung erkennen wir die typischen Terme, welche auch bei der Rekombination in direkten Halbleitern auftraten (Gleichungen 6.2.2-7 und 9). Die thermische Generation ist in (14) und (15) bereits eingeschlossen. Die $\cosh$-Funktion (die über eine Summe zweier Exponentialfunktionen mit gleichem Exponenten, aber entgegengesetztem Vorzeichen entsteht) in (15) hat den Wert 1 bei $W_T = W_i$, d.h. wenn das Störstellenniveau genau auf der Bandmitte liegt. Bei Abweichungen davon für positive und negative Werte nimmt die cos$h$-Funktion symmetrisch zu, d.h. die Rekombinationsrate nimmt ab. Solche Störzentren, deren Störstellenniveaus weitab von der Bandmitte liegen, fördern die Rekombination also weniger als solche mit W_T nahe bei W_i, man spricht daher im ersten Fall von **weniger effektiven Rekombinationszentren**.

Wir wollen (15) für einen Spezialfall genauer analysieren. Dafür gehen wir aus von einem Halbleiter, in dem Überschußladungsträger $\Delta\rho_n = \Delta\rho_p =: \Delta\rho \ll$ Majoritätsträgerdichte ρ_{no} oder ρ_{po} erzeugt worden sind (**schwache Anregung** oder **schwache Injektion**). Dann folgt aus (15) bei Vernachlässigung der jeweils kleineren Ladungsträgerdichten:

$$U = \frac{\sigma_{rek}\langle v_{th}\rangle \rho_T\left(\left(\rho_{po} + \Delta\rho\right)\left(\rho_{no} + \Delta\rho\right) - \rho_i^{\,2}\right)}{\rho_{no} + \Delta\rho + \rho_{po} + \Delta\rho + 2\rho_i \cosh\!\left(\dfrac{W_T - W_i}{kT}\right)} \tag{16}$$

$$\underset{\substack{\Delta\rho \ll \rho_{no},\rho_{po} \\ \rho_{no}\rho_{po} = \rho_i^{\,2}}}{\approx} \frac{\sigma_{rek}\langle v_{th}\rangle \rho_T \Delta\rho}{1 + 2\dfrac{\rho_i}{\rho_{no} + \rho_{po}}\cosh\!\left(\dfrac{W_T - W_i}{kT}\right)} =: \frac{\Delta\rho}{\tau_r} \tag{17}$$

$$\text{mit}\quad \tau_r := \frac{1 + 2\dfrac{\rho_i}{\rho_{no} + \rho_{po}}\cosh\!\left(\dfrac{W_T - W_i}{kT}\right)}{\sigma_{rek}\langle v_{th}\rangle \rho_T} \tag{18a}$$

$$\underset{|W_T - W_i| \,\leq\, 10kT}{\approx} \frac{1}{\sigma_{rek}\langle v_{th}\rangle \rho_T} \tag{18b}$$

τ_r wird als **Rekombinationszeit** oder **Rekombinationslebensdauer** bezeichnet, die vereinfachte Formel (18b) hat eine sehr ähnliche Form wie diejenige für direkte Halbleiter (6.2.2-13): die Majoritätsträgerdichte wird durch die Dichte ρ_T der Rekombinationszentren ersetzt. Bild 6.2.3-1 zeigt ein Beispiel für die Abhängigkeit der Rekombinationslebensdauer von der Lage des Störstellenniveaus in der verbotenen Zone.

Für die gezielte Herstellung von Rekombinationszentren (**Lebensdauerdotierung**, s. Abschnitt 8.2.5) kommen nach Bild 3.2.1-3 viele Fremdatomsorten in Frage. Beim Halbleiter Silizium wird häufig Gold eingesetzt (Bild 6.2.3-3), das allerdings nur eine eingeschränkte Löslichkeit in Silizium besitzt (Bild 3.2.1-7). Bei der Eindiffusion von Gold in Silizium kommt neben einem Leerstellen- auch ein Zwischengittermechanismus vor, beide sind mit physikalisch bedeutsamen Nebeneffekten verbunden (Bild 8.2.5-3). Bild 6.2.3-3 zeigt die Abhängigkeit der Rekombinationslebensdauer von der Goldkonzentration.

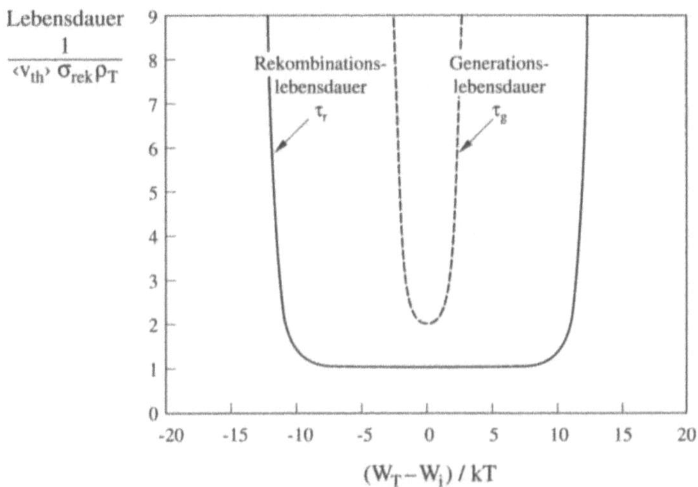

Bild 6.2.3-2: *Abhängigkeit der Rekombinationslebensdauer bei Störstellenrekombination von der Lage des Störstellenniveaus in der verbotenen Zone. Die Berechnung erfolgte für einen n-Halbleiter mit der Dotierungskonzentration $\rho_n=10^{15}\,cm^{-3}$. Man beachte die weitgehend konstante Rekombinationslebensdauer für eine Lage des Störstellenniveaus in einem relativ breiten Bereich (ca. $\pm 10kT$) um die Mitte der verbotenen Zone herum (nach [32]).*

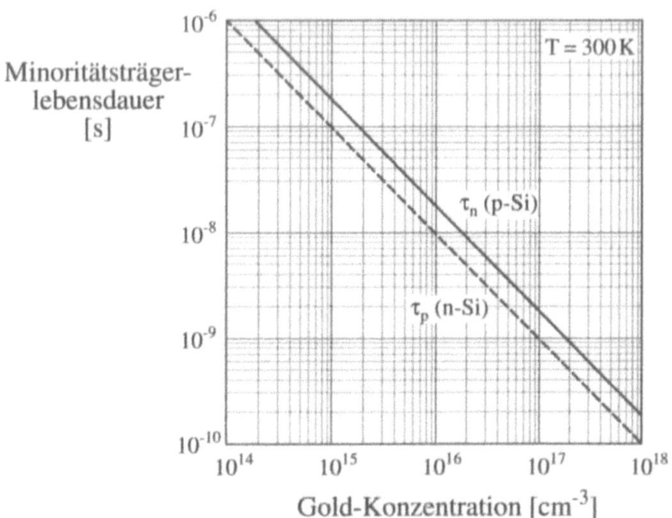

Bild 6.2.3-3: *Abhängigkeit der Rekombinationslebensdauer in Silizium von der Störstellenkonzentration mit Goldatomen (nach [46])*

Unter bestimmten Voraussetzungen – z.B. bei Anlegen einer Sperrspannung an einen pn-Übergang (Abschnitt 7.2.3) – kann die Quasifermienergie für Elektronen im Leitungsband kleiner gemacht werden als die von Elektronen im Valenzband, d.h. *es wird Entropie gewonnen, wenn Elektronen aus dem Valenz- in das Leitungsband aktiviert werden.* Dieser thermische Generationsprozeß ist die Umkehrung der Rekombination, d.h. er liegt vor, wenn sich für U negative Werte ergeben. Das ist aber bei Anlegen einer Sperrspannung gerade der Fall, da dann nach Bild 7.2.3-1 gilt:

$$W_F^{nL} < W_F^{nV} \underset{\substack{(6.2.2-1)\\(2.2.4-9)}}{\Rightarrow} \rho_n \rho_p < \rho_i^2 \tag{19a}$$

$$\Rightarrow \exp\left(\frac{W_F^{nL} - W_F^{nV}}{kT}\right) < 1 \underset{(6.2.2-7)}{\Rightarrow} U < 0 \tag{19b}$$

In diesem Fall kann (15) mit $\rho_n, \rho_p < \rho_i$ vereinfacht werden zu [32]:

$$G_{th} := -U = \frac{\sigma_{rek}\langle v_{th}\rangle \rho_T \rho_i}{2\cosh\left(\dfrac{W_T - W_i}{kT}\right)} =: \frac{\rho_i}{\tau_g} \tag{20a}$$

$$\text{mit} \quad \tau_g := \frac{2\cosh\left(\dfrac{W_T - W_i}{kT}\right)}{\sigma_{rek}\langle v_{th}\rangle \rho_T} \tag{20b}$$

τ_g wird als **Generationslebensdauer** bezeichnet.

In der bisherigen Betrachtung sind jeweils die Vorgänge in einem Halbleiter*volumen* betrachtet worden: Die im Innern eines Halbleiterkristalls mehr oder weniger gleichmäßig verteilten Elektronen und Löcher rekombinieren über Störstellen (z.B. Fremdatome), die ebenfalls gleichmäßig verteilt im Gitter eingebaut sind. In vielen Fällen sind die Vorgänge an der *Oberfläche* des Halbleiters von besonderem Interesse: In diesem Fall betrachtet man eine *Flächen*konzentration σ_T von Störstellen an der Oberfläche. Solche Störstellen können ebenfalls durch Fremdatome entstehen, die sich an der Oberfläche bevorzugt angelagert haben – aber auch durch Unregelmäßigkeiten der Atomanordnung an der Oberfläche (s. Abschnitte 3.2.2) oder einem Übergang zwischen zwei unterschiedlichen Werkstoffen (Abschnitt 5). In einer Betrachtung ähnlich zu der oben durchgeführten ergibt sich dann als **Oberflächen-Rekombinationsrate** U_s (Anzahl der pro Sekunde und cm^2 Oberfläche ablaufenden Rekombinationsvorgänge) die Beziehung [32]:

$$U_s = \frac{\sigma_{rek,n}\sigma_{rek,p}\langle v_{th}\rangle\left(\rho_n\rho_p - \rho_i^{\,2}\right)\sigma_T}{\sigma_{rek,n}\left(\rho_n + \rho_i \exp\left(\dfrac{W_T - W_i}{kT}\right)\right) + \sigma_{rek,p}\left(\rho_p + \rho_i \exp\left(-\dfrac{W_T - W_i}{kT}\right)\right)} \qquad (21)$$

Hierin sind ρ_n und ρ_p die *Volumen*konzentrationen der Ladungsträger an der Oberfläche, σ_T ist die *Flächen*konzentration der Oberflächenstörstellen.

Betrachten wir ohne Einschränkung der Allgemeinheit Ladungsträger-Überschußkonzentrationen $\Delta\rho$, die wesentlich kleiner sind als die Gleichgewichtskonzentrationen ρ_{no} oder ρ_{po}, dann ergibt sich bei Annahme gleicher Wirkungsquerschnitte σ_{rek} für die Rekombination von Elektronen und Löchern analog zu (17):

$$U_s = \frac{\sigma_{rek}\langle v_{th}\rangle\sigma_T\Delta\rho}{1 + 2\,\dfrac{\rho_i}{\rho_{no} + \rho_{po}}\cosh\left(\dfrac{W_T - W_i}{kT}\right)} =: S_r\Delta\rho \qquad (22)$$

$$\text{mit} \quad S_r := \frac{\sigma_{rek}\langle v_{th}\rangle\sigma_T}{1 + 2\,\dfrac{\rho_i}{\rho_{no} + \rho_{po}}\cosh\left(\dfrac{W_T - W_i}{kT}\right)} \qquad (23)$$

mit der **Oberflächen-Rekombinationsgeschwindigkeit** S_r. Die Dimension einer Geschwindigkeit – gegenüber der Dimension 1/Zeit in (17) – tritt hier auf, weil in (21) eine *Oberflächen*konzentration σ_T von Rekombinationszentren anstelle einer *Volumen*konzentration ρ_T wie in (17) auftritt. Für relativ große Ladungsträgerdichten vereinfacht sich (23) zu:

$$S_r \underset{\rho_{no}+\rho_{po}\gg\rho_i}{\approx} \sigma_{rek}\langle v_{th}\rangle \qquad (24)$$

Analog zu (23) kann auch eine **Oberflächen-Generationsgeschwindigkeit** S_g definiert werden, dann folgt entsprechend [32]:

$$S_g = \frac{\sigma_{rek}\langle v_{th}\rangle\sigma_T}{2\cosh\left(\dfrac{W_T - W_i}{kT}\right)} \qquad (25)$$

Bei Anwendung geeigneter Technologien lassen sich Werte von 80 cm/s für die Oberflächen-Rekombinationsgeschwindigkeit und 0,1 cm/s für die Oberflächen-Generationsgeschwindigkeit erreichen [47].

6.3 Kontinuitätsgleichung mit Generation und Rekombination von Ladungsträgern

Die Erzeugung und Rekombination von Elektronen und Löchern in Halbleitern führt zu einer zeitlichen Zunahme oder Abnahme der Dichten von Elektronen und Löchern und muß daher in der Kontinuitätsgleichung (Abschnitt 6.1) berücksichtigt werden. Anstelle der Gleichungen (6.1.1-1, 2c und 2f) gilt dann:

Teilchenstromdichte $\qquad \vec{j}^T: \quad \dot{\rho} = -\nabla \vec{j}^T + G - U$ $\qquad\qquad$ (1a)

elektrische Stromdichten $\vec{j}_n$ und $\vec{j}_p$
$$\begin{cases} \dot{\rho}_n = +\dfrac{1}{|q|}\nabla\vec{j}_n + G_n - U_n & \text{(1b)} \\[3mm] \dot{\rho}_p = -\dfrac{1}{|q|}\nabla\vec{j}_p + G_p - U_p & \text{(1c)} \end{cases}$$

Die Generationsraten G werden durch äußere Einflüsse wie z.B. optische Generation oder **Injektion** (Einfließen zusätzlicher Ladungsträger aus benachbarten Bereichen) bestimmt, die Rekombinationsraten U über Band-Band-Rekombination (6.2.2-11) oder Störstellenrekombination (6.2.3-15). In vielen praktisch wichtigen Fällen ist eine Näherung über Rekombinationszeiten (6.2.3-18) oder Rekombinationsgeschwindigkeiten (6.2.3-23, 24) anwendbar. Anstelle von (1b und c) gilt dann in eindimensionaler Form

$$\frac{1}{|q|}\frac{\partial j_{nx}}{\partial x} = \dot{\rho}_n - G_n + \frac{\Delta\rho_n}{\tau_n} \qquad\qquad (1d)$$

$$-\frac{1}{|q|}\frac{\partial j_{px}}{\partial x} = \dot{\rho}_p - G_p + \frac{\Delta\rho_p}{\tau_p} \qquad\qquad (1e)$$

Integrieren wir diese Gleichungen über x zwischen den Punkten a und b, dann ergeben sich die **Ladungssteuerungsgleichungen**:

Elektronen: $\quad j_{nx}(b) - j_{nx}(a) = |q|\int_a^b \dot{\rho}_n dx - |q|\int_a^b G_n dx + \dfrac{|q|}{\tau_n}\int_a^b \Delta\rho_n dx$

$$\Rightarrow j_{nx}(b) - j_{nx}(a) \underset{\sigma_{Qn}=-|q|\rho_n}{=} -\dot{\sigma}_{Qn} + \dot{\sigma}_{Qn}^G - \frac{\Delta\sigma_{Qn}}{\tau_n} \qquad\qquad (1f)$$

$$\text{Löcher: } -\left\{ j_{px}(b) - j_{px}(a) \right\}_{\sigma_{Qp}=+|q|\rho_p} = +\dot{\sigma}_{Qp} - \dot{\sigma}_{Qp}^{G} + \frac{\Delta\sigma_{Qp}}{\tau_n} \tag{1g}$$

$$\Rightarrow j_{px}(b) - j_{px}(a) = -\dot{\sigma}_{Qp} + \dot{\sigma}_{Qp}^{G} - \frac{\Delta\sigma_{Qp}}{\tau_n} \tag{1h}$$

Diese Gleichung wird bei bipolaren Bauelementen unter verschiedenen Randbedingungen integriert werden. Bei Abwesenheit von Ladungsträgergeneration und -rekombination beschreiben die Stromdichtedifferenzen in (1f) und (1h) die dielektrischen Verschiebungsströme, vgl. (5.1-14).

Setzen wir die expliziten Ausdrücke (4.3.2-14) für die Teilchenströme in (1d, e) ein, dann erhalten wir in eindimensionaler Form die Differentialgleichungen

$$\dot{\rho}_n = G_n - \frac{\Delta\rho_n}{\tau_n} + \rho_n\mu_n \frac{\partial E}{\partial x} + \mu_n E \frac{\partial \rho_n}{\partial x} + D_n \frac{\partial^2 \rho_n}{\partial x^2} \tag{2a}$$

$$\dot{\rho}_p = G_p - \frac{\Delta\rho_p}{\tau_p} - \rho_p\mu_p \frac{\partial E}{\partial x} - \mu_p E \frac{\partial \rho_p}{\partial x} + D_p \frac{\partial^2 \rho_p}{\partial x^2} \tag{2b}$$

Typisch ist eine Verknüpfung der Zeit- und Ortsabhängigkeit der Ladungsträgerdichte; beide können voneinander so abhängen, daß eine Trennung der Variablen nicht ohne weiteres möglich ist (z.B. hängt die Ortsverteilung explizit von der Zeit ab). In wichtigen Spezialfällen lassen sich die Gleichungen (2) aber so vereinfachen, daß sich analytische Lösungen ergeben. Davon werden im folgenden einige diskutiert. Die Kontinuitätsgleichungen müssen für diejenigen Bauelemente gelöst werden, bei denen sich der Gesamtstrom aus Elektronen- und Löcherströmen zusammensetzt, die beide ortsabhängig sind, weil sie durch Generation und Rekombination ineinander überführt werden können. Diese Voraussetzung ist grundsätzlich bei den bipolaren Bauelementen gegeben. Bei den monopolaren Bauelementen (Schottky-Dioden und Feldeffekttransistoren) reicht in vielen Fällen näherungsweise die Lösung der Stromdichtegleichungen (4.3.2-16 und 19) aus.

Zunächst betrachten wir einen gleichmäßig dotierten Halbleiter, der homogen optisch bestrahlt wird, so daß die Gleichgewichts- und Überschuß-Ladungsträgerdichte nicht vom Ort abhängen (Photoleiter, Bild 6.3-1 *Minoritätsträgerdichte*).

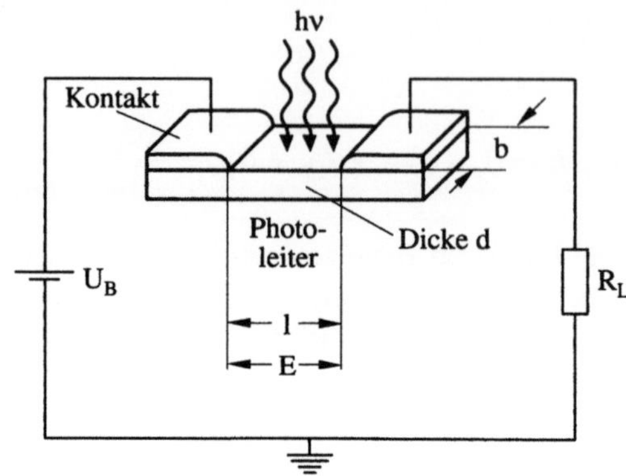

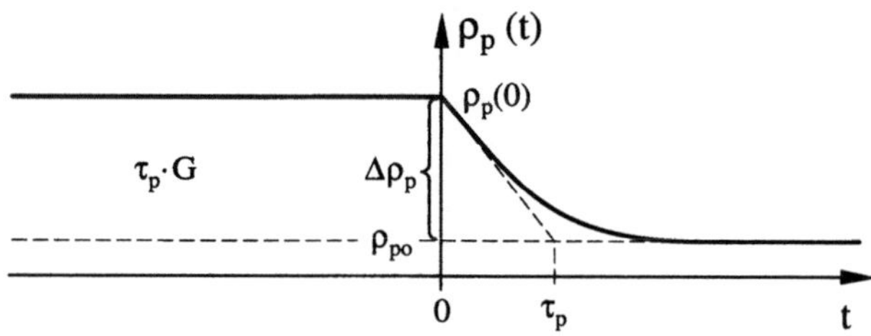

Bild 6.3.-1:   *Photoleiter*

a) *Ein gleichmäßig dotierter n-Halbleiter wird homogen optisch bestrahlt, so daß eine ortsunabhängige Überschußkonzentration von Elektron-Loch-Paaren erzeugt wird. Dadurch wird die Majoritätsträgerdichte (Elektronen) relativ nur unwesentlich, die Minoritätsträgerdichte (Löcher) dagegen relativ stark vergrößert.*

b) *Zeitliche Abhängigkeit der Löcherkonzentration: Bei t<0 soll die Bestrahlung mit konstanter Intensität (d.h. konstanter Generationsrate G) erfolgen, bei t = 0 dagegen vollständig abgeschaltet werden. Dargestellt ist die Abnahme der Löcherkonzentration für t>0.*

In der Kontinuitätsgleichung (2b) fallen unter diesen Voraussetzungen alle ortsabhängigen Terme heraus, da deren Ableitung verschwindet:

$$\dot{\rho}_p \Big|_{\rho_p = \rho_{po} + \Delta\rho_p} = \Delta\dot{\rho}_p = G - \frac{\Delta\rho_p}{\tau_p} \tag{3}$$

Dabei haben wir die Löcherkonzentration in einen konstanten Gleichgewichtswert ρ_{po} und einen durch die Elektron-Loch-Paare erzeugten zeitabhängigen Überschußwert $\Delta\rho_p$ aufgeteilt. Die Differentialgleichung (3) stimmt mit (5.1-14) überein, wenn wir die Flächenladung σ_Q durch die Überschußkonzentration $\Delta\rho_p$ und die Stromdichte j_{no} durch die Generationsrate G ersetzen; analog zu (5.1-15) ergibt sich als Lösungsfunktion:

$$\Delta\rho_p = G\tau_p\left\{1 - \exp\left(-\frac{t}{\tau_p}\right)\right\} \tag{4}$$

Nach einer Einschwingzeit in der Größenordnung von τ_p wird eine zeitlich konstante Löcher-Überschußkonzentration $G\tau_p$ erreicht. Dieses Verhalten läßt sich anschaulich erklären: Die Rekombinationsrate U nach (6.2.3-21) nimmt mit steigender Überschuß-Ladungsträgerkonzentration zu. Bis zum Erreichen des stationären Gleichgewichts steigt daher die Überschuß-Ladungsträgerkonzentration so lange an, bis die dazugehörige Rekombinationsrate gerade den Wert der Generationsrate erreicht hat.

Nach Abschalten der optischen Bestrahlung bei $t = 0$ wird die Generationsrate $G = 0$. In diesem Falle reduziert sich die Kontinuitätsgleichung auf die Beziehung

$$\Delta\dot\rho_p = -\frac{\Delta\rho_p}{\tau_p} \Rightarrow \Delta\rho_p = \Delta\rho_p\Big|_{t=0} \exp\left(-\frac{t}{\tau_p}\right)$$

$$\Rightarrow \Delta\rho_p \underset{(4)}{=} G\tau_p \exp\left(-\frac{t}{\tau_p}\right) \tag{5}$$

Aus dem Abfall der Überschuß-Ladungsträgerdichte mit der Zeit läßt sich die Rekombinationslebensdauer experimentell bestimmen

$$\Delta\dot\rho_p\Big|_{t=0} \underset{(5)}{=} -G = -\frac{\Delta\rho_p\Big|_{t<0}}{\tau_p} \tag{6}$$

Bild 6.3.1-b zeigt die entsprechende graphische Konstruktion. Die Vergrößerung der Ladungsträgerdichte ρ_p erhöht die Leitfähigkeit. Dieser Effekt wird beim **Photoleiter** (Bild 6.3-1) zur Messung der Bestrahlungsstärke (proportional zur Generationsrate) ausgenutzt. Bei der Berechnung der Photostromänderung Δj^T geht die Laufzeit (**Transitzeit**) τ_t der Elektronen durch den Photoleiter ein, es ergibt sich (s. Band 3 dieser Reihe: Abschnitt 6.5)

$$\Delta\vec{j}^{\,T} = G \cdot l \cdot \frac{\tau_p}{\tau_t} \tag{7}$$

Ein anderer wichtiger Fall ist in Bild 6.3-2 dargestellt: Die Generation von Elektron-Loch-Paaren erfolgt an der Oberfläche des Halbleiters; im Innern des Halbleiters findet sowohl eine Rekombination wie eine Diffusion statt.

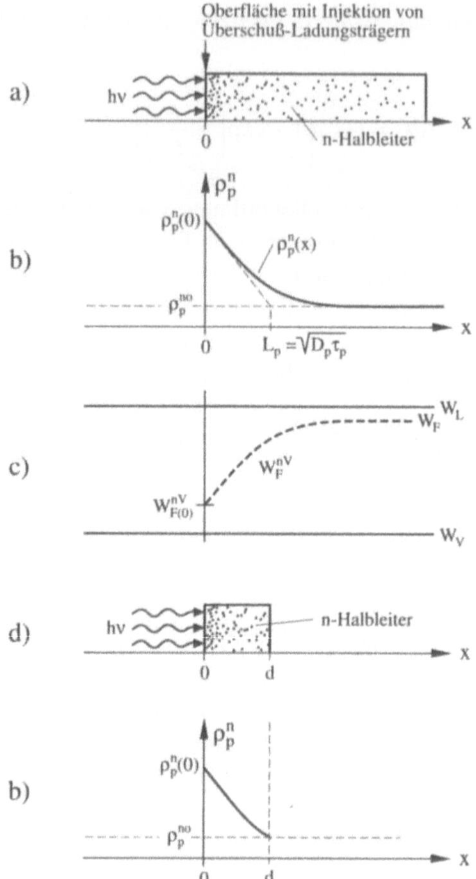

Bild 6.3-2: *Generation von Überschußladungsträgern an einer Oberfläche*

a) Randbedingung I: Die Überschußladungsträger können unbegrenzt in den Halbleiter hineindiffundieren.

b) Ortsabhängigkeit der Überschußladungsträgerdichte zu a)

c) Verlauf der (Quasi)Fermienergie zu b)

d) Randbedingung II: Die Überschuß-Ladungsträger können nur bis in eine Tiefe d in den Halbleiter hineindiffundieren, danach muß ihre Dichte auf den Gleichgewichtswert abgefallen sein. Diese Randbedingung ist bei der Berechnung des bipolaren Transistors von Bedeutung

e) Ortsabhängigkeit der Überschuß-Ladungsträgerdichte zu d)

Wir nehmen an, daß im Halbleiter kein elektrisches Feld vorliegt. Das setzt eine Ladungsneutralität voraus: die Überschußladungsträger müssen durch eine gleich große Dichte von Majoritätsträgerladungen elektrisch neutralisiert werden. Anderenfalls würde sich aufgrund der Poissongleichung durch Ladung ein Feldgradient ausbilden. Die Kontinuitätsgleichung bekommt dann im Vergleich zu (3) einen zusätzlichen Term:

$$\Delta\dot{\rho}_p = G - \frac{\Delta\rho_p}{\tau_p} + D_p \frac{\partial^2 \Delta\rho_p}{\partial x^2} \tag{8}$$

Dabei ist G nur an der Oberfläche bei $x = 0$ von Null verschieden (δ-Funktion). Für $x > 0$ braucht keine Generation berücksichtigt zu werden, es ergibt sich daher im stationären Gleichgewicht (zeitlich konstante Ladungsträgerdichte):

$$\text{stationäres Gleichgewicht: } \Delta\dot{\rho}_p = 0 \Rightarrow \frac{\Delta\rho_p}{\tau_p} = +D_p \frac{\partial^2 \Delta\rho_p}{\partial x^2} \tag{9}$$

$$\Rightarrow \Delta\rho_p =: \Delta\rho_p\big|_{x=0} \exp\left(-\frac{x}{L_p}\right) \tag{10}$$

$$L_p := \sqrt{D_p \tau_p} \tag{11}$$

mit der **Diffusionslänge für Löcher** L_p. Diese Lösung unterscheidet sich signifikant von der entsprechenden Lösung bei reiner Diffusion (Abschnitt 6.1.3) dadurch, daß es einen stationären Fall gibt, bei dem trotz einer Diffusion ein Konzentrationsgradient zeitlich unbegrenzt aufrechterhalten wird, dessen Verlauf durch die Diffusionslänge charakterisiert wird. Die Konsequenz ist ein zeitlich konstanter Diffusionsstrom, der mit wachsendem Abstand von der Oberfläche abnimmt, weil immer mehr Ladungsträger durch Rekombination verloren gehen:

$$j_p^T(x) \underset{(4.3.2-19b)}{=} -D_p \frac{\partial \Delta\rho_p}{\partial x} \underset{(11)}{=} +\frac{D_p}{L_p}\Delta\rho_p = \sqrt{\frac{D_p}{\tau_p}}\,\Delta\rho_p\big|_{x=0}\exp\left(-\frac{x}{L_p}\right) \tag{12}$$

Die Überschußkonzentration der Löcher in Bild 6.3-2b läßt sich auch über eine Quasi-Fermienergie darstellen. Ist sie deutlich größer als die Gleichgewichtskonzentration ρ_{po} (was sich in einem n-Halbleiter nahe an der Oberfläche leicht realisieren läßt), dann gilt:

$$\Delta\rho_p \gg \rho_{po} \Rightarrow \Delta\rho_p(x) \approx N_L \exp\left(-\frac{W_F^{nV}(x) - W_V}{kT}\right) \tag{13}$$

Vergleichen wir diesen Ortsverlauf mit dem aus (10), dann ergibt sich als Ortsabhängigkeit der Quasifermienergie:

$$W_F^{nV}(x) = W_F^{nV}(0) + \frac{kT}{L_p} x \tag{14}$$

d.h. die Quasifermienergie steigt linear an (Bild 6.3-2c).

Schließlich betrachten wir noch die spezielle Randbedingung in den Bildern 6.3-2d und e mit

$$\Delta \rho_p (d) = 0 \tag{15}$$

Die entsprechende Lösung von (9) erhalten wir, wenn wir eine Linearkombination von Exponentialfunktionen mit positivem und negativem Exponenten ansetzen

$$\Delta \rho_p (x) = C_1 \exp\left(-\frac{x}{L_p}\right) + C_2 \exp\left(+\frac{x}{L_p}\right)$$

– der positive Exponent war bei unbegrenzter Ausbreitung (Bild 6.3.-2b) nicht berücksichtigt worden, weil dieser mit x gegen unendlich geht. Die Bestimmung der Konstanten C_1 und C_2 ergibt mit den Randbedingungen in Bild 6.3-2b:

$$\Delta \rho_p (x) = \Delta \rho_p (0) \frac{\sinh\left(\dfrac{d-x}{L_p}\right)}{\sinh\left(\dfrac{d}{L_p}\right)} \tag{16}$$

Der Teilchen-Diffusionsstrom ist dann bei $x = d$:

$$j_p^T = -D_p \frac{\partial}{\partial x} \rho_p \bigg|_{x=d} = +\frac{D_p}{L_p} \frac{\Delta \rho_p (0)}{\sinh\left(\dfrac{d}{L_p}\right)} \tag{17}$$

Dieser Strom muß zwangsläufig in das Gebiet bei $x > d$ hineinfließen, er bestimmt beim bipolaren Transistor den Kollektorstrom.

Als zeitliche Änderung einer Ladungsträgerdichte hatten wir bisher allein den Übergang in ein stationäres Gleichgewicht (Einschwingvorgang) betrachtet, dieses entspricht dem Anlegen von Gleichspannungen oder -strömen an das System. Bei Anlegen von Wechselspannungen oder -strömen kann sich kein stationärer Zustand (im oben definierten Sinn) einstellen, d.h. die zeitliche Änderung der Ladungsträgerdichte in (8) wird nicht Null.

Wir setzen in (8) die Löcherdichte an als Überlagerung einer zeitlich konstanten und einer periodisch oszillierenden komplexen Größe an:

$$\rho_p := \overline{\rho}_p + \tilde{\rho}_p = \overline{\rho}_p + \tilde{\rho}_{po} \exp(j\omega t) \tag{18}$$

Eingesetzt in (8) ergibt sich bei Abwesenheit einer Generation im betrachteten Gebiet (z.B. für die Randbedingungen in Bild 6.3-2):

$$\frac{\partial}{\partial t}\left(\overline{\rho}_p + \tilde{\rho}_p\right) = -\frac{\overline{\rho}_p + \tilde{\rho}_p}{\tau_p} + D_p \frac{\partial^2 \left(\overline{\rho}_p + \tilde{\rho}_p\right)}{\partial x^2} \tag{19}$$

Im eingeschwungenen Zustand verschwindet die zeitliche Ableitung der Gleichstromkomponente der Ladungsträgerdichte. Die Beziehung (19) muß für alle (d.h.

unendlich viele) Phasenwinkel ωt gelten: Das ist aber nur möglich, wenn die Summe der Koeffizienten (Vorfaktoren) von $\exp(j\omega t)$ verschwindet. Man erhält daher die beiden unabhängigen Differentialgleichungen:

$$\text{stationärer Zustand:}\quad 0 = -\frac{\overline{\rho}_p}{\tau_p} + D_p \frac{\partial^2 \overline{\rho}_p}{\partial x^2} \tag{20}$$

$$j\omega\tilde{\rho}_p = -\frac{\tilde{\rho}_p}{\tau_p} + D_p \frac{\partial^2 \tilde{\rho}_p}{\partial x^2} \tag{21a}$$

$$\Rightarrow 0 = -\left(\frac{1}{\tau_p} + j\omega\right)\tilde{\rho}_p + D_p \frac{\partial^2 \tilde{\rho}_p}{\partial x^2} \tag{21b}$$

(20) stimmt mit (9) überein, d.h. es gelten – je nach Randbedingungen – die Lösungen (10) oder (16), die in Bild 6.3-2 dargestellt worden waren. Auch die Differentialgleichung (21a) für periodisch variierende Löcherdichten läßt sich in die Form (20) überführen, wenn wir die Lebendsdauer τ_p durch eine komplexe Größe ersetzen:

$$\tau_p^* = \frac{1}{\dfrac{1}{\tau_p} + j\omega} = \frac{\tau_p}{1 + j\omega\tau_p} \tag{22}$$

Damit ergeben sich für den Wechselstromfall dieselben Lösungen wie für den Gleichstromfall, allerdings führt die komplexe Lebensdauer (22) zu einer Phasenverschiebung zwischen der steuernden und der gesteuerten Größe (z.B. der Diffusionsstromdichte (12) oder (17)).

Den Diffusionslängen L des Typs

$$L = \sqrt{Dt} \tag{23}$$

kommt offenbar eine besondere – jedoch je nach den Randbedingungen des Problems spezifische – Bedeutung zu. Bei der reinen, nicht durch elektrische Felder beeinflußten Diffusion charakterisiert die Diffusionslänge nach (6.1.3-10) die Unschärfe einer Gaußverteilung, darin ist die Zeit eine Variable. Im Fall der Oberflächengeneration und Eindiffusion in den Halbleiter (Bild 6.3-2) ergibt sich die Diffusionslänge als Eindringtiefe (1/e-Abfall) der Überschußladungträger, in diesem Fall muß die Minoritätsträgerlebensdauer als konstante Zeit in (23) eingesetzt werden.

Bei kleinen Auslenkungen aus dem neutralen Zustand fällt die Bandverbiegung in (5.2.1-16) exponentiell ab mit einem 1/e-Abfall bei der Debye-Länge L_D. Auch diese läßt sich nach (6.1.2-3) über die dielektrische Relaxationszeit als Diffusionslänge darstellen:

$$L_D = \sqrt{D\tau_d} \tag{24}$$

7 Stromfluß über Barrieren

7.1 Energiebarrieren bei Halbleiterübergängen

In Abschnitt 5 war eine Vielzahl von Übergängen zwischen Halbleitern verschiedener Dotierung (Halbleiter-Homoübergänge), zwischen Halbleitern aus verschiedenen Halbleiterwerkstoffen (Halbleiter-Heteroübergänge), zwischen Halbleitern und Metallen (Schottky-Übergänge) und zwischen Metallen, Isolatoren und Halbleitern (MIS-Übergänge) diskutiert worden. Typisch in allen Fällen war das Auftreten von Bandverbiegungen (örtlichen Änderungen der energetischen Lage der Bandkanten als Folge von Raumladungen), deren Form und Höhe durch das Anlegen äußerer Spannungen (mit einer daraus resultierenden Verschiebung der Fermienergien auf beiden Seiten des Bauelementes) verändert werden konnte (Bild 7.1-1).

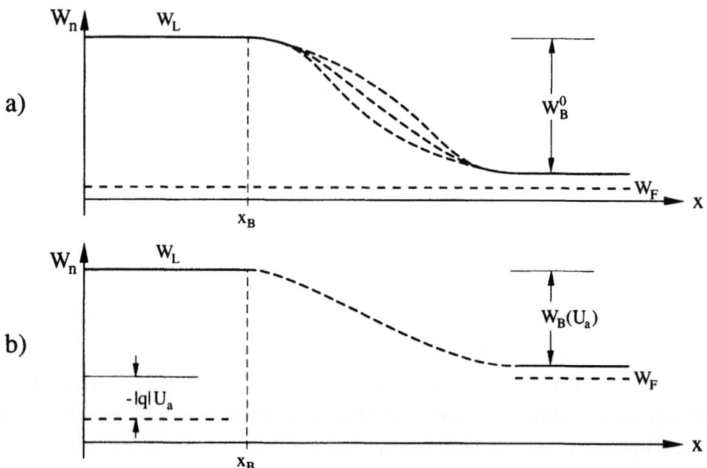

Bild 7.1-1:   *Bandverlauf an einem Halbleiter-Übergang. Der gestrichelte Teil in der Mitte des Übergangs deutet an, daß sich der Verlauf stark unterscheiden kann – je nach Aufbau des Halbleiterübergangs. Kennzeichnend für den Übergang ist jeweils eine **Energiebarriere** mit der **Barrierenhöhe** W_B.*

a) Energiebarriere ohne angelegte äußere Spannung (Fermienergien auf beiden Seiten gleich)

b) Energiebarriere mit angelegter äußerer Spannung (Fermienergien auf beiden Seiten gegeneinander verschoben)

In dem in Bild 7.1-1b dargestellten Fall wirkt eine chemische Kraft auf die Elektronen rechts vom Übergang in Richtung auf die Barriere, da dort die Fermienergie niedriger ist. Allein die Existenz einer chemischen Kraft reicht allerdings noch nicht hin für eine Teilchenbewegung und einen daraus resultierenden Teilchenstrom, weil eine chemische Kraft nach Abschnitt 4.3.2 nur dann in eine Stromdichte umgesetzt wird, wenn die Beweglichkeit für diesen Prozeß hinreichend groß ist. Anderenfalls liegt ein metastabiler Zustand vor. Betrachten wir die Verhältnisse etwas genauer nach Gleichung (4.3.2-16), dann muß für die Entstehung einer *Diffusionsstromdichte* bei Anwesenheit eines Konzentrationsgradienten (gegeben in Bild 7.1-1) der Diffusionskoeffizient und damit nach (4.3.2-17) die Beweglichkeit μ hinreichend groß sein, für einen *Feldstrom* aber zusätzlich noch eine hinreichend große Ladungsträgerdichte gegeben sein.

Ein typisches Kennzeichen für Barrieren des Typs in Bild 7.1-1 ist, daß die Steigung der Leitungsbandkante das entgegengesetzte Vorzeichen hat zum Gradienten der Fermienergie, d.h. bei Elektronen wirken die Gesamt-Teilchenstromdichte und die Feldstromdichte in entgegengesetzer Richtung: Die Teilchenstromdichte wird also im wesentlichen durch die Diffusionsstromdichte getragen. Dieses wird auch deutlich in Bild 7.1-1: Offensichtlich nimmt der Abstand Fermienergie-Leitungsbandkante von rechts nach links zu, d.h. die Ladungsträgerkonzentration entsprechend ab, so daß ein Teilchen-Diffusionsstrom von rechts nach links fließt. Die Wirkung einer angelegten Spannung in Bild 7.1-1b ist offensichtlich die Abschwächung des zum Diffusionsstrom entgegengesetzt gerichteten Feldstroms.

Das Vorherrschen von Diffusionsströmen bei der Überwindung von Energiebarrieren ist die Ursache dafür, daß auch über Gebiete mit niedriger Ladungsträgerkonzentration – wie die Raumladungszonen von pn-Übergängen – beträchtliche Stromdichten fließen können. Die absolute Größe dieser Ströme hängt aber empfindlich davon ab, wie weit der Feldstrom entgegensteuert, d.h. der Strom ist auch abhängig von der exakten Form der Bandverbiegung am Ort der Barriere: Sehr steile Anstiege der Bandkanten erzeugen große gegenwirkende Felder (aber auch gleichzeitig eine schnelle Abnahme der Ladungsträgerdichten). Deshalb ist eine exakte Analyse der Stromdichtegleichung für die speziellen Verhältnisse an einer vorgegebenen Energiebarriere erforderlich (**Diffusionsstrommodell**, Abschnitt 7.2.1). Bei einem sprungartigen Anstieg der Bandkanten können die der Stromdichtegleichung zugrundeliegenden Annahmen nicht mehr erfüllt sein (s. Abschnitt 4.3.2, z.B. in Bild 4.3.2-2). In diesem Fall muß das Modell in Bild 4.3.2-3 angewendet werden (**thermionisches Modell**, Abschnitt 7.2.2), das bisher noch nicht behandelt wurde.

Die Berechnung in den folgenden Abschnitten wird zeigen, daß der Stromfluß über Energiebarrieren sehr empfindlich von der Höhe der Energiebarriere und beim Diffusionsstrommodell von deren Verlauf am Ort des Barrierenmaximums abhängen kann. Diese Kenndaten können ihrerseits von der Größe der wirkenden Spannung am

Ort der Barriere und weiteren Parametern abhängen (Bild 7.1-2). Die Effekte treten besonders deutlich auf bei Schottky-Übergängen (Abschnitt 5.3.2, z.B. in Bild 5.3.2-3) und Barrieren an Grenzflächenladungen (Abschnitt 5.2.4).

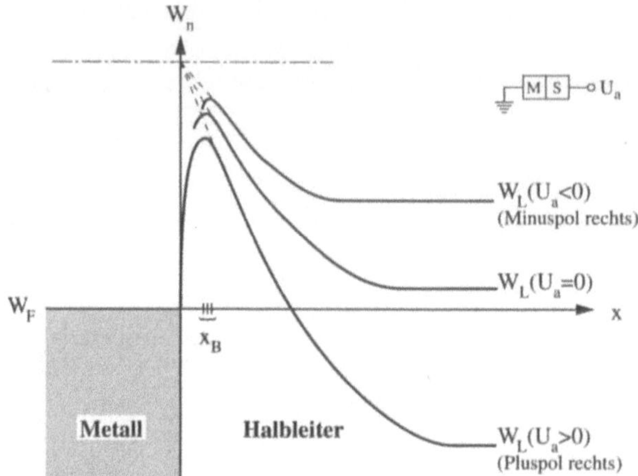

Bild 7.1-2:   *Wirkung einer von außen angelegten Spannung auf die Form und Höhe einer Energiebarriere am Beispiel eines Schottky-Übergangs (nach [48]).*

Die Barriere kann in der Umgebung des Maximums eine schmale und spitz zulaufende Form annehmen (in Bild 7.1-2 zu erkennen), in diesem Fall werden zusätzliche Effekte wirksam. Ein Beispiel dafür ist der **Schottky-Effekt** [9]: Ladungen in unmittelbarer Nähe des Übergangs werden auf der anderen Seite durch elektrostatische Spiegelladungen kompensiert (damit die Feldlinien auf der Fläche des Übergangs senkrecht stehen). Die Anziehung von Ladung und Spiegelladung verringert die Wechselwirkungsenergie. Einen anderen wichtigen Beitrag liefert der quantentheoretisch begründete **Tunneleffekt:** Sehr dünne Energiebarrieren können von Materiewellen durchdrungen werden, ohne daß die Energiebarriere im Sinne einer thermischen Aktivierung überwunden zu werden braucht (s. Band 4: Quanten). Aus diesem Grund sind sehr schmale Bereiche der Barriere im Sinne der folgenden Berechnungen nur in eingeschränktem Maße wirksam.

7.2   Stromflußmodelle

7.2.1 Diffusionsmodell

Zunächst soll das Problem des Stromflusses über Barrieren untersucht werden für Halbleiterübergänge, bei denen die Voraussetzungen erfüllt sind, die zur Aufstellung der Stromdichtegleichung (Abschnitt 4.3.2) führten: Dabei war angenommen worden

(Bild 4.3.2-2), daß sich eine betrachtete eindimensionale Struktur in hinreichend guter Näherung scheibenförmig in Untersysteme zerlegen läßt (die Breite einer "Scheibe" entspricht mindestens einer mittleren freien Weglänge Λ in Richtung der Struktur), in denen sich jeweils ein thermisches Gleichgewicht einstellt, so daß dort eine Fermienergie definiert werden kann. Die Voraussetzungen für die Anwendbarkeit dieses Modells sind offensichtlich gegeben, wenn sich die Parameter des Systems (z.B. die Bandkanten) mit dem Ort langsam ändern – gemessen an der Größe der mittleren freien Weglänge. Dieses ist sicherlich gewährleistet, wenn bei sehr kleinen Beweglichkeiten die mittlere freie Weglänge in der Größenordnung atomarer Abstände liegt (vgl. (4.3.3-13)). Das ist aber bei Halbleiterbauelementen aus den Werkstoffen Germanium, Silizium und Galliumarsenid in der Regel nicht der Fall, dort strebt man im Gegenteil sehr viel größere Beweglichkeiten an zur Minimierung von Ladungsträger-Laufzeiten und der parasitären Joule'schen Wärme (s. Band 1, Abschnitt 4.3.1). Bei mittleren freien Weglängen im Nano- bis Mikrometerbereich lassen sich langsame örtliche Änderungen der Systemparameter nur erreichen über geringe Unterschiede der Werkstoffparameter, niedrige Dotierungskonzentrationen und andere spezielle Maßnahmen. Daher sind bei den heute hergestellten Halbleiterbauelementen die Voraussetzungen für das Diffusionsmodell häufig nicht erfüllt, eine Ausnahme davon bilden die Starkstrombauelemente.

Wir verwenden die Stromdichtegleichung – unter der Voraussetzung, daß die dafür erforderlichen Bedingungen erfüllt sind – in der Formulierung (4.3.2-14 und 16):

$$j_n^T = -\rho_n \, \frac{\mu_n}{|q|} \, \frac{\partial W_F^{nL}}{\partial x} \tag{1a}$$

$$j_p^T = +\rho_p \, \frac{\mu_p}{|q|} \, \frac{\partial W_F^{nV}}{\partial x} \tag{1b}$$

$$j_n = +\rho_n \mu_n \, \frac{\partial W_F^{nL}}{\partial x} \tag{2a}$$

$$j_p = +\rho_p \mu_p \, \frac{\partial W_F^{nV}}{\partial x} \tag{2b}$$

Die weitere Berechnung wollen wir ohne Beschränkung der Allgemeinheit für Elektronen durchführen über die Formel (2a). Die Variablen in dieser Beziehung sind die Elektronendichte und die Fermienergie, jeweils abhängig von x. Weil bei der Energiebarriere aber die Abhängigkeit der Leitungsbandkante $W_L(x)$ vorgegeben ist, formen wir (2a) um. Bei Anwendung der Boltzmannstatistik (Abschnitt 1.2.3) gilt

$$j_n = +N_L \exp\left(-\frac{W_L(x)}{kT}\right)\exp\left(+\frac{W_F^{nL}(x)}{kT}\right)\mu_n \frac{\partial W_F^{nL}(x)}{\partial x}$$

$$\Rightarrow j_n \exp\left(+\frac{W_L(x)}{kT}\right) = N_L\mu_n kT \frac{\partial \exp\left(\dfrac{W_F^{nL}(x)}{kT}\right)}{\partial x} \tag{3}$$

Die Integration zwischen zwei beliebigen Punkten a und b im Bereich des Halbleiterbauelements ergibt bei Berücksichtigung, daß die Stromdichte konstant ist (d.h. keine Generation oder Rekombination!):

$$\text{Elektronen: } j_n =: \frac{N_L\mu_n kT}{l}\left[\exp\left(\frac{W_F^{nL}(x)}{kT}\right)\right]_a^b \tag{4}$$

$$l := \int_a^b \exp\left(\frac{W_L(x)}{kT}\right)dx \tag{5}$$

Mit der aus der Boltzmannstatistik (1.2.3-14) abgeleiteten Beziehung

$$N_L \exp\left(\frac{W_F^{nL}(x)}{kT}\right) = \rho_n(x)\exp\left(\frac{W_L(x)}{kT}\right) \tag{6}$$

folgt:

$$\text{Elektronen: } j_n = \frac{\mu_n kT}{l}\left[\rho_n(x)\exp\left(\frac{W_L(x)}{kT}\right)\right]_a^b \tag{7}$$

d.h. in der eckigen Klammer gehen nur die Ladungsträgerdichten und der Bandverlauf an den Grenzen des Integrationsintervalls ein. Die individuelle Beschaffenheit des Bauelements, die in der Ortsabhängigkeit des Bandkantenverlaufs zum Ausdruck kommt, wird berücksichtigt durch das Integral l in (5). Damit liefert (7) für eine konstante Stromdichte j_n den gesuchten Zusammenhang zwischen der Stromdichte und dem Bandverlauf im Bauelement. Die entsprechende Formel für Löcher ist

$$\text{Löcher: } j_p = -\frac{\mu_p kT}{l'}\left[\rho_p(x)\exp\left(-\frac{W_V(x)}{kT}\right)\right]_a^b \tag{8}$$

$$l' = \int_a^b \exp\left(-\frac{W_V(x)}{kT}\right)dx \tag{9}$$

Aus den Formeln (7) und (8) lassen sich in Verbindung mit den bauelementtypischen

Längen l und l' viele nützliche Beziehungen herleiten. Dieses soll im folgenden am Beispiel der Elektronen nach (7) und (5) gezeigt werden, wobei – in Anlehnung an Bild 7.1-2 – ein System wie in Bild 7.2.1-1 zugrundegelegt wird.

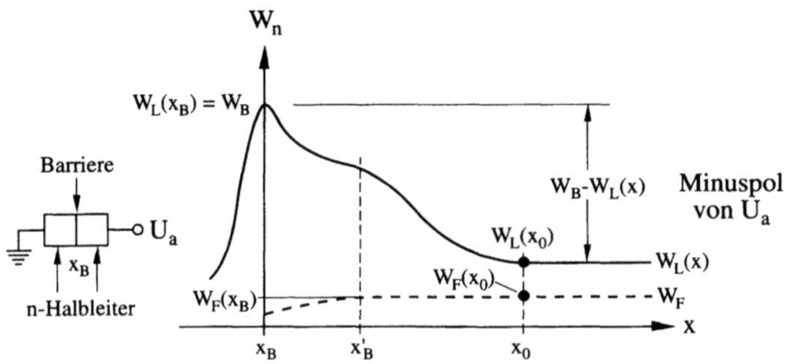

Bild 7.2.1-1:   *Barrierenmodell für die Auswertung der Gleichung (7)*

Die Integration erfolgt jetzt von $a = x_B$ (Maximum der Barriere) bis $b = x_o$ (Ort rechts oder links von der Barriere außerhalb der Raumladungszone). Es ist zweckmäßig, die Gleichung (7) durch Erweiterung in die folgende Form zu überführen:

$$\text{Elektronen: } j_n =: \frac{\mu_n kT}{L}\left[\rho_n(x)\exp\left(-\frac{W_B - W_L(x)}{kT}\right)\right]_{x_B}^{x_0} \tag{10}$$

$$L := \int_{x_B}^{x_0}\exp\left(-\frac{W_B - W_L(x)}{kT}\right)dx \tag{11}$$

Dabei ist W_B die Energie der Barriere am Ort x_B. Die Auswertung von (10) ergibt

$$j_n\underset{W_L(x_B)=W_B}{=}\frac{\mu_n kT}{L}\left[\rho_n(x_o)\exp\left(-\frac{W_B - W_L(x_o)}{kT}\right) - \rho_n(x_B)\right]$$

$$\Rightarrow \rho_n(x_B) = \rho_n(x_o)\exp\left(-\frac{W_B - W_L(x_o)}{kT}\right) - \frac{j_n L}{m_n kT} \tag{12}$$

Aus den Formeln (1.2.3-14) oder (6.2.2-1) für die Boltzmannstatistik folgt für das System in Bild 7.2.1-1:

keine Überschußladungsträger: $W_F^{nL} = W_F^{nV} = W_F$

$$\rho_n(x_B) = N_L \exp\left(-\frac{W_B - W_F(x_B)}{kT}\right) \tag{13a}$$

$$\rho_n(x_o) = N_L \exp\left(-\frac{W_L(x_o) - W_F(x_o)}{kT}\right) \tag{13b}$$

Setzt man (13b) in (12) ein, dann hebt sich der Term mit $W_L(x_o)$ heraus, so daß wir erhalten

$$\rho_n(x_B) = N_L \exp\left(-\frac{W_B - W_F(x_o)}{kT}\right) - \frac{j_n L}{\mu_n kT} \tag{14}$$

Wir nehmen als Spezialfall an, es sei die Bedingung erfüllt

$$\frac{j_n L}{\mu_n kT} \ll N_L \exp\left(-\frac{W_B - W_F(x_o)}{kT}\right) \tag{15}$$

Diese Relation läßt sich im Grenzwert kleiner Stromdichten j_n immer erreichen und zwar um so eher, je kleiner der energetische Abstand $W_B\text{--}W_F(x_o)$ ist. Für praktisch vorkommende größere Stromdichten darf $W_B\text{--}W_F(x_o)$ nicht zu groß werden, d.h. die Bedingung (15) ist dann möglicherweise nur zwischen x_o und einem Punkt x_B' (s. Bild 7.2.1-1) erfüllt; für das gesamte Intervall zwischen x_B und x_o gilt dann zwar immer noch die Gleichung (14), nicht aber mehr die Näherung (15).

Innerhalb des Gültigkeitsbereichs von (15) ergibt sich eine wichtige Konsequenz: Die Formel (14) geht über in

$$\rho_n(x_B) \approx N_L \exp\left(-\frac{W_B - W_F(x_o)}{kT}\right) \tag{16}$$

Durch Einsetzen von (13a) folgt daraus:

$$W_F(x_B) \approx W_F(x_o) \tag{17}$$

d.h. innerhalb des Gültigkeitsbereichs von (15) ändert sich die Lage der Fermienergie nur unwesentlich! Die Änderung kann nicht Null sein, weil sonst nach (1) und (2) auch die Stromdichte Null wird, sie wird aber im Grenzfall kleiner Stromdichten außerordentlich gering. In diesem Fall kann die Fermienergie im Bändermodell durch eine Gerade approximiert werden.

Dieses Ergebnis kann nutzbringend angewendet werden, um bei Halbleiterübergängen, bei denen durch Anlegen einer äußeren Spannung die Fermienergien gegeneinander verschoben sind, den Verlauf der Fermienergien im Übergangsbereich zu konstruieren: Der fast konstante Verlauf der Fermienergien kann bis in die Raumladungszone extrapoliert werden. Diese Tatsache findet eine wichtige Anwendung bei der Berechnung des Stromflusses über den pn-Übergang. Bei Barrieren wie in Bild 7.2.1-1 ist der Verlauf der Fermienergie nahezu konstant für x-Werte größer als x'_B, erst bei kleineren Werten von x fällt die Fermienergie auf den Wert der linken Seite des Übergangs ab. Dasselbe Verhalten wird auch in Bild 7.2.1-2 deutlich.

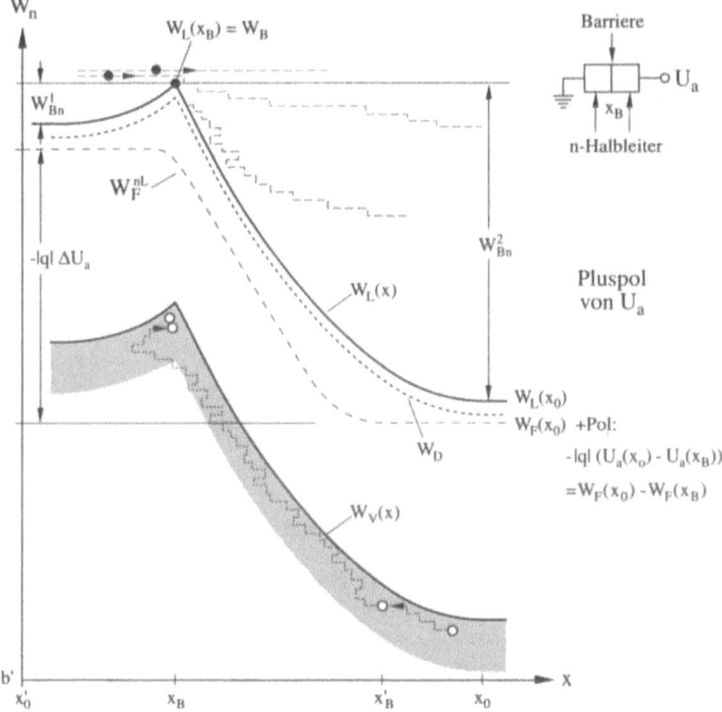

Bild 7.2.1-2:   *Bändermodell und Verlauf der Fermienergie (ein Gleichgewicht von Elektronen und Löchern wird angenommen) für den Fall einer abgeschirmten Grenzflächenladung (Abschnitt 5.2.4) bei Wirkung einer von außen angelegten Spannung. Von den Halbleitergebieten außerhalb der Raumladungszone setzt sich die Fermienergie zunächst nahezu konstant in die Raumladungszone fort. Erst bei Erreichen einer bestimmten Bandaufbiegung (dem entspricht eine bestimmte Barrierenhöhe) gilt die Näherung (15) nicht mehr, diese Grenze markiert den Übergangsbereich der Fermienergie zwischen den durch die äußere Spannung vorgegebenen Werten.*

Eine direkte Auswertung der Beziehung (12) – ohne die Näherung (15) – liefert den Stromfluß über eine Barriere. Dabei ist es irrelevant, ob die Barriere durch einen

Schottky-Übergang (Bild 7.1-2, Anwendung Schottky-Diode) oder eine abgeschirmte Grenzflächenladung (Bild 7.2.1-2, Anwendung Varistor [Spannungsbegrenzer]) entsteht. Entscheidend ist, daß der Stromfluß nur durch *eine* Ladungsträgersorte, die Majoritätsträger, getragen wird, so daß keine Quasifermienergien entstehen. Eine Umformung von (12) erbringt:

$$j_n = \frac{\mu_n kT}{L} \rho_n(x_B) \left\{ \frac{\rho_n(x_o)}{\rho_n(x_B)} \exp\left(-\frac{W_B - W_L(x_o)}{kT} \right) - 1 \right\} \tag{18}$$

Aus (13) folgt

$$\frac{\rho_n(x_o)}{\rho_n(x_B)} \exp\left(-\frac{W_B - W_L(x_o)}{kT} \right) = \exp\left(-\frac{W_F(x_B) - W_F(x_o)}{kT} \right) \tag{19}$$

so daß die Stromdichte die Form bekommt

$$j_n = \frac{\mu_n kT}{L} \rho_n(x_B) \left\{ \exp\left(-\frac{W_F(x_B) - W_F(x_o)}{kT} \right) - 1 \right\} \tag{20a}$$

$$j_n^T = -\frac{D_n}{L} \rho_n(x_B) \left\{ \exp\left(-\frac{W_F(x_B) - W_F(x_o)}{kT} \right) - 1 \right\} \tag{20b}$$

Rechnen wir die Differenz der Fermienergien in die Differenz der äußeren Spannung um (als Spannungsnullpunkt wird die linke Seite der Barriere gewählt)

$$-|q|\Delta U_a = -|q|\left\{ U_a(x_o) - U_a(x_B) \right\} = W_F(x_o) - W_F(x_B) \tag{21}$$

dann ergibt sich schließlich als Strom-Spannung-Gleichung für den monopolaren (d.h. nur von *einer* Ladungsträgersorte getragenen) elektrischen Stromfluß über eine Energiebarriere:

$$j_n = \frac{\mu_n kT}{L} \rho_n(x_B) \left\{ \exp\left(-\frac{|q|\Delta U_a}{kT} \right) - 1 \right\} \tag{22a}$$

Eine negative äußere Spannung (die linke Seite des Übergangs ist geerdet) vermindert in Bild 7.2.1-1 die Barrierenhöhe und vergrößert daher den Strom. Bei einer positiven äußeren Spannung ist die Barrierenhöhe links ($x < x_B$) von der Barriere bestimmend. In der Literatur wird häufig die rechte Seite der Barriere geerdet, dann dreht sich das Vorzeichen der äußeren Spannung um.

Die Gültigkeit dieser Formel setzt voraus, daß der Stromfluß hinter der Barriere ungehindert erfolgt, so daß die Überwindung der Barriere der ratenbestimmende Prozeß ist. Auf diesen Gesichtspunkt wird im Abschnitt 7.3 eingegangen.

Die Gleichung (22a) beschreibt die Elektronenstromdichte für den allgemeinen Fall, daß in einer Halbleiterstruktur sowohl Feld- wie Diffusionsströme wirksam werden, in diesem Fall spielt die Barrierenhöhe W_B (genauer: die Differenz $W_B - W_F(x_0)$) eine entscheidende Rolle. Bei dem viel einfacheren Fall eines reinen Feldstroms ohne Diffusionsstromanteil, d.h. bei konstanter Ladungsträgerdichte $\rho_n(x)$, folgt direkt aus (2a) und (4.3.2-16a):

$$\rho_n(x) = \text{const.} \underset{\text{Bild } 4.3.2-1}{\Longrightarrow} \frac{\partial W_F^{nL}}{\partial x} = \frac{\partial W_L}{\partial x}$$

$$\Rightarrow j_n \underset{(2a)}{=} \rho_n \mu_n \frac{\partial W_L}{\partial x} \underset{(4.3.2-16a)}{=} |q| \rho_n \mu_n E \tag{22b}$$

Bestimmend für die Elektronenstromdichte ist also in diesem Fall nicht eine Barrierenhöhe, sondern der Anstieg (Gradient) der Bandkante.

Eine wichtige Größe in (22a) ist die charakteristische Länge L (Gleichung (11)), die im folgenden berechnet werden soll. L beschreibt den Einfluß des Barrierenprofils, d.h. des genauen Ortsverlaufs der Bandkanten, der zur Bildung einer Barriere führt. Kennzeichnend für den Wert von L nach (11) ist eine Exponentialfunktion mit einem Argument, das mit Sicherheit negativ ist, da definitionsgemäß W_B das (zumindest lokale) Maximum des Verlaufs der Leitungsbandkante darstellt (s. Bild 7.2.1-1). Wenn die Bandkanten an der Flanke des Maximums relativ schnell abfallen, hat das eine wichtige Konsequenz: Nur Bereiche von $W_L(x)$, die dicht am Ort des Maximums liegen, tragen signifikant zum Integral (11) bei, an den anderen Stellen der Barriere ist der Abstand $W_B - W_L(x)$ bereits so groß, daß die Exponentialfunktion des negativen Wertes davon vernachlässigbar kleine Werte annimmt. Auf diese Weise kann in vielen Fällen die Berechnung von (11) erheblich vereinfacht werden.

Wir betrachten zunächst eine Barriere, welche durch die Raumladung positiv geladener Donatoren in einem n-Halbleiter gebildet wird. Dieser Fall wurde in Bild 5.2.1-3b berechnet, er wird z.B. bei einem Schottky-Übergang mit einem n-Halbleiter (Bild 7.1-2) oder bei einem n-Halbleiter mit eingeschlossener negativer Grenzflächenladung (Bild 7.2.1-2) realisiert. Bild 7.2.1-3 zeigt die Berechnung des Bandverlaufs für diesen Fall unter den Randbedingungen der Barriere. Dabei werden dieselben Berechnungsverfahren wie in Bild 5.2.1-3b angewendet.

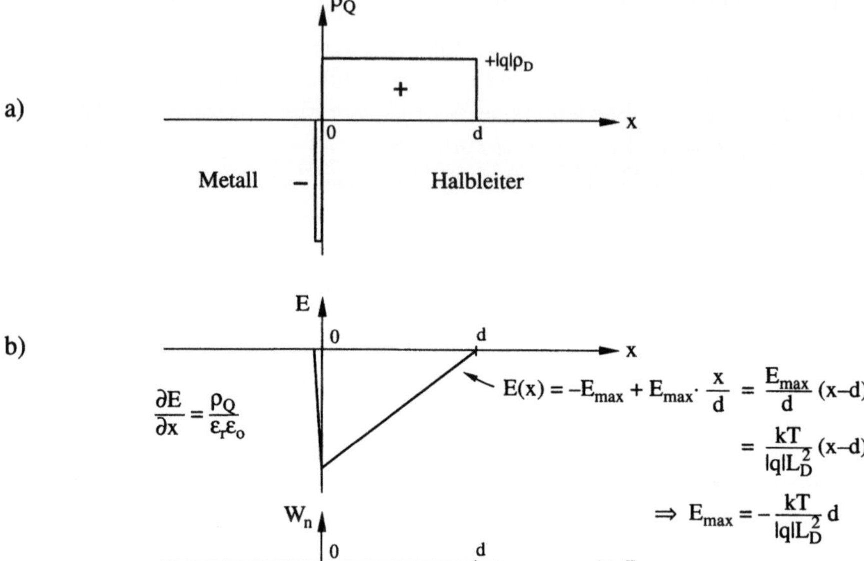

Bild 7.2.1-3:   *Barrierenform in einer Schottkydiode mit n-Halbleiter. Dargestellt sind die Orts-*
verläufe von

a) Ladungsdichte

b) elektrischer Feldstärke

c) Leitungsbandkante

Aus Bild 7.2.1-3c entnehmen wir die Beziehung

$$-\left\{W_B - W_L(x)\right\} = kT\left(\frac{d}{L_D}\right)^2\left\{\frac{1}{2}\left(\frac{x}{d}\right)^2 - \left(\frac{x}{d}\right)\right\} \tag{23}$$

Für $x \ll d$ kann das quadratische Glied in der geschweiften Klammer gegenüber dem linearen vernachlässigt werden. Eingesetzt in (11) folgt dann (s. Diskussion auf der vorangegeangenen Seite):

$$L \approx \int_o^d \exp\left(-\frac{d \cdot x}{L_D{}^2}\right) dx$$

$$= -\frac{L_D{}^2}{d}\left[\exp\left(-\frac{d^2}{L_D{}^2}\right) - 1\right]_{d>L_D} \approx \frac{L_D{}^2}{d} \tag{24}$$

Auch der pn-Übergang stellt eine Barriere dar, deren Verlauf am Ort des Maximums aber durch die negativ geladenen Akzeptoren auf der p-Seite bestimmt wird (Bild 7.2.1-4).

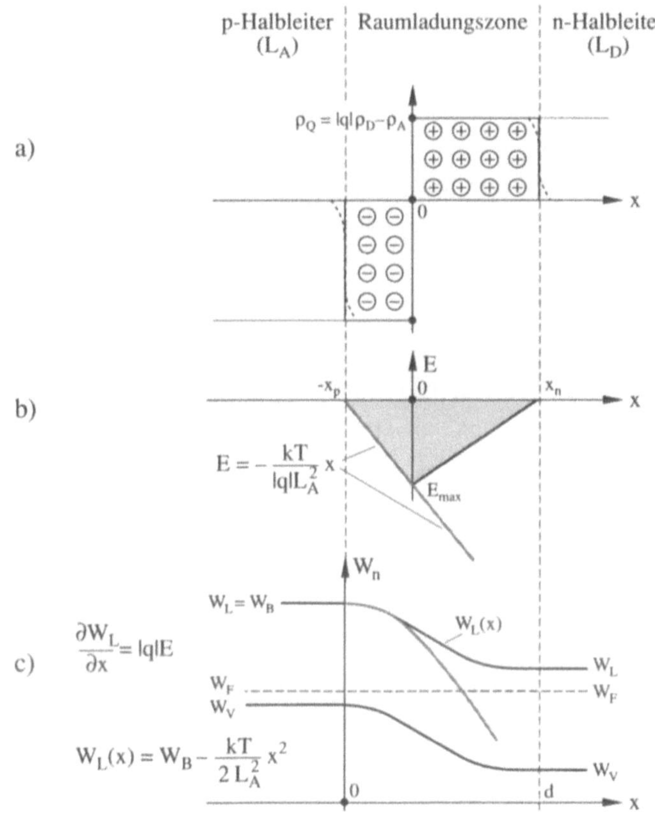

Bild 7.2.1-4:   *Barrierenform in einem pn-Übergang: Am Ort des Maximums der Barriere wird der Verlauf der Leitungsbandkante durch die Raumladungszone der p-Seite bestimmt. Die Berechnung dort erfolgt wie in Bild 5.2.1-3a. Dargestellt sind die Ortsverläufe von*

a) Ladungsdichte

b) elektrischer Feldstärke

c) Leitungsbandkante

In der Umgebung des Barrierenmaximums gilt nach Bild 7.2.1-4c:

$$-\left[W_B - W_L(x)\right] = -\frac{kT}{2L_A{}^2}x^2 \tag{25}$$

Damit ergibt sich die Länge L näherungsweise (s. Diskussion auf S. 273) zu

$$L \approx \int_o^d \exp\left(-\frac{1}{2L_A^2}x^2\right)dx$$

$$\approx \int_o^\infty \exp\left(-\frac{1}{2L_A^2}x^2\right)dx = \sqrt{\frac{\pi}{2}}L_A \tag{26}$$

Die Aufweitung der Integrationsgrenzen erhöht den Wert des Integrals nur unwesentlich, führt aber zu einem bekannten bestimmten Integral (s. Integraltabellen).

Bemerkenswert ist, daß die Länge L in (26) – im Gegensatz zu (24) – nicht von der äußeren Spannung abhängt (diese beeinflußt in (24) die Breite d der Raumladungszone). Der Ortsverlauf am Maximum wird beim pn-Übergang durch die p-Seite bestimmt, folgerichtig geht in (26) die Debye-Länge der p-Seite und nicht die der n-Seite wie in (24) ein. Die Diskussion in Abschnitt 7.3 wird ergeben, daß der Stromfluß über den pn-Übergang nicht durch die Gleichung (22a) mit (26) bestimmt wird: Am Ort der Barriere werden die ankommenden Majoritätsträger zu Minoritätsträgern, deren Abtransport im Allgemeinfall den Stromfluß bestimmt.

Aus der vorangegangenen Betrachtung wird deutlich, daß über die Länge L die Feinstruktur am Ort des Barrierenmaximums empfindlich eingeht, davon kann sogar abhängen, ob der präexponentielle Faktor in (22) von der äußeren Spannung abhängt oder nicht. Da in der Praxis die exakte Beschaffenheit des Barrierenmaximums nicht bekannt ist (dabei können Feinheiten des Übergangs, Gitterfehler, Dotierungsschwankungen u.a. eine Rolle spielen), können die Strom-Spannungskurven von Schottkydioden häufig nur mit einer erheblichen Unsicherheit berechnet werden.

7.2.2 Thermionische Emission

Das Modell der thermionischen Emission beschreibt den Stromfluß über stufenförmige Barrieren, wie sie in Bild 4.3.2-3 dargestellt wurden. In diesem Fall erfolgt der Anstieg der Bandkanten innerhalb eines Abstandes, der kleiner ist als eine mittlere freie Weglänge. Die Elektronen "spüren" zwar den Anstieg der potentiellen Energie W_L und reagieren darauf mit einer Abnahme ihrer kinetischen Energie (d.h. sie werden abgebremst), sie können aber nicht innerhalb des Anstiegs verschiedene thermische Gleichgewichtszustände annehmen, weil sie dort miteinander nur wenig wechselwirken. Die Verhältnisse liegen ähnlich wie bei der Berechnung der Bewegung von Elektronen in einem elektrischen Feld über die kinetische Gastheorie (Band 1,

Abschnitt 4.1.3): Jeweils zwischen zwei Stößen sind die Elektronen dem elektrischen Feld ausgesetzt, durch den Stoß selber aber wird ihre Bahn so wesentlich verändert, daß sie ihre "Vorgeschichte", d.h. ihre vor dem Stoß vorhandenen Werte für die Energie und ihren Impuls "vergessen" in dem Sinne, daß diese Werte die Bahn des Elektrons nach dem Stoß nur noch unwesentlich verändern.

Eine wichtige Konsequenz dieses Modells ist, daß Teilchen, deren Energie kleiner ist als die Barrierenhöhe, die Barriere überhaupt nicht überwinden können (Bild 7.2.2-1).

$$W_n = W_L + W_{kin}^x$$

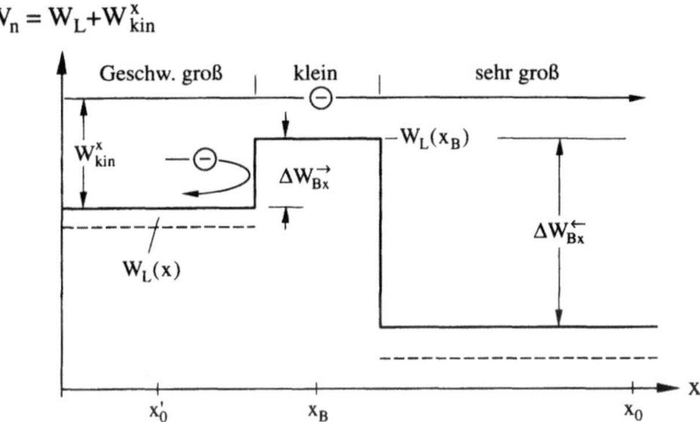

Bild 7.2.2-1:   *Energieverhältnisse bei der thermionischen Emission: Wir gehen von einem eindimensionalen Modell aus, bei dem sich die Elektronen nur in x-Richtung bewegen können. Die Gesamtenergie W_n der Elektronen setzt sich dann zusammen aus der potentiellen Energie W_L der Elektronen und der kinetischen Energie $W_{kin}{}^x$ pro Elektron in x-Richtung. Elektronen mit $W_n < \Delta W_{Bx}$ (Barrierenhöhe) können die Barriere nicht überwinden, sie werden an der Barriere reflektiert. Elektronen mit $W_n > W_B$ können zwar die Barriere überwinden, der Anstieg der potentiellen Energie wird aber durch eine Abnahme der kinetischen Energie kompensiert, d.h. die Elektronen verlangsamen sich. Hinter der Barriere können die Elektronen bei abnehmendem W_L wieder schneller werden.*

Die quantentheoretische Behandlung dieses Problems führt zu der **quasiklassischen Näherung** (WKB-Methode, s. Band 4): Dabei werden Elektronen als Wellen angesetzt mit einer kinetischen Energie nach (1.1.1-16), deren Wellenzahlvektor nimmt dann bei gleichbleibender Gesamtenergie W_n mit steigender potentieller Energie am Ort der Bewegung ab. Die Tatsache, daß die Elektronen im Einflußbereich der Barriere nicht miteinander wechselwirken (wegen ihrer zu großen mittleren freien Weglänge), wird dadurch berücksichtigt, daß wir die Welle als zusammenhängend (**kohärent**) betrachten.

Zur Vereinfachung wird die folgende Berechnung klassisch (d.h. nicht quantentheoretisch) durchgeführt. Aus der Quantentheorie entnehmen wir nur die im Abschnitt 1 hergeleiteten Ergebnisse. Die Stromdichte über die Barriere ergibt sich über das Produkt aus der Dichte ρ_n aller Teilchen, welche sich in Richtung der Barriere (d.h. in Richtung der positiven x-Achse, das ist genau die Hälfte aller Teilchen) bewegen und deren mittlerer Geschwindigkeit v_x in x-Richtung, wobei wir beachten müssen, daß nur solche Teilchen zur Stromdichte beitragen, deren kinetische Energie in x-Richtung größer als die Barrierenenergie ist:

$$j^T_{\text{Barriere}} = \frac{1}{2}\rho_n \left\langle v_x^+\big|_{W_{kin}^x \geq \Delta W_{Bx}} \right\rangle \tag{1}$$

Die Berechnung des Mittelwertes der Geschwindigkeit erfolgt analog zu (1.3.1-7 bis 9), wobei wir für den Parameter P_x die Geschwindigkeit einsetzen:

$$v_x^+ = +\sqrt{\frac{2\,W_{kin}^x}{m}} \tag{2}$$

Der Mittelwert ist dann:

$$\left\langle v_x^+\big|_{W_{kin}^x \geq \Delta W_{Bx}} \right\rangle = \frac{\int_{\Delta W_{Bx}}^{\infty} dW_{kin}^x \sqrt{\dfrac{2\,W_{kin}^x}{m}}\; \dfrac{\exp\left(-\dfrac{W_{kin}^x}{kT}\right)}{\sqrt{W_{kin}^x}}}{\sqrt{\pi kT}} \tag{3}$$

Im Gegensatz zu (1.3.1-8) erfolgt aber die Integration nicht über das gesamte Spektrum von W_{kin}^x

$$\left\langle v_x^+\big|_{W_{kin}^x \geq \Delta W_{Bx}} \right\rangle = \sqrt{\frac{2}{\pi m kT}}\left[\frac{-\exp\left(-\dfrac{W_{kin}^x}{kT}\right)}{\dfrac{1}{kT}}\right]_{\Delta W_{Bx}}^{\infty}$$

$$= \sqrt{\frac{2kT}{\pi m}}\exp\left(-\frac{\Delta W_{Bx}}{kT}\right) \underset{(1.3.1-11)}{=} \left\langle v_x^+\right\rangle \exp\left(-\frac{\Delta W_{Bx}}{kT}\right) \tag{4}$$

Damit folgt als Teilchenstromdichte für den Fluß über die Barriere:

$$j^T_{\text{Barriere}} = \frac{1}{2}\rho_n \left\langle v_x^+\right\rangle \exp\left(-\frac{\Delta W_{Bx}}{kT}\right) \tag{5}$$

Im folgenden soll wieder eine Energiebarriere wie in Bild 7.2.1-1 oder 2 betrachtet werden. Das Maximum der Barriere möge sich bei $x = x_B$ befinden. Dann gibt es für die Teilchenstromdichte für den Fluß von x_B nach x_o keine Barriere, so daß am Ort der Barriere alle Teilchen, deren Geschwindigkeit in Richtung der positiven x-Achse verläuft, nach x_o gelangen können. Mit (5) gilt dann bei Anwendung der Boltzmannstatistik:

$$j_{x_B \to x_0}^T = \frac{1}{2} \rho_n(x_B)\langle v_x^+ \rangle \tag{6}$$

$$\underset{(4)}{=} \frac{1}{2} \langle v_x^+ \rangle N_L \exp\left(-\frac{W_L(x_B) - W_F(x_B)}{kT} \right) \tag{7}$$

Für den entgegengesetzten Fluß in Richtung der negativen x-Achse folgt entsprechend mit (5)

$$j_{x_o \to x_B}^T = \frac{1}{2} r_n(x_o)\langle v_x^- \rangle \exp\left(-\frac{DW_{Bx}}{kT} \right) \tag{8}$$

$$= -\frac{1}{2} \langle v_x^+ \rangle N_L \exp\left(-\frac{W_L(x_o) - W_F(x_o) + DW_{Bx}}{kT} \right) \tag{9}$$

Definitionsgemäß gilt die Beziehung

$$W_L(x_o) + \Delta W_{Bx} = W_L(x_B) \tag{10}$$

so daß wir (9) umformen können in:

$$j_{x_o \to x_B}^T = -\frac{1}{2} \langle v_x^+ \rangle N_L \exp\left(-\frac{W_L(x_B) - W_F(x_B)}{kT} \right) \exp\left(-\frac{W_F(x_B) - W_F(x_o)}{kT} \right) \tag{11a}$$

$$= -\frac{1}{2} \langle v_x^+ \rangle r_n(x_B) \exp\left(-\frac{W_F(x_B) - W_F(x_o)}{kT} \right) \tag{11b}$$

Als Gesamt-Teilchenstromdichte ergibt sich schließlich mit (6) und (11b):

$$j^T = j_{x_B \to x_o}^T + j_{x_o \to x_B}^T = \frac{1}{2} \langle v_x^+ \rangle \rho_n(x_B) \left\{ 1 - \exp\left(-\frac{W_F(x_B) - W_F(x_o)}{kT} \right) \right\} \tag{12}$$

und damit als elektrische Stromdichte

$$j_n = \frac{|q|}{2} \langle v_x^+ \rangle \rho_n(x_B) \left\{ \exp\left(-\frac{W_F(x_B) - W_F(x_o)}{kT} \right) - 1 \right\} \tag{13}$$

d.h. eine Beziehung, die eine sehr ähnliche Form hat wie die aus dem Diffusionsmodell hergeleitete Gleichung (7.2.1-20). Entsprechend können wir auch die Differenz der Fermienergie in die von außen wirkende Spannung U_a umrechnen:

$$j_n = \frac{|q|}{2} \langle v_x^+ \rangle r_n(x_B) \left\{ \exp\left(-\frac{|q|DU_a}{kT} \right) - 1 \right\} \tag{14}$$

Auch in diesem Fall verkleinert eine negative Spannung die Barriere und erhöht damit den Strom über die Barriere. Wenn wir (14) nach (11) umformen

$$j_n = \frac{|q|}{2} \langle v_x^+ \rangle N_L \exp\left(-\frac{W_L(x_B) - W_F(x_B)}{kT} \right) \left\{ \exp\left(-\frac{|q|DU_a}{kT} \right) - 1 \right\} \tag{15}$$

und in den präexponentiellen Faktor die Werte aus (1.3.1-11) und (1.2.3-15) einsetzen, dann ergibt sich:

$$\frac{|q|}{2} \langle v_x^+ \rangle N_L = \frac{4\pi |q| mk^2}{h^3} T^2 =: A^* \cdot T^2 \tag{16}$$

$$\text{mit} \quad A^* = \frac{4\pi |q| mk^2}{h^3} \tag{17}$$

d.h. der präexponentielle Faktor ist proportional T^2. Die Größe A^* wird als **Richardson-Konstante** bezeichnet. Historisch wurde die Theorie dieses Abschnitts zuerst für die Berechnung des aus einer Glühkathode emittierten Elektronenstroms (**thermionische Emission**) entwickelt und trägt daher diesen Namen. Das Problem ist tatsächlich sehr ähnlich: In beiden Fällen wird die thermische Gleichgewichtsverteilung eines Elektronengases in Boltzmannäherung vorausgesetzt (das ist bei Halbleitern oft besser begründet als bei Glühkathoden), nur ein bestimmter Anteil davon kann eine vorgegebene Barriere (bei der Glühkathode die Oberflächenbarriere) überwinden.

Für freie Elektronen hat die Richardson-Konstante A ungefähr den Wert $A = 120$ Ampere $\text{cm}^{-2}\text{K}^{-2}$. Bei Halbleitern setzt man als Richardson-Konstante an

$$A^* = \lambda A \tag{18}$$

Die Tabelle 7.2.2-1 gibt experimentell bestimmte Werte von λ an.

Tab. 7.2.2-1:   *Experimentelle Werte für das Verhältnis λ von an Halbleitern gemessener Richardson-Konstante A^* zu derjenigen von freien Elektronen A (nach [9]).*

Halbleiter	Ge	Si	GaAs
p-HL	0,34	0,66	0,62
n-HL ‹111›	1,11	2,2	0,068 (kleines elektr. Feld) 1,2 (großes elektr. Feld)
n-HL ‹100›	1,19	2,1	

7.2.3 Stromfluß hinter der Barriere

Bisher haben wir uns auf das Problem konzentriert, welchen Widerstand eine Energiebarriere dem Elektronenstromfluß entgegensetzt. Welchen Einflüssen sind die Elektronen ausgesetzt, wenn sie die Energiebarriere überwunden haben? Die Betrachtung hierzu muß für die Stromflußmodelle in den vorangegangenen Abschnitten einzeln durchgeführt werden. Beim *Diffusionsmodell* gehen wir aus von der Gleichung (7.2.1-20b) für die Teilchenstromdichte:

$$ j_n^T = -\frac{D_n}{L} r_n(x_B)\left\{ \exp\left(-\frac{W_F(x_B) - W_F(x_o)}{kT} \right) - 1 \right\} \tag{1} $$

Dabei ist x_B der Ort der Barriere und x_0 ein Ort außerhalb der Raumladungszone, rechts oder links von der Barriere. Für ein Modell wie in Bild 7.1-2 oder Bild 5.3.2-3 (Schottky-Barriere mit n-Halbleiter) kann (1) bei relativ großen Unterschieden der Fermienergie näherungsweise vereinfacht werden:

Voraussetzung: $\left| W_F(x_B) - W_F(x_o) \right| > kT$

Teilchenfluß von rechts nach links $\left(W_F(x_B) < W_F(x_o) \right)$:

$$ j_n^T \approx -\frac{D_n}{L} \rho_n(x_B) \exp\left(-\frac{W_F(x_B) - W_F(x_o)}{kT} \right) \tag{2a} $$

Teilchenfluß von links nach rechts $\left(W_F(x_B) > W_F(x_o) \right)$:

$$ j_n^T \approx +\frac{D_n}{L} \rho_n(x_B) \tag{2b} $$

Der Grund für das unsymmetrische Verhalten liegt darin, daß im Fall (2a) die Barrierenhöhe durch die äußere Spannung erniedrigt wird, im Fall (2b) aber nur wenig, da die Schottky-Barrierenhöhe nur relativ schwach von der äußeren Spannung abhängt, s. auch Bild 5.3.2-3. Hierin liegt die Ursache für das gleichrichtende (Dioden-)Verhalten der Schottkydiode.

Wenden wir die Gleichungen (2a und b) an auf eine symmetrische Barriere (Grenzflächenladung), bei der die äußere Spannung gepolt ist wie in Bild 7.2.1-2, dann gelten die folgenden Aussagen:

– rechts von der Barriere liegen die Verhältnisse wie in (2b)
– links von der Barriere liegen die Verhältnisse wie in (2a), aufgrund der Polung der angelegten Spannung muß aber das Vorzeichen der Stromdichte umgekehrt werden. Weiterhin geht die Abhängigkeit der Barrierenhöhe von der äußeren Spannung nach (5.2.4-12) ein.

Aus der Berechnung der Stromdichten für den stationären Fall kann die Fermienergie $W_F(x_B)$ am Ort der Barriere bestimmt werden. Dabei muß berücksichtigt werden, daß die Barrierenhöhen W_{Bn} auf beiden Seiten der Barriere nach Anlegen einer äußeren Spannung unterschiedlich groß werden (5.2.4-8), was nach (7.2.1-24) zu unterschiedlichen Längen L_i auf beiden Seiten der Barriere führt. Schließlich können die über die Barriere fließenden (**injizierten**) Ladungsträger die Raumladungen hinter der Barriere – und damit den Verlauf des Bändermodells – verändern (s. Anhang C4), wodurch kompliziertere Verhältnisse entstehen.

Ein neuer Fall tritt ein, wenn es gelingt, in einem Dreipolbauelement die Fermienergie $W_F(x_B)$ am Ort der Barriere durch eine von außen angelegte Spannung direkt und unabhängig von der äußeren Spannung rechts und links von der Barriere zu steuern: In diesem Fall läßt sich ein **stromsteuerndes Bauelement** hergestellen: Wir bleiben bei dem Barrierenmodell in Bild 7.2.1-2. Über eine relativ geringe Änderung der äußeren Spannung zwischen dem Bereich des Dreipol-Bauelements links von der Barriere (**Emitter**) und der Barriere selbst (**Basis**) können wir einen Strom nach (2a) über die Barriere steuern, der von dem Bauelementteil rechts von der Barriere (**Kollektor**) aufgenommen wird. Ratenbestimmend (d.h. die Stärke des Stroms über die Barriere limitierend) ist dabei der Stromfluß über die Barriere nach (2a), der Stromfluß hinter der Barriere nach (2b) hat keine begrenzende Funktion: er ist nach (2b) oberhalb einer **Anlaufspannung** nicht (bei einer genaueren Betrachtung wenig) von der Kollektor-Basis-Spannung abhängig (**Sättigungsbereich**). Das ist die Grundlage für die Funktionsweise des **bipolaren Transistors**, der im Abschnitt 10 ausführlich behandelt wird; die praktische Realisierung der Barriere für diese Anwendung ist in Bild 10.1-3 dargestellt. Für die Spannungs- und Stromverstärkung des bipolaren Transistors sind allerdings Generations- und Rekombinationsvorgänge an der Barriere von großer Bedeutung (Abschnitt 10).

Beim *thermionischen Modell* (Bild 7.2.2-1) – das charakterisiert wird durch sprunghaft verlaufende Fermienergien (die Details der Barriere liegen innerhalb von Abständen unterhalb der mittleren freien Weglänge) – sind die Verhältnisse einfacher: Die Stromdichte über die Barriere wird allein durch die Barrierenhöhe festgelegt; was mit den Teilchen hinter der Barriere passiert, "wissen die Elektronen vor der Barriere nicht", d.h. wiederum ist bei dem oben beschriebenen Dreipolbauelement (Transistor) der Kollektorstrom näherungsweise von der Kollektorspannung unabhängig, sofern diese Spannung groß genug ist, daß die kollektorseitige Barriere wie in Bild 7.2.2-1 viel höher ist als die emitterseitige (in diesem Fall kann der thermionische Stromfluß aus dem Kollektor in den Emitter vernachlässigt werden). Liegen beide Barrierenhöhen in derselben Größenordnung, dann ergibt sich im Anlaufbereich ein Gleichgewicht durch die Differenz der Vorwärts- und Rücksprungraten über die Barriere wie bei der Atomdiffusion in Band 1.

Rekombinationsvorgänge spielen im Idealfall bei Schottkybarrieren (Abschnitt

5.3.2) und Grenzflächenbarrieren (Abschnitt 5.2.4) eine untergeordnete Rolle: Für jedes Elektron, das von links kommend die Barriere passiert, fließt rechts ein Elektron in die äußere Spannungsquelle, d.h. die Majoritätsträger, welche die Barriere überwinden, gleichen ein Majoritätsträger-Defizit auf der anderen Seite der Barriere aus, solche Vorgänge laufen innerhalb der dielektrischen Relaxationszeit ab. Dieses ist die Ursache dafür, daß sich Schottky-Dioden auch bei zeitlich sehr schnell veränderlichen Vorgängen praktisch immer im thermischen Gleichgewicht befinden; sie sind für die Gleichrichtung höchster Frequenzen (GHz-Bereich) besonders geeignet.

Ganz anders liegen die Verhältnisse bei einem pn-Übergang (Bild 7.2.3-1): Zwar treten auch hier Energiebarrieren auf ähnlich wie in den vorangegangenen Betrachtungen, aber hinter der Barriere finden sich die *Majoritätsträger*, welche die Barriere überwunden haben, als *Minoritätsträger* wieder! Das hat eine bedeutende Konsequenz: Zwar stehen z.B. den Elektronen, welche die Barriere bei Anlegen einer entsprechend gepolten äußeren Spannung überwunden haben, hinter der Barriere wiederum positive Ladungen gegenüber, diese sind aber in dem dort vorhandenen p-Material durch eine Vergrößerung der Löcherdichte erzeugt worden. Hinter der Barriere bleibt dann zwar eine elektrische Neutralität erhalten, die aber im Gegensatz zu den bisher betrachteten Majoritätsträger-Barrieren durch ein räumliches Nebeneinander von positiven und negativen Ladungen außerhalb des thermischen Gleichgewichts entsteht. Damit sind notwendigerweise die Fermienergien von Elektronen und Löchern verschieden – es entstehen ortsabhängig unterschiedliche Quasi-Fermienergien W_F^{nL} und W_F^{nV} (Bild 7.2.3-1a).

Zur Vereinfachung der Rechnung wollen wir das oben hergeleitete (7.2.1-15 bis 17) Ergebnis anwenden, daß sich die Fermienergien bei nicht zu großen Strömen in die Raumladungszone einer Energiebarriere nahezu konstant fortsetzen. Diese Näherung ist deshalb beim pn-Übergang besonders gut erfüllt, weil im Fall einer Polung der äußeren Spannung in Flußrichtung (Fall I in Bild 7.2.3-1) der Abstand $W_B - W_F(x_o)$ in (7.2.1-15) relativ klein ist und sich daher die entsprechende Ungleichung auch für relativ große Stromdichten j_n noch erfüllen läßt. Bei einer Polung der äußeren Spannung in Sperrichtung (Fall II in Bild 7.2.3-1) hingegen ergeben sich so niedrige Sperrströme, daß wiederum (7.2.1-15) erfüllt wird.

In der folgenden Berechnung wollen wir für die *Elektronen*konzentrationen (oder *Elektronen*dichten) die folgenden Bezeichnungen wählen:

ρ_n^n: Elektronenkonzentration in der Raumladungszone des n-Halbleiters

ρ_n^{no}:   Elektronenkonzentration (= Donatorkonzentration) außerhalb der Raumladungszone des n-Halbleiters

ρ_n^p: Elektronenkonzentration in der Raumladungszone des p-Halbleiters

ρ_n^{po}:   Elektronenkonzentration außerhalb der Raumladungszone des p-Halbleiters

Die Bezeichnungen für die *Löcher*konzentrationen ρ_p werden entsprechend gewählt.

Zunächst betrachten wir den Ausschnitt aus dem Bändermodell in Bild 7.2.3-1d:

Man erkennt, daß am Rande der Raumladungszone des p-Gebietes bei $-x_p$ die Quasifermienergie für Elektronen viel dichter an der Leitungsbandkante W_L liegt als für $x \ll -x_p$. Die Ursache dafür ist, daß diese bei hinreichend kleinen Strömen nach (7.2.1-17) etwa denselben Wert hat wie die Fermienergie auf der n-Seite des Übergangs rechts von der Barriere. Entsprechend gilt bei Anwendung der Boltzmannstatistik:

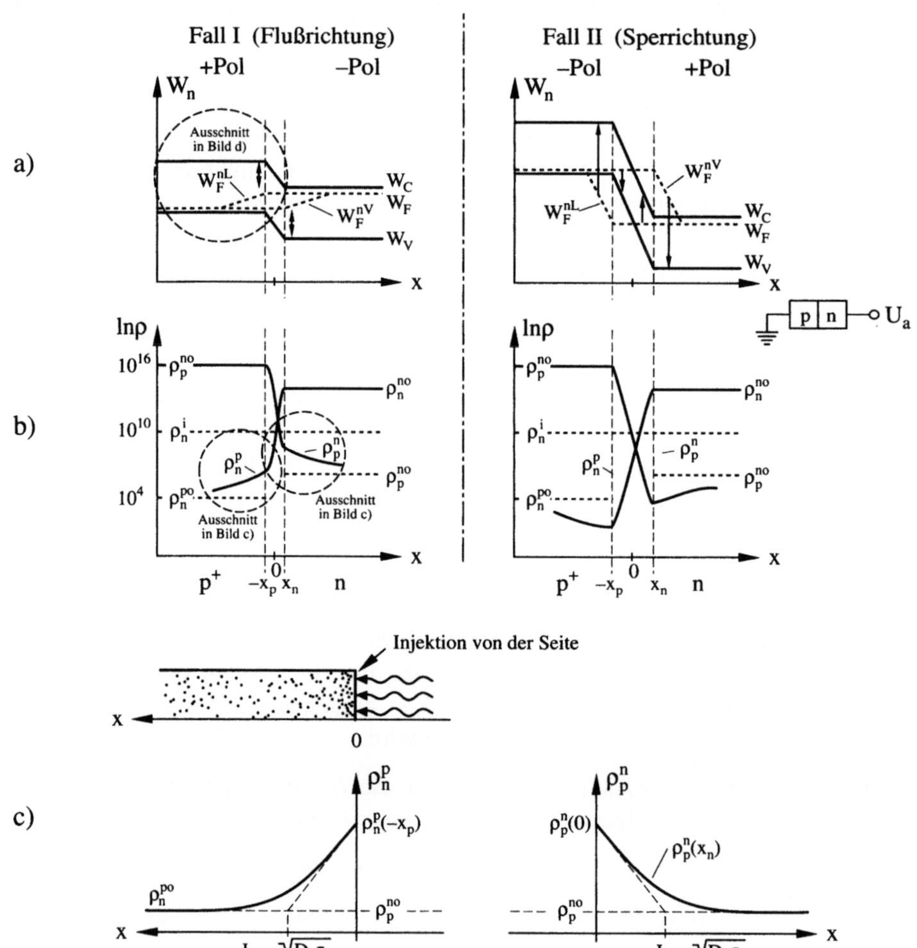

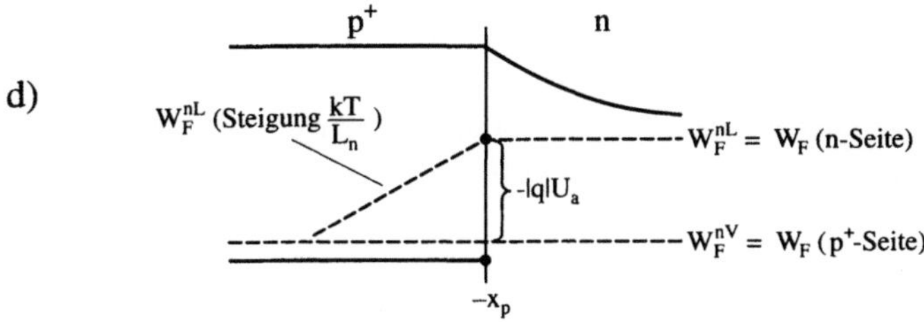

Bild 7.2.3-1:   *Stromfluß über einen pn-Übergang: Auch dieses Problem kann als Stromfluß über eine Barriere behandelt werden; im Gegensatz zu den vorangegangenen Modellen stellen die Majoritätsträger nach Überwindung der Barriere Minoritätsträger dar. Eingezeichnet sind die zwei Polungen einer äußeren Spannung (Fall I: Richtung mit großem Stromfluß, **Flußrichtung**), Fall II: Richtung mit kleinem Stromfluß, **Sperrichtung**). Dargestellt sind*

a) Ortsverlauf des Bändermodells

b) Ortsverlauf der Ladungsträgerdichten

c) Ausschnitte aus dem Bild b) des Falles I:
Ortsverlauf der Elektronenkonzentration

d) Ausschnitt aus dem Bild a) des Falles I:
Ortsverlauf des Bändermodells. Die Quasifermienergie W_F^{nL} für Elektronen ergibt sich als Verlängerung der Fermienergie auf der n-Seite des Übergangs

$$\rho_n^p\left(-x_p\right) = N_L \exp\left(-\frac{W_L\left(-x_p\right) - W_F^{nL}\left(-x_p\right)}{kT}\right)$$

$$= N_L \exp\left(-\frac{W_L\left(-x_p\right) - \left(W_F^{nV}\left(-x_p\right) - |q|U_a\right)}{kT}\right)$$

da innerhalb der Raumladungszone gilt: $W_F^{nL} - W_F^{nV} = -|q|U_a$

$$\Rightarrow \rho_n^p\left(-x_p\right) = N_L \exp\left(-\frac{W_L\left(-x_p\right) - W_F^{nV}\left(-x_p\right)}{kT}\right)\exp\left(-\frac{|q|U_a}{kT}\right)$$

$$= \rho_n^{po} \exp\left(-\frac{|q|U_a}{kT}\right) \tag{3}$$

Dabei ist U_a die von außen wirkende Spannung, sie ist bei der Anordnung in Bild 7.2.3-1 und geerdeter p-Seite negativ für eine Polung in Flußrichtung, so daß sich nach (3) bei x_p am Rande der Raumladungszone im p-Gebiet eine erheblich vergrößerte Elektronen- d.h. Minoritätsträgerkonzentration ergibt. Diesen Vorgang bezeichnet man als **Minoritätsträgerinjektion.** Die Frage ist, wie die injizierten Ladungsträger weitergeleitet werden können, so daß ein Stromfluß über den pn-Übergang ermöglicht wird. Eine Raumladung entsteht für $x < -x_p$ nicht, da die Elektronen-Überschußkonzentration durch eine entsprechend große Überschuß-Löcherkonzentration elektrisch neutralisiert wird, d.h. durch elektrische Ladungen können keine Kräfte entstehen, welche einen Stromtransport bewirken (s. dielektrische Relaxationszeit). Auch signifikante Feldstärken existieren dort nicht: Außerhalb der Raumladungszone stehen im p-Gebiet alle Löcher als Stromleiter zur Verfügung, d.h. dieses **Bahngebiet** ist recht niederohmig. Die Feldstärke dort wird über den Gesamtstrom festgelegt, der weitab von der Raumladungszone allein als Feldstrom fließt. Damit bleibt nur die Diffusionskraft als Ursache für den Abtransport der Minoritätsträger übrig. Beim Diffusionsstrom muß die Rekombination der Überschußelektronen berücksichtigt werden, d.h. es ergeben sich exakt die in Abschnitt 6.3 berechneten Verhältnisse, die in Bild 6.3.-2 dargestellt wurden. Die Art der Erzeugung der Minoritätsträger an der Oberfläche ($-x_p$ in Bild 7.2.3-1 oder $x = 0$ in Bild 6.3-2) – optische Generation oder Injektion über eine Energiebarriere – spielt beim Stromfluß eine untergeordnete Rolle. Wir können daher die Ergebnisse (6.3-10 bis 12) sinngemäß für Elektronen übernehmen:

$$j_n^T\Big|_{x=-x_p} \underset{(4.3.2-19a)}{=} -D_n \frac{\partial \rho_n^p(x)}{\partial x}\bigg|_{x=-x_p} = -D_n \frac{\partial \Delta \rho_n^p(x)}{\partial x}\bigg|_{x=-x_p}$$

$$\underset{(6.3-12)}{=} -\frac{D_n}{L_n}\left(\rho_n^p(-x_p) - \rho_n^{po}\right) \underset{(3)}{=} -\frac{D_n \rho_n^{po}}{L_n}\left(\exp\left(-\frac{|q|U_a}{kT}\right)-1\right) \tag{4}$$

$$\Rightarrow j_n\big|_{x=-x_p} = -|q|j_n^T\big|_{x=-x_p} = +\frac{|q|D_n\rho_n^{po}}{L_n}\left(\exp\left(-\frac{|q|U_a}{kT}\right)-1\right) \tag{5}$$

Wiederum ergibt sich eine Strom-Spannungskennlinie der Form (7.2.1-22a) und (7.2.2-14). Die entsprechende Betrachtung ergibt für Löcher am Rande der Raumladungszone auf der n-Seite bei x_n:

$$\rho_p^n(+x_n) = \rho_p^{no}\exp\left(-\frac{|q|U_a}{kT}\right) \tag{6}$$

$$\Rightarrow j_p\big|_{x=+x_n} = +|q|j_p^T\big|_{x=+x_n} = +\frac{|q|D_p\rho_p^{no}}{L_p}\left(\exp\left(-\frac{|q|U_a}{kT}\right)-1\right) \tag{7}$$

Auch in Sperrichtung (Bild 7.2.3-1, Fall II) ist der Diffusionsfluß außerhalb der Raumladungszone von Bedeutung: In diesem Fall (Bild 7.2.3-1b) ist die Minoritätsträgerkonzentration am Rande der Raumladungszone *ab*gesenkt und nimmt mit wachsendem Abstand davon auf den Gleichgewichtswert *zu* (**Ladungsträgerextraktion** im Gegensatz zur vorher behandelten -injektion: die Ladungsträger fließen jetzt aufgrund des Konzentrationsgradienten aus den Bahngebieten in die Raumladungszone hinein). Die theoretische Behandlung erfolgt wie in (6.3-8 bis 12) mit einem *negativen* Wert von $\Delta\rho$. Innerhalb der Raumladungszone wirkt der Ladungsträgergradient dem Stromfluß entgegen, dafür wird er durch das elektrische Feld unterstützt.

7.3 Vergleich der Stromflußmodelle

Die in den vorangegangenen Abschnitten berechneten Stromdichten über Energiebarrieren (beim pn-Übergang ist die Stromdichte hinter der Energiebarriere ratenbestimmend) haben in ihrer Abhängigkeit von der äußeren Spannung (oder der Differenz der Fermienergien auf beiden Seiten der Barriere) eine sehr ähnliche Form des Typs

$$j = A \cdot \rho(x_B)\left(\exp\left(-\frac{|q|U_a}{kT}\right) - 1\right) \tag{1}$$

wobei A je nach Form der Barriere und Wahl des Stromflußmodells variiert (hierfür ist ein Vergleich der Abmessungen der Barriere mit der mittleren freien Weglänge maßgebend). In Bild 7.3-1 sind die Ergebnisse noch einmal zusammengestellt.

Die Strom-Spannungs-Charakteristik in (1) beschreibt die Kennlinie einer idealen Diode. Aus der vorangegangenen Diskussion folgt, daß es vielfältige Möglichkeiten gibt, Halbleiterbauelemente mit einer solchen – in der Elektrotechnik sehr gut brauchbaren – Charakteristik herzustellen. Die Bauelemente unterscheiden sich grundsätzlich in der Größe des Vorfaktors A, zu dem die Fluß- und Sperrströme proportional sind.

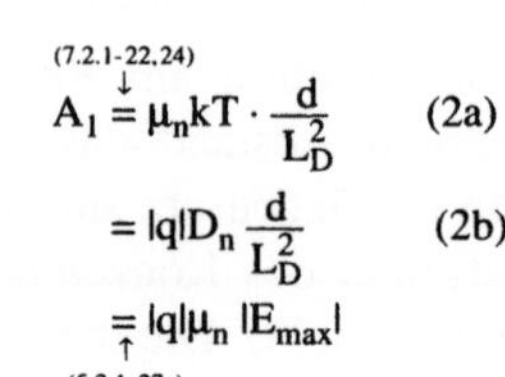

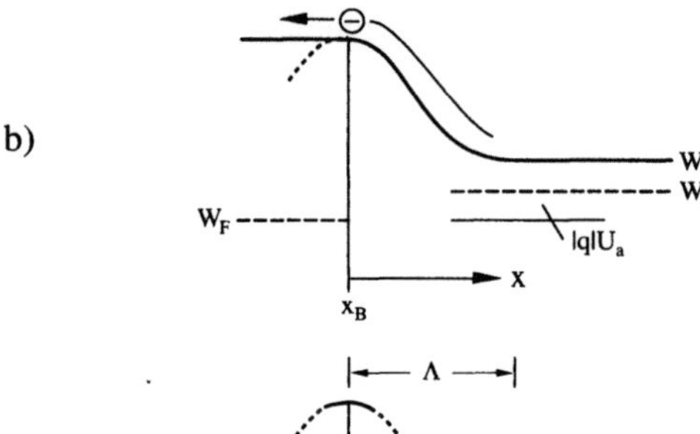

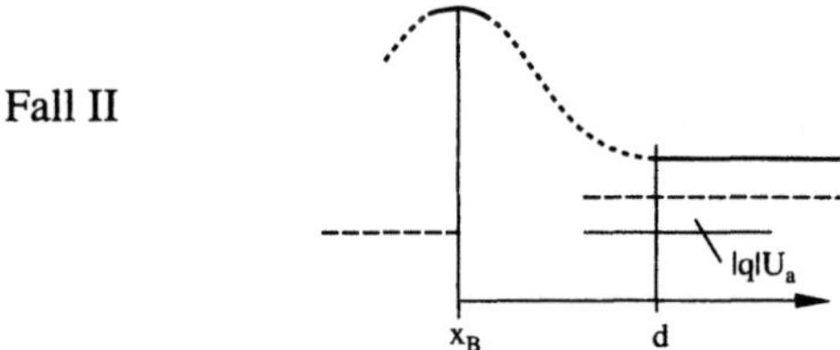

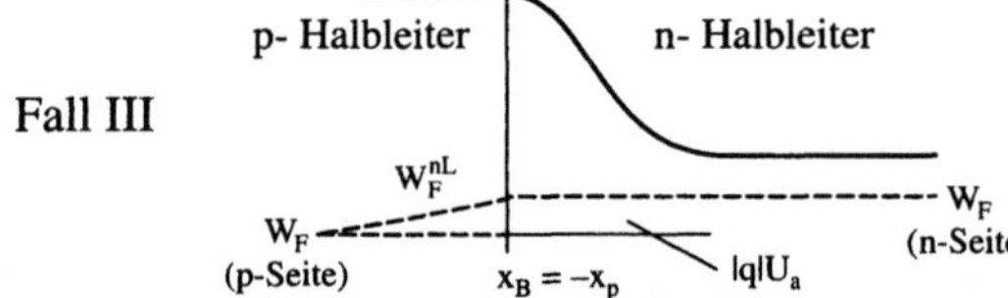

Fall I

a)

$$(7.2.1\text{-}22,24)$$
$$A_1 = \mu_n kT \cdot \frac{d}{L_D^2} \qquad (2a)$$

$$= |q| D_n \frac{d}{L_D^2} \qquad (2b)$$

$$= |q| \mu_n |E_{max}|$$
$$(5.2.1\text{-}27a)$$

b)

$$(7.2.1\text{-}22,26)$$
$$A_2 = \frac{\mu_n kT}{\sqrt{\frac{\pi}{2}}\, L_A} \qquad (2c)$$

$$= \frac{|q|}{\sqrt{\frac{\pi}{2}}} \frac{D_n}{L_A}$$

Fall II

$$(7.2.2\text{-}14)$$
$$A_3 = \frac{|q|}{2} \langle v_x^+ \rangle \qquad (2d)$$

Fall III

$$(7.2.3\text{-}5,6)$$
$$A_4 = \frac{|q| D_n}{L_n} = \frac{\mu_n kT}{L_n} \qquad (2e)$$

Bild 7.3-1:   *Stromfluß an Energiebarrieren*

Die Strom-Spannungscharakteristik wird über die Gleichung (1) beschrieben, wobei der Vorfaktor A (Dimension: Ladung · Geschwindigkeit) abhängig ist vom Aufbau der Energiebarriere und dem für die Energiebarriere gültigen Modell. Λ ist die mittlere freie Weglänge.

Fall I: Diffusionsmodell

    a) Die Energiebarriere wird durch die Raumladungszone eines einzigen Halbleiters (in diesem Fall n-Halbleiter) gebildet. L_D ist die Debye-Länge für den n-Halbleiter. Beispiel: Schottky-Übergang

    b) Die Energiebarriere wird durch einen pn-Übergang gebildet: Betrachtet wird hier nur der Majoritätsträgerfluß von Elektronen in das p-Gebiet. L_A ist die Debye-Länge für den p-Halbleiter. Beispiel: der pn-Übergang mit extrem kleiner Minoritätsträgerlebensdauer im p-Gebiet, so daß — im Gegensatz zum Normalfall — nicht der Abtransport der Minoritätsträger hinter der Barriere (Fall III), sondern der Stromfluß über die Barriere ratenbestimmend ist.

Fall II: *thermionisches Modell*
Die Form der Barriere geht im Gegensatz zur Barrierenhöhe nicht ein, da die Abmessungen der Barrierenform unterhalb der mittleren freien Weglänge der Ladungsträger liegen. Betrachtet wird die Majoritätsträgerstromdichte, $<v_x^+>$ ist die mittlere thermische Geschwindigkeit in x-Richtung. Beispiel: Schottky-Übergang oder pn-Übergang mit extrem kleiner Minoritätsträgerlebensdauer im p-Gebiet

Fall III: *Ratenbestimmend ist die Diffusionsstromdichte der Minoritätsträger hinter der Barriere.*
L_n ist die Diffusionslänge von Elektronen im n-Halbleiter.
Beispiel: Normalfall für den pn-Übergang mit relativ großer Minoritätsträgerlebensdauer

Bei den Vorfaktoren A_i in Bild 7.3-1 treten sowohl Debye- als auch Diffusionslängen auf. Auch die Debye-Länge läßt sich als Diffusionslänge darstellen mit Hilfe der dielektrischen Relaxationszeit. Aus der Definition (5.2.1-21) folgt mit (6.1.2-3), wobei τ_{dn} und τ_{dp} die dielektrischen Relaxationszeiten in einem n- und einem p-Halbleiter sind:

$$L_D = \sqrt{D_n\,\tau_{dn}} \tag{3a}$$

$$L_A = \sqrt{D_p\,\tau_{dp}} \tag{3b}$$

Für das Verhältnis von Debye- zur Diffusionslänge (6.3-11) ist das Verhältnis von dielektrischer Relaxationszeit und Minoritätsträgerlebensdauer maßgebend, d.h. es ergibt sich ein sehr kleiner Wert. Das Verhältnis

$$\frac{L_A}{L_n} = \sqrt{\frac{\tau_{dp}}{\tau_n}} \tag{4}$$

ist von Bedeutung für einen Vergleich der Vorfaktoren A_2 und A_4 in Bild 7.3.1: Wegen (4) ist im allgemeinen $A_4 \ll A_2$. *Das bedeutet, daß der Abfluß der Minoritätsträger hinter der Barriere des pn-Übergangs den Gesamtstrom bestimmt, also ratenbestimmend ist, nicht aber die Stromdichte der Majoritätsträger über die Barriere selbst.*

Für die Anwendung auf Schottky-Dioden ist ein Vergleich der Vorfaktoren A_1 bis A_3 von Bedeutung. Aus Gleichung (2b) in Bild 4.3.3-5 folgt, daß A_1 kleiner ist oder in derselben Größenordnung liegt wie A_3, da die thermische Geschwindigkeit etwa der maximal möglichen Geschwindigkeit entspricht. Aus (5.2.1-28) folgt, daß bei nicht zu kleinen Barrierenhöhen A_1 größer ist als A_2.

Beim Vergleich von pn- und Schottkyübergang sind damit die Vorfaktoren A_1, A_3 und A_4 entscheidend, in der Regel gilt $A_4 \ll A_1, A_3$. Das bedeutet für Schottkydioden höhere Ströme in Flußrichtung (bei Dioden eine niedrigere Einsatzspannung), aber auch höhere Restströme. Beides wird experimentell vollauf bestätigt.

8. Halbleitertechnologie

8.1 Herstellung von Halbleiterscheiben

8.1.1 Kristallzucht

Für die Herstellung von Halbleiterbauelementen wird der Werkstoff in den meisten Fällen mit einer einkristallinen Struktur verwendet, wobei der relative Fremdatomgehalt sehr niedrig ist (d.h. es liegt eine große chemische Reinheit vor) oder in der Zusammensetzung und Konzentration engtolerierte Werte annimmt. Zusätzlich muß die Beschaffenheit und Konzentration von Eigengitterfehlern (Gitterstörungen *ohne* Beteiligung von Fremdatomen, wie z.B. Versetzungen, Oberflächendefekte etc.) exakt kontrolliert werden, da auch diese wichtige Halbleitereigenschaften wie die Ladungsträgerbeweglichkeit und die Minoritätsträgerlebensdauer beeinflussen. Die Technologie für die Herstellung solcher Kristalle ist inzwischen auf einen sehr hohen Stand entwickelt worden, dabei wird der gegenwärtige Wissensstand auf dem Gebiet der Werkstoffwissenschaften konsequent eingesetzt. Umgekehrt hat auch die wirtschaftlich bedingte Notwendigkeit, hochwertige Grundmaterialien für Halbleiterbauelemente bereitzustellen, das Interesse für ein tieferes Verständnis der Werkstoffeigenschaften stimuliert. Im folgenden werden die wichtigsten technologischen Grundlagen für die Herstellung und Bearbeitung bauelement-geeigneter (engl..: deviceworthy) Substrate der Halbleiterwerkstoffe Germanium, Silizium und Galliumarsenid zusammengestellt. Im Vordergrund stehen dabei der heute mit großem Abstand am meisten angewendete Elementhalbleiter Silizium und der Verbindungshalbleiter Galliumarsenid. Die Technologie des früher sehr viel mehr angewendeten Germaniums ist in vieler Beziehung ähnlich wie die des Siliziums, sie wird deshalb im allgemeinen nicht gesondert behandelt.

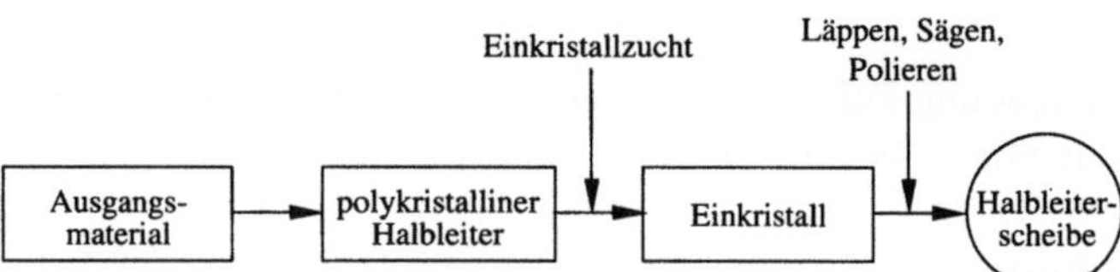

Bild 8.1.1-1:　　*Prozesse für die Herstellung von Halbleiterscheiben als Grundmaterial für Halbleiterbauelemente: Die elementaren Ausgangssubstanzen werden (bei Galliumarsenid nach Herstellung der Verbindung) in hochreiner Form polykristallin abgeschieden und anschließend zu einem stabförmigen Einkristall umkristallisert. Diese werden anschließend zu dünnen Scheiben (Dicke 0,3 bis 1 mm) zersägt und dann mechanisch und chemisch poliert.*

Die Herstellung der Halbleiterkristalle und deren Verarbeitung zu **Halbleiterscheiben** (englisch **Wafern**), auf denen die nachfolgende technologische Bearbeitung
durchgeführt wird, ist in Bild 8.1-1 dargestellt.

Als Ausgangssubstanz für die Herstellung von Siliziumeinkristallen können Quarz
oder Quarzsand (SiO_2) dienen, die zunächst mit Hilfe von Kohle (Koks) bei Zugabe
von wasserstoff- und chlorhaltigen Verbindungen im Elektroofen zu elementarem
Silizium, Silan (SiH_4), Siliziumtetrachlorid ($SiCl_4$) und weiteren Silizium-Chlor-
Wasserstoff-Verbindungen umgewandelt werden. Das auf diese Weise hergestellte
elementare Silizium ist noch stark verunreinigt und in dieser Form noch nicht für
Bauelementanwendungen geeignet, es wird als **metallurgisches Silizium** bezeichnet
und meistens anschließend wieder in eine Siliziumverbindung überführt. Die sorgfältige Reinigung des Materials erfolgt in der Regel durch chemische Verfahren wie die
fraktionierte Destillation. Die Reduktion zu elementarem Silizium erfolgt unter
hochreinen Bedingungen, z.B. durch Pyrolyse oder chemische Reaktion mit Wasser-
stoffgas.

Bei Germanium, teilweise auch bei Galliumarsenid und in den Anfangsstadien der
Siliziumtechnologie erfolgte der entscheidende Reinigungsschritt durch **Zonenreinigung**. Hierbei ist von Bedeutung die Tatsache, daß die meisten Fremdatome in Halbleitern eine sehr geringe Löslichkeit haben (Bild 3.2.1-7) und die entsprechenden Zustandsdiagramme auf der Halbleiterseite häufig einen eutektoiden Charakter haben.
Wir wollen den betreffenden Teil des Zustandsdiagrammes im Bereich hoher Temperaturen annähern durch den Verlauf in Bild 8.1.1-2.

*Bild 8.1.1-2: Modell für das Zustandsdigramm
von einem Legierungssystem Halb-
leiter-Fremdatom im Bereich niedriger Fremdatomkonzentrationen
und hoher Temperaturen. Die Soli-
dus- und Liquidus-Konzentrationen
$c_S(T)$ und $c_L(T)$ werden approximiert durch die Geraden (in der
Regel haben sie einen gekrümmten
Verlauf, s. Zustandsdiagramme in
Abschnitt 3.2)*

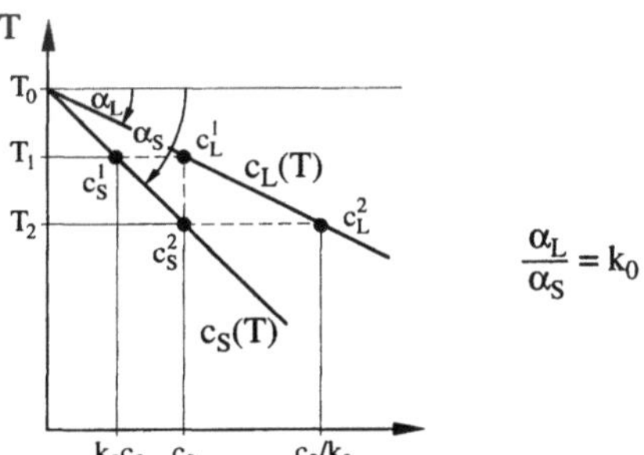

$$T = T_o - \alpha_s c_s(T) \Rightarrow c_s(T) = \frac{T - T_o}{\alpha_s} \qquad (1a)$$

$$T = T_o - \alpha_L c_L(T) \Rightarrow c_L(T) = \frac{T - T_o}{\alpha_L} \qquad (1b)$$

Die Konsequenz aus dem Verlauf eines Zustandsdiagrammes wie in Bild 8.1.1-2 ist, daß bei einer Ausgangskonzentration c_o die Fremdatomkonzentration c_s^l in der festen Phase (nach der Nomenklatur in Band 1 der α-Mischkristall) bei der Temperatur T_l (Beginn der Ausscheidung einer festen Phase) kleiner ist als c_o, entsprechend nehmen die Konzentrationen c_L höhere Werte an. Wir definieren einen (bei dem linearisierten Verlauf in Bild 8.1.1-2 konzentrationsunabhängigen) **Verteilungskoeffizienten k_o** durch

$$\frac{c_s(T)}{c_L(T)} = \frac{\alpha_L}{\alpha_s} = \text{const} =: k_o < 1 \tag{2}$$

Damit gelten in Bild 8.1.1-2 die Beziehungen:

$$T = T_1: \quad c_L^1 = c_o \underset{(2)}{\Rightarrow} \frac{c_s^1}{c_o} = k_o \Rightarrow c_s^1 = k_o c_o \tag{3a}$$

$$T = T_2: \quad c_s^2 = c_o \underset{(2)}{\Rightarrow} \frac{c_o}{c_L^2} = k_o \Rightarrow c_L^2 = \frac{c_o}{k_o} \tag{3b}$$

Die Verteilungskoeffizienten sind für viele Fremdatomsorten recht klein (Tab. 8.1.1-1), so daß nach (3a) die Fremdatomkonzentrationen im kristallisierten Zustand weit unterhalb derjenigen des Ausgangsmaterials liegen. Hierin liegt die Ursache für den Reinigungseffekt, der sich allein durch Aufschmelzen der Ausgangssubstanz und erneute Kristallisation erreichen läßt.

Tab. 8.1.1-1: *Gleichgewichts-Verteilungskoeffizienten wichtiger Fremdatome und deren Dotierungseigenschaft (n- oder p-Leitung) in Silizium und Galliumarsenid (nach [32])*

Si			GaAs		
Fremdatom	k_o	Dotierung	Fremdatom	k_o	Dotierung
As	0,3	n	S	0,5	n
Bi	$7 \cdot 10^{-4}$	n	Se	0,1	n
C	0,07	n	Sn	0,08	n
Li	10^{-2}	n	Te	0,064	n
O	0,5	n	C	1	n/p
P	0,35	n	Ge	0,018	n/p
Sb	0,023	n	Si	2	n/p
Te	$2 \cdot 10^{-4}$	n	Be	3	p
Al	$2,8 \cdot 10^{-3}$	p	Mg	0,1	p
Ga	$8 \cdot 10^{-3}$	p	Zn	0,42	p
B	0,8	p	Cr	$5,7 \cdot 10^{-4}$	semiisolierend
Au	$2,5 \cdot 10^{-5}$	tiefe Störst.	Fe	$3 \cdot 10^{-4}$	semiisolierend

Ein solcher Umschmelzvorgang läßt sich technisch relativ einfach realisieren: Die Ausgangssubstanz wird aufgeschmolzen und in der Form eines langen Stabes neu kristallisiert. In einer Vakuumapparatur wird durch induktive Aufheizung in einem lokalen Hochfrequenzfeld eine Zone aufgeschmolzen (Bild 8.1.1-3a). Bewegt man die Hochfrequenzspule relativ zum Siliziumstab, dann kann die geschmolzene Zone entlang des Stabes geführt werden, dieser Prozeß ist jeweils mit dem Aufschmelzen festen Materials und einer erneuten Kristallisation verbunden, d.h. es findet eine Zonenreinigung statt. Bild 8.1.1-3b zeigt die Ortsabhängigkeit des Konzentrationsprofils bei diesem Prozeß. Alternativ zu Bild 8.1.1-3a kann das stabförmige Ausgangsmaterial auch in einen Graphit- oder Quarztiegel gelegt werden. Bei hohen Temperaturen können bei dieser Technik aber Kohlenstoff- oder Sauerstoffverunreinigungen aus dem Tiegel in das Halbleitermaterial eindiffundieren und dadurch die chemische Reinheit herabsetzen.

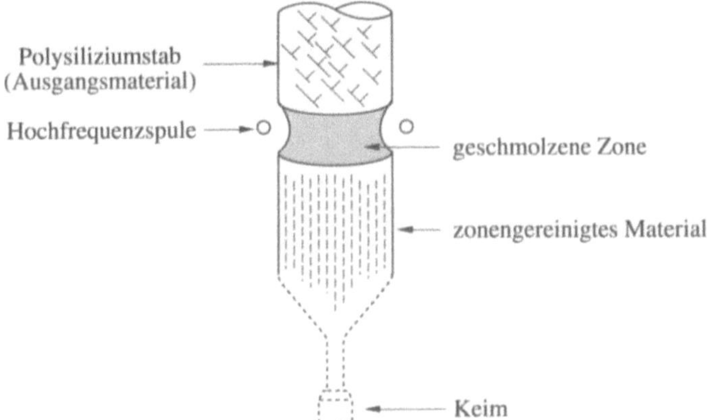

Bild 8.1.1-3:   *a) **Tegelfreie** Zonenreinigung von Halbleitern: Ein Stab aus einem verunreinigten Halbleitermaterial wird durch eine Hochfrequenzspule lokal aufgeheizt, so daß dort eine Zone aufschmilzt. Durch Bewegung der Hochfrequenzspule relativ zum Stab wird die geschmolzene Zone entlang des Stabes geführt. Dadurch tritt ein Aufschmelzen des Ausgangsmaterials vor der Schmelzzone und eine erneute Kristallisation dahinter auf, d.h. dieser Prozeß ist bei Anwesenheit von Verunreinigungen mit einem Verteilungskoeffizienten kleiner als Null mit einer Verminderung der Verunreinigungskonzentration im kristallisierten Material verbunden.*

Wird die flüssige Phase bis an einen einkristallinen Keim (gestrichelt) herangeführt, dann kann der Prozeß auch zur Herstellung von Einkristallen verwendet werden (s. u.)

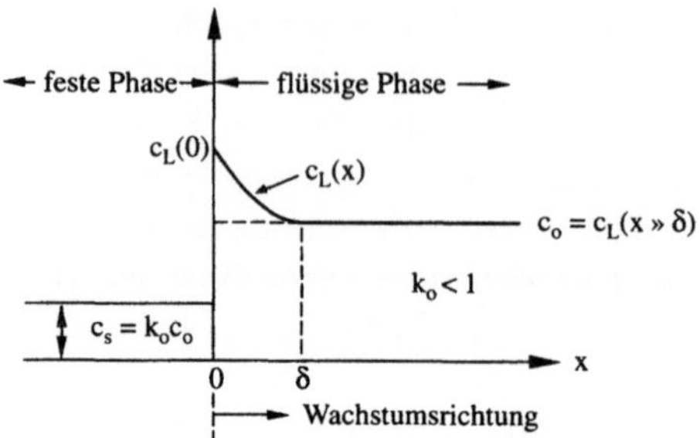

b) Vereinfachter Verlauf der Verunreinigungskonzentration bei der Zonenreinigung: Das erneut kristallisierte Material (x<0) hat relativ zur Schmelze (x>>0 eine deutlich abgesenkte Fremdatomkonzentration. Innerhalb einer Zone der Dicke δ zwischen Kristall und Schmelze ist die Verunreinigungskonzentration erhöht: Dort reichern sich die Verunreingungsatome an, die nicht in den Kristall eingebaut worden sind (nach [32]).

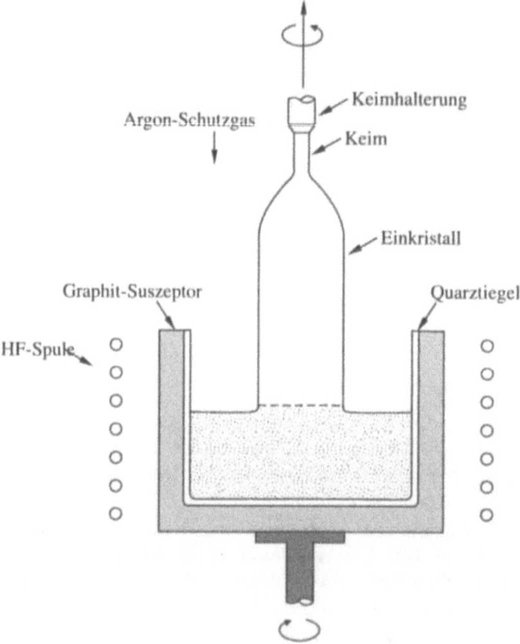

Bild 8.1.1-4: *Einkristallherstellung nach dem Czochralski-Verfahren: Das gereinigte Halbleitermaterial wird in einem hochfrequenzbeheiztem Graphitsuszeptor aufgeschmolzen. Oberhalb der Grenzfläche zwischen Schmelze und Gasraum wird die Temperatur auf einen Wert kurz unterhalb des Schmelzpunktes eingestellt. Von dort aus taucht man einen monokristallinen Halbleiter**keim** in die Schmelze. Bewegt man jetzt den Keim nach oben (**Kristallziehen**), dann wächst Halbleitermaterial aus der Schmelze einkristallin am Keim an, wobei die Kristallorientierung des Keims übernommen wird (nach [32]).*

Über ein wiederholtes Durchlaufen von Schmelzzonen läßt sich die Reinheit des Materials weiter steigern. Danach hat der Halbleiter zwar eine große *chemische* Reinheit, aber immer noch eine polykristalline Kristallstruktur, in diesem Fall sind aufgrund von Eigengitterfehlern (Versetzungen, Korngrenzen) meist tiefe Störstellen vorhanden, welche – neben anderen Störeffekten – die Ladungsträgerbeweglichkeit und Minoritätsträgerlebensdauer in unerwünschter Weise absenken können. Es besteht jetzt also zusätzlich noch die Aufgabe, den chemisch sehr reinen Halbleiter in einen Einkristall hoher Strukturqualität zu überführen. Hierfür sind verschiedene Kristallzuchtverfahren geeignet; weit verbreitet ist das **Czochralski**-Verfahren (Bild 8.1.1-4). Dasselbe Verfahren wird auch häufig für das chemisch (d.h. nicht zonen-) gereinigte und reduzierte Silizium angewendet.

Beim Anwachsen von Halbleitermaterial aus der Schmelze an den Keim wird die freie Energie herabgesetzt (Bild 8.1.1-5). Bei diesem Prozeß entsteht die geringste Grenzflächenenergie, wenn die Atome die Gitterperiodizität (Kristallorientierung) des Keims übernehmen, d.h. das Einkristallvolumen vergrößert sich auf Kosten der Schmelze.

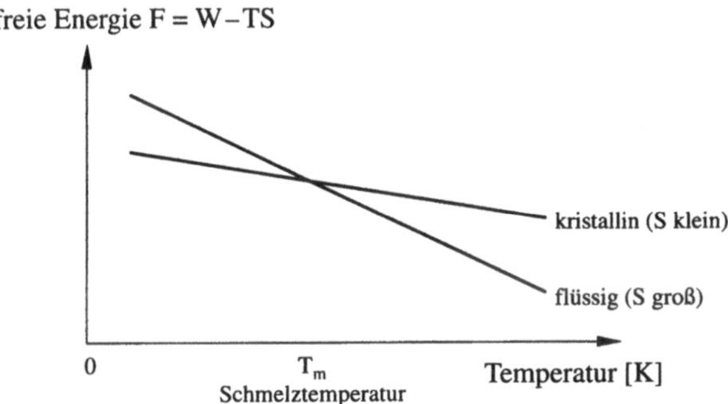

Bild 8.1.1-5:   *Freie Energie der flüssigen und der festen (kristallisierten) Phase eines Festkörpers in der Umgebung des Schmelzpunktes: Unterhalb des Schmelzpunktes ist die freie Energie der festen Phase niedriger, d.h. Atome aus der Schmelze gewinnen an freier Energie (und erzeugen damit Entropie), wenn sie in die feste Phase übergehen. Die für diesen Prozeß erforderliche Aufbringung zusätzlicher – diesen Prozeß behindernder – Energiebeiträge wird minimiert, wenn die Atome an einen vorgegebenen einkristallinen Keim anwachsen können (heterogene Keimbildung).*

Auch das Zonenziehverfahren in Bild 8.1.1-3 kann zur Herstellung von Einkristallen verwendet werden: In diesem Fall wird die Schmelzzone bis an einen Keim (gestrichelt eingezeichnet in Bild 8.1.1-3a) vorgegebener Kristallorientierung herangefahren, so daß eine Benetzung des Keims durch die Schmelze eintritt. Wird danach die Schmelzzone wieder vom Keim wegbewegt, dann wächst das aus der Schmelze kristallisierte Material monokristallin am Keim an.

Bei der Kristallzucht können durch Temperaturdifferenzen leicht geringe Unterschiede in den Gitterkonstanten und damit mechanische Spannungen entstehen, die das Auftreten von Versetzungen (Band 1, Abschnitt 3.2.1) begünstigen. Solche Gitterfehler und andere können die elektrischen Eigenschaften des Halbleiters negativ beeinflussen. Aus diesem Grund ist eine außerordentlich sorgfältige Prozeßführung bei der Einkristallzucht erforderlich, die nach dem heutigen Stand der Technik auch die Herstellung versetzungsfreier Kristalle ermöglicht. Während früher viele Hersteller von Halbleiterbauelementen ihre Halbleitereinkristalle selbst herstellten, ist dieser Produktionsschritt inzwischen bei Silizium auf wenige spezialisierte Firmen übergegangen.

Durch Zugabe von gezielten Verunreinigungen in die Schmelze oder in das Halbleiter-Ausgangsmaterial können die Halbleitereinkristalle in gewünschter Weise dotiert werden (Einbringen von meist flachen Störstellen einer vorgegebenen Art und Konzentration). Tabelle 8.1.1-2 gibt einen Überblick über den gegenwärtigen Stand der Technik.

Tab. 8.1.1-2:   Materialeigenschaften von einkristallinem Silizium (nach [50])

Eigenschaft	Czochralski	Zonenschmelzen	Anforderung für hochintegrierte Schaltungen
spez. Widerstand (Phospor) n-dot. [$\Omega\cdot$cm]	1 – 50	1 – 300 und mehr	5 – 50 und mehr
spez. Widerstand (Antimon) n-dot. [$\Omega\cdot$cm]	0,005 – 10	—	0,001 – 0,02
spez. Widerstand (Bor) p-dot. [$\Omega\cdot$cm]	0,005 – 50	1 – 300	5 – 50 und mehr
Gradient des spez. Widerstands [%]	5 – 10	20	< 1
Minoritätsträger-Lebensdauer [μs]	30 – 300	50 – 500	300 – 1000
Kohlenstoff [10^{-6} at%]	1 – 5	0.1 – 1	< 1
Versetzungsdichte [cm^{-2}]	$\leq$ 500	$\leq$ 500	$\leq$ 1
Durchmesser [mm]	bis 200	bis 100	bis 150
Durchbiegung [μm]	$\leq$ 25	$\leq$ 25	< 5
Keiligkeit [μm]	$\leq$ 15	$\leq$ 15	< 5
Flachheit [μm]	$\leq$ 5	$\leq$ 5	< 1
Schwermetallverunreinigung [10^{-9} at%]	$\leq$ 1	$\leq$ 0,01	< 0,001

Nach dem Einkristallziehen werden die monokristallinen Stäbe z.B. durch Schleifen und Läppen auf eine kreisrunde Form mit vorgegebenem Durchmesser gebracht und anschließend mit einer Diamantsäge zu Scheiben mit spezifizierter Dicke verarbeitet. Die Kennzeichnung der Scheiben nach Kristallorientierung und Dotierungstyp erfolgt durch Anbringen gerade geschliffener seitlicher Marken (englisch **Flats**, Bild 8.1.1-6)

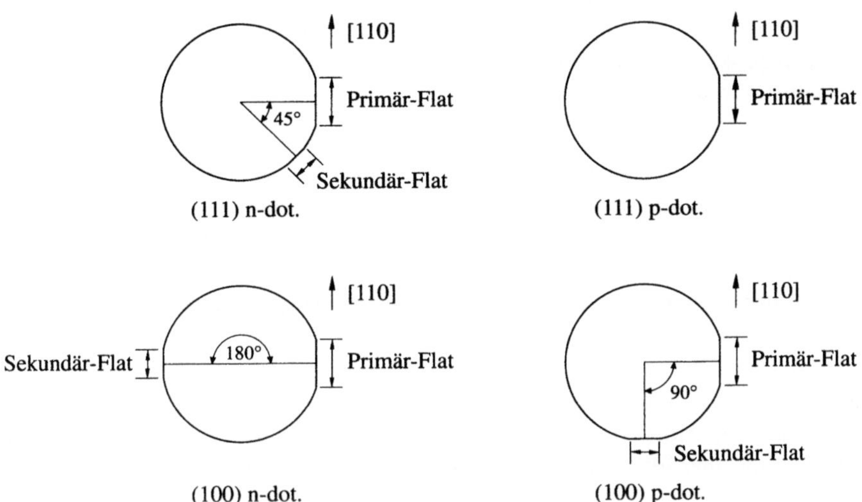

Bild 8.1.1-6:   Seitliche Markierungen (Flats) zur Kennzeichnung von Halbleiterscheiben (nach [32])

Nach dem Sägen werden die Scheibenoberflächen durch Läppen und mechanisches Polieren bis auf eine vorgegebene **Oberflächenrauhigkeit** geebnet. Durch ein weiteres chemisches Polieren wird auf derjenigen Scheibenseite, auf der hinterher die Bauelemente erzeugt werden sollen (**Vorderseite** der Scheibe), eine optisch reine (spiegelglatte) Oberfläche erzeugt. Für die spätere Prozeßführung ist es weiterhin erforderlich, daß die Scheiben eine geringe Durchbiegung (im Sinne einer Kugeloberfläche, englisch **bow**) besitzen, weiterhin eine geringe **Keiligkeit** (englisch **taper**, Unterschiede in der Scheibendicke).

8.1.2 Epitaxie

Bei der Herstellung von Halbleiterscheiben strebt man aus Kostengründen eine Massenfertigung an, d.h. man versucht, möglichst große Stückzahlen von Scheiben mit identischen Kristalleigenschaften herzustellen (insbesondere gleicher Dotierung, **Substratscheiben**). Dieses widerspricht häufig den Anforderungen der Hersteller von Halbleiterbauelementen, die ihrerseits für die Produktion verschiedener Bauelementtypen unterschiedliche Halbleitereigenschaften benötigen. Ein möglicher Ausweg aus dieser Situation ist die Bedeckung der Substratscheiben mit dünnen Oberflächenschichten vorgegebener Spezifikation über den Prozeß der **Halbleiterepitaxie**, der – im Gegensatz zur Scheibenherstellung – in der Regel beim Bauelementproduzenten selbst durchgeführt wird.

Typisch für die Funktion vieler Halbleiterbauelemente ist, daß nur eine relativ dünne (einige Mikrometer) Schicht der Halbleiterscheibe, die **Arbeitsschicht** auf der polierten Scheiben-Vorderseite, die elektrischen Eigenschaften bestimmt. Nur bei Starkstrom- und wenigen Spezialbauelementen ist es erforderlich, ein größeres Halbleitervolumen in die Bauelementfunktion einzubeziehen. Wenn es gelingt, auf vorhandene Halbleiterscheiben eine dünne Schicht mit vorgegebenen weitgehend, frei wählbaren Parametern monokristallin aufzubringen, dann ist den Bedürfnissen des Herstellers nach einer möglichst großen Flexibilität in der Prozeßführung Rechnung getragen. Dieses wird durch den Prozeß der Halbleiterepitaxie ermöglicht, wobei das hierfür zusätzlich erforderliche Halbleitermaterial aus der Gasphase (**Gasphasenepitaxie**) oder aus einer Flüssigkeit (**Flüssigphasenepitaxie**) zugeführt werden kann.

Die Zuführung von Siliziummaterial auf die Scheibenoberfläche erfolgt häufig aus der Gasphase, z.B. durch thermischen Zerfall (**Pyrolyse**) von Siliziumverbindungen wie Silan (SiH_4), Dichlorsilan (SiH_2Cl_2), Trichlorsilan ($SiHCl_3$) und Siliziumtetrachlorid ($SiCl_4$) sowie einer Vielzahl weiterer Gase. Ein Beispiel für eine pyrolytische Reaktion ist:

$$SiCl_4(Gas) + 2H_2(Gas) \underset{1250^0C}{\leftrightarrow} Si(fest) + 4HCl(Gas) \tag{1}$$

Die Richtung dieser Reaktion kann durch die Konzentration des $SiCl_4$ in der Gasphase beeinflußt werden. Meistens wird vor dem Abscheiden des Siliziums die Scheibenoberfläche durch Zuführung hoher $SiCl_4$-Konzentrationen gereinigt, da in diesem Fall die Reaktion von rechts nach links verläuft, d.h. es wird eine dünne Siliziumschicht von der Scheibe abgetragen. Danach erfolgt bei niedrigeren $SiCl_4$-Konzentrationen die Abscheidung (in (1) die Reaktion von links nach rechts). Durch eine solche Prozeßführung werden die Voraussetzungen für eine möglichst störungsfreie Anlagerung von Siliziumatomen an die freie Siliziumoberfläche geschaffen. Die Dotierung der epitaktisch aufgewachsenen Schicht kann durch Zugabe von Dotiergasen wie Phosphin (PH_3), Arsin (AsH_3) und Diboran (B_2H_6) erfolgen. Bild 8.1.2-1 zeigt schematisch den Zerfall von $SiCl_2$ und AsH_3 und den Einbau der Atome aus der Gasphase in die Kristalloberfläche. Das Wachstum des Siliziums erfolgt an den Kanten von kristallographischen Ebenen.

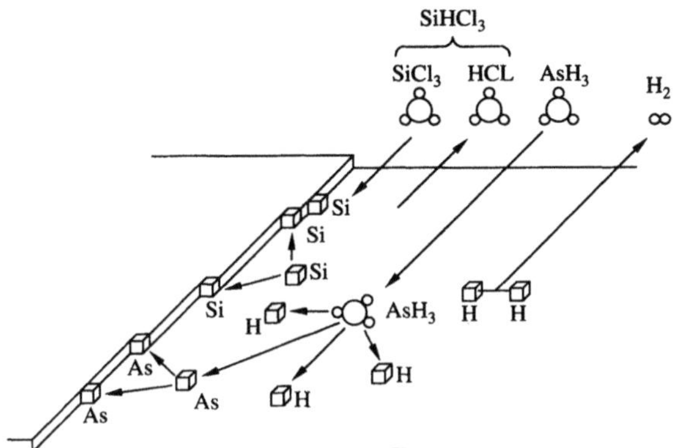

Bild 8.1.2-1:   *Gasphasenepitaxie auf Silizium: Siliziumatome werden durch Pyrolyse von SiHCl₃, Arsen-Dotieratome durch Pyrolyse von AsH₃ erzeugt und auf die Oberfläche der Halbleiterscheibe geleitet. Dort werden sie bevorzugt an den Kanten von kristallographisch orientierten Atomebenen angebaut (nach [51]).*

Die Gasphasenepitaxie gehört im Prinzip zu den Technologien, die unter dem Oberbegriff **chemische Abscheidung aus der Gasphase (CVD** – chemical vapour deposition, typischerweise erfolgt aber bei CVD-Verfahren ein *poly*kristallines Aufwachsen auf dem Substrat) zusammengefaßt werden. Bild 8.1.2-2 zeigt Ausführungsformen von Reaktoren für CVD-Prozesse. Ein wichtiger wirtschaftlicher Gesichtspunkt ist die Aufnahmekapazität des Reaktors für Halbleiterscheiben: Am kostengünstigsten sind diejenigen, bei denen die Abscheidung gleichzeitig bei einer maximalen Scheibenzahl durchgeführt werden kann, wobei selbstverständlich eine weitgehend gleichmäßige Bedeckung aller Scheiben gefordert werden muß. Ein anderer Kostengesichtspunkt entsteht durch die Wartung: Bei den **hot-wall-Reaktoren** (s. Bild 8.1.2-2) werden nicht nur die Halbleiterscheiben, sondern auch die Gefäßwandungen erhitzt, so daß sich auch dort eine (unerwünschte) Schicht abscheidet, diese muß in regelmäßigen Wartungsabständen entfernt werden. Bei hohen Temperaturen werden generell die **cold-wall-Reaktoren** bevorzugt, in diesem Fall ist eine effiziente und gleichförmige Aufheizung der Scheiben über Graphitsuszeptoren möglich.

Die homogene und reproduzierbare Schichtabscheidung über CVD-Verfahren erfordert erhebliche Erfahrung und experimentelles Geschick, dabei muß der Verlauf des Gasstroms sorgfältig kontrolliert werden (Bild 8.1.2-3).

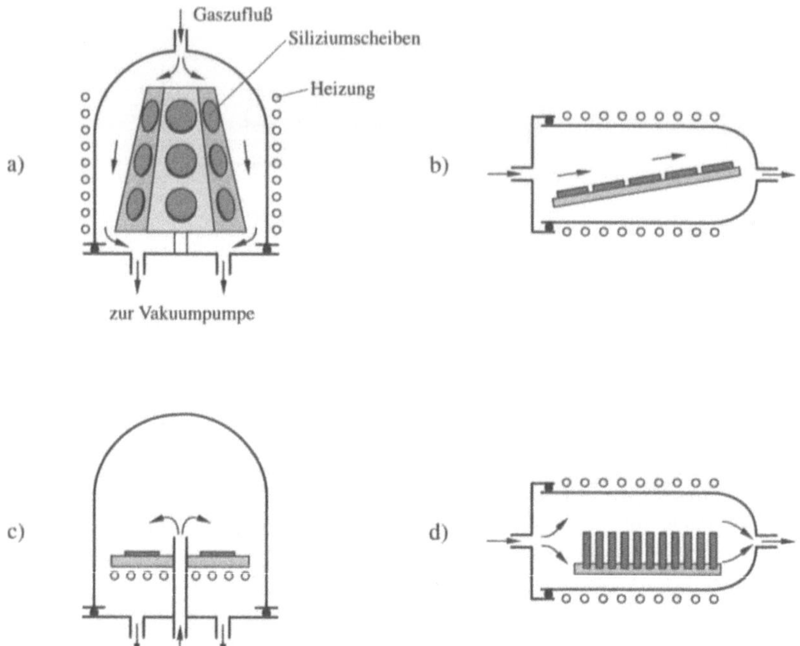

Bild 8.1.2-2:   *Reaktoren für die Gasphasen-Epitaxie (nach [55])*

a) Zylindrischer Reaktor (Barrel-Reaktor)

b) Horizontalreaktor

c) Plattenreaktor (Pancake-Reaktor)

d) Vertikalreaktor (wird wenig eingesetzt)

*Die Reaktoren a) bis c) lassen sich über **Suszeptoren** (Halterungen, auf denen die Halbleiterscheiben flach aufliegen), z.B. aus Graphit, induktiv beheizen, sie sind daher für höhere Temperaturen (1000 bis 1250°C) besonders geeignet. Die Wände des Reaktors bleiben dabei kalt (**cold-wall-Reaktor**), d.h. dort findet keine Abscheidung statt. Der Reaktor d) wird üblicherweise in einem Glühofen aufgeheizt, er eignet sich im Prinzip für niedrigere Temperaturen (400 bis 1000°C). Da bei diesem Reaktor die Wärme von außen zugeleitet wird, erwärmen sich auch die Gefäßwandungen (Quarzrohr, **hot-wall-Reaktor**), so daß dort eine unerwünschte Schichtabscheidung stattfindet.*

Bei der **Flüssigphasen-Epitaxie**, die insbesondere bei Galliumarsenid und anderen Verbindungshalbleitern Anwendung findet, nutzt man die besondere Form des Zustandsdiagramms aus (Bild 3.2.1-6). Kennzeichnend sind neben der intermediären Phase (z.B. GaAs) vor allem zwei eutektoide Systeme mit sehr unterschiedlichen eutektischen Temperaturen: Diese beträgt auf der arsenreichen Seite 810°C, auf der

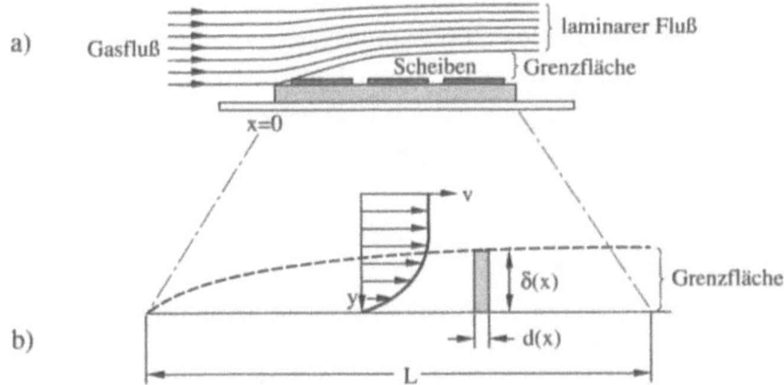

Bild 8.1.2-3:   *Bei der Gasphasenepitaxie hängt der Materialtransport zu der Halbleiteroberflä-*
che, auf der die Schicht aufwachsen soll, stark ab von den Strömungsverhältnis-
sen. Abbildung a) zeigt diese in einem Horizontalreaktor, b) die Abhängigkeit der
Strömungsgeschwindigkeit v vom Abstand zum Suszeptor (nach [32]).

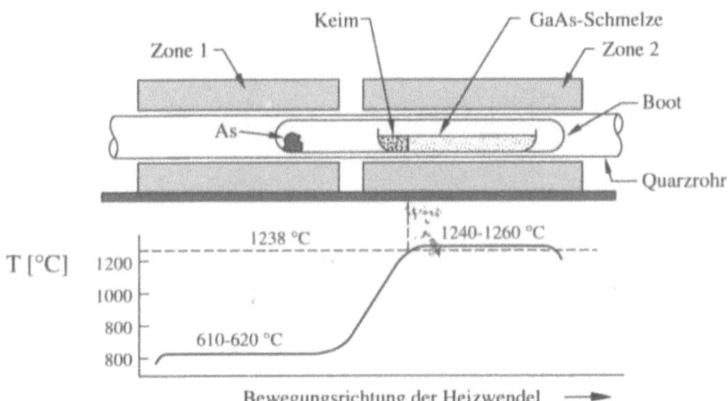

Bild 8.1.2-4:   *Kristallzucht von Galliumarsenid über Flüssigphasenepitaxie (nach [32]).*

Ein Quarzrohr mit einer abgeschlossenen Quarzampulle befindet sich in einem
Zweizonen-Ofen (Temperaturprofil unten). Innerhalb der Ampulle befindet sich
ein Graphitboot, welches auf der kühleren Seite den GaAs-Keim enthält. Der
Rest des Bootes ist mit einer galliumreichen Gallium-Arsen-Legierung in flüssi-
ger Form gefüllt. Bewegt man die Heizwicklungen des Ofens nach rechts, dann
scheidet sich am Übergang Keim-Schmelze die intermediäre Verbindung GaAs
aus, sie wächst epitaktisch auf dem Kristall auf. Befindet sich am Schluß des Pro-
zesses das Boot vollständig in der kühleren Zone des Ofens, dann hat sich dort
ein längerer Einkristall von GaAs gebildet, übrig bleibt eine sehr galliumreiche
Schmelze, die durch Abkippen in einfacher Weise entfernt werden kann. Das ele-
mentare Arsen erzeugt einen Arsen-Dampfdruck zur Vermeidung einer Ausdiffu-
sion von Arsen aus dem Keim und der Schmelze.

galliumreichen aber nur 29,5°C. Ein GaAs-Kristall kann also immer mit einer arsen- oder galliumreichen Schmelze des Legierungssystems Gallium-Arsen koexistieren. Bei Abkühlung einer Schmelze unter die Liquidustemperatur wird Galliumarsenid in der stöchiometrischen Zusammensetzung 1:1 ausgeschieden. Ist in der arsen- oder galliumreichen Schmelze bereits ein Einkristall dieser Verbindung vorhanden, dann erfolgt dort bevorzugt eine heterogene Ausscheidung durch epitaktisches Wachstum auf dem Einkristall. Das Verfahren der Flüssigphasenepitaxie ist technologisch wenig aufwendig und eignet sich sowohl zur Einkristallzucht (Bild 8.1.2-4) wie zur Herstellung epitaktischer Schichten mit vorgegebenen Materialparametern auf einem einkristallinen Substrat (Bild 8.1.2-5). Eine Dotierung der Epitaxieschicht kann durch Beimengungen zur Schmelze erreicht werden oder durch eine zusätzliche Gasphasen-Dotierung der Schmelze vor oder während des Prozesses.

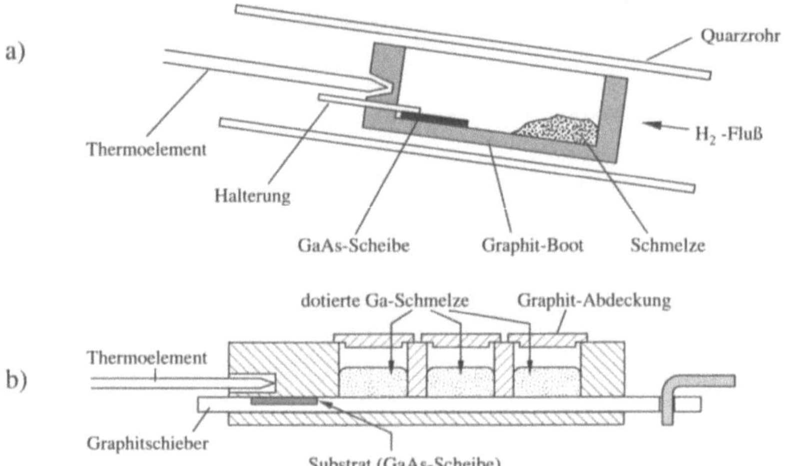

Bild 8.1.2-5:   *Schichterzeugung in Galliumarsenid durch Flüssigphasen-Epitaxie (nach [15])*
a) Kipptechnik:
Eine GaAs-Scheibe und eine übersättigte galliumreiche Schmelze befinden sich auf gegenüberliegenden Seiten eines Graphitbootes. Durch Kippen kann die Schmelze auf die Scheibe geleitet werden, so daß sich dort GaAs ausscheidet und epitaktisch aufwächst. Nach Erreichen der gewünschten Schichtdicke kann die Schmelze zurückgekippt werden.

b) Schiebetechnik:
In einen Graphitschieber ist eine Vertiefung eingearbeitet, in welche die GaAs-Scheibe hineingelegt werden kann, so daß sie mit der Oberfläche des Schiebers bündig abschließt. Der Schieber befindet sich in einem Graphitboot mit mehreren Aufnehmern für verschieden zusammengesetzte galliumreiche Schmelzen, z.B. mit unterschiedlichen Konzentrationen von Dotierstoffen. Die GaAs-Scheibe wird nacheinander für eine vorgegebene Zeit unter die verschiedenen Schmelzen geschoben, so daß dort jeweils ein epitaktisches Schichtwachstum bis zu einer vorgegebenen Dicke stattfindet.

Neue Verfahren der Gasphasenepitaxie verwenden als Materialquelle Gase aus me-
tallorganischen chemischen Verbindungen (**Metall-organisches CVD, MOCVD**),
Bild 8.1.5-6, wodurch auch bei relativ niedrigen Temperaturen Schichten mit hervor-
ragender Kristallqualität erzeugt werden können.

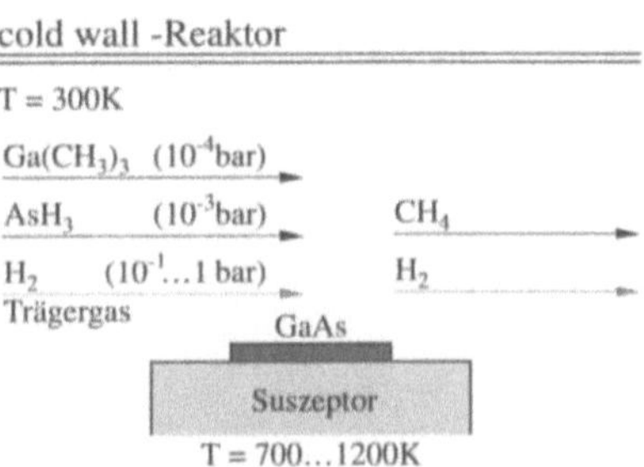

Bild 8.1.2-6:   Gasphasenepitaxie von GaAs mit metall-organischer-CVD (MOCVD, nach [52])

Die durch die Bauelementphysik begründete Forderung nach minimalem Verunreinigungsgehalt und enger Kontrolle der Dotierungskonzentration läßt sich bei den genannten Verfahren auch bei großem technologischem Aufwand (höchste Reinheit
der verwendeten Materialien und Gasen sowie der verwendeten Prozeßgeräte) nur

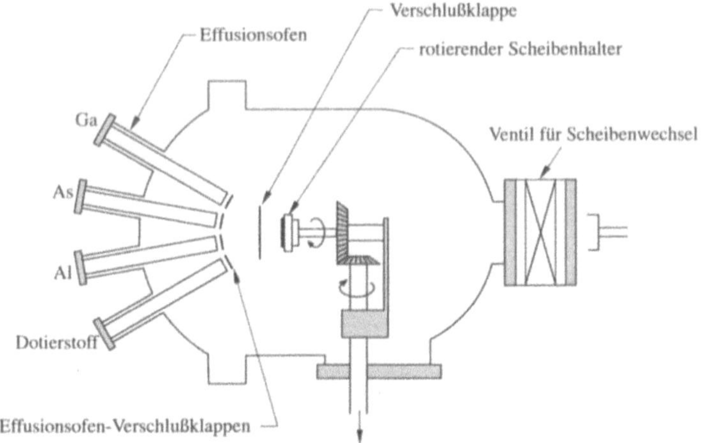

Bild 8.1.2-7:   Molekularstrahlepitaxie (englisch: molecular beam epitaxy, MBE)
In einem Ultrahochvakuum-Reaktor werden die einzelnen Werkstoffkomponenten
der erwünschten Schicht aus getrennten Öfen (genannt Effusionsöfen) verdampft
und am Ort des Substrats (z.B. GaAs-Scheibe) in der gewünschten Zusammenset-
zung miteinander gemischt, so daß sie dort in einer vorgegebenen Zusammenset-
zung epitaktisch aufwachsen können. Zur Verbesserung der Schichthomogenität
wird das Substrat um die eigene Achse rotiert (nach [53]).

mit Einschränkungen erfüllen. Sehr viel bessere Ergebnisse – aber mit einem im Vergleich zu den beschriebenen Verfahren weitaus größerem technischen und Kostenaufwand – lassen sich mit der **Molekularstrahlepitaxie** erzielen (Bild 8.1.2-7).

Die Technologie der Molekularstrahlepitaxie liefert nach dem heutigen Stand der Technik Epitaxieschichten mit den geringsten Toleranzen in der Zusammensetzung der beteiligten Atome – allerdings häufig zu wirtschaftlich nicht mehr tragbaren Kosten.

8.2   Die Planartechnologie

8.2.1 Überblick

Halbleiterbauelemente werden nach dem heutigen Stand der Technik fast ausschließlich über Prozesse gefertigt, die mit der **Planartechnologie** kompatibel sind. Darunter versteht man Verfahren, mit denen weitgehend (innerhalb einiger Mikrometer) ebene Oberflächen von Halbleiterscheiben bearbeitet werden. Zur Anwendung kommen vorwiegend **Dünnschichttechnologien**, d.h. es werden dünne Schichten von Isolatoren, Halbleitern und Metallen hergestellt, die durch Photolithographie mit anschließendem Ätzprozeß lateral (flächenhaft) strukturiert werden. Der Vorteil der Planartechnologie liegt darin, daß eine große Anzahl sehr verschiedener Prozesse auf derselben Oberfläche hintereinander ausgeführt werden können, wobei die örtliche Definition der Strukturen fast beliebig erfolgen kann.

Im Mittelpunkt der Planartechnologie steht die **Photolithographie** als Verfahren zur Herstellung feindimensionierter planarer Strukturen auf einer Scheibenoberfläche. Bild 8.2.1-1 zeigt die Grundprozesse der Photolithographie.

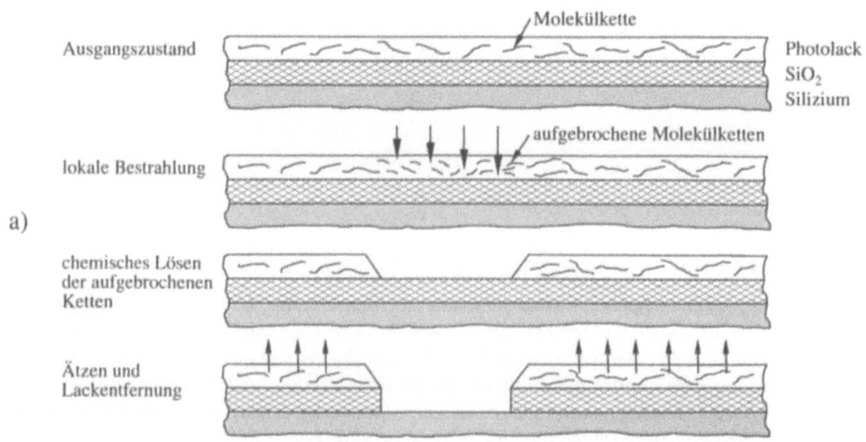

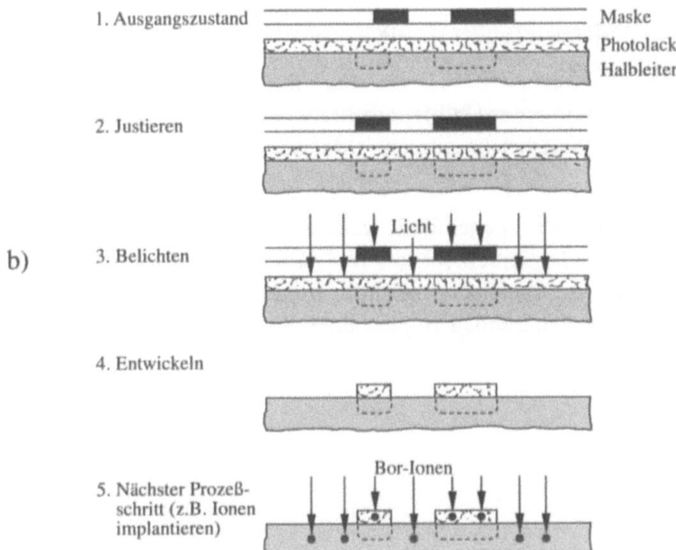

Bild 8.2.1-1:   *Grundprozesse der Photolithographie*

*a) Erzeugung lateraler Strukturen über Photolithographie mit **Positivlacken**: Ein Substrat (z.B. eine oxidierte Siliziumscheibe) wird mit einem lichtempfindlichen Lack beschichtet (das Lackmaterial wird in flüssigviskoser Form auf die Scheibe gebracht und durch Schleudern mit vorgegebener Umdrehungszahl in einer bestimmten Dicke gleichmäßig auf der Scheibenoberfläche verteilt, anschließend wird der Lack getrocknet). Durch örtliche optische Bestrahlung werden an den belichteten Stellen die Molekülketten des Films aufgebrochen (bei **Negativlack** vernetzt), danach lassen sich diese Bereiche mit geeigneten chemischen Lösungsmitteln selektiv lösen (d.h. ohne die nicht bestrahlten Stellen zu verändern) (**Lackentwicklung**). Auf diese Weise wird am Ort der optischen Bestrahlung eine Öffnung in der Photolackschicht erzeugt. Bei einem anschließenden Ätzprozeß, der den verbliebenen Photolack nicht angreift, kann die Oxidschicht lokal entfernt werden. In einem letzten Schritt wird der noch vorhandene Photolack entfernt, so daß als Ergebnis des Photoprozesses eine lateral strukturierte Oxidschicht übrigbleibt.*

*b) Justierung: In der Regel muß die Lage der neu zu erzeugenden Strukturen geometrisch auf bereits vorhandene abgestimmt sein. Hierfür betrachtet man die Halbleiterscheibe mit den dort sichtbaren vorhandenen Strukturen durch ein Mikroskop und justiert eine dort ebenfalls sichtbare **Maske** (Glasscheibe, auf der die zu erzeugende Struktur durch lichtundurchlässige Bereiche gekennzeichnet ist, die z.B. durch eine photolithographisch strukturierte Chromschicht erzeugt werden können) relativ dazu. Auf diese Weise können die Stellen des Photolacks, die beim Entwicklungsprozeß bevorzugt gelöst werden sollen, mit den bereits vorhandenen Strukturen korreliert werden (z.B. können sich beide je nach Bedarf überlappen oder nicht). Das Ergebnis könnte sein – wie dargestellt –, daß der Photolack genau oberhalb der vorhandenen Strukturen stehen bleibt. Bei einem nachfolgenden Prozeßschritt würden dann diese Bereiche nicht oder anders als die übrigen Bereiche behandelt werden.*

Bild 8.2.1-2 gibt ein Beispiel für die Herstellung eines einfachen Halbbleiter-Bauelements (ohmscher Widerstand) über den Planarprozeß. Die wesentlichen Grundoperationen sind die folgenden:

1. Ausgegangen wird von einer Halbleiterscheibe, die nach Bedarf mit einer epitaktischen Schicht mit "maßgeschneiderten" Materialparametern (z.B. Dotierung) bedeckt ist.

2. Isolation des Halbleiters gegenüber weiteren Prozeßschritten: Bedeckung des Halbleiters mit einer Isolierschicht, die nur an einzelnen Stellen entfernt wird, so daß dort die Halbleiteroberfläche selektiv wieder zugänglich gemacht wird und weiter bearbeitet werden kann, z.B. über einen Dotierschritt. Die strukturierte Iso-

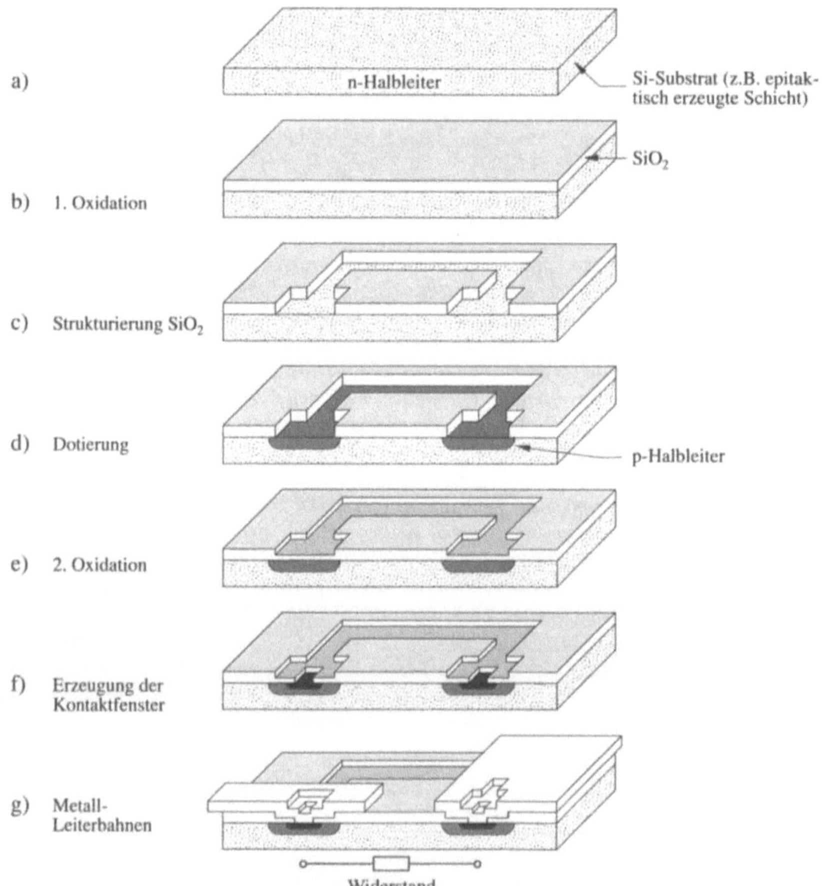

Bild 8.2.1-2: *Beispiel für einen Planarprozeß: Herstellung eines ohmschen Widerstandes in einer Halbleiterscheibe (nach [54])*

lierschicht wirkt dann nicht nur als Isolator, sondern auch als hochtemperaturfeste Maske gegenüber dem Folgeschritt (z.B. dadurch, daß dort die Eindiffusion von Dotierungsatomen sehr viel langsamer erfolgt und sich weniger auswirkt als im Halbleiter).

3. Erzeugung einer weiteren Isolierschicht, da im folgenden Schritt nicht das gesamte neu dotierte Gebiet behandelt werden soll, sondern nur ein Teil davon: das **Kontaktfenster** zur Herstellung eines elektrischen Kontakts nach außen.

4. Metallisierung: die gesamte Scheibe wird mit einer Metall-Dünnschicht bedeckt. Nur am Ort der Kontaktfenster kommt diese mit dem Halbleiter in Berührung und stellt dort eine elektrische Verbindung her, an allen anderen Stellen auf der Scheibe ist sie durch die Isolatorschicht vom Halbleiter getrennt. Die ganzflächige Metallschicht muß in **Leiterbahnen** strukturiert werden, welche auf der einen Seite den Kontakt zu einem definierten Halbleitergebiet herstellen, auf der anderen Seite die elektrische Verbindung zu anderen Bauelementen oder zu einer Verbindung aus dem Bauelement heraus (**Bondfleck**).

Die geschilderten Grundprozesse Schichterzeugung und -strukturierung werden in den folgenden Abschnitten einzeln behandelt, dabei können die Schichten sowohl aus isolierenden wie auch aus leitenden oder halbleitenden Werkstoffen bestehen.

8.2.2 Isolierschichten

Ein wichtiger Grundschritt im Planarprozeß ist die Bedeckung der Halbleiterscheibe – oder einer später aufgebrachten Schicht – mit einer Isolation, die nur an bestimmten vorgegebenen Stellen, den Kontaktfenstern, unterbrochen werden soll. Als wichtigste Isolatorwerkstoffe – die häufig auch gleichzeitig die Bedeutung eines (nichtparasitären) Kondensatordielektrikums haben – kommen hauptsächlich Siliziumdioxid (SiO_2) und Siliziumnitrid (Si_3N_4), gelegentlich auch eine Mischung von beiden (Siliziumoxinitrid), in Frage. Tab. 8.2.2-1 zeigt die wichtigsten Eigenschaften der Ausgangswerkstoffe.

Eine der attraktivsten Eigenschaften des Halbleitermaterials Silizium ist, daß dieses durch einfache Oxidation, also eine Reaktion mit Sauerstoff bei erhöhten Temperaturen, von einem Werkstoff mit günstigen Halbleitereigenschaften in einen ausgezeichneten Isolator (Quarz) überführt werden kann. Bei diesem Prozeß, der **thermischen Oxidation**, entsteht gleichzeitig eine vergleichweise störungsarme Grenzfläche, d.h. die Konzentration von Oberflächendefekten an der Grenzfläche Halbleiter-Isolator

Tab. 8.2.2-1: *Eigenschaften von Quarz (SiO₂) und Siliziumnitrid (Si₃N₄)*

Isolator		SiO_2	Si_3N_4
Struktur		amorph	
Schmelzpunkt [°C]		≈ 1600	
Dichte [g/cm³]		2,2	3,1
Brechungsindex		1,46	2,05
Dielektrizitätskonstante ε_r		3,9	7,5
Durchschlagsfeldstärke [V/cm]		10^7	10^7
Infrarot-Absorptionsband [µm]		9,3	$11,5-12,0$
Bandabstand [eV]		9	≈ 5
Thermischer Ausdehnungskoeffizient [°C⁻¹]		$5 \cdot 10^{-7}$	
Wärmeleitfähigkeit [W/cm·K]		0,014	
spez. Gleichstromwiderstand	bei 25°C [Ωm]	$10^{12}-10^{14}$	$\approx 10^{12}$
	bei 500 °C [Ωm]		$\approx 2 \cdot 10^{11}$

ist deutlich geringer als bei einer alternativen Prozeßführung, bei welcher die Isolierschicht z.B. aus der Gasphase abgeschieden wird (**pyrolytisches** oder **CVD-Oxid**).Diese Tatsache ist von fundamentaler Bedeutung für die Siliziumtechnologie, insbesondere im Zusammenhang mit der MOS-Technik.

Im Gegensatz zur CVD-Technik (Abschnitt 8.1.2) braucht bei der *thermischen* Oxidation der Grundbestandteil Silizium nicht hinzugeführt werden, allerdings wird beim Oxidationsprozeß die oberste Schicht der Halbleiterscheibe "verbraucht", da sich dabei das elementare Silizium in SiO_2 umwandelt. Hinzugeführt werden muß allein der Sauerstoff, in der Praxis häufig zusammen mit weiteren Gasen, welche den Prozeßablauf beeinflussen (Bild 8.2.2-1).

Der Transport des Sauerstoffs an die Halbleiteroberfläche erfolgt bei CVD-Prozessen in der Regel sehr schnell, dieses ist im allgemeinen kein prozeßbestimmender Faktor. Die Verbindung von Si und O zu SiO_2 erfolgt im Anfangsstadium der Oxidation etwa linear mit der Zeit, d.h. für sehr dünne Oxidschichten gilt ein **lineares Wachstumsgesetz**. Sind bereits dickere Oxidschichten vorhanden, dann wird die Diffusion des Sauerstoffs durch die Oxidschicht an die Grenzfläche Halbleiter-Oxid ratenbestimmend für das weitere Wachstum der Schicht. Die Dicke L der aufgewachsenen Schicht entspricht dann etwa der Diffusionslänge

$$L \propto \sqrt{Dt} \tag{1}$$

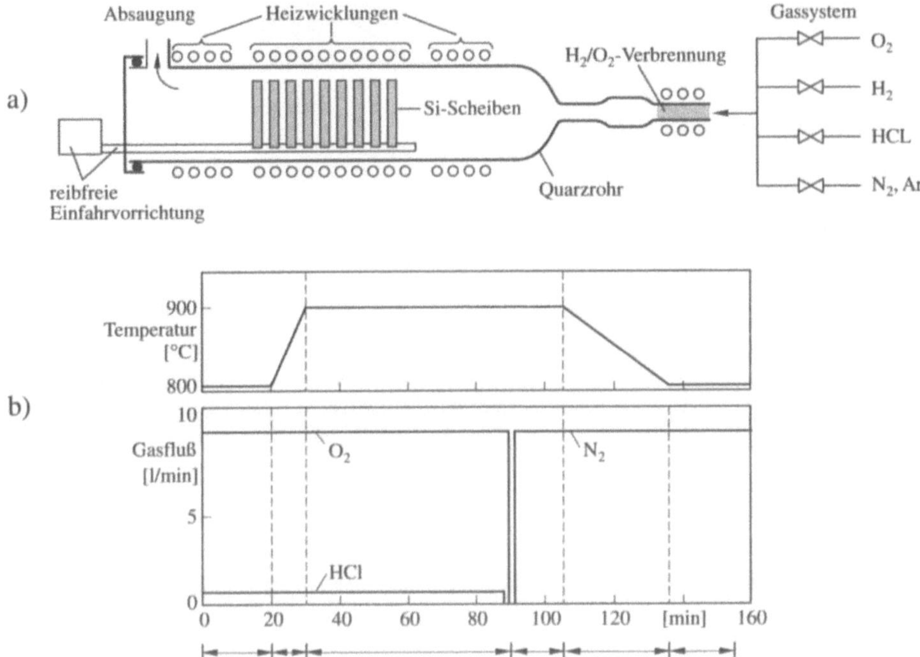

Bild 8.2.2-1:   *Thermische Oxidation (nach [55])*

> *a) Vertikalreaktor für die thermische Oxidation bei Atmosphärendruck (Horizontalrohrofen)*
>
> *b) Oxidationszyklus (Zeitabhängigkeit von Temperatur und Gasfluß) zur Erzeugung einer 20 nm dicken SiO_2-Schicht (Anwendung Gateoxid bei MOS-Transistoren)*

die bei der Diffusion von Ladungsträgern (Abschnitt 6.1.3) wie Atomen (Band 1, Abschnitt 2.8.1) eine grundlegende Bedeutung hatte. Entsprechend ergibt sich bei größeren Oxiddicken in der Regel ein **parabolisches Wachstumsgesetz** für die Schichtdicke proportional zur Wurzel aus der Zeit t (Bild 8.2.2-2).

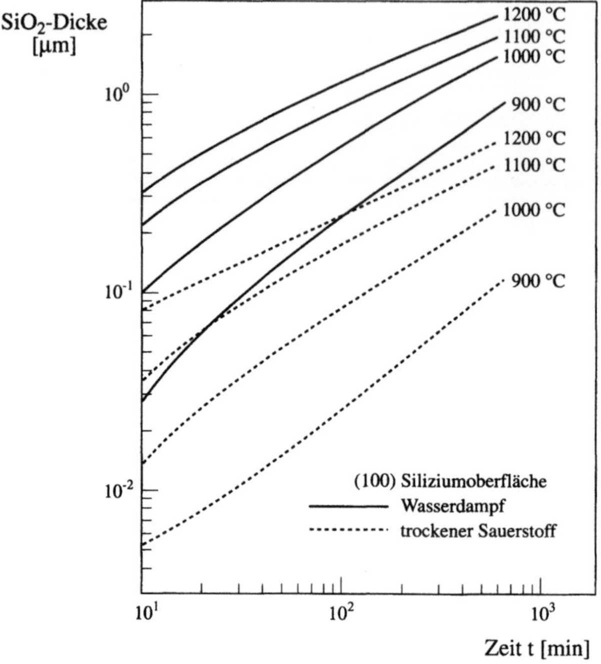

Bild 8.2.2-2: *Abhängigkeit der Dicke der SiO$_2$-Schicht von der Zeit bei thermischer Oxidation (nach [54])*

Bild 8.2.2-2 zeigt, daß die Oxidationsgeschwindigkeit durch Zugabe von Wasserdampf (in Bild 8.2.2-1a durch H_2/O_2-Verbrennung erzeugt) stark beschleunigt werden kann. Einen Einfluß hat auch die Dotierungskonzentration im Silizium. Weiterhin kann die Qualität und Wachstumsgeschwindigkeit des thermischen Oxids durch Zugabe von HCl-Gas beeinflußt werden. Eine Vergrößerung des Sauerstoffdrucks (**Hochdruckoxidation**) bis auf 10 bis 25 bar führt zu einer druckproportionalen Vergrößerung der Oxiddicke, auf diese Weise lassen sich die Oxidationszeiten und -temperaturen reduzieren.

Die Erzeugung von SiO$_2$-Schichten durch thermische Oxidation ist nur beim Halbleiterwerkstoff Silizium möglich, diese Technologie versagt bereits bei Germanium, weil thermische Germaniumoxide sehr langsam wachsen und wenig stabil (zum Teil wasserlöslich) sind. In diesem Fall ist eine Abscheidung aus der Gasphase erforderlich – wie auch bei der Siliziumtechnologie, wenn das Oxid nicht direkt auf dem Halbleiter, sondern auf einer bereits darauf befindlichen Schicht abgeschieden werden soll. Grundlage hierfür ist die bereits im Zusammenhang mit der epitaktischen Beschichtung angewendete chemische Gasabscheidung (CVD-Verfahren), Tab. 8.2.2-2 gibt einen Überblick.

Tab. 8.2.2-2:   CVD-Verfahren zur Abscheidung von SiO$_2$ aus der Gasphase (nach [55]

$$SiH_4 + O_2 \xrightarrow[430\ ^\circ C\ /\ 1\ bar]{} SiO_2 + 2H_2 \quad (\text{Silanoxid-Verfahren})$$

$$SiH_4 + O_2 \xrightarrow[430\ ^\circ C\ /\ 40\ Pa]{} SiO_2 + 2H_2 \quad (\text{LTO-Verfahren (Low-Temperatur-Oxid)})$$

$$Si(OC_2H_5)_4 \xrightarrow[700\ ^\circ C\ /\ 40\ Pa]{} SiO_2 + Gase \quad (\text{TEOS-Verfahren (Tetra-Ethyl-Ortho-Silikat)})$$

$$SiH_2Cl_2 + 2H_2O \xrightarrow[900\ ^\circ C\ /\ 40\ Pa]{} SiO_2 + Gase \quad (\text{HTO-Verfahren (High-Temperatur-Oxid)})$$

$$SiH_4 + 4N_2O \xrightarrow[350\ ^\circ C\ /\ 40\ Pa]{Plasma} SiO_2 + Gase \quad (\text{Plasmaoxid-Verfahren})$$

Bei niedrigen Temperaturen wird die CVD-Abscheidung häufig durch den Einfluß eines Plasmas unterstützt (englisch **plasma** enhanced **CVD, PECVD**), Bild 8.2.2-3 zeigt hierfür geeignete Reaktoren. Das Gasplasma wird erzeugt durch Absenkung des Gasdrucks auf 20 bis 100 Pa und eine energetische Anregung der Gasatome durch hochfrequente Wellen im Bereich von einigen kHz bis ca. 100 MHz. Durch das Plasma werden die zugeführten Gase in freie Radikale (ionisierte Atome und Moleküle) zerlegt, welche häufig chemische Reaktionen auch bei vergleichsweise niedrigen Temperaturen zulassen.

Auch bei Siliziumnitrid kann unter außergewöhnlichen Bedingungen eine direkte Reaktion zwischen Siliziumatomen auf der Scheibenoberfläche und Stickstoffatomen erfolgen [55]:

$$3Si + 4NH_3 \xrightarrow[1bar]{1200^0 C} Si_3N_4 + 6H_2 \tag{2}$$

Die erforderlichen Prozeßtemperaturen sind allerdings sehr hoch und die erhaltenen Schichtdicken klein (7 nm). Deshalb werden bevorzugt CVD- oder Niedertemperatur-PECVD-Verfahren angewendet, bei denen auch Silizium aus der Gasform herangeführt wird.

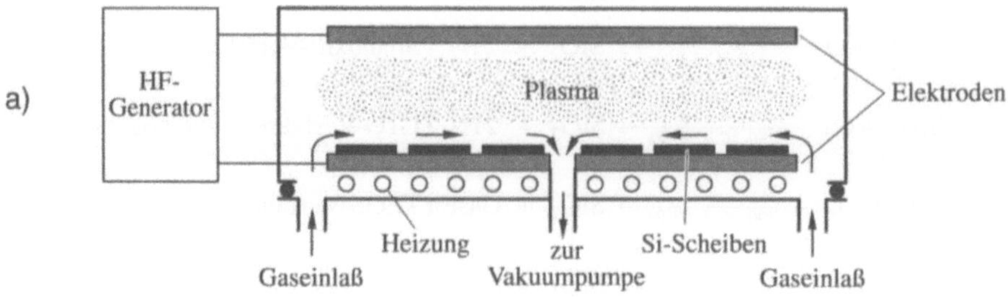

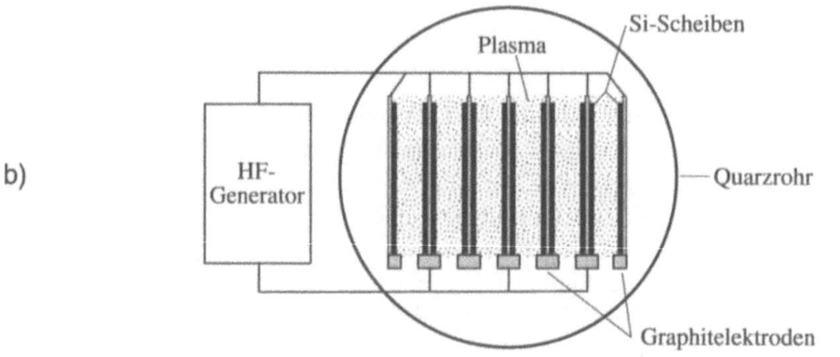

Bild 8.2.2-3: *Reaktoren für plasmaunterstützte CVD-Verfahren (PECVD), nach [55].*

  a) Parallelplattenreaktor

  b) Rohrreaktor: Bei dieser Ausführung kann der Prozeß in einem Horizontal-rohrofen durchgeführt werden, er erlaubt die gleichzeitige Bearbeitung gro-ßer Scheibenzahlen

Siliziumnitridschichten haben gegenüber Silizium-Dioxidschichten den Vorteil einer höheren Dielektrizitätskonstanten (s. Tab. 8.2.2-1), sie eignen sich daher besonders zur Herstellung größerer Kapazitäten innerhalb der Planartechnik (übereinander angeordnete leitende Schichten, die durch ein Dielektrikum voneinander getrennt werden). Eine weitere wichtige Anwendung von Siliziumnitridschichten ist die Verwendung als **Oxidationssperre**: Werden reine Siliziumoberflächen oder dünne SiO_2-Schichten auf Si örtlich mit einer Siliziumnitridschicht bedeckt, dann kann bei einer nachfolgenden thermischen Oxidation dort der Sauerstoff nur äußerst langsam an das Silizium gelangen, d.h. die Oxidation wird dort wirkungsvoll unterdrückt. Auf diese Weise ist eine lokale thermische Oxidation (**LOCOS-Technik**) möglich, die vielfältige Anwendungen in der Siliziumtechnologie findet (Bild 8.2.2-4)

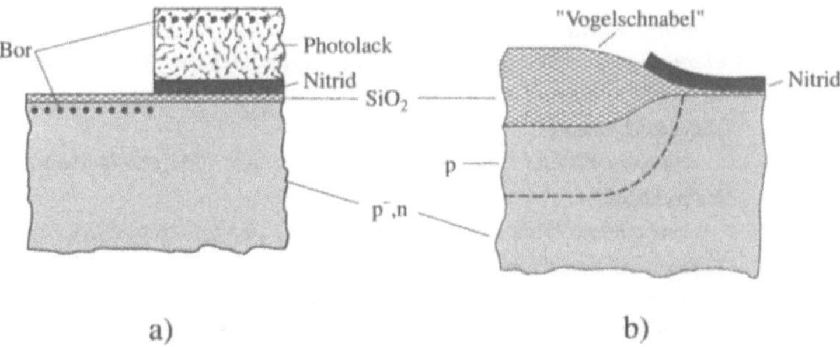

Bild 8.2.2-4:   *LOCOS-Technologie: Über einen Planarprozeß wird ein Teil der dünn oxidierten Siliziumscheibe mit einer Nitridschicht bedeckt, diese wird anschließend strukturiert (a). Eine nachfolgende thermische Oxidation (nach Entfernung des Photolacks) erzeugt nur an den nicht mit Siliziumnitrid bedeckten Stellen ein dickes thermisches Oxid (b). Nachteilig ist allerdings, daß die Oberfläche bei diesem Prozeß nicht eben (plan) bleibt, da eine SiO_2-Schicht eine größere Dicke besitzt als die bei der Oxidation "verbrauchte" Siliziumschicht. Typisch ist die Ausbildung eines "Vogelschnabels (bird´s beak)".*

Die lokale Unterdrückung der Oxidation ist eine Konsequenz des niedrigen Diffusionskoeffizienten von Sauerstoff in Siliziumnitridschichten; aus ähnlichen Gründen werden diese Schichten häufig auch als **Passivierungsschichten** (Schutzschicht gegen das Eindringen von Gasen und Flüssigkeiten) von Bauelementstrukturen verwendet.

8.2.3 Metallschichten

Die Funktion einer niederohmigen elektrischen Verbindung von den Elektroden der Halbleiterbauelemente auf einem Siliziumkristall in die Außenwelt (d.h. zu **Bondflächen** oder **-flecke** für Bonddrähte, die zu den äußeren Anschlüssen führen) oder der Bauelemente untereinander in einer integrierten Schaltung übernehmen in den meisten Fällen hochleitfähige Metallschichten oder Metall-Silizidschichten. Ebenfalls zur Anwendung kommen hochdotierte Polysiliziumschichten, auf die im nächsten Abschnitt eingegangen wird. Tabelle 8.2.3-1 zeigt einen Überblick über die Anwendungen von Metallschichten in der Halbleitertechnologie und gegenwärtig eingesetzte Metalle und Metallverbindungen.

Tab. 8.2.3-1: *Werkstoffe für leitende Verbindungen in integrierten Schaltungen (nach [54]). Unterschieden wird zwischen zwei Verdrahtungsebenen der Bauelemente untereinander (**Zweilagenverdrahtung**), die bei komplexen integrierten Schaltungen benötigt werden. Bei diskreten (d.h. einzelnen, nicht integrierten) Halbleiterbauelementen werden für die einzige erforderliche Verdrahtungsebene ähnliche Schichten eingesetzt. Die Funktionen der Schichten sind:*

Siliziumkontakt:
Zwischenschicht zur Herstellung eines niederohmigen Halbleiter-Metallkontaktes

Haftschicht:
Zwischenschicht zur besseren Haftung der folgenden Schicht

Diffusions- und Legierungsbarriere:
Aufgabe dieser Schicht ist es zu verhindern, daß die folgende Leiterschicht in Kontakt mit der Halbleiteroberfläche kommt, da sonst unkontrollierbare Legierungsprozesse einsetzen können.

Leiterbahn:
Diese niederohmige Schicht stellt die eigentliche elektrische Verbindung her

MOS IC's	Bipolare IC's			
Al, Poly-Si	PtSi	PtSi		Si-Kontakt
		Ti	1. Verdrahtungsebene	Haftschicht
	Ti, W	TiN		Barrierenschicht
Poly-Si	Al	Pt		elektr. Verbindung
		Ti	2. Verdrahtungsebene	Haftschicht
	Ti, W	TiN, Pt		Barrierenschicht
Al	Al	Au		elektr. Verbindung

In Tab. 8.2.3-2 sind die Schichtwiderstände der Leiterwerkstoffe aus Tab. 8.2.3-1 zusammengestellt.

Tab. 8.2.3-2: *Schichtwiderstand (spezifischer Widerstand geteilt durch typische Schichtdicke, Einheit Ω) der Werkstoffe aus Tab. 8.2.3-1.*

Material	Schichtwiderstand Ω	Schichtdicke µm	Anwendung
Al, Au	0,02 – 0,04	1,0	Verdrahtung
Pt, W, Mo	0,2 – 0,5	0,3 – 0,6	Barriere, Verdrahtung
Ti, TiN	100 – 200	< 0,2	Haftschicht und Barriere
PtSi	5 – 10	< 0,2	ohmscher Kontakt, Schottky-Dioden
Poly-Si	> 15	0,4 – 0,8	Gateelektrode, Verdrahtung

Die Abscheidung von Metallschichten wurde früher vorwiegend über **Bedampfungsverfahren** durchgeführt: Die gewünschte Substanz wird in einer Hochvakuumanlage auf so hohe Temperaturen erhitzt, daß ein hinreichend hoher Dampfdruck entsteht, die so freigesetzten Atome oder Moleküle werden radial emittiert und schlagen sich auf Scheibenhaltern mit den dort befestigten Halbleiterscheiben nieder. Für die Aufheizung der zu verdampfenden Substanz (Quelle) kommen verschiedene Verfahren zur Anwendung (Bild 8.2.3-1).

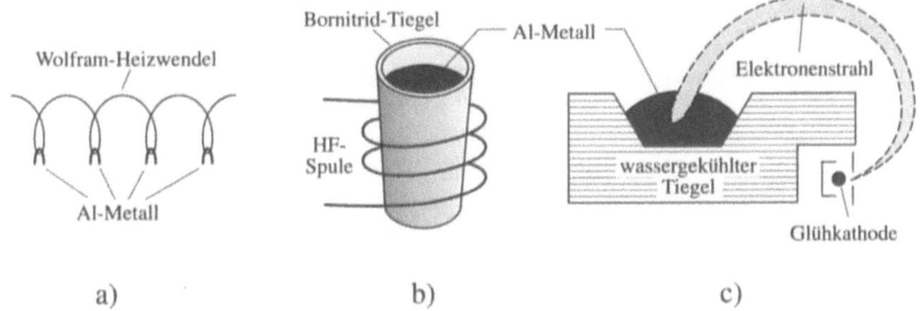

Bild 8.2.3-1: *Verfahren zur Verdampfung von Metallen in einer Vakuum-Aufdampfanlage (nach [32])*

   a) Ein Drahtstück aus dem zu verdampfenden Metall ist an einer beheizten Wolframwendel aufgehängt.

   b) Das Metall befindet sich in einem elektrisch oder induktiv beheizten keramischen Schmelztiegel.

   c) Das Metall befindet sich in einem (gekühlten) Schmelztiegel, es wird durch einen intensiven Elektronenstrahl bis zur Verdampfungstemperatur aufgeheizt. Dieses Verfahren liefert den geringsten Anteil unerwünschter Verunreinigungen, z.B. aus den Heizwendeln oder Induktionsspulen.

Die Erzeugung von Metallschichten über Bedampfungsverfahren führt häufig zu Verunreinigungseffekten, weiterhin zu Problemen der Haftung zwischen den aufgedampften Metallschichten und der Unterlage auf der Halbleiterscheibe. Aus diesem Grund sind **Kathodenzerstäubungs-** oder **Sputterverfahren** heute erheblich weiter verbreitet (Bild 8.2.3-2).

Wie in Bild 8.2.3-2 erläutert, bildet sich der Hauptspannungsabfall in der Kathodenfallstrecke durch Aufladung der Kathode, die Aufladung der Anode ist apparativ bedingt gering. Dieses führt dazu, daß nur vom Target (Kathode) Atome durch Argonionen losgeschlagen werden. Aus Gründen der Kantenbedeckung (Bild 8.2.3-3) kann es aber wünschenswert sein, daß ein Teil der auf den Halbleiterscheiben niedergeschlagenen Targetatome wieder abgesputtert (**zurückgesputtert**) wird. Dieses erreicht man durch ein **Bias-Sputtern**, bei dem Kathode und Anode durch zwei unabhängige Hochspannungsquellen angesteuert werden. Auf diese Weise erhält man vor beiden Elektroden jeweils einen über die entsprechende Hochfrequenzspannung einstellbaren Kathodenfall (**Bias**). Damit wird auch die willkommene Möglichkeit geschaffen, die Halbleiterscheiben vor der Bedeckung durch Absputtern zu reinigen. Selbst während der Beschichtung der Halbleiterscheiben ist häufig eine gewisse Rücksputterung erwünscht, weil dabei nichthorizontale Oberflächenstücke stärker abgetragen werden als horizontale.

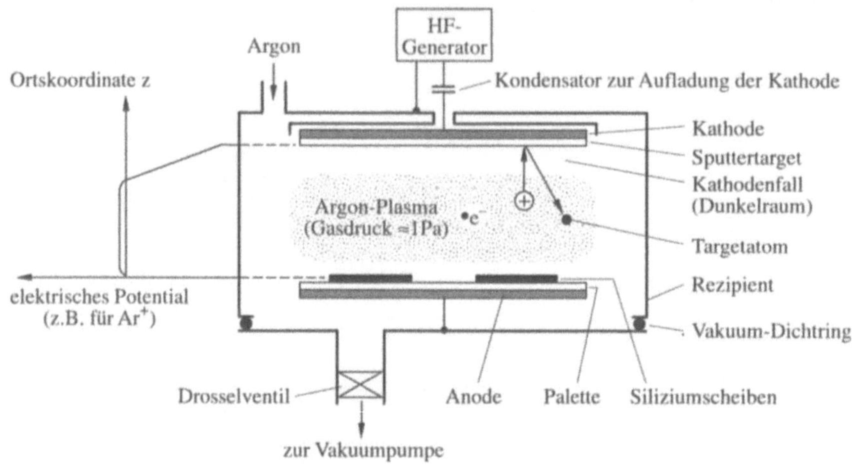

Bild 8.2.3-2:   *Sputterverfahren (nach [55])*

Funktionsweise:

*Zwischen einer Kathode (mit dem Target, von dem Material abgesputtert und auf den Halbleiterscheiben niedergeschlagen werden soll) und einer Anode (mit den darauf liegenden oder befestigten Halbleiterscheiben) wird in einer Vakuumanlage Argon mit einem Gasdruck von ca. 1Pa eingeführt. Mittels einer Gleichspannung (Kathode an negativem Pol) oder einer Hochfrequenzspannung zwischen Kathode und Anode wird ein Gasplasma gezündet, in welchem sich positiv geladene Argonionen und Elektronen befinden. Zwischen Kathode und Plasma bildet sich in der **Kathodenfallstrecke** eine Spannung von typisch 1kV, durch welche die Argonionen in Richtung Target (Kathode) beschleunigt werden. Dort schlagen sie aus der Oberfläche Atome los, die mit niedriger Energie das Target verlassen und sich auf der Anode niederschlagen. Auch bei einer Hochfrequenzanregung kommt es zu einer negativen elektrostatischen Aufladung der Kathode, sofern diese durch eine Kapazität von der Hochfrequenzquelle gleichstrommäßig getrennt ist (das ist nicht erforderlich bei isolierenden Targets). Die Aufladung kommt dadurch zustande, daß nur die hochbeweglichen Elektronen dem schnellen Hochfrequenzfeld folgen können und daher die Kathode erreichen und diese negativ aufladen, nicht aber die weit schwereren Argonionen. Nach demselben Prinzip wird auch die Anode negativ aufgeladen, diesen Effekt verringert man aber dadurch, daß man die Anode mit der Vakuumapparatur leitend verbindet und damit die geladene Fläche auf dieser Seite stark vergrößert. Auf diese Weise entsteht nur ein geringer Spannungsabfall vor der Anode (s. Kurve links von der Abbildung).*

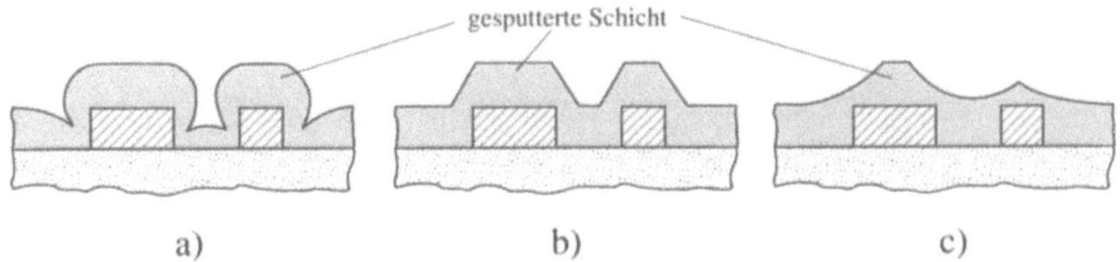

*Bild 8.3.2-3:   Kantenbedeckung beim Sputtern (nach [55]): Die beim Aufsputtern ohne Bias auftretenden starken Konturen (a) werden beim Sputtern mit Bias geglättet: Durch Rücksputtern werden nichthorizontale Bereiche stärker abgetragen als horizontale, die rückgesputterten Atome werden größtenteils wieder an den Grabenwänden niedergeschlagen (**Redeposition**). c) zeigt die Verhältnisse bei Anliegen hoher Biasspannungen.*

Nicht zu vernachlässigen sind bei Sputterprozessen die Scheibenaufheizung (ca. 100 bis 350°C) sowie eine Strahlenschädigung der Halbleiteroberfläche durch Argonionen, beschleunigte Elektronen und eventuell auch Ultraviolettstrahlung aus dem Plasma. Zur Beseitigung dieser Störungen (im allgemeinen mit der Bildung tiefer Störstellen im Halbleiter verbunden) sind Ausheilprozesse in Verbindung mit wasserstoffhaltigen Gasen (elektrische Absättigung kovalenter Bindungsarme) bei ca. 450°C erforderlich.

Sollen Schichten hergestellt werden, die aus mehreren Werkstoff-Bestandteilen (z.B. Atomsorten) bestehen, dann wird ein **Co-Sputterverfahren** angewendet. Dabei kommen mehrere Targets aus verschiedenen Materialien zur Anwendung, unter denen die Halbleiterscheiben durchbewegt werden, oder Targets, die von Anfang an inhomogen aufgebaut sind (z.B. Sintertargets mit Sinterkörnern verschiedener Werkstoffzusammensetzung).

Eine Vergrößerung der **Sputterrate** kann durch Erzeugung einer höheren Dichte ionisierter Argonatome erreicht werden. Das erreicht man dadurch, daß die beim Absputtern aus dem Target ebenfalls erzeugten Elektronen, die sich wegen ihrer hohen Beweglichkeit aufgrund des Kathodenfall-Feldes schnell vom Target weg aus der Kathodenfallstrecke heraus bewegen, durch ein permanent vorhandenes Magnetfeld in Spiralbahnen abgelenkt werden, so daß sie weitere Argonatome ionisieren können (Bild 8.2.3-4); dieses Verfahren wird als **Magnetronsputtern** bezeichnet. Auf diese Weise können die erzielten Sputterraten auf das 10- bis 100-fache erhöht werden, wodurch die Wirtschaftlichkeit der Sputtertechnologie weit verbessert werden kann.

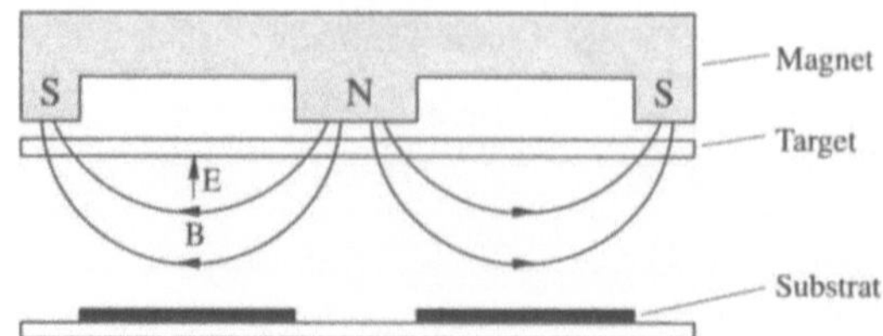

Bild 8.3.2-4: Magnetronsputtern: Durch Feldlinien eines Permanentmagneten, die etwa parallel zum Target verlaufen, werden die in der Kathodenfallstrecke (elektrisches Feld E) wegbeschleunigten Sekundärelektronen auf Spiralbahnen abgelenkt. Dadurch wird die Wahrscheinlichkeit für die Ionisierung weiterer Argonatome stark erhöht.

Als alternative Verfahren zur Erzeugung von Metallschichten werden auch CVD-Verfahren mit einer Pyrolyse metallhaltiger Moleküle untersucht. Gesichtspunkte dabei sind die Wirtschaftlichkeit solcher Verfahren, die ohne eine aufwendige und wartungsintensive Vakuumtechnik auskommen, weiterhin aber auch häufig die gute Kantenbedeckung auf der Scheibe. Ein grundsätzlicher Vorteil bei einigen dieser Systeme ist die Möglichkeit der **selektiven Abscheidung** einiger Metalle (z.B. Wolfram) ausschließlich in den Kontaktfenstern (wo eine direkte Reaktion mit Silizium stattfinden kann), so daß keine weitere Strukturierung mehr erforderlich ist. Typische chemische Reaktionen für diese Prozesse sind [32]:

$$\text{Wolfram}\quad WF_6 \rightarrow W + 3F_2$$
$$WF_6 \rightarrow W + 6\,HF$$

$$\left.\begin{array}{l}\text{Molybdän}\\ \text{Tantal}\\ \text{Titan}\end{array}\right\}(M): 2\,MCl_5 + 5\,H_2 \underset{600-800°C}{\rightarrow} 2\,M + 10\,HCl$$

$$\text{Aluminium}\quad 2\big[(CH_3)_2\,CHCH_2\big]_3\,Al \rightarrow 2\,Al + 3\,H_2 + ...$$

8.2.4 Polysiliziumschichten

Verwendet man bei den im Abschnitt 8.1.2 für die Halbleiterepitaxie beschriebenen CVD-Verfahren Substratoberflächen aus einem anderen Werkstoff, z.B. Quarz bei oxidierten Siliziumscheiben, dann erhält man zwar Halbleiterschichten mit derselben chemischen Zusammensetzung, aber mit einem völlig anderen Kristallaufbau: Die abgeschiedenen Halbleiterschichten sind bei niedrigen Substrattemperaturen amorph, bei höheren polykristallin. In dieser Form haben die Halbleiterwerkstoffe nicht mehr die typischen Halbleitereigenschaften (Abschnitt 3.3), sie enthalten so hohe Dichten von Störstellen, daß Werkstoffeigenschaften wie die Leitfähigkeit und die Minoritätsträgerlebensdauer nicht mehr mit denen kristalliner Halbleiter verglichen werden können. Eine Umwandlung des Kristallaufbaus in eine Form, die für Halbleiterbauelemente nutzbar gemacht werden kann, erfordert im allgemeinen aufwendige Rekristallisationsprozesse, die sich auch heute noch weitgehend im Forschungsstadium befinden.

Eine weitverbreitete Anwendung dagegen finden hochdotierte Polysiliziumschichten in der MOS-Technik. Solche Schichten können als – wenn auch vergleichsweise hochohmige – Leiterbahnen (s. Tab. 8.2.3-2) eingesetzt werden, wobei sie den großen Vorteil besitzen, daß sie aus einem hochtemperaturfesten Material bestehen, das – im Gegensatz zu den Metallen – kaum zusätzliche Verunreinigungen in den Prozeß einführt. Der mit dieser Verdrahtungsebene verbundene zusätzliche Aufwand ist vergleichsweise gering, da eine Polysiliziumbeschichtung zur Herstellung der aus anderen Gründen erforderlichen Polysilizium-Gate-Elektrode ohnehin im Prozeß enthalten ist.

Polysiliziumschichten lassen sich pyrolytisch durch CVD-Verfahren erzeugen, z.B. über die Reaktion

$$SiH_4 \xrightarrow[600°C]{} Si + 6H_2$$

Bei Anwendung plasmagestützter CVD-Verfahren läßt sich die Prozeßtemperatur noch weiter absenken, allerdings enthalten dann die Schichten oft hohe Argonkonzentrationen, die zu stabilen (d.h. thermisch nur schwer ausheilbaren) amorphen Schichten mit niedriger Leitfähigkeit führen. Die Bilder 8.2.4-1 und 2 zeigen die Druckabhängigkeit der Abscheiderate von Polysilizium und die Abhängigkeit des Schichtwiderstandes von der Fremdatomkonzentration.

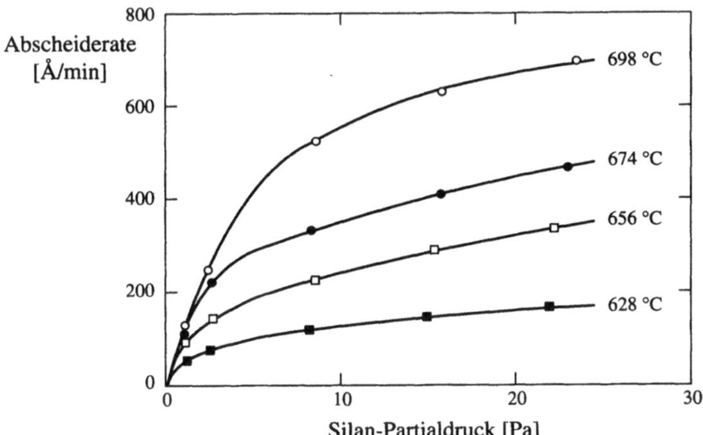

Bild 8.2.4-1:   Abscheiderate von Polysilizium in Abhängigkeit vom Partialdruck des Silans (SiH₄, nach [56])

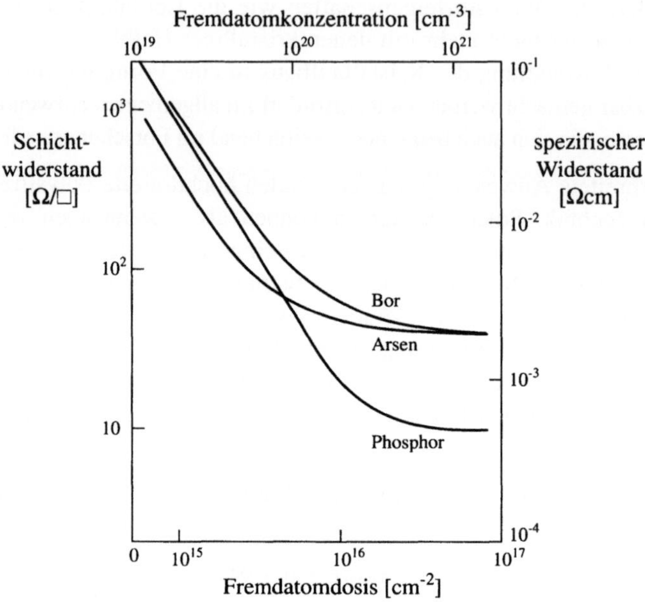

Bild 8.2.4-2:   *Schichtwiderstand einer 0,5 μm dicken Polysiliziumschicht in Abhängigkeit von der Fremdatomkonzentration (Bor, Phosphor, Arsen, jeweils als Volumen- und Flächenkonzentration angegeben, nach [55])*

8.2.5 Dotierung

Ein wichtiger Grundschritt in der Planartechnologie ist die lokale Dotierung des Halbleiters (s. Prozeßschritte 5 in Bild 8.2.1-1 oder 4 in 8.2.1-2). Dabei muß zunächst die Scheibenoberfläche mit einer Maskierungschicht gegen den Dotierprozeß abgedeckt werden, die in üblicher Weise durch Photolithographie strukturiert wird. An den geöffneten Stellen liegt dann die Halbleiteroberfläche frei, so daß dort Fremdatome eindringen können, welche eine Umdotierung des Halbleiters bewirken. Solche Dotierprozesse sind fast immer mit einer Wärmebehandlung bei höheren Temperaturen (**Temperbehandlung**) verbunden, was eine wichtige Konsequenz nach sich zieht: Die Maskierungsschicht für die Dotierung und alle weiteren bereits auf der Halbleiterscheiben vorhandenen Schichten müssen eine Behandlung bei hohen Temperaturen überstehen, ohne ihre eigene Konsistenz zu verlieren und unerwünschte Reaktionen mit dem Halbleiter oder anderen bereits vorhandenen Schichten einzugehen.

Die erste Bedingung läßt sich relativ leicht erfüllen dadurch, daß zur Abdeckung Isolatorschichten aus Siliziumdioxid oder -nitrit verwendet werden, die ohnehin bei relativ hohen Temperaturen erzeugt werden und daher eine entsprechend hohe Temperaturfestigkeit besitzen (die Photolackschicht selber ist nicht temperaturbeständig und muß vorher entfernt werden). Problematisch ist das Verhalten von Schichten aus Metallen oder Metallverbindungen, da diese in den meisten Fällen bereits bei relativ niedrigen Temperaturen untereinander oder mit dem Halbleitersubstrat Legierungen bilden (außerdem stellen sie eine Verunreinigungsquelle dar). In dieser Beziehung ist es in der Praxis sehr ratsam, vor der Entwicklung der Prozeßfolge die entsprechenden Zustandsdiagramme (s. Abschnitte 3.2.1 und 3.2.2) zu untersuchen.

Die Tatsache, daß Dotierprozesse in der Regel mit Hochtemperaturbehandlungen verbunden sind, hängt damit zusammen, daß im allgemeinen eine Festkörperdiffusion von Dotieratomen in den Halbleiterkristall hinein erforderlich ist (bei der Ionenimplantation erfordert das Ausheilen von Strahlenschäden ebenfalls eine Hochtemperaturbehandlung). Dieses setzt – bei zeitlich vertretbaren Diffusionszeiten im Bereich von Minuten bis Stunden – einen hinreichend hohen Diffusionskoeffizienten voraus, der wiederum nur im Bereich höherer Temperaturen zu realisieren ist (Bild 8.2.5-1b). Selbstverständlich ist die maximale Dotierungskonzentration an die durch das Zustandsdiagramm vorgegebene Festkörperlöslichkeit gebunden, Bild 8.2.5-1a gibt als Auszug der Daten in Bild 3.2.1-7 eine Zusammenstellung für die in Silizium wichtigen Dotierelemente.

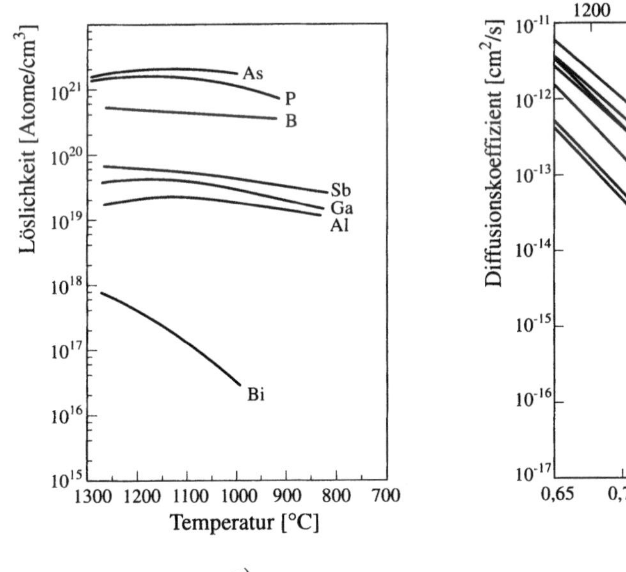

Bild 8.2.5-1:   *Eigenschaften wichtiger Dotierelemente in Silizium*
a) Löslichkeit (Auszug aus Bild 3.2.1-7)
b) Diffusionskoeffizienten

Wie aus Bild 3.2.5-1b hervorgeht, erfordert die Randbedingung akzeptabler Diffusionszeiten in der Regel Temperaturen von 900°C oder darüber, d.h. Werte, bei denen die Legierungsbildung in den meisten Fällen bereits eine große Bedeutung besitzt. Selbst wenn dieses ausnahmsweise noch nicht der Fall ist , treten unter solchen Voraussetzungen immer Verunreinigungseffekte auf, bei denen Fremdstoffe aus den anderen Schichten über die Gasphase oder eine Oberflächen- bzw. Volumendiffusion in den Halbleiter gelangen und dort unerwünschte Störstellen einführen. Deshalb werden Dotierungsprozesse bevorzugt in die Anfangsstadien des Planarprozesses gelegt, in denen die Halbleiterscheibe mit möglichst wenigen anderen Materialien (außer den Isolierschichten) beschichtet worden ist.

Mit zunehmender Dotierungskonzentration nimmt in der Regel der spezifische Widerstand in der dotierten Schicht ab (Bild 8.2.5-2), d.h. die Leitfähigkeit zu. Eine Abweichung hiervon tritt bei einer **Dotierungskompensation** auf, wenn z.B eine vorhandene n-Dotierung durch Zugabe einer geringeren Konzentration von p-Dotierelementen wie Bor hochohmiger wird: In diesem Fall hebt sich die Wirkung der Dotierungsatome gegenseitig auf, mit Zugabe von Bor nimmt die Leitfähigkeit ab. Ist dagegen die p-Dotierungskonzentration größer als die der n-Dotierung, dann ändert die dotierte Schicht ihren Leitungscharakter: Sie wird p-leitend und mit zunehmender p-Dotierung niederohmiger.

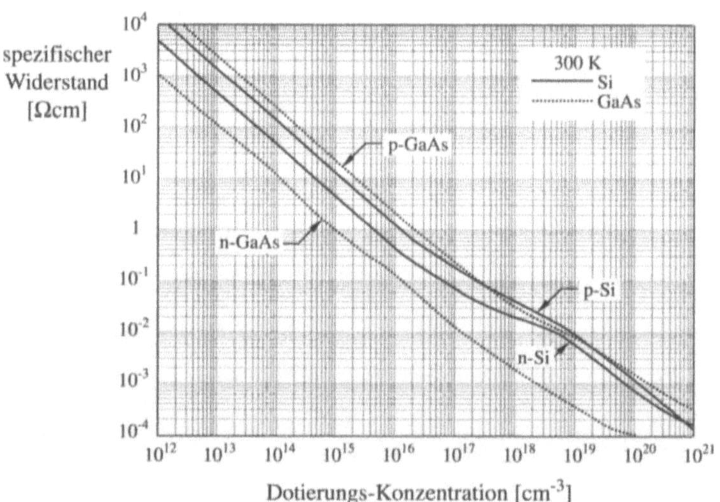

Bild 8.2.5-2: *Abhängigkeit des spezifischen Widerstands von der Konzentration der Dotierungsatome für Silizium und Galliumarsenid (nach [28]).*

Das Eindiffundieren der Dotierungsatome von der Oberfläche der Halbleiterscheibe aus erfolgt nach den Gesetzen, die sich aus einer kombinierten Lösung von Stromdichte- und Kontinuitätsgleichung ergeben (Buch I, Abschnitte 2.7.2 und 2.8.1, sowie Bild 1.3.2-1): Ist die Menge des von der Oberfläche angebotenen Dotierstoffes begrenzt (als Maßstab hierfür dient häufig die Löslichkeit), dann ergeben sich für den Konzentrationsverlauf Gaußprofile, ansonsten Profile, welche durch das Komplement der Gaußschen Fehlerfunktion (erfc) bestimmt werden, vgl. Band 1, Bild 2.8.1-3. Diese Lösungen der Grundgleichung setzen allerdings einen konstanten nicht konzentrationsabhängigen Diffusionskoeffizienten voraus. Das ist in der Praxis häufig nicht oder nur in eingeschränktem Maße gegeben. Bild 8.2.5-3 zeigt dieses am Beispiel der Golddiffusion in Silizium. Gold hat zwar keine Bedeutung als Dotierungselement für die Leitfähigkeit, ist jedoch in der Praxis sehr wichtig zur Einstellung der Minoritätsträgerlebensdauer (vgl. Bild 6.2.3-2) in Schaltdioden und -transistoren, in diesem Fall spricht man auch von einer **Lebensdauerdotierung**.

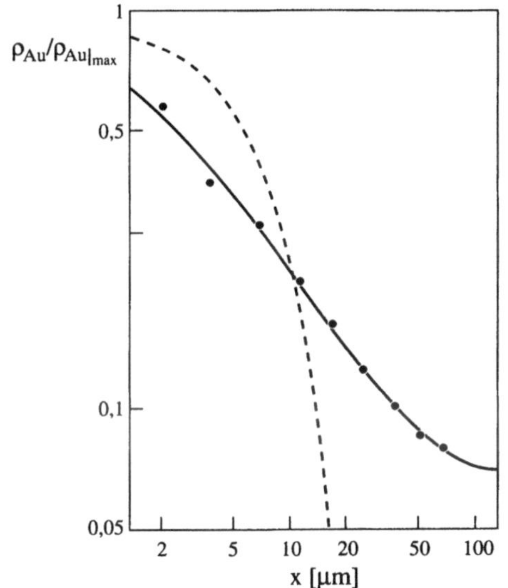

Bild 8.2.5-3:   *Doppeltlogarithmische Auftragung der Goldkonzentration (normiert auf die Löslichkeit) in Silizium nach Eindiffusion von der Oberfläche. Gestrichelt eingetragen ist der erfc-Verlauf. Die große Eindringtiefe (schnelle Diffusion) einiger Goldatome kommt durch einen interstititellen (Zwischengitter-) Diffusionsmechanismus zustande, dabei wirkt allerdings die geringe interstitielle Löslichkeit diffusionshemmend. Hohe Konzentrationen sind nur auf substitutionellen Gitterplätzen möglich (vgl. Bild 3.2.1-7), die Diffusion über solche Gitterplätze ist aber deutlich langsamer (nach [58]).*

Die Abscheidung des Dotierstoffes auf der Halbleiteroberfläche zum Zwecke einer nachfolgenden Eindiffusion kann über eine Kategorie von Prozessen erfolgen, die hier als **thermische Dotierverfahren** zusammengefaßt werden. In vielen dieser Prozesse (vgl. Tab. 8.2.5) wird in einem Diffusionsofen die Gasphase mit dem Dotierstoff angereichert (Verwendung von dotierstoffhaltigen Gasen, Leitung eines Trägergases über eine Dotierstoffquelle, Ausdampfen aus Feststoffquellen, u.a.), in anderen werden die Scheiben zusammen mit einer Dotierstoffquelle im Vakuum eingeschmolzen und anschließend erhitzt, wobei die Dotierstoffquelle teilweise verdampft (**Ampullendiffusion**, dieses Verfahren wird heute kaum noch angewendet). Schließlich kommt die Abscheidung dotierstoffhaltiger Schichten auf die Halbleiteroberfläche in Frage (Beispiele Phosphor-Silikatglas PSG, Arsengläser, dotiertes Polysilizium u.a.).

Tab. 8.2.5-1:   *Thermische Dotierungsverfahren (nach [55])*

	Bor	Phosphor	Arsen	Antimon
Dotierquelle	B_2H_6 (gasförmig) BBr_3 (flüssig) BN (fest, als Scheiben)	PH_3 (gasförmig) $POCl_3$ (flüssig) CVD-PSG (Schicht)	AsH_3 (gasförmig) As (fest, Box-Verfahren) CVD-AsSG (Schicht) Dotierlack	Dotierlack
Temperatur	800...1200°C	800...1200°C bei PH_3 und $POCl_3$ 400...700°C bei CVD-PSG- Abscheidung	800...1200°C bei AsH_3 und As 400...700°C bei CVD-AsSG- Abscheidung 200...400°C für Dotierlack	200...400°C für Glasbildung

Alle diese Dotierverfahren haben den Vorteil, daß eine große Anzahl von Halbleiterscheiben gleichzeitig dotiert werden kann, so daß die Scheibenkosten pro Dotierprozeß niedrig gehalten werden können. Dem stehen aber eine Reihe von schwerwiegenden Nachteilen entgegen: Die Menge des angebotenen Dotierstoffes variiert erheblich zwischen den verschiedenen Scheiben und über die Scheibenoberflächen selbst, so daß die örtlich vorhandene Dotierungskonzentration erheblichen Schwankungen unterworfen ist. Aus diesem Grund ist eine Prozeßführung über eine unbegrenzte Dotierstoffquelle (erfc-Profil mit einer Konzentrationsbegrenzung über die Löslichkeit) generell zu bevorzugen. Nachteilig ist weiterhin, daß zusammen mit dem erwünschten Dotierstoff auch die in der Dotierstoffquelle unvermeidlich enthaltenen Verunreinigungen auf die Halbleiteroberfläche gelangen und von dort aus in den Halbleiter eindiffundieren, wobei deren Diffusionskoeffizienten häufig weit größer sind als der Diffusionskoeffizient der Dotierungsatome. In diesem Fall verteilen sich die unerwünschten Fremdatome schnell über die gesamte Scheibe und können generell die Bauelementeigenschaften verschlechtern.

Die genannten Nachteile der thermischen Dotierungsverfahren können durch eine andere zwar aufwendige, aber in ihrer Genauigkeit (Homogenität und Reproduzierbarkeit) und chemischen Reinheit bessere Dotierungstechnologie, die **Ionenimplantation**, vermieden werden. Bei diesem Verfahren (Bild 8.2.5-4) werden aus geeigneten chemischen Verbindungen (Gase, Flüssigkeiten, Festkörper) zunächst einzelne Ionen der Dotierungsatome erzeugt (Verdampfung, Plasmaentladung, Pyrolyse), diese anschließend elektrostatisch beschleunigt und durch den Magneten eines einstellbaren Massenanalysators geleitet. Dort werden sie nach ihrem Verhältnis von Ladung zu Masse getrennt, d.h. auf verschiedene Bahnen gelenkt, von denen nur eine einzige durch Anbringen einer Schlitzdurchführung (Analysator- oder Selektorblende) ausselektiert werden kann. Durch diese Öffnung gelangen damit nur Ionen mit ganz spezifischen Eigenschaften, die sich so scharf voneinander trennen lassen, daß praktisch nur Ionen eines bestimmten vorgegebenen Elements (oder Moleküls) mit einer vorgegebenen Ladung (Anzahl der positiven oder negativen Elementarladungen) die Analysatorblende verlassen. Dort können sie zu einem engen Strahl fokussiert werden, der auf die Halbleiterscheiben gerichtet wird. Durch elektrostatische Ablenkplatten kann dieser Strahl über die Scheibe mäanderförmig geführt werden, so daß dort ein Rastermuster entsteht. Dabei ist die Rasterbreite meist viel kleiner als der Strahldurchmesser, d.h. die Belegung der Halbleiterscheibe mit Dotierungsatomen ist nahezu homogen.

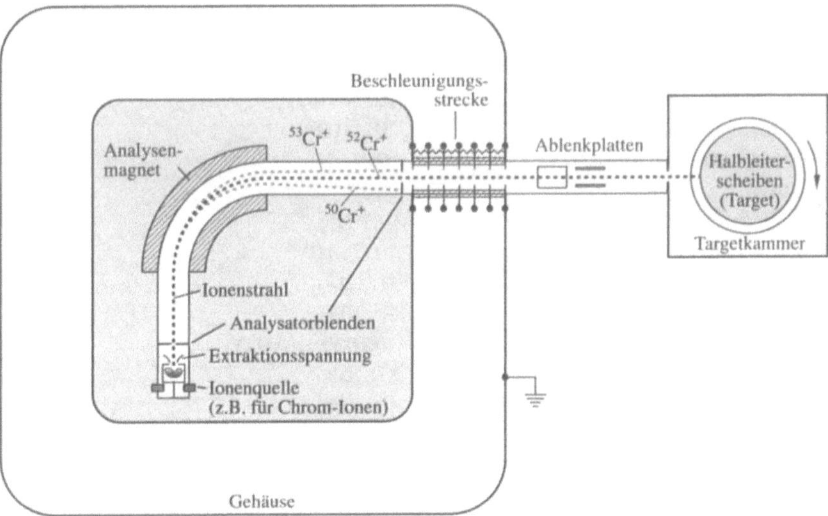

Bild 8.2.5-4:   *Aufbau eines Ionenimplantationsgeräts: In der Ionenquelle wird der Dotierstoff in einzelne Atome oder Moleküle zerlegt und diese durch eine Extraktionsspannung beschleunigt. Die so erzeugten Ionen (ionisierte Moleküle) werden in einem Massenanalysator nach ihrem Ladungs/Massen-Verhältnis getrennt. Hinter der Analysatorblende werden die Ionen in einer Beschleunigerstrecke auf eine vorgegebene Energie gebracht und gelangen – nach elektrostatischer Ablenkung über Ablenkplatten – auf die Halbleiterscheiben in der Targetkammer (nach [59]).*

Der große Vorteil dieses Verfahrens liegt nicht nur darin, daß durch die Massenseparation unerwünschte Fremdatome wirkungsvoll ausgesondert werden können, sondern auch in der Möglichkeit, die Anzahl (bei Rasterung Anzahl pro Fläche = Flächenkonzentration) der auf der Scheibe auftreffenden Dotierungsatome direkt zu messen: Jedes Ion trägt eine durch die Massenseparation festgelegte Ladung mit sich; aus der auf die Scheibe übertragenen Gesamtladung kann (über eine Division durch die Ionenladung) die Gesamtzahl der implantierten Ionen genau bestimmt werden.

Trotz einiger Störungsmöglichkeiten (Verunreinigung des Strahls durch Absputtern von der Selektorblende, Neutralisierung oder Umladung der Ionen im Strahl u.a.) ist dieses Dotierverfahren in der Fertigung von Halbleiterbauelementen heute fest etabliert und wird standardmäßig angewendet.

Tab. 8.2.5-2 zeigt typische technologische und ökonomische Leistungsdaten der Ionenimplantations-Technologie.

Tab. 8.2.5-2: Technische und wirtschaftliche Leistungsdaten zur Ionenimplantation (nach [59]).

Parameter	Bereiche
Ionen	jedes Element oder Molekül
Target-Material	jedes feste Material
Target-Vorbereitung	gereinigte und polierte Oberfläche
Target-Abmessungen [m]	< 2
Target-Temperatur [°C]	-196...300
Druck in Beschleuniger [Pa]	$10^{-5}...10^{-3}$
Beschleunigungsspannung [kV]	10...1000
Tiefe der implantierten Ionen [μm]	0.01...1
Ionen-Strom	1 nA...20mA
Ionenstrahl Querschnitt [cm^2]	0.1...1
Ionen-Dosis [Atome/cm]	$10^{16}...10^{18}$
Homogenität, Atom%	1...50
Oberflächenabtragung [nm]	1...100
Investitionskapital [$]	200.000...400.000
Leistungsbedarf [kVA (kW)]	5...20
Platzbedarf [m^2]	10...20
Implantationskosten [$/cm^2]	0.01...1

Wenn die beschleunigten Dotierungsatome auf der Halbleiteroberfläche angelangt sind, dann stoßen sie innerhalb kurzer Zeit (d.h. bei einer geringen Eindringtiefe) mit den Halbleiteratomen oder anderen Dotierungsatomen zusammen. Bei den relativ großen Massen und Energien der beteiligten Atome führt das zu erheblichen Störungen im Kristallaufbau des Halbleiters: die Atome werden dort teilweise aus ihren Gitterplätzen verdrängt, so daß Kristallfehler wie Leerstellen und Zwischengitteratome entstehen (**Strahlenschädigung**), teilweise werden die Bereiche entlang der

Bahn des implantierten Fremdions sogar so stark gestört, daß sie eine amorphe Struktur annehmen (Bild 8.2.5-5). Das Dotierungsatom selbst dringt im Mittel bis in eine Tiefe R_p (**mittlere Eindringtiefe**) in den Halbleiter ein, bis es den größten Teil seiner kinetischen Energie durch Stoßprozesse abgegeben hat und im Kristall zur Ruhe kommt.

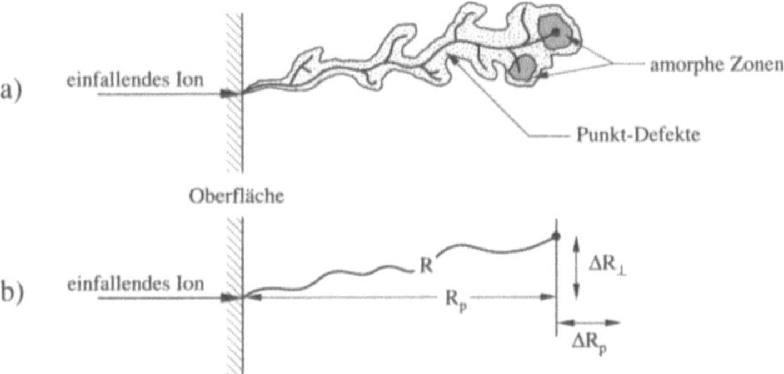

Bild 8.2.5-5:   *Bahn eines implantierten Ions im Halbleiter*

  a) In der Umgebung der Bahn werden die Kristallatome im Halbleiter stark gestört, es entstehen Punktfehler (Leerstellen und Zwischengitteratome) bis hin zu (teilweise) amorphen Bereichen.

  b) Die Bahn des implantierten Ions läßt sich charakterisieren durch eine mittlere Reichweite R_p und eine Streuung der mittleren Reichweite ΔR_p in Bahnrichtung und senkrecht dazu.

Die Verteilung der implantierten Ionen im Halbleiter (**Implantationsprofil**) hat in vielen Fällen etwa die Form einer Gaußverteilung mit der Unschärfe ΔR_p, Bild 8.2.5-6 gibt ein Beispiel hierzu. Bild 8.2.5-7 zeigt die Abhängigkeit der mittleren Eindringtiefe wichtiger Dotierungsatome in Silizium von der Beschleunigungsspannung.

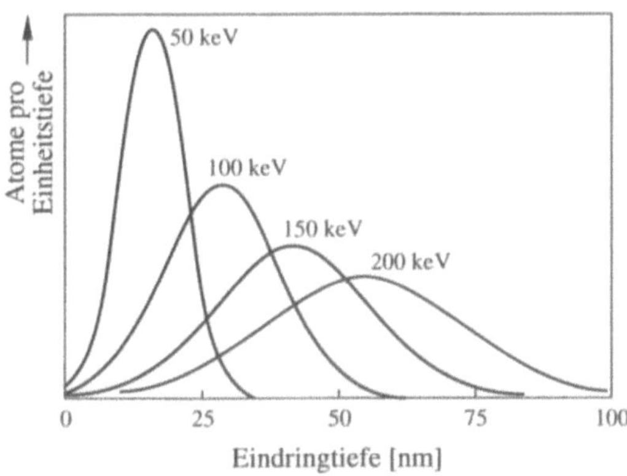

Bild 8.2.5-6:   *Implantationsprofile von Eisenatomen in ein Target aus Eisen bei verschiedenen Energien der implantierten Ionen (nach [59]).*

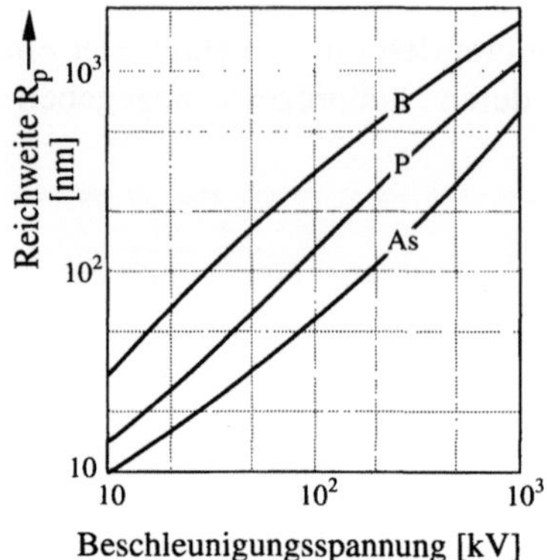

Bild 8.2.5-7: *Reichweite verschiedener einfach geladener Ionen von Dotierungselementen in Silizium in Abhängigkeit von der Beschleunigungsspannung (nach [55])*

Das Ergebnis einer Ionenimplantation ist also keineswegs allein das Einbringen von Fremdatomen, in der Regel werden weit mehr Fehlstellen erzeugt als Ionen implantiert (Bild 8.2.5-8). Neben der Verteilung implantierter Ionen entsteht eine Verteilung von Strahlenschäden (Bild 8.2.5-8). Oberhalb einer kritischen Konzentration geht der vorher – wenn auch stark gestörte – kristalline Halbleiter zur Minimierung der freien Energie in einen amorphen Zustand (große Entropie) über.

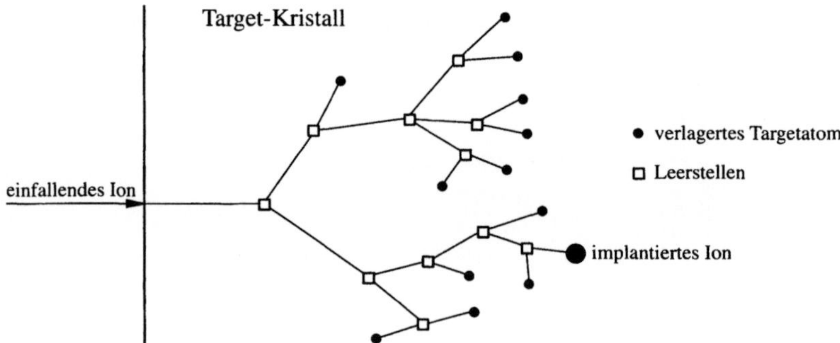

Bild 8.5.2-8: *Implantationskaskade: Ein implantiertes schweres Fremdion erzeugt eine große Anzahl von verlagerten Halbleiteratomen und Leerstellen (Einfach- und Mehrfachleerstellen)*

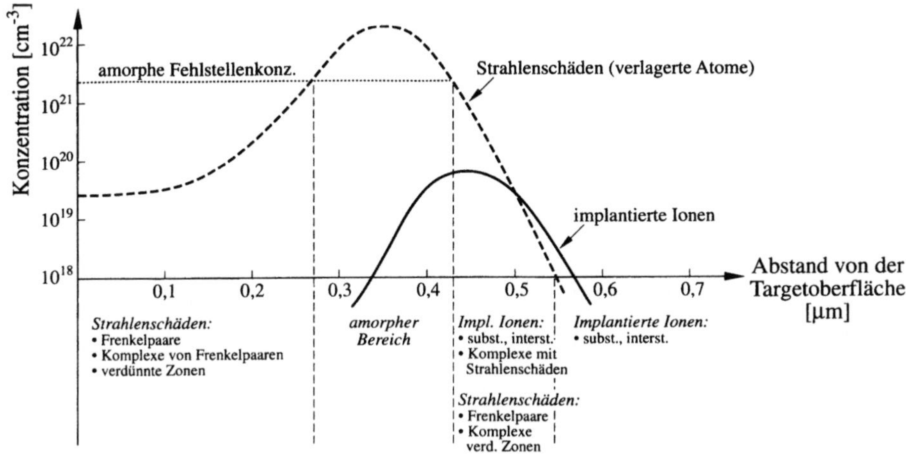

Bild 8.5.2-9:   *Beispiel für eine Verteilung von implantierten Ionen und Strahlenschäden in einem Halbleiterkristall. Oberhalb einer bestimmten Konzentration von Strahlenschäden wandelt sich der gestörte Kristall zur Minimierung der freien Energie in eine amorphe Struktur um.*

Nach dem Prozeß der Ionenimplantation ist die Halbleiteroberfläche so stark gestört, daß dort die typischen elektrischen Eigenschaften des Halbleiters nicht mehr vorhanden sind: Aufgrund der hohen Dichte tiefer Störstellen ist der Halbleiter nahezu isolierend. Erst nach Anwendung einer Temperbehandlung (typisch bei Temperaturen von 700 bis 900°C) können die verlagerten Atome wieder größtenteils auf Gitterplätze zurückkehren: die ursprüngliche kristalline Ordnung wird wiederhergestellt. Auch amorph gewordene Schichten wachsen wieder epitaktisch auf den tieferliegenden einkristallinen Halbleiterbereichen auf (**Festkörperepitaxie**). Erst jetzt beginnen die implantierten Dotierungsatome elektrisch aktiv zu werden, d.h. die typische Dotierungswirkung (Aufnahme oder Abgabe von Elektronen) auszuüben. In diesem Temperaturbereich findet aber in der Regel – insbesondere in Verbindung mit den reichlich vorhandenen Punktfehlern – bereits eine gewisse Diffusion statt. Damit weicht das Profil der implantierten Ionen nach der elektrischen Aktivierung meistens von dem eines Gaußprofils ab (Bild 8.5.2-10).

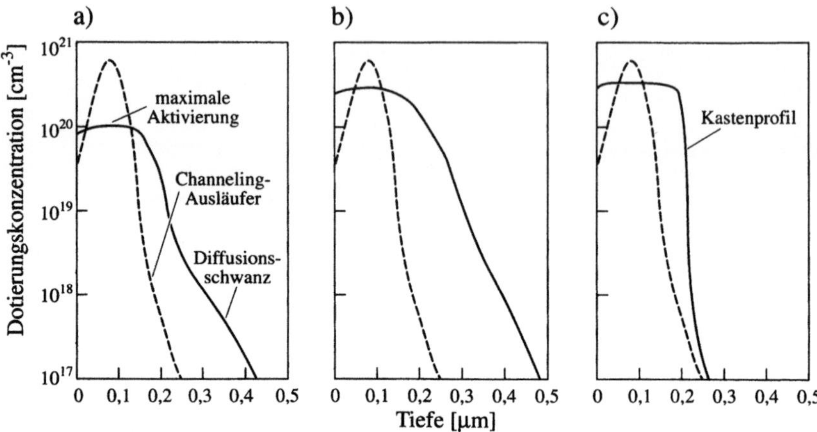

Bild 8.2.5-11:   *Konzentration der Dotierungsatome nach Ionenimplantation und elektrischer Aktivierung.*

*Gestrichelte Kurven: Die Dotierungsatome nehmen ein Profil an, das von dem theoretisch zu erwartenden Gaußprofil teilweise erheblich abweicht. Wenn die Ionen bei speziellen Orientierungen des Halbleiterkristalls in eine relativ "offene" Kristallrichtung einfallen (dort gibt es Kanäle, in denen das implantierte Ion mit einer geringeren Wahrscheinlichkeit mit Kristallatomen zusammenstößt), dann treten vergrößerte Eindringtiefen auf (**Channeling-Ausläufer**).*

Durchgezogene Kurven: Nach einer längeren Temperaturbehandlung verändert sich das Profil der implantierten Ionen in Abhängigkeit von dem Diffusionsverhalten (mit einem konzentrationsabhängigen Diffusionskoeffizienten) der implantierten Ionensorte.

Nach dem Ausheilprozeß sind die implantierten Dotierungsatome weitgehend elektrisch aktiv (obwohl verbliebene, nicht ausgeheilte Strahlenschäden weiterhin die Ladungsträgerbeweglichkeit absenken können) und können für Bauelementanwendungen eingesetzt werden.

Ein grundsätzlich anderes für Silizium-Substratscheiben geeignetes Dotierungverfahren mit einer sehr homogenen und reproduzierbaren Erzeugung von Phosphoratomen (n-Dotierung) ergibt die Atomumwandlung durch Neutronenbeschuß (**Neutronen-Transmutation**). Die Umwandlung erfolgt über die Reaktion:

$$\mathrm{Si}_{14}^{30} + \text{Neutronen} \longrightarrow \mathrm{Si}_{14}^{31} + \gamma\text{-Strahlung} \rightarrow \mathrm{P}_{15}^{31} + \beta\text{-Strahlung}$$

Diese Dotierung erfolgt gleichmäßig in dem gesamten neutronen-bestrahlten Siliziummaterial, sie ist nicht maskierbar.

8.2.6 Lithographie

Das Grundprinzip der Lithographie war in Bild 8.2.1-1 beschrieben worden, dabei traten drei Teilproblematiken auf:

1. Die verwendete Strahlung muß dazu imstande sein, an den belichteten Stellen das lokale Aufbrechen (Positivlack) oder Vernetzen (Negativlack) von Molekülketten zu bewirken. Bei Anwendung geeigneter chemischer Substanzen (**Photolacke** oder **Photoresists**) kann hierfür die sichtbare optische Strahlung bis hin in den Ultraviolettbereich verwendet werden. Grundsätzlich sind aber auch elektromagnetische Strahlen kürzerer Wellenlänge (Röntgenstrahlen) geeignet sowie im Vakuum Elektronen- oder Ionenstrahlen.

2. Das Abbild einer Maske muß möglichst strukturgetreu auf die mit dem Photolack beschichtete Halbleiterscheibe übertragen werden. Hierfür kommen drei Methoden in Frage (Bild 8.2.6-1).

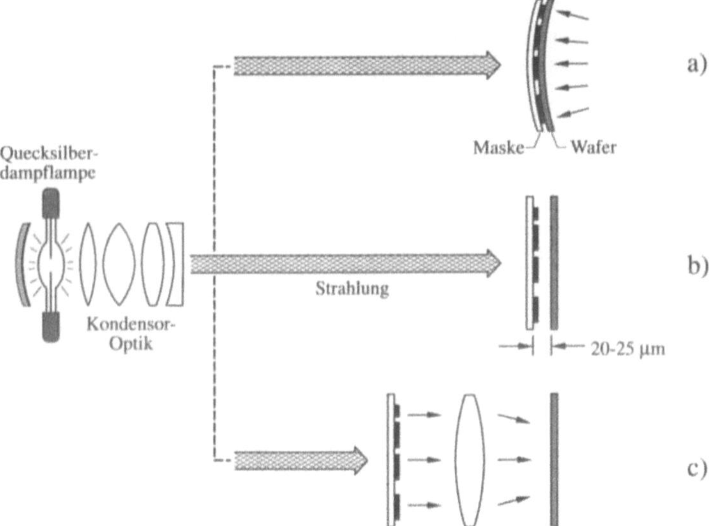

Bild 8.2.6-1:   *Übertragung der Maskenstruktur auf eine Halbleiterscheibe (nach [54])*

> *a) **Kontaktlithographie**: Maske und Halbleiterscheibe werden fest zusammengepreßt: Vorteilhaft ist wegen des geringen Abstandes von beiden die gute Übertragungsqualität, nachteilig ist die eventuelle Beschädigung der Maske durch Unebenheiten auf der Halbleiterscheibe.*

> *b) Lithographie über **Proximity-Verfahren** (**proximity printing**): Der Abstand zwischen Maske und Scheibe beträgt einige Mikrometer: Im Vergleich zur Kontaktlithographie wird die Übertragungsqualität schlechter, die Schonung der Maske besser.*

> *c) **Projektionslithographie**: Die Maske wird über eine aufwendige Optik ganzflächig auf die Halbleiterscheibe abgebildet: Vorteilhaft ist, daß die Maske beim Photoprozeß mechanisch kaum beschädigt werden kann und damit für sehr viele Photoprozesse einsetzbar ist, problematisch ist die optische Übertragungsqualität über große Flächen und Distanzen .*

3. Die Strukturen der Maske müssen sehr genau auf die bereits vorhandenen Strukturen auf der Scheibe ausgerichtet (**justiert**) werden, hierfür muß die Maske relativ zur festen Scheibe (oder umgekehrt) verschoben und verdreht werden können. Dieses ist am problematischsten bei der Kontaktlithographie, deshalb erfolgt der Justierprozeß vor dem Aufeinanderpressen von Maske und Scheibe.

Für jedes Lithographieverfahren gibt es eine minimale Strukturgröße, die unter den erforderlichen Randbedingungen gerade noch übertragen werden kann. Die Strukturgrößen von Halbleiterbauelementen in integrierten Schaltungen sind im Laufe der Zeit immer weiter abgesenkt worden (s. Abschnitt 12): Dieses ermöglicht einerseits die Integration immer größerer Dichten von Bauelementfunktionen (z.B. Speicherzellen) auf einem Halbleiterkristall (**Chip**, auf einer Halbleiterscheibe befinden sich in der Regel viele identische Chips), andererseits die Verbesserung der elektrischen Parameter der Bauelemente (kürzere Laufwege und Verdrahtungsabstände, kleinere parasitäre Kapazitäten u.a.) und schließlich niedrigere Herstellungskosten pro Bauelementfunktion: Bei einer gesteigerten Bauelementdichte kann eine größere Zahl von Chips gleichzeitig auf derselben Halbleiterscheibe hergestellt werden. Bild 8.2.6-2 zeigt die erfolgte und für die Zukunft prognostizierte Abnahme der minimalen Strukturgröße in integrierten Schaltungen.

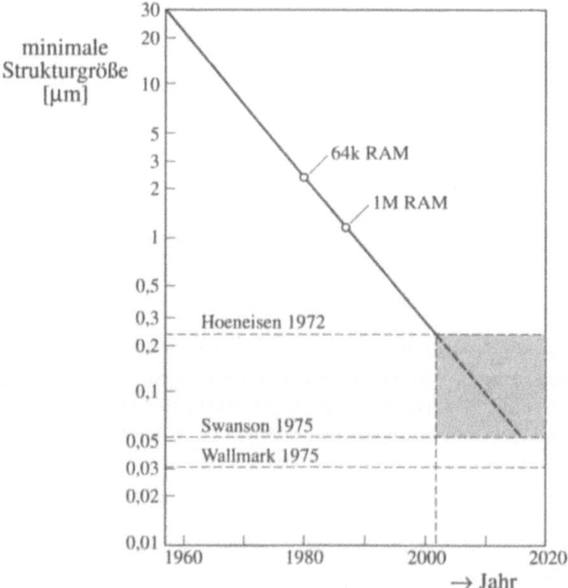

Bild 8.2.6-2:   *Abnahme der minimalen Strukturgröße in integrierten Schaltungen in Abhängigkeit vom Fortschritt der Technologie (gekennzeichnet durch das Jahr der Herstellung, nach [60]).*

Nach Bewältigung erheblicher anfänglicher Probleme bei der hochgenauen optischen Übertragung feiner Strukturen über große Flächen erweist sich heute in der industriellen Massenproduktion die Projektionslithographie als überlegen, insbesondere wegen der Tatsache, daß die hohen Maskenkosten durch häufigen Gebrauch der Maske reduziert werden können. Auf der anderen Seite ist es problematisch, hochgenaue Strukturen über große Scheibenflächen aufeinander zu justieren (die Justiergenauigkeit muß besser sein als ca. 1/5 der Strukturgröße!). Allein wegen der zahlreichen Prozeßschritte bei hohen Temperaturen und der Bedeckung mit einer Vielzahl von Schichten aus anderen Materialien haben Halbleiterscheiben die Eigenschaft, sich zu "verziehen". Neuere Untersuchungen haben sogar ein noch erheblicheres Verziehen der Masken selbst ergeben. Eine gute Justierung kann also nur noch *örtlich* erreicht werden, an anderen Stellen auf der Scheibe ergibt sich eine so ungenaue Justierung, daß die dort angeordneten Bauelemente ausfallen. Aus diesem Grund sind **step-and-repeat-**Belichtungsgeräte entwickelt worden, welche die (meist vollautomatische) Justierung über *Teilbereiche* auf der Scheibe einzeln durchführen (Bild 8.2.6-3).

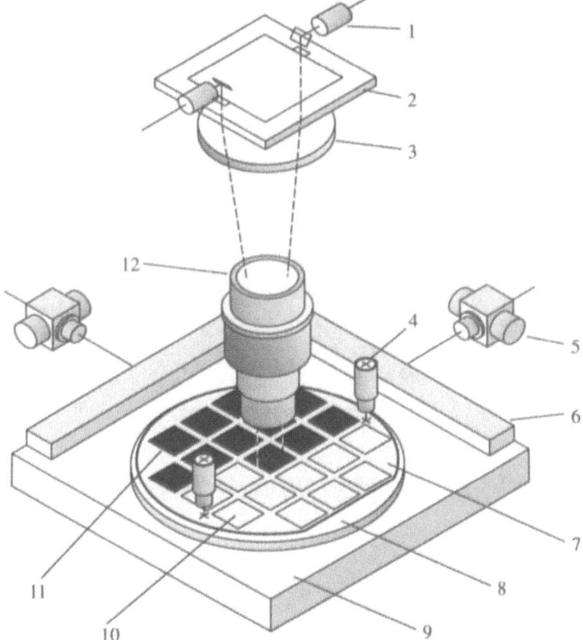

Bild 8.2.6-3:   *Step-and-repeat-Belichtungsgerät (nach [55], [61]. Die einzelnen Funktionen sind: 1 Justieroptik, 2 Retikel (vergrößerte Maske, die Strukturen werden optisch verkleinert auf die Halbleiterscheibe abgebildet), 3 Abbildungslinse, 4 Vorjustierungs-Optik, 5 Laserinferometer zur hochgenauen Bewegung der Scheibe beim Justieren, 6 Halterung, 7 Halbleiterscheibe, 8 Scheibenunterlage (Scheibe wird angesaugt), 9 bewegte Halterung für die Scheibenunterlage, 10 belichtetes Bildfeld, 11 noch nicht belichtetes Bildfeld*

Grundsätzlich liefert die *Wellenlänge* des zur Übertragung verwendeten Lichts (sichbares Licht 0,4 bis 0,7 µm; ultraviolette Strahlung bis ca. 0,3 µm) einen Richtwert für die miniale Strukturgröße , darunter ist eine kontrastreiche Abbildung nicht mehr möglich. Deshalb wurde frühzeitig auch an alternativen Verfahren gearbeitet, welche eine Lithographie mit elektromagnetischer Strahlung noch kürzerer Wellenlängen ermöglichen. Bild 8.2.6-4 stellt ein Gerät für die Kontakt- oder Proximity-Lithographie mit *Röntgenstrahlung* dar. Um zu vermeiden, daß diese Strahlung nicht auch die abgedeckten Bereiche auf der Maske durchdringt, ist hierfür *weiche* Röntgenstrahlung (0,5 bis 4 nm) vorteilhaft. Da die Erzeugung von intensivem Röntgenlicht in diesem Wellenlängenbereich mit herkömmlichen Verfahren (Erzeugung charakteristischer oder Bremsstrahlung über die Abbremsung beschleunigter Elektronen in einer Röntgenröhre) problematisch ist, wird auch an der Entwicklung von Röntgengeneratoren für diesen Wellenlängenbereich auf der Basis von **Synchrotronstrahlung** aus einem Elektronenspeicherring gearbeitet (Bild 8.2.6-5b). Dabei wird die Strahlung durch schnelle Ablenkung von Elektronen in einer Kreisbahn (hohe Beschleunigung in Richtung auf den Mittelpunkt der Kreisbahn) erzeugt, wobei die Röntgenstrahlung radial in einem Bündel schmaler Divergenz abgestrahlt wird. Bei diesen Röntgenquellen läßt sich die Wellenlänge durch Wahl der Maschinenparameter (Elektronenenergie und Kreisradius) kontinuierlich einstellen.

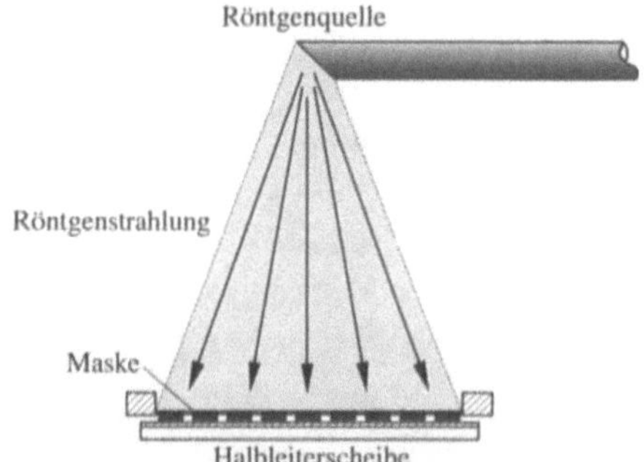

Bild 8.2.6-4:   *Kontakt- oder Proximity-Lithographie mit Röntgenstrahlung*

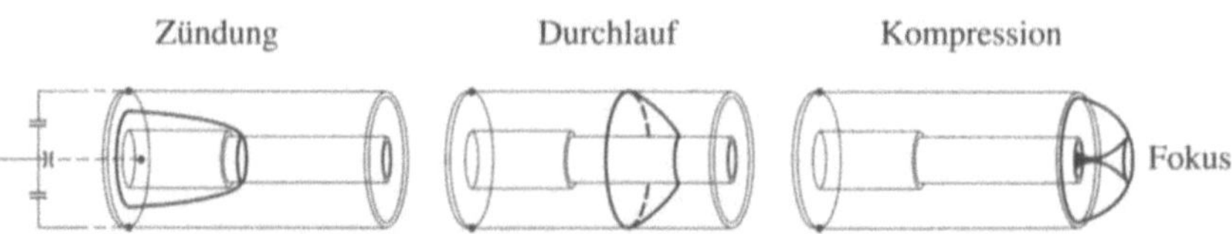

Bild 8.2.6-5a: *Plasmafokus-Quelle: Dabei wird ein Neonplasma in Form einer Stoßwelle erzeugt, das bei einer geometrisch erzwungenen Verdichtung Röntgenstrahlung im gewünschten Wellenbereich aussendet (nach [91]).*

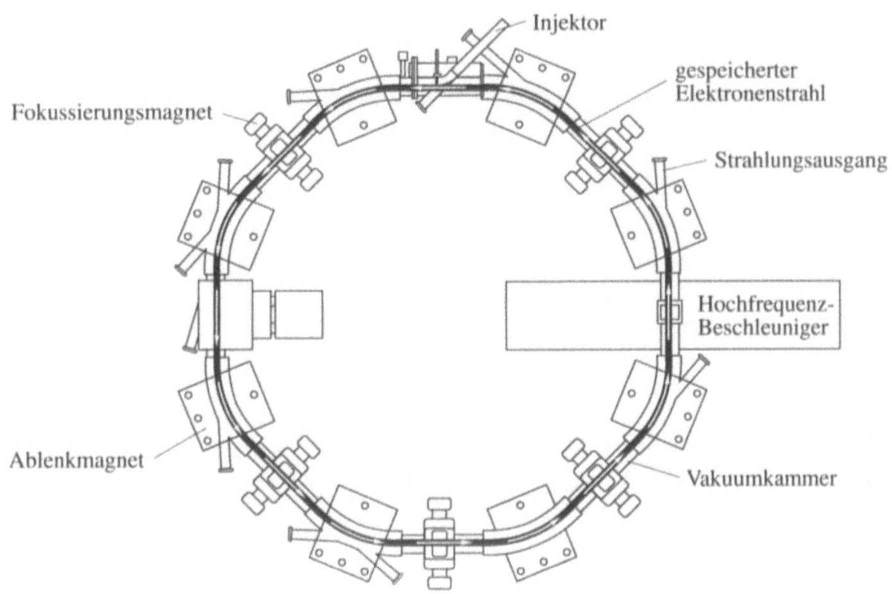

Bild 8.2.6-5b: Elektronenstrahlsynchrotron zur Herstellung weicher Röntgenstrahlung für Lithographiezwecke

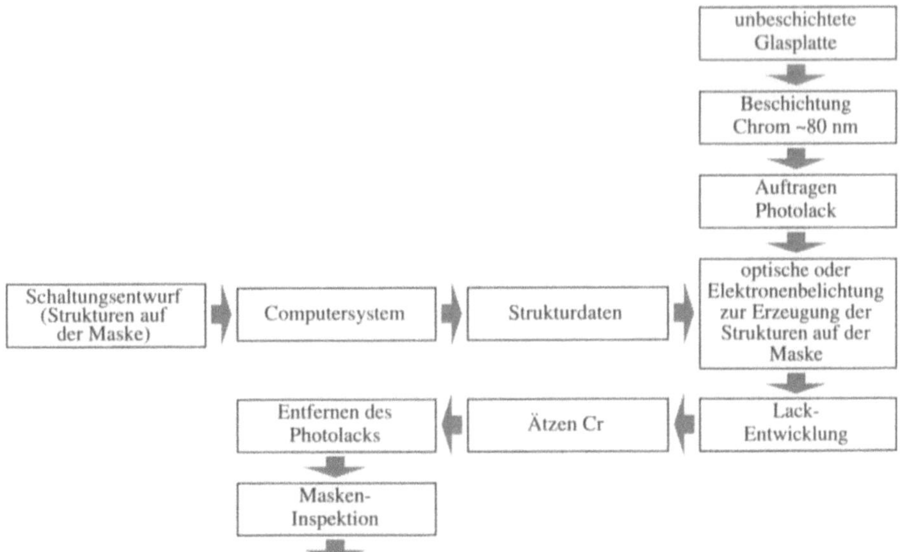

Bild 8.2.6-6:   Herstellungsprozeß für eine Chrommaske

Sowohl bei der lichtoptischen, wie bei der Röntgenlithographie wird die übertragene Strahlung nach Durchlaufen einer teilweise durchlässigen Maske örtlich ausgeblendet. Bei der optischen Lithographie werden hierfür mit Chrom beschichtete Glasplatten, bei der Röntgenlithographie goldbeschichtete dünne Trägerschichten aus Kunststoff oder dünngeätztem Silizium eingesetzt. Dabei haben die Röntgenverfahren den zusätzlichen Vorteil, daß sie nichtmetallische Staubpartikel durchstrahlen können, so daß diese sich kaum als Störung auswirken. Bild 8.2.6-6 zeigt den Herstellungsgang einer Chrommaske.

Noch weit kürzere Wellenlängen als Röntgenstrahlen haben Elektronenstrahlen, es gilt:

$$W_{kin} = \frac{\hbar^2 k^2}{2m} \underset{k=2\pi/\lambda}{\Rightarrow} \lambda = \sqrt{\frac{h^2}{2mW_{kin}}} \tag{1}$$

Nach Einsetzen der Zahlenwerte erhält man

$$\lambda\,[\text{nm}] = \frac{1,23}{\sqrt{W_{kin}\,[\text{eV}]}} \tag{2}$$

$$\text{Beispiel:} \quad W_{kin} = 10\,\text{keV} \Rightarrow \lambda = 0,012\,\text{nm}$$

Im Gegensatz zu lichtoptischen und Röntgenstrahlen kann man Elektronenstrahlen über elektrisch oder magnetisch steuerbare Linsen fokussieren und ablenken (Elektronenoptik). Dadurch entsteht die Möglichkeit, eine Lithographie ohne Einsatz von Masken durchzuführen: Ein Elektronenstrahl wird gebündelt auf eine mit einem für Elektronenstrahlbelichtung empfindlichen Photolack beschichtete Halbleiterscheibe fokussiert und mit Hilfe einer schnellen elektronisch gesteuerten Ablenkung auf dieser so geführt, daß sich die softwaremäßig gespeicherten Strukturdaten direkt einschreiben lassen. Da im Normalfall viele identische Strukturen der einzelnen integrierten Schaltungen (oder diskreter Bauelemente) auf der Scheibe angeordnet sind, müssen bei der Belichtung einer Scheibe dieselben Softwaredaten wiederholt abgefragt werden und eine identische Ablenkung des Elektronenstrahls erzeugen.

Daraus läßt sich bereits ein wesentlicher Nachteil dieser Verfahren ableiten: Da die Softwaredaten auch bei Einsatz schneller Datenverarbeitungssysteme nur in einer begrenzten Zeit bereitgestellt werden können, dauert die Belichtung einer Scheibe in der Regel weit länger als bei den Projektionsverfahren (bei denen eine Vielzahl von Informationen parallel übertragen wird). Vorteilhaft dagegen ist die Flexibilität: Änderungen der Strukturen lassen sich ohne Umweg über die (kostenträchtige und zeitraubende) Maskenherstellung unmittelbar implementieren.

Grundsätzlich kann der Strahl auf zweierlei Weise auf der Scheibe abgelenkt werden: mit einem Raster- oder einem Vektorscan (Bild 8.2.6-7; das englische Wort scan bedeutet die "Form der Ablenkung").

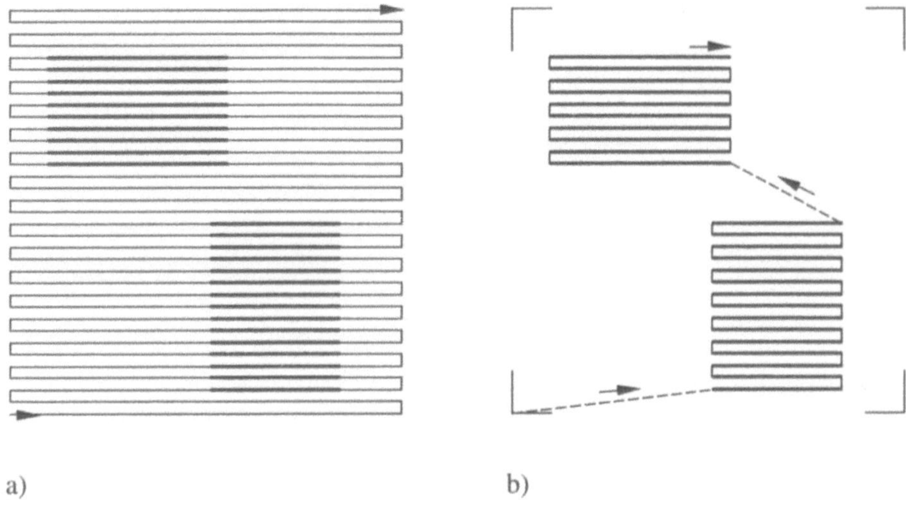

Bild 8.2.6-7:   *Raster- und Vectorscan*

a) Rasterscan:
Der fokussierte Elektronenstrahl wird mäanderförmig über die gesamte zu be-
schreibende Fläche gelenkt. Nur an den Stellen, die belichtet werden sollen,
erreicht er die Scheibe, an den anderen Stellen wird er ausgeblendet.

b) Vektorscan:
Der Elektronenstrahl wird gezielt an den Ort der zu belichtenden Stellen auf
der Scheibe geführt und schreibt dort die gewünschte Struktur.

Die verschiedenen direkt schreibenden Verfahren unterscheiden sich im wesentlichen durch die Form des Elektronenstrahls (der **Sonde**). Ein eng fokussierter Strahl erzeugt einen kreisförmigen Strahldurchmesser, dessen Elektronendichte etwa einer Gaußverteilung entspricht (**Gaußsche Sonde**). Durch geeignete Aperturblenden lassen sich auch speziell **geformte Sonden** erzeugen, die ebenfalls kontrolliert abgelenkt werden können. Schließlich ist es über Spezialtechniken möglich, die Form der festen Sonde in weiten Grenzen elektronisch zu variieren (**einstellbare geformte Sonde**). Bild 8.2.6-8 zeigt den Strahlengang eines Elektronenstrahlschreibers mit Gaußscher Sonde.

Die Justierung erfolgt bei direkt schreibenden Geräten über spezielle Justiermarken auf der Scheibe: Werden diese von dem Elektronenstrahl überstrichen, dann ändert sich die Verteilung der zurückgestreuten Elektronen, die über empfindliche Detektoren aufgefangen werden und damit eine genaue Positionsbestimmung der Justiermarke zulassen.

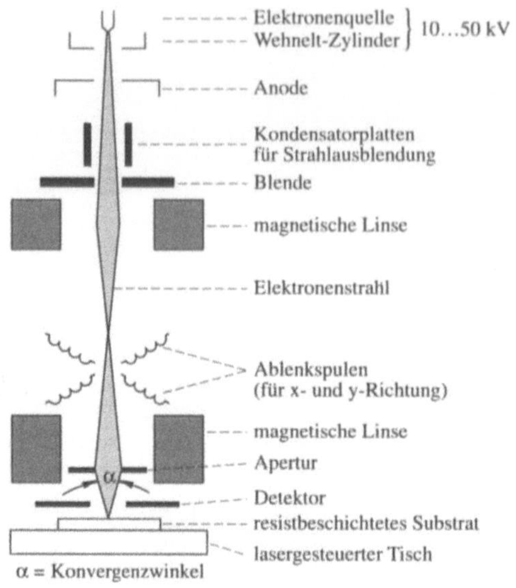

Bild 8.2.6-8:   *Elektronenstrahlschreibgerät mit Gaußscher Sonde (nach [55])*

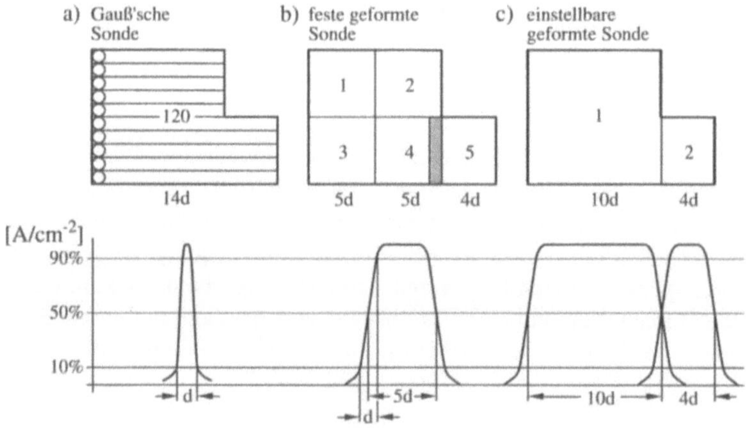

Bild 8.2.6-9:   *Verkürzung der Schreibzeit von Elektronenstrahlschreibgeräten durch Verwendung von geformten Sonden. Vorgegeben ist eine L-förmige Struktur*

   a) Gaußsche Sonde: *120 Sondenpunkte erforderlich*
   b) geformte Sonde :   *5 Sondenpunkte erforderlich*
   c) veränderliche geformte Sonde: 2 Sondenpunkte erforderlich

Durch Verwendung geformter Sonden kann erheblich an Schreibzeit eingespart werden (Bild 8.2.6-9).

In Bild 8.2.6-10 ist der Aufbau eines Elektronenstrahlschreibers mit veränderlicher geformter Sonde dargestellt. Elektronenstrahl-Lithographieverfahren werden heute bei der Herstellung höchstintegrierter Schaltungen routinemäßig eingesetzt. Aus Kostengründen werden sie aber noch vorwiegend zur Herstellung hochwertiger Masken verwendet (Bild 8.2.6-6), deren Strukturen dann meist über eine step-and-repeat-Projektion auf die Halbleiterscheiben übertragen werden.

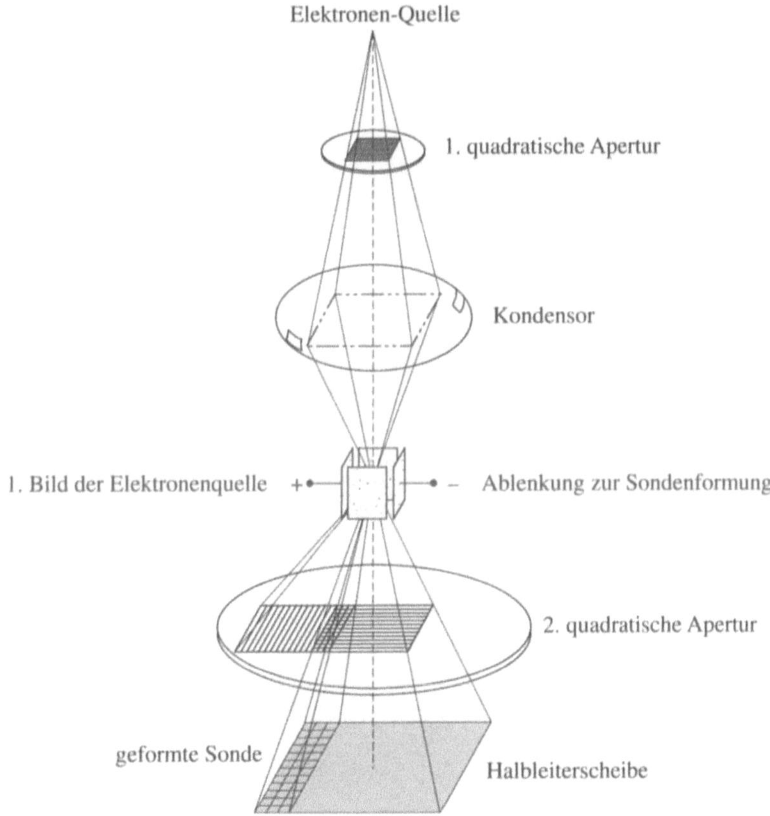

Bild 8.2.6-10:   *Prinzip der einstellbaren geformten Sonde (**variable shaped beam**): Über eine 1. quadratische Apertur wird die Sonde (Elektronenstrahl) vorgeformt, so daß sie einen quadratischen Querschnitt erhält. Durch elektrostatische Ablenkung des Bildes der 1. Sonde über eine 2. quadratische Apertur läßt sich die Form der durch beide Aperturen definierten – und auf die Halbleiterscheibe abgebildeten – Sonde kontinuierlich variieren.*

8.2.7 Ätzen

Die Grundanforderungen an einen Ätzprozeß werden aus Bild 8.2.1-1a deutlich:

1. Das Ätzverfahren muß die zu entfernende Schicht (Isolator, Metall, Halbleiter) auflösen oder abtragen.

2. Die strukturierte Maskierungsschicht (**Ätzmaske**, photo- oder elektronenempfindliche Lackschicht, evtl. Schicht aus einem anderen Material) muß dem Ätzprozeß gegenüber resistent sein.

Typische Schichtstrukturen nach einem Ätzprozeß sind in Bild 8.2.7-1 dargestellt.

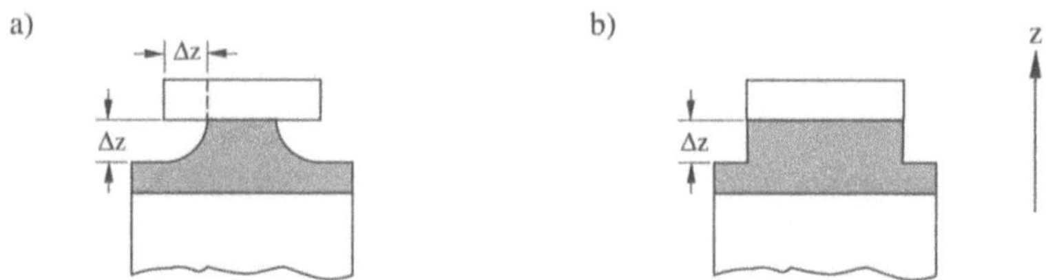

Bild 8.2.7-1:   Zusammenwirken von Ätzprozeß und Maskierung

   *a) **Isotropes** Ätzmittel:*
   *Die zu entfernende Schicht wird nicht nur an den von der Ätzmaske unbedeckten Stellen der Oberfläche, sondern auch darunter weggeätzt, wobei die ätzende Substanz von den Randgebieten der Maskierungsschicht eindringt (**Unterätzen**)*

   *b) **Anisotropes** Ätzmittel:*
   Eine Unterätzung wie in a) wird durch spezielle Verfahren vermieden

Typische Leistungsparameter für einen Ätzprozeß sind [55]:

$$\text{Ätzrate } r \;=\; \frac{\text{Ätzabtrag } \Delta z}{\text{Ätzzeit } \Delta t}$$

$$\text{Anisotropiefaktor } f \;=\; \frac{\text{vertikale Ätzrate } r_v - \text{horizontale Ätzrate } r_h}{\text{vertikale Ätzrate } r_v}$$

$$\text{Selektivität } S_{12} \;=\; \frac{\text{Ätzrate } r_1 \text{ von Material 1}}{\text{Ätzrate } r_2 \text{ von Material 2}}$$

Besonders einfach und kostengünstig ist das **naßchemische Ätzen**, Tab. 8.2.7-1. Dabei muß sichergestellt werden, daß die Flüssigkeit auch sehr feine Strukturen zuverlässig benetzt und die abgeätzte Substanz vom Ort der Reaktion schnell abgeführt wird, so daß für die chemische Reaktion einigermaßen gleichförmige Bedingungen erfüllt sind. In der Regel muß eine große Reinheit der chemischen Substanzen gewährleistet sein.

Tab. 8.2.7-1:   *Ätzlösungen für naßchemische Ätzprozesse (nach [55]). Die angegebenen Ätzraten hängen teilweise von dem Herstellungsverfahren der zu ätzenden Schicht ab.*

Zu ätzendes Material	Ätzlösung	Ätzrate nm/min	Schicht-herstellung	Ätztem-peratur °C	Bemerkungen
Aluminium	20 H_3PO_4 (85%) 1 HNO_3 (65%) 5 H_2O	220	gesputtert	40	selektiv zu SiO_2
Aluminium	76 H_3PO_4 (85%) 3 HNO_3 (65%) 15 CH_3COOH (100%) 5 H_2O und geringer Anteil von NH_4F (49%) bei 1 Vol% NH_4F	 160 100	gesputtert	40	selektiv zu SiO2
SiO_2	7 NH_4 (40%) 1 HF (49%)	130 240–800	thermisch LTO-CVD phosphordotiert	30	gepufferte Flußsäure (BHF); selektiv zu Si; Ätzrate abhängig von SiO_2-Dotierung
SiO_2 PSG	3 HF (49%) 2 HNO_3 (65%) 640 H_2O	1,9 3...4	thermisch PSG	25	"PSG-Ätze", "P-etch" zum Ätzen von PSG und sehr dünnen SiO_2-Schichten
SiO_2 PSG	20 H_3PO_4 (85%) 2 HNO_3 (65%) 4 H_2O	5,8 7...41 └ (abhängig vom Phosphor-Gehalt)	thermisch PSG	25	"Backdoor-Ätze" zum Ätzen von PSG und sehr dünnen SiO_2-Schichten
SiN_4	H_3PO_4 (85%)	6,0	LP-CVD	160	selektiv zu SiO_2, Ätzrate von SiO_2 0,3...0,4 nm/min
Si	2 HF (49%) 15 HNO_3 (65%) 5 CH_3COOH (100%)	abhängig von der Dotierung	CVD-Poly-Si einkristallines Si	25	"planar-Ätze", selektiv zu SiO_2, isotrope Ätze
Si	KOH (3...50%)	abhängig von der Konzentration	einkristallines Si	70...90	anisotrope Ätze für V-Gräben (greift Positiv-Photoresist an!)
$TaSi_2$	1 HF (49%) 10 NH_4F (40%)	20	gesputtert		Silizid auf Polysilizium
$TiSi_2$	1 HF (49%) 10 NH_4F (40%)	≥150	gesputtert		Silizid auf Polysilizium

Häufig ist es schwierig, für ein spezielles Ätzproblem eine geeignete chemische Ätzlösung mit den geforderten Eigenschaften zu finden. Weiterhin kann bei Strukturen im Mikrometerbereich die zuverlässige Benetzung problematisch werden. Aus diesem Grund sind frühzeitig alternative Ätzverfahren entwickelt worden, bei denen entweder chemisch reagierende Substanzen aus der Gasphase (häufig aus einem Plasma heraus) zugeführt werden, oder die Atome der zu ätzenden Schicht durch Beschuß mit anderen Atomen oder Ionen (wie beim Sputtertarget in Bild 8.2.3-2) herausgeschlagen werden (Bild 8.2.7-2).

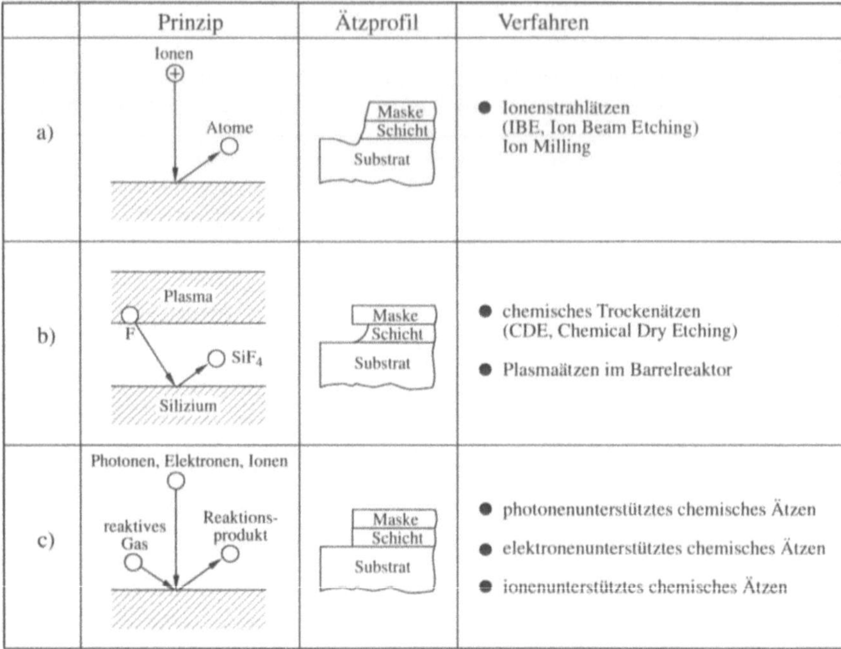

Bild 8.2.7-2:   *Trockenätzverfahren (nach [55])*

> *a) **Physikalische Ätzverfahren**: Die zu ätzende Schicht wird durch Beschuß mit Ionen (oder Atomen) abgetragen.*
>
> *b) **Chemische Ätzverfahren**: Das chemische Ätzmittel wird in Gasform zugeführt. Häufig wird die Geschwindigkeit der chemischen Reaktion (und damit der Ätzrate) dadurch erhöht, daß die Moleküle des Ätzmittels in einem **Plasma** ionisiert oder in ionisierte Teilmoleküle (Radikale) zerlegt werden.*
>
> *c) **Physikalisch-chemische Ätzverfahren**: Kombination von a) und b). Der Beschuß mit Ionen (alternativ auch Elektronen oder Photonen) löst eine chemische Reaktion am Ort der zu ätzenden Schicht aus.*
>
> *Die rein chemischen Ätzverfahren sind meist isotrop, die physikalischen eher anisotrop.*

Rein chemische Ätzverfahren sind meist isotrop und daher für die Herstellung feiner Strukturen weniger geeignet. Ein wichtiges Beispiel ist die Entfernung des Photolacks nach dem Ätzprozeß: Die meist organischen Bestandteile lassen sich gut in einem Sauerstoffplasma oxidieren (**Lackveraschung**).

Geräte für rein chemische Ätzverfahren sind im Prinzip ähnlich aufgebaut wie CVD-Reaktoren (Bild 8.1.2-2). Tabelle 8.2.7-2 gibt eine Zusammenstellung von chemischen Ätzreaktionen mit gasförmigen Reaktionsprodukten, Tab. 8.2.7-3 typische Ätzgase für die in der Halbleitertechnologie wichtigen Schichten.

Tab. 8.2.7-2:   *Chemische Ätzreaktionen mit gasförmigen Reaktionsprodukten (nach [55])*

Material	Ätzreaktion	Reaktionsprodukte gasförmig für	
		Temperaturen > als [°C]	Gasdrücke < als [Pa]
Si	$Si + 4F \rightarrow SiF_4$	-130	10^3
	$Si + 4Cl \rightarrow SiCl_4$	-40	10^3
	$Si + 4Br \rightarrow SiBr_4$	$+25$	10^3
SiO_2	$SiO_2 + 4F \rightarrow SiF_4 + O_2$	-130	10^3
Si_3N_4	$Si_3N_4 + 12F \rightarrow 3SiF_4 + 2N_2$	-130	10^3
Al	$Al + 3F \rightarrow AlF_3$	880	10
	$Al + 3Cl \rightarrow AlCl_3$	60	2
	$2Al + 3Br \rightarrow Al_2Br_6$	40	2
Mo	$Mo + 6F \rightarrow MoF_6$	-50	10^3
	$Mo + 6Cl \rightarrow MoCl_6$	$+50$	2
	$Mo + 5Br \rightarrow MoBr_5$	85	2
Ta	$Ta + 6F \rightarrow TaF_6$	40	2
	$Ta + 6Cl \rightarrow TaCl_6$	70	2
	$Ta + 5Br \rightarrow TaBr_5$	125	2
Ti	$Ti + 6F \rightarrow TiF_6$	170	10^3
	$Ti + 6Cl \rightarrow TiCl_6$	20	10^3
	$Ti + 4Br \rightarrow TiBr_4$	20	20
W	$W + 6F \rightarrow WF_6$	-50	10^3
	$W + 6Cl \rightarrow WCl_6$	90	2
	$W + 4Br \rightarrow WBr_4$	125	2
C	$C + O \rightarrow CO$	-191	10^5
	$C + 2O \rightarrow CO_2$	-78	10^5

Eine im Hinblick auf die Anisotropie höchst willkommene physikalische Komponente beim Ätzen tritt bei **plasmagestützten Ätzverfahren** auf. Die auf der beschichteten Halbleiterscheibe stattfindende chemische Reaktion wird durch beschleunigte Ionen aus einem Plasma ausgelöst. Der Aufbau eines Ätzreaktors ist in Bild 8.2.7-3 dargestellt, im Unterschied zum Sputterreaktor in Bild 8.2.3-2 bilden die Halbleiterscheiben jetzt das Target. Die negative Aufladung der Elektroden erfolgt auch hier durch die beweglichen Elektronen aus dem Plasma, dadurch werden positiv geladene Ionen elektrostatisch angezogen. Plasmaunterstütze Ätzverfahren haben sich heute weitgehend durchgesetzt, insbesondere bei der Herstellung hochintegrierter Schaltungen mit geringen Strukturabmessungen. Das in Bild 8.2.7-1b dargestellte Ätzprofil läßt sich in vielen Fällen gut realisieren.

Tab. 8.2.7-3: *Gase für das chemische Ätzen wichtiger Schichten aus der Halbleitertechnologie (nach [55])*

Gas	Geätztes Material	Ätzprozeß selektiv zu	Gas	Geätztes Material	Ätzprozeß selektiv zu
BCl_3/Cl_2	Si	SiO_2	CF_4/H_2	Si_3N_4	Si
BCl_3/O_2	Si	SiO_2	CF_4/O_2	Si_3N_4	SiO_2
$BCl_3/Cl_2/HCl$	Si	SiO_2	CHF_3	Si_3N_4	Si, SiO_2
Cl_2	Si	SiO_2, Si_3N_4	NF_3	Si_3N_4	SiO_2
Cl_2/Ar	Si	SiO_2, Si_3N_4	SF_6/He	Si_3N_4	SiO_2
Cl_2/C_2F_6	Si	SiO_2	BCl_3	Al	SiO_2
Cl_2/ClF_3	Si	SiO_2	BCl_3/Cl_2	Al	SiO_2, Si
Cl_2/SF_6	Si	SiO_2, Si_3N_4	CCl_4	Al	SiO_2, Al_2O_3
$CClF_3$	Si	SiO_2	$SiCl_4$	Al	SiO_2, Si
CCl_2F_2/O_2	Si	SiO_2	CCl_4	Cr	
CCl_3F	Si	SiO_2	CCl_4/O_2	Mo	SiO_2
CCl_4	Si	SiO_2	$CBrF_3$	Mo	SiO_2, Si_3N_4
CCl_4/N_2	Si	SiO_2	$CBrF_3$	Pt	
CCl_4/O_2	Si	SiO_2	CF_4	Ti	
$CCl_4/Cl_2/Ar$	Si	SiO_2	CF_4/O_2	W	SiO_2
CF_3Br	Si	SiO_2	CF_4/O_2	$MoSi_2$, Mo	SiO_2
$CF_3/BR/O_2$	Si	SiO_2	SF_6/Cl_2	$MoSi_2$, Mo	SiO_2
CF_4	Si	SiO_2	CF_4/O_2	$TaSi_2$, Ta	SiO_2
CF_4/O_2	Si	SiO_2	SF_6/Cl_2	$TaSi_2$, Ta	SiO_2
NF_3	Si	SiO_2	BCl_3/Cl_2	$TaSi_2$, Ta	SiO_2
SF_6	Si	SiO_2	Cl_2/Ar	$TaSi_2$, Ta	SiO_2
SF_4	Si	SiO_2, Si_3N_4	CCl_4	$TiSi_2$, Ti	SiO_2
			CF_4/O_2	WSi_2, W	SiO_2
CF_4/H_2	SiO_2	Si	O_2	organischer Photoresist	Si, SiO_2, Si_3N_4, Metalle
C_2F_6	SiO_2	Si	O_2/CF_4	organischer Photoresist	Si, SiO_2, Si_3N_4, Metalle
C_3F_8	SiO_2	Si			
CHF_3	SiO_2	Si			

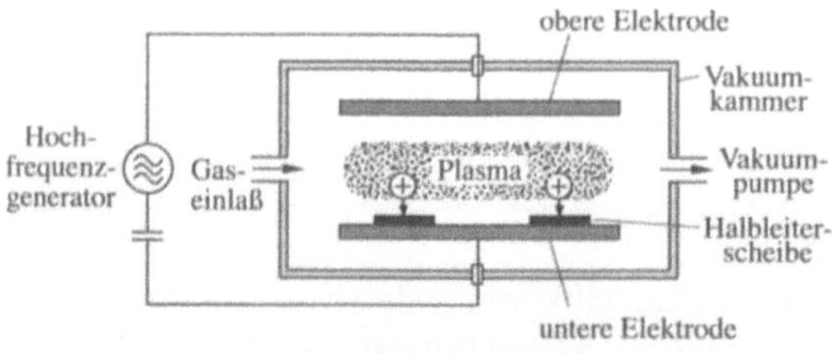

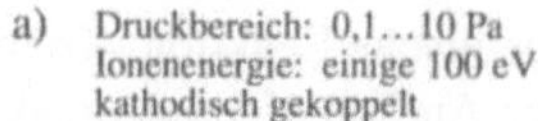

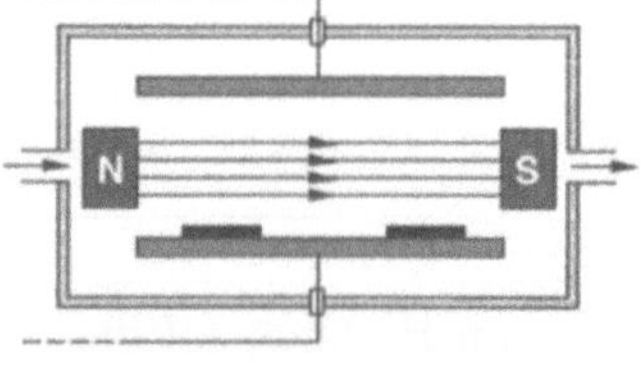

a) Druckbereich: 0,1...10 Pa
Ionenenergie: einige 100 eV
kathodisch gekoppelt

b) Druckbereich: 0,1...10 Pa
Ionenenergie: < 100 eV
kathodisch gekoppelt

Bild 8.2.7-3: *Plasmagestützte Ätzverfahren*
*(**reaktives Ionenätzen, Sputterätzen**, reactive ion etching (RIE)).*

a) *Aufbau eines Reaktors: Die untere Elektrode hat eine kleinere Fläche als die obere und lädt sich daher stärker negativ auf, so daß die positiven Ionen dorthin beschleunigt werden. Mit Hilfe der dabei aufgenommenen kinetischen Energie wird die Ätzreaktion auf den Halbleiterscheiben ausgelöst.*

b) *Magnetfeldunterstütztes reaktives Ionenätzen (MERIE): Das Plasma wird durch Anlegen eines Magnetfeldes verdichtet, wodurch die Vielfalt und Dichte der erzeugten Radikale vergrößert wird (nach [55]).*

Beim **reaktiven Ionenstrahlätzen** (reactive ion beam etching, RIBE) wird zunächst ein Ionenstrahl erzeugt und auf den Probentisch mit den Halbleiterscheiben abgelenkt (Bild 8.2.7-4).

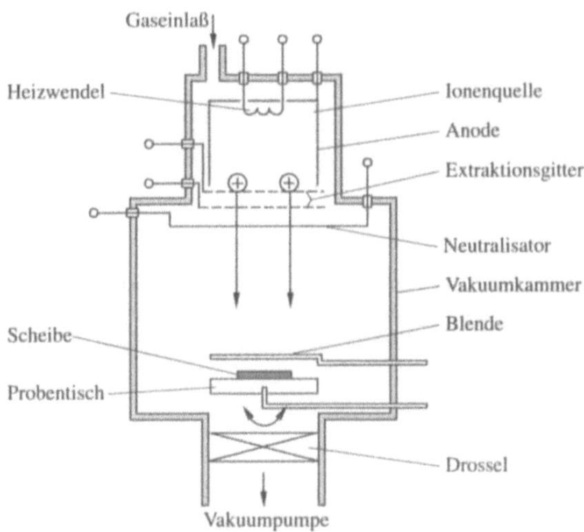

Bild 8.2.7-4:   *Anlage für das reaktive Ionenstrahlätzen:*

*Elektronen werden in einer Vakuumanlage (10^{-2} Pa) aus einer Heizwendel emittiert und auf eine Anode hin beschleunigt. Auf dem Weg dorthin treffen sie auf Atome und Moleküle des Ätzgases und ionisieren diese. Die so erzeugten Radikale werden durch ein Extraktionsgitter aus der Ionenquelle elektrostatisch extrahiert und auf die Halbleiterscheiben hin beschleunigt. Vor dem Eintreffen dort werden sie durch Elektronen neutralisiert, welche aus einer erhitzten Metallwendel, dem **Neutralisator**, emittiert werden.*

Anstelle der hier beschriebenen Ionenquelle lassen sich auch Plasmaquellen einsetzen (nach [55]).

Beim reaktiven Ionenstrahlätzen kann das Ätzgas selber ionisiert werden oder ein Edelgas (z.B. Argon), das in Zusammenwirkung mit einem Ätzgas am Ort der Scheibe die Ätzreaktion auslöst (chemically assisted ion beam etching, CAIBE).

Eine besonders einfache Strukturierungstechnik, die völlig ohne Ätzprozesse auskommt, ist das Abhebeverfahren (**lift-off-Technik**, Bild 8.2.7-5). Dieses Verfahren hat jedoch im allgemeinen nicht die für die Herstellung integrierter Schaltungen erforderliche Zuverlässigkeit und ist in seinen Anwendungsmöglichkeiten bei kleinen Strukturen eingeschränkt.

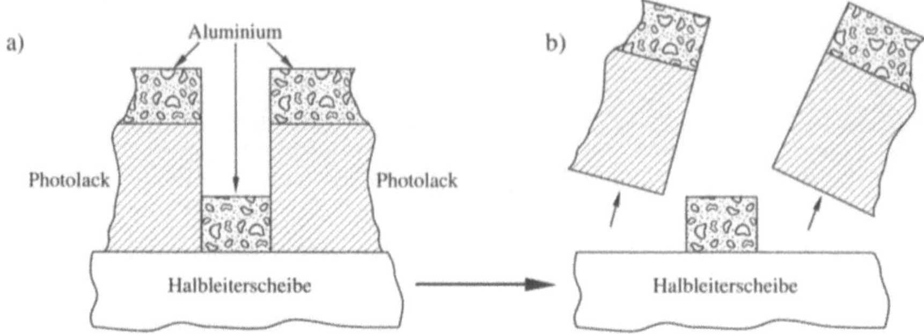

Bild 8.2.7-5:   *Lift-off-Verfahren*

    a) Die zu strukturierende Schicht (im Bild Aluminium) wird auf einer chemisch leicht löslichen strukturierten Schicht (im Bild Photolack, es könnte auch SiO_2 sein) aufgebracht.

    b) Beim Entfernen der Lackschicht wird ein Teil der zu strukturierenden Schicht abgehoben und entfernt. Nur an den nicht vom Photolack bedeckten Stellen bleibt die Schicht stehen.

8.3   Bonden. Gehäuse und Normen

Am Ende des Planarprozesses werden die Halbleiterscheiben zersägt (früher geritzt und anschließend mechanisch gebrochen), so daß die Bauelementkristalle (**Chips**), in denen die jeweiligen Struktureinheiten (diskrete Bauelemente oder integrierte Schaltungen) enthalten sind (Bild (8.3-1), in vereinzelter Form vorliegen. Die Befestigung der Halbleiterchips auf einem Substrat, das später einen Teil des Gehäuses darstellt, erfolgt durch Kleben oder Legierungsbildung (**Scheiben-** oder **Waferbonden**, Bild 8.3-3 a) und b)): bei einer Befestigung durch Legierungsbildung wird der Prozeß als **eutektisches Bonden** bezeichnet. Anschließend werden die elektrischen Kontakte nach außen dadurch geschaffen, daß metallische Leiterbahnen (s. Bild 8.2.1-2g, s. Band 1, Abschnitt 4.2.2), die von den Kontaktfenstern der Halbleiterbauelemente ausgehen, zu **Kontakt-** oder **Bondflecken** aufgeweitet werden, auf welchen die nach außen führenden Verbindungsdrähte befestigt werden können (Bild 8.3-3c, Einzelschritte des Bondprozesses in Bild 8.3-2). Die Bondflecken befinden sich gewöhnlich am Rand der Chips, so daß sie in vollautomatisch arbeitenden Bondgeräten schnell und sicher erreicht werden können.

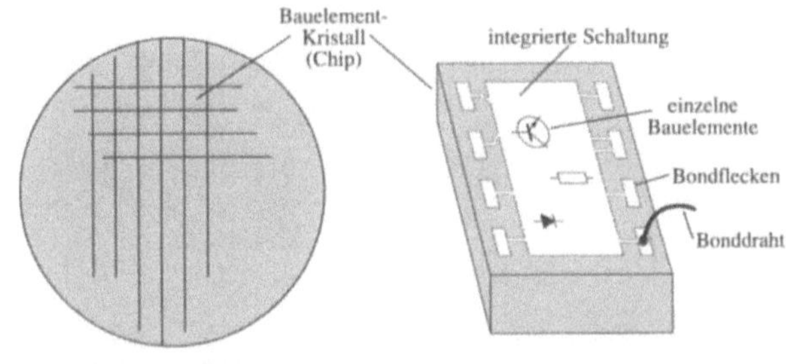

Bild 8.3-1:   *Auf einer Halbleiterscheibe können in der Regel sehr viele identische Bauelemente gleichzeitig gefertigt werden. Diese befinden sich jeweils auf rechteckigen Bauelementkristallen (Chips) in periodischer Anordnung. Auf jedem Chip liegen Bondflecken zur Befestigung eines Bonddrahtes für die Kontaktierung nach außen.*

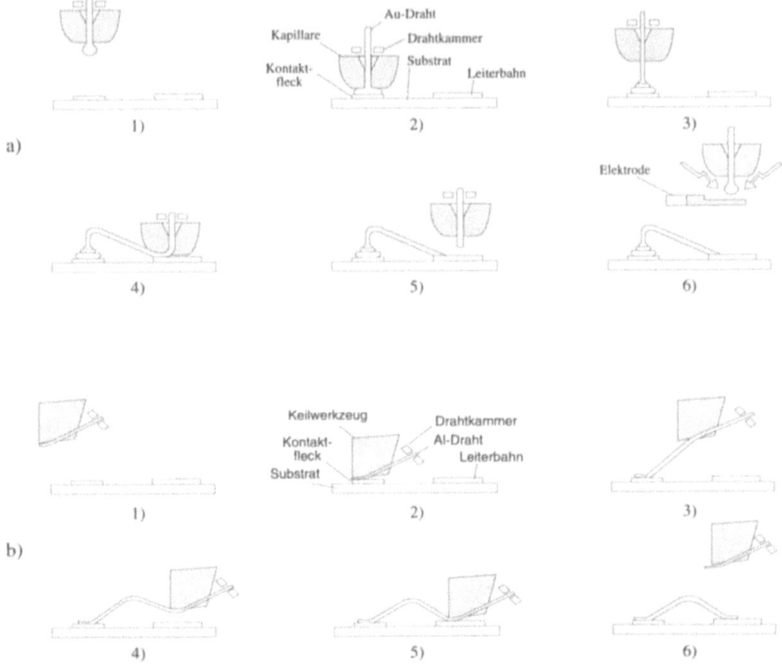

Bild 8.3-2:   *Draht-Bondverfahren (nach [62])*

   a) Nailhead- oder Ball-Bondverfahren (Golddraht): Durch eine Kondensatorentladung wird das Ende des Golddrahtes zu einer Kugel verschmolzen und auf die Bond-Kontaktfläche gedrückt (1). An dieser Stelle wird die Kugel mit dem Metall verschweißt (2), wieder abgehoben und zur zweiten Kontaktfläche geführt (4). Dort wird sie angedrückt und abgeschert (5), womit die Bondverbindung hergestellt ist.

   b) Keil- oder Wedge-Bondverfahren (Aluminiumdraht): Verfahren wie (a), jedoch wird der Draht durch einen Keil in Drahtrichtung verformt.

Für die Herstellung eines guten Bondkontaktes sollte auch die Leiterbahn (zumindest die Bondflecken) mit einer Goldschicht bedeckt sein. Dabei sind häufig Zwischenschichten erforderlich (Diffusions- und Legierungsbarrieren, s. Tab. 8.2.3-1).

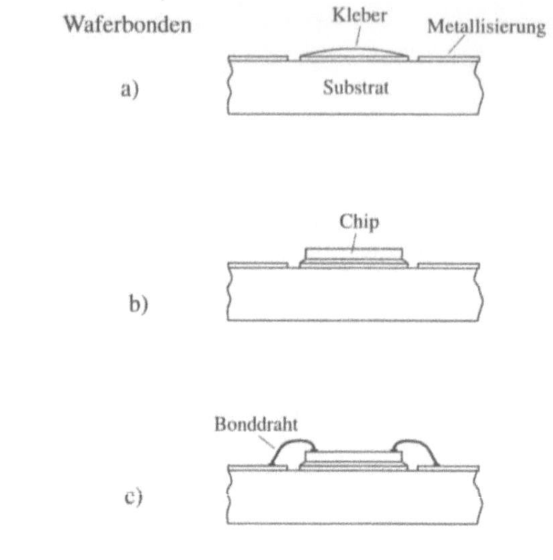

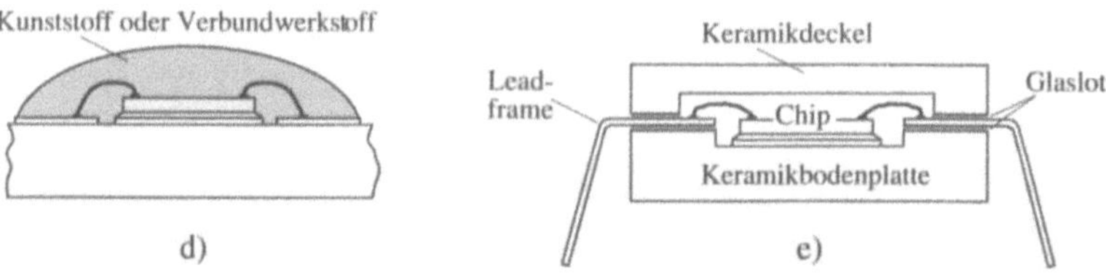

Bild 8.3-3:   *Montage eines Halbleiterchips auf einem metallischen oder keramischen Substrat (a bis c) und Einbau in ein*

*d) **Plastikgehäuse**: Umhüllung durch einen Kunststoff*

*e) **Keramisches Gehäuse**: Abdeckung durch eine Keramikplatte*

(nach [62]).

Die **Umhüllung** der gebondeten Struktur dient zum Schutz der mechanisch sehr empfindlichen Bonddrähte und der Halbleiterchips gegenüber Einflüssen aus der Umwelt. Sie erfolgt durch eine Bedeckung der gebondeten Struktur mit Kunststoffen (z.B. Epoxidharzen oder mit Verbundwerkstoffen, z.B. aus Epoxidharzen und Quarzmehl, Bild 8.3-3d) oder mit einem Keramikdeckel (Bild 8.3-3e).

Die Umhüllung einzelner Bauelemente oder von Dick- und Dünnschichtschaltungen mit Kunststoff erfolgt gewöhnlich durch **Transferpressen** (transfer moulding, Bild 8.3-4, Grundprozesse der Formgebung von Kunststoffen s. Band 1, Abschnitt 3.2.2).

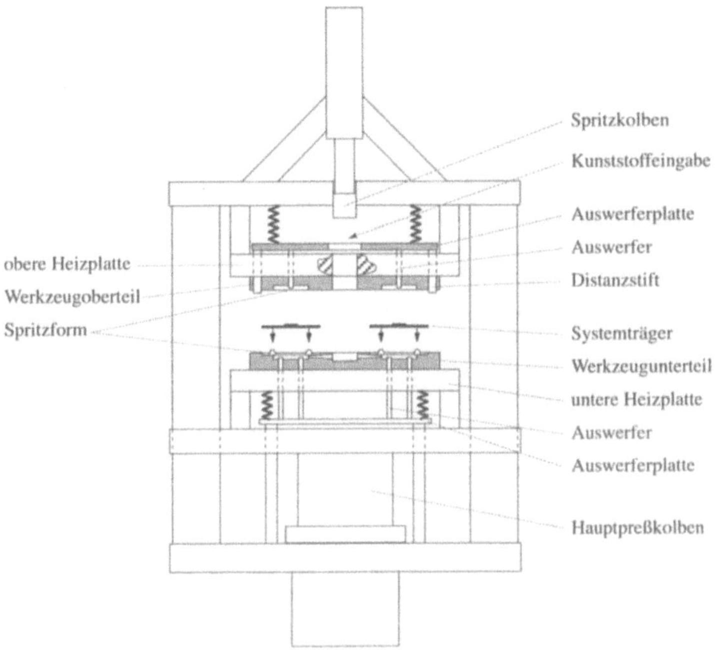

Bild 8.3-4:   *Umhüllung eines montierten und kontaktierten Chips durch Transferpressen (nach [63]): Die eingegebene Kunststoffmenge wird erwärmt, so daß sie eine viskose Konsistenz (vergleichbar der des flüssigen Honigs) annimmt. Anschließend wird sie mit Hilfe eines Spritzkolbens über Kanäle in das eigentliche Umhüllwerkzeug gedrückt. Dort sind die Systemträger mit den gebondeten Chips und Anschlußdrähten montiert, so daß sie vom Kunststoff umflossen werden können. Über die Spritzform erhält das Kunststoffgehäuse die vorgesehenen Abmessungen. Nach Beendigung des Umhüllvorganges wird der Kunststoff durch Abkühlen gehärtet und die umhüllten Bauelemente mechanisch herausgestoßen.*

Alle Gehäuse sind in ihren Eigenschaften und Ausführungsformen normiert, dabei haben sich drei Normsysteme durchgesetzt: JEDEC (USA), Proelectron (Europa) und JIS (Japan). Nach diesen Systemen werden auch die Bauelementtypen bezeichnet:

JEDEC: 1N(+Typennummer): Zweipolbauelemente

2N(+Typennummer): Dreipolbauelemente

3N(+Typennummer): Vierpolbauelemente

Proelectron: Zwei Buchstaben plus drei Typennummern (Standardtypen) oder drei Buchstaben und Typennummern (industrielle Typen)

Der erste Buchstabe bezeichnet das Halbleitermaterial

    A = Germanium

    B = Silizium

    C = Galliumarsenid

    D = Material mit Bandabstand $W_g < 0{,}6\,\text{eV}$

    u.a.

Der zweite Buchstabe kennzeichnet das Bauelement:

    A = Diode

    B = Varaktor- oder Varicapdiode

    C = NF-Transistor mit niedriger Leistung

    D = NF-Transistor mit hoher Leistung

    E = Tunneldiode

    F = HF-Transistor mit niedriger Leistung

    G = Oszillatordiode

    H = Magnetdiode

    K = Halleffektsonde (offener Kreis)

    L = HF-Transistor mit hoher Leistung

    M = Halleffektsonde (geschlossener Kreis)

    N = Photokopplungselement

    P = Strahlungsempfängerdiode

    Q = strahlungserzeugende Diode

    R = Thyristor oder Triac kleiner Leistung

    S = Schalttransistor kleiner Leistung

    T = Leistungsthyristor

    U = Leistungsschalttransistor

    X = Vervielfacherdiode

    Y = Gleichrichterdiode

    Z = Zenerdiode

Bei *diskreten* (nicht integrierten) Bauelementen unterscheidet man Gehäuse der Typenreihen **DO** (diode outline), **SOD** (standard outline of diodes), **TO** (transistor outline), **SOT** (standard outline of transistors), sowie Spezialgehäuse. Bei integrierten Schaltungen unterscheidet man die Gehäuse **DIP** (dual inline package, mit den Sonderausführungen **shrink DIP** (verkleinertes DIP) und **skinny DIP** (dünnes DIP)), **ZIP** (zigzag inline package), **PGA** (pin grid array), **SOP** (small outline package), **QFP** (quad flat package), **LCC** (leadless chip carrier), **PLCC** (plastic leaded chip carrier), **SOJ** (small outline J-bend package), **TAB** (tape automatic bonding) und eine Vielzahl von Sonderausführungen für Spezialanwendungen und -spezifikationen. Tab. 8.3-1 zeigt typische Anwendungsbereiche der Gehäuse. Die standardisierten Gehäusetypen sind im Anhang F zusammengestellt.

Tab. 8.3-1:   *Häufig verwendete Gehäusetypen für Halbleiterbauelemente (Aufbau und Abmessungen im Anhang F). Darüber hinaus gibt es eine große Anzahl von Spezialgehäusen.*

   a) diskrete Halbleiterbauelemente

   b) integrierte Schaltungen

a) diskrete Halbleiterbauelemente

Gehäuse	**Bauelemente**
DO 4,5	Leistungs-Gleichrichterdioden, -Zenerdioden
DO 34	Allzweckdioden, Schottkydioden,Varaktordioden, Umschaltdioden
DO 35	Allzweckdioden, Schaltdioden, Zenerdioden
SOD 57,64	Leistungs-Zenerdioden, Gleichrichterdioden
SOD 61,83	Hochspannungsgleichrichter
SOD 80	Schaltdioden,Varaktordioden, Schottkydioden, Zenerdioden, Gleichrichterdioden
SOD 81,84,87,89	Zenerdioden, Gleichrichterdioden
SOT 23,37	Zweifach-Schaltdioden, Einfach-, Zweifach-Varaktordioden, Zenerdioden, Transistoren, HF-Transistoren
SOT 54	Einfach-, Zweifach-Varaktordioden, Transistoren, Kleinthyristoren,Thyristoren
SOT 48,55,56	HF-Leistungstransistoren
SOT 82	Leistungstransistoren
SOT 89	Transistoren, HF-Transistoren
SOT 93	Einfach-, Zweifach-Leistungsdioden, GTO-Thyristoren, Leistungstransistoren
SOT 103	HF-Transistoren, HF-Leistungs-Transistoren
SOT 119,120,121,122,123	HF-Leistungs-Transistoren

SOT 143	Zweifach-Schaltdioden, Zweifach-Varaktordioden, Transistoren, Thyristortetroden, HF-Transistoren
SOT 147,160,161, 171,172D	HF-Leistungs-Transistoren
SOT 173	HF-Transistoren
SOT 186	Gleichrichterdioden, Leistungsdioden, Thyristoren, Triacs, Leistungstransistoren
SOT 227	GTO-Thyristoren, Leistungstransistoren
TO 3	Leistungstransistoren
TO 18	Transistoren, Unijunction-Transistoren
TO 39,60,92	Transistoren, HF-Transistoren, Kleinthyristoren, HF-Leistungs-Transistoren
TO 48,64	Thyristoren,Triacs
TO 71	Transistoren
TO 72	Transistoren ,Thyristortetroden, HF-Transistoren
TO 92,126, 202	Transistoren, Leistungstransistoren
TO 220, 227	Einfach-, Zweifach-Gleichrichterdioden, Leistungsdioden, Thyristoren, GTO-Thyristoren,Triacs, Leistungstransistoren

b) integrierte Schaltungen

	Abkürzung	Gehäuse	Anzahl der Anschluß-reihen	gebräuchliche Anzahl der Anschlüsse	Abstand der Anschlüsse	
Steckgehäuse	DIP	dual-in-line Package	2	8–48	2,54	mm
	SDIP	shrinked DIP	2	24–64	1,778	mm
	SIL	single-in-line	1	9–17	2,54	mm
SMD-Gehäuse (auflötbar)	SO	standard outline	2	8–32	1,27	mm
	SSO VSO	shrinked SO	2	40–56	0,762	mm
	PLCC	plastic leaded chip carrier	4	28–84	1,27	mm
	QFP	quad flat package	4	10–160	0,65...1	mm

Die Zusammenstellung und Verdrahtung verschiedener Bauelemente zu einem Gesamtsystem kann nach verschiedenen Verfahren durchgeführt werden (Bild 8.3-5, s. Band 1, Abschnitt 4.2.2).

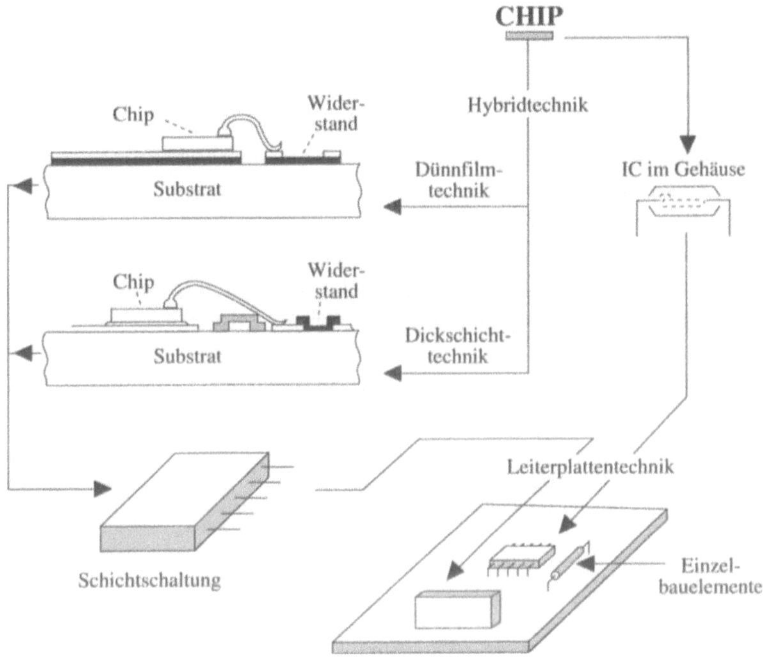

Bild 8.3-5:   *Integrationstechniken der Elektronik*

Diskrete Halbleiterbauelemente oder integrierte Halbleiterschaltungen können entweder einzeln in ein Gehäuse eingebaut und in dieser Form auf einer Platine befestigt werden (Steck- oder Lötverbindung), oder sie können zusammen mit anderen Bauelementen zunächst auf einem (häufig keramischen) Substrat montiert werden, auf dem leitende Verbindungen und weitere passive Bauelemente (Widerstände, Kondensatoren, u.a.) in Dick- oder Dünnschichttechnik aufgebracht worden sind. Die Verbindungen innerhalb einer solchen Hybridschaltung zu den Chips können über Draht-Bondtechniken hergestellt werden.

Anschließend kann die Hybridschaltung als Ganzes in ein Gehäuse mit äußeren Anschlüssen verpackt werden. In dieser Form kann sie auf einer Platine befestigt werden (nach [62]).

9 Dioden

9.1 Energiebarrieren als Bauelemente

Halbleiterwerkstoffe eignen sich hervorragend als Ausgangsmaterial für die Herstellung elektronischer Bauelemente, die beim Anlegen äußerer Ströme oder Spannungen mit einer vorgegebenen Charakteristik (**Bauelementkennlinien**) reagieren. Zur Herstellung elektrischer oder elektronischer Systeme werden viele Bauelemente zu einer Schaltung verknüpft, die dafür geltenden Regeln werden als **Schaltungstechnik** bezeichnet. In der Schaltungstechnik ist häufig der Aufbau und die physikalische Wirkungsweise des Bauelements nur von untergeordnetem Interesse: Viele Funktionen, wie ein steuerbarer Widerstand oder eine variable Kapazität, lassen sich auf völlig verschiedene Weisen fertigungstechnisch realisieren und verhalten sich dennoch elektrisch äquivalent. Auf der anderen Seite braucht der Schaltungstechniker eine möglichst vollständige Beschreibung der elektrischen Eigenschaften des Bauelements, wobei neben den gewünschten Eigenschaften (z.B. der Strom-Spannungs-Charakteristik) auch die unerwünschten begleitenden (**parasitären**) Eigenschaften (z.B. Leitungswiderstände und -kapazitäten) berücksichtigt werden müssen.

Bauelemente werden sowohl mit Gleichspannungen wie auch mit Wechselspannungen (oder Impulsen) bis hin zu höchsten Frequenz betrieben. Deshalb sind neben dem Frequenzverhalten typischer Bauelementeigenschaften (wie der Stromverstärkung) auch die parasitären Blindwiderstände (Kapazitäten und Induktivitäten) von besonderer Bedeutung.

Eine geeignete Schnittstelle zwischen dem Bauelement- und Schaltungstechniker ist die elektrische Beschreibung der Funktion eines Bauelements als Netzwerk von Widerständen, Kapazitäten, Induktivitäten, Strom- und Spannungsquellen etc., dieses wird als **Ersatzschaltbild** bezeichnet. Die Berechnung eines solchen Netzwerkes erfolgt nach den üblichen Methoden, z.B. über eine Anwendung von Knoten- und Maschenregeln. Hierzu gibt es eine umfangreiche Literatur, z.B. [64, 65].

Die speziellen Vorteile der Halbleiterwerkstoffe lassen sich vor allem bei der Herstellung von **nichtlinearen Bauelementen** (mit einer nichtlinearen Abhängigkeit unterschiedlicher elektrischer Parameter voneinander) anwenden, lineare Widerstände und Festkapazitäten werden in der Regel platz- und kostensparender mit anderen Werkstoffen hergestellt. Homogene Halbleiter haben daher bei den rein elektrischen Bauelementen (nicht den Sensoren!) eine untergeordnete Bedeutung. Die unvermeidbaren **Bahngebiete** zwischen den elektrisch aktiven Bereichen und den äußeren Anschlüssen haben daher in der Regel parasitären Charakter. Die für die Anwendung wichtigen Eigenschaften der Halbleiterbauelemente treten z.B. dann auf, wenn durch das Zusammenfügen zweier – relativ *nieder*ohmiger – homogener Halbleiter ein *hoch*ohmiges Gebiet (die Raumladungszone) entsteht. In diesem Fall wirkt dann das Bauelement als Serienschaltung eines hochohmigen Übergangsgebietes mit zwei niederohmigen Bahngebieten, d.h. das elektrische Verhalten des Bauelements wird überwiegend durch das elektrische Verhalten der Raumladungszone bestimmt. Aus diesem Grund ist dem Problemkreis der Halbleiterübergänge ein ganzes Kapitel (Abschnitt 5) gewidmet worden.

Eine hochohmige Raumladungszone tritt immer dann auf, wenn ein Halbleiter entleert wird, d.h. wenn ein n-Halbleiter Elektronen abgibt (positive Raumladung) oder ein p-Halbleiter Elektronen aufnimmt (negative Raumladung, s. Bild 5.2.2-1). Die physikalische Ursache hierfür liegt vor, wenn ein n-Halbleiter mit einem Werkstoff zusammengefügt wird, dessen Fermienergie niedriger liegt; entsprechend muß für eine negative Aufladung die Fermienergie des p-Halbleiters niedriger liegen als die des anderen Materials am Übergang (gleichzeitig muß eine Möglichkeit vorhanden sein oder geschaffen werden, daß Elektronen von dem einen Werkstoff zum anderen überwechseln können). Solche Verhältnisse können bei *Abwesenheit* äußerer Spannungen (Differenzen der Fermienergien auf beiden Seiten des Übergangs) vorliegen, wenn sich die Arbeitsfunktionen der Werkstoffe auf beiden Seiten des Übergangs in der geforderten Weise unterscheiden. Falls diese Bedingung nicht erfüllt wird, kann dasselbe Verhalten in vielen Fällen durch *Anlegen* äußerer Spannungen geeigneter Polarität erzwungen werden.

Die Entstehung einer Raumladungszone ist immer mit einer Bandaufbiegung verbunden (Abschnitt 5.2.1), die zu einer Energiebarriere führt , welche ihrerseits die Bewegung der Ladungsträger beeinflußt. Dieses kann am Beispiel des pn-Übergangs in Bild 5.2.2-3 veranschaulicht werden: Wird die rechte Seite (n-Halbleiter) durch eine äußere Spannung negativ gepolt, d.h. die Fermienergie dort relativ zu derjenigen auf der linken Seite angehoben, dann müssen die Elektronen (Majoritätsträger) eine Energiebarriere überwinden, um auf die andere (linke) Seite des Übergangs zu gelangen. Entsprechendes gilt für die Löcher auf der p-Seite, da eine Barriere für Löcher zu negativen Energien hin zeigt. Der Stromfluß über eine Energiebarriere konnte allgemein durch die Beziehung (7.3-1) beschrieben werden:

$$j = A \cdot \rho(x_B)\left\{ \exp\left(-\frac{|q|U_a}{kT} \right) - 1 \right\} \tag{1}$$

wobei der Vorfaktor A von den Randbedingungen bei der betrachteten Energiebarriere – dem physikalisch angemessenen Modell, dem Abtransport der Ladungen hinter der Barriere u.a. – abhängt. Die Gleichung (1) ist bei $|q|U_a > kT$ ausgeprägt nichtlinear, d.h. für Anwendungen in der Elektrotechnik von grundsätzlichem Interesse.

Dieses ist aber nicht die einzige attraktive Eigenschaft von Halbleiterübergängen mit Energiebarrieren: Wie im Abschnitt 5 gezeigt wurde, gilt die Regel, daß eine Verschiebung der Fermienergien auf beiden Seiten des Überganges immer mit einer Änderung der Raumladung (genauer: Raumladungsdoppel- oder -dipolschicht) verbunden ist. Wird diese zumindest auf *einer* Seite des Übergangs allein durch Entleerung erzeugt, dann ist die Konsequenz, daß die Raumladungszone ihre Weite d verändert und damit nach (5.2.2-19) ihre Flächenkapazität. Eine Energiebarriere ist also in der Regel mit einer Kapazität verbunden, deren Größe sich durch die angelegte Spannung verändern läßt – auch dieses ist eine Eigenschaft, welche von Bauelementen aus anderen Werkstoffen nicht ohne weiteres erfüllt werden kann.

Aus dem Vorangegangenen geht hervor, daß Halbleiterbauelemente mit Energiebarrieren grundsätzlich für die Herstellung von nichtlinearen elektronischen Bauelementen mit spannungsabhängigen Widerständen und Kapazitäten geeignet sind. Die spezielle Form dieser Abhängigkeit hängt sehr stark ab vom Aufbau des Übergangs, die Werkstoffeigenschaften der hierfür anwendbaren Materialien lassen einen großen Spielraum zu. Neben der Optimierung des gewünschten Bauelementverhaltens tritt gleichrangig die optimale Unterdrückung von unerwünschten parasitären Eigenschaften: Beispielsweise ist bei Kapazitäten ein Stromfluß unerwünscht, er würde im Ersatzschaltbild zu einem parasitären Parallelwiderstand führen. Deshalb kommen für diese Bauelemente vorzugsweise in Sperrichtung betriebene pn-Übergänge (niedriger Sperrstrom) oder MIS-Übergänge zur Anwendung. Umgekehrt fallen die letzteren für nichtlineare Widerstände aus.

Ein wichtiger Unterschied im elektrischen Verhalten ergab sich bei der Betrachtung des Stromflusses über Energiebarrieren aufgrund der Eigenschaften der Ladungsträger nach Passieren der Barriere: Bei Schottky-Übergängen blieben diese nach Abschnitt 7.2.3 weiterhin Majoritätsträger. Damit war der Prozeß der Überwindung der Barriere ratenbestimmend: Es ergaben sich vergleichsweise große Ströme. Bei pn-Übergängen hingegen bekamen die über die Barriere injizierten Ladungsträger hinter der Barriere die Funktion von Minoritätsträgern, d.h. sie können über einen Feldstrom bei niedriger Feldstärke nur sehr langsam abfließen. Entscheidend ist jetzt der Diffusionsstrom in einem Gradienten, der sich aufgrund von Rekombinationsprozessen einstellt. Der entsprechende Diffusionsstrom ist niedriger als der durch die Überwindung der Barriere begrenzte Strom, d.h. der Diffusionsstrom wird ratenbestimmend. Aus diesem Grund sind die Ströme über pn-Übergänge (charakterisiert durch den entsprechenden Vorfaktor A in (1)) niedriger als die über Schottky-Übergänge, weiterhin wird bei stromdurchflossenen pn-Übergängen hinter der Barriere eine Ladung gespeichert, die zu einer parasitären Kapazität (Diffusionskapazität) führt.

Einfacher zu berechnen sind daher die Verhältnisse bei der Schottky-Diode, diese wird deshalb im folgenden zuerst behandelt. Wegen der geringeren Sperrströme, einer einfacheren Fertigungstechnik und aus anderen Gründen werden dennoch die pn-

Übergänge weit häufiger angewendet, sie werden im Abschnitt 9.3 ausführlich diskutiert.

9.2 Schottky-Dioden

In Abschnitt 5.3.2 war das Zustandekommen der Schottky-Barriere $|q\Phi_B|$ erläutert worden, Bild 5.3.2-3 zeigte die Bändermodelle bei Anlegen einer äußeren Spannung an einen Schottky-Übergang. Nach der Diskussion in Abschnitt 7 kann dort der Verlauf der Fermienergie abgeschätzt werden (Bild 9.2-1). Die bei Polung in Sperrichtung (Bild 9.2-1c) dominierende Schottky-Barrierenhöhe nimmt mit der angelegten Spannung ab (Bild 7.1-2).

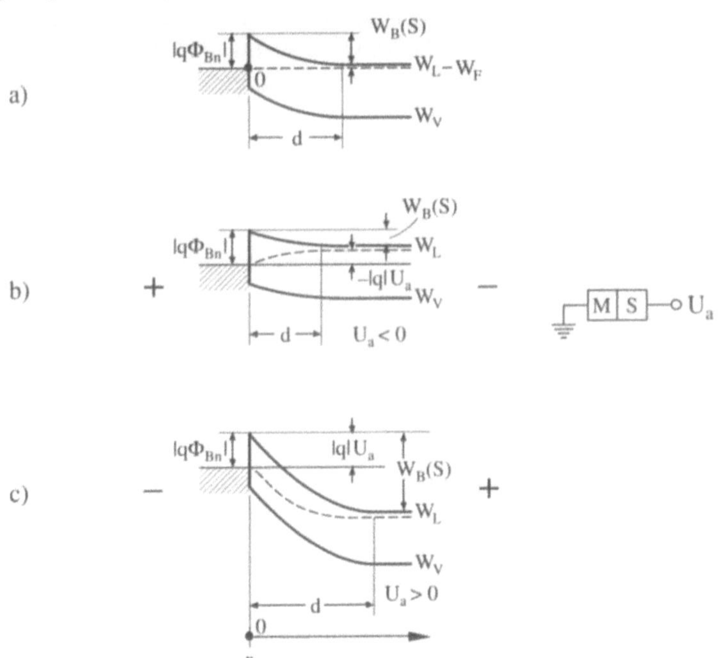

Bild 9.2-1:   *Bändermodell einer Schottky-Diode (n-Halbleiter) bei Anliegen verschiedener äußerer Spannungen (die Spannungsabhängigkeit der Schottky-Barrierenhöhe $|q\Phi_{Bn}|$ wird hier nicht berücksichtigt)*

a) äußere Spannung Null (thermisches Gleichgewicht)

b) äußere Spannung in Flußrichtung

c) äußere Spannung in Sperrichtung

Kennzeichnend für das thermische Gleichgewicht in Bild 9.2-1a ist, daß der Strom vom Metall in den Halbleiter gleich sein muß dem in entgegengesetzter Richtung fließenden vom Halbleiter in das Metall (wegen der konstanten Fermienergie darf kein Nettostrom fließen). Bei einer Polung der äußeren Spannung in Flußrichtung (Bild 9.2-1b) wird die Energiebarriere im Halbleiter verändert, d.h. es gilt die Gleichung (7.2.3-2a). Die Größe der Stromdichte hängt dabei von der Bauelementrealisierung ab, je nachdem, ob das thermionische oder Diffusionsmodell angewendet werden muß. In beiden Fällen ist sie nach der Diskussion in Abschnitt 7.3 in der Regel größer als die Stromdichte über pn-Dioden (Bild 9.2-2c). Da Schottky-Dioden besonders geeignet sind für Hochfrequenzanwendungen (s.u.), werden in der Praxis bevorzugt schmale Barrieren eingesetzt (nicht zu niedrige Dotierungen), unter anderem zur Minimierung der Ladungsträger-Laufzeit. Damit ist im allgemeinen das thermionische Modell besser erfüllt.

Wichtig ist der Verlauf der Fermienergie: Dabei ist kennzeichnend, daß diese im gesamten Metallgebiet praktisch konstant ist, anderenfalls würde dort ein extrem hoher Strom fließen. Daran ändert auch die Tatsache nichts, daß das Metall an der Grenzfläche zum Halbleiter eine Oberflächenladung (zur elektrischen Neutralisierung der Ladung im Halbleiter) besitzt: hierdurch wird die Leitfähigkeit des Metalls nur gering beeinflußt. Die Fermienergie hat daher am Ort der Barriere bei x_B praktisch denselben Wert wie im gesamten Metall. Das ist die Voraussetzung für die Gültigkeit der Gleichung (9.1-1).

Insgesamt ergibt sich damit für den weit überwiegenden Teil der Schottky-Dioden als Strom-Spannungs-Beziehung:

$$j = \frac{\text{Diodenstrom } I}{\text{Diodenfläche } A} \underset{(7.2.2-14)}{=} \frac{|q|}{2} \langle v_x^+ \rangle \rho(x_B) \left\{ \exp\left(-\frac{|q|U_a}{kT} \right) - 1 \right\} \qquad (1a)$$

$$=: j_s \left\{ \exp\left(-\frac{|q|U_a}{kT} \right) - 1 \right\} \qquad (1b)$$

mit der **Sättigungsstromdichte** j_s. In Bild 9.2-2a ist die Strom-Spannungskennlinie einer Schottky-Diode graphisch dargestellt.

Bemerkenswert ist der Verlauf der Sperrkennlinie in Bild 9.2-2 a) und b): Der Sperrstrom nimmt kontinuierlich zu, bis er oberhalb einer Durchbruchspannung stark ansteigt. Diese "weiche" (im Gegensatz zur pn-Diode) Sperrkennlinie ist auf die Abnahme der Schottky-Barrierenhöhe mit der angelegten Sperrspannung zurückzuführen.

Der Abtransport der Ladungsträger hinter der Energiebarriere ist für eine Polung in Durchlaß- und Sperrichtung völlig unproblematisch. Sind die mittleren freien Weglängen der Elektronen größer als die Abmessungen der Barriere, dann findet eine

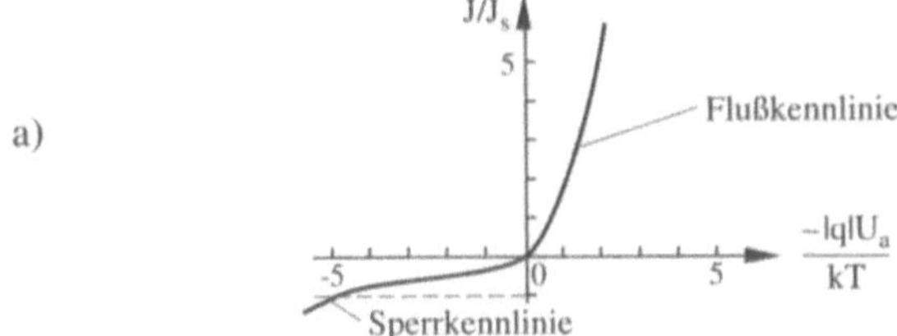

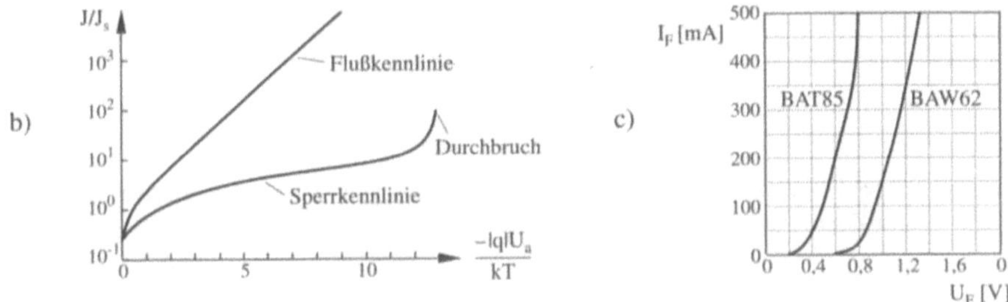

Bild 9.2-2:   *Kennlinien von Schottky-Dioden*

   a) lineare Auftragung

   b) halblogarithmische Auftragung

   c) Vergleich der Kennlinien einer Schottky-Diode (BAT 85) mit einer pn-Diode (BAW 62)

Wechselwirkung zwischen injizierten und Gleichgewichtsladungsträgern in einem Gebiet hoher Leitfähigkeit derselben Ladungsträgersorte statt, d.h. etwa auftretende Überschußladungen werden innerhalb der dielektrischen Relaxationszeit (Abschnitt 6.1.2) abgebaut. Die Ladungsträger befinden sich innerhalb dieser kurzen Zeit überall im thermischen Gleichgewicht, d.h. es treten auch bei Ladungsträgerinjektion keine gespeicherten Ladungen auf. Diese Tatsache führt zu vergleichsweise (relativ zum pn-Übergang) geringen parasitären Kapazitäten und ist entscheidend für die Anwendbarkeit von Schottky-Dioden bis hin zu höchsten Frequenzen (Mikrowellen).

Die Kapazität einer Schottky-Diode wird durch die Breite d der Raumladungszone bestimmt, sie nimmt mit steigender Flußspannung *zu-* und Sperrspannung *ab*. Es gelten hierfür dieselben Beziehungen wie für den einseitigen pn-Übergang (5.2.2-19 und 21).

Die Herstellung von Schottky-Dioden mit reproduzierbaren Eigenschaften ist etwas schwieriger als die von pn-Dioden. Der elektrisch aktive Übergang wird durch zwei Werkstoffe gebildet, die völlig verschiedene Eigenschaften haben in Bezug auf den Kristallaufbau und die Elektronenstruktur. Der metallurgische Übergang muß innerhalb weniger Gitterkonstanten erfolgen, so daß nach der Herstellung in der Regel keine Hochtemperaturprozesse mehr durchgeführt werden können, da diese immer mit teilweise unkontrollierbaren Diffusionsprozessen oder sogar einer Legierungsbildung verbunden sind. Bei der Abscheidung des Metalls auf der Halbleiterscheibe dürfen keine Zwischenschichten auftreten. Das kann durchaus problematisch werden, weil reine Siliziumoberflächen sehr schnell mit Sauerstoff reagieren und dünne (wenige Atomlagen) SiO_2-Schichten bilden. Diese können zwar über den quantentheoretischen Tunneleffekt relativ leicht überwunden werden, sie verändern aber die Eigenschaften des Schottky-Übergangs in wenig kontrollierbarer Weise. Am verbreitetsten sind heute Sputterverfahren (Abschnitt 8.2.3) zur Herstellung der Metallschicht, wobei vor Abscheidung des Metalls die Siliziumoberfläche durch Rücksputtern gereinigt (dünn abgetragen) wird. Die beim Sputterprozeß unvermeidbar auftretenden Gitterfehler können aber häufig nur unzureichend ausgeheilt werden, weil hierfür eine Hochtemperaturbehandlung erforderlich ist.

Einen technologischen Fortschritt brachte die Anwendung von Siliziden (Abschnitt 3.2.3): Zunächst wird das silizidbildende Metall (Molybdän, Titan, Wolfram u.a.) auf die freie Siliziumoberfläche aufgesputtert und dann in einem Hochtemperaturprozeß bei 600 bis 800°C mit dem Silizium zur Reaktion gebracht. Dabei dringt das silizidbildende Metall in das Silizium ein, d.h. der Übergang Silizium-Silizid erfolgt nicht unmittelbar an der Oberfläche, sondern in einem kleinen Abstand darunter. Auf diese Weise läßt sich der Einfluß der Oberflächendefekte vermindern: Die Größe der Schottky-Barriere läßt sich dadurch reproduzierbarer einstellen.

Ein weiteres Problem entsteht durch die geometrische Form von flach unterhalb der Oberfläche liegenden Halbleiterübergängen: An geometrischen Unebenheiten entlang der Diodenfläche und besonders am Rande der Diodenfläche treten Überhöhungen des elektrischen Feldes auf, die zu einem vorzeitigen Lawinendurchbruch (Abschnitt 4.3.4) führen, auf diesen Zusammenhang wird bei den Zenerdioden in Abschnitt 9.3.3 ausführlicher eingegangen. Die hierbei auftretenden Gesichtspunkte (Vermeidung von geometrisch stark gekrümmten pn-Übergängen) bestimmen weitgehend den technologischen Aufbau von Schottky-Dioden (Bild 9.2-3). Da Schottky-Dioden insbesondere für Anwendungen im Bereich höchster Frequenzen geeignet sind und eingesetzt werden, spielt die Beseitigung parasitärer Kapazitäten eine wichtige Rolle. Hierzu werden die Diodenflächen möglichst klein gehalten, Parallelkapazitäten von elektrisch nicht aktiven überlappenden Gebieten (z.B. zwischen Bondfleck und Halbleiter) werden durch Isolation mit dicken Isolatorschichten reduziert.

In der Tabelle 9.2-1 sind die Schottky-Barrierenhöhen verschiedener Metalle für eine Vielzahl von Halbleiterwerkstoffen zusammengestellt, weiterhin die entsprechenden Werte von Metallsiliziden gegen n-Silizium. Die theoretischen Werte werden in der Praxis häufig nicht gemessen, weil Grenzflächeneffekte die Eigenschaften des Schottky-Übergangs modifizieren.

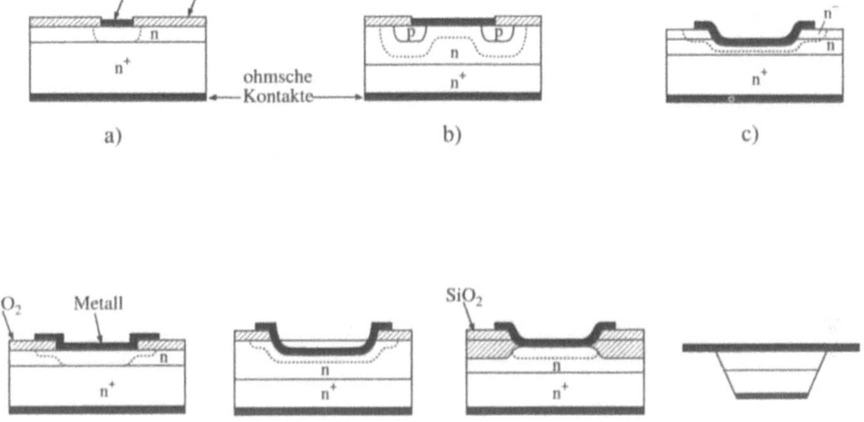

Bild 9.2-3:   *Aufbauformen von Schottky-Dioden: Diese werden bestimmt durch die Forde-*
rung nach geringen parasitären Kapazitäten und die Vermeidung von Feldstär-
keüberhöhungen am Rande des Übergangs, welche zu einem örtlichen Lawinen-
durchbruch unterhalb der theoretischen Durchbruchspannung (s. Abschnitt 9.3)
führen kann

a) Kleine Diodenflächen, keine Schutzmaßnahmen gegen vorzeitigen Lawinen-
durchbruch.

b) Verhinderung des vorzeitigen Lawinendurchbruchs durch Eindiffusion eines
***Schutzringes (Guard-Ring):** Der Lawinendurchbruch am Rande des Schott-*
ky-Kontakts wird nicht durch den Übergang Metall-Halbleiter, sondern durch
einen pn-Übergang mit großem Krümmungsradius (s. Abschnitt 9.3) gebildet.

c) Verhinderung des vorzeitigen Lawinendurchbruchs durch eine niedrig dotier-
te Oberflächenschicht auf der Halbleiterscheibe: Die Wirkung der erhöhten
elektrischen Felder wird am Ort des Auftretens durch eine Verkleinerung der
Dotierung (Erhöhung der Lawinendurchbruchspannung) vermindert.

d) Die Bildung von Metallbereichen mit kleinem Krümmungsradius am Ort des
Schottky-Überganges wird durch geometrische Maßnahmen reduziert.

Tab. 9.2-1:   *Schottky-Barrierenhöhen zwischen verschiedenen Metallen und Halbleitern (nach [9])*

   a) Metallelemente gegen Element- und Verbindungshalbleiter (Raumtemperatur, Angabe in Volt)
   b) Metallsilizide gegen n-Silizium (angegeben ist weiterhin die Bildungstemperatur der Silizide sowie deren Schmelzpunkte).

Halbleiter	Typ	W_G (eV)	Ag	Al	Au	Cr	Cu	Hf	In	Mg	Mo	Ni	Pb	Pd	Pt	Ta	Ti	W
Diamant	p	5,47			1,71													
Ge	n	0,66	0,54	0,48	0,59		0,52		0,64			0,49	0,38					0,48
Ge	p		0,50		0,30				0,55									
Si	n	1,12	0,78	0,72	0,80	0,61	0,58	0,58		0,40	0,68	0,61		0,81	0,90		0,50	0,67
Si	p		0,54	0,58	0,34	0,50	0,46				0,42	0,51	0,55				0,61	0,45
SiC	n	3,00		2,00	1,95													
AlAs	n	2,16			1,20									1,00				
AlSb	p	1,63			0,55													
BN	p	7,50			3,10													
BP	p	6,00			0,87													
GaSb	n	0,67			0,60													
GaAs	n	1,42	0,88	0,80	0,90		0,82	0,72						0,84	0,85			0,80
GaAs	p		0,63		0,42			0,68										
GaP	n	2,24	1,20	1,07	1,30	1,06	1,20	1,84		1,04	1,13	1,27			1,45		1,12	
GaP	p				0,72													
InSb	n	0,16	0,18[1]		0,17[1]													
InAs	p	0,33			0,47[1]													
InP	n	1,29	0,54		0,52													
InP	p		0,76															
CdS	n	2,43	0,56	Ohmsch	0,78		0,50					0,45	0,59	0,62	1,10		0,84	
CdSe	n	1,70	0,43		0,49		0,33								0,37			
CdTe	n		0,81	0,76	0,71										0,76			
ZnO	n	3,20		0,68	0,65		0,45		0,30					0,68	0,75	0,30		
ZnS	n	3,60	1,65	0,80	2,00		1,75		1,50	0,82				1,87	1,84	1,10		
ZnSe	n		1,21	0,76	1,36		1,10		0,91				1,16		1,40			
PbO	n		0,95						0,93			0,96	0,95					

[1] 77K

Metall-Silizid	$|\phi|$ [V]	Kristallstruktur	Herstelltemp. [°C]	Schmelztemp. [°C]
CoSi	0,68	Kubisch	400	1460
CoSi$_2$	0,64	Kubisch	450	1326
CrSi$_2$	0,57	Hexagonal	450	1475
HfSi	0,53	Orthorhombisch	550	2200
IrSi	0,93	—	—	—
MnSi	0,76	Kubisch	400	1275
Mn$_{11}$Si$_{19}$	0,72	Tetragonal	800[1]	1145
MoSi$_2$	0,55	Tetragonal	1000[1]	1980
Ni$_2$Si	0,7-0,75	Orthorhombisch	200	1318
NiSi	0,66-0,75	Orthorhombisch	400	992
NiSi$_2$	0,7	Kubisch	800[1]	993
Pd$_2$Si	0,72-0,75	Hexagonal	200	1330
PtSi	0,84	Orthorhombisch	300	1229
RhSi	0,69	Kubisch	300	—
TaSi$_2$	0,59	Hexagonal	750[1]	2200
TiSi$_2$	0,60	Orthorhombisch	650	1540
WSi$_2$	0,65	Tetragonal	650	2150
ZrSi$_2$	0,55	Orthorhombisch	600	1520

[1] ≤ 700° bei reiner Oberfläche

Eine wichtige Anwendung von Schottky-Übergängen ist die Bildung eines **ohmschen Kontakts** zwischen einem Halbleiter und einer metallischen Verbindung nach außen. In diesem Fall soll eine Kennlinie wie in (1) bewußt vermieden werden. Hierzu vergrößert man an der Kontaktstelle die Halbleiterdotierung stark, so daß sich ein Schottky-Kontakt mit einer besonders schmalen (z.B. Nanometer) Raumladungszone (Bild 9.2-4) ergibt. In diesem Fall wird die Barriere nicht durch thermionische Emission überwunden, sondern von den Ladungsträgern über den quantentheoretischen Tunneleffekt (Band 4 dieser Reihe) durchquert, wobei sich ein nahezu ohmsches Verhalten ergibt.

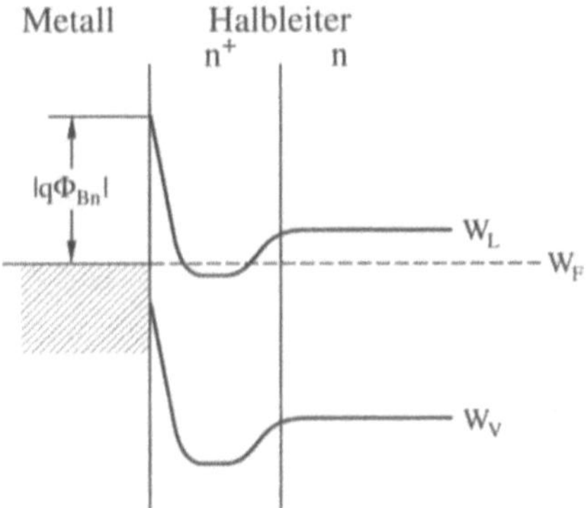

Bild 9.2-4:   Ohmscher Kontakt: Ein Halbleiter (n-Dotierung) soll so mit einem Metall M verbunden werden, daß sich als Strom-Spannungskennlinie nicht eine Diodenkennlinie, sondern eine Widerstandskennlinie (ohmscher Widerstand) ergibt. Hierfür erzeugt man auf der Halbleiteroberfläche eine stark erhöhte Dotierungskonzentration (n⁺-Gebiet). Die Raumladungzone hat dann nach Gl. (5.2.2-21) eine so geringe Ausdehnung (Nanometerbereich), daß die Barriere nicht durch thermionische Emission überwunden werden muß, sondern nach den Gesetzen der Quantentheorie durchtunnelt werden kann. Hierbei tritt eine nahezu lineare Strom-Spannungs-Kennlinie auf.

Die hier diskutierten Effekte führen in Zusammenwirkung mit dem Einfluß der elektrischen Zuführung (Widerstand, Kapazität und Induktivität der Zuleitungen und des Gehäuses) zu einem Ersatzschaltbild wie in Bild 9.2.5. Für den differentiellen Widerstand der Schottky-Diode (reziproker Wert der Kennliniensteigung oder des **Diffusionsleitwertes**) in Flußrichtung ergibt (1) unmittelbar

$$r_d = \left| \frac{\partial U_a}{\partial I} \right|_{\substack{I=j\cdot A \\ -|qU_a|>kT}} = \frac{kT/|q|}{I} \tag{2}$$

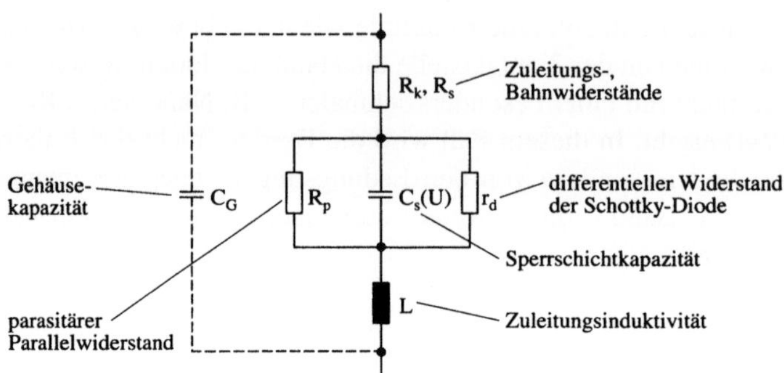

Bild 9.2-5:   *Ersatzschaltbild der Schottky-Diode*

Im folgenden werden die Kenndaten der industriell viel verwendeten Schottky-Diode BAT 85 wiedergegeben. Datenblätter für Bauelemente werden seit einiger Zeit praktisch nur noch in englischer Sprache verfaßt, deshalb werden sie auch in dieser Reihe im Originalzustand übernommen. Eine Übersetzung der wichtigsten Fachausdrücke erfolgt im Anhang E.

Thermische Daten wie der Wärmewiderstand werden im Abschnitt 13 erläutert, Schaltzeiten im Abschnitt 9.3.2.

Datenblatt BAT85

SCHOTTKY BARRIER DIODE

Schottky barrier diode with an integrated protection ring against extremely high static discharges.
This diode, in a DO-34 envelope, is intended for applications where a very low forward voltage is required.

QUICK REFERENCE DATA

Continuous reverse voltage	V_R	max.	30	V
Forward current (d.c.)	I_F	max.	200	mA
Peak forward current	I_{FM}	max.	300	mA
Junction temperature	T_j	max.	125	°C
Forward voltage $I_F = 10$ mA	V_F	<	400	mV
Diode capacitance	C_d	<	10	pF

MECHANICAL DATA

Fig. 1 SOD-68 (DO-34).

Dimensions in mm

0,55 max   k   a   1,27 (1) max   2,6   1,27 (1) max   25,4 min   3,04 max   25,4 min   1,6 max   7Z83041

RATINGS

Limiting values in accordance with the Absolute Maximum System (IEC 134)

Continuous reverse voltage	V_R	max.	30	V
Forward current				
d.c.	I_F	max.	200	mA
peak value	I_{FM}	max.	300	mA
peak value; $t_p < 1$ s		max.	600	mA
Average rectified forward current (see Fig. 2)	$I_{F(AV)}$	max.	200	mA
Storage temperature	T_{stg}		−65 to +150	°C
Junction temperature	T_j	max.	125	°C

THERMAL RESISTANCE

From junction to ambient when mounted on a printed circuit board at a lead length of 4 mm	$R_{th\ j\text{-}a}$	max.	320	K/W

CHARACTERISTICS

$T_{amb} = 25$ °C unless otherwise specified

Forward voltage*				
$I_F = 0{,}1$ mA	V_F	<	240	mV
$I_F = 1$ mA		<	320	mV
$I_F = 10$ mA	V_F	<	400	mV
$I_F = 30$ mA		<	500	mV
$I_F = 100$ mA	V_F	typ.	500	mV
		max.	800	mV
Reverse current $V_R = 25$ V	I_R	<	2	µA
Reverse breakdown voltage $I_R = 10$ µA	$V_{(BR)R}$	>	30	V
Diode capacitance $V_R = 1$ V; $f = 1$ MHz	C_d	<	10	pF
Reverse recovery time when switched from $I_F = 10$ mA to $I_R = 10$ mA; $R_L = 100\ \Omega$; measured at $I_R = 1$ mA	t_{rr}	<	5	ns

* Temperature coefficient				
$I_F = 1$ mA	S_F	typ.	−0,2	%/K
$I_F = 15$ mA		typ.	−0,04	%/K

Datenblatt BAT85

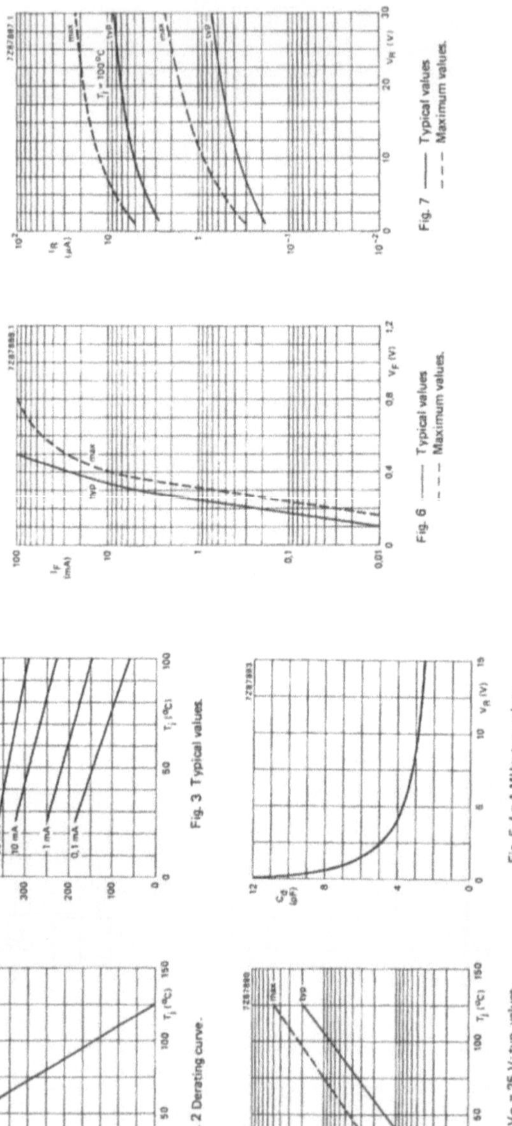

9.3 pn-Dioden

9.3.1 Elektrische Kenndaten

Typisch für pn-Dioden ist, daß das Verhalten der Ladungsträger hinter der Energiebarriere ratenbestimmend ist für den Stromfluß über die Barriere: Die über die Barriere injizierten Ladungsträger stellen hinter der Barriere Minoritätsträger dar, die wegen der geringen Leitfähigkeit für Minoritätsträger (geringe Ladungsträgerdichte) dort nur sehr langsam abfließen können. Die Minoritätsträger müssen erst mit Majoritätsträgern rekombinieren, bis die injizierte Ladung durch einen Driftstrom abfließen kann. Bis dahin ist ratenbestimmend der Diffusionsstrom der Minoritätsträger, dessen bestimmender Konzentrationsgradient sich als Folge der Rekombination einstellt (Bild 7.2.3-1). Als Gesamtstromdichte von Elektronen und Löcher ergibt sich aus (4.3.2-20) und (7.2.3-5 und 7) eine ideale Diodenkennlinie, die nach ihrem Entdecker als **Shockley-Gleichung** bezeichnet wird:

$$j = \frac{\text{Diodenstrom } I}{\text{Diodenfläche } A} =: j_n^o + j_p^o = \left(\frac{|q| D_n \rho_n^{po}}{L_n} + \frac{|q| D_p \rho_p^{no}}{L_p} \right) \left\{ \exp\left(-\frac{|q| U_a}{kT} \right) - 1 \right\} \quad (1a)$$

$$=: j_s \left\{ \exp\left(-\frac{|q| U_a}{kT} \right) - 1 \right\} \quad (1b)$$

Die Stromdichten j_n^o und j_p^o ergeben sich nach (7.2.3-5 und 6) jeweils aus den maximalen Minoritätsträgerströmen an den Rändern der Raumladungszone. Der Index 0 deutet an, daß später noch weitere Strombeiträge aufgrund von Generations- und Rekombinationsvorgängen in der Raumladungszone hinzukommen.

Bild 9.3.1-1 veranschaulicht den Stromfluß über den pn-Übergang für den in Bild 7.2.3-1 behandelten p$^+$n-Übergang (das +Zeichen bedeutet, daß die p-Seite stärker dotiert ist als die n-Seite, entsprechend gilt für die Minoritätsträger $\rho_n^{po} < \rho_p^{no}$).

Der Verlauf der Ladungsträgerkonzentration in Bild 9.3.1-1a ist dem Bild 7.2.3-1b als Ausschnitt und Vergrößerung entnommen. In Bild 9.3.1-1b ist der Ortsverlauf der Elektronen- und Löcherstromdichten dargestellt. Wir betrachten zunächst die Verhältnisse innerhalb der Barriere, d.h. innerhalb der Raumladungszone zwischen $-x_p$ und x_n. Wir nehmen vorläufig an, daß dort keine Wechselwirkung zwischen den Ladungsträgern stattfindet. In diesem Fall fließen in der Raumladungszone genau die Ströme, welche hinter der Barriere abgeführt werden können, d.h. die Stromdichten j_n^o und j_p^o (in Bild 9.3.1-1b gestrichelt gezeichnet), beide addieren sich innerhalb der Barriere zur Gesamtstromdichte j. Auf der p-Seite links von der Barriere, also für $x < -x_p$, liegen die Verhältnisse anders: j_p^o bleibt unverändert erhalten, der durch die *Elektronen* getragene Minoritätsträgerstrom j_n^{diff} wird aber ortsabhängig; er nimmt aber wegen des flacher werdenden Konzentrationsverlaufs mit zunehmendem Abstand von der Grenze der Raumladungszone ab.

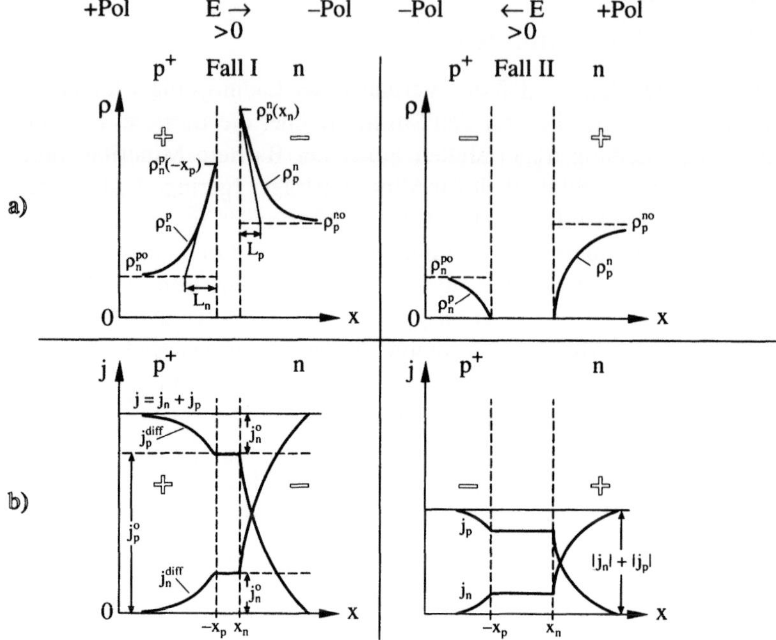

Bild 9.3.1-1:   *Ladungsträgerkonzentrationen (a) und Stromdichten (b) am p⁺n-Übergang (nach [66])*

Fall I: Polung der äußeren Spannung in Flußrichtung

Fall II: Polung der äußeren Spannung in Sperrichtung

Auf der anderen Seite tritt ein zusätzlicher Löcherstrom j_p^{diff} dadurch auf, daß im Rekombinationsgebiet des Minoritätsträgerstroms laufend Löcher vernichtet werden, die aus dem p-Gebiet nachgeliefert werden müssen. Da nämlich die Rekombinationsrate U für beide gleich sein muß, folgt aus Gleichung (6.3-1 b) und c)) für den stationären Fall bei Abwesenheit einer Ladungsträgergeneration:

$$\frac{1}{|q|}\nabla j_n^{diff(x)}\Big|_{\substack{\dot{\rho}_n=0 \\ G_n=0}} = U; \quad \frac{1}{|q|}\nabla j_p^{diff(x)}\Big|_{\substack{\dot{\rho}_p=0 \\ G_p=0}} = -U \tag{2}$$

$$\Rightarrow \frac{1}{|q|}\left(\nabla j_n^{diff(x)} + \nabla j_p^{diff}\right) = \frac{1}{|q|}\nabla\left(j_n^{diff(x)} + j_p^{diff(x)}\right) = 0 \tag{3}$$

$$\Rightarrow j_n^{diff(x)} + j_p^{diff(x)} = \text{const} = j_n^o \tag{4}$$

Die Verhältnisse auf der n-Seite des Übergangs sowie bei Anlegen einer Sperrspannung in Bild 9.3.1-1, Fall II ergeben sich entsprechend.

Für eine spätere Verwendung ist es zweckmäßig, die gesamte injizierte Minoritätsträgerladung zu bestimmen, sie ergibt sich am Beispiel der *Löcher* im *n*-Gebiet einfach durch Integration der Löcherdichte $\rho_p{}^n$ außerhalb der Raumladungszone. Man erhält dann über Bild 6.3-2 b) und Gleichung (6.3-10) als **gespeicherte Flächenladung** $\sigma_Q{}^{sp}$:

$$\sigma_Q^{sp} = +|q|\int_{x_n}^{\infty} \Delta\rho_p(x)dx = |q|\Delta\rho_p\big|_{x=x_n} \int_{x_n}^{\infty} \exp\left(-\frac{x-x_n}{L_p}\right) dx \tag{5}$$

$$= |q|L_p \Delta\rho_p\big|_{x=x_n} = \frac{L_p{}^2}{D_p}\cdot|q|\frac{D_p}{L_p}\Delta\rho_p\big|_{x=x_n} \tag{6}$$

$$\underset{\substack{(6.3\text{-}11\ \text{und}\ 12)\\(7.2.3\text{-}5\ \text{und}\ 6)}}{=} \tau_p j_p^o \tag{7}$$

Diese Flächenladung muß also zur Aufrechterhaltung des Löcherstroms j_p^o in und am Rande der Raumladungszone gespeichert werden. Die gespeicherte Ladung kann direkt aus der Ladungssteuergleichung (6.3-1g) bestimmt werden, wobei gilt:

$$-\left\{j_p(\infty)-j_p(x_n)\right\}_{\underset{j_p(\infty)=0}{=}} + j_p(x_n)\underset{(1a)}{=} j_p^o = \frac{\sigma_Q^{sp}}{\tau_p} + \frac{\partial\sigma_Q^{sp}}{\partial t}\underset{\frac{\partial\sigma_Q^{sp}}{\partial t}\underset{t\to\infty}{=}0}{\Rightarrow} \quad (7) \tag{8}$$

Die bisher vorausgesetzte Annahme, daß innerhalb der Raumladungszone (Energiebarriere) die Ladungsträger, welche die Ströme j_p^o und j_n^o erzeugen, keine Wechselwirkung miteinander haben, kann im allgemeinen nicht richtig sein: Wie Bild 7.2.3-1a zeigt, spaltet dort die Fermienergie in zwei Quasifermienergien W_F^{nL} und W_F^{nV} auf, wobei bei einer Polung der äußeren Spannung in *Flußrichtung* gilt:

$$W_F^{nL}(\text{n}-\text{Seite}) - W_F^{nV}(\text{p}-\text{Seite}) = -|q|U_a > 0 \tag{9}$$

Diese Gleichung sagt aus, daß Entropie gewonnen wird, wenn Elektronen aus dem Elektronenstrom über die Barriere mit denen aus dem Löcherstrom rekombinieren, d.h. ein solcher Prozeß läuft von selbst ab. Da die Minoritätsträgerdichte am Rande der Raumladungszone nach Abschnitt 7.2.3 aufrechterhalten werden muß, ist ein zusätzlicher Strom j_{rek} über die Energiebarriere erforderlich, der die Rekombinationsverluste ausgleicht; dieser wird auf der p-Seite durch Löcher, auf der n-Seite durch Elektronen getragen. Es wird unten gezeigt werden, daß j_{rek} eine andere Spannungsabhängigkeit besitzt als der Strom über die Barriere, so daß insgesamt die Strom-Spannungs-Kennlinie des pn-Übergangs in Flußrichtung verändert wird.

Bei Anliegen von *Sperrspannungen* liegen die Verhältnisse umgekehrt: Anstelle von (9) gilt:

$$W_F^{nV}(\text{p}-\text{Seite}) - W_F^{nL}(\text{n}-\text{Seite}) = +|q|U_a > 0 \tag{10}$$

d.h. es wird Entropie gewonnen, wenn Elektronen aus dem Valenz- in das Leitungsband übergehen! Diesem Vorgang entspricht eine *Zunahme* der Elektron-Loch-Paare, also einer *Generation* von Ladungsträgern. Die thermisch generierten Elektron-
Loch-Paare nehmen innerhalb einer sehr kurzen Thermalisierungszeit die jeweiligen
Quasifermienergien der vorhandenen Ladungsträger an (zusätzlich bewirkt die Änderung der Ladungsträgerkonzentrationen eine Verschiebung der Quasifermienergien). Bei einem Ortsverlauf der Fermienergien wie in Bild 7.2.3-1a, Fall II, wirken
nach (4.3.2-4 und 5) chemische Kräfte, welche die Elektronen in den n-Halbleiter,
die Löcher dagegen in den p-Halbleiter bewegen, sie verstärken daher den Sperrstrom.

Die Berechnung der entsprechenden Ströme erfolgt wie in (2), wobei nur die Rekombination in der Raumladungszone betrachtet wird. Dazu müssen wir zuerst die
Rekombinationsrate U (wenn diese negativ ist, dann entspricht sie einer Generationsrate) berechnen. Wir gehen aus von den Gleichungen (6.2.3-15 und 18b)

$$U = \frac{1}{\tau_r} \frac{\rho_n \rho_p - \rho_i^2}{\rho_n + \rho_p + 2\rho_i \cosh\left(\dfrac{W_T - W_i}{kT}\right)} \tag{11}$$

Für die Ladungsträgerdichten ergibt sich dabei mit (4.2-9 und 11):

$$\rho_n \rho_p = \rho_i^2 \exp\left(\frac{W_F^{nL} - W_F^{nV}}{kT}\right) \tag{12}$$

Wir nehmen zunächst an, daß eine angelegte *Fluß*spannung so groß ist, daß aus (9)
und (12) folgt

$$\left.\begin{array}{l}\rho_n \\ \rho_p\end{array}\right\} \gg \rho_i \underset{(11)}{\Rightarrow} U \approx \frac{1}{\tau_r} \frac{\rho_n \rho_p}{\rho_n + \rho_p} \tag{13}$$

Um eine obere Grenze für die Rekombinationsstromdichte j_{rek} zu finden [32], su-
chen wir den maximalen Wert von (13), der sich durch ein Verschwinden der Ableitung auszeichnet:

$$\frac{\partial}{\partial \rho_n}\left(\frac{\rho_n \rho_p}{\rho_n + \rho_p}\right) = 0 \Rightarrow \rho_n = \rho_p$$

$$\Rightarrow \left(\frac{\rho_n \rho_p}{\rho_n + \rho_p}\right)\Bigg|_{\max} = \frac{\rho_n^2}{2\rho_n} = \frac{\rho_n}{2} \tag{14}$$

$$\Rightarrow U_{\max} \underset{(13)}{=} \frac{1}{2} \frac{\rho_n}{\tau_r} \underset{\substack{(9,12,14)\\ \rho_n \approx \rho_p}}{=} \frac{\rho_i}{2\,\tau_r} \exp\left(-\frac{|q|U_a}{2kT}\right) \tag{15}$$

Die maximale Elektronen-Rekombinationsstromdichte ist dann analog zu (2)

$$j_{rek} = |q| \int_{-x_p}^{x_n} U_{max} dx = |q| \frac{\rho_i d}{2\,\tau_r} \exp\left(- \frac{|q|U_a}{2kT} \right) \qquad (16a)$$

mit der Breite $d = x_n + x_p$ der Raumladungszone. Diese Stromdichte muß zu der idealen Stromdichte in (1) addiert werden, so daß sich die Strom-Spannungs-Kennlinie der pn-Diode aus der Summe zweier Terme mit unterschiedlicher Spannungsabhängigkeit ergibt. Zur einfachen Auswertung experimenteller Daten führt man einen **Idealitätsfaktor** η ein durch

$$j_{ges} = j_n^o + j_p^o + j_{rek} \propto \exp\left(- \frac{|q|U_a}{\eta kT} \right) \qquad (16b)$$

Bild 9.3.1-2 zeigt die Kennlinie der pn-Diode für einen Idealitätsfaktor 2 im Vergleich zu der idealen Kennlinie (Idealitätsfaktor 1); besonders im Bereich kleiner Flußspannungen führt der Rekombinationsstrom zu einer deutlichen Vergrößerung des Stroms.

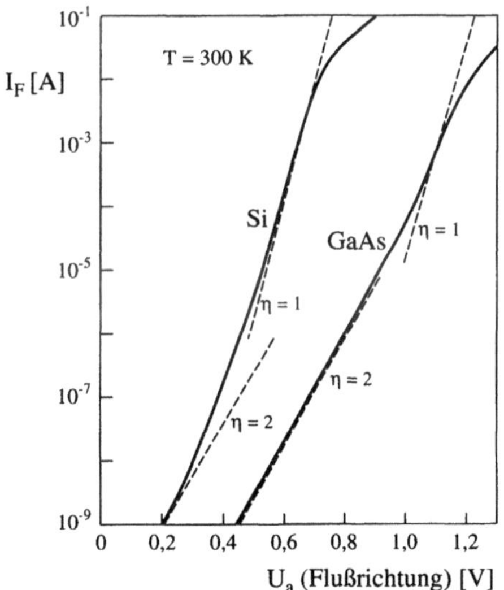

Bild 9.3.1-2: *Strom-Spannungs-Kennlinie von Silizium- und Galliumarsenid-pn-Dioden bei Polung der äußeren Spannung in Durchflußrichtung. Die Bereiche mit dem Idealitätsfaktor $\eta = 1$ entsprechen der idealen Diodenkennlinie (1). Bei niedrigen Durchflußspannungen liegen die gemessenen Ströme oberhalb davon, was auf Rekombinationsströme zurückzuführen ist. Dieser Effekt kann durch einen Idealitätsfaktor beschrieben werden, der zwischen 1 und 2 liegt. Im Bereich hoher Ströme führen Effekte wie der ohmsche Spannungsabfall über den Bahngebieten zu einer verminderten Flußspannung an der Barriere, d.h. zu einem kleineren Diodenstrom als dem idealen (nach [67]).*

Ein weiterer Effekt bei sehr hohen Strömen ist der ohmsche Spannungsabfall über den Halbleiter-Bahngebieten außerhalb der Raumladungszone der pn-Diode. Auf diese Weise wird die effektive Flußspannung, welche den Stromfluß über die Barriere bestimmt, reduziert, d.h. die Flußströme fallen niedriger aus als theoretisch vorausgesagt. Auch dieses ist in Bild 9.3.1-2 zu erkennen.

Bei hohen Stromdichten ist die vereinfachende Annahme in Bild 7.3.2-1, daß sich die Fermienergie nahezu konstant durch die Raumladungszone hindurch extrapolieren läßt, nicht mehr gültig, wie in Abschnitt 7.2.1 gezeigt wurde. In diesem Fall (**Hochinjektionsverhalten**) findet ein Abfall der Quasifermienergie innerhalb der Raumladungszone statt, der eine geringere Überschußdichte der Ladungsträger am Rande der Raumladungszone bewirkt. Wir nehmen an, daß z.B. auf der p-Seite der Diode die injizierte Minoritätsträgerkonzentration $\rho_n^p(-x_p)$ in der Größenordnung der p-Dotierung liegt, dann kann man aus (9) und (12) abschätzen:

$$\rho_p^{po}\rho_n^p\left(-x_p\right) \approx \left(\rho_n^p\left(-x_p\right)\right)^2 \underset{(9,12)}{\Rightarrow} \rho_n^p\left(-x_p\right) \approx \rho_i\, exp\left(-\frac{|q|U_a}{2kT}\right) \qquad (17)$$

d.h. die Spannungsabhängigkeit des Stroms in Flußrichtung ist schwächer als bei niedrigen Stromdichten, die zu den Formeln (7.2.3-3 und 5) und darüber zur Shockley-Gleichung (1) führten. Bild 9.3.1-3 zeigt ein Beispiel für den Verlauf der Ladungsträgerdichten und Quasifermienergien unter den Voraussetzungen niedriger und hoher Injektion.

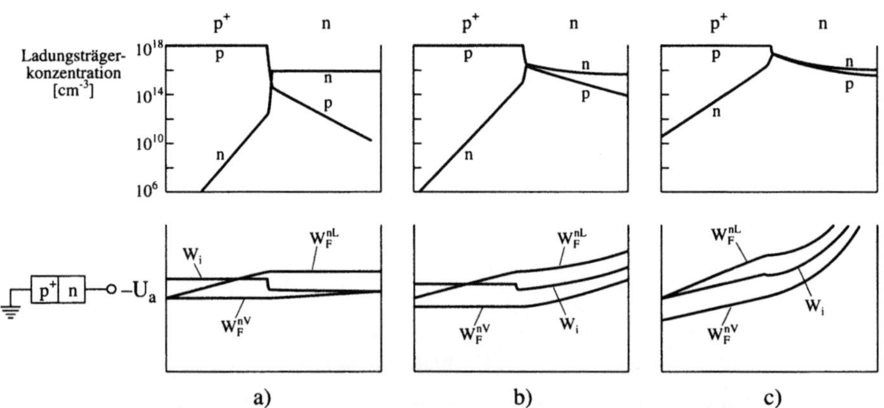

Bild 9.3.1-3: *Numerische Berechnung des Verlaufs der Ladungsträgerdichten und Quasifermienergien an einem pn-Übergang bei Polung der äußeren Spannung in Flußrichtung (nach [68]).*

   a) Niedrige Injektion: Dieses entspricht den in Bild 7.2.3-1a, Fall I, dargestellten Bedingungen.

   b) und c) : Bei höheren Stromdichten ändert sich der Verlauf der Quasifermienergien relativ zum Fall niedriger Stromdichten, weiterhin verursacht der Spannungsabfall über den Bahngebieten einen Gradienten der Fermienergie außerhalb der Raumladungszone.

Für den Fall eines in Sperrichtung gepolten pn-Übergangs übernehmen wir die thermische Generationsrate aus (6.2.3-19). Die hierdurch zusätzlich zur Sperrstromdichte erzeugte Generationsstromdichte j_{gen} ergibt sich wieder durch Integration von (2), sie fließt im n-Halbleiter als Elektronen-, im p-Gebiet als Löcherstrom:

$$j_{gen} = |q| \int_{-x_p}^{x_n} G dx \underset{\tau_g \approx \text{const}}{\approx} |q| G (x_n + x_p) = |q| G d \underset{(6.2.3-19)}{=} \frac{|q| \rho_i d}{\tau_g} \qquad (18)$$

Dieser Wert hängt über τ_g empfindlich ab von dem Verunreinigungsgehalt im Halbleiterwerkstoff: Nur bei einer sehr sorgfältig durchgeführten technologischen Herstellung des pn-Übergangs ist τ_g so groß, daß (18) vernachlässigt werden kann. Bei Standard-Fertigungsprozessen ist der Generationsstrom in der Regel (wesentlich) größer als der ideale Dioden-Sperrstrom.

Bei einer linearen Auftragung hat die Strom-Spannungs-Kennlinie von realen (d.h. praktisch hergestellten und durchgemessenen) Dioden einen etwa linearen Verlauf mit einer **Einsatzspannung** U_{Fo} (Bild 9.3.1-3).

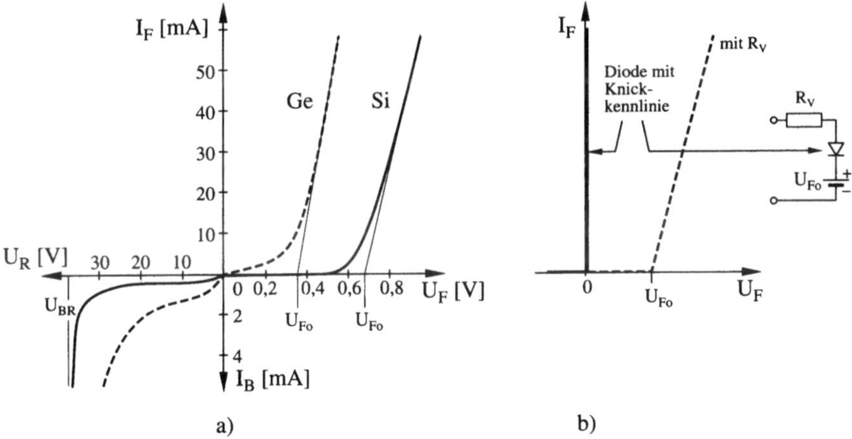

Bild 9.3.1-4:   *Gemessener Verlauf der Diodenkennlinie: Bei linearer Auftragung ergibt sich ein etwa linearer Anstieg des Stroms bei Polung der äußeren Spannung in Flußrichtung. Dadurch wird eine Einsatzspannung U_{FO} definiert (nach [45]).*

> *a) Vergleich von Germanium- und Silizium pn-Dioden (gleicher Diodenquerschnitt: die Ströme in Germaniumdioden sind größer, da wegen des im Vergleich zu Silizium geringeren Bandabstandes die Minoritätsträgerdichten höhere Werte haben).*

> *b) Idealisierung von a) durch eine Knickkennlinie mit dazugehörigem Ersatzschaltbild.*

Zu der Kapazitäts-Spannungs-Abhängigkeit des pn-Übergangs tragen zwei völlig unabhängige Effekte bei: die Raumladungskapazität (5.2.2-19, Bild 5.2.2-4, vgl. auch

Schottky-Dioden, Abschnitt 9.2) und die **Diffusionskapazität** C_d. Diese berücksichtigt die Änderung der injizierten (und damit beim Stromfluß gespeicherten) Minoritätsträgerladung (7) mit der Flußspannung. Als Flächen-Diffusionskapazität ergibt sich damit

$$C_{Fd} = \frac{C_d}{\text{Diodenfläche } A} = \left| \frac{\partial \sigma_Q^{sp}}{\partial U} \right| \tag{19a}$$

Bei einem p^+n-Übergang ($\rho_p^{no} \gg \rho_n^{po}$) wie in Bild 9.3.1-1 ist der Gesamtstrom j in (1) etwa gleich dem Löcherstrom j_p^o und damit die hierdurch gespeicherte Ladung dominierend, d.h. aus (19a) folgt mit (7) und (1):

$$C_{Fd} = \tau_p \left| \frac{\partial j_p^o}{\partial U} \right| = \frac{\tau_p |q|}{kT} j \tag{19b}$$

Die gespeicherte Löcherladung wird im n-Gebiet durch eine entgegengesetzt gleich große Elektronenladung kompensiert, da insgesamt Ladungsneutralität vorliegt (sonst würde eine Überschußladung nach der Poissongleichung ein elektrisches Feld erzeugen, s. Abschnitt 6.1.2 und 3). Physikalisch gesehen existieren aber dort Elektronen und Löcher im gleichen Volumen nebeneinander, d.h. sie müssen bei einer Veränderung der Stromdichte dorthin transportiert werden und bleiben dort gespeichert. Die gespeicherten Ladungen wirken dann in gleicher Weise wie bei einem Plattenkondensator, nur sind die Ladungen bei der Diffusionskapazität nicht räumlich (auf gegenüberliegenden Platten) voneinander getrennt. Bild 9.3.1-5 veranschaulicht die Ladungsverhältnisse bei der Diffusionskapazität.

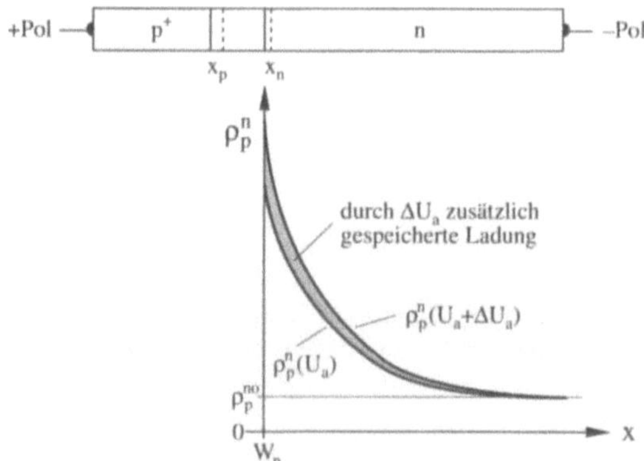

Bild 9.3.1-5: *Entstehung einer gespeicherten Ladung durch Minoritätsträgerinjektion von Löchern in das n-Gebiet eines p^+n-Halbleiterübergangs. Eingetragen ist der exponentiell abfallende Verlauf der Minoritätsträgerdichte. Das Integral hierüber ergibt die gesamte gespeicherte Minoritätsträgerladung pro Diodenfläche. Bei einer Änderung der angelegten Spannung in Flußrichtung ändert sich diese Ladung (schraffiert). Dieser Betrag – bezogen auf die Änderung der Flußspannung – ergibt die Diffusionskapazität.*

Das Ersatzschaltbild der pn-Diode entspricht demjenigen der Schottkydiode in Bild 9.2-5, nur tritt als wichtige zusätzliche Größe die Diffusionskapazität auf (Bild 9.3.1-6).

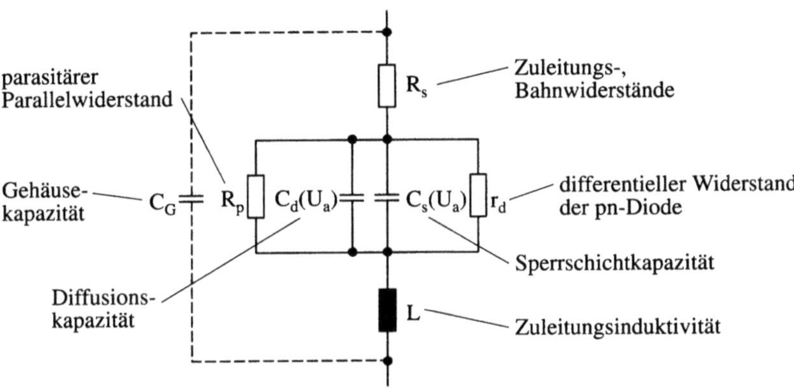

Bild 9.3.1-6:   Ersatzschaltbild der pn-Diode

Die Diodenkennlinien hängen stark von der Temperatur ab. Wir betrachten beim p^+n-Übergang den Sättigungsstrom j_s nach (1):

$$j_s \underset{(1),\, j_p^o \gg j_p^o}{=} \frac{|q|D_p}{L_p} \rho_p^{n0} \underset{(4.2-11)}{=} \frac{|q|D_p}{L_p} \frac{\rho_i^{\,2}}{\rho_n^{no}} \propto \rho_i^{\,2}$$

$$\rho_i^{\,2} \underset{(4.2-11)}{=} N_V N_L \exp\left(-\frac{W_g}{kT}\right) \underset{(1.2.3-15)}{\propto} T^3 \exp\left(-\frac{W_g}{kT}\right) \tag{21}$$

Daraus ergibt sich der **Temperaturkoeffizient** (TK) des **Sättigungsstroms**:

$$\alpha_{j_s} = \frac{1}{j_s}\frac{\partial j_s}{\partial T} = \frac{3}{T} + \frac{1}{T}\frac{W_g}{kT} \tag{3}$$

In der Praxis wird der Temperaturkoeffizient zusätzlich wesentlich mitbestimmt durch weitere Effekte, die zu einer Abweichung von der idealen Diodenkennlinie führen, wie Generations-und Rekombinationsströme, Hochstromeffekte u.a.. Bild 9.3.1-7 zeigt die Temperaturabhängigkeit der Diodenkennlinien.

Zu den charakteristischen Eigenschaften von Dioden zählt auch das Durchbruchsverhalten bei Anlegen hoher Sperrspannungen: In diesem Fall nimmt der Sperrstrom sprungartig zu (Bild 9.3.3-1) und kann im Falle fehlender Strombegrenzung zu einer

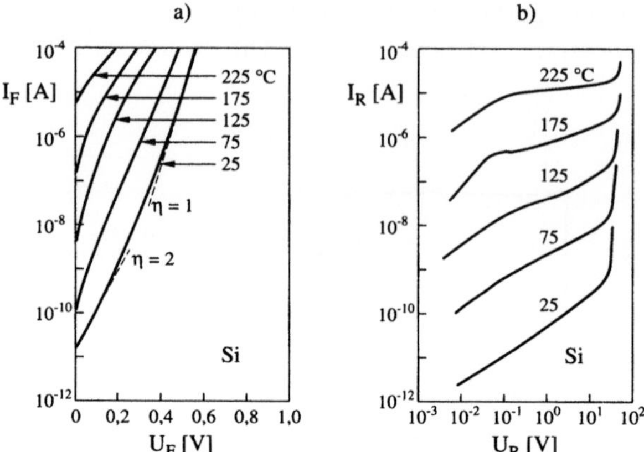

Bild 9.3.1-7:   *Temperaturabhängigkeit der Strom-Spannungs-Kennlinien von pn-Dioden (nach [67])*

   a) äußere Spannung gepolt in Flußrichtung

   b) äußere Spannung gepolt in Sperrichtung

Zerstörung des Bauelements führen. Dieser Problemkreis ist entscheidend für das Verhalten von Zener-Dioden und wird dort ausführlich behandelt (Abschnitt 9.3.3). Bild 9.3.1-8 zeigt verschiedene Herstellungsverfahren für pn-Dioden.

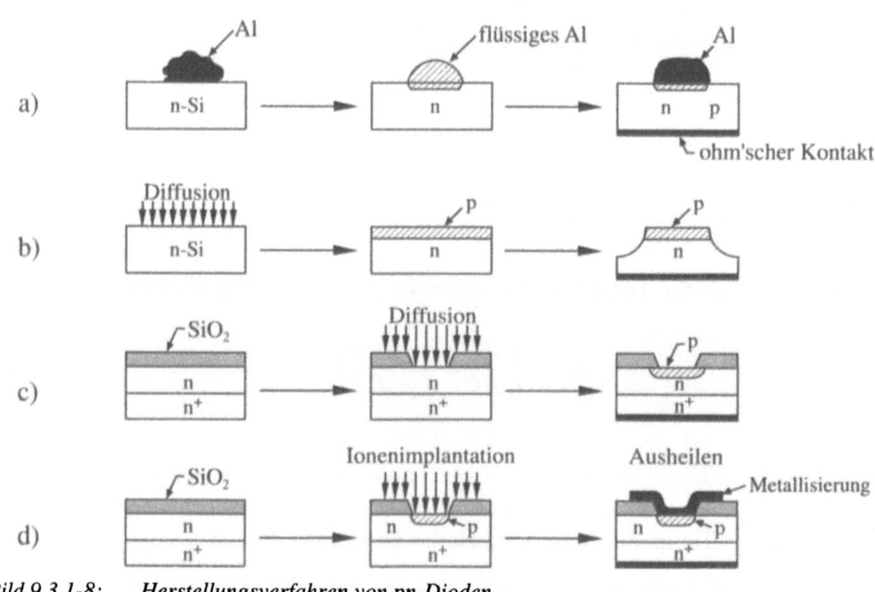

Bild 9.3.1-8:   *Herstellungsverfahren von pn-Dioden*

   a) Legierungstechnik   *b) Mesatechnik*

   c) diffundierte pn-Dioden   *d) ionenimplantierte Dioden*

Im folgenden sind die Kenndaten einer diffundierten Siliziumgleichrichterdiode zusammengestellt.

Datenblatt 1N4001...7G

SILICON DIFFUSED RECTIFIER DIODES

A range of silicon rectifier diodes for general purpose use.

QUICK REFERENCE DATA

			1N4001G	4002G	4003G	4004G	4005G	4006G	4007G
Repetitive peak reverse voltage	V_{RRM}	max.	50	100	200	400	600	800	1000 V
Continuous reverse voltage	V_R	max.	50	100	200	400	600	800	1000 V
Average forward current	$I_{F(AV)}$	max.	1						A
Repetitive peak forward current	I_{FRM}	max.	10						A
Non-repetitive peak forward current	I_{FSM}	max.	30						A

MECHANICAL DATA   Dimensions in mm
Fig. 1 SOD-57.

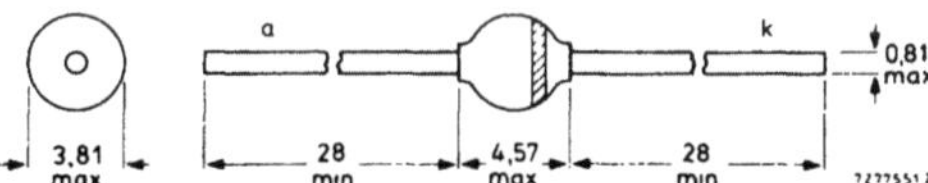

The marking band indicates cathode.

Datenblatt 1N4001…7G

RATINGS

Limiting values in accordance with the Absolute Maximum System (IEC 134)

			1N4001G	4002G	4003G	4004G	4005G	4006G	4007G	
Repetitive peak reverse voltage	V_{RRM}	max.	50	100	200	400	600	800	1000	V
Continuous reverse voltage	V_R	max.	50	100	200	400	600	800	1000	V
Average forward current (averaged over any 20 ms period) up to T_{amb} = 75 °C	$I_{F(AV)}$	max.				1				A
at T_{amb} = 100 °C	$I_{F(AV)}$	max.				0,75				A
Forward current (d.c.) up to T_{amb} = 75 °C	I_F	max.				1				A
Repetitive peak forward current	I_{FRM}	max.				10				A
Non-repetitive peak forward current (half-cycle sinewave, 60 Hz)	I_{FSM}	max.				30				A
Storage temperature	T_{stg}					−65 to +175				°C
Junction temperature	T_J	max.				175				°C

THERMAL RESISTANCE

Influence of mounting method

1. Thermal resistance from junction to tie-point at a lead length of 10 mm	$R_{th\,j\text{-}tp}$	=	46	K/W
2. Thermal resistance from junction to ambient when mounted on a 1,5 mm thick epoxy-glass printed-circuit board; Cu-thickness ⩾ 40 μm; (see "Thermal model")	$R_{th\,j\text{-}a}$	=	100	K/W

CHARACTERISTICS

T_{amb} = 25 °C unless otherwise stated

Forward voltage I_F = 1 A	V_F	<	1,1	V
Full-cycle average forward voltage $I_{F(AV)}$ = 1 A	$V_{F(AV)}$	<	0,8	V
Reverse current $V_R = V_{Rmax}$	I_R	<	10	μA
$V_R = V_{Rmax};\ T_{amb}$ = 100 °C	I_R	<	50	μA
Full-cycle average reverse current $V_R = V_{RRMmax};\ T_{amb}$ = 75 °C	$I_{R(AV)}$	<	30	μA

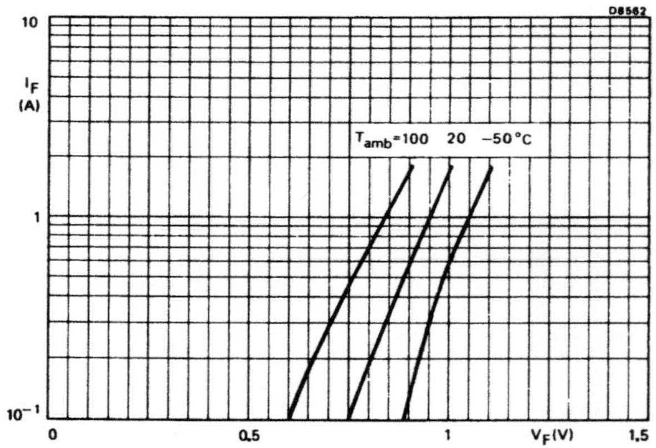

Fig. 2 Typical values.

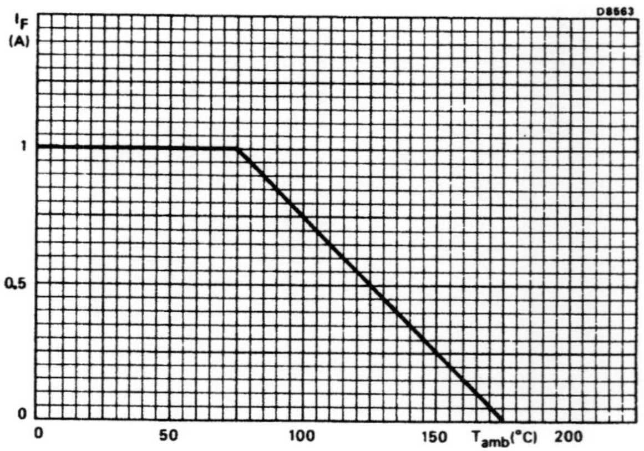

Fig. 3 Maximum permissible d.c. forward current.

9.3.2 Schaltdioden

pn- und Schottky-Dioden haben nach (9.2-2) jeweils einen sehr niedrigen differentiellen Widerstand r_d, wenn auf sie eine äußere Spannung in Flußrichtung wirkt, dagegen einen sehr hohen Widerstand bei Polung in Sperrichtung. Damit haben die Dioden – in Abhängigkeit von dem Vorzeichen der äußeren Spannung – die Eigenschaft von Schaltern (Bild 9.3.2-1).

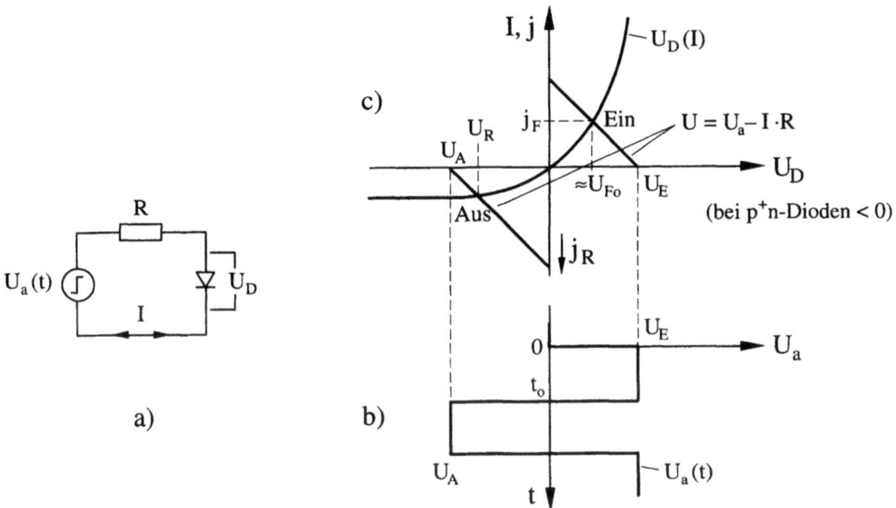

Bild 9.3.2-1:   *Dioden als Schalter*

a) Schaltung für den Betrieb der Diode als Schalter

b) Beispiel für den zeitlichen Verlauf einer Schaltspannung

c) Diodenkennlinie mit Arbeitspunkten im Schaltbetrieb

Der Arbeitspunkt in a) wird auf die folgende Art bestimmt: Die Summe der Spannungsabfälle über der Diode (U_D) und dem Lastwiderstand ($I \cdot R$) ist gleich der von außen angelegten Spannung U_a

$$U_a = U_D(I) + I \cdot R \Rightarrow U_D(I) = U_a - I \cdot R \tag{1}$$

*Die Funktion $U_a - I \cdot R$ kann als **Lastgerade** in das Strom-Spannungs-Diagramm eingetragen werden. Gleichzeitig müssen aber die angenommenen Werte nach (1) auf der Diodenkennlinie $U_D(I)$ liegen. Der **Arbeitspunkt** (die von der Schaltung angenommenen Werte von Strom und Spannung) wird daher durch den Schnittpunkt beider Kurven im Strom-Spannungs-Diagramm festgelegt. Dieses ist in (c) verdeutlicht.*

Die Berechnung des Schaltverhaltens erfolgt über die Ladungssteuerungsgleichung (9.3.1-8) für einen p^+n-Übergang wie in Bild 9.3.1-1. Diese Gleichung drückt den zeitlichen Zusammenhang zwischen gespeicherter Ladung und Stromfluß aus. Liegt der zeitliche Verlauf des Stromflusses fest (**Stromeinprägung**), dann kann hieraus die Zeitabhängigkeit der gespeicherten Ladung und daraus der Spannungsabfall $U_D(t)$ über der Diode berechnet werden.

Beim Einschalten gehen wir aus von einem sprunghaften Anstieg der äußeren Spannung von Null auf eine Spannung U_E in Flußrichtung, dabei steigt die Stromdichte auf den Wert j_F an (Bild 9.3.2-2a, [45]). Zunächst wird die gespeicherte Ladung in Abhängigkeit von der Diodenspannung $U_D(t)$ bestimmt: Das Konzentrationsprofil der injizierten Löcher auf der n-Seite ist entsprechend Bild 7.2.3-1c:

$$\rho_p^n(x) = \rho_p^{no} + \left(\rho_p^n(x_n) - \rho_p^{no}\right)\exp\left(-\frac{x - x_n}{L_p}\right) \tag{2a}$$

$$\underset{(7.2.3-3)}{=} \rho_p^{no} + \rho_p^{no}\left(\exp\left(-\frac{|q|U_D(t)}{kT}\right) - 1\right)\exp\left(-\frac{x - x_n}{L_p}\right) \tag{2b}$$

Der Verlauf für verschiedene Zeiten t ist in Bild 9.3.2-2b dargestellt. Die Integration der gesamten injizierten Ladungsdichte liefert analog zu (9.3.1-5 bis 8) die (im jeweils eingeschwungenen Zustand) gespeicherte stationäre Flächenladung:

$$\sigma_Q^{sp}(t) \underset{(9.3.1-7)}{=} \tau_p j_p^o(t) \underset{\substack{(7.2.3-7)\\(6.3-11)}}{=} |q|L_p\rho_p^{no}\left(\exp\left(-\frac{|q|U_D(t)}{kT}\right) - 1\right) \tag{3}$$

Die Lösung der Ladungssteuerungsgleichung (9.3.1-8) ergibt für die Nebenbedingung einer zeitlich konstanten Stromdichte j_F nach Bild 9.3.2-2a (Beweis durch Einsetzen von (4) in (9.3.1-8) analog (5.1-15):

$$\Rightarrow \sigma_Q^{sp}(t) = t_p j_F\left(1 - \exp\left(-\frac{t}{t_p}\right)\right) \tag{4}$$

Bei großen Zeiten geht die Flächenladung asymptotisch auf den Wert (9.3.1-7). Durch Gleichsetzen von (3) und (4) und Auflösen nach $U_D(t)$ erhält man den zeitlichen Anstieg der Spannung an der Diode

$$-U_D(t) = \frac{kT}{|q|}\ln\left\{\frac{\tau_p j_F}{|q|\rho_p^{no}L_p}\left(1 - \exp\left(-\frac{t}{\tau_p}\right)\right) + 1\right\} \tag{5}$$

Der Verlauf der Spannung ist in Bild 9.3.2-2c abgebildet.

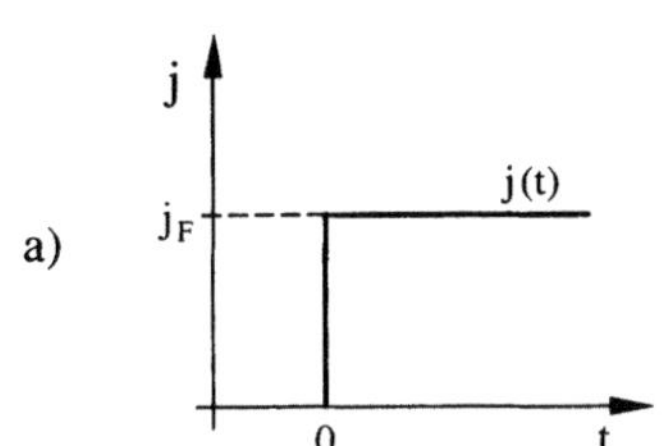

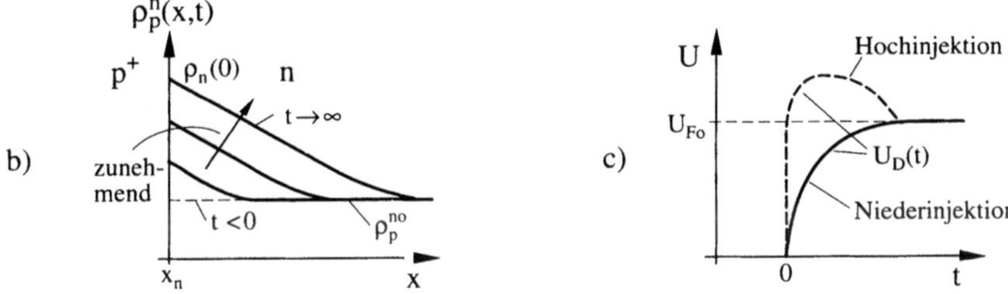

Bild 9.3.2-2:   *Verhalten einer pn-Diode beim sprungartigen Einprägen einer äußeren Strom-dichte j_F in Flußrichtung (nach [45]). Diese geht als Konstante in (4) ein, be-rechnet wird der zeitliche Verlauf $U_D(t)$ der Spannung an der Diode.*

a) Zeitlicher Verlauf der eingeprägten Stromdichte .

b) Zeitliche Änderung der Minoritätsträgerdichte auf der n-Seite des p^+n-Über-gangs.

c) Zeitlicher Anstieg der Spannung an der Diode (Niederinjektion). Unter den Voraussetzungen der Hochinjektion (Abschnitt 9.3.1) kann es zu einem "Über-schwingen" der Spannung kommen.

Zum Zeitpunkt t_o soll die in Bild 9.3.2-2 dargestellte eingeschaltete Diode durch An-legen einer Sperrspannung U_A (Bild 9.3.2-1) wieder ausgeschaltet werden. Zum Zeitpunkt des Umschaltens sind die gespeicherten Minoritätsträger im n-Gebiet noch vorhanden, nur wirkt jetzt die angelegte Spannung in der Gegenrichtung, so daß die Lö-cher zurück in das p^+-Gebiet gezogen werden. Dadurch wird für eine kurze Zeit ein er-heblich größerer Stromfluß ermöglicht als dem Sperrstrom (Bild 9.3.1-1, Fall II) ent-spricht. In Bild 9.3.2-3a ist die zeitliche Veränderung des Minoritätsträger-Konzen-trationsprofils für verschiedene Zeiten $t > t_o$ dargestellt. Die Diodenspannung ist korreliert mit der Dichte der Löcher am Rande der Raumladungszone, sie verbleibt noch eine Zeitlang in Flußrichtung gepolt (Bild 9.3.2-2c), bis sie sich an den durch die äußere Spannung erzwungenen Arbeitspunkt mit U_R (Bild 9.3.2-1) anpaßt.

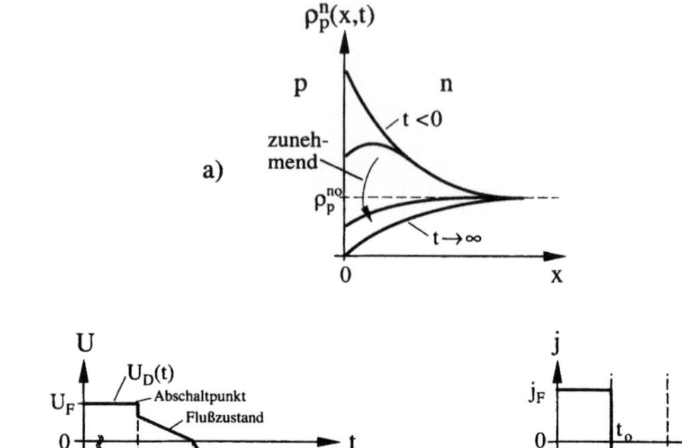

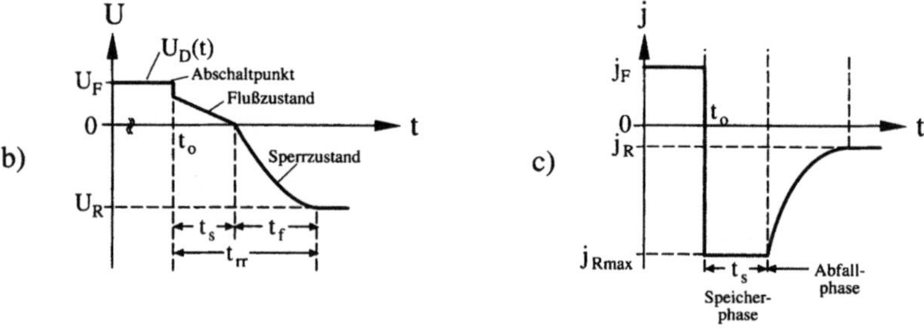

Bild 9.3.2-3: *Abschaltverhalten: bei t_0 wird eine äußere Spannung $-U_A$ in Sperrichtung ange-legt, diese fällt nach einiger Zeit wegen des hohen differentiellen Widerstands der Diode in Sperrichtung praktisch vollständig (Wert U_R) an der Diode ab (nach [45]):*

a) Zeitlicher Verlauf des Minoritätsträger-Konzentrationsprofils.

*b) Zeitlicher Verlauf der Spannung an der Diode (t_s wird als **Speicherzeit**, t_{rr} als **Sperrverzögerungszeit** bezeichnet.*

c) Zeitlicher Verlauf des Stromflusses.

Die Berechnung des Ausschaltverhaltens erfolgt wieder über die Ladungssteuerungs-gleichung bei Berücksichtigung der jeweils fließenden Stromdichten:

$$t \leq t_o: \quad j_F = \frac{\sigma_Q^{sp}}{t_p} \tag{6a}$$

$$t_o < t \leq t_s: \quad j_{R\max} = \frac{\sigma_Q^{sp}}{\tau_p} + \frac{\partial \sigma_Q^{sp}}{\partial t} \tag{6b}$$

$$\left. \right\} \Rightarrow \sigma_Q^{sp}(t - t_o) = \tau_p \left\{ j_{R\max} + \left(j_F - j_{R\max} \right) \exp\left(-\frac{t - t_o}{\tau_p} \right) \right\} \tag{6c}$$

wie wiederum durch Einsetzen von (6c) in (6a und b) bewiesen werden kann. Die **Speicherzeit** t_s ist definiert durch die Forderung, daß innerhalb dieser Zeit die gespeicherte Ladung auf Null abgefallen ist:

$$\sigma_Q^{sp}\left((t_o+t_s)-t_o\right)=\sigma_Q^{sp}(t_s)=0\underset{(6c)}{\Rightarrow}t_s=\tau_p\ln\left\{1-\frac{j_F}{j_{R\,max}}\right\}\tag{7}$$

Die **Abfallzeit** τ_f wird bestimmt durch die RC-Konstante aus Sperrschichtkapazität und Lastwiderstand, sie ergibt zusammen mit der Speicherzeit die **Sperr-Verzögerungs-** oder **-Erholungszeit**:

$$t_{rr}=t_s+t_f\tag{8}$$

Im folgenden sind einige Daten einer kommerziellen Schaltdiode zusammengestellt. Niedrige Schaltzeiten werden durch eine gezielte Verkleinerung der Minoritätsträgerlebendauer, z.B. mit Hilfe einer Golddotierung (Abschnitt 6.2.3, Bild 6.2.3-2), erreicht.

Datenblatt 1N4150...53

ULTRA-HIGH-SPEED SILICON DIODES

Whiskerless diodes in subminiature DO-35 envelopes.
The IN4150 is primarily intended for general purpose use in computer and industrial applications.
The IN4151 and IN4153 are intended for military and industrial applications.

QUICK REFERENCE DATA

			IN4150	IN4151	IN4153	
Continuous reverse voltage	V_R	max.	50	50	50	V
Repetitive peak reverse voltage	V_{RRM}	max.	–	75	75	V
Repetitive peak forward current	I_{FRM}	max.	0,60	0,45	0,45	A
Non-repetitive peak forward current						
t = 1 μs	I_{FSM}	max.	4,0	–	–	A
t = 1 s	I_{FSM}	max.	0,5	–	–	A
Forward voltage						
I_F = 20 mA	V_F	<	–	–	0,88	V
I_F = 50 mA	V_F	<	–	1	–	V
I_F = 200 mA	V_F	<	1	–	–	V
Reverse recovery time when switched from						
I_F = 400 mA to I_R = 400 mA; R_L = 100 Ω;						
measured at I_R = 40 mA	t_{rr}	<	6	–	–	ns
I_F = 10 mA to I_R = 10 mA; R_L = 100 Ω;						
measured at I_R = 1 mA	t_{rr}	<	–	4	4	ns

MECHANICAL DATA   Dimensions in mm

Fig. 1 DO-35.

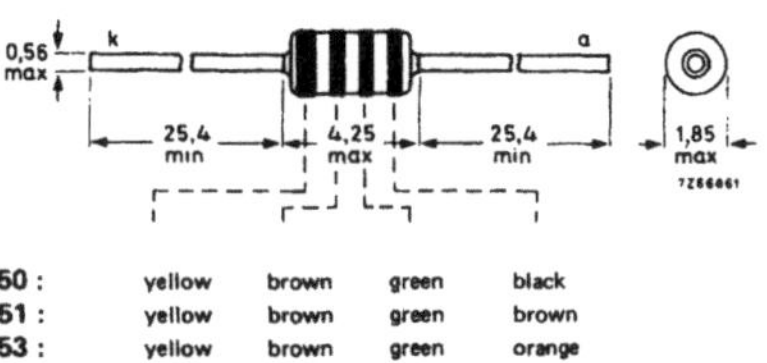

IN4150 :	yellow	brown	green	black
IN4151 :	yellow	brown	green	brown
IN4153 :	yellow	brown	green	orange
	(cathode)			

RATINGS

Limiting values in accordance with the Absolute Maximum System (IEC134)

			IN4150	IN4151	IN4153	
Continuous reverse voltage	V_R	max.	50	50	50	V
Repetitive peak reverse voltage	V_{RRM}	max.	–	75	75	V
Forward current (d.c.)	I_F	max.	0,30	0,20	0,20	A
Repetitive peak forward current	I_{FRM}	max.	0,60	0,45	0,45	A
Non-repetitive peak forward current						
$t = 1\ \mu s$	I_{FSM}	max.	4,0	–	–	A
$t = 1\ s$	I_{FSM}	max.	0,5	–	–	A
Total power dissipation up to T_{amb} – 25 °C	P_{tot}	max.		500		mW
Derating factor				2,85		mW/K
Storage temperature	T_{stg}			–65 to + 200		°C
Junction temperature	T_j	max.		200		°C

CHARACTERISTICS

$T_j = 25$ °C unless otherwise specified

			IN4150	IN4151	IN4153	
Forward voltage						
$I_F = 0,1$ mA	V_F	>	–	–	0,49	V
		<	–	–	0,55	V
$I_F = 0,25$ mA	V_F	>	–	–	0,53	V
		<	–	–	0,59	V
$I_F = 1$ mA	V_F	>	0,54	–	0,59	V
		<	0,62	–	0,67	V
$I_F = 2$ mA	V_F	>	–	–	0,62	V
		<	–	–	0,70	V
$I_F = 10$ mA	V_F	>	0,66	–	0,70	V
		<	0,74	–	0,81	V
$I_F = 20$ mA	V_F	>	–	–	0,74	V
		<	–	–	0,88	V
$I_F = 50$ mA	V_F	>	0,76	–	–	V
		<	0,86	1	–	V
$I_F = 100$ mA	V_F	>	0,82	–	–	V
		<	0,92	–	–	V
$I_F = 200$ mA	V_F	>	0,87	–	–	V
		<	1,00	–	–	V
Reverse avalanche breakdown voltage						
$I_R = 5\ \mu A$	$V_{(BR)R}$	>	–	75	75	V
Reverse current						
$V_R = 50$ V	I_R	<	0,1	0,05	0,05	μA
$V_R = 50$ V; $T_{amb} = 150$ °C	I_R	<	100	50	50	μA

			IN4150	IN4151	IN4153	
Diode capacitance						
$V_R = 0$; f = 1 MHz	C_d	<	2,5	2	2	pF
Reverse recovery time when switched from						
$I_F = 10$ to 200 mA to $I_R = 10$ to 200 mA; $R_L = 100\ \Omega$; measured at $I_R = 0,1 \times I_F$	t_{rr}	<	4	–	–	ns
$I_F = 200$ to 400 mA to $I_R = 200$ to 400 mA; $R_L = 100\ \Omega$; measured at $I_R = 0,1 \times I_F$	t_{rr}	<	6	–	–	ns
$I_F = 10$ mA to $I_R = 1$ mA; $R_L = 100\ \Omega$; measured at $I_R = 0,1$ mA	t_{rr}	<	6	–	–	ns
$I_F = 10$ mA to $I_R = 10$ mA; $R_L = 100\ \Omega$; measured at $I_R = 1$ mA	t_{rr}	<	–	4	4	ns
$I_F = 10$ mA to $I_R = 60$ mA; $R_L = 100\ \Omega$; measured at $I_R = 1$ mA	t_{rr}	<	–	2	2	ns

Fig. 2 Testcircuit and waveforms.

*) value at which t_{rr} is measured

Input signal : Total pulse duration — $t_{p(tot)}$ = 0,2 μs
Duty factor — δ = 0,0025
Rise time of the reverse pulse — t_r = 0,6 ns
Reverse pulse duration — t_p = 30 ns
Oscilloscope: Rise time — t_r = 0,35 ns

Circuit capacitance $C \leqslant 1$ pF (C = oscilloscope input capacitance + parasitic capacitance)

Forward recovery time when switched from
I = 0 to $I_F = 200$ mA; $t_r = 0,4$ ns; $t_p = 100$ ns; $\delta < 0,01$; measured at $V_f = 1$ V — t_{fr} < 10 ns

Fig. 3 1N4150.

9.3.3 Zener-Dioden

Die Sperrströme von pn-Dioden haben über einen großen Bereich der Sperrspannung kleine Werte, welche durch den Sättigungsstrom (9.3.1-1b), Generationsströme (9.3.1-18) und parasitäre Ströme (Bild 9.3.1-6) bestimmt werden. Bei Überschreiten einer Durchbruchspannung U_Z (**Zener-Spannung**) steigt der Sperrstrom schlagartig an: Die Ursache hierfür liegt bei beidseitig stark dotierten pn-Übergängen in so schmalen Raumladungszonen, daß diese bei Anlegen einer Sperrspannung nach den Gesetzen der Quantentheorie durchtunnelt werden können (**Zener-** oder **Tunneldurchbruch**). Dieses ist der vorherrschende Prozeß bei kleinen Durchbruchspannungen bis ca. $4W_g/|q|$. Bei niedrigerer Dotierung wenigstens *einer* der Seiten des pn-Übergangs liegen die Durchbruchspannungen deutlich höher, es erfolgt ein **Lawinendurchbruch** (Abschnitt 4.3.4).

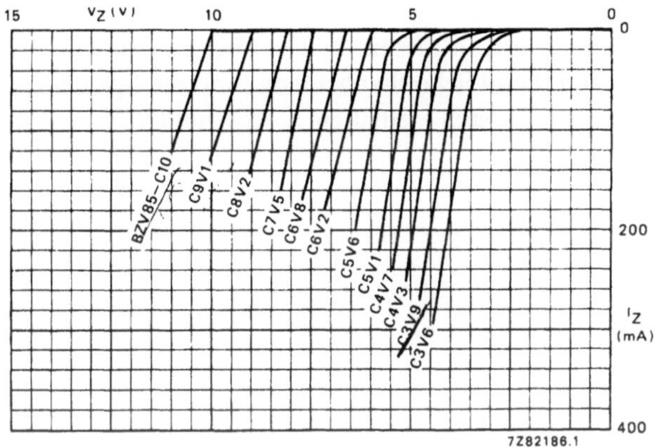

Fig. 6 Static characteristics; typical values; T_{amb} = 25 °C.

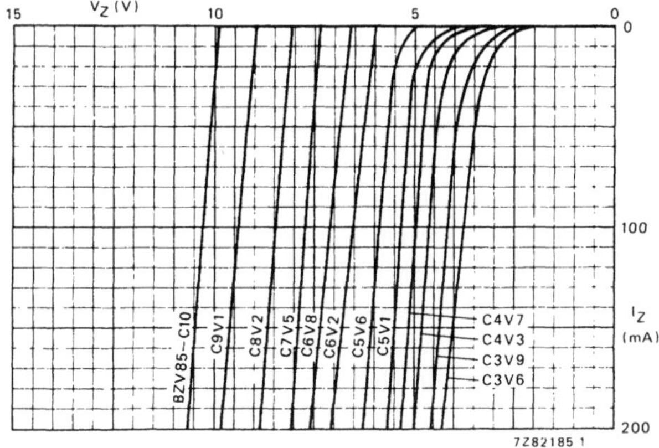

Fig. 7 Dynamic characteristics; typical values; T_j = 25 °C.

Bild 9.3.3-1: Sperrkennlinien von Z-Dioden

Beide Effekte werden bei den Zener-Dioden (**Z-Dioden**) systematisch ausgenutzt: Die Durchbruchspannung ist bei geeignetem technologischen Aufbau der Diode sehr scharf definiert und kann für Referenzzwecke ausgenutzt werden. Bild 9.3.3-1 zeigt die Sperrkennlinien einer Typenreihe von Z-Dioden mit dem typischen Anstieg des Sperrstroms.

Kennzeichnend für den Lawinendurchbruch ist, daß ein Multiplikationsfaktor M (4.3.4-8) für die Stromdichte gegen unendlich geht, wenn das Integral (4.3.4-10) über die Ionisierungswahrscheinlichkeit den Wert 1 erreicht. Die Ionisierungswahrscheinlichkeit selber ist stark abhängig von der Feldstärke. Bei Überschreiten einer kritischen **Durchbruchfeldstärke** E_{br} (für Germanium, Silizium und Galliumarsenid zusammengestellt in Tab. 3.1-1) setzt in der Regel der Lawinendurchbruch ein.

Bei Schottky- und pn-Übergängen nimmt die Feldstärke in der Raumladungszone am Ort des Übergangs einen maximalen Wert E_{max} an (Abschnitte 5.2.2 und 5.3.2), d.h. der Lawinendurchbruch tritt in diesem Fall ein bei $E_{max} = E_{br}$. Für den einseitigen pn-Übergang gilt dann (beim Schottkyübergang führt die Spannungsabhängigkeit der Barrierenhöhe zu einem anderen Verhalten, s. Abschnitt 9.2):

$$E_{br} = E_{max} \underset{(5.2.1-27a)}{=} \frac{kT}{|q|} \frac{d}{L_D^2} \underset{(5.2.2-21)}{=} \frac{kT}{|q|} \frac{1}{L_D} \sqrt{\frac{2}{kT}\left(W_B^o + |q|U_a^{br}\right) - 4} \tag{1}$$

$$\underset{|q|U_a \gg W_B^o \gg kT}{\approx} \frac{kT}{|q|L_D} \sqrt{\frac{2|q|U_a^{br}}{kT}} = \frac{1}{L_D} \sqrt{\frac{2kT\,U_a^{br}}{|q|}} \tag{2}$$

Die für den Lawinendurchbruch erforderliche äußere Spannung U_a ist damit:

$$U_a^{br} = \frac{|q|L_D^2}{2kT} E_{br}^2 \tag{3}$$

Bild 9.3.3-2 zeigt die Durchbruchspannungen in Abhängigkeit von der Dotierungskonzentration für die Werkstoffe Germanium, Silizium, Galliumarsenid und Galliumphosphid. Ein wesentlicher Unterschied zwischen Zener- und Lawinendurchbruch ergibt sich im *Temperaturkoeffizienten* der Durchbruchspannung: Beim Tunneldurchbruch nimmt die Durchbruchspannung mit steigender Temperatur ab, beim Lawinendurchbruch dagegen zu (Bild 9.3.3-3): Die Ursache dafür ist beim Lawinendurchbruch, daß bei höheren Temperaturen eine Energieabgabe an das Gitter (Anregung von Phononen) erheblich leichter wird. Dadurch bleibt weniger Energie für die Erzeugung neuer Ladungsträger durch Stoßionisation übrig.

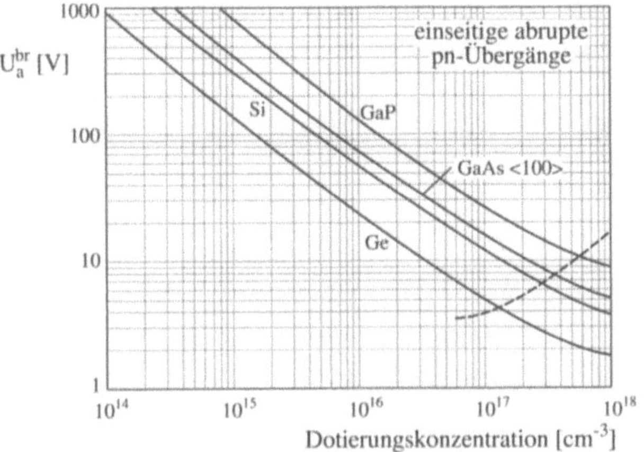

Bild 9.3.3-2:   *Lawinendurchbruchspannung in Abhängigkeit von der Dotierungskonzentration bei einseitigen pn-Übergängen (nach [69]). Im Bereich hoher Dotierungskonzentrationen (rechts von der gestrichelten Linie) tritt ein anderer Durchbruchmechanismus als die Lawinenmultiplikation ein, der Tunneldurchbruch. Bei großen Dotierungskonzentrationen wird die Raumladungszone so schmal, daß die Ladungsträger die Barriere über den quantentheoretischen Tunneleffekt (Band 4 dieser Reihe) durchdringen können. Typischerweise ist der Tunneleffekt dominierend bei niedrigen Durchbruchspannungen unterhalb von 5 V, während oberhalb von ca. 6,5 V der Lawinendurchbruch vorherrscht.*

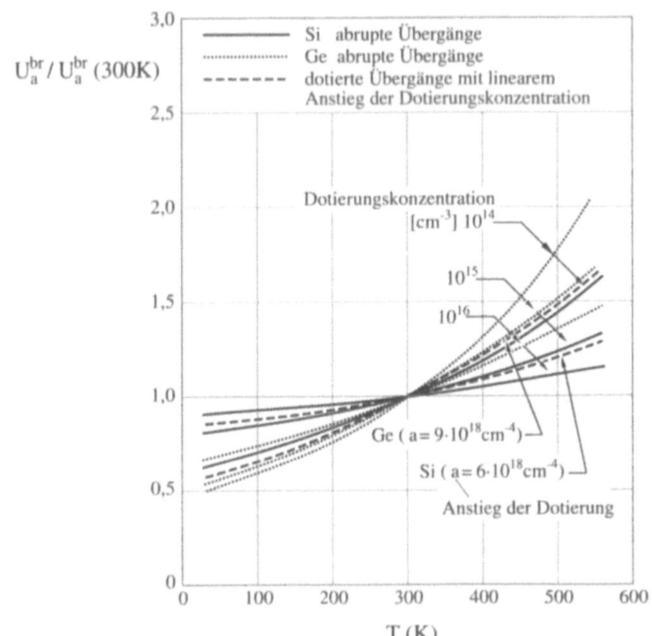

Bild 9.3.3-3:   *Temperaturabhängigkeit der Durchbruchspannung (nach [70])*

In vielen praktisch wichtigen Fällen ist die Ausdehnung der Raumladungszone durch die räumliche Ausdehnung der Halbleiterbereiche behindert, beim p^+n-Übergang z.B. durch eine begrenzte Dicke des n-Gebietes. In diesem Fall steigt die Feldstärke schneller an als bei einer unbegrenzten Ausdehnung, d.h. die Durchbruchfeldstärke wird bei niedrigeren angelegten Sperrspannungen erreicht (**Durchgriffs-** oder **punch-through-Effekt**, Bilder 9.3.3-4 und 5).

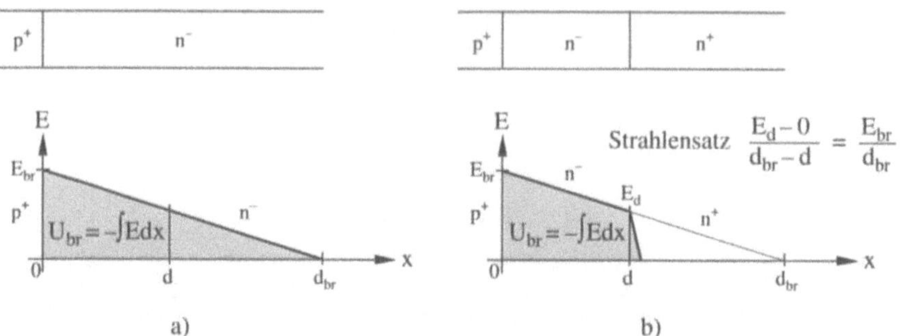

Bild 9.3.3-4: *Berechnung des punch-through Effektes: Die Integrale werden analog zu den Gl. (5.2.2-5 und 6) geometrisch durch Bestimmung der schraffierten Flächen ausgewertet.*

a) Ungestörte Ausdehnung der Raumladungszone. Es gilt

$$-U_a^{br} = \int_0^{d_{br}} E\,dx = \frac{1}{2} E_{br} d_{br} \tag{4}$$

b) Die Raumladungszone wird durch die Breite d des n-Gebietes geometrisch begrenzt. In diesem Fall ist die Durchbruchspannung $U_a^{d_{br}}$:

$$-U_a^{d_{br}} = E_d d + \frac{1}{2}(E_{br} - E_d)d = \frac{1}{2}(E_{br} + E_d)d \tag{5}$$

$$(4,5) \Rightarrow \frac{U_a^{d_{br}}}{U_a^{br}} = \frac{d}{d_{br}}\left(1 + \frac{E_d}{E_{br}}\right) \underset{\text{(Strahlensatz, s. Bild)}}{=} \frac{d}{d_{br}}\left(2 - \frac{d}{d_{br}}\right) \tag{6}$$

Über diesen Effekt können die Durchbruchspannungen sehr wesentlich verkleinert werden (Bild 9.3.3-5).

Einen sehr wesentlichen Einfluß auf die Durchbruchspannung kann die geometrische Form des Übergangs haben. Stark gekrümmte Bereiche (kleiner Krümmungsradius) erzeugen Feldüberhöhungen (Bild 9.3.3-6), so daß an diesen Stellen die Durchbruchfeldstärke E_{br} bei niedrigeren äußeren Sperrspannungen erreicht wird (vorzeitiger oder **Frühdurchbruch**). Im Mikroskop können solche Stellen an einer schwachen Lichtemission (**Mikroplasmen**) erkannt werden.

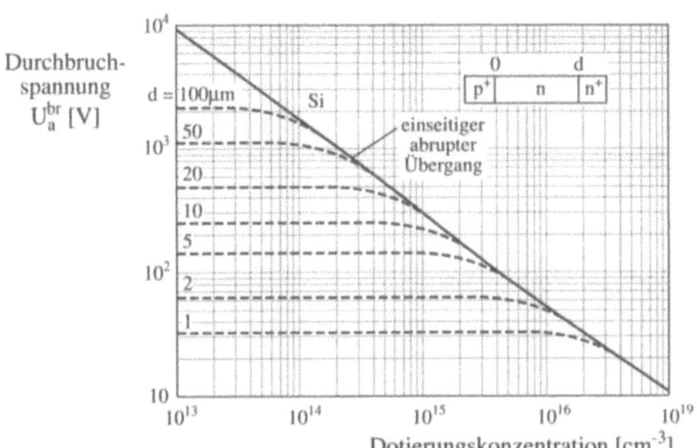

Bild 9.3.3-5: Verkleinerung der Durchbruchspannung über den punch-through-Effekt: Bei kleiner Breite d des n-Gebietes (d<d$_{br}$, s. Bild 9.3.3-4) kann die Durchbruchspannung wesentlich abnehmen (nach [71]).

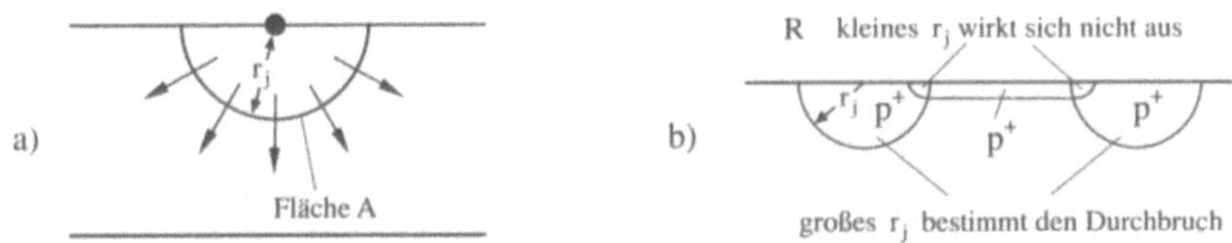

Bild 9.3.3-6: Feldstärkevergrößerung durch stark gekrümmte pn-Übergänge

> *a) Kugelschalenförmiger pn-Übergang (Fläche A) (Punktkontakt, in der Praxis leicht über eine tiefe Eindiffusion durch eine schmale kreisförmige Öffnung der Maskierungsschicht auf der Halbleiteroberfläche zu erzeugen). Es gilt:*

$$I = \text{const} = j \cdot A = j \cdot 2\,\pi R^2 \qquad (7)$$

$$\underset{j=\sigma_{sp}E}{\Rightarrow} I = 2\,\pi\sigma_{sp}E(R)R^2 = \text{const}$$

$$\underset{\rho_{sp}=\frac{1}{\sigma_{sp}}}{\Rightarrow} E(R) = \frac{\rho_{sp}I}{2\,\pi R^2} \Rightarrow U(R) \underset{E=-\frac{\partial U}{\partial r}\big|_R}{=} \frac{\rho_{sp}I}{2\,\pi R} + \text{const} \qquad (8)$$

> *d.h. Feldstärke und Spannung am kugelschalenförmigen pn-Übergang nehmen mit fallendem Krümmungsradius R zu.*

> *b) Schutz gegen vorzeitigen Durchbruch über einen Guardring: Die Gebiete mit kleinem Krümmungsradius am Rande einer flachen p$^+$-Zone ragen in (vorher durch Diffusion erzeugte) p$^+$-Gebiete mit großem Krümmungsradius r$_j$ hinein. Auf diese Weise wirken sich auf die Durchbruchfeldstärke nur die Gebiete mit größeren Krümmungsradien aus, die Feldstärkeüberhöhung wird dadurch stark herabgesetzt.*

Geometrisch bedingte Feldstärkeüberhöhungen spielen in der Praxis eine bedeutende Rolle, da eine Dotierung des Halbleiters von der Oberfläche her über den Planarprozeß grundsätzlich zu gekrümmten Bereichen führt (Bild 9.3.3-7).

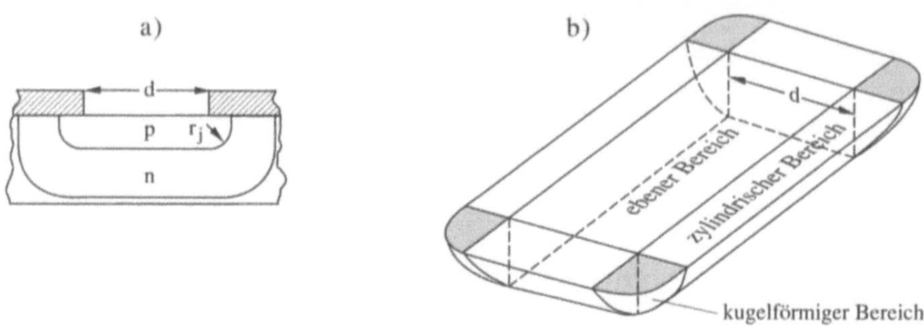

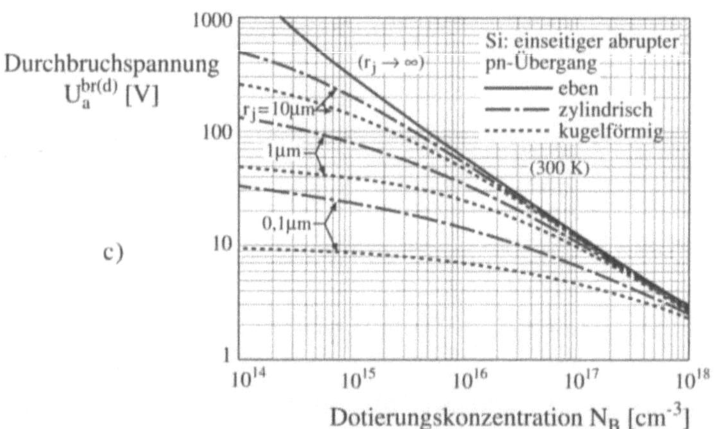

Bild 9.3.3-7: *Geometrisch bedingte Abnahme der Durchbruchspannung bei diffundierten pn-Übergängen (nach [9])*

a) Querschnitt durch einen pn-Übergang, der über einen Planarprozeß (Bild 8.2.1-2d) mit Hilfe einer Dotierstoff-Diffusion durch ein Fenster der Breite d erzeugt wurde

b) Dreidimensionale Darstellung der Form des pn-Übergangs nach a)

c) Dotierungsabhängigkeit der Durchbruchspannung bei verschiedenen Formen und Krümmungsradien r_j von pn-Übergängen in Si.

9.3.4 pin-Dioden

Bei diesem Diodentyp ist zwischen dem p- und n-Gebiet einer pn-Diode eine undotierte "intrinsische" (i-)Zone oder eine schwach dotierte π-Zone eingelagert (Bild 9.3.4-1)

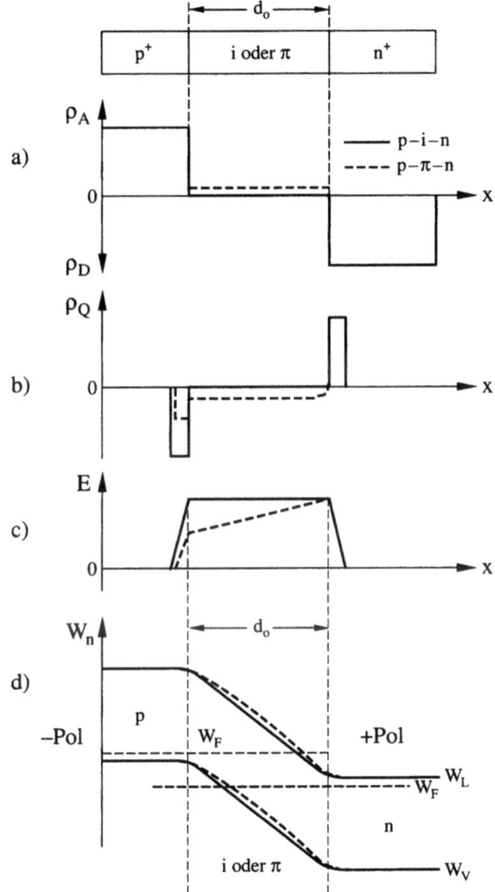

Bild 9.3.4-1:   *pin-Diode bei Anliegen einer Sperrspannung für einen undotierten (durchgezogen) und einen schwach p-dotierten (π, gestrichelt) mittleren Bereich. Dargestellt sind die Ortsverläufe von*

a) Dotierung

b) Raumladung

c) Elektrischer Feldstärke

d) Bändermodell

Die i- oder π-Schicht (Breite d_o) kann wegen ihrer geringen Dichte ionisierbarer Dotierungsatome praktisch keine Raumladung erzeugen, die Feldstärke ist damit dort nach der Poissongleichung etwa konstant und hat den Wert der Maximalfeldstärke (5.2.2-15). Die Wirkung der eingelagerten hochohmigen Schicht liegt also in einer erheblichen Verbreiterung des Bereichs in der Diode, in dem eine hohe Feldstärke auftritt. Auf diese Weise kann man auch bei großen Dotierungskonzentrationen in den p$^+$- und n$^+$-Gebieten der Diode (mit Maximalfeldstärken in der Nähe der Durchbruchfeldstärke) die Durchbruchspannung erhöhen gemäß

$$U_a^{br} \approx E_{br} d_o \tag{1}$$

Da die Ladungen nach Bild 9.3.4-1b durch die i-Schicht getrennt werden, wird auch die Sperrschicht-Flächenkapazität durch die Breite d_o bestimmt und hat den fast spannungsunabhängigen Wert

$$C_F \approx \frac{\varepsilon_r \varepsilon_o}{d_o} \tag{2}$$

Die Grenzfrequenz, die aus der RC-Konstante von Bahnwiderstand und Sperrschichtkapazität bestimmt wird, kann bei entsprechender Auslegung der pin-Diode im GHz-Bereich liegen.

Eine wichtige Anwendung der pin-Diode liegt bei der Abschwächung von Hoch- bis Höchstfrequenzsignalen, dabei wird der Widerstand der Diode durch den Flußstrom geregelt. Man dimensioniert die Breite d_o der i-Schicht so, daß sie kleiner ist als die Diffusionslängen der injizierten Ladungsträger. Der Gesamtstrom über die pin-Diode setzt sich zusammen aus dem durch die Minoritätsträger bestimmten Strom (wie bei der pn-Diode) und einem Rekombinationsstrom, der durch die aufgrund der i-Zone stark verbreiterten Raumladungszone erheblich höher liegt als bei pn-Dioden. Der Ortsverlauf der Ladungsträgerkonzentrationen ist in Bild 9.3.4-2 dargestellt.

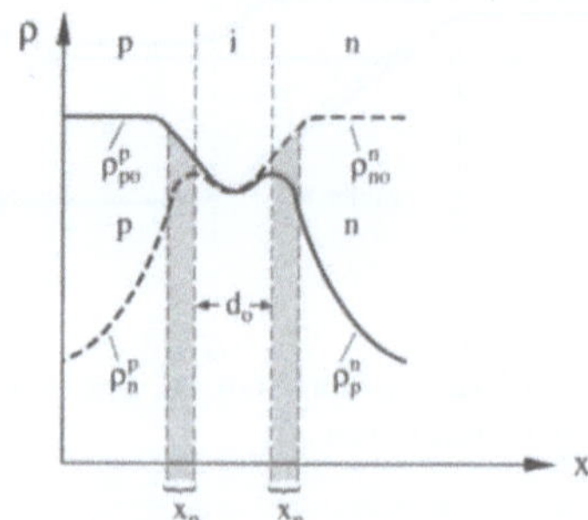

Bild 9.3.4-2:   *Ladungsträgerverteilung in einer symmetrischen pin-Diode bei Anlegen einer äußeren Spannung in Flußrichtung. Da die Diffusionslängen viel größer sind als die Ausdehnung d_o der i-Zone, sind dort die Konzentrationen der Überschußladungsträger etwa konstant (nach [45]).*

Zur Abschätzung der Strom-Spannungskennlinie der pin-Diode in Durchlaßrichtung bestimmen wir den Strom nach Anhang C2, Gleichung (C2-5) über die Ladung in der i-Zone und die mittlere Laufzeit τ_l der Ladungsträger, sowie den Rekombinationsstrom nach (9.3.1-15, mittlerer Term) und (9.3.1-16a), wobei wir die Integration allein über die Breite d_o der i-Zone ausführen. Zur Vereinfachung rechnen wir mit einem Mittelwert $\langle\rho\rangle=\langle\rho_n\rangle=\langle\rho_p\rangle$ der Ladungsträgerkonzentration und erhalten

$$j \underset{\substack{(9.3.1\text{-}15,16)\\(C2\text{-}5)}}{=} \frac{|q|\langle\rho\rangle d_o}{\tau_l} + |q|\int_o^{d_o}\frac{\rho(x)}{2\,\tau_r}\,dx \;\approx\; |q|\langle\rho\rangle d_o\left[\frac{1}{\tau_l}+\frac{1}{2\,\tau_r}\right] =: \frac{|q|\langle\rho\rangle d_o}{\tau} \qquad (3)$$

$$\Rightarrow \langle\rho\rangle = \frac{j\cdot\tau}{|q|d_o} \qquad (4)$$

Der Widerstand R der pin-Diode ist dann durch die i-Zone bestimmt und ergibt sich bei einer Diodenfläche A zu

$$R = \rho_{sp}\frac{d_o}{A} = \frac{1}{|q|\langle\mu\rangle\langle\rho\rangle}\frac{d_o}{A} \underset{(4)}{=} \frac{d_o^{\,2}}{\langle\mu\rangle j\cdot\tau\cdot A} \qquad (5)$$

$$= \frac{d_o^{\,2}}{\langle\mu\rangle I\cdot\tau} \qquad (6)$$

mit dem Diodenstrom I und der gemittelten Ladungsträgerbeweglichkeit $\langle\mu\rangle$ in der i-Zone. In die charakteristische Zeit τ geht ein die **ambipolare Trägerlebensdauer**, die sich bei der Lösung der Kontinuitätsgleichungen (6.3-2a und b) bei Annahme gleicher Überschußkonzentrationen von Elektronen und Löchern ergibt. (6) ergibt in einer doppeltlogarithmischen Auftragung eine lineare Abhängigkeit zwischen dem Widerstand und dem Diodenstrom (Bild 9.3.4-3).

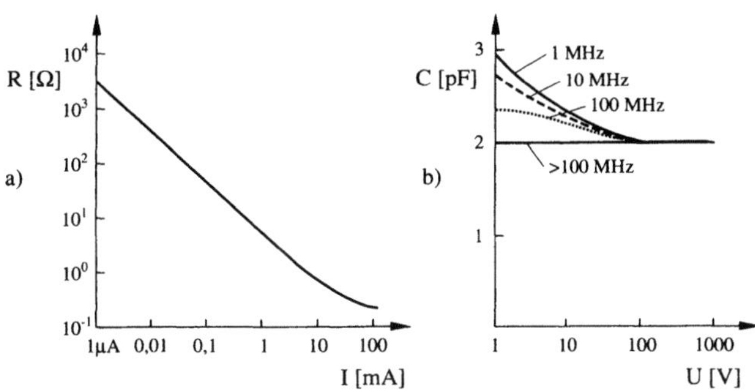

Bild 9.3.4-3:   *Kennlinien von pin-Dioden (Typ UM 7100, nach [45])*
a) Widerstands-Strom Kennlinie für einen Stromfluß in Durchlaßrichtung
b) Kapazitäts-Spannungs-Kennlinie für angelegte Spannungen in Sperrichtung

9.3.5 Varaktor-Dioden

Als Flächenkapazität eines pn-Überganges ergab sich mit (5.2.2-17 und 19):

$$C_F = \frac{\varepsilon_r \varepsilon_o}{d} \tag{1}$$

$$d = \frac{1}{|q|}\sqrt{2\varepsilon_r\varepsilon_o\left(\frac{1}{\rho_D}+\frac{1}{\rho_A}\right)\left(W_B^o + |q|U_a - 2kT\right)} \tag{2}$$

Wir beschränken uns auf den einseitigen pn-Übergang und erhalten für die Breite der Raumladungszone d nach (5.2.2-21)

$$d \cong L_D\sqrt{\frac{2}{kT}\left(W_B^o + |q|U_a\right) - 4} \tag{3}$$

Dabei ist L_D die Debye-Länge der niedrig dotierten Seite des pn-Übergangs. In beiden Fällen ergibt sich eine Flächenkapazität, welche von der Größe einer von außen angelegten Spannung U_a abhängt. Bild 9.3.5-1 zeigt das Ersatzschaltbild einer solchen steuerbaren Kapazität, die auch als **Kapazitäts-, Varaktor-** oder **Varicapdiode** bezeichnet wird.

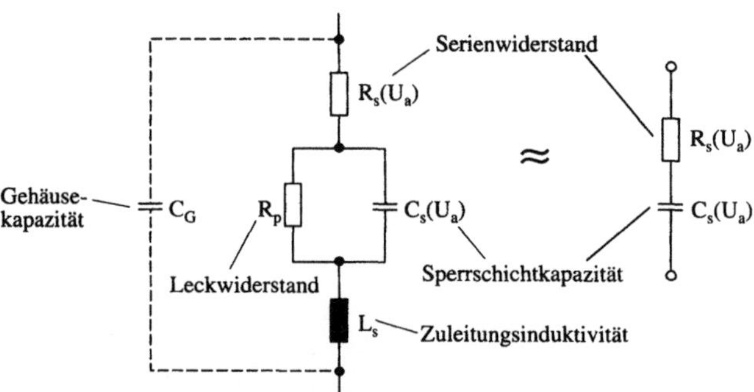

Bild 9.3.5-1:   Ersatzschaltbild einer Varaktordiode

Bei Anlegen von (positiven) Sperrspannungen U_a ist der fließende Sperrstrom sehr klein, so daß der Leckwiderstand große Werte annimmt. Unter dieser Voraussetzung kann der pn-Übergang als elektronisch regelbare Kapazität angewendet werden.

Bisher war immer von konstanten Dotierungskonzentrationen ρ_D (Donatoren) und ρ_A (Akzeptoren) ausgegangen worden, dieses ist aber keineswegs erforderlich. Für den einseitigen p$^+$n-Übergang gilt allgemein (d ist die Breite der Raumladungszone gemessen vom Übergang, vgl. Bild 5.2.2-5):

$$C_F \underset{U:=\frac{W_B^o}{|q|}+U_a}{=} \left|\frac{\partial \sigma_Q}{\partial U}\right| = |q|\rho_D(d)\frac{\partial d}{\partial U} \underset{(1)}{=} \varepsilon_r\varepsilon_o|q|\rho_D(d)\frac{\partial(1/C_F)}{\partial U} \qquad (4)$$

$$\Rightarrow \rho_D(d) = \left|\frac{2}{\varepsilon_r\varepsilon_o|q|\dfrac{\partial\left(1/C_F^2\right)}{\partial U}}\right| \qquad (5)$$

Durch (5) wird verdeutlicht, daß die Spannungsabhängigkeit der Flächenkapazität fest korreliert ist mit der Dotierung am Ort d. Aus einer gemessenen $C_F(U_a)$-Kurve kann damit das Dotierungsprofil bestimmt werden (auf Einschränkungen dieses Verfahrens unter bestimmten Voraussetzungen, die z.B. bei sehr steilen Profilen gegeben sind, wird hier nicht eingegangen).

Eine weitere Beziehung zwischen der Breite d der Raumladungszone und der angelegten Spannung ergibt sich aus (4) und (1):

$$C_F = |q|\rho_D(d)\frac{\partial d}{\partial U} = \frac{\varepsilon_r\varepsilon_o}{d}$$

$$\Rightarrow \frac{\partial U}{\partial d} = \frac{|q|}{\varepsilon_r\varepsilon_o}\rho_D(d)d \qquad (6)$$

Wir setzen im folgenden hypothetische Dotierungsprofile nach der Formel an

$$\rho_D(d) =: B_m d^m \qquad (7)$$

In diesem Fall ist eine besonders einfache analytische Lösung von (6) möglich:

$$\frac{\partial U}{\partial d} = \frac{|q|}{\varepsilon_r\varepsilon_o}B_m d^{m+1}$$

$$\Rightarrow U = \frac{|q|B_m}{\varepsilon_r\varepsilon_o}\int_o^d d'^{m+1}\partial d' = \frac{|q|B_m}{\varepsilon_r\varepsilon_o}\frac{d^{m+2}}{m+2} \qquad (8)$$

$$d = \left(\frac{\varepsilon_r\varepsilon_o}{|q|B_m}(m+2)U\right)^{\frac{1}{m+2}} \qquad (9)$$

$$\Rightarrow C_F(U) \underset{(1)}{=} \varepsilon_r\varepsilon_o\left(\frac{|q|B_m}{\varepsilon_r\varepsilon_o(m+2)U}\right)^{\frac{1}{m+2}}$$

$$\underset{(4)}{=} \left(\frac{|q|^2\, B_m \cdot (\varepsilon_r \varepsilon_o)^{m+1}}{(m+2)\left[W_B^o + |q| U_a \right]} \right)^{\frac{1}{m+2}} \tag{10}$$

Als Kenngröße s wird das Verhältnis von relativer Kapazitätsänderung zu relativer Spannungsänderung definiert:

$$s := -\frac{\partial C_F / C_F}{\partial U_a / U_a} = -\frac{\partial \ln C_F}{\partial \ln U_a} \underset{\substack{(10) \\ |q|U_a \gg W_B^o}}{=} \frac{1}{m+2} \tag{11}$$

$$\underset{(10)}{\Rightarrow} C_F(U_a) \propto \left[W_B^o + |q| U_a \right]^{-s} \tag{12}$$

Wichtige Sonderfälle von (7) sind in Bild 9.3.5-2 dargestellt.

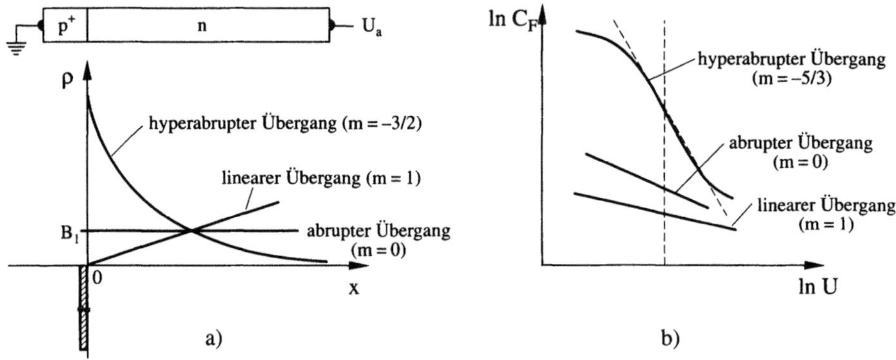

Bild 9.3.5-2:   *Zusammenhang von Dotierungsprofil und Kapazitäts-Spannungsabhängigkeit bei Varaktordioden (nach [9,32])*

   a) Verschiedene Dotierungsprofile für einen einseitigen p⁺n-Übergang. Der Dotierungsverlauf wird charakterisiert durch (7), eingezeichnet sind die Kurven für m = 0, 1 und -3/2.

   b) Kapazitäts-Spannungs-Kennlinien (doppeltlogarithmische Auftragung) für verschiedene Werte von s nach (11)

Profile, deren Konzentration mit dem Abstand vom p⁺n-Übergang abnimmt, werden auch als **hyperabrupt** bezeichnet.

In der Praxis lassen sich Profile des Typs (7) nur schwierig herstellen. Bei Eindiffusion des n-Profils von der Halbleiteroberfläche her über den Planarprozeß stellen sich die in Band 1, Abschnitt 2.8.1, beschriebenen Diffusionsprofile ein (s. auch Bild 1.3.2-1), die durch Gauß- oder erfc-Funktionen beschrieben werden. Experimentell gemessene Dotierungsverläufe lassen sich häufig im Bereich niedriger Überschußkonzentrationen am "Rande" des Dotierungsprofils durch eine Exponentialfunktion beschreiben. Dieses weist auf komplizierte Diffusionsprozesse hin, insbesondere ist die Annahme eines konstanten, nicht konzentrationsabhängigen Diffusionskoeffizienten in der Praxis häufig nicht erfüllt. Bild 9.3.5-3 zeigt ein exponentiell abfallendes Dotierungsprofil und die dazugehörigen Kapazitäts-Spannungskurven für verschiedene Profilparameter ρ_D^o und ρ_D^I. Praktisch gemessene Kurven deuten darauf hin, daß die theoretischen Kurven in Band 1, Bild 2.8.1-3, häufig nicht vorgefunden werden.

Um eine weitergehende Freiheit in der Form des Dotierungsprofils und damit der Kapazitäts-Spannungs-Kurve zu bekommen, wendet man häufig aufwendige Technologien an wie Mehrfachdiffusion, Wachstum epitaktischer Schichten mit gesteuerter Dotierungskonzentration (**Profilepitaxie**) und Mehrfach-Ionenimplantation.

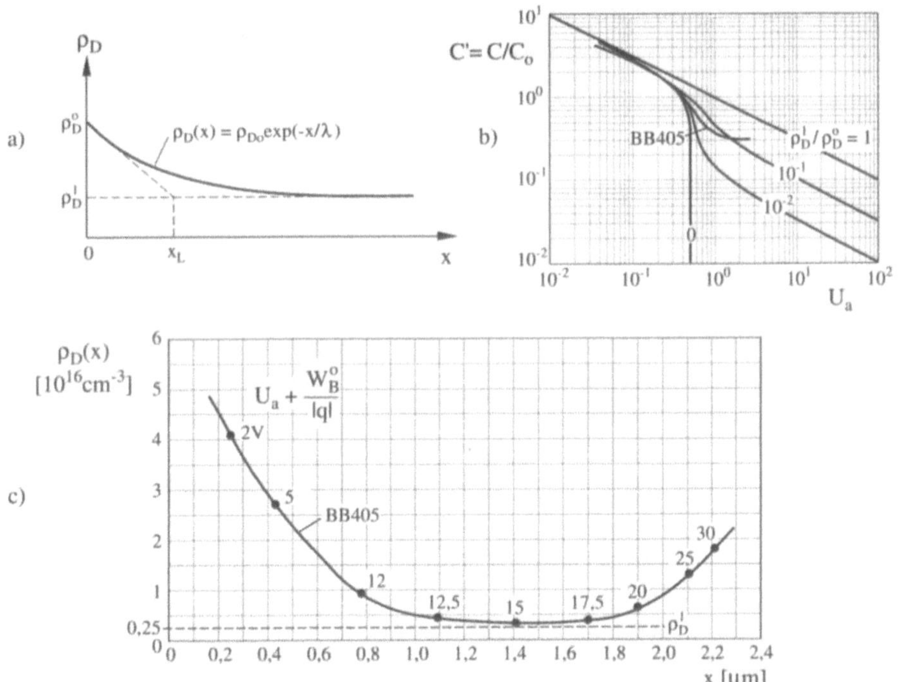

Bild 9.3.5-3:   *Aufbau und Eigenschaften praktisch gefertigter Varaktordioden (nach [72])*
   a) Dotierungsprofil mit den Profilparametern ρ_D^o und ρ_D^I
   b) Kapazitäts-Spannungs-Kennlinie der Varaktordiode BB 405 für verschiedene Verhältnisse ρ_D^I/ρ_D^o
   c) Exaktes Dotierungsprofil der Varaktordiode BB 405 und Breite d der Raumladungszone für verschiedene Werte der äußeren Sperrspannung U_a.

Mit Varaktordioden lassen sich durchaus auch große Kapazitätswerte erreichen, so daß sie die herkömmlichen mechanisch anfälligen Drehkondensatoren ersetzen können.

Im folgenden sind die Kenndaten der Varaktordiode BB 212 zusammengestellt. In der Zwischenzeit wurde die Fertigung des hyperabrupten Dotierungsprofils dieser Diode aus Gründen der geringeren Streuung von dem Profilepitaxie-Verfahren auf Mehrfach-Ionenimplantation umgestellt.

Datenblatt BB212

A.M. VARIABLE CAPACITANCE DOUBLE DIODES

The BB212 is a silicon mesa profiled epitaxial double tuning diode with common cathode in a plastic TO-92 variant.

A special feature is the low tuning voltage which makes the device particularly suited to car and domestic receivers in the L.W., M.W. and S.W. bands.

QUICK REFERENCE DATA

For each diode:

Continuous reverse voltage	V_R	max.	12 V
Operating junction temperature	T_j	max.	85 °C
Reverse current at $T_j = 25$ °C $V_R = 10$ V	I_R	<	50 nA

Diode capacitance at f = 1 MHz
  $V_R = 0{,}5$ V
  $V_R = 8{,}0$ V
	C_d
	C_d
		
		<
			500 to 620 pF
			22 pF

Capacitance ratio at f = 1 MHz	$\dfrac{C_d\,(V_R = 0{,}5\ V)}{C_d\,(V_R = 8{,}0\ V)}$	>	22,5
Series resistance at f = 500 kHz V_R is that value at which $C_d = 500$ pF	r_s	<	2,5 Ω

MECHANICAL DATA   Dimensions in mm

Fig. 1 TO-92 variant.

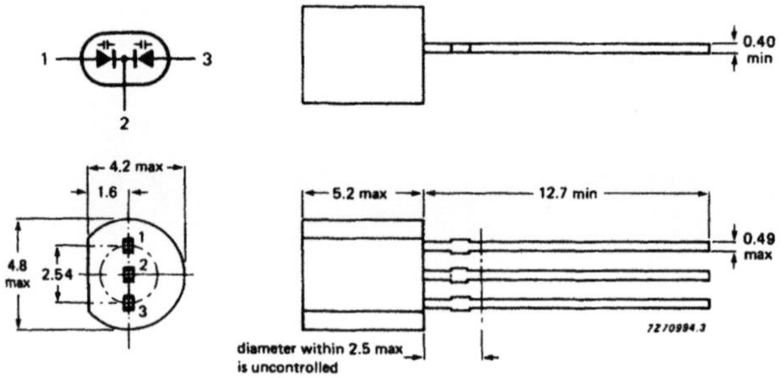

The anode of the diode with the higher capacitance C_1 at $V_R = 3$ V, i.e. a more positive mismatch, is identified by a white dot.

RATINGS (for each diode)

Limiting values in accordance with the Absolute Maximum System (IEC 134)

Continuous reverse voltage	V_R	max.	12 V
Forward current (d.c.)	I_F	max.	100 mA
Storage temperature	T_{stg}		-55 to $+100$ °C
Operating junction temperature	T_j	max.	85 °C

CHARACTERISTICS (for each diode)

$T_j = 25$ °C unless otherwise specified

Reverse current			
$V_R = 10$ V	I_R	<	50 nA
$V_R = 10$ V; $T_{amb} = 60$ °C	I_R	<	200 nA
Diode capacitance at $f = 1$ MHz			
$V_R = 0,5$ V	C_d		500 to 620 pF
$V_R = 3,0$ V	C_d		140 to 280 pF
$V_R = 5,5$ V	C_d		40 to 90 pF
$V_R = 8,0$ V	C_d	<	22 pF
Capacitance ratio at $f = 1$ MHz	$\dfrac{C_d\,(V_R = 0{,}5\ V)}{C_d\,(V_R = 8{,}0\ V)}$	>	22,5
Series resistance at $f = 500$ MHz V_R is that value at which $C_d = 500$ pF	r_s	<	2,5 Ω
Temperature coefficient of the diode capacitance at $f = 1$ MHz; $T_{amb} = 25$ °C to 60 °C			
$V_R = 0,5$ V	η	typ.	0,054 %/K
$V_R = 8,0$ V	η	typ.	0,050 %/K

MATCHING PROPERTIES

The capacitance of the two diodes in their common envelope may differ within certain limits. The total, relative capacitance difference between the two diodes in one envelope may be found in Fig. 2. The anode a1 or a2 with the higher capacitance at $V_R = 3$ V, is identified by a white dot.

BASIC TOLERANCE

The relative deviation of the capacitance value at $V_R = 0,5$ V is maximum 3,5%.

$$k = \left| \frac{C_1\,(0,5\ V) - C_2\,(0,5\ V)}{C_2\,(0,5\ V)} \right| = {} < 3,5\%.$$

ADDITIONAL TOLERANCE

In the range of $V_R = 0,5$ to 8 V the following additional tolerances are valid.

$$S = \left| \left(\frac{C_1}{C_2} \right)_{V_R} - \left(\frac{C_1}{C_2} \right)_{0,5\ V} \right|$$

$$\left. \begin{array}{l} S < 2\% \text{ for } V_R = 0,5 \text{ to } 3 \ \ V \\ S < 4\% \text{ for } V_R = 3 \ \text{ to } 5,5 \ V \\ S < 6\% \text{ for } V_R = 5,5 \text{ to } 8 \ \ V \end{array} \right\} \text{ see Fig. 2}$$

C_1 is the capacitance of a_1 when $a_1 > a_2$
C_1 is the capacitance of a_2 when $a_2 > a_1$

Fig. 2 The shaded area represents the maximum tolerance of the two diodes in one envelope as a function of the reverse voltage.

Fig. 3 Typical values.

Fig. 4 $f = 1$ MHz.

9.4   MIS-Dioden

Die Bauelement-Realisierung des MIS-Übergangs ist die MIS-Diode. Die wesentlichen Eigenschaften waren in Abschnitt 5.3.1 beschrieben worden:

1. Die Isolator-Barriere ist in der Regel so hoch, daß sie von den Elektronen nicht überwunden werden kann, MIS-Dioden lassen daher keinen Stromfluß zu. Bei sehr dünnen Oxiden ist allerdings ein Durchtunneln (s. Band 4) möglich.

2. Die Kapazität ergibt sich nach (5.3.1-19) aus einer Hintereinanderschaltung einer konstanten Oxid- und einer spannungsabhängigen Halbleiterkapazität. Einige Kapazitäts-Spannung-Kennlinien wurden im Abschnitt 5.3.1 diskutiert (Bilder 5.3.1-6,7 und 10). Durch spezielle Dotierungsprofile auf der Halbleiterseite lassen sich die Kennlinien beeinflussen, wie bei den Varaktor-Dioden diskutiert. Trotz des willkommenen geringen Stromflusses kommen MIS-Dioden nur wenig als Varaktor-Dioden zur Anwendung, unter anderem deshalb, weil die Oxidkapazität den Gesamtkapazitätshub vermindert. Sehr große Oxidkapazitäten setzen aber sehr dünne Oxidschichten voraus, die sich in der Fertigung nur mit großen Streubreiten herstellen lassen.

9.5   Diodenanwendungen

Die Anwendungsmöglichkeiten von Halbbleiterdioden in der Elektrotechnik sind außerordentlich vielseitig, so daß hier nur ein Überblick gegeben werden kann. Eine vollständigere Zusammenstellung erfolgt im Folgeband "Schaltungstechnik".

Für Standardanwendungen werden überwiegend *pn*-Dioden eingesetzt, die sich kostengünstig mit einer guten Reproduzierbarkeit der elektrischen Kenndaten fertigen lassen. Dabei kommen fast ausschließlich Halbleiter-Homoübergänge mit den Halbleiterwerkstoffen Germanium, Silizium (mit großem Abstand führend) und Galliumarsenid in Frage, für Spezialanwendungen (z.B für extrem schnelle Schaltdioden) befinden sich auch Konzepte mit Halbleiter-Heteroübergängen im Forschungsstadium. Darüber hinaus gibt es eine Vielzahl von Spezialdioden, z.B. für Mikrowellenanwendungen, die in diesem Band nicht behandelt werden.

Schottky-Dioden finden eine weitverbreitete Anwendung im Bereich höchster Frequenzen, da bei diesen die Speichereffekte (in Verbindung mit der Diffusionskapazität) entfallen. Weiterhin kann die geringe Einsatzspannung von Vorteil sein, sie ist gekoppelt mit vergleichsweise hohen Restströmen.

Die im folgenden zusammengestellten Diodenanwendungen sind nach der Art der verwendeten Diodeneigenschaft geordnet.

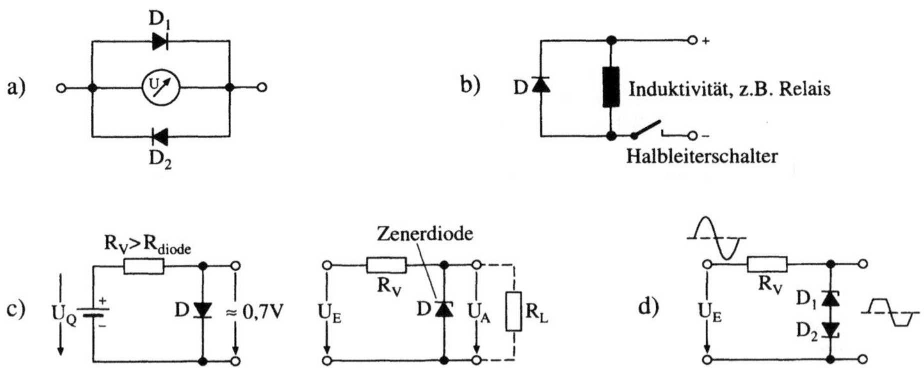

Bild 9.5-1:   *Diodeneigenschaft Spannungsbegrenzung: Der Diodenwiderstand ist groß im Spannungbereich zwischen der Einsatz- oder Knickspannung (äußere Spannung in Flußrichtung) und der Durchbruchspannung (Zener- oder Lawinendurchbruch, äußere Spannung in Sperrichtung). Anwendungsbeispiele sind*

a) Überlastschutz

b) Freilaufdiode (Abbau von induktiv erzeugten Überspannungen nach Abschalten des Stroms)

c) Referenzspannungsquelle mit der Einsatz- oder Durchbruchspannung als definierte Referenz)

d) Spannungsbegrenzung

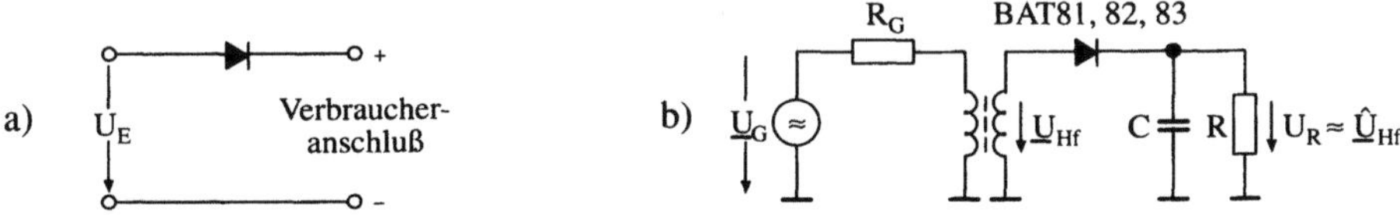

Bild 9.5-2:   *Diodeneigenschaft Gleichrichter (niedriger Widerstand: äußere Spannung in Flußrichtung größer als Einsatzspannung, hoher Widerstand: äußere Spannung in Sperrichtung gepolt). Anwendungen:*

a) Verbraucherschutz gegen vertauschte Polung

b) Gleichrichtung von Wechselspannungen (bei hohen Frequenzen mit Schottkydioden)

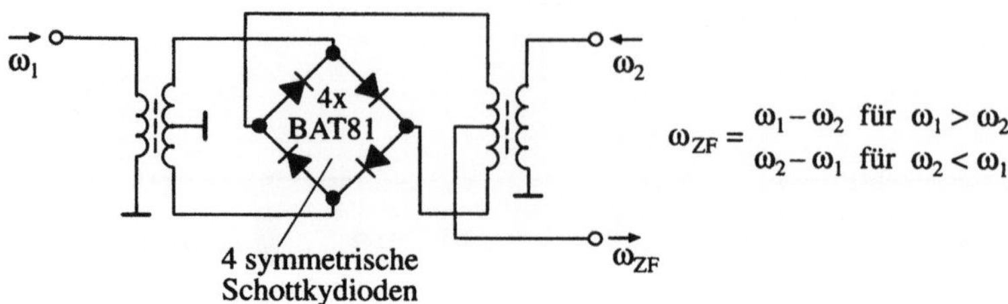

$$\omega_{ZF} = \begin{matrix} \omega_1 - \omega_2 & \text{für } \omega_1 > \omega_2 \\ \omega_2 - \omega_1 & \text{für } \omega_2 < \omega_1 \end{matrix}$$

Bild 9.5-3:   *Diodeneigenschaft nichtlineare Kennlinie: Hochfrequenzmischung*

a)

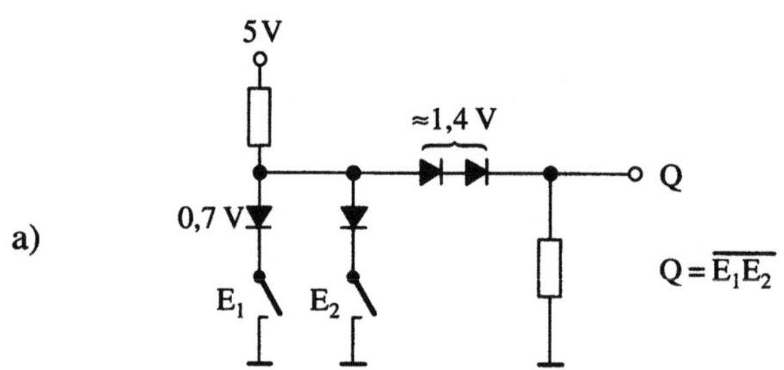

b)

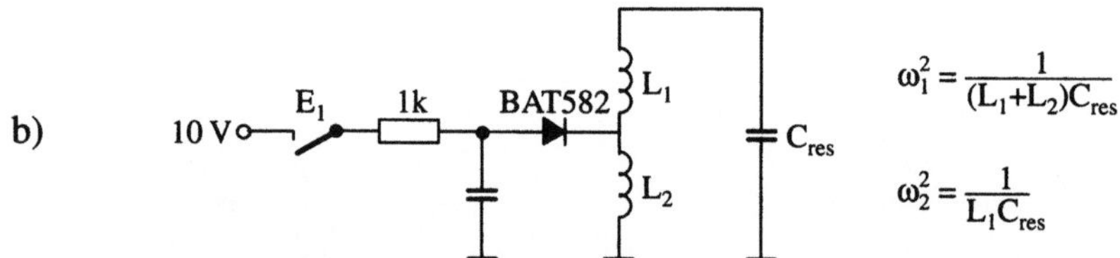

$$\omega_1^2 = \frac{1}{(L_1 + L_2)C_{res}}$$

$$\omega_2^2 = \frac{1}{L_1 C_{res}}$$

Bild 9.5-4:   *Diodeneigenschaft Schalter*
a) NAND-Schaltung
b) Bereichsumschaltung in HF-Schaltungen

a) 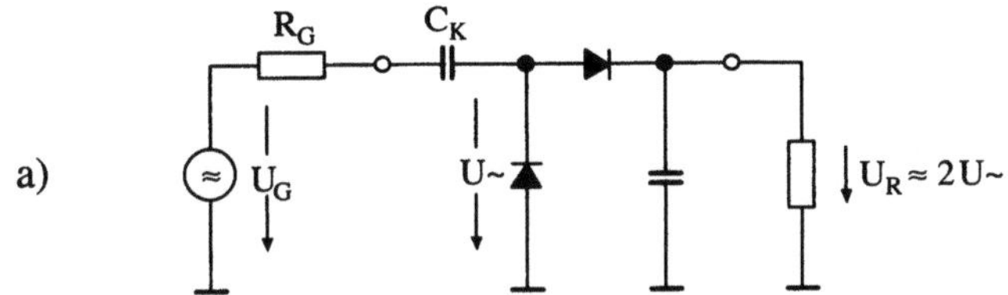

b) 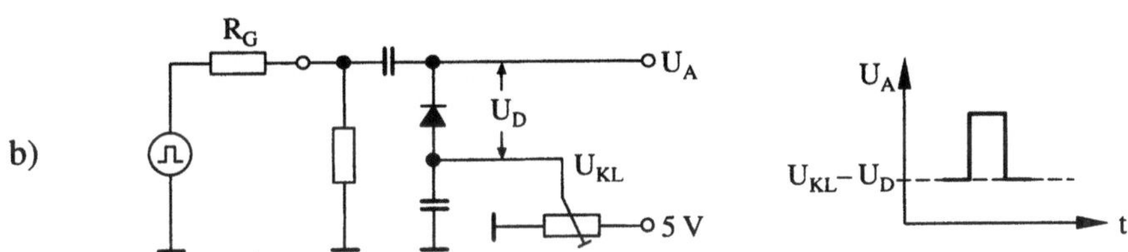

Bild 9.5-5:   *Diodeneigenschaft Signalbearbeitung*
a) Spannungsverdopplung
b) Klemmschaltung mit variablem Klemmpegel

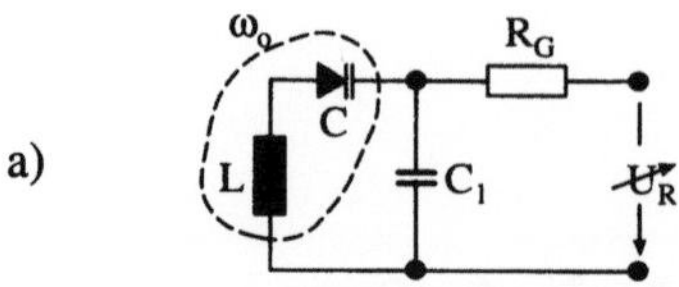

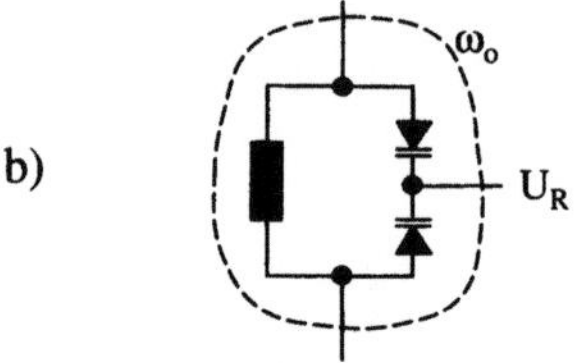

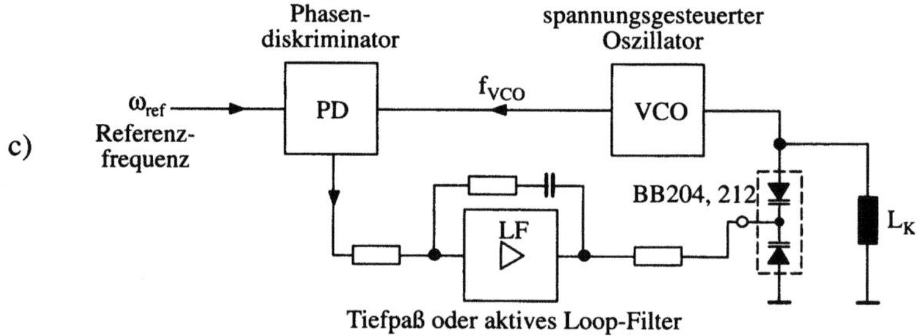

Bild 9.5-6:   *Diodeneigenschaft spannungsabhängige Kapazität*
a) Schwingkreisabstimmung mit Einfach-Varaktordiode
b) Schwingkreisabstimmung mit Zweifach-Varaktordiode
c) Steuerung von Phase-Locked Loop-(PLL)-Schaltungen

10 Transistoren

10.1 Steuerbare Energiebarrieren und gesättigte Kennlinien

In Abschnitt 7.3 wurde gezeigt, daß der Stromfluß über eine Energiebarriere allgemein durch die einfache Formel beschrieben werden kann

$$j \underset{(7.3\text{-}1)}{=} A \cdot \rho(x_B)\left\{\exp\left(-\frac{|q|U_a}{kT}\right) - 1\right\} \tag{1a}$$

$$\rho(x_B) \underset{(7.2.1\text{-}13)}{=} N_L \exp\left(-\frac{W_B - W_F^B}{kT}\right) \tag{1b}$$

wobei der Vorfaktor A je nach den spezifischen Verhältnissen an der Energiebarriere eine unterschiedliche Form haben kann (Bild 7.3-1). Bild 10.1-1 zeigt noch einmal ein Modell der Energiebarriere mit den entsprechenden Größen aus (1).

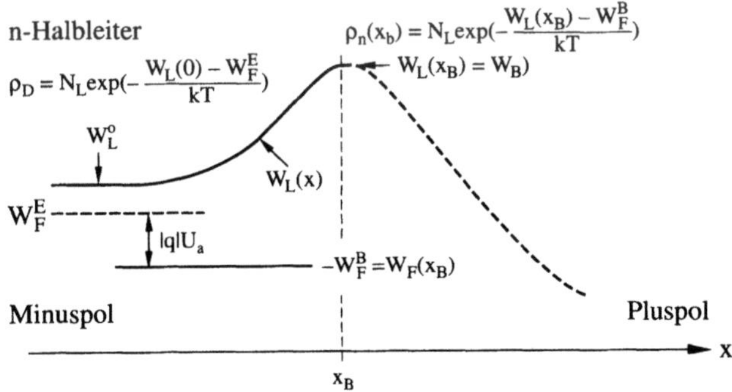

Bild 10.1-1:   *Energiebarriere für Elektronen in einem n-Halbleiter. Der Vorfaktor A in (1) wird durch den Ortsverlauf der Leitungsbandkante am Ort der Barriere bei x_B festgelegt (majoritätsträgerbestimmter Stromfluß, Bilder 7.3-1, Fälle I und II) oder durch die Diffusionskenngrößen hinter der Barriere (minoritätsträgerbestimmter Stromfluß, Bild 7.3-1, Fall III).*

Aus den Gleichungen (1) geht hervor, daß die Stromdichte über eine Barriere stark abhängt von der an der Barriere wirkenden äußeren Spannung U_a, die über die Differenz der Fermienergien vor und am Ort der Barriere festgelegt ist. Eine für die Anwendung wichtige Konfiguration ergibt sich daher, wenn die Fermienergie am Ort der Barriere von außen gesteuert werden kann, d.h. wenn über einen dritten elektrischen Anschluß eine unabhängige zweite äußere Spannung so angelegt werden kann, daß die Fermienergie dort – unabhängig von der Fermienergie hinter der Barriere – verschoben werden kann (Bild 10.1-2).

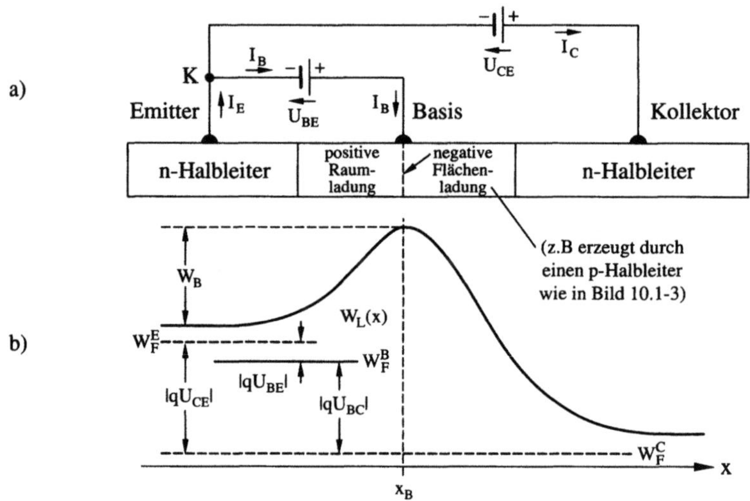

Bild 10.1-2:   *Energiebarriere, deren Höhe W_B durch einen zusätzlichen elektrischen Anschluß gesteuert werden kann*

*a) Aufbau des Bauelements mit **Emitter-**, **Basis-** und **Kollektor**anschluß*

b) Bändermodell der Barriere

Von besonderem anwendungstechnischen Vorteil wäre eine solche Konfiguration, wenn der für die Steuerung der Barrierenhöhe aufzuwendende **Basisstrom** I_B viel kleiner gehalten werden kann als der über die Barriere fließende und durch die Barriere gesteuerte **Emitterstrom** I_E. Da am Stromknotenpunkt K in Bild 10.1-2 die Knotengleichung gilt

$$I_E = I_B + I_C \tag{2}$$

kann dann mit einem kleinen Basistrom ein großer **Kollektorstrom** I_C gesteuert werden, es tritt also eine große **Stromverstärkung** auf. Die Bauelementrealisierung dieses Konzeptes führt zum **bipolaren Transistor** (Bild 10.1-3), der im folgenden Abschnitt ausführlich diskutiert wird.

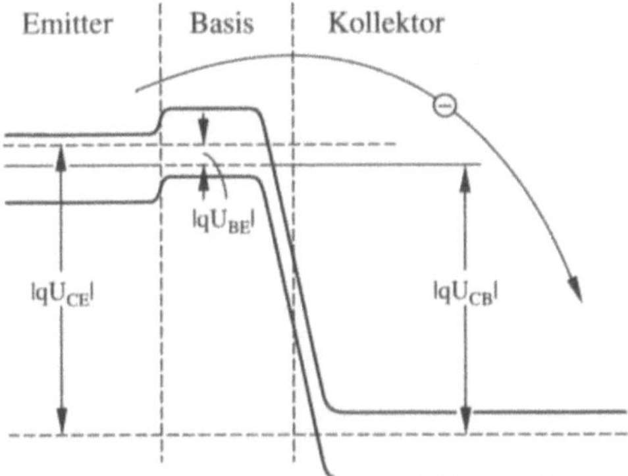

Bild 10.1-3: Bauelementrealisierung der steuerbaren Energiebarriere durch einen npn-Transistor

Ein typisches Kennzeichen der gesteuerten Barriere ist die Tatsache, daß der Stromfluß praktisch nur über die Barrierenhöhe, und damit durch die Emitter-Basisspannung U_{BE} bzw. durch den Basisstrom I_B festgelegt wird. Die Überwindung der Barriere durch die Ladungsträger ist der ratenbestimmende (limitierende) Effekt, eine Anhebung des Stroms über eine Vergrößerung der Basis-Kollektorspannung U_{CB} ist oberhalb einer Minimalspannung, der **Sättigungsspannung**, nur in Grenzen möglich (Bild 10.1-4). Die geringe Änderung des Kollektorstroms mit der Kollektorspannung (beide sind Ausgangsgrößen) entspricht einem hohen **Ausgangswiderstand** der gesteuerten Energiebarriere (s. auch Vierpoldarstellung in Anhang D).

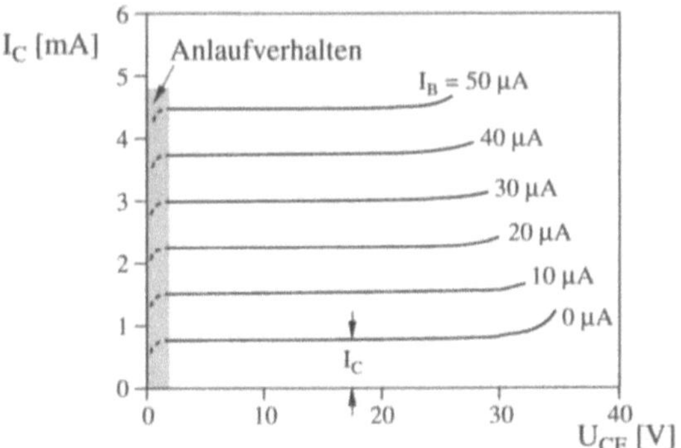

Bild 10.1-4: Ausgangskennlinienfeld eines Bauelements mit gesteuerter Energiebarriere (Beispiel npn-Transistor): Der geringe Anstieg des Kollektorstroms mit der Kollektorspannung (oberhalb einer Sättigungsspannung) entsteht dadurch, daß der ratenbestimmende Prozeß die Überwindung der Barriere ist und nicht der Abfluß der Ladungsträger hinter der Barriere. Schaltungstechnisch entspricht diese Tatsache einem hohen Ausgangswiderstand.

Ein sehr ähnliches Sättigungsverhalten – wenn auch mit einer anderen physikalischen Ursache – zeigen die **MOS-Transistoren** (Bild 10.1-5), die im Abschnitt 10.4.1 ausführlich behandelt werden. Im folgenden wird zur besseren Übersicht das Funktionsprinzip dieser Transistoren in stark vereinfachter Form dargestellt.

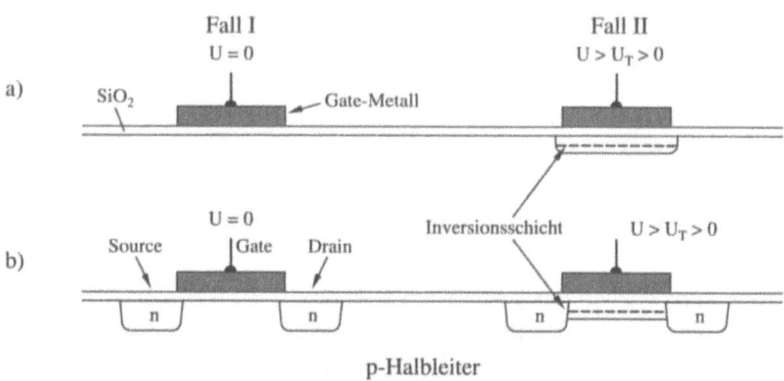

Bild 10.1-5: *n-MOS (Metall-Oxid-Semiconductor)-Bauelemente: Der elektrische Anschluß an das Metall wird als **Gateelektrode** bezeichnet, an der die **Gatespannung** anliegt. Fall I: Keine Gatespannung, Fall II: Gatespannung größer als Einsatzspannung (5.3.1-16)*

> *a) MOS-Diode: Im Fall II entsteht auf der Halbleiterseite durch Ansammlung einer hohen Elektronenkonzentration eine n-Inversionsschicht.*
>
> *b) MOS Transistor: Im Halbleiter werden am Rande der Gateelektrode durch Eindiffusion in das p-leitende Substrat n-leitende Bereiche erzeugt, die als **Source**- und **Drain**-Elektroden bezeichnet werden. Im Fall I fließt bei Anlegen einer äußeren Spannung zwischen Source und Drain nur ein geringer Reststrom, da einer der beiden pn-Übergänge zwischen Source und Drain immer gesperrt ist. Im Fall II stellt die Inversionsschicht eine leitfähige Verbindung (**n-Inversionskanal**) zwischen Source und Drain her.*

Legt man an die Drain-Elektrode eine positive äußere Drainspannung U_D, dann nimmt die Fermienergie W_F zwischen Source und Drain monoton (kontinuierlich) ab. Der positiven Gatespannung entspricht eine über dem Kanalgebiet konstante Fermienergie W_F^G im Gate (Bild 10.1-6), d.h. die Differenz der Fermienergien zwischen Gate und Kanalgebiet nimmt monoton ab.

Die Konsequenz ist (Bild 10.1-6), daß die Flächenladung im Inversionskanal und damit die Anzahl der für den Ladungstransport von der Source zum Drain örtlich zur Verfügung stehenden Ladungsträger kontinuierlich abnimmt. Zur Abschätzung der sich daraus ergebenden Konsequenzen vernachlässigen wir zunächst zur Vereinfachung die Tatsache, daß auch solche Ladungen berücksichtigt werden müssen, die *nicht* zur Leitfähigkeit beitragen, nämlich solche, die am Übergang zwischen Inversionskanal und p-Halbleiter auftreten. Die genaue Berechnung erfolgt in Abschnitt 10.4.1.

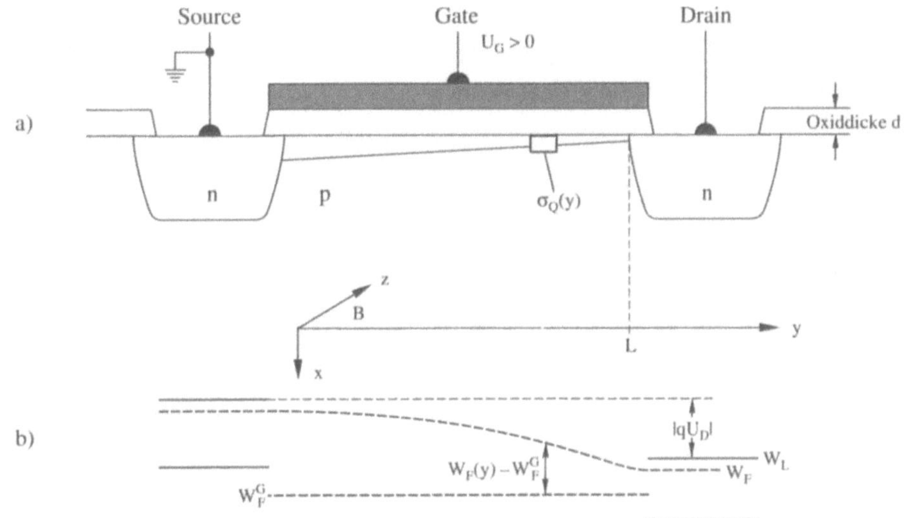

Bild 10.1-6:   Anlegen einer Drainspannung an den MOS-Transistor mit Inversionsschicht: Die positive Gatespannung soll so groß sein, daß sie auch gegenüber dem (ebenfalls mit einer positiven Spannung angeschlossenen) Draingebiet größer ist als die Einsatzspannung U_T. Dann bleibt über dem gesamten Kanalgebiet eine Inversionsschicht – wenn auch mit einer vom Source- zum Draingebiet abnehmenden Elektronenkonzentration – erhalten (a). In diesem Fall ist die Fermienergie des Gates im gesamten Kanalgebiet niedriger als die des Halbleiters (b).

Zwischen der Flächenladungsdichte $\sigma_Q(y)$ am Ort y des Kanalgebiets und der Differenz der Fermienergien dort besteht wie beim Plattenkondensator der Zusammenhang (5.1-23 und 17):

$$\sigma_Q(y) = C_F \frac{W_F^G - W_F(y) - |q|U_T}{|q|} = \frac{\varepsilon_{ox}\varepsilon_o}{d} \frac{W_F^G - W_F(y) - |q|U_T}{|q|} \tag{3}$$

d.h. die Flächenladungsdichte im Inversionskanal nimmt kontinuierlich zwischen Source und Drain ab. d ist die Dicke des Gateoxids, Inversionsladungen treten erst oberhalb der Einsatzspannung U_T auf. Eine genauere Betrachtung der Verhältnisse erfolgt in Bild 10.4.1-2, insbesondere wird dann auch die Ladung zwischen Kanal und Substrat berücksichtigt.

Unter den gewählten vereinfachten Voraussetzungen geht in die Stromdichtegleichung (4.3.2-16) eine *Volumen*ladungsträgerdichte $\rho_n(y)$ ein

$$j_n = \rho_n(y)\mu_n \frac{\partial W_F}{\partial y} \tag{4}$$

die mit der *Flächen*ladungsdichte $\sigma_Q(y)$ in (3) korreliert werden kann über die "Dicke" dx der Inversionsschicht am Ort y im Inversionskanal. Mit der Breite Z des Bauelements in z-Richtung folgt aus (4)

$$j_n = \frac{I_n}{dx \cdot Z} = -\frac{\left|\sigma_Q(y)/q\right|}{dx}\mu_n \frac{\partial W_F}{\partial y} \tag{5}$$

$$I_n =: I_D = -Z \cdot \left|\frac{\sigma_Q(y)}{q}\right|\mu_n \frac{\partial W_F}{\partial y} \tag{6}$$

mit dem **Drainstrom** I_D. Da der Strom (wegen der von der Source zum Drain abnehmenden "Dicke" des Inversionskanals nicht die Strom*dichte*) konstant sein muß, ist eine Abnahme der Flächenladung $\sigma_Q(x)$ mit einer Zunahme des Gradienten der Fermienergie verbunden. Der Abfall der Fermienergie erfolgt zur Drain-Elektrode hin also immer steiler (bei der näherungsweisen Annahme, daß nur ein Feldstrom existiert, gilt das auch für die Leitungsbandkante W_L, Darstellung des Verlaufs in Bild 10.1-6). Bei hinreichend großer Drainspannung gilt schließlich

$$\left|W_F(L) - W_F^G\right| < \left|qU_T\right| \tag{7}$$

d.h. aus (3) folgt innerhalb der hier ausgeführten vereinfachten Darstellung, daß jetzt die Inversionsladung gegen Null geht, so daß der Gradient der Fermienergie extrem stark ansteigen muß. Dieser Effekt führt zu einer Sättigung des Drainstroms, er wird als **Abschnürung (pinch-off)** bezeichnet (Bild 10.1-7).

Die Sättigung des Kennlinienverlaufs entsteht dadurch, daß bei Abschnürung des Kanals und Drainspannungen weit oberhalb der Sättigungsspannung der Hauptanteil der Fermienergie zwischen Abschnürpunkt P und dem Draingebiet (Bild 10.1-7b) abfällt. Der Punkt P muß so weit in Richtung auf das Source-Gebiet hin verschoben werden, daß die Anteile der Fermienergie zwischen Source und Abschnürpunkt sowie zwischen Abschnürpunkt und Drain zusammen den durch die Drainspannung vorgegebenen Wert annehmen .

Der Stromfluß aus dem abgeschnittenen Kanal in das Drain-Gebiet erfolgt durch Injektion in ein Gebiet mit geringer Ladungsträgerdichte, wobei die treibende Kraft wie immer durch den Abfall der Fermienergie erzeugt wird.

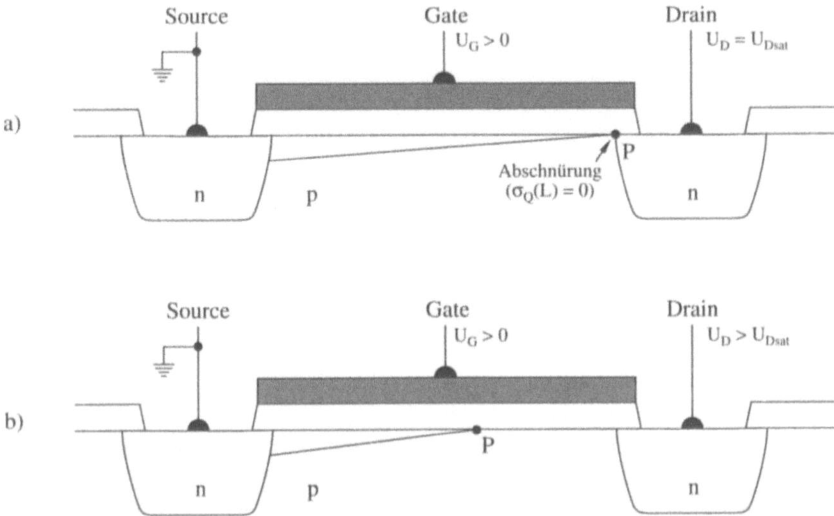

Bild 10.1-7: Abschnürung des Inversionskanals

> *a) Bei der **Sättigungsspannung** $U_D = U_{Dsat}$ wird die Inversionsladung am drainsei-*
> *tigen Ende des Kanals Null, dieser Effekt wird als Abschnürung des Inversions-*
> *kanals bezeichnet.*
>
> *b) Bei einer weiteren Vergrößerung der Drainspannung bewegt sich der Abschnürpunkt*
> *P auf das Source-Gebiet zu. Die mit der Drainspannung verbundene Fermiener-*
> *gie fällt jetzt vorwiegend zwischen P und dem Drain-Gebiet ab. Der Stromfluß*
> *wird aber weiterhin durch die Leitfähigkeit des Kanals begrenzt, so daß eine*
> *Vergrößerung der Drainspannung den Drainstrom kaum noch erhöht (Sättigung).*

Der ratenbestimmende Prozeß ist die Leitfähigkeit im Inversionskanal, d.h. die Vergrößerung der Drainspannung führt oberhalb der Sättigungsspannung U_{Dsat} nicht zu einer erheblichen Vergrößerung des Drainstroms. Auf diese Weise ergibt sich ein ähnliches Ausgangskennlinienfeld wie in Bild 10.1-4, wenn man die Kollektor-Emitterspannung durch die Drainspannung und den Kollektorstrom durch den Drainstrom ersetzt. Die Steuergröße kann aber nicht der Gatestrom sein, weil das Gate durch einen Isolator (Gateoxid) von dem leitenden Teil des MOS-Transistors getrennt ist. Deshalb muß in Bild 10.1-4 der Basistrom durch die Gatespannung ersetzt werden.

Die aufgeführten Beispiele des bipolaren und des MOS-Transistors zeigen, daß sich in ihrer elektrischen Funktion ähnliche Kennlinienfelder durch Ausnutzung sehr verschiedener Halbleitereffekte herstellen lassen. Hierdurch wird wieder die außerordentliche Vielseitigkeit und Flexibilität der Halbleitereffekte deutlich, die unter sehr verschiedenen Randbedingungen starke elektrische Effekte (z.B. Strom- und Kapazitäts-Spannungsabhängigkeiten) liefern können.

10.2 Bipolare Transistoren

10.2.1 Elektrische Kenndaten

In Bild 10.1-3 war zu erkennen, daß sich mit einer Halbleiter-Dreischichtstruktur das Konzept einer steuerbaren Energiebarriere realisieren läßt. Für praktische Anwendungen müssen aber noch weitere Bedingungen erfüllt werden. Zur Berechnung gehen wir aus von den für die pn-Diode in Abschnitt 9.3.1 erhaltenen Ergebnissen, fügen aber rechts von dem n-Halbleitergebiet einen weiteren p-dotierten Bereich an. In diesem Fall erfolgt der Stromfluß über die Barriere nicht durch einen Elektronen- (wie in Bild 10.1-3), sondern durch einen Löchertransport (Bild 10.2.1-1), so daß die Barriere nach unten gerichtet ist (die Energie von Löchern nimmt nach Abschnitt 2.2.3 mit fallender Elektronenenergie zu).

Im Gegensatz zur abgeschirmten Grenzflächenladung der Schottky-Diode spielen bei der durch den pnp-Transistor gebildeten Energiebarriere die *Minoritätsträger* eine wichtige Rolle: Die von dem p-Emitter in die n-Basis injizierten Löcher sind dort Minoritätsträger. Daraus folgt, daß ratenbestimmend für den Stromtransport über die Barriere der Abfluß der Ladungsträger hinter der Barriere ist (Abschnitt 7.2.3). Wäre die Breite d des Basisgebiets (zwischen den Raumladungszonen der Emitter-Basis- und Basis-Kollektorübergänge) in der Größenordnung der Diffusionslänge L_p oder breiter, dann würde sich der Emitter-Basis-Übergang verhalten wie eine pn-Diode, an der eine in Flußrichtung gepolte äußere Spannung anliegt, d.h. der Flußstrom würde in die Basis abfließen. Die Besonderheit beim pnp-Transistor ist aber, daß gilt $d \ll L_p$. Dadurch kann sich das durch Rekombination bestimmte Profil der Minoritätsträger nicht ungestört ausbreiten wie bei der pn-Diode (s. auch Bild 6.3.2-b). Die Profilform wird in diesem Fall durch die einschränkende Randbedingung bestimmt, daß die Löcherkonzentration bei $x = d$ einen vorgegebenen Wert haben muß, der durch die Quasifermienergie $W_F^{nV}(d)$ (Verlängerung der Fermienergie des Kollektorgebiets) in der Basis-Kollektor-Raumladungszone festgelegt wird. Wie aus Bild 7.2.3-1b, Fall II, hervorgeht, wird die Löcherkonzentration bei $x = d$ (entspricht x_n) unter dem Einfluß einer Sperrspannung am Basis-Kollektor-Übergang unter den Gleichgewichtswert ρ_p^{Bo} der Basis gedrückt. In Bild 10.2.1-2 sind die Ladungsträgerkonzentrationen in der Basis und an den Rändern der Raumladungszonen im Emitter und Kollektor dargestellt.

Wie aus der halblogarithmischen Auftragung der Ladungsträgerdichten über dem Ort in den Bildern 7.2.3-1b, Fälle I und II, hervorgeht, unterschieden sich die Löcherkonzentrationen an den Rändern der beiden Raumladungszonen, welche die Basisweite d definieren, um viele Größenordnungen (selbst ohne Sperrspannung am Basis-Kollektorübergang wäre die Minoritätsträger-Konzentration ρ_p^{Bo} in der Basis bei Anlegen einer hinreichend großen Flußspannung zwischen Emitter und Basis viel kleiner als die injizierte Löcherdichte bei $x = 0$). Wir können daher im allgemeinen in guter Näherung ansetzen:

$$\rho_p^B(d) = 0 \tag{1}$$

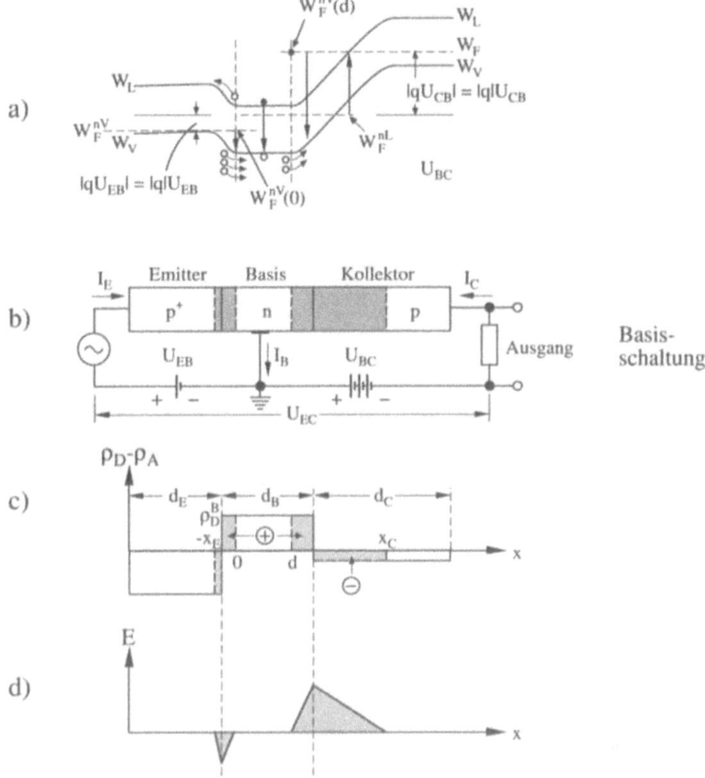

Bild 10.2.1-1:   *pnp-Transistor in Basisschaltung (nach [32]): Als Massepunkt für die Spannungen wird die Basis des Transistors gewählt. Fluß- und Sperrspannungen können jetzt ein anderes Vorzeichen haben als bei der Diode (dort war die Masse willkürlich auf die p-Seite gelegt worden, vgl. Bild 7.2.3-1a).*

a) Steuerbare Energiebarriere für den Löcherfluß durch eine Hintereinander schaltung eines p-, eines n- und wieder eines p-dotierten Halbleiters mit vorgegebener Verschiebung der Fermienergien (durch Anlegen entsprechender äußerer Spannungen) in den drei Bereichen. In den Raumladungszonen setzen sich die Fermienergien als Quasifermienergien fort (vgl. Bild 7.2.3-1a, Bezeichnungen werden von dort übernommen).

*b) Bauelementkonfiguration von a): Als Bezugspunkt für die äußeren Spannungen wird die Basis gewählt (**Basisschaltung**).*

c) Breite der Raumladungszonen in den Halbleiterübergängen zwischen Emitter und Basis sowie zwischen Basis und Kollektor.

d) Ortsabhängigkeit der elektrischen Feldstärke.

Damit reduziert sich das Problem der Bestimmung des Minoritätsträgerprofils in der Basis auf die in Bild 6.3-2d und e dargestellten Randbedingungen (nach (1) für

$\rho_p^{Bo}=0$) mit der Lösung aus (6.3-16). Wegen (1) gehen dabei die *Überschuß*ladungsträgerdichten $\Delta\rho$ in die *absoluten* ρ über):

$$\rho_p^B(x)=\rho_p^B(0)\left[\frac{\sinh\left(\dfrac{d-x}{L_p}\right)}{\sinh\left(\dfrac{d}{L_p}\right)}\right] \tag{2}$$

$$\underset{d\ll L_p}{\approx}\rho_p^B(0)\frac{\dfrac{d-x}{L_p}}{\dfrac{d}{L_p}}=\rho_p^B(0)\left[1-\frac{x}{d}\right] \tag{3}$$

Dabei wurde berücksichtigt, daß voraussetzungsgemäß die Basisweite d viel kleiner als die Diffusionslänge L_p sein soll. Bild 10.2.1-3 zeigt den Verlauf des Löcherprofils in der Basis für verschiedene Werte von d/L_p.

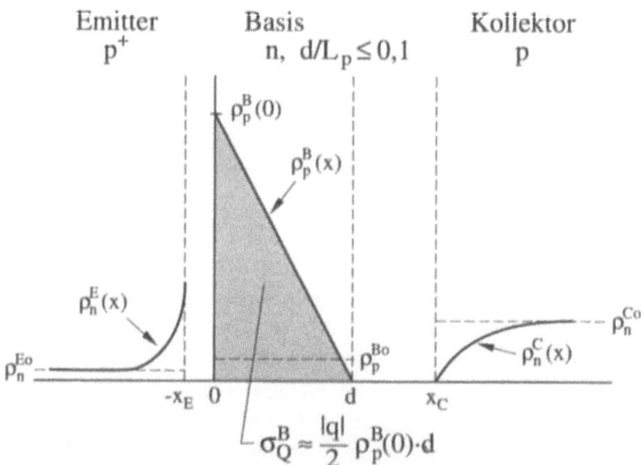

Bild 10.2.1-2:   Ortsverlauf der Ladungsträgerkonzentrationen (lineare Auftragung) in einem pnp-Transistor bei Anliegen äußerer Spannungen wie in Bild 10.2.1-1 (Betrieb vorwärts.normal, nach [32]). Die Elektronenkonzentrationen im Emitter und Kollektor ergeben sich wie auf der n-Seite in Bild 7.2.3-1b, Fälle I und II. In der Basis werden die Löcherkonzentrationen durch die Randbedingungen am Rande der Raumladungszonen festgelegt, die Lösung der Kontinuitätsgleichung erfolgt dann wie bei den Randbedingungen in den Bildern 6.3-2 d und e.

Die Berechnung der Diffusionsstromdichte in der Basis erfolgt wie in (7.3.2-6 und 7), wobei wir zunächst (für die Berechnung des Basisstroms reicht diese Näherung

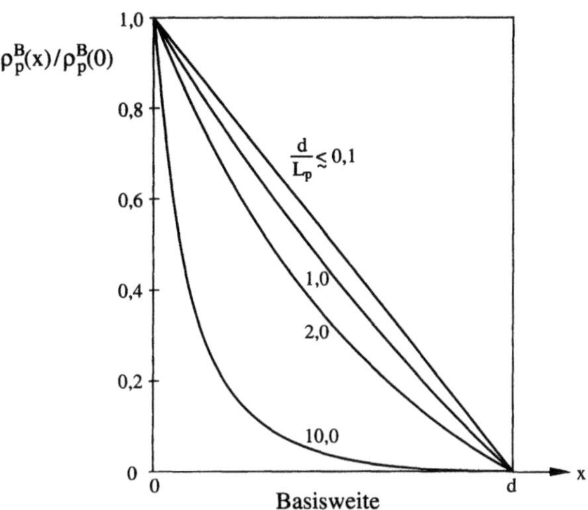

Bild 10.2.1-3: Minoritätsträgerprofil in der Basis mit den Randbedingungen nach Bild 10.2.1-2 und (1) für verschiedene Werte von d/L_p (nach [32]). Für $d/L_p < 0,1$ ergibt sich in guter Näherung ein linearer Verlauf wie in Gleichung (3).

nicht die genäherte Formel (3) verwenden). Für $\rho_p^B(0) \gg \rho_p^{Bo}$ gilt (D_B ist der Diffusionskoeffizient für Löcher in der Basis, beim pnp-Transistor in Basisschaltung ist nach Bild 10.2.1-1 die Emitter-Basis-Spannung in Flußrichtung positiv):

$$j_p = -|q|D_B \frac{\partial \rho_p^B}{\partial x} \underset{(3)}{\approx} + \frac{|q|D_B}{d} \rho_p^B(0) = \rho_p^B(0)v_B^{diff} = \rho_p^B(0)\frac{d}{\tau_{lB}^{diff}} \qquad (4a)$$

$$\underset{(7.2.3-6)}{=} \frac{|q|D_B}{d} \rho_p^{Bo} \exp\left(+ \frac{|q|U_{EB}}{kT} \right) \qquad (4b)$$

Die Geradennäherung (3) entspricht also einer konstanten, nicht vom Ort in der Basis abhängigen Stromdichte. In Analogie zu (9.3.1-7) kann der Löcherstrom auch mit der in der Basis gespeicherten Ladungsdichte σ_B^Q (Bild 10.2.1-2) korreliert werden:

$$(4a) \Rightarrow j_p \approx \frac{|q|D_B}{d} \frac{2\sigma_Q^B}{|q|d} = 2\frac{D_B}{d^2}\sigma_B = <\rho_p^B> \cdot v_{pB}^{diff} = <\rho_p^B> = : \frac{\sigma_Q^B}{\tau_{lB}^{diff}} \cdot \frac{d}{\tau_{lB}^{diff}} \quad (4c)$$
$$\text{(Bild 10.2.1-2)}$$

$$\text{mit der \textbf{Basislaufzeit} } \tau_{lB}^{diff} := \frac{d^2}{2D_B} \underset{d<L_B}{<} \frac{L_B^2}{D_B} \underset{(6.3-11)}{=} \tau_p \qquad (4d)$$

Dieses ist die Beschreibung der elektrischen Löcherstromdichte über die im Anhang C2, Gleichung (C2-5), abgeleitete Form, die sich für die Berechnung des Schaltverhaltens des Transistors (Abschnitt 10.2.3) besonders eignet. Die Basislaufzeit τ_{lB}^{diff}

für den Transistor ohne Driftfeld wird in (10.2.2-5) ausführlicher hergeleitet, sie ist nach (4d) kleiner als die Minoritätsträger-Lebensdauer τ_p in der Basis.

(4) ist die Löcherstromdichte am Rande der Raumladungszone zwischen Basis und Kollektor, welche anstelle einer sehr viel kleineren (Bild 7.2.3-1b, Fall II) Stromdichte bei einer in Sperrichtung gepolten pn-Diode (Transistor ohne Emitter) tritt. Die chemische Kraft am Basis-Kollektorübergang bewirkt, daß die vom Emitter injizierten und aus der Basis heranfließenden Löcher vollständig in den Kollektor abfließen können, wobei die Stromdichte erhalten bleibt. Damit finden sich die aus dem Emitter injizierten Löcher als Majoritätsträger im Kollektor wieder, d.h. die vom Emitter kommenden Löcher überwinden die Basis-Barriere und fließen schließlich als Löcherstrom aus dem Kollektor wieder ab. Dadurch wird erklärt, warum der pnp-Transistor die Funktion einer (über die Emitter-Basisspannung) gesteuerten Barriere besitzt. Ein Unterschied zu einer reinen Majoritätsträgerbarriere ist, daß die über die Barriere fließenden Teilchen am Ort der Barriere eine Zeitlang als Minoritätsträger wirken, d.h. dort eine besonders hohe Konzentration des entgegengesetzten Ladungsträgertyps (Elektronen) antreffen und mit diesen rekombinieren können. In diesem Fall werden auch Elektronen in der Basis vernichtet und müssen über den Basiskontakt nachfließen, d.h. es entsteht ein Basisstrom.

Wie in Abschnitt 9.3.1 erörtert (siehe auch Bild 9.3.1-1b), setzt sich der Gesamtstrom über eine pn-Diode aus der Summe von Elektronen- und Löcherströmen zusammen, d.h. für die Stromdichten über die Emitter-Basis- und Basis-Kollektor-pn-Übergänge gilt mit den Bezeichnungen von Bild 10.2.1-2:

$$\left.\begin{array}{l} j_E = j_p\big|_{x=0} + j_n\big|_{x=-x_E} \\[2em] j_C = j_p\big|_{x=d} + j_n\big|_{x=x_C} \\[2em] j_B = j_E - j_C \end{array}\right\} \tag{5}$$

Die Basisstromdichte j_B ist sehr viel kleiner als die Emitter- und Kollektorstromdichten j_E und j_C, d.h. sie ergibt sich als Differenz zweier vergleichsweise großer Werte. Deshalb muß der Löcherstrom in der Basis mit einer größeren Genauigkeit als in (4) berechnet werden. Bei Anwendung der Gleichung (2) gilt (grafische Darstellung in Bild 10.2.1-3):

$$j_p(x) = -|q|\,D_B\,\frac{\partial \rho_p^B}{\partial x} = +\frac{|q|\,D_B}{L_B}\,\rho_p^{Bo}\,\exp\left(+\frac{|q|\,U_{EB}}{kT}\right)\frac{\cosh\left(\dfrac{d-x}{L_B}\right)}{\sinh\left(\dfrac{d}{L_B}\right)} \tag{6}$$

$$\Rightarrow \quad \left[\begin{array}{l} j_p\big|_{x=0} = \dfrac{|q|D_B}{L_B}\,\rho_p^{Bo}\,\exp\!\left(+\dfrac{|q|U_{EB}}{kT}\right)\coth\!\left(\dfrac{d}{L_B}\right) \qquad\qquad (7a)\\[4ex] j_p\big|_{x=d} = \dfrac{|q|D_B}{L_B}\,\rho_p^{Bo}\,\exp\!\left(+\dfrac{|q|U_{EB}}{kT}\right)\dfrac{1}{\sinh\!\left(\dfrac{d}{L_B}\right)} \qquad (7b) \end{array} \right.$$

Wir nehmen an, daß sich im Emitter und Kollektor die Minoritätsträger geometrisch unbegrenzt ausbreiten können (d.h. die Breiten dieser Gebiete sind viel größer als die entsprechenden Diffusionslängen, diese Forderung ist in der Praxis häufig nicht gegeben und muß bei einer genaueren Rechnung fallen gelassen werden). Unter dieser Voraussetzung können die Stromdichten der Shockley-Gleichung (9.3.1-1) für die jeweilige Ladungsträgersorte verwendet werden (am Kollektor-Basisübergang wird die sperrspannungsabhängige Exponentialfunktion gegen 1 vernachlässigt):

$$j_n\big|_{x=-x_E} = \frac{|q|D_E}{L_E}\,\rho_n^{Eo}\,\exp\!\left(+\frac{|q|U_{EB}}{kT}\right) \qquad\qquad (8a)$$

$$j_n\big|_{x=x_C} = \frac{|q|D_C}{L_C}\,\rho_n^{Co} \qquad\qquad (8b)$$

Die Indizes E und C geben die entsprechenden Parameter im Emitter und Kollektor an. In (8b) wurde wegen der hohen Basis-Kollektor-Sperrspannung nur der spannungsunabhängige Reststrom berücksichtigt. Damit ergeben sich nach (5) insgesamt die Ströme

$$j_E \underset{(7a,8a)}{=} +|q|\exp\!\left(+\frac{|q|U_{EB}}{kT}\right)\left\{\frac{D_B}{L_B}\,\rho_p^{Bo}\coth\!\left(\frac{d}{L_B}\right)+\frac{D_E}{L_E}\,\rho_n^{Eo}\right\} \qquad (9a)$$

$$j_C \underset{(7b,8b)}{=} +|q|\left\{\frac{D_B}{L_B}\,\rho_p^{Bo}\,\frac{\exp\!\left(+\dfrac{|q|U_{EB}}{kT}\right)}{\sinh\!\left(\dfrac{d}{L_B}\right)}+\frac{D_C}{L_C}\,\rho_n^{Co}\right\} \qquad (9b)$$

Kleine Basisweiten d sowie ein hoher Emitterwirkungsgrad (s.u.) bewirken, daß jeweils der zweite Term (Ströme, die nicht zur Verstärkung beitragen) in den geschweiften Klammern gegenüber dem ersten Term vernachlässigt werden kann.

Dann gilt einfach:

$$j_E \approx \cosh\left(\frac{d}{L_B}\right) j_C \tag{10}$$

$$j_B \approx j_E - j_C = j_C\left(\frac{j_E}{j_C} - 1\right)$$

$$\underset{(10)}{=} j_C\left(\cosh\left(\frac{d}{L_B}\right) - 1\right) \underset{d \ll L_B}{\approx} j_C \frac{1}{2}\left(\frac{d}{L_B}\right)^2 \tag{11}$$

d.h. auch die Basistromdichte geht mit d/L_B gegen Null. Mit der Näherung

$$\coth\left(\frac{d}{L_B}\right) = \frac{\cosh\left(\dfrac{d}{L_B}\right)}{\sinh\left(\dfrac{d}{L_B}\right)} \underset{d \ll L_B}{\approx} \frac{1}{\dfrac{d}{L_B}} = \frac{L_B}{d} \tag{12}$$

geht (9a) in die ursprüngliche Formel (4) über; diese Näherung ist aber so ungenau, daß sich kein Basisstrom mehr ergibt (bei der ortsunabhängigen Stromdichte in (4) ist der Emitter- genau gleich dem Kollektorstrom).

Für die weiteren Berechnungen definieren wir die Schaltungsarten des Transistors, welche sich dadurch unterscheiden, daß unterschiedliche Elektroden des Transistors als Bezugspunkt für die angelegten Spannungen gewählt werden (Bild 10.2.1-4)

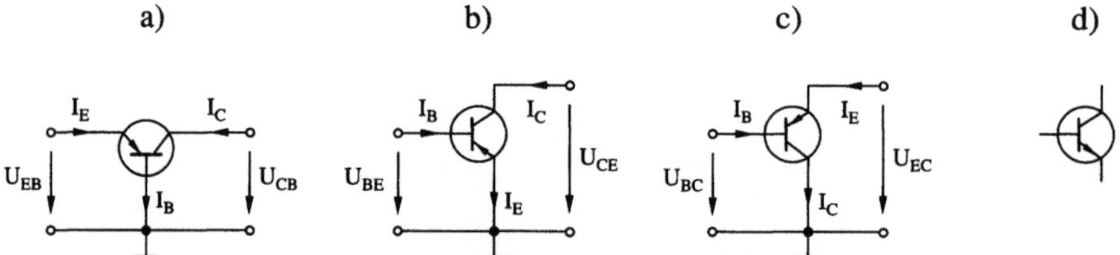

Bild 10.2.1-4:   *Schaltzeichen und Schaltungsarten eines pnp-Transistors (bei npn-Transistoren wird das Schaltzeichen d) verwendet). Die Schaltungsarten unterscheiden sich in der Definition der Eingangs- und Ausgangsgrößen.*

    a) Basisschaltung

    b) Emitterschaltung

    c) Kollektorschaltung

    d) Schaltzeichen eines npn-Transistors

Die **Stromverstärkung** ergibt sich aus dem Quotienten von Eingangsstrom zu Ausgangsstrom. In der Basisschaltung ist dies (wir gehen jetzt von den Stromdichten j über auf die entsprechenden Ströme $I = j$ multipliziert mit dem Bauelementquerschnitt A)

$$\alpha_o := h_{fB} := \frac{\partial I_C}{\partial I_E} = \frac{\partial I_p\big|_{x=0}}{\partial I_E} \frac{\partial I_p\big|_{x=d}}{\partial I_p\big|_{x=0}} \frac{\partial I_C\big|}{\partial I_p\big|_{x=d}} \tag{13}$$

$$=: \gamma \cdot \alpha_T \cdot M \tag{14}$$

mit der **Emittereffizienz** γ, dem **Transportfaktor** α_T und dem **Kollektor-Multiplikationsfaktor** M, die im folgenden berechnet werden sollen. Für die Emittereffizienz gilt:

$$\gamma = \frac{\partial I_p\big|_{x=0}}{\partial I_E} = \frac{\partial I_p\big|_{x=0}}{\partial I_p\big|_{x=0} + \partial I_n\big|_{x=-x_E}} = \frac{1}{1 + \dfrac{\partial I_n\big|_{x=-x_E}}{\partial I_p\big|_{x=0}}} \tag{15}$$

$$\underset{(7a,8a)}{=} \frac{1}{1 + \dfrac{D_E \rho_n^{Eo} L_B}{D_B \rho_p^{Bo} L_E} \tanh\left(\dfrac{d}{L_B}\right)} \tag{16}$$

Mit den Dotierungskonzentrationen ρ_A^E und ρ_D^B im Emitter und der Basis gilt:

$$\rho_n^{Eo}\rho_A^E = \rho_p^{Bo}\rho_D^B = \rho_i^2 \Rightarrow \frac{\rho_n^{Eo}}{\rho_p^{Bo}} = \frac{\rho_D^B}{\rho_A^E} \tag{17}$$

$$\underset{(16)}{\Rightarrow} \gamma = \frac{1}{1 + \dfrac{D_E \rho_D^B L_B}{D_B \rho_A^E L_E} \tanh\left(\dfrac{d}{L_B}\right)} \underset{d \ll L_B}{\approx} \frac{1}{1 + \dfrac{D_E \rho_D^B d}{D_B \rho_A^E L_E}} \tag{18}$$

Für eine große Stromverstärkung α_o, die möglichst 1 betragen soll, muß also γ möglichst groß (maximal 1) werden, d.h.

$$\rho_D^B \ll \rho_A^E \tag{19}$$

Die Emitterdotierung muß also größer als die Basisdotierung gewählt werden. Aus der Forderung

$$\frac{D_E \rho_n^{Eo} L_B}{D_B \rho_p^{Bo} L_E} \tanh\left(\frac{d}{L_B}\right) \ll 1 \tag{20}$$

folgt weiterhin die für die Berechnung von (10) verwendete Annahme, daß bei Transistoren mit guten elektrischen Eigenschaften der zweite Term in (9a) gegenüber dem ersten vernachlässigt werden kann. Für den Transportfaktor α_T erhalten wir entsprechend:

$$\alpha_T \underset{(7a,b)}{=} \frac{\partial I_p\big|_{x=d}}{\partial I_p\big|_{x=0}} = \frac{1}{\cosh\left(\dfrac{d}{L_B}\right)} \underset{d\ll L_B}{\approx} 1 - \frac{d^2}{2 L_B^2} \tag{21}$$

d.h. auch dieser Wert liegt bei guten Transistoren mit schmaler Basisweite sehr nahe bei dem Wert 1. Der Kollektor-Multiplikationsfaktor M ist ebenfalls nahezu 1, da zu dem aus der Basis injizierten Löcherstrom nur noch ein geringer Sperrstrom tritt. Die Stromverstärkung in Emitterschaltung (Bild 10.2.1-4b) ist definiert durch

$$h_{fE} = \beta_o = \frac{\partial I_C}{\partial I_B} \underset{(5)}{=} \frac{\partial I_C}{\partial(I_E - I_C)} = \frac{1}{\dfrac{\partial I_E}{\partial I_C} - 1}$$

$$\underset{(13)}{=} \frac{1}{\dfrac{1}{\alpha_o} - 1} = \frac{\alpha_o}{1 - \alpha_o} \underset{\gamma,\alpha_T,M\approx 1}{\approx} \frac{1}{1 - \alpha_o} \tag{22}$$

d.h. die (sehr geringe) Abweichung von α_o von 1 bestimmt die β-Stromverstärkung. Das Einsetzen der oben berechneten Formeln erbringt

$$\beta_o \underset{M\approx 1}{=} \frac{\gamma\alpha_T}{1 - \gamma\alpha_T} = \frac{\alpha_T}{\dfrac{1}{\gamma} - \alpha_T} \underset{(18,21)}{=} \frac{\alpha_T}{1 + \dfrac{D_E \rho_D^B d}{D_B \rho_A^E L_E} - 1 + \dfrac{d^2}{2 L_B^2}} \tag{23}$$

d.h. für eine gute Emittereffizienz ergibt sich eine β-Stromverstärkung von

$$\beta_o \approx 2\left(\frac{L_B}{d}\right)^2 \tag{24}$$

In der Praxis wird dieses Ergebnis häufig durch parasitäre Effekte – wie z.B. eine Oberflächenrekombination in der Basis – nicht erreicht. Bild 10.2.1-5b zeigt das Dotierungsprofil eines pnp-Transistors mit guten elektrischen Eigenschaften: Wegen der zur Optimierung der Emittereffizienz erhöhten Emitterdotierung wird dieser auch als p^+np-Transistor (entsprechend n^+pn-Transistor) bezeichnet.

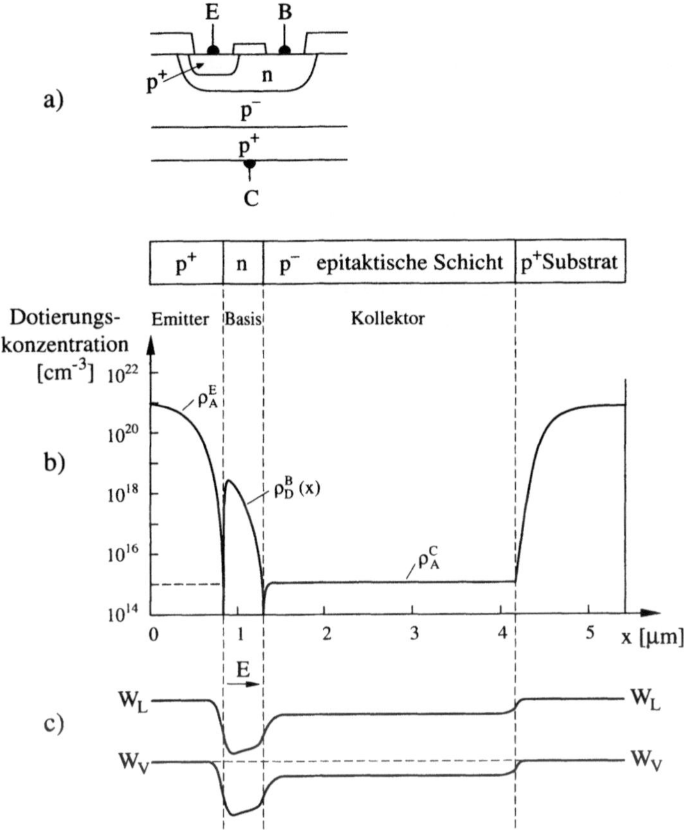

Bild 10.2.1-5:   *p⁺np-Transistor mit hoher Stromverstärkung (nach [32]):*

a) Aufbau des Transistors

b) Dotierungsprofil: Die Form der Dotierungsprofile in der Basis und im Emitter ergibt sich durch die planare Herstellungstechnologie: Sie erfolgt meistens durch Eindiffusion von der Halbleiteroberfläche her. Zur Erzielung einer hohen Emittereffizienz wird die Emitterdotierung höher als die Basisdotierung gewählt (das ist auch technologisch praktikabler). Der Abfall der Dotierungskonzentration in der Basis ist durchaus willkommen (Drifttransistor, s. Abschnitt 10.2.2). Die Kollektordotierung muß niedrig gewählt werden, um hohe Durchbruchspannungen (Abschnitte 4.3.4 und 9.3.1) sicherzustellen. Das elektrisch nicht aktive Trägersubstrat wird wieder hoch dotiert, um den Kollektorserienwiderstand abzusenken. In der Fertigung erzeugt man auf einer hochdotierten p⁺-Scheibe eine niedrig p-dotierte epitaktische Schicht, in welche man nacheinander die Basis und den Emitter eindiffundiert.

c) Bändermodell des p⁺np-Transistors bei Abwesenheit äußerer Spannungen

Die im vorangegangenen beschriebene Arbeitsweise des Transistors – gekennzeichnet durch einen in Flußrichtung gepolten Emitter-Basis- und einen in Sperrichtung gepolten Basis-Kollektor-Übergang – bezeichnet man als **aktiven Betrieb** des Transistors. Wegen der pnp-Dotierungsfolge kann man im Prinzip auch die Kollektor- und Emitteranschlüsse vertauschen, allerdings verschlechtern sich dann bei einem Transistoraufbau wie in Bild 10.2.1-5 die elektrischen Eigenschaften erheblich (wegen des schlechteren Emitter-Wirkungsgrades ergibt sich eine niedrigere Stromverstärkung und wegen der höheren Kollektordotierung eine niedrigere Durchbruchspannung). Deshalb unterscheidet man auch die Betriebsarten **aktiv normal** (die höher dotierte p-Seite wird als Emitter verwendet, bei npn-Transistoren entsprechend die höher n-dotierte Seite) und **aktiv invers** (Emitterdotierung niedriger als Kollektordotierung). In einem Koordinatensystem aus Emitter-Basis- und Basis-Kollektorspannung erscheinen diese Betriebsarten im zweiten und vierten Quadranten (Bild 10.2.1-6)

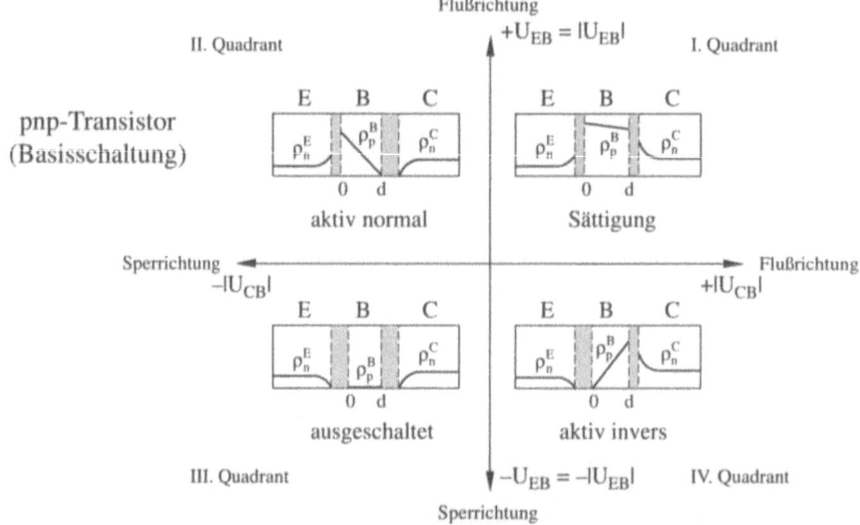

Bild 10.2.1-6:   Betriebsarten eines pnp-Transistors in Basisschaltung (nach [32]): Je nach Vorzeichen der Emitter-Basis-Spannung U_{EB} und der Basis-Kollektorspannung U_{CB} kann der Transistor auf vier verschiedene Arten betrieben werden. Eingezeichnet sind jeweils die Ortsverläufe der Minoritätsträgerdichten.

Die beiden Zustände im I. und III. Quadranten haben eine Bedeutung für die Verwendung des Transistors als Schalter: Im **Sättigungszustand** (I. Quadrant) sind beide pn-Übergänge in Vorwärtsrichtung gepolt, am Transistor fällt eine kleine Spannung ab bei großem Stromfluß (Schalter geschlossen). Die Löcherdichte am Basis-Kollektorübergang ist jetzt nicht mehr ungefähr Null wie in (1), sondern ergibt sich analog zum Emitter-Basis-Übergang entsprechend (7.2.3-4) und (4) zu

$$\rho_p^B = \rho_p^{Bo} N_L \exp\left(+ \frac{|qU_{CB}|}{kT} \right) \tag{25}$$

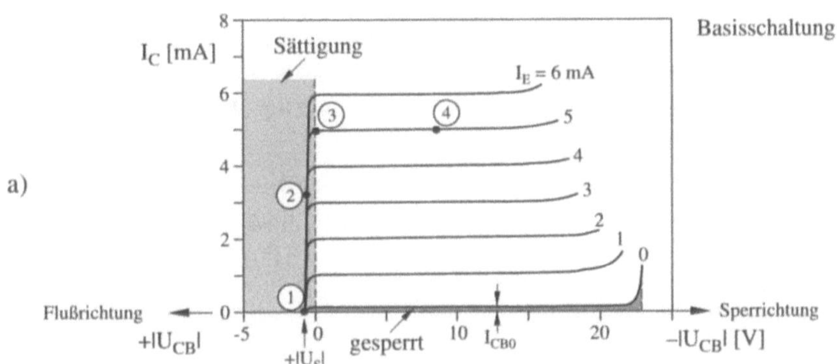

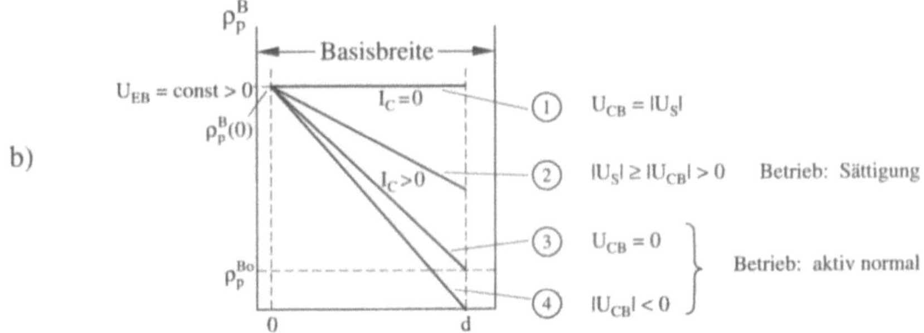

Bild 10.2.1-7:   a) *Ausgangskennlinienfeld des pnp-Transistors in Basisschaltung bei in Fluß-richtung gepolter Emitterspannung: Bei Anliegen einer negativenBasis-Kollektor-Sperrspannung ist der Kollektorstrom konstant und (fast) gleich dem Emitterstrom. Auch bei $U_{CB} = 0$ fließt dieser Strom bereits, da die Fermienergien von Basis und Kollektor gleich sind und daher die Löcherkonzentration in der Basis bei d den Wert ρ_p^{Bo} annehmen muß (s. b). Sogar bei einer Wirkung von kleinen Flußspannungen (positive Polung) zwischen Basis und Kollektor ist noch ein Gradient der Ladungsträgerdichte in der Basis vorhanden, so daß ein Strom fließt. Erst bei Erreichen einer Minimalspannung verschwindet der Gradient der Löcherdichte in der Basis, so daß der Kollektorstrom Null wird (s.iehe b)).*

b) *Verlauf der Löcherkonzentration in der Basis (vgl. Bild 10.2.1-2) für die verschiedenen Betriebsarten des Transistors. Die Spannungsangaben beziehen sich auf die Abbildung a), die eingekreisten Zahlen entsprechen den in a) markierten Punkten der Ausgangskennlinie.*

Im **ausgeschalteten (Sperr-)Zustand** (III. Quadrant) werden beide pn-Übergänge in Sperrichtung betrieben, es können bei großem Spannungsabfall am Transistor nur geringe Restströme fließen (Schalter geöffnet). Alle hier beschriebenen Zustände können nach denselben Verfahren wie oben berechnet werden.

In Bild 10.2.1-7 ist das Ausgangskennlinienfeld für einen pnp-Transistor in Basisschaltung dargestellt. Wie aus dem Modell der gesteuerten Energiebarriere zu erwarten, erzeugt die Basis-Kollektorspannung oberhalb eines Sättigungswertes (nicht zu verwechseln mit dem Sättigungszustand des Transistors, s.o.) keine Vergrößerung des Kollektorstroms mehr, dieser hat dann bereits fast den Wert des Emitterstroms angenommen.

Beim Ausgangkennlinienfeld der *Emitterschaltung* in Bild 10.2.1-4b ermitteln wir für jeden Kollektorstrom (ungefähr gleich dem Emitterstrom) die dazugehörige Emitter-Basisspannung und addieren diesen Wert zu der Basis-Kollektor-Spannung, so daß sich insgesamt die Emitter-Kollektorspannung ergibt (Bild 10.2.1-8). In diesem Fall kann – im Gegensatz zur Basisschaltung – nur ein Kollektorstrom fließen, wenn $|U_{CE}| > 0$ (pnp-Transistor), d.h. der Sättigungsbereich liegt im gleichen Quadranten wie der aktive Bereich des Transistors.

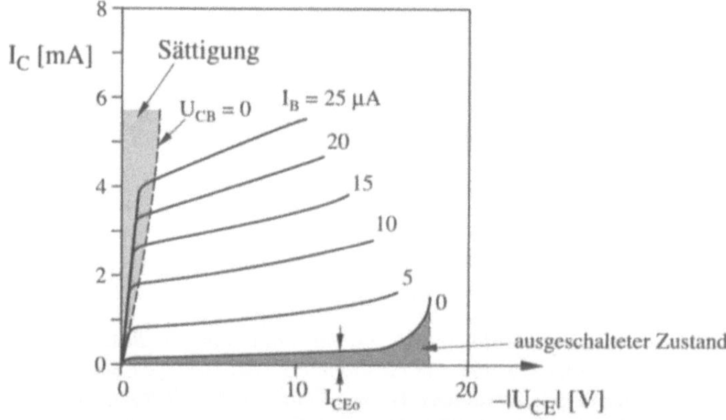

Bild 10.2.1-8: Ausgangskennlinienfeld des pnp-Transistors in Emitterschaltung (nach [32]). In diesem Fall liegen der aktive Betriebsbereich des Transistors und der Sättigungsbereich im gleichen Quadranten. Durch Vergleich von Basis- und Kollektorströmen kann die β-Stromverstärkung direkt abgelesen werden.

Von Bedeutung ist ein Vergleich der Restströme in den verschiedenen Schaltungsarten; deren Größe kann direkt aus den dazugehörigen Ladungsträgerprofilen in der Basis (Bild 10.2.1-9) abgeschätzt werden.

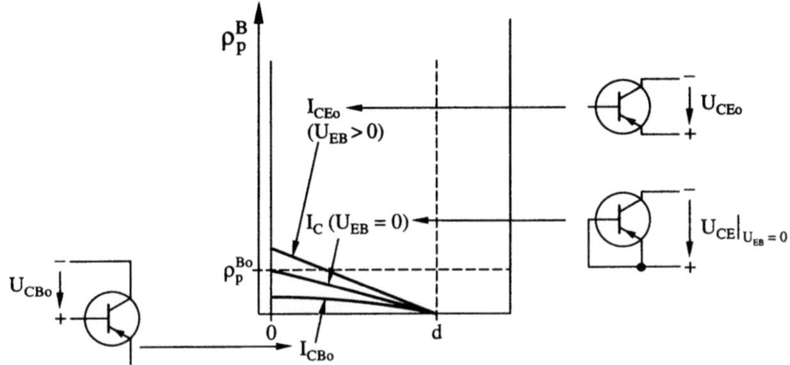

*Bild 10.2.1-9:   Verlauf der Löcherkonzentration in der Basis eines pnp-Transistors (nach [32]).
Es liegt eine Sperrspannung zwischen Basis und Kollektor, d.h. die Löcherkonzentration bei d ist kleiner als ρ_p^{Bo}.*

*I_{CBo} : Die Spannung liegt zwischen Basis und Kollektor, der Emitter ist offen
(d.h. nicht angeschlossen). Damit kann kein Emitterstrom fließen, d.h. das La-
dungsträgerprofil muß mit horizontaler Steigung in die Raumladungszone zwischen Basis und Emitter bei x = 0 einmünden. Dadurch ergibt sich ein besonders
flacher Abfall der Ladungsträgerkonzentration in der Basis, d.h. ein besonders
niedriger Reststrom zwischen Basis und Kollektor.*

*$I_C(U_{EB} = 0)$: Emitter und Basis sind kurzgeschlossen, d.h. sie haben die gleiche
Fermienergie. Die Löcherkonzentration bei x = 0 muß dem Gleichgewichtswert
ρ_p^{Bo} entsprechen. Der Gradient und damit der Reststrom ist größer als im Fall
I_{CBo}.*

*I_{CEo} : Ein Teil der Spannung U_{CE} fällt über dem Emitter-Basis-Übergang ab und
erzeugt bei x = 0 eine erhöhte Löcherkonzentration. Dadurch wird die Steigung
der Löcherkonzentration maximal, d.h. der Reststrom ist im Vergleich zu den beiden anderen deutlich erhöht.*

Als quantitativer Zusammenhang zwischen den Restströmen in Basis- und Emitterschaltung ergibt sich die Beziehung

$$I_{CEo} = \alpha_o I_E + I_{CBo}$$

$$\underset{I_E = I_B + I_{CEo}}{\Longrightarrow} I_{CEo} = \frac{\alpha_o}{1 - \alpha_o} I_B + \frac{I_{CBo}}{1 - \alpha_o} \underset{\substack{\text{gem.Vor.}\\ I_B = 0}}{=} \frac{I_{CBo}}{1 - \alpha_o} \approx \beta_o I_{CBo} \qquad (26)$$

Die Durchbruchspannung liegt in Emitterschaltung unterhalb der in Basisschaltung [32].
Wenn der Emitterstrom ungefähr gleich dem Kollektorstrom ist, muß mit (4.3.4-8)
und (26) gelten

$$I_C = M(I_{CBo} + \alpha_o I_C) \Rightarrow I_C = \frac{M \cdot I_{CBo}}{1 - \alpha_o M} \qquad (27a)$$

Der Durchbruch tritt ein bei einer Spannung U_{CEo}, bei der die Bedingung erfüllt ist:

$$\alpha_o M = 1 \tag{27b}$$

Experimentell ergibt sich ein Zusammenhang zwischen Multiplikationsfaktor und angelegter Spannung U_a [32]:

$$M = \cfrac{1}{1 - \left(\cfrac{U_a}{U_a^{br}\big|_{CBo}}\right)^{\eta}}\ ;\quad \eta = 2...6 \tag{28a}$$

d.h. die Bedingung (27b) wird erfüllt bei der äußeren Spannung U_a^{br} unter den Bedingungen für U_{CEo}:

$$\cfrac{\alpha_o}{1 - \left(\cfrac{U_a}{U_a^{br}\big|_{CBo}}\right)^{\eta}} = 1 \Rightarrow U_a = U_a^{br}\big|_{CEo} = U_a^{br}\big|_{CBo}\left(1 - \alpha_o\right)^{1/\eta} \tag{28b}$$

Bild 10.2.1-10 zeigt die Sperrkennlinien eines Transistors für die entsprechende Beschaltung.

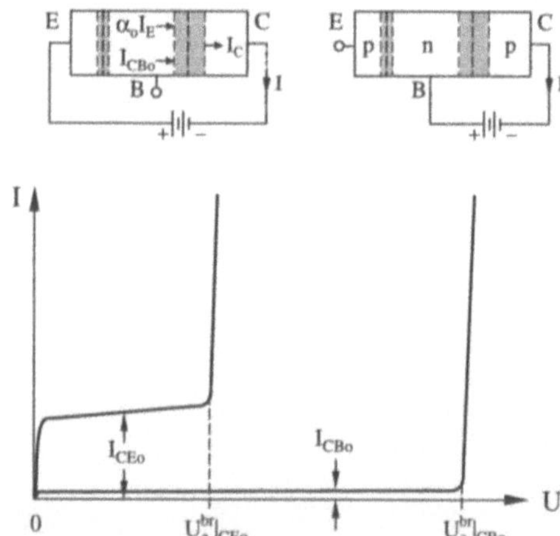

Bild 10.2.1-10: Sperrkennlinien eines Transistors mit offener Basis und offenem Emitter (nach [73])

Das Ausgangskennlinienfeld in Emitterschaltung (Bild 10.2.1-8) zeigt einen deutlichen Anstieg des Kollektorstroms mit der Kollektorspannung. Die Ursache hierfür liegt vor allem im **Early-Effekt**: Mit steigender Emitter-Kollektorspannung nimmt auch die Sperrspannung am Basis-Kollektor-Übergang zu, damit verbreitert sich die dazugehörige Raumladungszone, so daß der Abstand d abnimmt (Bild 10.2.1-11). Dadurch vergrößert sich der Gradient der Minoritätsträgerdichte, die β–Stromverstärkung nimmt nach (24) zu. Anders ausgedrückt vermindert sich dadurch das Volumen in der Basis, in dem die Minoritätsträger rekombinieren können, d.h. derselbe Kollektorstrom wird durch eine Ansteuerung mit einem kleineren Basisstrom erreicht. Die größere Steigung des Ausgangskennlinienfeldes ist gleichbedeutend mit einem kleineren Ausgangswiderstand des Transistors in Emitterschaltung.

Eine Extrapolation der Strom-Spannungsabhängigkeit des Ausgangskennlinienfeldes in Emitterschaltung aus dem Bereich hoher Kollektor-Emitterspannungen führt auf die Definition einer negativen **Early-Spannung** (Bild 10.2.1-12).

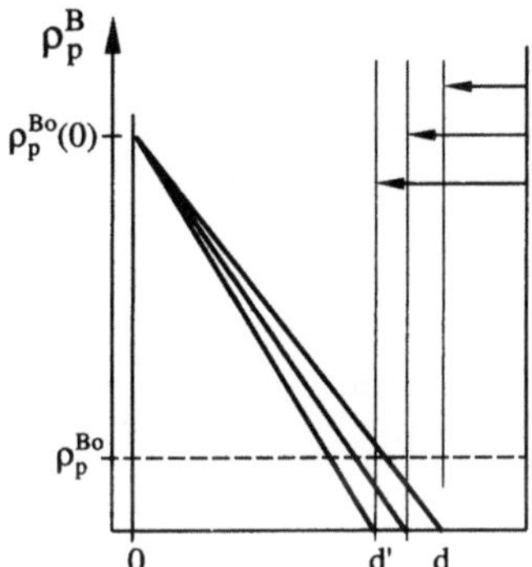

Bild 10.2.1-11:   Early-Effekt: Verlauf der Löcherkonzentration in der Basis bei steigender Basis-Kollektor-Spannung. Die Raumladungszone weitet sich in diesem Fall auf, d.h. der Wert von d bewegt sich nach links. Dieses führt zu einem größeren Gradienten im Minoritätsträgerdichteverlauf, d.h. zu höheren Diffusionsströmen (nach [32]).

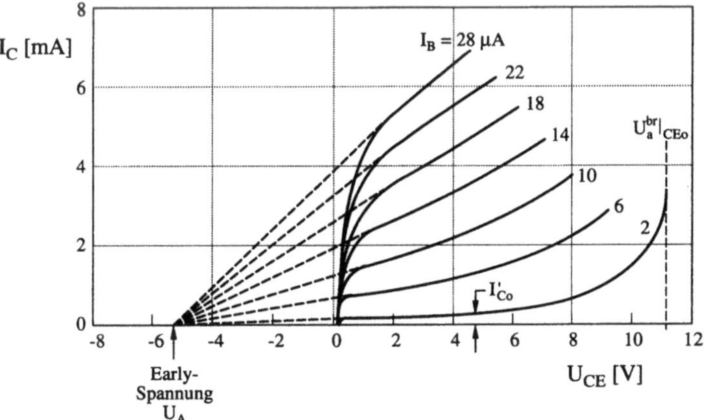

Bild 10.2.1-12:   Die Extrapolation der Ausgangskennlinien in Emitterschaltung außerhalb der Sättigung in den Bereich negativer Emitter-Kollektor-Spannungen führt zu einem gemeinsamen Schnittpunkt bei verschwindendem Kollektorstrom: der Early-Spannung U_A (nach [9]).

Die Strom-Spannungs-Kennlinie des Transistors ist bei Berücksichtigung des Early-Effekts [9,45]:

$$I_C = \left(\beta_o I_B + I_{CEo}\right)\left(1 + \frac{U_{CE}}{U_A}\right) \qquad (30)$$

$$U_A = |q|\frac{\rho^B}{\varepsilon_r \varepsilon_o}d^2 \qquad (31)$$

Der entsprechende Kurvenverlauf ist in Bild 10.2.1-12 eingetragen. Wie bei der pn-Diode verursachen auch beim bipolaren Transistor Generations- und Rekombinationsströme in den Raumladungszonen Abweichungen vom idealen Verhalten. In der Raumladungszone zwischen Basis und Kollektor erhöhen Generationsströme den Wert von I_{CBo}, in der Raumladungszone zwischen Emitter und Basis den Basisstrom I_B (Bild 10.2.1-13a). Das Hochinjektionsverhalten (vgl. Abschnitt 9.3.1) vermindert bei hohen Emitter-Basisspannungen den idealen Kollektorstrom. Beide Effekte verkleinern die Stromverstärkung und führen zu einer Kollektorstromabhängigkeit der β-Stromverstärkung wie in Bild 10.2.1-13b.

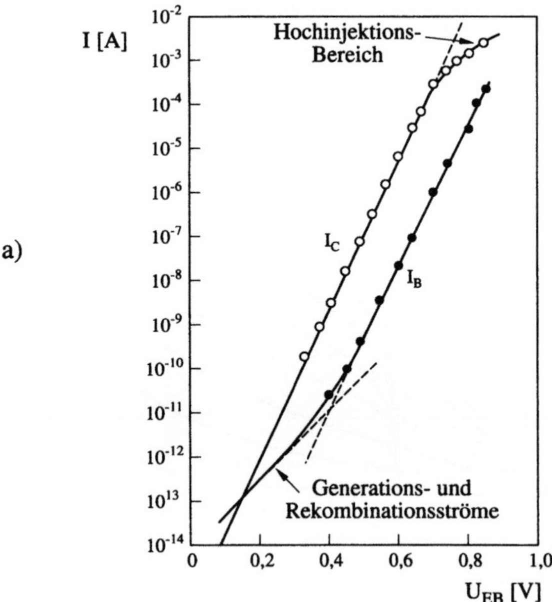

Bild 10.2.1-13:   a) Abweichungen von der idealen Kennlinie: Bei der Kollektorstromkennlinie führen Hochinjektionseffekte zu niedrigeren Werten im Bereich großer Ströme, bei der Basisstromkennlinie vergrößern Generationsströme in der Emitter-Basis-Raumladungszone die Werte im Bereich kleiner Ströme (nach [32]).

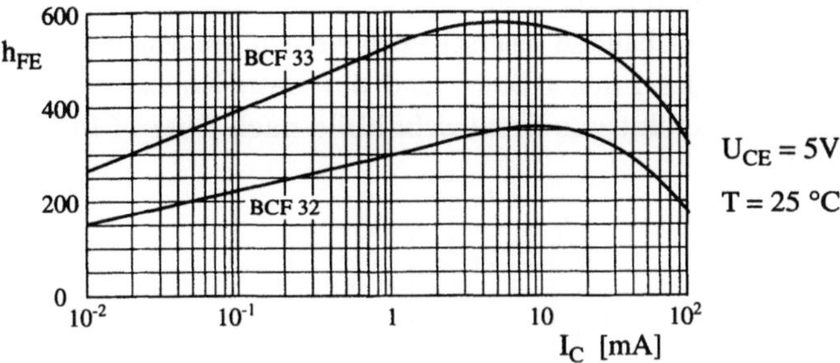

Bild 10.2.1-13: b) Beide Effekte in a) führen zu einer Verkleinerung der β-Stromverstärkung h_{FE} im Bereich kleiner und großer Kollektorströme (nach [57]).

Ein weiterer Hochstromeffekt entsteht dadurch, daß wegen der Ladungsneutralität hohe injizierte Ladungsträgerdichten durch zusätzliche entgegengesetzt geladene Ladungsträger elektrisch kompensiert werden müssen. Bei starker Injektion von Löchern in einen p-Kollektor sind das Elektronen, welche das (üblicherweise niedrig dotierte) Material in eine n-Leitfähigkeit überführen können. Dadurch vergrößert sich das n-Basisgebiet, d.h. der Ladungsträgergradient nach Bild 10.2.1-11 nimmt mit zunehmender Kollektorstromdichte ab, so daß die Stromverstärkung kleiner wird (**Kirk-Effekt**, Bild 10.2.1-14).

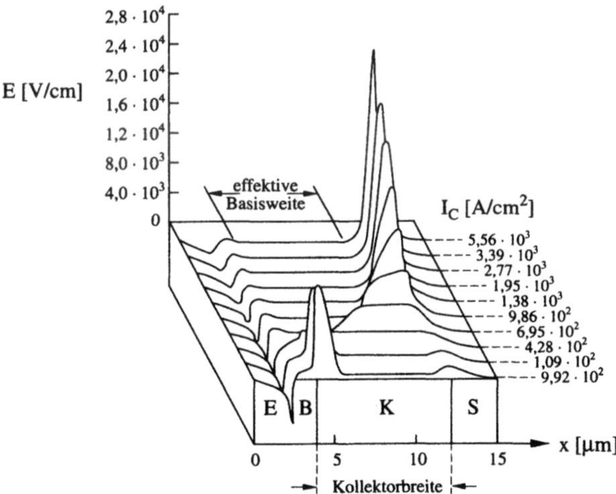

Bild 10.2.1-14: Entstehung des Kirk-Effekts: Bei hohen Stromdichten wird das Kollektormaterial am Rande der Basis-Kollektor-Raumladungszone so stark mit Ladungsträgern überschwemmt, daß sich wegen der elektrischen Neutralität Minoritätsträger ansammeln, welche den Leitungstyp des Kollektormaterials umkehren. Auf diese Weise vergrößert sich die effektive Breite der Basiszone, das Maximum der elektrischen Feldstärke in der Basis-Kollektor-Raumladungszone schiebt sich immer weiter in den Kollektor hinein. Dadurch verkleinert sich der Minoritätsträgergradient in der Basis, d.h. die Stromverstärkung nimmt ab (nach [74]).

Bei der Aufstellung eines Ersatzschaltbildes muß zwischen einem Großsignal- und einem Kleinsignal-Ersatzschaltbild unterschieden werden. Im ersten Fall muß jeweils die Diodencharakteristik des Emitter-Basis- und des Basis-Kollektor-Übergangs berücksichtigt werden, dieses führt zum **Ersatzschaltbild nach Ebers-Moll** (Bild 10.2.1-15).

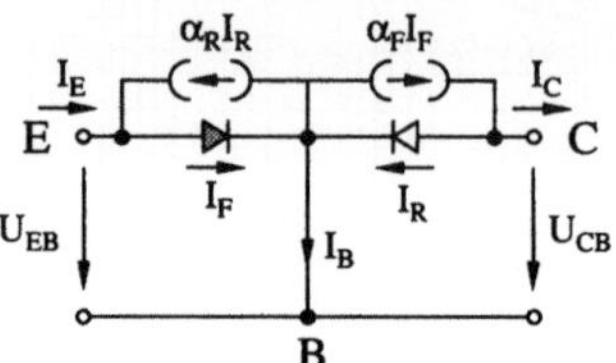

Bild 10.2.1-15: Ersatzschaltbild nach Ebers-Moll für einen pnp-Transistor:

α_F und α_R sind die Stromverstärkungen für den Vorwärts- und Rückwärtsbetrieb des Transistors. Eingangs- und Ausgangs-Ströme ergeben sich durch die Gleichungen

$$I_E = I_F - \alpha_R I_R \tag{32}$$

$$I_C = \alpha_F I_F - I_R \tag{33}$$

wobei angesetzt wird

$$I_E = a_{11}\left(\exp\left(-\frac{|q|U_{EB}}{kT}\right) - 1\right) - a_{12}\left(\exp\left(-\frac{|q|U_{CB}}{kT}\right) - 1\right) \tag{34}$$

$$I_C = a_{21}\left(\exp\left(-\frac{|q|U_{EB}}{kT}\right) - 1\right) - a_{22}\left(\exp\left(-\frac{|q|U_{CB}}{kT}\right) - 1\right) \tag{35}$$

Die Größe der Koeffizienten a_{ik} ergibt sich durch den Vergleich mit entsprechenden Kennliniengleichungen, wie z.B. (9).

Bei den Kleinsignalersatzschaltbildern (Bild 10.2.1-16) wird nur das Verhalten des Transistors für kleine harmonische Abweichungen der Ströme und Spannungen von einem vorgegebenen Arbeitspunkt aus betrachtet. Das Bauelementverhalten kann durch passive Bauelemente (Widerstände, Kondensatoren) und gesteuerte Stromquellen beschrieben werden, deren Werte von dem Verlauf der Kennlinie am Arbeitspunkt abhängen. Verbreitet ist hierbei die Anwendung von Vierpolparametern (Anhang D).

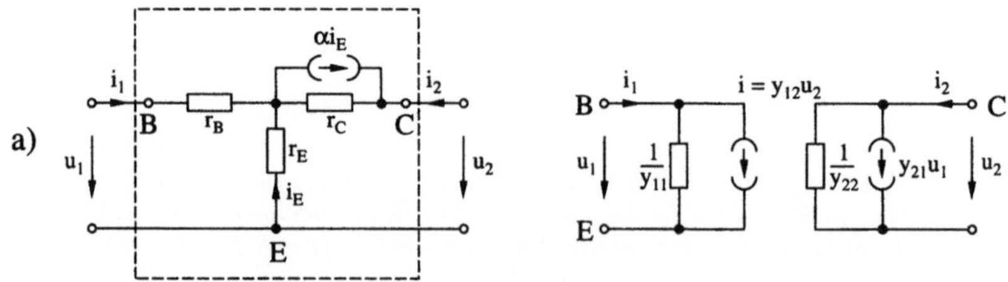

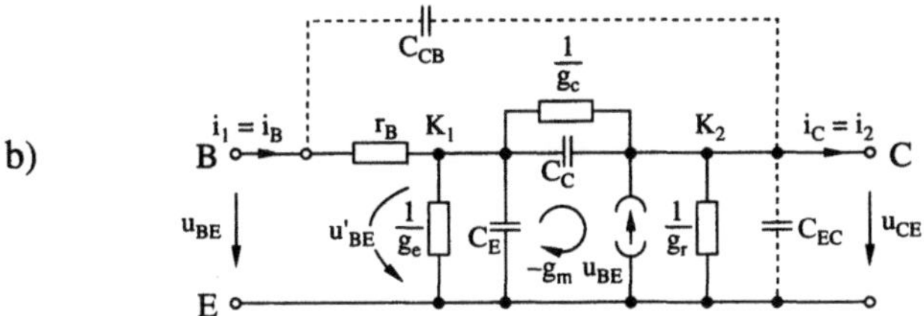

Bild 10.2.1-16: Kleinsignalersatzschaltbilder von Transistoren in Emitterschaltung (nach [45,75])

a) Ersatzschaltbilder für tiefe Frequenzen

b) π-Ersatzschaltbild für höhere Frequenzen unter Berücksichtigung parasitärer Kapazitäten

Für die Kleinsignalersatzschaltbilder können in einfacher Weise Vierpolkoeffizienten berechnet werden (Anhang D).

10.2.2 Hochfrequenztransistoren

Bei Hochfrequenztransistoren müssen die typischen elektrischen Kenndaten von Transistoren bis hin zu möglichst hohen Frequenzen gewährleistet sein. Dabei haben die Aufladezeiten τ_C von Transistorkapazitäten und die Laufzeiten τ_l durch den Transistor eine begrenzende Wirkung. Die Aufladezeiten werden durch die *RC*-Konstante aus Transistor-Eingangswiderstand und Emitterstrom festgelegt [9]:

$$\tau_C = r_e C_{tr} \tag{1}$$

$$r_e = \left| \frac{\partial U_{BE}}{\partial I_E} \right|_{\substack{(10.2.1-9) \\ (9.2-2)}} \cong \frac{kT \, / \, |q|}{I_E} \tag{2}$$

Dabei werden unter C_{tr} alle durch den Eingangsstrom aufgeladenen Kapazitäten zusammengefaßt wie Sperrschicht- und Diffusionskapazitäten sowie solche Kapazitäten, die durch den geometrischen Aufbau (einschließlich Gehäuse) des Transistors entstehen. Um diese *RC*-Konstante zu minimieren, besteht die Aufgabe darin, möglichst hohe Ströme zu ermöglichen in einem Transistoraufbau mit möglichst kleinen Kapazitäten. Das führt in der Praxis zu einer möglichst großen Anzahl parallel geschalteter Emitter-Basisübergänge. Von Bedeutung ist das *Verhältnis von Emitterrandlänge zu Emitterfläche* (Bild 10.2.2-1): Aufgrund von Stromverdrängungseffekten konzentriert sich der Emitterstrom vorwiegend auf die Randbereiche der Emitterelektrode, während die Emitterflächen die Kapazität bestimmen (Bild 10.2.2-1).

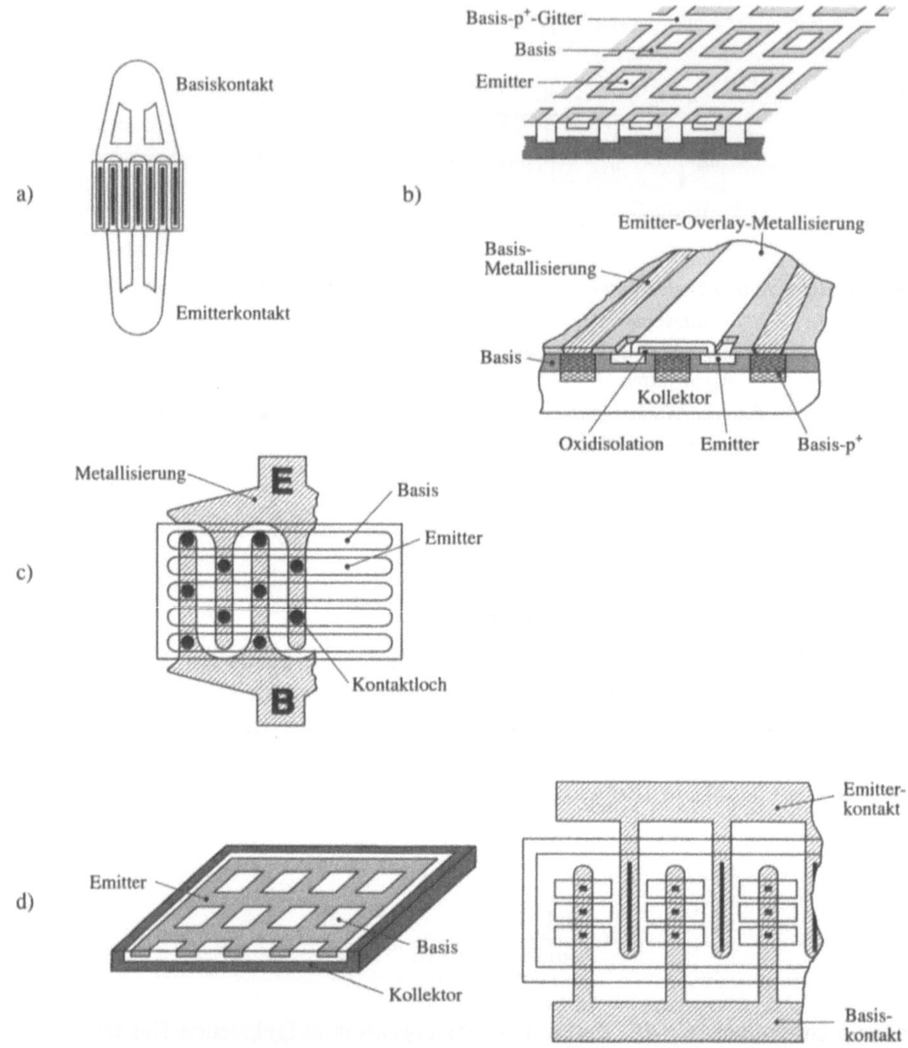

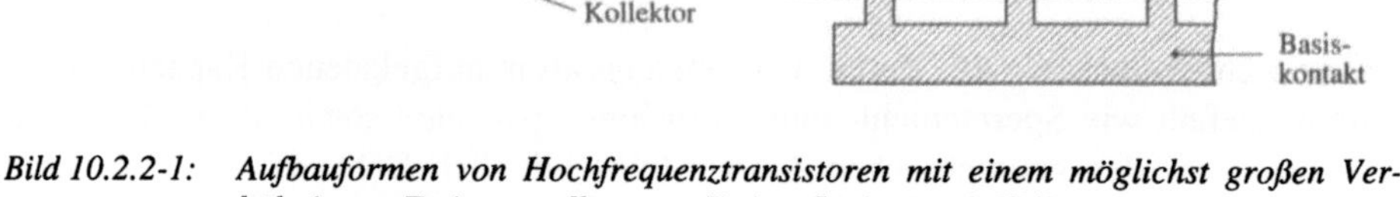

Bild 10.2.2-1: *Aufbauformen von Hochfrequenztransistoren mit einem möglichst großen Verhältnis von Emitterrandlänge zu Emitterfläche (nach [76]):*

a) Kammstruktur
b) Overlay-Struktur
c) Microgridstruktur
d) Mesh- oder Emittergridstruktur

Die folgende Tabelle gibt die geometrischen Verhältnisse der einzelnen Aufbauformen wieder.

Struktur	Kamm	Overlay	Mesh	Microgrid
Emitterrand/Basisfläche	0,4 µm	0,26 µm	0,39 µm	0,4 µm
Emitterrand/Emitterfläche	2 µm	2,2 µm	1,25 µm	2 µm
Emitterfläche/Basisfläche	0,2 µm	0,12 µm	0,31 µm	0,2 µm

Von großer Bedeutung für das Hochfrequenzverhalten des Transistors ist die Laufzeit der Minoritätsträger in der Basis: Diese sollen nach Möglichkeit die Basis bereits in Richtung Kollektor verlassen haben, bevor eine Änderung der Basisspannung eintritt. Bei einer Basisweite d ist die Laufzeit der Minoritätsträger in einem pnp-Transistor durch die Basis bestimmt durch die Geschwindigkeit v über

$$\tau_{lB} = \frac{d}{\langle v \rangle} = \int_o^d \frac{dx}{v(x)} \tag{3}$$

Beim pnp-Transistor ist die Löchergeschwindigkeit v_p in der Basis relevant, die allgemein gegeben ist durch

$$v_p \underset{(4.3.2-9,11,17)}{=} \frac{D_p}{kT} \left\{ |q|E - \frac{kT}{\rho_p^B} \frac{\partial \rho_p^B}{\partial x} \right\} =: v_p^{feld} + v_p^{diff} \tag{4}$$

Bei einem linear abfallenden Diffusionsstrom wie in (10.2.1-3) gilt (bisher wurde der Einfluß des elektrischen Feldes vernachlässigt):

$$v_p^{diff} \underset{E=0}{=} \frac{D_p}{kT} \frac{kT}{\rho_p^B(0)\left[1 - \dfrac{x}{d}\right]} \frac{\rho_p^B(0)}{d} = \frac{D_p}{d-x}$$

$$\underset{(3)}{\Rightarrow} \tau_{lB}^{diff} = \frac{1}{D_p} \int_0^d (d-x)dx = \frac{1}{2} \frac{d^2}{D_p} \underset{d<L_p}{<} \frac{L_p^{\ 2}}{D_p} \underset{(6.3-11)}{=} \tau_p \tag{5}$$

$$\underset{(3)}{\Rightarrow} \left\langle v_p^{diff} \right\rangle = \frac{d}{\tau_{lB}^{diff}} = \frac{2D_p}{d} \tag{6}$$

Wirken zusätzlich elektrische Felder E, dann gilt

$$\left\langle v_p(x) \right\rangle = \left\langle v_p^{diff}(x) \right\rangle + \left\langle v_p^{feld}(x) \right\rangle = \frac{2D_p}{d} + \left\langle v_p^{feld}(x) \right\rangle \tag{7}$$

$$\left\langle v_p^{feld}(x) \right\rangle = \frac{d}{\int_0^d \left(kT / |q| D_p E \right) dx} \tag{8}$$

Bisher wurde angenommen, daß die Leitfähigkeit in der Basis so groß ist, daß der Spannungsabfall (und damit die Feldstärke) zwischen Emitter und Basis vernachlässigt werden konnten. Eine "eingebaute" Feldstärke entsteht aber durch einen Gradienten der Basisdotierung $\rho_D^B(x)$ wie in Bild 10.2.1-5b. Aus der Anwendung der Boltzmannstatistik kann unmittelbar abgeleitet werden, daß ein solches Dotierungsprofil zu einem Gradienten der Bandkanten und damit nach (4.3.2-10) zu einem Kristallfeld (eingebautes Feld) führt. Quantitativ ergibt sich über die Boltzmannstatistik

$$\rho_D^B(x) = N_L \exp\left(-\frac{W_L(x) - W_F}{kT}\right) \tag{9}$$

$$\frac{\partial \rho_D^B(x)}{\partial x} = \rho_D^B(x)\frac{1}{kT}\left(-\frac{\partial W_L(x)}{\partial x}\right)_{(4.3.2-8)} = -\frac{\rho_D^B(x)}{kT}|q|E \tag{10}$$

$$\Rightarrow E = -\frac{kT}{|q|}\frac{\partial \ln \rho_D^B(x)}{\partial x} \tag{11}$$

$$\Rightarrow \tau_{lB}^{feld} \underset{(3,8)}{=} -\int_0^d \frac{dx}{D_p \dfrac{\partial \ln \rho_D^B(x)}{\partial x}} \tag{12}$$

Für den in der Praxis durchaus vorkommenden Fall eines exponentiell abklingenden Dotierungsverlaufs (Abfallkonstante λ) (s. Bild 9.3.5-3a) folgt

$$\rho_D^B(x) = \rho_{Do} \exp\left(-\frac{x}{\lambda}\right) \tag{13}$$

$$\underset{(11)}{\Rightarrow} E = +\frac{kT}{|q|\lambda} \tag{14}$$

$$\underset{(12)}{\Rightarrow} \tau_{lB}^{feld} = \frac{d \cdot \lambda}{D_p} \tag{15}$$

$$\underset{(8)}{\Rightarrow} \left\langle v_p^{feld} \right\rangle = \frac{D_p}{\lambda} \tag{16}$$

Der Vergleich von (6) und (16) zeigt, daß die Geschwindigkeiten aufgrund von Feld- und Diffusionsgeschwindigkeiten vergleichbar werden, wenn gilt

$$\lambda \approx \frac{d}{2} \tag{17}$$

Die Laufzeit insgesamt wird bestimmt durch

$$\tau_{lB} = \frac{d}{\left\langle v_p^{fdiff} \right\rangle + \left\langle v_p^{feld} \right\rangle} \Rightarrow \frac{1}{\tau_{lB}} = \frac{1}{\tau_{lB}^{feld}} : + \frac{1}{\tau_{lB}^{diff}} \tag{18}$$

so daß bei hinreichend kleinem λ die feld- oder driftbestimmte Laufzeit entscheidend wird. Ein solches dotierungsbestimmtes Feld wird in diesem Zusammenhang auch als **Driftfeld** bezeichnet, der entsprechende Transistor als **Drifttransistor**.

Beim Drifttransistor müssen also bei der Bestimmung der Minoritätsträgerstromdichte j_p sowohl der Feld- wie auch der Diffusionsstromanteil berücksichtigt werden. Die Löcherstromdichte im Diffusionsmodell nach (7.2.1-8, 9) ergibt für diesen Fall beim pnp-Drifttransistor (die Fermienergie W_F in der Basis kann als konstant angenommmen werden, d.h. kein meßbarer Spannungsabfall in der Basis):

$$j_p = -\frac{\mu_B kT\left[\rho_p^B(x)\exp\left(-\dfrac{W_V(x)}{kT}\right)\right]_o^d}{\int_o^d\exp\left(-\dfrac{W_V(x)}{kT}\right)dx}\frac{N_L\exp\left(-\dfrac{W_g - W_F}{kT}\right)}{N_L\exp\left(-\dfrac{W_g - W_F}{kT}\right)} \tag{19}$$

$$\underset{\substack{W_V + \overline{\overline{W_g}} = W_L \\ (4.1-1)}}{=} -\frac{\mu_B kT\left[\rho_p^B(x)\rho_D^B(x)\right]_o^d}{\int_o^d\rho_D^B(x)dx} \tag{20}$$

Da die Löcherdichte bei $x = d$ ungefähr Null wird, reduziert sich (20) auf:

$$j_p = +\frac{\mu_B kT\rho_p^B(0)\rho_D^B(0)}{\int_o^d\rho_D^B(x)dx}\underset{\substack{\rho_D^B(0)\,=\,\rho_n^B(0) \\ (4.2-11),\,(9.3.1-9)}}{=} : \frac{|q|D_B}{Q_B}\rho_i{}^2\exp\left(\frac{|qU_{EB}|}{kT}\right) \tag{21}$$

mit der **Gummelzahl** Q_B (Dimension cm^{-2}) für die Basis

$$Q_B := \int_o^d\rho_D^B(x)dx \tag{22}$$

Formen wir (21) mit (4.2-11) um in

$$j_p = \frac{|q|D_B}{Q_B}\rho_D^B(0)\rho_p^{Bo}\exp\left(\frac{|qU_{EB}|}{kT}\right) \tag{23}$$

dann können wir diese Stromdichte direkt mit (10.2.1-4) vergleichen. Für die konstante Basisdotierung (ohne Driftfeld) gilt nämlich

$$Q_B = \rho_D^B d \tag{24}$$

Aus (22) und (23) folgt, daß eine niedrige Gummelzahl – und damit eine niedrige Basisdotierung – den Strom durch den Transistor vergrößert. Nachteilig ist allerdings der höhere Basisbahnwiderstand (Widerstand zwischen Basisgebiet und äußerem Basisanschluß, s. Abschnitt 10.2.4), der zu einem Spannungsabfall in der Basis sowie zu einem größeren Rauschen (Abschnitt 14) führen kann.

Die Gummelzahl hat auch einen Einfluß auf die Emittereffizienz. Setzen wir den zu (21) gehörenden Strom I_p ein in (10.2.1-15), dann folgt

$$\gamma = \frac{1}{1 + \dfrac{|q| D_E \rho_n^E}{L_E} \dfrac{Q_B}{|q| D_B \rho_i^2}} = \frac{1}{1 + \dfrac{D_E Q_B}{L_E D_B \rho_A^E}} \tag{25}$$

Analog zu (10.2.1-23) ergibt sich dann als β-Stromverstärkung des Drifttransistors

$$\beta_0 = \frac{\alpha_T}{\dfrac{D_E Q_B}{L_E D_B \rho_A^E} + \dfrac{d^2}{2 L_B^2}} \tag{26}$$

Bei sehr kleinen Basisweiten überwiegt der erste Term im Nenner von (26), so daß die Stromverstärkung umgekehrt proportional wird zur Gummelzahl (Bild 10.2.2-2).

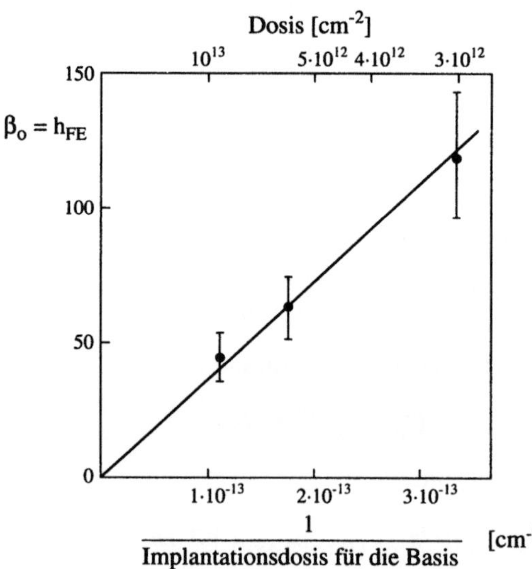

Bild 10.2.2-2:   *Abhängigkeit der Stromverstärkung β_0 in Emitterschaltung von der Gummelzahl: Die integrierte Dotierung wird in diesem Fall festgelegt durch die Anzahl (Dosis) der bei der Herstellung der Basis implantierten Ionen. Dabei wird angenommen, daß derjenige Teil dieser Ionen, der durch die Emitterdotierung überdeckt wird, proportional zur Gesamtdosis ist (nach [77]).*

Einen weiteren Beitrag zur Grenzfrequenz des Transistors liefert die Laufzeit der Ladungsträger durch die (in vielen Fällen recht breite) Raumladungszone zwischen Basis und Kollektor, dabei muß die Ortsabhängigkeit der Feldstärke berücksichtigt werden. Wegen der hohen Werte im Bereich der Maximalfeldstärke erreichen die Ladungsträger dort leicht die Sättigungsgeschwindigkeit v_s (Bilder 4.3.3-5 und 6).

Beim Übergang auf eine zeitlich veränderliche Ansteuerung kann die Kontinuitätsgleichung für den Gleichspannungsfall in die für den Wechselspannungsfall dadurch überführt werden, daß die Gleichspannungs-Lebensdauer τ_p durch eine Wechselspannungslebensdauer $\tau_p{}^*$ (6.3-22) ersetzt wird:

$$\tau_p^* = \frac{\tau_p}{1 + j\omega\tau_p} \tag{27}$$

τ_p hat einen Einfluß auf die Diffusionslänge L_B in der Basis

$$L_B^* = \sqrt{D_B \tau_p^*} \tag{28}$$

In der Formel (10.2.1-14) für die α-Stromverstärkung mit (10.2.1-18 und 21) geht L_B über den Transportfaktor ein, damit gilt für die **Wechselstromverstärkung** α (Transistor ohne Driftfeld):

$$\alpha = \gamma\alpha_T^* = \frac{\gamma}{\cosh\left(\dfrac{d}{\sqrt{D_B\tau_p^*}}\right)} \approx \frac{1}{1 + \dfrac{d^2}{2D_B\tau_p^*}} \underset{(5)}{=} \frac{1}{1 + \dfrac{\tau_{lB}^{diff}}{\tau_p^*}} \tag{29}$$

$$= \frac{1}{1 + \dfrac{d^2}{2D_B\tau_p} + \dfrac{d^2 j\omega}{2D_B}} \underset{\substack{(27)\\ d \ll L_B}}{\approx} \; : \frac{a_o}{1 + \dfrac{j\omega}{\omega_a}} \tag{30}$$

mit der α-**Grenzfrequenz** ω_α:

$$\omega_\alpha := \frac{2D_B}{d^2} \tag{31}$$

Bei Drifttransistoren ergeben sich größerer Werte. Der Wert der α-Stromverstärkung ist bei der α-Grenzfrequenz:

$$\left|\alpha\right|_{\omega=\omega_\alpha} = \left|\frac{\alpha_o}{1 + j}\right| = \frac{\alpha_o}{\sqrt{2}} \tag{32}$$

Entsprechend gilt für die β-Stromverstärkung in Emitterschaltung

$$\beta = \frac{\alpha}{1-\alpha} =: \frac{\beta_o}{1 + \dfrac{j\omega}{\omega_\beta}} \tag{33}$$

mit der **β-Grenzfrequenz** ω_β:

$$\omega_\beta = \omega_\alpha (1 - \alpha_o) \tag{34}$$

Es gilt wiederum

$$\left| \beta \right|_{\omega=\omega_\beta} = \frac{\beta_o}{\sqrt{2}} \tag{35}$$

Zusätzlich kann eine **Transitfrequenz** ω_T definiert werden durch die Bedingung

$$\left| \beta \right|_{\omega=\omega_T} \underset{(33)}{=} \left| \frac{\beta_o}{1 + \dfrac{j\omega_T}{\omega_\beta}} \right| = 1$$

$$\Rightarrow \omega_T = \omega_\beta \sqrt{\beta_o^2 - 1} \approx \omega_\beta \beta_o \underset{(34)}{=} \omega_\alpha (1 - \alpha_o)\beta_o \underset{(10.2.1-22)}{=} \omega_\alpha \alpha_o \tag{36}$$

Bild 10.2.2-3 zeigt die Frequenzabhängigkeit der Stromverstärkungen α und β sowie die oben definierten charakteristischen Frequenzen.

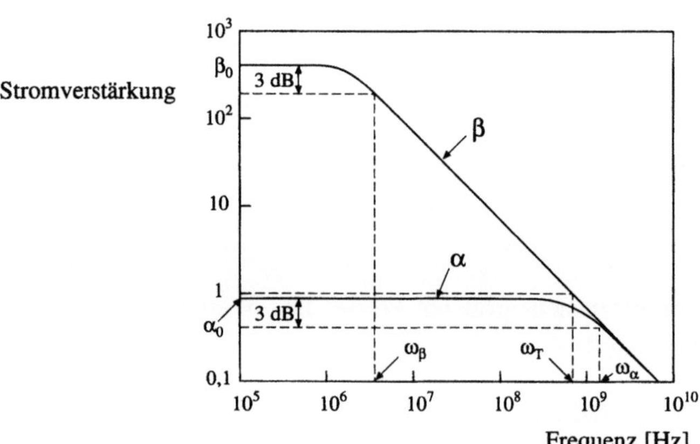

Bild 10.2.2-3:   *Frequenzabhängigkeit der Stromverstärkungen α (Basisschaltung) und β (Emitterschaltung), sowie die Werte der Grenzfrequenzen ω_α, ω_β und der Transitfrequenz ω_T.*

Im folgenden sind die Leistungsdaten eines Hochfrequenztransistors zusammengestellt. Bei den Rauschkurven (das Rauschmaß ist in Abschnitt 14 definiert) bezeichnen B und G jeweils die Großsignalwerte für den Wirk- und Blindanteil des Eingangsleitwertes. Weiterhin ist dargestellt die Frequenzabhängigkeit der Kleinsignal-Wirk- und Blindleitwerte g und b (Index i = Eingang, o = Ausgang). y_r ist die Rückwirkung (Transferleitwert rückwärts, s. Anhang D), y_f die Steilheit (Transferleitwert vorwärts, s. Anhang D). Der zweite Index b bezeichnet jeweils die für die Messung zugrunde gelegte Basisschaltung.

SILICON PLANAR TRANSISTOR

P-N-P transistor in a subminiature plastic T-package, primarily intended for application in r.f. stages in u.h.f. tuners using p-i-n diode attenuators.

QUICK REFERENCE DATA

Collector-base voltage (open emitter)	$-V_{CBO}$	max.	20 V
Collector-emitter voltage (open base)	$-V_{CEO}$	max.	20 V
Collector current (peak value)	$-I_{CM}$	max.	30 mA
Total power dissipation up to T_{amb} = 55 ºC	P_{tot}	max.	140 mW
Junction temperature	T_j	max.	125 ºC
Transition frequency at f = 100 MHz I_E = 10 mA; $-V_{CB}$ = 10 V	f_T	typ.	1350 MHz
Noise figure (common base) I_E = 10 mA; $-V_{CB}$ =10 V; f = 800 MHz R_S = 60 Ω; R_L = 500 Ω	F	typ.	4,5 dB
Transducer gain (common base) I_E = 10 mA; $-V_{CB}$ = 10 V; f = 800 MHz R_S = 60 Ω; R_L = 500 Ω	G_{tr}	typ.	16 dB

MECHANICAL DATA

Fig. 1 SOT-37.

Connections

1. Emitter
2. Base
3. Collector

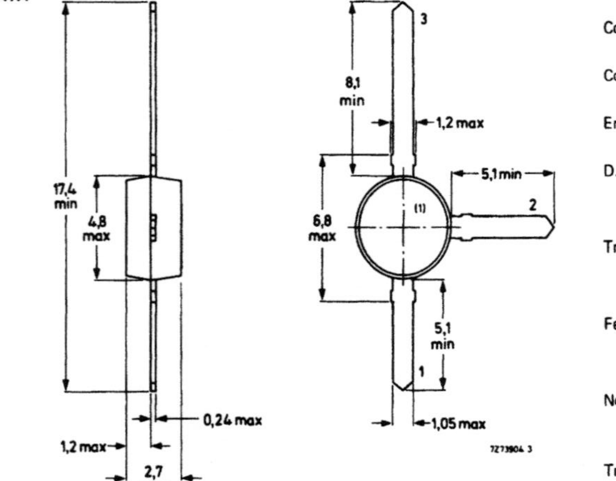

(1) = type number marking.

RATINGS

Limiting values in accordance with the Absolute Maximum System (IEC 134)

Collector-base voltage (open emitter)	$-V_{CBO}$	max.	20 V
Collector-emitter voltage (open base)	$-V_{CEO}$	max.	20 V
Emitter-base voltage (open collector)	$-V_{EBO}$	max.	3 V
Collector current (peak value)	$-I_{CM}$	max.	30 mA
Base current (d.c.)	$-I_B$	max.	10 mA
Total power dissipation up to T_{amb} = 55 ºC	P_{tot}	max.	140 mW
Storage temperature	T_{stg}		−55 to +125 ºC
Junction temperature	T_j	max.	125 ºC

THERMAL RESISTANCE

From junction to ambient in free air	$R_{th\,j\text{-}a}$	≈	500 K/W

CHARACTERISTICS

T_{amb} ≈ 25 ºC

Collector cut-off current I_E = 0; $-V_{CB}$ = 15 V	$-I_{CBO}$	<	100 nA
Emitter cut-off current I_C = 0; $-V_{EB}$ = 1 V	$-I_{EBO}$	<	100 nA
Collector-base breakdown voltage open emitter; $-I_C$ = 10 μA	$-V_{(BR)CBO}$	>	20 V
Collector-emitter breakdown voltage open base; $-I_C$ = 1 mA	$-V_{(BR)CEO}$	>	20 V
Emitter-base breakdown voltage open collector; - I_E = 10 μA	$-V_{(BR)EBO}$	>	3 V
D.C. current gain I_E = 2 mA; $-V_{CB}$ = 10 V	h_{FE}	>	15
I_E = 10 mA; $-V_{CB}$ = 10 V	h_{FE}	>	20
Transition frequency at f = 100 MHz I_E = 10 mA; $-V_{CB}$ = 10 V	f_T	typ.	1350 MHz
I_E = 15 mA; $-V_{CB}$ = 5 V	f_T	typ.	1000 MHz
Feedback capacitance at f = 500 kHz I_E = 0; $-V_{CB}$ = 10 V	C_{re}	typ.	0,65 pF
I_E = 0; $-V_{CB}$ = 10 V	C_{rb}	typ.	120 fF
Noise figure (common base) I_E = 10 mA; $-V_{CB}$ = 10 V; f = 800 MHz R_S = 60 Ω; R_L = 500 Ω	F	typ. <	4,5 dB 6,0 dB
Transducer gain (common base) I_E = 10 mA; $-V_{CB}$ = 10 V; f = 800 MHz R_S = 60 Ω; R_L = 500 Ω	G_{tr}	typ.	16 dB

Datenblatt BF 979

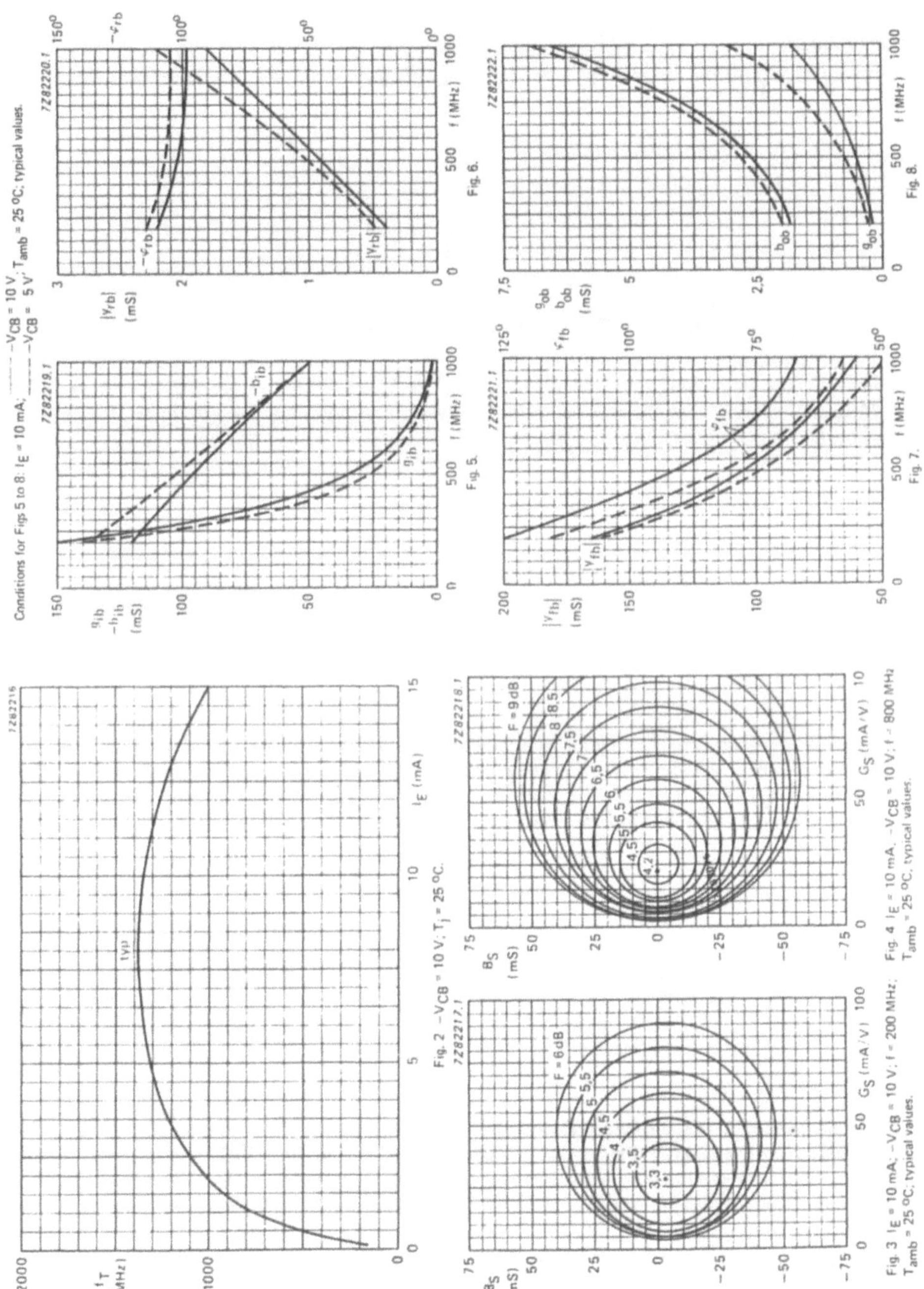

Die Fertigung von leistungsfähigen Hochfrequenztransistoren kann außerordentlich aufwendig sein, wie die Prozeßbeschreibung in Bild 10.2.2-4 zeigt.

Bild 10.2.2-4:

Fertigungsablauf für die Herstellung eines Hochfrequenztransistors in beam-lead-Technologie

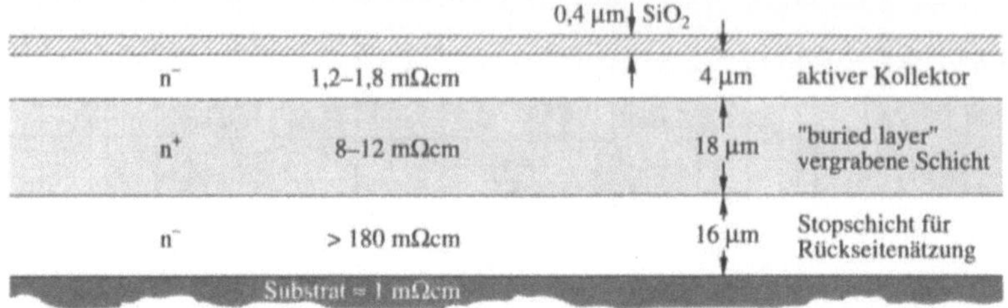

a) Ein niederohmiges Substrat wird **epitaktisch** *mit drei Schichten unterschiedlicher Dotierung bedeckt. Die Bedeutung der Schichten wird im Laufe des Prozesses beschrieben werden. Die Halbleiterscheibe wird 60 min bei 1100°C oxydiert, so daß eine 0,4 µm dicke SiO₂-Schicht entsteht.*

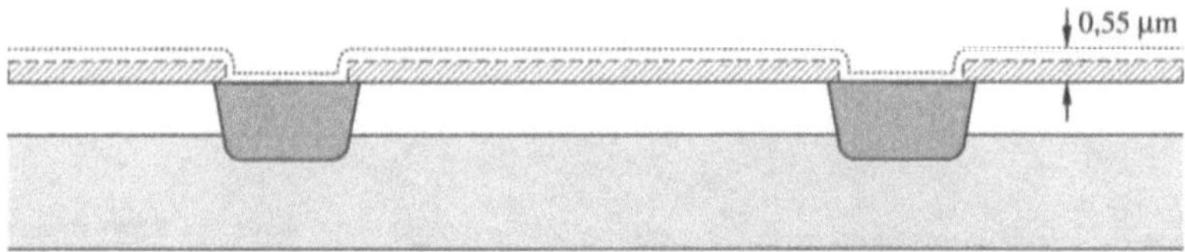

b) Es wird ein elektrischer Anschluß zwischen der vergrabenen Schicht und der Oberfläche hergestellt. Hierdurch wird später ein **niederohmiger Anschluß von der Oberfläche an den Kollektor** *ermöglicht. Über eine entsprechende Maske werden Löcher im Oxid freigeätzt und durch diese eine tiefe n-Diffusion eingebracht, z.B. durch eine starke Phosphordiffusion.*

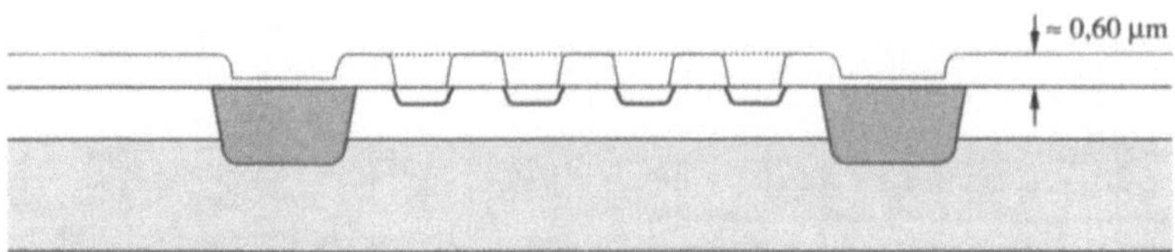

c) Als nächstes wird die **Basiskontaktdotierung** *über eine starke p⁺-Dotierung eingebracht: Der Transistor soll mit einer Finger- oder Kammstruktur wie in Bild 10.2.2-1 realisiert werden. Durch eine Basiskontaktmaske werden die Löcher im Oxid definiert, dadurch erfolgt eine Dotierung über Ionenimplantation von auf 70 keV beschleunigten Borionen mit einer Flächenkonzentration von ca. $10^{15} cm^{-2}$. Eine Temperbehandlung zur Aktivierung ist nicht erforderlich, da ohnehin noch weitere Temperaturschritte folgen.*

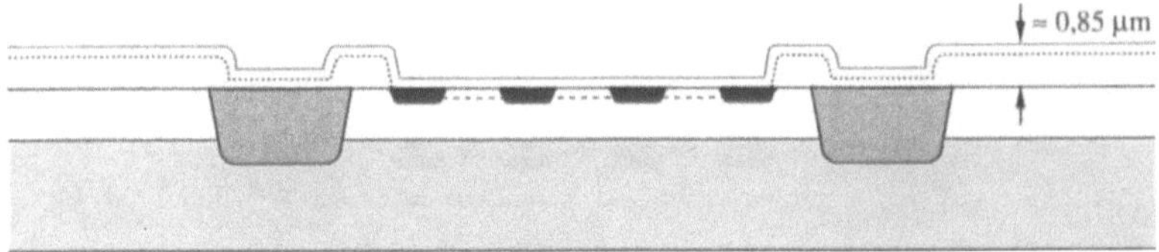

d) *Jetzt wird ein Fenster für das Basisgebiet geöffnet, gefolgt von einer neuen dünnen thermischen oxidation (60 min bei 950°C in trockenem Sauerstoff). Hierbei wird die vorangegangene Implantation aktiviert. Die dünne Quarzschicht dient als Schutz gegen das Eindringen von Verunreinigungen in das hierfür sehr empfindliche Basisgebiet. Die **Basisimplantation** erfolgt mit niedriger Energie, damit sich ein flaches steiles Basisprofil ergibt (30 keV Bor, $10^{14}cm^{-2}$).*

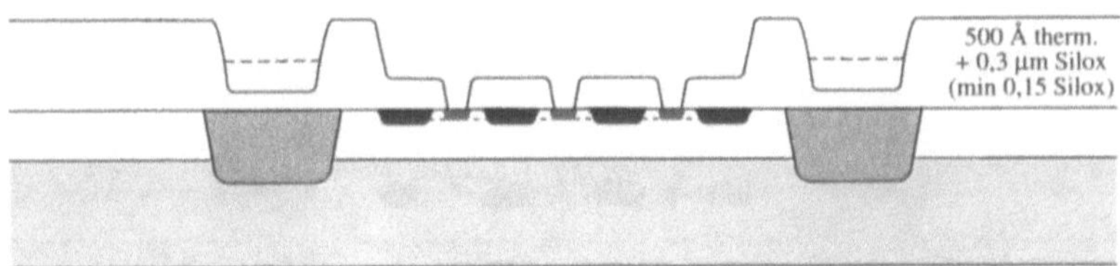

e) *Für die folgenden Prozeßschritte ist das Basisoxid zu dünn. Eine Verstärkung durch thermische Oxidation ist nicht zu empfehlen, weil dabei eine ausgedehnte Temperaturbehandlung erforderlich ist, welche gleichzeitig alle vorhandenen Dotierungsprofile verändert. Außerdem geht dann ein Teil der Basisdotierung in das neugebildete Oxid über. Die Verstärkung des Oxids erfolgt also durch pyrolytische Bedeckung m it einer Schichtdicke von 0,3µm. Danach werden die Emitterfenster definiert und geöffnet. Die **Emitterdotierung** erfolgt durch Ionenimplantation (60 keV, As^{+}, Dosis 6 $10^{15}cm^{-2}$). Die Ausheilung und thermische Aktivierung der implantierten Ionen erfolgt durch eine Temperaturbehandlung von 60 min bei 950°C. Jetzt kann durch Aufsetzen von Metallspitzen auf die entsprechenden Kontakte der Scheibenoberfläche (besser an Teststrukturen) bereits die β-Stromverstärkung gemessen werden, man erwartet Werte um 50.*

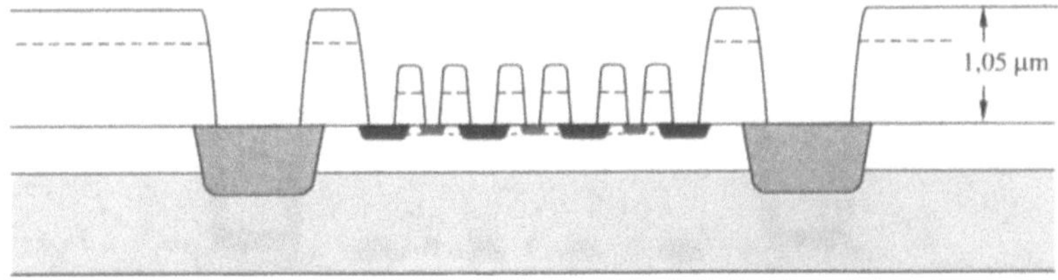

f) *Die nächsten Prozeßschritte dienen dem elektrischen Anschluß der Transistorelektroden nach außen. Dazu werden die Oxiddicken noch einmal pyrolytisch verstärkt und die Kontaktfenster für Emitter-, Basis und Kollektor definiert. Zur **Metallisierung** kann ein Silizid verwendet werden oder siliziumdotiertes Aluminium (dieses legiert langsamer mit der Siliziumscheibe als reines Aluminium und löst weniger Silizium auf).*

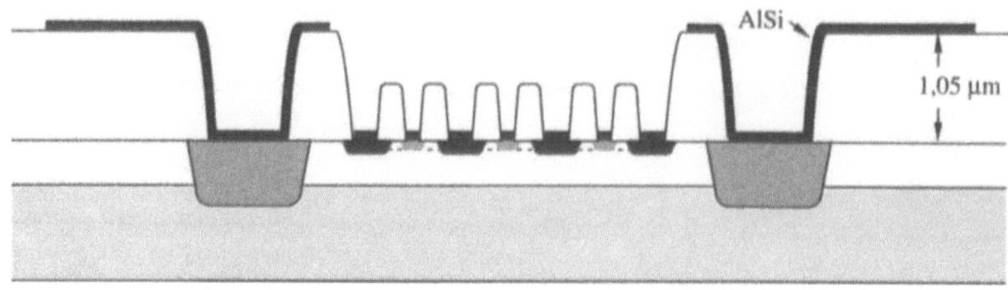

Bild 10.2.2-4:

*g) Die Metallisierungsschicht wird geätzt, damit eine Kammstruktur von Emitter- und Basiselektroden und weiterhin ein Kollektoranschluß entsteht. Die **Ätzung** erfolgt in der Regel durch Sputterätzen. Wird der Transistor in einer integrierten Schaltung (Abschnitt 12) eingesetzt, dann kann diese Metallisierungsschicht als 1. Verdrahtungsebene verwendet werden.*

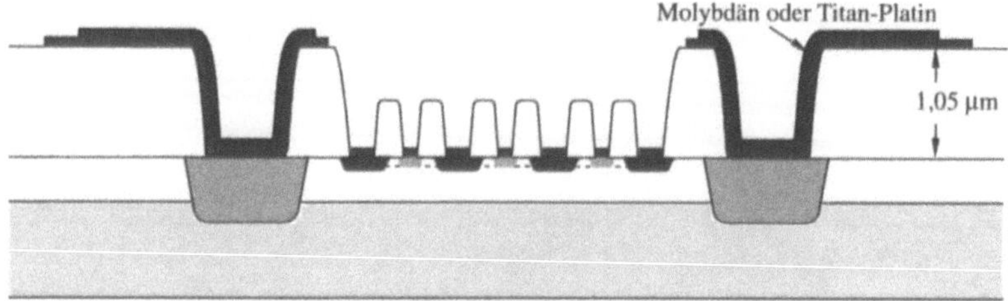

*h) Wir wollen von der Notwendigkeit einer **zweiten Verdrahtungsebene** ausgehen. Dazu bedecken wir die Kontaktflächen zwischen der vorhandenen 1. Metallisierung – wenn erforderlich – mit einer Zwischenschicht, z.B. aus Molybdän, für die bessere Haftung und Kontaktierung der 2. Metallisierung.*

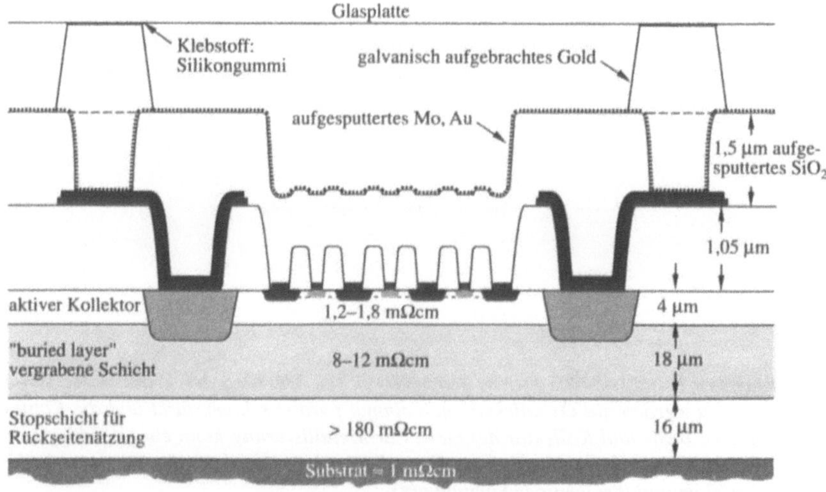

*i) Die folgende CVD-Beschichtung der Scheibenoberfläche mit einer Oxidschicht erfolgt zur Isolation der beiden Verdrahtungsebenen. Anschließend werden die Kontaktfenster zur 1. Verdrahtungsebene geöffnet und die **2. Metalliserung** (Titan-Platin, Molybdän oder ein Silizid) aufgesputtert. Anschließend muß die gesamte Struktur mit einer dicken Isolationsschicht bedeckt werden, welche das Bauelement gegenüber Einflüssen von außen passiviert. In diesem Zustand, d.h. bei Anwesenheit der Metallisierungsschichten, sind nur noch Niedertemperaturprozesse erlaubt, so daß eine pyrolytische Bedeckung nur mit Vorbehalten anwendbar ist. Möglich ist eine Beschichtung über Hochfrequenz-Sputterverfahren. In die Passivierungsschicht können jetzt Fenster für die Bondflecken geätzt werden (alternativ dazu kann die letzte Metallisierung über die Passivierungsschicht gezogen werden) und das Bauelement nach außen durch Bonderverfahren kontaktiert werden. Im folgenden wird die besonders leistungsfähige – da mit geringen parasitären Kapazitäten behaftete – **beam-lead-Bondtechnik** beschrieben. Hierfür wird auf die freiliegenden Bereiche der 2. Verdrahtungsebene durch die entsprechenden Kontaktlöcher galvanisch eine dicke Goldschicht aufgewachsen, so daß die Goldanschlüsse Podeste bilden.*

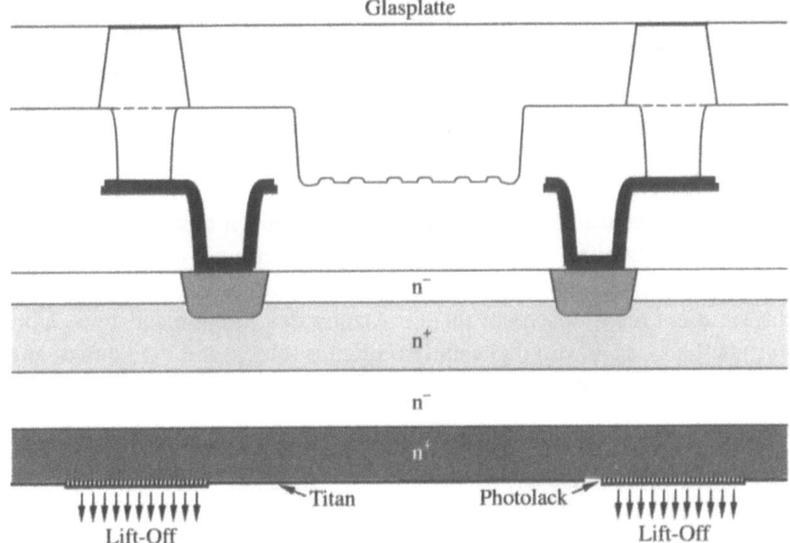

*j) Die Vorderseite der Scheibe wird jetzt auf eine Glaspaltte aufgeklebt, anschließend die Rückseite mit einer Metall-Maskierungsschicht (z.B. Titan) bedeckt und das Titan so strukturiert, daß nur noch die Transistorgebiete unterhalb der Emitter-, Basis- und Kollektorelektroden mit einer Titanschicht versehen sind (dabei kann, wie eingezeichnet, das **lift-off-Verfahren** zur Anwendung kommen.*

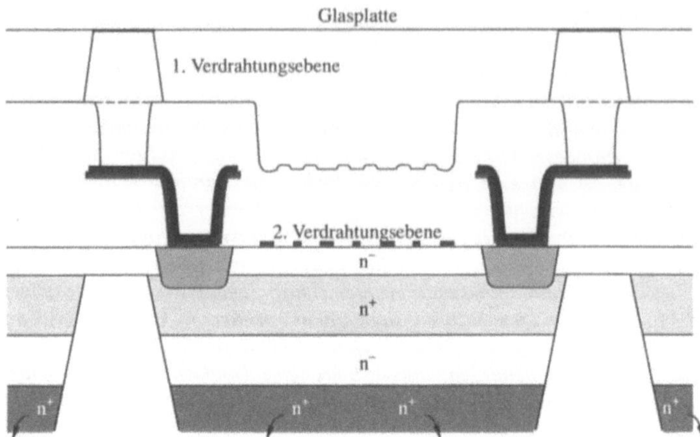

Bild 10.2.2-4:

k) **Trennätzen***: Die strukturierte Titanschicht dient als Ätzmaske gegenüber einer Siliziumätze, welche das gesamte Silizium außerhalb der Transistorbereiche beseitigt (bei (100)-orientierten Siliziumscheiben gibt es hierfür besonder geeignete naßchemische Ätzmittel). Auf diese Weise wird das Transistorvolumen auf ein Minimum reduziert, die Abschirmung nach außen und (in einer integrierten Schaltung) gegenüber benachbarten Transistoren erfolgt nicht durch pn-Isolation, sondern eine* **dielektrische Isolation** *mit der minimalen überhaupt erreichbaren parasitären Kapazität.*

In den folgenden Schritten wird die Rückseite chemisch abgetragen: Unter Anwendung geeigneter Ätzmittel löst sich nur das hochdotierte n+, nicht aber die n--Schicht unterhalb der vergrabenen Kollektorschicht ab. Dieses ist die Bedeutung der n--Schicht, sie dient als Stopschicht für die Ätzung des Siliziumsubstrats. Übrig bleibt jetzt nur noch eine ca 40 µm dicke aktive Siliziumschicht mit dem darauf angeordneten Hochfrequenztransistor.

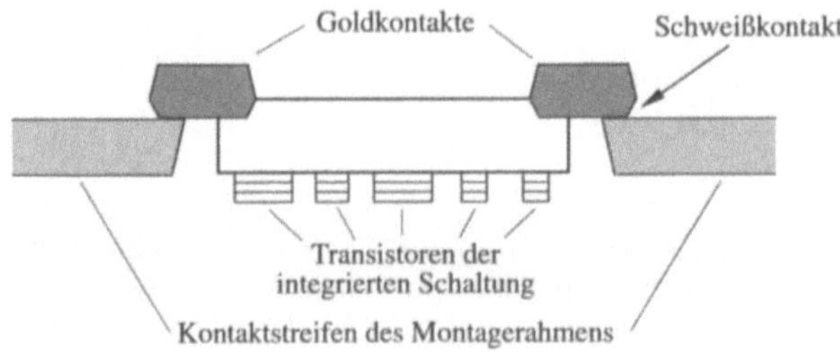

k) *Wir gehen jetzt davon aus, daß eine Vielzahl von Transistoren mit dem Aufbau von j) zu einer integrierten Schaltung zusammengefaßt und über eine oder zwei Verdrahtungsebenen miteinander verbunden sind. Die goldverstärkten Bereiche stellen in diesem Fall die Kontakte aus der integrierten Schaltung nach außen dar, dabei kann es sich um eine größere Zahl (mehr als 10) handeln. Eine gleichzeitig Kontaktierung aller Goldkontakte (***bumper, pads***) mit den Anschlüssen der integrierten Schaltung erfolgt durch Anschweißen (oder Löten) an einen durch Stanzen vorstrukturierten metallischen Montagerahmen (***Spinne***): zu jedem Goldkontakt führt ein Streifen des Rahmens.*

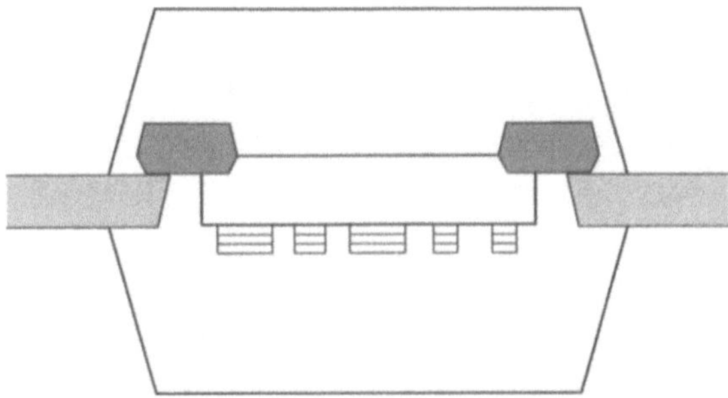

l) In einem letzten Schritt wird die integrierte Schaltung mit einer Kunststoffmasse umhüllt und dadurch gegenüber äußeren Einflüssen abgekapselt. Die einzelnen Anschlüsse des Montagerahmes, die vorher noch miteinander verbunden waren, können jetzt getrennt werden, weil sie durch das Bauelementgehäuse mechanisch befestigt sind. Das Ergebnis ist eine bipolare integrierte Schaltung, die bei geeigneter Dimensionierung der Struktur- und Prozeßparameter bis weit in den Gigahertz-Bereich hinein betrieben werden kann.

10.2.3 Schalttransistoren

Neben wichtigen Anwendungen von Transistoren als Verstärker gibt es auch vielfältige Möglichkeiten, den Transistor als steuerbaren Schalter einzusetzen. Hierfür wird meistens die Emitterschaltung verwendet (Bild 10.2.3-1).

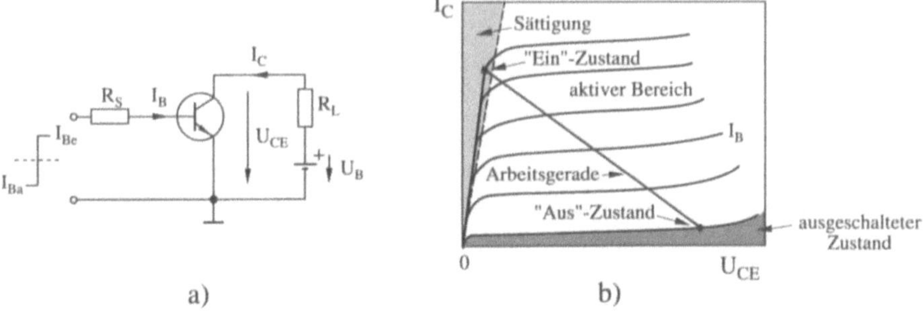

Bild 10.2.3-1:   npn-Transistor als Schalter (nach [32,45]). Beim pnp-Transistor werden die Vorzeichen der Ströme und Spannungen umgekehrt.

a) Schaltbild: der Transistor wird durch einen negativen Basisstrom aus- und durch einen positiven eingeschaltet

b) Die Arbeitspunkte im Schaltbetrieb ergeben sich durch die Schnittpunkte der Ausgangskennlinien und der Arbeitsgeraden (vgl. 9.3.2-1)

$$U_{CE} - U_B + I_C R_L = 0 \tag{1}$$

Im *ein*geschalteten Zustand befindet sich der Transistor in der Sättigung, dort sind Kollektorspannung und der Ausgangswiderstand niedrig, es fließt ein großer Kollektorstrom. Im ausgeschalteten Zustand hingegen sind Kollektorspannung und Ausgangswiderstand hoch, der Kollektorstrom niedrig (III. Quadrant von Bild 10.2.1-6).

Zur Berechnung des Übergangsverhaltens in einem *pnp*-Transistor gehen wir aus von der Ladungssteuerungsgleichung (6.3-1g), die auch schon bei den Schaltdioden in Abschnitt 9.3.2 angewendet wurde: Die Ladungssteuerungsgleichung korreliert in diesem Fall die in die Basis (zwischen $x = 0$ und $x = d$) injizierte Flächenladung mit dem hereinfließenden Emitter- und herausfließenden Kollektorstrom.

Wir gehen wieder von der Kontinuitätsgleichung (6.3-1e) für Löcher aus und erhalten ohne Generation von Ladungsträgern in der Basis

$$\dot{\rho}_p = -\frac{1}{|q|}\frac{\partial j_p}{\partial x} - \frac{\rho_p - \rho_p^{Bo}}{\tau_p} \tag{2}$$

$$\Rightarrow -\frac{1}{|q|}\frac{\partial j_p}{\partial x} = \dot{\rho}_p + \frac{\rho_p - \rho_p^{Bo}}{\tau_p} \tag{3}$$

Die Integration über die Basis von $x = 0$ bis $x = d$ liefert analog zu (6.3-1g) und (9.3.1-8) die Ladungssteuerungsgleichung mit der injizierten Flächenladung σ_Q^B:

$$-\left[j_p(d) - j_p(0)\right] = -\left[j_C - j_E\right] = \left\{\int_o^d \dot{\rho}_p^B dx + \frac{1}{\tau_p}\int_o^d \left(\rho_p^B - \rho_p^{Bo}\right)dx\right\} \cdot |q|$$

$$= \dot{\sigma}_Q^B + \frac{1}{\tau_p}\sigma_Q^B \tag{4}$$

Zum Übergang von Strom*dichten* auf Ströme multiplizieren wir (4) mit der Querschnittsfläche A des Transistors, und erhalten auf der linken Seite als Differenz von injiziertem zu Kollektorstrom nach (10.2.1-5) den Basisstrom (Q_B ist die integrierte Ladung in der Basis):

$$I_B = I_E - I_C = \dot{Q}_B + \frac{Q_B}{\tau_p} \tag{5}$$

Die Lösung dieser Differentialgleichung ist, wenn der Strom I_B bei $t = 0$ eingeschaltet wird, vom selben Typ wie (9.3.2-4):

$$Q_B(t) = I_B \tau_p \left(1 - \exp\left(-\frac{t}{\tau_p}\right)\right) \tag{6}$$

Nach diesem Gesetz steigt die injizierte Ladung in der Basis nach Einschalten des Basisstroms an (Bild 10.2.3-2b). Bevor der Transistor in die Sättigung geht, befindet er sich eine Zeitlang im Zustand aktiv normal, so daß die Transistortheorie aus dem Abschnitt 10.2.1 angewendet werden kann.

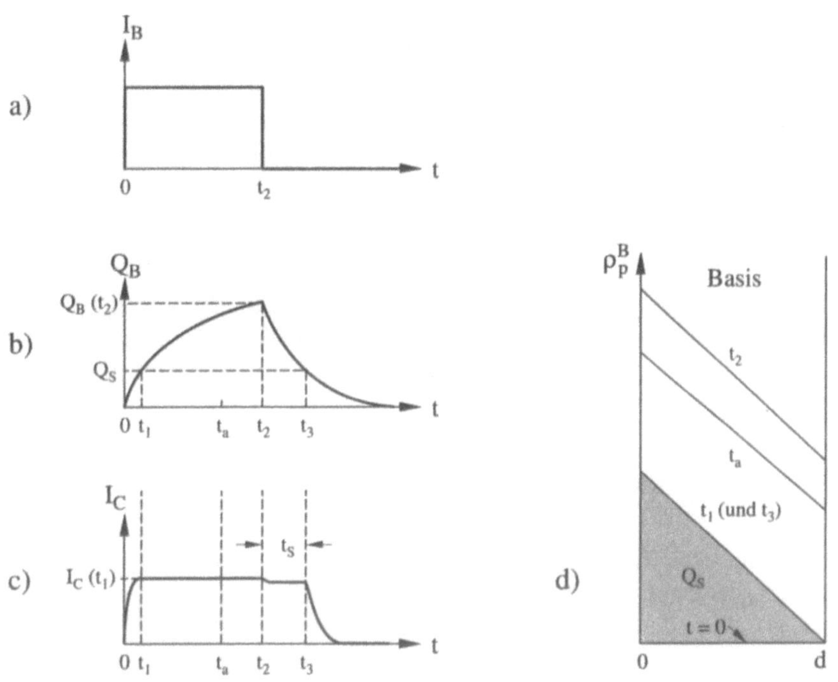

Bild 10.2.3-2:   *Schaltverhalten des pnp-Transistors (nach [32])*

   a) In einer Schaltung wie in Bild 10.2.3-1 wird ein impulsförmiger Basisstrom angelegt

   b) Zeitabhängigkeit der injizierten Ladung Q_B in der Basis: Bis zum Zeitpunkt t_2 erfolgt der Anstieg nach (6). Die Bedeutung von Q_S wird in d) erläutert. Für $t>t_2$ erfolgt der Abfall der Ladung nach (13).

   c) Zeitabhängigkeit des Kollektorstroms: Eine signifikante Änderung erfolgt nur im aktiven Betrieb, wenn $Q_B<Q_S$

   *d) Ladungsverteilung in der Basis zu verschiedenen Zeitpunkten: Zwischen $t=0$ und $t=t_1$ befindet sich der Transistor im Zustand aktiv normal, d.h. die Ladungsträgerdichte bei $x=d$ hat entsprechend (10.2.1-1) den Wert Null, die maximale Ladung, die diese Bedingung bei t_2 noch erfüllt, wird als **Sättigungsladung** Q_S bezeichnet. Für $t>t_1$ geht der Transistor in die Sättigung, d.h. die Bedingung $\rho_p{}^B=0$ kann nicht mehr aufrechterhalten werden. Bei vernachlässigbarem Basisstrom verschiebt sich der (nach (10.2.1-4) lineare) Konzentrationsverlauf parallel nach oben, d.h. die Stromdichte bleibt etwa konstant*

In diesem Fall kann die Formel (10.2.1-4c) für die Löcherstromdichte in der Basis übernommen werden:

$$j_p \approx \frac{\sigma_B}{\tau_{lB}^{diff}} \tag{7}$$

mit der Laufzeit τ_{lB}^{diff} der Löcher durch eine Basis *ohne* Driftfeld. In der Regel werden allerdings Schalttransistoren mit Driftfeld hergestellt, so daß anstelle τ_{lB}^{diff} die Laufzeit (10.2.2-18) verwendet werden muß.

Setzen wir die Basis-Löcherstromdichte gleich der Kollektorstromdichte und gehen wir über von den flächenbezogenen auf absolute Größen, dann gilt mit (7):

$$I_C \approx \frac{Q_B}{\tau_{lB}^{diff}} \tag{8}$$

Der aktive Betrieb ist so lange gewährleistet, wie die Bedingung $\rho_p^B(d) = 0$ erfüllt ist. In diesem Fall kann die Zeitabhängigkeit des Kollektorstroms unmittelbar korreliert werden mit der jenigen der Basisladung nach (6), das ist nach Bild 10.2.3-2b bis d bis zum Zeitpunkt t_1.

$$(8) \underset{0 \le t \le t_1}{\Rightarrow} I_C(t) = \frac{1}{\tau_{lB}^{diff}} Q_B(t) \underset{(6)}{=} I_B \frac{\tau_p}{\tau_{lB}^{diff}} \left(1 - \exp\left(-\frac{t}{\tau_p} \right) \right) \tag{9}$$

Innerhalb der Zeit t_1 erreicht der Kollektorstrom also seinen Maximalwert (Bild 10.2.3-2c), der beim Übergang in die Sättigung nicht weiter ansteigen kann (Bild 10.2.3-2d). Zwischen Q_s (Basisladung beim Übergang in die Sättigung) und t_1 besteht damit der Zusammenhang

$$Q(t_1) = Q_S \underset{(6)}{=} I_B \tau_{lB}^{diff} \left(1 - \exp\left(-\frac{t_1}{\tau_p} \right) \right) \tag{10}$$

Beim Eintritt in die Sättigung ist nach Bild 10.2.3-1b die Emitter-Kollektor-Spannung auf einen sehr kleinen Wert heruntergangen, so daß der Kollektorstrom praktisch nur noch durch den Lastwiderstand R_L in Bild 10.2.3-1 begrenzt wird:

$$t > t_1 : I_C \approx I_C(t_1) \underset{(9,10)}{=} \frac{Q_S}{\tau_{lB}^{diff}} \approx \frac{U_B}{R_L}$$

$$\Rightarrow Q_S \approx \frac{U_B}{R_L} \tau_{lB}^{diff} \tag{11}$$

Löst man (10) nach t_1 auf und setzt (11) ein, dann erhält man für die Zeit t_1:

$$t_1 = \tau_p \ln\left[\cfrac{1}{1 - \cfrac{U_B}{R_L}\cfrac{\tau_{lB}^{diff}}{\tau_p I_B}} \right] \tag{12}$$

Für kurze Anstiegszeiten t_1 sind daher vor allem eine niedrige Minoritätsträgerlebensdauer und eine kurze Laufzeit durch die Basis (d.h. eine schmale Basis) erforderlich.

Beim Abschalten des Impulses bei t_2 (Bild 10.2.3-2a) ist die Lösung von (5) mit $I_B = 0$:

$$t \geq t_2 : Q_B(t) = Q_B(t_2) \exp\left(-\frac{t - t_2}{\tau_p} \right) \tag{13}$$

Der Kollektorstrom wird bei Abwesenheit eines Driftfeldes bestimmt durch den Gradienten der Löcherdichte in der Basis für den Fall der Sättigung (s. Bild 10.2.3-2d), wir nehmen an, daß dieser etwa so groß ist wie derjenige beim aktiven Betrieb des Transistors (d.h. die Löcherkonzentrationen in der Basis sind in Bild 10.2.3-2d näherungsweise parallel gegeneinander verschoben). In diesem Fall bleibt die Laufzeit der Löcher in der Basis etwa konstant, so daß wir aus dem Anhang C2 die Formel (C2-6) anwenden können bis zu dem Zeitpunkt t_3, bei dem die Ladung Q_B auf den Wert Q_S abgesunken ist:

$$t_2 < t < t_3 : I_C(t) = \frac{Q_B(t - t_2)}{\tau_{lB}^{diff}} \underset{(13)}{=} \frac{Q_B(t_2)}{\tau_{lB}^{diff}} \exp\left(-\frac{t - t_2}{\tau_p} \right) \tag{14}$$

Die Zeitdifferenz $t_3 - t_2$ wird als **Speicherzeit** t_S (Bild 10.2.3-2c) bezeichnet, innerhalb dieser Zeit fällt der Kollektorstrom nur relativ wenig ab. Aus (14) folgt:

$$Q_B(t_3) = Q_S \Rightarrow t_S = t_3 - t_2 = \tau_p \ln\left[\frac{Q_B(t_2)}{Q_S} \right] \tag{15}$$

Die gespeicherte Ladung $Q_B(t_2)$ sollte also möglichst klein gehalten werden, weiterhin sollte es vermieden werden, daß in (6) die Basisladung tatsächlich auf den Maximalwert $I_B\tau_p$ geht (in beiden Fällen ist wiederum ein kleines τ_p günstig).

Es ist offenkundig, daß die gespeicherte Ladung zu parasitären Verzögerungseffekten führt, wenn der Transistor im eingeschalteten Zustand in die Sättigung überführt wird (**gesättigte Logik**). Durch Vergrößerung des Lastwiderstandes läßt sich die Arbeitsgerade so verschieben, daß die Arbeitspunkte diesen Zustand vermeiden (**ungesättigte Logik**, Bild 10.2.3-3).

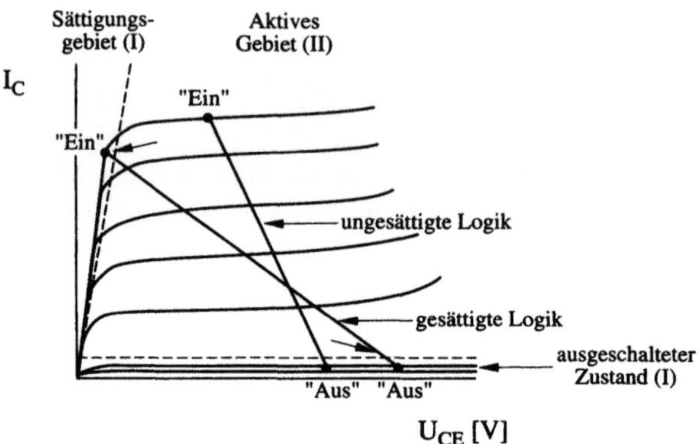

Bild 10.2.3-3:   *Arbeitspunkte von Schalttransistoren bei ungesättigter Logik*

Die theoretische Beschreibung des Schaltverhaltens wird durch die Kenndaten des folgenden Schalttransistors BSR 15/16 (in einem Gehäuse für Oberflächenmontage (**surface mounted device, SMD**, s.Band 1, Abschnitt 4.2.2) bestätigt.

10.2.4 Leistungstransistoren

Transistoren, die für die Steuerung hoher elektrischer Ströme und Spannungen ausgelegt sind, werden als **Leistungstransistoren** bezeichnet. Typische Hochstromeffekte wie das Hochinjektionsverhalten (Abschnitt 9.3.1) und der Kirk-Effekt (Bild 10.2.1-14), sowie das Verhalten bei höheren Betriebstemperaturen, sind kennzeichnend für die Betriebsbedingungen dieser Bauelemente. Eine hohe Sperrspannungsfestigkeit erfordert nach (9.3.3-3) niedrige Dotierungskonzentrationen im Kollektor – bis hin zu praktisch undotiertem intrinsischen Halbleitermaterial.

Die mit einer Leistungsbelastung des Transistor unmittelbar verkoppelte Temperaturerhöhung wirkt sich auf fast alle Betriebsparameter aus, insbesondere

– nimmt die thermische Spannung kT/q zu, welche an vielen Stellen in die Kennliniengleichungen eingeht (Abschnitt 10.2.1). Die Ursache dafür ist, daß bei der Überwindung von Energiebarrieren (Abschnitt 7) die mittlere thermische Energie ($3kT/2$) der Ladungsträger stark eingeht: Eine "Feinstruktur" von Barrieren in der Größenordnung von kT wird von den Ladungsträgern kaum "wahrgenommen".

– die Ladungsträgerbeweglichkeit nimmt generell oberhalb der Raumtemperatur mit steigender Temperatur ab (Bild 4.3.3-3), d.h. der unerwünschte Spannungsabfall (gekoppelt mit einer Jouleschen Wärme, s. Band 1, Abschnitt 4.3.1) an Serienwiderständen nimmt zu.

– die Minoritätsträgerlebensdauern nehmen im allgemeinen mit steigender Temperatur ab.

Ein typischer Effekt bei Leistungstransistoren ist die **Emitter-Randverdrängung (emitter crowding)**, die unter anderem ihre Ursache hat im Spannungsabfall am Basisbahnwiderstand (Bild 10.2.4-1).

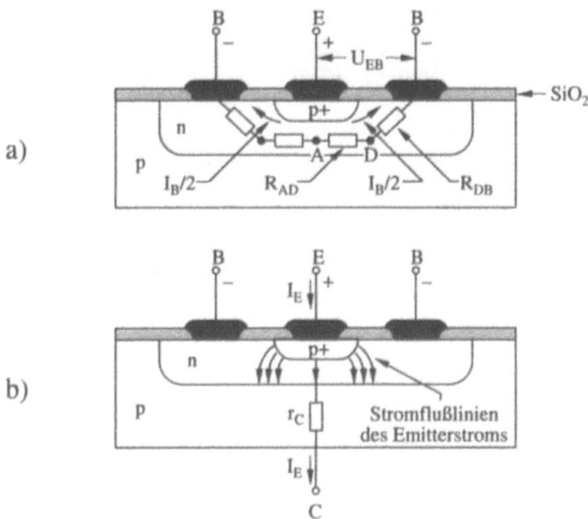

Bild 10.2.4-1:   Emitter-Randverdrängung: Dargestellt ist ein pnp-Transistor in Planartechnik (vgl. Bild 10.2.1-5) mit einer Kammstruktur (Bild 10.2.2-1a), bei der zwei Basisanschlüsse (Basisfinger) symmetrisch zum Emitter liegen (nach [32])

a) Ein Teil der angelegten Emitter-Basisspannung U_{EB} fällt an den Basis-Bahnwiderständen R_{AD} und R_{DB} ab, so daß die bei A wirkende Flußspannung kleiner ist als die bei D. Es gilt

$$U_{EB}\big|_A = U_{EB} - \frac{I_B}{2}\left(R_{AD} + R_{DB}\right) \tag{1}$$

$$U_{EB}\big|_D = U_{EB} - \frac{I_B}{2}R_{DB} \tag{2}$$

Die Bedeutung des symmetrischen Basisanschlusses mit zwei Basisfingern um einen Emitterfinger (im allgemeinen n Emitterfinger mit n+1 Basisfingern) ist die Halbierung des wirkenden Basisbahnwiderstandes.

b) Aufgrund der in a) beschriebenen Spannungsverhältnisse ist der Emitterstrom bei D größer als bei A. Dieser Effekt wird verstärkt durch die geometrisch bedingte Feldstärkeüberhöhung (s. Abschnitt 9.3.3) am Randes des Emitters

Hohe Emitterströme lassen sich daher besonders günstig erzielen mit Strukturen, die ein großes Verhältnis von Emitterrandlänge zu Emitterfläche aufweisen (s. Bild 10.2.2-1).

Ein weiterer kennzeichnender Effekt für Leistungsbauelemente ist der **zweite Durchbruch** (Bild 10.2.4-2).

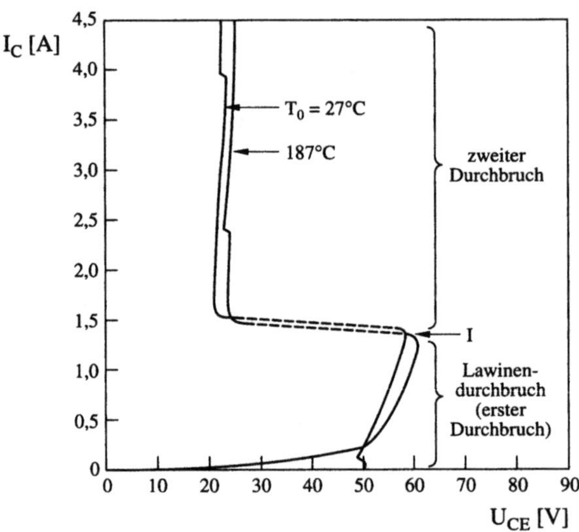

Bild 10.2.4-2:   *Zweiter Durchbruch bei Leistungsbauelementen: Oberhalb der Durchbruchspannung nimmt bei steigendem Sperrstrom die Sperrspannung auf einen niedrigeren Wert ab. Die Ursache liegt unter anderem in einer starken lokalen Erwärmung (hot spot): Dort konzentriert sich der Stromfluß und erzeugt eine zusätzliche Aufheizung, so daß der Strom an dieser Stelle aufgrund der Temperaturerhöhung weiter ansteigt. Bei mangelnder Strombegrenzung kann der zweite Durchbruch zu einer Zerstörung des Bauelements führen (nach [78]).*

Die folgenden Kenndaten beschreiben einen schnellen Leistungtransistor. Die Schaltzeiten hängen von der Art der Last (resistiv oder induktiv) ab, die entsprechenden Testschaltungen werden dabei angegeben. Wichtig ist die Spezifikation des sicheren Arbeitsbereichs (SOAR, s. Abschnitt 13.2).

Datenblatt BUV98(V) / 98A(V)

SILICON DIFFUSED POWER TRANSISTORS

High-voltage, high-current, high-speed transistors, assembled in the isolated ISOTOP package; intended for use in inverters, converters and motor control applications on 220 V to 380 V mains supplies.

QUICK REFERENCE DATA

			BUV98(V)	98A(V)	
Collector-emitter					
peak value; $V_{BE} = 0$	V_{CESM}	max.	850	1000	V
open base	V_{CEO}	max.	450	450	V
Collector-emitter saturation voltage	V_{CEsat}	max.		1.5	V
Collector current					
saturation	I_{Csat}	max.	20	16	A
DC	I_C	max.		30	A
peak value	I_{CM}	max.		60	A
Total power dissipation					
up to $T_{mb} = 25\,^{\circ}C$	P_{tot}	max.		150	W
Fall time	t_f	typ.		80	ns

MECHANICAL DATA   Dimensions in mm

Fig. 1 SOT227B (BUV98V and BUV98AV).

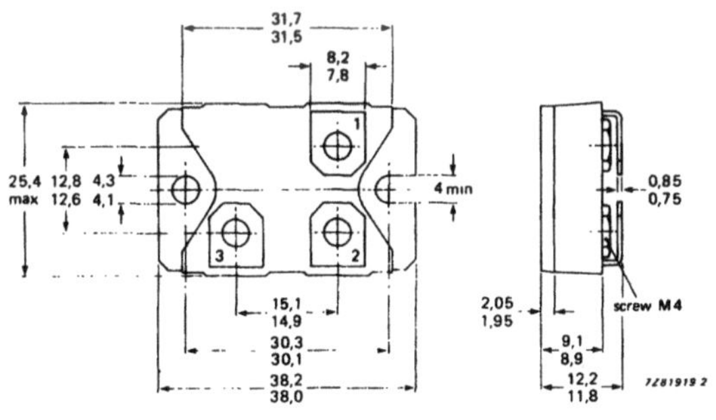

Pinning

1 = collector
2 = base
3 = emitter

Datenblatt BUV98(V) / 98A(V)

Fig. 2 SOT227A, with Faston terminals (BUV98 and BUV98A).

Pinning

1 = collector
2 = base
3 = emitter

RATINGS

Limiting values in accordance with the Absolute Maximum System (IEC 134)

			BUV98(V)	98A(V)	
Collector-emitter voltage					
peak value; V_{BE} = 0	V_{CESM}	max.	850	1000	V
open base	V_{CEO}	max.	450	450	V
Collector current					
saturation	I_{Csat}		20	16	A
DC	I_C	max.		30	A
peak value	I_{CM}	max.		60	A
Base current					
DC	I_B	max.		8.0	A
peak value	I_{BM}	max.		30	A
Total power dissipation					
up to T_{mb} = 25 °C	P_{tot}	max.		150	W
Storage temperature range	T_{stg}		−65 to +150		°C
Junction temperature	T_j	max.		150	°C

THERMAL RESISTANCE

From junction to mounting base with heatsink compound	$R_{th\,j\text{-}mb}$	=	0.83	K/W

ISOLATION

Isolation voltage from all terminals to external heatsink (RMS value)	V_{isol}	max.	2500	V
Isolation capacitance from collector to external heatsink	C_{isol}	typ.	45	pF

CHARACTERISTICS

T_j = 25 °C unless otherwise specified

Collector cut-off currents				
V_{CE} = $V_{CESMmax}$; V_{BE} = −0 V	I_{CES}	max.	0.4	mA
V_{CE} = $V_{CESMmax}$; V_{BE} = −0 V; T_j = 125 °C	I_{CES}	max.	4.0	mA
Emitter cut-off current				
V_{EB} = 5 V; I_C = 0	I_{EBO}	max.	2.0	mA
Saturation voltages				
I_C = I_{Csat}; I_B = I_{Csat}/5	V_{CEsat}	max.	1.5	V
	V_{BEsat}	max.	1.6	V
Collector-emitter sustaining voltage (Figs 2 and 3)				
I_C = 200 mA; I_B = 0; L = 25 mH	$V_{CEOsust}$	min.	450	V
Switching times resistive load (Figs 4 and 5)				
I_C = I_{Csat}; I_B on = I_{Csat}/5; I_B off = I_B on				
turn-on time	t_{on}	typ.	0.55	μs
		max.	1.0	μs
turn-off; storage time	t_s	typ.	1.5	μs
		max.	3.0	μs
fall time	t_f	typ.	0.3	μs
		max.	0.8	μs
Switching times inductive load (Figs 6 and 7)				
I_C = I_{Csat}; I_B on = I_{Csat}/5; V_{BE} = −5 V				
turn-off; storage time	t_s	typ.	3.5	μs
fall time	t_f	typ.	80	ns
T_j = 100 °C				
turn-off; storage time	t_s	max.	5.0	μs
fall time	t_f	max.	400	ns

Datenblatt BUV98(V) / 98A(V)

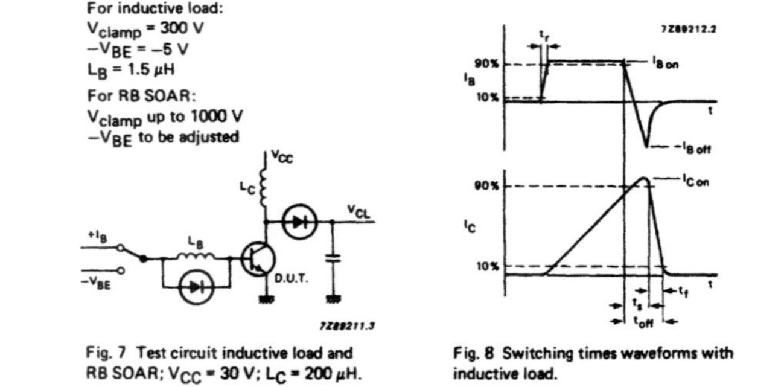

Fig. 3 Test circuit for $V_{CEOsust}$.

Fig. 4 Oscilloscope display for sustaining voltage.

t_p = 20 µs
T = 2 ms
V_{IM} = 15 V

Fig. 5 Test circuit resistive load; V_{CC} = 150 V; R_L = 83 Ω; R1 = 82 Ω.

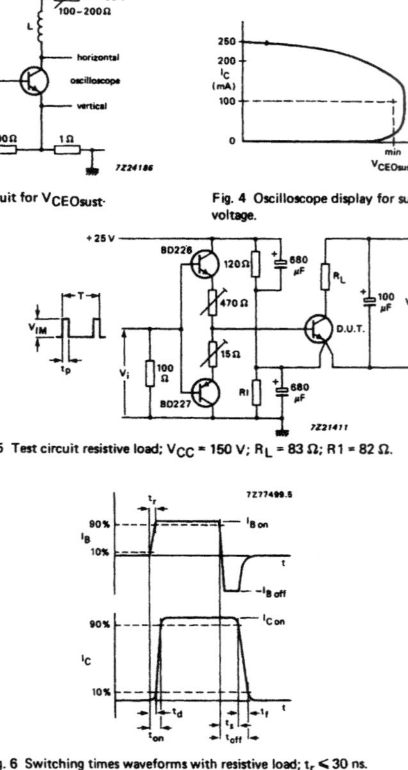

Fig. 6 Switching times waveforms with resistive load; t_r < 30 ns.

For inductive load:
V_{clamp} = 300 V
$-V_{BE}$ = −5 V
L_B = 1.5 µH

For RB SOAR:
V_{clamp} up to 1000 V
$-V_{BE}$ to be adjusted

Fig. 7 Test circuit inductive load and RB SOAR; V_{CC} = 30 V; L_C = 200 µH.

Fig. 8 Switching times waveforms with inductive load.

10.3 Sperrschicht-Feldeffekttransistoren

10.3.1 Elektrische Kenndaten

Beim Sperrschicht-Feldeffekttransistor wird die Stromstärke nicht durch die Höhe einer Energiebarriere gesteuert, sondern über eine Veränderung der Stromflußgeometrie: Der Querschnittsbereich, durch den der Strom fließen kann, wird in diesem Fall durch Anlegen einer Steuerspannung variiert. Bild 10.3.1-1 zeigt den Aufbau und die Grundschaltung eines solchen Transistors.

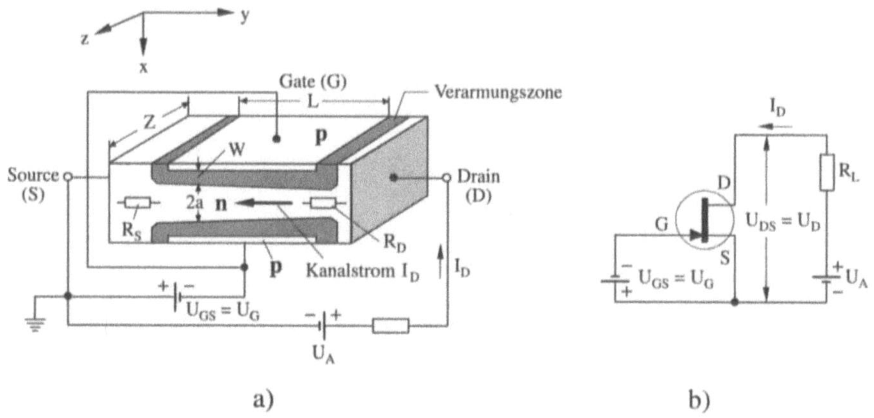

Bild 10.3.1-1:   *Sperrschicht-Feldeffekttransistor (nach [45])*
a) Aufbau des Bauelements (n-Kanal)
b) Schaltzeichen und Grundschaltung

Der Stromfluß erfolgt in einem homogenen Halbleiter von einer Eingangselektrode (**Source**) über ein **Kanalgebiet** zu einer Ausgangselektrode (**Drain**) (in Bild 10.3.1-1 n-Dotierung). Parallel zum Kanal liegen zwei p-dotierte Halbleitergebiete, an die – relativ zum Kanalgebiet dazwischen – eine Sperrspannung angelegt wird. Auf diese Weise bilden sich in der Umgebung der Grenzflächen zwischen p-Gebieten und n-Kanal Raumladungszonen aus, deren Weite abhängig ist von der örtlich wirkenden Sperrspannung. Die Konsequenz der Verbreiterung der Raumladungszonen ist, daß dort bewegliche Ladungsträger abgezogen werden, d.h. diejenigen Gebiete des Kanals, auf welche sich die Raumladungszonen ausgedehnt haben, kommen für eine Stromleitung nicht mehr in Frage. Mit steigender **Gatespannung** U_G (Bild 10.3.1-1) nimmt die Sperrspannung zu, d.h. der Stromquerschnitt verkleinert sich zunehmend. Auf diese Weise kann durch Variation der Gatespannung der **Drainstrom** I_D gesteuert werden.

Bei einer Polung der äußerer Spannungen am Sperrschicht-Feldeffekttransistor wie in Bild 10.3.1-1 resultiert, daß die Sperrspannung zwischen p-Gate und Kanalgebiet von der Source zum Drain zunehmen muß: Der gemeinsame Bezugspunkt für Gate-

und Drainspannung ist die Source-Elektrode, an dieser Stelle sind der Pluspol der Gatespannung und der Minuspol der Drainspannung angeschlossen. Auf der Source-Seite wirkt also die Gatespannung allein als Sperrspannung, auf der Drainseite hingegen die Summe aus Gate- und Drainspannung, da sich beide Spannungen addieren. Damit ist die Raumladungszone am Draingebiet breiter als am Source-Gebiet, d.h. der Kanalquerschnitt ist dort geringer. Im folgenden wird der Verlauf der Spannung $U(y)$ im Kanal zwischen dem Wert Null (an der Source) und dem Wert U_D (am Drain) berechnet werden, er nimmt zwischen beiden Elektroden kontinuierlich zu. Entsprechend vergrößert sich auch die Raumladungszone kontinuierlich zwischen Source und Drain bzw. nimmt der Kanalquerschnitt kontinuierlich zwischen Source und Drain ab. Dieses ist in Bild 10.3.1-1 und in dem Modell für die weitere Berechnung in Bild 10.3.1-2 deutlich zu erkennen.

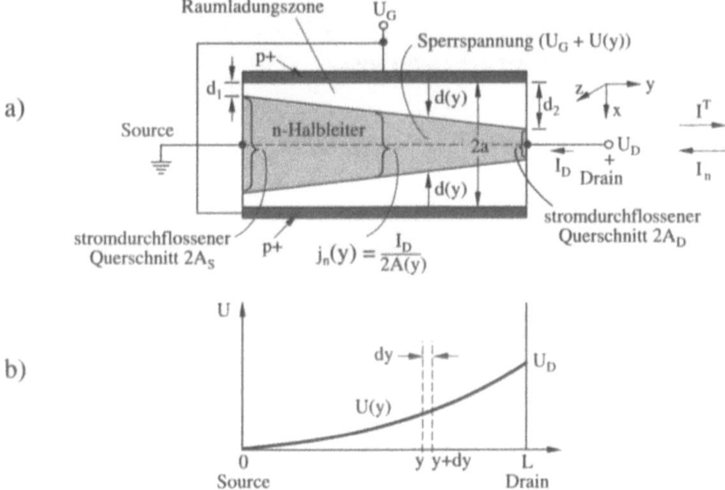

Bild 10.3.1-2:   *n-Kanal-Sperrschicht-.Feldeffekttransistor (nach [32])*

  a) Modell zur Berechnung des Stromflusses im Kanalgebiet

  b) Zunahme der Spannung im Kanalgebiet

Kennzeichnend für den Stromfluß im Kanalgebiet ist der konstante Drain*strom* I_D, nicht aber die Strom*dichte*. Integrieren wir nämlich die Kontinuitätsgleichung (6.1.1-1) über das stromdurchflossene *Volumen*, dann gilt mit dem Gauß'schen Integralsatz (das Volumenintegral über die Divergenz einer Vektorfunktion entspricht dem Flächenintegral über die Vektorfunktion, wobei sich die Integrationsfläche über die Oberfläche des Volumens erstreckt):

$$\iiint \nabla \vec{j}^{\,T} d^3\vec{r} = \oiint \vec{j}^{\,T} d\vec{A} = -\iiint \dot{\rho}\, d^3\vec{r} \qquad (1)$$

In Bild 10.3.1-2a erfolgt der Stromfluß in y-Richtung durch die Querschnitte $2A_S$ und $2A_D$ bei Source und Drain(der Faktor 2 kommt dadurch zustande, daß der Aufbau des Feldeffekttransistors in Bild 10.3.1-2a symmetrisch ist, deshalb auch der Abstand $2a$ zwischen den beiden Gateelektroden). Das stromdurchflossene Volumen entspricht dem Kanalgebiet, wobei an den Seitenflächen zur Raumladungszone hin der Stromfluß parallel zur Grenzfläche verläuft, so daß dort kein Beitrag zum Oberflächenintegral in (1) entsteht. Damit gilt:

$$-j^T(\text{Source}) \cdot 2A_S + j^T(\text{Drain}) \cdot 2A_D = -\dot{N} \tag{2}$$

$$\Rightarrow -I^T(\text{Source}) + I^T(\text{Drain}) = -\dot{N} \tag{3}$$

mit dem Teilchen*strom* I^T (dabei ist das Vorzeichen des Flächenelementvektors $d\vec{A}$ relativ zur Richtung des Stroms zu beachten). N ist die Anzahl der strömenden Teilchen im Bauelement. Ist diese Anzahl zeitlich konstant, dann gilt einfach für die Teilchenströme I^T und die elektrischen Ströme I

$$\left.\begin{array}{l} I_n = -|q|I^T \\ I_p = +|q|I^T \end{array}\right\} \Rightarrow I(\text{Source}) = I(\text{Drain}) \underset{\dot{N}=0}{=} I_D = \text{const} \tag{4}$$

Im stationären, nicht mehr zeitabhängigen Fall (eingeschwungener Zustand) ist also beim Sperrschicht-Feldeffekttransistor der Drainstrom I_D konstant, während die Drainstromdichte in y-Richtung kontinuierlich zunimmt. Die Stromdichtegleichung (4.3.2-19) ergibt ($\rho_n(y)$ ist die örtliche Elektronendichte):

$$j_n(y) \underset{(4.3.2-19c)}{=} \mu_n \rho_n(y) \frac{\partial W_F(y)}{\partial y} = \frac{I_D}{2A(y)} \tag{5}$$

Dabei haben wir die Stromdichte ebenfalls ausgedrückt durch den konstanten Strom I_D und den ortsabhängigen Querschnitt $2A(y)$. Für den Querschnitt $A(y)$ ergibt sich nach Bild 10.3.1-2:

$$A(y) = \big(a - d(y)\big)Z \tag{6}$$

Z ist die Breite des Kanalgebiets in z-Richtung (s. Bild 10.3.1-1). Der mittlere Term von (5) setzt sich nach (4.3.2-19c) aus einem Feld- und einem Diffusionsstrom zusammen

$$j_n(y) = |q|\mu_n \rho_n(y) E(y) + |q|D_n \frac{\partial \rho_n(y)}{\partial x} \tag{7}$$

$$\text{wobei gilt: } E(y) = -\frac{\partial U(y)}{\partial y} \tag{8}$$

Wird ρ_n allein durch die homogene Dotierungskonzentration ρ_D im Kanalgebiet bestimmt, dann fällt der Diffusionsstromterm heraus, und wir erhalten aus (5) bis (8):

$$I_D \Big|_{\substack{\rho_n(y)=\rho_D=\text{const}}} = -2(a-d(y))Z|q|\mu_n\rho_D \frac{\partial U(y)}{\partial y} \tag{9}$$

In der Praxis ist das p-dotierte Gategebiet meistens stark dotiert, so daß die Berechnung der Breite $d(y)$ der Raumladungszone wie für einen einseitigen pn-Übergang erfolgen kann. Nach (5.2.2-17 und 21) gilt dann:

$$d(y) \Big|_{\substack{U_a=U(y)+|U_G| \\ 2kT \text{ vernachlässigt}}} = \frac{1}{|q|}\sqrt{\frac{2\varepsilon_r\varepsilon_o}{\rho_D}\left(W_B^o+|q|U(y)+|qU_G|\right)} \tag{10a}$$

$$= L_D\sqrt{\frac{2|q|}{kT}\left(\left|U_B^o\right|+U(y)+|U_G|\right)} \tag{10b}$$

$$\Rightarrow \frac{\partial d(y)}{\partial U(y)} = \frac{L_D^2}{d(y)}\frac{|q|}{kT} \tag{11}$$

$$\Rightarrow \partial U(y) = \frac{kT}{|q|L_D^2}d(y)\partial d(y) \tag{12}$$

Einsetzen von (12) in (9) erbringt:

$$\Rightarrow I_D = -2(a-d(y))Z\frac{\mu_n\rho_D kT}{L_D^2}d(y)\frac{\partial d(y)}{\partial y}$$

$$\Rightarrow I_D\partial y = -\frac{2|q|^2\mu_n\rho_D^2}{\varepsilon_r\varepsilon_o}Z(a-d(y))d(y)\partial d(y) \tag{13}$$

Die Integration erfolgt für y über die Kanallänge L von der Source bis zum Drain, für die Breite d(y) der Raumladungszone von dem Minimalwert d_1 (am Ort der Source) bis zum Maximalwert d_2 (am Ort des Drains):

$$I_D\int_o^L dy = -\frac{2|q|^2\mu_n\rho_D^2}{\varepsilon_r\varepsilon_o}Z\int_{d_1}^{d_2}(a-d(y))d(y)\partial d(y)$$

$$= -\frac{2|q|^2\mu_n\rho_D^2}{\varepsilon_r\varepsilon_o}Z\left[\frac{a}{2}d(y)^2-\frac{d(y)^3}{3}\right]_{d_1}^{d_2} \tag{14}$$

$$\Rightarrow I_D = -\frac{Z}{L}\frac{|q|^2\mu_n\rho_D^2}{\varepsilon_r\varepsilon_o}\left\{a\left(d_2^2 - d_1^2\right) - \frac{2}{3}\left(d_2^3 - d_1^3\right)\right\}$$

$$= -\frac{Z}{L}\frac{|q|^2\mu_n\rho_D^2}{\varepsilon_r\varepsilon_o}a^3\left\{\left(\frac{d_2}{a}\right)^2 - \left(\frac{d_1}{a}\right)^2 - \frac{2}{3}\left[\left(\frac{d_2}{a}\right)^3 - \left(\frac{d_1}{a}\right)^3\right]\right\} \tag{15}$$

Ein maximaler Wert von I_D wird erreicht, wenn d_2 den maximal möglichen Wert a annimmt, in diesem Fall ist der Kanal drainseitig vollständig abgeschnürt (**pinch-off**). Gilt darüber hinaus $d_1 \ll a$, dann folgt

$$I_D\big|_{\text{pinch−off}} =: -\frac{1}{3} I_p$$

$$I_p := \frac{Z}{L}\frac{|q|^2\mu_n\rho_D^2}{\varepsilon_r\varepsilon_o}a^3 = \frac{Z}{L}\frac{|q|D_n}{L_D^2}\rho_D a^3 \tag{16}$$

Aus (10) folgt die Spannungsbedingung dafür, daß gilt

$$d(y) = a \Rightarrow \begin{cases} |U_B^o| + |U_G| + U(y) = \left(\dfrac{a}{L_D}\right)^2\dfrac{kT}{2|q|} & \text{(17a)} \\[2em] \qquad\qquad = \dfrac{|q|\rho_D a^2}{2\varepsilon_r\varepsilon_o} = \dfrac{1}{2}\left(\dfrac{a}{L_D}\right)^2\dfrac{kT}{|q|} =: U_p & \text{(17b)} \end{cases}$$

mit der **Abschnür-** oder **pinch-off-Spannung** U_p.

Mit dieser Definition läßt sich der Ausdruck (10) für die Breite der Raumladungszone umformen in:

$$\frac{d(y)}{a} = \frac{d(U(y))}{a} = \sqrt{\frac{|U_B^o| + |U_G| + U(y)}{U_p}} \tag{18}$$

$$\Rightarrow \frac{d_1}{a} = \sqrt{\frac{|U_B^o| + |U_G|}{U_p}}; \quad \frac{d_2}{a} = \sqrt{\frac{|U_B^o| + |U_G| + U_D}{U_p}} \tag{19}$$

Setzen wir (16) und (19) ein in (15), dann läßt sich schließlich die Strom-Spannungs-kennlinie des Sperrschicht-Feldeffekttransistors bis hin zur Abschnürung (danach tritt eine Sättigung ein, s.u.) vereinfacht darstellen durch

$$I_D = -I_p \left\{ \begin{array}{l} \dfrac{|U_B^o| + |U_G| + U_D}{U_p} - \dfrac{|U_B^o| + |U_G|}{U_p} \\[2em] - \dfrac{2}{3}\left[\dfrac{|U_B^o| + |U_G| + U_D}{U_p}\right]^{\frac{3}{2}} + \dfrac{2}{3}\left[\dfrac{|U_B^o| + |U_G|}{U_p}\right]^{\frac{3}{2}} \end{array} \right\}$$

$$I_D = -I_p \left\{ \dfrac{U_D}{U_p} - \dfrac{2}{3}\left[\dfrac{|U_B^o| + |U_G| + U_D}{U_p}\right]^{\frac{3}{2}} + \dfrac{2}{3}\left[\dfrac{|U_B^o| + |U_G|}{U_p}\right]^{\frac{3}{2}} \right\} \qquad (20)$$

Die graphische Darstellung dieser Beziehung charakterisiert den Anlaufbereich des Ausgangskennlinenfeldes (Bild 10.3.1-3).

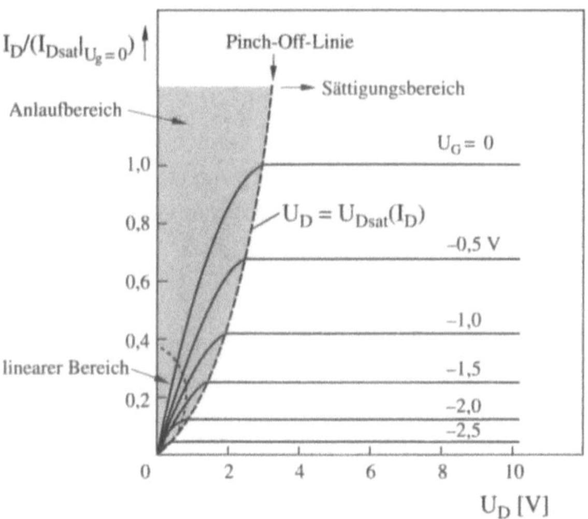

Bild 10.3.1-3:   *Ausgangskennlinienfeld eines Sperrschicht-Feldeffekttransistors mit einer Abschnürspannung von U_p=3,2 V. Der Gültigkeitsbereich der Gleichung (20), genannt **Anlaufbereich**, ist schraffiert eingetragen, er gilt nur bis zur Abschnürung des Kanals. Diese wird erreicht bei einer **Sättigungs-Drainspannung** U_{Dsat} die definiert ist durch*

$$d(L) = a \Rightarrow |U_B^o| + |U_G| + U(L) := |U_B^o| + |U_G| + U_{Dsat} = U_p = \text{const} \qquad (21a)$$

$$\Rightarrow U_{Dsat} := U_p - |U_B^o| - |U_G| \qquad (21b)$$

Einsetzen dieser Spannung in (20) führt zu der Beziehung $U_{Dsat}(I_D)$, die gestrichelt eingezeichnet ist. Nach erfolgter Abschnürung steigt der Drainstrom nicht mehr mit der Drainspannung an (Sättigung, s.u., (nach [32]).

Bei kleinen Drainspannungen $U_D \ll U_p$ kann der zweite Term in der Klammer von (20) nach dem Satz von Taylor entwickelt werden, dies führt zu einer linearen Abhängigkeit zwischen Drainstrom und Drainspannung (**linearer Bereich der Kennlinie**):

$$I_D \approx -\frac{I_p}{U_p}\left\{1 - \sqrt{\frac{|U_B^o| + |U_G|}{U_p}}\right\}U_D \tag{22}$$

$$\Rightarrow g_D := \left|\frac{\partial I_D}{\partial U_D}\right|_{U_G} = \frac{I_p}{U_p}\left\{1 - \sqrt{\frac{|U_B^o| + |U_G|}{U_p}}\right\} \tag{23a}$$

mit dem **Kanalleitwert** g_D. Für den **Transferleitwert (Steilheit, transconductance)** folgt aus (21):

$$g_m := \left|\frac{\partial I_D}{\partial U_G}\right|_{U_D} = \frac{I_p}{2U_p^2}\frac{U_D}{\sqrt{\dfrac{|U_B^o| + |U_G|}{U_p}}} \tag{23b}$$

Unter dem **Sättigungsstrom** I_{Dsat} versteht man den Drainstrom beim Eintritt der Abschnürung; er ergibt sich aus (20), wenn man dort die Beziehungen (21) einsetzt :

$$I_{Dsat} = -I_p\left\{\frac{U_p - |U_B^o| - |U_G|}{U_p} - \frac{2}{3}\left[\frac{U_p}{U_p}\right]^{\frac{3}{2}} + \frac{2}{3}\left[\frac{|U_B^o| + |U_G|}{U_p}\right]^{\frac{3}{2}}\right\}$$

$$I_{Dsat} = -I_p\left\{\frac{1}{3} - \frac{|U_B^o| + |U_G|}{U_p} + \frac{2}{3}\left[\frac{|U_B^o| + |U_G|}{U_p}\right]^{\frac{3}{2}}\right\} \tag{24}$$

Dieses ist der konstante, kaum von der Drainspannung abhängige Drainstrom nach dem Eintritt der Sättigung bei Kanalabschnürung, d.h. es ergibt sich wieder eine gesättigte Ausgangskennlinienschar wie bei der gesteuerten Barriere in Bild 10.1-4. Die Steilheit des Transistors im Bereich der Sättigung ist dann

$$\Rightarrow g_m\big|_{sat} := \left|\frac{\partial I_{Dsat}}{\partial U_G}\right| = \frac{I_p}{U_p}\left[1 - \sqrt{\frac{|U_B^o| + |U_G|}{U_p}}\right] \tag{25}$$

Bei hinreichend großer negativer Gatespannung kann der Kanal bei einem n-Kanal-Sperrschicht-Feldeffekttransistor auch ohne Einwirkung der Drainspannung abgeschnürt werden. Die hierfür minimal erforderliche Gatespannung wird als **Einsatzspannung** U_T bezeichnet, sie ergibt sich nach (17) und (21) zu:

$$\left|U_B^o\right| + |U_T| : \underset{U(y)=U_D=0}{=} U_p \Rightarrow \begin{cases} |U_T| := U_p - \left|U_B^o\right| & \text{(26a)} \\[2mm] \left|U_B^o\right| := U_p - |U_T| & \text{(26b)} \end{cases}$$

Setzen wir (26b) ein in (24), dann folgt:

$$I_{Dsat} = -I_p \left\{ \frac{1}{3} - \frac{U_p - |U_T| + |U_G|}{U_p} + \frac{2}{3}\left[\frac{U_p - |U_T| + |U_G|}{U_p}\right]^{\frac{3}{2}} \right\}$$

$$= -I_p \left\{ -\frac{2}{3} - \frac{-|U_T| + |U_G|}{U_p} + \frac{2}{3}\left[1 + \frac{-|U_T| + |U_G|}{U_p}\right]^{\frac{3}{2}} \right\} \qquad (27)$$

Für Gatespannungen in der Nähe der Einsatzspannung gilt:

$$\left|-|U_T| + |U_G|\right| \ll U_p \qquad (28a)$$

Mit der Bedingung (28) kann (27) Taylor-entwickelt werden, so daß sich schließlich näherungsweise ergibt

$$I_{Dsat} = -\frac{I_p}{4U_p^{\;2}}\left(-|U_T| + |U_G|\right)^2 \qquad (28b)$$

$$\underset{(16,17b)}{=} \frac{Z}{L}\frac{\mu_n \varepsilon_r \varepsilon_o}{a}\left(-|U_T| + |U_G|\right)^2 \qquad (28c)$$

Diese quadratische Abhängigkeit des Sättigungs-Drainstroms von der Gatespannung (bezogen auf die Einsatzspannung) ist in der entsprechenden Meßkurve des beigefügten Datenblattes gut zu erkennen. Die Sättigunggssteilheit ist dann linear in $|U_G|$, dasselbe Ergebnis erhält man auch direkt aus (25) mit der Näherung (28).

In Bild 10.3.1-4a und b sind noch einmal die Verhältnisse am Sperrschicht-Feldeffekttransistor im linearen Bereich und bei Eintritt der Abschnürung (Beginn des Sättigungsbereichs zusammengestellt.

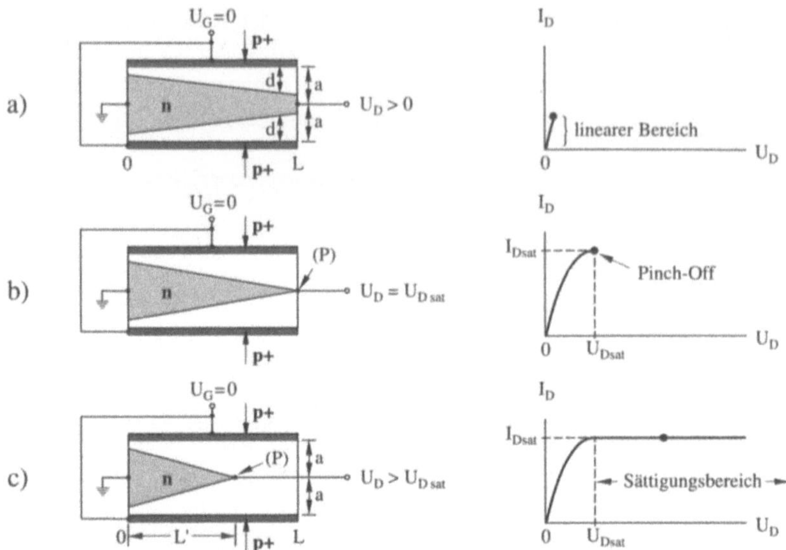

Bild 10.3.1-4:   *Ansteuerung des Sperrschicht-Feldeffekttransistors (nach [32]):*
a) kleine Drainspannung (linearer Bereich)
b) mittlere Drainspannung (Eintritt der Sättigung, Beginn der Abschnürung)
c) große Drainspannung: Sättigung

Im folgenden wird begründet, warum der Drainstrom bei Abschnürung das Kanals kaum noch mit der Drainspannung ansteigt (Sättigungsverhalten). Mit kleiner werdendem Kanalquerschnitt kann der Drainstrom nur dadurch aufrechterhalten werden, daß die abnehmende Zahl der Ladungsträger eine immer größere Geschwindigkeit annimmt, bis schließlich die maximal mögliche Sättigungsgeschwindigkeit v_s erreicht wird (Bild 4.3.3-5). Das ist nur bei einem Ansteigen der Feldstärke (Gradient der Drainspannung) auf sehr hohe Werte möglich. Bei einer genaueren Betrachtung [64] kann man die Verhältnisse so beschreiben, daß der Kanalquerschnitt nicht in einem spitzen Verlauf gegen Null geht, wie in Bild 10.3.1-4 dargestellt, sondern in einen schmalen Schlauch mit dem Querschnitt A_p (Bild 10.3.1-5a) einmündet, in dem sich eine Sättigungsstromdichte j_p einstellt, die sich aus einer Ladungsträgerdichte ρ_{np} jenseits der Abschnürung und der Sättigungsgeschwindigkeit ergibt:

$$j_p = \frac{I_p}{A_p} = \rho_{np} v_s \qquad (29)$$

Damit die Sättigungsgeschwindigkeit in dem Schlauch aufrechterhalten bleibt, muß dort zwangläufig eine sehr große Feldstärke vorhanden sein, d.h. dort ist der Anstieg der Drainspannung besonders groß. Wird also die Drainspannung über den Sättigungswert U_{Dsat} hinaus vergrößert, dann fällt der U_{Dsat} übersteigende Anteil der Drainspannung vorwiegend über dem Gebiet des Schlauches ab, also in dem Kanalgebiet jenseits des Abschnürpunktes. Entsprechend steil steigt dort die Drainspannung an bzw. nimmt die Leitungsbandkante des Halbleiters ab (Bild 10.3.1-5b und Bild 10.3.1-6).

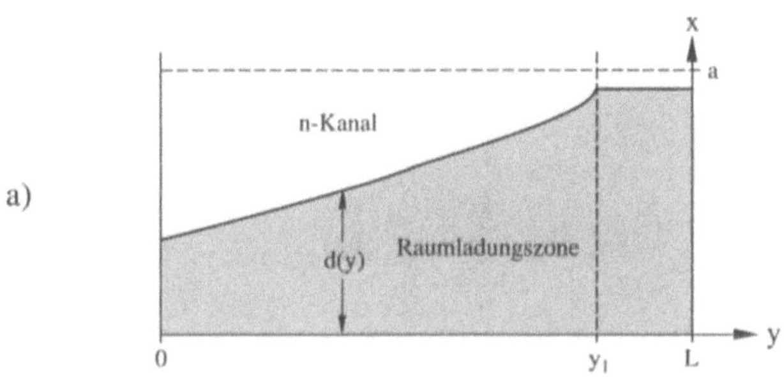

a)

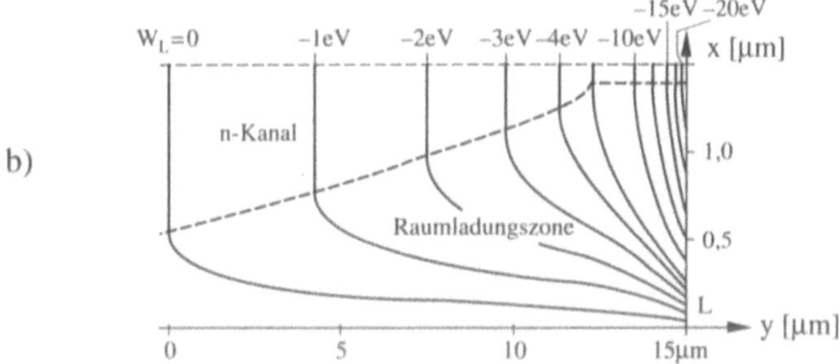

b)

Bild 10.3.1-5: *Kanalgebiet eines Sperrschicht-Feldeffekttransistors bei Drainspannungen oberhalb der Sättigungsspannung (nach [64])*

> *a) Da die Elektronen am Abschnürpunkt nicht weiter als bis auf die Sättigungsgeschwindigkeit beschleunigt werden können, muß zwischen dem Abschnürpunkt und dem Draingebiet ein "Schlauch" mit einer Dichte ρ_{np} leitfähiger Elektronen nach (29) aufrechterhalten werden.*

> *b) in diesem "Schlauch" ist die Feldstärke so groß, daß die Sättigungsgeschwindigkeit aufrechterhalten werden kann, d.h. die Leitungsbandkante der Elektronen fällt dort besonders steil ab. Eingetragen sind Linien gleicher Energie für die Leitungsbandkante bei einer Drainspannung von 20V.*

Die Tatsache, daß sich in dem "Schlauch" zwischen dem leitfähigen Kanal und der Drainelektrode Elektronen befinden, bedeutet, daß zur Aufrechterhaltung des Stromflusses durch den Sperrschicht-Feldeffekttransistor aus dem Kanalgebiet Elektronen in die drainseitige Raumladungszone injiziert werden, d.h. dort entsteht eine Nichtgleichgewichts-Elektronendichte, welche den Ladungstransport übernimmt. Die Verteilung der Elektronen dort ist nicht mehr an das Vorhandensein ionisierter Donatoren gebunden, sondern sie wird bestimmt durch die Lösungen der Poissongleichung in diesem Gebiet unter Beachtung der gegebenen Randbedingungen [64]. Auch der Stromfluß selber wird durch die Ladungsverteilung bestimmt (raumladungsbegrenzter Stromfluß, s. Anhang C4). Bild 10.3.1-6 zeigt den Verlauf der Leitungsbandkante in einem Sperrschicht-Feldeffekttransistor mit abgeschnürtem Kanal.

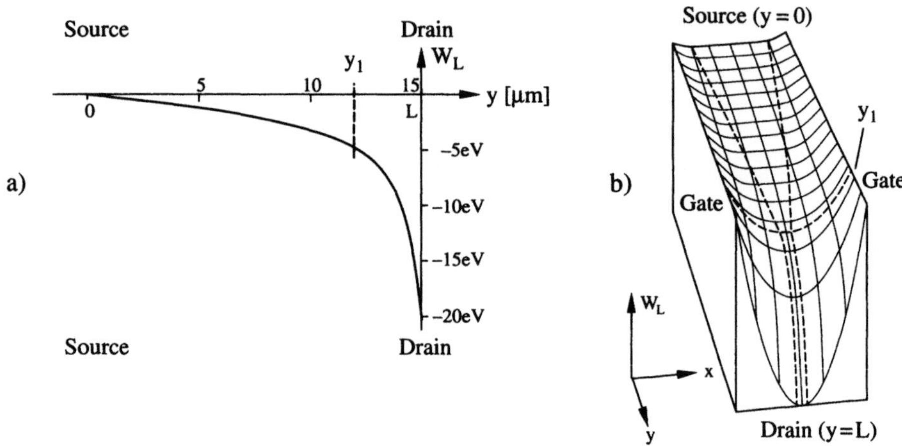

Bild 10.3.1-6: *Verlauf der Leitungsbandkante* W_L *in einem Sperrschicht-Feldeffekttransistor*
(y = 0: Source, y = L: Drain, y = y_1: Abschnürpunkt, nach [64])
a) Verlauf von $W_L(a, y)$ entlang der Mittellinie des Kanals
b) perspektivische Darstellung des Verlaufs von $W_L(x,y)$

Wegen des starken Abfalls der Leitungsbandkante zwischen Abschnürpunkt und Drain sind große Drainspannungen erforderlich, um den Abschnürpunkt (y_1 in Bild 10.3.1-6) in Richtung auf die Source zu bewegen. Dieses ist dann mit einer Verkleinerung der Integrationslänge L in (14,15) verbunden, d.h. mit einer Vergrößerung des Abschnürstroms. Deshalb nimmt oberhalb der Sättigungsspannung U_{Dsat} der Drainstrom noch zu, aber sehr langsam, weil die Verkürzung der Länge L nur mit dem Aufbringen großer Drainspannungen erreicht werden kann. Qualitativ führt dieser Effekt zu einem Ausgangskennlinienfeld wie in Bild 10.2.1-12, entsprechend kann auch eine Early-Spannung für Sperrschicht-Feldeffekttransistoren definiert werden.

Die Ersatzschaltbilder sind in Bild 10.3.1-7 zusammengestellt. In der Praxis werden Sperrschicht-Feldeffekttransistoren – im Gegensatz zu dem schematischen Aufbau in Bild 10.3.1-1– über Planartechniken hergestellt (Bild 10.3.1-8).

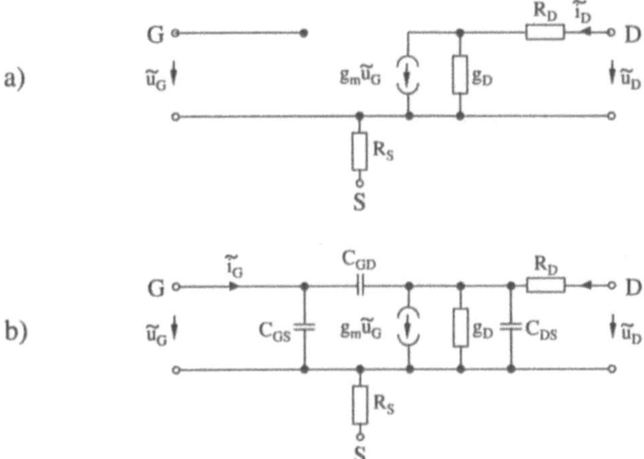

Bild 10.3.1-7: *Ersatzschaltbilder von Sperrschicht-Feldeffekttransistoren für niedrige Frequenzen (a) und hohe Frequenzen (b), Die Größen g_m und g_D sind durch (23) definiert, die Serienwiderstände durch die folgende Abbildung.*

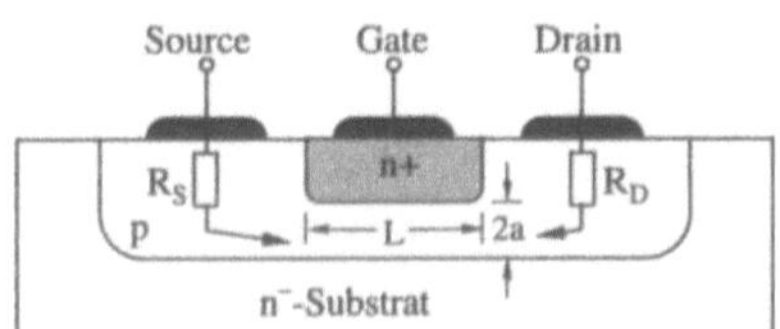

Bild 10.3.1-8: *Aufbau eines p-Kanal-Sperrschicht-Feldeffekttransistors, der in Planartechnik durch zwei aufeinanderfolgende Diffusionsschritte hergestellt wurde: Eine tiefe p-dotierende Diffusion (z.B. mit Bor als Dotierstoff) erzeugt das Kanalgebiet, eine anschließende n-dotierende Diffusion (Phosphor, Arsen oder Antimon) das n^+-Gate*

Zur Bestimmung der Grenzfrequenz des Sperrschicht-Feldeffekttransistors wird das Ersatzschaltbild in Bild 10.3.1-7b herangezogen. Der Eingangs-Wechselstrom wird rein kapazitiv belastet:

$$\tilde{i}_G = j\omega C\tilde{u}_G = j\omega(C_{GS} + C_{GD})\tilde{u}_G \tag{30}$$

Der Ausgangsstrom ist im wesentlichen

$$\tilde{i}_D \approx g_m\tilde{u}_G \tag{31}$$

Wir definieren eine Grenzfrequenz ω_T durch die Bedingung [32]:

$$\omega = \omega_T \Leftrightarrow \tilde{i}_G = \tilde{i}_D$$

$$\Rightarrow \omega_T = \frac{g_m}{C_{GS} + C_{GD}} \tag{32}$$

Diese Grenzfrequenz ist i. allg. viel niedriger als eine alternativ dazu definierte Grenzfrequenz ω_T', welche durch die Laufzeit der Ladungsträger durch den Transistor bestimmt wird:

$$\omega'_T := \frac{2\pi}{\tau_{lSD}} \tag{33}$$

$$\tau_{lSD} :\approx \frac{v_s}{L} \tag{34}$$

Im folgenden sind Kenndaten industriell gefertigter Sperrschicht-Feldeffekttransistoren zusammengestellt.

Datenblatt BSV 78...80

N-CHANNEL FETS

Silicon symmetrical n-channel junction field-effect transistors in TO-18 metal envelopes with the gate connected to the case. The transistors are intended for switching applications. The devices have the feature: low 'on' resistance at zero gate voltage.

QUICK REFERENCE DATA

			BSV78	BSV79	BSV80	
Drain-source voltage	$\pm V_{DS}$	max.		40		V
Total power dissipation up to $T_{amb} = 25\,^{o}C$	P_{tot}	max.		350		mW
Drain current $V_{DS} = 15\,V;\ V_{GS} = 0$	I_{DSS}	>	50	20	10	mA
Gate-source cut-off voltage $I_D = 1\,nA;\ V_{GS} = 15\,V$	$-V_{(P)GS}$	> <	3.75 11	2.0 7.0	1.0 5.0	V V
Drain-source resistance (on) at $f = 1\,kHz$ $I_D = 0;\ V_{GS} = 0$	$r_{ds\,on}$	<	25	40	60	Ω
Feedback capacitance at $f = 1\,MHz$ $V_{DS} = 0;\ -V_{GS} = 10\,V$	C_{rs}	<	5	5	5	pF
Turn-on time	t_{on}	<	10	18	30	ns
Turn-off time	t_{off}	<	10	16	32	ns

MECHANICAL DATA

Dimensions in mrh

Fig. 1 TO-18.

Gate connected to case

Pinning

1 = source
2 = drain
3 = gate

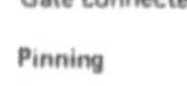
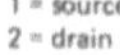
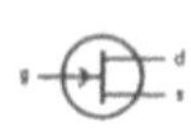
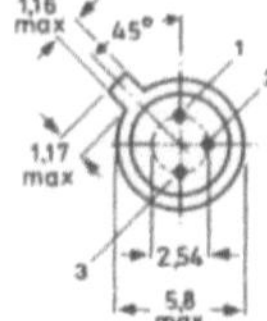

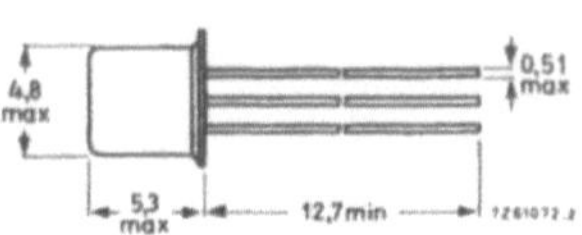

Note: Drain and source are interchangeable.
Accessories: 56246 (distance disc).

RATINGS

Limiting values in accordance with the Absolute Maximum System (IEC 134)

Drain-source voltage	$\pm V_{DS}$	max.	40	V
Drain-gate voltage (open source)	V_{DGO}	max.	40	V
Gate-source voltage (open drain)	$-V_{GSO}$	max.	40	V
Forward gate current	I_G	max.	50	mA
Total power dissipation up to $T_{amb} = 25\,^{o}C$	P_{tot}	max.	350	mW
Storage temperature	T_{stg}		−65 to + 200	^{o}C
Operating junction temperature	T_j	max.	175	^{o}C

THERMAL RESISTANCE

From junction to ambient in free air	$R_{th\,j\text{-}a}$	=	430	K/W

Datenblatt BSV 78...80

CHARACTERISTICS

T_j = 25 °C unless otherwise specified

Characteristic	Symbol		BSV78	BSV79	BSV80	Unit
Gate cut-off currents						
$-V_{GS}$ = 20 V; V_{DS} = 0	$-I_{GSS}$	$<$			0.25	nA
$-V_{GS}$ = 20 V; V_{DS} = 0; T_j = 150 °C	$-I_{GSS}$	$<$			0.5	µA
Drain cut-off current						
V_{DS} = 15 V; $-V_{GS}$ = 12 V	I_{DSX}	$<$			0.25	nA
V_{DS} = 15 V; $-V_{GS}$ = 12 V; T_j = 150 °C	I_{DSX}	$<$			0.5	µA
Drain current						
V_{DS} = 15 V; V_{GS} = 0	I_{DSS}	$>$	50	20	10	mA
Gate-source cut-off voltage						
I_D = 1 nA; V_{DS} = 15 V	$-V_{(P)GS}$	$>$	3.75	2.0	1.0	V
		$<$	11	7.0	5.0	V
Gate-source voltage						
I_D = 1.5 µA; V_{DS} = 15 V	$-V_{GS}$	$>$	3.5	1.75	0.75	V
		$<$	10	6.0	4.0	V
Drain-source voltage (on)						
I_D = 20 mA; V_{GS} = 0	V_{DSon}	$<$	500			mV
I_D = 10 mA; V_{GS} = 0	V_{DSon}	$<$		400		mV
I_D = 5 mA; V_{GS} = 0	V_{DSon}	$<$			325	mV
Drain-source resistance (on) at f = 1 kHz						
I_D = 0; V_{GS} = 0	$r_{ds\,on}$	$<$	25	40	60	Ω
y parameters at f = 1 MHz (common source)						
$-V_{GS}$ = 10 V; V_{DS} = 0						
Input capacitance	C_{is}	$<$	10	10	10	pF
Feedback capacitance	C_{rs}	$<$	5	5	5	pF

Switching times (see Fig. 2)

Turn-on time when switched from
$-V_{GSoff}$ = 11 V to I_{Don} = 20 mA; V_{DD} = 10 V (BSV78)
$-V_{GSoff}$ = 7 V to I_{Don} = 10 mA; V_{DD} = 10 V (BSV79)
$-V_{GSoff}$ = 5 V to I_{Don} = 5 mA; V_{DD} = 10 V (BSV80)

			BSV78	BSV79	BSV80	
delay time	t_d	$<$	5	10	10	n
rise time	t_r	$<$	5	8	20	n
turn-on time	t_{on}	$<$	10	18	30	n

Turn-off time when switched from
I_{Don} = 20 mA to $-V_{GSMoff}$ = 11 V; V_{DD} = 10 V (BSV78)
I_{Don} = 10 mA to $-V_{GSMoff}$ = 7 V; V_{DD} = 10 V (BSV79)
I_{Don} = 5 mA to $-V_{GSMoff}$ = 5 V; V_{DD} = 10 V (BSV80)

			BSV78	BSV79	BSV80	
fall time	t_f	$<$	6	11	24	n
storage time	t_s	$<$	4	5	8	n
turn-off time	t_{off}	$<$	10	16	32	n

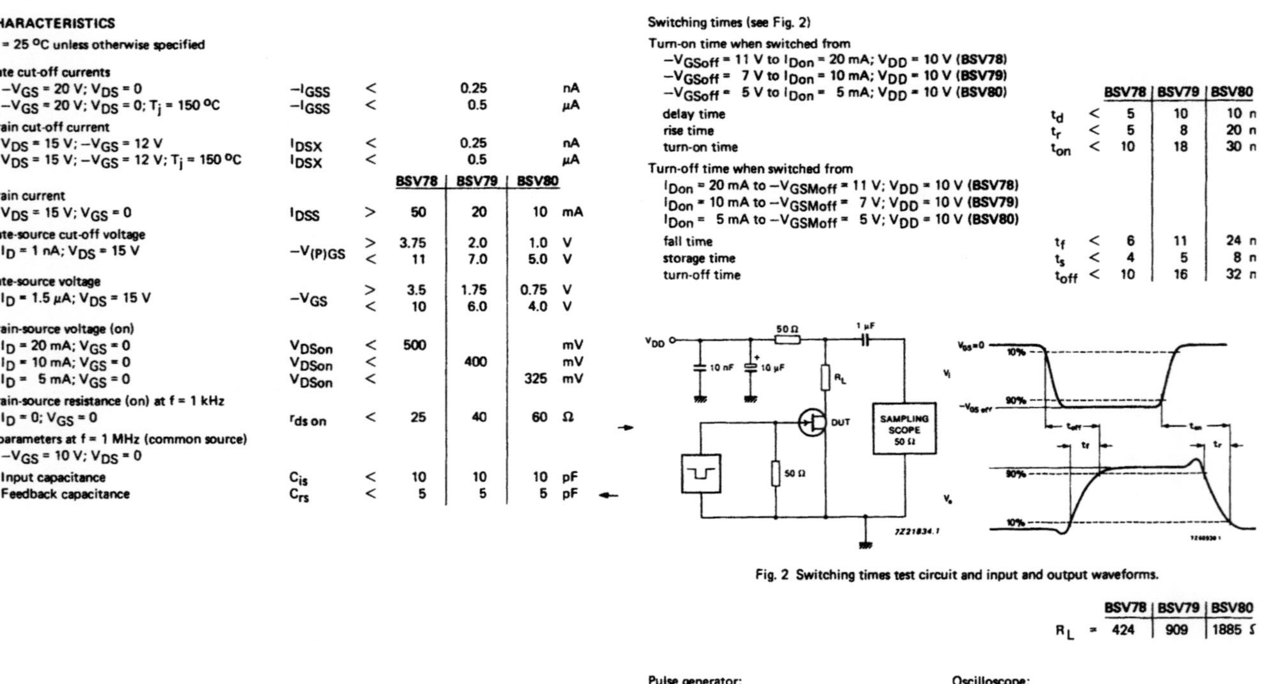

Fig. 2 Switching times test circuit and input and output waveforms.

		BSV78	BSV79	BSV80	
R_L	=	424	909	1885	Ω

Pulse generator:	Oscilloscope:
R_i = 50 Ω	R_i = 50 Ω
t_r < 0.5 ns	t_r < 1 ns
t_f < 5 ns	t_f < 1 ns

Datenblatt BSV 78...80

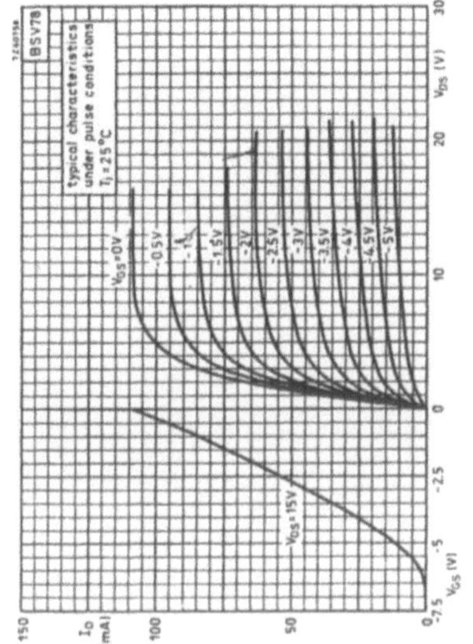

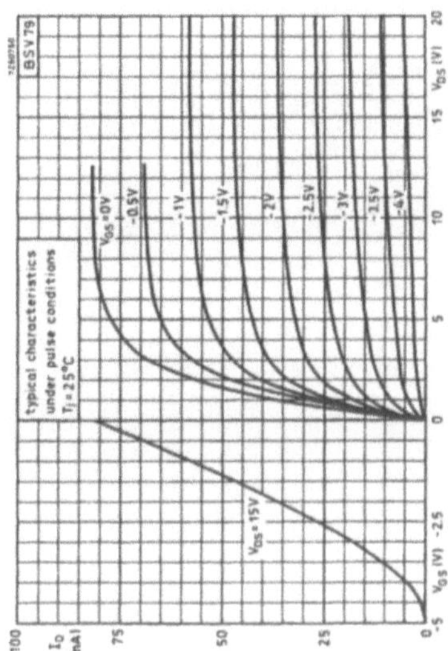

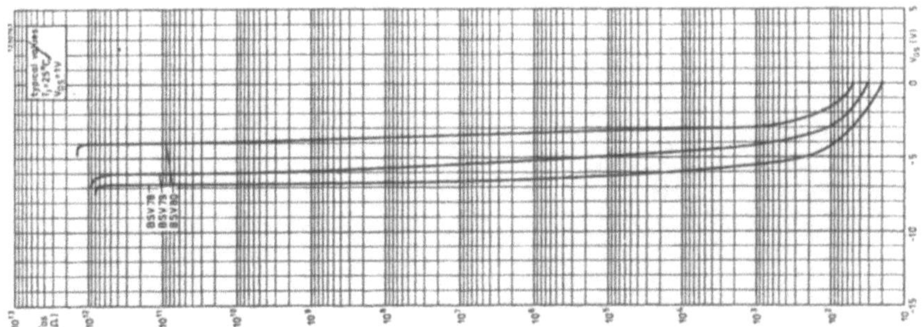

Datenblatt BSV 78...80

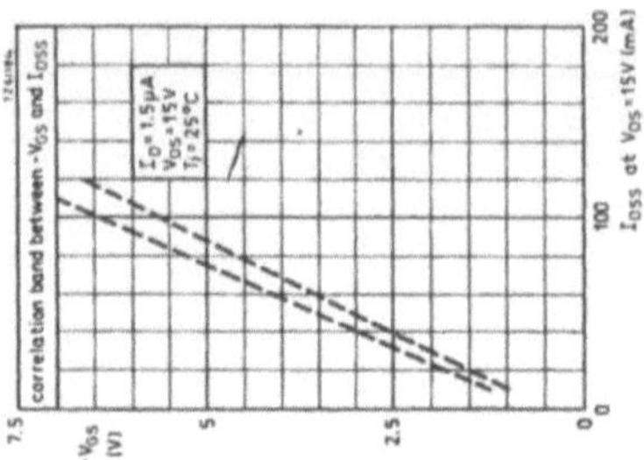

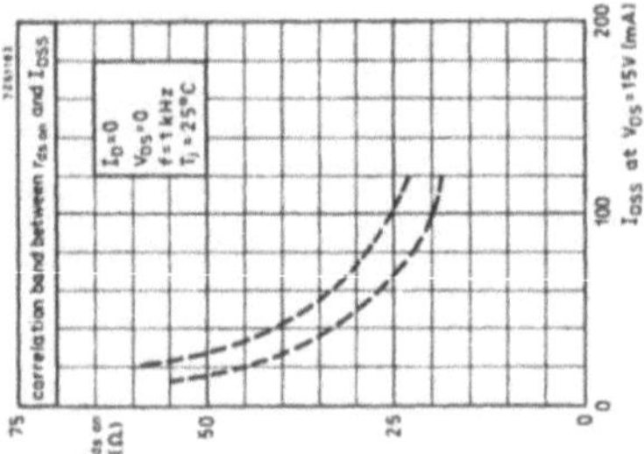

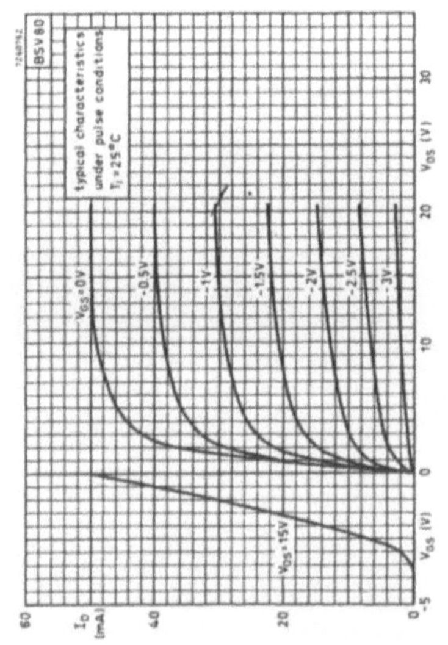

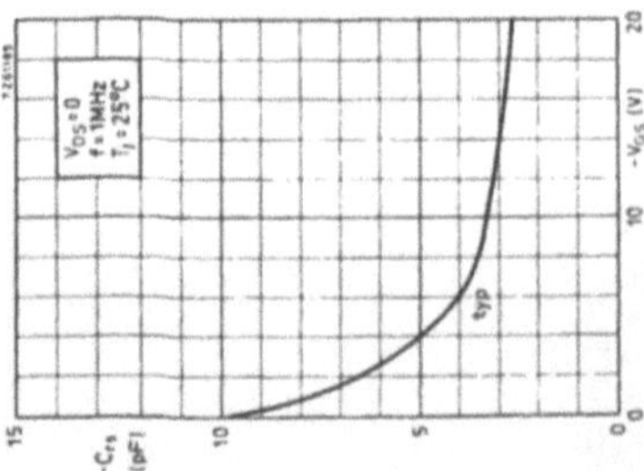

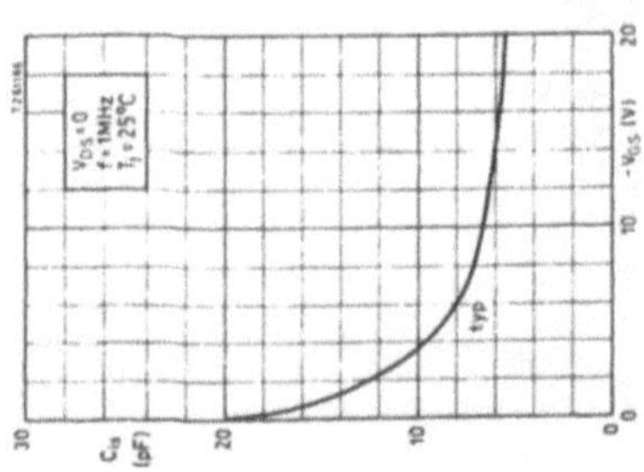

10.3.2 MESFETs und HEMTs

Der Metall-Halbleiter-Feldeffekttransistor (**me**tal **s**emiconductor **f**ield **e**ffect **t**ransistor, auch Schottky-Gate-Feldeffekttransistor) arbeitet nach demselben Funktionsprinzip wie der Sperrschicht-Feldeffekttransistor, in diesem Fall wird aber die Raumladungszone zur Einschnürung des Kanals nicht durch einen pn-, sondern durch einen Schottky-Übergang erzeugt (Bild 10.3.2-1). Diese Technik wird vor allem bei solchen Halbleiterwerkstoffen angewendet, die aufgrund einer höheren Ladungsträgerbeweglichkeit und Sättigungsgeschwindigkeit (s. Bild 4.3.3-5 und (10.3.1-34)) niedrigere Kanallaufzeiten haben, andererseits technologisch aber noch nicht so gut beherrscht werden, daß pn-Übergänge – im Gegensatz zu Schottkyübergängen – mit gut reproduzierbaren Eigenschaften hergestellt werden können. Dieses trifft auch noch für den Verbindungshalbleiter Galliumarsenid zu. Bei diesem Halbleiterwerkstoff kann man gleichzeitig den Vorteil ausnutzen, daß er im undotierten Zustand eine hinreichend große Dichte tiefer Störstellen enthält, so daß die Fermienergie in die Mitte der verbotenen Zone gezogen wird: In diesem Fall ist Galliumarsenid sehr hochohmig (**halb-** oder **semi-isolierendes Galliumarsenid**). Auf ein solches semiisolierendes Substrat kann epitaktisch eine dotierte und damit leitfähige Schicht aufgewachsen werden, welche a priori nach unten elektrisch isoliert ist (eine vergleich-

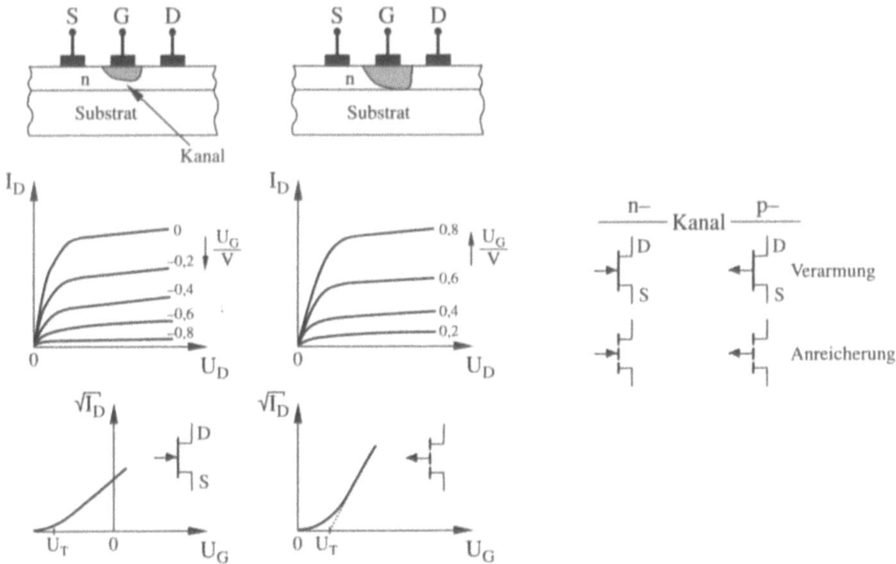

Bild 10.3.2-1:   MESFETs:
Aufbau und Kennlinien von Feldeffekttransistoren mit Schottky-Übergängen
a) Verarmungstyp (Einsatzspannung U_T negativ)
b) Anreicherungstyp (Einsatzspannung U_T positiv)
c) Schaltzeichen

bare Technik ist bei den Elementhalbleitern nur bei weit größerem Aufwand zu erreichen, z.B. über eine Luftisolation bei der beam-lead-Technik in Abschnitt 10.2.2). Auf diese Weise können die parasitären Kapazitäten im Ersatzschaltbild 10.3.1-7 erheblich reduziert werden, so daß entsprechend der Diskussion am Ende vom Abschnitt 10.3.1 die Laufzeiten zunehmend die Grenzfrequenzen bestimmen.

Die grundsätzliche Wirkungsweise von MESFETs ist dieselbe wie die von Sperrschicht-Feldeffekttransistoren. Ein Vorteil der selbstisolierenden Technik in Galliumarsenid ist, daß bei Anwendung dünner niedrigdotierter epitaktischer Schichten in technologisch einfacher Weise (bei Silizium ist das etwas aufwendiger) neben den in Abschnitt 10.3.1 beschriebenen **selbstleitenden** auch **selbstsperrende** FETs hergestellt werden können, bei denen in Abwesenheit einer Gatespannung der Kanal bereits abgeschnürt ist (Bild 10.3.2-1a). Bild 10.3.2-2 zeigt das im Vergleich zu Bild 10.3.1-7 detailliertere Ersatzschaltbild eines MESFETS mit den dazugehörigen parasitären Widerständen und Kapazitäten.

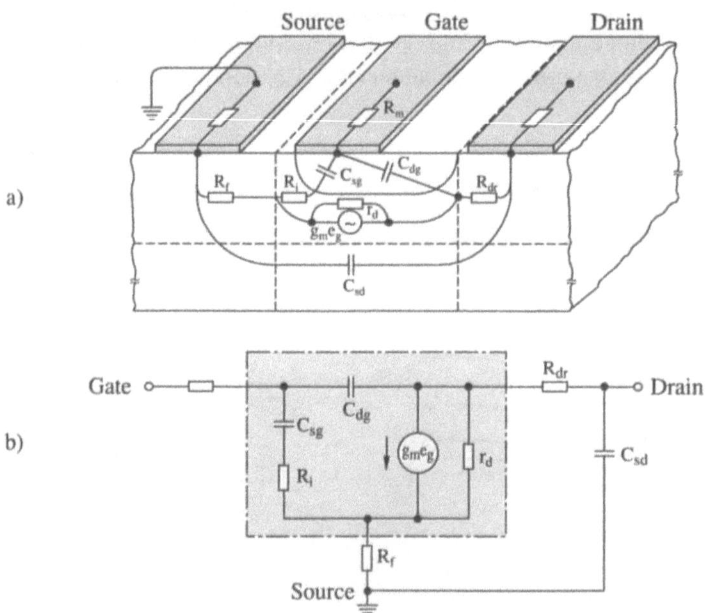

Bild 10.3.2-2:   *Ersatzschaltbild des MESFETs (nach [79])*
  a) Lage der parasitären Widerstände und Kapazitäten im Bauelement
  b) dazugehöriges Ersatzschaltbild

Die elektrischen Eigenschaften von Sperrschicht-Feldeffekttransistoren auf der Basis von Verbindungshalbleitern lassen sich bei Anwendung von Halbleiter-Heteroübergängen (Abschnitt 5.2.3) noch einmal erheblich verbessern: Beim HEMT (**high elec-tron mobility transistor**) geht man von Heterostrukturen aus wie in Bild 5.2.3-5. Wie dort erläutert, kann die Ladungsträgerbeweglichkeit von zweidimensionalen Elektronengasen (2DEG) in Inversionsschichten außerordentlich große Werte annehmen, insbesondere bei niedrigen Temperaturen. Dabei läßt sich die Elektronendichte im 2DEG durch eine Gatespannung steuern. Die Tabelle 10.3.2 zeigt einen Vergleich wichtiger Kenndaten von MESFETs und HEMTs. Die Herstellung solcher Bauelemente (Molekularstrahlepitaxie) ist jedoch aufwendig und kostenintensiv.

Tab. 10.3.2-1: *Kenndaten von MESFETs und HEMTs mit einer Gatelänge von 0,25 mm. Angegeben sind die minimale Rauschzahl F_{min} und der Gewinn G_{ass} bei minimalem Rauschen bei verschiedenen Frequenzen f (nach [80])*

f(GHz)	F_{min} (dB)		G_{ass} (dB)	
	MESFET	HEMT	MESFET	HEMT
8	0,8	0,4	15,0	15,2
12	1,4	0,8	10,0	10,4
18	1,4	0,8	10,0	10,4
30	2,0	1,5	7,8	10,0
40	2,6	1,8	6,9	7,5
60	3,4	2,5	3,8	4,4

Eine ausführlichere Diskussion dieser Bauelemente erfolgt in einem späteren Band dieser Reihe.

10.4 MOS-Feldeffekttransistoren (MOSFETs)

10.4.1 Elektrische Kenndaten

Das Grundprinzip des MOS-Transistors war bereits im Abschnitt 10.1 eingeführt worden. Der leitfähige Kanal wird nicht wie beim Sperrschicht-FET durch einen homogenen Halbleiter erzeugt, dem über eine Raumladungszone leitfähige Bereiche entzogen werden (so daß der leitfähige Querschnitt zur Drainelektrode hin immer weiter abnimmt), sondern durch eine Inversionsschicht, die sich gegenüber einer Gateelektrode bei Anlegen einer Gatespannung (positiv für die Erzeugung einer n-Inversionsschicht) oberhalb der Einsatzspannung U_T bildet. Hierin liegt einer der Unterschiede zwischen dem Sperrschicht- und MOSFET (Bild 10.4.1-1): Während sich beim Sperrschicht-FET (Bild 10.3.1-1) am Ort des Drains die Werte von Gate- und Drainspannung addieren, wirkt beim MOSFET zwischen Drain und Gate die Differenz, da beide Spannungen positiv relativ zur Source gepolt sind. Die Wirkung beim MOSFET ist, daß die Ladung in der Inversionsschicht vom source- zum drainseitigen Ende des Kanals immer weiter abnimmt und schließlich ganz verschwinden kann: Es ergibt sich wie beim Sperrschicht FET– wenn auch physikalisch aus einem ganz anderen Grund – eine Abschnürung des leitfähigen Teils des Kanals. Die Ausgangskennlinien der MOSFETs haben dann eine sehr ähnliche Form: In dem leitfähigen Bereich des Kanals (z.B. in der Inversionsschicht beim MOSFET) ist der Spannungsabfall insgesamt relativ gering, er nimmt aber zu mit kleiner werdender Inversionsladung im Kanal. Im Falle einer Abschnürung werden aus dem drainseitigen Ende des leitfähigen Kanals Ladungsträger in die Raumladungszone injiziert, um den Stromfluß aufrechtzuerhalten. Da deren Konzentration relativ gering ist, muß das elektrische Feld zwischen Abschnürpunkt und Drainkontakt groß sein, d.h. der größte Teil der Drainspannung fällt zwischen Abschnürpunkt und Drain ab. Damit

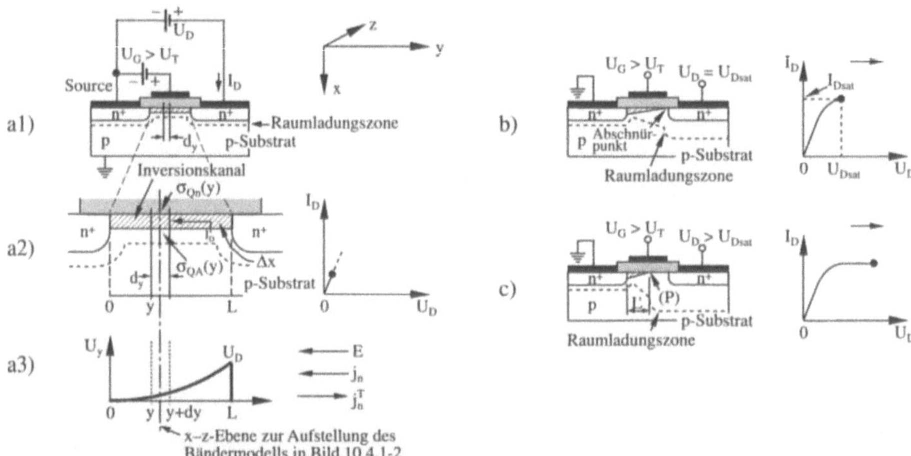

Bild 10.4.1-1:   *Aufbau und Wirkungsweise eines MOSFETS in den drei Bereichen der Kennlinie.*
U_T ist die Einsatzspannung (5.3.1-7) für die starke Inversion (nach [32]).

a) *kleine Drainspannung*

b) *Die Drainspannung hat den Sättigungswert U_{Dsat}: Der Inversionskanal wird im Punkt P (**Abschnür-** oder **pinch-off-Punkt**) auf der Drainseite abgeschnürt*

c) *große Drainspannung: Der Drainstrom befindet sich im Sättigungsbereich, zwischen dem Punkt P und der Drainelektrode fließt der Drainstrom aufgrund von injizierten Elektronen in einer Sperrschicht ohne bewegliche Ladungsträger*

erhalten wir dasselbe Sättigungsverhalten wie beim Sperrschicht-FET: Für Drainspannungen oberhalb der Abschnür- oder Sättigungsspannung U_{Dsat} steigt der Drainstrom nur noch unwesentlich an, weil der größte Teil der Drainspannung dazu dient, um die hohe Feldstärke zwischen Abschnürpunkt und Drain aufrechtzuerhalten, die für die Erhaltung des Drainstroms erforderlich ist. Ein vergleichsweise geringer Effekt ist dagegen die Verkürzung des Inversionskanals mit steigender Drainspannung, diese bewirkt einen leichten Anstieg des Drainstroms auch oberhalb der Sättigung.Im folgenden soll die Berechnung für einen n-Kanal-MOSFET durchgeführt werden, wie er in Bild 10.4.1-1 dargestellt ist, d.h. die positive Gatespannung soll im gesamten Kanalgebiet oberhalb der Einsatzspannung U_T (5.3.1-17) liegen, so daß bei Drainspannungen (unterhalb der Sättigungsspannung U_{Dsat}) an jedem Ort y noch ein Inversionskanal vorhanden ist. Dort möge die Drainspannung den ortsabhängigen Wert $U(y)$ haben, der von der Source zum Drain hin zunimmt (Bild 10.4.1-1a$_3$). Das Bändermodell (Bild 10.4.1-2) soll für den MIS-Übergang in x-Richtung, d.h. senkrecht zum Stromfluß aufgestellt werden (strichpunktierte Linie in Bild 10.4.1-1a). Entsprechend den dort wirkenden (von außen meßbaren) Spannungen treten drei Fermienergien auf: Die Fermienergie im p-Halbleitersubstrat ist verbunden mit derjenigen der Source, sie wird mit $W_F^p = W_F^{nV}$ bezeichnet und stellt den Massepunkt dar. Relativ dazu hat der Inversionskanal an der Stelle y die Fermienergie $W_F^n = W_F^{nL} = -|q|U(y)$ mit positivem $U(y)$. Dort muß sich das Bändermodell an die Randbedingungen des Problems anpassen: Die Anwesenheit eines Inversionskanals erfordert, daß am Ort des Inversionskanals die Leitungsbandkante viel näher an der dort wirkenden Fermienergie liegt als die Valenzbandkante. Die Ladungsverhältnisse im Halbleiter stellen sich wie bei einem in Sperrichtung gepolten einseitigen pn$^+$-Übergang ein: Das Ergebnis ist, daß sich zwischen x_k (Ort des Kanals) und x_o (Ort im Substrat außerhalb der Raumladungszone) eine erhebliche Bandverbiegung $W_B(S)$ einstellt: Diese muß nicht nur die Differenz der Fermienergien ($|q|U(y)$) ausgleichen, sondern sie vergrößert sich zusätzlich um den Wert $2W_{BI}$ (Bild 5.3.1-5c), die aufgebracht werden muß, um im p-Halbleiter eine starke Inversion zur Herstellung des n-Kanals zu erzeugen:

$$W_B(S) = 2W_{BI} + |q|U(y) \qquad (1)$$

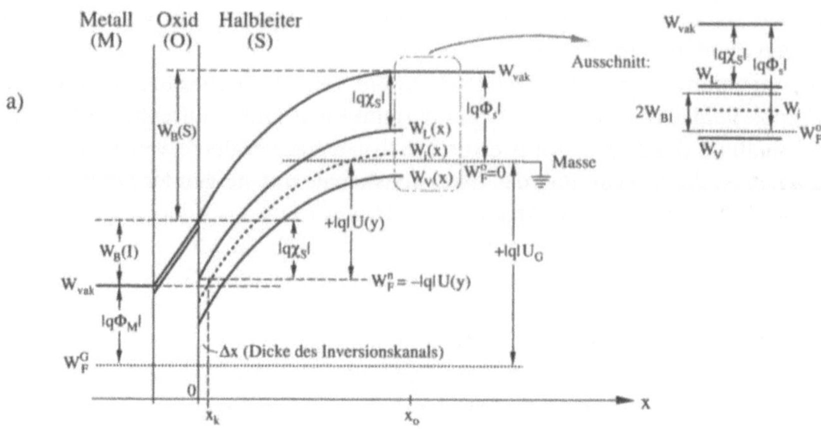

Bild 10.4.1-2: a) *Bändermodell des Querschnittes durch den MOS-Transistor beim Wert y in Bild 10.4.1-1a (dort als strichpunktierte Linie eingezeichnet).*

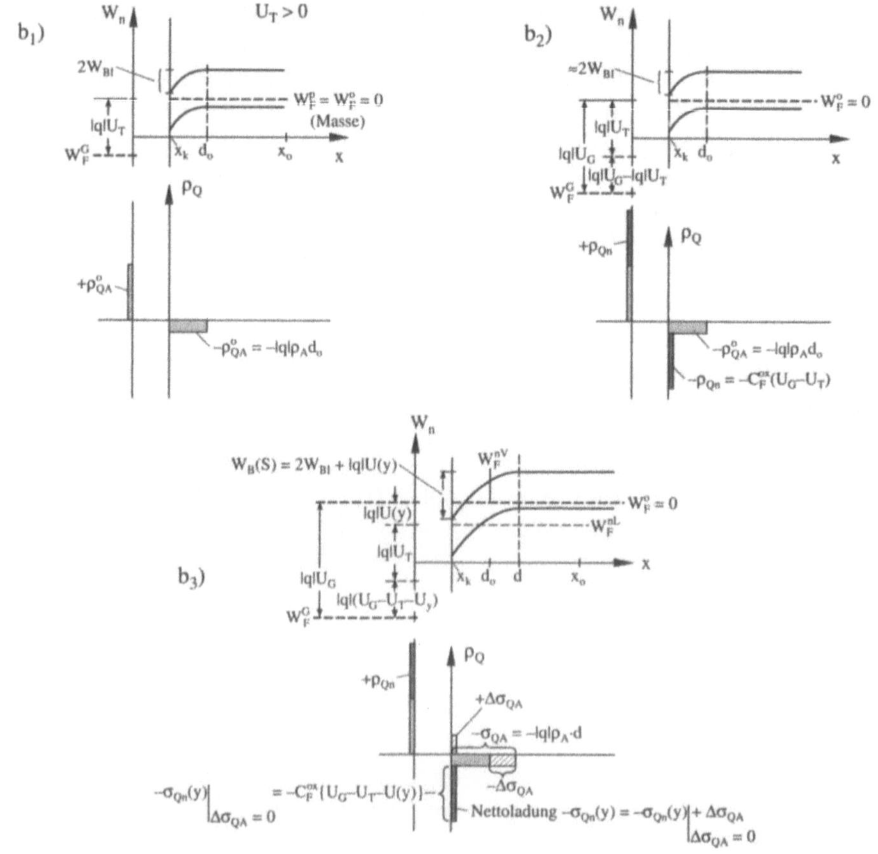

b) Entstehung der Ladungen im Bändermodell a):

Wir konstruieren das Bändermodell a) in drei Teilschritten

b_1) Wir legen als Gatespannung zunächst die Einsatzspannung U_T an: Die Bandverbiegung im Halbleiter (aufgrund von ionisierten Akzeptoren) beträgt $2W_{BI}$, im Halbleiter entsteht die Raumladung $-|q|\rho_A d_o$, der Beitrag zur Raumladung durch bewegliche Ladungsträger in der Inversionsschicht ist noch gering. Die entsprechende gleich große positive Ladung befindet sich auf der Gateelektrode.

b_2) Wir vergrößern die Gatespannung über den Wert der Einsatzspannung U_T hinaus. Die zusätzliche Ladung im Halbleiter wird jetzt durch die negative Ladung in der Inversionsschicht aufgebracht, die Raumladung der ionisierten Akzeptoren vergrößert sich nur noch unwesentlich, da nach Eintritt der Inversion eine geringe Bandverbiegung hohe Inversionsladungen erzeugt (vgl. Bild 5.2.1-6).

b_3) Wir legen jetzt zwischen der Inversionsschicht bei $x=x_k$ und dem Halbleitersubstrat eine Spannung $U(y)$ an. Diese wirkt wie eine Sperrspannung an einem einseitigen pn-Übergang, der durch die (wie ein hochdotierter n-Bereich wirkende) n-Inversionsschicht und den p-Halbleiter gebildet wird. Hierdurch verbreitert sich die Raumladungszone der ionisierten Akzeptoren (Wirkung der Quasifermienergien W_F^{nV} und W_F^{nL} entsprechend Bild 7.2.3-1) um den Wert $\Delta\sigma_{QA}$, entsprechend verkleinert sich die negative Ladung in der Inversionsschicht um denselben Betrag. Bei großen Werten für die Ladung in der Inversionsschicht, d.h. bei Gatespannungen, die weit höher als die Einsatzspannung liegen, sowie bei kleinen Raumladungszkapazitäten zwischen n-Kanal und Substrat kann dieser Effekt vernachlässigt werden, d.h. es gelten ähnliche Voraussetzungen wie im Bild 10.1-6 Als Bezugspunkt für die Spannungen U bzw. die Energien $|q|U$ wählen wir das Halbleitersubstrat für $x > d$, d.h. bestimmend für die Inversionsladung ist die Differenz $U_G-U_T-U(y)$.

Die Berechnung erfolgt nach dem im Abschnitt 5.3.1 angewendeten Verfahren: Die Energiebilanz analog (5.3.1-11) ergibt in Bild 10.4.1-2a (dabei werden verschiedene Werte der Arbeitsfunktionen von Metall und Halbleiter, nicht aber Grenzflächen- und Oxidladungen betrachtet) auf beiden Seiten des Halbleiter-Oxid-Übergangs:

$$|q\Phi_m| + |W_B(I)| + |W_B(S)| = |q\Phi_s| + |q|U_G \tag{2}$$

$$\underset{\substack{(5.3.1\text{-}8)\\(5.3.1-14)}}{\Rightarrow} \quad |q|\Phi_{ms} + \frac{|q\sigma_Q(y)|}{C_F^{ox}} + |W_B(S)| = |q|U_G \tag{3}$$

$$\Rightarrow |q\sigma_Q(y)| = C_F^{ox}\left\{|q|U_G - |q|\Phi_{ms} - |W_B(S)|\right\}$$

$$\Rightarrow \sigma_Q(y) \underset{(1)}{=} \pm C_F^{ox}\left\{(U_G - \Phi_{ms}) - \left(\frac{2W_{BI}}{|q|} + U(y)\right)\right\}$$

$$=: \pm C_F^{ox} \left\{ U_G' - \left(2U_{BI} + U(y) \right) \right\} \tag{4}$$

$$\text{mit den Definitionen: } U_G' := U_G - \Phi_{ms}; \quad U_{BI} = \left| \frac{W_{BI}}{q} \right| \tag{5}$$

Bei einer positiven Gatespannung befindet sich die positive Flächenladung $\sigma_Q(y)$ mit dem Wert (4) auf der Gateelektrode, der entsprechende gleich große negative Wert im Halbleiter. Dort teilt sie sich auf in *zwei* Beiträge: die negative Flächenladung $\sigma_{Qn}(y)$ aufgrund der Elektronen in der *Inversionsschicht* und die negative Flächenladung $\sigma_{QA}(y)$ aufgrund der negativ *geladenen Akzeptoren* in dem durch Entleerung aufgeladenen p-Halbleiter:

$$\sigma_Q(y) = \sigma_{Qn}(y) + \sigma_{QA}(y) \tag{6}$$

Der Ladungsanteil in der Raumladungszone (Breite d) ergibt sich zu:

$$\sigma_{QA}(y) \underset{(5.2.1-27b)}{=} -|q|\rho_A d \underset{(5.2.1-28)}{=} -|q|\rho_A L_D \sqrt{\frac{2W_B(S)}{kT}} = -\sqrt{2\varepsilon_r\varepsilon_0\rho_A W_B(S)}$$

$$\underset{(1)}{=} -\sqrt{2\varepsilon_r\varepsilon_0\rho_A\left(2W_{BI} + |q|U(y)\right)} \underset{(5)}{=} -\sqrt{2\varepsilon_r\varepsilon_0\rho_A|q|\left(2U_{BI} + U(y)\right)} \tag{7}$$

Mit (6) erhält man für die Flächenladung im Inversionskanal:

$$\sigma_{Qn}(y) \underset{(6)}{=} \sigma_Q(y) - \sigma_{QA}(y)$$

$$\underset{(1,4,5,7)}{=} -C_F^{ox}\left\{ U_G' - \left(2U_{BI} + U(y) \right) \right\} + \sqrt{2\varepsilon_r\varepsilon_0\rho_A|q|\left(2U_{BI} + U(y) \right)} \tag{8}$$

Zur Berechnung der Strom-Spannungs-Kennlinie des MOS-Transistors gehen wir analog (10.1-4) und (10.3.1-7) aus von der Stromdichtegleichung für einen reinen Feldstrom, d.h. wir vernachlässigen zunächst den Beitrag eines Diffusionsstroms aufgrund von Ladungsträger-Konzentrationsgradienten im Kanal. Auch in diesem Fall ist der Querschnitt $\Delta x \cdot Z$ (Δx ist die Ausdehnung des Kanals in x-Richtung, Z ist wie in Bild 10.3.1-1 die Breite des Kanals) im Inversionskanal nicht konstant, sondern nimmt von der Source zum Drain hin ab. Die Volumendichte $\rho_{nl}(y)$ der den Stromfluß im Inversionskanal ermöglichenden Elektronen ist unmittelbar korreliert mit der negativen Flächenladungsdichte $\sigma_{Qn}(y)$ nach (8), da beide dieselben Teilchen beschreiben. Damit gilt:

$$\rho_{nI}(y) = -\frac{\sigma_{Qn}(y)\,/\,|q|}{\Delta x} \tag{9}$$

$$\Rightarrow j_n \underset{(4.3.2-16a)}{=} |q|\rho_{nI}(y)\mu_n E$$

$$j_n = \frac{I_n}{\Delta x \cdot Z} = -\frac{\sigma_{Qn}(y)}{\Delta x}\mu_n \cdot \left(-\frac{\partial U(y)}{\partial y}\right) \tag{10}$$

d.h. in der Differentialgleichung für den Strom I_n (nicht die Strom*dichte*) kürzt sich die Kanaldicke Δx heraus:

$$I_n = Z\sigma_{Qn}(y)\mu_n\frac{\partial U(y)}{\partial y} \tag{11}$$

(σ_{Qn} hat einen negativen Wert). Nach Einsetzen von (8) kann (11) analog zu (10.3.1-13 und 14) ausintegriert werden. Der Elektronenstrom wird dann als **Drainstrom** I_D und die Spannung $U(y)$ am Ende des Kanals bei $y = L$ als **Drainspannung** $U_D = U_{DS}$ (da die Spannung relativ zur Source gemessen wird) bezeichnet:

$$I_D\int_0^L dy = Z\mu_n\int_0^{U_D}\sigma_{Qn}(U(y))dU(y) \tag{12}$$

$$\Rightarrow I_D L \underset{(8)}{=} Z\mu_n\int_0^{U_D}\left\{\begin{array}{l}-C_F^{ox}\{U_G' - 2U_{BI} - U(y)\} + \\[2mm] +\sqrt{2\varepsilon_r\varepsilon_0\rho_A\left(2W_{BI} + |q|U(y)\right)}\end{array}\right\}dU(y) \tag{13}$$

$$\Rightarrow I_D = -\frac{Z}{L}\mu_n C_F^{ox}\left\{\begin{array}{l}\left[U_G' - 2U_{BI} - \dfrac{U_D}{2}\right]U_D - \\[3mm] -\dfrac{2}{3}\dfrac{\sqrt{2\varepsilon_r\varepsilon_0\rho_A|q|}}{C_F^{ox}}\left[(U_D + 2U_{BI})^{\frac{3}{2}} - (2U_{BI})^{\frac{3}{2}}\right]\end{array}\right\} \tag{14}$$

Diese Beziehung beschreibt die Ausgangskennlinien $I_D(U_D, U_G' = \text{Parameter})$ des MOSFETs (Bild 10.4.1-3), allerdings nur unter der Voraussetzung, daß der Inversionskanal über die gesamte Kanallänge vorhanden ist. Das ist aber nur möglich, wenn die Drainspannung nicht so groß geworden ist, daß die Differenz zwischen Drain- und Gatespannung die Einsatzspannung unterschreitet. Der maximal zulässige Wert von U_D wird als **Sättigungs-Drainspannung** U_{Dsat} bezeichnet und ergibt sich aus (8) für die Bedingung

$$\sigma_{Qn}(U_{Dsat}) = 0 \tag{15a}$$

$$\underset{(8)}{\Rightarrow} - C_F^{ox}\left\{U_G' - (2U_{BI} + U_{Dsat})\right\} + \sqrt{2\varepsilon_r\varepsilon_o\rho_A|q|(2U_{BI} + U_{Dsat})} = 0 \tag{15b}$$

$$\Rightarrow U_G' - (2U_{BI} + U_{Dsat}) = \frac{1}{C_F^{ox}}\sqrt{2\varepsilon_r\varepsilon_o\rho_A|q|(2U_{BI} + U_{Dsat})} \tag{15c}$$

$$=: K\sqrt{2}\sqrt{2U_{BI} + U_{Dsat}} \tag{15d}$$

$$\text{mit der } \textbf{Substratkonstanten } K := \frac{1}{C_F^{ox}}\sqrt{\varepsilon_r\varepsilon_o|q|\rho_A} \tag{15e}$$

Diese Lösung der quadratischen Gleichung (15d) ist:

$$U_{Dsat} = U_G' - 2U_{BI} + K^2\left\{1 - \sqrt{1 + \frac{2U_G'}{K^2}}\right\} \tag{16}$$

Die Elimination von U'_G aus (14) und (16) liefert die Sättigungkennlinie $I_{Dsat}(U_{Dsat})$, welche den Gültigkeitsbereich von (14) zu großen Drainspannungen hin begrenzt.

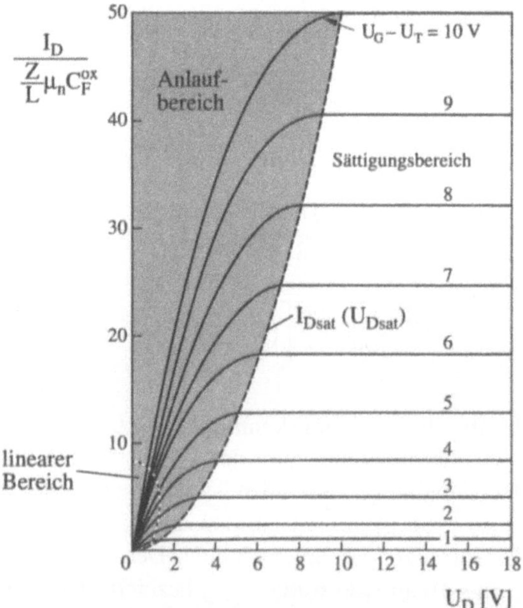

Bild10.4.1-3a: Ausgangskennlinienschar des MOSFETs für verschiedene Werte von $U_G–U_T$ nach (17d). Die gestrichelte Kurve entspricht der Sättigungskennlinie $I_{Dsat}(U_{Dsat})$. Die Gleichung (14) gilt nur für kleinere Drainspannungen als U_{Dsat} (schraffierter Bereich).

In der Praxis ist es meistens zweckmäßiger, die Kennlinien über die Einsatzspannung U_T zu beschreiben. Diese ist durch die Bedingung definiert, daß in Abwesenheit einer Drainspannung U_D der Kanal über seine gesamte Länge abgeschnürt ist, d.h. es gelten dieselben Voraussetzungen wie in (5.3.1-17) für den MIS-Übergang ohne Source- und Drainelektroden. Die Größe der Einsatzspannung kann leicht bestimmt werden, indem wir fordern, daß die Kanalladung σ_{Qn} in (8) für $U(y) = 0$ verschwindet:

$$\sigma_{Qn}\Big|_{U_D=U(y)=0} = 0 \tag{17a}$$

$$\underset{(15c)}{\Rightarrow} U'_G\Big|_{U_D=0} = 2U_{BI} + \frac{1}{C_F^{ox}}\sqrt{2\varepsilon_r\varepsilon_0\rho_A|q|2U_{BI}} \tag{17b}$$

$$\text{mit (5) gilt: } U'_G\Big|_{U_D=0} = U_G\Big|_{U_D=0} - \Phi_{ms} = U_T - \Phi_{ms} =: U'_T \tag{17c}$$

$$\Rightarrow U'_G - U'_T = U_G - U_T \tag{17d}$$

$$\Rightarrow U_T = \Phi_{ms} + 2U_{BI} + \frac{1}{C_F^{ox}}\sqrt{2\varepsilon_r\varepsilon_0\rho_A|q|2U_{BI}} \tag{17e}$$

Die Formel (17e) stimmt mit der früher hergeleiteten Gleichung (5.3.1-17a) überein, wenn man berücksichtigt, daß in Abschnitt 5.3.1 das Gatemetall, in den Bildern 10.4.1-1 und 2 hingegen die Halbleiterseite als Bezugspunkt (Massepunkt) der Einsatzspannung gewählt worden war.

Mit Hilfe der Einsatzspannung können die Kennliniengleichungen (14) in eine für die Praxis leichter auswertbare Form überschrieben werden, gleichzeitig werden (in Erweiterung der Herleitung von (14)) mit (5.3.1-17 und 21) alle die Einsatzspannungen beeinflussende Größen – wie auch Grenzflächen- und Oxidladungen – berücksichtigt. Eine wesentliche Vereinfachung ergibt sich zwangsläufig, wenn man den Einfluß der Drainspannung auf die Raumladung der ionisierten Akzeptoren vernachlässigt ($\Delta\sigma_{QA} = 0$ in Bild 10.4.1-2b$_3$, Grenzfall großer Inversionsladungen oder kleiner Raumladung zwischen Inversionsschicht und Halbleitersubstrat), wie das auch in Abschnitt 10.1 durchgeführt wurde. Gehen wir aus von (10.1-3) oder Bild 10.4.1-2b$_3$, dann gilt unter dieser Voraussetzung einfach:

$$\sigma_{Qn}(y)\underset{(Bild\,10.4.1-2b_3)}{=} -C_F^{ox}\left\{U_G - U_T - U(y)\right\} \tag{18a}$$

Einsetzen in (12) ergibt anstelle von (14) die vereinfachte Strom-Spannungs-Kennlinie für den Fall großer Inversionsladungen:

$$I_n = I_D = -\frac{Z}{L}\mu_n C_F^{ox}\left\{(U_G - U_T)U_D - \frac{1}{2}U_D^2\right\} \tag{18b}$$

Der Sättigungswert für den Strom ergibt sich für die Bedingung, daß am Ort des Drains die Spannung $U(L)= U_D$ einen solchen Wert hat, daß dort die Inversionsladung $\sigma_{Qn}(L)$ Null wird:

$$\sigma_{Qn}\Big|_{U(L)=U_D=:U_{Dsat}} = 0 \underset{(18a)}{\Rightarrow} U_{Dsat} = U_G - U_T \tag{18c}$$

Einsetzen von (18c) in (18b) ergibt als Sättigungs-Drainstrom

$$I_{Dsat} = -\frac{Z}{L}\mu_n C_F^{ox}\left\{(U_G - U_T)U_{Dsat} - \frac{U_{Dsat}^2}{2}\right\}$$

$$= -\frac{Z}{L}\mu_n C_F^{ox}\left\{(U_G - U_T)(U_G - U_T) - \frac{(U_G - U_T)^2}{2}\right\}$$

$$= -\frac{Z}{2L}\mu_n C_F^{ox}(U_G - U_T)^2 \tag{18d}$$

Unter den vereinfachten Voraussetzungen dieser Rechnung – also bei hinreichend großen Werten von U_G-U_T – besteht damit eine lineare Abhängigkeit zwischen der Wurzel aus dem Sättigungsdrainstrom und der Spannungsdifferenz U_G-U_T (Bild 10.4.1-3b$_3$).

Bei Drainspannungen U_D oberhalb der Sättigungs-Drainspannung U_{Dsat} tritt – wie zu Anfang dieses Abschnitt beschrieben – eine Sättigung ein, d.h. der Drainstrom steigt nur noch schwach mit der Drainspannung. Die Ursache hierfür ist dieselbe wie beim Sperrschicht-Feldeffekttransistor und wurde dort ausführlich diskutiert. Auch beim MOSFET führt die (sich mit steigender Drainspannung nur schwach einstellende) Verkürzung der Kanallänge zu einem großen, aber nicht unendlichen großen Ausgangswiderstand, weitere Effekte entstehen durch eine Raumladungsbegrenzung (s. Anhang C4) des Drainstroms. Bild 10.4.1-3b zeigt das Ausgangkennlinienfeld und die Transferkennlinien eines industriell gefertigten MOSFETs.

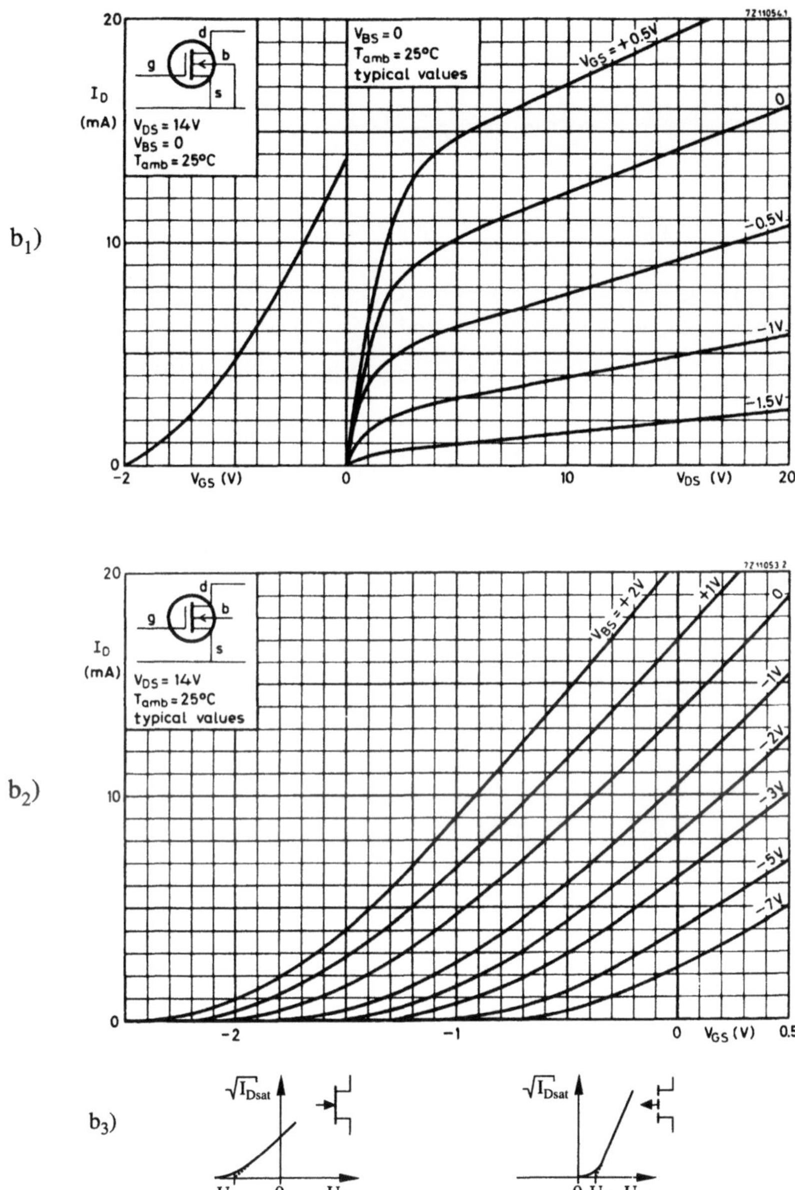

Bild 10.4.1-3b: Kennlinien des n-Kanal-MOSFETs BSV 81:

b₁) Transferkennlinie und Ausgangskennlinienfeld

b₂) Transferkennlinien bei verschiedenen Substratspannungen

b₃) Auftragung der Wurzel des Sättigungsdrainstroms über der Gatespannung:
Nach (18d) ergibt sich für hinreichend große U_G-U_T eine lineare Abhängigkeit.

Für den Kanal- und den Transferleitwert (Steilheit) bei Eintritt der Sättigung folgt aus (18b):

$$g_D\big|_{U_{Dsat}} = \left|\frac{\partial I_{Dsat}}{\partial U_D}\right| = 0 \tag{19}$$

$$g_m\big|_{U_{Dsat}} = \left|\frac{\partial I_{Dsat}}{\partial U_G}\right| = \frac{Z}{L}\mu_n C_F^{ox}(U_G - U_T) \tag{20}$$

(19) besagt, daß die Ausgangkennlinien mit der Steigung Null in den Sättigungsbereich einmünden, d.h. der Ausgangwiderstand ist im Prinzip sehr hoch.

Für kleine Drainspannungen geht die Ausgangskennlinie des MOSFETs in einen linearen Bereich über:

$$I_D \underset{(18b)}{\overset{=}{}} \frac{Z}{L}\mu_n C_F^{ox}(U_G - U_T)U_D \tag{21}$$

$$\text{linearer Kennlinienbereich des MOSFETs}: \ U_{D\,lin} << U_G - U_T \tag{22}$$

mit den Werten für den Kanal- und den Transferleitwert:

$$g_D\big|_{U_{D\,lin}} = \left|\frac{\partial I_D}{\partial U_D}\right|_{U_{D\,lin}} \approx \frac{Z}{L}\mu_n C_F^{ox}(U_G - U_T) \tag{23}$$

$$g_m\big|_{U_{D\,lin}} = \left|\frac{\partial I_D}{\partial U_G}\right|_{U_{D\,lin}} \approx \frac{Z}{L}\mu_n C_F^{ox}\cdot U_D \tag{24}$$

Bisher wurde nur der Fall einer *starken* Inversion des Kanals betrachtet: Unter dieser Voraussetzung dominiert der Feldstrom. Bei einer *schwachen* Inversion (z.B. Bandverbiegung im p-Gebiet zwischen Source und Drain zwischen W_{BI} und $2W_{BI}$, s. Bild 5.3.1-5, Fall III b und c) liegen die Verhältnisse anders: In diesem Fall kann der Diffusionsstrom dominieren.

Wir betrachten hierfür das Bändermodell des MOSFETs in y-Richtung (Bild 10.4.1-4, Auftragung wie in Bild 10.1-6b). Die Wirkung der Gatespannung ist, daß an der Grenzfläche Halbleiter-Gateoxid die Leitungsbandkante des p-Substrats im Kanalgebiet um den Betrag $W_B(S)$ abgesenkt wird, so daß dort eine schwache Inversion eintritt (Bild 10.4.1-4a). Dadurch vergrößert sich die Minoritätsträger-, also Elektronendichte im Kanal auf den Wert:

$$\rho_n^K(0) = \rho_n^{So}\exp\left(+\frac{W_B(S)}{kT}\right) \tag{25a}$$

Dabei ist ρ_n^{So} die Elektronendichte im p-halbleitenden Substrat.

Während das Substrat und die Source wie in Bild 10.4.1-1 kurzgeschlossen sind, liegt am Draingebiet eine positive Spannung, so daß dort die Fermienergie abgesenkt ist (Bild 10.4.1-4b). Qualitativ hat das Bändermodell jetzt den Verlauf einer Energiebarriere, wie z.B. bei der abgeschirmten Grenzflächenladung in Bild 7.2.1-2. Kennzeichnend ist, daß sich bei hinreichend kleinen Stromdichten – wie sie im Fall der schwachen Inversion ohnehin gegeben sind – die Fermienergie der Drainseite bis zu einem gewissen Abstand in das Kanalgebiet konstant fortsetzt (eine Konsequenz der Gleichung (7.2.1-17)), so daß dort die Elektronendichte stark abgesenkt wird:

$$\rho_n^K(L) = \rho_n^{So} \exp\left(+\frac{W_B(S)}{kT}\right)\exp\left(-\frac{|q|U_D}{kT}\right) \tag{25b}$$

Durch diesen Effekt entsteht ein Konzentrationsgradient zwischen Source ($y = 0$) und Drain ($y = L$), d.h. die Diffusionsstromsstromdichte kann abgeschätzt werden durch:

$$j_{nD} = -|q|D_n\frac{\rho_n^S(0) - \rho_n^S(L)}{L}$$

$$= -|q|D_n\rho_n^{So}\exp\left(+\frac{W_B(S)}{kT}\right)\left\{1 - \exp\left(-\frac{|q|U_D}{kT}\right)\right\} \tag{26}$$

In vielen praktischen Fällen gilt mit (5.3.1-12b und 16) näherungsweise die Beziehung (das Substrat ist Bezugspunkt der Spannungen):

$$U_G - U_T \underset{U_G=U_a}{\approx} \frac{1}{|q|}\left(W_B(S) - 2W_{BI}\right) \tag{27}$$

d.h. aus (26) ergibt sich als Stromdichte im **Anlaufbereich** ($U_G < U_T$):

$$j_{nD} \propto \exp\left(|q|\frac{U_G - U_T}{kT}\right) \tag{28}$$

Das Anlaufverhalten bei Gatespannungen unterhalb der Einsatzspannung ist in Bild 10.4.1-4 dargestellt.

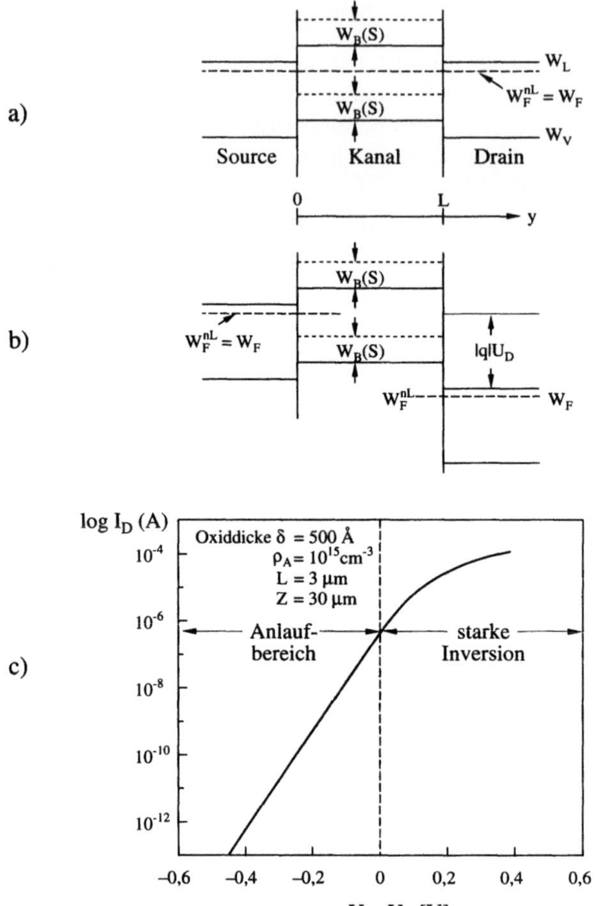

Bild 10.4.1-4: Stromfluß durch den MOSFET bei schwacher Inversion (Anlaufbereich)

a) Bändermodell in y-Richtung bei Anliegen einer positiven Gatespannung mit Drainspannung Null: Die Bandenergien im Kanalgebiet werden um den Betrag $W_B(S)$ abgesenkt.

b) Bändermodell nach a) bei Anliegen einer positiven Drainspannung: Es entsteht im Kanal eine Energiebarriere für Elektronen. Typisch ist bei kleinen Strömen über die Barriere eine konstante Fortsetzung der Fermienergien in den Barrierenbereich hinein (als Quasifermienergien, vgl. Abschnitt 7.2.1). Dadurch wird die Elektronendichte im Kanal auf der Drainseite abgesenkt, so daß zwischen Source und Drain ein Konzentrationsgradient entsteht. Der entsprechende Diffusionsstrom ist kennzeichnend für den Anlaufbereich des MOSFETs.

*c) Drainstrom für Gatespannungen oberhalb (Arbeitsbereich) und unterhalb (Anlaufbereich, **subthreshold region**) der Einsatzspannung: Im Anlaufbereich fällt der Strom exponentiell mit der Differenz von Gate- und Einsatzspannung ab. Dieser Bereich wird in leistungsarmen integrierten MOS-Schaltungen ausgenutzt.*

In Abschnitt 5.3.1 wurde ausführlich diskutiert, von welchen Größen die Einsatz-spannung einer MIS-Diode abhängen kann: Differenzen $|q|\Phi_{ms}$ der Arbeitsfunktionen sowie Oxid- und Grenzflächenladungen verschieben die Flachbandspannung und damit die Spannungsskala, die Dotierung geht nach (5.3.1-7) über die Bandverbiegung $W_B(I)$ ein. In der Regel wird bei MOS-Dioden das Substrat als Massepunkt gewählt, so daß sich das Vorzeichen der äußeren Spannung U_a umkehrt. Die Beziehungen für die Einsatzspannung U_T und Flachbandspannung U_a^{FB} bekommen dann nach (5.3.1-17b, d, und 26) die Form ((17e) ist ein Spezialfall von (30)):

Spannungsnullpunkt: Substrat, angelegte Spannung = Gatespannung
die Bandaufbiegungen W_{BI} werden stets positiv gerechnet

$$|q|U_a^{FB} \underset{(5.3.1-26)}{=} +|q|\Phi_{ms} - \frac{|q|}{\delta \cdot C_F^{ox}} \int_o^d x \cdot \rho_Q(x)dx - \frac{|q|\sigma_{Qf}}{C_F^{ox}} \tag{29}$$

$$\left. \begin{array}{l} \text{p - Halbleiter} \\ \text{(n - Kanal)} \end{array} \right\}: \quad |q|U_T \underset{(5.3.1-17b)}{=} +|q|U_a^{FB} + 2\frac{|q|}{C_F^{ox}}\sqrt{\varepsilon_r(S)\varepsilon_o W_{BI}\rho_A} + 2W_{BI} \tag{30}$$

$$\left. \begin{array}{l} \text{n - Halbleiter} \\ \text{(p - Kanal)} \end{array} \right\}: \quad |q|U_T \underset{(5.3.1-17d)}{=} +|q|U_a^{FB} - 2\frac{|q|}{C_F^{ox}}\sqrt{\varepsilon_r(S)\varepsilon_o W_{BI}\rho_D} - 2W_{BI} \tag{31}$$

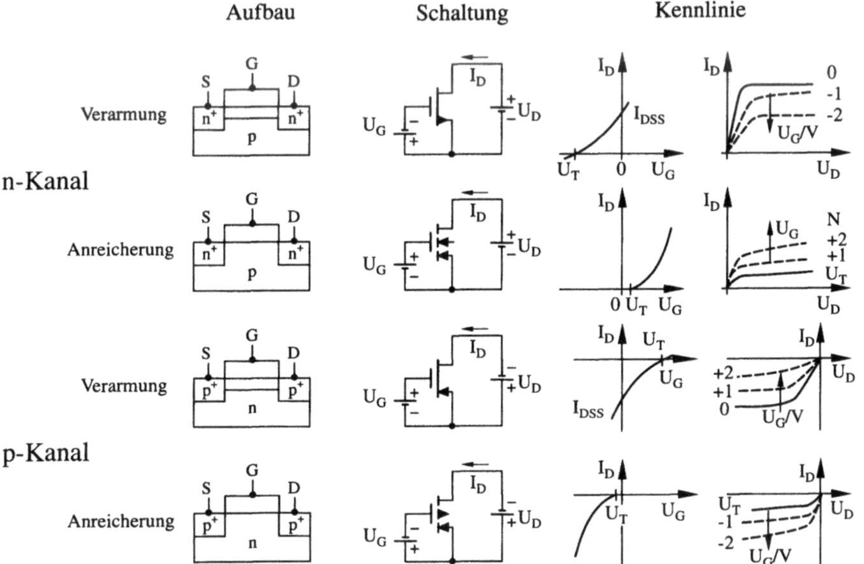

Bild 10.4.1-5:   Aufbau, Polarität der äußeren Spannungen und Kennlinien verschiedener Typen von MOSFETs (nach [45])

Die gezielte Einstellung der Einsatzspannung wird auch als **threshold engineering** bezeichnet. Die Einsatzspannung kann so gewählt werden, daß der MOSFET auch ohne Anlegen einer Gatespannung eine Inversionsschicht im Kanal besitzt, solche Transistoren werden als **selbstleitende (Verarmungs-, depletion-)** – im Gegensatz zu den bisher beschriebenen **selbstsperrenden (Anreicherungs-, enhancement-)** – MOSFETs bezeichnet. Bild 10.4.1-5 gibt einen Überblick über die verschiedenen MOSFET-Typen.

In die Einstellung der Einsatzspannung gehen Werkstoffparameter (Differenz der Arbeitspunktionen Φ_{ms}, Dielektrizitätskonstanten ε_r, Dotierungskonzentrationen ρ_A und ρ_D u.a.) ein sowie technologisch bestimmte Parameter wie die Oxiddicke (über C_F^{ox}), Grenflächenladungen, u.a.

In Bild 10.4.1-6 sind die Werte von Φ_{ms} für verschiedene Kombinationen von Siliziumdotierung und Gatewerkstoff in Abhängigkeit von der Dotierungskonzentration dargestellt. Häufig ist es günstiger, anstelle eines Gatemetalls hochdotiertes Polysilizium zu verwenden.

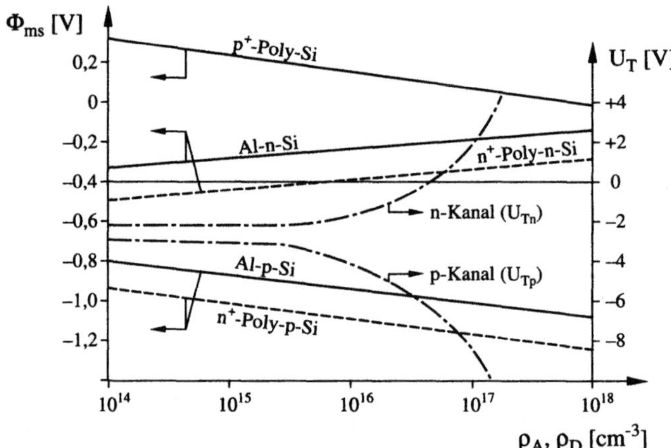

Bild 10.4.1-6:   *Differenz der Arbeitsfunktionen Φ_{ms} für Aluminium und hochdotiertes (p$^+$-und n$^+$-) Polysilizium gegen p- und n-dotiertes Silizium in Abhängigkeit von der Dotierungskonzentration (nach [45])*

In der Praxis sehr gebräuchlich ist die Einstellung der Einsatzspannung über eine Dotierung des Kanals durch Ionenimplantation (Bild 10.4.1-7). Bild 10.4.1-8 zeigt die entsprechenden Einsatzspannungen für verschiedene Konzentrationen der Kanaldotierung.

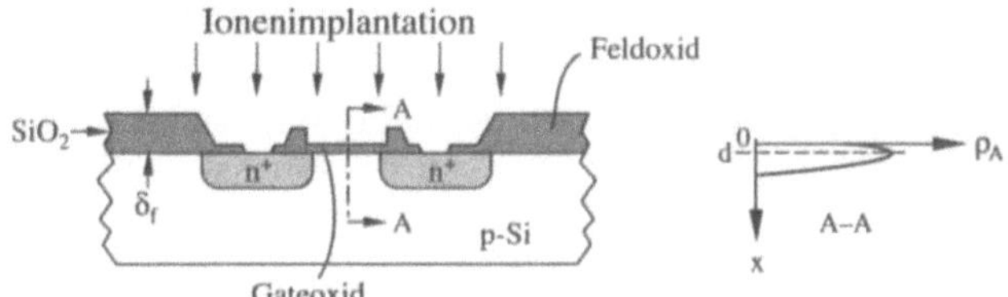

Bild 10.4.1-7:   Einstellung der Dotierung im Kanalgebiet eines n-Kanal-MOSFETs durch Io-nenimplantation: Die implantierten Ionen können zwar das dünne Gateoxid, nicht aber das weit dickere Feldoxid durchdringen. Das rechte Teilbild zeigt die Verteilung der implantierten Ionen. Häufig werden die Implantationsbedingun-gen so gewählt, daß das Maximum der Dotierung an der Grenzfläche Gateoxid-Halbleiter liegt (nach [32])

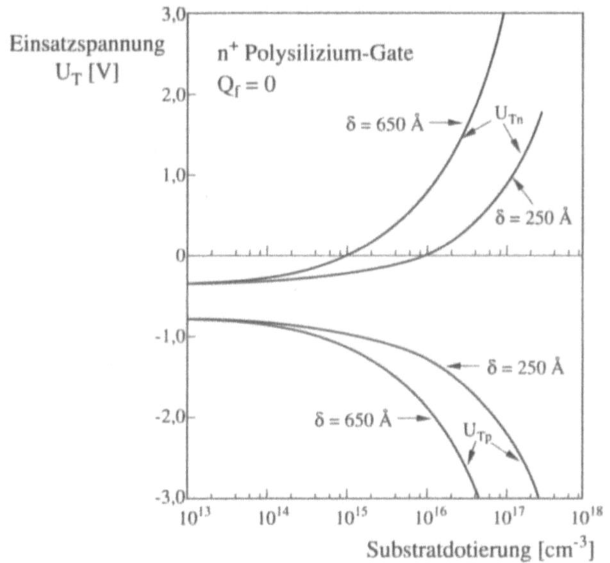

Bild 10.4.1-8:   Berechnete Abhängigkeit der Einsatzspannungen U_{Tn} und U_{Tp} von n-Kanal- und p-Kanal-MOSFETs in Abhängigkeit von der Dotierung im Kanalgebiet (die z.B. nach Bild 10.4.1-7 über Ionenimplantation eingestellt werden kann). Angegeben sind die Werte für zwei unterschiedliche Gateoxiddicken (nach [81])

Weitere Möglichkeiten zur Beeinflussung der Einsatzsspannung entstehen durch Va-riation der festen Flächenladungen σ_{Qf}, die häufig technologiebedingt sind und nur experimentell ermittelt werden können. Gut kontrolliert werden kann die Gateoxid-dicke δ, die über die Oxid-Flächenkapazität eingeht.

In Bild 10.4.1-1 waren die Source und das Substrat kurzgeschlossen worden. Legt man zwischen beiden eine Sperrspannung U_S (**Substratspannung**) an, dann verbreitert sich die Raumladungszone zwischen den n^+-Gebieten bzw. dem n-Kanal relativ zum Substrat. Entsprechend vergrößert sich die Bandaufbiegung $W_B(S)$ in Bild 10.4.1-2b$_3$:

$$2|W_{BI}| \rightarrow 2|W_{BI}| + |qU_S| \tag{32}$$

Dieser Wert muß jetzt anstelle von $2W_{BI}$ in (30) und (31) eingesetzt werden, wobei sich U_S auf die Spannung zwischen Gate und *Substrat* bezieht. Die Differenz der in diesem Fall erhaltenen Einsatzspannung relativ zur Einsatzspannung mit Kurzschluß von Source und Substrat ist:

$$|q|\Delta U_T = \frac{|q|}{C_F^{ox}}\left\{\sqrt{\varepsilon_r(S)\varepsilon_o\rho_A 2(2W_{BI} + qU_S)} - \sqrt{\varepsilon_r(S)\varepsilon_o\rho_A 2(2W_{BI})}\right\} + |qU_S|$$

$$= \frac{|q|}{C_F^{ox}}\sqrt{2\varepsilon_r(S)\varepsilon_o\rho_A}\left\{\sqrt{(2W_{BI} + qU_S)} - \sqrt{2W_{BI}}\right\} + |qU_S| \tag{33}$$

Beziehen wir diese Differenz auf die Einsatzspannung relativ zur Source, dann muß der Wert $|qU_S|$ abgezogen werden. Ein Beispiel für die Beziehung (33) ist in Bild 10.4.1-9 gegeben.

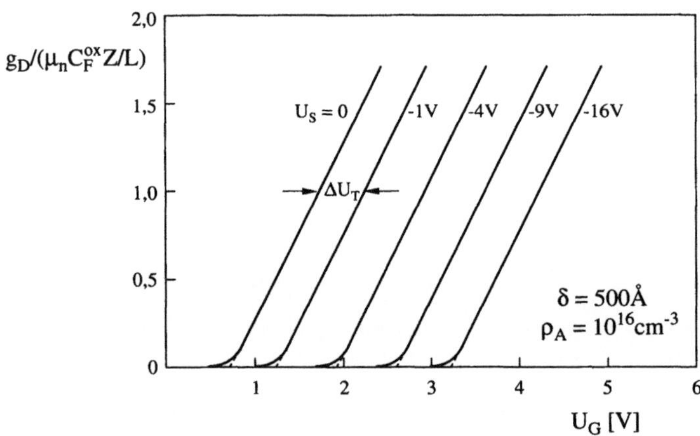

Bild 10.4.1-9: *Verschiebung der Einsatzspannung durch Anlegen einer Sperrspannung U_S zum Substrat (nach [32])*

Eine große Substratspannung U_s kann die Raumladungszonen von Source und Drain so weit vergrößern, daß sie sich überlappen: in diesem Fall ist eine Steuerung des

Kanals durch das Gate nicht mehr möglich (**punch-through**). Dieser Effekt ist besonders ausgeprägt bei kurzen Kanallängen, die in Verbindung mit Hochintegrationstechniken (Abschnitt 12) durchaus angestrebt werden. Weitere **Kurzkanaleffekte** sind [45]:

–   stärkerer Anstieg des Drainstroms im Sättigungsgebiet, weil die Abhängigkeit der Kanallänge L von der Drainspannung größer wird,

–   Anstieg des Drainstroms im Anlaufbereich und in der Umgebung der Einsatzspannung,

–   Entstehung hoher Feldstärken am Drain, so daß stark beschleunigte **heiße Elektronen** gebildet werden (Bild 10.4.1-10).

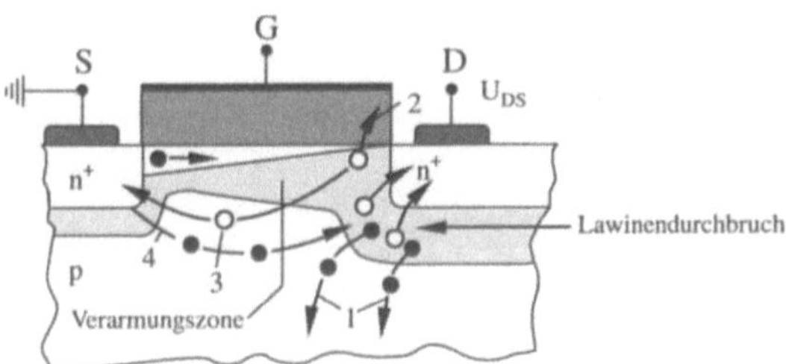

Bild 10.4.1-10:   Wirkung stark beschleunigter (hochenergetischer) "heißer" Elektronen im Drainbereich (nach [45]):

1.   Auslösung eines Substratstroms durch Lawinenmultiplikation

2.   Überwindung der Energiebarriere zum Oxid: Erzeugung von Oxidladungen, evtl. Gatestrom

3.   Löcherstrom zur Source

4.   Elektroneninjektion im Sourcebereich (parasitärer npn-Bipolartransistor)

Das Ersatzschaltbild des MOSFETs (Bild 10.4.1-11) ist sehr ähnlich dem des Sperrschicht-FETs (Bild 10.3.1-7).

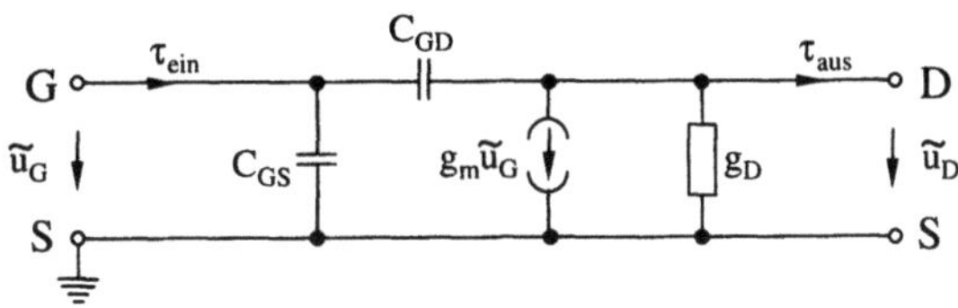

Bild 10.4.1-11: Kleinsignal-Ersatzschaltbild des MOSFETs

Entsprechend zu (10.3.1-27 bis 29) wird auch die Transitfrequenz bestimmt (C_{GS} und C_{GD} sind die Kapazitäten zwischen der Gateelektrode und Source bzw. Drain).

$$\tilde{i}_{ein} = j\omega(C_{GS} + C_{GD})\tilde{u}_G \approx j\omega C_F^{ox} \cdot ZL \cdot \tilde{u}_G \tag{34}$$

$$\tilde{i}_{aus} = g_m\tilde{u}_G \tag{35}$$

$$\Rightarrow \omega_T \Big|_{\tilde{i}_{ein}=\tilde{i}_{aus}} = \frac{g_m}{C_F^{ox} \cdot ZL} \tag{36}$$

Mit dem Transferleitwert (24) für den linearen Bereich der MOSFET-Ausgangs-kennlinien folgt dann

$$\omega_T = \mu_n \frac{U_D}{L^2} \tag{37}$$

Hohe Grenzfrequenzen werden also durch hohe Kanalbeweglichkeiten und kurze Kanallängen gefördert.

Angewendet werden können MOSFETs sowohl als Verstärker (die Steilheit ist allerdings wesentlich geringer als beim bipolaren Transistor) wie auch als Schalter (Bild 10.4.1-12). MOSFETs lassen sich bei sehr geringem Flächenbedarf (einige Mikrometer^2) mit sehr hoher Fertigungsausbeute herstellen und eignen sich daher hervorragend für den Einsatz in digitalen integrierten Schaltungen (Abschnitt 12). Bei **MOS-Tetroden** sind in der Kanalstrecke zwei Gateelektroden hintereinander angeordnet, die unabhängig voneinander angesteuert werden können (Bild 10.5-1c).

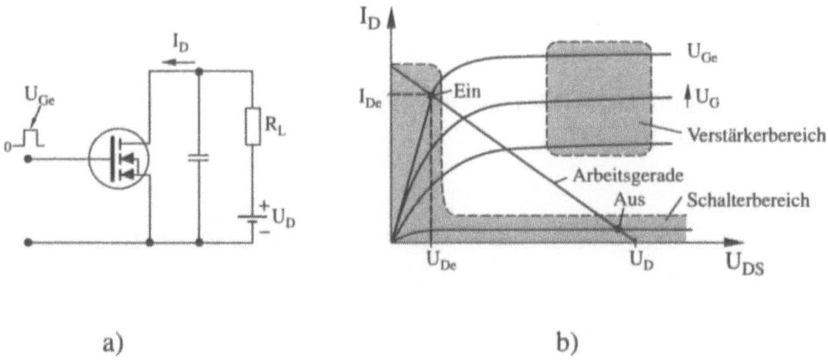

Bild 10.4.1-12: MOSFET als Schalter (nach [45])

    a) Grundschaltung

    b) Ausgangskennlinienfeld mit Arbeitsgeraden und Kennlinienbereich für den Schalter- und Verstärkerbetrieb

Bei den in den Bildern 10.4.1-1 und 7 dargestellten Ausführungsformen von MOS-FETs wird die Kanallänge im Fertigungsprozeß durch einen Lithographieschritt festgelegt. Sehr kurze Kanallängen (z.B. < 1 µm) erfordern daher eine aufwendige Technologie (bis hin zur Elektronenstrahl- oder Röntgenlithographie, vgl. Abschnitt 8.2.6). Alternative technologische Verfahren zur Herstellung von Kurzkanal-MOSFETs werden in Bild 10.4.1-13 beschrieben.

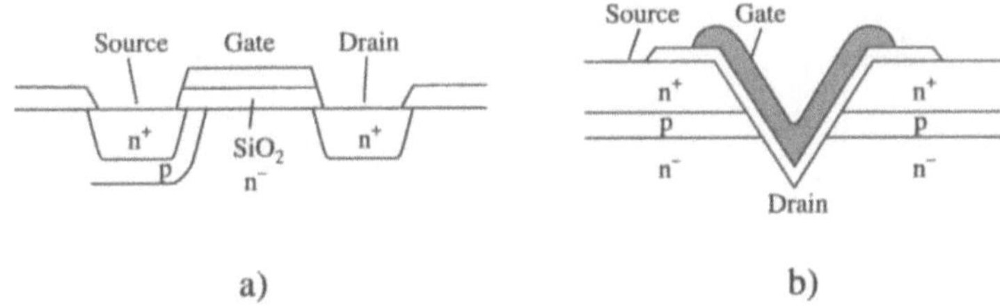

Bild 10.4.1-13: Herstellung kurzer Kanallängen ohne Einsatz einer hochauflösenden Lithographie:

a) DMOS: Durch das Source-Fenster werden nacheinander eine p- und eine n-Zone eindiffundiert. Die Differenz in der Eindringtiefe bestimmt die Kanallänge

b) VMOS: Über Epitaxieverfahren wird eine Schichtfolge n^--p-n^+ hergestellt. Nach Ätzen eines V-förmigen Grabens von der Oberfläche her, Oxidation eines Gateoxids und Bedampfung mit einem Gatemetall entsteht eine MOSFET-Struktur, bei der die Kanallänge durch die Dicke der p-Schicht bestimmt wird.

Im folgenden sind die Kenndaten eines MOSFETs zusammengestellt.

MOSFET N-CHANNEL ENHANCEMENT SWITCHING TRANSISTORS

Symmetrical insulated gate silicon MOS field-effect transistor of the N-channel enhancement mode type.

These transistors are hermetically sealed in a TO-72 envelope and feature a low ON-resistance, high switching speed and low capacitances.

The types BSD213 and BSD215 are protected against excessive input voltages by integrated back-to-back diodes between gate and substrate.

Applications:
- analogue and/or digital switch
- switch driver
- converters
- choppers

QUICK REFERENCE DATA

			BSD212	BSD213	BSD214	BSD215	
Drain-source voltage	V_{DS}	max.	10	10	20	20	V
Gate-source voltage	V_{GS}	max.	± 40	+ 15 / −30	± 40	+ 15 / −40	V
Drain current (DC)	I_D	max.	50				mA
Total power dissipation up to T_{amb} = 25 °C (free air)	P_{tot}	max.	275				mW
Drain-source resistance I_D = 1 mA; V_{SB} = 0; V_{GS} = 15 V	$R_{DS(on)}$	typ.	25				Ω
Feedback capacitance V_{GS} = V_{BS} = −15 V; V_{DS} = 10 V; f = 1 MHz	C_{rss}	typ.	0,6				pF
Junction temperature	T_j	max.	125				°C

MECHANICAL DATA

Fig. 1 TO-72.

Pinning
1 = source
2 = drain
3 = gate
4 = substrate (b) connected to case

Dimensions in mm

(1) Diode protection on types BSD213 and BSD215 only. BSD212 and BSD214 have no protection diode.
To safeguard the gates against damage due to accumulation of static charge during transport or handling, the leads are encircled by a ring of conductive rubber which should be removed just after the transistor is soldered into the circuit.

RATINGS

Limiting values in accordance with the Absolute Maximum System (IEC 134)

			BSD212	BSD213	BSD214	BSD215	
Drain-source voltage	V_{DS}	max.	10	10	20	20	V
Source-drain voltage	V_{SD}	max.	10	10	20	20	V
Drain-substrate voltage	V_{DB}	max.	15	15	25	25	V
Source-substrate voltage	V_{SB}	max.	15	15	25	25	V
Gate-substrate voltage	V_{GB}	max.	± 40	± 15	± 40	± 15	V
Gate-source voltage	V_{GS}	max.	± 40	+ 15 / −30	± 40	+ 15 / −40	V
Gate-drain voltage	V_{GD}	max.	± 40	+ 15 / −30	± 40	+ 15 / −40	V
Drain current (DC)	I_D	max.	50				mA
Total power dissipation up to T_{amb} = 25 °C (free air)	P_{tot}	max.	275				mW
Storage temperature range	T_{stg}		−65 to + 175				°C
Junction temperature	T_j	max.	125				°C

THERMAL RESISTANCE

From junction to ambient	$R_{th\ j\text{-}a}$	=	360	K/W

CHARACTERISTICS

$T_{amb} = 25\ ^{\circ}C$ unless otherwise specified

			BSD212	BSD213	BSD214	BSD215	
Drain-source breakdown voltage $V_{GS} = V_{BS} = -5\ V;\ I_S = 10\ nA$	$V_{(BR)DSX}$ >		10	10	20	20	V
Source-drain breakdown voltage $V_{GD} = V_{BD} = -5\ V;\ I_D = 10\ nA$	$V_{(BR)SDX}$ >		10	10	20	20	V
Drain-substrate breakdown voltage $V_{GB} = 0;\ I_D = 10\ nA;$ open source	$V_{(BR)DBO}$ >		15	15	25	25	V
Source-substrate breakdown voltage $V_{GB} = 0;\ I_S = 10\ nA;$ open drain	$V_{(BR)SBO}$ >		15	15	25	25	V
Drain-source leakage current $V_{GS} = V_{BS} = -5\ V;\ V_{DS} = 10\ V$	I_{DSoff}	typ.	1,0	1,0	–	–	nA
$V_{GS} = V_{BS} = -5\ V;\ V_{DS} = 20\ V$	I_{DSoff}	typ.	–	–	1,0	1,0	nA
Source-drain leakage current $V_{GD} = V_{BD} = -5\ V;\ V_{SD} = 10\ V$	I_{SDoff}	typ.	1,0	1,0	–	–	nA
$V_{GD} = V_{BD} = -5\ V;\ V_{SD} = 20\ V$	I_{SDoff}	typ.	–	–	1,0	1,0	nA
Gate-substrate leakage current $V_{DB} = V_{SB} = 0;\ V_{GB} = \pm 40\ V$	I_{GBS} <		0,1	–	0,1	–	nA
$V_{DB} = V_{SB} = 0;\ V_{GB} = \pm 15\ V$	I_{GBS} <		–	10	–	10	nA
Threshold voltage $V_{DS} = V_{GS} = V_{GS(th)}$ $V_{SB} = 0;\ I_S = 1\ \mu A$	$V_{GS(th)}$		0,1 to 2,0				V

			BSD212	BSD213	BSD214	BSD215	
Drain-source resistance $I_D = 1,0\ mA;\ V_{SB} = 0;$ $V_{GS} = 5\ V$	$R_{DS(on)}$	typ. <	50 70	50 70	50 70	50 70	Ω Ω
$V_{GS} = 10\ V$	$R_{DS(on)}$	typ. <	30 45	30 45	30 45	30 45	Ω
$V_{GS} = 15\ V$	$R_{DS(on)}$	typ.	25	25	25	25	Ω
$V_{GS} = 25\ V$	$R_{DS(on)}$	typ.	15		15		Ω

DYNAMIC CHARACTERISTICS

Forward transconductance at f = 1 kHz $V_{DS} = 10\ V;\ V_{SB} = 0;\ I_D = 20\ mA$	g_{fs}	typ. >	15 10	mS
Capacitance at f = 1 MHz (see Fig. 2) $V_{GS} = V_{BS} = -15\ V;\ V_{DS} = 10\ V$				
Feed-back capacitance	C_{rss}	typ.	0,6	pF
Input capacitance	C_{iss}	typ.	2,3	pF
Output capacitance	C_{oss}	typ.	1,9	pF

DYNAMIC CHARACTERISTICS (continued)

Fig. 2 Capacitances model.

$C_{iss} = C_{GS} + C_{GD} + C_{GB}$

$C_{oss} = C_{GD} + C_{BD}$

$C_{rss} = C_{GD}$

Switching times (see Fig. 3)
$V_{DD} = 10\ V;\ V_i = -5\ V\ to\ +5\ V$

t_{on}	typ.	1,0	ns
t_{off}	typ.	5,0	ns

Fig. 3 Switching times test circuit and input and output waveforms.

Pulse generator:
$R_i = 50\ \Omega$
$t_r < 0,5$ ns
$t_f < 1,0$ ns
$t_p = 20$ ns
$\delta < 0,01$

10.4.2 Leistungs-MOSFETs

Bei den Leistungs-MOSFETs nehmen Drainspannung und -strom hohe Werte an. Hierzu dient eine Vergrößerung der Kanalbreite Z, was sich technologisch mit Hilfe der in Bild 10.4.1-13 beschriebenen DMOS- und VMOS-Techniken relativ einfach durchführen läßt (die fehlerfreie Herstellung langer schmaler Gategebiete über Lithographietechniken ist weit aufwendiger). Ein weiterer Vorteil dieser Techniken bei diskreten Leistungsbauelementen ist die Möglichkeit, eine **vertikale Struktur** aufzubauen: Während Source und Gate von der Scheiben*oberfläche* angeschlossen werden, liegt der Drainanschluß auf der Scheiben*rückseite* (Substratanschluß, Bild 10.4.2-1).

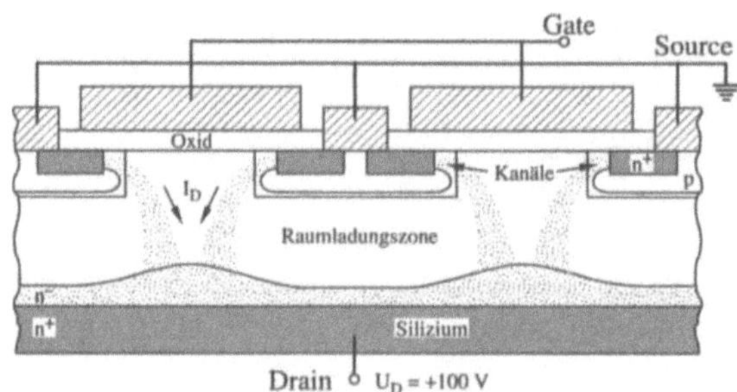

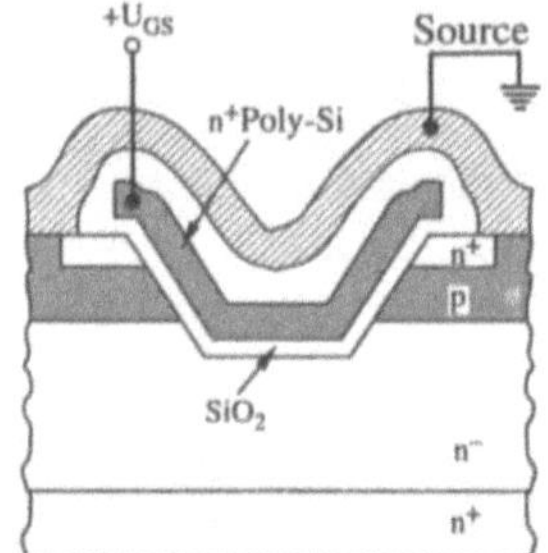

Bild 10.4.2-1:   MOS-Leistungstransistoren mit vertikaler Struktur (nach [82], im Gegensatz zu einer horizontalen Struktur wie in Bild 10.4.1-1)

a) DMOS-Struktur

b) UMOS-Struktur: im Gegensatz zur VMOS-Struktur hat der geätzte Graben eine U-Form

Die Hauptvorteile der MOS-Leistungstransistoren gegenüber bipolaren Leistungstransistoren sind

– erheblich kleinere Eingangsleistung wegen der Isolation der Gateelektrode,

– größere Schaltgeschwindigkeit, da es sich um ein Majoritätsträgerbauelement handelt,

– kein zweiter Durchbruch, d.h. eine wesentlich erhöhte thermische Stabilität.

Die steuerbare Leistung läßt sich zusätzlich dadurch steigern, daß in einem Halbleiterkristall (Chip) eine Vielzahl gleichartiger MOSFETs parallelgeschaltet werden.

Bild 10.4.2-2 zeigt die parasitären Bauelemente in einem Leistungs-MOSFET und das dazugehörige Ersatzschaltbild.

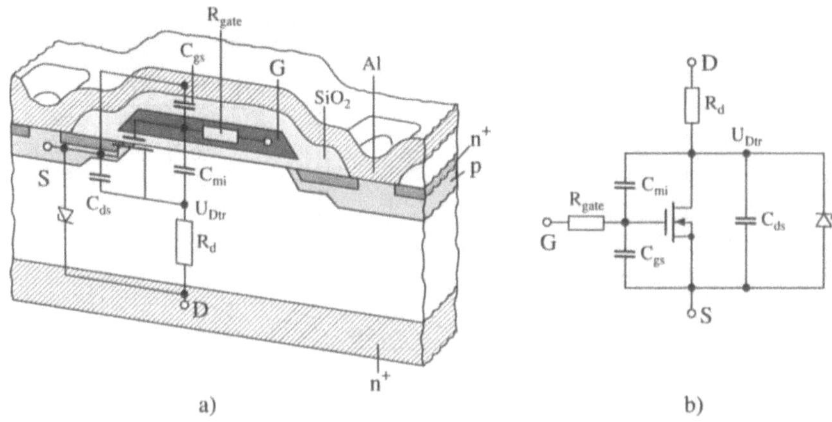

Bild 10.4.2-2:   *Parasitäre Bauelemente in einem Leistungs-MOSFET (nach [82])*

   a) Lage der parasitären Bauelemente in einer DMOS-Struktur mit vergrabener Gateelektrode (SIPMOS)

   b) zu a) gehöriges Ersatzschaltbild

Im folgenden sind die Leistungsdaten eines Leistungs-MOSFETs zusammengestellt.

Datenblatt BUK 637-500 A...C

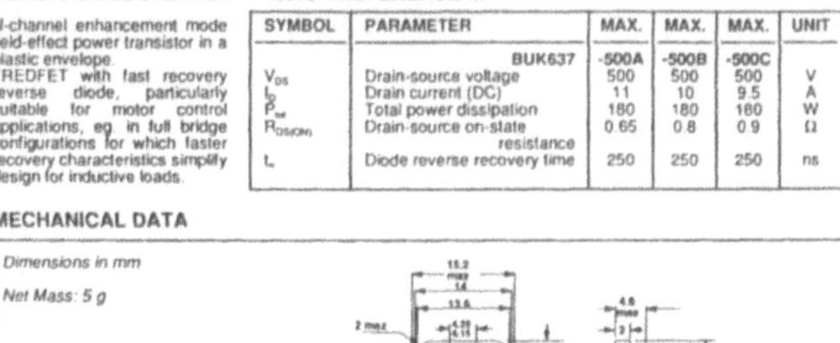

GENERAL DESCRIPTION

N-channel enhancement mode field-effect power transistor in a plastic envelope.
FREDFET with fast recovery reverse diode, particularly suitable for motor control applications, eg. in full bridge configurations for which faster recovery characteristics simplify design for inductive loads.

QUICK REFERENCE DATA

SYMBOL	PARAMETER	MAX.	MAX.	MAX.	UNIT
	BUK637	-500A	-500B	-500C	
V_{DS}	Drain-source voltage	500	500	500	V
I_D	Drain current (DC)	11	10	9.5	A
P_{tot}	Total power dissipation	180	180	180	W
$R_{DS(ON)}$	Drain-source on-state resistance	0.65	0.8	0.9	Ω
t_{rr}	Diode reverse recovery time	250	250	250	ns

MECHANICAL DATA

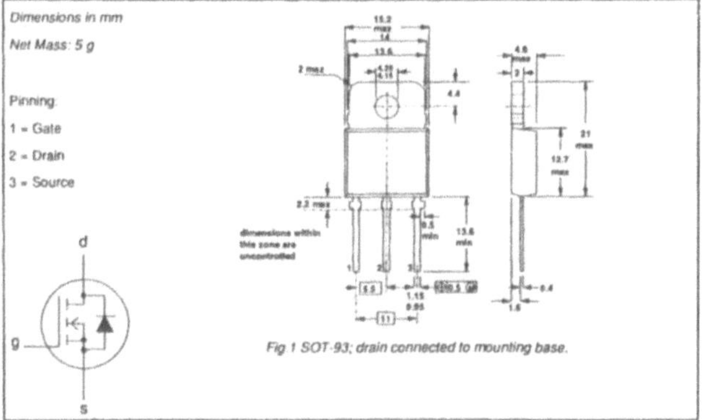

Datenblatt BUK 637-500 A...C

RATINGS

Limiting values in accordance with the Absolute Maximum System (IEC 134)

SYMBOL	PARAMETER	CONDITIONS	MIN.	MAX.			UNIT
V_{DS}	Drain-source voltage	-	-	500			V
V_{DGR}	Drain-gate voltage	$R_{GS} = 20\ k\Omega$	-	500			V
$\pm V_{GS}$	Gate-source voltage	-	-	30			V
				-500A	**-500B**	**-500C**	
I_D	Drain current (DC)	$T_{mb} = 25\ ^\circ C$	-	11	10	9.5	A
I_D	Drain current (DC)	$T_{mb} = 100\ ^\circ C$	-	7.0	6.3	6.0	A
I_{DM}	Drain current (pulse peak value)	$T_{mb} = 25\ ^\circ C$	-	44	40	38	A
P_{tot}	Total power dissipation	$T_{mb} = 25\ ^\circ C$	-	180			W
T_{stg}	Storage temperature	-	- 55	150			$^\circ C$
T_j	Junction Temperature	-	-	150			$^\circ C$

THERMAL RESISTANCES

From junction to mounting base	$R_{th\ j\text{-}mb} = 0.69\ K/W$
From junction to ambient	$R_{th\ j\text{-}a} = 45\ K/W$

STATIC CHARACTERISTICS

$T_{mb} = 25\ ^\circ C$ unless otherwise specified

SYMBOL	PARAMETER	CONDITIONS	MIN.	TYP.	MAX.	UNIT
$V_{(BR)DSS}$	Drain-source breakdown voltage	$V_{GS} = 0\ V;\ I_D = 0.25\ mA$	500	-	-	V
$V_{GS(TO)}$	Gate threshold voltage	$V_{DS} = V_{GS};\ I_D = 1\ mA$	2.1	3.0	4.0	V
I_{DSS}	Zero gate voltage drain current	$V_{DS} = 500\ V;\ V_{GS} = 0\ V;\ T_j = 25\ ^\circ C$	-	2	20	μA
I_{DSS}	Zero gate voltage drain current	$V_{DS} = 500\ V;\ V_{GS} = 0\ V;\ T_j = 125\ ^\circ C$	-	0.1	1.0	mA
I_{GSS}	Gate source leakage current	$V_{GS} = \pm 30\ V;\ V_{DS} = 0\ V$	-	10	100	nA
$R_{DS(ON)}$	Drain-source on-state resistance	$V_{GS} = 10\ V;$ BUK637-500A	-	0.6	0.65	Ω
		$I_D = 6.5\ A$ BUK637-500B	-	0.7	0.8	Ω
		BUK637-500C	-	0.8	0.9	Ω

DYNAMIC CHARACTERISTICS

$T_{mb} = 25\ ^\circ C$ unless otherwise specified

SYMBOL	PARAMETER	CONDITIONS	MIN.	TYP.	MAX.	UNIT
g_{fs}	Forward transconductance	$V_{DS} = 25\ V;\ I_D = 6.5\ A$	5.0	8.0	-	S
C_{iss}	Input capacitance	$V_{GS} = 0\ V;\ V_{DS} = 25\ V;\ f = 1\ MHz$	-	1500	1800	pF
C_{oss}	Output capacitance		-	170	270	pF
C_{rss}	Feedback capacitance		-	70	120	pF
$t_{d\ on}$	Turn-on delay time	$V_{DD} = 30\ V;\ I_D = 2.8\ A;$	-	20	40	ns
t_r	Turn-on rise time	$V_{GS} = 10\ V;\ R_{GS} = 50\ \Omega;$	-	60	90	ns
$t_{d\ off}$	Turn-off delay time	$R_{gen} = 50\ \Omega$	-	200	250	ns
t_f	Turn-off fall time		-	75	90	ns
L_d	Internal drain inductance	Measured from contact screw on tab to centre of die	-	5	-	nH
L_d	Internal drain inductance	Measured from drain lead 6 mm from package to centre of die	-	5	-	nH
L_s	Internal source inductance	Measured from source lead 6 mm from package to source bond pad	-	12.5	-	nH

REVERSE DIODE RATINGS AND CHARACTERISTICS

$T_{mb} = 25\ ^\circ C$ unless otherwise specified

SYMBOL	PARAMETER	CONDITIONS		MIN.	TYP.	MAX.	UNIT
I_{DR}	Continuous reverse drain current	-		-	-	11	A
I_{DRM}	Pulsed reverse drain current	-		-	-	44	A
V_{SD}	Diode forward voltage	$I_F = 11\ A;$	$V_{GS} = 0\ V$	-	1.1	1.5	V
t_{rr}	Reverse recovery time	$I_F = 11\ A;$	$T_j = 25\ ^\circ C$	-	180	250	ns
		$-dI_F/dt =$	$T_j = 125\ ^\circ C$	-	220	300	ns
Q_{rr}	Reverse recovery charge	$100\ A/\mu s;$	$T_j = 25\ ^\circ C$	-	0.65	1.2	μC
		$V_{GS} = 0\ V;$	$T_j = 125\ ^\circ C$	-	2.6	5.0	μC
I_{rrm}	Reverse recovery current	$V_R = 100\ V$	$T_j = 125\ ^\circ C$	-	15	-	A

Datenblatt BUK 637-500 A...C

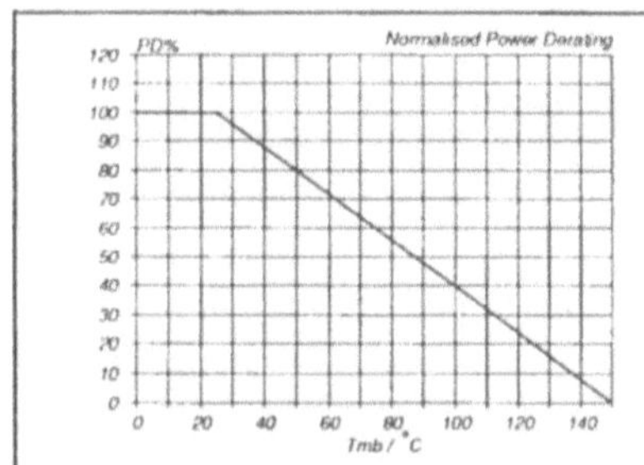

Fig.2. Normalised power dissipation.
$PD\% = 100 \cdot P_D/P_{D\,25\,°C} = f(T_{mb})$

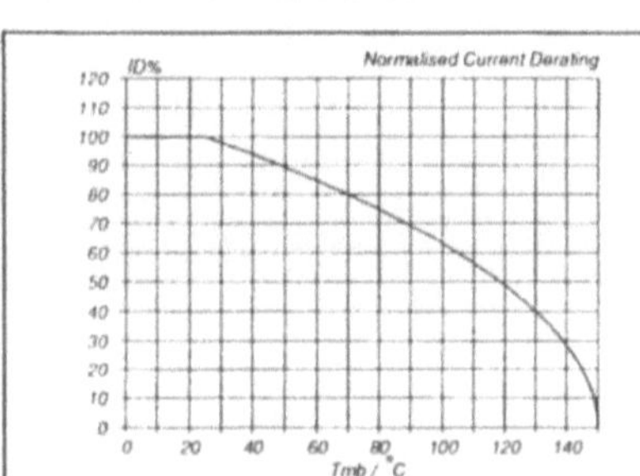

Fig.3. Normalised continuous drain current.
$ID\% = 100 \cdot I_D/I_{D\,25\,°C} = f(T_{mb})$; conditions: $V_{GS} \geq 10$ V

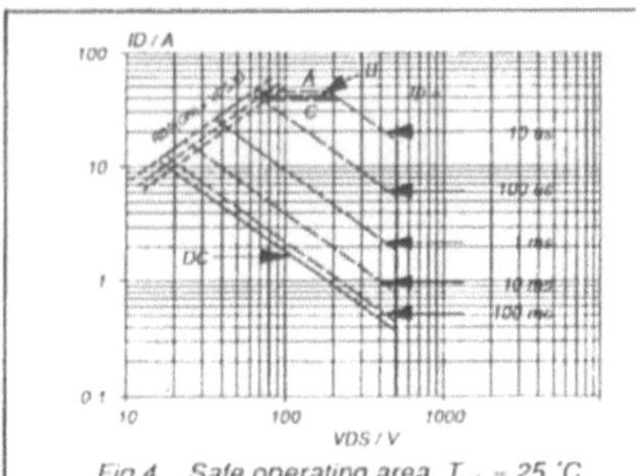

Fig.4. Safe operating area. $T_{mb} = 25$ °C
I_D & $I_{DM} = f(V_{DS})$; I_{DM} single pulse; parameter t_p

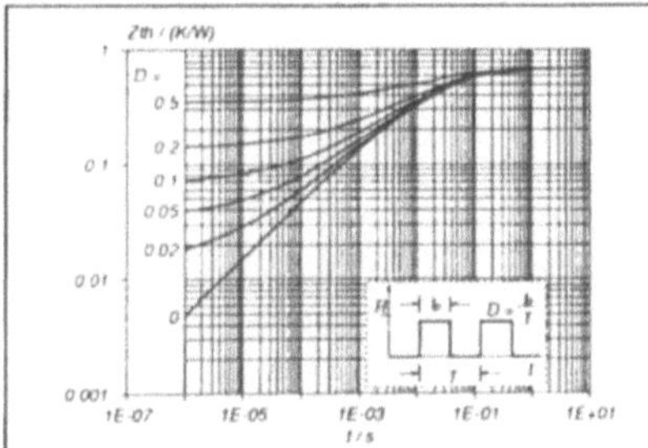

Fig.5. Transient thermal impedance.
$Z_{th\,j\,mb} = f(t)$; parameter $D = t_p/T$

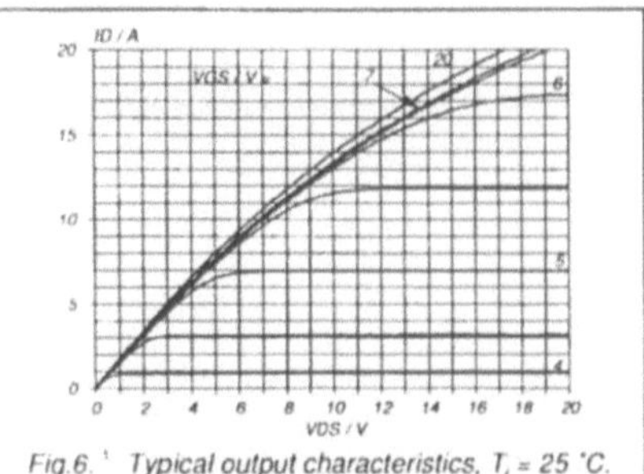

Fig.6. Typical output characteristics, $T_j = 25$ °C.
$I_D = f(V_{DS})$; parameter V_{GS}

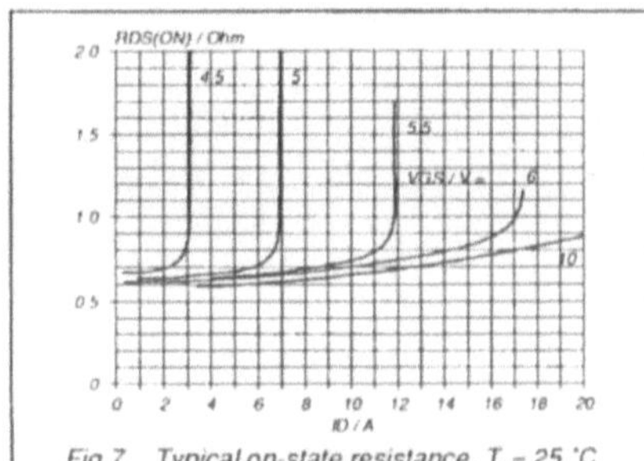

Fig.7. Typical on-state resistance, $T_j = 25$ °C.
$R_{DS(ON)} = f(I_D)$; parameter V_{GS}

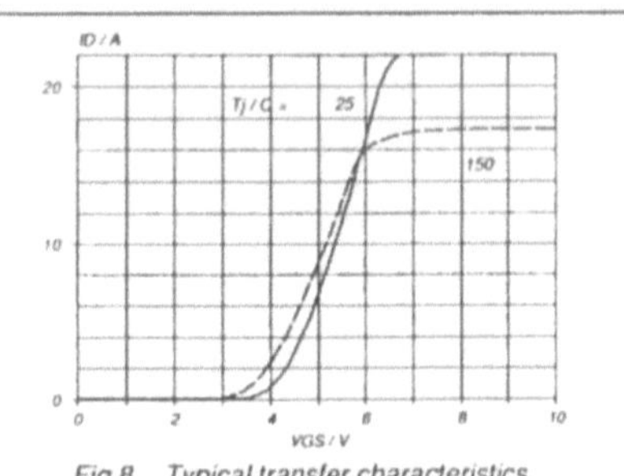

Fig.8. Typical transfer characteristics.
$I_D = f(V_{GS})$; conditions: $V_{DS} = 25$ V; parameter T_j

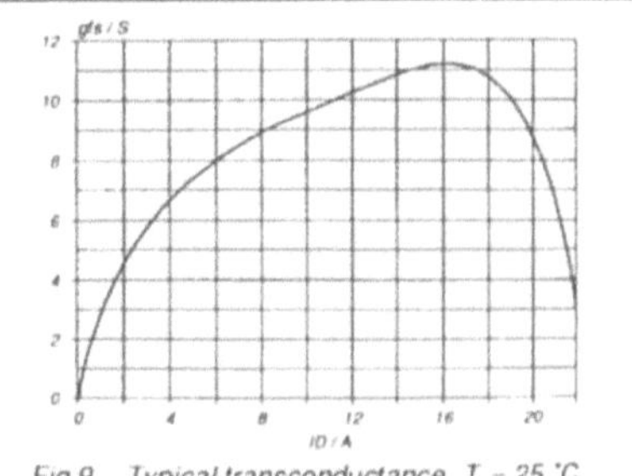

Fig.9. Typical transconductance, $T_j = 25$ °C.
$g_{fs} = f(I_D)$; conditions: $V_{DS} = 25$ V

Datenblatt BUK 637-500 A…C

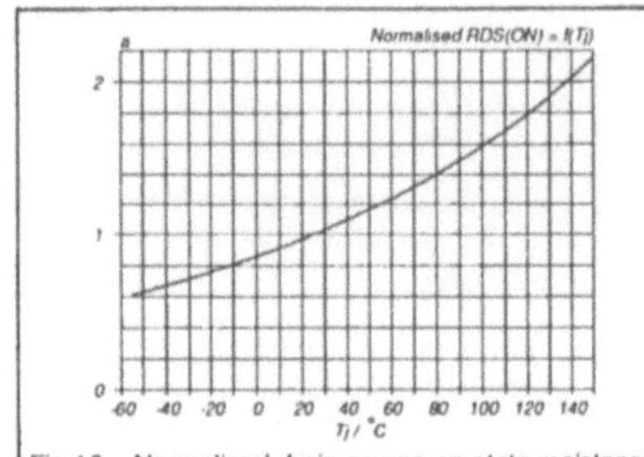

Fig.10. Normalised drain-source on-state resistance.
$a = R_{DS(ON)}/R_{DS(ON)25\,°C} = f(T_j)$; $I_D = 6.5\ A$; $V_{GS} = 10\ V$

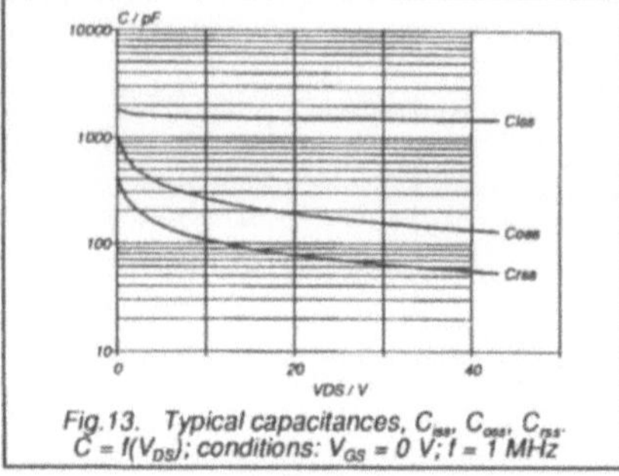

Fig.13. Typical capacitances, C_{iss}, C_{oss}, C_{rss}.
$C = f(V_{DS})$; conditions: $V_{GS} = 0\ V$; $f = 1\ MHz$

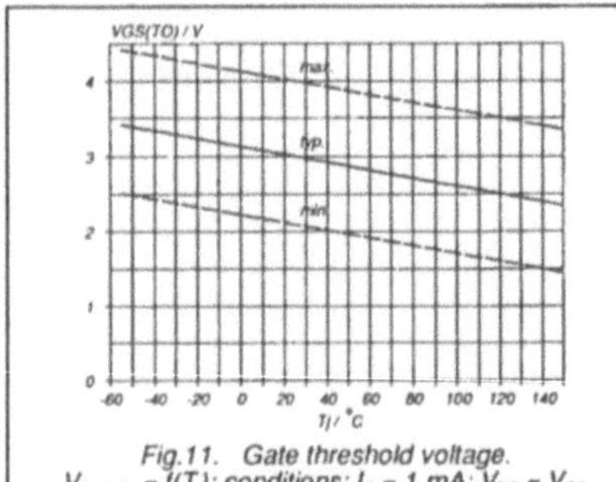

Fig.11. Gate threshold voltage.
$V_{GS(TO)} = f(T_j)$; conditions: $I_D = 1\ mA$; $V_{DS} = V_{GS}$

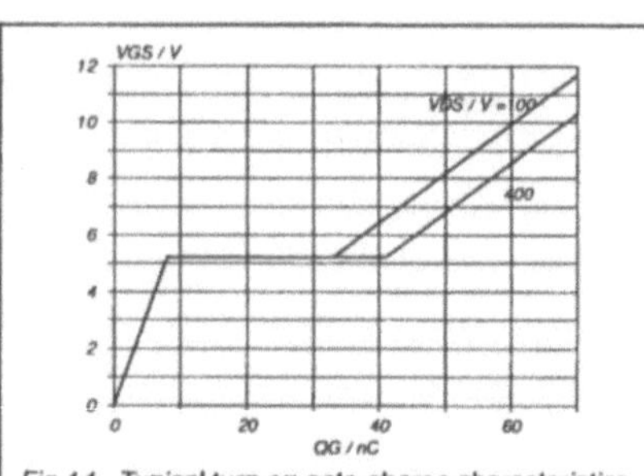

Fig.14. Typical turn-on gate-charge characteristics.
$V_{GS} = f(Q_G)$; conditions: $I_D = 11\ A$; parameter V_{DS}

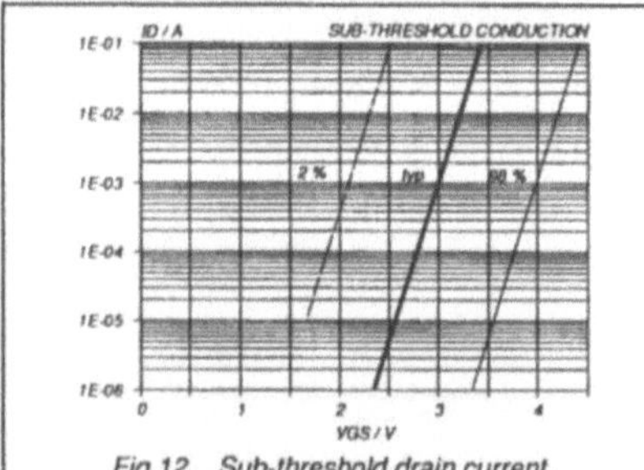

Fig.12. Sub-threshold drain current.
$I_D = f(V_{GS})$; conditions: $T_j = 25\ °C$; $V_{DS} = V_{GS}$

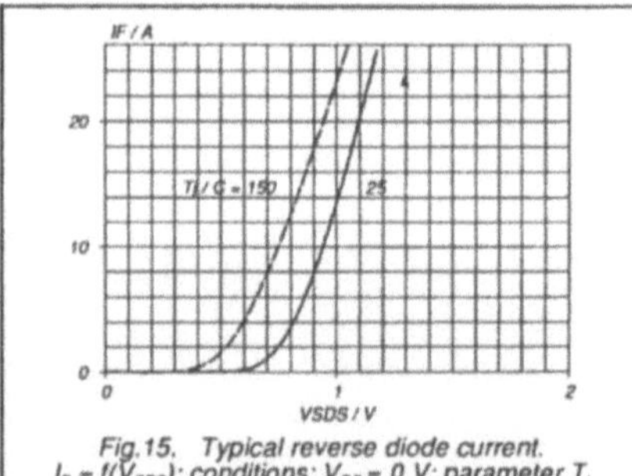

Fig.15. Typical reverse diode current.
$I_F = f(V_{SDS})$; conditions: $V_{GS} = 0\ V$; parameter T_j

10.5 Transistoranwendungen

Transistoren stehen als verstärkende, regelnde und schaltende Bauelemente im Mittelpunkt der Halbleiterelektronik. Die elektrischen Eigenschaften, Herstellungstechnologien und Ausführungsformen können dabei – je nach Anwendung und zulässigem Kostenaufwand – außerordentlich verschieden sein. Bei spezialisierten Anwendungen, z.B. im Bereich höchster Frequenzen oder Leistungen, haben Transistoren als Einzelbauelemente (**diskrete Bauelemente**) immer noch eine große Bedeutung, bei Standardanforderungen hingegen werden Transistoren zunehmend innerhalb **integrierter Schaltungen** eingesetzt, d.h. pro Bauelement (Chip) wird gleichzeitig eine Vielzahl von Transistoren und anderen Bauelementen (bis hin zu Millionen pro Chip) hergestellt, die in vorgegebener Weise miteinander verdrahtet werden. Dabei kommen alle Transistortypen (bipolare, Sperrschicht- und MOS-Feldeffekttransistoren) zur Anwendung, die Entscheidung für die gewählte Technik (oder Kombination von Techniken) wird durch die speziellen elektrischen Anforderungen und den zulässigen Kostenrahmen bestimmt.

Ein typischer Anwendungsbereich von diskreten Transistoren ist die rauscharme Verstärkung sowie die Hochfrequenzverarbeitung bis hin in den UHF-(Gigahertz-)Bereich, da sich in den entsprechenden Schaltungen ohnehin schwer integrierbare Komponenten – wie Induktivitäten, Filter, u.a. –befinden. Bild 10.5-1 zeigt Anwendungsbeispiele (eine umfassende Darstellung der Anwendungsmöglichkeiten erfolgt im Folgeband "Halbleiterschaltungen").

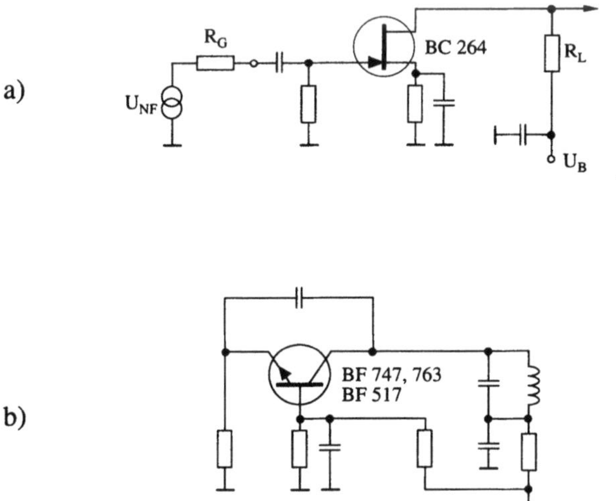

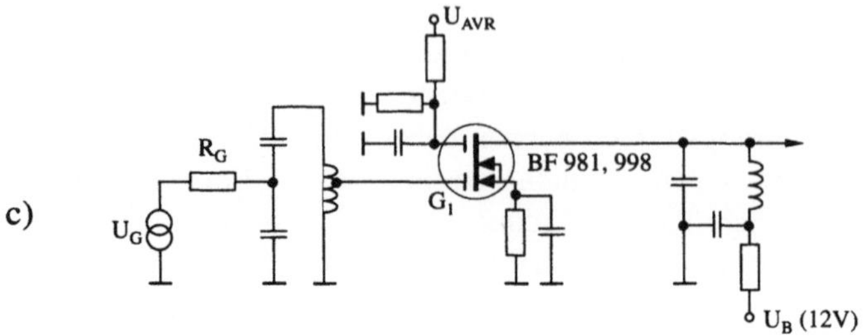

Bild 10.5-1: *Anwendungen diskreter Transistoren*

a) Rauscharmer NF-Verstärker mit Sperrschicht-Feldeffekttransistor

b) UHF-Oszillator mit bipolarem Transistor in Basisschaltung

c) Rauscharmer HF-Verstärker mit MOS-Tetrode (die zweite Gateelektrode wird zur Verstärkungsregelung verwendet

Bei Schalteranwendungen werden Transistoren bevorzugt in integrierten Schaltungen (Abschnitt 12) eingesetzt. Dabei wirkt sich als grundsätzlicher Nachteil bipolarer Transistoren die gespeicherte Ladung in der Basis aus. Bei sehr schmalen Basisweiten läßt sich dieser Effekt aber reduzieren, so daß im Bereich hoher Schaltgeschwindigkeiten die potentiell hohe Grenzfrequenz bipolarer Transistoren ausschlaggebend ist (Beispiel ECL-Technik). Durch zusätzliche Maßnahmen (Kollektor mit Schottky-Diode, Parallelschaltung einer Schottky-Klemmdiode zum Basis-Kollektor-Übergang (Schottky-TTL), und andere) lassen sich die Nachteile der bipolaren Technik weiter reduzieren.

Ein grundsätzlicher Vorteil bipolarer Transistoren ist ihre Robustheit: Bei kurzzeitiger Beanspruchung außerhalb des zulässigen Bereich tritt – im Gegensatz z.B. zu den MOSFETs, bei denen aus diesem Grund häufig zusätzliche Schutzmaßnahmen erforderlich sind – meistens noch keine bleibende Schädigung auf. Dieses Argument kann entscheidend sein beim Einsatz von Leistungstransistoren, in Bild 10.5-2 sind typische Anwendungsbereiche bipolarer Leistungstransistoren zusammengestellt.

MOS-Leistungstransistoren haben dagegen den Vorteil einer geringen Steuerleistung und eines besonders guten Frequenzverhaltens. In Tab. 10.5-1 werden die typischen Merkmale von bipolaren und MOS-Transistoren miteinander verglichen (hinzu kommen die im Abschnitt 11 behandelten Thyristoren).

MOS-Feldeffekttransistoren niedriger Leistung haben meistens einen Stromfluß entlang der Halbleiteroberfläche und sind damit - im Gegensatz zu den häufigsten Ausführungen bei bipolaren Transistoren und auch zu den Leistungs-MOSFETs – **horizontale** oder **laterale Bauelemente**, die sich aufgrund ihrer einfachen Fertigungs-

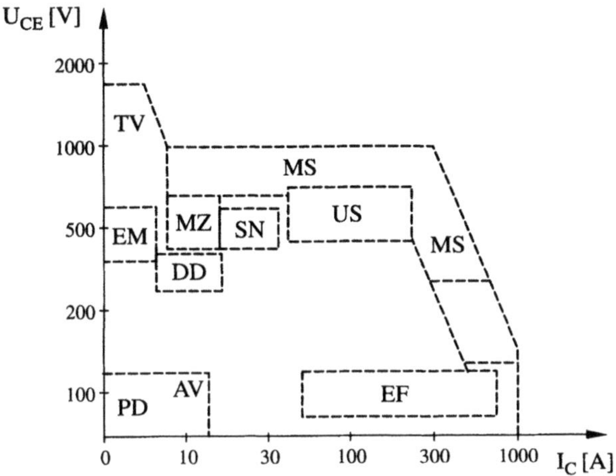

Grenzdaten und Anwendungsgebiete von Bipolar-Leistungstransistoren

AV	Analogverstärker	MS	Motorsteuerung
PD	Peripherie-Datengeräte	US	Unterbrechungsfreie
EM	Elektromedizin		Stromversorgung
EF	Elektrofahrzeuge	SV	Schaltnetzteile
MZ	Motorzündung	TV	Fernsehablenkschaltung

Bild 10.5-2:   *Grenzdaten und Anwendungsbereiche von Bipolar-Leistungstransistoren (nach [45])*

technik und des geringen Platzbedarfs besonders für den Einsatz in integrierten Schaltungen eignen. Neben dem Einsatz von MOSFETs als Verstärker und Schalter kommen in integrierten MOS-Schaltungen weitere Anwendungmöglichkeiten als Widerstand, Kondensator, Speicherelement u.a. in Frage. Vorteile bei den elektrischen Eigenschaften sind das gute Schaltverhalten (keine gespeicherte Minoritätsträgerladung), der hohe Eingangswiderstand, das geringe Rauschen bei hohen Frequenzen (z.B. ein Rauschmaß nach (14.2-2) zwischen 1 und 1,8 dB im Frequenzbereich zwischen 100 und 800 MHz), ein günstiges Temperaturverhalten (Ausbleiben des zweiten Durchbruchs) u.a. Sperrschicht-Feldeffekttransistoren können im Niederfrequenzbereich Rauschmaße unterhalb von 0,5 dB erreichen!

Im Bereich von Mikrowellenbauelementen mit Grenzfrequenzen im Gigahertz-Bereich werden zunehmend MESFETs und HEMTs aus dem Werkstoff Galliumarsenid und verwandten Legierungen eingesetzt. Eine besondere Bedeutung in der Zukunft werden wahrscheinlich Bauelemente einnehmen, deren Funktionsweise und typischen Kenndaten auf nur noch quantentheoretisch zu erklärenden Effekten beruht, die sich also auf der Basis des in diesem Buch zugrundegelegten Elektronengas-Modells nicht mehr beschreiben lassen.

Ein Vergleich der Transitfrequenzen ergibt für die verschiedenen Transistortypen:

konventioneller bipolarer Transistor: $f_T = 10$ bis 15 GHz

MESFET: $f_T = 30$ bis 50 GHz

bipolarer Transistor mit Halbleiter-Heterostruktur und epitaktisch erzeugtem Basis-Driftfeld, sowie HEMT: 100 GHz und darüber.

Tab. 10.5: *Vergleich typischer Merkmale von Halbleiter-Leistungsbauelementen (nach [45])*

	Bipolar-Leistungstransistor	MOS-Leistungstransistor	Thyristor	abschaltbarer Thyristor
Steuerart	aufwendig, durch Basisstrom große Steuerleistung für Hochspannungstransistoren erforderlich	aufwendig durch Gateimpulse, geringe Steuerleistung erforderlich	einfach durch Stromimpuls (Abschaltung nur durch erzwungene Kommutierung), geringe Steuerleistung	mittlerer Aufwand durch Stromimpuls, mittlere Steuerleistung erforderlich
Einschalt-verhalten	mittelmäßig Schaltzeit im Bereich von μs	sehr gut	gut, begrenzt durch Zündungsausbreitungszeit, Schaltzeit einige 10μs (Frequenzthyristoren) bzw. einige 100μs (Netzthyristoren)	mittelmäßig Schaltzeit um 10 μs
Ausschaltverhalten	gut, durch Ladungsspeichereffekte begrenzt	sehr gut	schlecht, schaltungstechnische Zusatzmaßnahmen erforderlich	mittelmäßig
Beschaltungsaufwand	klein	sehr klein	mittelmäßig	groß
Überstromschutz	kompliziert	kompliziert	einfach	mittelmäßig
Problembereiche	– zweiter Durchbruch – Gefahr der thermischen Instabilität (Emitterballastwiderstände erforderlich)	– kein zweiter Durchbruch – keine thermische Instabilität – Parallelschaltung von Transistoren einfach	– Begrenzung der Stromanstiegsrate $\partial i/\partial t$ erforderlich – keine thermische Instabilität – Parallelschaltung ohne Lastaufteilung nicht möglich	
Strombegrenzung durch	Stromverstärkung $B_N \sim I_C^{-1} U_{CE}^{-2,3}$	Ein-Widerstand $R_{DSon} \sim U_{DS}^{-2,5}$	Einschaltverluste schwach abhängig von Vorwärtsblockierspannung	
Spannungsbegrenzung	< 2,5 kV	< 1,5 kV	< 10 kV (Grenzwert)	< 4 kV
Ein-Widerstände	mittlere Werte	relativ groß bei hohen Spannungen	klein	mittlere Werte

11 Thyristoren

11.1 Elektrische Kenndaten

Thyristoren haben die Funktion von steuerbaren Gleichrichtern: sie ermöglichen den Stromfluß in Durchlaßrichtung erst dann, wenn ein definierter Steuerimpuls angelegt wird (Bild 11.1-1).

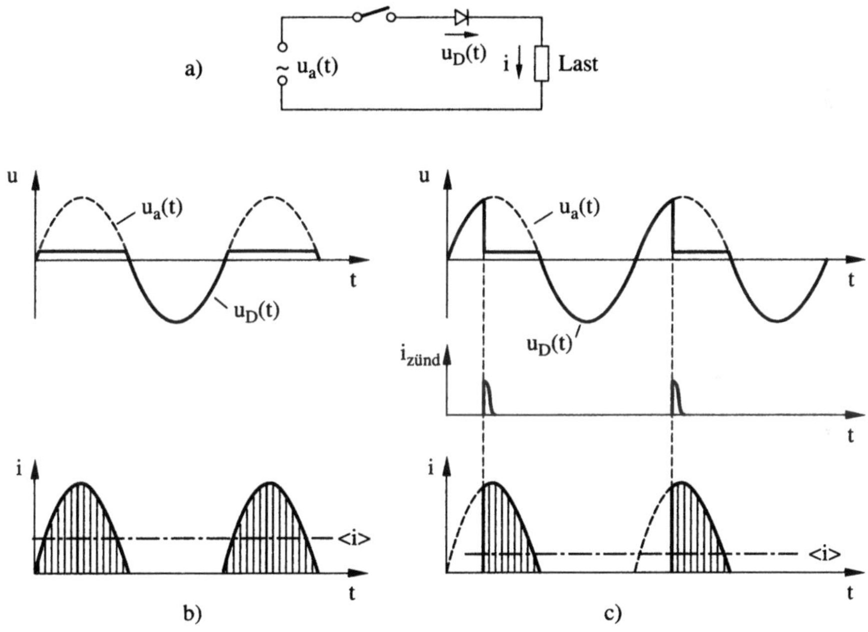

Bild 11.1-1:   *Steuerbarer Gleichrichter (nach [83])*

    a) Gleichrichterschaltung mit Definition von Strom und Spannung für b) und c)

    b) Ungesteuerter Gleichrichter: Die positive Halbwelle der angelegten Spannung entspricht der Durchlaßrichtung des Gleichrichters, d.h. der Spannungsabfall über dem Gleichrichter ist bei der positiven Halbwelle niedrig, bei der negativen Halbwelle groß.

    c) Gesteuerter Gleichrichter: Der Gleichrichter ist zunächst in beiden Spannungsrichtungen gesperrt (großer Spannungsabfall u_D). Erst nach Wirkung eines Zündstroms $i_{zünd}$ wird der Gleichrichter für die positive Halbwelle durchlässig gemacht.

Die in Bild 11.1-1c beschriebene Funktion wird durch ein Halbleiterbauelement mit vier hintereinanderliegenden alternierend p- und n-dotierten Halbleiterschichten, den **Thyristor**, realisiert (Bild 11.1-2).

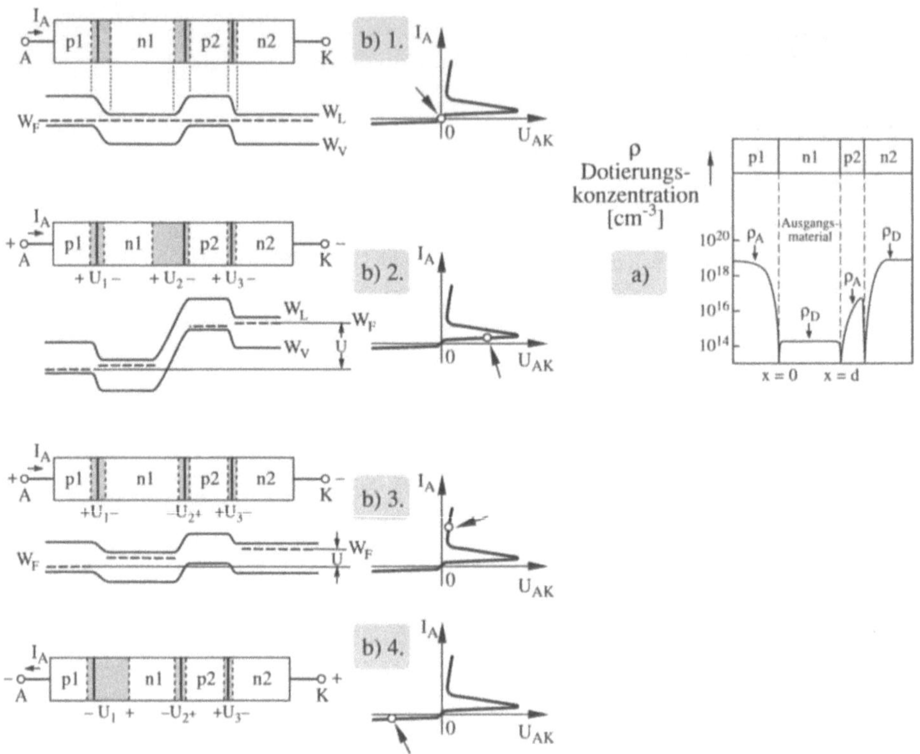

Bild 11.1-2: *Aufbau und Wirkungsweise von Thyristoren (nach [9,32])*

a) Dotierungsverlauf bei einem Thyristor: Die Eindiffusion des Dotierstoffes erfolgt von beiden Seiten der Halbleiterscheibe, dabei lassen sich die Schichten p1 und p2 häufig in einem einzigen Dotierprozeß herstellen.

b) Bauelementstruktur mit Breite der Raumladungszonen, Bändermodell und Zustand in der Kennlinie eines Thyristors

b$_1$) keine äußere Spannung

b$_2$) äußere Spannung in Flußrichtung, Thyristor noch gesperrt (AUS-Zustand des Thyristors)

b$_3$) äußere Spannung in Flußrichtung, Thyristor durchgeschaltet (EIN-Zustand des Thyristors)

b$_4$) äußere Spannung in Sperrichtung

Die Größe der Schaltspannung (Flußspannung, bei welcher der Thyristor vom AUS- in den EIN-Zustand umschaltet) kann durch einen Gatestrom gesteuert werden (Stromtriggern, Bild 11.1-3).

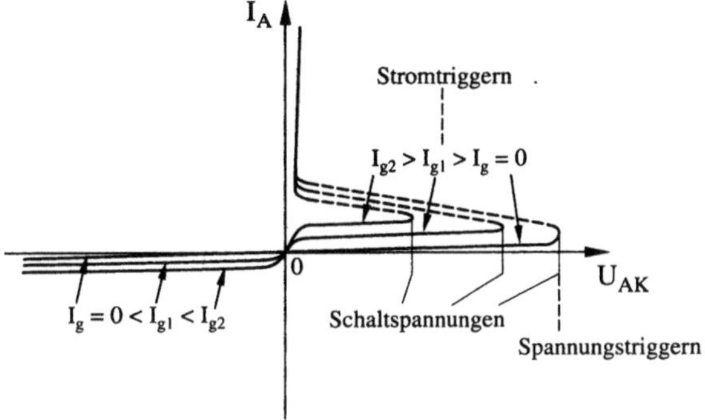

Bild 11.1-3:   *Strom- und Spannungstriggern des Thyristors: (nach [9]): Wird der EIN-Zustand des Thyristors durch Überschreiten der Schaltspannung herbeigeführt, dann spricht man von einem **Spannungstriggern**. Durch Einführen eines Gatestroms in die Zone p2 des Thyristors läßt sich die Schaltspannung reduzieren (**Stromtriggern**)*

Zur Erklärung des Schaltverhaltens eines Thyristors gehen wir aus von dem **Zwei-Transistor-Analogon** (Bild 11.1-4).

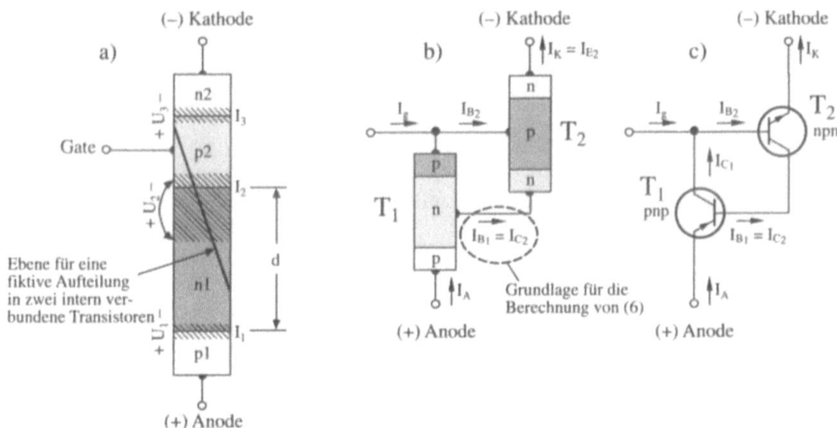

Bild 11.1-4:   *Zwei-Transistor-Analogon (nach [9,32])*

     a) Thyristor mit einem Schichtaufbau wie in Bild 11.1-2. Zusätzlich eingetragen ist die Gate-Elektrode in der niedrig dotierten p-Schicht

     b) Zur Berechnung des elektrischen Verhaltens wird der Thyristor aus a) fiktiv in zwei Dreischicht-Bauelemente getrennt: Ein pnp (T1)- und ein npn-Transistor (T_2), wobei die Basis von T_1 und der Emitter von T_2, sowie der Kollektor von T_1 und Basis von T_2, intern miteinander verbunden sind. Die Verbindung wird dadurch hergestellt, daß die Basisschicht von T_1 gleichzeitig die Emitterschicht von T_2 ist, dasselbe gilt für die Kollektorschicht von T_1 und die Basisschicht von T_2

Die Berechnung erfolgt über die Struktur in Bild 11.1-4b und c. Der Basisstrom des npn-Transistors T_2 entspricht dem Kollektorstrom von T_1. Beide können unabhängig voneinander berechnet werden, aus der Gleichheit folgt eine Beziehung für den Strom I_A durch den Thyristor.

Wir gehen zunächst von der allgemeinen Beziehung (10.2.1-26) aus, daß sich der Kollektorstrom zusammensetzt aus dem verstärkten Emitterstrom I_E und einem Kollektor-Basis-Sperrstrom I_{CB0}:

$$I_C = \alpha I_E + I_{CBo} \tag{1}$$

Mit der Beziehung (10.2.1-11) ergibt sich für den Basisstrom I_B^1 des Transistors T_1:

$$I_{B_1} = I_{E_1} - I_{C_1} \underset{(1)}{=} I_{E_1} - \alpha_1 I_{E_1} - I_{CBo_1}$$

$$\underset{I_{E_1}=I_A}{=} (1-\alpha_1)I_A - I_{CBo_1} \tag{2}$$

Der Kollektorstrom des Transistors T_2 ergibt sich direkt aus (1)

$$I_{C_2} = \alpha_2 I_{E_2} + I_{CBo_2} \underset{I_{E_2}=I_K}{=} \alpha_2 I_K + I_{CBo_2} \tag{3}$$

Aus der Gleichheit der Ströme (2) und (3) folgt

$$I_{B_1} = I_{C_2} \Rightarrow (1-\alpha_1)I_A - I_{CBo_1} = \alpha_2 I_K + I_{CBo_2} \tag{4}$$

Für alle von außen in den Thyristor hineinfließenden Ströme gilt mit dem Gatestrom I_g die Knotenregel

$$I_K = I_A + I_g \tag{5}$$

so daß wir in (4) den Ausgangsstrom I_K eliminieren können:

$$(1-\alpha_1)I_A = \alpha_2\left(I_A + I_g\right) + I_{CBo_1} + I_{CBo_2}$$

$$\Rightarrow I_A = \frac{\alpha_2 I_g + I_{CBo_1} + I_{CBo_2}}{1-(\alpha_1 + \alpha_2)} \tag{6}$$

Im Zähler von (6) stehen nur kleine Ströme, so daß der Thyristorstrom I_A ebenfalls klein ist, sofern

$$\alpha_1 + \alpha_2 \neq 1 \tag{7}$$

Die Bedingung (7) ist entscheidend für das Verhalten des Thyristors. Dabei nutzt man die Abhängigkeit der Stromverstärkung vom Kollektorstrom aus: Bei sehr kleinen Kollektorströmen nimmt der Wert von β ab, damit nach (10.2.1-22) auch α. Das früher verwendete Ergebnis, daß α ungefähr eins ist, gilt nämlich nur bei hinreichend kleinen Basisweiten und großen Kollektorströmen (was im allgemeinen beim Transistor auch erfüllt ist). Beim Thyristor können beide Randbedingungen *nicht* zutreffen, insbesondere kann bei dem beschriebenen Aufbau die Basisweite d groß im Vergleich zur Diffusionslänge der Minoritätsträger sein. In Bild 11.1-5 ist die Emitterstromabhängigkeit der α-Stromverstärkung von T_1 in Bild 11.1-4 für verschiedene Basisweiten d dargestellt.

Beim Anlegen einer äußeren Spannung an den Thyristor fließen zunächst nur sehr kleine Basis- und Sperrströme, unter dieser Voraussetzung gilt zunächst $\alpha_1 + \alpha_2 < 1$. Wird jetzt der Thyristorstrom durch Vergrößerung der äußeren Spannung erhöht,, dann steigen die Stromverstärkungen α_1 und α_2 schnell an, so daß Werte erreicht werden, bei denen schließlich gilt $\alpha_1 + \alpha_2 = 1$, so daß der Nenner in (6) Null wird. Dieser Zustand kennzeichnet das Durchbrechen des Thyristors. Derselbe Effekt kann durch Einprägen eines Gatestroms erfolgen, auch dadurch werden die Stromverstärkungen α_1 und α_2 vergrößert, so daß der Thyristor durchschaltet.

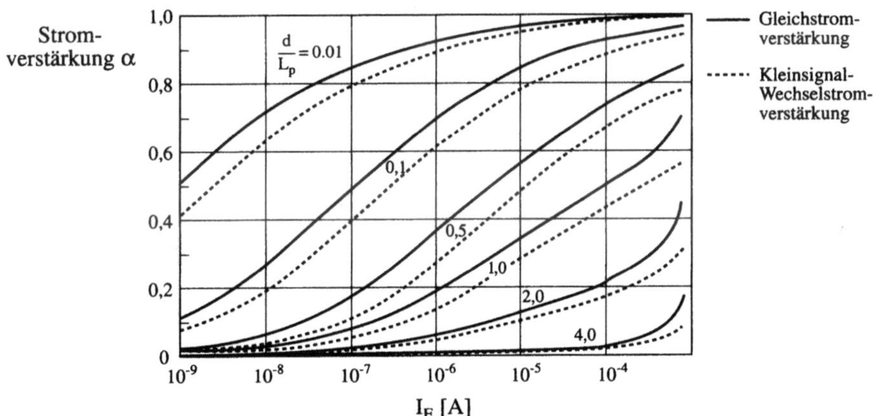

Bild 11.1-5:   Stromverstärkungen in einem Thyristor in Abhängigkeit vom Emitterstrom mit dem Verhältnis von Basisweite d und Diffusionslänge L_p als Parameter (nach [85]).

Neben den beschriebenen Verfahren zur Durchschaltung (**Triggerung**) des Thyristors (**Strom- und Spannungstriggern**) kann eine Vergrößerung der Stromverstärkungen α auch durch einen schnellen Spannungs*anstieg* (dieser verursacht einen kurzen dielektrischen Verschiebungsstrom, der den Emitterstrom vergrößert, **dU/dt-Triggern**) oder durch lokale optische Bestrahlung (**optische Triggerung**) erreicht werden.

Die Bilder 11.1-6 und 7 zeigen zwei Herstellungtechnologien von Thyristoren.

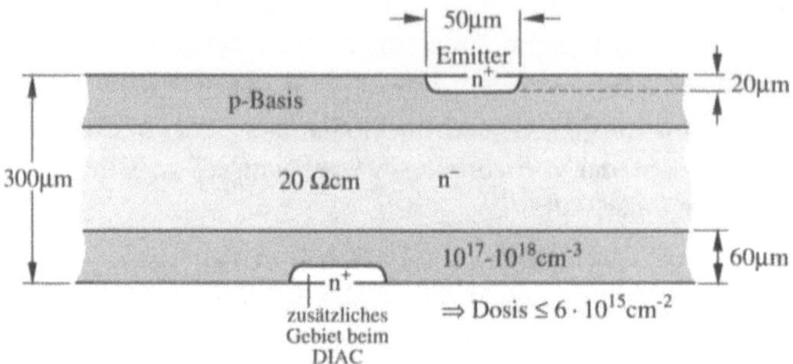

Bild 11.1-6:   *Thyristor mit Mesastruktur*

a) *In die beidseitig polierte n-Halbleiterscheibe werden aus einer Gallium/Siliziumquelle Akzeptoren eindiffundiert, so daß auf beiden Seiten p-leitende Bereiche entstehen. Die Diffusionstiefen (60µm) sind bei Leistungsbauelementen außerordentlich groß, so daß sehr viel Dotierstoff eingebracht werden muß. Um die Diffusionszeiten nicht zu lang werden zu lassen, werden daher hohe Diffusionstemperaturen (1260°C) verwendet. Nach dem Dotierschritt erfolgt eine Oxidation, die Emitterfenster (n⁺) werden durch Photolithographie und Oxidätzen hergestellt. Die Emitterdiffusion erfolgt ebenfalls bei 1260°C aus einer Phosphorquelle (P_2O_5). Dieser Diffusionsschritt hat gleichzeitig eine **Getterwirkung:** Unerwünschte Fremdatome haben die Eigenschaft, sich in stark phosphordotierten Gebieten anzusammeln.*

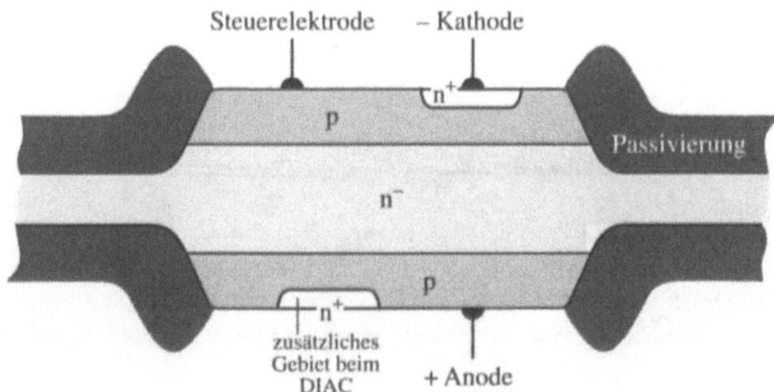

b) *Durch eine tiefe Mesaätzung werden die p-Gebiet benachbarter Thyristoren voneinander getrennt. Die entstandenen Mesagräben werden mit einer Oxid- oder Glaspassivierung aufgefüllt. Anschließend werden die Bauelemente durch Ritzen und Brechen der Scheibe vereinzelt. Ein Nachteil dieser Struktur ist, daß die n⁻-Elektrode offen liegt zur Ritzkante. Dieses wird bei der Technologie in Bild 11.1-7 vermieden.*

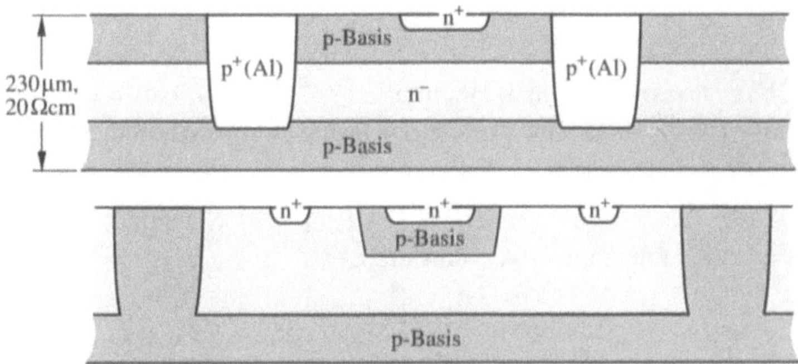

Bild 11.1-7:   *Thyristor mit Isolationsdiffusion und geätzten Isolationsgräben*

a) *In die Ausgangsscheibe wird zunächst an den dafür vorgesehenen Stellen eine sehr tiefe p-Diffusion eingeführt, welche die Scheibe praktisch vollständig durchdringt. Nach der Basisdiffusion werden hierdurch Gebiete mit der Ausgangs-n-Dotierung voneinander isoliert. Der Dotierstoff für eine derart intensive Eindiffusion kann z.B. durch aufgedampfte Aluminiumschichten bereitgestellt werden. Die Diffusionszeiten können dabei mehr als 24h bei 1260°C betragen. Anschließend erfolgt wie in Bild 11.1-6 die Basisdiffusion auf beiden Seiten der Halbleiterscheibe, gefolgt von der n+-Emitterdiffusion. Das Bild zeigt zwei Ausführungsformen: Ohne (oben) und mit (unten) Anschluß der Gate-Elektrode.*

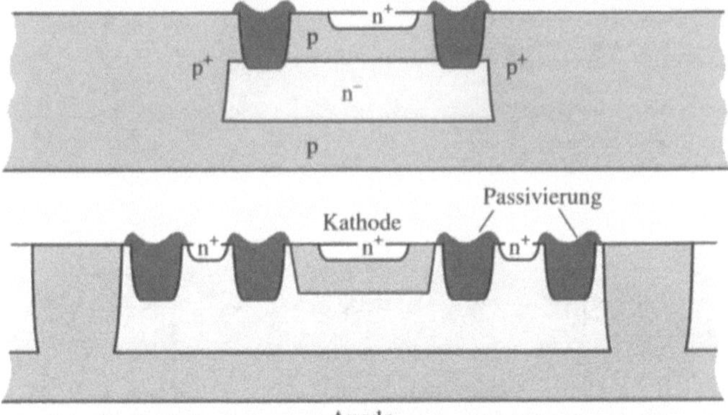

b) *Die nachfolgende Grabenätzung kann eine unterschiedliche Funktion haben: Bei der Struktur ohne Gateanschluß (oben) bewirkt sie eine Trennung (Isolation) der beiden p-Gebiete. Bei der anderen Struktur sind die p-Gebiete bereits getrennt. Durch die Ätzgräben werden aber gekrümmte Bereiche an den Dotierungsübergängen entfernt, die zu Feldstärkeüberhöhungen und damit zu einer geringeren Spannungsbelastbarkeit (Abschnitt 9.3.3) führen. Dieser Aspekt kann bei Hochspannungsbauelementen (Spannungsbelastbarkeit z.B. mehr als 1000 V) von großer Bedeutung sein. Die Auffüllung der Isolationsgräben mit einer Passivierungsschicht, sowie die Vereinzelung der Bauelemente erfolgt wie in Bild 11.1-6.*

Die Schaltzeiten von Thyristoren sind in der Regel so ausgelegt, daß sie die Netzfrequenz 50 Hz gut verarbeiten können. Schneller schaltende Thyristoren werden auch als **Frequenzthyristoren** bezeichnet. Hochleistungsthyristoren haben häufig die Fläche einer gesamten Siliziumscheibe (z.B. 6 Zoll), sie sind für Spannungen bis 5000 V und Ströme bis 2000 A ausgelegt.

Angefügt sind die Daten eines schnellen Thyristors für Schaltanwendungen, die Steuerung der Vertikalablenkung von Bildröhren, etc.

Datenblatt BT153

FAST TURN-OFF THYRISTOR

Glass-passivated fast-turn-off thyristor in a TO-220AB envelope, intended for use in inverter, pulse and switching applications. Its characteristics make the device extremely suitable for use in regulator, vertical deflection, and east/west correction circuits of colour television receivers.

QUICK REFERENCE DATA

Repetitive peak off-state voltage	V_{DRM}	max.	500 V
Average on-state current	$I_{T(AV)}$	max.	4 A
R.M.S. on-state current	$I_{T(RMS)}$	max.	6 A
Repetitive peak on-state current	I_{TRM}	max.	30 A
Circuit-commutated turn-off time	t_q	<	20 μs

MECHANICAL DATA   Dimensions in mm
Fig. 1 TO-220AB.

Datenblatt BT153

RATINGS

Limiting values in accordance with the Absolute Maximum System (IEC 134)

Anode to cathode

Non-repetitive peak voltages ($t \leqslant 10$ ms)	V_{DSM}/V_{RSM}	max.	550	V
Repetitive peak voltages	V_{DRM}/V_{RRM}	max.	500	V
Working voltages	V_{DW}/V_{RW}	max.	400	V *
Average on-state current (averaged over any 20 ms period) up to $T_{mb} = 95$ °C	$I_{T(AV)}$	max.	4	A
R.M.S. on-state current	$I_{T(RMS)}$	max.	6	A
Working peak on-state current	I_{TWM}	max.	10	A
Repetitive peak on-state current	I_{TRM}	max.	30	A
Non-repetitive peak on-state current; $t = 10$ ms; half sine-wave; $T_j = 110$ °C prior to surge; with reapplied V_{RWMmax}	I_{TSM}	max.	40	A
$I^2 t$ for fusing; $t = 10$ ms; $T_j = 25$ °C	$I^2 t$	max.	10	A²s
Rate of rise of on-state current after triggering up to $f = 20$ kHz; $V_{DM} = 300$ V to $I_{TM} = 6$ A	dI_T/dt	max.	200	A/µs

Gate to cathode

Average power dissipation (averaged over any 20 ms period)	$P_{G(AV)}$	max.	1	W
Peak power dissipation; $t = 10$ µs	P_{GM}	max.	25	W

Temperatures

Storage temperature	T_{stg}		−40 to + 125	°C
Operating junction temperature	T_j	max.	110	°C

THERMAL RESISTANCE

From junction to mounting base	$R_{th\ j\text{-}mb}$	= 1,5	°C/W
Transient thermal impedance; $t = 1$ ms	$Z_{th\ j\text{-}mb}$	= 0,2	°C/W

Influence of mounting method

1. Heatsink mounted with clip (see mounting instructions)

Thermal resistance from mounting base to heatsink

a. with heatsink compound	$R_{th\ mb\text{-}h}$	= 0,3	°C/W
b. with heatsink compound and 0,06 mm maximum mica insulator	$R_{th\ mb\text{-}h}$	= 1,4	°C/W
c. with heatsink compound and 0,1 mm maximum mica insulator (56369)	$R_{th\ mb\text{-}h}$	= 2,2	°C/W
d. with heatsink compound and 0,25 mm max. alumina insulator (56367)	$R_{th\ mb\text{-}h}$	= 0,8	°C/W
e. without heatsink compound	$R_{th\ mb\text{-}h}$	= 1,4	°C/W

2. Free-air operation

The quoted values of $R_{th\ j\text{-}a}$ should be used only when no leads of other dissipating components run to the same tie-point.

Thermal resistance from junction to ambient in free air:
mounted on a printed-circuit board at a = any lead length
and with copper laminate $R_{th\ j\text{-}a}$ = 60 °C/W

7Z75493

Fig. 2.

* Voltage shapes as occurring in the intended application.

Datenblatt BT153

CHARACTERISTICS

Anode to cathode

On-state voltage
I_T = 10 A; T_j = 25 °C

V_T < 2,5 V *

Rate of rise of off-state voltage that will not trigger any device; T_j < 110 °C

dV_D/dt < 200 V/µs

Off-state current
V_D ≈ V_{DRMmax}; T_j = 110 °C

I_D < 1,5 mA

Holding current; T_j = 25 °C

I_H < 100 mA

Gate to cathode

Voltage that will trigger all devices
V_D = 6 V; T_j = 25 °C; t_p ⩾ 5 µs

V_{GT} > 2,5 V

Current that will trigger all devices
V_D = 6 V; T_j = 25 °C; t_p ⩾ 5 µs

I_{GT} > 40 mA

Switching characteristics

Circuit-commutated turn-off time (in regulating circuits)
when switched from I_T = 10 A to V_R ⩾ 50 V with
$-dI_T/dt$ = 10 A/µs; dV_D/dt = 200 V/µs; V_{DM} = 500 V;
R_{GK} = 68 Ω; T_{mb} = 80 °C; t_p ⩽ 50 µs

t_q < 20 µs

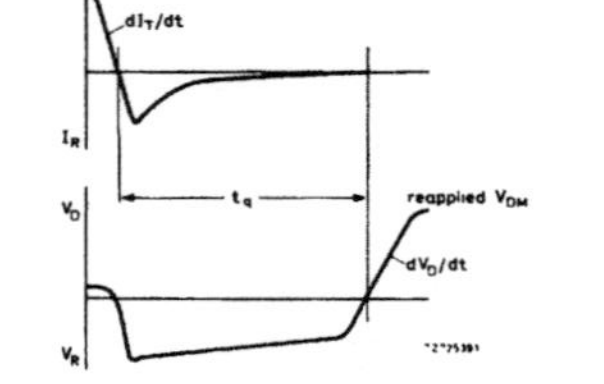

Fig. 3 Circuit-commutated turn-off time definition.

* Measured under pulse conditions to avoid excessive dissipation.

MOUNTING INSTRUCTIONS

1. The device may be soldered directly into the circuit, but the maximum permissible temperature of the soldering iron or bath is 275 °C; it must not be in contact with the joint for more than 5 seconds. Soldered joints must be at least 4.7 mm from the seal.

2. The leads should not be bent less than 2.4 mm from the seal, and should be supported during bending. The leads can be bent, twisted or straightened by 90° maximum. The minimum bending radius is 1 mm.

3. It is recommended that the circuit connection be made to the anode tag, rather than direct to the heatsink.

4. Mounting by means of a spring clip is the best mounting method because it offers:
   a. a good thermal contact under the crystal area and slightly lower $R_{th\ mb-h}$ values than screw mounting.
   b. safe isolation for mains operation.
   However, if a screw is used, it should be M3 cross-recess pan-head. Care should be taken to avoid damage to the plastic body.

5. For good thermal contact, heatsink compound should be used between mounting base and heatsink. Values of $R_{th\ mb-h}$ given for mounting with heatsink compound refer to the use of a metallic-oxide loaded compound. Ordinary silicone grease is not recommended.

6. Rivet mounting (only possible for non-insulated mounting)
   Devices may be rivetted to flat heatsinks; such a process must neither deform the mounting tab, nor enlarge the mounting hole.

7. The heatsink must have a flatness in the mounting area of 0.02 mm maximum per 10 mm. Mounting holes must be deburred.

OPERATING NOTES

Dissipation and heatsink considerations:

a. The various components of junction temperature rise above ambient are illustrated in Fig.4.

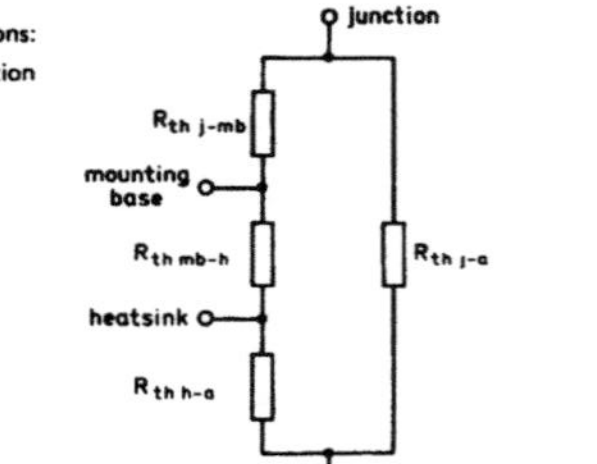

Fig.4

b. The method of using Fig.5 is as follows:
   Starting with the required current on the $I_{T(AV)}$ axis, trace upwards to meet the appropriate form factor curve. Trace right horizontally and upwards from the appropriate value on the T_{amb} scale. The intersection determines the $R_{th\ mb-a}$. The heatsink thermal resistance value ($R_{th\ h-a}$) can now be calculated from:

$$R_{th\ h-a} = R_{th\ mb-a} - R_{th\ mb-h}.$$

c. Any measurement of heatsink temperature should be made immediately adjacent to the device.

Datenblatt BT153

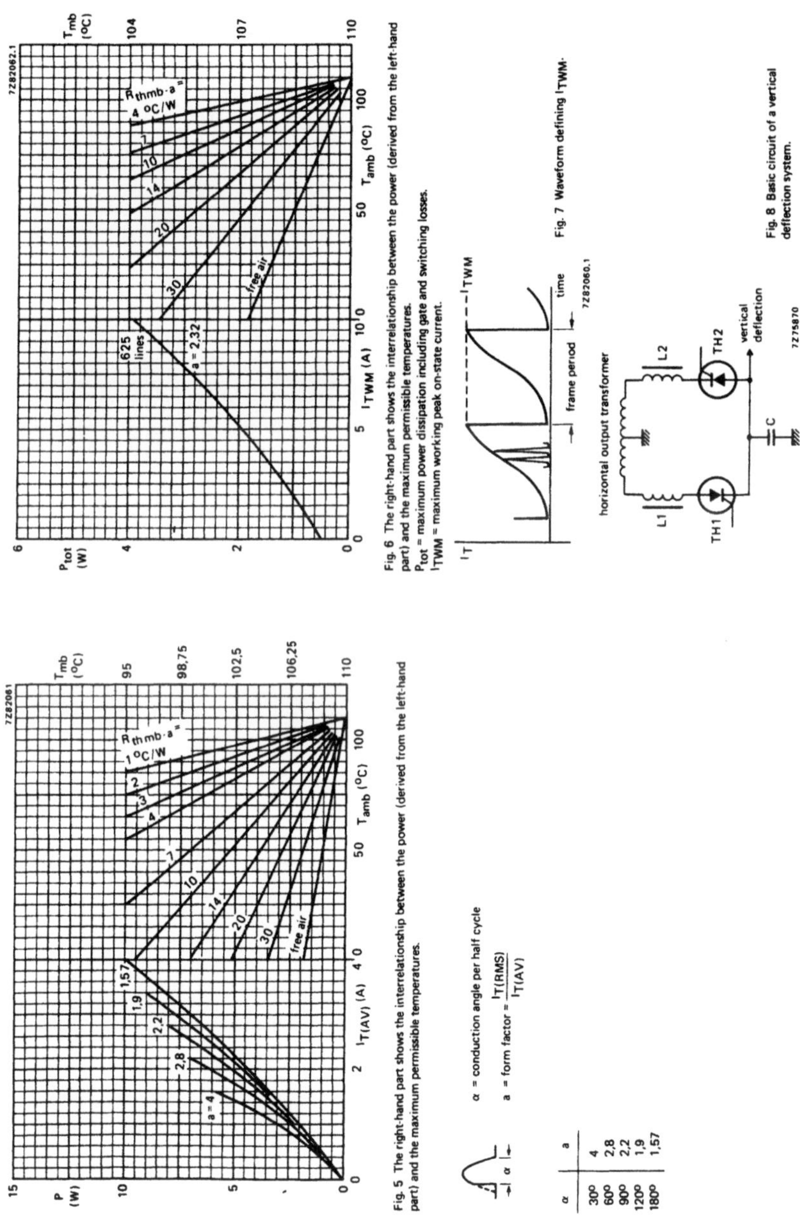

Fig. 5 The right-hand part shows the interrelationship between the power (derived from the left-hand part) and the maximum permissible temperatures.

Fig. 6 The right-hand part shows the interrelationship between the power (derived from the left-hand part) and the maximum permissible temperatures.
P_{tot} = maximum power dissipation including gate and switching losses.
I_{TWM} = maximum working peak on-state current.

Fig. 7 Waveform defining I_{TWM}.

Fig. 8 Basic circuit of a vertical deflection system.

α = conduction angle per half cycle

a = form factor = $\dfrac{I_{T(RMS)}}{I_{T(AV)}}$

α	a
30°	4
60°	2,8
90°	2,2
120°	1,9
180°	1,57

Datenblatt BT153

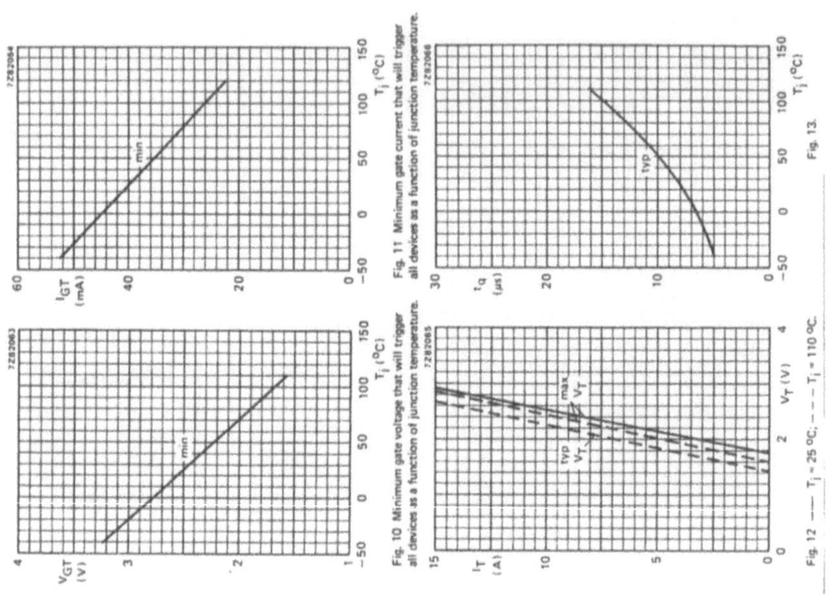

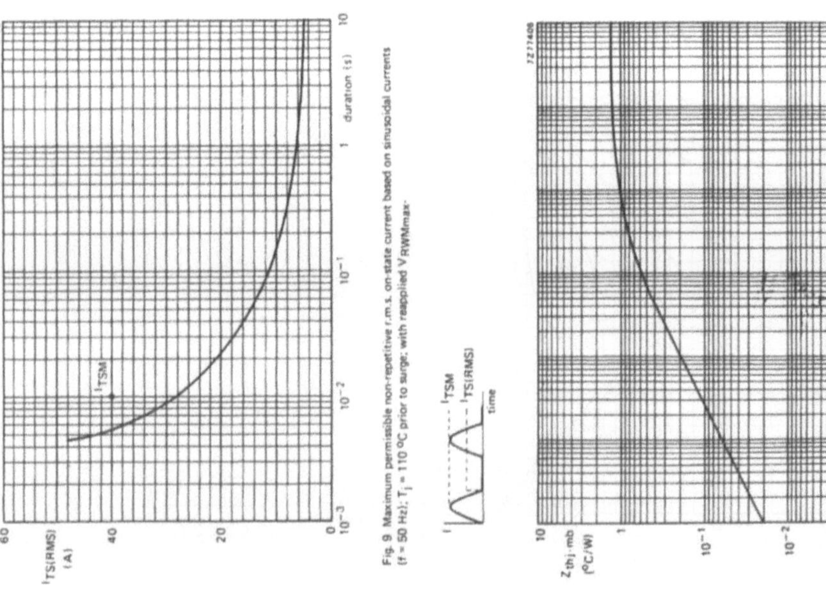

11.2 RCTs, DIACs, TRIACs, GTOs

Durch Modifikation der Thyristorstruktur können die Thyristoreigenschaften erheblich verändert werden. Bild 11.2-1 zeigt einen rückwärts leitenden Thyristor (**RCT**: reverse conducting thyristor).

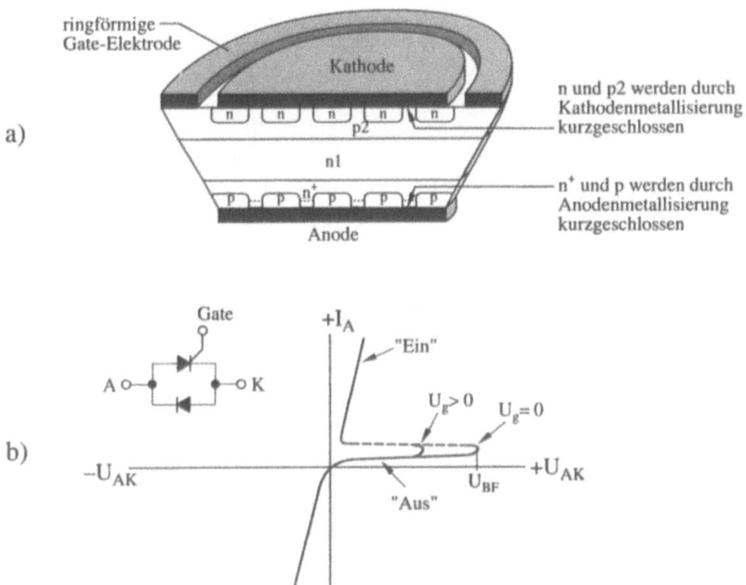

Bild 11.2-1:   *Rückwärts leitender Thyristor (RCT, nach [86]): Durch die Anoden- und Kathodenmetallisierung werden jeweils die p- und n-leitenden Schichten auf der Kathoden- und Anodenseite des Thyristors kurzgeschlossen. Ist der entsprechende pn-Übergang in Flußrichtung gepolt, dann wirkt der Kurzschluß wie ein Parallelwiderstand, d.h. ein Großteil des Stroms fließt wegen des geringen Widerstands in Flußrichtung nach wie vor über den pn-Übergang, so daß das Funktionsprinzip des Thyristors weitgehend erhalten bleibt. Bei Anliegen von Sperrspannungen werden aber die nichtleitenden pn-Übergänge kurzgeschlossenen (Bild 11.1-2b-4), d.h. anstelle eines niedrigen Sperrstroms fließt jetzt der volle Strom über die Kurzschlußbrücken.*

a) Aufbau des RCT

b) Kennlinie des RCT

Ein **DIAC** (**di**ode **ac** **s**witch) besteht aus zwei antiparallel geschalteten gatelosen Thyristoren (auch **Shockley-Dioden** genannt, Bild 11.2-2). Jeweils einer von beiden befindet sich in Durchlaßrichtung, so daß der Sperrbereich des anderen kurzgeschlossen wird.

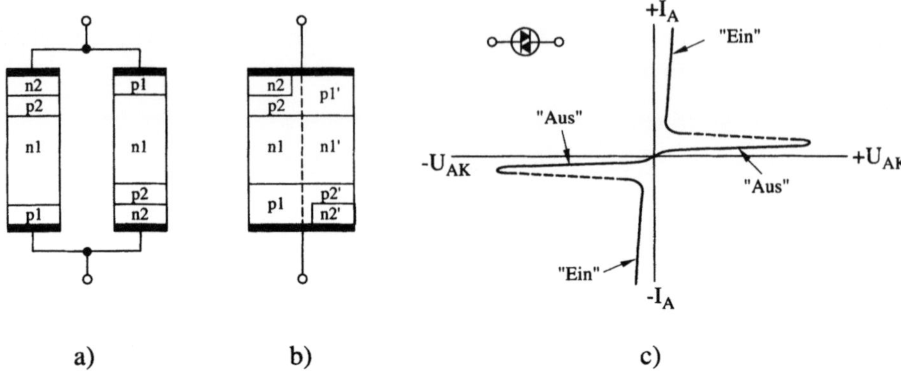

a)   b)   c)

Bild 11.2-2:   *DIAC (nach [32])*

a) *Aufbau des DIAC durch zwei antiparallel geschaltete Thyristoren (d.h. ein in Flußrichtung und ein in Sperrichtung geschalteter Thyristor sind parallel geschaltet). Der jeweils gesperrte Thyristor wird durch einen in Flußrichtung gepolten kurzgeschlossen.*

b) *Die beiden Thyristoren nach a) lassen sich auf einem Halbleiterkristall integriert herstellen (s. Bild 11.1-6).*

c) *Kennlinie des DIAC*

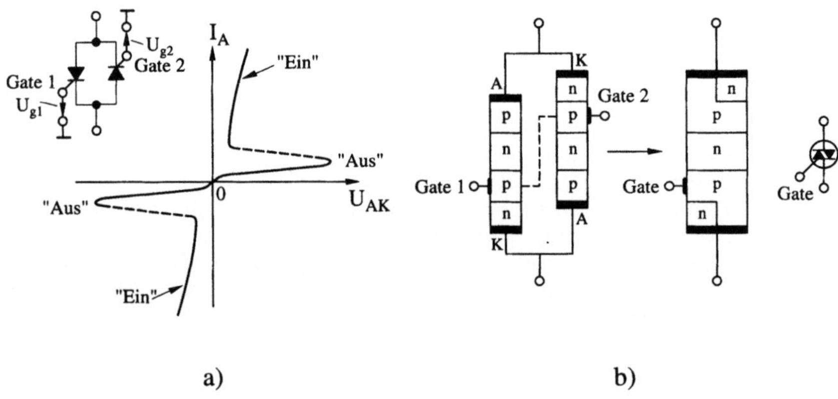

a)   b)

Bild 11.2-3:   *TRIAC (nach [45])*

a) *Herstellung der TRIAC-Funktion durch Antiparallelschaltung von zwei jeweils durch ein Gate steuerbaren Thyristoren.*

b) *Integration der beiden Thyristoren in a) auf einem gemeinsamen Halbleiterkristall*

Ein DIAC mit zusätzlicher Steuermöglichkeit durch Gateanschlüsse (diese werden zu einem einzigen integriert) wird als **TRIAC (triode ac s**witch) bezeichnet (Bild 11.2-3). Dabei kann die Zündung in beiden Schaltrichtungen getriggert werden.

Beim **GTO (gate turn-off** thyristor) kann ein Thyristor, der durch einen positiven Gatestrom eingeschaltet worden ist (Bild 11.1-3), durch einen negativen wieder ausgeschaltet werden (Bild 11.2-4). Es ist also nicht wie beim Thyristor erforderlich, daß zu einem Ausschalten der Strom durch den Thyristor erst auf einen so kleinen Wert reduziert werden muß, daß im Zwei-Transistor-Analogon (Abschnitt 11.1) die Summe der Einzelstromverstärkungen $\alpha_1 + \alpha_2$ kleiner als 1 wird, oder daß der Thyristor ganz in den Sperrbereich geschaltet wird.

Die Funktion des GTOs wird mit Hilfe des Zwei-Transistor-Analogons in Abschnitt 11.1 erläutert [9]. Für den Basisstrom des Transistors T_2 gilt bei Vernachlässigung des Sperrstroms I_{CB0} analog zu (11.1-2) und Bild 11.1-4 :

$$I_{B_2} = I_{E_2} - I_{C_2} \cong (1 - \alpha_2)I_{E_2} = (1 - \alpha_2)I_K \tag{1}$$

Dieser Basisstrom setzt sich nach dem Knotensatz zusammen aus den Beiträgen (s. Bild 11.1-4)

$$I_{B_2} = \alpha_1 I_A + I_g \tag{2}$$

Im eingeschalteten Zustand ist der Gatestrom Null, d.h. es gilt

$$I_{B_2} = \alpha_1 I_A = (1 - \alpha_2)I_K \tag{3}$$

Bei Anlegen eines negativen Gatestroms wird ein Teil des Kollektorstroms von T_1 nicht in die Basis von T_2 geführt, sondern über die Gateelektrode aus dem Bauelement herausgeleitet. Dadurch wird der Thyristor abgeschaltet, es gilt

$$I_{B_2} = \alpha_1 I_A - \left| I_g \right| < (1 - \alpha_2)I_K \tag{4}$$

Mit der Knotenregel (11.1-5) folgt

$$-\left| I_g \right| + I_A = I_K \tag{5}$$

Setzt man (5) ein in (4), dann ergibt sich nach Auflösung die Bedingung für den Gatestrom [9]:

$$\left| I_g \right| > \frac{\alpha_1 + \alpha_2 - 1}{\alpha_2} I_A \tag{6}$$

Bild 11.2-4 zeigt die Beschaltung und Abschaltcharakteristik eines GTOs.

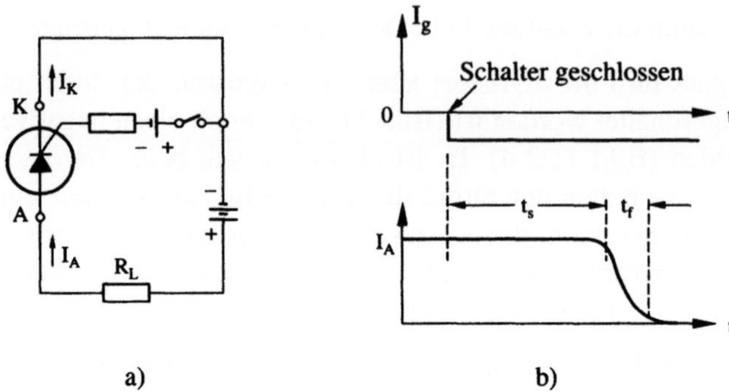

Bild 11.2-4: Schaltung (a) und Abschaltverhalten (b) eines GTOs (nach [20])

12 Integrierte Schaltungen

12.1 Bipolare integrierte Schaltungen

Bereits in einem frühen Stadium der Entwicklung von Halbleiterbauelementen hat die in Abschnitt 8.2 beschriebene Planartechnologie eine entscheidende Rolle eingenommen. Das Kennzeichen dieser Technik ist, daß großflächige Halbleiterscheiben bearbeitet werden, d.h. mit Schichten bedeckt und mit Hilfe von Lithographie- und Ätzprozessen strukturiert werden können. Dabei ist der Fertigungsaufwand nicht erheblich größer, wenn anstelle von einzelnen Bauelementen gleichzeitig eine große Anzahl ähnlicher oder identischer Bauelemente hergestellt wird. Dieses hat eine unmittelbare Auswirkung auf die Fertigungskosten: Ist die Fläche einer Halbleiterscheibe $A_{scheibe}$ und die des Bauelements A_{bauel}, dann ist die Anzahl N der gleichzeitig hergestellten Bauelemente

$$N \approx \frac{A_{scheibe}}{A_{bauel}} \tag{1}$$

Bei Scheibengrößen, die heute bis zu 6 Zoll (ca. 15 cm) und mehr betragen können, und Bauelementflächen im Bereich von Quadratmillimeter bis -mikrometer ergeben sich in der Regel viele Hunderte oder Tausende von Bauelementen, die in einem einzigen Fertigungsprozeß gleichzeitig hergestellt werden können. Auf diese Weise lassen sich auch bei einer extrem teuren Fertigungstechnologie relativ niedrige Kosten pro Bauelement erreichen; diese Tatsache (die z.B. bei Elektronenröhren nur sehr eingeschränkt gilt) ist eine der Triebkräfte für den technischen und wirtschaftlichen Erfolg der Halbleiterbauelemente geworden.

Die Gleichung (1) zeigt deutlich, in welche Richtung sich die Halbleitertechnik aus wirtschaftlichen Gründen bewegen muß: Die Scheibengrößen müssen weiter ansteigen und die Bauelementflächen weiter abnehmen. Die erste Forderung ist eine an die Material- und Fertigungstechnik: Einkristalle mit immer größer werdendem Volumen müssen unter Beibehaltung einer sehr hohen kristallinen Perfektion hergestellt werden. Gleichzeitig müssen die Fertigungsgeräte eine möglichst große Fläche pro Zeit (**hoher Scheibendurchsatz**) bearbeiten können. Besondere Ansprüche werden an die Lithographie und die Ätztechnik gestellt: Wie in Abschnitt 8.2.6 erläutert, erreichen heute die Strukturdimensionen bereits die Wellenlänge des sichtbaren Lichtes, so daß die klassische Photolithographie an natürliche Grenzen stößt und die Ätztechnik in den Bereich atomarer Dimensionen vordringt.

Eine Voraussetzung in der obigen wirtschaftlichen Betrachtung ist selbstverständlich, daß alle gleichzeitig hergestellten Bauelemente auch funktionsfähig sind, d.h. daß die **Fertigungsausbeute** möglichst groß ist. Das ist keineswegs eine Selbstverständlichkeit, da in der Praxis sowohl die Vergrößerung des Scheibendurchmessers sowie des Scheibendurchsatzes, wie auch die Verkleinerung der Strukturdimensionen tendenziell (unterhalb gewisser Mindestgrößen) die Fertigungsausbeute verschlechtern.

Die Tatsache, daß eine große Anzahl von Bauelementen mit vergleichbarem Aufwand gleichzeitig hergestellt werden kann, wird nicht nur dazu benutzt, um große Stückzahlen zu erhalten. Es besteht auch die Möglichkeit, im Rahmen des Planarprozesses diese Bauelemente miteinander in geeigneter Weise elektrisch zu verbinden und damit – innerhalb eines geschlossenen Fertigungsablaufs – eine elektrische *Schaltung* zu realisieren, diese wird als **integrierte Schaltung** (**IC**, von integrated circuit) bezeichnet. Die dafür erforderliche Verbindungs- oder Verdrahtungstechnik (*eine* Verdrahtungsebene) ist im Planarprozeß für die Kontaktierung nach außen ohnehin enthalten. Bei der Schaltungsintegration treten aber einige grundsätzlich neue Probleme auf:

1. Verschiedene Bauelemente müssen voneinander elektrisch isoliert werden (bei der Herstellung von diskreten Bauelementen werden die Einzelkomponenten durch Zerteilung der Scheibe (Sägen, Ritzen und Brechen) voneinander physisch und elektrisch getrennt)

2. Es können nur Bauelemente integriert werden, die sich mit einer ähnlichen – zumindest kompatiblen – Herstellungstechnik erzeugen lassen. Das sind z.B. bipolare Transistoren und Dioden sowie Widerstände (Bild 12.1-1) und Kondensatoren kleiner Kapazität (z.B. MIS-Dioden). Mit erheblichem Aufwand sind auch Induktivitäten und große Kapazitäten realisierbar, keineswegs aber elektromechanische Bauteile (z.B. Schalter; neue Ansätze für eine Integration einiger dieser Bauelemente liefert neuerdings die Mikromechanik, s. Band 1, Abschnitt 3.4) oder Bauelemente aus anderen Werkstoffen (z.B. bestimmte Sensoren und Aktuatoren). Der Schaltungsintegration sind damit Grenzen gesetzt, d.h. in der Praxis müssen neben den integrierten Schaltungen fast immer auch zusätzlich diskrete Bauelemente eingesetzt werden. Das bedeutet, daß stets eine Vielzahl von Verbindungen aus der integrierten Schaltung heraus nach außen geführt werden muß, damit dort die übrigen Komponenten angefügt werden können. In der Tat ist die Anzahl der erforderlichen äußeren Anschlüsse (die mehr als Hundert betragen kann) ein limitierender Faktor bei der Schaltungsintegration.

3. Ein weiterer wichtiger Gesichtspunkt ist die Tatsache, daß in einer integrierten Schaltung praktisch alle Einzelbauelemente elektrisch voll funktionsfähig sein müssen, damit die gesamte Schaltung die vorgesehenen elektrischen Eigenschaften hat: Die Fertigungstechnik muß ausgereift sein und hohe Fertigungsausbeuten

liefern. Trotzdem liegen bei anspruchsvollen integrierten Schaltungen die in der Fertigung erzielten Ausbeuten gebrauchsfähiger Schaltungen häufig niedrig, z.B. bei 10% oder darunter, mit direkten negativen Auswirkungen auf die Kosten.

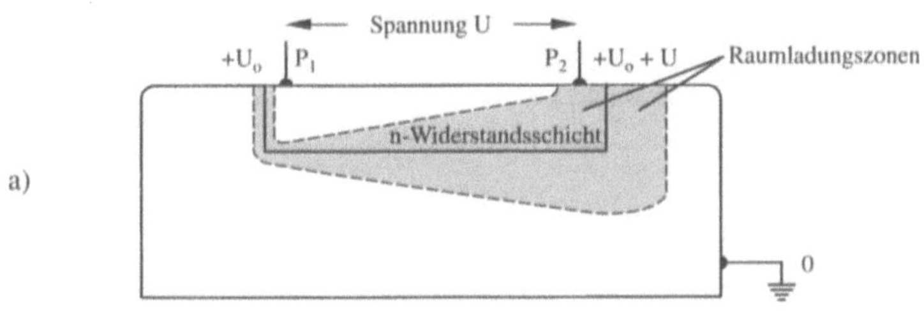

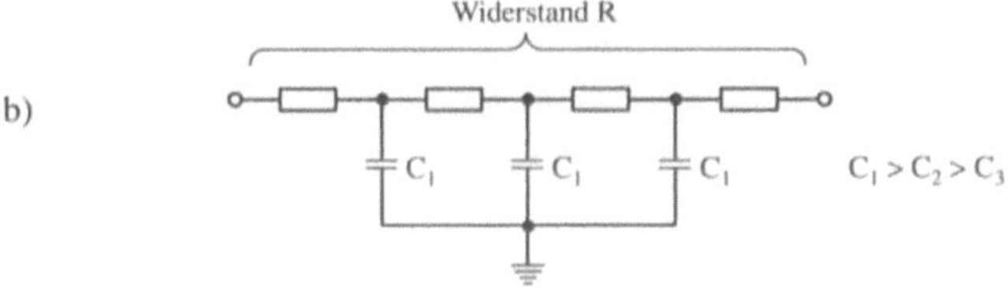

Bild 12.1-1:   *Integrierter ohmscher Widerstand*

   a) In einen p-Halbleiter wird ein n-Gebiet eindiffundiert, dieses ist durch die Raumladungszone vom p-Substrat isoliert . Die Breite der Raumladungszone kann durch Anlegen einer Sperrspannung zwischen Widerstand (Punkt P_1) und Substrat vergrößert werden. Fällt über dem Widerstand eine positive Spannung U ab, dann nimmt die Sperrspannung zum Substrat P_1 nach P_2 kontinuierlich zu. Der leitfähige Widerstandsquerschnitt nimmt entsprechend ab (s. Sperrschicht-Feldeffekttransistor), d.h. der Widerstandwert ist spannungsabhängig. Dieses ist ein Grundproblem bei eindiffundierten integrierten Widerständen.

   b) Ersatzschaltbild des diffundierten integrierten Widerstandes: Es können erhebliche parasitäre Raumladungskapazitäten auftreten.

Um die Fertigungsausbeuten möglichst hoch zu halten, setzt man in integrierten Schaltungen nach Möglichkeit nur eine einzige Technologie ein, d.h. entweder nur eine bipolare Technik (**bipolare ICs, BICs**) oder eine MOS-Technik (**MOSICs**). Integrierte Schaltungen mit gemischten Techniken (z.B. **BIMOS**-Schaltungen) bieten zwar anwendungstechnische Vorteile, sind aber – teilweise aus Kostengründen – noch nicht sehr verbreitet In diesem Abschnitt werden zunächst die bipolaren ICs behandelt.

Das Problem der elektrischen Isolation benachbarter Transistoren löst man durch eine Dreifach-Diffusionstechnik: Die Kollektor-, Basis- und Emitterschichten werden nacheinander eingeführt (Bild 12.1-2) und können alle von derselben Scheibenoberfläche ohne Substratanschluß abgegriffen werden. Die n-Kollektoren benachbarter Transistoren sind dann über die Raumladungszone zum p-Substrat gegeneinander isoliert.

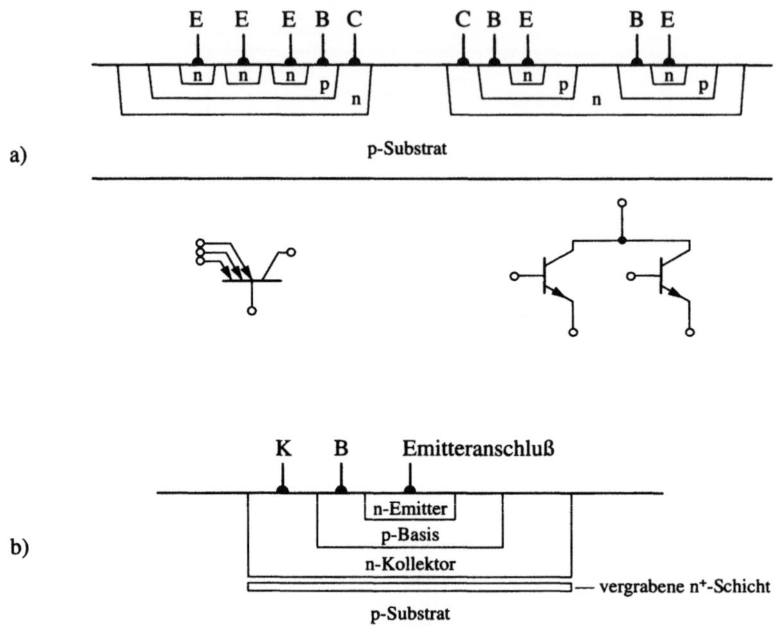

Bild 12.1-2:   *pn-isolierte npn-Transistoren*

> *a) Kollektor-, Basis- und Emitterschicht werden nacheinander durch Eindiffusion erzeugt, alle können einzeln von der Oberfläche her abgegriffen werden. Benachbarte Transistoren sind durch die p-Substratschicht (über eine Raumladungszone zum n-Kollektor) elektrisch isoliert. Anstelle eines einzigen können auch mehrere Emitter für denselben Transistor erzeugt werden, dieses ist in vielen Fällen mit schaltungstechnischen Vorteilen verbunden.*

> *b) Zwischen dem aktiven Kollektorgebiet unterhalb der Basis und dem Kollektoranschluß an der Scheibenoberfläche liegt ein erheblicher parasitärer Serienwiderstand, der durch eine parallelgeschaltete vergrabene Schicht reduziert werden kann.*

Zusammen mit der Herstellung von bipolaren Transistoren lassen sich auch auf andere Arten als in Bild 12.1.-1 Widerstände herstellen (Bild 12.1-3).

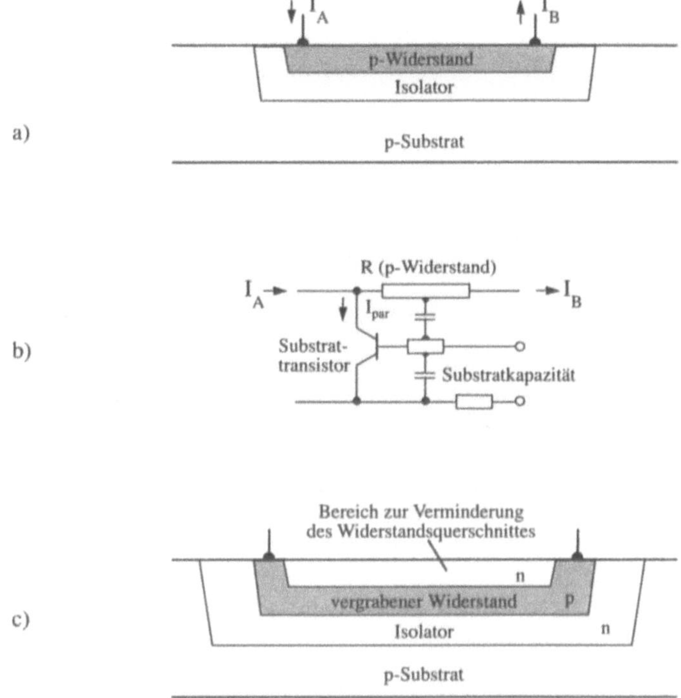

Bild 12.1-3: Alternative Verfahren zur Herstellung von Widerständen

    a) Maskiert man Gebiete so, daß zwar die Kollektor- und Basisdotierung, nicht aber die Emitterdotierung eindiffundiert, dann erhält man einen zum p-Substrat isolierten p-leitenden Widerstand mit dem Schichtwiderstand der Basisdotierung (z.B. 200 Ω).

    b) Die Schichtfolge pnp in a) erzeugt einen parasitären pnp-Transistor, der unter ungünstigen Umständen die Schaltungsfunktion stören kann. Solche parasitären Transistoren und Thyristoren treten auch in Verbindung mit Transistoren wie in Bild 12.1-2 auf.

    c) Vergrabener Widerstand (buried resistor): Widerstand wie in a), jedoch wird der Widerstandsquerschnitt durch die Einführung der Emitterdotierung verringert. Diese Widerstände sind hochohmig (z.B. 2 kΩ), sie lassen sich aber nur mit großen Streubreiten fertigen.

In Bild 12.1-4 wird der Prozeßablauf zur Herstellung einer bipolaren integrierten Schaltung mit der Erzeugung von Transistoren und Widerständen beschrieben.

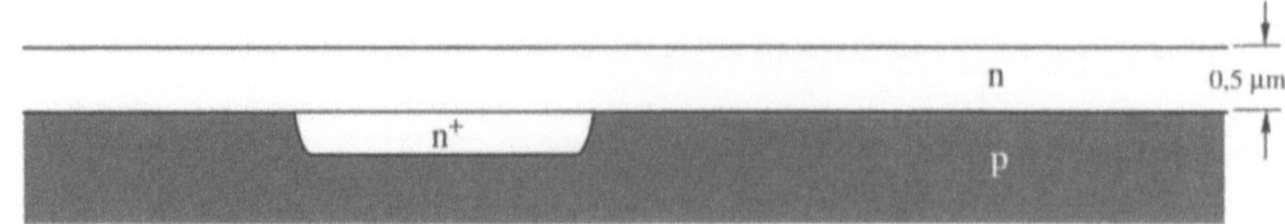

Bild 12.1-4:   *Standard-Linearprozeß für lineare bipolare integrierte Schaltungen*

a) In die p-dotierte Ausgangsscheibe (Borkonzentration ca. 10^{16} cm^{-3}) wird durch ein Oxidfenster die hochdotierte vergrabene n^+-Schicht eindiffundiert (CVD- Verfahren oder Ionenimplantation). Anschließend folgt die epitaktische Beschichtung mit einer n-dotierten Kollektorschicht.

b) Durch die Epitaxieschicht ist die gesamte Scheibenoberfläche leitend verbunden. Über eine tiefe Bor-Diffusion wird die n-Dotierung unterbrochen, so daß einzelne isolierte Inseln entstehen, in welchen später die Bauelemente erzeugt werden.

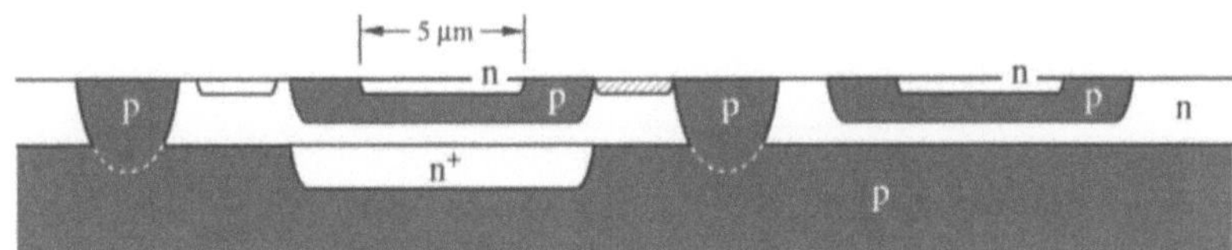

c) Anschließend erfolgt in den Inseln eine flache p-Dotierung (Basis) und eine noch flachere n^+-Diffusion (Emitter und niederohmiger Kollektoranschluß). Die örtliche Lage dieser Gebiete wird durch die üblichen Techniken (Erzeugung einer Isolationsschicht als Maske, Photoprozeß, örtliches Abätzen der Maskierungsschicht, Einbringen des Dotierstoffes in die geöffneten Fenster der Maskierungsschicht) festgelegt.

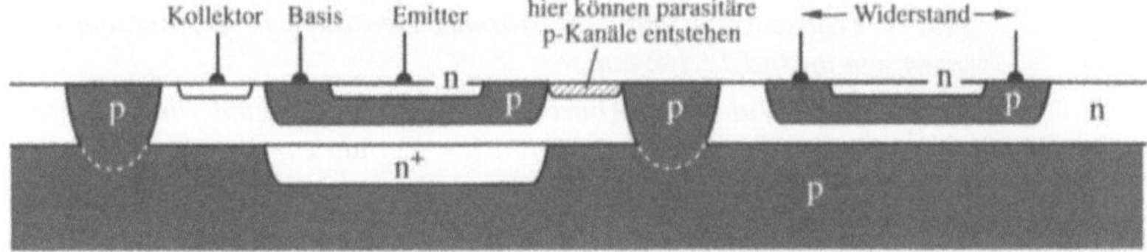

d) Kontaktierung: Nach erneuter Bedeckung mit einer Isolatorschicht als Maskierung und der Definition von Kontaktlöchern wird die Metallisierungsschicht (Aluminium, Silizid u.a.) aufgebracht und durch Ätzen strukturiert. Die Bauelemente sind jetzt angeschlossen und können miteinander verdrahtet werden.

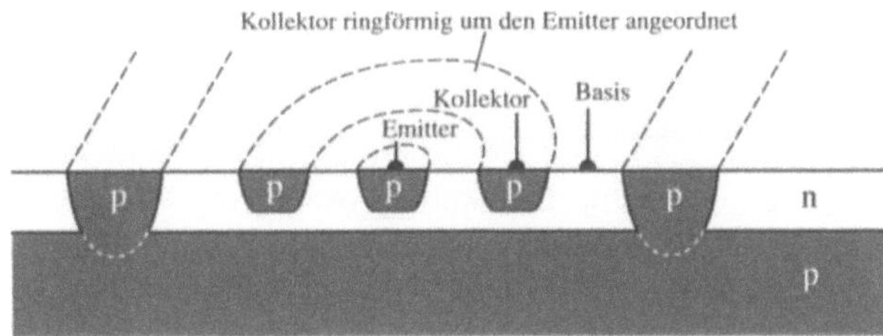

e) Die bisher beschriebenen Transistorstrukturen haben relativ zur Scheiben-oberfläche einen vertikalen Aufbau. Bei solche Transistoren kann eine kleine Basisweite eingestellt werden, die zu einer hohen Stromverstärkung führt. Aus schaltungstechnischen Gründen (z.B. bei Invertern) sind aber häufig pnp-Transistoren erwünscht, von denen keine große Stromverstärkung erwartet wird. Solche Transistoren lassen sich in lateraler Struktur (im Gegensatz zu den vertikalen npn-Transistoren) herstellen. Die Basisweite ist dabei durch die Lithographie bestimmt (z.B. 2 μm) und damit relativ groß.

Die Schaltungstechnik innerhalb von integrierten Schaltungen unterscheidet sich stark von der früher angewendeten Schaltungstechnik mit diskreten Bauelementen. Bei integrierten Schaltungen müssen grundsätzlich Induktivitäten und große Kapazitäten vermieden werden, hingegen erfordert die Verwendung zusätzlicher Transistoren, Dioden und Widerstände kaum größeren Aufwand. Die Minimierung der Anzahl verwendeter Bauelemente ist in der integrierten Schaltungstechnik nicht der entscheidende Gesichtspunkt: Im Vordergrund stehen die Funktion pro Chipfläche und deren Betriebssicherheit sowie eine gute Fertigungsausbeute bei der Herstellung der integrierten Schaltung. Eine vorgegebene elektrische Funktion wird in der integrierten Schaltungstechnik daher mit weit mehr Bauelementen, insbesondere Transistoren, realisiert als bei einem Schaltungsaufbau mit diskreten Bauelementen. Auf der anderen Seite bestehen kaum Eingriffsmöglichkeiten in die Funktion der integrierten Schaltung, z.B. in der Form einer Trimmung von Widerständen, Einstellung von Arbeitspunkten u.a. Die bei integrierten Schaltungen selbstverständlich auch auftretende Streuung der elektrischen Parameter, wie der Stromverstärkung, muß durch schaltungstechnische Maßnahmen (z.B. Gegenkopplung) kompensiert werden.

In integrierten Schaltungen liegen – im Gegensatz zu diskret aufgebauten Schaltungen – die Bauelemente sehr dicht (z.B. Mikrometer) beieinander, sie können also stark miteinander wechselwirken, sowohl über die parasitäre Übertragung von elektrischen Signalen wie auch über eine thermische Kopplung. Daher ist die elektrische Stabilität integrierter Schaltungen ein weit größeres Problem als die diskret aufgebauter, sie muß durch zusätzliche schaltungstechnische Maßnahmen unterstützt werden. Ein Vorteil der engen Nachbarschaft auf dem Chip ist, daß benachbarte Bauelemente häufig sehr ähnliche Eigenschaften haben, weil sie technologisch unter sehr ähnlichen Bedingungen hergestellt wurden. Man kann also – im Gegensatz zu den

Verhältnissen bei diskreten Bauelementen – mit einer geringen Streuung der Bauelementeigenschaften untereinander (relative Streuung) rechnen, auf der anderen Seite kann die Streuung der Eigenschaften insgesamt (absolute Streuung) so groß wie bei diskreten Bauelementen sein.

Zur Vermeidung von Kopplungskapazitäten wird in der bipolaren integrierten Schaltungstechnik die direkte Kopplung von Transistoren viel stärker angewendet als in der diskreten. Die Arbeitspunkteinstellung erfolgt häufig über Stromgeneratoren (Bild 12.1-5).

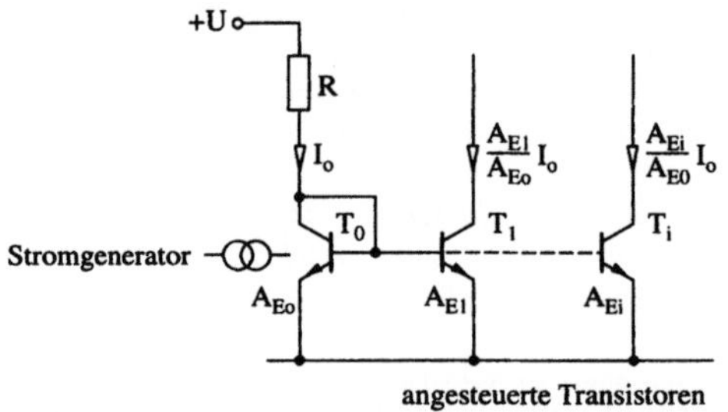

Bild 12.1-5: *Arbeitspunkteinstellung über einen Stromgenerator: Über die Serienschaltung von einem Transistor mit Basis-Kollektor-Kurzschluß und einem Widerstand R wird ein Strom I_0 definiert (vgl. Bild 9.3.2-1). Überträgt man die hierdurch festgelegte Emitter-Basis-Spannung auf weitere Transistoren gleicher Abmessungen, dann wird diesen zwangsläufig derselbe Kollektorstrom eingeprägt. Durch Änderung der geometrischen Abmessungen der angesteuerten Transistoren T_i, z.B. der Emitterflächen A_{Ei} relativ zur Emitterfläche A_{Eo} der Stromquelle läßt sich der Strom durch die angesteuerten Transistoren in vorgegebenen Grenzen variieren.*

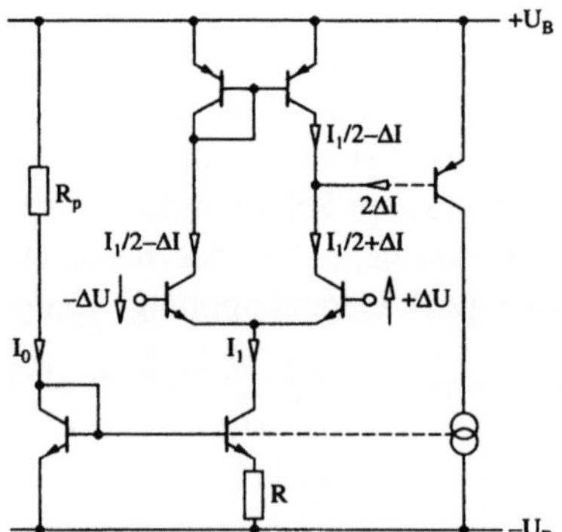

Bild 12.1-6: *Prinzipieller Aufbau eines Operationsverstärkers, bestehend aus einem Differenzverstärker, einer Stromsenke für kleine Ströme und einer gesteuerter Stromquelle als (aktiver) Last der Differenzverstärkerstufe.*

Vorteile bieten wegen der unvermeidbaren Temperaturdrift Differenzverstärker (Bild 12.1-6). In Bild 12.1-7 ist die vollständige Schaltung eines einfachen Doppeloperationsverstärkers wiedergegeben.

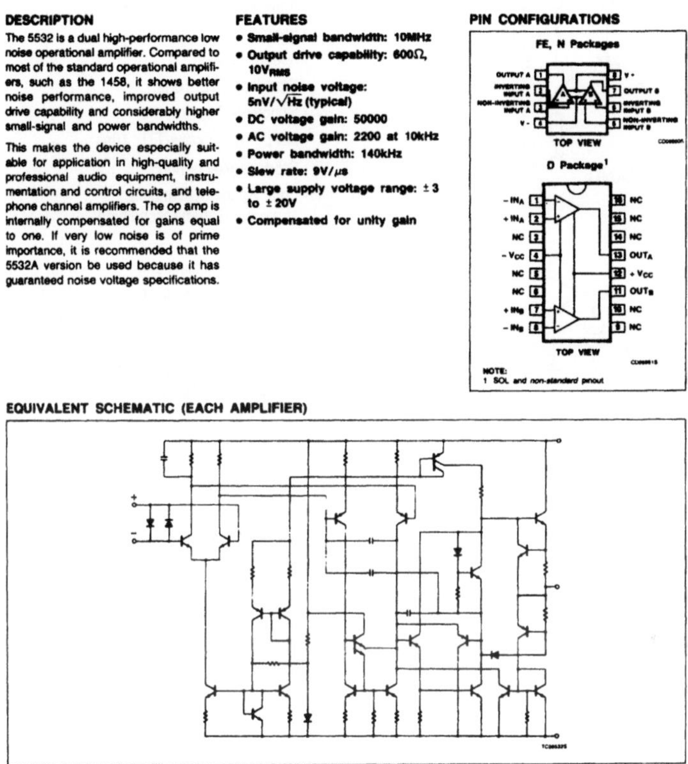

Bild 12.1-7:   Datenblatt eines Doppeloperationsverstärkers

Bei dem heutigen Stand der Technik ist das Spektrum der in einer integrierten bipolaren Technik realisierbaren analogen Schaltungen außerordentlich groß und geht weit über die Herstellung von Operationsverstärkern hinaus. Beispiele hierfür sind Nieder- und Hochfrequenzverstärker für kleine und große Leistungen, komplette Rundfunkempfangsschaltungen (Einchip-Empfänger), Schaltungen für die Signalverarbeitung in Fernsehern, Analog-Digitalwandler, phasenregelnde Schaltungen (phase locked loops), Meßschaltungen und viele andere mehr.

Bipolare Transistoren werden auch in großem Maßstab für digitale integrierte Schaltungen eingesetzt, Tab. 12.1 gibt die logischen Grundschaltungen sowie Vor- und Nachteile der einzelnen Schaltungsfamilien an.

Tab. 12.1-1:   *Bipolare Schaltungen: Grundschaltungen und Eigenschaften (teilweise nach [87])*

IC-Technik	Gattergrundschaltung	Funktion	Vor-/Nachteile	Anwendungen, Bemerkungen
TTL Transistor-Transistor-Logik	NAND	• Verknüpfung durch Multi-Emitter-Transistor	V: • nur eine Betriebsspannung • niederohmiger Ausgang • hohe Ausgangsauffächerung • breites Typenspektrum Impulslaufzeiten: • Standard-TTL: 10ns; • Schottky-TTL: 3...4ns • low power Schottky-TTL: 10ns N: • Störfestigkeit gering • hohe Speisequellenbelastung bei Gatterumschaltung	• wichtigste Bipolarlogik mit SSI-LSI-Integrationsniveau
I²L Integrierte Injektionslogik		• Verknüpfung durch Mehrfachkollktoren	V: • geringe Verlustleistung • hohe Integrationsdichte • Wegfall der flächenaufwendigen Widerstände • Geschwindigkeit nach Auslegung, hohe Schaltgeschwindigkeit möglich • mit linearen integrierten Schaltungen kombinierbar N: • Störfestigkeit gering • hohe Speisequellenbelastung bei Gatterumschaltung	• wichtige Bipolarlogik für Hochintegration • entwurfsfreundlich
ECL Emittergekoppelte Logik typische Verknüpfung NOR/OR	OR/NOR	• Verknüpfung durch Lastwiderstand	V: • Vermeidung der Sättigung (hohe Geschwindigkeit) • negiertes und normales Ausgangssignal • Stromkonstanz beim Schalten N: • konstante Betriebsspannung erforderlich • hoher Bauelementaufwand • große Verlustleistung • kleiner Hub	• schnellste Bipolarlogik

12.2 Integrierte MOS-Schaltungen

Integrierte MOS-Schaltungen haben heute in der Digitaltechnik eine hervorragende Stellung eingenommen und in ihrer Bedeutung die digitalen bipolaren ICs übertroffen. Einige Gründe dafür sind:

- Die MOS-Fertigungstechnik ist einfacher und kostengünstiger.
- MOS-Transistoren sind selbstisolierend (verschiedene Transistoren in einem Chip

sind – im Gegensatz zu bipolaren Transistoren – ohne zusätzliche Maßnahmen (wie eine Isolationsdiffusion oder -ätzung) gegeneinander elektrisch isoliert.

– In der Schaltungstechnik gibt es eine große Flexibilität durch Verwendung von komplementären (Verarmungs-, Anreicherungs-, n-Kanal-, p-Kanal-) Transistoren.

– Es lassen sich mit relativ wenig Aufwand sehr stromsparende integrierte Schaltungen aufbauen.

– Der Flächenbedarf pro Bauelement (MOS-Transistor und Widerstand, der durch einen MOS-Transistor mit fester Gatespannung realisiert wird) ist in der MOS-Technik geringer als in der bipolaren Technik, damit der Integrationsgrad potentiell größer (s. Diskussion zu Beginn von Abschnitt 12.1). Integrierte Schaltungen mit einer hohen Dichte von Funktionseinheiten pro Chip sind daher überwiegend in MOS-Technik ausgeführt (Bild 12.2-1).

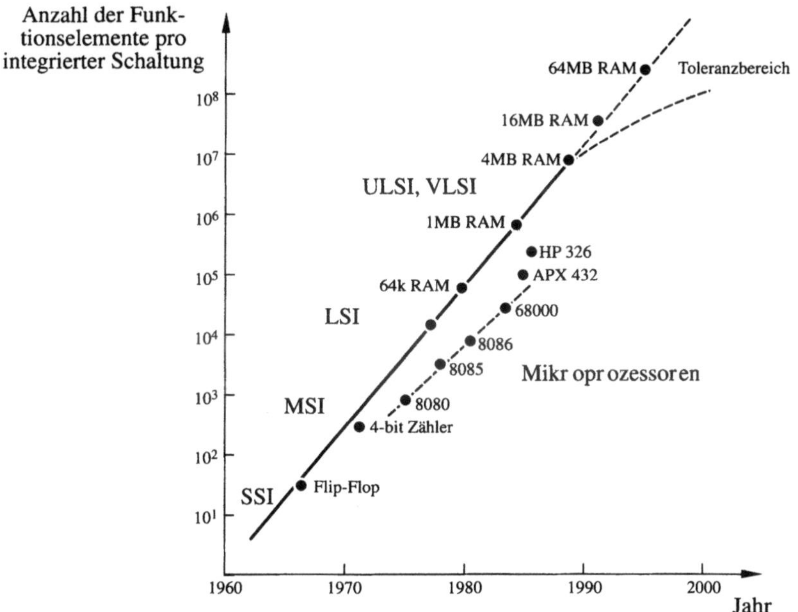

Bild 12.2-1:   *Zeitliche Entwicklung der Anzahl der Funktionselemente pro integrierter Schaltung (nach [88])*

Bei integrierten MOS-Schaltungen kommen Einkanaltechniken (ausschließlich MOSFETs mit entweder nur p- oder n-leitenden Kanälen) und Mehrkanaltechniken (nebeneinander MOSFETs mit p- und n-leitenden Kanälen) zur Anwendung. Entsprechend unterscheidet man auch die **PMOS, NMOS** und **CMOS** (complementary **MOS**)-Techniken. In Tab. 12.2-2 sind typische Grundschaltungen der Einkanaltechnik und deren Eigenschaften zusammengetragen.

Tab. 12.2-1: Grundschaltungen der MOS-Einkanaltechnik (entweder nur p- oder n-leitende Kanäle) und deren Eigenschaften (nach [87])

a) nur MOSFETs vom Anreicherungstyp (EE = enhancement-enhancement)

b) MOSFETs vom Anreicherungs- und Verarmungstyp (ED=enhancement-depletion)

Schaltkreistechnik	Gattergrundschaltung	Funktion	Vor-/Nachteile	Anwendungen, Bemerkungen
a) Einkanal-MOS-Technik (p, n-Kanal) (EE-Inverter) typische Verknüpfung NAND, NOR	Inverter NOR-Gatter	• direkte Stufenkopplung • Verknüpfung durch Lastelement	V: • einfacher Aufbau, Wegfall der Isolationsinseln • große Packungdichte, Lastwiderstand als FET realisierbar • leistungslose Ansteuerung N: • nicht sehr schnell • oft hohe Betriebsspannung, dann nicht T²L-kompatibel	• Hoch- und Niedervolttechnik ($U_D \approx 10...30$ V, $U_D \leq$ 10 V) • großer Störabstand bei Hochvolttechnik • Niedervolttechnik T²L-kompatibel • p-Kanal-Technik: geringes Angebot an IC's • n-Kanal-Technik: verbreitete LSI-Technik
b) Einkanal-MOS-Technik (ED-Inverter) (typisch n-MOS)	NOR-Gatter	• direkte Stufenkopplung • Verknüpfung durch Lastwiderstand	V: wie a), zusätzlich • höhere Geschwindigkeit • geringere Betriebsspannung möglich N: • schwierige Einstellung der Schwellenspannungen	• in LSI- und VLSI-Schaltungen weit verbreitet • meist mit Polysilizium-Gate ausgeführt

In Bild 12.2-2 sind die Fertigungsschritte eines NMOS-Prozesses zusammengestellt. Die Darstellungen sind nicht maßstabsgerecht: Die vertikalen Abmessungen werden stark vergrößert dargestellt.

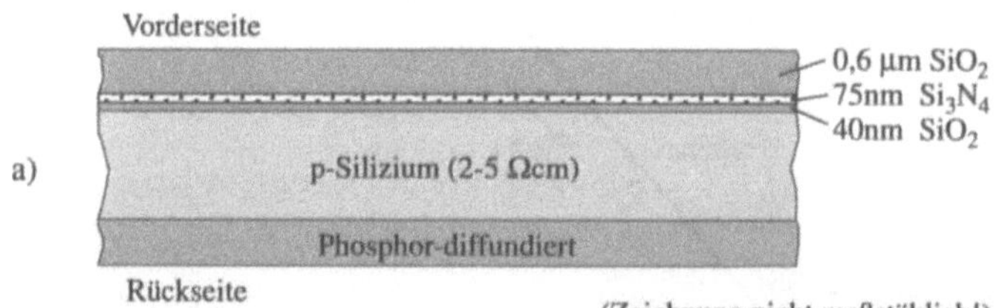

Bild 12.2-2: NMOS (die digitale integrierte Schaltung wird nur mit n-Kanal-MOS-Transistoren realisiert) -Fertigungstechnik mit Verarmungs- und Anreicherungs-Transistoren

a) In der MOS-Technik muß ein besonders störungsarmer Halbleiter-Oxid-Übergang mit einer reproduzierbaren Konzentration von Grenzflächenladungen hergestellt werden. Eine der Voraussetzungen dafür ist die größtmögliche Reinheit des Silizium-Ausgangsmaterials. Deshalb wird die Ausgangsscheibe (2-5 Ωcm) zunächst mit einem dünnen (40 nm) thermischen Oxid bedeckt, das durch eine Nitrid- und Oxidschicht sofort geschützt wird. In die Scheibenrückseite wird anschließend Phosphor in hoher Konzentration eindiffundiert: Dieser Prozeßschritt hat für die elektrischen Eigenschaften der integrierten Schaltung keine Bedeutung, sondern dient ausschließlich zur Getterung (s. Bild 11.1-6a) von Fremdatomen. Um die Getterwirkung zu erhöhen, erfolgt eine Eindiffusion unter starker Oxidation in feuchter (mit Wasserdampf angereicherter) Sauerstoffatmosphäre. Die Scheibenvorderseite wird dabei nicht oxidiert, weil die Nitrid-

schicht so dicht ist, daß kein Sauerstoff an die Siliziumoberfläche gelangen kann. Nach der Getterung wird die Oxidschicht auf der Rückseite abgeätzt.

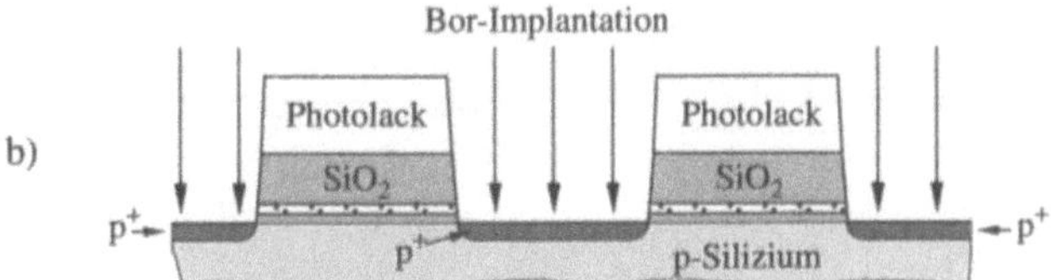

b) *Die Isolationsschichten werden jetzt außerhalb der Bereiche, in denen später die MOS-Transistoren hergestellt werden, bis auf die Siliziumoberfläche abgeätzt. Der Photolack, mit dem diese Gebiete definiert worden waren, wird nicht entfernt, sondern als Maskierschicht für den Folgeprozeß weiterverwendet. Dieser besteht aus einer Borimplantation (ca. 10^{14} cm^{-2}), welche die Dotierung an der Oberfläche der p-Scheibe erhöht. Dadurch wird verhindert, daß durch möglicherweise später entstehende Ladungen im Oxid und an der Grenzfläche Halbleiter-Oxid an diesen Stellen parasitäre Inversionskanäle entstehen, welche die pn-Isolation benachbarter Transistoren überbrücken (**Channelstopper**).*

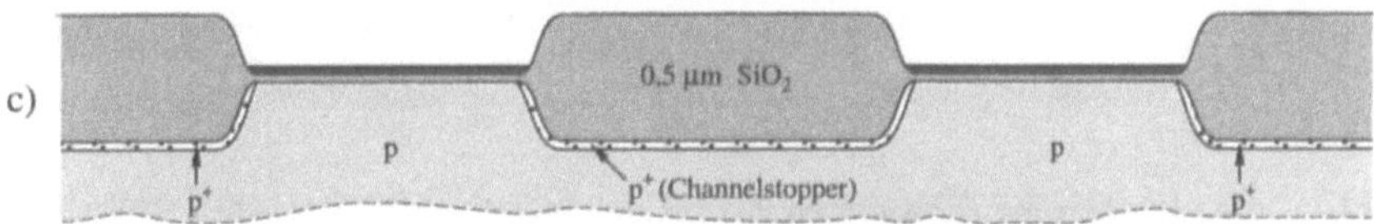

c) *Im Folgeschritt wird die freiliegende Siliziumoberfläche stark thermisch oxidiert. Die mit Siliziumnitrid bedeckte Oberfläche bleibt davon unberührt (**local oxidation of silicon – LOCOS**). Da während der Oxidation Silizium aus dem Scheibenmaterial im SiO₂ gebunden wird, dringt die Grenzfläche Halbleiter-Oxid in die Scheibe ein, gleichzeitig wächst die Oxidoberfläche über die Siliziumoberfläche hinaus. Streng genommen liegt jetzt kein Planarprozeß mehr vor, deswegen wird der LOCOS-Prozeß auch als **Isoplanar**prozeß bezeichnet. Die implantierten Channelstopper-Atome bleiben während der Oxidation weitgehend in der Halbleiteroberfläche, d.h. sie werden bei der Oxidation in den Halbleiter hinein getrieben (die physikalische Ursache hierfür ist noch nicht ganz geklärt).*

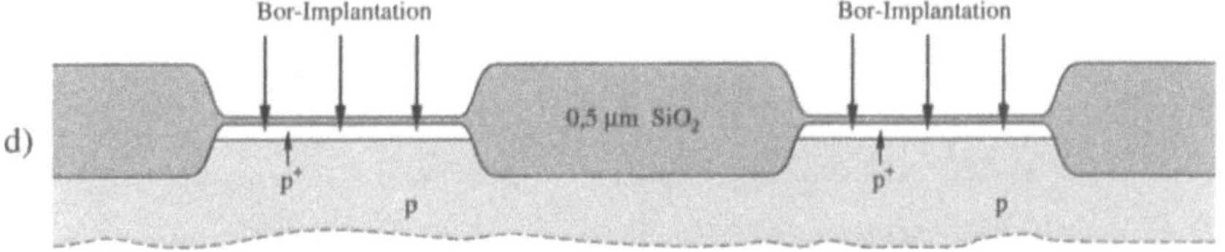

d) *Die Transistorbereiche können jetzt freigelegt werden, alle sich darauf befindlichen Isolatorschichten werden abgeätzt. Unter sehr reinen Bedingungen erfolgt die Oxidation des Gategebiets (früher 50 nm, heute bis herunter zu 10 nm). Durch eine Borimplantation (25 keV, ca. 10^{12} cm^{-2}) wird die Einsatzspannung der Anreicherungs -Transistoren auf ca. 1V festgelegt. Die Einsatzspannung der Verarmungstransistoren wird getrennt davon eingestellt, s. u.).*

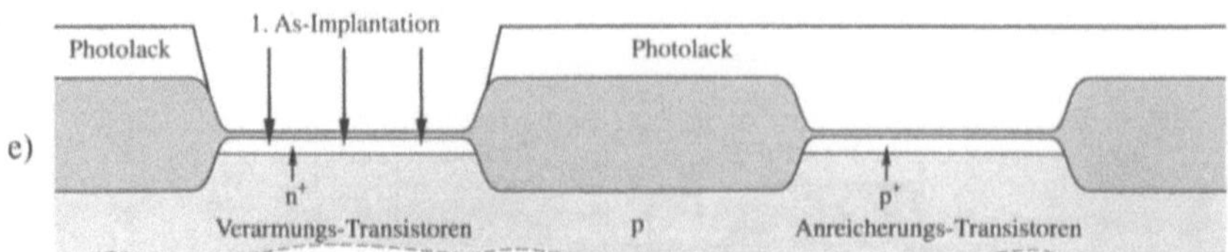

e) Die Anreicherungstransistoren werden durch einen Photolack abgedeckt. In das Gebiet der Verarmungstransistoren erfolgt eine erneute Implantation (150 keV Arsen, ca. $10^{12} cm^{-2}$, die hohe Beschleunigungsspannung ist wegen der geringen Eindringtiefe der Arsenionen erforderlich). Die Siliziumoberfläche ist jetzt n^+-dotiert, die Einsatzspannung der Verarmungstransistoren wird dadurch auf $-2{,}5\,V$ festgelegt.

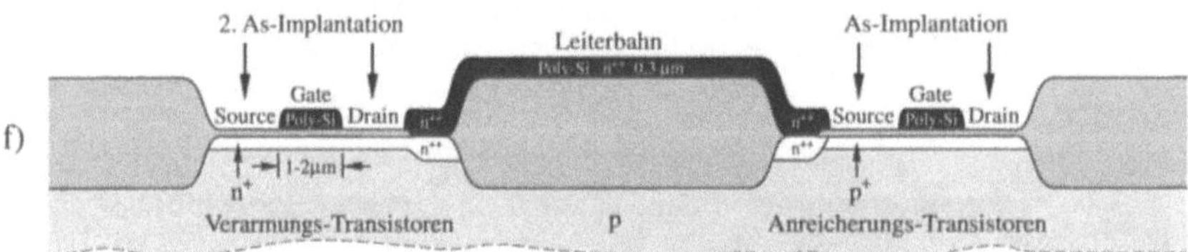

*f) Im nächsten Photoprozeß werden die Kontaktlöcher für Leiterbahnen (z.B. zur elektrischen Verbindung benachbarter Transistoren) definiert und dort das Gateoxid durchgeätzt. Es erfolgt eine Beschichtung mit polykristallinem Silizium, gefolgt von einer Strukturierung durch Ätzen. Neben der Funktion als Leiterbahn wirkt Polysilizium auch als Gateelektrode. Danach erfolgt eine zweite Arsenimplantation mit hoher Dosis (150 keV, ca. $10^{15}\ cm^{-2}$). Die Ionen können nur in denjenigen Gebieten in den Halbleiter eindringen, die mit dem dünnen Gateoxid bedeckt sind, an allen anderen Stellen wirkt das Polysilizium, bzw. das dicke Oxid als Maske. Auf diese Weise wird verhindert, daß die Source- und Drain-Dotierung unter die Gateelektrode dringt (**selbstadjustierende Technik** zur Vermeidung der parasitären **Miller-Kapazität**). Durch diese Implantation werden gleichzeitig die Polysilizium-Leiterbahnen niederohmig dotiert.*

g) An dieser Stelle des Fertigungsprozesses sind die NMOS-Transistoren fertiggestellt. Es erfolgt eine Temperaturbehandlung (30 min 950 °C mit Sauerstoffzugabe: Die Polysiliziumoberflächen werden dünn oxidiert) zum Ausheilen der Strahlenschäden nach der Ionenimplantation und zur elektrischen Aktivierung der implantierten Ionen. Die gesamte Struktur wird mit einem 0,4 μm dicken pyrolytischen Oxid bedeckt, das unter anderem die erste Verdrahtungsebene mit Polysilizium-Leiterbahnen von der zweiten (nächster Prozeßschritt) isoliert.

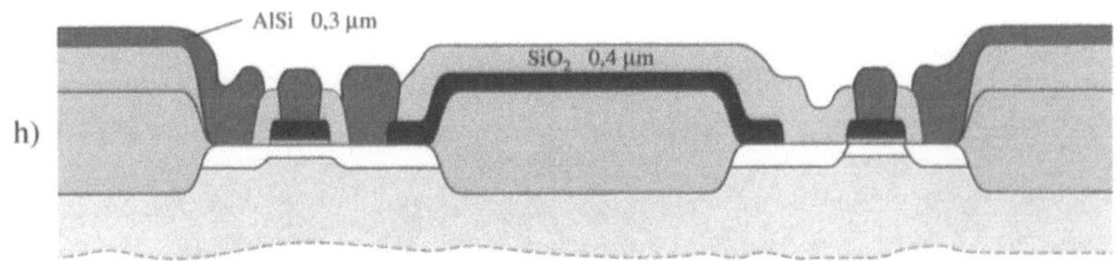

h) Jetzt werden die Kontaktfenster für die Elektroden der MOS-Transistoren geöffnet. Die Kontaktmetallisierung (Aluminium mit einigen Prozent Silizium oder alternativ Metallsilizid) dient (nach der Strukturätzung) gleichzeitig als zweite Verdrahtungsebene. Die Bedeckung mit weiteren Isolatorschichten (insbesondere Siliziumnitrid) erfolgt zur Passivierung der integrierten Schaltung. Häufig wird der Prozeß abgeschlossen durch eine Temperung bei 450°C in Wasserstoffatmosphäre, welche erfahrungsgemäß die Eigenschaften und Stabilität der Siliziumoberfläche verbessert.

Die CMOS-Technik verwendet nebeneinander n- und p-Kanal-MOS-Transistoren, sie ist besonders verlustarm (die Reihenschaltung eines leitenden und eines gesperrten MOSFETs ergibt einen minimalen Ruhestrom) und störsicher (aus demselben Grund liegen die Spannungspegel entweder fast bei Null oder der vollen Betriebsspannung, Tab. 12.2-2).

Tab. 12.2-2: *Grundschaltungen der CMOS-Technik (Schaltungstechnik mit gleichzeitiger Verwendung von p- und n-Kanal-MOS-Transistoren) und deren Eigenschaften (nach [87])*

Schaltkreistechnik	Gattergrundschaltung	Funktion	Vor-/Nachteile	Anwendungen, Bemerkungen
Komplementäre MOS-Technik	Inverter	• direkte Stufenkopplung	V: • Leistungsverbrauch nur beim Umschalten • hohe Ausgangsverzweigung • großer statischer Störabstand • großer Betriebsspannungsbereich • Schaltgeschwindigkeit vergleichbar mit TTL und kleiner • Packungsdichte heute vergleichbar mit NMOS-Technik	• problemlose Stromversorgung (unstabilisiert) durch hohen Störabstand • sehr verbreitete Technik für tragbare Geräte • Ersatz von bipolaren TTL-Schaltungen mit weit geringerem Stromverbrauch • HEF-Serie: Impulslaufzeit 30...100ns an 50pF; HC, HCT-Serie: Impulslaufzeit 3...10ns an 15pF • in LSI- und VLSI-Schaltungen weit verbreitet
	NAND-Gatter		N: • Verlustleistung steigt mit Schaltfrequenz • aufwendige Herstellung	

Die Fertigungsschritte eines CMOS-Prozesses ergeben sich aus Bild 12.2-3.

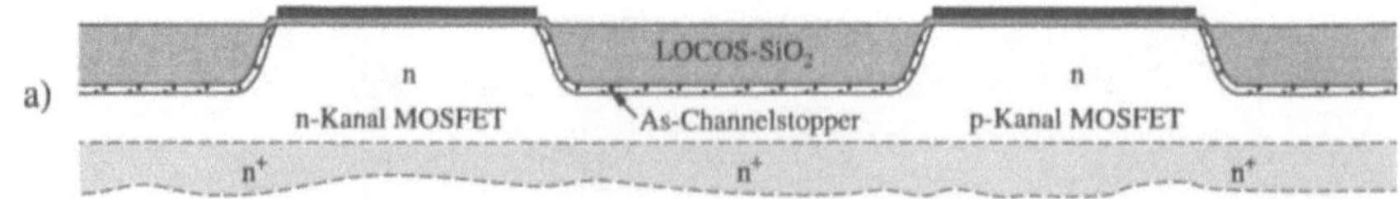

a)

Bild 12.2-3:   *CMOS-Fertigungstechnik*

a) Die Prozeßschritte zur Definition der Transistorbereiche und zur lokalen Oxidation können ähnlich wie beim NMOS-Prozeß durchgeführt werden (die Verschiebung der LOCOS-Oxidoberläche relativ zur Halbleiteroberfläche ist zur Vereinfachung nicht eingezeichnet). Als Ausgangsmaterial wird in diesem Prozeß n-Silizium (2-5 Ωcm) eingesetzt.

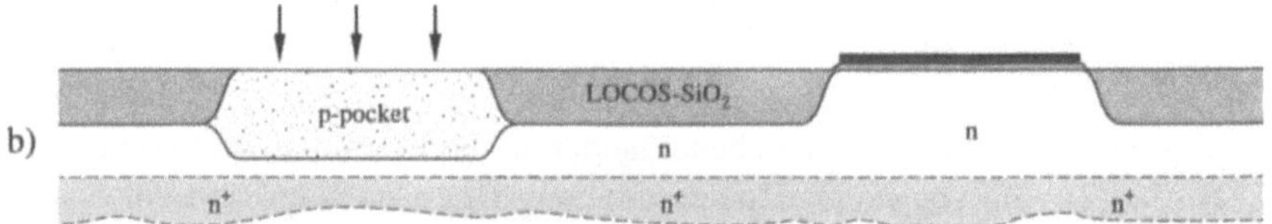

b)

*b) Die Dotierung des Substrats erlaubt die Herstellung von p-Kanal-Transistoren. Am Ort der n-Kanal-Transistoren der CMOS-Technik muß daher das Substrat umdotiert werden (**p-Wanne** oder **p-pocket**). In neueren Fertigungsprozessen werden die Gebiete beider Transistorarten neu dotiert (**Doppelwannentechnik**).*

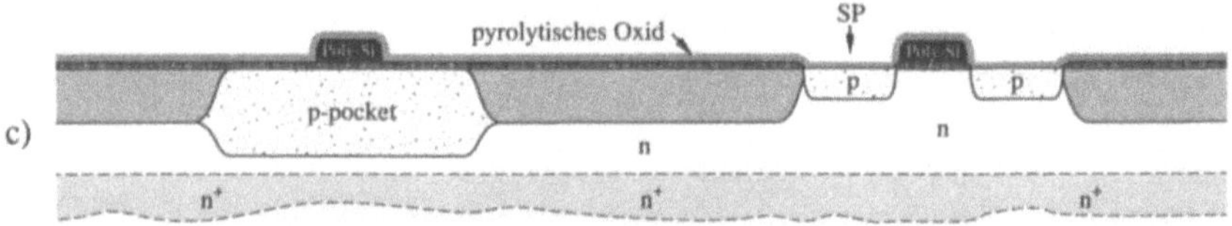

c)

c) Die folgenden Schritte (Herstellung des Gateoxids und des Polysiliziumgates können wie in der NMOS-Technik durchgeführt werden. Für die Bor-Ionenimplantation von Source und Drain der p-Kanal-Transistoren werden die Gebiete der n-Kanal-Transistoren abgedeckt. Auch in diesem Fall bringt eine selbstadjustierende Technik Vorteile.

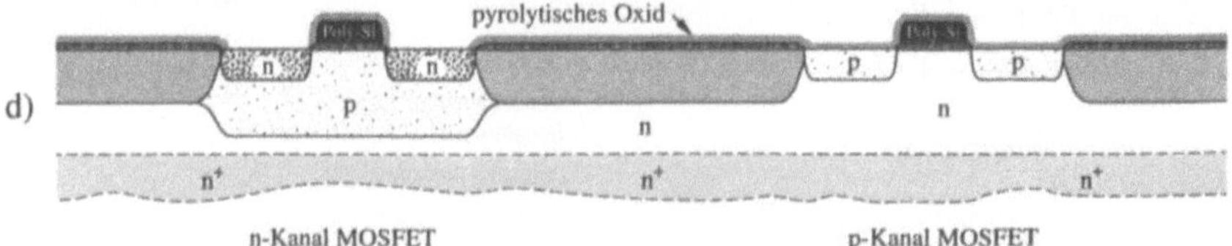

d)

d) Jetzt werden die p-Kanal-Transistoren maskiert und die n-Kanal-Transisotren durch eine Arsen-Implantation (wahlweise Phosphor oder Antimon) hergestellt. Alle weiteren Fertigungsschritte erfolgen wie beim NMOS-Prozeß.

13 Wärme in Halbleiterbauelementen

13.1 Wärmeentwicklung und -ableitung

Der Stromfluß durch ein Halbleiterbauelement ist immer mit einer Erzeugung thermischer Energie verbunden: Wie in Band 1, Abschnitt 4.3.1, dargelegt, erzeugt ein Teilchenstrom $j^T(x)$, dessen Teilchen in einem Volumenbereich $\Delta V = A \cdot \Delta x$ (A ist der Stromquerschnitt) die Wärmeenergie ΔW_n abgeben, dort die thermische Leistung

$$P = j^T \cdot A \cdot \Delta W_n = j^T \cdot A \cdot \frac{\Delta W_n}{\Delta x} \cdot \Delta x = j^T \cdot \frac{\Delta W_n}{\Delta x} \cdot \Delta V \tag{1}$$

Die Teilchenbewegung möge allein aufgrund einer elektrischen Feldkraft erfolgen. Wird dann innerhalb des betrachteten Volumens eine Potentialdifferenz $U = \Delta\varphi$ durchlaufen und die dabei gewonnene potentielle Energie in Wärme umgesetzt (bei diesem Prozeß wird nach (1.2.1-7) Entropie erzeugt, der Entropiegewinn ist die Ursache dafür, daß sich das Teilchen aufgrund der Feldkraft in Bewegung setzt), dann gilt speziell

$$\Delta W_n = -|q|\Delta\varphi \tag{2}$$

$$\Rightarrow P = -|q|j^T \cdot A \cdot \Delta\varphi \tag{3a}$$

$$\underset{I=-|q|j^T \cdot A}{=} I \cdot \Delta\varphi = U \cdot I \tag{3b}$$

Dieser Beitrag zur Wärmeerzeugung wird als **Joule'sche Wärme** bezeichnet. Alternativ zu (2) kann die freiwerdende Energie ΔW_n pro Teilchen auch durch andere Ursachen, wie die Rekombination von Überschußladungsträgern (Abschnitt 6) entstehen (**Rekombinationswärme**). Die erzeugte Wärmeleistung kann die örtliche Temperatur im Halbleiter vergrößern, es können aber auch konkurrierende Prozesse der Energieabgabe eine Rolle spielen, wie die Aussendung von Photonen (z.B. bei der strahlenden Rekombination), die Erzeugung von Elektron-Loch-Paaren (Abschnitt 4.3.4) und andere. Alle diese Prozesse müssen bei der Berechnung der Wärmeerzeugung in Bauelementen einzeln betrachtet werden.

Quantitativ wird die Wärmeerzeugung und -abführung im Bauelement durch zwei Materialgrößen erfaßt (Band 1, Abschnitt 4.3.1 und Anhang C3):

1. Der Zusammenhang zwischen insgesamt zugeführter Wärme ΔW und Temperaturerhöhung ΔT ist:

$$\Delta W = c_{th}\Delta T \tag{4a}$$

$$\Rightarrow P_1 = \frac{\partial \Delta W}{\partial t} = c_{th}\,\frac{\partial \Delta T}{\partial t} = c_{th}\,\frac{\partial T}{\partial t} \tag{4b}$$

c_{th} wird als **Wärmekapazität** (Dimension Wattsekunde pro Kelvin, Anhang C3, (C3-18)) bezeichnet.

2. Weiterhin wird Wärme an die Umgebung abgegeben. Hierfür gelten die Beziehungen (C3-24):

$$P_2 = G_{th}\left(T - T_u\right) \tag{5a}$$

$$= \frac{1}{R_{th}}\left(T - T_u\right) \tag{5b}$$

Dabei geht die Umgebungstemperatur T_u ein: Je größer der Unterschied zwischen Bauelement- und Umgebungstemperatur ist, desto stärker ist auch die Wärmeabführung. G_{th} wird als **Wärmeableitungskoeffizient** bezeichnet (Dimension Watt pro Kelvin, bezogen auf die Oberfläche auch **Wärmeübergangszahl** $\alpha_{\Delta Q}$ mit der Dimension Watt pro Fläche und Kelvin), R_{th} als **Wärmewiderstand** (Dimension Kelvin pro Watt).

Die umgesetzte Wärmeleistung muß der erzeugten entsprechen, d.h. es gilt insgesamt aufgrund der Kontinuitätsgleichung (C3-25) für den Wärmetransport:

$$P = P_1 + P_2 = c_{th}\,\frac{\partial T}{\partial t} + \frac{1}{R_{th}}\left(T - T_u\right) \tag{6}$$

Diese Differentialgleichung hat ein elektrisches Analogon: Sie entspricht derjenigen für den Stromfluß durch eine Parallelschaltung von Widerstand R und Kapazität C. Beide Systeme haben dasselbe Zeitverhalten, wenn man die in Tab. 13.1-1 dargestellten analogen Größen verwendet.

Tab. 13.1-1:   *Äquivalente Größen für elektrische und thermische Ersatzschaltbilder (nach [75])*

elektrisch	thermisch
Widerstand R [Ω]	Wärmewiderstand R_{th} [K/W]
Kapazität C [F]	Wärmekapazität c_{th} [Ws/K]
Spannung U [V]	Temperaturdifferenz gegenüber Umgebungstemperatur [K]
Strom I [A]	Leistung [W]
Leitfähigkeit σ_{sp} [$\Omega^{-1}\mathrm{cm}^{-1}$]	Wärmeleitfähigkeit χ [W/mK]

Die Analogie von thermischen und elektrischen Größen ist in der Praxis sehr nützlich, auch für aufwendigere Systeme lassen sich thermische Ersatzschaltbilder mit
den unterschiedlichen Einzelkomponenten aufstellen (Bild 13.1-1).

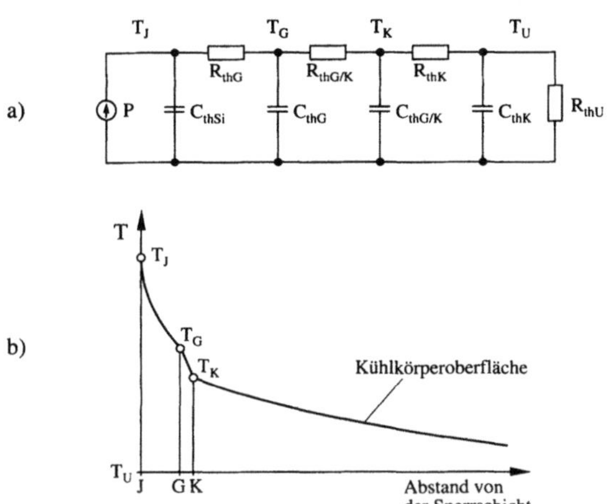

Bild 13.1-1:   *Wärmeabführung von einem gekühlten Transistor (nach [89]).*

a) Thermisches Ersatzschaltbild
(Die Indizes haben die folgende Bedeutung: j- Halbleiterübergang, Si- Halb-
leiterkristall, G- Gehäuse, K- Kühlkörper, U- Umgebung). In Datenblättern
von Halbleiterbauelementen werden häufig die Wärmewiderstände zu einer
Gesamtgröße $R_{th\ j\text{-}a}$ (Wärmewiderstand zwischen Halbleiterübergang und
Umgebung (engl.: ambient) zusammengefaßt)

b) Temperaturverlauf zu a)

Im stationären (eingeschwungenen) Zustand verschwindet die Zeitabhängigkeit in
(6), so daß einfach gilt (C3-30 für große Zeiten t):

$$P = \frac{1}{R_{th}}\left(T - T_u\right) \tag{7a}$$

$$\Rightarrow T = P \cdot R_{th} + T_u \tag{7b}$$

Entsprechende Beziehungen gelten auch für die Temperaturen an verschiedenen
Stellen des Bauelements (Bild 13.1-1b). Die Temperatur ist maximal am Ort ihrer
Entstehung (meistens ein Halbleiterübergang, z.B. bei Transistoren der Basis-Kollektor-Übergang oder die Drainelektrode) und nimmt aufgrund der Wärmeleitung
mit wachsendem Abstand davon ab. Mit steigender (örtlicher) Temperatur können
sich die elektrischen Eigenschaften des Bauelements sehr stark verändern (z.B. können die Sperrströme erheblich ansteigen), zusätzlich können bleibende Veränderungen in der atomaren Struktur eintreten. In vielen Fällen erfolgt die Temperaturerhöhung am Halbleiterübergang ungleichmäßig: An bestimmten Schwachpunkten (**hot**

spots) aufgrund von Gitterfehlern oder Parameterschwankungen (z.B. Schwankungen der Dotierungskonzentration) entstehen lokal höhere Stromdichten und damit höhere Temperaturen. Hierin liegt die Ursache für den zweiten Durchbruch bei bipolaren Leistungsbauelementen.

Die maximal zulässigen Betriebstemperaturen $T_{j\,max}$ (j für engl. junction, d.h. Halbleiterübergang) werden für die Halbleiterbauelemente in den Datenblättern angegeben, Richtwerte sind für Silizium 200°C, Germanium 90°C und Galliumarsenid 300°C. $T_{j\,max}$ legt eine **maximal zulässige Verlustleistung** P_{max} im Bauelement fest, die sich nach (7a) ergibt zu:

$$P_{max} = \frac{1}{R_{th}}\left(T_{j\,max} - T_u\right) \tag{8}$$

d.h. P_{max} nimmt mit der Umgebungstemperatur ab.

Bei Wechselstrom- oder Impulsbelastung wird die Temperaturerhöhung zeitabhängig, allerdings sorgt die Wärmekapazität für einen Ausgleich – es stellt sich häufig eine mittlere Betriebstemperatur ein. Unter dieser Voraussetzung liegt die maximal zulässige Verlustleistung in der Regel weit höher. In diesem Fall geht R_{th} in einen effektiven Wert über, der von dem zeitlichen Verlauf der Belastung abhängt.

Das Temperaturverhalten der Bauelemente muß bei der Auslegung von Schaltungen von vornherein sorgfältig berücksichtigt werden, deshalb nehmen die entsprechenden Kenngrößen in den Datenblättern einen großen Raum ein.

13.2 Sicherer Arbeitsbereich (SOAR)

Die am Bauelement entstehende Joule'sche Wärme ist nach Abschnitt 13.1 eine Funktion des Stroms durch das Bauelement und der Energiedifferenz der Ladungsträger vor und nach Passieren des Bauelements (oder bestimmter Gebiete des Bauelements). Bei einer genaueren Betrachtung müssen noch typische thermoelektrische Effekte, wie der Peltier-Effekt, berücksichtigt werden; eine Behandlung dieses Problemkreises erfolgt im Folgeband "Sensoren". Nimmt man an, daß der Strom durch das Bauelement etwa konstant ist, dann entsteht die maximale Leistung am Ort des größten Spannungsabfalls, d.h. über den Raumladungszonen oder den Zonen mit vermindertem Stromquerschnitt.

An gesperrten pn-Übergängen können im Bauelementbetrieb durchaus große Spannungen anliegen, die allerdings wegen des niedrigen Sperrstroms noch keine erhebliche Leistung erzeugen. Anders sieht die Situation aus, wenn Schwachpunkte mit erhöhtem Sperrstrom vorliegen: Dort ist die Wärmeerzeugung stark vergrößert, d.h. die entsprechenden Gebiete heizen sich auf. Die Temperaturerhöhung vergrößert zusätzlich den dort fließenden Strom, so daß an diesen Stellen ein thermisch bedingter Durchbruch eintritt (**thermische Instabilität, zweiter Durchbruch**, s. auch Abschnitt 10.2.4).

Bei Polung eines pn-Übergangs in Flußrichtung ist der Spannungsabfall vergleichsweise niedrig. Dennoch können bei starkem Stromfluß in Leistungsdioden erhebliche Verlustleistungen entstehen. Aus diesem Grund sind niedrige Schwellspannungen grundsätzlich von Vorteil. In dieser Beziehung haben Schottkydioden und Germanium-pn-Dioden (Bild 9.3.1-4) Vorteile. Bei hoher Strombelastung kann zusätzlich die Joule'sche Wärme über den Bahngebieten erhebliche Werte annehmen, deshalb sind

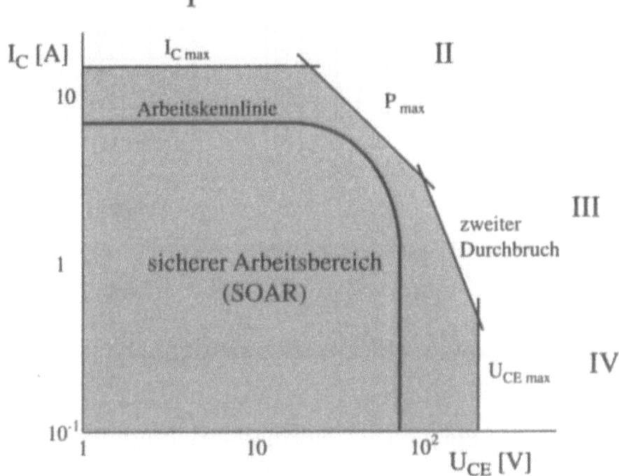

Bild 13.2-1:   *Sicherer Arbeitsbereich (SOAR) im doppeltlogarithmischen Ausgangskennlinienfeld eines bipolaren Transistors (nach [89]).*

a) Grenzen des SOAR. Die Ursachen für die Begrenzung sind in den einzelnen Bereichen:

I: maximal möglicher Kollektorstrom

II: maximale Verlustleistung gemäß

$$I_C = \frac{P_{max}}{U_{CE}} \Rightarrow \log I_C = \log P_{max} - \log U_{CE} \tag{1}$$

III: zweiter Durchbruch: Aufgrund von Inhomogenitäten an Kristallfehlern oder im Dotierungsverlauf treten örtliche Stromeinschnürungen auf, an denen sich die Temperatur stärker erhöht als in der Umgebung. Dadurch verstärkt sich der Strom am Ort der Einschnürung weiter bis zum Durchbruch des Bauelements.

IV: Kollektor-Durchbruchspannung

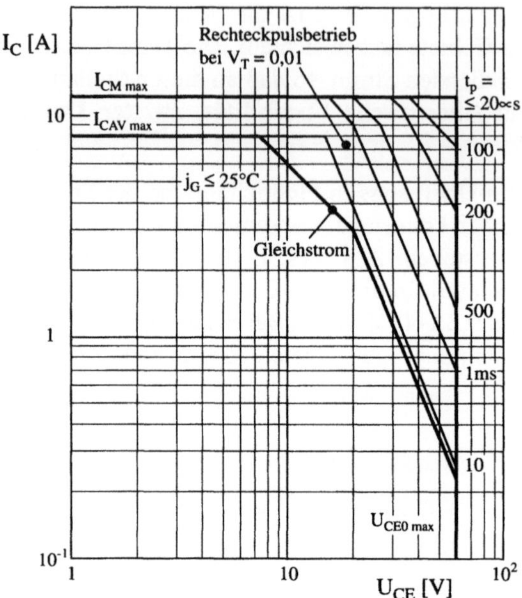

Bild 13.2-1:   b) SOAR-Diagramm für Gleichstrom- und Pulsbelastung (Tastverhältnis V_T, Impulsdauer t_p)

hochohmige Bahngebiete sowie schlecht leitende Bereiche in der Metallisierung und Kontaktierung zu vermeiden.

Bei bipolaren Transistoren entsteht im Normalbetrieb die größte Verlustleistung am Basis-Kollektor-Übergang (Bild 10.1-3). Deshalb wird im entsprechenden *Ausgangs*-Kennlinienfeld der Datenblätter ein **sicherer Arbeitsbereich (SOAR – s**afe **op**eration **ar**ea) definiert (Bild 13.2-1).

Die Wärmeabführung wird bei vielen Halbleiterbauelementen durch ein thermisches Ersatzschaltbild wie in Bild 13.1-1 beschrieben. Wichtige Einflußgrößen sind:

$R_{th\,G}$ Wärmewiderstand zwischen Sperrschicht und Gehäuseboden des Transistors.

$R_{th\,G/K}$ Wärmewiderstand zwischen Gehäuseboden und Kühlkörper (Übergangs- oder Kontakt-Wärmewiderstand). Dieser Wert kann niedrig gehalten werden durch große Kontaktflächen zwischen Gehäuseboden und Kühlkörper, durch besonders ebene Kontaktflächen mit großer Berührungsfläche, durch Verschraubung von Gehäuse und Kühlkörper und durch Verwendung von Wärmeleitpaste (Silikonfett mit Al_2O_3-Pulver).

$R_{th\,K}$ Wärmewiderstand des Kühlkörpers zwischen der Auflagefläche des Bauelements und dem umgebenden Kühlmedium.

Bei Leistungsbauelementen sind die entsprechenden Wärmewiderstandswerte in den Datenblättern aufgeführt, bei Bauelementen mit geringerer Leistung nur der Wärmewiderstand $R_{th\,j\text{-}a}$ zwischen Halbleiterübergang (junction) und Umgebung (ambient), der sich näherungsweise aus der Summe der einzelnen Wärmewiderstände ergibt.

Bei Leistungsbauelementen ist die Verwendung von Kühlkörpern häufig zwingend, Bild 13.2-2 zeigt Ausführungsformen von stranggepreßten Profilkühlkörpern. Tabelle 13.2-1 gibt typische Werte von Wärmewiderständen an.

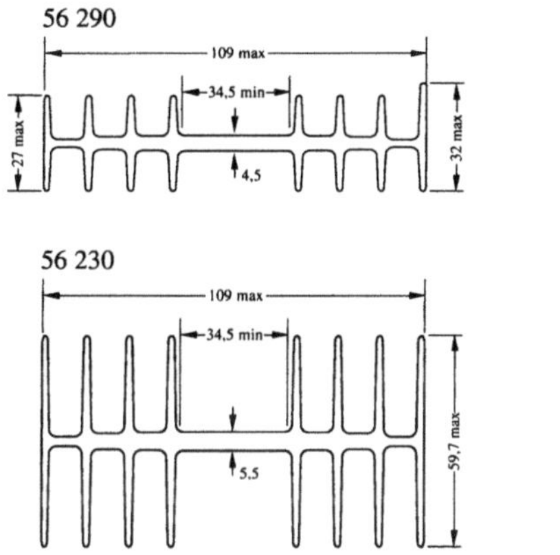
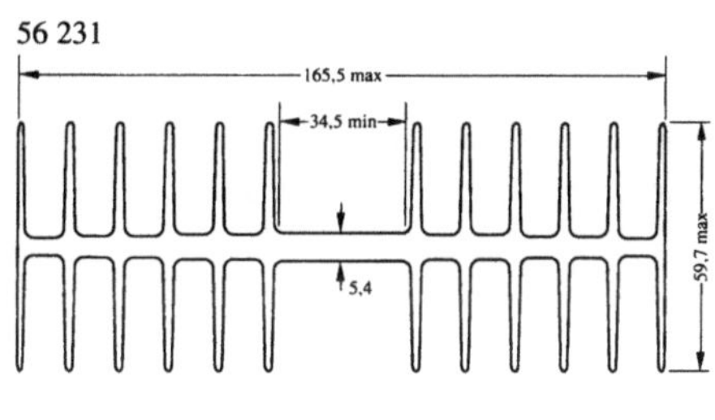

Bild 13.2-2:   *Profilkühlkörper für Leistungsbauelemente (nach [89])*

Tab. 13.2-1:   *Wärmewiderstände an montierten Leistungsbauelementen*

$R_{th\,G\text{-}K}$**-Werte (in K/W)**

Gehäuse-Typ	Wärme-leitpaste	Clipmontage nicht isol.	Clipmontage isoliert	Schraubmontage nicht isol.	Schraubmontage isoliert
TO-126	ohne	3,0	6,0	1,0	6,0
	mit	1,0	3,0	0,5	3,0
SOT-82	ohne	2,0	5,0	—	—
	mit	0,4	2,0	—	—
TO-220	ohne	1,4	5,2	1,4	3,0/4,5*
	mit	0,3	2,2	0,5	1,4/1,6*
SOT-93	ohne	1,5	3,0	0,8	2,2
	mit	0,3	0,8	0,3	0,8
TO-3	ohne	—	—	0,6	1,0/1,25*
	mit	—	—	0,1	0,3/0,5*

Bei den mit „*" bezeichneten Werten wurde eine Glimmerscheibe mit einer Dicke von 100µm verwendet. Die nicht bezeichneten Werte gelten für eine 50µm-Glimmerscheibe

14 Rauschen

14.1 Rauschquellen

Unter dem **Rauschen** versteht man statistische Schwankungen von Strömen und Spannungen um einen Mittelwert (Bild 14.1-1). Hierdurch entsteht eine untere Grenze für die Größe der elektrischen Signale, die von den Bauelementen gerade noch verarbeitet werden können. Die wichtigsten Rauschquellen sind:

thermisches Rauschen: In Abschnitt 4.3.3 wurden die Prinzipien des Stromtransports auf der Basis eines Elektronengases diskutiert. Typisch war, daß sich dem Vektor, der die große thermische Geschwindigkeit der Ladungsträger beschreibt, ein vergleichsweise kleiner Vektor der Driftgeschwindigkeit überlagert. Die Bewegung jedes einzelnen Ladungsträgers erfolgt also in unterschiedlicher Richtung, erst durch eine Überlagerung vieler solcher individuellen Prozesse fällt die thermische Geschwindigkeit durch Mittelwertbildung heraus, d.h. es ergibt sich ein elektrischer Strom, dessen zeitlicher Mittelwert durch die Driftgeschwindigkeit bestimmt wird (Bild 14.1-1). Die momentan angenommenen Werte können dabei erheblich um diesen Mittelwert herum schwanken.

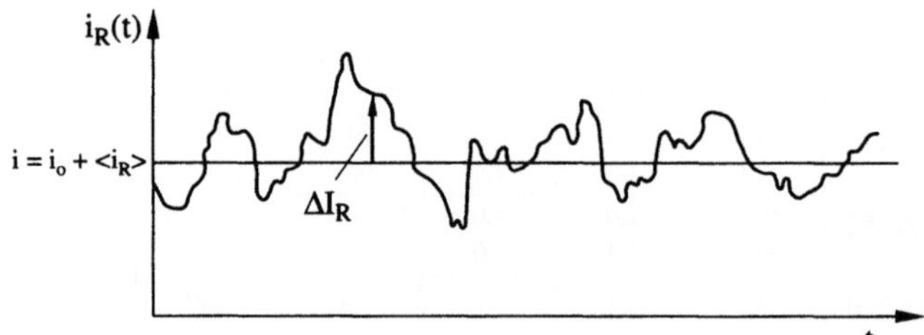

Bild 14.1-1:   *Zeitliche Schwankungen eines elektrischen Stroms in Richtung eines elektrische Feldes: Der gemessene Strom ergibt sich als Mittelwert (1.3.1-1) mit einer UnschärfeΔI_R nach (1.3.2-1).*

Die statistische Berechnung des thermischen Rauschens ergibt für den **Rauschstrom** i_R und die **Rauschspannung** u_R die **Nyquist-Formel** ([64, 90] oder Standardwerke zur Theorie des Rauschens) :

$$\sqrt{\left\langle i_R^{\,2} \right\rangle} = 2\sqrt{\frac{kT \cdot B}{R}} \qquad\qquad\qquad (1a)$$

$$\sqrt{\left\langle u_R^{\,2} \right\rangle} = 2\sqrt{kT \cdot B \cdot R} \qquad\qquad\qquad (1b)$$

$$B = f_o - f_u \qquad\qquad\qquad (1c)$$

Dabei ist R der Widerstandswert und B als Differenz von f_o und f_u die **Bandbreite** des betrachteten Meßsystems im Frequenzintervall zwischen oberer und unterer Frequenz. Bild 14.1-2 gibt das Ersatzschaltbild des rauschenden Widerstands an.

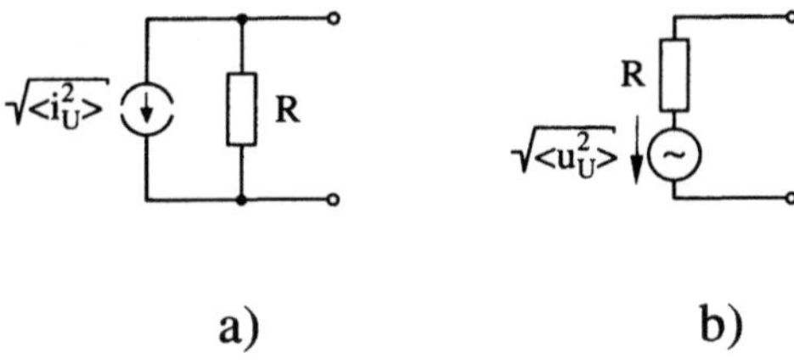

a)   b)

Bild 14.1-2: *Ersatzschaltbild des rauschenden Widerstands*

     a) Stromquellen-Ersatzschaltung

     b) Spannungsquellen-Ersatzschaltung

Schrotrauschen: Der Stromfluß über einen Halbleiterübergang erfolgt bei hinreichend guter Zeitauflösung nicht als Kontinuum, sondern als zeitliche Aufeinanderfolge von einzelnen Strompulsen, die der Bewegung einzelner Elektronen entsprechen. Die zeitliche Aufeinanderfolge ist unkorreliert (Bild 14.1-3).

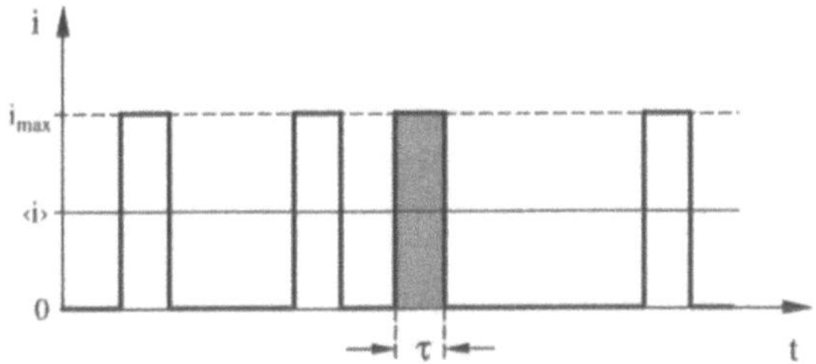

Bild 14.1-3: *Stromfluß über einen Halbleiterübergang, dargestellt als Prozeß des zeitlich unkorrelierten aufeinanderfolgenden Passierens einzelner Elektronen. Jedes Elektron erzeugt über eine Zeit τ einen Strom i_{max}, das Integral über einen Strompuls ergibt die Elektronenladung $-|q|$.*

Durch diesen Prozeß entsteht ein Stromrauschen der Größe

$$\sqrt{\langle i_S{}^2 \rangle} = \sqrt{2|q|\langle I_R \rangle \cdot B} \tag{2}$$

Generations-Rekombinationsrauschen: Der Beitrag von Generations- und Rekombinationsprozessen zum Strom über den pn-Übergang setzt sich ebenfalls aus Einzelprozessen zusammen. Man faßt den entsprechenden Rauschstrom i_{rg} zusammen mit (2) und erhält mit einer empirische Konstanten m [64]:

$$\sqrt{\langle i_{S+rg}{}^2 \rangle} = \sqrt{2\,\frac{|q|}{m}\langle I_R \rangle \cdot B} \tag{3}$$

1/f oder Funkelrauschen: Aufgrund von Oberflächen- und anderen, teilweise bisher noch nicht vollständig erkannten Effekten entsteht eine Rauschquelle, deren Leistungsspektrum im Niederfrequenzbereich etwa wie $1/f$ abfällt (Bild 14.1-4)

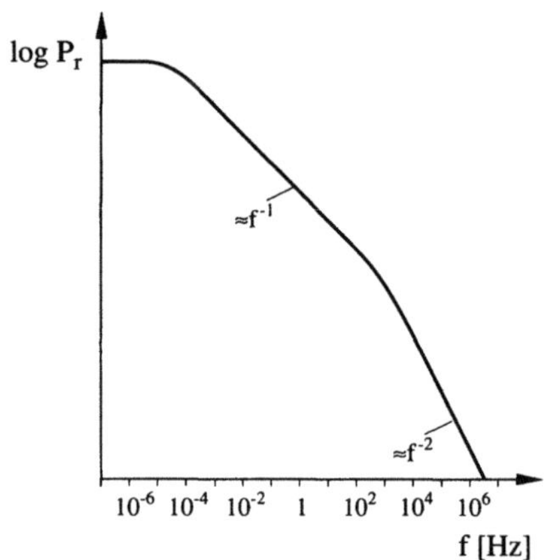

Bild 14.1-4:   *1/f Rauschen: Spektrum der Rauschleistung P_r (nach [64])*

14.2 Rauschen in Halbleiterbauelementen

Die im Abschnitt 14.1 beschriebenen Rauschquellen können in vielfältiger Weise auf die Eigenschaften der Halbleiterbauelemente einwirken. Meistens werden sie als zusätzliche Strom- und Spannungsquellen in den Ersatzschaltbildern der Bauelemente eingetragen. Bild 14.2-1 zeigt das Ersatzschaltbild der rauschenden pn-Diode. Der wichtigste Beitrag entsteht durch das Schrotrauschen, wobei der Diodenstrom nach Abschnitt 7.3 in Formel (14.1-2) eingesetzt wird. Weiterhin sind das Funkelrauschen und das Rauschen an den Bahnwiderständen R_b von Bedeutung.

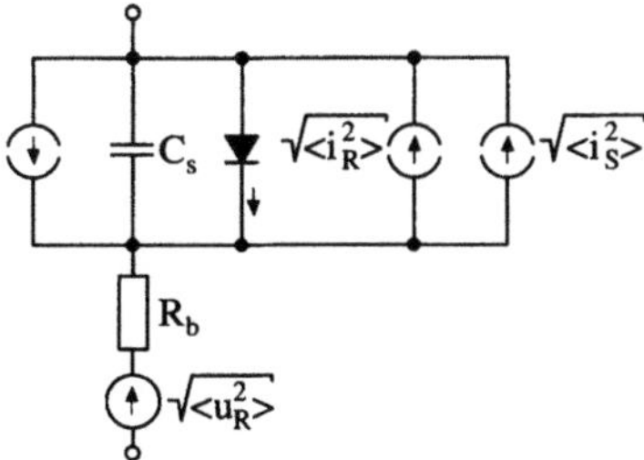

Bild 14.2-1:   *Rauschquellen in einer pn-Diode: Im Ersatzschaltbild treten Rauschströme i_S (Schrotrauschen) und i_F (Funkelrauschen) auf, weiterhin die Rauschspannung u_R an den Bahnwiderständen R_b (nach [64]).*

Man kann auch eine hypothetische **äquivalente Rauschtemperatur** definieren, bei der das thermische Rauschen des Innenwiderstandes genauso groß wäre wie das gemessene Rauschen. Beim Lawinendurchbruch entsteht ein starkes "weißes" (frequenzunabhängiges) Rauschen, das für Rauschquellen bis in den GHz-Bereich hinein verwendet werden kann.

Bild 14.2-2 zeigt die Rauschquellen in einem der Ersatzschaltbilder von bipolaren Transistoren nach Bild 10.2.1-17.

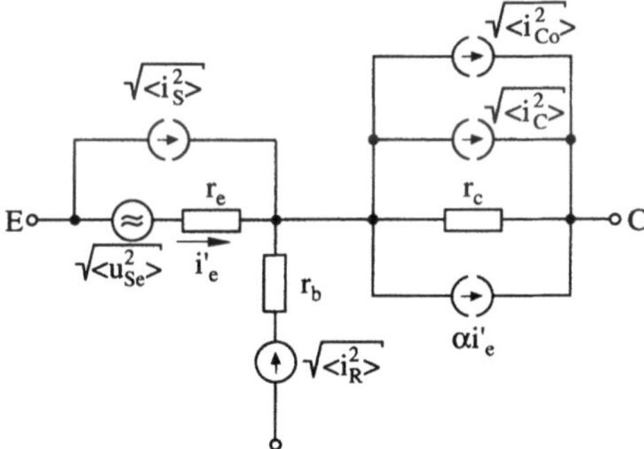

Bild 14.2-2:   *Rauschquellen in einem bipolaren Transistor: Zusätzlich zu den in Bild 14.2-1 definierten Größen erzeugt das Schrotrauschen die Rauschgrößen $\langle u_{Se} \rangle$ (Emitterstrom) und $\langle i_{Co} \rangle$ (Kollektor-Reststrom), nach [64].*

Bei den Feldeffekttransistoren entstehen Rauschquellen durch das Kanalrauschen, durch das Generations-Rekombinations-Rauschen an der Sperrschicht zwischen Feldeffekttransistor und Substrat sowie durch das Rauschen von parasitären Widerständen. Das Kanalrauschen kann auf die Gateelektrode durch Influenz zurückwirken und dort einen Gate-Rauschstrom i_{gr} erzeugen.

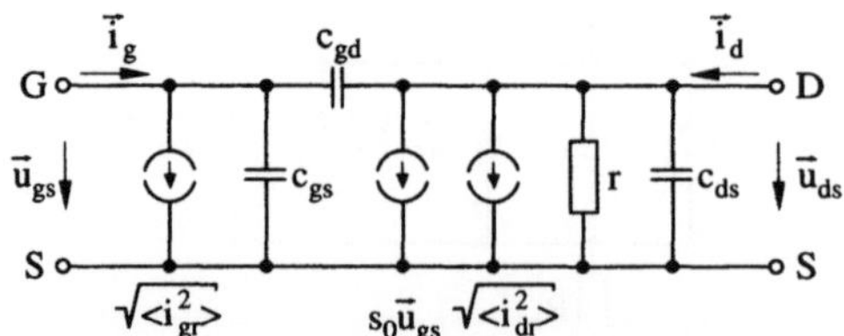

Bild 14.2-3:   *Rauschquellen in einem Feldeffekttransistor: Die wichtigsten Beiträge entstehen durch den Kanalrauschstrom i_{dr} aufgrund des Drainstroms sowie den Gate-Rauschstroms i_{gr} (nach [64]).*

Eine wichtige Kenngröße, durch die das Rauschen vieler Halbleiterbauelemente gekennzeichnet werden kann, ist die **Rauschzahl**. Dabei geht man aus von einem rauschenden Vierpolverstärker (Bild 14.2-4) mit der Leistungsverstärkung α_P, in den über einen Generatorwiderstand Z_G eine Rauschleistung P_{rG} eingespeist wird. Das Eigenrauschen des verstärkenden Vierpols sei P_{rV}. Dann definiert man als **Rauschzahl** F das Verhältnis aus der Ausgangs-Rauschleistung des Verstärkers zu der verstärkten Eingangs-Rauschleistung

$$F = \frac{P_{rV} + \alpha_P P_{rG}}{\alpha_P P_{rG}} =: 1 + F_z \tag{1a}$$

$$F_z := \frac{P_{rV}}{\alpha_P P_{rG}} \tag{1b}$$

In der Praxis wird häufiger das **Rauschmaß** angegeben, das definiert ist durch den 10fachen dekadischen Logarithmus der Rauschzahl (Einheit Dezibel):

$$F[dB] = 10 \, lg \, F \tag{2}$$

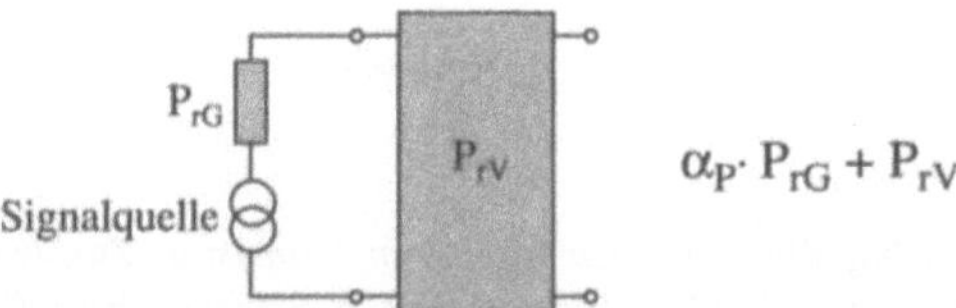

Bild 14.2-4:   *Rauschender Vierpol-Verstärker zur Definition von Rauschzahl und Rauschmaß.*

Durch optimale Wahl des (komplexen) Generatorwiderstandes kann die Rauschzahl minimiert werden (**Rauschanpassung**). Hierdurch entstehen die in den Datenblättern von Hochfrequenztransistoren (Abschnitt 10.2.2) angegebenen **Rauschkreise**, welche Linien gleichen Rauschmaßes über dem komplexen Eingangsleitwert beschreiben.

Literatur

[1] Ch. Kittel und H. Krömer, "Physik der Wärme", 2. Auflage, Oldenbourg-Verlag, München/Wien (1984)

[2] J.S. Blackmore, "Carrier Concentrations and Fermi Levels in Semiconductors", Electron. Commun., 29, 131 (1952)

[3] *Mathematical Tables* from Handbook of Chemistry and Physics, Chemical Rubber Publishing Co., Ohio

[4] Ch. Kittel, "Einführung in die Festkörperphysik", 6. Auflage, Oldenbourg-Verlag, München/Wien (1983)

[5] J.M. Ziman, "Prinzipien der Festkörpertheorie", Verlag Harri Deutsch, Zürich/ Frankfurt am Main (1975)

[6] J. R. Chelikowsky und M.L. Cohen, "Nonlocal Pseudopotential Calculations for the Electronic Structure of Eleven Diamond and Zinc-Blende Semiconductors", Phys. Rev. B14, 556 (1976)

[7] J. M Ziman, "Electrons and Phonons", Clarendon Oxford (1960)

[8] C.D. Thurmond, "The Standard Thermodynamic Function for the Formation of Electrons and Holes in Ge, Si, GaAs, and GaP", J. Electrochem. Soc. 122, 1133 (1975)

[9] S.M. Sze, "Physics of Semiconductor Devices", Second Edition, J. Wiley & Sons, New York/Chichester/Brisbane/Toronto/Singapore (1981)

[10] B. H. Armstrong, "Thermal Conductivity in SiO_2", in S. T. Pantelides, Ed., "The Physics of SiO_2 and Its Interfaces", Pergamon, New York (1978)

[11] J.L.T. Waugh und R. Newman, "Intrinsic Optical Absorption in Single-Crystal Germanium and Silicon at 77K and 300 K", Phys. Rev. 99, 1151 (1955)

[12] W. Runyan, "Silicon and Silicon Alloys, Pure Silicon", in M. Grayson, Ed.,"Encyclopedia of Semiconductor Technology", J. Wiley & Sons, New York/Chichester/Brisbane/Toronto/Singapore (1984)

[13] C.E. Mortimer, "Chemie", Georg Thieme Verlag Stuttgart (1976)

[14] "Metals Handbook", Band 8, ASM Handbook Committee, American Society for Metals, Metals Park, Ohio

[15] Landolt-Börnstein, "Zahlenwerte und Funktionen aus Naturwissenschaft und Technik", III, 17a-c, Springer-Verlag, Berlin/Heidelberg/New York/Tokyo (1984)

[16] H.J. Herbst und F. Huhn, "Störstellen im GaAs", Probleme der Festkörperelektronik, VEB Verlag Technik Berlin (1973)

[17] H.J. Queisser, "Deep Impurities", Festkörperprobleme XI, Fr. Vieweg & Sohn, Braunschweig/Wiesbaden (1971)

[18] S.I. Tan, B.S. Berry, und W. Frank, in "Ion Implantation in Semiconductors and Other Materials", B. L. Crowder, ed., Plenum Press, New York/London, 19 (1973)

[19] J. Hornstra, J. Phys. Chem. Sol. 5, 129 (1958)

[20] E. D. Wolley, "Gate Turn-Off in p-n-p-n-Devices", IEEE Trans. Electron. Devices, ED-13, 590 (1966)

[21] H. F. Hadamovski (Hrsg.),"Werkstoffe der Halbleitertechnik", Verlag der Grundstoffindustrie, Leipzig (1985)

[22] J.M. Andrews, Extended Abstracts, Electrochem. Soc. Spring Meet., Abstr. 191, 452 (1975)

[23] A.S. Grove, "Physics and Technology of Semiconductor Devices", 2nd ed., J. Wiley & Sons, New York/Chichester/Brisbane/Toronto/Singapore (1982)

[24] R.A. Smith, "Semiconductors", 2nd ed. Cambridge University Press, London (1979)

[25] E. Hornbogen, "Werkstoffe", 4. Auflage, Springer-Verlag, Berlin/Heidelberg/New York/Tokyo (1987)

[26] H.C. Casey, Jr. und M.B. Panish, "Heterostructure Lasers", Academic Press, New York (1978)

[27] M.B. Prince, "Drift Mobility in Semiconductors I, Germanium", Phys.Rev. 120, 1951 (1960), sowie [26,28]

[28] W.F. Beadle, J.C.C. Tsai und R.D. Plummer, Eds., "Quick Reference Manual for Semiconductor Engineers", J. Wiley & Sons, New York/Chichester/Brisbane/Toronto/Singapore (1985)

[29] C. Jacoboni, C. Canali, G. Ottaviani und A.A. Quaranta, "A Review of Some Charge Carrier Properties in Silicon", Solid State Electron., 20 , 77 (1977)

H. Okamoto und A. Mircea, "Determination of Saturated Electron Velocity in GaAs", IEEE Trans.Electron.Devices, ED-23,372 (1976)

B. Kramer und A. Mircea, "Determination of Saturated Electron Velocity in GaAs", Appl. Phys. Lett. 26, 623 (1975)

[30] W. R. Frensley, Galliumarsenid-Transistoren, Spektrum der Wissenschaft, Oktober 1987, 89

[31] W. Kellner und H. Kniepkamp, "GaAs-Feldeffekttransistoren", 2. Aufl., Springer-Verlag, Berlin/Heidelberg/New York/Tokyo (1989)

[32] S.M. Sze, " Semiconductor Devices, Physics and Technology", J. Wiley & Sons, New York/Chichester/Brisbane/Toronto/Singapore (1984)

[33] C.G.B. Garrett und W.H. Brattain, "Physical Theory of Semiconductor Surfaces", Phys. Rev. 99,376 (1955)

[34] Ch. Kittel und H. Krömer, "Thermal Physics", 2. Auflage,W.H. Freeman & Co., San Francisco (1980)

[35] N. Linh, "The Two-Dimensional Electron Gas and its Technical Applications" Festkörperprobleme 23, Fr. Vieweg & Sohn, Braunschweig/Wiesbaden, 227 (1983)

[36] G. Weimann, "Transport Properties of Semiconductor Heterostructures", Festkörperprobleme 26, Fr. Vieweg & Sohn, Braunschweig/Wiesbaden, 231 (1986)

[37] G. H. Döhler, Festkörper-Übergitter, Spektrum der Wissenschaft, Jan. 1984, 32

[38] G. H. Döhler, "n–i–p–i Doping Superlattices – Taylored with Tunable Electrical Properties", Festkörperprobleme 23, Fr. Vieweg & Sohn, Braunschweig/ Wiesbaden 207 (1983)

[39] W. Heywang, "Sensorik", Springer-Verlag Berlin/Heidelberg/New York/Tokyo (1984)

[40] H.B. Michaelson, "Relation Between an Atomic Electronegativity Scale and the Work Function", IBM J. Res. Dev. 22, 72 (1978)

[41] B.E. Deal, E.H. Snow und C.A. Mead, "Barrier Energies in Metal-Silicon Dioxide – Silicon Structures", J. Phys. Chem. Solids, 27, 1873 (1966)

W. M. Werner, "The Work Function Difference of the MOS-System with Aluminum Field Plates and Polycrystalline Silicon Field Plates", Sol St. Electron. 17, 769 (1974)

[42] A.S. Grove, E. H. Snow, B.E. Deal und C.T. Sah, "Simple Physical Model for the Space-Charge Capacitance of Metal-Oxide-Semiconductor Structures", J. Appl. Phys. 33,2458 (1964)

[43] E. H. Nicollian und J.R. Brews, "MOS Physics and Technology", J. Wiley & Sons, New York/Chichester/Brisbane/Toronto/Singapore (1982)

[44] A. M. Cowley und S.M. Sze, "Surface States and Barrier Hight of Metal Semiconductor System", J. Appl. Phys. 36, 3212 (1965)

[45] R. Paul, "Elektronische Halbleiterbauelemente", B.G. Teubner Stuttgart (1989)

[46] H.F. Wolf, "Semiconductors",J. Wiley & Sons, New York/Chichester/Brisbane/Toronto/Singapore (1971)

[47] D.K. Schroder, "The Concept of Generation and Recombination Lifetimes in Semiconductors", IEEE Trans. Electron. Devices, ED-29, 1336 (1982)

[48] V. L. Rideout, "A Review of the Theory, Technology and Applications of Metal Semiconductor Rectifiers", Thin Solid Films, 48, 261 (1978)

[49] A. Cottrell, "An Introduction to Metallurgy", 2nd ed., Edward Arnold (1985)

[50] S. Wolf und R. N. Tauber, "Silicon Processing for the VLSI Era", Lattice Press, Sunset Beach, Cal., 27 (1986)

[51] R. Reif, T.I. Kamis und K.C. Saraswat, "A Model for the Dopant Incorporation into Growing Silicon Epitaxial Films", J. Electrochem. Soc., 126, 644 und 653 (1979)

[52] W. Richter, "Physical of Metal-Organic Chemical Vapor Deposition", Festkörperprobleme 26, Fr. Vieweg & Sohn, Braunschweig/Wiesbaden 207 (1986)

[53] A. Y. Cho, "Growth of III-V Semiconductors by Molecular Beam Epitaxy and Their Properties", Thin Solid Films, 100, 291 (1983)

[54] E. F. Labuda und J.T. Clemens, "Integrated Circuits" in M. Grayson, Ed.,"Encyclopedia of Semiconductor Technology", J. Wiley & Sons, New/York/Chichester /Brisbane/Toronto/Singapore (1984)

[55] D. Widmann, H. Mader, H. Friedrich, "Technologie integrierter Schaltungen", Springer-Verlag, Berlin/Heidelberg/New York/Tokyo (1988)

[56] S.M. Sze, "VLSI Technology", McGraw-Hill, New York (1983)

[57] W.F. Beadle, J.C.C. Tsai und R.D. Plummer, Eds., "Quick Reference Manual for Semiconductor Engineers", Wiley, New York (1985)

[58] N.A. Stolwijk, B. Schuster, J. Hölzl, H. Mehrer und W. Frank, Physica B, Proc. 12th Intern. Conf., Def. in Semicond., Amsterdam (1982)

[59] J. W. Butler, "Ion Implantation", in M. Grayson, Ed.,"Encyclopedia of Semiconductor Technology", J. Wiley & Sons, New York/Chichester/Brisbane/Toronto/Singapore (1984)

[60] J.T. Wallmark, Solid St. Dev. 1974, Conference Series 25, 133 (1975)

B. Hoeneisen und C.A. Mead, Solid State Electron. 15, 819 (1972)

[61] FPA-1550 Fine Pattern Projection Mask Aligner. Firmenschrift der Firma Canon

[62] H. Reichl, "Hybridintegration", 2. Auflage, Dr. Alfred Hüthig Verlag, Heidelberg (1988)

[63] C.A. Harper, "Embedding", in M. Grayson, Ed.,"Encyclopedia of Semiconductor Technology", J. Wiley & Sons, New York/Chichester/Brisbane/Toronto/Singapore (1984)

[64] H. G. Unger, W. Schultz und G. Weinhausen, "Elektronische Bauelemente und Netzwerke", Fr. Vieweg & Sohn, Braunschweig/Wiesbaden 207 (1979)

[65] U. Tietze und Ch. Schenk, "Halbleiterschaltungstechnik", Springer-Verlag, Berlin/Heidelberg/New York/Tokyo (1988)

[66] W. Shockley, "The Theory of p-n Juncions in Semiconductors and p-n Junction Transistors", Bell. Syst. Tech. J., 28, 435 (1949); "Electrons and Holes in Semiconductors", D. van Nostrand, Princeton, N. J. (1950)

[67] A.S. Grove, "Physics and Technology of Semiconductor Devices", 2nd ed., J. Wiley & Sons, New York/Chichester/Brisbane/Toronto/Singapore (1982)

[68] H.K. Gummel, "Measurement of the Number of Impurities in the Base Layer of a Transistor", Proc. IRE, 49, 834 (1961)

[69] S.M. Sze und G. Gibbons, "Avalanche Breakdown Voltages of Abrupt and Linearly Graded p-n Junctions in Ge, Si, GaAs and GaP", Appl. Phys. Lett, 8, 111 (1966)

[70] C. R. Crowell und S.M. Sze, "Temperature Dependence of Avalanche Multiplication in Semiconductors", Appl. Phys.Lett., 9, 242 (1966)

[71] S.K. Ghandhi, "Semiconductor Power Devices", J. Wiley & Sons, New York/Chichester/Brisbane/Toronto/Singapore (1977)

[72] D. Eckstein, C. Lembke und E. Stäbler, "Die Entwicklung von Kapazitätsdioden für die elektronische Abstimmung im VHF- und UHF-Bereich", Valvo Berichte XIV,3, 83 (1968)

[73] W. W. Gartner, "Transistor Principles, Design and Application", Van Nostrand, Princeton (1960)

[74] H.C. Poon, H.K. Gummel und D.L. Scharfetter, "High Injection in Epitaxial Transistors", IEEE Trans. Electron. Devices, ED-16, 455 (1969)

[75] H. Schaumburg, "Bipolartransistoren", in "Handbuch der Informationstechnik und Elektronik", Band 6/II, R. Paul, Hrsg., Dr. Alfred Hüthig Verlag, Heidelberg (1989)

[76] W. Henning und H. Weidlich, "Höchstfrequenztransistoren",in "Handbuch der Informationstechnik und Elektronik", Band 6/II, R. Paul, Hrsg., Dr. Alfred Hüthig Verlag, Heidelberg (1989)

[77] R.S. Payne, R. J. Scavuzzo, K.H: Olson, J.M. Nacci und R.A. Moline, "Fully Ion Implanted Bipolar Transistors", J. Electrochem. Soc, 123, 540 (1976)

[78] L. Dunn und K.I.Nuttall, "An Investigation of the Voltage Sustained by Epitaxial Bipolar Transistors in Current Mode Second Breakdown", Int. J. Electron., 45, 353 (1978)

[79] H. Kniepkamp, "Der GaAs-MESFET", in "Handbuch der Informationstechnik und Elektronik", Band 6/II, R. Paul, Hrsg., Dr. Alfred Hüthig Verlag, Heidelberg (1989)

[80] A. W. Swanson, "The Pseudomorphic HEMT", Microwave and RF, 139 (1987)

[81] L.C. Parillo, "VLSI Process Integration", in S.M. Sze, Ed., "VLSI Technology", McGraw-Hill, New York (1983)

[82] J. Tihnanyi in "Feldeffekttransistoren",in "Handbuch der Informationstechnik und Elektronik", Band 6/II, R. Paul, Hrsg., Dr. Alfred Hüthig Verlag, Heidelberg (1989)

[83] A. Hoffmann in "Thyristoren",in "Handbuch der Informationstechnik und Elektronik", Band 6/II, R. Paul, Hrsg., Dr. Alfred Hüthig Verlag Heidelberg (1989)

[84] J.J. Ebers, "Four Terminal p-n-p-n Transistors", Proc. IRE, 40, 1361 (1952)

[85] E. S. Yang und N.C. Voulgaris, "On the Variation of the Forward Drop and Power Dissipation in Thyristors", IEEE Trans. Electron. Devices, ED-25, 16 (1978)

[86] R.A. Kokosa und B.R. Tuft, "A High-Voltage High-Temperature Reverse Conducting Thyristor", IEEE Trans. Electron. Devices, ED-17, 667 (1970)

[87] R. Paul, "Einführung in die Mikroelektronik", Dr. Alfred Hüthig Verlag, Heidelberg (1985)

[88] Lexikon "Elektronik und Mikroelektronik", D. Sautter und H. Weinerth, Hrsg., VDI-Verlag GmbH, Düsseldorf (1990)

[89] W. Hetterscheid, H.W. Lütjens, J. v.d. Pol "SOAR – Sicherer Arbeitsbereich für Transistoren", Valvo Berichte XIX, 5, 171 (1975)

[90] R. Müller, "Rauschen", Springer-Verlag, Berlin/Heidelberg/New York/Tokyo/ Hong Kong (1990)

[91] E. Cullmann, "Status Report: Süss Plasma X-Ray-Source LSX 10", Technische Unterlagen Karl Süss KG, Nov. 1989

Anhang A
Dimensionen und Formelzeichen

SI-Einheiten

Als Dimensionen werden die vom International System of Units (SI) zugelassenen verwendet:

Länge	m (Meter)
Masse	kg (Kilogramm)
Zeit	s oder sec (Sekunde)
elektrischer Strom	A (Ampere)
thermodynamische Temperatur	K (Kelvin)
Materialmenge	Mol
Lichtintensität	cd (Candela)

Für die Energie ergibt sich die zusammengesetzte Einheit:

$$1 \text{ J (Joule)} = 1 \text{ N·m} = 1 \text{ kg·m}^2/\text{s}^2 = 1 \text{ W·s}$$

mit der zusammengesetzten Einheit für die Kraft:

$$1 \text{ N (Newton)} = 1 \text{ kg·m/s}^2$$

Wegen der speziellen Bedeutung in der Physik und Elektrotechnik ist weiterhin als Dimension für die Energie zugelassen:

eV (Elektronenvolt), wobei gilt:

$$1 \text{ J} = 6{,}2421 \cdot 10^{18} \text{eV}, \quad 1 \text{ eV} = 1{,}602 \cdot 10^{-19} \text{ J}$$

Die Temperaturangabe kann in °C (Grad Celsius) erfolgen, wobei gilt:

$$1°\text{C} = 1\text{K} + 273{,}2\text{K}$$

Auf dem Gebiet der Halbleiterphysik erfolgt in der älteren Literatur häufig noch eine Längenangabe in cm (Zentimeter).

Weiterhin werden die folgenden zusammengesetzten Größen verwendet:

Leistung	$1\ \text{W (Watt)} = 1\ \text{J/s} = 1\ \text{V·A}$
elektrische Spannung	$1\ \text{V (Volt)} = 1\ \text{W/A}$
elektrische Ladung	$1\ \text{C (Coulomb)} = 1\ \text{A·s}$
Kapazität	$1\ \text{F (Farad)} = 1\ \text{C/V}$
mechanische Spannung	$1\ \text{Pa} = 1\ \text{N/m}^2$
magnetischer Fluß	$1\ \text{Wb (Weber)} = 1\ \text{V·s}$
magnetische Induktionsflußdichte	$1\ \text{T (Tesla)} = /\ 1\ \text{V·s/m}^2$

Präfixe:

Multiplikationsfaktor	Präfix	Symbol
10^{18}	exa	E
10^{15}	peta	P
10^{12}	tera	T
10^{9}	giga	G
10^{6}	mega	M
10^{3}	kilo	k
10^{2}	hecto	h
10	deka	da
10^{-1}	dezi	d
10^{-2}	centi	c
10^{-3}	milli	m
10^{-6}	mikro	μ
10^{-9}	nano	n
10^{-12}	pico	p
10^{-15}	femto	f
10^{-18}	atto	a

Beispiel:

$$1\ \text{MPa} = 10^6\ \text{N/m}^2 = 1\ \text{N/mm}^2$$

Mit der Erdbeschleunigung $g = 9{,}81\ \text{m/s}^2$ gilt:

$$9{,}81\ \text{MPa} = 1\ \text{g·kg/mm}^2 = 1\text{kp/mm}^2 = 100\ \text{at}$$

(kp ist die früher verwendete Krafteinheit Kilopond, at die technische Atmosphäre als Druckeinheit). In der angelsächsischen Fachliteratur wird auch noch die Einheit psi (pound per square inch) verwendet:

$$1000 \text{ psi} = 6,89 \text{ MPa}$$

Früher verwende Dimensionen :

Länge	1 A (Angström) = 10^{-10}m
	1 Lichtjahr = $9,461 \cdot 10^{15}$m
	1 mil (tausendestel Inch) = $2,54 \cdot 10^{-5}$m
Kraft	1 kp = 1kg$\cdot$9,81 m/s^2= 9,81 N
	1 dyn = 10^{-5}N
Druck	1 atm (Atmosphäre) = 760 mm Hg = 760 Torr
	= 1,033 kp/cm^2= 0,1013 MPa
	1 Torr = 133,3 Pa
	1 kp/mm^2 = 9,81 N/mm^2= 9,81 MPa
	1 bar = 0,1 MPa
	1 mbar = 1 hPa (Hektopascal)
	1 psi (pound per square inch) = $6,895 \cdot 10^3$Pa
Energie	1 Btu (international) = $1,055 \cdot 10^3$J
	1 cal (Kalorie) = 4,185 J
	1 eV/Atom $\approx$ 96 kJ/Mol $\approx$ 23 kcal/Mol
	1 kWh (Kilowattstunde) = 3,6 MJ
Leistung	1 PS (Pferdestärke) = 0,745 kW
Viskosität	1 Poise = 0,1 Pa$\cdot$s
magnetische Feldstärke	1 Oe (Oerstedt) = 79,58 A/m
magnetische Induktions- flußdichte	1 G (Gauß) = 10^{-4} T

Formelzeichen

Formelzeichen	Dimension	Bedeutung
a	m	Gitterabstand
$\vec{a}_{(x,y,z)}$	m	Basisvektor im Gitter (in x,y,z-Richtung)
A	m^2	Fläche
B	m	Breite eines Bauelements
B	$1/s = Hz$	Bandbreite eines Meßsystems
$B, \vec{B}$	$m^2/eV\ s$	magn. Induktionsflußdichte
B_n	$m^2/eV\ s$	(thermodyn.) Elektronenbeweglichkeit
B_p	$m^2/eV\ s$	(thermodyn.) Löcherbeweglichkeit
c_L	$1/m^3$	Fremdatomkonzentration in der flüssigen Phase
c_S	$1/m^3$	Fremdatomkonzentration in der festen Phase
$\breve{C}$	F	Kapazität
C_F	F/m^2	Kapazität pro Fläche
C_F^{ox}	F/m^2	Oxidkapazität pro Fläche
C_F^{HL}	F/m^2	Halbleiterkapazität pro Fläche
C_S	F	Sperrschichtkapazität
c_{th}	$W\ s/K$	Wärmekapazität
C_d	F	Diffusionskapazität
C_g	F	Gehäusekapazität
d	m	Breite, Abstand
d_n	m	Breite der Raumladungszone in einem n-Halbleiter
d_p	m	Breite der Raumladungszone in einem p-Halbleiter
D_B	m^2/s	Diffusionskoeffizient in der Basis
D_C	m^2/s	Diffusionskoeffizient im Kollektor
D_E	m^2/s	Diffusionskoeffizient im Emitter
D_n	m^2/s	Diffusionskoeffizient für Elektronen
D_p	m^2/s	Diffusionskoeffizient für Löcher

$E, \vec{E}$	V/m	elektrische Feldstärke
$E_{br}, \vec{E}_{br}$	V/m	Durchbruchfeldstärke
$E_{max}, \vec{E}_{max}$	V/m	Maximalfeldstärke (in einer Raumladungszone)
$f_{FD}(W_n)$	1	Fermi-Dirac-Funktion (Besetzungswahrscheinlichkeit des Zustandes W_n)
$f_B(W_n)$	1	Boltzmann-Funktion (Besetzungswahrscheinlichkeit des Zustandes W_n in Boltzmann-Näherung)
f_D	1	Besetzungswahrscheinlichkeit für Donatoren
f_A	1	Besetzungswahrscheinlichkeit für Akzeptoren
F	dB	Rauschmaß
$F^{(i)}$	eV	freie Energie
$\vec{F}_{chem}$	N	chemische Kraft auf ein Teilchen
G	$1/m^3 s$	Erzeugungs- oder Generationsrate
$G_{\Delta Q}$	$1/m^3 s$	thermische Erzeugungs- oder Generationsrate
G_{th}	J/s·K	Wärmeableitungskoeffizient
g_D	$1/\Omega$	Kanalleitwert
g_i	1	thermodynam. Entartungsfunktion für das System i
g_m	$1/\Omega$	Querleitfähigkeit, Steilheit
$\vec{g}$	1/m	reziproker Gittervektor
h_{ik}	unterschiedlich	Vierpolparameter in Hybriddarstellung
i_R	A	Rauschstrom
I	A	elektrischer Strom
I_A	A	Anodenstrom
I_E	A	Emitterstrom
I_B	A	Basisstrom
I_C	A	Kollektorstrom
I_D	A	Drainstrom
I_{Dsat}	A	Sättigungs-Drainstrom
I_g	A	Gatestrom

I_K	A	Kathodenstrom
I_n	A	Elektronenstrom
I_p	A	Löcherstrom
I_p	A	Abschnürstrom
j	A/m^2	elektrische Gesamtstromdichte
j_n	A/m^2	elektrische Stromdichte für *Elektronen*
j_p	A/m^2	elektrische Stromdichte für *Löcher*
j_B	A/m^2	Basisstromdichte
j_C	A/m^2	Kollektorstromdichte
j_E	A/m^2	Emitterstromdichte
j_p	A/m^2	elektrische Stromdichte für *Löcher*
j^T	1/m^{2}s	*Teilchen*stromdichte
j_n^T	1/m^{2}s	*Teilchen*stromdichte für *Elektronen*
j_p^T	1/m^{2}s	*Teilchen*stromdichte für *Löcher*
j_s	A/m^2	Sättigungsstromdichte
$\vec{k}_o$	1/m	Einheitswellenzahlvektor
k_o	1	Verteilungskoeffizient
k_n	1/m	Wellenzahl (für Elektronen)
$\vec{k}_n$	1/m	Wellenzahlvektor (für Elektronen)
$k_n^{x,y,z}$	1/m	Wellenzahlen in x,y,z-Richtung (für Elektronen)
k_p	1/m	Wellenzahl (für Löcher)
$\vec{l}$	m	Vektor einer Atomposition im Gitter (Gittervektor)
L	m	Kantenlänge des eindimensionalen Potentialkastens
L	m	Kanallänge
L	m	charakterist. Länge an einer Barriere nach (7.2.1-11)
L_A	m	Debye-Länge für Akzeptoren in einem p-Halbleiter
L_D	m	Debye-Länge für Donatoren in einem n-Halbleiter
L_B	m	Diffusionslänge in der Basis

L_B^*	m	Wechselstrom-Diffusionslänge in der Basis
L_C	m	Diffusionslänge im Kollektor
L_E	m	Diffusionslänge im Emitter
L_n	m	Diffusionslänge für Elektronen
L_p	m	Diffusionslänge für Löcher
$L_{x,y,z}$	m	Kantenlängen des mehrdimensionalen Potential-kastens in x,y,z-Richtung
L_{Dn}	m	Debye-Länge für Elektronen
L_{Dp}	m	Debye-Länge für Löcher
m	kg	Teilchenmasse
m^*	kg	effektive Masse
M	1	Multiplikationsfaktor
n	1	Teilchenzahl
n	—	n-leitender (mit Donatoren dotierter) Halbleiter
n^+	—	stark n-dotierter Halbleiter
n^-	—	schwach n-dotierter Halbleiter
n_x, n_y, n_z	1	Quantenzahlen in x,y,z-Richtung
N	1	Teilchenzahl
$N_{abs}^{(i)}(k\,\text{oder}\,W)$	1	*absolute* Zustandsdichte: Anzahl der Zustände *pro System* für den i-dimensionalen Fall (i=1,2,3), bezogen auf die Wellenzahl k oder Energie W
$N^{(1)}(k\,\text{oder}\,W)$	1	(relative) Zustandsdichte: Anzahl der Zustände *pro Länge* für den eindimensionaler Potentialkasten, bezogen auf die Wellenzahl k oder Energie W
$N^{(2)}(k\,\text{oder}\,W)$	1	(relative) Zustandsdichte: Anzahl der Zustände *pro Fläche* für den zweidimensionaler Potentialkasten, bezogen auf die Wellenzahl k oder Energie W
$N^{(3)}(k\,\text{oder}\,W)$	1	(relative) Zustandsdichte: Anzahl der Zustände *pro Volumen* für den dreidimensionaler Potentialkasten, bezogen auf die Wellenzahl k oder Energie W
N_L	m^{-3}	effektive Zustandsdichte (des Leitungsbandes) oder Quantenkonzentration (im Leitungsband)

N_V	m^{-3}	effektive Zustandsdichte (des Valenzbandes) oder Quantenkonzentration (im Valenzband)
p	kg m/s	Teilchenimpuls
p	—	p-leitender (mit Akzeptoren dotierter) Halbleiter
p^+	—	stark p-dotierter Halbleiter
p^-	—	schwach p-dotierter Halbleiter
p_n	kg m/s	Eigenwert des Teilchenimpulses
p_x^+	kg m/s	Teilchenimpuls in Richtung der positiven x-Achse
P	A s/m^2	elektrische Polarisation
P	W	Leistung
Q	A s	elektrische Ladung
Q_B	1/m^2	Gummelzahl der Basis
Q_B	A s	Ladung in der Basis
$\vec{q}$	1/m	Wellenzahlvektor eines Phonons
r	m^3/s	Übergangswahrscheinlichkeit
r_b	Ω	Basiswiderstand
r_c	Ω	Kollektorwiderstand
r_d	Ω	differentieller Widerstand
r_e	Ω	differentieller Eingangswiderstand
r_e	Ω	Emitterwiderstand
R	Ω	elektrischer Widerstand
R	1/m^{3}s	Rekombinationsrate
R_L	Ω	Lastwiderstand
R_s	Ω	Serienwiderstand
R_{th}	K/W	Wärmewiderstand
$R_{th\,j\text{-}a}$	K/W	Wärmewiderstand zwischen Halbleiterübergang und Umgebung
R_p	Ω	parasitärer Parallelwiderstand
S	eV/K	Entropie

S^n	eV/K	von der Teilchenzahl abhängende Entropie (z.B. Mischentropie)
S_n	eV/K	Entropie *pro Teilchen*
S_r	m/s	Oberflächen-Rekombinationsgeschwindigkeit
t	s	Zeit
T	K,°C	Temperatur
u_R	V	Rauschspannung
U	V	elektrische Spannung
U	$1/m^3$ s	Rekombinationsrate
U_a	V	angelegte äußere elektrische Spannung
U_A	1	Early-Spannung
U_a^{FB}	V	angelegte äußere elektrische Spannung zur Einstellung des Flachbandzustandes
U_a^{br}	V	angelegte äußere elektrische Spannung beim Durchbruch des pn-Übergangs
U_{EB}	V	Spannung zwischen Emitter und Basis
U_{CE}	V	Spannung zwischen Kollektor und Emitter
U_{CB}	V	Spannung zwischen Kollektor und Basis
$U_D = U_{DS}$	V	Drain-Spannung relativ zur Source-Elektrode
$U_G = U_{GS}$	V	Gate-Spannung relativ zur Source-Elektrode
U_G^{FB}	V	Gate-Spannung im Flachbandfall
U_p	V	Abschnürpannung
U_S	V	Substratspannung
U_s	$1/m^2$s	Oberflächen-Rekombinationsrate
U_T	V	Einsatzspannung
v	m/s	Teilchengeschwindigkeit
v_g	m/s	Gruppengeschwindigkeit
v_n	m/s	Elektronengeschwindigkeit
v_p	m/s	Löchergeschwindigkeit

v_x^+	m/s	Teilchengeschw. in Richtung der positiven x-Achse
$W^{(i)}$	eV	*gesamte* Energie (des Systems i)
W^{kr}	eV	Kristallenergie pro Teilchen
W^{feld}	eV	Feldenergie pro Teilchen
W_A	eV	Energie eines Akzeptorniveaus
W_B	eV	Energiebarriere
W_B^o	eV	Energiebarriere im thermischen Gleichgewicht (eingebaute Energiebarriere)
W_{BI}	eV	$\lvert W_{Fo}\text{-}W_i\rvert$
W_{Bn}	eV	Bandaufbiegung in einem n-Halbleiter
W_{Bp}	eV	Bandaufbiegung in einem p-Halbleiter
W_D	eV	Energie eines Donatorniveaus
W_F	eV	Fermienergie = chemisches Potential von Elektronen
W_{Fo}	eV	Fermienergie im thermischen Gleichgewicht
W_F^B	eV	Fermienergie am Ort der Barriere
W_F^{nL}	eV	Fermienergie von Elektronen im Leitungsband
W_F^{nV}	eV	Fermienergie von Löchern im Valenzband in der Energieskala für *Elektronen*
W_g	eV	Bandabstand
$W_n^{(i)}$	eV	(differentielle) Energie *pro Teilchen* (Elektronen, im System i)
W_p	eV	(differentielle) Energie *pro Teilchen* (Löcher)
W_i	eV	Energie der Bandmitte zw. Valenz- und Leitungsband
W_{kin}^{gi}	eV	gesamte kinetische Energie *pro System i*
$W_{kin,n}$	eV	kinetische Energie *pro Teilchen;* abgekürzte Schreibweise: W_{kin}
$W_{kin,n}^{(x,y,z)}$	eV	kinetische Energie *pro Teilchen* (in x,y,z-Richtung); abgekürzte Schreibweise: $W_{kin}^{(x,y,z)}$
$W_L = W_{pot,n}$	eV	potentielle Energie *pro Teilchen;* Energie der Leitungsbandkante abgekürzte Schreibweise: W_{pot}

W_{Lo}	eV	Energie der Leitungsbandkante im thermischen Gleichgewicht
W_V	eV	Energie der Valenzbandkante
W_{Vo}	eV	Energie d.Valenzbandkante im therm. Gleichgewicht
W_{vak}	eV	Vakuumenergie
$x,y,z,\vec{r}$	m	Länge, Ort
x_B	m	Ort einer Barriere
x_n	m	Breite der Raumladungszone in einem n-Halbleiter
x_p	m	Breite der Raumladungszone in einem p-Halbleiter
y_{ik}	$1/\Omega$	Vierpolparameter in Leitwertdarstellung
α	1	Wechselstrom-α-Stromverstärkung
α_n	1/m	Ionisationsrate für Elektronen
α_o	1	Gleichstrom-α-Stromverstärkung
α_p	1/m	Ionisationsrate für Löcher
α_T	1	Transportfaktor
α_T^*	1	Wechselstrom-Transportfaktor
$\alpha_{\Delta Q}$	$W/m^2 \cdot K$	Wärmeübergangszahl
β_o	1	Gleichstrom-β-Stromverstärkung
β	1	Wechselstrom-β-Stromverstärkung
γ	1	Emitterwirkungsgrad
Δ		Inkrement
Δ		Laplace-Operator
Γ		Gamma-Funktion
δ	m	Oxiddicke
Λ	m	mittlere freie Weglänge
ε_r	1	relative Dielektrizitätskonstante
λ_n	m	Wellenlänge des Zustandesmit der Quantenzahl n
λ_k	m	Wellenlänge des Zustandes mit der Wellenzahl k
μ^i	eV	chemisches Potential des Systems i

μ_n	m²/V s	(elektrische) Elektronenbeweglichkeit
μ_p	m²/V s	(elektrische) Löcherbeweglichkeit
φ	V	elektrisches Potential
Φ_m	V	Arbeitsfunktion im Metall
Φ_s	V	Arbeitsfunktion im Halbleiter
Φ_{ms}	V	Differenz der Arbeitsfunktionen von Metall und Halbleiter
ψ_n	$1/\sqrt{m}$	eindimensionale Wellenfunktion für den Zustand n
ψ_n	$1/\sqrt{m}^3$	dreidimensionale Wellenfunktion für den Zustand n
$\psi_n^{x,y,z}$	$1/\sqrt{m}$	eindimensionale Wellenfunktion für den Zustand n in x,y,z-Richtung
$\psi_{\vec{k}}$	$1/\sqrt{m}^3$	dreidimensionale Wellenfunktion für den Wellenzahlvektor $\vec{k}$
χ	V	Elektronenaffinität
ρ	1/m³	*Volumen*dichte (Menge pro Volumen)
ρ_A	1/m³	Akzeptorendichte pro Volumen
ρ_A^E	1/m³	Akzeptorendichte im Emitter
ρ_D	1/m³	Donatorendichte pro Volumen
ρ_D^B	1/m³	Donatorendichte in der Basis
ρ_i	1/m³	intrinsische Ladungsträgerdichte
ρ_n	1/m³	Teilchen-, Elektronendichte pro Volumen
ρ_{no}	1/m³	Teilchen-, Elektronendichte pro Volumen im therm. Gleichgewicht
$\rho_n^{\ n}$	1/m³	Elektronendichte in der Raumladungszone eines n-Halbleiters
$\rho_n^{\ no}$	1/m³	Elektronendichte (= Donatorkonzentration) außerhalb der Raumladungszone eines n-Halbleiters
$\rho_n^{\ p}$	1/m³	Elektronendichte in der Raumladungszone eines p-Halbleiters
$\rho_n^{\ po}$	1/m³	Elektronendichte außerhalb der Raumladungszone eines p-Halbleiters

$\rho_n{}^{Co}$	$1/m^3$	Elektronendichte im Kollektor im therm. Gleichgewicht
$\rho_n{}^{Eo}$	$1/m^3$	Elektronendichte im Emitter im therm. Gleichgewicht
ρ_p	$1/m^3$	Löcherdichte pro Volumen
ρ_{po}	$1/m^3$	Löcherdichte pro Volumen im thermischen Gleichgewicht
$\rho_p{}^n$	$1/m^3$	Löcherdichte in der Raumladungszone eines n-Halbleiters
$\rho_p{}^{no}$	$1/m^3$	Löcherdichte außerhalb der Raumladungszone eines n-Halb-leiters
$\rho_p{}^B$	$1/m^3$	Löcherdichte in der Basis
$\rho_p{}^{Bo}$	$1/m^3$	Löcherdichte in der Basis im therm. Gleichgewicht
ρ_{sp}	$\Omega\,m$	spezifischer Widerstand
ρ_T	$1/m^3$	Volumen-Störstellendichte
ρ_Q	$A\,s/m^3$	Volumen-Ladungsdichte
σ	$1/m^2$	*Flächen*dichte (Menge pro Fläche)
$\sigma(a)$	Dim (a)	Unschärfe der Größe a
σ_x	m	Ortsunschärfe
σ_p	kg m/s	Impulsunschärfe
σ_k	$1/m$	Unschärfe der Wellenzahl
σ_n	$1/\Omega\,m$	spezifische Leitfähigkeit für Elektronen
σ_p	$1/\Omega\,m$	spezifische Leitfähigkeit für Löcher
σ_{rek}	m^2	Wirkungsquerschnitt für die Rekombination
σ_Q	$A\,s/m^2$	Flächen-Ladungsdichte
σ_{Qn}	$A\,s/m^2$	Elektronen-Flächen-Ladungsdichte
σ_{Qp}	$A\,s/m^2$	Löcher-Flächen-Ladungsdichte
$\sigma_Q{}^B$	$A\,s/m^2$	Flächen-Ladungsdichte in der Basis
σ_{Qf}	$A\,s/m^2$	Grenzflächen-Ladungsdichte
σ_{QI}	$A\,s/m^2$	Flächen-Ladungsdichte im Oxid
σ_{Qm}	$A\,s/m^2$	Flächen-Ladungsdichte im Metall

$\sigma_Q{}^{sp}$	A s/m^2	gespeicherte Flächen-Ladungsdichte
τ	s	Relaxationszeit, Abklingzeit, Lebensdauer
τ^*	s	Wechselstrom-Lebensdauer
τ_d	s	dielektrische Relaxationszeit
τ_g	s	Generations-Lebensdauer
τ_{lB}	s	Laufzeit in der Basis
τ_n	s	Minoritätsträgerlebendauer für Elektronen
τ_p	s	Minoritätsträgerlebendauer für Löcher
τ_r	s	Rekombinations-Lebensdauer
τ_{rr}	s	Sperrverzögerungszeit
τ_s	s	Speicherzeit
ω	1/σ	Kreisfrequenz
ω_α	1/s	α-Grenzfrequenz
ω_β	1/s	β-Grenzfrequenz
ω_T	1/s	Transitfrequenz
$<\tau>$	s	mittlere Stoßzeit
$<a>$	—	Mittelwert der Größe a

$$\text{Nabla - Operator:} \quad \nabla a = \begin{pmatrix} \dfrac{\partial a}{\partial x} \\[2ex] \dfrac{\partial a}{\partial y} \\[2ex] \dfrac{\partial a}{\partial z} \end{pmatrix}$$

$$\text{Laplace - Operator:} \quad \Delta a = \nabla^2 a = \frac{\partial^2 a}{\partial x^2} + \frac{\partial^2 a}{\partial y^2} + \frac{\partial^2 a}{\partial z^2}$$

Andere Verwendung von Δ: Inkrement (z.B. ist ΔQ die Zunahme der Wärme)

Doppelpunkt: $a := b$ bedeutet, daß a durch die bekannte Größe b definiert wird.

Anhang B
Naturkonstanten

Loschmidt-Zahl	L	$6{,}022\cdot10^{23}$/mol
Boltzmannkonstante	k	$1{,}381\cdot10^{-23}$W·s/K $= 8{,}62034\cdot10^{-5}$ eV/K
Ladung des Elektrons	$|q|$	$1{,}602\cdot10^{-19}$A·s
Ruhemasse des freien Elektrons	m_o	$9{,}108\cdot10^{-31}$kg
Influenzkonstante	ε_o	$8{,}854\cdot10^{-12}$A·s/(V·m)
Lichtgeschwindigkeit	c	$2{,}998\cdot10^{8}$m/s
Plancksches Wirkungsquantum	h	$6{,}626\cdot10^{-34}$ W·s$^2 = 4{,}13539\cdot10^{-15}$eV·s

Zusammengesetzte Größen:

$\varepsilon_\mathrm{o}/|q|$	$5{,}5268\ 10^{7}$/(V·m)
kT bei Raumtemperatur ($T=300$ K)	$25{,}861\cdot10^{-3}$eV $= 25{,}861\cdot$meV
$|q|/m_\mathrm{o}$	$1{,}758\cdot10^{11}$ A·s/kg $= 1{,}758\cdot10^{11}$ m^2/(s^2·V)

$$\Rightarrow \sqrt{\frac{1\mathrm{eV}}{m_\mathrm{o}}} = 4{,}19\cdot10^5\,\frac{\mathrm{m}}{\mathrm{s}} \tag{1}$$

Eigenschaften von idealen Gasteilchen bei Raumtemperatur:

Thermische Energie:
$$W_{th} = \frac{3}{2}kT\big|_{T=300\mathrm{K}} = 38{,}791\,\mathrm{eV} \tag{2}$$

Thermische Geschwindigkeit: v_{th}
$$\underset{W_{th}=\frac{3}{2}kT|_{T=300\mathrm{K}}=\frac{m_\mathrm{o}}{2}v_{th}{}^2}{=} \sqrt{\frac{3kT\big|_{T=300\mathrm{K}}}{m_\mathrm{o}}} = 1{,}167\cdot10^5\,\frac{\mathrm{m}}{\mathrm{s}} \tag{3}$$

Thermischer Impuls:
$$p_{th} = m_\mathrm{o}v_{th} = \sqrt{3kT\big|_{T=300\mathrm{K}}\cdot m_\mathrm{o}} \tag{4}$$

Energieniveaus im Potentialkasten:

$$\frac{h^2}{8 m_o L^2} = \frac{6,63 \cdot 10^{-34}\,(\mathrm{kg}\,\frac{\mathrm{m}^2}{\mathrm{s}^2})s \cdot 4,14 \cdot 10^{-15}\,\mathrm{eV} \cdot \mathrm{s}}{8 \cdot 9,11 \cdot 10^{-31}\,\mathrm{kg} \cdot L^2} = 0,37 \cdot 10^{-18} \,/\, \left(\frac{L}{\mathrm{Meter}}\right)^2 \qquad (5)$$

Eindimensionale Quantenkonzentration für freie Elektronen bei Raumtemperatur:

Nach (1.3.1-3) gilt:

$$\rho_{\mathrm{n}} = 2 \cdot I^3 \exp\left(-\frac{W_L - W_F}{kT}\right); \quad I = \frac{1}{h}\sqrt{2\pi m k T} \qquad (6)$$

$$I = \frac{1}{h}\sqrt{\frac{2\pi}{3}} m_o v_{th} = 1,45 \,\frac{9,1 \cdot 10^{-31}\,\mathrm{kg}}{6,63 \cdot 10^{-34}\left(\mathrm{kg}\,\frac{\mathrm{m}^2}{\mathrm{s}^2}\right)\mathrm{s}}\, 1,17 \cdot 10^5 \,\frac{\mathrm{m}}{\mathrm{s}}$$

$$= 2,328 \cdot 10^8 \,\frac{1}{\mathrm{m}} = 0,2328 \,\frac{1}{\mathrm{nm}} \qquad (7)$$

I^3 liegt in der Größenordnung der effektiven Zustandsdichten in Halbleitern (dort ist eine Korrektur mit effektiven Massen erforderlich).

Minimale Ortsunschärfe von freien Elektronen bei Raumtemperatur:

Nach (1.3.2-26) gilt mit der Heisenbergschen Unschärferelation:

$$\sigma_x = \frac{h}{4\pi\sigma_{p_x}} \underset{(1.3.2-15)}{=} \frac{h}{4\pi\sqrt{m_o k T}} \underset{(6)}{=} \frac{\sqrt{2\pi}}{4\pi I} = \frac{1}{5,0 \cdot I} \underset{(7)}{=} 0,86\,\mathrm{nm} \qquad (8)$$

C   Teilchenbewegung und Teilchenstrom

C1   Ballistische Bewegung

Wir betrachten die (nicht raumladungsbegrenzte, siehe Anhang C4) Bewegung einzelner Teilchen (Elektronen) in einem Plattenkondensator mit dem Plattenabstand d,
wobei das Dielektrikum zwischen den Platten aus dem Vakuum oder einem
(schwach) leitfähigen Werkstoff mit so großer Ladungsträgerbeweglichkeit besteht,
daß die mittlere freie Weglänge Λ der Teilchen zwischen zwei Stößen größer ist als
der Plattenabstand. Bild C1 zeigt die Ortsabhängigkeit der elektrischen und mechani-
schen Kenngrößen für diesen Fall.

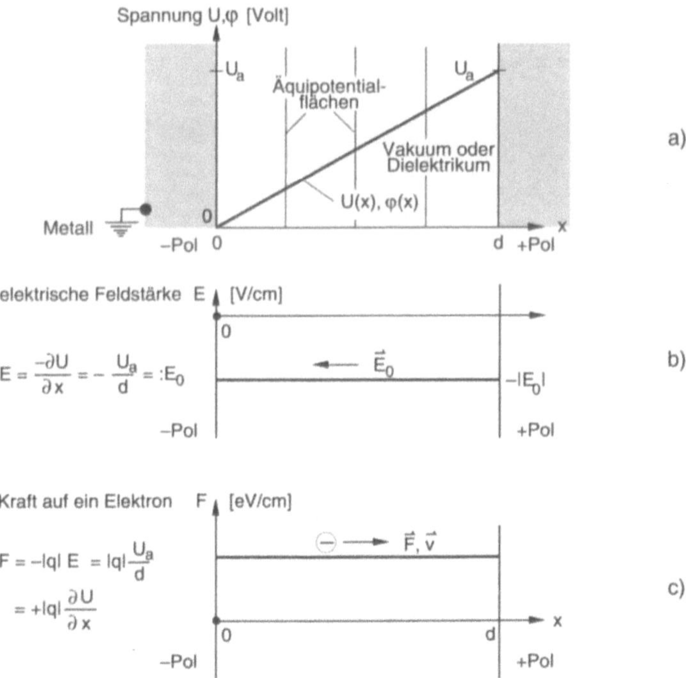

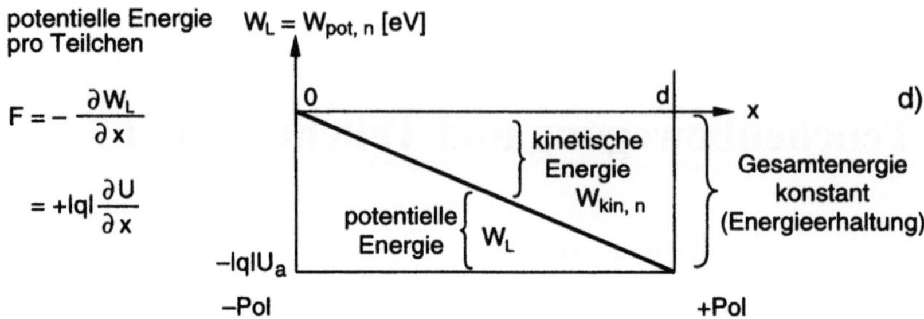

$$\Rightarrow W_L = -|q|U(x) = -|q|\cdot U_a \cdot \frac{x}{d}$$

$$W_{kin, n} = \frac{m}{2}v^2 = +|q|U(x) = +|q|\cdot U_a \cdot \frac{x}{d}$$

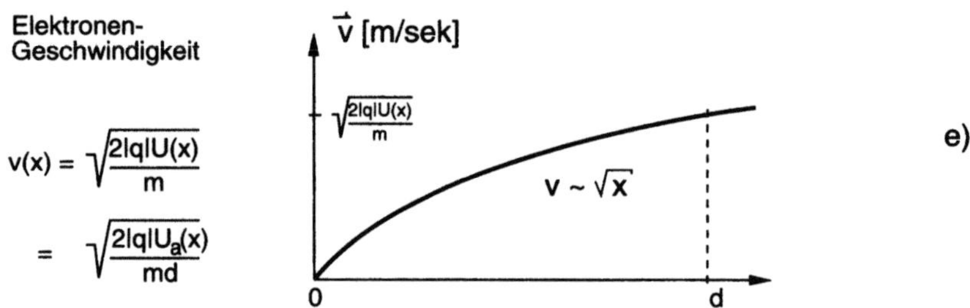

Bild C1:   *Ballistische Bewegung von Elektronen in einem Plattenkondensator. Dargestellt ist die Ortsabhängigkeit folgender Größen:*

a) elektrische Spannung U (= Differenz der elektrischen Potentiale j zwischen den Kondensatorplatten)

b) elektrische Feldstärke

c) Feldkraft auf die Elektronen

d) kinetische und potentielle Energie pro Elektron

e) Elektronengeschwindigkeit

Die Zeitabhängigkeit der Elektronengeschwindigkeit ergibt sich durch

$$F = m\dot{v} = m\frac{\partial v}{\partial t} \tag{C1-1}$$

$$\Rightarrow \dot{v}(t) = \frac{1}{m}F \tag{C1-2}$$

$$v(t) \underset{v(t=0)\,=\,0}{=} \frac{\partial x}{\partial t} = \frac{1}{m} F \cdot t \tag{C1-3}$$

$$\Rightarrow x(t) \underset{v(t=0)\,=\,0}{=} \frac{1}{2m} F \cdot t^2 \tag{C1-4}$$

$$\underset{(C1\text{-}3,4)}{\Rightarrow} v(t) = \sqrt{\frac{2F \cdot x}{m}} \tag{C1-5}$$

C2 Teilchenstromdichte

Teilchen mit der Volumendichte ρ durchströmen mit der konstanten Geschwindigkeit v senkrecht eine Fläche A (Bild C2). In der Zeit t durchlaufen alle Teilchen, die sich in dem Quader mit dem Volumen $(v \cdot t) \cdot A$ befinden, die Fläche A, das sind

$$N = \rho \cdot (v \cdot t) \cdot A \tag{C2-1}$$

Teilchen. Die **Teilchenstromdichte** j^T ist die Anzahl der Teilchen, welche die Fläche A in der Zeit t durchströmen, also

$$j^T = \frac{N}{t \cdot A} = \rho \cdot v \tag{C2-2}$$

$$\text{dreidimensional:}\ \vec{j}^{\,T} = \rho \cdot \vec{v} \tag{C2-3}$$

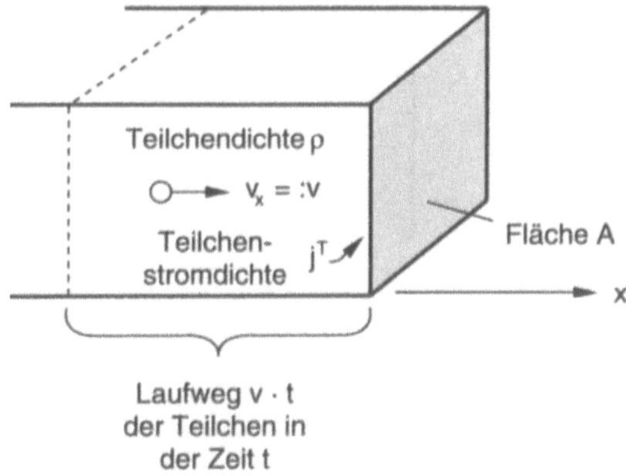

Bild C2:   *Modell zur Berechnung der Teilchenstromdichte*

C3 Kontinuitätsgleichung

Die Teilchenstromdichten, welche die Stirnflächen A in dem Modell in Bild C2 durchströmen, sind in Bild C3 gesondert dargestellt. Dabei wird zwischen den Stromdichten für hinein- und herausströmende Teilchen unterschieden. In der Zeitspanne Δt ist die Differenz ΔN zwischen den Anzahlen herein($N(x)$)- und heraus-($N(x+\Delta x)$)-strömender Teilchen:

$$\Delta N = N(x) - N(x + \Delta x) \qquad (C3-1)$$

$$\underset{(C2-2)}{=} \left(j^T(x) - j^T(x + \Delta x) \right) \cdot A \cdot \Delta t \qquad (C3-2)$$

$$\underset{\text{Taylor-Entw.}}{=} \left(j^T(x) - \left[j^T(x) + \Delta x \frac{\partial j^T(x)}{\partial x} \right] \right) \cdot A \cdot \Delta t \qquad (C3-3)$$

$$= -\frac{\partial j^T(x)}{\partial x} \Delta x \cdot A \cdot \Delta t \qquad (C3-4)$$

Die Teilchenzahländerung bewirkt eine Änderung der Teilchen*dichte* im betrachteten Volumen:

$$\Delta \rho = \frac{\Delta N}{A \cdot \Delta x} \qquad (C3-5)$$

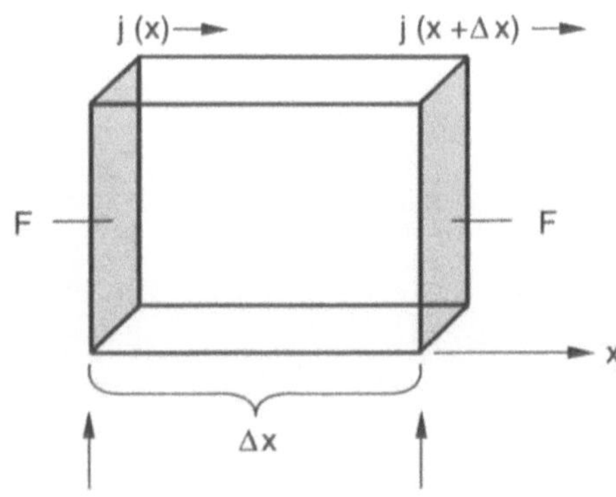

Bild C3:   *Modell zur Berechnung der Kontinuitätsgleichung*

Damit ergibt sich als Teilchenzahländerung ΔN pro Volumen $\Delta x{\cdot}A$ und Zeit Δt (Änderung der Teilchendichte mit der Zeit):

$$\frac{\Delta N}{\Delta x \cdot A \cdot \Delta t} \underset{(C3-4,5)}{=} \frac{\Delta \rho}{\Delta t} = \dot{\rho} = -\frac{\partial j^T}{\partial x} \qquad (C3-6)$$

$$\text{dreidimensional:} \quad \dot{\rho} = -\nabla \vec{j}^{\,T} \qquad (C3-7)$$

Diese Gleichungen werden als **Kontinuitätsgleichungen** bezeichnet und sind typisch für Systeme, bei denen eine Größe (in diesem Fall die Teilchenzahl) erhalten bleibt.

C4 Raumladungsbegrenzter Strom

Durch den Stromfluß geladener Teilchen (Elektronen) in einem System wie in Bild C1 wird eine Ladung in das Vakuum bzw. Dielektrikum zwischen die Platten des Kondensators eingebracht. Wir wollen annehmen, daß diese Ladung *nicht* durch das Auftreten entgegengesetzt geladener Teilchen (Löcher oder positiv geladene Ionen) elektrisch neutralisiert werden kann. Diese Voraussetzung ist z.B. erfüllt in einer Vakuumröhre, in der Elektronen aus einer Kathode emittiert werden und durch das positive elektrische Potential einer Anode angezogen werden. Bei Halbleitern tritt derselbe Fall auf z.B. beim Elektronenfluß über der Barriere, wenn die Elektronen hinter der Barriere nicht durch dort ebenfalls einfließende Löcher (verbunden mit dem Auftreten von Quasifermienergien) neutralisiert werden (starke Elektroneninjektion). Die Wirkung der eingeflossenen Ladung ist, daß aufgrund der Poissongleichung (5.1-6) ein Beitrag zur elektrischen Feldstärke entsteht.

Wir betrachten den Stromfluß im "eingeschwungenen" Zustand, d.h. nach dem Einschalten des Stromflusses wird zunächst die Elektronenkonzentration ρ_n ansteigen, bis sie einen zeitlich konstanten Wert angenommen hat, bei dem nach (C3-6) im eindimensionalen Fall gilt:

$$\dot{\rho}_n = -\frac{\partial j_n^T}{\partial x} = 0 \Rightarrow j_n^T = \text{const} \qquad (C4-1)$$

Wir nehmen an, daß der Stromfluß allein durch einen Feldstrom getragen wird, d.h. Diffusionsströme aufgrund der Ortsabhängigkeit von ρ_n mögen dagegen vernachlässigt werden können. Dann folgt:

$$j_n^T \underset{(4.3.\overline{2}-14a)}{=} -\rho_n(x)\mu_n E(x) \Rightarrow \rho_n(x) = -\frac{j_n^T}{\mu_n E(x)} \qquad \text{(C4-2)}$$

Die hierdurch entstehende Ladung $-|q|\rho_n(x)$ geht in die Poissongleichung ein:

$$\frac{\partial(\varepsilon_r\varepsilon_o E(x))}{\partial x} = -|q|\rho_n(x) \underset{(C4-2)}{=} +\frac{|q|j_n^T}{\mu_n E(x)} \underset{(4.3.\overline{2}-15a)}{=} -\frac{|q|j_n}{\mu_n E(x)} \qquad \text{(C4-3)}$$

mit der nach (C4-1) konstanten *elektrischen* Stromdichte j_n. Die Integration zwischen $x = 0$ und $x = d$ liefert:

$$\int_0^{E(x)} E'(x)dE' = \frac{|q|j_n^T}{\mu_n\varepsilon_r\varepsilon_o}\int_0^x dx'$$

$$\frac{1}{2}E(x)^2 - \frac{1}{2}E(0)^2 = \frac{|q|j_n^T x}{\mu_n\varepsilon_r\varepsilon_o} \qquad \text{(C4-4)}$$

Bei den Randbedingungen in Bild C4b folgt daraus als sinnvolle Lösung

$$E(x) \underset{E(0)=0}{=} -\sqrt{\frac{2|q|j_n^T x}{\mu_n\varepsilon_r\varepsilon_o}} \qquad \text{(C4-5)}$$

Dieser Feldstärkeverlauf ist in Bild C4b eingetragen. Die nochmalige Integration ergibt den Verlauf der Spannung (des elektrischen Potentials):

$$E(x) = -\frac{\partial U}{\partial x} \Rightarrow U(x) - U(0) \underset{\text{Bild C4c}}{=} U(x) = \frac{2}{3}\sqrt{\frac{2|q|j_n^T}{\mu_n\varepsilon_r\varepsilon_o}}x^{\frac{3}{2}} \qquad \text{(C4-6)}$$

Bei $x = d$ gilt mit Bild C4c:

$$U(d) = U_a = \frac{2}{3}\sqrt{\frac{2|q|j_n^T}{\mu_n\varepsilon_r\varepsilon_o}}d^{\frac{3}{2}}$$

$$\Rightarrow j_n^T = \frac{9}{8}\frac{\mu_n\varepsilon_r\varepsilon_o}{|q|d^3}U_a^2 \Rightarrow j_n = -\frac{9}{8}\frac{\mu_n\varepsilon_r\varepsilon_o}{d^3}U_a^2 \qquad \text{(C4-7)}$$

Diese nichtlineare Strom-Spannungsbeziehung für den raumladungsbegrenzten Strom wird als **Mott-Gurney-Gesetz** bezeichnet. Die Ortsabhängigkeit der Elektronenkonzentration ergibt sich aus (C4-2 und 5) direkt zu (dargestellt in Bild C4d):

$$\rho_n(x) = \sqrt{\frac{j_n^T\varepsilon_r\varepsilon_o}{2|q|\mu_n x}} \qquad \text{(C4-8)}$$

d.h. es stellt sich eine starke Überhöhung der Elektronenkonzentration bei $x = 0$ ein. Die Driftgeschwindigkeit (4.3.3-1a) bei raumladungsbegrenzten Strömen hat die Ortsabhängigkeit (Bild C4e):

$$v_n(x) = -\mu_n E(x) \underset{(C4\text{-}5)}{=} -\sqrt{\frac{2|q|\,j_n^T\,\mu_n\,x}{\varepsilon_r \varepsilon_o}} \qquad (C4\text{-}9)$$

Erwartungsgemäß ergibt das Produkt von (C4-8 und 9) wieder die Teilchenstromdichte.

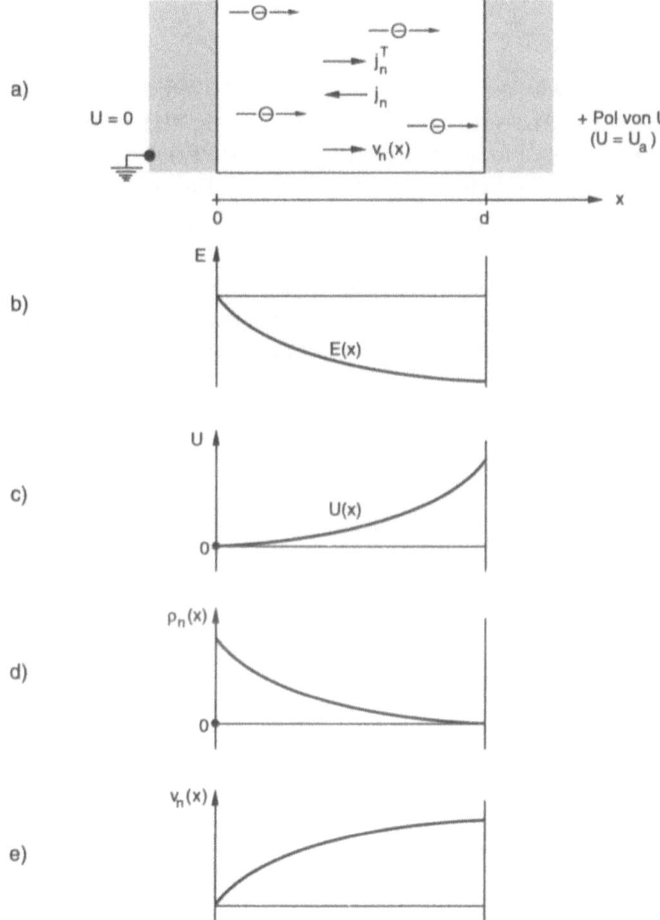

Bild C4: *Ladungsbegrenzte Ströme in einem Plattenkondensator*
(im Vakuum oder mit einem (schwach) leitfähigen Dielektrikum).

a) Aufbau des Systems, Richtungen von Teilchenstromdichte jnT und elektrischer
Stromdichte jn

b) Ortsabhängigkeit der elektrischen Feldstärke E

c) Ortsabhängigkeit der elektrischen Spannung U

d) Ortsabhängigkeit der Elektronendichte rn

e) Ortsabhängigkeit der Elektronen-Driftgeschwindigkeit

Anhang D
Vierpolkoeffizienten

Bauelementkennlinien wie die Strom-Spannungs- $I(U)$ oder die Kapazitäts-Spannungskennlinie können eine aufwendige Form haben, sie verlaufen jedoch gewöhnlich stetig. Bei infinitesimal kleinen Änderungen der Parameter (**Kleinsignalverhalten**) in der Umgebung eines **Arbeitspunkt**es (Satz von Eingangs- und Ausgangsgrößen, von denen die Änderung ausgeht) können die Kennlinienfunktionen nach dem Satz von Taylor entwickelt werden, wobei wegen der geringen Änderungen der Parameter jeweils nach dem ersten Glied abgebrochen werden kann. Auf diese Weise erhält man lineare Beziehungen zwischen den Größen, deren Proportionalitätskonstanten dann als Widerstände, Leitwerte u.a. interpretiert werden können.

Wir wollen dieses Problem sehr allgemein behandeln, indem wir von einem verallgemeinerten Bauelement ausgehen, das jeweils zwei Eingangs- und Ausgangsanschlüsse besitzt (**Vierpol**, Bild D-1). Das elektrische Verhalten des Vierpols wird durch ein Kennlinienfeld der vier Steuergrößen (Ein- und Ausgangsströme und -spannungen) beschrieben, in dem die entsprechenden Kennlinien eingezeichnet sind (Bild D-1, Beispiel des bipolaren Transistors in Bild D-2).

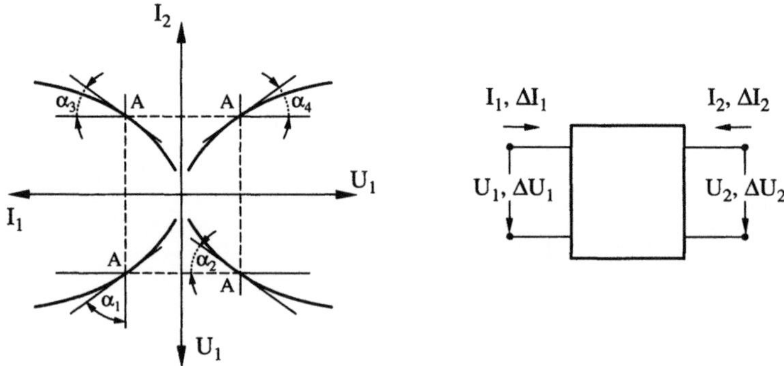

Bild D-1:   *Vierpol als verallgemeinerte Form (black box) eines Bauelements oder Systems. Kennzeichnende elektrische Größen sind die Eingangsspannung U_1, der Eingangsstrom I_1, die Ausgangsspannung U_2 und der Ausgangsstrom I_2.*

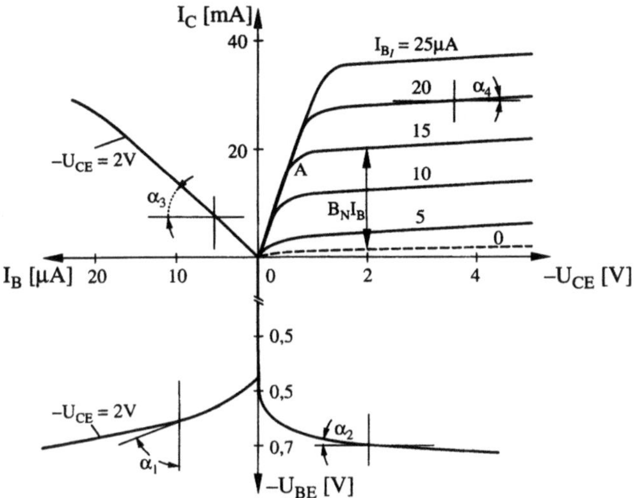

Bild D-2:   *Kennlinienfeld eines bipolaren Transistors in Emitterschaltung: Die vier Koordi-natenachsen entsprechen den vier Steuergrößen am Vierpol, d.h. den Ein- und Ausgangsspannungen und -strömen. In jedem Quadranten sind die entsprechen-den Kennlinienscharen eingezeichnet. Jeweils zwei der Steuergrößen können frei gewählt werden, die beiden anderen liegen dann durch die Kennlinien fest. Einen auf diese Weise bestimmten Satz von vier festliegenden Steuergrößen bezeichnet man als Arbeitspunkt. Die Entwicklung der Kennlinienfunktionen nach Taylor um einen festgelegten Arbeitspunkt mit dem Abbruch nach dem ersten Glied bedeu-tet, daß die Kennlinien im Arbeitspunkt durch Geraden approximiert werden (Li-nearisierung, nach [45]).*

Aus Bild D-1 wird deutlich, daß von den vier Steuergrößen des Vierpols zwei frei gewählt werden können, während die anderen beiden dadurch festgelegt werden. Beispielsweise können die Eingangs- und Ausgangsspannungen U_1 und U_2 vorge-geben sein, dann ergeben sich die entsprechenden Ströme durch die Gleichungen:

$$I_1 = I_1(U_1, U_2) \tag{1a}$$

$$I_2 = I_2(U_1, U_2) \tag{1b}$$

Die Entwicklung der Funktionen um den durch U_1 und U_2 festgelegten Arbeits-punkt erbringt am Beispiel Beziehung (1b):

$$I_2(U_1 + \Delta U_1, U_2 + \Delta U_2) = I_2(U_1, U_2) + \left.\frac{\partial I_2}{\partial U_1}\right|_{U_2} \Delta U_1 + \left.\frac{\partial I_2}{\partial U_2}\right|_{U_1} \Delta U_2 \tag{2}$$

Die Differentialquotienten auf der rechten Seite entsprechen Leitwerten, deshalb bezeichnet man die Beschreibung des Vierpols durch die Funktionen (1) auch als **Leit-wertdarstellung**. Die Größe $I_2(U_1,U_2)$ beschreibt den Ausgangsstrom am Arbeitspunkt. Aus (2) folgt:

$$\Delta I_2 = I_2(U_1 + \Delta U_1, U_2 + \Delta U_2) - I_2(U_1, U_2) = \frac{\partial I_2}{\partial U_1}\bigg|_{U_2} \Delta U_1 + \frac{\partial I_2}{\partial U_2}\bigg|_{U_1} \Delta U_2 \qquad (3a)$$

$$=: y_{21}\Delta U_1 + y_{22}\Delta U_2 \qquad (3b)$$

mit den **Leitwertparametern** y_{ik}. Setzt man die Stromänderung ΔI_2 an in Form eines komplexen Wechselstroms $\Delta I_2 = Re\,(\underline{I}_2 \cdot e^{j\omega t})$ entsprechend die Spannungen mit $\underline{U}_1$ und $\underline{U}_2$, dann läßt sich (3b) umformen in

$$\underline{I}_2 = y_{21}\underline{U}_1 + y_{22}\underline{U}_2 \qquad (4)$$

Die entsprechende Beziehung für den Eingangswechselstrom $\underline{I}_1$ lautet:

$$\underline{I}_1 = y_{11}\underline{U}_1 + y_{12}\underline{U}_2 \qquad (5)$$

Der Arbeitspunkt kann auch durch andere Parameter als U_1 und U_2 festgelegt werden. Wählen wir hierfür den Eingangsstrom I_1 und die Ausgangsspannung U_2, dann erhalten wir in der **Hybriddarstellung** analog zu (4) und (5):

$$\underline{U}_1 = h_{11}\underline{I}_1 + h_{12}\underline{U}_2 \qquad (6a)$$

$$\underline{I}_2 = h_{21}\underline{I}_1 + h_{22}\underline{U}_2 \qquad (6b)$$

Die entsprechenden Hybridparameter h_{ij} haben jetzt die Bedeutung von Widerständen und Spannung- bzw. Stromverstärkungen. Die Parameter können einzeln gemessen werden, wenn die jeweils anderen Steuergrößen nicht geändert oder gleich Null gesetzt werden. Schließt man beispielsweise die Ausgangsspannung $\underline{U}_2$ in (5) kurz (d.h. $\underline{U}_2 = 0$), dann bekommt y_{11} die unmittelbare Bedeutung eines Eingangsleitwertes. Die Vierpolparameter lassen sich daher folgendermaßen charakterisieren:

$y_{11}=:y_i$ – Eingangskurzschlußleitwert
$y_{22}=:y_o$ – Ausgangskurzschlußleitwert
$y_{21}=:y_f$ – Steilheit oder Transferleitwert vorwärts
$y_{12}=:y_r$ – Transferleitwert rückwärts
$h_{11}=:h_i$ – Eingangskurzschlußwiderstand
$h_{22}=:h_o$ – Ausgangsleerlaufleitwert
$h_{21}=:h_f$ – Kurzschlußstromverstärkung
$h_{12}=:h_r$ – Leerlaufspannungsrückwirkung

Treten in Anwesenheit von komplexen Widerständen im Vierpol Phasenverschiebungen zwischen Strömen und Spannungen auf, dann werden die Vierpolparameter komplex, sie können also nur in der komplexen Zahlenebene als Funktion eines gegebenen Parameters (z.B. der Frequenz, **Ortskurve**) dargestellt werden.

Sind die Kennliniengleichungen eines Bauelements bekannt, dann können daraus die Vierpolparameter berechnet werden. Noch einfachere Verhältnisse ergeben sich bei der Berechnung von Ersatzschaltbildern mit arbeitspunktabhängigen passiven Komponenten (Widerständen, Kapazitäten und Induktivitäten) sowie gesteuerten Strom- und Spannungsquellen. In diesem Fall ergeben sich über die Verfahren der Netzwerkanalyse, z.B. durch Anwendung der Knoten- und Maschenregeln, unmittelbar die gesuchten Parameter. Dieses wird im folgenden anhand einfacher Beispiele für den bipolaren Transistor (Ersatzschaltbilder in Bild 10.2.1-17) gezeigt. Zunächst werden die Hybridparameter aus Bild 10.2.1-17a für den bipolaren Transistor in Emitterschaltung (Bild D-3) berechnet.

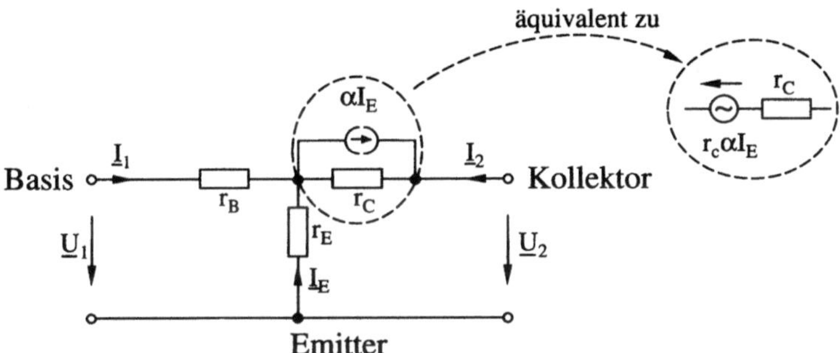

Bild D-3:   Ersatzschaltbild des bipolaren Transistors in Emitterschaltung (s. Bild 10.2.1-17a) zur Berechnung der Vierpolkoeffizienten

Generell gilt, daß die Summe der in den Vierpol hineinfließenden Ströme Null sein muß (Knotenregel), also

$$I_e + I_1 + I_2 = 0 \tag{7}$$

Die Berechnung der Eingangsmasche (Aufsummieren aller Spannungsbeiträge, die an Komponenten dieser Masche abfallen) ergibt:

$$U_1 = I_1 r_b - I_e r_e \underset{(7)}{=} I_1 r_b + (I_1 + I_2) r_e \tag{8a}$$

$$= (r_b + r_e) I_1 + r_e I_2 \tag{8b}$$

Die Berechnung der Ausgangsmasche ergibt

$$U_2 = \left(I_2 + \alpha I_e\right)r_c - I_e r_e \underset{(7)}{=} \left(I_2 - \alpha\left(I_1 + I_2\right)\right)r_c + \left(I_1 + I_2\right)r_e \qquad (9a)$$

$$= \left(r_e - \alpha r_c\right)I_1 + \left(r_e + r_c(1-\alpha)\right)I_2 \qquad (9b)$$

Aus (9b) kann I_2 als Funktion von I_1 und U_2 ausgedrückt werden. Setzt man diese Funktion in (8b) ein und faßt die Koeffizienten von I_1 und U_2 zusammen, dann ergibt sich

$$U_1 = \left(r_b + r_e - \frac{r_e - \alpha r_c}{r_e + r_c(1-\alpha)}\right)I_1 + \frac{r_e}{r_e + r_c(1-\alpha)}U_2 \qquad (10)$$

Diese Gleichung kann mit der ersten Gleichung (6a) der Hybriddarstellung identifiziert werden, so daß wir für die ersten beiden Vierpolkoeffizienten erhalten:

$$\text{Emitterschaltung: } h_{11} = r_b + r_e - \frac{r_e\left(r_e - \alpha r_c\right)}{r_e + r_c(1-\alpha)} \qquad (11a)$$

$$h_{12} = \frac{r_e}{r_e + r_c(1-\alpha)} \qquad (11b)$$

Der Emitterwiderstand r_e kann in der Regel gegen den Basiswiderstand r_b und gegen den Wert $r_c(1-\alpha)$ vernachlässigt werden. Dann vereinfachen sich die Formeln (11) zu

$$\text{Emitterschaltung: } h_{11} = r_b + \frac{r_e\alpha}{(1-\alpha)} \approx r_b + \frac{r_e}{(1-\alpha)} \qquad (12a)$$

$$h_{12} = \frac{r_e}{r_c(1-\alpha)} \qquad (12b)$$

Entsprechend ergeben sich die beiden übrigen Hybrid-Vierpolparameter zu

$$\text{Emitterschaltung: } h_{21} = \frac{\alpha r_c - r_e}{r_e + r_c(1-\alpha)} \approx \frac{\alpha}{(1-\alpha)} \quad (\text{vgl. } (10.2.1\text{-}22)) \qquad (13a)$$

$$h_{22} = \frac{1}{r_e + r_c(1-\alpha)} \approx \frac{1}{r_c(1-\alpha)} \qquad (13b)$$

Die Berechnung der Vierpolparameter für die Basisschaltung erfolgt mit demselben Ersatzschaltbild wie in Bild D-3, wobei die Emitter- und Basisanschlüsse vertauscht werden (Bild D-4).

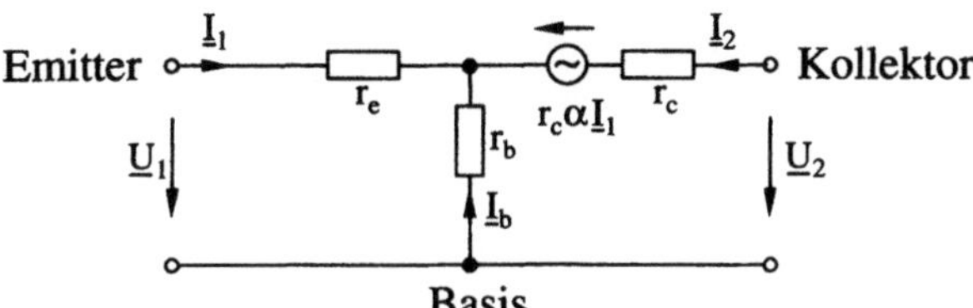

Bild D-4:   Ersatzschaltbild zur Berechnung der Vierpolparameter des bipolaren Transistors in Basisschaltung

Das Verfahren zur Bestimmung der Vierpolparameter in Basisschaltung ist analog zu dem bereits beschriebenen:

$$\text{Knotenregel:} \quad I_1 + I_2 = -I_b \tag{14}$$

$$\text{Eingangsmasche:} \quad U_1 = I_1 r_e + (I_1 + I_2) r_b = (r_e + r_b) I_1 + r_b I_2 \tag{15a}$$

$$\text{Ausgangsmasche:} \quad U_2 = (I_2 + \alpha I_1) r_c + (I_1 + I_2) r_b$$

$$= (r_b + \alpha r_c) I_1 + (r_b + r_c) I_2 \tag{15b}$$

Eliminiert wird wieder der Strom I_2, so daß man eine Gleichung des Typs (6a) bekommt, aus der die Vierpolkoeffizienten explizit berechnet werden können. In Tabelle D-1 sind die berechneten Vierpolparameter zusammengestellt, weiterhin die umgekehrten Formeln zur Berechnung der Transistorparameter aus den Vierpolkoeffizienten.

Tab. D-1:   *Umrechnung von Hybrid-Vierpolparametern und Transistorparametern (nach [64]). Es wird die Abkürzung verwendet:* $\Delta = h_{11}h_{22} - h_{12}h_{21}$. *Typische Werte für die Transistorparameter sind:* $r_e = 5\,\Omega$, $r_b = 2\,k\Omega$, $r_c = 10\,M\Omega$, $\alpha = 0{,}997$.

		Basisschaltung	Emitterschaltung	Kollektorschaltung
Berechnung der Vierpolparameter aus den Transistorparametern	h_{11}	$r_e + r_b(1-\alpha)$	$r_b + \dfrac{r_e}{1-\alpha}$	$r_b + \dfrac{r_e}{1-\alpha}$
	h_{12}	$\dfrac{r_b}{r_c}$	$\dfrac{r_e}{r_c(1-\alpha)}$	$1 - \dfrac{r_e}{r_c(1-\alpha)}$
	h_{21}	$-\alpha$	$\dfrac{\alpha}{1-\alpha}$	$1 - \dfrac{\alpha}{1-\alpha}$
	h_{22}	$\dfrac{1}{r_c}$	$\dfrac{1}{r_c(1-\alpha)}$	$\dfrac{1}{r_c(1-\alpha)}$
Definition	Δ	$\dfrac{r_e - r_b}{r_c}$	$\dfrac{r_e - r_b}{r_c(1-\alpha)}$	$\dfrac{1}{(1-\alpha)}$
Berechnung der Transistorparameter aus den Vierpolparametern	r_e	$\dfrac{\Delta - h_{12}}{h_{22}}$	$\dfrac{h_{12}}{h_{22}}$	$\dfrac{1 - h_{12}}{h_{22}}$
	r_b	$\dfrac{h_{12}}{h_{22}}$	$\dfrac{\Delta - h_{12}}{h_{22}}$	$\dfrac{\Delta - h_{21}}{h_{22}}$
	r_c	$\dfrac{1}{h_{22}}$	$\dfrac{1 + h_{21}}{h_{22}}$	$-\dfrac{h_{21}}{h_{22}}$
	α	$-h_{21}$	$\dfrac{h_{21}}{1 + h_{21}}$	$\dfrac{1 + h_{21}}{h_{21}}$

Die Vierpolgleichungen (6) der Hybriddarstellung können unmittelbar in die Form (4) und (5) der Leitwertdarstellung umgeformt werden. Dabei ergibt sich die Umrechnungsformel

$$((y_{ik})) = \begin{pmatrix} y_{11} & y_{12} \\ y_{21} & y_{22} \end{pmatrix} = \frac{1}{h_{11}} \begin{pmatrix} 1 & -h_{12} \\ h_{21} & \Delta \end{pmatrix} \tag{16a}$$

$$\Delta := h_{11}h_{22} - h_{21}h_{12} \tag{16b}$$

Tab. D-2 enthält die Leitwert-Vierpolparameter für den bipolaren Transistor. Die Bestimmungsgleichungen (4) und (5) der Leitwertdarstellung erhält man unmittelbar durch ein Ersatzschaltbild wie in Bild D-5.

Tab. D-2:   *Umrechnung von Leitwert-Vierpolparametern und Transistorparametern (nach [64]). Es wird die Abkürzung verwendet:* $\Delta = y_{11}y_{22} - y_{12}y_{21}$.

	Basisschaltung	**Emitterschaltung**	**Kollektorschaltung**
y_{11}	$\dfrac{1}{r_b(1-\alpha)+r_e}$	$\dfrac{1-\alpha}{r_b(1-\alpha)+r_e}$	$\dfrac{1-\alpha}{r_b(1-\alpha)+r_e}$
y_{12}	$\dfrac{-r_b}{r_c\left[r_b(1-\alpha)+r_e\right]}$	$\dfrac{-r_e}{r_c\left[r_b(1-\alpha)+r_e\right]}$	$-\dfrac{1-\alpha}{r_b(1-\alpha)+r_e}$
y_{21}	$-\dfrac{\alpha}{r_b(1-\alpha)+r_e}$	$\dfrac{\alpha}{r_b(1-\alpha)+r_e}$	$\dfrac{-1}{r_b(1-\alpha)+r_e}$
y_{22}	$\dfrac{r_e+r_b}{r_c\left[r_b(1-\alpha)+r_e\right]}$	$\dfrac{r_b+r_e}{r_c\left[r_b(1-\alpha)+r_e\right]}$	$\dfrac{1}{r_b(1-\alpha)+r_e}$
Δ	$\dfrac{1}{r_c\left[r_b(1-\alpha)+r_e\right]}$	$\dfrac{1}{r_c\left[r_b(1-\alpha)+r_e\right]}$	$\dfrac{1}{r_c\left[r_b(1-\alpha)+r_e\right]}$
r_e	$\dfrac{y_{12}+y_{22}}{\Delta}$	$-\dfrac{y_{12}}{\Delta}$	$\dfrac{y_{11}+y_{12}}{\Delta}$
r_b	$-\dfrac{y_{12}}{\Delta}$	$\dfrac{y_{22}+y_{12}}{\Delta}$	$\dfrac{y_{21}+y_{22}}{\Delta}$
r_c	$\dfrac{y_{11}}{\Delta}$	$\dfrac{y_{11}+y_{21}}{\Delta}$	$-\dfrac{y_{21}}{\Delta}$
α	$-\dfrac{y_{21}}{y_{11}}$	$\dfrac{y_{21}}{y_{11}+y_{21}}$	$\dfrac{y_{21}-y_{12}}{y_{21}}$

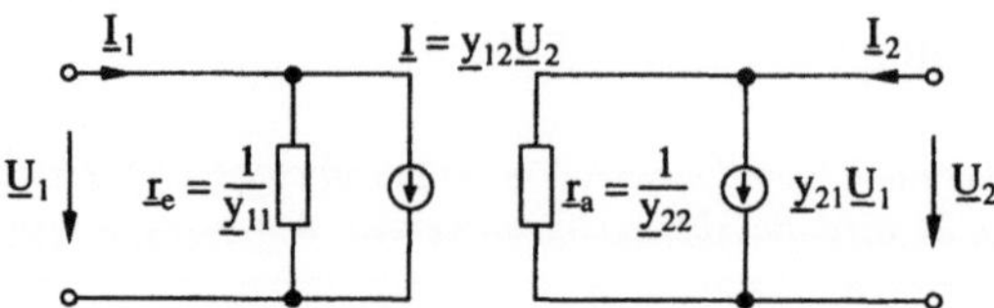

Bild D-5: *Formales Ersatzschaltbild für die Bestimmungsgleichungen (4) und (5) der Vier-polparameter in Leitwertdarstellung*

Die Größen des π-Ersatzschaltbildes in Bild 10.2.1-17 können durch die Leitwert-Vierpolparameter ausgedrückt werden in der folgenden Weise:

$$g_e = y_{11} + y_{12} \tag{17a}$$

$$g_c = -y_{12} \tag{17b}$$

$$g_r = -y_{22} + y_{12} \tag{17c}$$

$$g_m = y_{12} + y_{21} \tag{17d}$$

Zum Beweis können die Knotengleichungen in den Stromknoten K_1 und K_2 in Bild 10.2.1-17 angewendet werden, sowie die Maschengleichung in Richtung des einge-zeichneten Pfeils.

Anhang E

Englische Fachausdrücke

a.c. (alternating current)	Wechselstrom
accordance	Übereinstimmung
additional	zusätzlich
ambient	Umgebung
application	Anwendung
attenuator	Abschwächer
avalanche breakdown	Lawinendurchbruch
average current	mittlerer Strom
breakdown voltage	Durchbruchspannung
capacitance	Kapazität
capacitance ratio	Kapazitätsverhältnis
circuit	Schaltung
common base	Basisschaltung
common emitter	Emitterschaltung
commutate	kommutieren
conditions	Meßwerte
continuous voltage	Gleichspannung
cut-off current	Strom im Sperrzustand
d.c. (direct current)	Gleichstrom
delay time	Verzögerungszeit
derating curve	Abnahme der zulässigen Werte mit der Temperatur
diameter	Durchmesser
diode capacitance	Diodenkapazität
discharge	Entladung
display	Anzeige
drain	Abfluß, Ausgangselektrode bei Feldeffekttransistoren
dual	Zweifach-
envelope	Gehäuse
epoxy-glass	Epoxid-Glas
fall time	Abfallzeit
feedback	Rückkopplung
forward current	Flußstrom
forward voltage	Flußspannung
full-cycle	volle Periode
fuse	Sicherung
gate	Tor, Steuerelektrode bei Feldeffekttransistoren
heatsink	Wärmeabfuhr
input	Eingang
interchangeable	austauschbar
junction	Halbleiterübergang
junction temperature	Temperatur am Halbleiterübergang
lead	Anschlußdraht, Zuführung
limiting value	Grenzwert
mains supply	Netzgerät
marking	Markierung

mismatch	Fehlanpassung
mounting	Montage
noise figure	Rauschzahl
otherwise stated	anders aufgeführt
output	Ausgang
peak current	Spitzenstrom
peak voltage	Spitzen-, Scheitelspannung
performance	Leistungsfähigkeit
permissible	zulässig
pinning	Bedeutung der äußeren Anschlüsse
power dissipation	Verlustleistung
printed-circuit-board	Träger für gedrucke Schaltungen
protection ring	Schutzring
pulse duration	Pulsdauer
ratings	zulässige Werte
recovery time	Erholungszeit
rectify	gleichrichten
repetitive	periodisch, wiederholt
reverse bias	Sperrspannung
reverse current	Sperrstrom
reverse recovery time	Sperrverzögerungszeit
reverse voltage	Sperrspannung
rise time	Anstiegszeit
rivet	Niete
RMS	Effektivwert
safe operating area (SOAR)	sicherer Arbeitsbereich
saturation voltage	Sättigungsspannung
schottky barrier	Schottkybarriere
series resistance	Serienwiderstand
shaded	schattiert
slew rate	Anstiegsrate
solder	löten
source	Quelle, Eingangselektrode bei Feldeffekttransistoren
storage temperature	Lagertemperatur
suitable	geeignet
sustaining voltage	U_{CEo} bei getakteter Ansteuerung und induktiver Last
switch	Schalter
switching time	Schaltzeit
temperature coefficient	Temperaturkoeffizient
terminal	Anschluß
test circuit	Testschaltung
thermal resistance	Wärmewiderstand
thick film circuit	Dickfilmschaltung
thin film circuit	Dünnfilmschaltung
tie-point	Verbindungspunkt
tolerance	Tolerance
transducer	Übertrager
transducer gain	Übertragungsgewinn
transition frequency	Transitfrequenz
turn-off-time	Freiwerdezeit
waveform	Puls- oder Wellenverlauf

Anhang F

Steckgehäuse: **Dual-In-Line Package** (Standard pitch 0,254 mm)

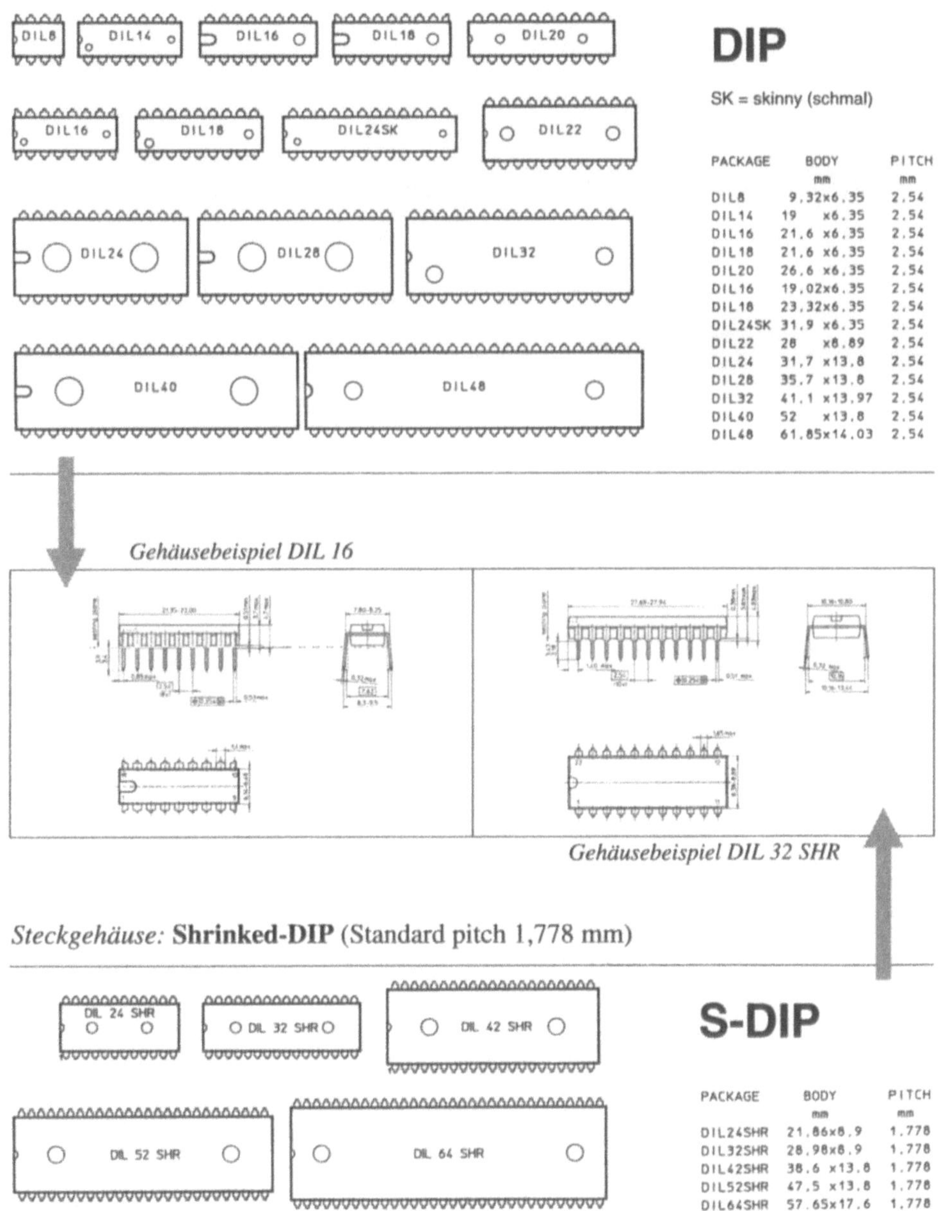

Steckgehäuse: **Shrinked-DIP** (Standard pitch 1,778 mm)

Power-Gehäuse: **Single-In-Line**

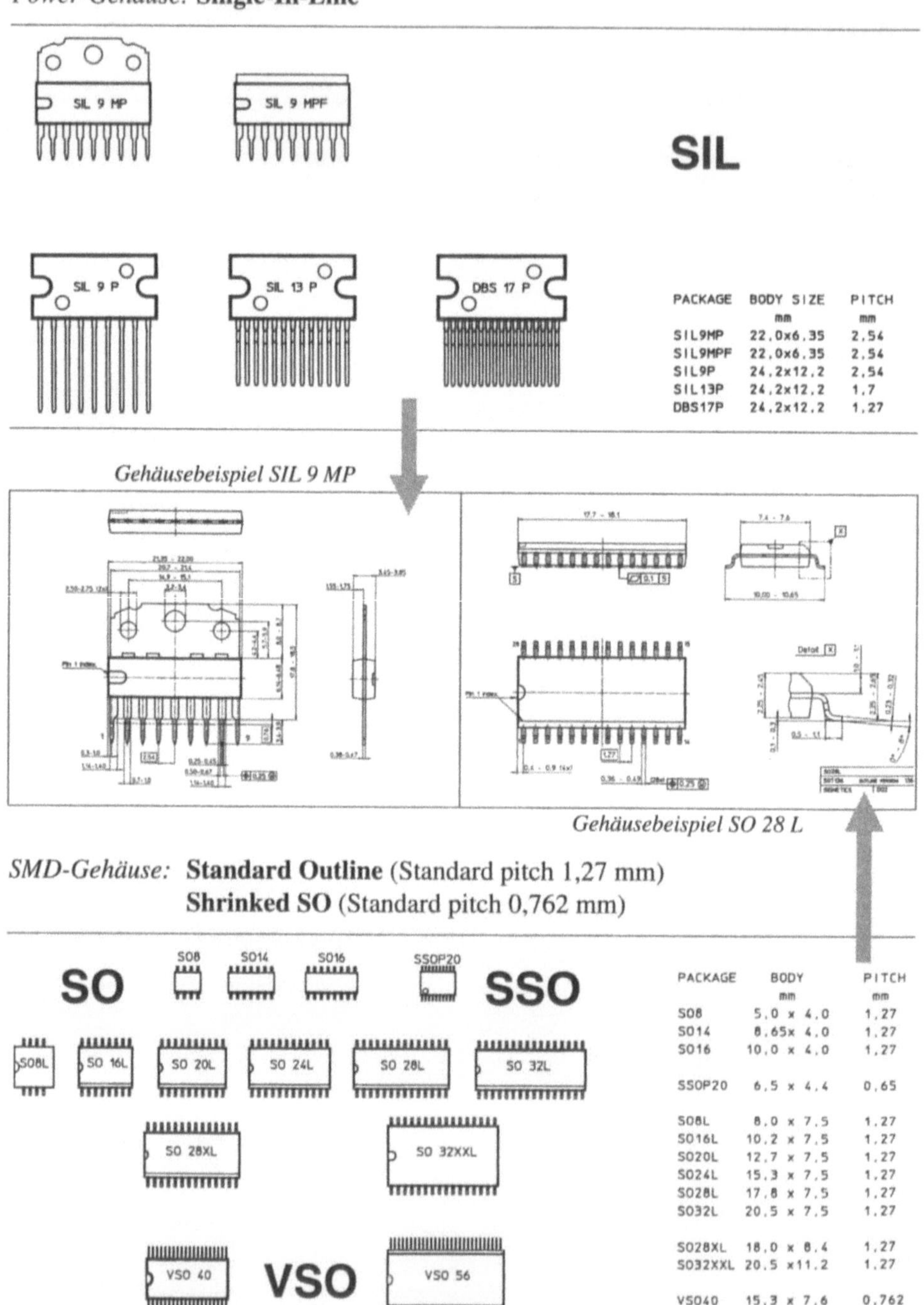

PACKAGE	BODY SIZE	PITCH
	mm	mm
SIL9MP	22,0x6,35	2,54
SIL9MPF	22,0x6,35	2,54
SIL9P	24,2x12,2	2,54
SIL13P	24,2x12,2	1,7
DBS17P	24,2x12,2	1,27

Gehäusebeispiel SIL 9 MP

Gehäusebeispiel SO 28 L

SMD-Gehäuse: **Standard Outline** (Standard pitch 1,27 mm)
Shrinked SO (Standard pitch 0,762 mm)

PACKAGE	BODY	PITCH
	mm	mm
SO8	5,0 x 4,0	1,27
SO14	8,65x 4,0	1,27
SO16	10,0 x 4,0	1,27
SSOP20	6,5 x 4,4	0,65
SO8L	8,0 x 7,5	1,27
SO16L	10,2 x 7,5	1,27
SO20L	12,7 x 7,5	1,27
SO24L	15,3 x 7,5	1,27
SO28L	17,8 x 7,5	1,27
SO32L	20,5 x 7,5	1,27
SO28XL	18,0 x 8,4	1,27
SO32XXL	20,5 x11,2	1,27
VSO40	15,3 x 7,6	0,762
VSO56	22,0 x11,0	0,750

SMD-Gehäuse: **Plastic-Leaded Chip Carrier** (Standard-pitch 1,27 mm)

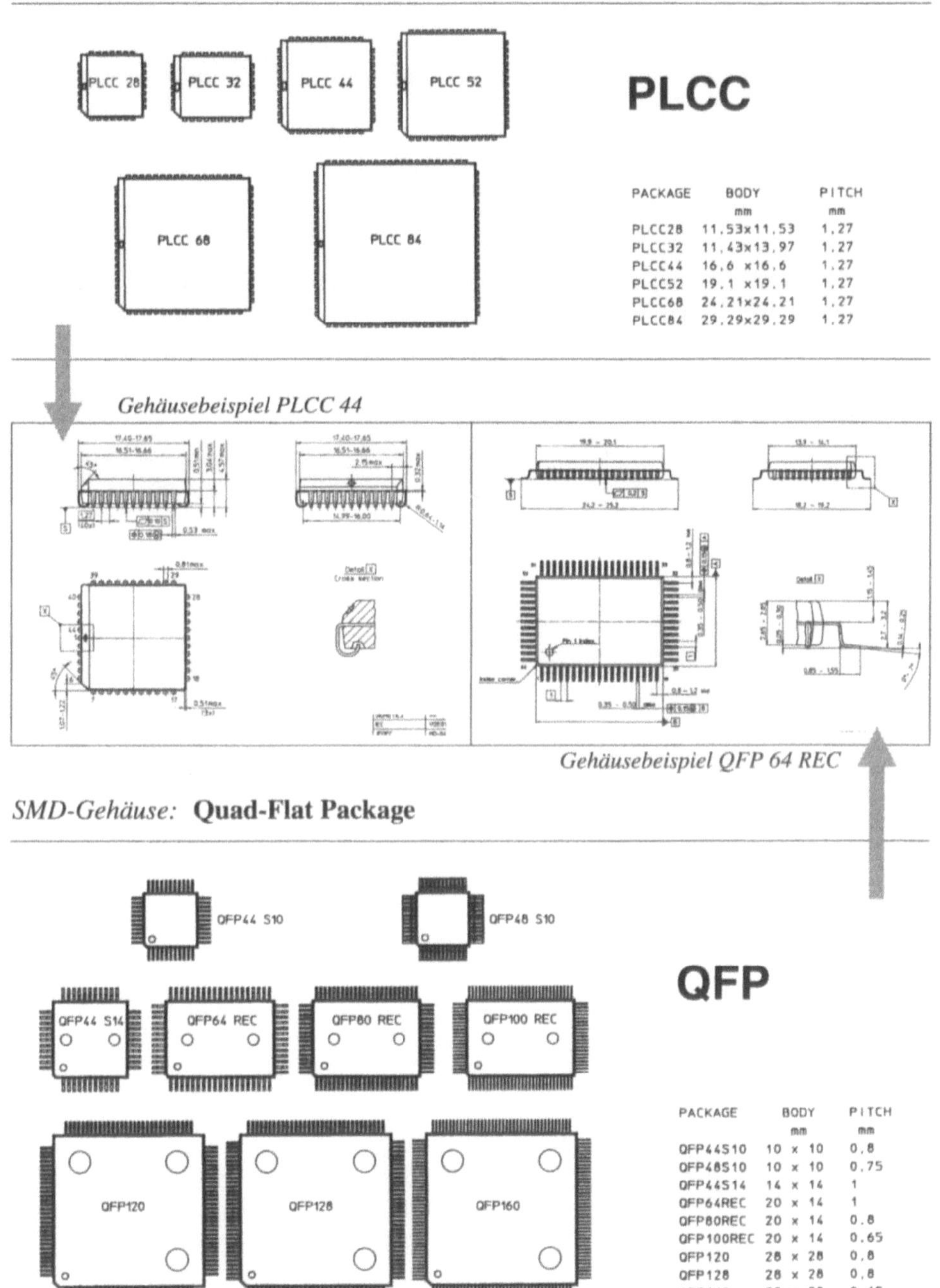

SMD-Gehäuse: **Quad-Flat Package**

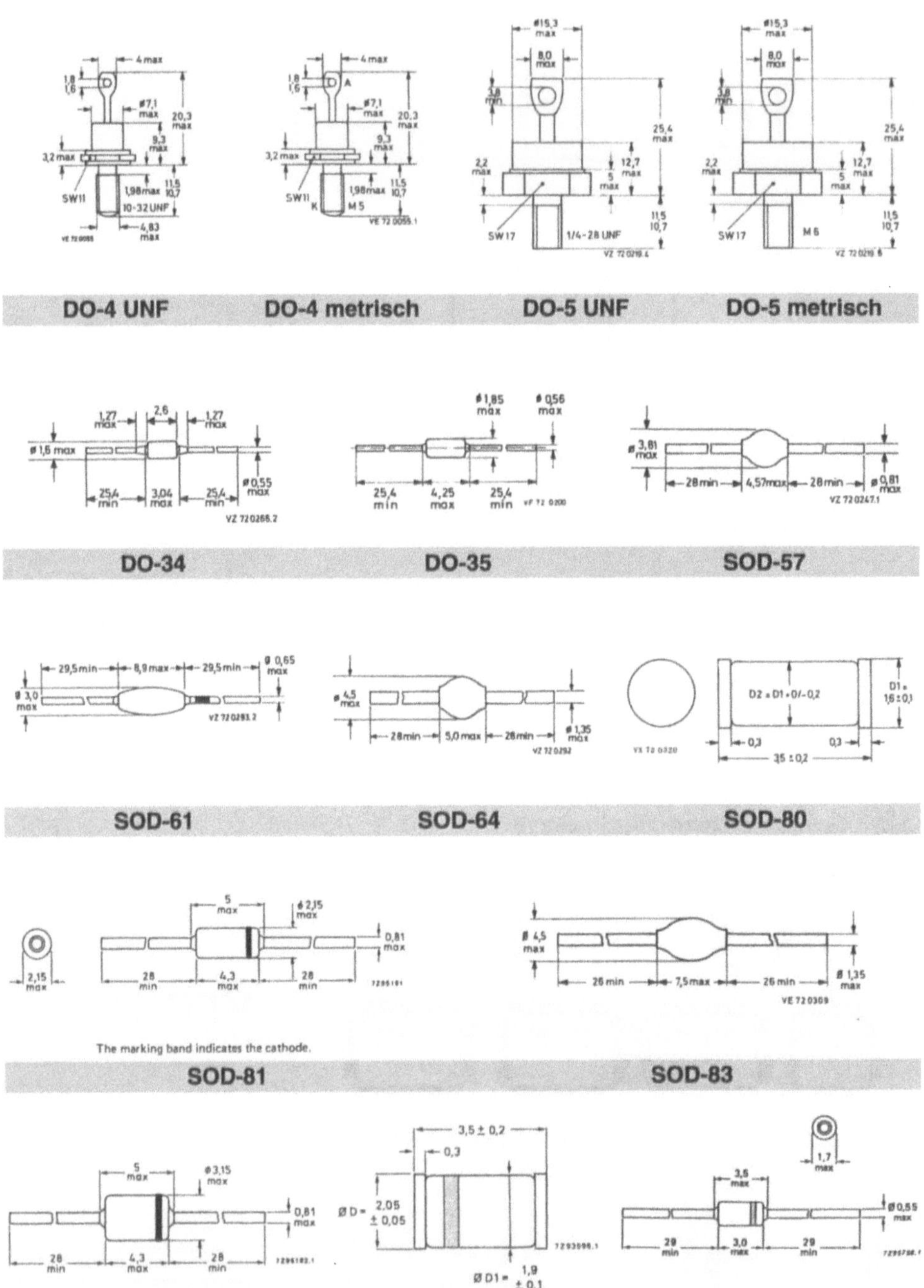
DO-4 UNF
DO-4 metrisch
DO-5 UNF
DO-5 metrisch
DO-34
DO-35
SOD-57
SOD-61
SOD-64
SOD-80
SOD-81
SOD-83
The marking band indicates the cathode.
SOD-84
SOD-87
SOD-91

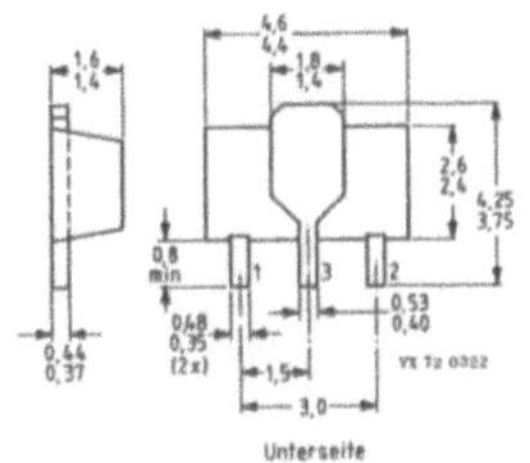

SOT-23

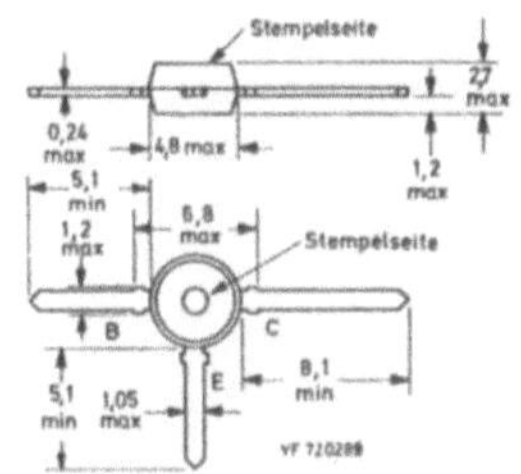

SOT-37

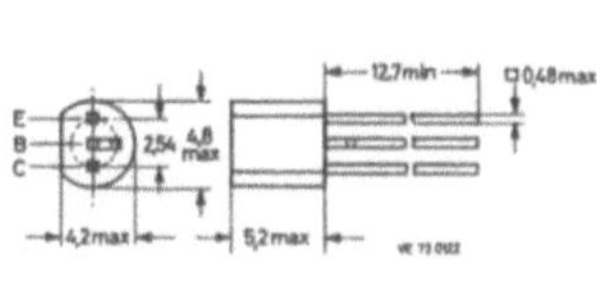

SOT-54

SOT-48/2

SOT-48/3

SOT-55

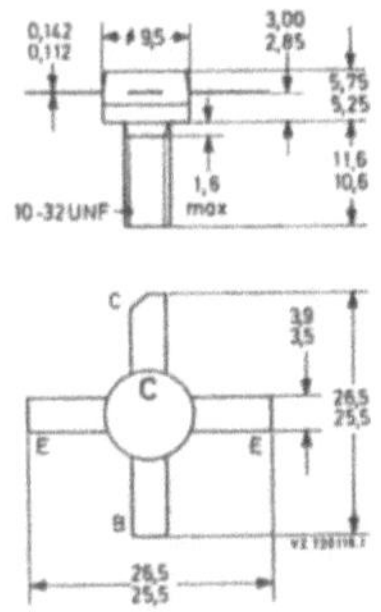

SOT-56

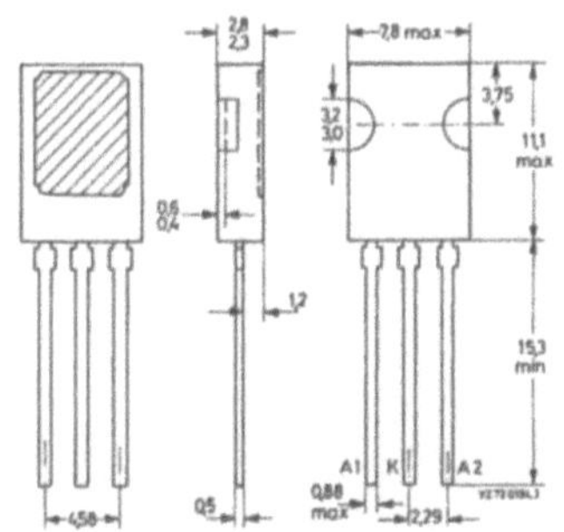

SOT-82

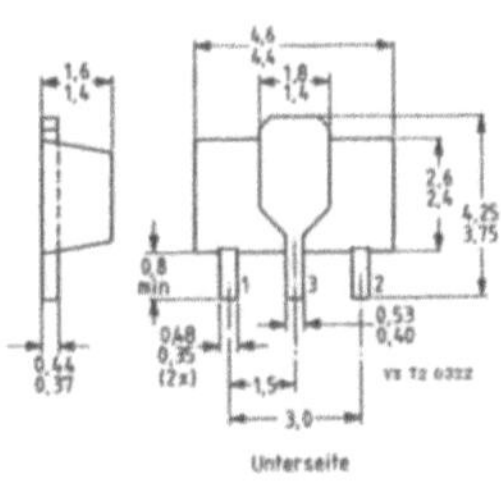

SOT-89

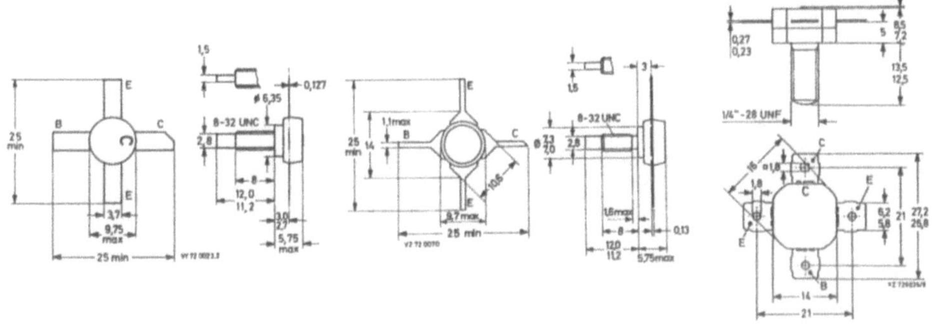

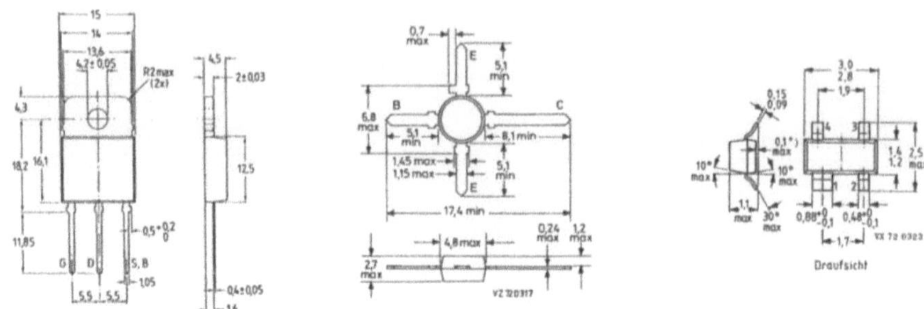
SOT-93
SOT-103
SOT-143
Draufsicht

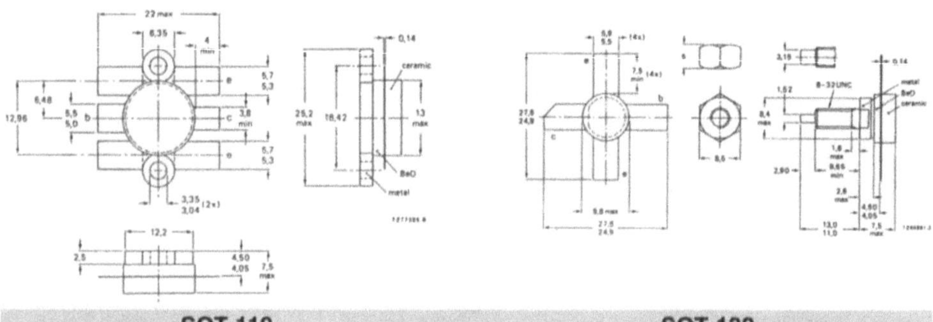
SOT-119
SOT-120

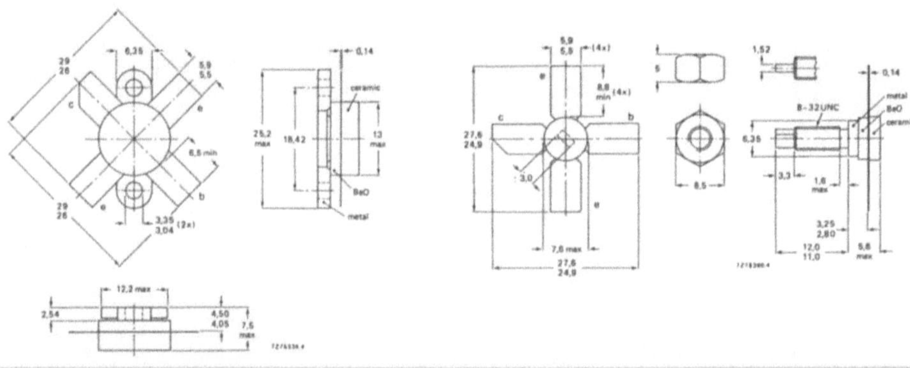
SOT-121
SOT-122

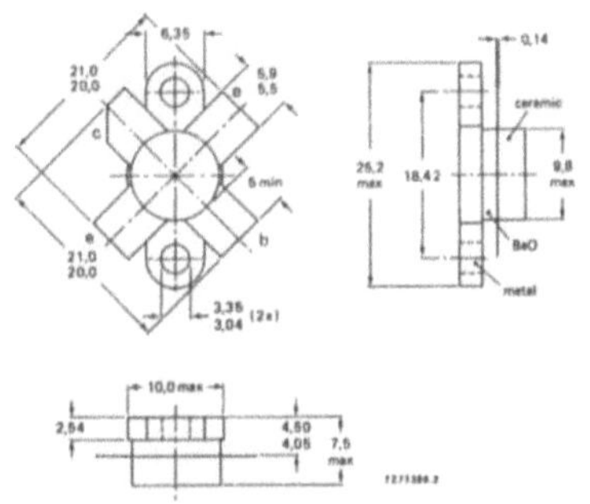

SOT-147

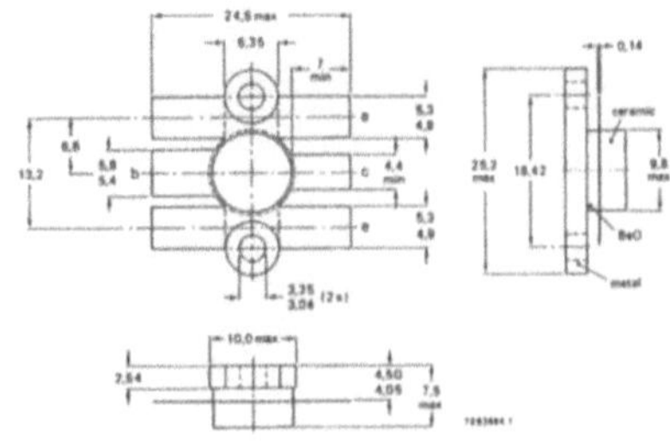

SOT-160

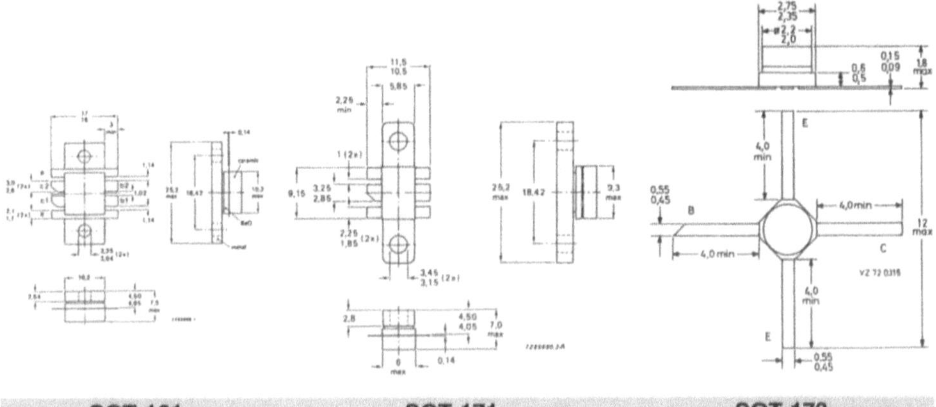

SOT-161   **SOT-171**   **SOT-173**

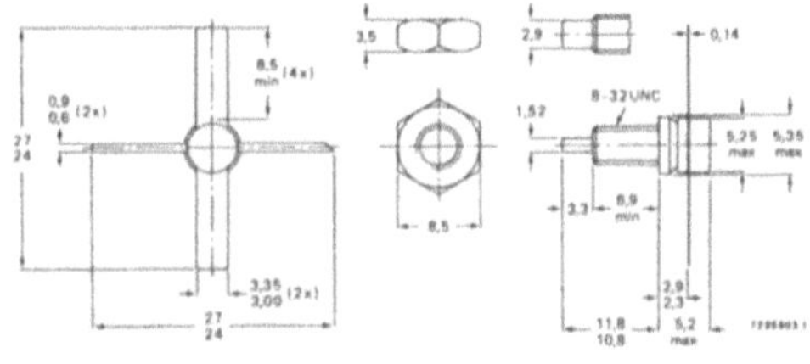

SOT-172A1

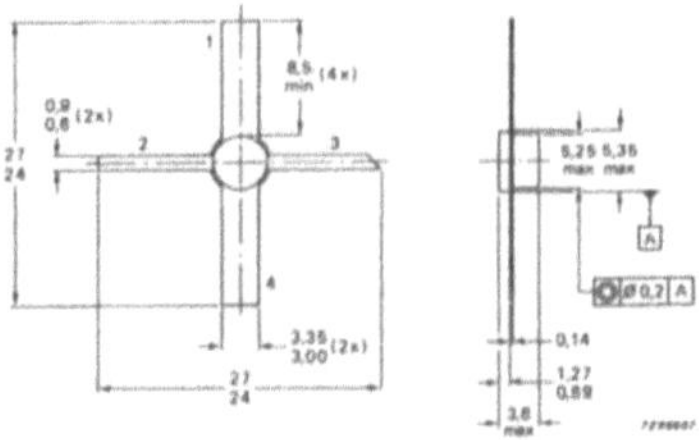

SOT-172D

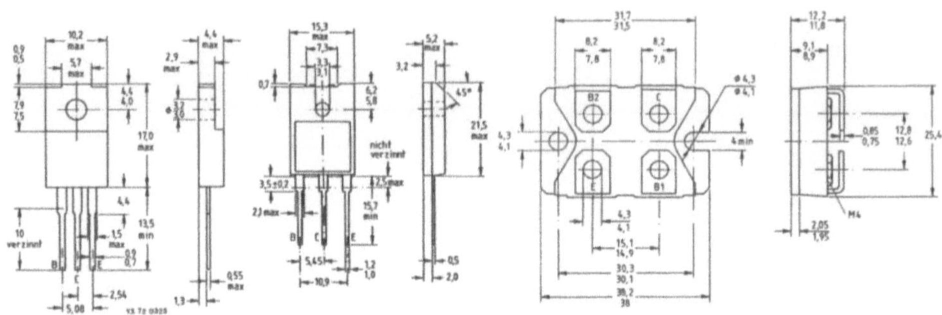

SOT-186   **SOT-199**   **SOT-227**

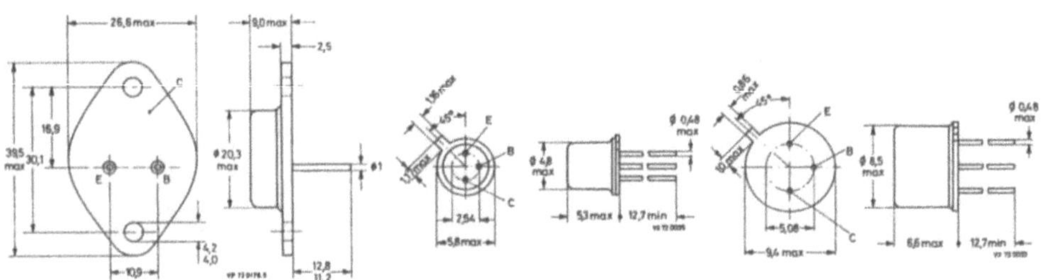

TO-3   **TO-18**   **TO-39**

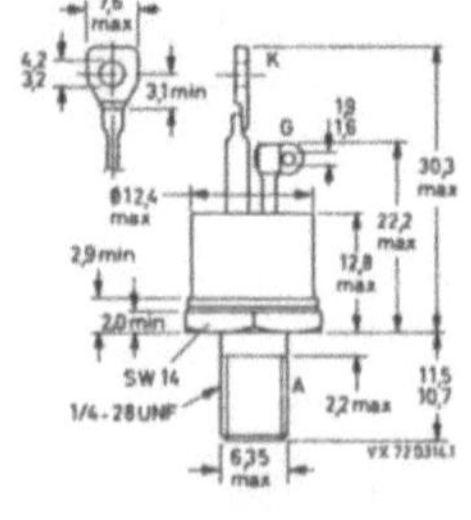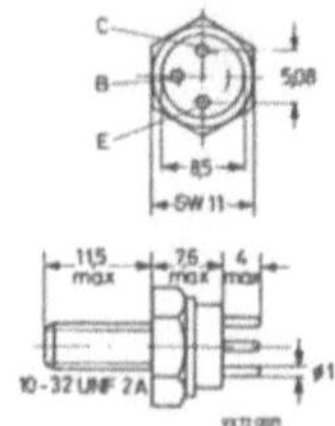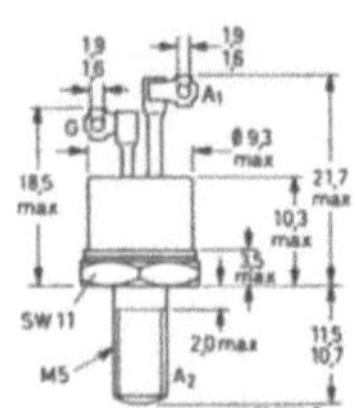

TO-48   **TO-60**   **TO-64**

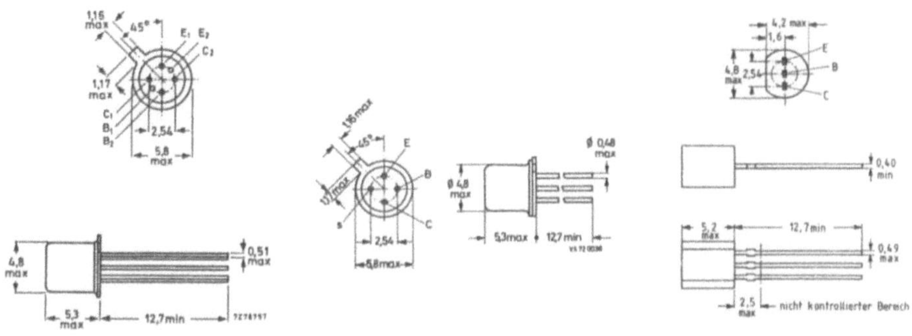

TO-71
TO-72
TO-92

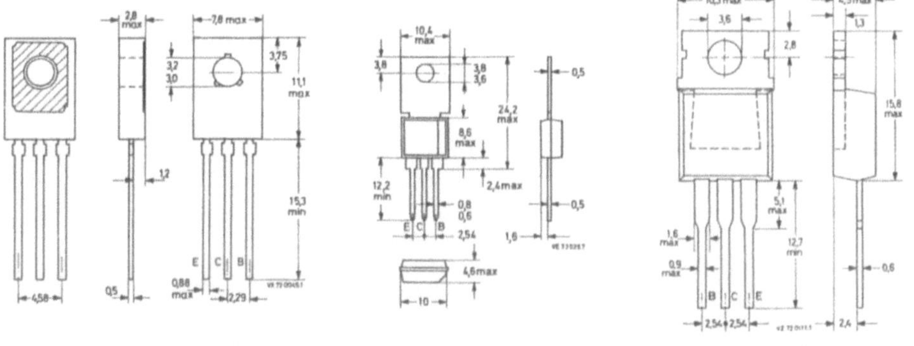

TO-126
TO-202
TO-220

Stichwortverzeichnis

If you have any concerns about our products,
you can contact us on
ProductSafety@springernature.com

In case Publisher is established outside the EU,
the EU authorized representative is:
Springer Nature Customer Service Center GmbH
Europaplatz 3, 69115 Heidelberg, Germany

Printed by Libri Plureos GmbH
in Hamburg, Germany